我的第1本Excel书

办公宝典

Excel 2021 完全自学教程

凤凰高新教育　编著

北京大学出版社
PEKING UNIVERSITY PRESS

内容提要

熟练使用Excel已成为职场人士必备的职业技能。本书以Excel 2021软件为平台，从办公人员的工作需求出发，配合大量典型案例，全面而系统地讲解Excel 2021软件在文秘、人事、统计、财务、市场营销等多个领域中的办公应用，以期帮助读者轻松、高效地完成各项办公事务。

本书以"完全精通Excel"为出发点，以"用好Excel"为目标来安排内容，全书共5篇，分为25章。第1篇为基础学习篇（第1~6章），主要针对初学者，从零开始讲解Excel 2021软件基本操作、电子表格的创建与编辑、格式设置，以及Excel表格数据的获取等知识；第2篇为公式和函数篇（第7~16章），介绍Excel 2021软件的数据计算核心功能，包括使用公式计算数据、调用函数计算数据，以及常用函数、文本函数、逻辑函数、日期和时间函数、查找与引用函数、财务函数、数学和三角函数等的使用；第3篇为数据可视化篇（第17、18章），介绍Excel 2021软件统计图表的创建、编辑与分析数据的方法，以及迷你图的使用方法；第4篇为数据分析篇（第19~21章），介绍Excel 2021软件数据统计与分析管理技能，包括数据的排序、筛选、汇总，条件格式与数据验证，以及透视表与透视图的使用；第5篇为案例实战篇（第22~25章），通过4个大型综合应用案例，系统地讲解Excel 2021软件在日常办公中的实战应用技能。

本书既可作为需要使用Excel软件处理日常办公事务的文秘、人事、财务、销售、市场营销、统计等专业人员的案头参考书，也可作为大中专职业院校、计算机培训班的相关专业教材或参考用书。

图书在版编目(CIP)数据

Excel 2021完全自学教程 / 凤凰高新教育编著. — 北京：北京大学出版社，2022.8
ISBN 978-7-301-33175-0

Ⅰ. ①E… Ⅱ. ①凤… Ⅲ. ①表处理软件－教材 Ⅳ. ①TP391.13

中国版本图书馆CIP数据核字（2022）第131867号

书　　名 Excel 2021完全自学教程
Excel 2021 WANQUAN ZIXUE JIAOCHENG
著作责任者 凤凰高新教育　编著
责任编辑 王继伟　吴秀川
标准书号 ISBN 978-7-301-33175-0
出版发行 北京大学出版社
地　　址 北京市海淀区成府路205号　100871
网　　址 http://www.pup.cn　新浪微博：@北京大学出版社
电子信箱 pup7@pup.cn
电　　话 邮购部 010-62752015　发行部 010-62750672　编辑部 010-62570390
印 刷 者 北京宏伟双华印刷有限公司
经 销 者 新华书店
787毫米×1092毫米　16开本　27.5印张　858千字
2022年8月第1版　2022年8月第1次印刷
印　　数 1-4000册
定　　价 129.00元

前　　言

如果你是一个表格“小白”，把Excel表格当作Word中的表格功能来使用；

如果你是一个表格“菜鸟”，只会简单的Excel表格制作和计算；

如果你掌握了Excel表格的基础应用，想专业学习Excel数据处理与分析技能；

如果你觉得自己的Excel操作水平一般，缺乏足够的编辑和设计技巧，希望全面提升操作技能；

如果你想成为职场达人，轻松搞定日常工作；

那么，本书是你最好的选择！

让我们来告诉你如何成为自己所期望的职场达人吧！

进入职场后，或许你才发现原来工作中的各种表格、数据处理、统计分析任务随时都有，处处都会用到Excel 软件。没错，我们已经进入计算机办公与大数据时代，熟练掌握Excel软件技能已经是现代职场人士入职的一个必备条件。然而，数据调查显示，如今大部分的职场人对于Excel软件的了解还远远不够，所以在面对工作时，很多人事倍功半。针对这种情况，我们策划并编写了本书，旨在帮助那些有追求、有梦想，但又苦于技能欠缺的刚入职或在职人员。

本书适合Excel初学者，但即便你是一个Excel熟手，这本书一样能让你大呼开卷有益。本书将帮助你解决如下问题。

（1）快速掌握Excel 2021 版本的基本功能。

（2）快速拓展Excel 2021 电子表格的制作方法。

（3）快速掌握Excel 2021 的数据计算方法。

（4）快速掌握Excel 2021 数据管理与统计分析的经验和方法。

（5）快速学会Excel电子表格的相关技巧，并能熟练进行日常办公应用。

我们不仅要告诉你怎样做，还要告诉你怎样操作最快、最好、最规范。要学会并精通Excel办公软件，有这本书就够了！

本书特色与特点

1. 讲解版本最新，内容常用、实用

本书遵循“常用、实用”的原则，以Excel 2021 为写作版本，在书中还标识出Excel 2021 软件的相关“新

功能”及“重点”知识，并且结合日常办公应用的实际需求，全书安排了248个“实战”案例、64个“妙招技法”、4个大型综合应用案例，全面、系统地讲解了Excel 2021软件电子表格制作与数据处理方面的相关技能和实战操作。

2. 图解写作，一看即懂，一学就会

为了让读者更易学习和理解，本书采用“步骤引导+图解操作”的写作方式进行讲解。而且，在步骤讲述中以“❶、❷、❸……”的方式分解出操作小步骤，并在图上进行对应标注，非常方便读者学习和掌握。只要按照书中讲述的步骤和方法去操作练习，就可以制作出与书同步的效果。另外，为了解决读者在自学过程中可能遇到的问题，书中设置了“技术看板”栏目版块，解释在讲解中出现的或者在操作过程中可能会遇到的一些疑难问题；另外，还添设了“技能拓展”栏目版块，其目的是教会读者通过其他方法来解决同样的问题，通过技能的讲解，达到举一反三的目的。

3. 技能操作+实用技巧+办公实战=应用大全

本书充分考虑到读者“学以致用”的现实需求，在全书内容安排上，精心策划了5篇内容，共25章，具体内容如下。

第1篇：基础学习篇（第1~6章）：主要针对初学读者，从零开始讲解Excel 2021软件基本操作、电子表格的创建与编辑、格式设置，以及Excel表格数据的获取等知识。

第2篇：公式和函数篇（第7~16章）：介绍Excel 2021软件的数据计算核心功能，包括使用公式计算数据、调用函数计算数据，以及常用函数、文本函数、逻辑函数、日期和时间函数、查找与引用函数、财务函数、数学和三角函数等的使用。

第3篇：数据可视化篇（第17、18章）：介绍Excel 2021软件统计图表的创建、编辑与分析数据的方法，以及迷你图的使用方法。

第4篇：数据分析篇（第19~21章）：介绍Excel 2021软件数据统计与分析管理技能，包括数据的排序、筛选、汇总，条件格式与数据验证，以及透视表与透视图的使用。

第5篇：案例实战篇（第22~25章）：通过4个大型综合应用案例，系统地讲解Excel 2021软件在日常办公中的实战应用技能。

丰富的学习套餐，物超所值，让学习更轻松

本书还配套赠送相关的学习资源，内容丰富、实用，包括同步练习文件、办公模板、教学视频、电子书、高效手册等，让读者花一本书的钱，得到多本书的超值学习内容。套餐具体内容包括以下几个方面。

（1）同步素材文件。本书所有章节实例的素材文件，全部收录在同步学习文件夹的“\素材文件\第×章\”

文件夹中。读者在学习时，可以参考图书讲解内容，打开对应的素材文件进行同步操作练习。

（2）同步结果文件。本书所有章节实例的最终效果文件，全部收录在同步学习文件夹的“\结果文件\第×章\”文件夹中。读者在学习时，可以打开相应的结果文件，查看其实例效果，为自行练习操作提供帮助。

（3）同步视频教学文件。本书为读者提供了多达260节的与书同步视频教程。读者可以下载并播放相应的讲解视频，跟着书中内容同步学习。

（4）赠送“Windows 10 系统操作与应用”的视频教程。长达9小时的多媒体教程，让读者完全掌握微软Windows 10 系统的应用。

（5）赠送商务办公实用模板。共包含200个Word办公模板、200个Excel办公模板、100个PPT商务办公模板，从此实战中的典型案例不必再花时间和心血去收集，模板拿来即用。

（6）赠送高效办公电子书。共包含《微信高手技巧随身查》《QQ高手技巧随身查》《手机办公10招就够》3部电子书，教会读者移动办公诀窍。

（7）赠送“如何学好、用好Excel”视频教程。视频时间长达63分钟，与读者分享Excel专家学习与应用经验，内容包括：①Excel最佳学习方法；②用好Excel的8个习惯；③Excel八大“偷懒”技法。

（8）赠送“5分钟教你学会番茄工作法”讲解视频。教会读者在职场中高效工作，轻松应对职场那些事儿，真正做到“不加班，只加薪”。

（9）赠送“10招精通超级时间整理术”视频教程。专家传授10招时间整理术，教读者如何整理时间、有效利用时间。无论是职场还是生活中，都要学会时间整理。这是因为时间是人类最宝贵的财富，只有合理整理时间，充分利用时间，才能让你的人生价值最大化。

（10）赠送同步的PPT课件。赠送与书中内容完全同步的PPT教学课件，非常方便教师教学使用。

温馨提示：以上资源，可以通过微信扫一扫下方任意二维码关注微信公众号，并输入代码ME22095获取下载地址及密码。在微信公众号中，我们还为读者提供了丰富的图文教程和视频教程，为你的职场工作排忧解难！

博雅读书社　　官方微信公众号

另外，还给读者赠送了一本《高效人士效率倍增手册》，其中会教授一些日常办公中的管理技巧，让读者真正做到“早做完，不加班”。

本书不是单纯的一本IT技能Excel办公书，而是一本教授职场综合技能的实用书籍！

本书既可作为需要使用Excel软件处理日常办公事务的文秘、人事、财务、销售、市场营销、统计等专业人员的案头参考书，又可作为大中专职业院校、计算机培训班的相关专业教材或参考用书。

创作者说

本书由凤凰高新教育策划并组织编写。参与编创的均为一线办公专家和微软MVP教师，他们具有丰富的Excel软件应用技巧和办公实战经验，在此对他们的辛苦付出表示衷心感谢。由于计算机技术发展非常迅速，书中疏漏和不足之处在所难免，敬请广大读者及专家指正。

编　者

目　录

第1篇　基础学习篇

Office 软件是现代职场人士必备的办公工具，而 Excel 则是 Office 软件中的一个组件，用于制作电子表格，且因其强大的计算、统计和分析功能，被广泛应用于各个行业中。Excel 2021 是微软公司 2021 年 10 月发布的，目前来说，职场人士掌握 Excel 2021 软件的操作非常有必要。

第2篇 公式和函数篇

Excel之所以拥有强大的数据计算功能，是因为Excel中的公式和函数可以对表格中的数据进行计算。与其他计算工具相比，它的计算更快、更准，计算量更大。

如果用户想有效提高Excel的应用水平和数据处理能力，那么提高公式和函数的应用能力是行之有效的途径之一。

第3篇 数据可视化篇

很多时候，制作表格就是为了将表格数据直观地展现出来，以便分析和查看数据，而图表则是直观展现数据的一大"利器"。另外，利用Excel中的迷你图不仅占位空间小，而且也是以迷你的图表来展示数据，善于使用将制作出引人注目的报表。

第4篇 数据分析篇

Excel 中可存储和记录的数据信息非常多，要想从海量的数据信息中获取有用的信息，仅仅依靠眼睛观察是很难实现的，使用 Excel 提供的数据分析工具对数据进行分析，可以从中得出有用的结论或获取有价值的信息。

第 5 篇 案例实战篇

带兵打仗不仅要会排兵布阵，还要讲究实战经验。学习 Excel 也一样，不仅要掌握 Excel 的各种知识和技能，还要通过实战经验来验证是否能灵活运用学到的知识制作各种表格。本篇将通过讲解一些办公中常用案例的制作方法来巩固前面学到的 Excel 知识。

第1篇 基础学习篇

Office 软件是现代职场人士必备的办公工具，而 Excel 则是 Office 软件中的一个组件，用于制作电子表格，且因其强大的计算、统计和分析功能，被广泛应用于各个行业中。Excel 2021 是微软公司 2021 年 10 月发布的，目前来说，职场人士掌握 Excel 2021 软件的操作非常有必要。

第1章 Excel 2021 应用快速入门

- Excel 如此受欢迎，那么 Excel 到底有什么用呢?
- 相比于其他 Excel 版本，Excel 2021 新增了哪些功能?
- Excel 2021 的安装与其他软件的安装步骤一样吗?
- Excel 2021 工作界面由哪些部分组成，具体是怎么操作的?
- 在学习 Excel 2021 的过程中，遇到问题不能解决怎么办?

对于刚接触Excel的用户来说，需要先对Excel有一个基本的了解，以便为后面学习Excel奠定基础。

1.1 Excel 简介

Excel是Microsoft公司推出的Office办公套件中的一个重要组件，使用它既可以制作电子表格又可以进行数据的处理、统计分析和辅助决策等，被广泛应用于管理、统计、金融等领域。

Excel自诞生以来，经历了Excel 97、Excel 2000、Excel 2003、Excel 2007、Excel 2010、Excel 2013、Excel 2016、Excel 2019 和Excel 2021 等不同版本的发展历程。图 1-1 所示为Excel的发展历程。

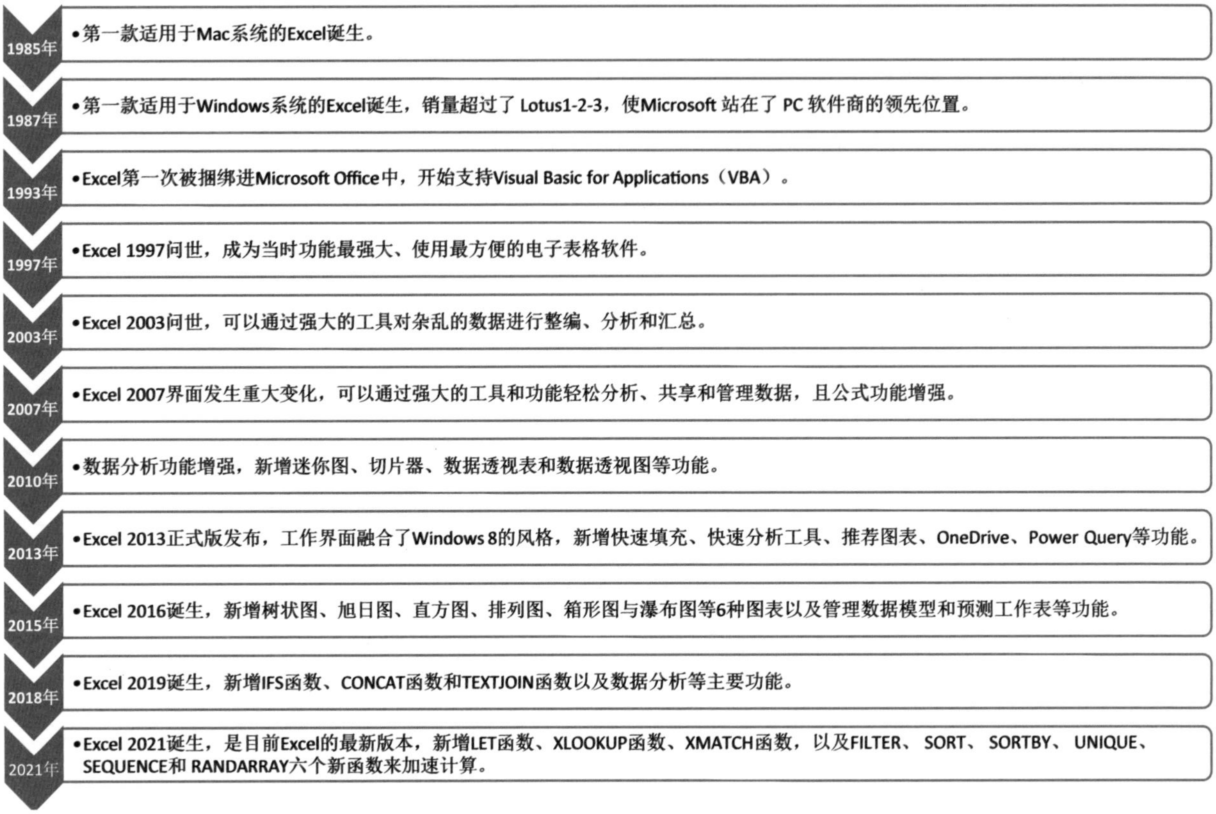
1985年
•第一款适用于Mac系统的Excel诞生。
1987年
•第一款适用于Windows系统的Excel诞生，销量超过了 Lotus1-2-3，使Microsoft 站在了 PC 软件商的领先位置。
1993年
•Excel第一次被捆绑进Microsoft Office中，开始支持Visual Basic for Applications（VBA）。
1997年
•Excel 1997问世，成为当时功能最强大、使用最方便的电子表格软件。
2003年
•Excel 2003问世，可以通过强大的工具对杂乱的数据进行整编、分析和汇总。
2007年
•Excel 2007界面发生重大变化，可以通过强大的工具和功能轻松分析、共享和管理数据，且公式功能增强。
2010年
•数据分析功能增强，新增迷你图、切片器、数据透视表和数据透视图等功能。
2013年
•Excel 2013正式版发布，工作界面融合了Windows 8的风格，新增快速填充、快速分析工具、推荐图表、OneDrive、Power Query等功能。
2015年
•Excel 2016诞生，新增树状图、旭日图、直方图、排列图、箱形图与瀑布图等6种图表以及管理数据模型和预测工作表等功能。
2018年
•Excel 2019诞生，新增IFS函数、CONCAT函数和TEXTJOIN函数以及数据分析等主要功能。
2021年
•Excel 2021诞生，是目前Excel的最新版本，新增LET函数、XLOOKUP函数、XMATCH函数，以及FILTER、SORT、SORTBY、UNIQUE、SEQUENCE和 RANDARRAY六个新函数来加速计算。

图 1-1

1.2 Excel 的主要功能

在日常工作中，人们经常需要借助一些工具来对数据进行处理，而Excel作为专业的数据处理工具，可以帮助人们将繁杂的数据转化为有效的信息，因其强大的数据计算、汇总和分析等功能，备受广大用户的青睐。

1.2.1 数据记录与整理

孤立的数据包含的信息量太少，而过多的数据又令人难以厘清头绪。制作成表格是数据管理的重要手段。记录数据有非常多的方式，或许用Excel不是最好的方式，但相较于纸质方式和其他类型的文件方式来讲，利用Excel记录数据会有很大的优势。至少记录的数据在Excel中可以非常方便地进行进一步的加工处理，包括统计与分析。例如，要存储客户信息，如果我们把每个客户的信息都单独保存到一个文件中，那么，当客户量增大后，对于客户数据的管理和维护就显得非常不方便。如果我们用Excel，就可以先建立好存放客户信息的数据表格，然后根据实际情况，随时增加一条或几条新客户信息到该表格中，这样每条信息都保持了相同的格式，可以让后期数据的查询、加工和分析等都变得很方便。

在一个Excel文件中可以存储许多独立的表格，用户可以把一些不同类型但是有关联的数据存储到一个Excel文件中，这样不仅可以方便整理数据，还可以方便查找和应用数据；后期还可以对具有相似表格框架、相同性质的数据进行合并汇总操作。

将数据存储到Excel后，可以使用其围绕表格制作与应用而开发的一系列功能（大到表格视图的精准控制，小到一个单元格格式的设置），Excel几乎能帮助用户做到整理表格时想做的一切。例如，需要查看或应用数据，可以利用Excel中提供的查找功能快速定位到需要查看的数据；可以使用条件格式功能快速标识出表格中具有指定特征的数据，而不必肉眼逐行识别，如

图 1-2 所示；可以使用数据有效性功能限制单元格中可输入的内容范围；对于复杂的数据，还可以使用分级显示功能调整表格的阅读方式，既能查看明细数据，又能获得汇总数据，如图 1-3 所示。

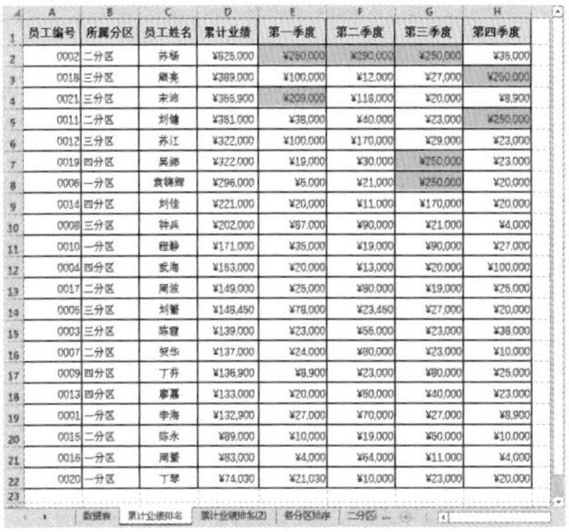

图 1-2

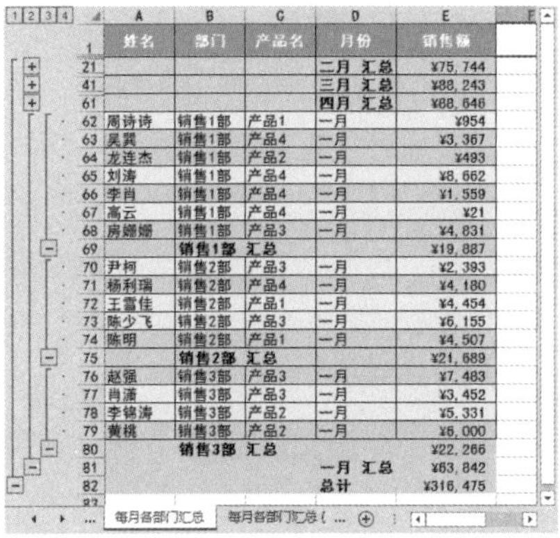

图 1-3

1.2.2 数据加工与计算

在现代办公中对数据的要求不仅是存储和查看，很多时候还需要对现有的数据进行加工和计算。例如，每个月公司会核对当月的考勤情况、核算当月的工资、计算销售数据等。在Excel中，用户可以运用公式和函数等功能来对数据进行计算，利用计算结果自动完善数据，这也是Excel值得炫耀的功能之一。

普通电子计算器与Excel的计算功能简直不可同日而语。在Excel中，常见的四则运算、开方乘幂等简单计算只需要输入简单的公式就可以完成，图 1-4 所示为使用加法计算的办公费用开支统计表，在图最上方的公式编辑栏中可以看到该单元格中的公式为【=D4+D5+D6+D9+D10+D11+D12+D15】。

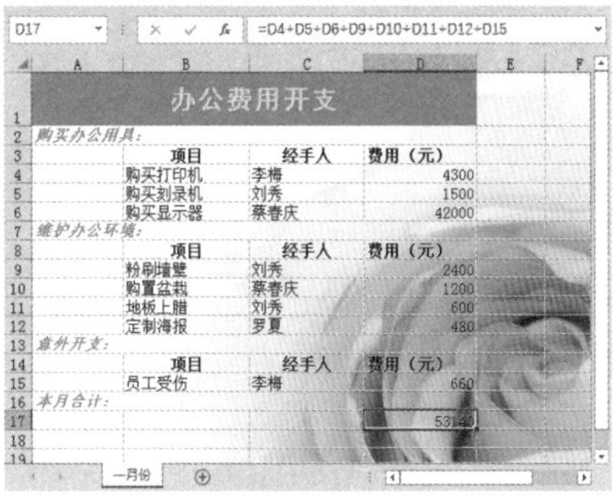

图 1-4

Excel除了可以进行一般的数据计算外，还内置了 400 多个函数，分为了多个类别，可用于统计、财务、数学、字符串等操作，以及各种工程上的分析与计算。利用不同的函数组合，用户几乎可以完成绝大多数领域的常规计算任务。

例如，核算当月工资时，将所有员工信息及与工资相关的数据整理到一张表格中，然后运用公式和函数计算出每个员工当月扣除的社保、个人所得税、杂费和实发工资等。图 1-5 所示为一份工资核算表，表中使用函数进行复杂计算，得到个人所得税的具体扣除金额。如果手动或使用其他计算工具实现起来可能就会麻烦许多。

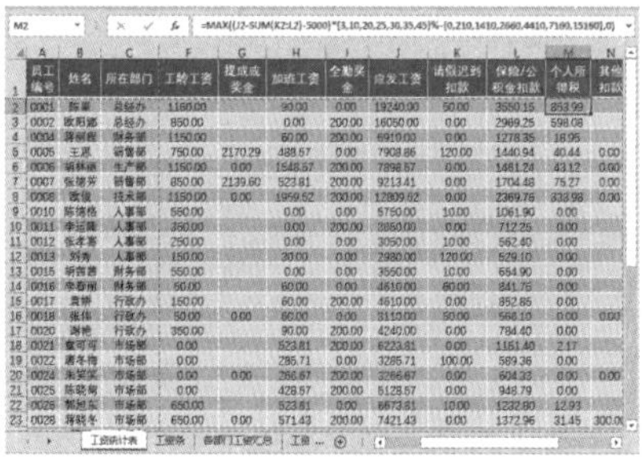

图 1-5

除数学运算外，Excel中还可以进行字符串运算和较为复杂的逻辑运算，利用这些运算功能，用户还能让Excel完成更多更智能的操作。例如，在收集员工信息时，让大家填写身份证号码之后，完全可以不用再让大家填写籍贯、性别、生日、年龄这些信息，因为这些信息在身份证号码中就存在，只需要应用好Excel中的公式，让Excel自动帮助用户完善这些信息。

1.2.3 数据统计与分析

要从大量的数据中获得有用的信息，仅仅依靠计算是不够的，还需要用户沿着某种思路运用对应的技巧和方法进行科学的分析，展示出需要的结果。

Excel专门提供了一组现成的数据分析工具，称为分析工具库。这些分析工具为完成复杂的统计或计量分析工作带来了极大的方便。

排序、筛选、分类汇总是最简单，也是最常见的数据分析工具，使用它们能对表格中的数据做进一步的归类与统计。例如，对销售数据进行各方面的汇总，对销售业绩进行排序，如图 1-6 所示；根据不同条件对各销售业绩情况进行分析，如图 1-7 所示；根据不同条件对各商品的销售情况进行分析；

根据分析结果对未来数据变化情况进行模拟，调整计划或进行决策，图 1-8 所示为在Excel中利用直线回归法根据历史销售记录预测 2023 年销售额。

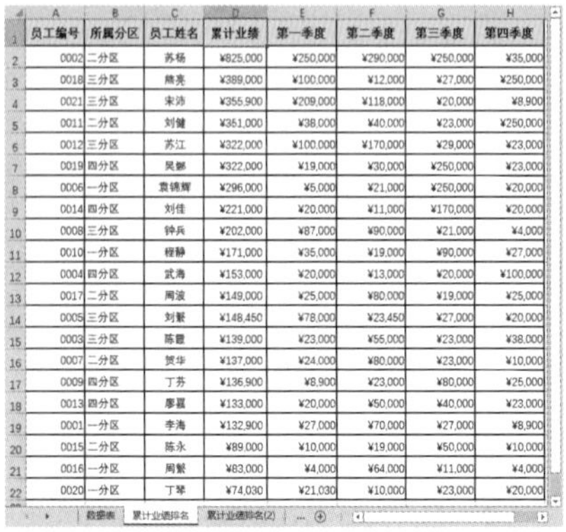

图 1-6

图 1-7

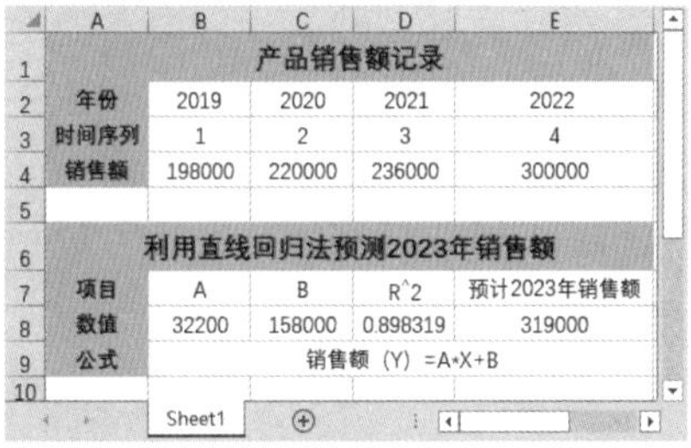

图 1-8

部分函数也是用于数据分析的，图 1-9 所示为在Excel中利用函数来计算现金流在不同利率下支付的内部收益率。

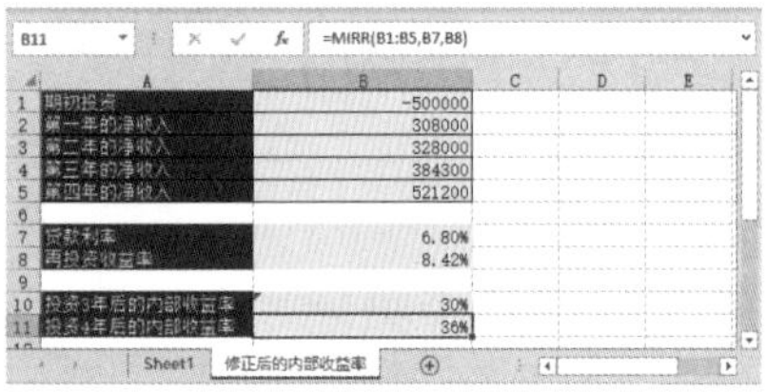

图 1-9

数据透视图表是Excel中最具特色的数据分析功能，只需几步操作便能灵活表现透视数据的不同特征，变换出各种类型的报表。图 1-10 所示为原始数据，图 1-11~图 1-14 所示为对同一数据的透视，从而分析出该企业的不同层面人员的结构组成情况。

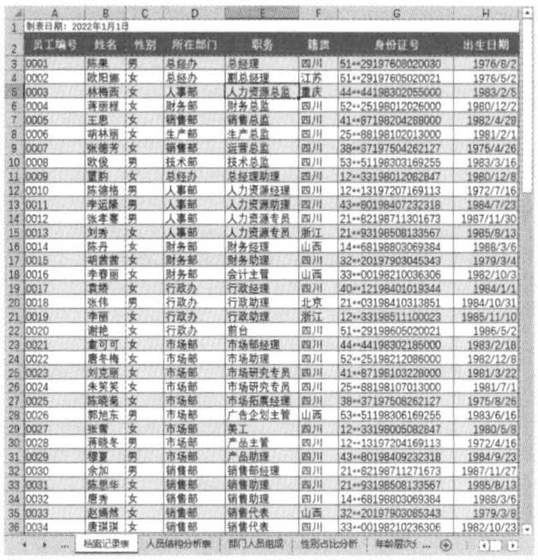

图 1-10

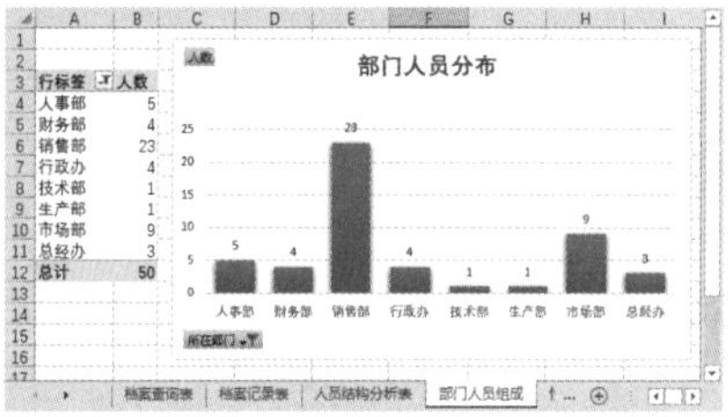

图 1-11

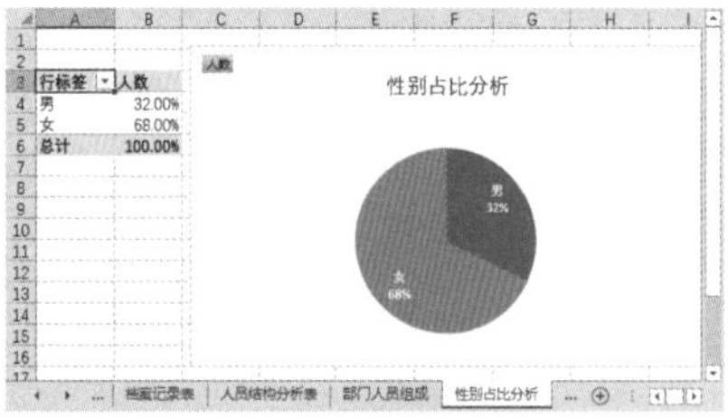

图 1-12

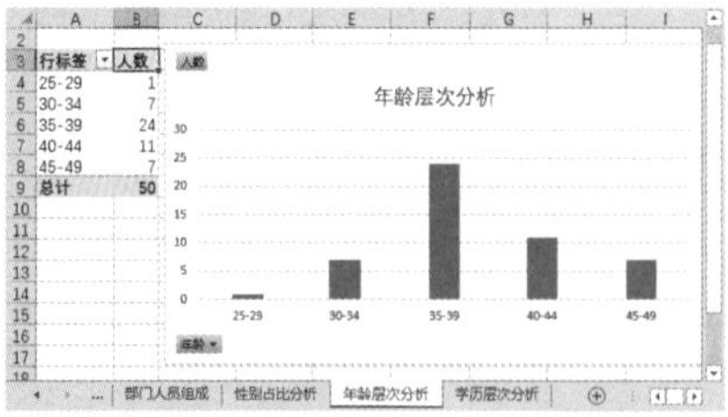

图 1-13

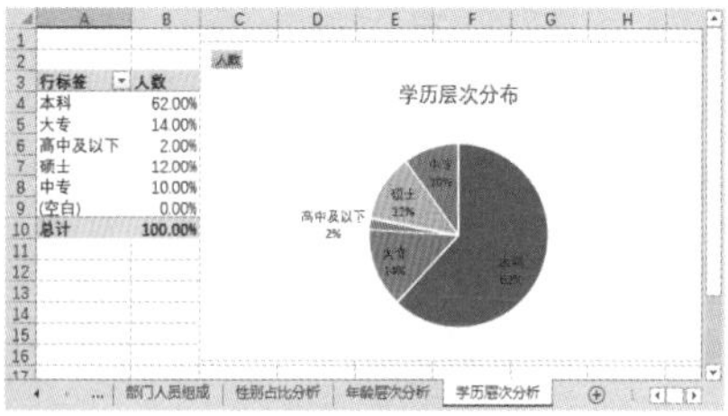

图 1-14

1.2.4 图形报表的制作

密密麻麻的数据展现在人们眼前时，总是会让人觉得头晕眼花，所以很多时候，在向别人展示或分析数据时，为了使数据更加清晰、易懂，常常会借助图形来表示。例如，想要表现一组数据在某段时间的变化过程，可以用折线或曲线来展示，如图 1-15 所示；想要表现多个数据的占比情况，可以用多个不同大小的扇形来构成一个圆形，如图 1-16 所示；想比较一系列数据并关注其变化过程，可以使用柱形图来表示，如图 1-17 所示，这些类别的图表都是办公应用中常见的一些表现数据的图形报表。

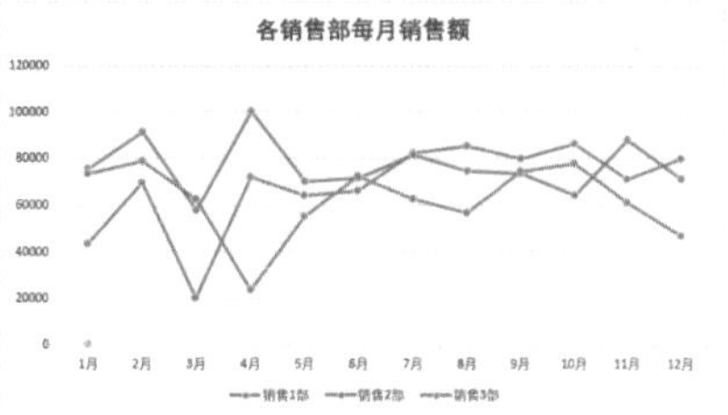

图 1-15

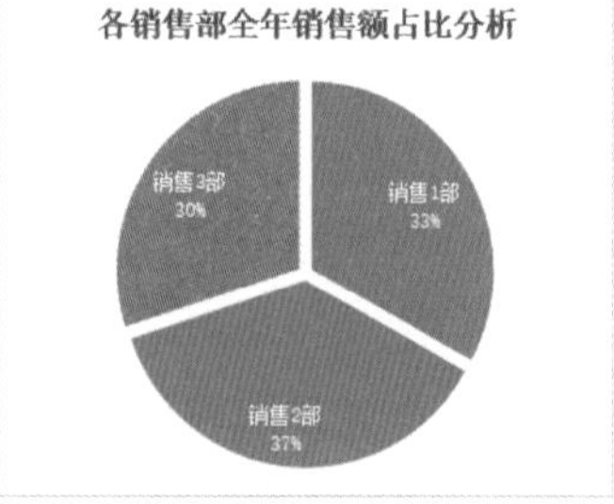

图 1-16

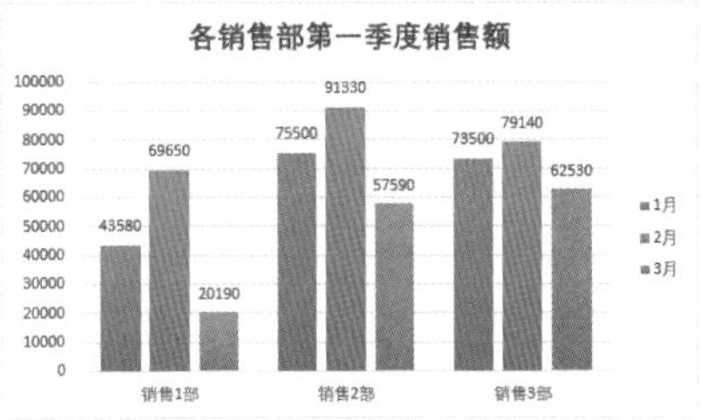

图 1-17

1.2.5　信息传递和共享

在 Excel 2021 中，使用对象链接和嵌入功能可以将其他软件制作的图形插入 Excel 的工作表中。图 1-18 所示为在表格中通过【超链接】功能添加链接到其他工作表的超级链接。

员工数据统计表			
员工总人数	50		
部门人数统计			
总经办	3	占总人数的	6%
人事部	5	占总人数的	10%
财务部	4	占总人数的	8%
销售部	23	占总人数的	46%
生产部	1	占总人数的	2%
技术部	1	占总人数的	2%
行政办	4	占总人数的	8%
市场部	9	占总人数的	18%
详细数据分析请单击此处			
性别比例统计			
男员工人数	16	占总人数的	32%
女员工人数	34	占总人数的	68%
清晰图表分析请单击此处			
年龄大小统计			
平均年龄	39		
年龄最大	49		
年龄最小	29		
详细年龄分段请单击此处			
学历统计			
本科及以上学历	37	占总人数的	74%
详细学历层次分布情况请单击此处			

图 1-18

在 Excel 中也能添加链接到其他工作簿的超级链接，从而将有关联的工作表或工作簿联系起来；还能创建指向网页、图片、电子邮件地址或程序的链接。当需要更改链接内容时，只要在链接处双击，就会自动打开制作该内容的程序，内容将出现在该内容编辑软件中，修改、编辑后的内容也会同步在 Excel 内显示出来。还可以将声音文件或动画文件嵌入 Excel 工作表中，从而制作出一份生动的报表。

此外，在 Excel 中还可以登录 Microsoft 账户通过互联网与其他用户进行协同办公，方便交换信息。

1.2.6　数据处理的自动化功能

虽然 Excel 自身的功能已经能够满足绝大部分用户的需求，但对一些用户的高级数据计算和分析需求，Excel 也没有忽视，它内置了 VBA 编程语言，允许用户可以定制 Excel 的功能，开发出适合自己的自动化解决方案。

用户还可以使用宏语言将经常要执行的操作过程记录下来，并将此过程用一个快捷键保存起来。在下一次进行相同的操作时，只需按所定义的宏功能的相应快捷键即可，而不必重复整个过程。在录制新宏的过程中，用户可以根据自己的习惯设置宏名、快捷键、保存路径和简单的说明等。

1.3　Excel 的应用领域

Excel 因其强大的数据计算、统计与分析功能，被广泛应用于人事管理、行政管理、财务管理、营销管理、生产管理、仓库管理及投资分析等各领域，协助用户完成各项工作。

1.3.1　人事管理

企业的人事部门掌握着所有职员的资料，并负责录取新员工、处理公司人事调动和绩效考核等重要事务。因此，建立合理且清晰的档案管理表非常重要，使用 Excel 即可轻松建立这类表格。图 1-19 所示为人事部为记录应聘人员信息而制作的登记表格，图 1-20 所示为人事部制作的员工考勤表。

图 1-19

图 1-20

1.3.2 行政管理

行政部门的日常事务繁杂，担负着重要的流通、出入、文件、会议和安全等管理工作，而Excel则可以帮助行政人员有效地管理各项事务，统筹上层领导的工作时间。图 1-21 所示为用于填写办公用品领用情况的表格，图 1-22 所示为行政部制作的文件借阅登记表。

办公用品领用登记表

序号	领用日期	领用物品	领用用途	领用数量	单价	领用金额
1	2022/7/1	铅笔	xxxxxxx	4	6.00	24.00
2	2022/7/2	打印机	xxxxxxx	8	80.00	640.00
3	2022/7/3	橡皮	xxxxxxx	2	5.00	10.00
4	2022/7/4	打印机	xxxxxxx	4	85.00	340.00
5	2022/7/5	签字笔	xxxxxxx	3	10.00	30.00
6	2022/7/6	铅笔	xxxxxxx	4	15.00	60.00
7	2022/7/7	打印机	xxxxxxx	6	95.00	570.00
8	2022/7/8	橡皮	xxxxxxx	4	6.00	24.00
9	2022/7/9	打印机	xxxxxxx	8	85.00	680.00
10	2022/7/10	签字笔	xxxxxxx	2	15.00	30.00

图 1-21

文件借阅登记表

文件编码	文件名称	借用用途	存放位置	累计份数	借用份数	借用人	借用部门
1010101	文件_a	xxxxxx	1-2#	6	1	谭云	销售部
1010102	文件_b	xxxxxx	1-3#	6	1	覃妮	产品部
1010103	文件_c	xxxxxx	1-4#	6	1	陈志文	市场部
1010104	文件_d	xxxxxx	1-5#	3	1	张雪	信息部
1010105	文件_e	xxxxxx	1-6#	6	1	张文松	人事部
1010106	文件_f	xxxxxx	1-7#	6	1	唐冬梅	销售部
1010107	文件_g	xxxxxx	1-8#	4	1	陈琦	产品部
1010108	文件_h	xxxxxx	1-9#	5	1	陈裕果	市场部
1010109	文件_i	xxxxxx	1-10#	3	1	林雨	信息部
1010110	文件_j	xxxxxx	1-11#	6	1	陈妤熙	人事部
1010111	文件_k	xxxxxx	1-12#	5	1	唐开瀛	销售部
1010112	文件_l	xxxxxx	1-13#	4	1	李云	产品部

图 1-22

1.3.3 财务管理

Excel软件在国际上被公认为是一款通用的财务软件，凝聚了许多世界一流的软件设计和开发者的智慧，以及广大财务人员和投资分析人员的工作经验，具有强大而灵活的财务数据管理功能。使用Excel处理财务数据不但非常方便灵活，而且不需要编写任何程序。因此它是广大财务人员的好助手，是年轻一代的财务管理人员必须掌握的工具。

财务表格的制作是财务部门必不可少而又非常精细、复杂的工作。因而每一个财务人员如果能熟练使用Excel实现高效财务管理及各类数据分析，绝对能为其职场加分。当他们在面对日常烦琐的数据处理工作时，能够充分利用Excel强大的数据处理功能将自己从数据堆中解放出来，回归到他们的主要职责——管理，而不是计算，使用Excel还能够轻轻松松制作出漂亮的图表，得到领导的认同。

财务人员使用Excel可以快速制作办公表格、会计报表，进行财会统计、资产管理、金融分析、决策与预算。下面就来认识一些财务管理方面比较常见且实用的表格。

- 记账凭证表：又称为记账凭单，如图 1-23 所示。记账凭证表用于记录经济事务，是登记账簿的直接依据，各种账务处理程序都是以它为基础发展演化而成的。使用Excel 2021 能制作出格式统一、经济实用的凭证，并可多次调用，便于提高工作效率。

记　账　凭　证

凭证号：0001　　制单日期：　　附单据数：

摘　要	科目代码	科　目　名　称	借方金额	贷方金额
提取备用金	1001	库存现金	¥200,000.00	
提取备用金	100201	银行存款——农业银行		¥200,000.00
票号 日期　数量 单价		合计：	¥200,000.00	¥200,000.00
备注	项　目 客　户	部　门 业务员	个　人	

记账：　审核：　出纳：　制单：

图 1-23

- 会计报表：根据日常会计核算资料（记账凭证）定期编制，综合反映企业某一特定日期财务状况和某一会计期间经营成果、现金流量的总结性书面文件，包括资产负债表、利润表、现金流量表、资产减值准备明细表、利润分配表、股东权益增减变动表等。它是企业财务报告的主要部分，是企业向外传递会计信息的主要手段。使用Excel 2021 的公式计算功能和引用功能可轻松将记账凭证汇总为会计报表。图 1-24 所示为某公司 12 月的资产负债表。

资　产　负　债　表

编制单位：AA企业　　2021 年 12 月止　　单位：元

资产	行次	年初数	期末数	负债和股东权益	行次	年初数	期末数
流动资产：				流动负债：			
货币资金	1	5,635,559.66	4,861,585.08	短期借款	68	1,000,000.00	1,000,000.00
短期投资	2	100,000.00	150,000.00	应付票据	69		
应收票据	3			应付账款	70		249,796.66
应收股利	4			预收账款	71		
应收利息	5			应付工资	72		
应收账款	6	1,030,275.60	911,322.00	应付福利费	73	56,637.56	66,965.66
其他应收款	7	18,000.00	20,000.00	应付股利	74	200,000.00	
预付账款	8			应交税金	75	250,000.00	143,548.34
应收补贴款	9			其他应交款	80	2,000.00	2,125.00
存货	10	18,000.00	923,260.98	其他应付款	81		64,000.00
待摊费用	11	18,000.00	25,000.00	预提费用	82		10,000.00
一年内到期的长期债权投资	21			预计负债	83		
其他流动资产	24			一年内到期的长期负	86		
流动资产合计	31	6,819,835.26	6,891,168.06	其他流动负债	90		
长期投资：							
长期股权投资	32		500,000.00	流动负债合计	100	1,508,637.56	1,536,435.66
长期债权投资	34			长期负债：			
长期投资合计	38		500,000.00	长期借款	101	1,500,000.00	1,520,000.00
固定资产：				应付债券	102		
固定资产原价	39	25,800,000.00	25,950,000.00	长期应付款	103		
减：累计折旧	40	3,441,197.70	3,849,491.36	专项应付款	106		
固定资产净值	41	22,358,802.30	22,100,508.64	其他长期负债	108		
减：固定资产减值准备	42			长期负债合计	110	1,500,000.00	1,520,000.00
固定资产净额	43	22,358,802.30	22,100,508.64	递延税项：			
工程物资	44			递延税款贷项	111		
在建工程	45			负债合计	114	3,008,637.56	3,056,435.66
固定资产清理	46						
固定资产合计	50	22,358,802.30	22,100,508.64	股东权益：			

图 1-24

> **技术看板**
>
> 采用记账凭证账务处理程序时，需要设置 3 类记账凭证，即收款凭证、付款凭证和转账凭证，以便据此登记总账。

- 审计表：使用Excel 2021 制作的审计表格可用于日常工作中对历史数据进行分析和管理，实现帮助本单位健全内部控制、改善经营管理、提高经济效益的目的。图 1-25 所示为账龄审计测算表。

账龄审计测算表

序号	单位名称	期初余额	202X年期初余额账龄						201X年	
			1年以内	1-2年	2-3年	3-4年	4-5年	5年以上	本期增加	本期减少
1										
2										
3										
4										
5										
6										
7										
8										
9										
10										
11										
12										
13										
14										
15										
16										

图 1-25

- 财务分析表：使用Excel 2021 进行财务分析，是利用各种财务数据，采用一系列专门的分析技术和方法，对企业的过去和现在财

务状况进行的综合评价。图 1-26 所示为某公司的财务利润分析图表报告。

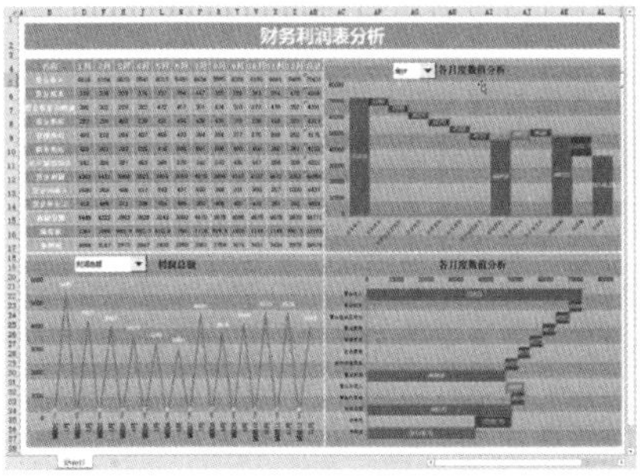

图 1-26

➥ 管理固定资产：固定资产是企业赖以生存的主要资产。使用Excel管理固定资产，能使企业更好地利用固定资产。图 1-27 所示为某公司的固定资产管理表。

图 1-27

➥ 管理流动资产：使用Excel 2021 制作管理流动资产的相关工作表，能帮助企业对货币资金、短期投资、应收账款、预付账款和存货等流动资产进行管理。图 1-28 所示为应收账款管理明细表。

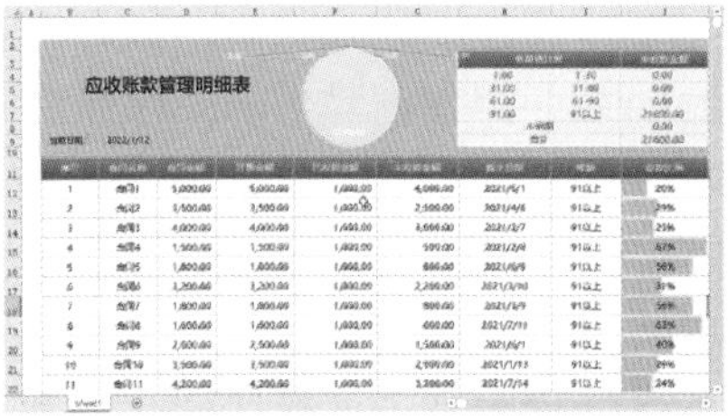

图 1-28

1.3.4 市场与营销管理

营销部门在进行市场分析后，需要制订营销策略，管理着销售报表及员工的业绩，并掌握着重要的客户资料。以前都是通过人工收集市场上各种零散的数据资料，这样不仅会消磨员工工作的积极性，而且工作效率相当低。现在，在营销管理中各管理人员利用Excel的图表与分析功能可对DRP、CRM等系统中导出的数据进行分析，直观地了解产品在市场中的定位，从而及时改变营销策略，还能查看员工的销售业绩，有针对性地管理和优化员工业绩。

图 1-29 所示为年初时制订的销售计划表。

	A	B	C	D
2	总销售目标	总销售额：	237000	万元
3		总利润：	50902	万元
4				
5		各部门销售目标		
6		销售额（万）	平均利润百分比	利润（万）
7	销售1部	82000	20%	16400
8	销售2部	32000	19.60%	6272
9	销售3部	63000	21%	13230
10	销售4部	60000	25%	15000
11				

图 1-29

图 1-30 所示为常见的销售记录表，用于登记每天的销售数据。

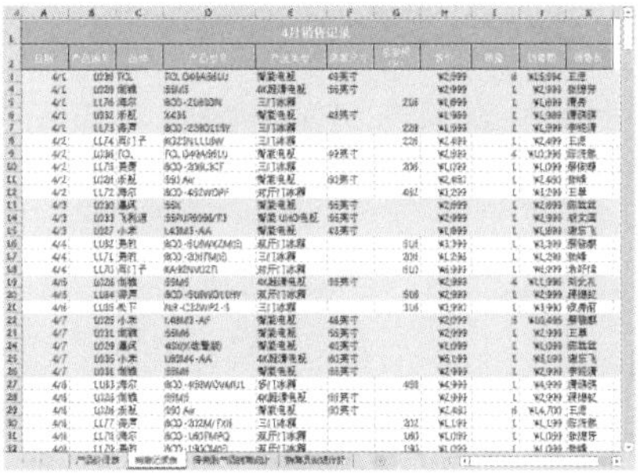

图 1-30

1.3.5 生产管理

工厂生产管理员需要时刻明确产品的生产总量和需要生产量，确保产品在数量上的精确，了解生产的整体进度，以便随时调整计划，并做好人员配备工作。生产部门处理的表格数据为公司分析投入产出提供了依据，而且能及时掌握供需关系，明确各阶段的生产计划。一名优秀的生产管理人员，需要将学习到的各种先进管理理念应用到管理实战中。而在这个过程中，Excel将帮助用户精确分析出各种方案的优劣。这样用户就可以将更多精力投入提高产品质量上，对产品精益求精。

图 1-31 所示为生产部门制作的生产日报表。

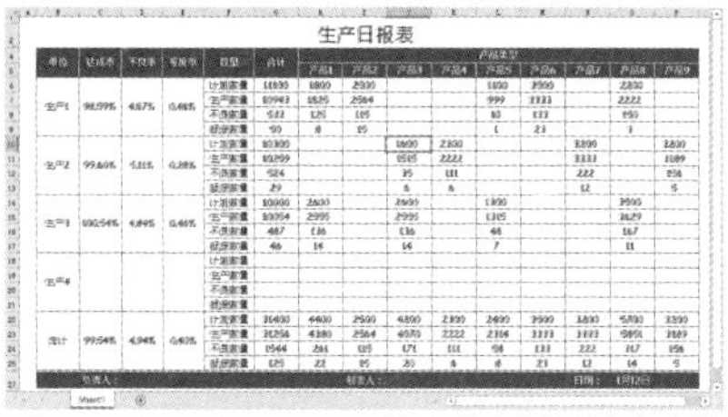

图 1-31

图 1-32 所示为根据统计出的生产数据制作的生产管理看板，通过多个图表的组合可以更加直观地展示数据。

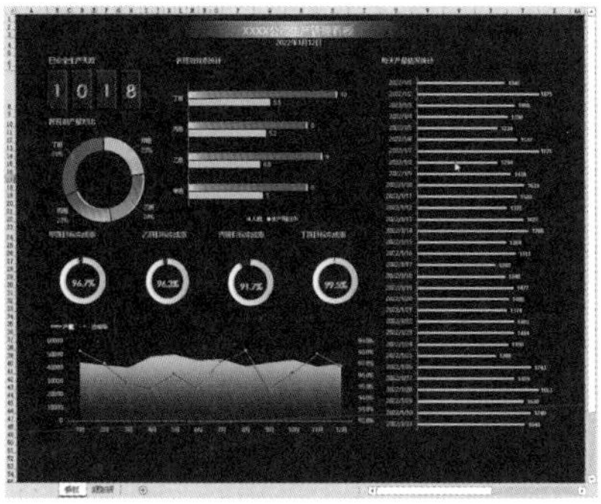

图 1-32

1.3.6 仓库管理

仓库管理部门应定时清点公司库房的存货及时更新库存信息，并对生产材料进行清点，全面掌握库存产品在一段时期内的变化情况，避免公司遭受严重的经济损失。利用Excel可以准确地统计固定时间段产品的库房进出量，协同生产部门规范生产。在保证精确记录库房存货的同时，还可总结规律，如产品在哪个季度的进、销、存量最大等。

图 1-33 所示为仓库管理人员记录库房出入货物明细的表格。

图 1-33

图 1-34 所示为仓库管理人员调查库房存货的表格。

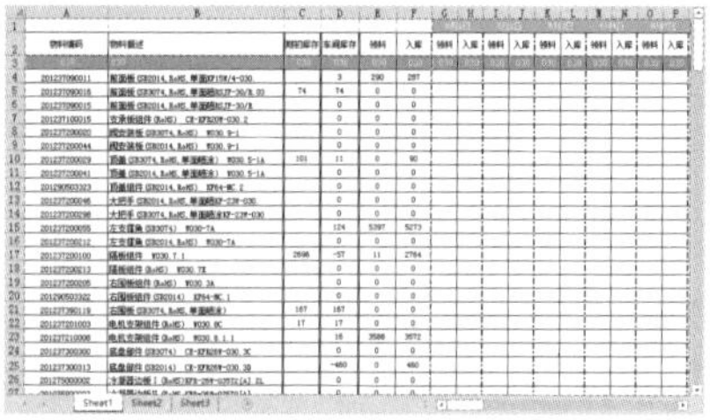

图 1-34

1.3.7 投资分析

投资决策是企业所有决策中最关键，也是最重要的决策。因此，人们常说，投资决策决定着企业的未来。正确的投资决策能够使企业降低风险、取得收益；投资决策失误是企业最大的失误，往往会使企业陷入困境，甚至破产。因此，财务管理的一项极为重要的职能就是为企业当好参谋，把好投资决策关。

所谓投资决策，是指投资者对项目的投资回报和风险的深入分析，为了实现其预期的投资目标，运用一定的科学理论、方法和手段，通过一定的程序，对若干个可行性的投资方案进行研究论证，从中选出最满意投资方案的过程。而在投资分析过程中Excel起着越来越重要的作用，使用Excel能更方便地分析数据和做出更明智的业务决策。特别是，可以使用Excel跟踪数据，生成数据分析模型，编写公式对数据进行计算，以多种方式透视数据，并以各种具有专业外观的图表来显示数据。

公司高管及投资决策的参与者（投资经理、财务经理、财务分析师、计划绩效经理等）使用Excel可以快速制作各种预测和分析报表，将投资管理融入企业的全面绩效管理和价值管理中，确保每一个投资项目的成功，最终实现企业的健康成长。图 1-35 所示为某企业关于是否购买新产品的投资决策表。

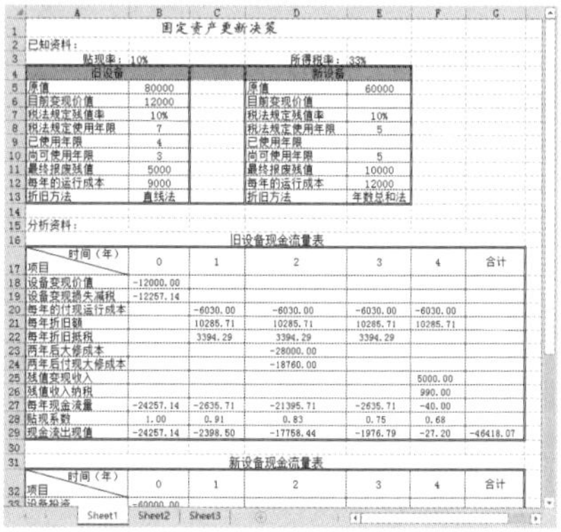

图 1-35

1.4 Excel 2021 的主要新增功能

Excel 2021 版本的推出，带动了办公时代的新潮流。Excel 2021 不仅配合 Windows 10 操作系统做出了一些改变，还新增了一些特色功能。下面对这些新增功能进行简单介绍。

★新功能 1.4.1 改善的操作界面

Office 2021 对操作界面做出了较大的改进，将Office 2021 文件打开起始时的 3D 带状图像取消了，增加了大片的单一图像。图 1-36 所示为Excel 2021 的启动图像。

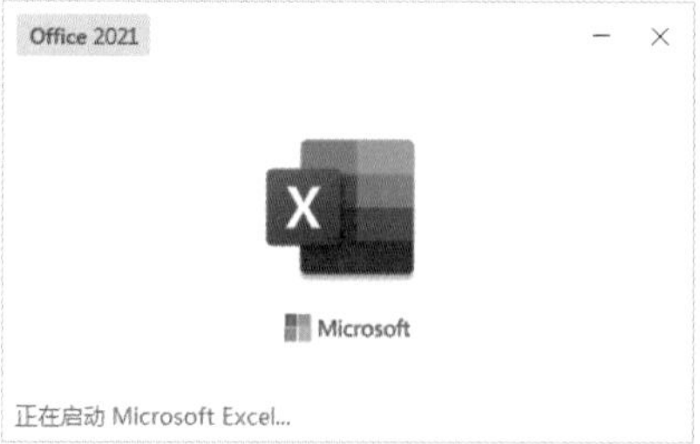

图 1-36

Office 2021 还采用了全新设计的UI软件界面，与Windows 11 的新设计更加一致。在功能区中使用现代化的【开始】画面体验和全新的【搜索】方式。使用单行图示及中性调色盘，体验简洁、清晰的风格，如图 1-37 所示。如果在 Windows 11 系统下使用Excel 2021，还能看到其新的圆角效果。

图 1-37

★新功能 1.4.2 改进的搜索体验

使用Excel 2021，可以更容易找到信息。通过标题栏中新改进的【搜索】文本框，可以按照图形、表格、脚注和注释来查找内容。而且，Search会回收最近使用的命令，并根据当前的显示操作建议用户可能要采取的其他操作、帮助等，如图 1-38 所示。

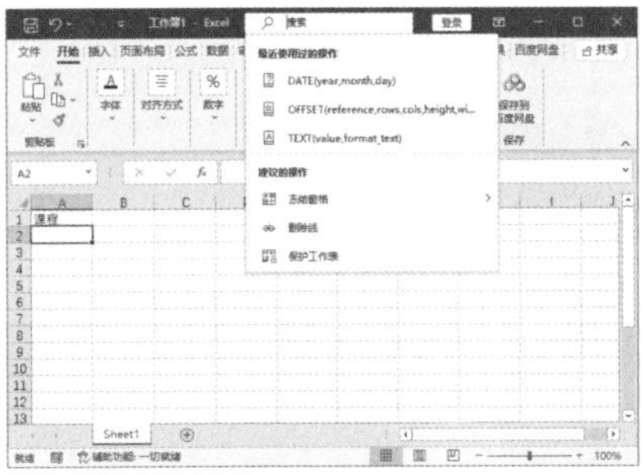

图 1-38

★新功能 1.4.3 与他人实时共同作业

你和你的同事可以打开并同时处理同一个Excel工作簿，这称为共同创作。共同创作时，可以在几秒钟内快速查看彼此的更改。

在Excel 2021 中单击功能区右上角的【共享】按钮，输入电子邮件地址，然后选择云位置，就可以共享工作簿了。上传文件后，请选择文件名将其打开。此时将在Web浏览器的新选项卡上打开该工作簿。

设置参与协同工作的其他用户将收到一封电子邮件，邀请他们打开该文件。他们可以选择该链接以打开工作簿。当然，也是在Web浏览器中打开该工作簿的Excel网页版，现在就可以实现多人协同处理工作簿了。不仅可以编辑这份工作簿，同时还可以在不离开Excel的情况下与他人分享自己的想法。

在协同编辑工作表内容时，还可以通过选择【新建】>【视图】命令添加工作表视图，以便多人同时在调整工作表视图显示比例、对数据进行排序、筛选等操作时，不会被相互打扰。但执行的任何单元格级别的编辑还是会自动与工作簿一起保存。

★新功能 1.4.4 新增 XLOOKUP、XMATCH 和 LET 等函数

函数功能是Excel的重要组成功能。为了方便用户进行数据统计计算，Office 2021 增加了更多的新函数，如查找函数“XLOOKUP”“XMATCH”，向计算结果分配名称的“LET”函数，动态数组中还编写了6个新函数来加速计算：FILTER、SORT、SORTBY、UNIQUE、SEQUENCE和RANDARRAY。

★新功能 1.4.5 访问辅助功能工具的新方法

辅助功能功能区将创建可访问Excel工作簿所需的所有工具放在一个位置，方便用户操作。主要是在与其他人共享文档或保存到公共位置之前，可以先检查辅助功能问题，避免出错。

单击【审阅】选项卡中的【检查辅助功能】按钮，将显示出【辅助功能】选项卡，如图 1-39 所示。

图 1-39

【辅助功能】选项卡中的每个组都包含不同的工具。

- 【审阅】组：包括辅助功能检查器和拼写检查工具，用于查找内容中潜在的辅助功能问题。
- 【颜色】组：包括【填充颜色】和【字体颜色】工具。
- 【样式】组：包括单元格、表格、透视表、形状、图表颜色和数字格式的样式工具。
- 【格式】组：包括表格格式设置工具、取消合并单元格、控制文本换行和链接编辑。
- 【名称】组：包括用于替换文字、定义名称和重命名的工具，可以将可选文字和易于理解的名称添加到图片和图表。
- 【资源】组：提供对辅助功能帮助工具的访问权限。

★新功能 1.4.6 同时取消隐藏多个工作表

在Excel 2021 中，不再是一次只能取消隐藏一张工作表了，可以一次性取消隐藏多张隐藏的工作表。执行【取消隐藏】命令后，将显示一个对话框，其中列出了哪些工作表处于隐藏状态，可以先选择要取消隐藏的工作表，再执行取消隐藏操作，如图 1-40 所示。

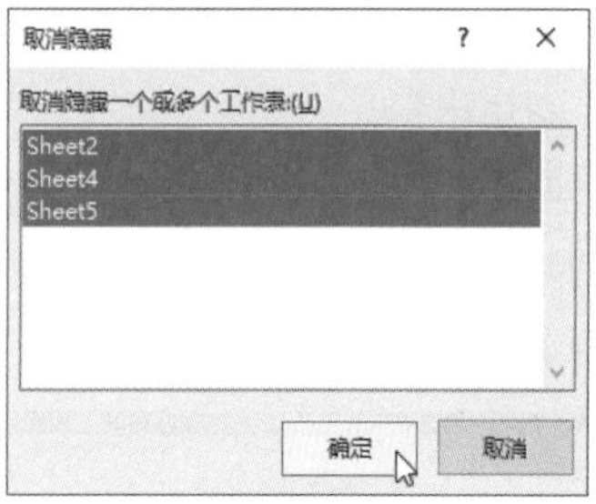

图 1-40

★新功能 1.4.7　内置图像搜索功能

在表格中，有时需要插入一些图片，以往需要先打开浏览器去各种图片网站上搜索、下载、保存，再回到Excel中插入。而在Excel 2021中可以直接通过内置的Bing来搜索合适的图片，然后将其快速插入文档中，如图 1-41 所示。

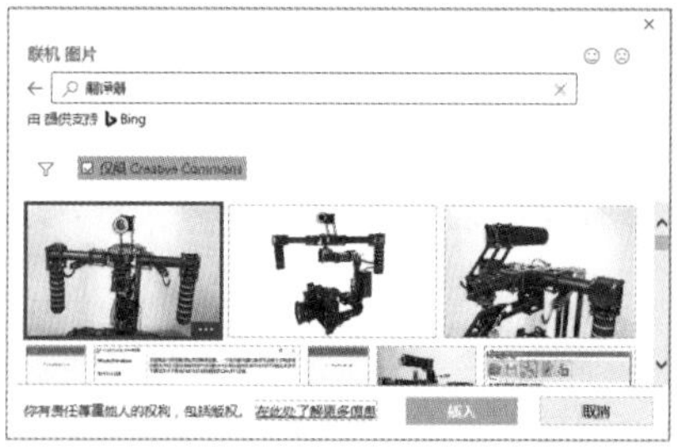

图 1-41

此外，Excel 2021 还会持续新增更多丰富的媒体内容至内容库，协助用户编辑出更好的文档，如库存影像、图示、图标等的收藏媒体库。

1.5　启动与设置 Excel 2021

Excel 2021 是Office 2021 套件的一个组件，如果要使用Excel 2021，就需要先安装Office 2021 套件。安装成功后，就可以启动并使用Excel 2021。

★重点 1.5.1　启动 Excel 2021

要使用Excel 2021 进行表格制作，首先需要启动Excel 2021。启动Excel 2021 的常用方法有以下3 种。

> **技术看板**
>
> 要在计算机中安装Office 2021，需要先卸载计算机中已有的Office套件。购买或从网上下载Office 2021的安装程序，下载完成后就可进行安装，安装完成后还需要激活产品。

1. 通过【开始屏幕】启动

安装Office 2021 后，Office的所有组件就会自动添加到“开始屏幕”中。因此，用户可以通过“开始屏幕”来启动Excel 2021，具体操作步骤如下。

Step01 选择启动选项。❶在计算机桌面的左下角单击【开始屏幕】图标 ，❷在弹出的菜单中选择【Excel】选项，如图 1-42 所示。

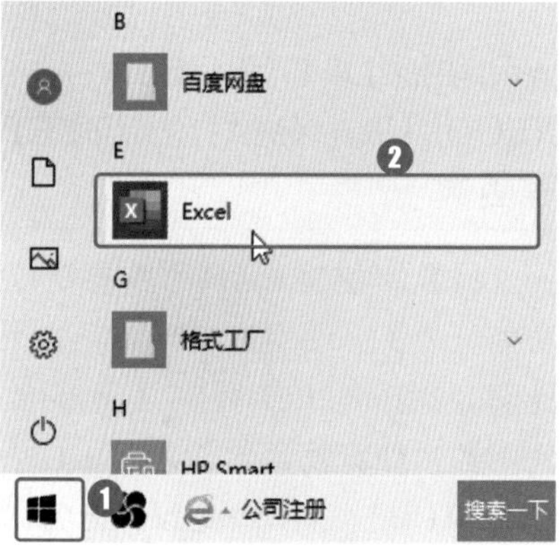

图 1-42

Step02 启动软件。即可启动Excel 2021，如图 1-43 所示。

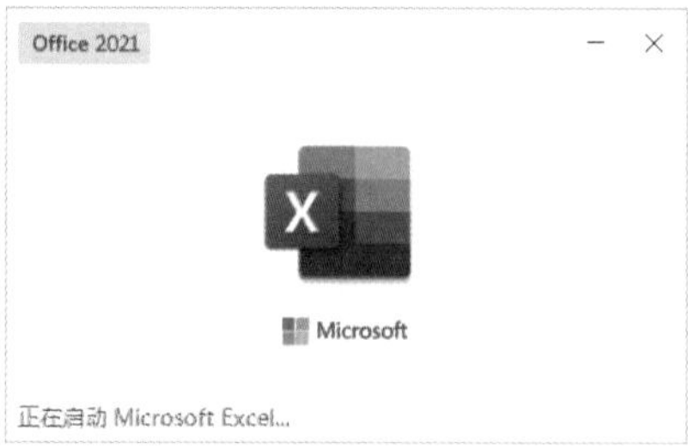

图 1-43

Step03 完成启动。启动完成后，即可显示Excel的启动界面，如图 1-44 所示。

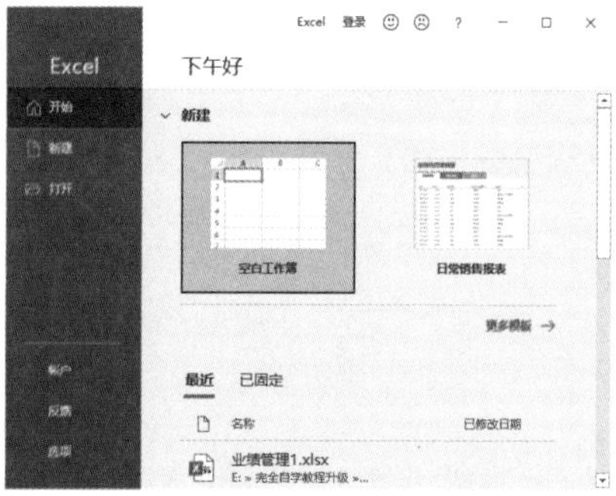

图 1-44

2. 在桌面添加快捷图标启动

对于经常要启动的软件，可以在桌面添加该软件的快捷图标，双击快捷图标就可快速启动。在桌面添加Excel快捷图标进行启动的具体操作步骤如下。

Step01 选择附加选项。❶在【开始屏幕】菜单中的Excel选项上右击，❷在弹出的快捷菜单中选择【更多】选项，❸在弹出的级联菜单中选择

【打开文件位置】选项，如图 1-45 所示。

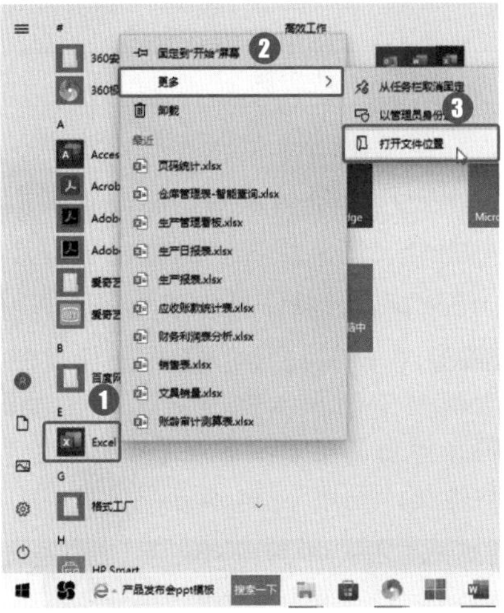

图 1-45

Step02 发送快捷方式图标。❶打开文件所在的位置，选择【Excel】图标并右击，❷在弹出的快捷菜单中选择【发送到】选项，❸在弹出的级联菜单中选择【桌面快捷方式】选项，如图 1-46 所示。

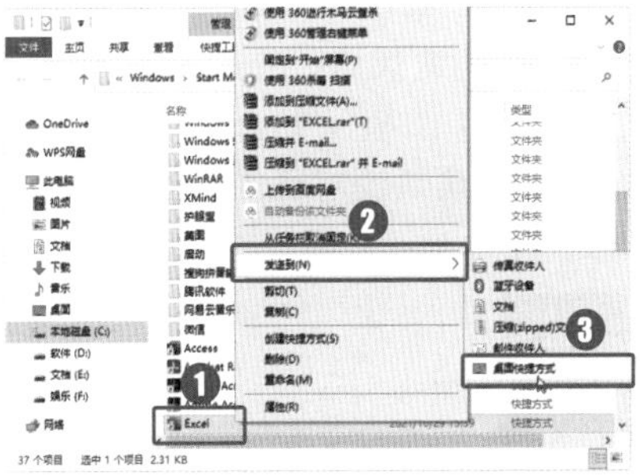

图 1-46

Step03 双击快捷方式图标启动。在桌面上创建一个Excel 2021 的快捷方式图标，如图 1-47 所示。双击该图标，即可启动Excel 2021 程序。

图 1-47

技术看板

如果未曾将Excel图标固定到任务栏，在图 1-45 所示的【更多】级联菜单中会显示出【固定到任务栏】选项，选择该选项会将Excel图标固定到任务栏，以后启动时，在任务栏上单击Excel图标即可。

3. 通过已有Excel文件启动

利用已有的Excel文件来启动Excel 2021 也是常用的方法。只要在【资源管理器】或【计算机】窗口中找到任意Excel文件，如【报价单.xlsx】，双击该文件图标，或者在Excel文件图标上右击，在弹出的快捷菜单中执行【打开】命令，如图 1-48 所示，即可启动Excel 2021 并打开该文件。

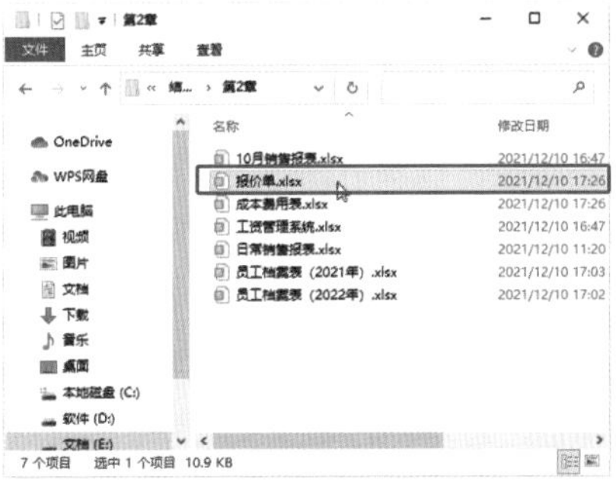

图 1-48

★重点 1.5.2 实战：注册并登录 Microsoft 账户

实例门类	软件功能

Excel 2021 的Microsoft账户功能可以实现多平台跨设备使用，而且同一个文件还可以由多人进行查看、编辑，真正实现不用复制文件，就可随时随地进行办公。所以在使用Excel 2021 之前，为了便于操作，建议先设置Microsoft账户。

在安装Office时，软件可能会要求用户注册Microsoft账号，但也可能用户当时并没有注册，因为这个过程是可以跳过的。在后期的使用过程中，也可以通过单击Excel 2021 窗口上方的【登录】按钮，根据提示来注册Microsoft账号，具体操作如下。

Step01 单击【登录】按钮。进入编辑主界面后，单击标题栏中的【登录】按钮，如图 1-49 所示。

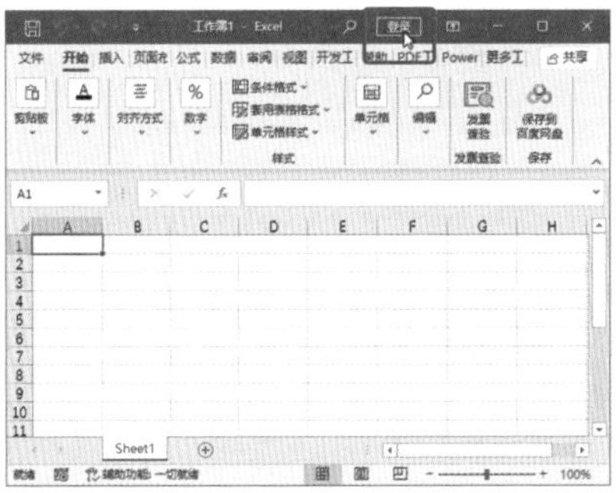

图 1-49

技术看板

Microsoft账户作为整个微软生态服务链的通行证，自然与全新Office密切关联。Office 2021 中的部分功能（如SkyDrive云服务）必须借助Microsoft账户才能起到作用。

Step02 输入邮箱地址。打开【登录】

对话框，❶在文本框中输入电子邮件地址或电话号码，❷单击【下一步】按钮，如图 1-50 所示。

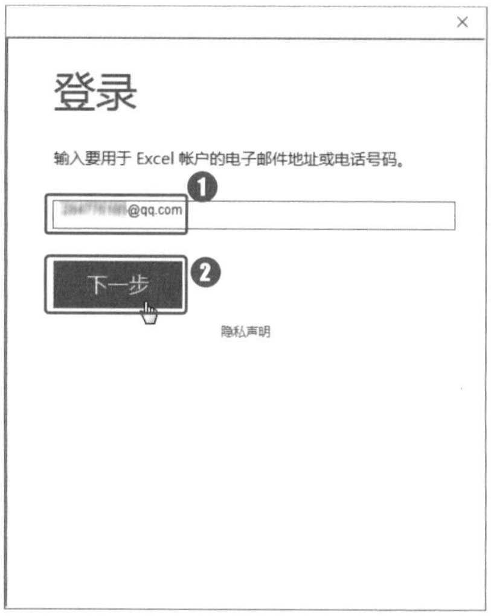

图 1-50

Step03 单击【注册】超链接。如果用户之前已注册账户，则直接输入用户名和密码进行登录。这里因为没有注册过该账户，所以单击【注册】超链接进行注册，如图 1-51 所示。

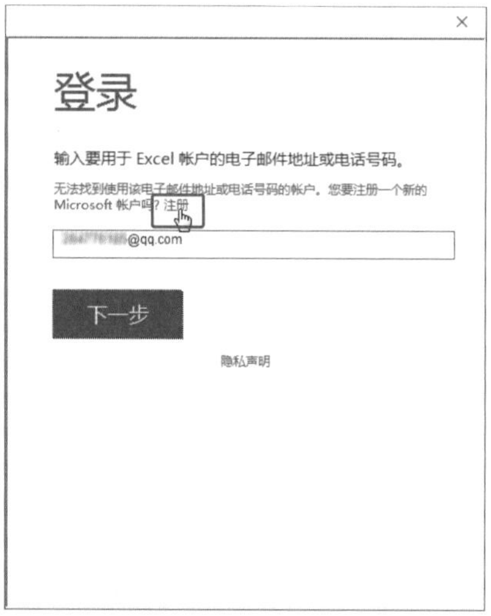

图 1-51

Step04 填写注册信息。切换到注册账户界面，❶根据提示在各文本框中输入相关信息，❷单击【创建账户】按钮完成注册，如图 1-52 所示。

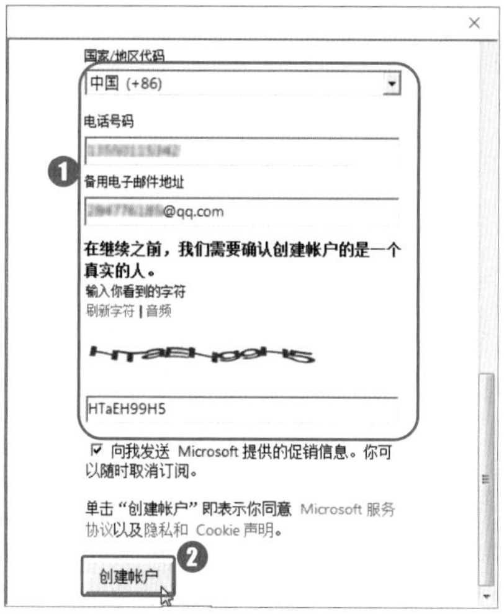

图 1-52

Step05 注册成功后Excel会自动登录，返回到Excel编辑界面后会看到右上角已经显示的是自己的个人账户姓名了，如图 1-53 所示。

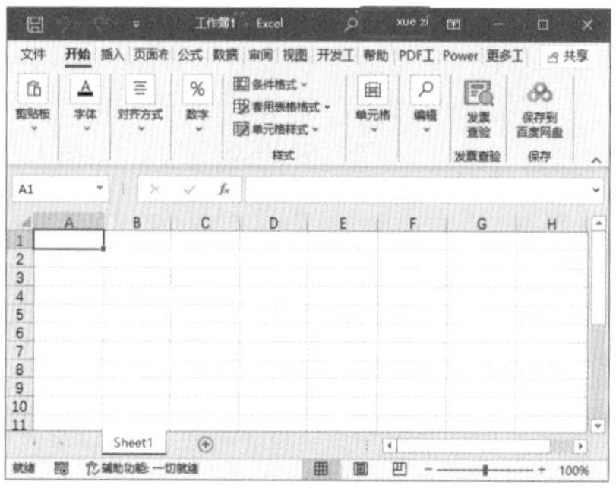

图 1-53

技能拓展——退出当前 Microsoft 账户

成功登录Microsoft账户后，若要退出当前账户，可切换到【文件】选项卡，在左侧列表中选择【账户】选项，切换到【账户】界面，在【用户信息】栏中单击【注销】超链接。

★重点 1.5.3 实战：设置 Office 背景

实例门类	软件功能

登录Microsoft账户后，还可以管理账户的隐私设置，从而管理用户的个人信息状况。例如，要设置Office背景，具体操作步骤如下。

Step01 单击超链接。❶单击标题栏右侧显示的个人账户姓名超链接，❷在弹出的菜单中单击【账户设置】超链接，如图 1-54 所示。

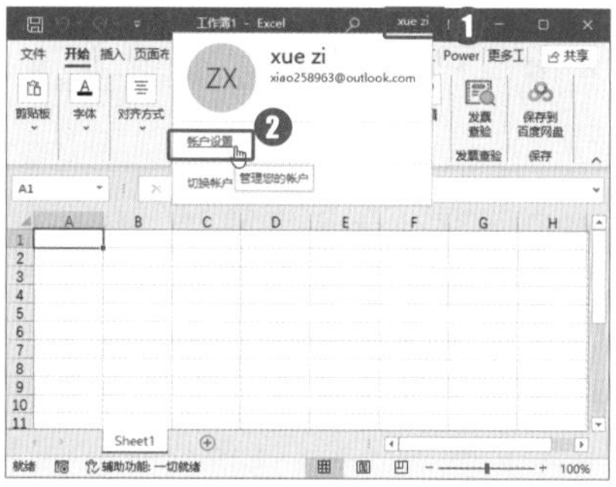

图 1-54

Step02 查看默认的Office背景。切换到【文件】选项卡的【账户】界面，可以看到默认没有设置Office背景，如图 1-55 所示。

图 1-55

Step03 选择背景效果。在【Office背景】下拉列表中选择需要的背景效果，即可看到使用该背景时的Excel界面效果，如图 1-56 所示。

图 1-56

> **技术看板**
>
> Excel的背景更改后，Office所有组件对应的背景效果都将随之改变。

1.6 熟悉 Excel 2021 的工作界面

使用Excel管理各种数据前，首先需要了解该软件的工作界面。只有熟悉了软件工作界面的各组成部分，大致知道常用的命令和操作有哪些，才能更好地运用该软件。Excel 2021 的工作界面主要由标题栏、快速访问工具栏、功能区、工作表编辑区及状态栏等部分组成，如图 1-57 所示。

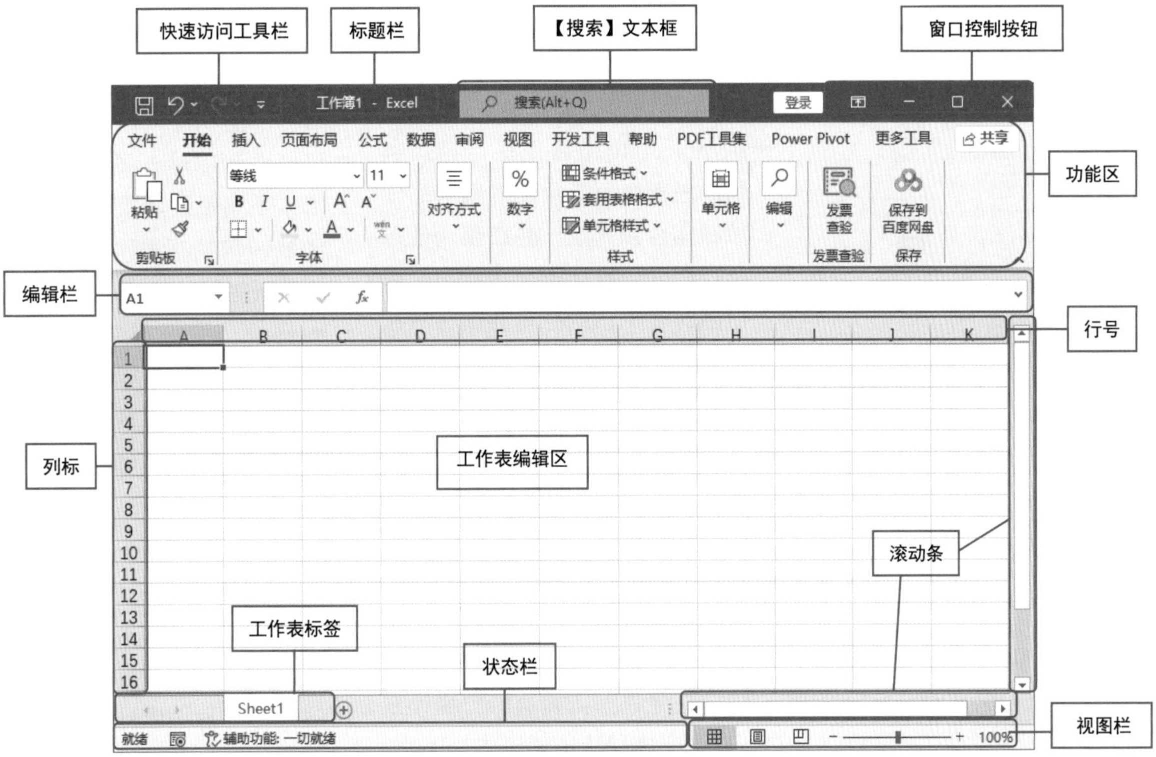

图 1-57

★新功能 1.6.1　标题栏

标题栏位于窗口的最上方，主要用于显示正在编辑的工作簿的文件名，以及所使用的软件后缀名。图 1-57 中所示的标题栏显示【工作簿 1-Excel】，表示此窗口的应用程序为Microsoft Excel，在Excel中打开的当前文件的文件名为【工作簿 1】。

另外，还包括右侧的【搜索】文本框、【登录】按钮和窗口控制按钮。【搜索】文本框用于快速搜索Excel中相关按钮、命令等的信息，还可以直接在【搜索】文本框中输入关键字快速检索Excel功能，用户就不用再到选项卡中寻找某个命令的具体位置了，可以快速实现相应操作。【登录】按钮用于快速登录Microsoft账户。窗口控制按钮包括4个按钮，分别是【功能区显示选项】按钮、【最小化】按钮、【最大化】按钮(或【向下还原】按钮)和【关闭】按钮，用于对工作簿窗口的内容、大小和关闭进行相应控制。

技术看板

单击【功能区显示选项】按钮，在弹出的菜单中选择不同的命令，可以控制功能区的显示效果。

1.6.2 快速访问工具栏

默认情况下，快速访问工具栏位于Excel窗口的左上方，用于显示Excel 2021中常用的一些工具按钮，默认包括【保存】按钮、【撤消】按钮和【恢复】按钮等，单击它们可执行相应的操作。无论功能区如何显示，快速访问工具栏中的命令始终可见，所以可以将常用的工具按钮显示在快速访问工具栏中，其中的工具用户可以根据需要进行添加和删除。

1.6.3 功能区

功能区中集合了各种重要功能，清晰可见，是Excel的控制中心。功能区主要由选项卡、组和命令3部分组成，以及工作时需要用到的命令，如【共享】按钮。

- 选项卡：默认状态下，Excel 2021会显示出【文件】【开始】【插入】【页面布局】【公式】【数据】【审阅】【视图】和【帮助】等选项卡。每个选项卡代表Excel执行的一组核心任务。选择不同的选项卡将显示出不同的Ribbon工具条。Ribbon工具条中又分为不同的组，方便用户从中选择各组中的命令按钮。常用的命令按钮主要集中在【开始】选项卡中，如【粘贴】【剪切】和【复制】等命令按钮。

技术看板

相比于Excel 2021中的其他选项卡，【文件】选项卡比较特殊。选择【文件】选项卡后，在弹出的【文件】菜单中可以看到其显示为下拉菜单，操作又类似于界面，其中包含了【打开】【保存】等针对文件操作的常用命令。

- 组：Excel 2021将在执行特定类型的任务时可能用到的所有命令按钮集合到一起，并在整个任务执行期间一直处于显示状态，以便随时使用，这些重要的命令按钮显示在工作区上方，集合的按钮放置在一个区域中就形成了组。
- 命令按钮：功能区中的命令按钮是最常用的，通过这些命令按钮，可完成工作表中数据的排版、检索等操作。Excel 2021功能区中不会一直显示所有命令按钮，只会根据当前执行的操作显示一些可能用到的命令按钮。
- 【共享】按钮：用于快速共享当前工作簿的副本到云端，以便实现协同工作。

1.6.4 编辑栏

编辑栏用于显示和编辑当前活动单元格中的数据或公式，由名称框和公式栏组成。

位于编辑栏左侧的名称栏中显示的是当前活动单元格的地址和名称，也可在名称栏中直接输入一个单元格或一个单元格区域的地址进行单元格的快速选定。

位于编辑栏右侧的公式栏用于显示和编辑活动单元格的内容。向活动单元格输入数据时，公式栏中便出现3个按钮，单击 ✕ 按钮可取消输入的内容；单击 ✓ 按钮可确定输入的内容；单击 f_x 按钮可插入函数。

★重点 1.6.5 工作表编辑区

工作表编辑区是处理数据的主要场所，在Excel 2021工作界面中所占的面积最大，它由许多小方格组成，可以输入不同的数据类型。工作表编辑区是最直观显示内容的区域，包括行号、列标、单元格、滚动条等部分。

- 行号、列标与单元格：Excel中通过行号和列标的标记，将整张表格划分为很多小方格，即单元格。单元格中可输入不同类型的数据，是Excel中存储数据的最基本元素。
- 滚动条：位于工作簿窗口的右侧及下方，包括水平滚动条和垂直滚动条。通过拖动滚动条可实现文档的水平或垂直滚动，以便查看窗口中超过屏幕显示范围而未显示出来的内容。

1.6.6 工作表标签

编辑区的左下方显示着工作表标签滚动显示按钮、工作表标签和【新工作表】按钮。

➥ 工作表标签滚动显示按钮：如果当前工作簿中包含的工作表数量较多，而且工作簿窗口大小不足以显示出所有的工作表标签时，则可通过单击工作表标签队列左侧提供的标签滚动显示按钮来查看各工作表标签。标签滚动显示按钮包含◀和▶两个按钮，分别用于向前或向后切换一张工作表标签。在工作表标签滚动显示按钮上右击，将打开【激活】对话框，如图 1-58 所示。在其中选择任意一张工作表即可切换到相应的工作表标签。

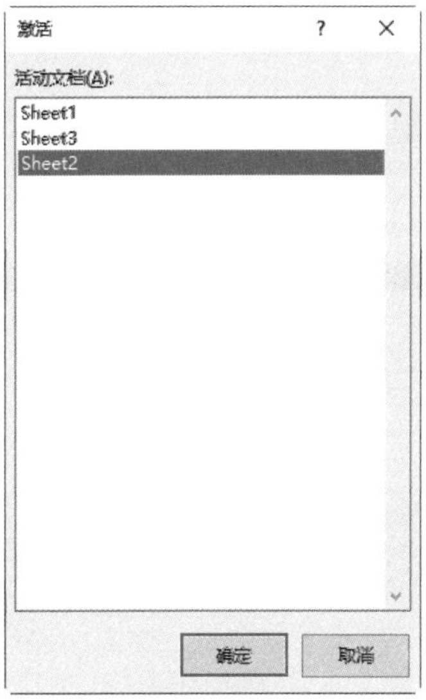

图 1-58

技术看板

相较于早期版本，Excel 2021 的工作表标签滚动显示按钮少了可以快速移动到最左侧或最右侧工作表标签的按钮，不过不影响使用。

➥ 工作表标签：工作表标签显示着工作表的名称，Excel 2021 中一般只显示 1 个工作表标签，默认以【Sheet1】命名，用户可以根据需要，单击右侧的【新工作表】按钮⊕生成新的工作表。工作簿窗口中显示的工作表称为当前工作表，当前工作表只有一张，用户可通过单击工作表下方的标签激活其他工作表为当前工作表。当前工作表的标签为白色，其他为灰色。

1.6.7 状态栏

状态栏位于工作界面底部左侧，用于显示当前工作表或单元格区域操作的相关信息，如在工作表准备接受命令或数据时，状态栏中显示【就绪】，在编辑栏中输入新的内容时，状态栏中显示【输入】；当选择菜单命令或单击工具按钮时，状态栏中显示此命令或工具按钮用途的简要提示。

1.6.8 视图栏

视图栏位于状态栏的右侧，它显示了工作表当前使用的视图模式和缩放比例等内容，主要用于切换视图模式、调整表格显示比例，方便用户查看表格内容。要调节文档的显示比例，直接拖动显示比例滑块即可，也可单击【缩小】按钮或【放大】按钮，成倍缩放视图显示比例。

各视图按钮的作用如下。

➥【普通视图】按钮▦：普通视图是 Excel 的默认视图，效果如图 1-59 所示。在普通视图中可进行输入数据、筛选、制作图表和设置格式等操作。

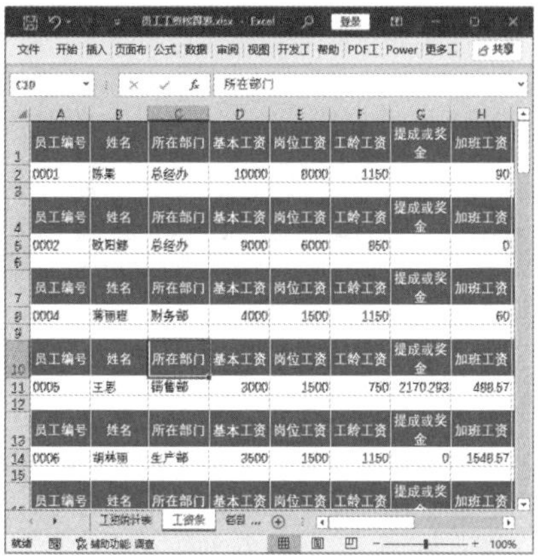

图 1-59

➥【页面布局视图】按钮▤：单击该按钮，将当前视图切换到页面布局视图，如图 1-60 所示。在页面布局视图中，工作表的顶部、两侧和底部都显示有页边距，顶部和一侧的标尺可以帮助调整页边距。

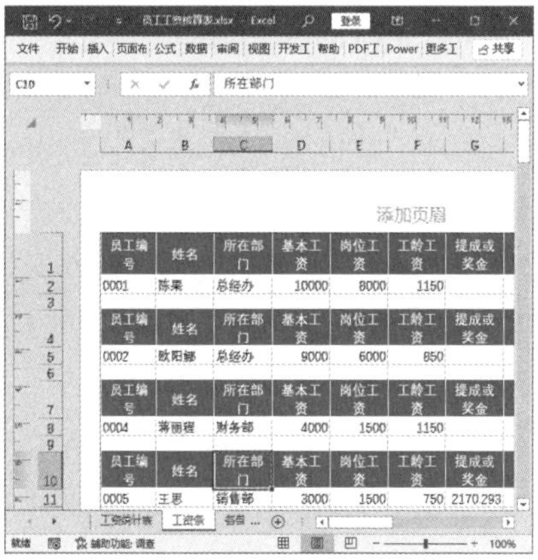

图 1-60

➥【分页预览视图】按钮▥：单击该按钮，将当前视图切换到分页预览状态，如图 1-61 所示，它是按打印方式显示工作表的编辑视图。在分页预览视图中，可通过左右或上下拖动来移动分页符，Excel 会自动按比例调整工作表使其行、列适合页的大小。

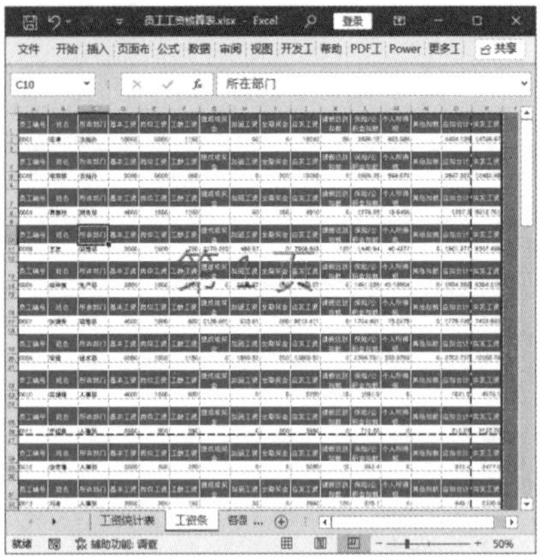

图 1-61

1.7 如何学习使用 Excel 2021

在学习Excel的过程中，难免会遇到一些问题，只要能合理地利用Excel的帮助功能及网络资源，就能快速解决学习中遇到的问题，并且能提高学习的效率。

★新功能 1.7.1 实战：使用 Excel 帮助

使用Excel的过程中，如果遇到不熟悉的操作，或对某些功能不了解时，可以通过使用Excel提供的联机帮助功能寻求解决问题的方法。根据用户需要帮助的具体情况，可选择如下3种方法来获取联机帮助。

1. 通过【帮助】选项卡获取帮助

Excel 2021 中默认提供有【帮助】选项卡，通过该功能可快速获取需要的帮助，但前提是必须保证计算机正常连接网络，具体操作步骤如下。

Step01 单击【帮助】按钮。单击【帮助】选项卡【帮助】组中的【帮助】按钮，如图 1-62 所示。

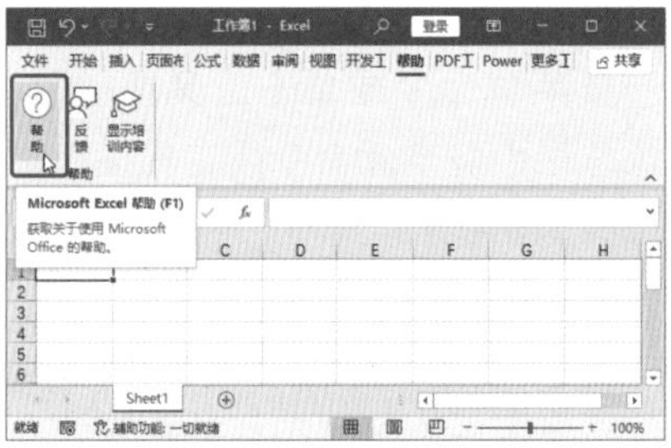

图 1-62

Step02 单击分类超级链接。打开【帮助】任务窗格，在其中提供了Excel相关分类的一些帮助，如单击【导入与分析】超级链接，如图 1-63 所示。

图 1-63

Step03 单击帮助问题超级链接。展开分类，单击需要查看的问题对应的超级链接，如图 1-64 所示。

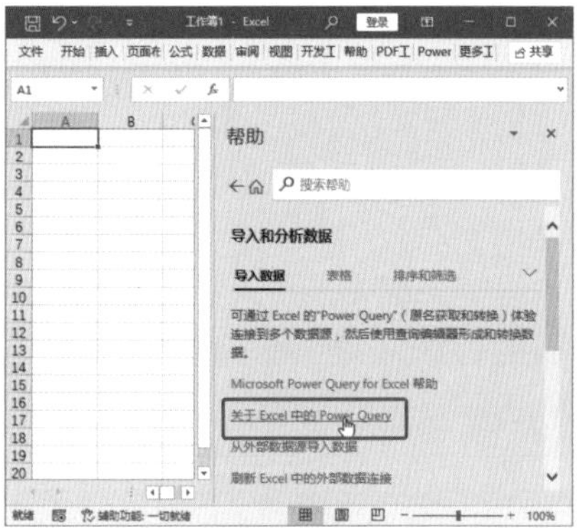

图 1-64

Step04 查看问题解决方案。即可展开相关问题的解决方案，如图 1-65 所示。

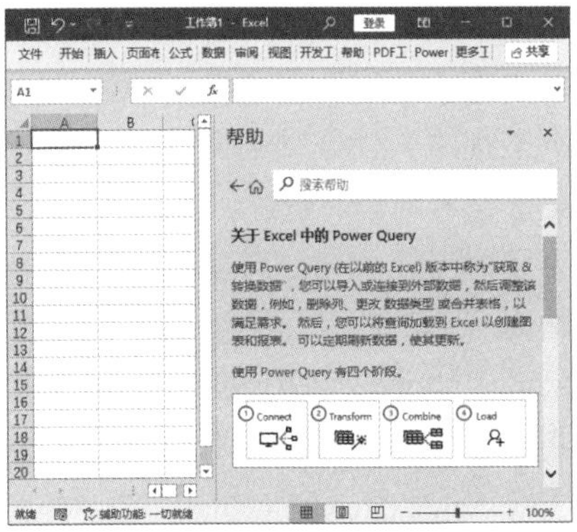

图 1-65

技能拓展——输入问题搜索获取帮助

如果需要获取的帮助在【帮助】任务窗格中没有得到解决，那么可在【帮助】任务窗格中的【搜索帮助】文本框中输入需要搜索的问题，如输入【SUMIF 函数】，单击【搜索】按钮，即可根据输入的问题搜索出相关的超级链接，单击相应的超级链接，在任务窗格中将展开该问题的相关解决方案，如图 1-66 所示。

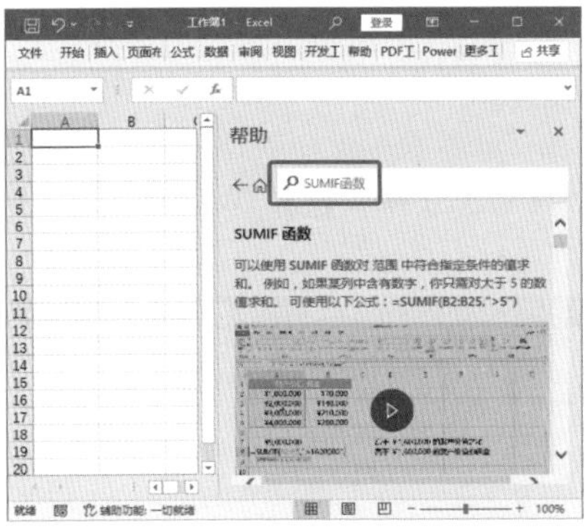

图 1-66

2. 查询Excel联机帮助

在连接网络的情况下，也可通过Excel帮助网页获取联机帮助，具体操作步骤如下。

Step 01 单击【帮助】按钮。选择【文件】选项卡，单击【Microsoft Excel 帮助】按钮 ?，如图 1-67 所示。

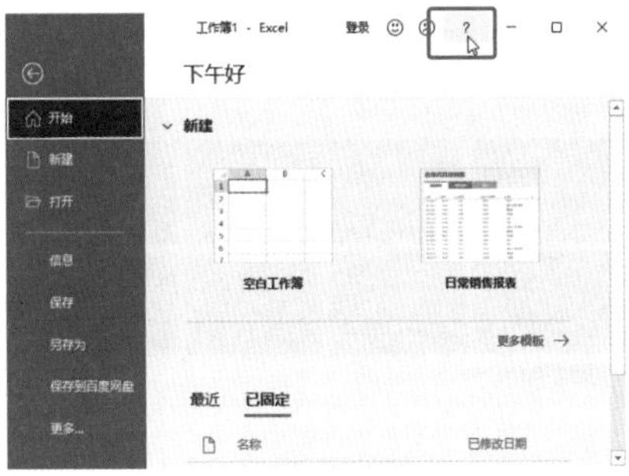

图 1-67

Step 02 单击【搜索】按钮。打开网页浏览器，并自动连接到Microsoft的官方网站，单击 🔍 按钮，如图 1-68 所示。

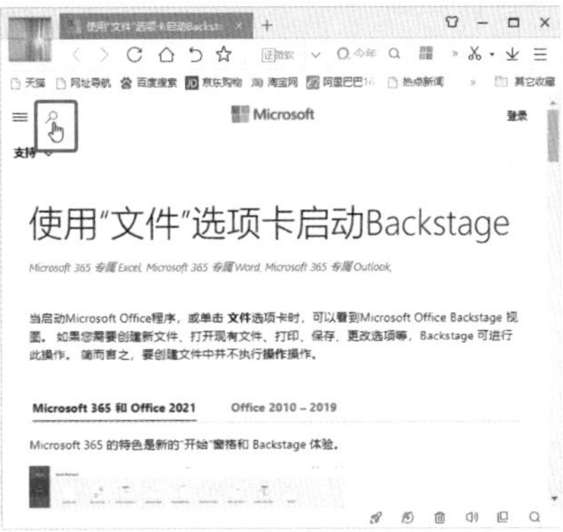

图 1-68

Step 03 输入关键字搜索。跳转到新页面，❶在搜索框中输入关键字，如输入【Excel 2021 新功能】，❷单击→按钮，如图 1-69 所示。

图 1-69

Step 04 查看帮助信息。打开的页面中将显示搜索到的结果，单击对应的超级链接，如图 1-70 所示。

图 1-70

Step 05 查看帮助信息。在打开的网页中将显示该问题的帮助信息，如图 1-71 所示。

图 1-71

技术看板

按【F1】键也可打开网页浏览器，并自动连接到Microsoft的官方网站。

3. 善用【搜索】文本框

在使用Excel 2021时，如果不知道所需要的功能在什么选项卡下，可以通过【搜索】文本框来进行查找，具体操作步骤如下。

Step 01 进行功能关键词搜索。❶将光标定位到【搜索】文本框中，输入需要查找的功能命令关键词，如输入【联机图片】，❷输入功能命令后，下方会出现相应的功能选项，选择这个选项，如图 1-72 所示。

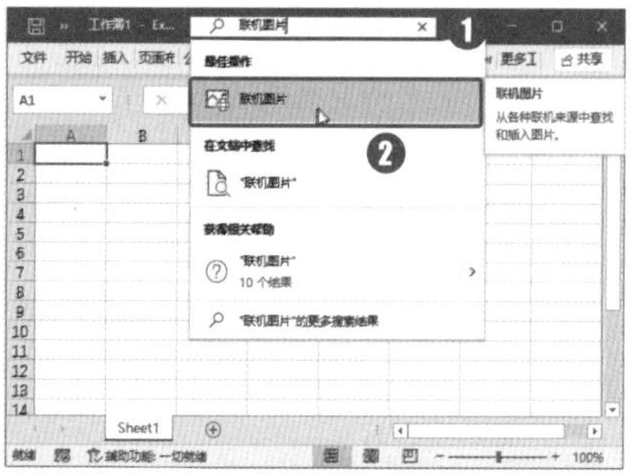

图 1-72

Step02 打开需要的功能。选择搜索出来的选项后，便会打开这个功能，如图 1-73 所示。

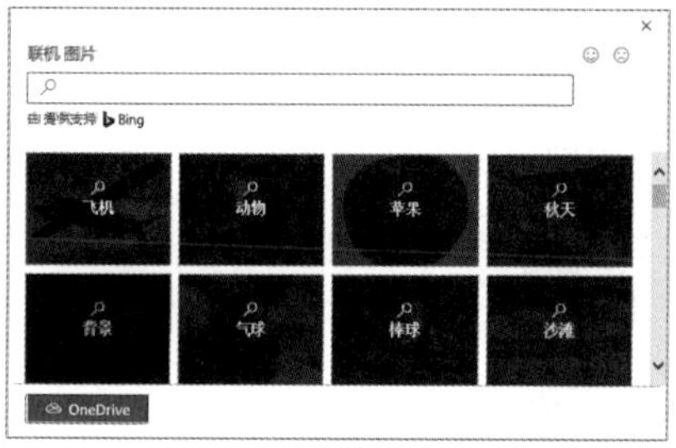

图 1-73

1.7.2 使用网络查找资源

学习就是一个不断摸索进步的过程，在这个过程中需要掌握好的方法，多一些学习的途径，就可以帮助我们获得更多的知识，快速解决相应的难题。

用户遇到一些不懂的问题时，除了向Excel软件本身寻求帮助外，还可以向一些Excel高手请教，也可以通过互联网寻求帮助。

互联网上介绍Excel应用的文章很多，而且可以免费阅读，还有一些视频文件或动画教程，这些都是非常好的学习资源。当遇到Excel难题时可以直接在百度搜索引擎中输入关键字进行搜索，如图 1-74 所示。也可以到Excel网站中寻求高人的帮助，如Excel Home网站（http://club.excelhome.net/）等。

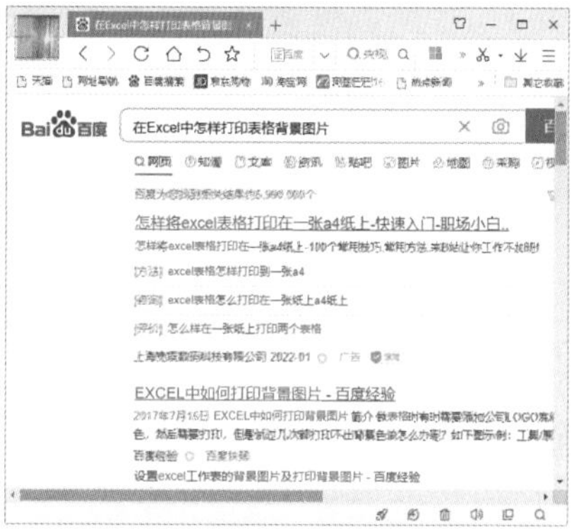

图 1-74

妙招技法

通过前面知识的学习，相信读者已经对Excel 2021 有了基本的认识。在使用Excel 2021 编辑工作表内容时，还需要对Excel 2021 的工作环境进行设置。下面结合本章内容，给大家介绍一些实用技巧。

技巧 01：自定义快速访问工具栏

快速访问工具栏作为一个命令按钮的容器，可以承载Excel 2021 所有的操作命令和按钮。不过，默认情况下的快速访问工具栏中只提供了【保存】【撤消】和【恢复】3 个按钮，为了方便在编辑表格内容时能快速实现常用的操作，用户可以根据需要将经常使用的按钮添加到快速访问工具栏中。

例如，要将【打开】按钮添加到快速访问工具栏中，具体操作步骤如下。

Step01 选择添加的命令按钮。❶单击快速访问工具栏右侧的下拉按钮，❷在弹出的下拉菜单中选择需要添加的【打开】命令按钮，如图 1-75 所示。

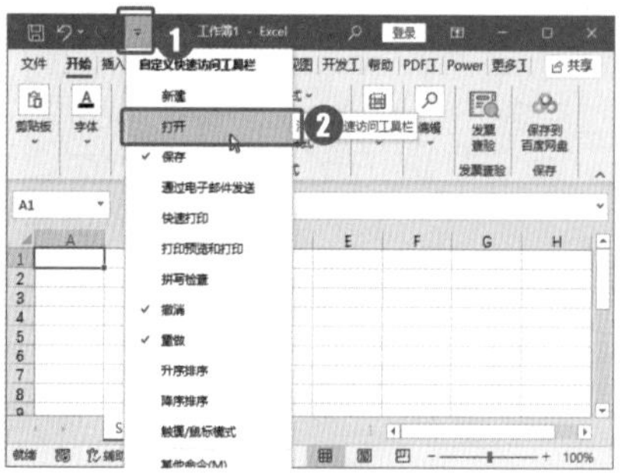

图 1-75

Step02 查看添加的按钮。经过上步操作，即可在快速访问工具栏中添加【打开】按钮，效果如图 1-76 所示。

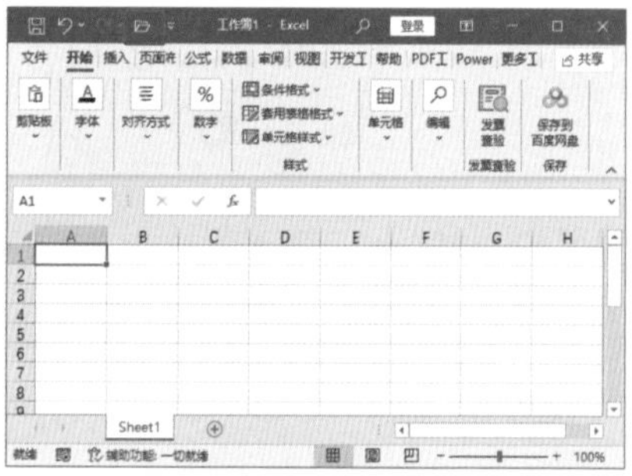

图 1-76

技能拓展——删除快速访问工具栏中的按钮

单击快速访问工具栏右侧的下拉按钮，在弹出的下拉菜单中再次选择某个命令按钮，取消命令按钮前的选中标记，即可删除快速访问工具栏中相应的按钮。

技巧02：自定义功能区

在使用Excel 2021进行表格内容编辑时，用户可以根据自己的操作习惯，为经常使用的命令按钮创建一个独立的选项卡或工具组。这里以添加【我的工具】组为例进行介绍，具体操作步骤如下。

Step 01 选择【选项】命令。单击【文件】选项卡，在弹出的【文件】选项卡中选择【选项】命令，如图1-77所示。

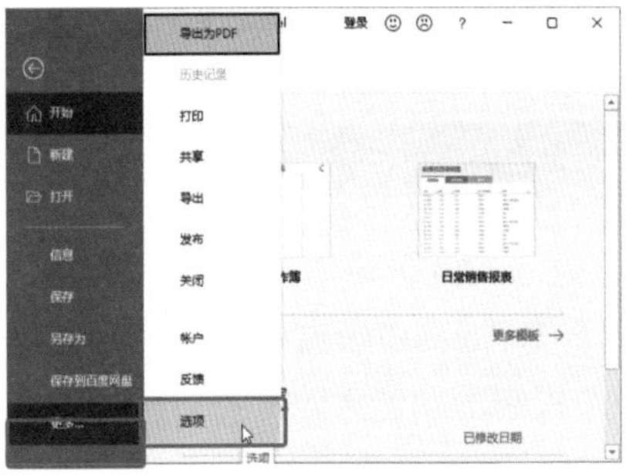

图1-77

Step 02 新建组。打开【Excel选项】对话框，❶选择【自定义功能区】选项卡，❷在右侧的【自定义功能区】列表框中选择工具组要添加到的具体位置，这里选择【开始】选项，❸单击【新建组】按钮，如图1-78所示。

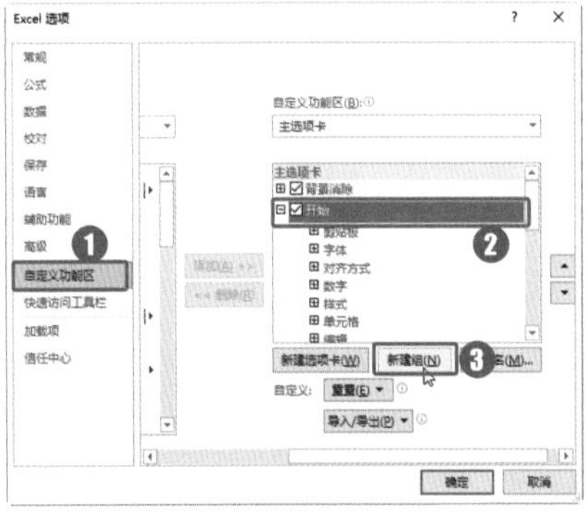

图1-78

Step 03 执行重命名操作。经过上步操作，即可在【自定义功能区】列表框中【开始】→【编辑】选项的下方添加【新建组（自定义）】选项。保持新建工作组的选择状态，单击【重命名】按钮，如图1-79所示。

技能拓展——在功能区中新建选项卡

在【Excel选项】对话框左侧选择【自定义功能区】选项卡，在右侧单击【新建选项卡】按钮可以在功能区中新建选项卡。

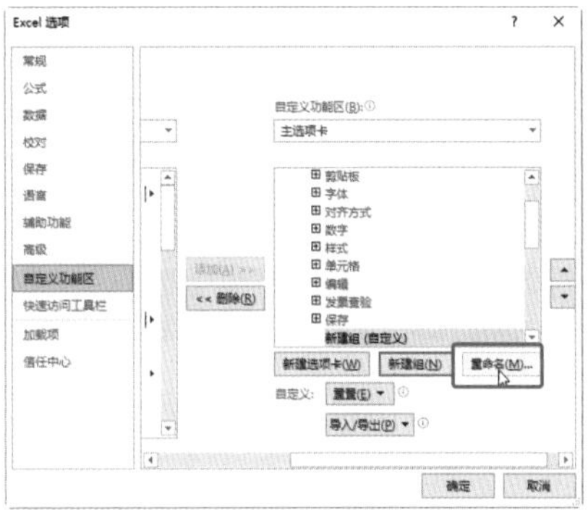

图1-79

Step 04 重命名组。打开【重命名】对话框，❶在【符号】列表框中选择要作为新建工作组的符号标志，❷在【显示名称】文本框中输入新建组的名称【我的工具】，❸单击【确定】按钮，如图1-80所示。

图1-80

Step 05 添加命令。❶在【从下列位置选择命令】下拉列表中选择【常用命令】选项，❷在下方的列表框中依次选择需要添加到新建组中的命令，❸单击【添加】按钮将它们添加到新建组中，❹添加完毕后单击【确定】按钮，如图1-81所示。

技能拓展——删除功能区中的功能组

如果需要删除功能区中的功能组，在【Excel选项】对话框的【自定义功能区】选项卡，【自定义功能区】列表框中选择需要删除的功能组，单击【删除】按钮即可。

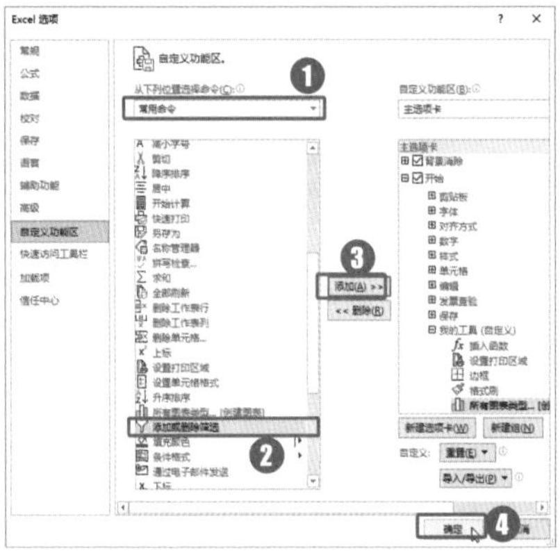

图1-81

Step 06 查看添加的效果。完成自定义功能区的操作后返回Excel窗口中，在【开始】选项卡【编辑】组的右侧将显示新建的【我的工具】组，在其中可看到添加的自定义功能按钮，如图1-82所示。

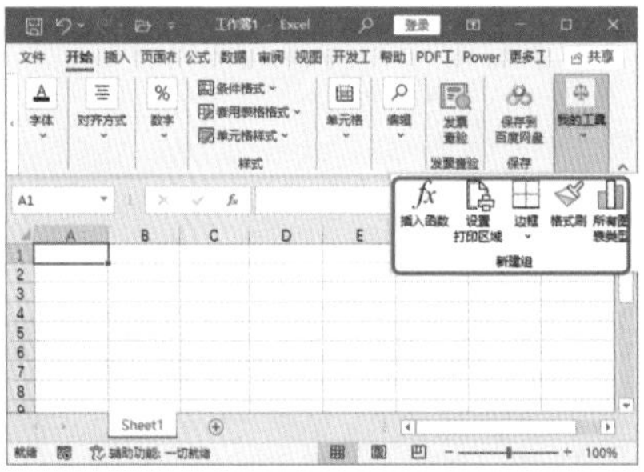

图1-82

技巧 03：隐藏窗口中的元素

Excel窗口中包含一些可以选择显示或隐藏的窗口元素，如网格线、编辑栏等。为了让屏幕中设置的表格背景等效果更佳，可以将网格线隐藏起来，具体操作步骤如下。

Step 01 取消复选框选中状态。在【视图】选项卡【显示】组中取消选中【网格线】复选框，如图 1-83 所示。

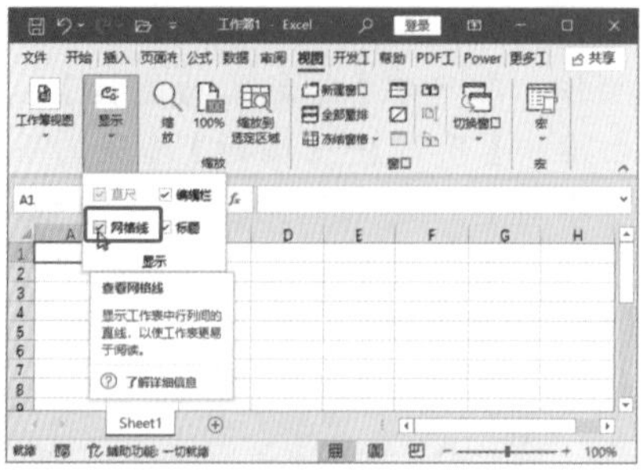

图 1-83

Step 02 查看隐藏网格线后的效果。经过上步操作后，即可看到工作表编辑区中的网格线被隐藏起来了，效果如图 1-84 所示。

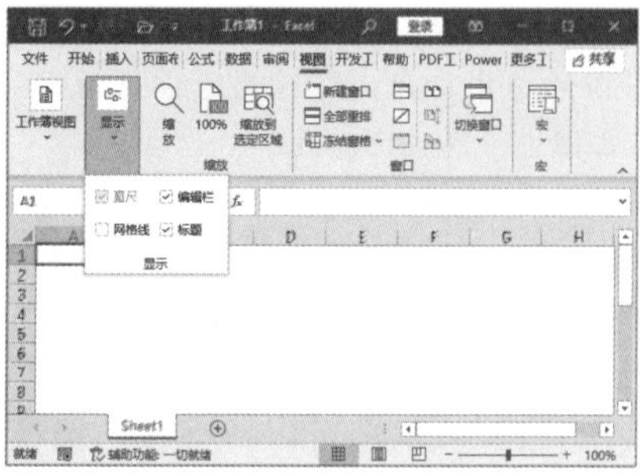

图 1-84

技术看板

如果要显示或隐藏窗口中的其他元素，在【视图】选项卡【显示】组中选中或取消选中相应的复选框即可。如果要让隐藏起来的网格线再显示出来，可以选中【视图】选项卡【显示】组中的【网格线】复选框。

本章小结

本章主要介绍了Excel 2021 的相关知识，包括Excel的主要功能和应用领域、Excel 2021 新增加的功能、Excel 2021 的启动方法、工作界面的组成等，相信读者已经对Excel有了基本的认识。希望Excel初学者在学习本章知识后，要多熟悉其工作界面，切换到不同的选项卡中看看都有哪些功能按钮，对每个按钮的功能大致进行分析，不懂的地方可以先通过联机帮助进行了解。另外，可以注册一个Microsoft账户，从一开始就掌握协同办公的基本操作。在开始正式学习Excel 2021 前，还应该设置一个适合自己的工作环境，如对功能区进行自定义，将常用的按钮添加到一起等。

第2章 工作簿与工作表的基本操作

- ➥ 最基本的工作簿操作还不知道怎么做吗?
- ➥ 想在一个工作簿中创建多张工作表，怎样选择相应的工作表呢?
- ➥ 不希望其他人查看表格中的数据，怎样对其进行保存最安全?
- ➥ 如何让打开的多个工作簿按照一定的顺序进行排列呢?
- ➥ 表格中的数据很多，怎样让表字段始终显示在表格首行?

使用Excel制作表格时，工作簿和工作表的操作是必不可少的。要想更好地使用Excel，那么首先需要掌握工作簿、工作表和工作簿窗口的一些基本操作，本章将对这些知识进行讲解。

2.1 使用工作簿

由于Excel中的所有操作都是在工作簿中完成的。因此学习Excel 2021应先学会工作簿的基本操作，包括创建、保存、打开和关闭工作簿。

★重点 2.1.1 新建工作簿

在Excel 2021中，新建工作簿分为新建空白工作簿和根据模板新建带格式、内容的工作簿等，用户可以根据自己的需要来选择新建类型。

1. 新建空白工作簿

空白工作簿是Excel中默认新建的工作簿，人们常说的新建工作簿也是指新建空白工作簿。新建空白工作簿的具体操作步骤如下。

Step 01 选择空白工作簿选项。启动Excel 2021，在界面右侧选择【空白工作簿】选项，如图2-1所示。

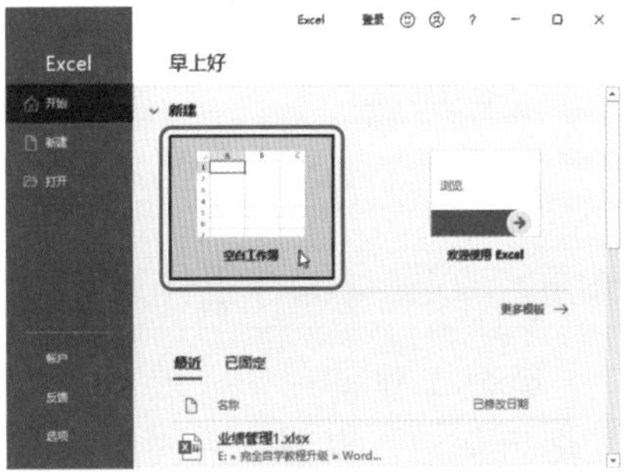

图 2-1

Step 02 通过菜单新建工作簿。新建一个名为【工作簿1】的空白工作簿后，❶在【文件】选项卡中单击【新建】按钮，❷在右侧选择【空白工作簿】选项，如图2-2所示。

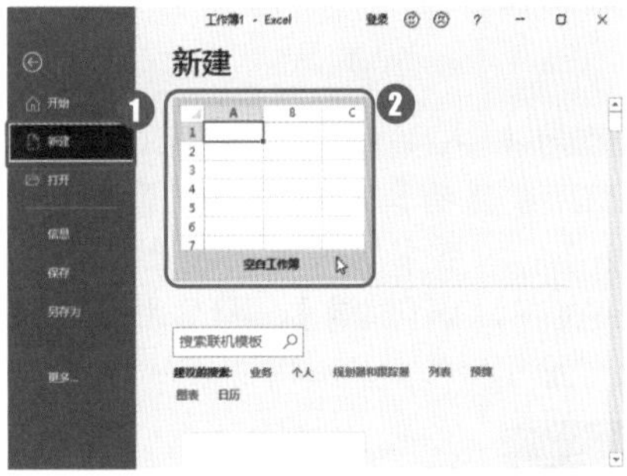

图 2-2

> **技术看板**
>
> 按【Ctrl+N】组合键，可快速新建空白工作簿。

Step 03 查看创建的空白工作簿。即可查看新建的空白工作簿，默认工作簿名称为【工作簿2】，如图2-3所示。

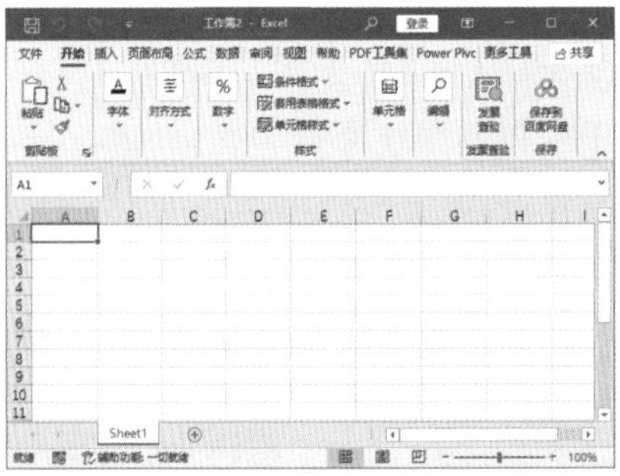

图 2-3

> **技能拓展——在系统中创建工作簿**
>
> 在系统中安装Excel 2021后，会在右键菜单中自动添加新建工作簿的快捷命令，所以也可以通过这一快捷命令来创建新的工作簿。只需要在桌面或文件夹窗口的空白处右击，在弹出的快捷菜单中选择【新建】→【Microsoft Excel工作表】选项即可。

2. 根据模板新建工作簿

Excel 2021中提供了许多工作

簿模板，这些工作簿的格式和所要填写的内容都是已经设计好的，可以保存占位符、宏、快捷键、样式和自动图文集词条等信息。用户可以根据需要新建相应的模板工作簿，然后在新建的模板工作簿中输入相应的数据，这样在一定程度上提高了工作效率。

Excel 2021 的【新建】面板采用了网页的布局形式和功能，其中【主页】栏中包含了【业务】【个人】【列表】【财务管理】【教育】【规划器和追踪器】和【预算】7 类常用的工作簿模板链接。此外，用户还可以在【搜索】文本框中输入需要搜索的模板关键字进行搜索，查找更多类别的工作簿模板。

在 Excel 2021 软件启动的界面或在【文件】选项卡的【新建】界面中都可以选择需要的表格模板，且方法大致相同。这里以在【文件】选项卡的【新建】界面为例，讲解根据模板新建工作簿的方法，具体操作步骤如下。

技术看板

Excel 2021 中的大部分模板都需要下载到计算机中才能使用。因此，在新建这类模板工作簿之前，必须确认个人计算机已经连接到网络。

Step 01 单击类型超级链接。❶在【文件】选项卡中单击【新建】按钮，❷在右侧单击需要的链接类型，如【业务】超级链接，如图 2-4 所示。

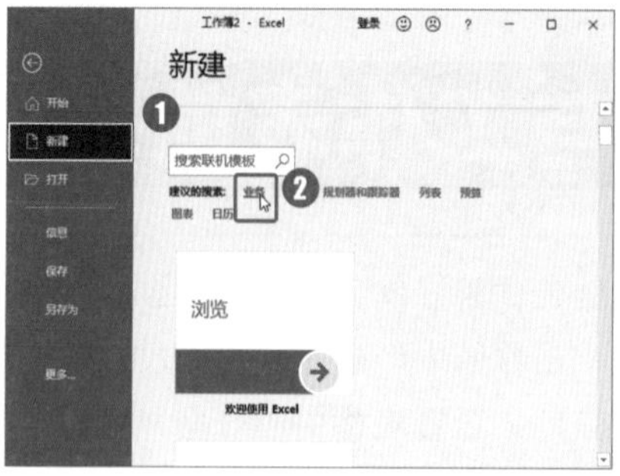

图 2-4

Step 02 查看搜索到的模板。在新界面中会展示出系统搜索到的所有与【业务】有关的表格模板，拖动滚动条可以依次查看各模板的缩略图效果。这里因没有找到需要的模板，所以单击【返回】按钮，如图 2-5 所示。

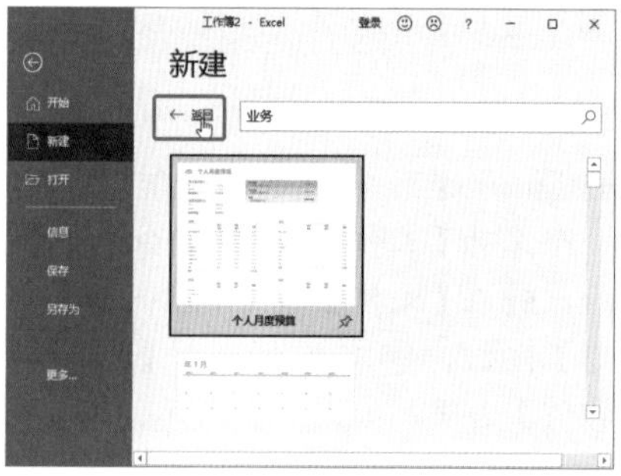

图 2-5

Step 03 输入关键字。将返回 Excel 2021 默认的【新建】界面。❶在【搜索】文本框中输入需要搜索的模板关键字，如【销售】，❷单击右侧的【搜索】按钮 🔍，如图 2-6 所示。

图 2-6

Step 04 选择需要的模板。系统将搜索与输入关键字【销售】有关的表格模板。在搜索列表中单击需要的表格模板，这里单击【日常销售报表】模板，如图 2-7 所示。

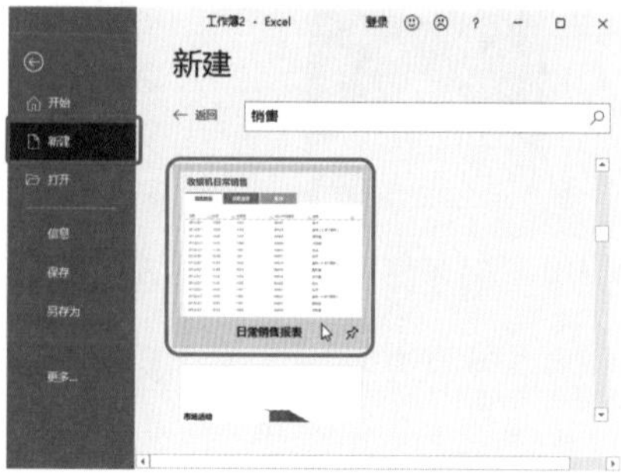

图 2-7

Step 05 创建模板。进入该模板的说明界面，在其中可查看该模板中部分表格页面的大致效果，满意后单击【创建】按钮，如图 2-8 所示。

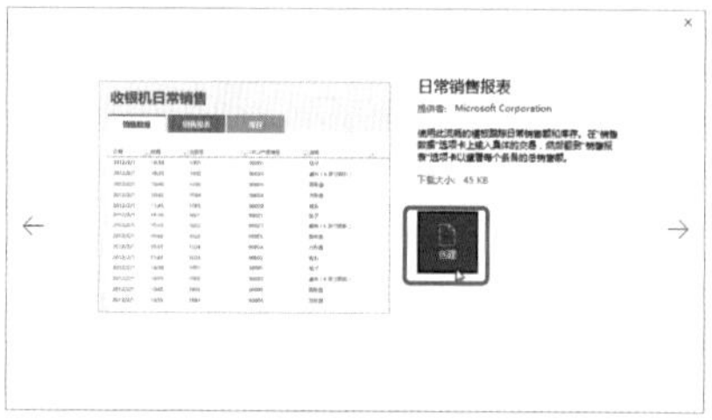

图 2-8

Step 06 查看创建的模板。返回 Excel 2021 的工作界面中即可看到系统根据模板自动创建的【日常销售报表 1】工作簿，如图 2-9 所示。

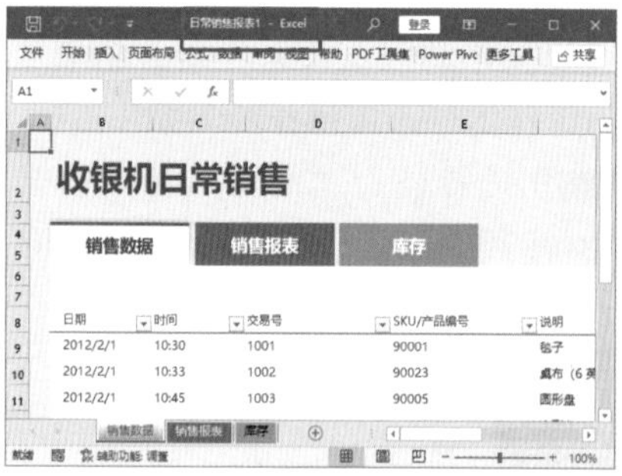

图 2-9

★重点 2.1.2 保存工作簿

新建工作簿后，一般需要对其进行保存，以便日后对工作簿进行使用或修改。保存工作簿又分为保存新建工作簿和另存为工作簿两种。

1. 保存新建工作簿

保存工作簿是为了方便日后使用该工作簿中的数据。新建工作簿操作结束就可以进行保存操作，也可以对工作簿进行编辑后再保存。保存新建工作簿时应为其指定一个与工作表内容一致的名称，并指定保存位置，既可以保存到硬盘中，又可以保存到网络中的其他计算机或云端固定位置上，或者保存到可移动设备中。

下面将刚刚根据模板新建的工作簿以【日常销售报表】为名进行保存，具体操作步骤如下。

Step 01 单击【保存】按钮。单击快速访问工具栏中的【保存】按钮，如图 2-10 所示。

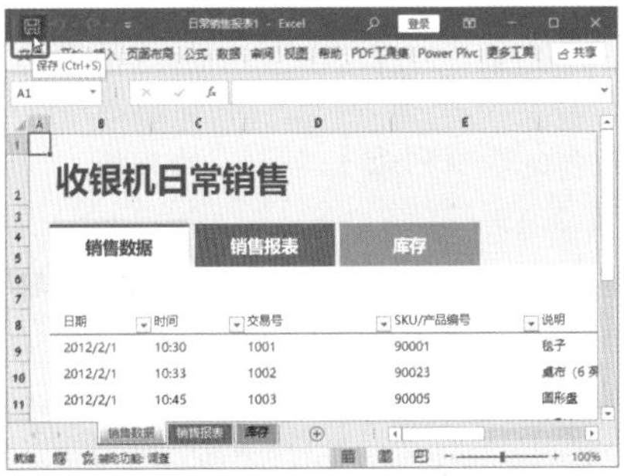

图 2-10

> **技能拓展——保存工作簿的快捷操作**
>
> 按【Ctrl+S】组合键，可以对工作簿进行快速保存。

Step 02 选择保存位置。因为是第一次对工作簿进行保存，执行保存操作时，会打开【另存为】界面，在界面右侧选择文件要保存的位置，这里选择【浏览】选项，如图 2-11 所示。

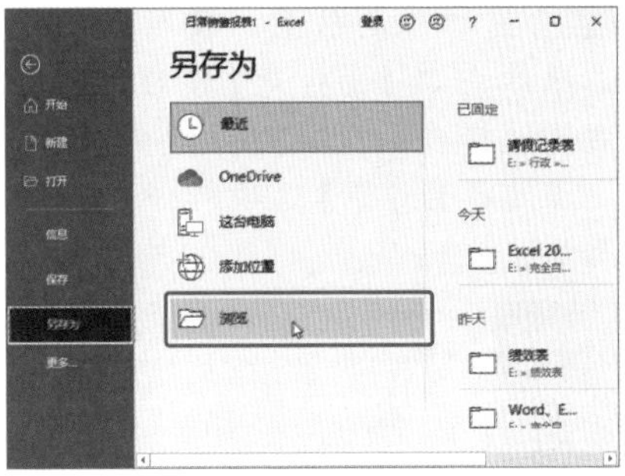

图 2-11

Step 03 设置保存参数。打开【另存为】对话框，❶在地址栏中选择文件要保存的位置，❷在【文件名】下拉列表框中输入工作簿要保存的名称，如【日常销售报表】，❸单击【保存】按钮，如图 2-12 所示。

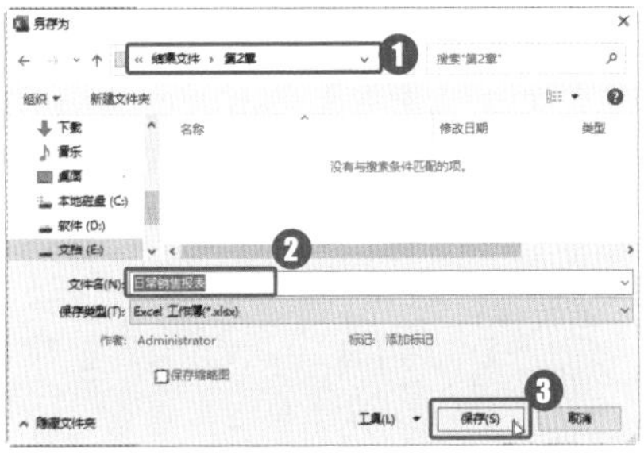

图 2-12

Step 04 查看保存效果。返回 Excel 工作界面，在标题栏上可以看到其标题已变为【日常销售报表】，如图 2-13 所示。

> **技术看板**
>
> 如果已经对工作簿进行过保存操作，在编辑工作簿后，再次进行保存操作，将不会打开【另存为】对话框，也不再需要进行设置，系统会自动将上一次保存的位置作为当前工作簿默认的保存位置。

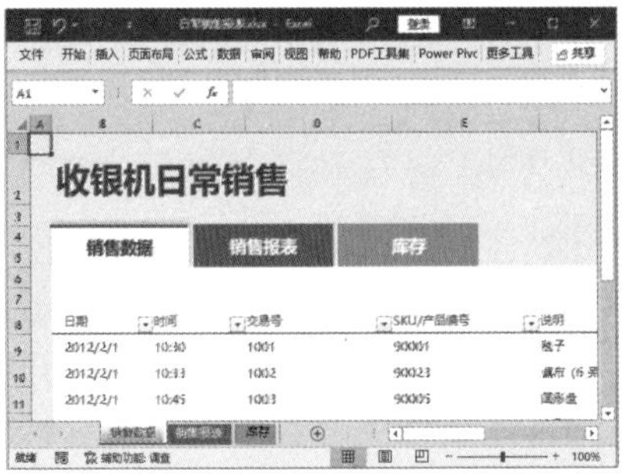

图 2-13

2. 另存为工作簿

在对已经保存过的工作簿进行了再次编辑后，如果既希望不影响原来的工作簿数据，又希望将编辑后的工作簿数据进行保存，则可以将编辑后的工作簿进行另存为操作。虽然前面讲解的操作步骤中我们也选择了【另存为】命令，打开了【另存为】对话框，但实际并没有执行【另存为】操作。

下面将前面保存的【日常销售报表】工作簿另存为【10 月销售报表】工作簿，具体操作步骤如下。

Step 01 双击保存位置。❶在【文件】选项卡中选择【另存为】选项，❷在右侧选择文件要保存的位置，这里双击【这台电脑】图标，如图 2-14 所示。

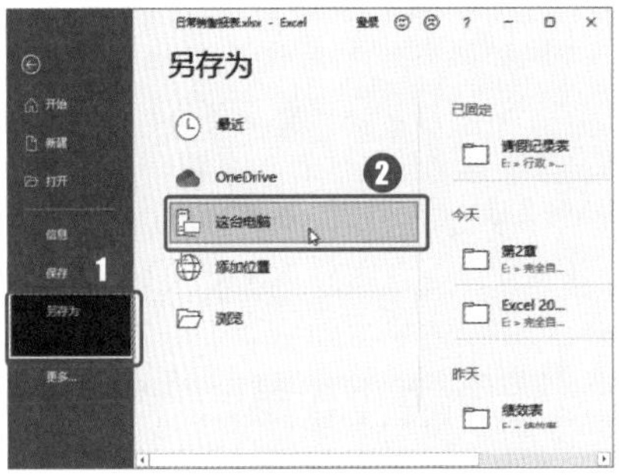

图 2-14

Step 02 设置保存名称。打开【另存为】对话框，❶在【文件名】下拉列表框中重新输入工作簿的名称，如【10 月销售报表】，❷单击【保存】

按钮，如图 2-15 所示。

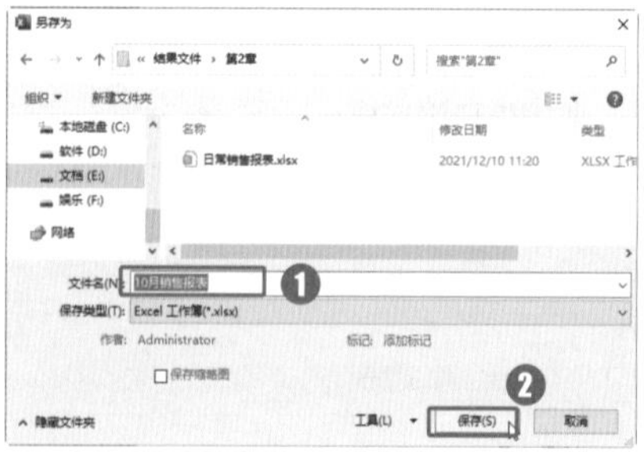

图 2-15

Step03 查看效果。返回 Excel 工作界面，在标题栏上可以看到其标题已变为【10 月销售报表】，如图 2-16 所示。

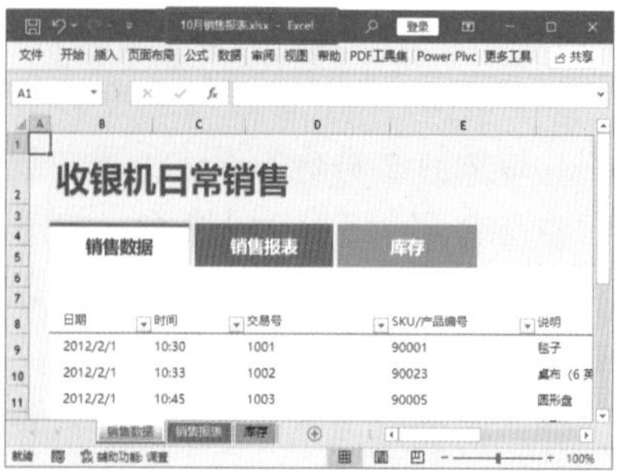

图 2-16

技能拓展——将工作簿保存为其他文件

Excel 文件其实具有通用性，也就是说既可以将工作簿保存为其他 Excel 文件，又可以将其保存为其他格式的文件，然后通过其他程序来打开该工作簿。在【另存为】对话框的【保存类型】下拉列表框中提供了多种类型的文件，用户可根据实际需要选择文件保存的类型。

2.1.3 打开工作簿

当用户需要查看或编辑以前保存过的 Excel 工作簿文件时，首先需要将其打开。例如，要打开素材文件中提供的【待办事项列表】工作簿，具体操作步骤如下。

Step01 选择保存位置。❶在【文件】选项卡中单击【打开】按钮，❷在右侧选择要打开文件保存的位置，这里选择【浏览】选项，如图 2-17 所示。

图 2-17

技能拓展——打开工作簿

【打开】命令的快捷键为【Ctrl+O】。此外，也可以通过双击 Excel 2021 文件图标将其打开。如果需要打开的文件是最近使用过的，可以在【文件】选项卡的【打开】界面中选择【最近】选项，在右侧区域有两个选项卡，其中将显示出最近使用的工作簿名称和最近打开的工作簿所在的位置，选择需要打开的工作簿即可打开该工作簿。

Step02 选择打开的文件。打开【打开】对话框，❶在地址栏中选择文件保存的位置，❷在中间的列表框中选择要打开的工作簿，如【待办事项列表】，❸单击【打开】按钮，如图 2-18 所示。

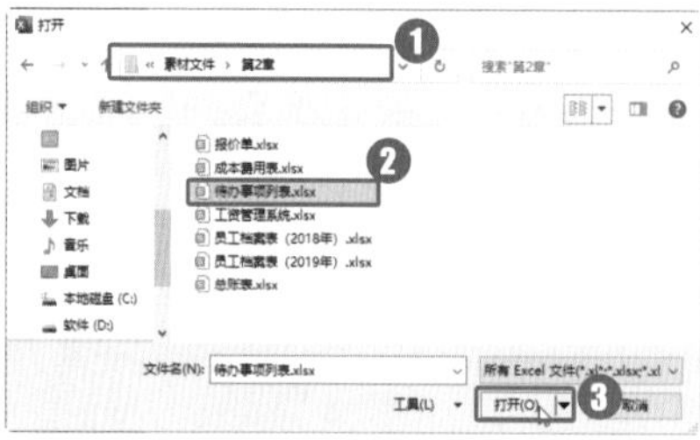

图 2-18

技术看板

在【打开】对话框中单击【打开】按钮右侧的下拉按钮▼，在弹出的下拉菜单中还可以选择打开工作簿的方式。工作簿打开方式有如下几种。

- 选择【打开】选项，将以普通状态打开工作簿。
- 选择【以只读方式打开】选项，在打开的工作簿中只能查看数据，不能进行任何编辑。
- 选择【以副本方式打开】选项，将以副本的形式打开工作簿，用户对该副本进行的任何编辑都会保存在该副本中，不会影响原工作簿的数据。
- 选择【在浏览器中打开】选项，可以在浏览器中打开工作簿，一般用于查看数据上传后的网页效果。
- 选择【在受保护视图中打开】选项，对打开的工作簿进行编辑操作都会被提示是否进行该操作。

Step03 查看文件效果。在新打开的 Excel 2021 窗口中即可看到打开的【待办事项列表】工作簿的内容，如图 2-19 所示。

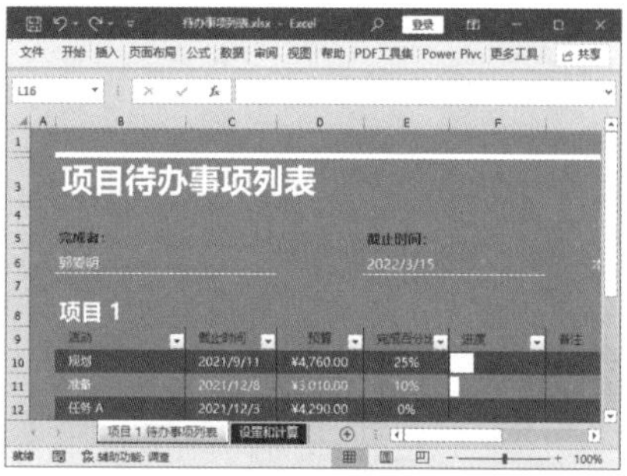

图 2-19

技术看板

在【另存为】对话框和【打开】对话框中，提供了多种视图方式，方便用户浏览文件。单击对话框右上角【更改你的视图】按钮，在弹出的下拉菜单中可以选择文件夹和文件的视图方式，包括缩略图、列表、详细信息、平铺和内容等多种视图方式。

2.1.4 关闭工作簿

对工作簿进行编辑并保存后，就可以将其关闭以减少计算机的内存占用量。关闭工作簿主要有以下 5 种方法。

（1）单击【关闭】按钮关闭。单击工作簿窗口右上角的【关闭】按钮 ✕ 关闭当前工作簿，如图 2-20 所示。

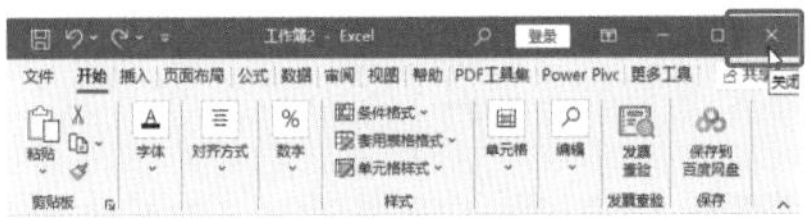

图 2-20

（2）通过【文件】选项卡关闭。在【文件】选项卡中选择【关闭】选项关闭当前工作簿，如图 2-21 所示。

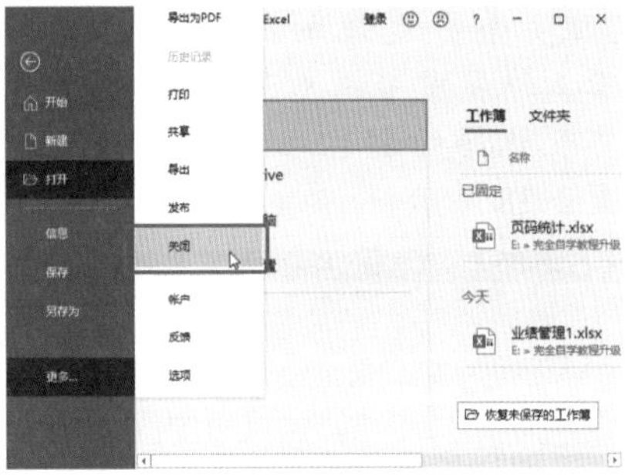

图 2-21

（3）通过标题栏快捷菜单关闭。在标题栏中任意位置右击，在弹出的快捷菜单中执行【关闭】命令也可以关闭当前工作簿，如图 2-22 所示。

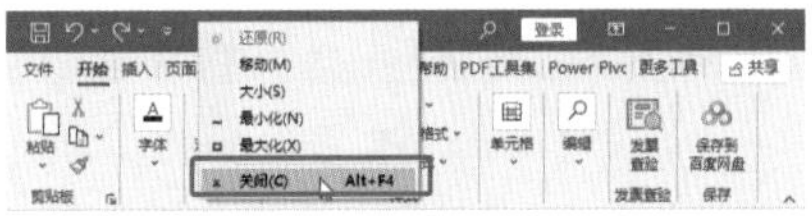

图 2-22

（4）通过快捷键关闭。按【Alt+F4】组合键可以快速关闭当前工作簿。

（5）通过任务栏按钮关闭。将鼠标光标移动到计算机桌面任务栏中的 Excel 任务图标上，在弹出的界面中显示了当前打开的所有 Excel 任务，找到要关闭的 Excel 任务并单击右上角的【关闭】按钮 ✕，即可关闭对应的工作簿，如图 2-23 所示。

图 2-23

技术看板

若在关闭工作簿前没有对其中所做的修改进行保存，关闭工作簿时将打开对话框询问是否进行保存，如图 2-24 所示。单击【保存】按钮可保存工作簿的更改并关闭，单击【不保存】按钮则不保存对工作簿的更改并关闭，单击【取消】按钮将取消工作簿的关闭操作。

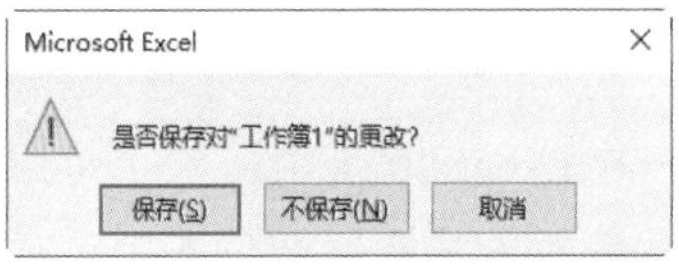

图 2-24

2.2 使用工作表

在 Excel 中对数据进行的大多数编辑操作都是在工作表中进行的，所以用户需要掌握工作表的基本操作，包括重命名、插入、选择、移动、复制和删除工作表等。

2.2.1 实战：重命名工作表

默认情况下，新建的工作簿中包含一个名为【Sheet1】的工作表，后期插入的新工作表将自动以【Sheet2】【Sheet3】……依次进行命名。

实际上，Excel 是允许用户为工作表命名的。为工作表重命名时，最好命名为与工作表中内容相符的名称，以后只需通过工作表名称即可判定其中的数据内容，从而方便对数据表进行有效管理。重命名工作表的具体操作步骤如下。

Step 01 进入工作表名称编辑状态。打开素材文件\第 2 章\报价单.xlsx，在要重命名的【Sheet1】工作表标签上双击，让其名称变成可编辑状态，如图 2-25 所示。

图 2-25

技能拓展——重命名工作表

在要重命名的工作表标签上右击，在弹出的快捷菜单中选择【重命名】选项，也可以让工作表标签名称变为可编辑状态。

Step02 重命名工作表。直接输入工作表的新名称，如【报价单】，按【Enter】键或单击其他位置完成重命名操作，如图 2-26 所示。

图 2-26

2.2.2 实战：改变工作表标签的颜色

在 Excel 2021 中，除了可以用重命名的方式来区分同一个工作簿中的工作表外，还可以通过设置工作表标签颜色来区分。例如，要修改【报价单】工作表的标签颜色，具体操作步骤如下。

Step01 选择标签颜色。❶在【报价单】工作表标签上右击，❷在弹出的快捷菜单中选择【工作表标签颜色】→【红色】选项，如图 2-27 所示。

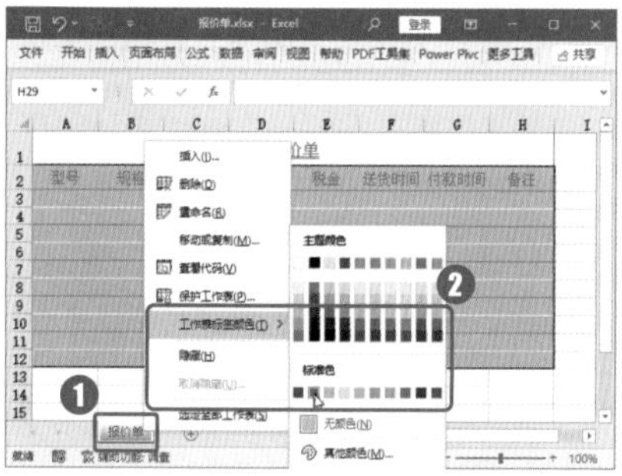

图 2-27

Step02 查看更改的标签颜色。返回工作表中可以看到【报价单】工作表标签的颜色已变成红色，如图 2-28 所示。

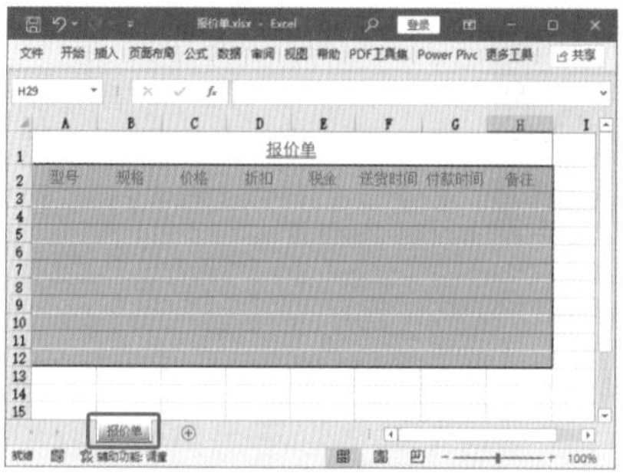

图 2-28

技能拓展——设置工作表标签颜色的其他方法

单击【开始】选项卡【单元格】组中的【格式】按钮，在弹出的下拉菜单中选择【工作表标签颜色】选项也可以设置工作表标签颜色。

在选择颜色的列表中分为【主题颜色】【标准色】【无颜色】和【其他颜色】4 栏，其中【主题颜色】栏中的第一行为基本色，之后的 5 行颜色由第一行变化而来。如果列表中没有需要的颜色，可以选择【其他颜色】选项，在打开的对话框中自定义颜色。若不需要设置颜色，可以在列表中选择【无颜色】选项。

2.2.3 实战：插入工作表

默认情况下，在 Excel 2021 新建的工作簿中只包含一张工作表。若在编辑数据时发现工作表数量不够，可以根据需要增加新工作表。

在 Excel 2021 中，单击工作表标签右侧的【新工作表】按钮⊕，即可在当前所选工作表标签的右侧插入一张空白工作表，插入的新工作表将以【Sheet2】【Sheet3】……的顺序依次进行命名。除此之外，还可以利用插入功能来插入工作表，具体操作步骤如下。

Step01 执行插入命令。❶单击【开始】选项卡【单元格】组中的【插入】下拉按钮，❷在弹出的下拉菜单中执行【插入工作表】命令，如图 2-29 所示。

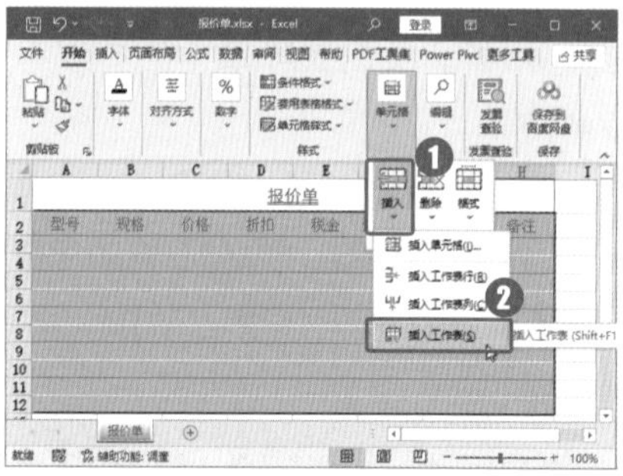

图 2-29

Step02 插入空白工作表。经过上步操作后，在【报价单】工作表左侧插入了一张空白工作表，效果如图 2-30 所示。

图 2-30

技能拓展——插入工作表的快捷操作

按【Shift+F11】组合键可以在当前工作表标签的左侧快速插入一张空白工作表。

2.2.4 选择工作表

一个 Excel 工作簿中可以包含多张工作表，如果需要同时在几张工作表中进行输入、编辑或设置工作表的格式等操作，首先需要选择相应的工作表。通过单击Excel工作界面底部的工作表标签可以快速选择不同的工作表，选择工作表主要有4种不同的方式。

（1）选择一张工作表。单击需要选择的工作表标签，即可选择该工作表，使之成为当前工作表。被选择的工作表标签以白色为底色显示。如果看不到所需工作表标签，可以单击工作表标签滚动显示按钮 以显示出所需的工作表标签。

（2）选择多张相邻的工作表。选择需要的第一张工作表后，按住【Shift】键的同时单击需要选择的多张相邻工作表的最后一张工作表标签，即可选择这两张工作表之间的所有工作表，如图2-31所示。

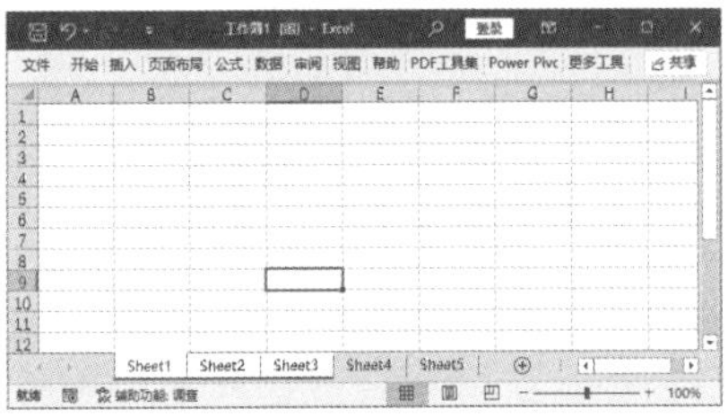

图 2-31

（3）选择多张不相邻的工作表。选择需要的第一张工作表后，按住【Ctrl】键的同时单击其他需要选择的工作表标签即可选择多张工作表，如图2-32所示。

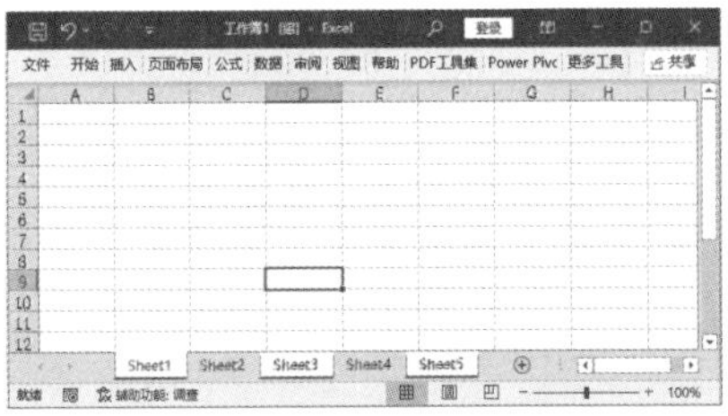

图 2-32

（4）选择工作簿中所有的工作表。在任意一张工作表标签上右击，在弹出的快捷菜单中选择【选定全部工作表】选项，即可选择工作簿中的所有工作表，如图2-33所示。

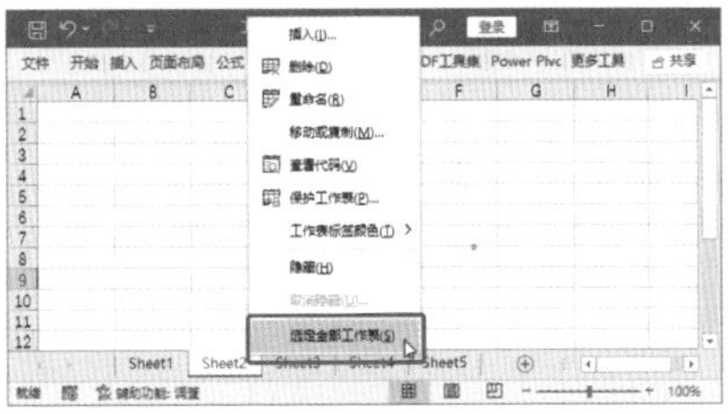

图 2-33

技术看板

选择多张工作表时，将在窗口的标题栏中显示"[组]"字样。单击其他不属于工作组的工作表标签或在工作组中的任意工作表标签上右击，在弹出的快捷菜单中执行【取消组合工作表】命令，可以退出工作组。

★重点 2.2.5 实战：移动或复制工作表

实例门类	软件功能

在制作表格的过程中，有时需要将一张工作表移动到另一个位置，用户可以根据需要使用Excel提供的移动工作表功能进行调整。对于制作相同工作表结构的表格，或者多个工作簿之间需要相同工作表中的数据时，可以使用复制工作表功能来提高工作效率。

工作表的移动和复制有两种实现方法：一种是通过鼠标拖动进行同一个工作簿中的移动或复制；另一种是通过快捷菜单命令实现不同工作簿之间的移动或复制。

1. 利用拖动法移动或复制工作表

在同一工作簿中移动或复制工作表主要通过鼠标拖动来完成。通过鼠标拖动的方法是最常用，也是最简单的方法，具体操作步骤如下。

Step01 拖动鼠标移动工作表。打开素材文件\第2章\工资管理系统.xlsx，❶选择需要移动位置的工作表，如【补贴记录表】，❷按住鼠标左键拖动到目标位置，如【考勤表】工作表标签的左侧，如图2-34所示。释放鼠标后，即可将【补贴记录表】工作表移动到【考勤表】工作表的左侧。

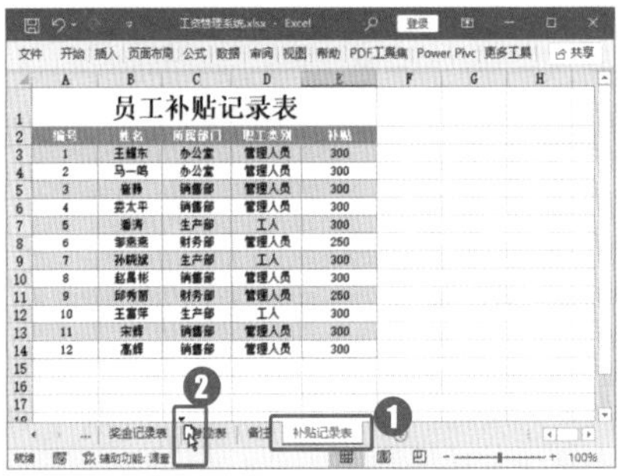

图 2-34

Step02 拖动鼠标复制工作表。选择需要复制的工作表，如【工资表】，按住【Ctrl】键的同时拖动鼠标到【备注】工作表的右侧，如图2-35所示。

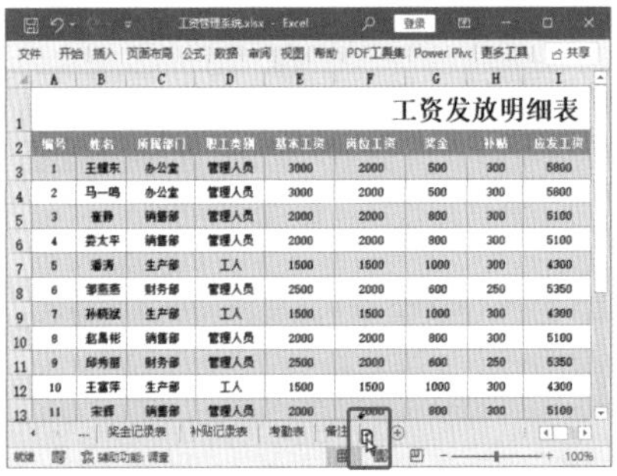

图 2-35

Step03 查看复制的工作表。释放鼠标后，即可在指定位置复制得到【工资表（2）】工作表，如图2-36所示。

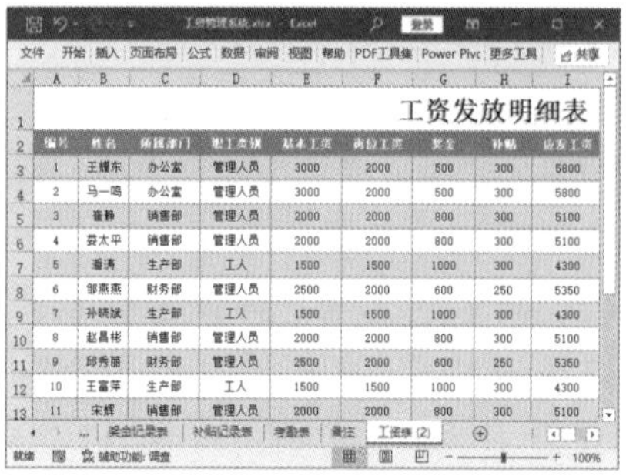

图 2-36

2. 通过菜单命令移动或复制工作表

通过拖动鼠标的方法在同一工作簿中移动或复制工作表是最快捷的，如果需要在不同的工作簿中移动或复制工作表，则需要使用【开始】选项卡【单元格】组中的命令来完成，具体操作步骤如下。

Step01 选择移动或复制命令。❶选择需要移动位置的工作表，如【工资表（2）】，❷单击【开始】选项卡【单元格】组中的【格式】下拉按钮，❸在弹出的下拉菜单中选择【移动或复制工作表】选项，如图 2-37 所示。

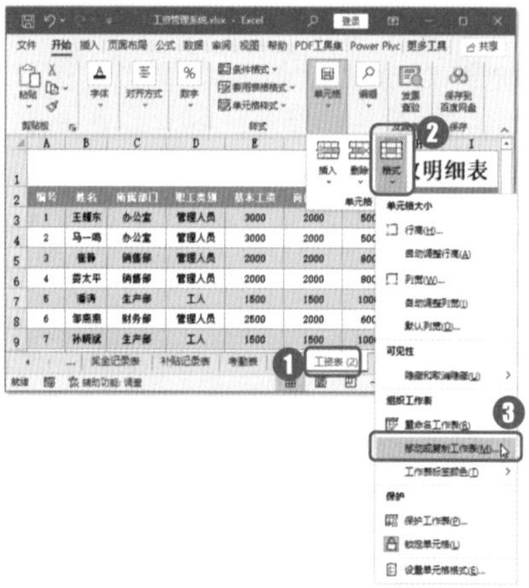

图 2-37

Step02 设置移动位置。打开【移动或复制工作表】对话框，❶在【将选定工作表移至工作簿】下拉列表中选择要移动到的工作簿名称，这里选择【工作簿 2】选项，❷在【下列选定工作表之前】列表框中选择移动工作表放置的位置，如选择【Sheet1】选项，❸单击【确定】按钮，如图 2-38 所示。

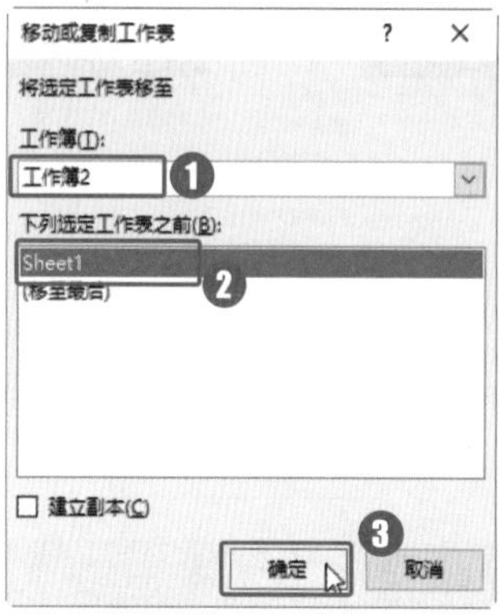

图 2-38

Step03 查看移动效果。可以看到【工资管理系统】工作簿中的【工资表（2）】工作表已移到【工作簿 2】中的【Sheet1】工作表前面，效果如图 2-39 所示。

技术看板

移动的工作表所套用表样式的颜色会随着工作簿主题颜色的变化而变化，另外，在【移动或复制工作表】对话框中选中【建立副本】复选框，可将选择的工作表复制到目标工作簿中。

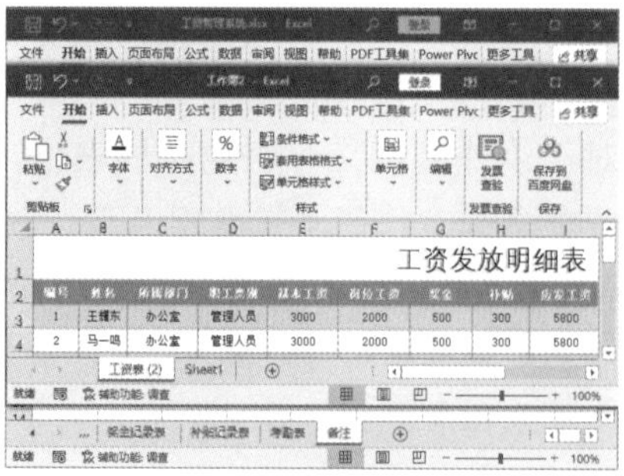

图 2-39

2.2.6 删除工作表

在一个工作簿中，如果新建了多余的工作表或有不需要的工作表时可以将其删除，以有效地控制工作表的数量，方便进行管理。删除工作表主要有以下两种方法。

（1）执行菜单命令。选择需要删除的工作表，单击【开始】选项卡【单元格】组中的【删除】下拉按钮，在弹出的下拉菜单中选择【删除工作表】选项，即可删除当前选择的工作表，如图 2-40 所示。

图 2-40

技术看板

删除存放有数据的工作表时，将打开提示对话框，询问是否永久删除工作表中的数据，单击【删除】按钮即可将工作表删除。

（2）执行快捷菜单命令。在需要删除的工作表的标签上右击，在弹出的快捷菜单中执行【删除】命令，可删除当前选择的工作表，如图 2-41 所示。

图 2-41

★新功能 2.2.7 实战：显示与隐藏工作表

如果工作簿中包含多张工作表，而有些工作表中的数据暂时不需要查看，可以将其隐藏起来，当需要查看时，再使用显示工作表功能将其显示出来。

1. 隐藏工作表

隐藏工作表就是将当前工作簿中指定的工作表隐藏，使用户无法查看到该工作表，以及工作表中的数据。可以通过菜单命令或快捷菜单命令来实现，用户可根据自己的使用习惯来选择采用的操作方法。通过菜单命令的方法来隐藏工作簿中的工作表，具体操作步骤如下。

Step01 选择隐藏命令。❶按住【Shift】键的同时先后单击【基本工资记录表】和【考勤表】工作表标签，同时选中【基本工资记录表】【岗位工资记录表】【奖金记录表】【补贴记录表】和【考勤表】5张工作表，❷单击【开始】选项卡【单元格】组中的【格式】下拉按钮，❸在弹出的下拉菜单中选择【隐藏和取消隐藏】→【隐藏工作表】选项，如图2-42所示。

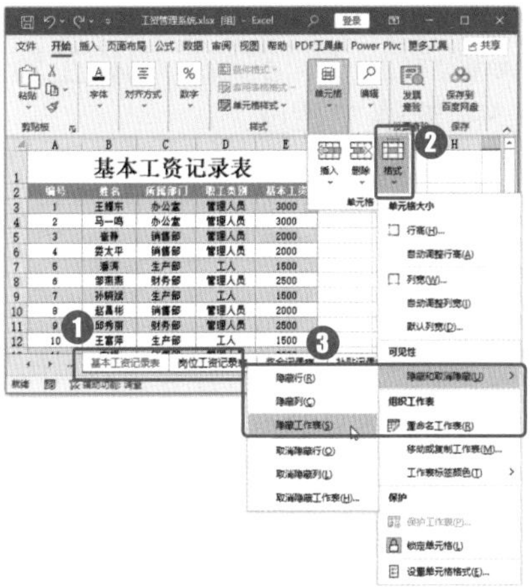

图 2-42

技能拓展——快速隐藏工作表

在需要隐藏的工作表标签上右击，在弹出的快捷菜单中执行【隐藏】命令可快速隐藏选择的工作表。

Step02 查看隐藏后的效果。经过上步操作后，系统自动将选择的5张工作表隐藏起来，效果如图2-43所示。

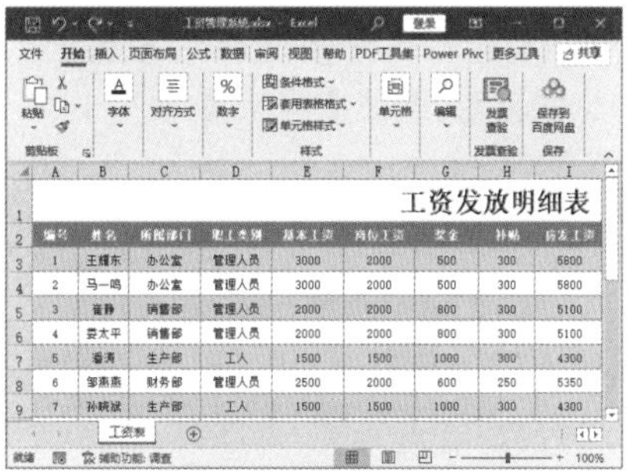

图 2-43

2. 显示工作表

显示工作表就是将隐藏的工作表显示出来，使用户能够查看到隐藏工作表中的数据，是隐藏工作表的逆向操作。在Excel 2021中，可以一次性取消隐藏多张隐藏的工作表。

显示工作表同样可通过菜单命令和快捷菜单命令来实现。例如，要将前面隐藏的工作表显示出来，具体操作步骤如下。

Step01 选择取消隐藏命令。❶单击【开始】选项卡【单元格】组中的【格式】下拉按钮，❷在弹出的下拉菜单中选择【隐藏和取消隐藏】→【取消隐藏工作表】选项，如图2-44所示。

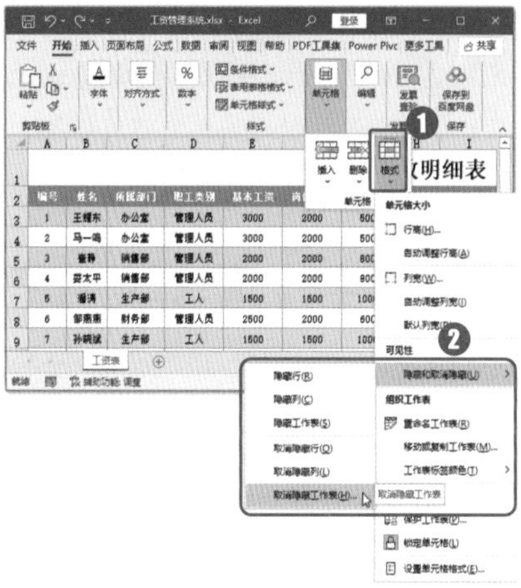

图 2-44

Step02 选择取消隐藏的工作表。打开【取消隐藏】对话框，❶在列表框中选择需要显示的工作表，如选择【工资条】选项，❷单击【确定】按钮，如图2-45所示。

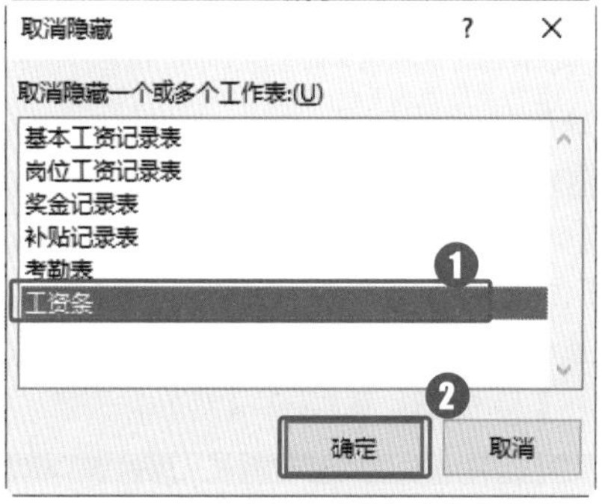

图 2-45

Step03 显示出工作表。经过上步操作，即可将工作簿中隐藏的【工资条】工作表显示出来，效果如图2-46所示。

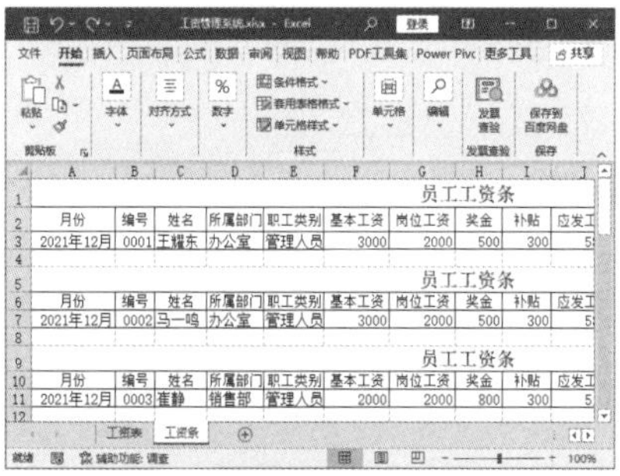

图 2-46

技能拓展——取消隐藏工作表

在工作簿中的任意工作表标签上右击，在弹出的快捷菜单中选择【取消隐藏】选项，也可打开【取消隐藏】对话框，选择将隐藏的工作表显示出来。

2.3 保护数据信息

通常情况下，为了保证Excel文件中数据的安全性，特别是企业内部的重要数据，或为了防止自己精心设计的格式与公式被破坏，可以为工作表和工作簿安装“保护锁”。

★重点 2.3.1 实战：保护工资条工作表

实例门类	软件功能

为了防止其他人员对工作表中的部分数据进行编辑，可以对工作表进行保护。在Excel 2021中，对当前工作表设置保护，主要是通过【保护工作表】对话框来设置的，具体操作步骤如下。

Step01 单击【保护工作表】按钮。❶选择需要进行保护的工作表，如【工资条】工作表，❷单击【审阅】选项卡【保护】组中的【保护工作表】按钮，如图2-47所示。

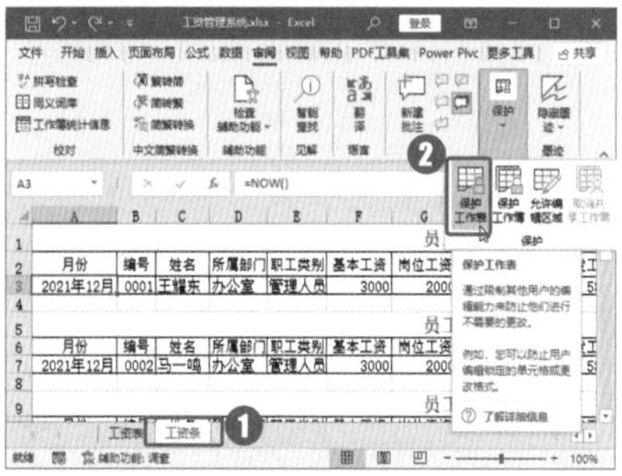

图 2-47

Step02 设置保护工作表。打开【保护工作表】对话框，❶在【取消工作表保护时使用的密码】文本框中输入密码，如输入【123】，❷在【允许此工作表的所有用户进行】列表框中选中【选定锁定单元格】复选框和【选定解除锁定的单元格】复选框，❸单击【确定】按钮，如图2-48所示。

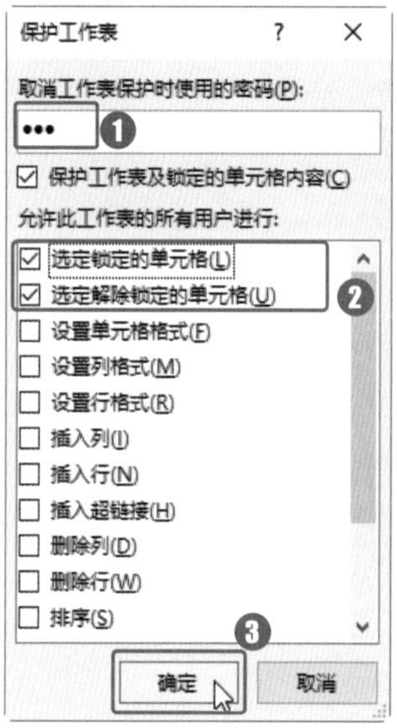

图 2-48

技能拓展——快速打开【保护工作表】对话框

在需要保护的工作表标签上右击，在弹出的快捷菜单中选择【保护工作表】选项，也可打开【保护工作表】对话框。

Step03 确认保护密码。打开【确认密码】对话框，❶在文本框中再次输入设置的密码【123】，❷单击【确定】按钮，如图2-49所示。

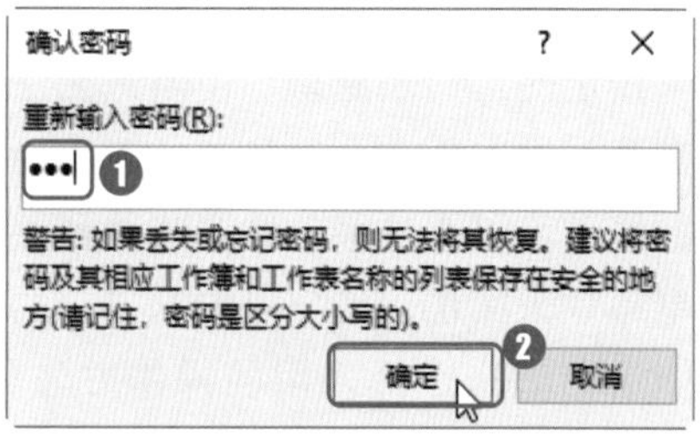

图 2-49

技能拓展——撤消工作表保护

单击【开始】选项卡【单元格】组中的【格式】下拉按钮，在弹出的下拉菜单中选择【撤消工作表保护】命令，可以撤消对工作表的保护。如果设置了密码，则需要在打开的【撤消工作表保护】对话框的【密码】文本框中输入正确的密码才能撤消保护。

★重点 2.3.2 实战：保护工资管理系统工作簿

实例门类	软件功能

Excel 2021允许用户对整个工作簿进行保护，有两种保护方式：一种是保护工作簿的结构；另一种则是保护工作簿的窗口。

保护工作簿的结构能防止其他用户查看工作簿中隐藏的工作表，

以及进行移动、删除、隐藏、取消隐藏、重命名或插入工作表等操作。保护工作簿的窗口可以在每次打开工作簿时保持窗口的固定位置和大小，能防止其他用户在打开工作簿时，对工作表窗口进行移动、缩放、隐藏、取消隐藏或关闭等操作。

保护工作簿的具体操作步骤如下。

Step01 执行保护工作簿操作。单击【审阅】选项卡【保护】组中的【保护工作簿】按钮，如图 2-50 所示。

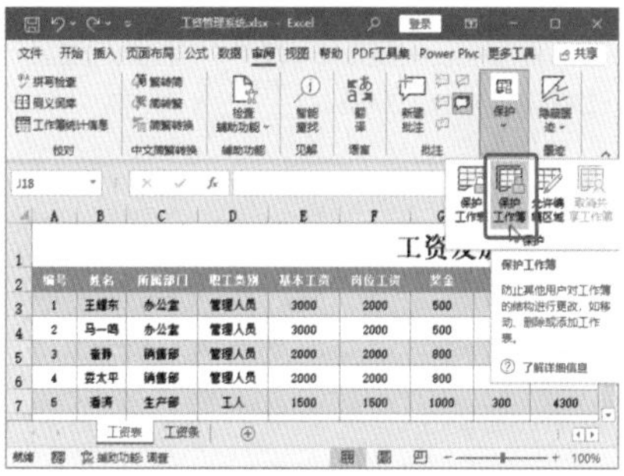

图 2-50

Step02 设置保护密码。打开【保护结构和窗口】对话框，❶选中【结构】复选框，❷在【密码】文本框中输入密码，如输入【1234】，❸单击【确定】按钮，如图 2-51 所示。

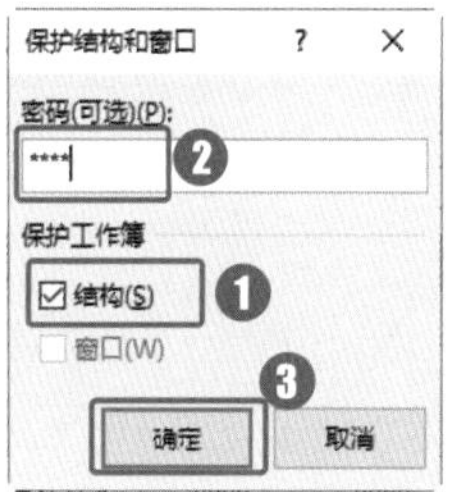

图 2-51

Step03 确认保护密码。打开【确认密码】对话框，❶在文本框中再次输入设置的密码【1234】，❷单击【确定】按钮，如图 2-52 所示。

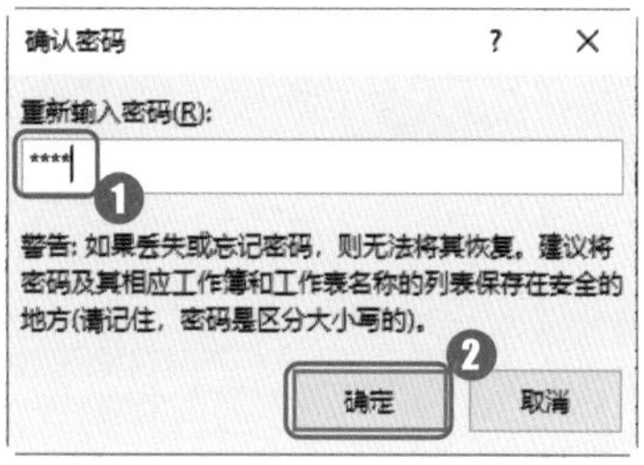

图 2-52

技能拓展——撤消工作簿保护

打开设置密码保护的工作簿，可以看到其工作表的窗口将呈锁定状态，且【保护工作簿】按钮呈按下状态，表示已经使用了该功能。要取消保护工作簿，可再次单击【保护工作簿】按钮，在打开的对话框中进行设置。

★重点 2.3.3 实战：加密成本费用表工作簿

实例门类	软件功能

如果一个工作簿中大部分甚至全部工作表都存放有企业的内部资料和重要数据，一旦泄露或被他人盗用将影响企业利益，此时可以为工作簿设置密码保护，这样可以在一定程度上保障数据的安全。为工作簿设置密码的具体操作步骤如下。

Step01 选择菜单命令。打开素材文件\第 2 章\成本费用表.xlsx，❶在【文件】选项卡中选择【信息】选项，❷单击【保护工作簿】下拉按钮，❸在弹出的下拉菜单中执行【用密码进行加密】命令，如图 2-53 所示。

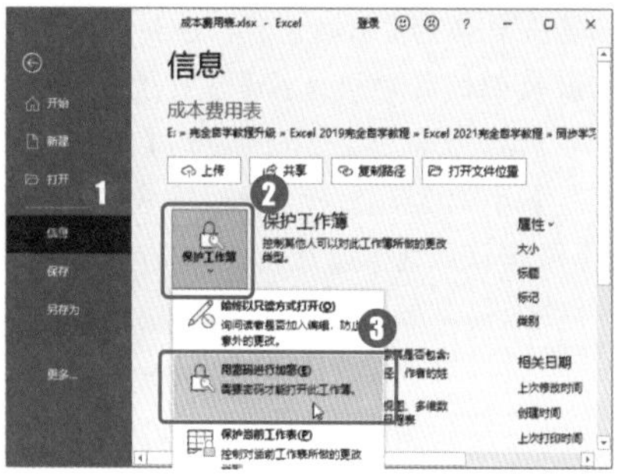

图 2-53

Step02 输入加密密码。打开【加密文档】对话框，❶在【密码】文本框中输入密码，如【123】，❷单击【确定】按钮，如图 2-54 所示。

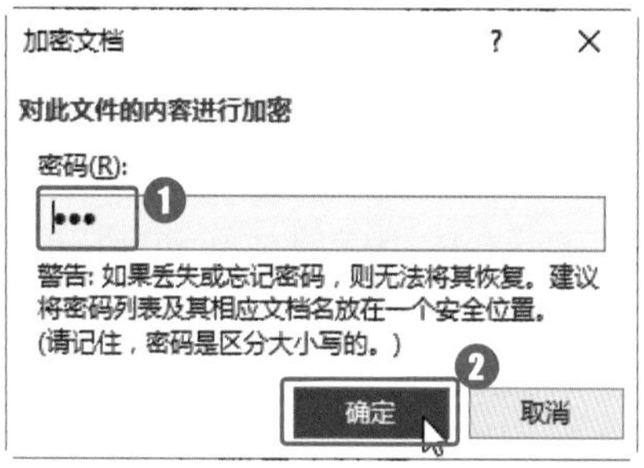

图 2-54

Step03 再次输入密码。打开【确认密码】对话框，❶在文本框中再次输入设置的密码【123】，❷单击【确定】按钮，如图 2-55 所示。

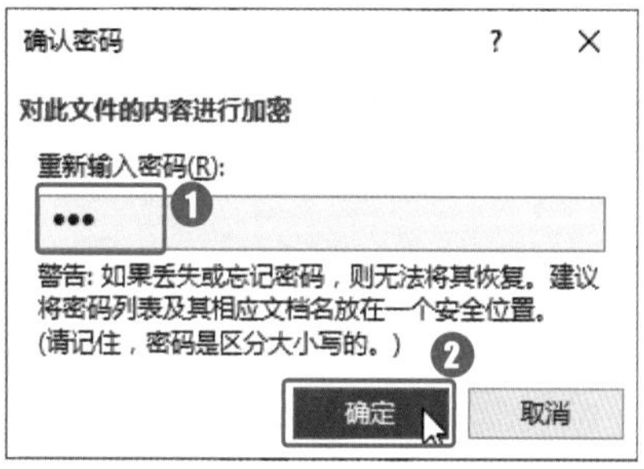

图 2-55

技能拓展——为工作簿设置密码的其他方法

用户也可以在另存工作簿时为其设置密码，在【另存为】对话框中单击底部的【工具】下拉按钮，在弹出的下拉菜单中选择【常规选项】命令，打开如图 2-56 所示的【常规选项】对话框，在【打开权限密码】和【修改权限密码】文本框中输入密码即可。

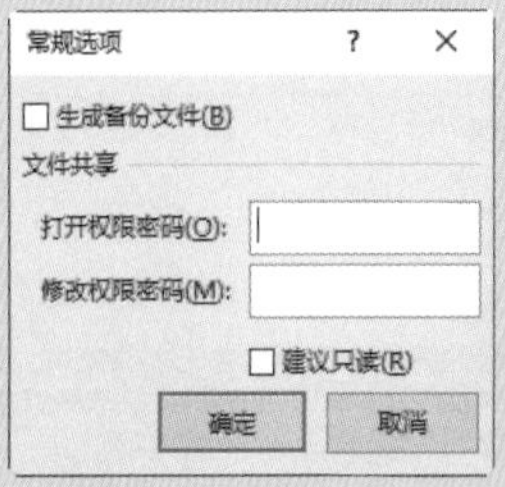

图 2-56

2.4 工作簿窗口控制

在Excel中编辑工作表时，有时需要在多个工作簿之间进行交替操作。为了工作方便，可以通过【视图】选项卡中的【窗口】组命令来快速切换窗口、新建窗口、重排打开的工作簿窗口、拆分和冻结窗口。

2.4.1 切换窗口

同时编辑多个工作簿时，如果要查看其他打开的工作簿数据，可以在打开的工作簿之间进行切换。在计算机桌面任务栏中选择某个工作簿名称即可在桌面上切换显示出该工作簿窗口。Excel中还提供了快速切换窗口的方法，即单击【视图】选项卡【窗口】组中的【切换窗口】下拉按钮，在弹出的下拉菜单中选择需要切换到的工作簿名称，即可快速切换到相应的工作簿，如图 2-57 所示。

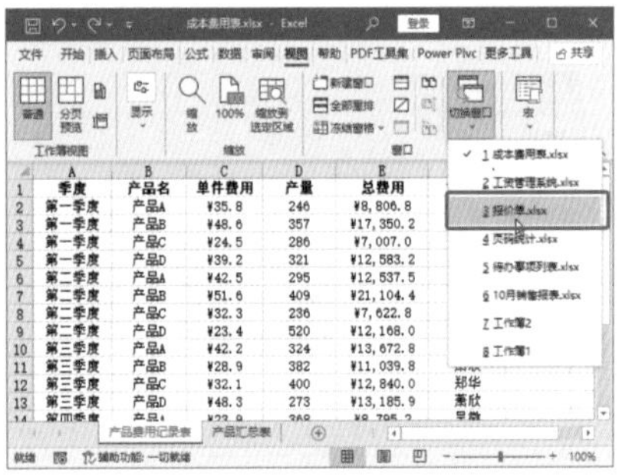
图 2-57

技能拓展——切换工作簿的快捷操作

按【Ctrl+F6】组合键可以切换工作簿窗口到文件名列表中的上一个工作簿窗口。按【Ctrl+Shift+F6】组合键可以切换到文件名列表中的下一个工作簿窗口，并且这些文档的切换顺序构成了一个循环，使用【Ctrl+Shift+F6】或【Ctrl+F6】组合键可向后和向前切换工作簿窗口。

2.4.2 实战：新建窗口查看账务数据

实例门类	软件功能

对于数据比较多的工作表，可以建立两个或多个窗口，每个窗口显示工作表中不同位置的数据，方便进行数据的查看和其他编辑操作，避免了使用鼠标拖动来回显示工作表数据的麻烦。新建窗口的具体操作步骤如下。

Step 01 执行新建窗口操作。打开素材文件\第 2 章\总账表.xlsx，单击【视图】选项卡【窗口】组中的【新建窗口】按钮，如图 2-58 所示。

图 2-58

Step 02 查看新建的窗口。将创建一个新的窗口，显示的内容还是该工作簿的内容，如图 2-59 所示。

图 2-59

技术看板

通过新建窗口，使用不同窗口显示同一文档的不同部分时，Excel 2021 并未将工作簿复制成多份，只是显示同一工作簿的不同部分，用户在其中一个工作簿窗口中对工作簿进行的编辑会同时反映到其他工作簿窗口中。

2.4.3 实战：重排窗口

如果打开了多个工作簿窗口，要实现窗口之间的快速切换，还可以使用Excel 2021的【全部重排】功能对窗口进行排列。窗口全部重排的具体操作步骤如下。

Step01 执行重排操作。在计算机桌面中显示出所有需要查看的窗口，在任意一个工作簿窗口中单击【视图】选项卡【窗口】组中的【全部重排】按钮⊟，如图2-60所示。

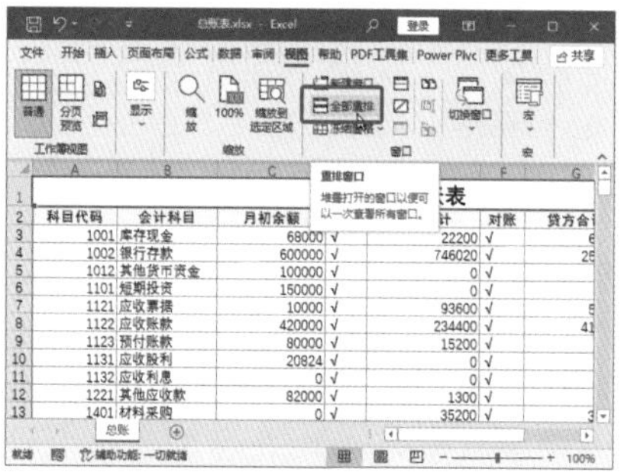

图 2-60

Step02 设置排列方式。打开【重排窗口】对话框，❶选择需要重排窗口的排序方式，如选中【平铺】单选按钮，❷单击【确定】按钮，如图2-61所示。

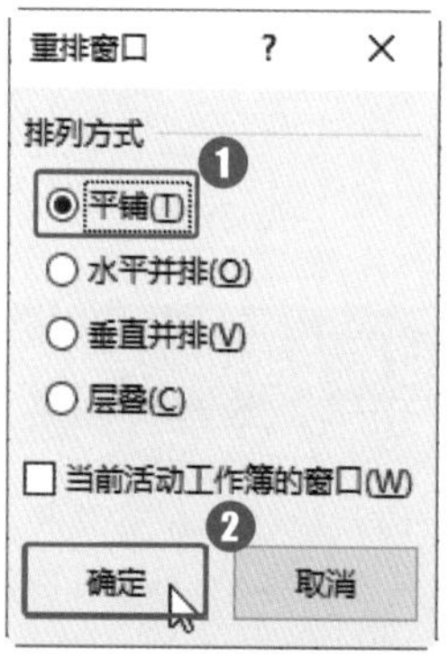

图 2-61

Step03 查看排列效果。经过上步操作，即可看到所有桌面上的工作簿窗口以平铺方式进行排列的效果，如图2-62所示。

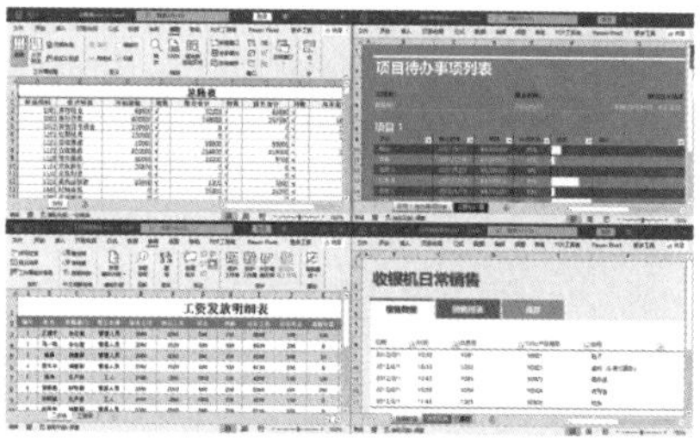

图 2-62

Step04 设置水平并排。使用前面介绍的方法再次打开【重排窗口】对话框，❶选中【水平并排】单选按钮，❷单击【确定】按钮，如图2-63所示。

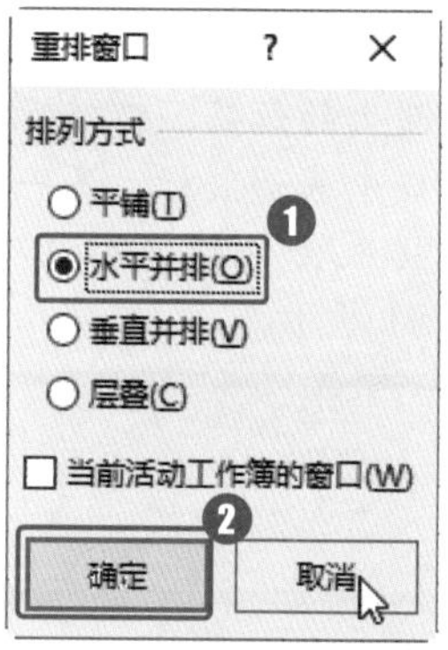

图 2-63

Step05 查看水平并排效果。经过上步操作，即可看到所有桌面上的工作簿窗口以水平并排方式进行排列的效果，如图2-64所示。

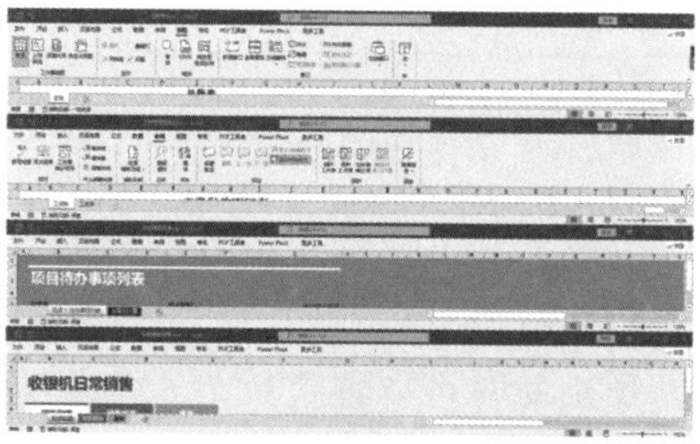

图 2-64

Step06 设置垂直并排。使用前面介绍的方法再次打开【重排窗口】对话框，❶选中【垂直并排】单选按钮，❷单击【确定】按钮，如图2-65所示。

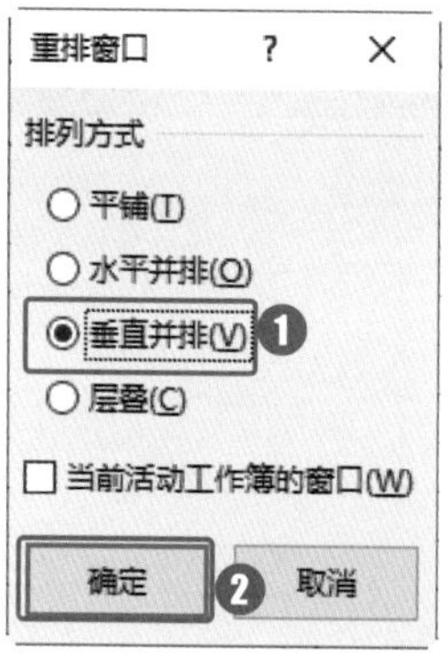

图 2-65

Step07 查看垂直并排效果。经过上步操作，即可看到所有桌面上的工作簿窗口以垂直并排方式进行排列的效果，如图2-66所示。

图 2-66

Step08 设置层叠排列。使用前面介绍的方法再次打开【重排窗口】对话框，❶选中【层叠】单选按钮，❷单击【确定】按钮，如图2-67所示。

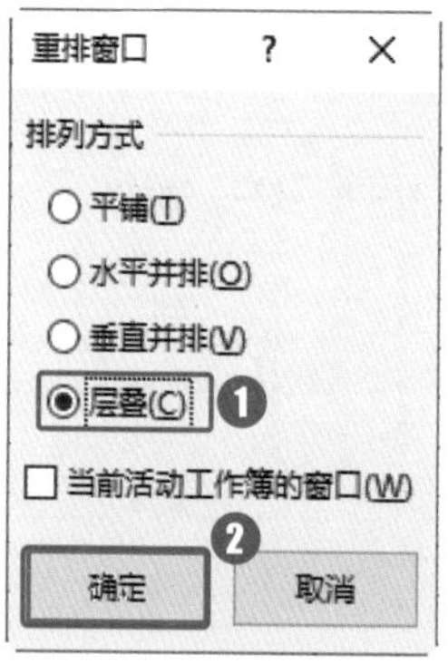

图 2-67

Step09 查看层叠排列效果。经过上

步操作，即可看到所有桌面上的工作簿窗口以层叠方式进行排列的效果，如图 2-68 所示。

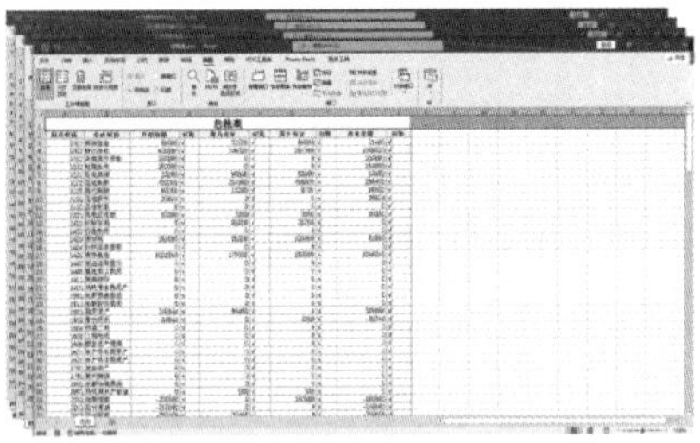

图 2-68

★重点 2.4.4 实战：并排查看新旧两份档案数据

实例门类	软件功能

在 Excel 2021 中，还有一种排列窗口的特殊方式，即并排查看。在并排查看状态下，当滚动显示一个工作簿中的内容时，并排查看的其他工作簿也将随之进行滚动，方便同步进行查看。例如，要并排查看新旧两份档案的数据，具体操作步骤如下。

Step01 执行并排查看操作。打开需要并排查看数据的两个工作簿，在任意一个工作簿窗口中单击【视图】选项卡【窗口】组中的【并排查看】按钮，如图 2-69 所示。

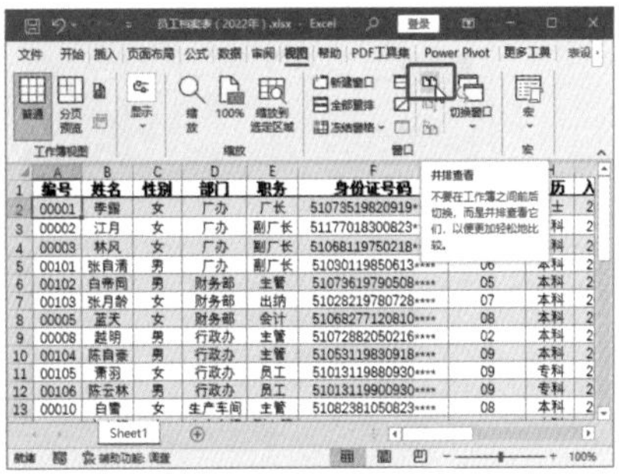

图 2-69

Step02 选择工作簿。打开【并排比较】对话框，❶在其中选择要进行并排比较的工作簿，❷单击【确定】按钮，如图 2-70 所示。

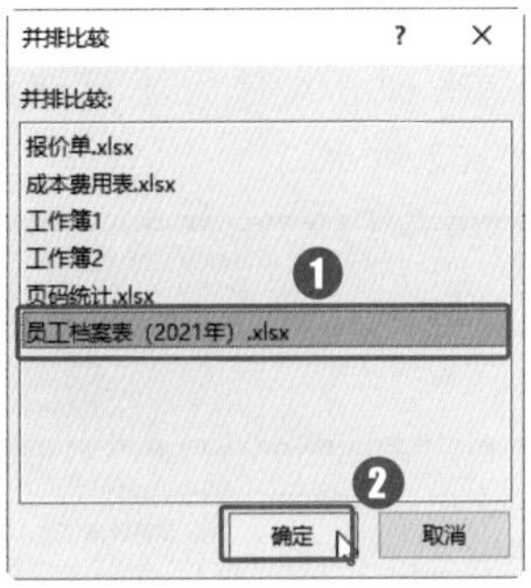

图 2-70

技能拓展——取消并排查看

如果要退出并排查看窗口方式，再次单击【并排查看】按钮即可。

Step03 查看并排比较效果。经过上步操作，即可看到将两个工作簿并排在桌面上的效果，在任意一个工作簿窗口中滚动鼠标，另一个窗口中的数据也会自动进行滚动显示，如图 2-71 所示。

图 2-71

★重点 2.4.5 实战：将员工档案表拆分到多个窗格中

实例门类	软件功能

当一张工作表中包含的数据太多时，对比查看其中的内容就比较麻烦，此时可以通过拆分工作表的方法将当前的工作表拆分为多个窗格，每个窗格中的工作表都是相同的，并且是完整的。这样在数据量比较大的工作表中，用户也可以很方便地在多个不同的窗格中单独查看同一表格中的数据，有利于查看数据的前后对照关系。

以将员工档案表拆分为 4 个窗格为例，具体操作步骤如下。

Step01 执行拆分操作。打开素材文件\第 2 章\员工档案表（2022 年）.xlsx，❶选择作为窗口拆分中心的单元格，这里选择 C2 单元格，❷单击【视图】选项卡【窗口】组中的【拆分】按钮，如图 2-72 所示。

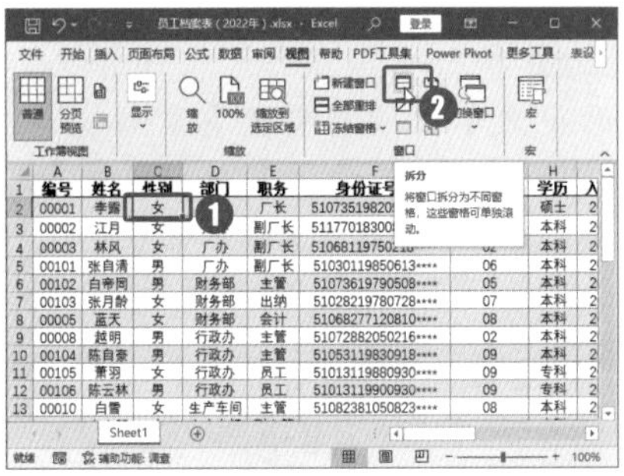

图 2-72

Step02 查看拆分效果。系统自动以 C2 单元格为中心，将工作表拆分为 4 个窗格，拖动水平滚动条或垂直滚动条就可以对比查看工作表中的数据了，如图 2-73 所示。

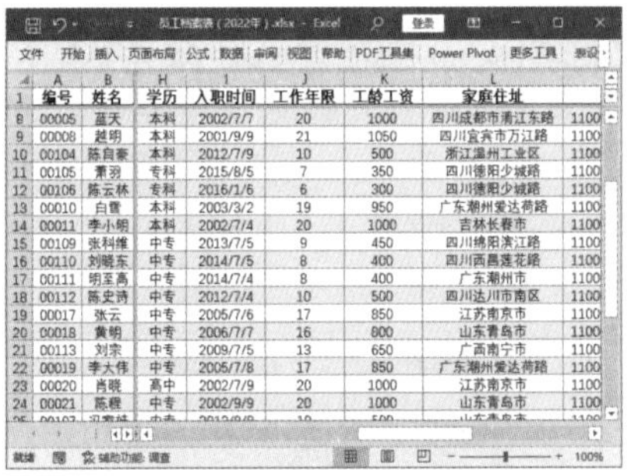

图 2-73

技能拓展——调整拆分窗格的大小

将鼠标指针放在拆分标志横线上，当其变为形状时，按住鼠标左键进行拖动可以调整窗格高度；将鼠标指针放在拆分标志竖线上，当

其变为⇹形状时，按住鼠标左键进行拖动可以调整窗格宽度。要取消窗口的拆分方式，可以再次单击【拆分】按钮。

★重点 2.4.6 实战：冻结员工档案表的首行

实例门类	软件功能

一般表格的最上方数据和最左侧的数据都是用于说明表格数据的一种属性的，当数据量比较大时，为了方便用户查看表格的这些特定属性区域，可以通过Excel提供的【冻结窗格】功能来冻结需要固定的区域，方便用户在不移动固定区域的情况下，随时查看工作表中距离固定区域较远的数据。

冻结窗口的操作方法与拆分窗口的操作方法基本相同，首先需要选择要冻结的工作表，然后执行【冻结窗格】命令。根据需要冻结的对象不同，又可以分为以下 3 种冻结方式。

- 冻结窗格：查看工作表中的数据时，保持设置的行和列的位置不变。
- 冻结首行：查看工作表中的数据时，保持工作表的首行位置不变。
- 冻结首列：查看工作表中的数据时，保持工作表的首列位置不变。

以将员工档案表中已经拆分的窗格进行冻结为例，具体操作步骤如下。

Step 01 执行冻结操作。打开素材文件\第 2 章\员工档案表(2021 年).xlsx，❶单击【窗口】组中的【冻结窗格】按钮，❷在弹出的下拉菜单中执行【冻结首行】命令，如图 2-74 所示。

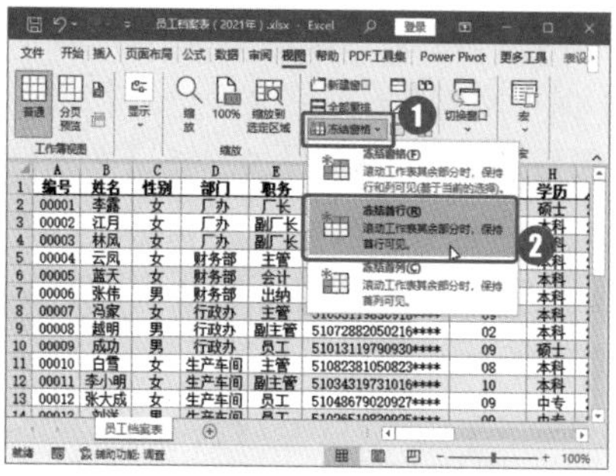

图 2-74

Step 02 *查看冻结效果。系统自动将首行冻结，拖动垂直滚动条查看工作表中的数据时，首行始终显示在开头，效果如图 2-75 所示。*

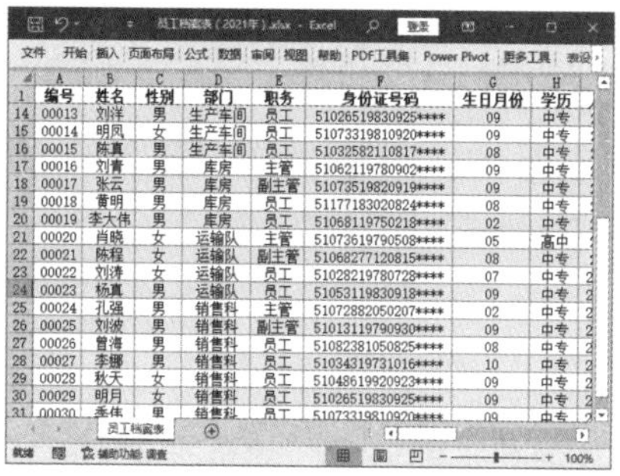

图 2-75

妙招技法

通过前面知识的学习，相信读者已经掌握了Excel 2021 工作簿和工作表的基本操作了。下面结合本章内容给大家介绍一些实用技巧。

技巧 01：设置 Excel 2021 启动时自动打开指定的工作簿

在日常工作中，某些用户往往在一段时间里需要同时处理几个工作簿文件，一个一个地打开这些工作簿太浪费时间，为了方便操作，可以设置在启动Excel时就自动打开这些工作簿。这个设置并不难，具体操作步骤如下。

Step 01 *指定打开路径。在【Excel选项】对话框中，❶选择【高级】选项卡，❷在右侧【常规】栏中的【启动时打开此目录中的所有文件】文本框中输入需要在启动Excel时指定打开的工作簿所在文件夹路径，❸单击【确定】按钮，如图 2-76 所示。*

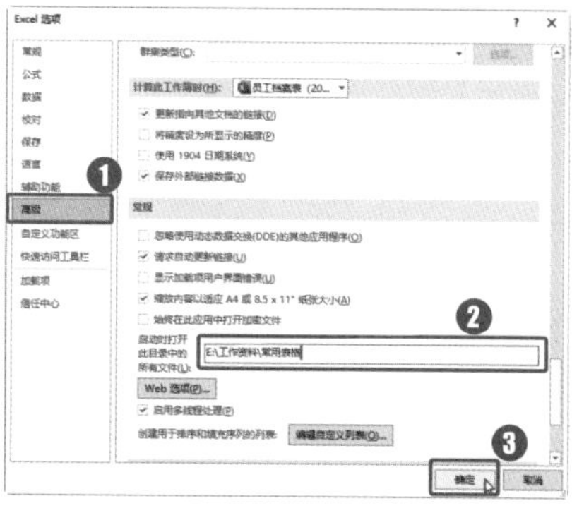

图 2-76

Step 02 *以后，每次启动Excel时，都会自动打开这个文件夹中的工作簿文件。*

技巧 02：将工作簿保存为模板文件

如果经常需要制作某类型或某种框架结构的表格，可以先完善该表格的格式设置等，然后将其保存为模板文件，这样在以后就可以像使用普通模板一样使用该模板来创建表格了。将工作簿保存为模板文件的具体操作方法如下。

打开【另存为】对话框，❶在【保存类型】下拉列表中选择【Excel模板】选项，❷在【文件名】文本框中输入模板文件的名称，❸选择模板文件的保存位置，❹单击【保存】按钮，如图 2-77 所示。

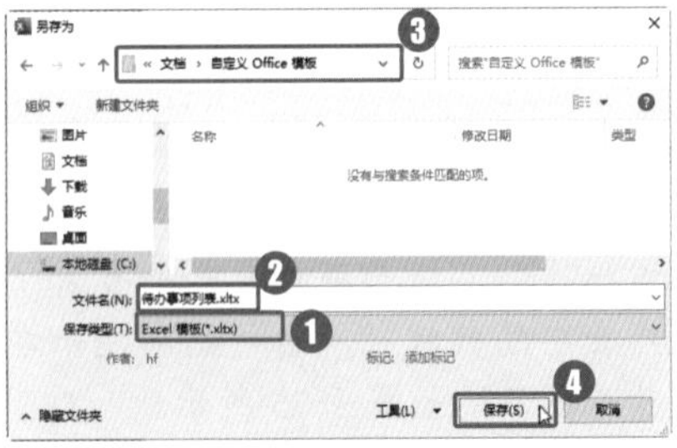

图 2-77

技巧 03：设置文档自动保存的时间间隔

用户可以将工作簿设置为自动保存，这样能够最大限度地避免因计算机遇到停电、死机等突发事件而造成数据的丢失。设置自动保存工作簿后，每隔一段时间，Excel就会自动对正在编辑的工作簿进行保存。这样即使计算机遇到意外事件发生，在重新启动计算机并打开Excel文件时，系统也会自动恢复保存的工作簿数据，从而降低数据丢失的概率。

技术看板

由于工作簿的自动保存操作会占用系统资源，频繁地保存会影响数据的编辑。因此工作簿的自动保存时间间隔不宜设置得过短。也不宜设置得太长，否则容易由于各种原因造成不能及时保存数据。一般设置 10~15 分钟的自动保存时间间隔为宜。

将Excel工作簿的自动保存时间间隔设置为每隔 5 分钟自动保存一次，具体操作步骤如下。

打开【Excel选项】对话框，❶选择【保存】选项卡，❷在右侧的【保存工作簿】栏中选中【保存自动恢复信息时间间隔】复选框，并在其后的数值框中输入间隔的时间，如输入【5】，❸单击【确定】按钮，如图 2-78 所示。

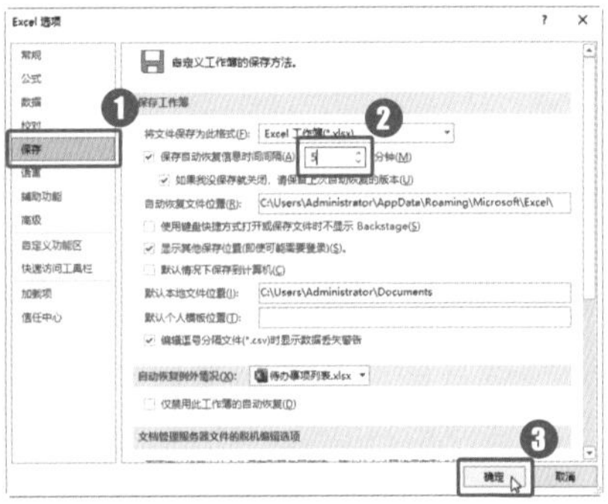

图 2-78

技术看板

【Excel选项】对话框中有上百项关于Excel运行和操作的设置项目，通过设置这些项目，能让Excel 2021 尽可能地符合用户自己的使用习惯。

本章小结

通过本章知识的学习和案例练习，相信读者已经掌握了工作簿和工作表的基本操作。首先，读者要掌握工作簿的基本操作，工作簿就是Excel文件，是表格文件的外壳，它的操作和其他Office文件的操作相同，而且都是很简单的。实际上，在Excel中存储和分析数据都是在工作表中进行的，所以掌握工作表的基本操作尤其重要，如要掌握插入新工作表的方法、能根据内容重命名工作表、要学会移动和复制工作表来快速转移数据位置或得到数据的副本；对重要数据要有保护意识，能通过隐藏工作表、保护工作表、加密工作簿等方式来实施保护措施；对窗口的控制有时也能起到事半功倍的效果，如要对比两个工作表数据时就使用【并排查看】功能，如果一个表格中的数据太多，就要灵活使用【新建窗口】【拆分】窗格和【冻结窗格】功能了。

第3章 表格数据的输入与编辑

- 表格数据的行或列位置输入错误，怎样快速进行更改?
- 当需要为部分单元格或单元格区域输入相同的数据时，怎样输入更高效?
- 强大的快速填充功能，你用过吗?
- 如何快速搜索需要的数据?
- 想一次性将某些相同的数据替换为其他数据吗?

在Excel中可输入的数据类型很多，要想快速输入不同类型的数据，就需要掌握行、列、单元格及单元格区域的操作，并且还要掌握一些快速输入数据的技巧，这样才能提高工作效率。

3.1 认识行、列、单元格和单元格区域

在第1章中大家已经知道表格中最小的数据存储单位是单元格，许多单元格又组成了行或列，而许多的行和列才构成了一张二维表格，也就是人们所说的工作表。在Excel中，用户可以对整行、整列、单个单元格或单元格区域进行操作。

3.1.1 行与列的概念

日常生活中使用的表格都是由许多条横线和许多条竖线交叉而成的一排排格子。在这些线条围成的格子中，填上各种数据就构成了人们所说的表格，如学生使用的课程表、公司使用的人事履历表、工作考勤表等。Excel作为一个电子表格软件，其最基本的操作形态就是标准的表格——由横线和竖线所构成的格子。在Excel工作表中，由横线所间隔出来的横着的部分被称为行，由竖线所间隔出来的竖着的部分被称为列。

在Excel窗口中，工作表的左侧有一组垂直的灰色标签，其中的阿拉伯数字1、2、3……标识了电子表格的行号；工作表的上面有一排水平的灰色标签，其中的英文字母A、B、C……标识了电子表格的列号。这两组标签在Excel中分别被称为行号和列标。

行号的概念类似于二维坐标中的纵坐标，或者地理平面中的纬度，而列标的概念则类似于二维坐标中的横坐标，或者地理平面中的经度。

3.1.2 单元格的概念

在了解行和列的概念后，再来了解单元格就很容易了。单元格是工作表中的行线和列线将整个工作表划分出来的每一个小方格，它好比二维坐标中的某个坐标点，或者地理平面中的某个地点。

单元格是Excel中构成工作表最基础的组成元素，存储数据的最小单位，不可以再拆分。众多的单元格组成了一张完整的工作表。

每个单元格都可以通过单元格地址来进行标识。单元格地址由它所在的行和列组成，其表示方法为【列标+行号】，如工作表中最左上角的单元格地址为【A1】，即表示该单元格位于A列第1行。

3.1.3 单元格区域的概念

单元格区域的概念实际上是单元格概念的延伸，多个单元格所构成的单元格群组就被称为单元格区域。构成单元格区域的这些单元格之间如果是相互连续的，即形成的总形状为一个矩形，则称为连续区域；如果这些单元格之间是相互独立不连续的，则它们构成的区域就是不连续区域。

对于连续的区域，可以使用矩形区域左上角和右下角的单元格地址进行标识，表示方法为【左上角单元格地址:右下角单元格地址】，

如A1:B3表示此区域从A1单元格到B3单元格之间所形成的矩形区域，该矩形区域宽度为2列，高度为3行，总共包括6个连续的单元格，如图3-1所示。

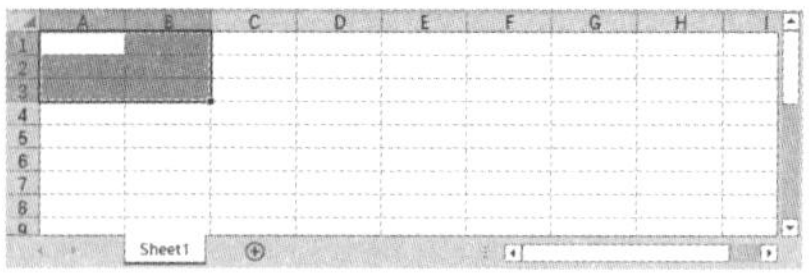

图 3-1

对于不连续的单元格区域，则需要使用逗号分隔开每一个不连续的单元格或单元格区域，如【A1:C4，B7，J11】表示该区域包含从A1单元格到C4单元格之间形成的矩形区域、B7单元格和J11单元格。

3.1.4 两种引用格式

单元格引用是Excel中的专业术语，其作用在于标识工作表上的单元格或单元格区域在表中的坐标位置。通过引用，用户可以在公式中使用工作表不同部分的数据；或在多个公式中使用同一个单元格中的数据；还可以引用同一工作簿中不同工作表的单元格、不同工作簿的单元格，甚至其他应用程序中的数据。

Excel中的单元格引用有两种表示的方法，即A1和R1C1引用样式。

➥ A1 引用样式

以数字为行号、以英文字母为列标的标记方式被称为【A1引用样式】，这是Excel默认使用的引用样式。在使用A1引用样式的状态下，工作表中的任意一个单元格都可以用【列标+行号】的表示方法来标识其在表格中的位置。

在Excel的名称框中输入【列标+行号】的组合来表示单元格地址，即可以快速定位到该地址。例如，在名称框中输入【C25】，就可以快速定位到C列和25行交叉处的单元格。

如果要引用单元格区域，就使用【左上角单元格地址:右下角单元格地址】的表示方法。

➥ R1C1 引用样式

R1C1引用样式是以【字母"R"+行数字+字母"C"+列数字】来标识单元格的位置，其中字母R就是行（Row）的简写、字母C就是列（Column）的简写。这样的表示方式也就是传统习惯上的定位方式：第几行第几列。例如，R5C4表示位于第5行第4列的单元格，即D5单元格。

在R1C1引用样式下，列标签是数字而不是字母。例如，在工作表列的上方看到的是1、2、3……而不是A、B、C……此时，在工作表的名称框中输入形如【RnCn】的组合，即表示R1C1引用样式的单元格地址，可快速定位到该地址。

要在Excel 2021中使用R1C1引用样式，只需要打开【Excel选项】对话框，选择【公式】选项卡，在【使用公式】栏中选中【R1C1引用样式】复选框，如图3-2所示，单击【确定】按钮后就会发现Excel 2021引用模式改为R1C1模式了。如果要取消使用R1C1引用样式，则取消选中【R1C1引用样式】复选框即可。

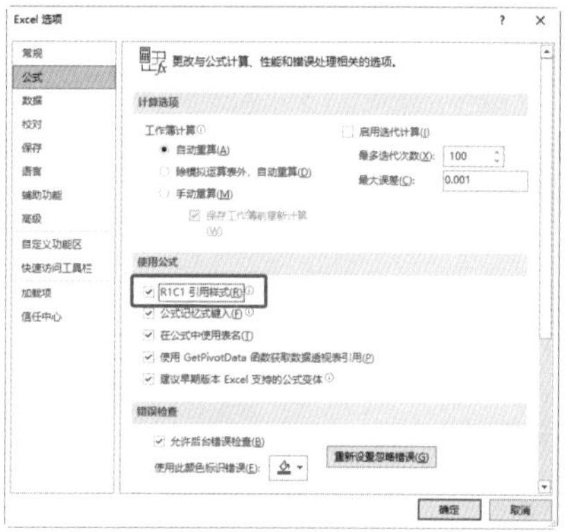

图 3-2

技术看板

与A1引用样式相比，R1C1引用样式不仅仅可以标识单元格的绝对位置，还能标识单元格的相对位置。有关R1C1引用样式的详细内容，请参阅7.3节。

3.2 行与列的操作

在使用工作表的过程中，经常需要对工作表的行或列进行操作，如选择行和列、插入行和列、移动行和列、复制行和列、删除行和列、调整行高和列宽、显示与隐藏行和列等。

3.2.1 选择行和列

要对行或列进行相应的操作，首先选择需要操作的行或列。在Excel中选择行或列主要有如下4种情况。

1. 选择单行或单列

将鼠标指针移动到单元格的行号标签上，当鼠标指针变成➡形状时单击，即可选择该行单元格。此时，该行的行号标签会改变颜色，该行的所有单元格也会突出显示，以此来表示此行当前处于选中状态，如图 3-3 所示。

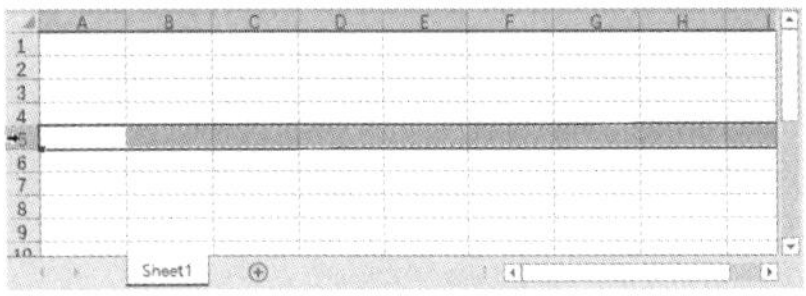

图 3-3

将鼠标指针移动到某一列单元格的列标标签上，当鼠标指针变成⬇形状时单击，即可选择该列单元格，如图 3-4 所示。

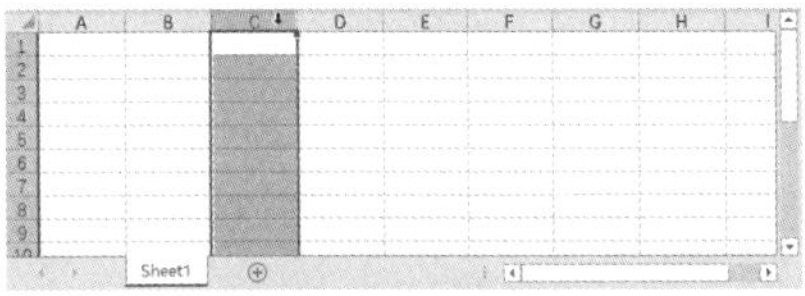

图 3-4

技能拓展——选择单行或单列的快捷操作

此外，使用快捷键也可以快速选择某行或某列。首先选择某单元格，按【Shift+Space】组合键，即可选择该单元格所在的行；按【Ctrl+Space】组合键，即可选择该单元格所在的列。需要注意的是，由于大多数Windows操作系统中将【Ctrl+Space】组合键默认设置为切换中英文输入法的快捷方式。因此在Excel中使用该快捷键的前提是，要将切换中英文输入法的快捷方式设置为其他按键的组合。

2. 选择连续的多行或多列

单击某行的标签后，按住鼠标左键并向上或向下拖动，即可选择与此行相邻的连续多行，如图 3-5 所示。

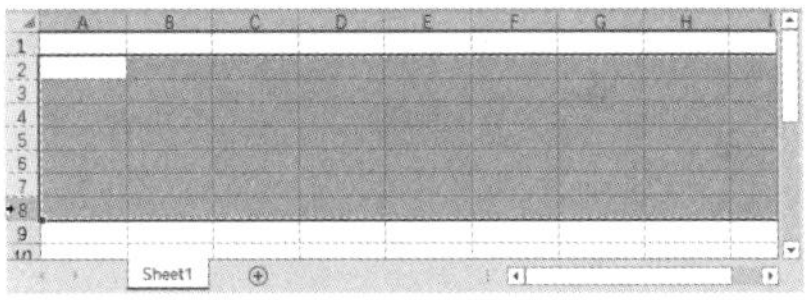

图 3-5

选择连续多列的方法与此类似，就是在选择某列标签后按住鼠标左键并向左或向右拖动即可。拖动鼠标时，行或列标签旁会出现一个带数字和字母内容的提示框，显示当前选中的区域中包含了多少行或多少列。

3. 选择不相邻的多行或多列

要选择不相邻的多行可以在选择某行后，按住【Ctrl】键的同时依次单击其他需要选择的行对应的行标签，直到选择完毕后才松开【Ctrl】键。如果要选择不相邻的多列，方法与此类似，效果如图 3-6 所示。

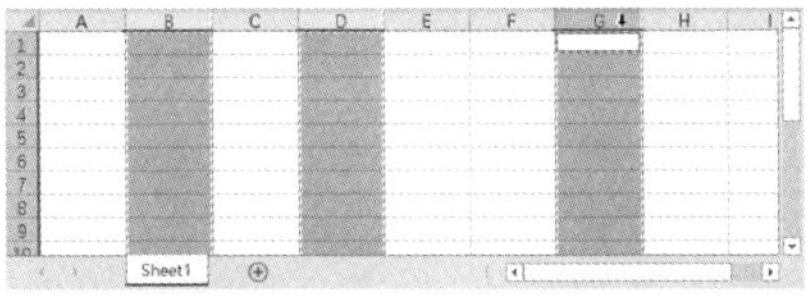

图 3-6

4. 选择表格中所有的行和列

在行标记和列标记的交叉处有一个【全选】按钮◢，单击该按钮可选择工作表中的所有行和列，如图 3-7 所示。按【Ctrl+A】组合键也可以选择全部的行和列。

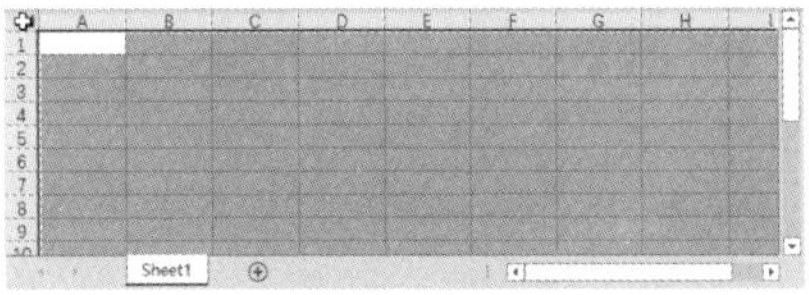

图 3-7

★重点 3.2.2 实战：在员工档案表中插入行和列

实例门类	软件功能

Excel中建立的表格一般是横向上或竖向上为同一个类别的数据，即同一行或同一列属于相同的字段。所以如果在编辑工作表的过程中，出现漏输数据的情况，一般会需要在已经有数据的表格中插入一行或一列相同属性的内容。此时，就需要掌握插入行或列的方法了。例如，要在员工档案表中插入行和列，具体操作步骤如下。

Step 01 选择菜单命令。打开素材文件\第 3 章\员工档案表.xlsx，❶选择I列单元格中的任意一个单元格，如选择I8 单元格，❷单击【开始】选项卡【单元格】组中的【插入】下拉按钮⌄，❸在弹出的下拉菜单中选择【插入工作表列】选项，如图 3-8 所示。

图 3-8

Step 02 插入空白列。即可在所选单元格的左侧插入一列空白单元格，效果如图 3-9 所示。

图 3-9

Step03 输入数据。在插入的空白列中输入数据（输入方法将在第 3.4 节进行详细讲解），效果如图 3-10 所示。

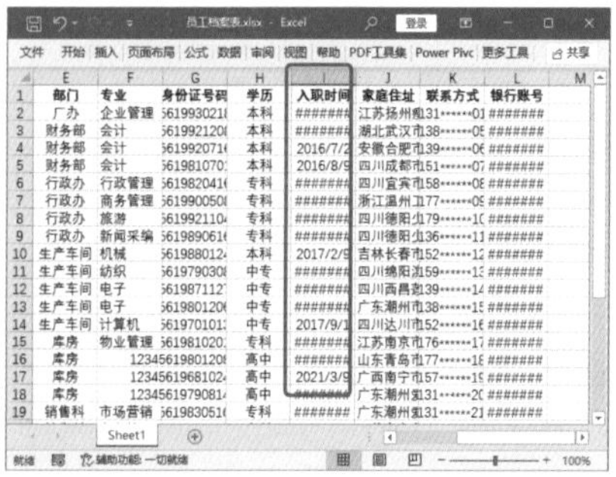

图 3-10

Step04 执行插入工作表行操作。❶选择第 3 行的任意一个单元格，如选择 A3 单元格，❷单击【插入】下拉按钮 ˇ，❸在弹出的下拉菜单中选择【插入工作表行】选项，如图 3-11 所示。

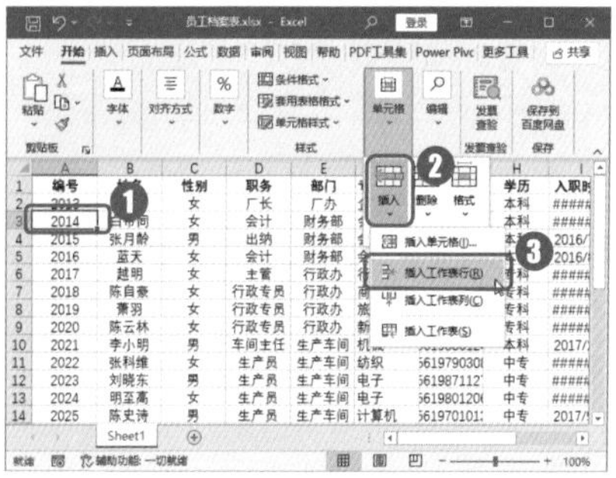

图 3-11

Step05 查看插入的行。即可在所选单元格的上方插入一行空白单元格，并在空白行中输入相应的数据，效果如图 3-12 所示。

图 3-12

技术看板

在插入行或列时，如果选择多行或多列，或者选择多行或多列的任意连续的多个单元格，那么执行插入操作后，可插入与选择行或列相同的空白行或空白列。

★重点 3.2.3 实战：移动员工档案表中的行和列

实例门类	软件功能

在工作表中输入数据时，如果发现将数据的位置输入错误，不必再重复输入，只需使用Excel提供的移动数据功能来移动单元格中的内容即可。例如，要移动部分员工档案数据在档案表中的位置，具体操作步骤如下。

Step01 剪切表格数据。❶选择需要移动的第 3 行中的数据，❷单击【开始】选项卡【剪贴板】组中的【剪切】按钮 ✂，如图 3-13 所示。

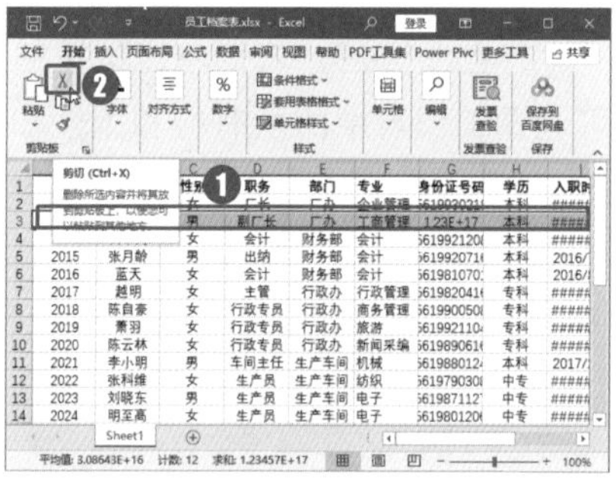

图 3-13

Step02 插入剪切的单元格。❶选择第 2 行中的数据，并在其上右击，❷在弹出的快捷菜单中执行【插入剪切的单元格】命令，如图 3-14 所示。

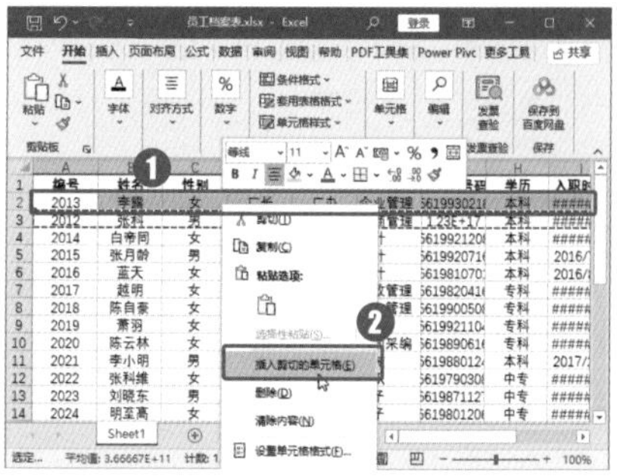

图 3-14

Step03 查看移动数据后的效果。经过以上操作，即可将第 3 行数据和第 2 行数据位置对换，使用相同的方法可将【部门】列数据移动到【职务】列数据前面，效果如图 3-15 所示。

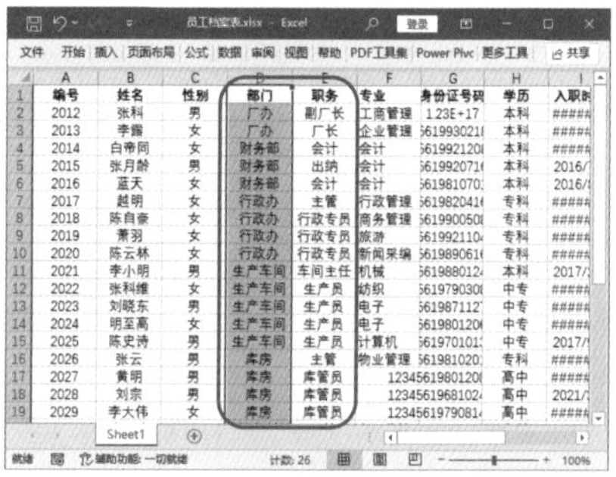

图 3-15

★重点 3.2.4 实战：复制 2022 年新增员工表中的行和列

实例门类	软件功能

如果表格中需要输入相同的数据，或表格中需要的原始数据事先已经存在其他表格中，为了避免重复，减少二次输入数据可能产生的错误，可以通过复制行和列的方法来进行操作。例如，将另一工作簿中的数据复制到员工档案表中，具体操作步骤如下。

Step01 执行复制操作。打开素材文

件\第3章\2022年新增员工.xlsx，❶选择需要复制的A2:L7单元格区域，❷单击【开始】选项卡【剪贴板】组中的【复制】按钮，如图3-16所示。

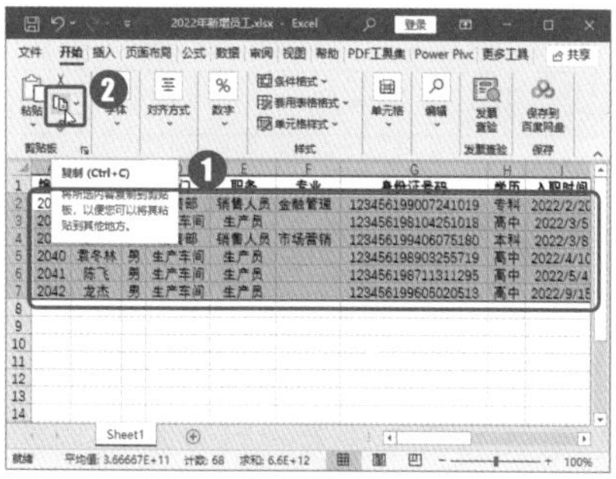

图 3-16

Step02 执行粘贴操作。❶切换到【员工档案表】工作簿窗口，在工作表中选择需要粘贴数据的起始单元格，如A27单元格，❷单击【剪贴板】组中的【粘贴】按钮，如图3-17所示。

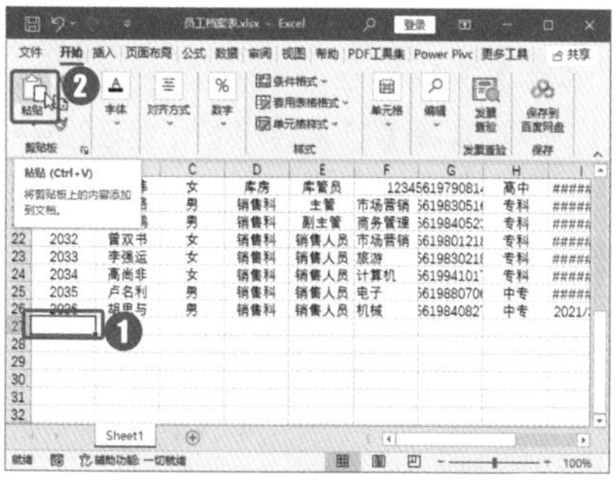

图 3-17

Step03 查看粘贴的效果。即可将复制的数据按源格式粘贴到表格中，效果如图3-18所示。

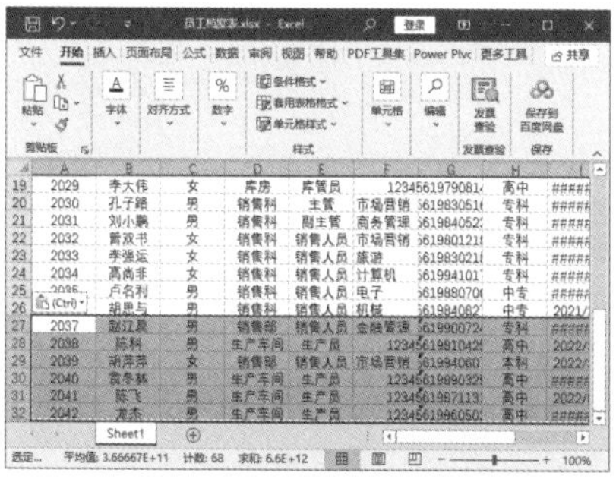

图 3-18

技术看板

粘贴到表格中后，身份证号所在的单元格左上角出现绿色的符号，是因为该单元格中的数字是文本格式。

3.2.5 实战：删除员工档案表中的行和列

实例门类	软件功能

如果工作表中有多余的行或列，可以将这些行或列直接删除。选择的行或列被删除后，工作表会自动填补删除的行或列的位置，不需要进行额外的操作。删除行和列的具体操作步骤如下。

Step01 执行删除操作。❶选择工作表中要删除的F列，❷单击【开始】选项卡【单元格】组中的【删除】按钮，如图3-19所示。

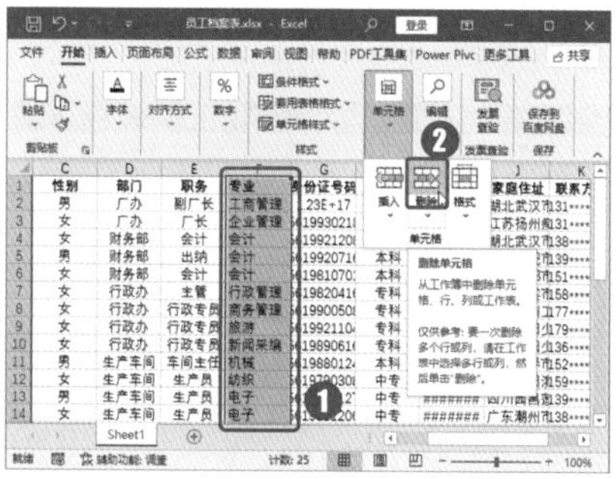

图 3-19

Step02 删除工作表行。经过上步操作，即可删除所选的列。❶按住【Ctrl】键，选择要删除的多行，❷单击【开始】选项卡【单元格】组中的【删除】下拉按钮，❸在弹出的下拉菜单中选择【删除工作表行】选项，如图3-20所示。

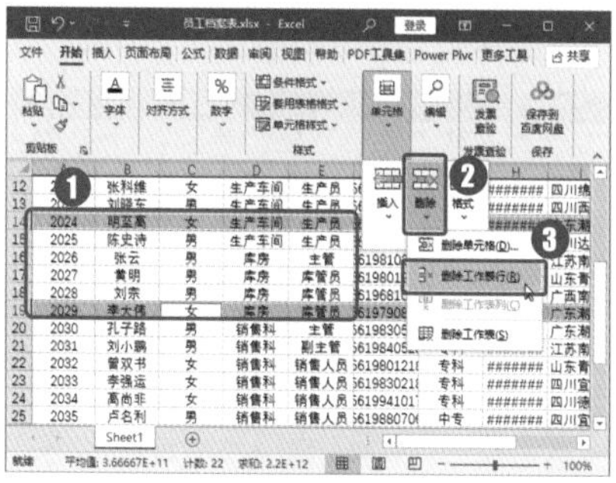

图 3-20

Step03 查看删除后的效果。经过上步操作，即可删除所选的行，效果如图3-21所示。

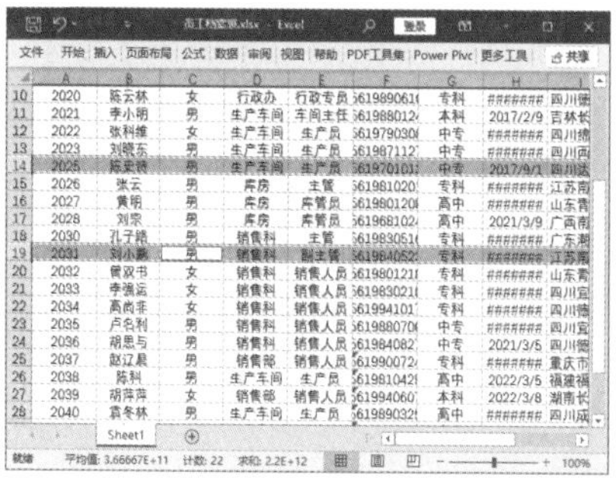

图 3-21

★重点 3.2.6 实战：调整员工档案表中的行高和列宽

实例门类	软件功能

默认情况下，每个单元格的行高与列宽是固定的，但在实际编辑过程中，有时会在单元格中输入较多内容，导致文本或数据不能完全地显示出来，这时就需要适当调整单元格的行高或列宽了，具体操作步骤如下。

Step01 拖动鼠标调整列宽。将鼠标指针移至F列和G列列标之间的分隔线上，当鼠标指针变为✛形状时，按住鼠标左键向右进行拖动，如图3-22所示，此时，鼠标指针上方将显示列宽的具体数值，拖动鼠标指针至需要的列宽后释放鼠标即可。

图 3-22

技术看板

拖动鼠标调整行高和列宽是最常用的调整单元格行高和列宽的方法，也是最快捷的方法，但该方法只适用于对行高进行大概调整。

Step 02 调整其他列的列宽。使用相同的方法继续对H列、I列、J列和K列的列宽进行调整，效果如图 3-23 所示。

图 3-23

Step 03 执行行高操作。❶选择A1:K30单元格区域，❷单击【开始】选项卡【单元格】组中的【格式】下拉按钮，❸在弹出的下拉菜单中选择【行高】选项，如图 3-24 所示。

图 3-24

Step 04 设置行高值。打开【行高】对话框，❶在【行高】文本框中输入精确的数值，如输入【20】，❷单击【确定】按钮，如图 3-25 所示。

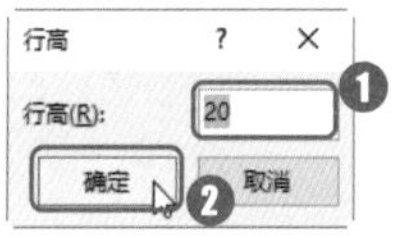

图 3-25

Step 05 查看调整行高后的效果。经过上步操作，即可将所选单元格的行高调整为设置的行高，效果如图 3-26 所示。

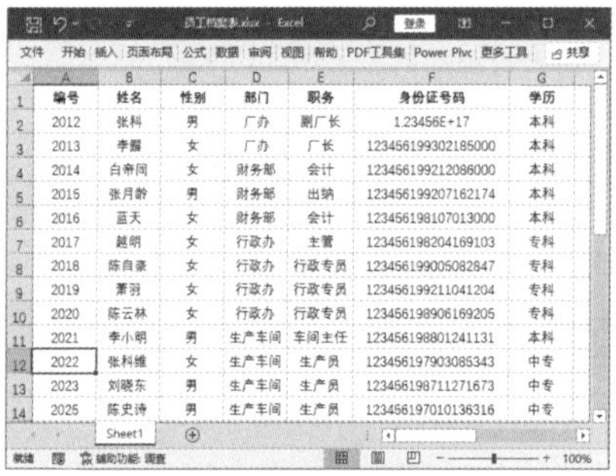

图 3-26

技能拓展——根据单元格内容自动调整行高和列宽

通过对话框设置行高和列宽适合于精确调整。如果要根据单元格中内容的多少来调整行高和列宽，那么可先选择需要调整的单元格，在【格式】下拉菜单中选择【自动调整行高】或【自动调整列宽】选项，将自动根据单元格中的内容来调整行高或列宽。

3.2.7 实战：隐藏员工档案表中的行和列

实例门类	软件功能

对于工作表中一些重要的数据，如果不想被其他人查看到，除了可对工作表进行保护外，还可以通过隐藏行或列的方式将数据隐藏起来。当需要查看已经被隐藏的工作表数据时，再根据需要将其重新显示出来即可。

例如，对员工档案表中的部分行和列进行隐藏和显示操作，具体操作步骤如下。

Step 01 执行隐藏列操作。❶按住【Ctrl】键分别选择F列和J列，❷单击【开始】选项卡【单元格】组中的【格式】下拉按钮，❸在弹出的下拉菜单中选择【隐藏和取消隐藏】→【隐藏列】选项，如图 3-27 所示。

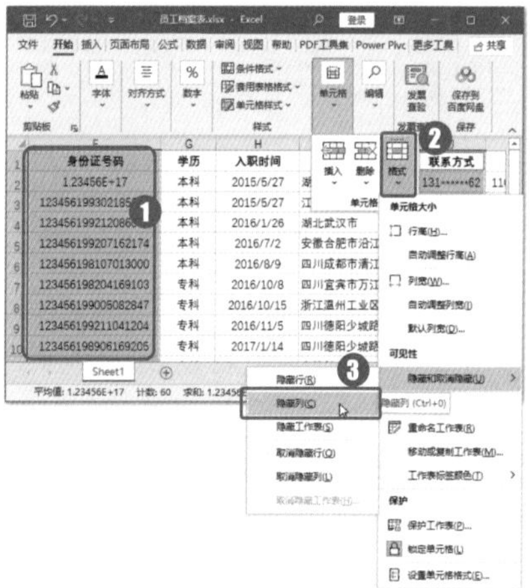

图 3-27

Step 02 查看隐藏后的效果。经过上步操作后，F列和J列单元格将隐藏起来，同时隐藏的列会显示为一条直线，效果如图 3-28 所示。

图 3-28

Step03 执行菜单命令。选择需要隐藏的第 2 行，在其上右击，在弹出的快捷菜单中执行【隐藏】命令，如图 3-29 所示。

图 3-29

Step04 查看隐藏行后的效果。经过上步操作后，即可隐藏选择的行，效果如图 3-30 所示。

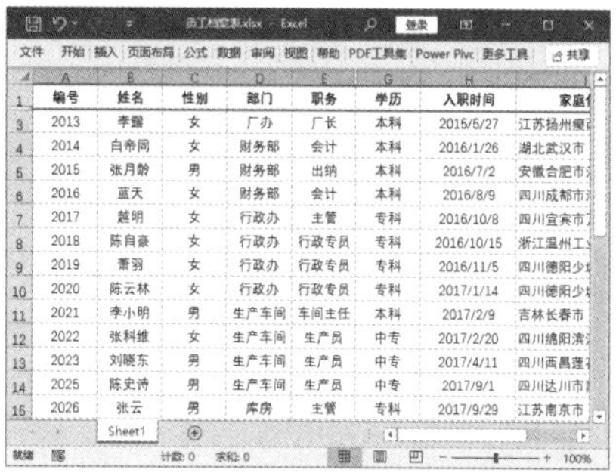

图 3-30

技能拓展——显示工作表中隐藏的行或列

当需要显示隐藏的行或列时，可选择隐藏行或列所在的单元格区域，在【格式】下拉菜单中选择【取消隐藏列】或【取消隐藏行】选项，可以显示出表格中所有隐藏的行或列。另外，使用鼠标拖动隐藏后的行或列标记上所显示的那一条直线，也可以将隐藏的行或列显示出来。

3.3 单元格和单元格区域的基本操作

单元格作为工作表中存放数据的最小单位，在Excel中编辑数据时经常需要对单元格进行相关的操作，包括单元格的选择、插入、删除、调整行高和列宽、合并与拆分单元格、显示与隐藏单元格等。

3.3.1 选择单元格和单元格区域

使用Excel制作表格的过程中，对单元格的操作是必不可少的，因为单元格是工作表中最重要的组成元素。选择单元格和单元格区域的方法有多种，用户可以根据实际需要选择最合适、最有效的操作方法。

1. 选择一个单元格

在Excel中，当前选择的单元格被称为【活动单元格】。单击需要选择的单元格，即可选择该单元格。

在名称框中输入需要选择的单元格的地址，然后按【Enter】键也可选择对应的一个单元格。选择一个单元格后，该单元格将被一个绿色方框包围，在名称框中也会显示该单元格的名称，该单元格的行号和列标都呈突出显示状态，如图 3-31 所示。

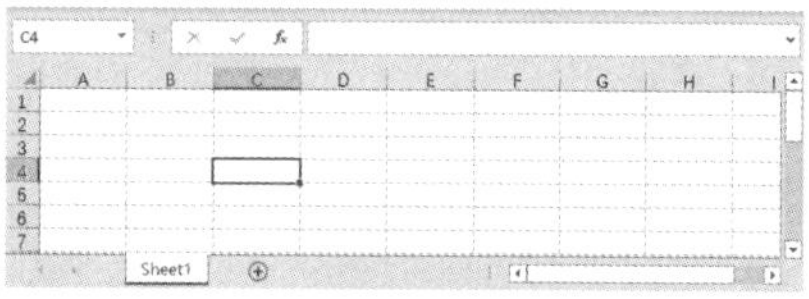

图 3-31

2. 选择相邻的多个单元格（单元格区域）

先选择第一个单元格（所需选择的相邻多个单元格范围左上角的单元格），然后按住鼠标左键并拖动到目标单元格（所需选择的相邻多个单元格范围右下角的单元格）。

在选择第一个单元格后，按住【Shift】键的同时选择目标单元格，即可选择单元格区域。

选择的单元格区域被一个大的绿色方框包围，但在名称框中只会显示出该单元格区域左上角单元格的名称，如图 3-32 所示。

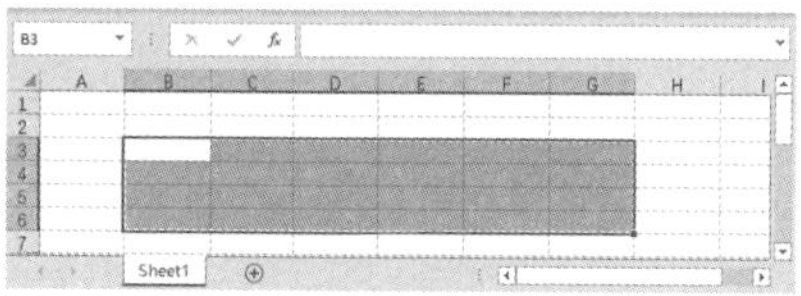

图 3-32

3. 选择不相邻的多个单元格或单元格区域

按住【Ctrl】键的同时，依次选择需要的单元格或单元格区域，即可选择多个不相邻的单元格或单元格区域，效果如图 3-33 所示。

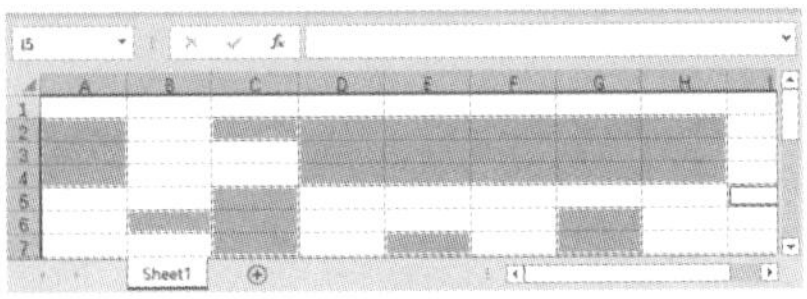

图 3-33

4. 选择多张工作表中的单元格

在 Excel 中，使用【Ctrl】键不仅可以选择同一张工作表中不相邻的多个单元格，还可以使用【Ctrl】键在不同的工作表中选择单元格。先在一张工作表中选择需要的单个或多个单元格，然后按住【Ctrl】，切换到其他工作表中继续选择需要的单元格即可。

企业制作的工作簿中常常包含多个数据结构大致或完全相同的工作表，又经常需要对这些工作表进行同样的操作，此时就可以先选择这多个工作表中的相同单元格区域，再对它们统一进行操作来提高工作效率。

要快速选择多张工作表的相同单元格区域，可以先按住【Ctrl】键选择多张工作表，形成工作组，然后在其中一张工作表中选择需要的单元格区域，这样就同时选择了工作组中每张工作表的该单元格区域，如图 3-34 所示。

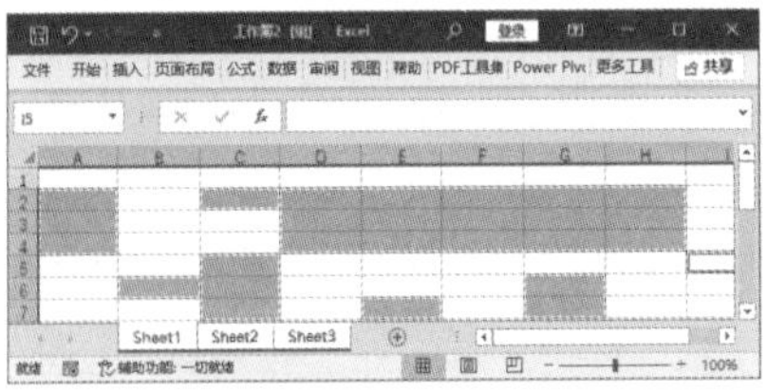

图 3-34

3.3.2 实战：插入单元格或单元格区域

在编辑工作表的过程中，有时可能漏输了数据，如果要在已有数据的单元格中插入新的数据，建议根据情况使用插入单元格的方法使表格内容满足需求。

在工作表中，插入单元格不仅可以插入一行或一列单元格，还可以插入一个或多个单元格。例如，在实习申请表中将内容的位置输入到附近单元格中了，需要通过插入单元格的方法来调整位置，具体操作步骤如下。

Step 01 插入单元格。打开素材文件\第 3 章\实习申请表.xlsx，❶选择 D7 单元格，❷单击【开始】选项卡【单元格】组中的【插入】下拉按钮 ˅，❸在弹出的下拉菜单中选择【插入单元格】选项，如图 3-35 所示。

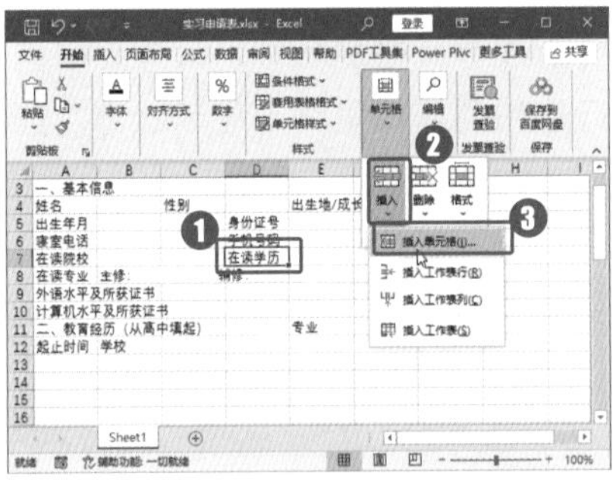

图 3-35

Step 02 设置活动单元格位置。打开【插入】对话框，❶在其中根据插入单元格后当前活动单元格需要移动的方向进行选择，这里选中【活动单元格右移】单选按钮，❷单击【确定】按钮，如图 3-36 所示。

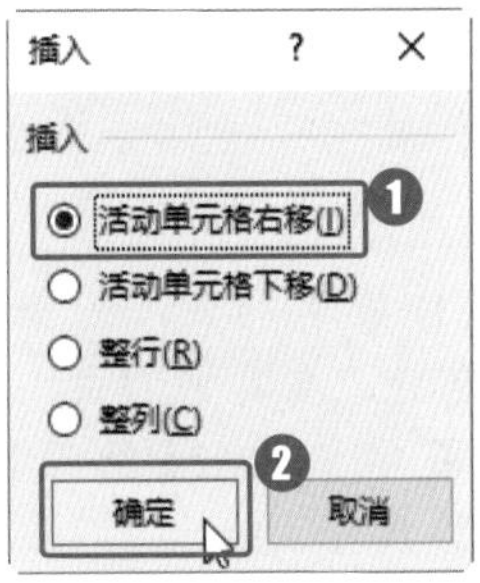

图 3-36

Step 03 执行插入单元格操作。经过上步操作，即可在选择的单元格位置前插入一个新的单元格，并将同一行中的其他单元格右移，❶选择 D11:G11 单元格区域，❷单击【插入】下拉按钮 ˅，❸在弹出的下拉菜单中选择【插入单元格】选项，如图 3-37 所示。

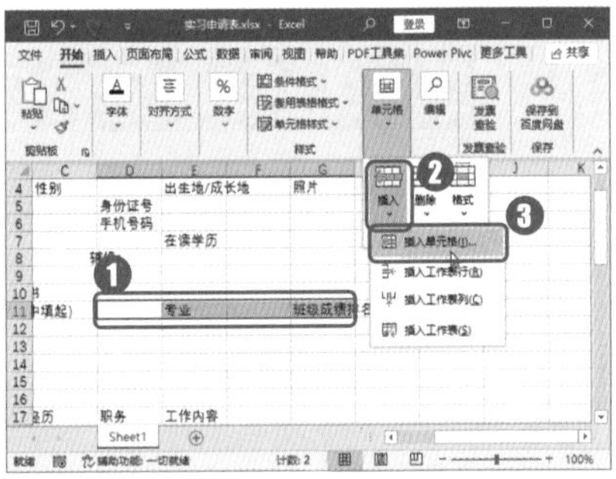

图 3-37

Step 04 设置活动单元格位置。打开【插入】对话框，❶选中【活动单元格下移】单选按钮，❷单击【确定】按钮，如图 3-38 所示。

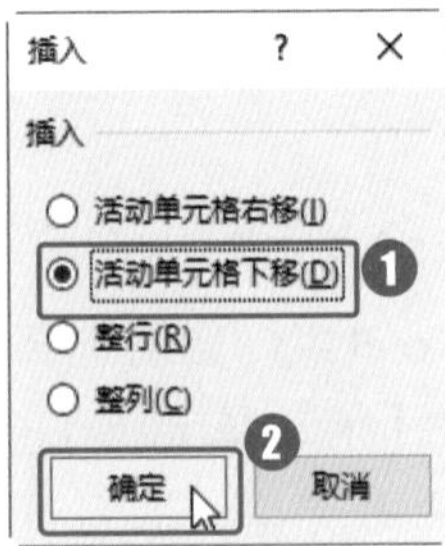

图 3-38

技能拓展——打开【插入】对话框的其他方法

选择单元格或单元格区域后，在其上右击，在弹出的快捷菜单中选择【插入】选项，也可以打开【插入】对话框。

Step05 查看插入的效果。经过上步操作，即可在选择的单元格区域上方插入4个新的单元格，并将所选单元格区域下方的单元格下移，效果如图3-39所示。

图 3-39

3.3.3 删除单元格或单元格区域

在Excel 2021中选择单元格后，按【Delete】键只能删除单元格中的内容。

在编辑工作表的过程中，有时不仅需要清除单元格中的部分数据，还希望在删除单元格数据的同时删除对应的单元格位置。例如，要使用删除单元格功能将实习申请表中的无用单元格删除，具体操作步骤如下。

Step01 执行删除单元格命令。❶选择C5:C6单元格区域，❷单击【开始】选项卡【单元格】组中的【删除】下拉按钮⌄，❸在弹出的下拉菜单中执行【删除单元格】命令，如图3-40所示。

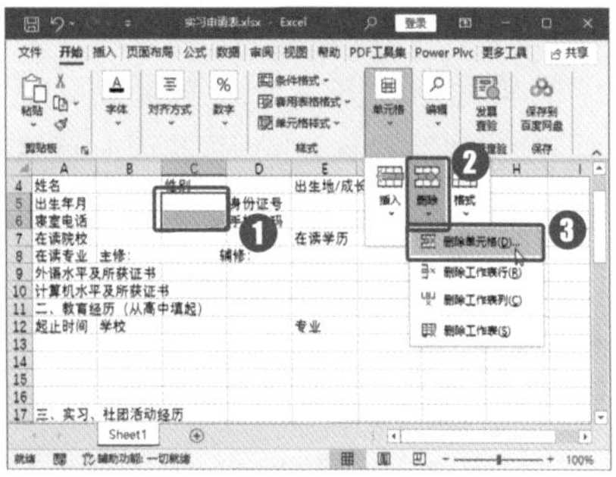

图 3-40

Step02 删除设置。打开【删除文档】对话框，❶选中【右侧单元格左移】单选按钮，❷单击【确定】按钮，如图3-41所示。

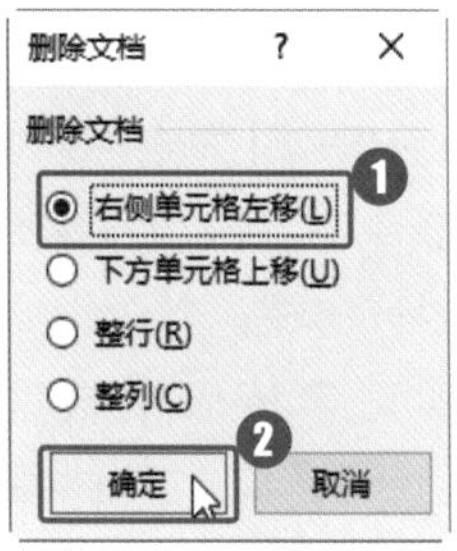

图 3-41

Step03 查看删除后的效果。经过上步操作，即可删除所选的单元格区域，同时右侧的单元格会向左移动，效果如图3-42所示。

图 3-42

技能拓展——打开【删除】对话框的其他方法

选择单元格或单元格区域后，在其上右击，在弹出的快捷菜单中执行【删除】命令，也可以打开【删除】对话框，如图3-43所示。

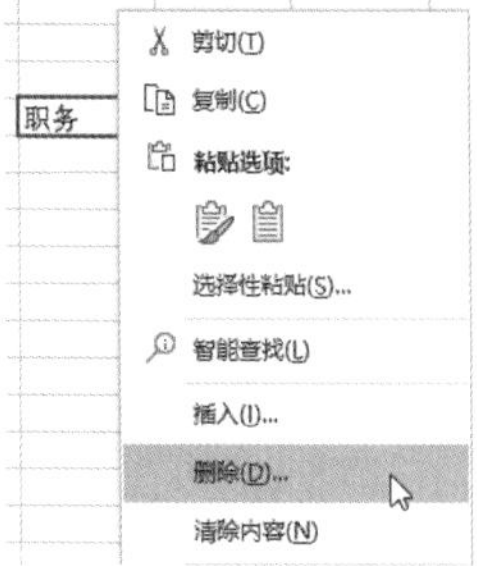

图 3-43

3.3.4 实战：复制和移动单元格或单元格区域

实例门类	软件功能

在Excel 2021中不仅可以移动和复制行或列，还可以移动和复制单元格或单元格区域，操作方法基本相同。例如，要通过移动和复制操作完善实习申请表，具体操作步骤如下。

Step01 执行复制操作。❶选择需要复制的A12单元格，❷单击【开始】选项卡【剪贴板】组中的【复制】按钮，如图3-44所示。

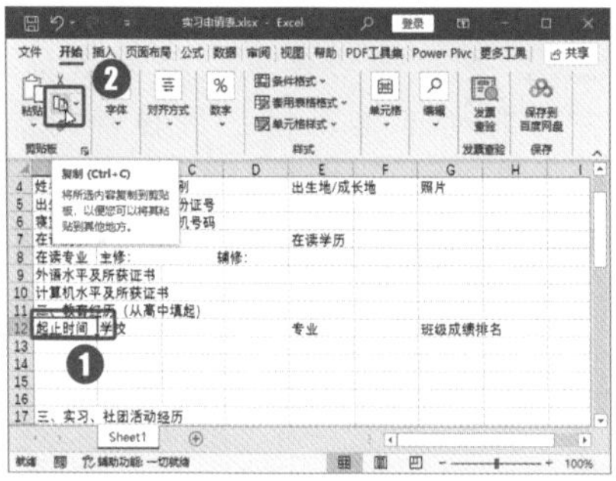

图 3-44

Step02 执行粘贴操作。❶选择需要复制到的A18单元格，❷单击【开始】选项卡【剪贴板】组中的【粘贴】按钮，即可完成单元格的复制操作，如图3-45所示。

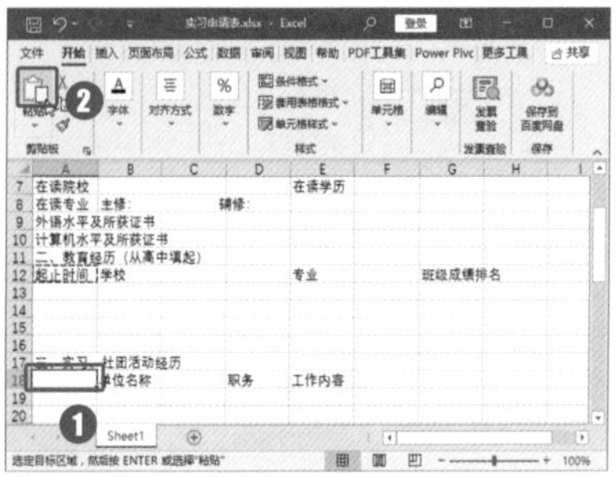

图 3-45

Step03 拖动鼠标移动单元格区域位置。选择需要移动位置的 A36:B37 单元格区域，将鼠标指针移动到所选区域的边框线上，当鼠标指针变成✥形状时，按住鼠标左键将单元格区域拖动至 A39:B40 单元格区域，如图 3-46 所示。

图 3-46

Step04 查看移动效果。释放鼠标，即可将所选单元格区域移动到如图 3-47 所示的位置。

图 3-47

★重点 3.3.5 实战：合并实习申请表中的单元格

实例门类	软件功能

在制作表格的过程中，为了满足不同的需求，有时需要将多个连续的单元格合并为一个单元格，特别是在制作表格标题或不规则的表单时，经常使用到。

Excel 2021 中提供了多种合并单元格的方式，每种合并方式的不同功能介绍如下。

- 合并后居中：将选择的多个单元格合并为一个大的单元格，且其中的数据将自动居中显示。
- 跨越合并：将同行中相邻的单元格进行合并。
- 合并单元格：将选择的多个单元格合并为一个大的单元格，与【合并后居中】方式不同的是，执行该命令不会改变原来单元格数据的对齐方式。

在实习申请表中根据需要合并相应的单元格，具体操作步骤如下。

Step01 执行合并后居中操作。❶选择需要合并的 A1:H1 单元格区域，❷单击【开始】选项卡【对齐方式】组中的【合并后居中】按钮，如图 3-48 所示。即可将选择的 A1:H1 单元格区域合并为一个大单元格，且标题居中显示。

图 3-48

Step02 执行合并单元格操作。❶选择需要合并的 A2:H2 单元格区域，❷单击【开始】选项卡【对齐方式】组中的【合并后居中】下拉按钮⌄，❸在弹出的下拉菜单中选择【合并单元格】选项，如图 3-49 所示。

图 3-49

Step03 查看合并后的效果。经过上步操作，即可将原来的 A2:H2 单元格区域合并为一个单元格，且不会改变数据在合并后单元格中的对齐方式，拖动鼠标调整该行的高度到合适，如图 3-50 所示。

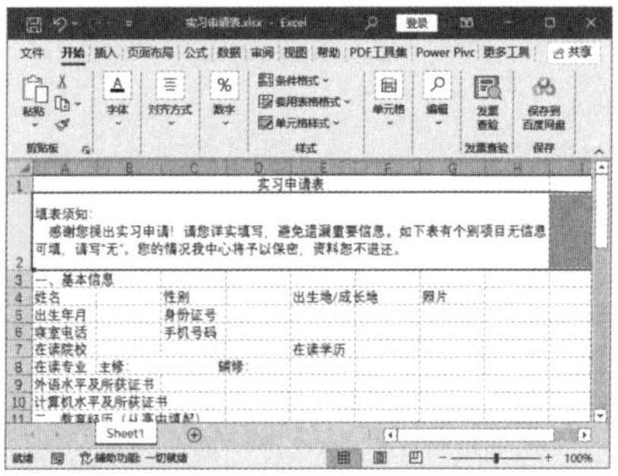

图 3-50

Step04 执行跨越合并操作。❶选择 B35:H38 单元格区域，❷单击【合并后居中】下拉按钮⌄，❸在弹出的下拉菜单中选择【跨越合并】选项，如图 3-51 所示。

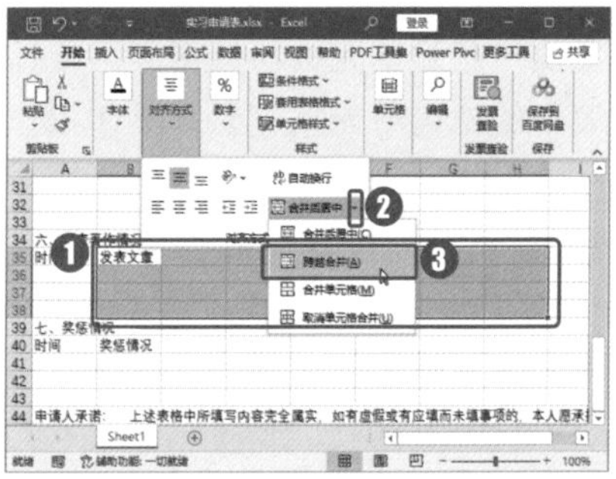

图 3-51

Step05 查看效果。经过上步操作，即可将原来的 B35:H38 单元格区域合并为4行1列，效果如图3-52所示。

图 3-52

Step06 合并其他单元格。使用前面的合并方法，根据需要继续对需要合并的单元格进行合并操作，效果如图3-53所示。

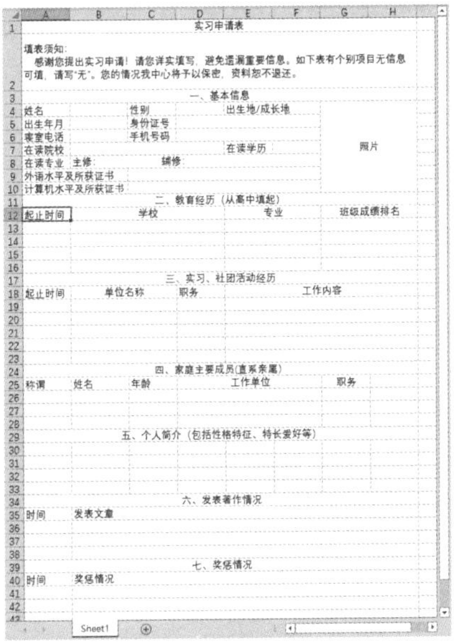

图 3-53

技能拓展——拆分单元格

对于合并后的单元格，如果对合并效果不满意，或者认为不需要合并，还可以对其进行拆分。拆分单元格首先需要选择已经合并的单元格，然后单击【合并后居中】下拉按钮⌄，在弹出的下拉菜单中执行【取消单元格合并】命令即可。

3.4 数据的输入

在Excel中，数据是用户保存的重要信息，同时它也是体现表格内容的基本元素。用户在编辑Excel电子表格时，首先需要设计表格的整体框架，然后根据构思输入各种表格内容。在Excel表格中可以输入多种类型的数据内容，如文本、数值、日期和时间、百分数等，不同类型的数据在输入时需要使用不同的方法，本节介绍如何输入不同类型的数据。

3.4.1 制作表格前的表格设计

要制作一张实用、美观的表格是需要细心地分析和设计的。相对来说，用于表现数据的表格设计比较简单，只需要分析清楚表格中要展示哪些数据，设计好表头、输入数据，然后加上一定的修饰即可；而用于规整内容、排版内容的表格设计就比较复杂，这类表格在设计时，需要先厘清表格中需要展示的内容和数据，然后按一定规则将其整齐地排列起来，甚至可以先在纸上绘制草图，再到Excel中制作表格，最后添加各种修饰。

1. 数据表格的设计

通常用于展示数据的表格都有整齐的行和列，很多人认为，这种表格太简单，根本不用设计，但事实上，这种观点在过去可能没什么问题，但现在，随着社会发展和进步，人们对于许多事物的关注更细致了。因此在设计表格时也应该站在阅读者的角度去思考，除了如何让表格看起来漂亮以外，还应该更多地考虑如何让内容展示得更清晰，让查阅者看起来更容易，如一张密密麻麻都是数据的表格，很多人看到时都会觉得头晕，而我们在设计表格时就需要想办法让它看起来更清晰，通常可以从以下几个方面着手来设计数据表格。

（1）精简表格字段。

虽然Excel很适合用于展示字段很多的大型表格，但不得不承认当字段过多时就会影响阅读者对重要数据的把握。所以在设计表格时，设计者需要仔细考虑，分析出表格字段的主次，将一些不重要的字段删除，保留重要的字段。尤其在制作的表格需要打印输出时，一定要注意不能让表格中的数据字段超出页面范围，否则会非常不便于查看。

（2）注意字段顺序。

表格中字段的顺序也是不容忽视的，为什么成绩表中通常都把学号或姓名作为第一列？为什么语文、数学、英语科目的成绩总排列在其他科目成绩的前面？在设计表格时，需要分清各字段的关系、主

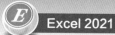

次等，按字段的重要程度或某种方便阅读的规律来排列字段，每个字段放在什么位置都需要仔细推敲。

（3）保持行列内容对齐。

使用表格可以让数据有规律地排列，使数据展示更整齐统一，而对于表格中各单元格内部的内容而言，每一行和每一列都应该整齐排列。例如，图 3-54 所示的表格，行列中的数据排列不整齐，表格就会显得杂乱无章，查看起来非常不方便。

员工编号	姓名	部门	考勤考评	工作能力	工作态度
HT1008	曾小林	财务部	8	35	38
HT1013	陈明	财务部	9	28	31
HT1020	杨利瑞	财务部	4	33	34
HT1028	温莲	财务部	6	25	29
HT1007	万灵	策划部	9	32	34
HT1010	徐涛	策划部	3	34	36

图 3-54

通常不同类型的字段，可采用不同的对齐方式来表现，但对于每一列中各单元格的数据应该采用相同的对齐方式，将图 3-54 中的内容按照这个标准进行对齐方式设置后的效果如图 3-55 所示，各列对齐方式可以不同，但每列的单元格对齐方式是统一的。

员工编号	姓名	部门	考勤考评	工作能力	工作态度
HT1008	曾小林	财务部	8	35	38
HT1013	陈明	财务部	9	28	31
HT1020	杨利瑞	财务部	4	33	34
HT1028	温莲	财务部	6	25	29
HT1007	万灵	策划部	9	32	34
HT1010	徐涛	策划部	3	34	36

图 3-55

（4）调整行高与列宽。

表格中各字段的内容长度可能不相同，所以不可能做到各列的宽度统一，但通常可以保证各行的高度一致。

在设计表格时，应仔细研究表格数据内容，是否有特别长的数据内容，尽量通过调整列宽，使较长的内容在单元格内采用不换行方式显示。如果单元格中的内容确实需要换行，则统一调整各行的高度，让每一行高度一致。

图 3-56 所示的表格中的部分单元格内容过长，此时需要调整各列的宽度及各行的高度，调整后的效果如图 3-57 所示。

姓名	性别	年龄	学历	职位	工作职责
曾小林	男	38	本科	工程师	负责商品的研发、监督、质量等总体控制
陈明	男	29	大专	助理工程师	协助工程师完成一些重要工作，并且独立完成工作
温莲	女	28	大专	设计师	负责商品设计、包装设计等
万灵	女	31	大专	设计师	负责商品设计、包装设计等
徐涛	男	27	本科	设计师	负责商品设计、包装设计等

图 3-56

姓名	性别	年龄	学历	职位	工作职责
曾小林	男	38	本科	工程师	负责商品的研发、监督、质量等总体控制
陈明	男	29	大专	助理工程师	协助工程师完成一些重要工作，并且独立完成工作
温莲	女	28	大专	设计师	负责商品设计、包装设计等
万灵	女	31	大专	设计师	负责商品设计、包装设计等
徐涛	男	27	本科	设计师	负责商品设计、包装设计等

图 3-57

（5）适当应用修饰。

数据表格以展示数据为主，修饰的目的是更好地展示数据，所以在表格中应用修饰时应以便于数据更清晰展现为目标，不要一味地追求艺术。

通常表格中的数据量较大、文字较多时，为了更清晰地展示数据，可使用如下方式。

- 使用常规的或简洁的字体，如宋体、黑体等。
- 使用对比明显的色彩，如白底黑字、黑底白字等。
- 表格主体内容区域与表头、表尾采用不同的修饰进行区分，如使用不同的边框、底纹等。

图 3-58 所示为修饰后的表格。

姓名	性别	年龄	学历	职位	工作职责
曾小林	男	38	本科	工程师	负责商品的研发、监督、质量等总体控制
陈明	男	29	大专	助理工程师	协助工程师完成一些重要工作，并且独立完成工作
温莲	女	28	大专	设计师	负责商品设计、包装设计等
万灵	女	31	大专	设计师	负责商品设计、包装设计等
徐涛	男	27	本科	设计师	负责商品设计、包装设计等

图 3-58

2. 不规则表格的设计

当应用表格表现一系列相互之间没有太大关联的数据时，无法使用行或列来表现相同的意义，这类表格的设计相对来说就比较麻烦。例如，要设计一个干部任免审批表，表格中需要展示审批中的各类信息，这些信息之间几乎没有什么关联，当然也可以不选择用表格来展现这些内容，但是用表格来展示这些内容的优势就在于可以使页面结构更美观、数据更清晰明了。所以在设计这类表格时，依然需要按照更美观、更清晰的标准进行设计。

（1）明确表格中需要展示的信息。

在设计表格前，首先需要明确表格中要展示哪些数据内容，可以先将这些内容列举出来，再考虑表格的设计。例如，干部任免审批表中可以包含姓名、性别、籍贯、学历、出生日期、参加工作时间、工资情况等各类信息，先将这些信息列举出来。

（2）根据列表的内容进行分类。

分析要展示的内容之间的关系，将有关联的、同类的信息归为一类，在表格中尽量整理同一类信息。例如，可将干部任免审批表中的信息分为基本资料、工作经历、职务情况、家庭成员等几大类别。为了更清晰地排布表格中的内容，也为了使表格结构更合理、更美观，可以先在纸上绘制草图，反复推敲，最后在Excel中制作表格。图3-59所示即为手绘的干部任免审批表效果。

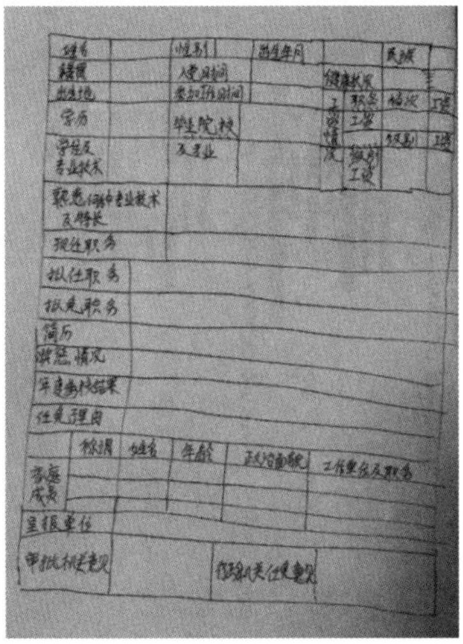

图 3-59

（3）根据类别制作表格大框架。

根据表格内容中的类别，制作出表格的大结构，如图3-60所示。

图 3-60

（4）合理利用空间。

应用表格展示数据除了让数据更直观、更清晰外，还可以有效地节省空间，用最少的位置清晰地展现更多的数据。图3-61所示表格后面行的内容比第一行的内容长，如果保持整齐的行列，留给填写者填写的空间就会受到影响。因此采用合并单元格的方式扩大单元格宽度。这样不仅保持了表格的整齐，也合理地利用了多余的表格空间。

姓名		性别		出生年月		民族	
籍贯		入党时间			健康状况		
出生地		参加工作时间			工资情况	职务工资	档次	工资金额
学历		毕业院校及专长					
学位或专业技术职务						级别工资	级别	工资金额
熟悉何种专业技术及有何种专长							
现任职务							

图 3-61

总之，这类表格之所以复杂，主要在于空间的有效利用，要在有限的空间展示更多的内容，并且内容整齐、美观，需要有目的性地合并或拆分单元格，不可盲目拆分合并。在制作这类表格时，通常在有了大致的规划之后进行制作，先制作表格中大的框架，然后利用单元格的拆分或合并功能，将表格中各部分进行细分，输入相应的文字内容，最后再加以修饰。另外，此类表格需要特别注意各部分内容之间的关系及摆放位置，以方便填写和查阅为目的，如简历表中第一栏为姓名，因为姓名肯定是这张表中最关键的数据；如果需要在简历表中突出自己的联系方式，方便查看简历的人联系你，那么可以将联系电话作为第二栏等。

3.4.2 实战：在员工生日信息表中输入文本

实例门类	软件功能

文本是Excel中最简单的数据类型，它主要包括字母、汉字和字符串。在表格中输入文本可以用来说明表格中的其他数据。输入文本的常用方法有以下3种。

（1）选择单元格输入：选择需要输入文本的单元格，然后直接输入文本，完成后按【Enter】键或单击其他单元格即可。

（2）双击单元格输入：双击需要输入文本的单元格，将文本插入点定位在该单元格中，然后在单元格中输入文本，完成后按【Enter】键或单击其他单元格。

（3）通过编辑栏输入：选择需要输入文本的单元格，然后在编辑栏中输入文本，单元格中会自动显示在编辑栏中输入的文本，表示该单元格中输入了文本内容，完成后单击编辑栏中的【输入】按钮✓，或单击其他单元格即可。

例如，要输入员工生日信息表的内容，具体操作步骤如下。

Step01 通过单元格输入数据。❶新建一个空白工作簿，并以【员工生日信息表】为名进行保存，❷在A1单元格上双击，将文本插入点定位在A1单元格中，切换到合适的输入法并输入文本【员工编号】，如图3-62所示。

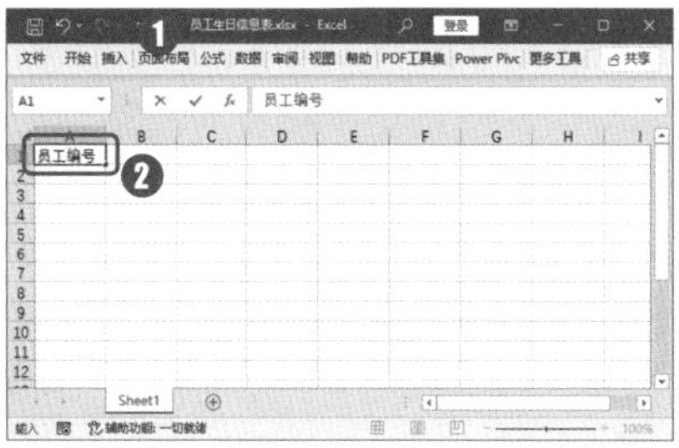

图 3-62

Step02 确认数据的输入。按【Tab】键完成文本的输入，系统将自动选择B1单元格，❶将文本插入点定位在编辑栏中，并输入文本【姓名】，❷单击编辑栏中的【输入】按钮✓，如图3-63所示。

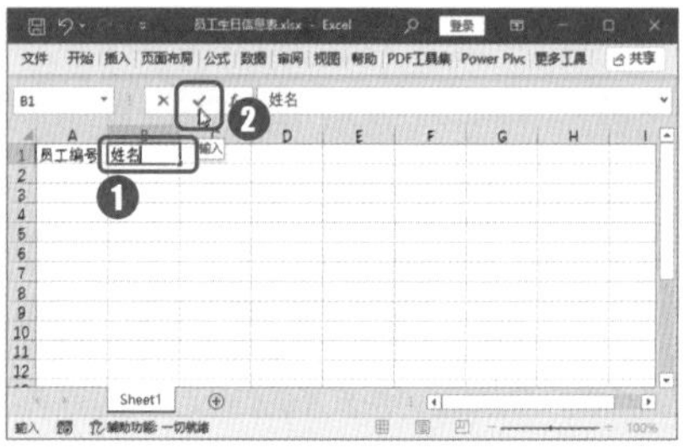

图 3-63

技术看板

在单元格中输入文本后，若按【Tab】键，将结束文本的输入并选择单元格右侧的单元格；若按【Enter】键，将结束文本的输入并选择单元格下方的单元格；若按【Ctrl+Enter】组合键，将结束文本的输入并继续选择输入文本的单元格。

Step 03 继续输入其他数据。继续在C1:G1单元格中输入表格字段，效果如图3-64所示。

图 3-64

3.4.3 实战：在员工生日信息表中输入数字

实例门类	软件功能

Excel中的大部分数据为数字数据，通过数字能直观地表达表格中各类数据所代表的含义。在单元格中输入常规数据的方法与输入普通文本的方法相同。

不过，如果要在表格中输入以【0】开始的数据，如001、002等，按照普通的输入方法，输入后将得不到需要的结果，例如，直接输入编号【001】，按【Enter】键后数据将自动变为【1】。

在Excel中，当输入数值的位数超过11位时，Excel会自动以科学记数格式显示，而且，当输入数值的位数超过15位（不含15位）时，Excel会自动将15位后的数字全部以【0】显示。例如，在F1单元格中输入身份证号码“123456198307262210”，单元格中显示为“1.23456E+17”，在编辑栏中将显示为“123456198307262000”，如图3-65所示。

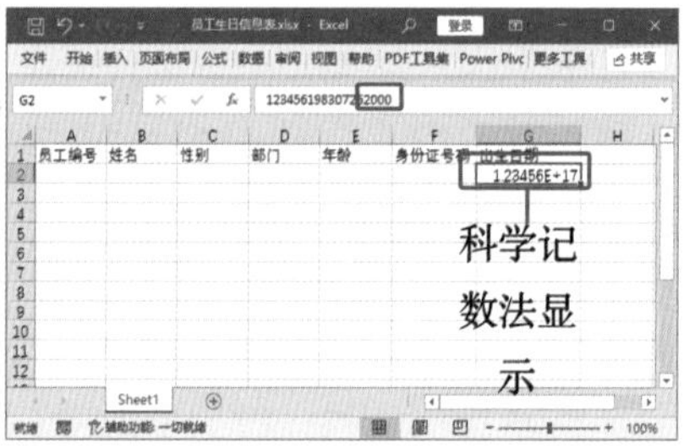

图 3-65

所以在输入这两类数据时，为了能正确显示输入的数据，可以在输入具体的数据前先输入英文状态下的单引号【'】，让Excel将其理解为文本格式的数据。例如，要输入以0开头的员工编号和18位数的身份证号码，具体操作步骤如下。

Step 01 输入以0开头的数值。选择A2单元格，输入【'0001】，按【Enter】键，单元格中输入的【0001】将正常显示，效果如图3-66所示。

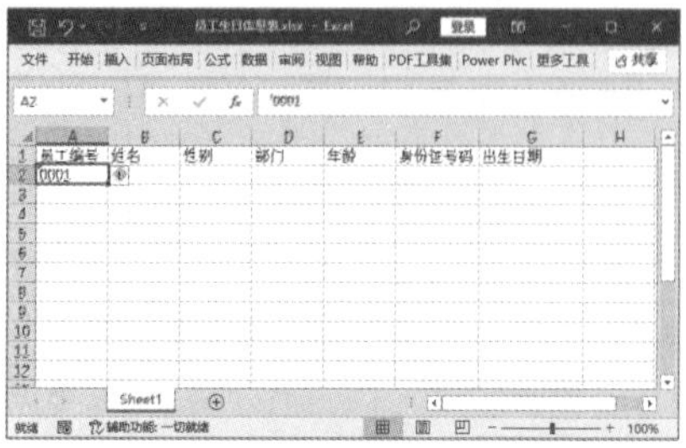

图 3-66

技术看板

输入的数字变成文本格式后，单元格左上角出现绿色的符号，并且选择单元格后，出现[!]按钮，如果不想让单元格显示◤符号，可单击[!]按钮，在弹出的下拉菜单中选择【忽略错误】命令，如图3-67所示，即可取消单元格中的符号，但单元格中的数字还是文本格式。

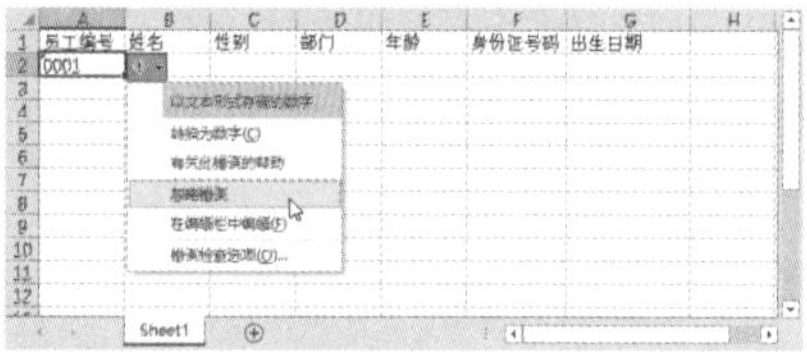

图 3-67

Step 02 正确输入身份证号码。在B2:E2单元格区域中输入文本和数字数据，在F2单元格中输入身份证号码【'123456199205231475】，效果如图3-68所示。

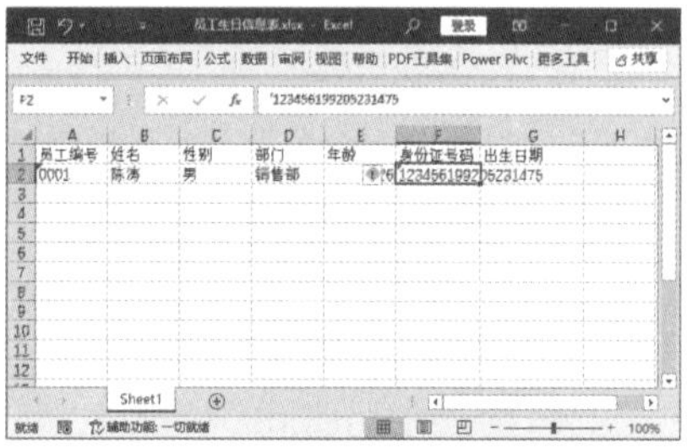

图 3-68

技术看板

在单元格中可输入的数字格式不止这么几种，还包括百分比、分数、货币符号等，这些将在第4.2节讲解设置数字格式知识点时进行详细讲解。

3.4.4 实战：在员工生日信息表中输入日期和时间

实例门类	软件功能

在Excel表格中输入日期型数据时，需要按【年-月-日】格式或【年/月/日】格式输入。默认情况下，输入的日期型数据包含年、月、日时，都将以【X年/X月/X日】格式显示；输入的日期型数据只包含月、日时，都将以【XX月XX日】格式显示。如果需要输入其他格式的日期数据，则需要通过【设置单元格格式】对话框中的【数字】选项卡进行设置。

在工作表中有时还需要输入时间型数据，如果只需要普通的时间格式数据，直接在单元格中按照【X时:X分:X秒】格式输入即可。如果需要设置为其他的时间格式，如00:00PM，则需要在【设置单元格格式】对话框中进行格式设置。

例如，要在员工生日信息表中输入日期数据，具体操作步骤如下。

Step 01 输入日期数据。选择G2单元格，输入【1992-05-23】，如图3-69所示。

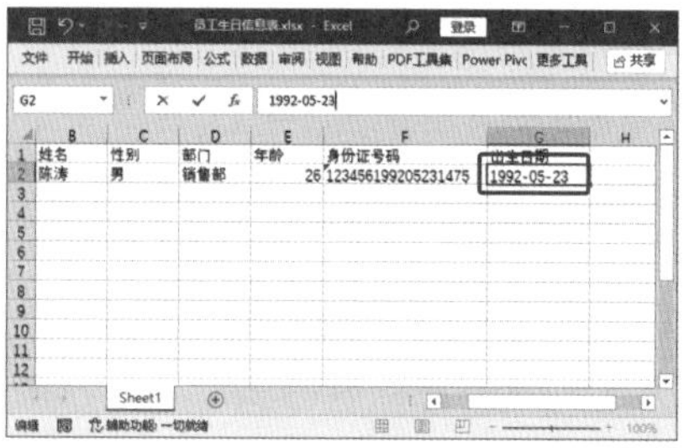

图 3-69

Step 02 查看日期型数据显示效果。按【Enter】键完成日期型数据的输入，可以看到输入的日期自动以【年/月/日】格式显示，效果如图3-70所示。

技术看板

如果需要在日期中加入确切的时间，可以在日期后输入空格，在空格后再输入时间。

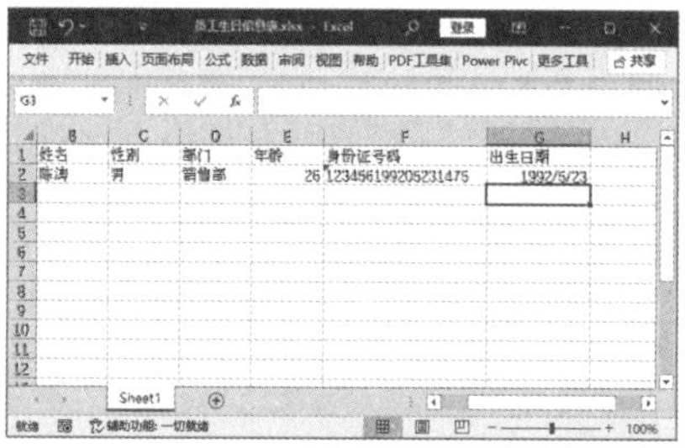

图 3-70

3.4.5 制作非展示型表格需要注意的事项

企业中使用的表格一般比较多，细心的读者可以发现其中的数据很多是重复的。对于这些需要重复使用的数据，明智的制表人会将所有表格数据的源数据制作在一张表格中，如图3-71所示，然后通过归纳和提取有效数据对源数据进行处理，再进一步基于这些处理后的数据制作出在不同分析情况下的对应表格。在这个过程中要制作三类表格，这也完全符合Excel的工作步骤：数据输入→数据处理→数据分析。

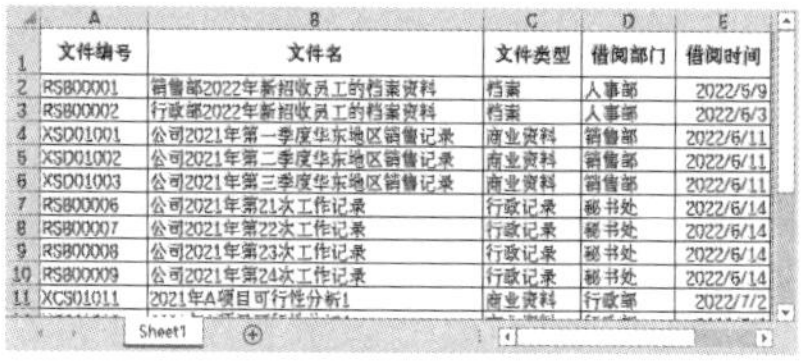

图 3-71

因此，在制作Excel表格时，一定要弄清楚制作的表格是源数据表格还是分类汇总表格。源数据表格只用于记录数据的明细，版式简洁且规范，只需按照合理的字段顺序填写数据即可，甚至不需要在前面几行制作表格标题，最好让表格中的所有数据都连续排列，不要无故插入空白行与列或合并单元格。总之，这些修饰和分析的操作都可以在分类汇总表格中进行，而源数据表格要越简单越好。

下面来讲解为什么不能在源数据表格中添加表格标题。图3-72所示的表格中前面的三行内容均为表格标题，虽然这样的设计并不会对源数据造成影响，也基本不影响分类汇总表的制作，但在使用自动筛选功能时，Excel无法定位到正确的数据区域，还需要手动进行设置才能完成（具体的操作方法将在后面的章节中讲解）。实际上只有第三行的标题才是真正的标题行，第一行文本是数据表的表名，可以直接在使用的工作表标签上输入；而第二行文本是对第三行标题的文本说明。源数据表只是一张明细表，除了使用者本人会使用外，一般不需要给别人查看，所以这样的文本说明也是没有太大意义的。而且从简单的层面来讲，源数据表格中应该将同一种属性的数据记录在同一列中，这样才能方便在分析汇总数据表中使用函数和数据透视表对数据进行分析。同样的道理，最好不要在同一列单元格中输入包含多个属性的数据。

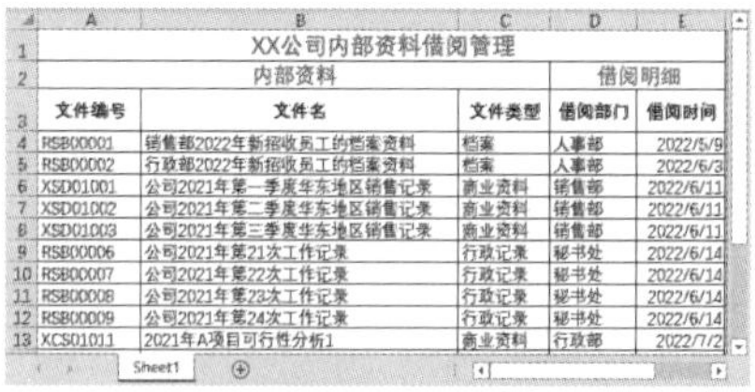

	A	B	C	D	E
1	XX公司内部资料借阅管理				
2	内部资料			借阅明细	
3	文件编号	文件名	文件类型	借阅部门	借阅时间
4	RSB00001	销售部2022年新招收员工的档案资料	档案	人事部	2022/5/9
5	RSB00002	行政部2022年新招收员工的档案资料	档案	人事部	2022/6/3
6	XSD01001	公司2021年第一季度华东地区销售记录	商业资料	销售部	2022/6/11
7	XSD01002	公司2021年第二季度华东地区销售记录	商业资料	销售部	2022/6/11
8	XSD01003	公司2021年第三季度华东地区销售记录	商业资料	销售部	2022/6/11
9	RSB00006	公司2021年第21次工作记录	行政记录	秘书处	2022/6/14
10	RSB00007	公司2021年第22次工作记录	行政记录	秘书处	2022/6/14
11	RSB00008	公司2021年第23次工作记录	行政记录	秘书处	2022/6/14
12	RSB00009	公司2021年第24次工作记录	行政记录	秘书处	2022/6/14
13	XCS01011	2021年A项目可行性分析1	商业资料	行政部	2022/7/2

图 3-72

再来说说为什么不能在源数据表中轻易进行合并单元格、插入空白行与列等类似操作。当在表格中插入空行后就相当于人为地将表格数据分隔成了多个数据区域，当选择这些区域中的任意单元格后，按【Ctrl+A】组合键将只选择该单元格所在的这一个数据区域的所有单元格。这是因为Excel是依据行和列的连续位置来识别数据之间的关联性的，而人为设置空白单元格行和列时就会打破数据之间的这种关联性，Excel认为它们之间没有任何联系，就会影响后期的数据管理和分析。合并单元格也是这样的原理，有些人习惯将连续的多个具有相同内容的单元格进行合并，这样确实可以减少数据输入的工作量，还能美化工作表，但合并单元格后，Excel默认只有第一个单元格中才保存有数据，其他单元格都是空白单元格，对数据进一步管理和分析将带来不便。

若需要在源数据表中区分部分数据，可以通过设置单元格格式来进行区分。

综上所述，一张正确的源数据表应该具备以下几个条件。

（1）它是一张一维数据表，只在横向或竖向上有一个标题行。

（2）字段分类清晰，先后有序。

（3）数据属性完整且单一，不会在单元格中出现短语或句子的情况。

（4）数据连续，没有空白单元格、没有合并的单元格或用于分隔的行与列，更没有合计行数据。

在制作源数据表格时还有一点需要注意，即源数据最好制作在一张表格中，若分别记录在多张表格中，就失去了通过源数据简化其他分类汇总表格制作的目的。在制作分类汇总表时，用户只需使用Excel的强大函数和数据分析功能进行制作即可。

系统地讲，源数据就是通过Excel工作界面输入的业务明细数据；而汇总表则是由Excel自动生成的。但并不是说源数据中的内容都是需要手工输入的，它也可以通过函数自动关联某些数据，还可以通过设置数据有效性和定义名称等来规范和简化数据的输入。总之，在理解源数据表制作的真正意义后，才可以根据需要正确使用Excel提供的各种功能。

3.5 快速填充表格数据

在制作表格的过程中，有些数据可能相同或具有一定的规律。这时，如果采用手动逐个输入，不仅浪费时间，而且容易出错。而利用Excel中提供的快速填充数据功能，便能轻松输入相同和有规律的数据，有效地提高工作效率。下面就来介绍Excel中快速填充数据的方法，这些数据包括有序数据、填充相同数据、自定义序列数据和其他有规律的数据等。

★重点 3.5.1 实战：在员工生日信息表中填充有序的数据

实例门类	软件功能

在Excel工作表中输入数据时，经常需要输入一些有规律的数据，如等差或等比的有序数据。对于这些数据，可以使用Excel提供的快速填充数据功能将它们填充到相应的单元格中。快速填充该类数据主要可以通过以下 3 种方法来实现。

（1）通过鼠标左键拖动控制柄填充。在第一个单元格中输入起始值，然后在第二个单元格中输入与起始值成等差或等比性质的第二个数字（在要填充的前两个单元格内输入数据，目的是让Excel识别到规律）。再选择这两个单元格，将鼠标指针移到选区右下角的控制柄上，当其变成**+**形状时，按住鼠标左键并拖到需要的位置，如图 3-73 所示，释放鼠标即可填充等差或等比数据。

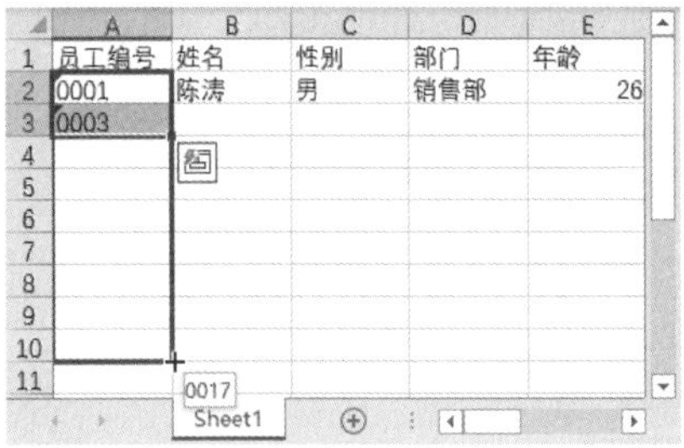

图 3-73

（2）通过鼠标右键拖动控制柄填充。首先在起始的两个或多个连续单元格中输入与第一个单元格成等差或等比性质的数字。再选择该多个单元格，按住鼠标右键拖动控制柄到目标单元格中，释放鼠标右键，在弹出的快捷菜单中选择【填充序列】【等差序列】或【等比序列】选项即可填充需要的有序数据，如图 3-74 所示。

图 3-74

（3）通过对话框填充。在起始单元格中输入需要填充的数据，然后选择需要填充序列数据的多个单元格（包括起始单元格），在【开始】选项卡的【编辑】组中单击【填充】下拉按钮，在弹出的下拉菜单中选择【序列】选项。在打开的【序列】对话框中可以设置填充的详细参数，如填充数据的位置、类型、日期单位、步长值和终止值等，如图 3-75 所示，单击【确定】按钮，即可按照设置的参数填充相应的序列。

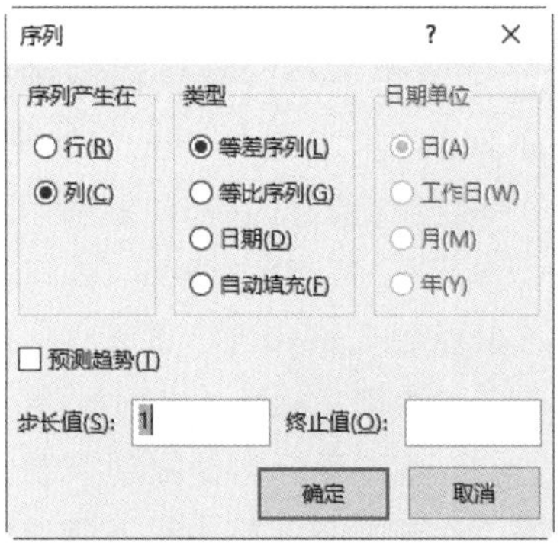

图 3-75

技术看板

即使在起始的两个单元格中输入相同的数据，按照不同的序列要求进行快速填充的数据结果也是不相同的。Excel 中提供的默认序列为等差序列和等比序列，在需要填充特殊的序列时，用户只能通过【序列】对话框来自定义填充序列。

例如，通过拖动控制柄在员工生日信息表中填充员工编号，具体操作步骤如下。

Step01 拖动鼠标填充数据。在 A3 单元格中输入【'0002】，❶选择 A2:A3 单元格区域，❷将鼠标指针移至所选单元格的右下角，当其变为＋形状时，按住鼠标左键，向下拖动至 A17 单元格，如图 3-76 所示。

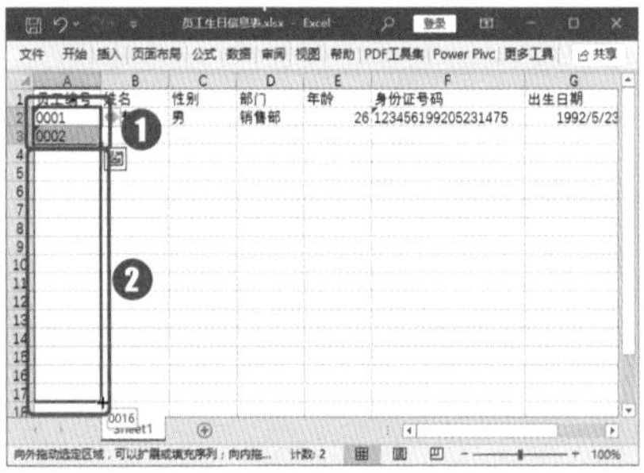

图 3-76

Step02 查看填充的数据系列。释放鼠标左键后可以看到 A4:A17 单元格区域内自动填充了等差为 1 的数据序列，效果如图 3-77 所示。

图 3-77

技术看板

因为员工编号属于文本型格式，通过【序列】对话框进行设置并不能识别出来，只能拖动控制柄来输入。

3.5.2 实战：在员工生日信息表的多个不连续单元格中填充相同数据

实例门类	软件功能

当需要在多个不连续的单元格中输入相同的数据时，可以同时选择这些单元格，一次性完成数据的输入。

例如，要在员工生日信息表中快速输入员工性别，具体操作步骤如下。

Step01 快速输入相同数据。按住【Ctrl】键选择需要输入相同内容的多个不连续单元格，在选择的最后一个单元格中输入【男】，如图 3-78 所示。

图 3-78

Step02 查看输入的数据。按【Ctrl+Enter】组合键，即可在所选的单元格中输入相同的内容，效果如图 3-79 所示。

图 3-79

Step03 输入其他数据。使用相同的方法为该列中所有需要输入【女】的单元格进行填充，完成后的效果如图 3-80 所示。

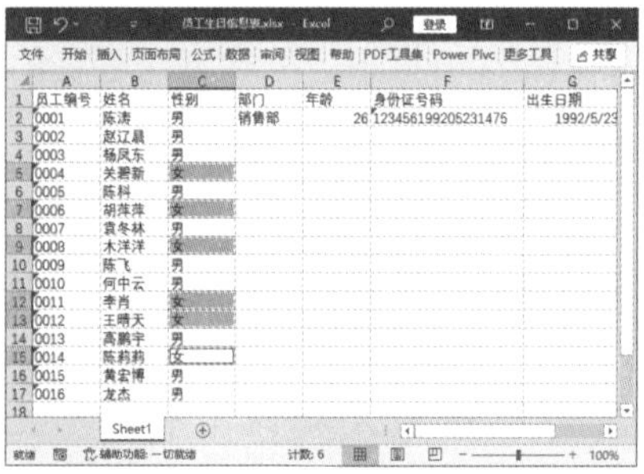

图 3-80

★重点 3.5.3 实战：在员工生日信息表中连续的单元格区域内填充相同的数据

实例门类	软件功能

在 Excel 中，若需要填充相同数据的单元格是连续的区域，则可以通过以下 3 种方法进行填充。

（1）通过鼠标左键拖动控制柄填充。在起始单元格中输入需要填充的数据，然后将鼠标指针移至该单元格的右下角，当鼠标指针变为✚形状（常常称为填充控制柄）时，按住鼠标左键并拖动控制柄到目标单元格中，释放鼠标，即可快速在起始单元格和目标单元格之间的单元格中填充相同的数据。

（2）通过鼠标右键拖动控制柄填充。在起始单元格中输入需要填充的数据，用鼠标右键拖动控制柄到目标单元格中，释放鼠标右键，在弹出的快捷菜单中选择【复制单元格】选项即可。

（3）单击按钮填充。在起始单元格中输入需要填充的数据，然后选择需要填充相同数据的多个单元格（包括起始单元格），在【开始】选项卡的【编辑】组中单击【填充】下拉按钮，在弹出的下拉菜单中选择【向下】【向右】【向上】【向左】命令，分别在选择的多个单元格中根据不同方向的第一个单元格数据进行填充。

为员工生日信息表中连续的单元格区域填充员工所属的部门，具体操作步骤如下。

Step01 拖动鼠标填充相同的数据。选择 D2 单元格，将鼠标指针移到单元格右下角，当鼠标指针变成✚形状时，按住鼠标左键向下拖动至 D11 单元格中，如图 3-81 所示。

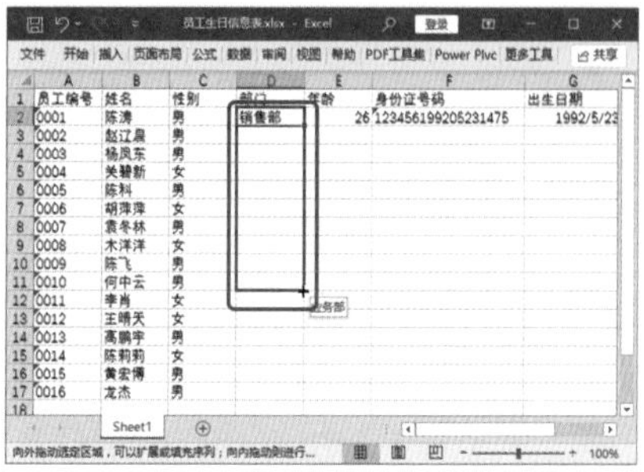

图 3-81

Step02 执行填充命令。释放鼠标，即可为 D3:D11 单元格填充相同的数据【销售部】，❶在 D12 单元格中输入【市场部】，选择 D12:D17 单元格区域，❷单击【开始】选项卡【编辑】组中的【填充】下拉按钮，❸在弹出的下拉菜单中选择【向下】命令，如图 3-82 所示。

图 3-82

Step03 查看填充效果。向下填充相同的内容后，效果如图 3-83 所示。

图 3-83

技能拓展——通过【自动填充选项】下拉菜单中的命令来设置填充数据的方式

默认情况下，通过拖动控制柄填充的数据是根据选择的起始两个单元格中的数据填充等差序列数据，如果只选择了一个单元格作为起始单元格，则通过拖动控制柄填充相同的数据。即通过控制柄填充数据时，有时并不能按照预先所设想的规律来填充数据，此时可以单击填充数据后单元格区域右下角出现的【自动填充选项】下拉按钮，在弹出的下拉菜单中选中相应的单选按钮来设置数据的填充方式。

需要注意，填充的数据类型不同，【自动填充选项】下拉菜单中提供的单选按钮选项会有所不同，图 3-84 所示为填充数值数据所出现的下拉菜单；图 3-85 所示为填充日期数据所出现的下拉菜单。

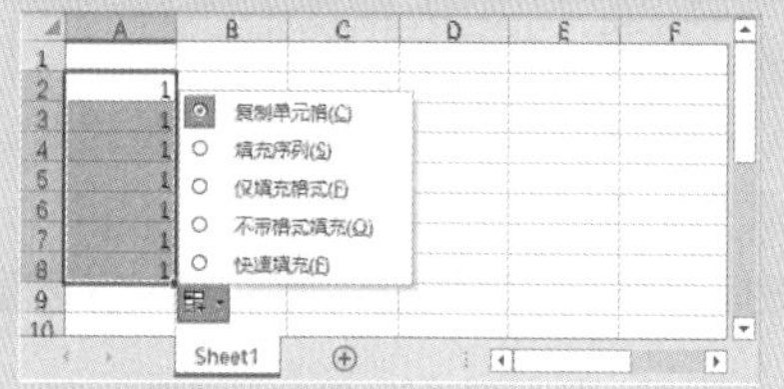

图 3-84

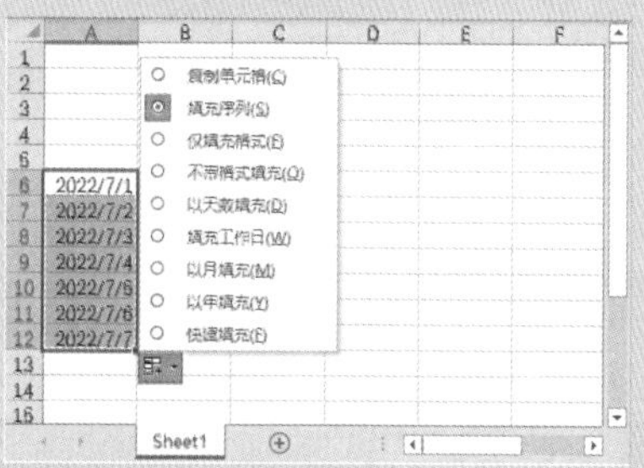

图 3-85

★重点 3.5.4 实战：在员工生日信息表中使用【快速填充】功能自动识别填充生日数据

实例门类	软件功能

【自动填充选项】下拉菜单中的快速填充功能是Excel中非常智能的一个数据填充功能，它可以根据当前输入的一组或多组数据，参考前一列或后一列中的数据来智能识别数据的规律，然后按照规律进行数据填充，大大减少了用户的操作步骤。它主要有以下 5 种模式。

1. 字段匹配

在单元格中输入相邻数据列表中与当前单元格位于同一行的某个单元格内容，然后在向下快速填充时会自动按照这个对应字段的整列顺序来进行匹配式填充。填充前后的对比效果如图 3-86 和图 3-87 所示。

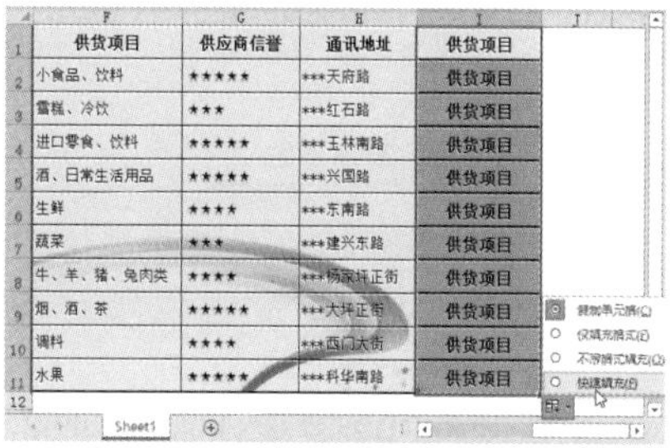

图 3-86

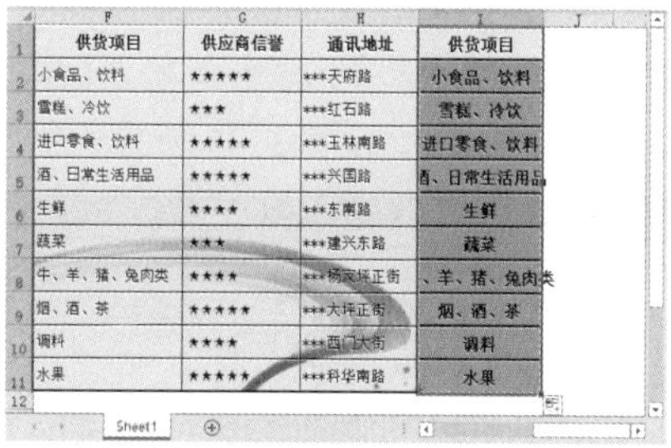

图 3-87

2. 根据字符位置进行拆分

如果在单元格中输入的不是数据列表中某个单元格的完整内容，而只是其中字符串中的一部分字符，那么Excel会依据这部分字符在整个字符串中所处的位置，在向下填充的过程中按照这个位置规律自动拆分其他同列单元格的字符串，生成相应的填充内容，如图 3-88 和图 3-89 所示。

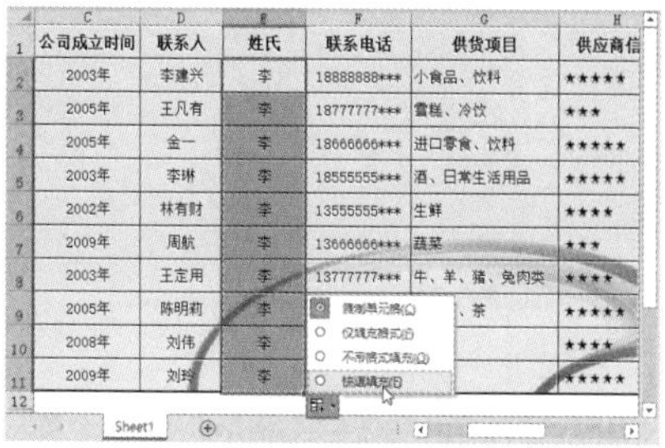

图 3-88

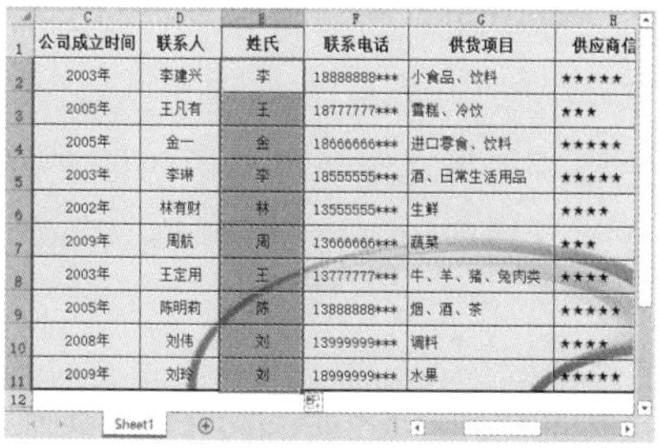

图 3-89

技能拓展——快速填充的快捷方式

在执行快速填充操作时，按【Ctrl+E】组合键可以根据自动识别的规律进行填充，其作用与【自动填充选项】下拉菜单中的【快速填充】单选按钮作用完全相同。

3. 根据分隔符进行拆分

如果原始数据中包含分隔符，那么在快速填充的拆分过程中也会智能地根据分隔符的位置，提取其中的相应部分进行拆分，如图 3-90 和图 3-91 所示。

图 3-90

图 3-91

4. 根据日期进行拆分

如果输入的内容只是日期中的某一部分，如只有月份，Excel也会智能地将其他单元格中的相应组成部分提取出来生成填充内容，如图 3-92 和图 3-93 所示。

图 3-92

图 3-93

5. 字段合并

单元格中输入的内容如果是相邻数据区域中同一行的多个单元格内容所组成的字符串，在快速填充中也会依照这个规律，合并其他相应单元格来生成填充内容，如图 3-94 和图 3-95 所示。

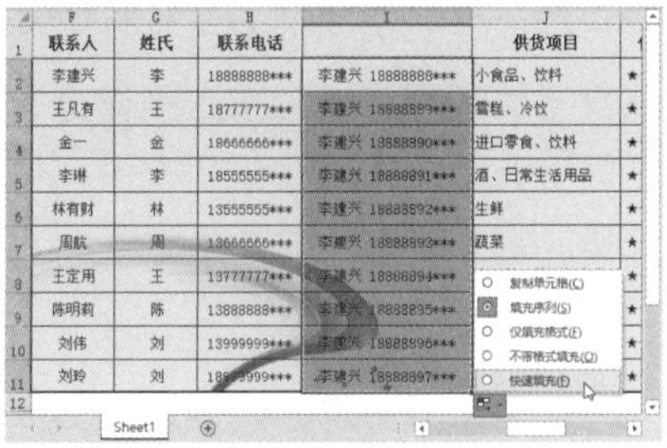

图 3-94

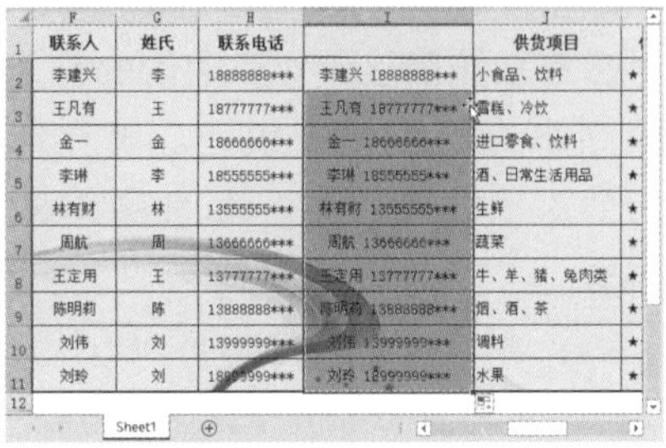

图 3-95

使用快速填充功能自动根据员工的身份证号码提取出生年月数据，具体操作步骤如下。

Step01 输入具有快速填充规律的数据。输入其他员工的身份证号码，将G2单元格中的数据更改为【1992.05.23】，在G3单元格中输入【1990.10.24】，如图 3-96 所示。

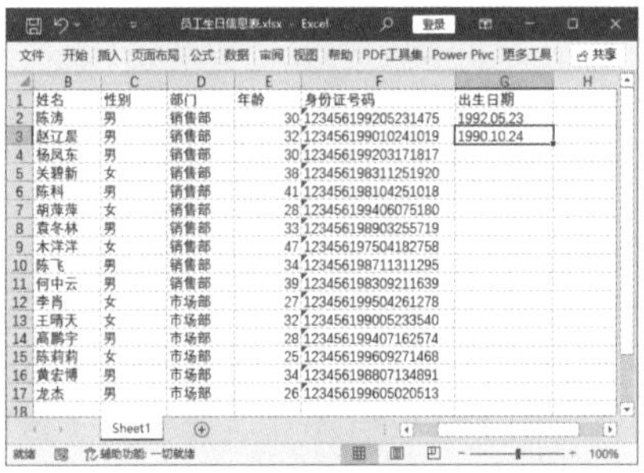

图 3-96

技术看板

虽然【出生日期】列是日期格式，但无论在G列的单元格中输入多少员工的出生日期，执行快速填充功能后，都会打开如图 3-97 所示的提示对话框，这是因为Excel不能根据输入的数据识别出填充规律。由于身份证号码中小于10的月份使用【0】代替的第一位，而在使用快速填充功能时，有些月份是两位数，有些又是用“0+月份”表示，所以不能正确识别。要想使用填充功能快速填充，就必须对日期格式进行设置。

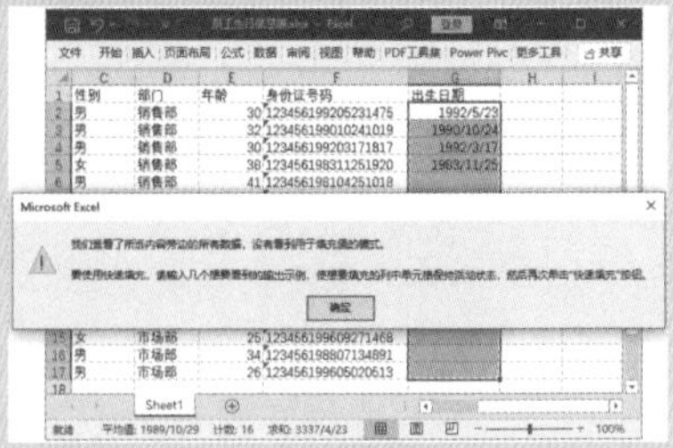

图 3-97

Step02 快速填充其他数据。❶按照相同的规律再多输入几个数据，❷按【Ctrl+E】组合键，就可自动识别输入数据的规律进行快速填充，效果如图 3-98 所示。

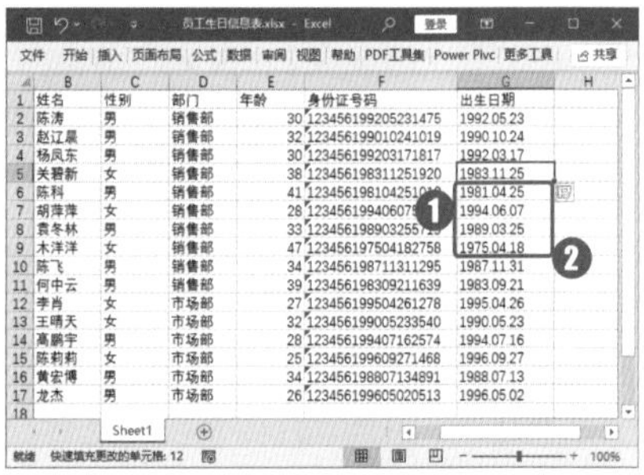

图 3-98

技术看板

如果直接根据G2单元格中的数据来快速填充该列数据，虽然能够提取出来，但提取数据的日期都是不正确的，如图 3-99 所示。

图 3-99

当快速填充的结果不准确时，可以试着多给出几个示例，这样大多情况下能更准确地识别其规律。

3.5.5 实战：通过下拉列表填充医疗费用统计表数据

实例门类	软件功能

默认情况下，Excel自动开启了【为单元格值启用记忆式键入】功能，可以将输入过的数据记录下来。当在单元格中输入的起始字符与该列中已有的输入项相同时，Excel会自动填写之前输入的数据。这一功能被称为记忆式输入法，非常适合Excel表格中数据的输入，因为一般表格中的同列数据用于展示同一个属性的内容，所以会有很多重复项。

在Excel中不仅可以使用输入第一字符的方法来利用记忆式输入法功能快速输入数据，而且可以使用快捷键在同一数据列中快速输入重复输入项。例如，在医疗费用统计表中利用下拉列表输入员工所属部门，具体操作步骤如下。

Step 01 通过下拉列表输入数据。打开素材文件\第3章\医疗费用统计表.xlsx，在F3:F8单元格区域中输入相关的内容，当需要输入前面已有的数据时，如需要在F9单元格中输入【行政部】，可选择F9单元格，按【Alt+↓】组合键，将弹出下拉列表，显示该列前面单元格已输入的数据，选择【行政部】选项，可在F9单元格中输入【行政部】，如图3-100所示。

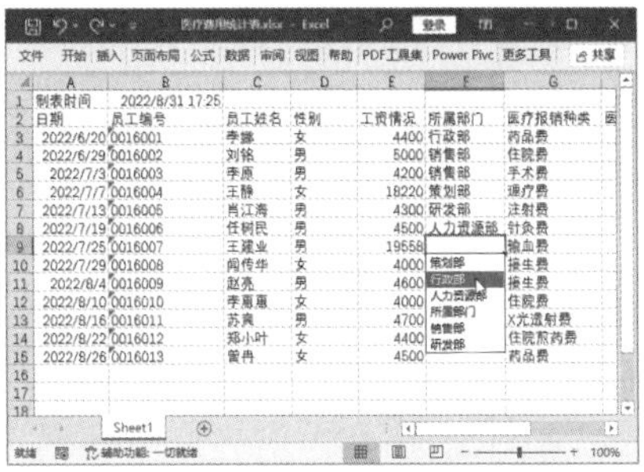

图 3-100

Step 02 继续输入数据。选择F10单元格，按【Alt+↓】组合键，在弹出的下拉列表中选择【销售部】选项，如图3-101所示。

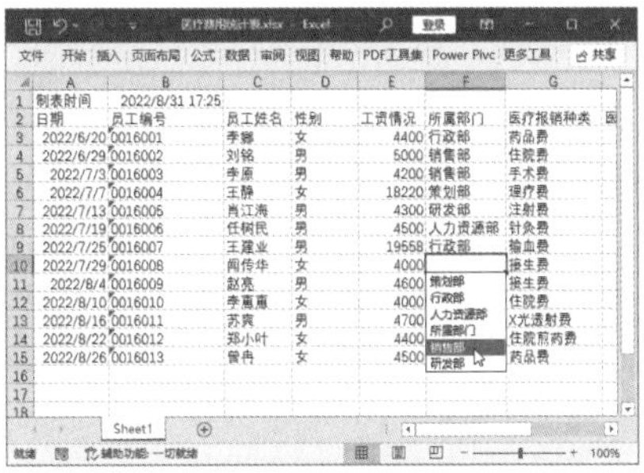

图 3-101

Step 03 查看输入的数据效果。使用相同的方法继续在其他单元格中输入员工所属部门，效果如图3-102所示。

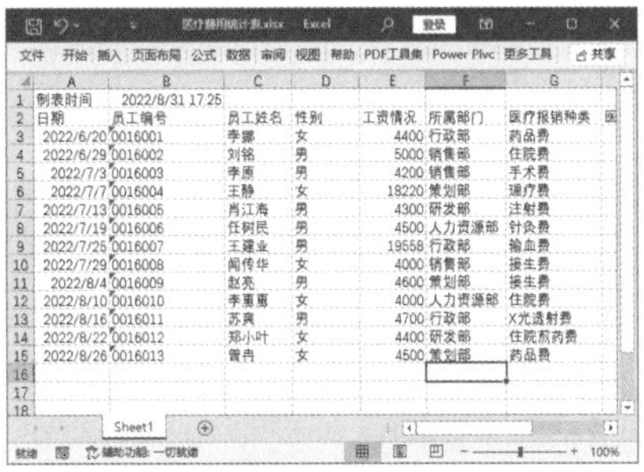

图 3-102

技能拓展——开启【为单元格值启用记忆式键入】功能

在【Excel选项】对话框中选择【高级】选项卡，在【编辑选项】栏中选中或取消选中【为单元格值启用记忆式键入】复选框，即可开启或取消记忆式键入功能，如图3-103所示。

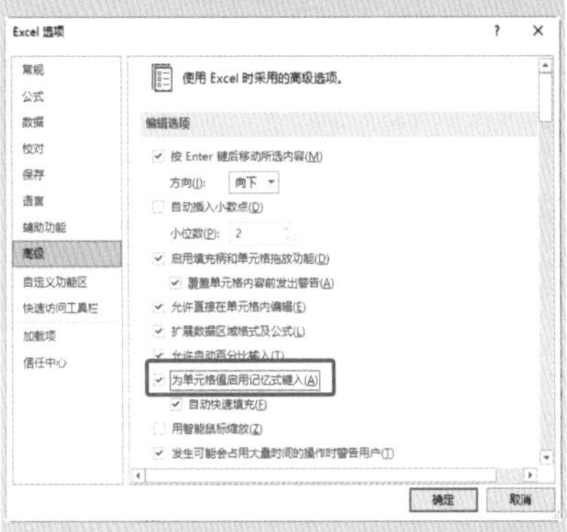

图 3-103

★重点 3.5.6 实战：自定义序列填充数据

实例门类	软件功能

在Excel中内置了一些特殊序列，但不能满足所有用户需求。如果用户经常需要输入某些固定的序列内容，可以自定义为序列，从而提高工作效率。例如，为公司部门自定义序列，具体操作步骤如下。

Step 01 执行【选项】命令。在新建的空白工作簿中选择【文件】选项卡，在打开的界面左侧执行【选项】命令，如图3-104所示。

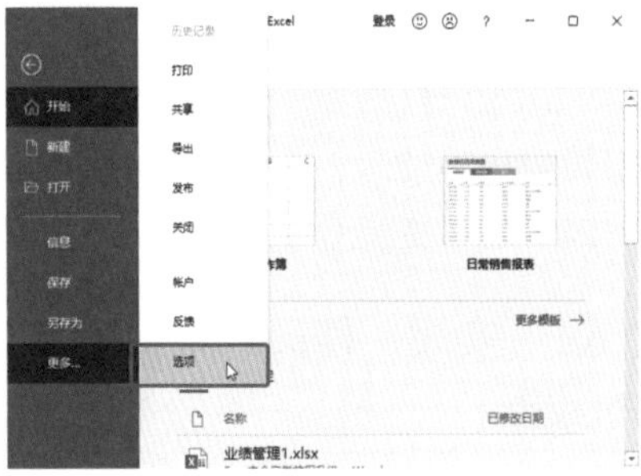

图 3-104

Step 02 执行编辑自定义列表操作。打开【Excel选项】对话框，❶选择【高级】选项卡，❷在右侧的【常规】栏中单击【编辑自定义列表】按钮，如图3-105所示。

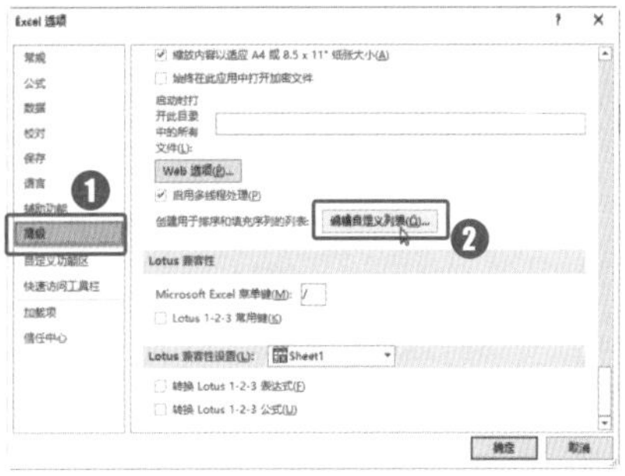

图 3-105

Step03 添加自定义序列。打开【自定义序列】对话框，❶在【输入序列】列表框中输入自定义的序列，❷单击【添加】按钮，如图 3-106 所示。

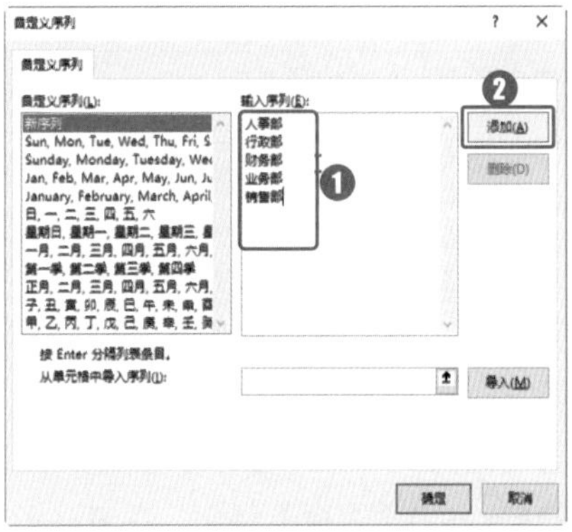

图 3-106

Step04 选择自定义序列。即可将自定义的序列添加到【自定义序列】列表框中，选择该序列，单击【确定】按钮，如图 3-107 所示。

图 3-107

Step05 查看填充的序列效果。返回【Excel 选项】对话框，单击【确定】按钮，在A1 单元格中输入自定义序列的第一个参数【人事部】，并选择该单元格，向下拖动控制柄至相应单元格，即可在这些单元格区域中按照自定义的序列填充数据，效果如图 3-108 所示。

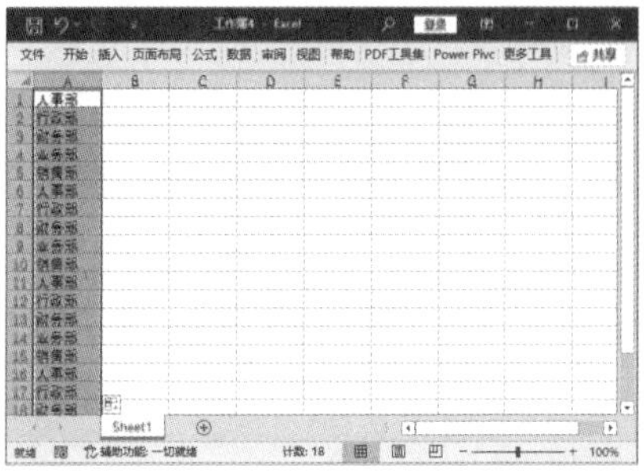

图 3-108

3.6 编辑数据

在表格数据输入过程中最好时时进行检查，如果发现数据输入有误，或是某些内容不符合要求，可以再次进行编辑，包括插入、复制、移动、删除、合并单元格，修改或删除单元格数据等。对单元格的相关操作已经在前面讲解过，这里主要介绍单元格中数据的编辑方法，包括修改、查找和替换、删除数据。

3.6.1 实战：修改加班统计表的数据

实例门类	软件功能

表格数据在输入过程中，难免会存在输入错误的情况，尤其在数据量比较大的表格中。此时，可以像在日常生活中使用橡皮擦一样将工作表中错误的数据修改正确。修改表格数据主要有以下 3 种方法。

（1）选择单元格修改。选择单元格后，直接在单元格中输入新的数据进行修改。这种方法适合需要对单元格中的数据全部进行修改的情况。

（2）在单元格中定位文本插入点进行修改。双击单元格，将文本插入点定位到该单元格中，然后选择单元格中的数据，并输入新的数据，按【Enter】键后即可修改该单元格的数据。这种方法既适合将单元格中的数据全部进行修改，又适合修改单元格中的部分数据。

（3）在编辑栏中修改。在选择单元格后，在编辑栏中输入数据进行修改。这种方法既适合将单元格中的数据全部进行修改，也适合修改单元格中的部分数据的情况。

技能拓展——删除数据后重新输入

要修改表格中的数据，还可以先将单元格中的数据全部删除，然后输入新的数据，删除数据的方法将在第 3.6.3 小节中详细讲解。

例如，修改加班统计表中的部分数据，具体操作步骤如下。

Step01 修改文本。打开素材文件\第3章\加班统计表.xlsx，❶选择C5单元格，❷在编辑栏中选择需要修改的部分文本，这里选择【生产】文本，如图 3-109 所示。

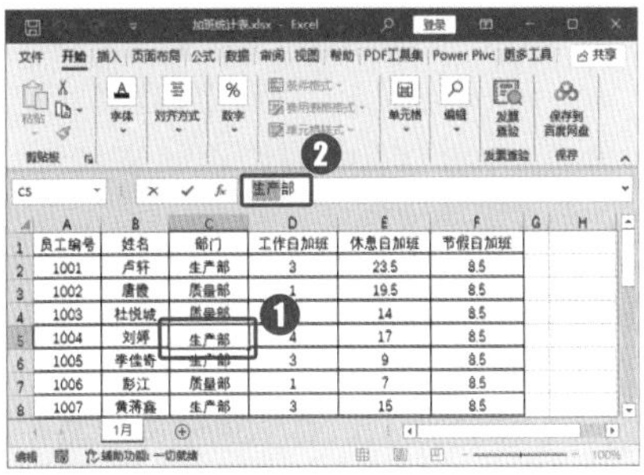

图 3-109

Step02 查看修改后的效果。在编辑栏中直接输入要修改为的文本【项目】，按【Enter】键确认输入文本，即可修改【生产】文本为【项目】文本，如图 3-110 所示。

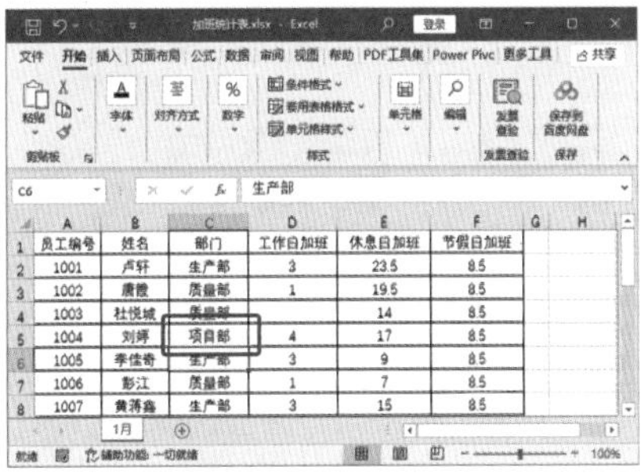

图 3-110

Step03 选择文本。选择B18 单元格中的文本，如图 3-111 所示。

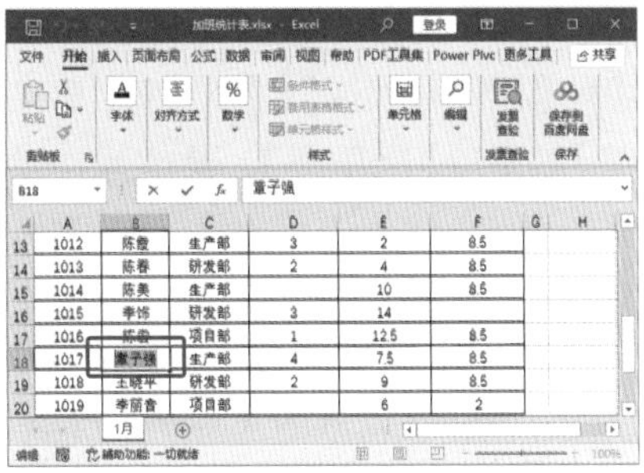

图 3-111

Step04 确认输入的文本。直接输入【张自强】文本，按【Enter】键确认输入的文本，效果如图 3-112 所示。

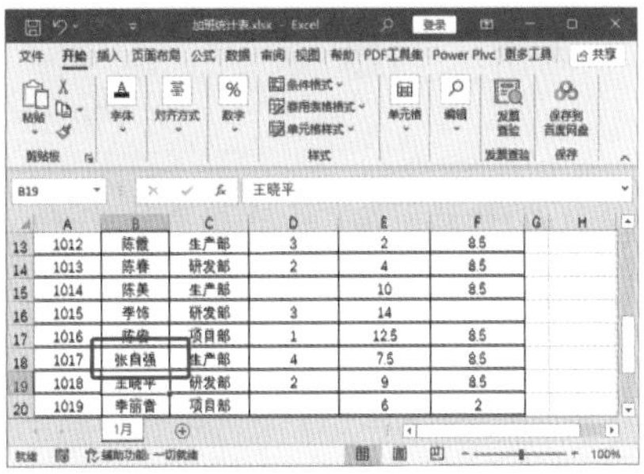

图 3-112

★重点 3.6.2 实战：查找和替换加班统计表中的数据

实例门类	软件功能

在查阅表格时，如果需要查看某一具体数据信息或发现一处相同的错误在表格中多处存在时，手动逐个查找相当耗费时间，尤其在数据量较大的工作表中，要一行一列地查找某一个数据将是一项繁杂的任务，几乎不可能完成。此时使用 Excel 的查找和替换功能可快速查找到满足查找条件的单元格，还可快速替换掉不需要的数据。

1. 查找数据

在工作表中查找数据，主要是通过【查找和替换】对话框中的【查找】选项卡来进行的。利用查找数据功能，用户可以查找各种不同类型的数据，提高工作效率。例如，利用查找功能在加班统计表中查找【8.5】数据，具体操作步骤如下。

Step01 执行查找操作。❶单击【开始】选项卡【编辑】组中的【查找和选择】按钮，❷在弹出的下拉菜单中执行【查找】命令，如图 3-113 所示。

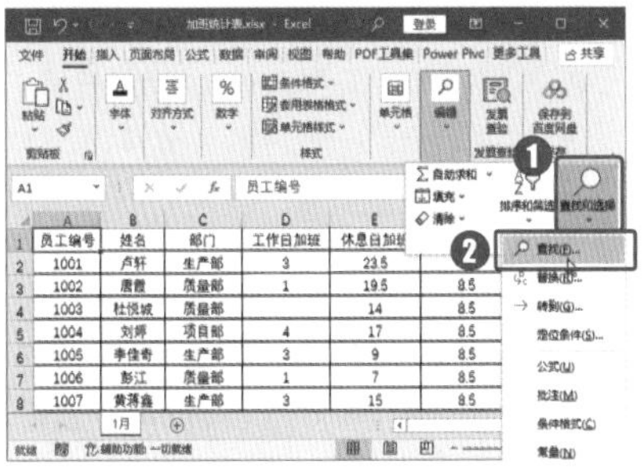

图 3-113

Step02 查找符合要求的内容。打开【查找和替换】对话框，❶在【查找内容】文本框中输入要查找的文本【8.5】，❷单击【查找下一个】按钮，如图 3-114 所示。

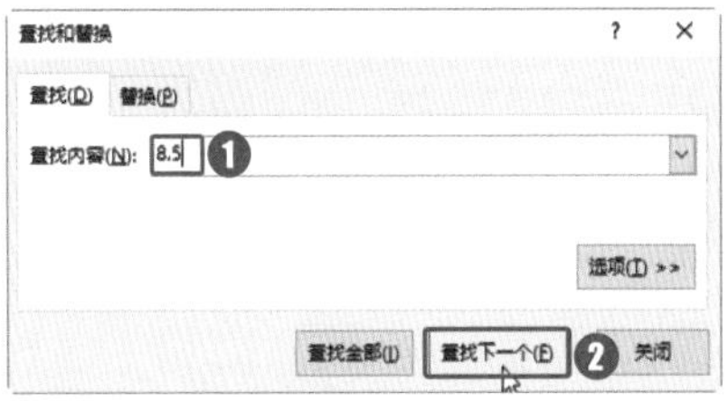

图 3-114

Step03 执行查找全部操作。经过上步操作，所查找到的第一处【8.5】内容的单元格便会处于选中状态。单击【查找全部】按钮，如图 3-115 所示。

图 3-115

技术看板

单击【查找和替换】对话框中的【选项】按钮，在展开的对话框中可以设置查找数据的范围、搜索方式和查找范围等选项。

Step04 查看查找的单元格区域。经过上步操作，将会在对话框下方显示查找到数据所在的工作簿、工作表、名称、单元格、值和公式信息，且在最下方的状态栏中将显示查找到的单元格的个数，效果如图 3-116 所示。

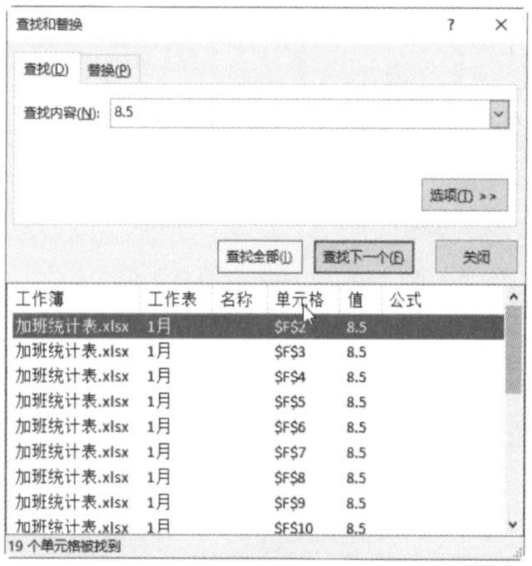

图 3-116

2. 替换数据

如果需要替换工作表中的某些数据，可以使用Excel的【替换】功能，在工作表中快速查找到符合某些条件的数据的同时将其替换成指定的内容。例如，要将加班统计表中的【8.5】替换成【8】，并将【质量部】替换成【品质部】，具体操作步骤如下。

Step01 输入替换内容。❶在【查找和替换】对话框中选择【替换】选项卡，❷在【替换为】文本框中输入要替换为的数据，如输入【8】，❸单击【替换】按钮，就可替换当前查找到的数据，如图 3-117 所示。

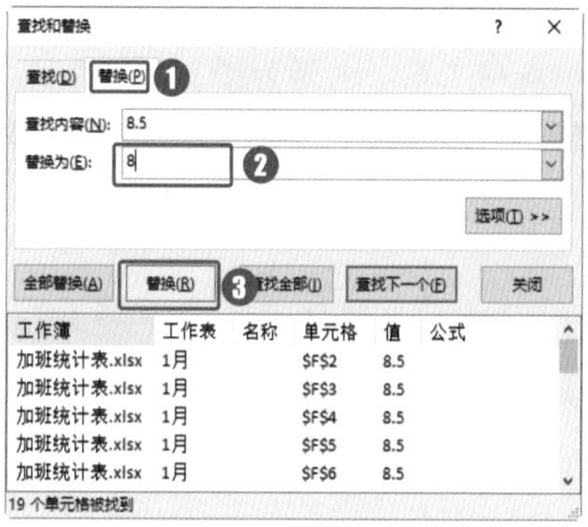

图 3-117

Step02 执行全部替换操作。单击【全部替换】按钮，如图 3-118 所示。

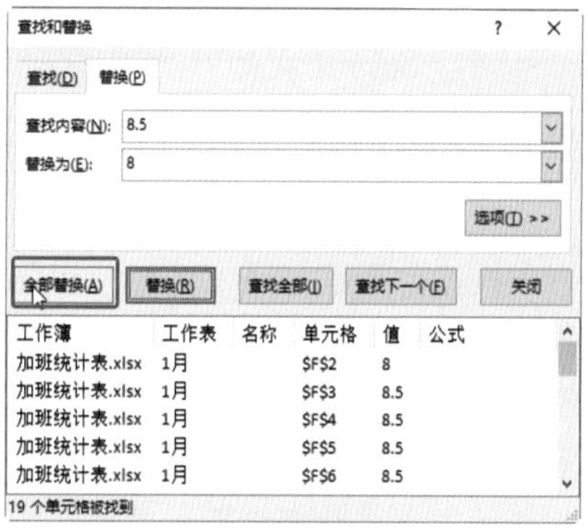

图 3-118

Step03 完成替换操作。经过上步操作，对查找到的所有符合条件的数据进行替换，并在打开的提示对话框中显示当前替换的处数，单击【确定】按钮，如图 3-119 所示。

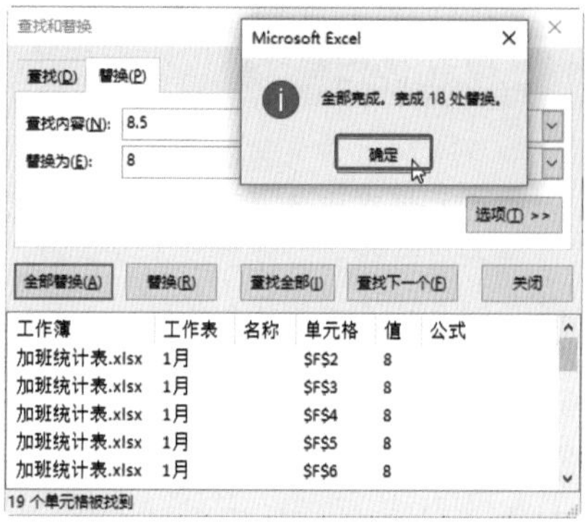

图 3-119

技能拓展——查找与替换的快捷操作

按【Ctrl+F】组合键可以快速打开【查找和替换】对话框中的【查找】选项卡；按【Ctrl+H】组合键可以快速进行替换操作。

Step04 查找和替换文本。❶在【查找内容】文本框中输入【质量部】，❷在【替换为】文本框中输入【品质部】，❸单击【查找全部】按钮，查找出表格中符合条件的数据，❹单击【全部替换】按钮，如图 3-120 所示。

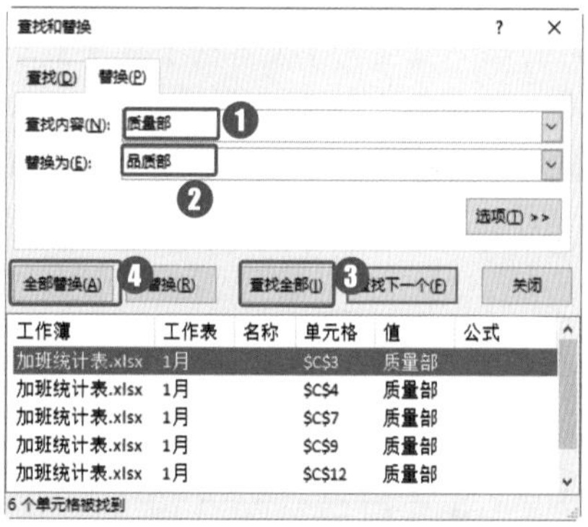

图 3-120

Step05 查看替换的处数。经过上步操作，对查找到的所有符合条件的数据进行替换，并在打开的提示对话框中显示当前替换的处数，单击【确定】按钮，如图 3-121 所示。

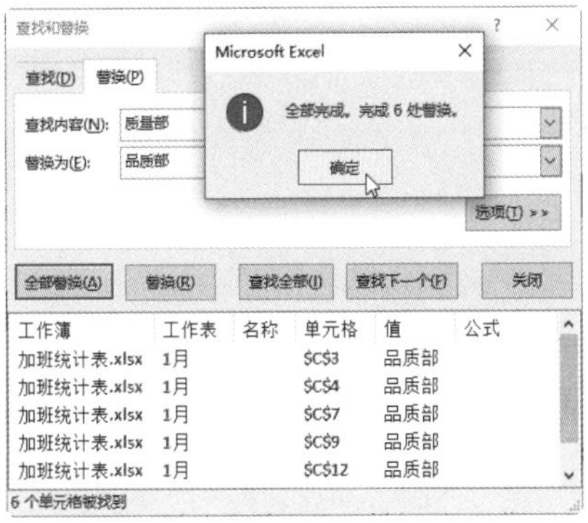

图 3-121

Step06 查看替换结果。返回【查找和替换】对话框，单击【关闭】按钮关闭对话框，返回工作表中，即可看到查找和替换数据后的效果，如图 3-122 所示。

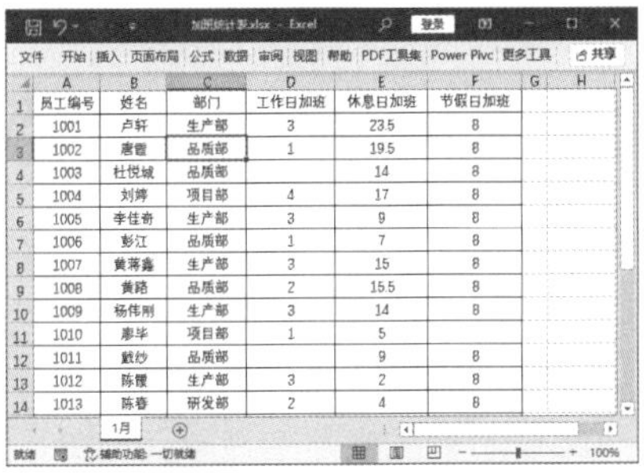

图 3-122

3.6.3 实战：清除加班统计表中的数据

实例门类	软件功能

在表格编辑过程中，如果输入了错误或不需要的数据，可以通过按快捷键和执行菜单命令两种方法对其进行清除。

（1）按快捷键。选择需要清除内容的单元格，按【Backspace】或【Delete】键均可删除数据。选择需要清除内容的单元格区域，按【Delete】键可删除数据。双击需要删除数据的单元格，将文本插入点定位到该单元格中，按【Backspace】键可以删除文本插入点之前的数据；按【Delete】键可以删除文本插入点之后的数据。这是最简单，也是最快捷的清除数据的方法。

（2）执行菜单命令。选择需要清除内容的单元格或单元格区域，单击【开始】选项卡【编辑】组中的【清除】下拉按钮◇，在弹出的下拉菜单中提供了【全部清除】【清除格式】【清除内容】【清除批注】和【清除超链接】5 个选项，用户可以根据需要选择相应的选项。

➥【清除】下拉菜单下各子选项的具体作用介绍如下。

➥【全部清除】选项：用于清除所选单元格中的全部内容，包括所有内容、格式和注释等。

➥【清除格式】选项：只用于清除所选单元格中的格式，内容不受影响，仍然保留。

➥【清除内容】选项：只用于清除所选单元格中的内容，但单元格对应的如字体、字号、颜色等设置不会受到影响。

➥【清除批注】选项：用于清除所选单元格的批注，但通常情况下人们还是习惯使用右键快捷菜单中的【删除批注】选项来进行删除。

➥【清除超链接（不含格式）】选项：用于清除所选单元格之前设置的超链接功能，一般也通过右键快捷菜单来清除。

在加班统计表中清除表格第 11 行中的内容和格式，具体操作步骤如下。

Step01 执行清除内容操作。❶选择 A11:F11 单元格区域，❷单击【编辑】组中的【清除】按钮◇，❸在弹出的下拉菜单中选择【清除内容】选项，如图 3-123 所示。

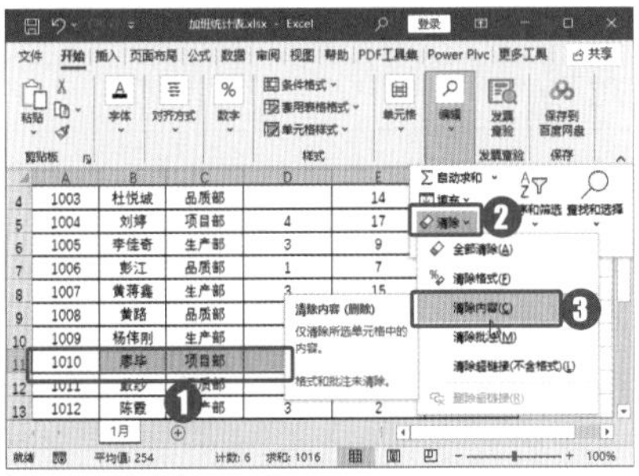

图 3-123

Step02 经过上步操作，将清除所选单元格区域中的内容，保持单元格区域的选择状态，在【清除】下拉菜单中选择【清除格式】选项，如图 3-124 所示。

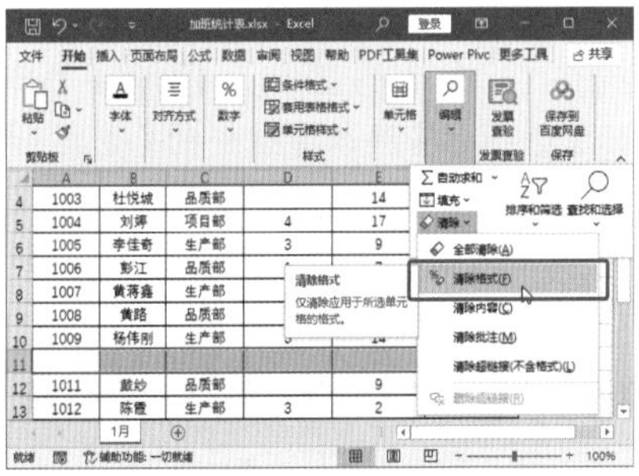

图 3-124

Step03 查看清除格式后的效果。经过上步操作，系统自动将 A11:F11 单元格区域中的所有单元格格式清除，效果如图 3-125 所示。

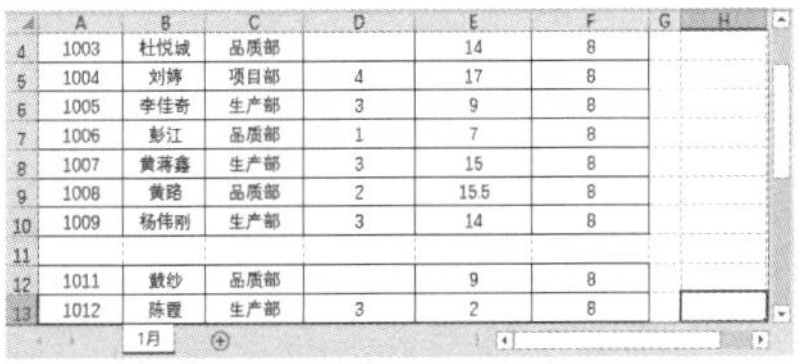

图 3-125

妙招技法

通过前面知识的学习，相信读者已经掌握了表格数据的输入与编辑操作。下面结合本章内容介绍一些实用技巧。

技巧 01：快速填充所有空白单元格

在工作表中填充数据时，如果要填充的单元格具有某种特殊属性或单元格中数据具有特定的数据类型，还可以通过【定位条件】命令快速查找和选择目标单元格，然后输入内容。例如，在招待费用统计表中的所有空白单元格中输入【-】，具体操作步骤如下。

Step01 执行定位条件操作。打开素材文件\第 3 章\招待费用统计表.xlsx，❶选择表格中需要为空白单元格填充数据的区域，这里选择 B2:G13 单元格区域，❷单击【开始】选项卡【编辑】组中的【查找和选择】下拉按钮，❸在弹出的下拉菜单中选择【定位条件】选项，如图 3-126 所示。

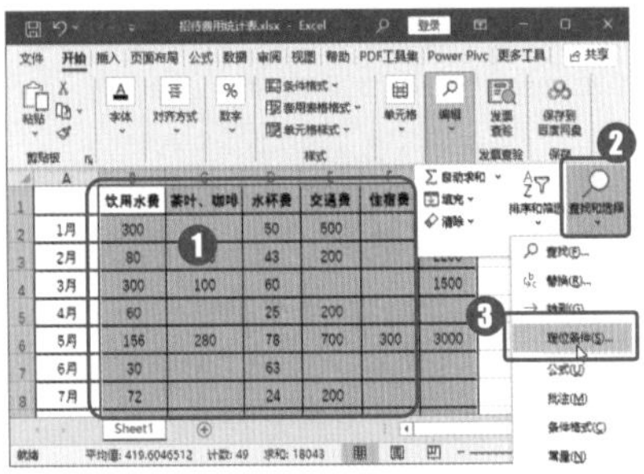

图 3-126

> **技术看板**
>
> 查找和选择符合特定条件的单元格之前，需要定义搜索的范围，若要搜索整个工作表，可以单击任意单元格。若要在一定的区域内搜索特定的单元格，需要先选择该单元格区域。

Step02 设置定位条件。打开【定位条件】对话框，❶选中【空值】单选按钮，❷单击【确定】按钮，如图 3-127 所示。

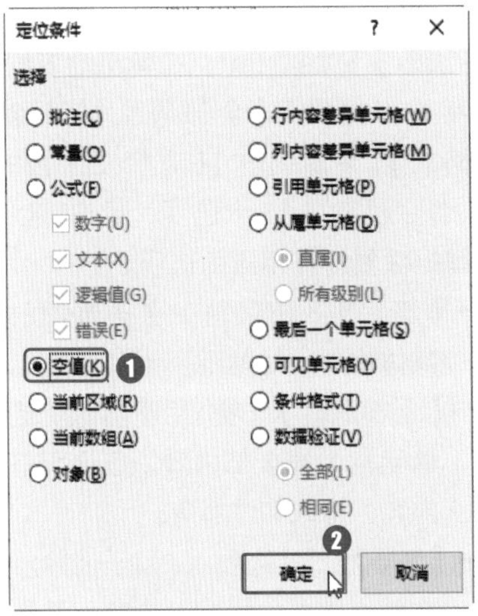

图 3-127

> **技术看板**
>
> 【定位条件】对话框中可以设置常量、公式、空值等，下面分别列举其中比较常用的设置参数的功能。

- 批注：添加了批注的单元格。
- 常量：包含常量的单元格，即数值、文本、日期等手工输入的静态数据。
- 公式：包含公式的单元格。
- 空值：空单元格。
- 对象：表示将选择所有插入的对象。
- 行内容差异单元格：选择行中与活动单元格内容存在差异的所有单元格。选定内容（不管是区域、行，还是列）中始终都有一个活动单元格。活动单元格默认为一行中的第一个单元格，但是可以通过按【Enter】或【Tab】键来更改活动单元格的位置。如果选择了多行，则会对选择的每一行分别进行比较，每一其他行中用于比较的单元格与活动单元格处于同一列。
- 列内容差异单元格：选择的列中与活动单元格内容存在差异的所有单元格。活动单元格默认为一列中的第一个单元格，同样可以通过按【Enter】或【Tab】键来更改活动单元格的位置。如果选择了多列，则会对选择的每一列分别进行比较，每一其他列中用于比较的单元格与活动单元格处于同一行。
- 最后一个单元格：工作表中最后一个含数据或格式的单元格。
- 可见单元格：仅查找包含隐藏行或隐藏列的区域中的可见单元格。
- 条件格式：表示将选择所有设置了条件格式的单元格。
- 数据验证：表示将选择所有设置了数据验证的单元格。

Step03 输入短横线。返回工作表中即可看到，所选单元格区域中的所有空白单元格已经被选中了，输入【-】，如图 3-128 所示。

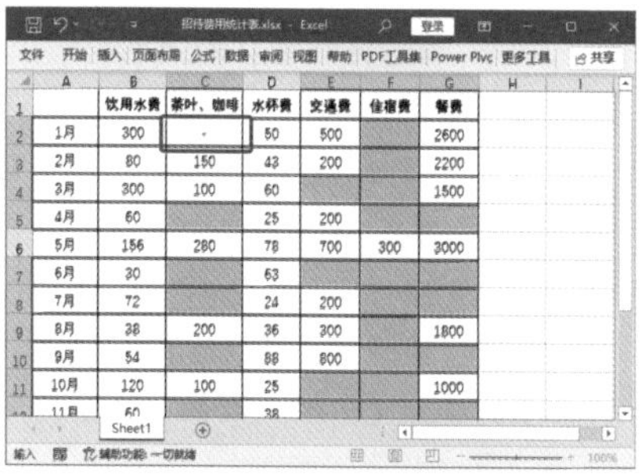

图 3-128

Step04 查看输入的效果。按【Ctrl+Enter】组合键，即可为所有空白单元格输入【-】，效果如图 3-129 所示。

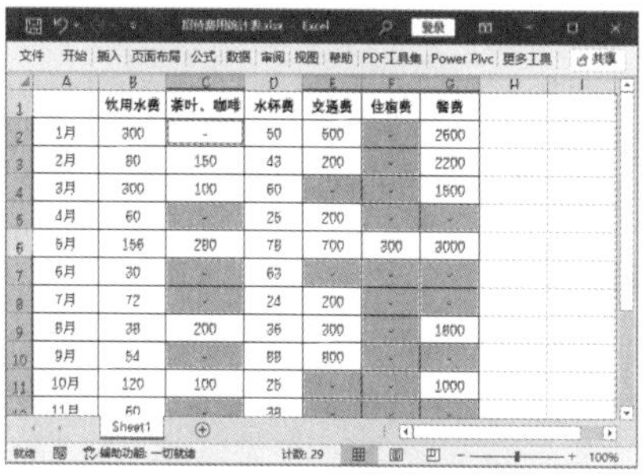

图 3-129

技巧 02：使用通配符模糊查找数据

在 Excel 中查找内容时，有时需要查找的并不是一个具体的数据，而是一类有规律的数据，如要查找以【李】开头的人名、以【Z】结尾的产品编号，或者包含【007】的车牌号码等。这时就不能以某个数据为匹配的目标内容进行精确查找，只能进行模糊查找，这就需要使用到通配符。

在 Excel 中，通配符是指可作为筛选及查找和替换内容时的比较条件的符号，经常配合查找引用函数进行模糊查找。通配符有 ?、* 和转义字符 ~。其中 ? 可以替代任何单个字符；* 可以替代任意多个连续的字符或数字；~ 后面跟随的 ?、*、~，都表示通配符本身。通配符的实际应用列举见表 3-1 所示。

表 3-1　通配符的实际应用示例

搜索内容	模糊搜索关键字
以【李】开头的人名	李*
以【李】开头，姓名由两个字组成的人名	李?
以【李】开头，以【芳】结尾，且姓名由三个字组成的人名	李?芳
以【Z】结尾的产品编号	*Z
包含【007】的车牌号码	*007*
包含【~007】的文档	*~~007*
包含【?007】的文档	*~?007*
包含【*007】的文档	*~*007*

技术看板

通配符都是在半角符号状态下输入的。

例如，要查找员工档案表中所有姓陈的员工，具体操作步骤如下。

Step01 执行查找命令。打开素材文件\第 3 章\员工档案表.xlsx，❶单击【开始】选项卡【编辑】组中的【查找和选择】按钮，❷在弹出的下拉菜单中选择【查找】选项，如图 3-130 所示。

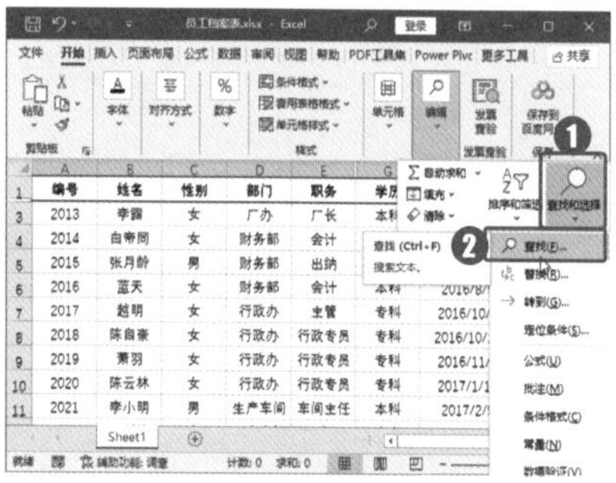

图 3-130

Step02 模糊查找。打开【查找和替换】对话框，❶在【查找内容】文本框中输入【陈*】，❷单击【查找全部】按钮，即可在下方的列表框中查看到所有姓陈的员工的相关数据，如图 3-131 所示。

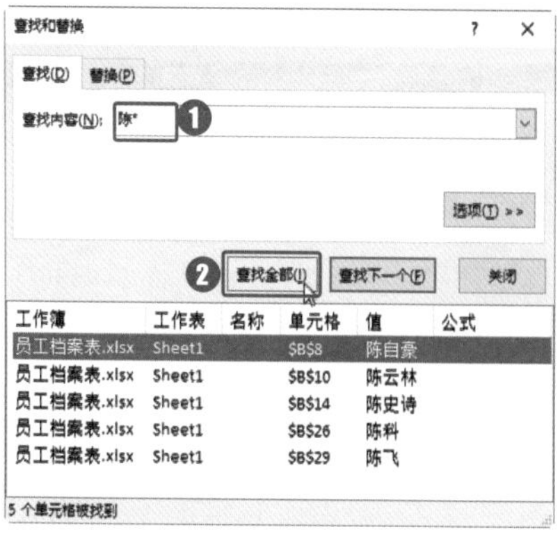

图 3-131

技巧 03：将当前列单元格中的数据分配到几列单元格中

在 Excel 中处理数据时，有时可能需要将一列单元格中的数据拆分到多列单元格中，此时使用文本分列向导功能即可快速实现。例如，要将产品类别和产品型号的代码分别排列在两列单元格中，具体操作步骤如下。

Step01 执行插入操作。打开素材文件\第 3 章\生产报表.xlsx，根据需要拆分的列数，事先需要预留好拆分后数据的放置位置。❶选择 B 列，❷单击【开始】选项卡【单元格】组中的【插入】按钮，如图 3-132 所示。

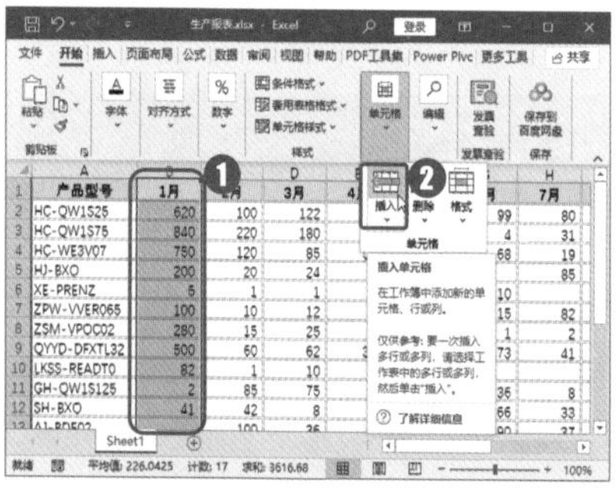

图 3-132

Step 02 执行分列操作。❶选择要拆分数据所在的单元格区域，这里选择A2:A19单元格区域，❷单击【数据】选项卡【数据工具】组中的【分列】按钮，如图3-133所示。

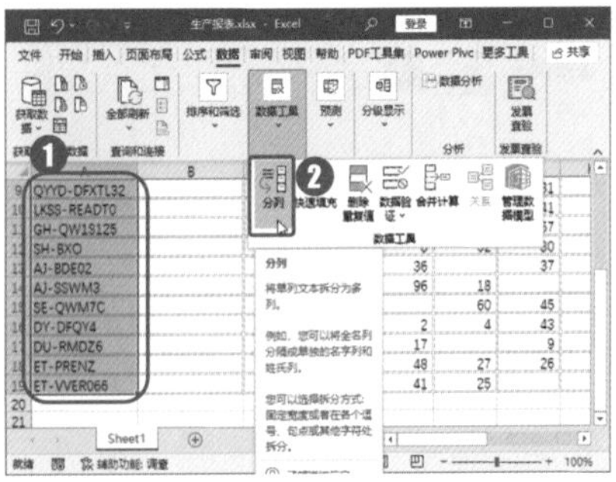

图 3-133

Step 03 选择分列符号。打开【文本分列向导】对话框，❶在【原始数据类型】栏中选中【分隔符号】单选按钮，❷单击【下一步】按钮，如图3-134所示。

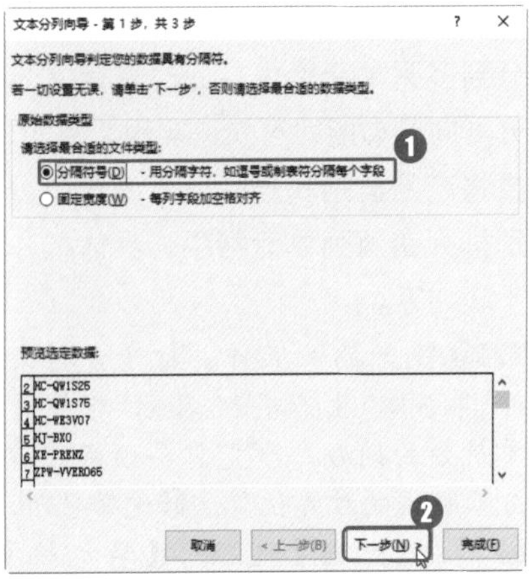

图 3-134

Step 04 ❶在【分隔符号】栏中选中【其他】复选框，并在其后的文本框中输入数据中的分隔符号，如“-”，❷在【数据预览】栏中查看分列后的效果，满意后单击【下一步】按钮，如图3-135所示。

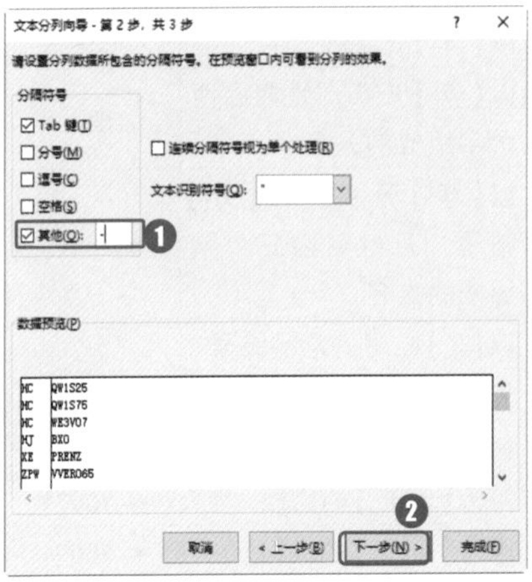

图 3-135

Step 05 完成分列。在【数据预览】区域中查看分列后的效果，单击【完成】按钮，如图3-136所示。

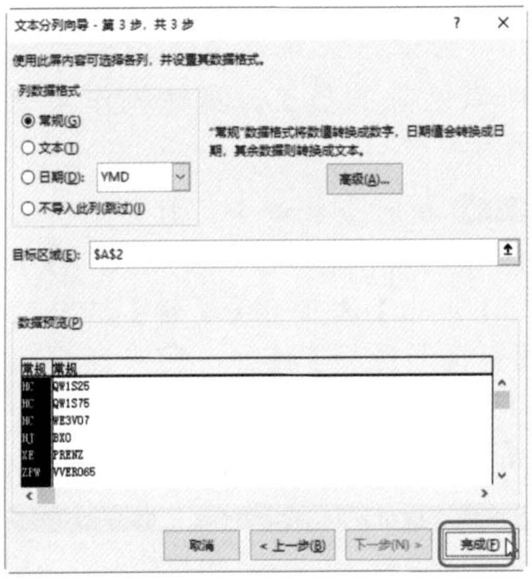

图 3-136

技术看板

只有当需要分列的数据中包含相同的分隔符，且需要通过该分隔符分列数据时，才可以通过【分隔符号】进行分列。若在【原始数据类型】栏中选中【固定宽度】单选按钮，则可在【数据预览】栏中单击设置分隔线作为单元格分列的位置。

Step 06 确认替换。打开提示对话框，单击【确定】按钮即可完成分列操作，如图3-137所示。

图 3-137

Step 07 查看分列效果。返回工作表中即可看到分列后的数据效果，如图3-138所示。在B1单元格中输入【产品代码】即可完成本案例的制作。

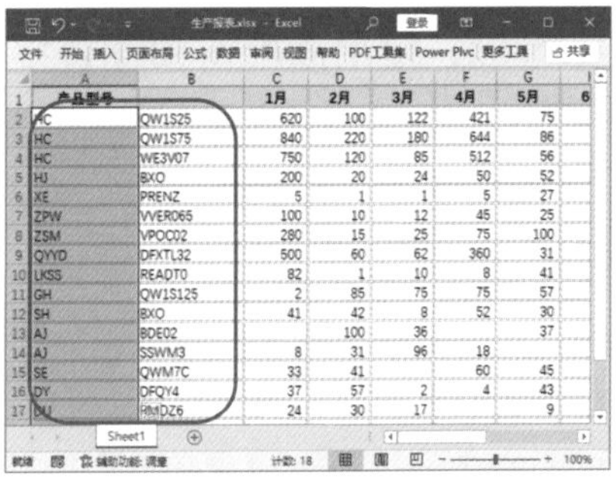

图 3-138

本章小结

通过本章知识的学习和案例练习，相信读者已经掌握了常规表格数据的输入与编辑方法。本章中首先介绍了什么是行、列、单元格和单元格区域，然后分别介绍了行、列、单元格和单元格区域的常见操作，接着才开始进入本章的重点——数据输入和编辑的基本操作，包括表格内容的输入、快速输入技巧、编辑表格内容等。在实际制作电子表格的过程中输入和编辑操作经常是交错进行的，用户只有对每个功能的操作步骤烂熟于心，才能在实际工作中根据具体情况合理进行操作，提高工作效率。

第4章 格式化工作表

- 想知道别人的漂亮表格都是怎样设计出来的吗?
- 你花了很多时间设计表格格式，为什么每次都单独设置一种效果?
- 想知道又快又好地美化表格的方法吗?

很多人制作的表格都需要展示出来，所以对于表格，不仅要保证表格中的数据准确、有效，还要保证表格整体的美观度。本章将通过对颜色的选用、对单元格格式和表格样式的设置，以及对主题的应用来介绍表格格式的美化。

4.1 设置单元格格式

Excel 2021 默认状态下制作的工作表具有相同的文字格式和对齐方式，没有边框和底纹效果。为了让制作的表格更加美观和适于交流，可以为其设置适当的单元格格式，包括为单元格设置文字格式、数字格式、对齐方式，还可以为其添加边框和底纹。

4.1.1 实战：设置应付账款分析表中的文字格式

实例门类	软件功能

Excel 2021 中输入的文字字体默认为等线体，字号为 11 号。为了使表格数据更清晰、整体效果更美观，可以为单元格中的文字设置字体格式，包括对文字的字体、字号、字形和颜色进行调整。

在 Excel 2021 中为单元格设置文字格式，可以在【字体】组中进行设置，也可以通过【设置单元格格式】对话框进行设置。

1. 在【字体】组中设置文字格式

在【字体】组中为单元格数据设置字体、字号、颜色、加粗、斜体和下画线等常用的字体格式，是 Excel 中最常用、最快捷的方法，如图 4-1 所示。

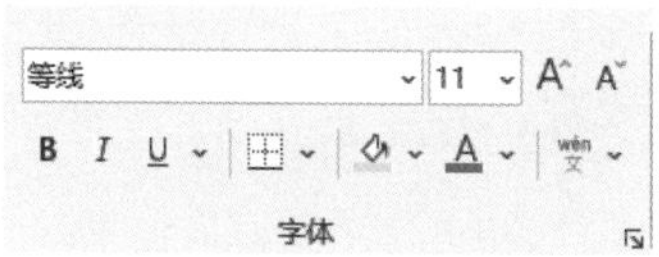

图 4-1

首先选择需要设置文字格式的单元格、单元格区域、文本或字符，然后在【开始】选项卡【字体】组中选择相应的选项或单击相应的按钮即可执行相应的操作。各选项和按钮的具体功能如下。

- 【字体】下拉列表框：单击该下拉列表框右侧的下拉按钮，在弹出的下拉列表中可以选择所需的字体。
- 【字号】下拉列表框：在其下拉列表中可以选择所需的字号。
- 【加粗】按钮 B：单击该按钮，可将所选的字符加粗显示，再次单击该按钮又可取消字符的加粗显示。
- 【倾斜】按钮 I：单击该按钮，可将所选的字符倾斜显示，再次单击该按钮又可取消字符的倾斜显示。
- 【下画线】按钮 U：单击该按钮，可为选择的字符添加下画线效果。单击该按钮右侧的下拉按钮，在弹出的下拉菜单中还可选择其他下画线样式和设置下画线颜色。
- 【增大字号】按钮 A：单击该按钮，将根据字符列表中排列的字号大小依次增大所选字符的字号。
- 【减小字号】按钮 A：单击该按钮，将根据字符列表中排列的字号大小依次减小所选字符的字号。

➥【字体颜色】按钮A·：单击该按钮，可自动为所选字符应用当前颜色。若单击该按钮右侧的下拉按钮˅，将弹出如图 4-2 所示的下拉菜单，在其中可以设置字体的颜色。

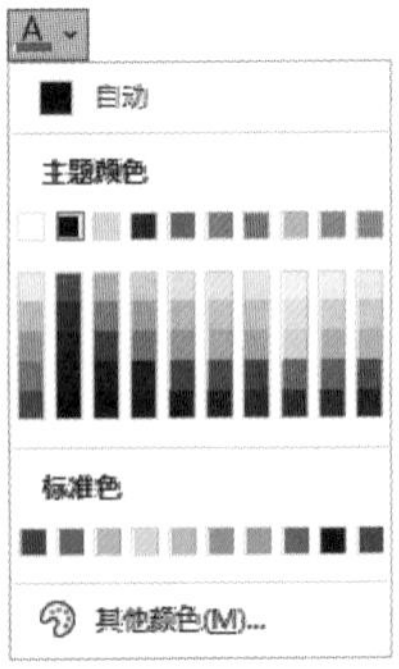

图 4-2

技术看板

在图 4-2 所示下拉菜单的【主题颜色】栏中可选择主题颜色；在【标准色】栏中可选择标准色；选择【其他颜色】命令后，将打开如图 4-3 所示的【颜色】对话框，在其中可自定义需要的颜色。

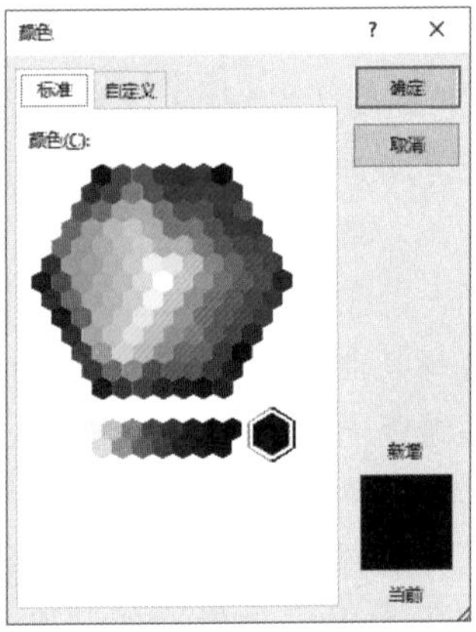

图 4-3

通过【字体】组中的选项和按钮为【应付账款分析】工作簿的表头设置合适的文字格式，具体操作步骤如下。

Step01 设置字体。打开素材文件\第4章\应付账款分析.xlsx，❶选择A1:J2单元格区域，❷单击【开始】选项卡【字体】组中的【字体】下拉列表框右侧的下拉按钮˅，❸在弹出的下拉列表中选择需要的字体，如【黑体】，如图 4-4 所示。

图 4-4

Step02 加粗文本。单击【字体】组中的【加粗】按钮B，如图 4-5 所示。

图 4-5

Step03 设置字体颜色。❶单击【字体颜色】按钮右侧的下拉按钮˅，❷在弹出的下拉菜单中选择需要的颜色，如【蓝色,个性色 1,深色 25%】，如图 4-6 所示。

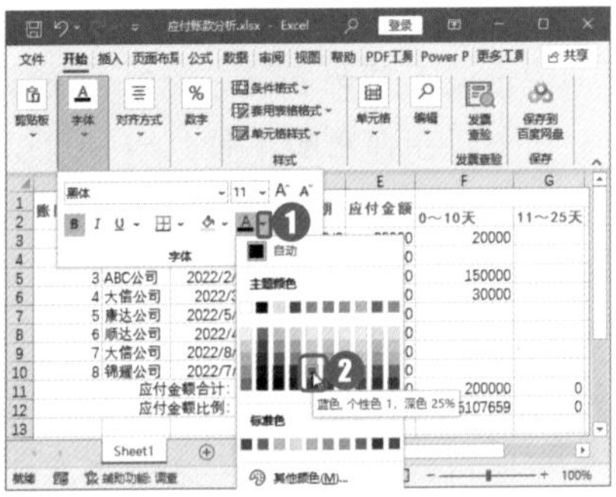

图 4-6

Step04 设置字号。❶选择F2:J2单元格区域，❷单击【字号】下拉列表框右侧的下拉按钮˅，❸在弹出的下拉列表中选择【10】选项，如图 4-7 所示。

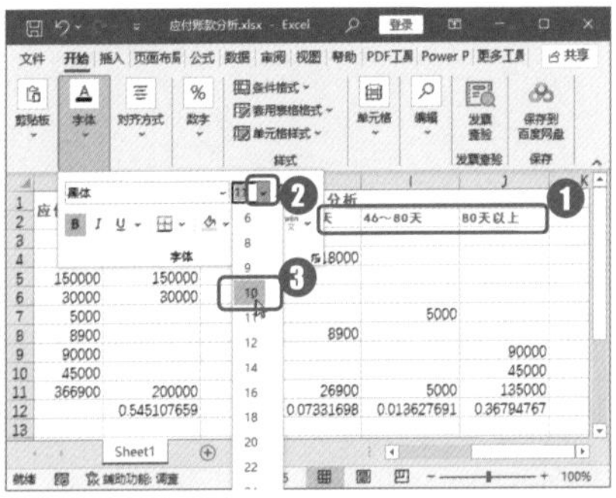

图 4-7

技术看板

在设置字体和字号时，可以在【字体】下拉列表框或【字号】下拉列表框中直接输入需要的字体或字号，但字体必须是当前系统中已安装的字体。

2. 通过对话框设置

还可以通过【设置单元格格式】对话框来设置文字格式，只需单击【开始】选项卡【字体】组右下角的【对话框启动器】按钮↘，即可打开【设置单元格格式】对话框。在该对话框的【字体】选项卡中可以设置字体、字形、字号、下画线、字体颜色和一些特殊效果等。通过【设置单元格格式】对话框设置文字格式的方法主要用于设置删除线、上标和下标等文字的特殊效果。

例如，要为【应付账款分析】工作簿中的部分单元格设置特殊的文字格式，具体操作步骤如下。

Step01 启动对话框。❶选择A11:D12单元格区域，❷单击【开始】选项卡【字体】组右下角的【对话框启动器】按钮↘，如图 4-8 所示。

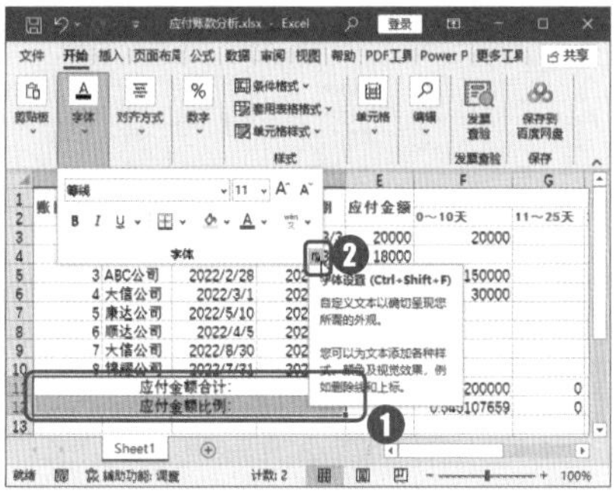

图 4-8

Step 02 设置字体格式。打开【设置单元格格式】对话框，❶在【字体】选项卡的【字形】列表框中选择【加粗】选项，❷在【下画线】下拉列表中选择【会计用单下画线】选项，❸在【颜色】下拉列表中选择需要的颜色，❹单击【确定】按钮，如图 4-9 所示。

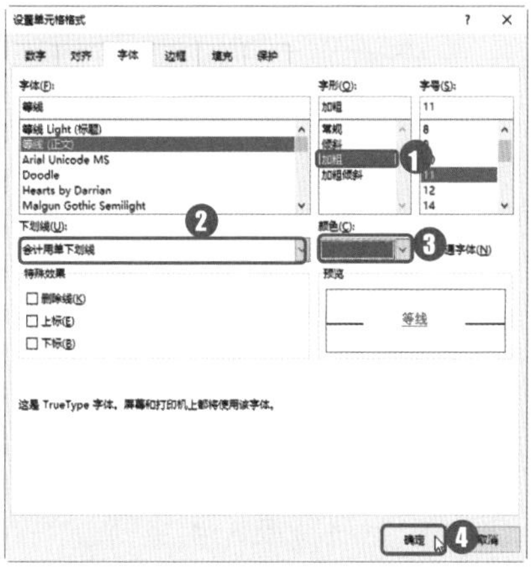

图 4-9

Step 03 查看设置的效果。返回工作表中即可看到为所选单元格设置的字体格式效果，如图 4-10 所示。

图 4-10

技能拓展——使用格式刷快速复制格式

如果已经为某个单元格或单元格区域设置了某种单元格格式，又要在其他单元格或单元格区域中使用相同的格式，除了继续为其设置单元格格式外，还可以使用格式刷快速复制格式。其方法是先选择需要复制格式的单元格或单元格区域，然后单击【开始】选项卡【剪贴板】组中的【格式刷】按钮。当鼠标指针变为形状时，按住鼠标左键选择需要应用该格式的单元格或单元格区域，释放鼠标后即可看到该单元格已经应用了复制单元格相同的格式。通过格式刷可以复制单元格的数据类型格式、文字格式、对齐方式格式、边框和底纹等。

★重点 4.1.2 实战：设置应付账款分析表中的数字格式

实例门类	软件功能

在单元格中输入数据后，Excel 会自动识别数据类型并应用相应的数字格式。在实际生活中常常遇到日期、货币等特殊格式的数据。例如，要区别输入的货币数据与其他数值数据，需要在货币数字前加上货币符号，如人民币符号【￥】；或要让当前输入的日期以其他日期格式显示，那么就需要设置单元格的数字格式，如常规格式、货币格式、会计专用格式、日期格式和分数格式等。

在 Excel 2021 中为单元格设置数字格式，可以在【开始】选项卡的【数字】组中进行设置，也可以通过【设置单元格格式】对话框进行设置。例如，为【应付账款分析】工作簿中的相关数据设置数字格式，具体操作步骤如下。

Step 01 启动对话框。❶选择 A3:A10 单元格区域，❷单击【开始】选项卡【数字】组右下角的【对话框启动器】按钮，如图 4-11 所示。

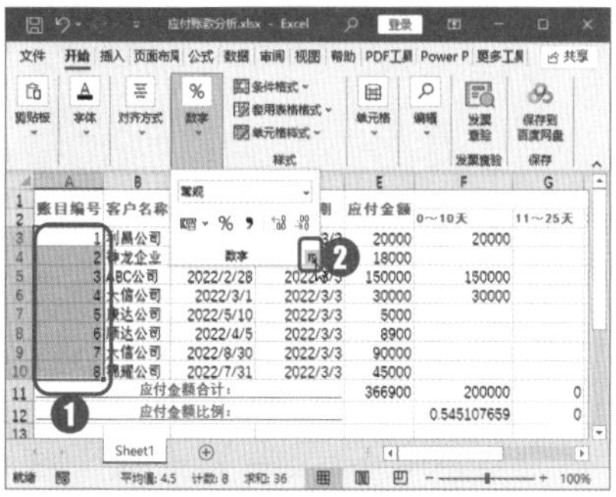

图 4-11

Step 02 设置数字格式。打开【设置单元格格式】对话框，❶在【数字】选项卡的【分类】列表框中选择【自定义】选项，❷在【类型】文本框中输入需要自定义的格式，如“0000”，❸单击【确定】按钮，如图 4-12 所示。

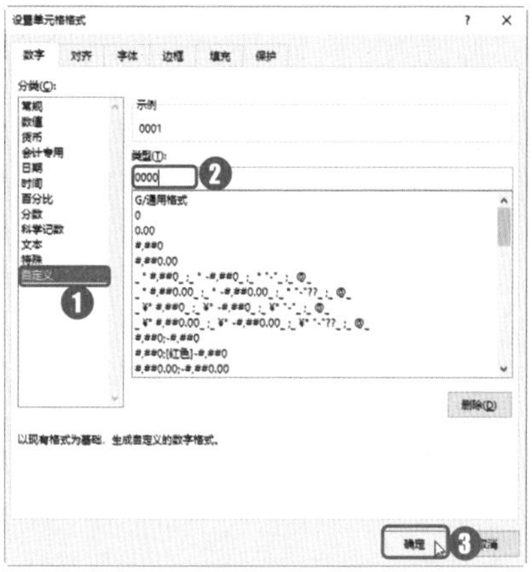

图 4-12

技术看板

利用 Excel 提供的自定义数据类型功能，用户还可以自定义各种格式的数据。下面来讲解在【类型】文本框中经常输入的各代码的用途。

- 【#】：数字占位符。只显示有意义的零而不显示无意义的零。小数点后数字若大于【#】的数量，则按【#】的位数四舍五入。如输入【###.##】，则 12.3 将显示为 12.30；12.3456 显示为 12.35。

- 【0】：数字占位符。如果单元格的内容大于占位符的数量，则显示实际数字；如果小于占位符的数量，则用 0 补足。如输入【00.000】，则 123.14 显示为 123.140；1.1 显示为 01.100。
- 【@】：文本占位符。如果只使用单个@，作用是引用原始文本，要在输入数字数据后自动添加文本，使用自定义格式为【文本内容】@；要在输入数字数据之前自动添加文本，使用自定义格式为@【文本内容】；如果使用多个@，则可以重复文本。如输入【;;;"西游"@"部"】，则财务将显示为【西游财务部】；输入【;;;@@@】，财务显示为【财务财务财务】。
- 【*】：重复字符，直到充满列宽。如输入【@*-】，则 ABC 显示为【ABC-------------------】。
- 【,】：千位分隔符。如输入【#,###】，则 32000 显示为 32,000。
- 颜色：用指定的颜色显示字符，可设置红色、黑色、黄色、绿色、白色、兰色、青色和洋红 8 种颜色。如输入【[青色];[红色];[黄色];[兰色]】，则正数为青色，负数显示红色，零显示黄色，文本显示为兰色。
- 条件：可对单元格内容进行判断后再设置格式。条件格式化只限于使用 3 个条件，其中两个条件是明确的，另一个是除前两个条件外的其他。条件要放到方括号中，必须进行简单的比较。如输入【[＞0]"正数";[=0]"零";"负数"】。则单元格数值大于零显示【正数】，等于 0 显示零，小于零显示【负数】。

Step03 查看设置的格式效果。经过上步操作，即可让所选单元格区域内的数字显示为 0001、0002……❶选择 C3:C10 单元格区域，❷单击【开始】选项卡【数字】组右下角的【对话框启动器】按钮，如图 4-13 所示。

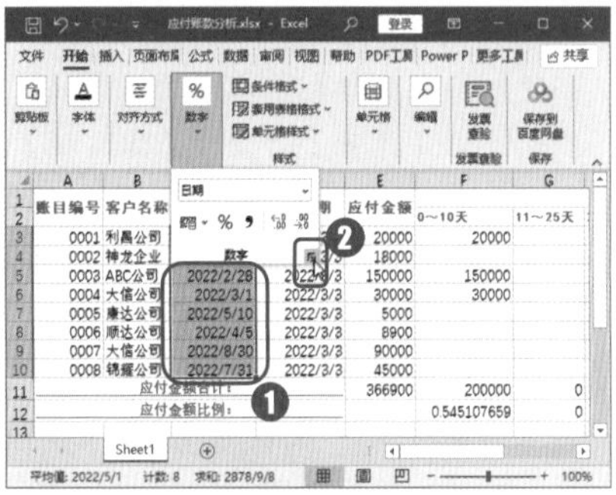

图 4-13

Step04 设置日期数字格式。打开【设置单元格格式】对话框，❶在【数字】选项卡的【分类】列表框中选择【日期】选项，❷在【类型】列表框中选择需要的日期格式，如【2012 年 3 月 14 日】，❸单击【确定】按钮，如图 4-14 所示。

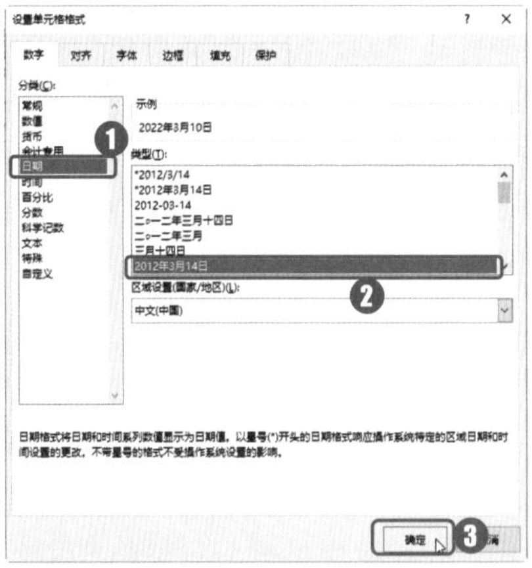

图 4-14

Step05 设置长日期格式。经过上步操作，即可为所选 C3:C10 单元格区域设置相应的日期样式。❶选择 D3:D10 单元格区域，❷在【开始】选项卡【数字】组中的【数字格式】下拉列表中选择【长日期】选项，如图 4-15 所示。

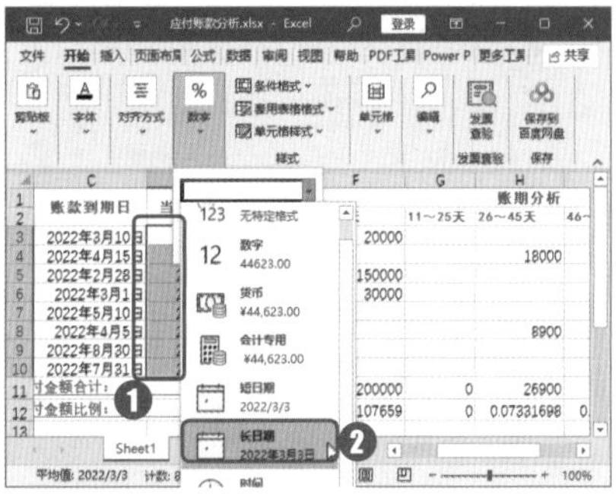

图 4-15

Step06 设置货币数字格式。经过上步操作，也可以为所选单元格区域设置相应的日期样式。❶选择 E3:J11 单元格区域，❷在【数字】组中的【数字】下拉列表中选择【货币】选项，如图 4-16 所示。

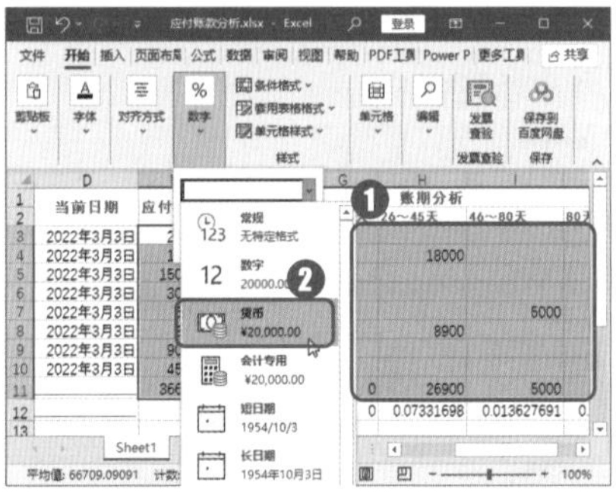

图 4-16

技能拓展——快速设置千位分隔符

单击【数字】组中的【千位分隔样式】按钮 ，可以为所选单元格区域中的数据添加千位分隔符。

Step07 减少小数位数。经过上步操作，即可为所选单元格区域设置货币样式，且每个数据均包含两位小数。连续两次单击【数字】组中的【减少小数位数】按钮 ，即可让所选单元格区域中的数据显示为整数，如图 4-17 所示。

图 4-17

技能拓展——设置数据的小数位数

在【设置单元格格式】对话框【数字】选项卡下的【分类】列表框中选择【数值】选项，在右侧的【小数位数】数值框中输入需要设置数据显示的小数位数即可，在【负数】列表框中还可以选择需要的负数表现形式。

另外，每单击【数字】组中的【减少小数位数】按钮 一次，可以让所选单元格中的数据减少一位小数。

Step08 设置百分比数字格式。选择F12:J12单元格区域，❶打开【设置单元格格式】对话框，在【分类】列表框中选择【百分比】选项，❷在右侧的【小数位数】数值框中输入【2】，❸单击【确定】按钮，如图4-18所示。

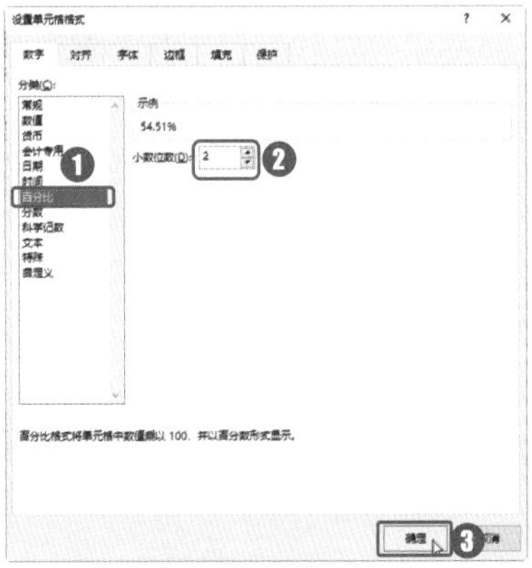

图 4-18

Step09 查看设置的格式效果。经过上步操作，即可将所选单元格区域中的数据设置为百分比，并保留两位小数，效果如图4-19所示。

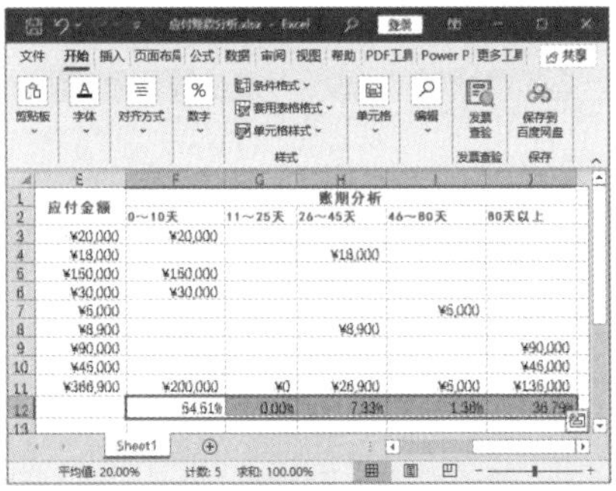

图 4-19

★重点 4.1.3 实战：设置应付账款分析表中的对齐方式

实例门类	软件功能

默认情况下，在Excel中输入的文本显示为左对齐，数据显示为右对齐。为了保证工作表中数据的整齐性，可以为数据重新设置对齐方式。设置对齐方式包括设置文字的对齐方式、文字的方向和自动换行。其设置方法和文字格式的设置方法相似，可以在【对齐方式】组中进行设置，也可以在【设置单元格格式】对话框中的【对齐】选项卡中进行设置，下面将分别进行讲解。

1. 在【对齐方式】组中设置

在【开始】选项卡的【对齐方式】组中可以设置单元格数据的水平对齐方式、垂直对齐方式、文字方向、缩进量和自动换行等。选择需要设置格式的单元格或单元格区域，在【对齐方式】组中选择相应选项或单击相应按钮即可执行相应的操作。

- 垂直对齐方式按钮：通过【顶端对齐】按钮、【垂直居中】按钮和【底端对齐】按钮可以在垂直方向上设置数据的对齐方式。单击【顶端对齐】按钮，可使相应数据在垂直方向上位于顶端对齐；单击【垂直居中】按钮，可使相应数据在垂直方向上居中对齐；单击【底端对齐】按钮，可使相应数据在垂直方向上位于底端对齐。
- 水平对齐方式按钮：通过【左对齐】按钮、【居中】按钮和【右对齐】按钮可以在水平方向上设置数据的对齐方式。单击【左对齐】按钮，可使相应数据在水平方向上根据左侧对齐；单击【居中】按钮，可使相应数据在水平方向上居中对齐；单击【右对齐】按钮，可使相应数据在水平方向上根据右侧对齐。
- 【方向】按钮：单击该按钮，在弹出的下拉菜单中可选择文字需要旋转的45°倍数方向，选择【设置单元格对齐方式】命令，可在打开的【设置单元格格式】对话框中具体设置需要旋转的角度。
- 【自动换行】按钮：当单元格中的数据太多，无法完整显示在单元格中时，单击该按钮，可将该单元格中的数据自动换行后以多行的形式显示在单元格中，方便直接阅读其中的数据，再次单击该按钮又可取消字符的自动换行显示。
- 【减少缩进量】按钮和【增大缩进量】按钮：单击【减少缩进量】按钮，可减小单元格边框与单元格数据之间的边距；单击【增大缩进量】按钮，可增大单元格边框与单元格数据之间的边距。

通过【对齐方式】组中的选项和按钮为【应付账款分析】工作簿中的数据设置合适的对齐方式，具体操作步骤如下。

Step 01 设置居中对齐。❶选择F2:J2单元格区域，❷单击【开始】选项卡【对齐方式】组中的【居中】按钮，如图4-20所示，选中的单元格区域中的数据居中显示。

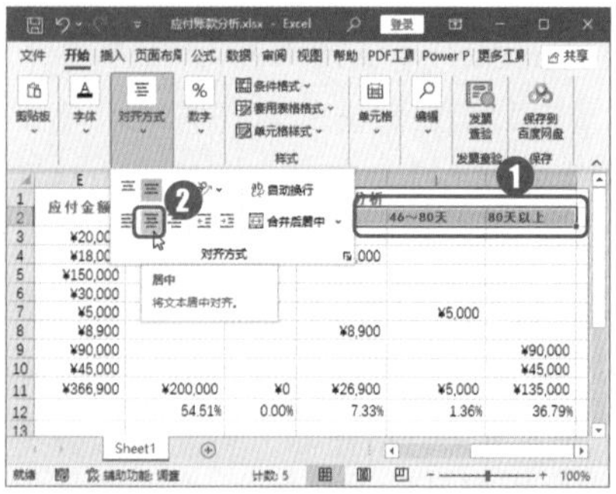

图 4-20

Step 02 设置左对齐。❶选择A3:D10单元格区域，❷单击【对齐方式】组中的【左对齐】按钮，如图4-21所示，选择的单元格区域中的数据靠左对齐。

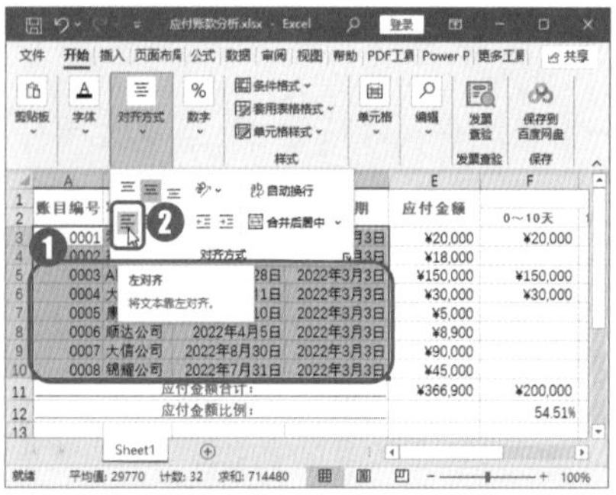

图 4-21

Step 03 设置自动换行。❶修改B5单元格中的数据，❷单击【对齐方式】组中的【自动换行】按钮，如图4-22所示，可显示出该单元格中的所有文字内容。

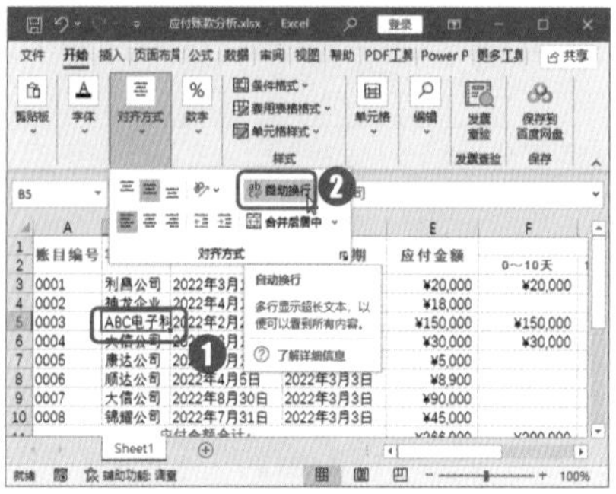

图 4-22

2. 通过对话框设置

通过【设置单元格格式】对话框设置数据对齐方式的方法主要用于需要详细设置水平、垂直对齐方式、旋转方向和缩小字体进行填充的特殊情况。

如图4-23所示，在【设置单元格格式】对话框【对齐】选项卡的【文本对齐方式】栏中可以设置更多单元格中数据在水平和垂直方向上的对齐方式，并且能够设置缩进值；在【方向】栏中可以设置具体的旋转角度值，并能在预览框中查看文字旋转后的效果；在【文本控制】栏中选中【自动换行】复选框，可以为单元格中的数据设置自动换行，选中【缩小字体填充】复选框，可以将所选单元格或单元格区域的字体自动缩小以适应单元格的大小。设置完毕后单击【确定】按钮，关闭对话框即可。

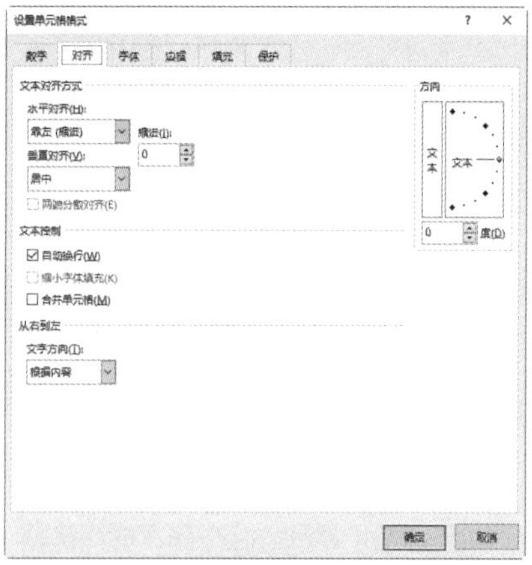

图 4-23

★重点 4.1.4 实战：为应付账款分析表添加边框和底纹

实例门类	软件功能

Excel 2021默认状态下，单元格的背景是白色的，没有边框。为了能更好地区分单元格中的数据内容，可以根据需要为其设置适当的边框效果、填充喜欢的底纹。

1. 添加边框

打印输出表格时，默认情况下Excel中自带的边线不会被打印出来，如果希望打印出来的表格带有边框，就需要在打印前添加边框。为单元格添加边框后，还可以使制作的表格轮廓更加清晰，让每个单元格中的内容有一个明显的划分。

为单元格添加边框有两种方法，一种方法是可以单击【开始】选项卡【字体】组中的【边框】按钮右侧的下拉按钮，在弹出的下拉菜单中选择为单元格添加的边框样式；另一种方法是在【设置单元格格式】对话框的【边框】选项卡中进行设置。

下面通过设置【应付账款分析】工作簿中的边框效果，举例说明添加边框的具体操作方法。

Step01 添加边框。❶选择A1:J12单元格区域，❷单击【字体】组中的【边框】按钮⊞右侧的下拉按钮▾，❸在弹出的下拉菜单中选择【所有框线】选项，如图4-24所示。

图 4-24

技术看板

在【边框】下拉菜单中能快速设置常见的边框效果，包括设置单元格或单元格区域的单边边框、两边边框及四周的边框。如果不显示单元格的边框，可以选择【无框线】选项。还可以在其中的【绘制边框】栏中设置需要的边框颜色和线型，然后手动绘制需要的边框效果，并可执行【擦除边框】命令擦除多余的边框线条，从而制作出更多元化的边框效果。

Step02 查看添加的边框效果。经过上步操作，即可为所选单元格区域设置边框效果。❶选择A1:J2单元格区域，❷单击【字体】组右下角的【对话框启动器】按钮↘，如图4-25所示。

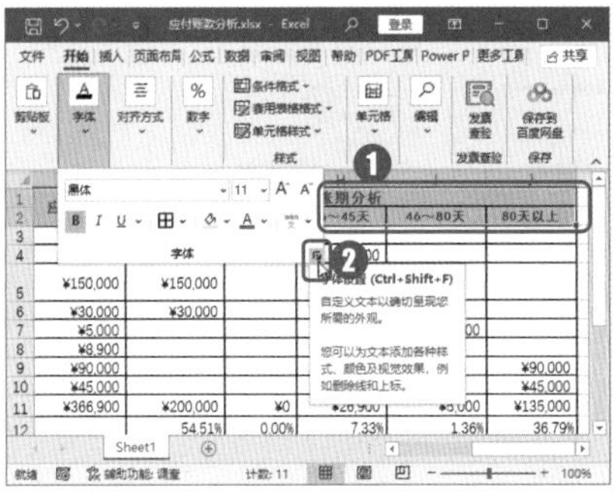

图 4-25

Step03 添加外边框。打开【设置单元格格式】对话框，❶选择【边框】选项卡，❷在【颜色】下拉列表中选择【蓝色】选项，❸在【样式】列表框中选择【粗线】选项，❹单击【预置】栏中的【外边框】按钮，❺单击【确定】按钮，如图4-26所示。

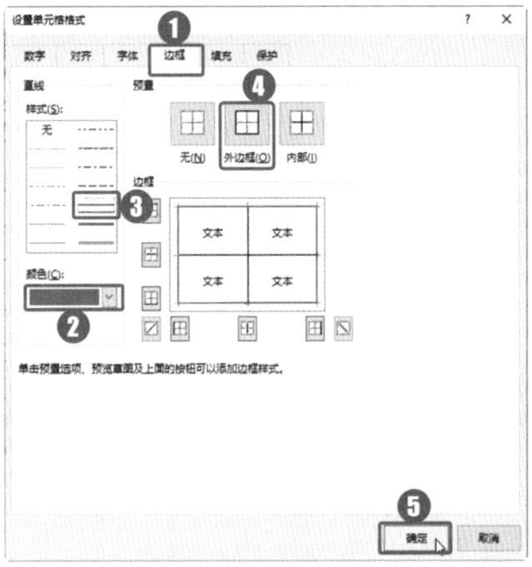

图 4-26

技术看板

在【边框】选项卡的【边框】栏中显示了设置边框后的效果，单击其中的按钮还可单独为单元格中的某一边添加边框效果。如单击⊤按钮可以为单元格添加顶部的边框；单击⊢按钮可以为单元格添加左侧的边框；单击⟋按钮可以为单元格添加斜线等。

Step04 查看边框效果。经过上步操作，即可为所选单元格区域设置外边框，效果如图4-27所示。

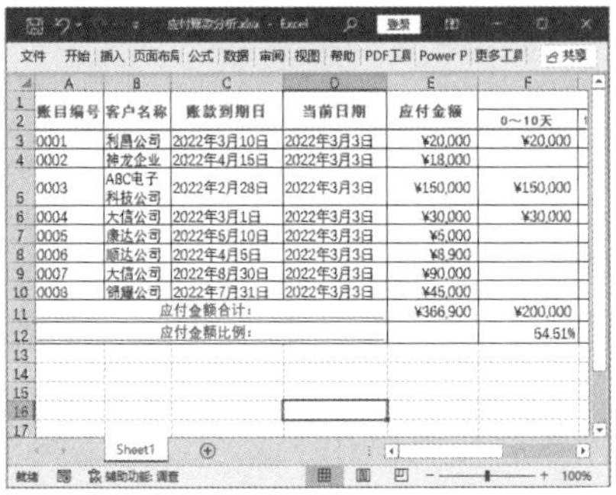

图 4-27

技术看板

表格线宽度会对使用表格的人造成比较大的影响。要搭配使用合适的粗细线，最简便易行的方法就是细内线+粗边框。合理的粗细线结合会让人感觉到表格是用心设计出来的，会产生一种信任感。另外，如果有大片的小单元格聚集时，表格边线则可考虑采用虚线，以免影响使用者的视线。

2. 设置底纹

在编辑表格的过程中，为单元格设置底纹既能使表格更加美观，又能让表格更具整体感和层次感。为包含重要数据的单元格设置底纹，还可以使其更加醒目，起到提醒的作用。这里所说的设置底纹包括为单元格填充纯色、带填充效果的底纹和带图案的底纹3种。

为单元格填充底纹一般需要通过【设置单元格格式】对话框中的【填充】选项卡进行设置。若只为单元格填充纯色底纹，还可以通过单击【开始】选项卡【字体】组中的【填充颜色】按钮◇右侧的下拉按钮▾，在弹出的下拉菜单中选择需要的颜色。

以为【应付账款分析】工作簿中的表格设置底纹为例，具体操作步骤如下。

Step01 启动对话框。❶选择A1:J2单元格区域，❷单击【字体】组右下角的【对话框启动器】按钮↘，如图4-28所示。

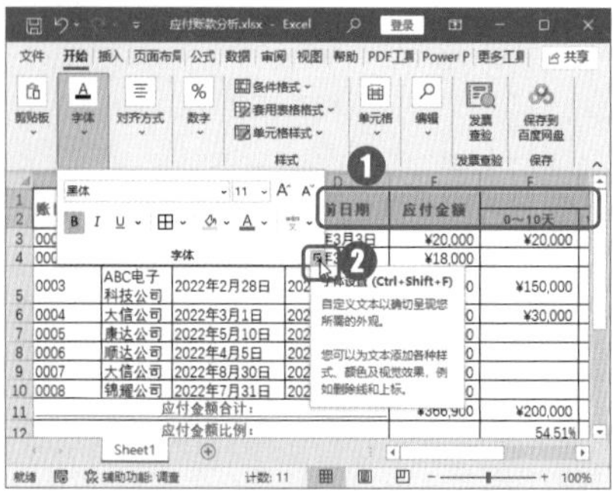

图 4-28

Step02 设置单元格底纹。打开【设置单元格格式】对话框，❶选择【填充】选项卡，❷在【背景色】栏中选择需要填充的背景颜色，如【蓝色】，❸在【图案样式】下拉列表中选择需要填充的背景图案，如【6.25%灰色】选项，❹单击【确定】按钮，如图4-29所示。

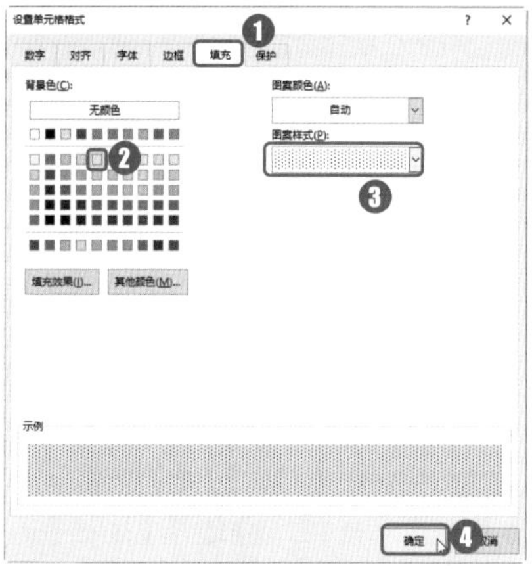

图 4-29

技术看板

单击【设置单元格格式】对话框【填充】选项卡中的【填充效果】按钮，在打开的对话框中可以设置填充为渐变色。

Step03 设置隔行区域填充颜色。选择隔行的单元格区域，❶单击【开始】选项卡【字体】组中的【填充颜色】按钮右侧的下拉按钮，❷在弹出的下拉菜单中选择需要填充的颜色，即可为所选单元格区域填充选择的颜色，如图4-30所示。

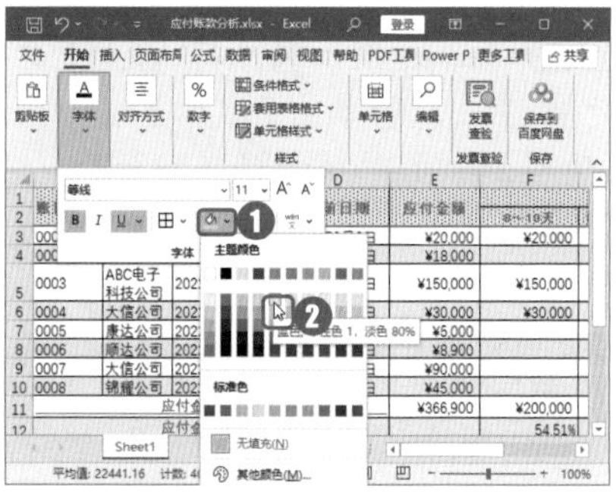

图 4-30

技能拓展——删除单元格中设置的底纹

如果要删除单元格中设置的底纹效果，可以在【填充颜色】下拉菜单中选择【无填充】选项，或是在【设置单元格格式】对话框中单击【无颜色】按钮。

4.2 设置单元格样式

Excel 2021 提供了一系列单元格样式，它是一整套已为单元格预定义了不同的文字格式、数字格式、对齐方式、边框和底纹等样式的格式模板。使用单元格样式可以快速使每一个单元格都具有不同的特点；除此之外，用户还可以根据需要对内置的单元格样式进行修改，或自定义新单元格样式，创建更具个性化的表格。

4.2.1 实战：为办公物品申购单套用单元格样式

实例门类	软件功能

如果用户希望工作表中的相应单元格格式独具特色，却又不想浪费太多的时间进行单元格格式设置，此时便可利用Excel 2021提供的自动套用单元格样式功能直接调用系统中已经设置好的单元格样式，快速地构建带有相应格式特征的表格，这样不仅可以提高工作效率，还可以保证单元格格式的质量。

单击【开始】选项卡【样式】组中的【单元格样式】按钮，在弹出的下拉菜单中即可看到Excel 2021中提供的多种单元格样式。通常，我们会为表格中的标题单元格套用Excel默认提供的【标题】类单元格样式，为文档类的单元格根据情况使用非【标题】类的样式。

例如，要为【办公物品申购单】工作簿中的表格套用单元格样式，具体操作步骤如下。

Step01 选择单元格样式。打开素材文件\第4章\办公物品申购单.xlsx，❶选择A1:I1单元格区域，单击【开始】选项卡【样式】组中的【单元格样式】下拉按钮，❷在弹出的下拉菜单中选择【标题1】选项，如图4-31所示。

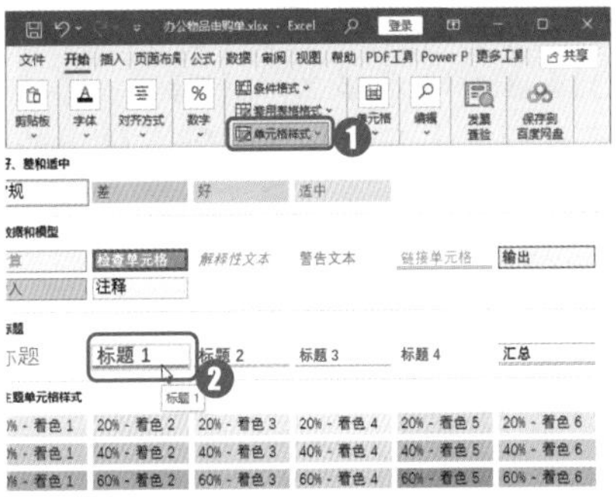

图 4-31

Step02 选择单元格样式。经过上步操作，即可为所选单元格区域设置标题1样式。选择A3:I3单元格区域，❶单击【单元格样式】下拉按钮，❷在弹出的下拉菜单中选择需要的主题单元格样式，如图 4-32 所示。

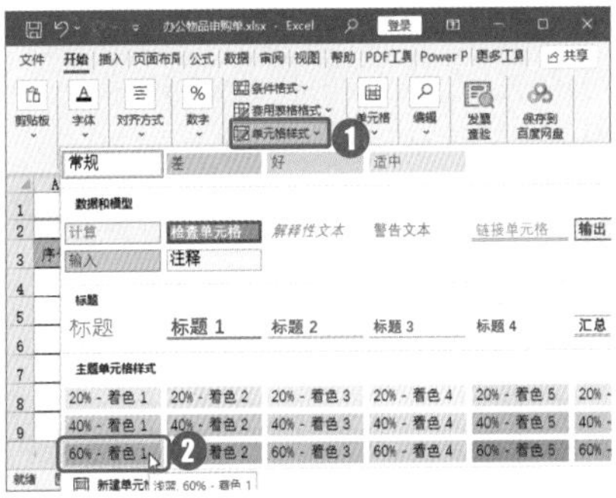

图 4-32

Step03 设置货币单元格样式。经过上步操作，即可为所选单元格区域设置选择的主题单元格样式。选择H4:H13单元格区域，❶单击【单元格样式】下拉按钮，❷在弹出的下拉菜单中选择【货币】选项，如图 4-33 所示。

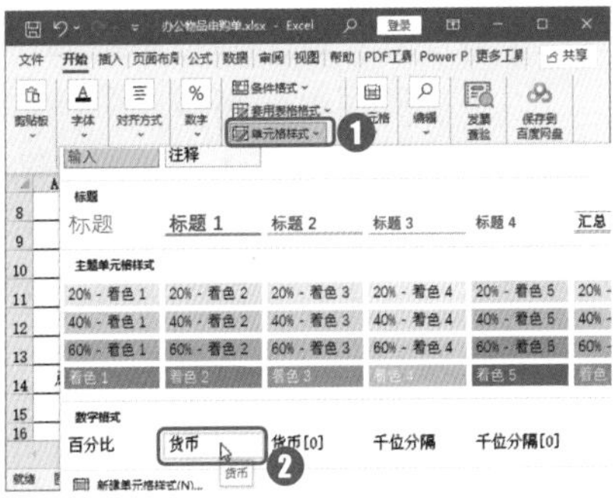

图 4-33

Step04 查看单元格样式效果。经过上步操作，即可为所选单元格区域设置相应的货币样式。在H4:H13单元格区域中的任意单元格中输入数据，即可看到该数据自动应用【货币】单元格样式的效果，如图 4-34 所示。

图 4-34

★重点 4.2.2 实战：创建及应用单元格样式

实例门类	软件功能

Excel 2021 中提供的单元格样式是有限的，不过它允许用户自定义单元格样式。这样，用户就可以根据需要创建更具个人特色的单元格样式。将自己常用的单元格样式进行自定义后，创建的单元格样式会自动显示在【单元格样式】下拉菜单的【自定义】栏中，方便后期随时调用。

例如，要创建一个名为【多格式】的单元格样式，并为【办公物品申购单】工作簿中的相应单元格应用该样式，具体操作步骤如下。

Step01 执行菜单命令。❶单击【单元格样式】下拉按钮，❷在弹出的下拉菜单中选择【新建单元格样式】选项，如图 4-35 所示。

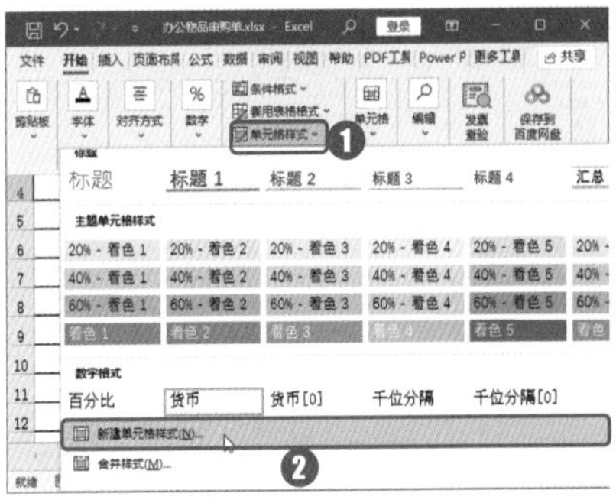

图 4-35

Step02 设置单元格样式名和包含的样式。打开【样式】对话框，❶在【样式名】文本框中输入新建单元格样式的名称，如【多格式】，❷在【样式包括（举例）】栏中根据需要定义的样式选中相应的复选框，❸单击【格式】按钮，如图 4-36 所示。

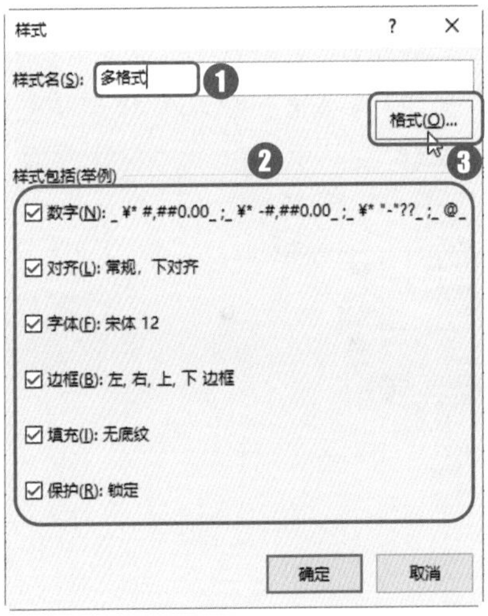

图 4-36

Step03 设置数字格式。打开【设置单元格格式】对话框，❶选择【数字】选项卡，❷在【分类】列表框中选择【文本】选项，如图 4-37 所示。

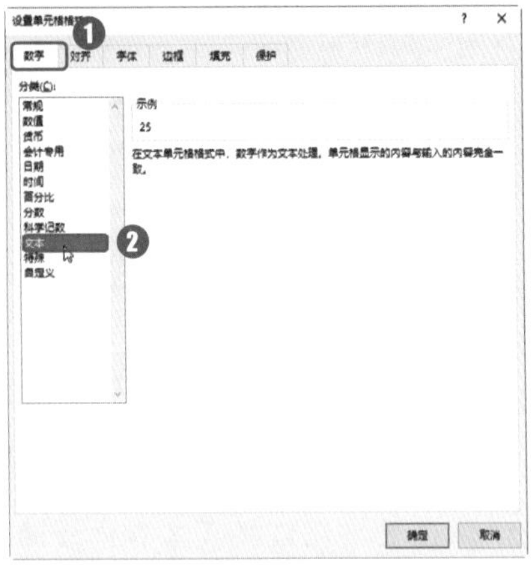

图 4-37

Step04 设置对齐方式。❶选择【对齐】选项卡，❷在【水平对齐】下拉列表中选择【靠左（缩进）】选项，并在右侧的【缩进】数值框中输入具体的缩进量，如【2】，❸在【垂直对齐】下拉列表中选择【居中】选项，❹在【文本控制】栏中选中【自动换行】复选框，如图 4-38 所示。

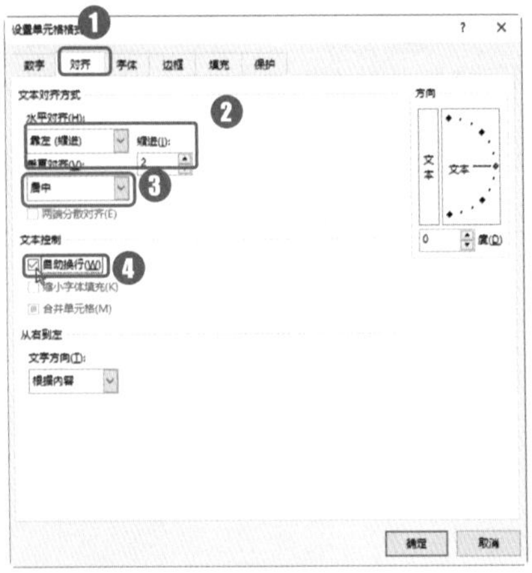

图 4-38

Step05 设置字体格式。❶选择【字体】选项卡，❷在【字体】列表框中选择【微软雅黑】选项，❸在【字号】列表框中选择【12】选项，❹在【颜色】下拉列表中选择【红色】选项，如图 4-39 所示。

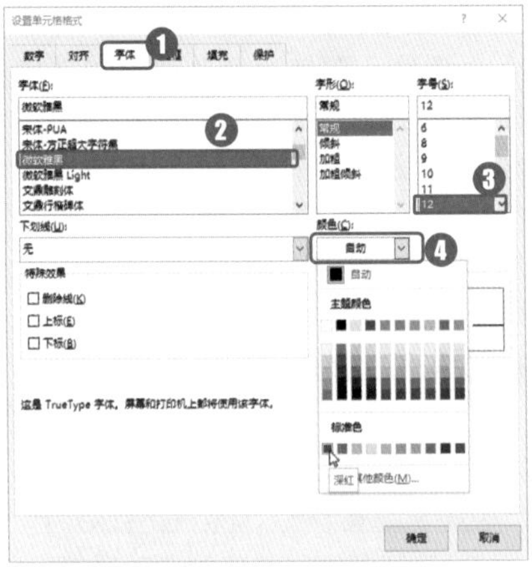

图 4-39

Step06 设置填充底纹。❶选择【填充】选项卡，❷在【背景色】栏中选择单元格的填充颜色，❸单击【确定】按钮，如图 4-40 所示。

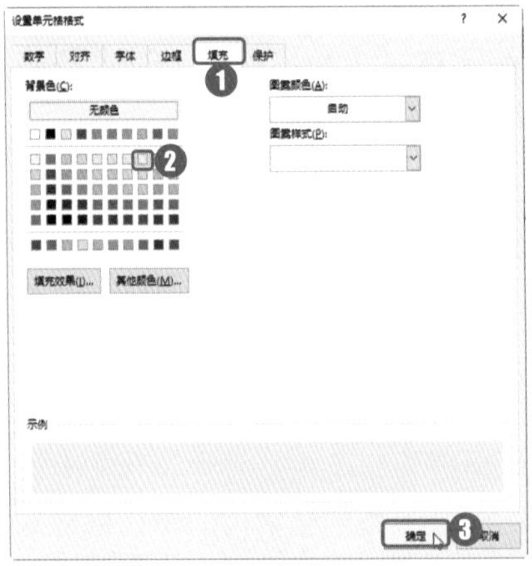

图 4-40

Step07 确认设置的样式。返回【样式】对话框，单击【确定】按钮，如图 4-41 所示。

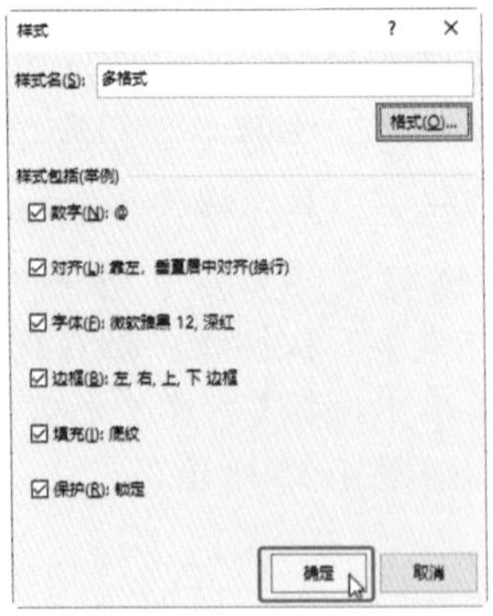

图 4-41

Step08 选择自定义的样式。选择 D14:D15 单元格区域，❶单击【单元格样式】下拉按钮，❷在弹出的下拉菜单中选择自定义的单元格样式，如图 4-42 所示。

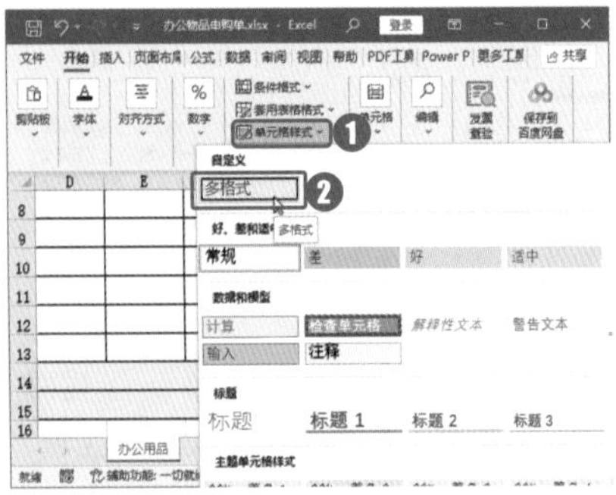

图 4-42

Step09 查看效果。在 D14 单元格中输入建议文本，即可看到该数据应用自定义单元格样式的效果，如图 4-43 所示。

图 4-43

4.2.3 实战：修改与复制单元格样式

实例门类	软件功能

用户在应用单元格样式后，如果对应用样式中的字体、边框或某一部分样式不满意，还可以对应用的单元格样式进行修改。同时，还可以对已经存在的单元格样式进行复制。通过修改或复制单元格样式来创建新的单元格样式比完全从头开始自定义单元格样式更加快捷。

修改【标题 1】单元格样式，具体操作步骤如下。

Step 01 修改单元格样式。❶单击【单元格样式】下拉按钮，❷在弹出的下拉菜单中找到需要修改的单元格样式并右击，这里在【标题 1】选项上右击，❸在弹出的快捷菜单中选择【修改】选项，如图 4-44 所示。

图 4-44

Step 02 格式修改。打开【样式】对话框，单击【格式】按钮，如图 4-45 所示。

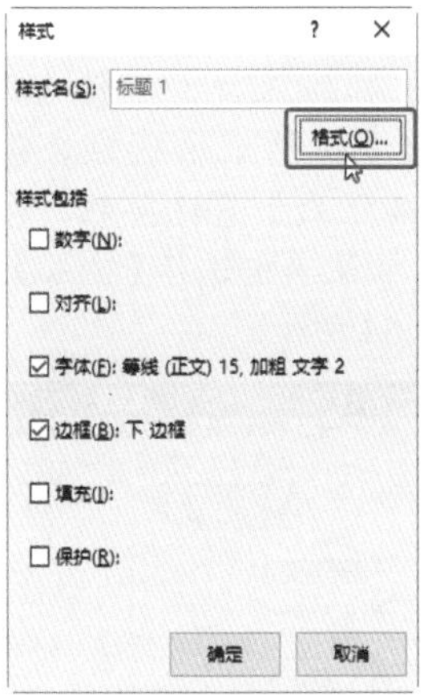

图 4-45

技术看板

在【样式】对话框中的【样式包括】栏中，选中或取消某个格式对应的复选框，可以快速对单元格格式进行修改。但是这种方法适合对单元格样式中的某一种格式进行统一取舍，如文字格式、数字格式、对齐方式、边框或底纹效果等。

Step 03 设置字体格式。打开【设置单元格格式】对话框，❶选择【字体】选项卡，❷在【颜色】下拉列表中选择【蓝色，个性 1，深色 25%】选项，如图 4-46 所示。

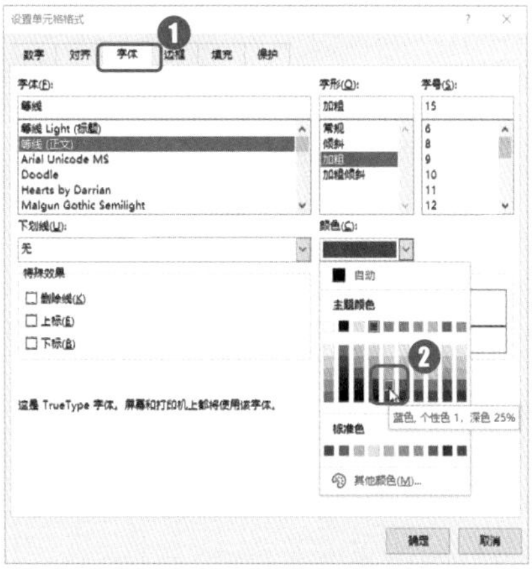

图 4-46

Step 04 设置边框。❶选择【边框】选项卡，❷在【颜色】下拉列表中选择【蓝色】选项，❸单击⊞按钮为单元格添加底部的边框，❹单击【确定】按钮，如图 4-47 所示。

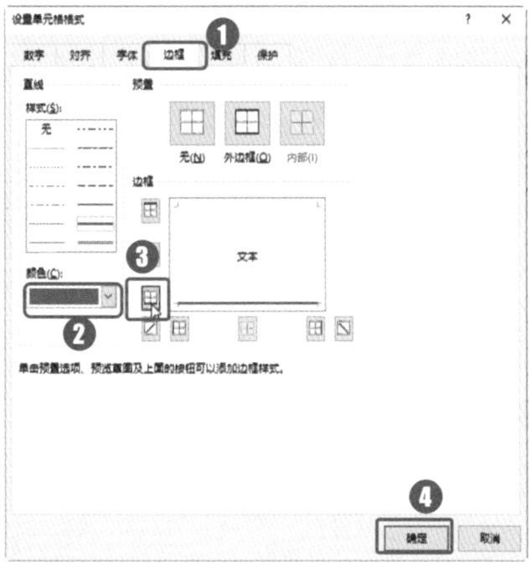

图 4-47

Step 05 确认设置。返回【样式】对话框中，直接单击【确定】按钮关闭该对话框，如图 4-48 所示。

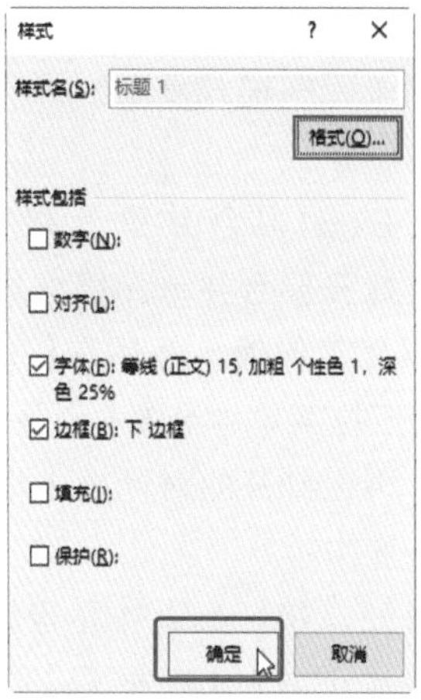

图 4-48

Step 06 查看样式效果。返回工作簿中即可看到 A1 单元格应用了新的【标题 1】样式，效果如图 4-49 所示。

图 4-49

技能拓展——复制单元格样式

要创建现有单元格样式的副本，可在单元格样式名称上右击，然后在弹出的快捷菜单中选择【复制】命令，再在打开的【样式】对话框中为新单元格样式输入适当的名称。

4.2.4 实战：合并单元格样式

实例门类	软件功能

创建或复制到工作簿中的单元格样式只能应用于当前工作簿中，如果要使用到其他工作簿中，则可

以通过合并样式操作，将一个工作簿中的单元格样式复制到另一个工作簿中。

在Excel中合并单元格样式，需要先打开要合并单元格样式的两个及以上工作簿，然后在【单元格样式】下拉菜单中选择【合并样式】选项，再在打开的对话框中根据提示进行操作。

例如，将【办公物品申购单】工作簿中创建的【多格式】单元格样式合并到【参观申请表】工作簿中，具体操作步骤如下。

Step01 执行菜单命令。打开素材文件\第 4 章\参观申请表.xlsx，❶单击【单元格样式】按钮，❷在弹出的下拉菜单中选择【合并样式】选项，如图 4-50 所示。

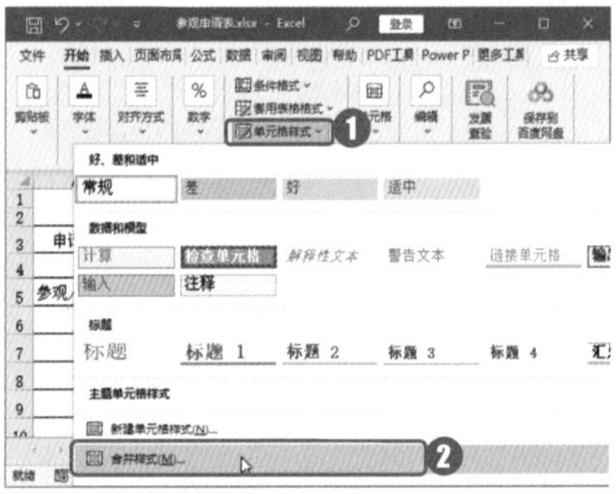

图 4-50

Step02 合并样式。打开【合并样式】对话框，❶在【合并样式来源】列表框中选择包含要复制的单元格样式的工作簿，这里选择【办公物品申购单】选项，❷单击【确定】按钮关闭【合并样式】对话框，如图 4-51 所示。

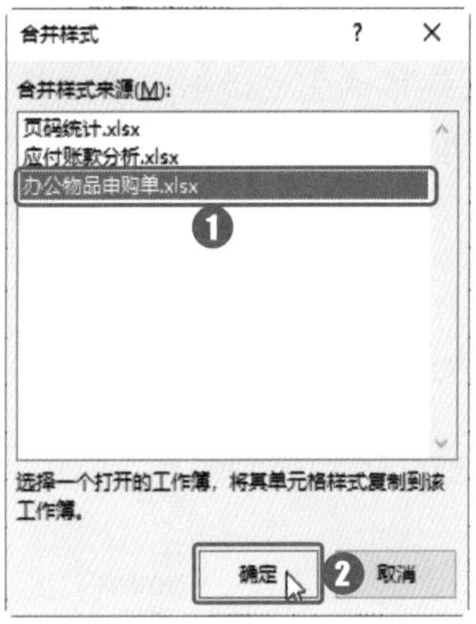

图 4-51

Step03 确认合并。打开提示对话框，提示是否需要合并相同名称的样式，这里单击【是】按钮，如图 4-52 所示。

图 4-52

Step04 应用合并的样式。返回【参观申请表】工作簿中，选择C26:C28单元格区域，❶单击【单元格样式】按钮，❷在弹出的下拉菜单的【自定义】栏中可看到合并过来的【多格式】样式，选择该样式，即可为所选单元格区域应用该单元格样式，如图 4-53 所示。

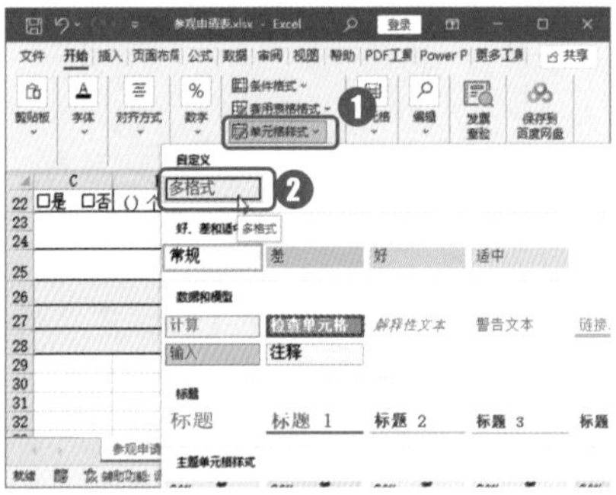

图 4-53

4.2.5 实战：删除参观申请表中的单元格样式

实例门类	软件功能

如果不需要创建的单元格样式了，可以进行删除操作。在【单元格样式】下拉菜单中需要删除的预定义或自定义单元格样式上右击，在弹出的快捷菜单中执行【删除】命令，即可将该单元格样式从下拉菜单中删除，并取消应用该单元格样式的所有单元格效果。

如果只是需要删除应用于单元格中的单元格样式，而不是删除单元格样式本身，可先选择该单元格或单元格区域，然后使用【清除格式】功能。

通过一个案例来对比删除单元格样式和清除格式的差别，具体操作步骤如下。

Step01 选择输入样式。❶选择需要输入数据的单元格区域，❷单击【单元格样式】下拉按钮，❸在弹出的下拉菜单中选择【输入】选项，如图 4-54 所示。

图 4-54

Step02 执行删除命令。❶单击【单元格样式】按钮，❷在弹出的下拉菜单的【多格式】选项上右击，❸在弹出的快捷菜单中选择【删除】选项，如图 4-55 所示。

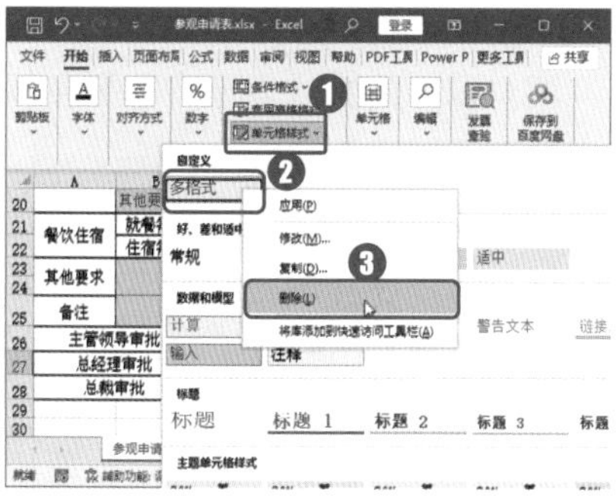

图 4-55

Step03 查看单元格效果。【多格式】单元格样式会从下拉菜单中删除，同时表格中原来应用该单元格样式的C26:C28单元格区域会恢复为默认的单元格样式，如图4-56所示。

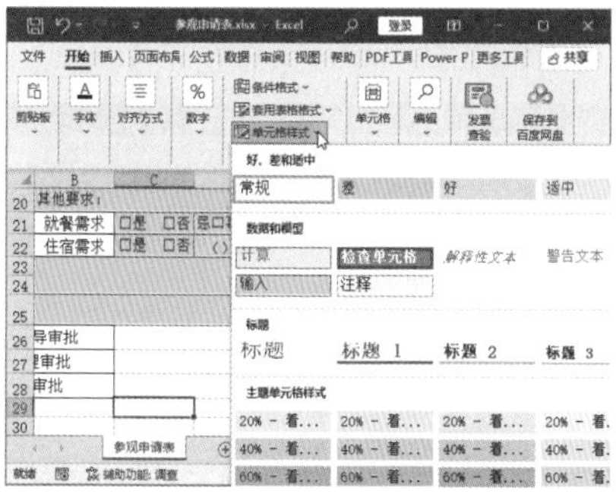

图 4-56

Step04 清除格式。❶选择B23:B25单元格区域，❷单击【开始】选项卡【编辑】组中的【清除】按钮，❸在弹出的下拉菜单中选择【清除格式】选项，如图4-57所示。

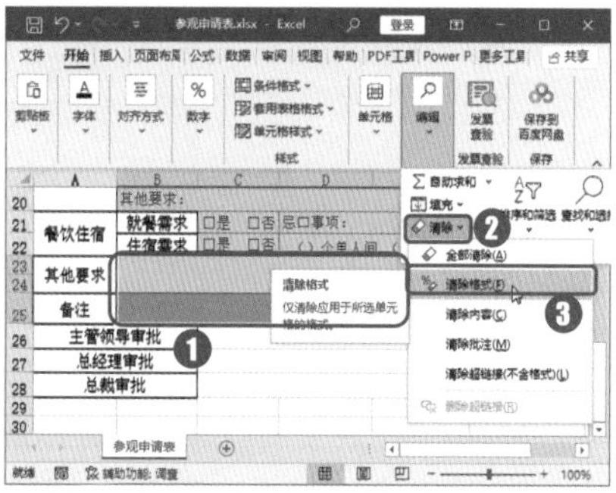

图 4-57

Step05 撤消操作。经过上一步操作，即可看到清除格式后，B23:B25单元格区域显示为普通单元格格式，效果如图4-58所示。单击快速访问工具栏中的【撤消】按钮撤消上一步执行的【清除格式】命令。

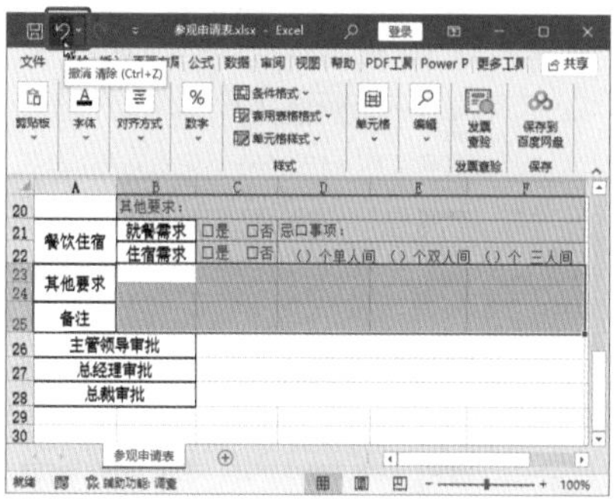

图 4-58

技术看板

【单元格样式】下拉菜单中的“常规”单元格样式，即Excel内置的单元格样式，是不能删除的。

4.3 设置表格样式

Excel 2021 中不仅提供了单元格样式，还提供了许多预定义的表格样式。与单元格样式相同，表格样式也是一套已经定义了不同文字格式、数字格式、对齐方式、边框和底纹等样式的格式模板，只是该模板作用于整个表格。这样，使用该功能就可以快速对整个数据表格进行美化。套用表格格式后还可以为表元素进行设计，使其更符合实际需要。如果预定义的表格样式不能满足需要，可以创建并应用自定义的表格样式。

★重点 4.3.1 实战：为日销售记录表套用表格样式

实例门类	软件功能

如果需要为整个表格或大部分表格区域设置样式，可以直接使用【套用表格格式】功能。应用Excel预定义的表格样式与应用单元格样式的方法相同，可以为数据表轻松快速地构建带有特定格式特征的表格。同时，还将添加自动筛选器，方便用户筛选表格中的数据。

例如，要为日销售记录表应用预定义的表格样式，具体操作步骤如下。

Step01 应用表格样式。打开素材文件\第4章\日销售记录表.xlsx，❶选择A1:G19单元格区域，❷单击【开始】选项卡【样式】组中的【套用表格格式】下拉按钮，❸在弹出的下拉菜单中选择需要的表格样式，这里选择【中等色】栏中的【蓝色,表样式中等深浅2】选项，如图4-59所示。

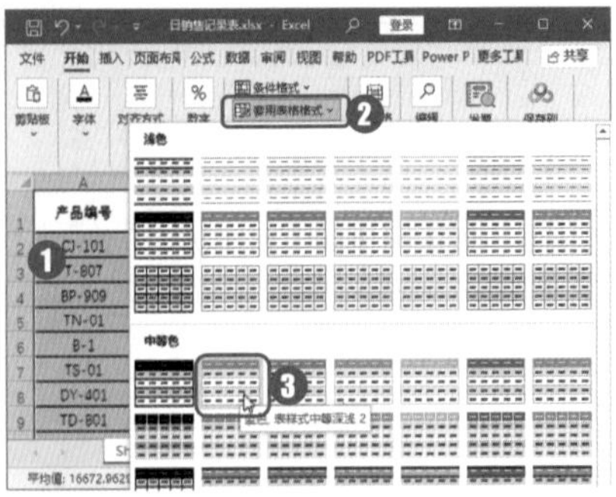

图 4-59

Step02 确认设置。打开【创建表】对话框，确认表数据来源区域，单击【确定】按钮关闭对话框，如图 4-60 所示。

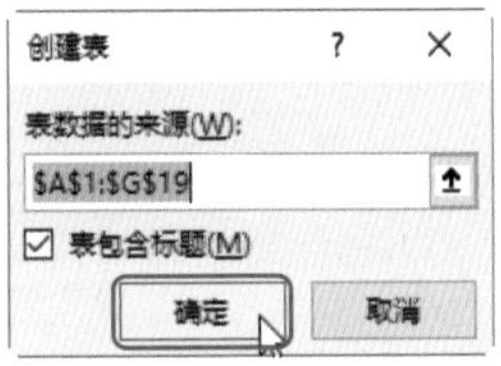

图 4-60

技术看板

【创建表】对话框中的【表包含标题】复选框表示表格的标题是否应用表样式中的标题样式，选中该复选框，表示表格标题应用表样式中的标题样式，取消选中表示不套用。

Step03 查看应用表格样式后的效果。返回工作表中即可看到已经为所选单元格区域套用了选定的表格格式，效果如图 4-61 所示。

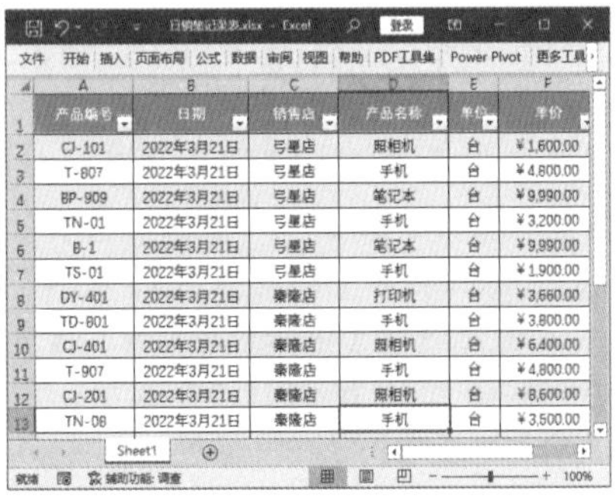

图 4-61

技术看板

一般情况下可以为表格套用颜色间隔的表格格式，如果为表格中的部分单元格设置了填充颜色，或设置了条件格式，继续套用表格格式时则会选择没有颜色间隔的表格格式。

4.3.2 实战：为日销售记录表设计表格样式

实例门类	软件功能

套用表格格式后，表格区域将变为一个特殊的整体区域，且选择该区域中的任意单元格时，将激活【表设计】选项卡。在该选项卡中可以设置表格区域的名称和大小，在【表格样式选项】组中还可以对表元素（如标题行、汇总行、第一列、最后一列、镶边行和镶边列）设置快速样式，从而对整个表格样式进行细节处理，进一步完善表格格式。

在【表设计】选项卡的【表格样式选项】组中选择不同的表元素进行样式设置，能起到的作用如下。

- 【标题行】复选框：控制标题行的打开或关闭。
- 【汇总行】复选框：控制汇总行的打开或关闭。
- 【第一列】复选框：选中该复选框，可显示表格第一列的特殊格式。
- 【最后一列】复选框：选中该复选框，可显示表格最后一列的特殊格式。
- 【镶边行】复选框：选中该复选框，以不同方式显示奇数行和偶数行，以便于阅读。
- 【镶边列】复选框：选中该复选框，以不同方式显示奇数列和偶数列，以便于阅读。
- 【筛选按钮】复选框：选中该复选框，可以在标题行的每个字段名称右侧显示出筛选按钮。

为套用表格格式后的【日销售记录表】工作表设计适合的表格样式，具体操作步骤如下。

Step01 取消镶边行填充色。❶选择套用了表格格式区域中的任意单元格，激活【表设计】选项卡，❷在【表格样式选项】组中取消选中【镶边行】复选框，将取消表格中除标题行外所有行的填充色，如图 4-62 所示。

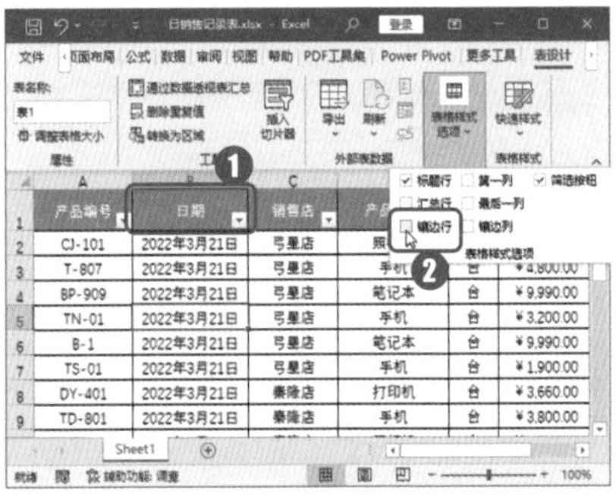

图 4-62

Step02 加粗显示表格数据。选中【最后一列】复选框，将加粗显示表格最后一列的数据，如图 4-63 所示。

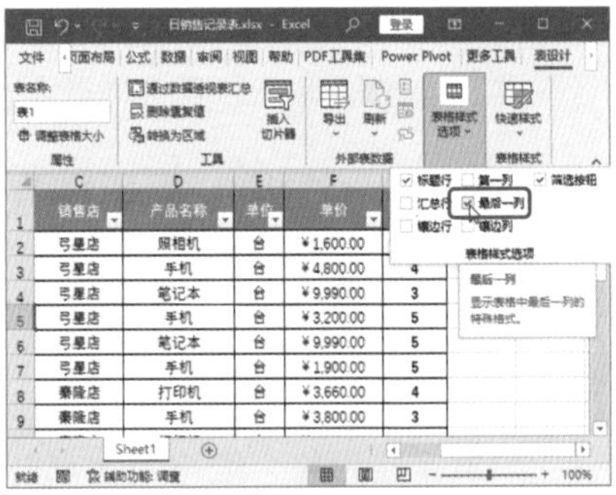

图 4-63

Step03 转换为普通区域。单击【工具】组中的【转换为区域】按钮，如图 4-64 所示。

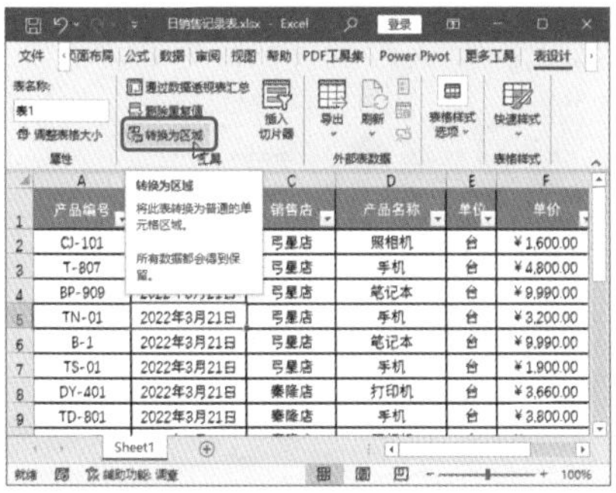

图 4-64

技术看板

套用表格格式后，表格区域将成为一个特殊的整体区域，当在表格中添加新的数据时，单元格会自动应用相应的表格样式。如果要将该区域转换成普通区域，可单击【表设计】选项卡【工具】组中的【转换为区域】按钮，当表格转换为区域后，其表格样式仍然保留。

Step04 确认转换。打开提示对话框，单击【是】按钮，如图 4-65 所示。

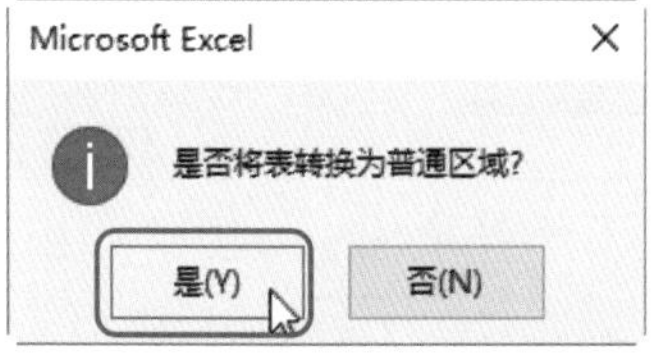

图 4-65

Step05 查看表格效果。返回工作表中，此时可发现筛选按钮已不存在，效果如图 4-66 所示。

图 4-66

★重点 4.3.3 实战：创建及应用表格样式

实例门类	软件功能

Excel 2021 预定义的表格格式默认有浅色、中等色和深色三大类型供用户选择。如果预定义的表样式不能满足需要，用户还可以创建并应用自定义的表格样式。自定义表格样式的方法与自定义单元格格式的方法基本相同。

创建的表格样式会自动显示在【套用表格格式】下拉菜单的【自定义】栏中，需要应用时，按照套用表格格式的方法，直接选择相应选项即可。

例如，创建一个名为【自然清新表格样式】的表格样式，并为【员工信息表】工作簿中工作表应用该表格样式，具体操作步骤如下。

Step01 新建表格样式。打开素材文件\第 4 章\员工信息表.xlsx，❶单击【开始】选项卡【样式】组中的【套用表格格式】按钮，❷在弹出的下拉菜单中选择【新建表格样式】选项，如图 4-67 所示。

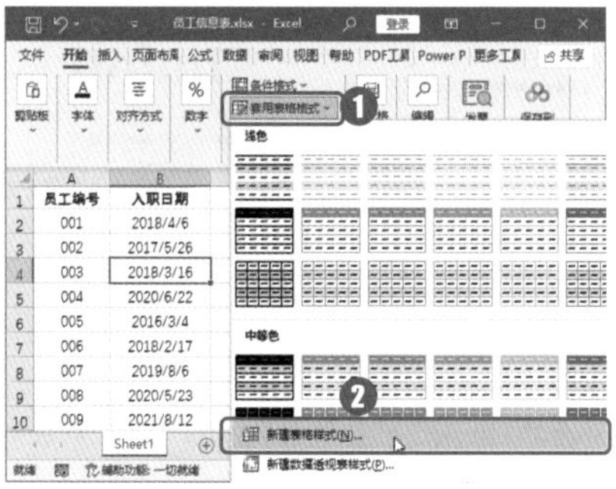

图 4-67

技术看板

在【套用表格格式】下拉菜单中选择【新建数据透视表样式】选项，可以对数据透视表的样式进行自定义，其定义方法与表格样式的创建方法相同。

Step02 选择表元素 1。打开【新建表样式】对话框，❶在【名称】文本框中输入新建表格样式的名称【自然清新表格样式】，❷在【表元素】列表框中选择【整个表】选项，❸单击【格式】按钮，如图 4-68 所示。

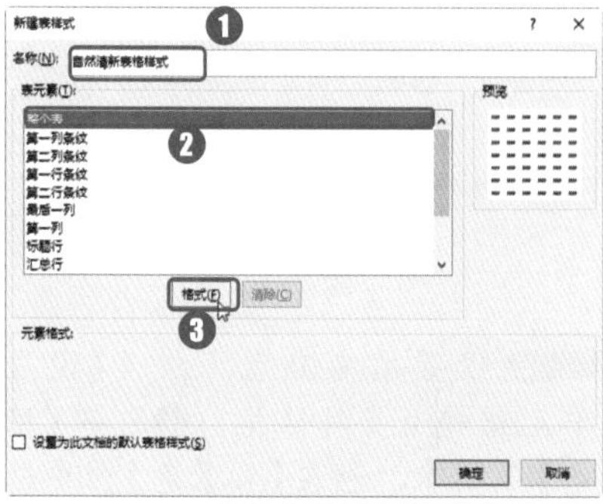

图 4-68

Step03 设置表边框。打开【设置单元格格式】对话框，❶选择【边框】选项卡，❷在【颜色】下拉列表中设置颜色为【深绿色】，❸在【样式】列表框中设置外边框样式为【粗线】，❹单击【外边框】按钮，❺在【样式】列表框中设置内部边框样式为【横线】，❻单击【内部】按钮，❼单击【确定】按钮，如图 4-69 所示。

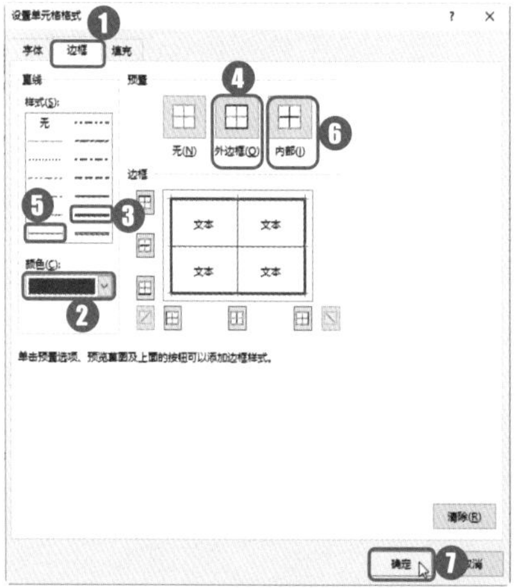

图 4-69

Step04 选择表元素 2。返回【新建表样式】对话框，❶在【表元素】列表框中选择【第二行条纹】选项，❷单击【格式】按钮，如图 4-70 所示。

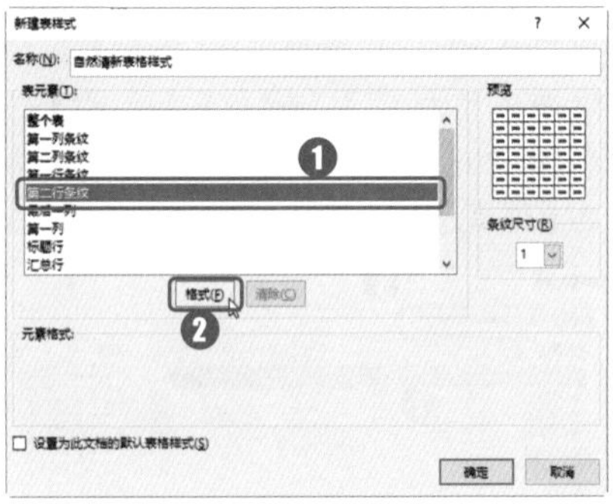

图 4-70

Step05 设置填充颜色。打开【设置单元格格式】对话框，❶选择【填充】选项卡，❷在【背景色】栏中选择【浅绿色】，❸单击【确定】按钮，如图 4-71 所示。

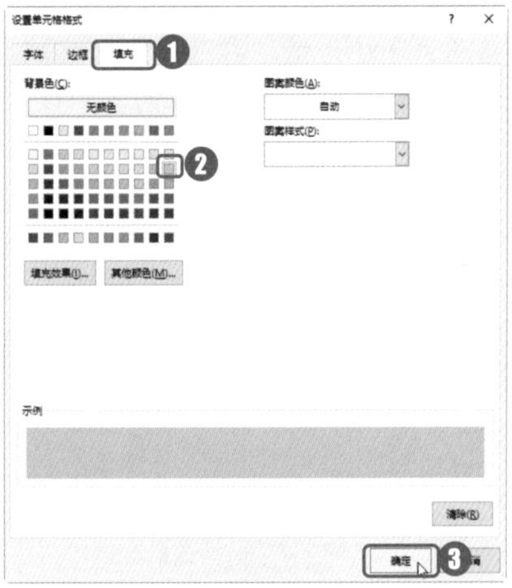

图 4-71

Step06 选择表元素 3。返回【新建表样式】对话框，❶在【表元素】列表框中选择【标题行】选项，❷单击【格式】按钮，如图 4-72 所示。

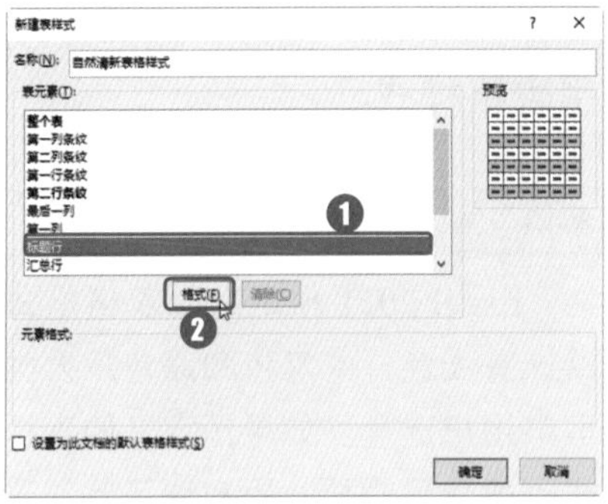

图 4-72

技术看板

在【表元素】列表框中选择设置格式的选项，单击【清除】按钮，可清除当前所选表元素的所有格式。

Step07 设置字体格式。打开【设置单元格格式】对话框，❶选择【字体】选项卡，❷在【字形】列表框中选择【加粗】选项，❸在【颜色】下拉列表中选择【白色】选项，如图 4-73 所示。

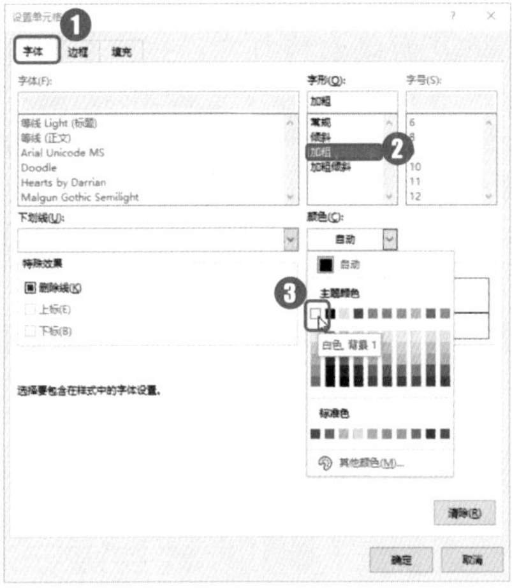

图 4-73

Step08 设置填充色。❶选择【填充】选项卡，❷在【背景色】栏中选择【绿色】，❸单击【确定】按钮，如图 4-74 所示。

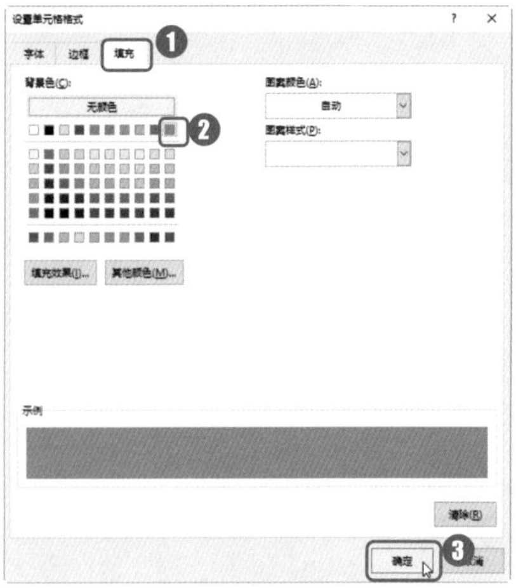

图 4-74

Step09 确认设置。返回【新建表样式】对话框，单击【确定】按钮，如图 4-75 所示。

图 4-75

Step10 选择新建的表样式。返回工作表中，❶选择 A1:K16 单元格区域，❷单击【套用表格格式】下拉按钮，❸在弹出的下拉菜单中选择【自定义】栏中的【自然清新表格样式】选项，如图 4-76 所示。

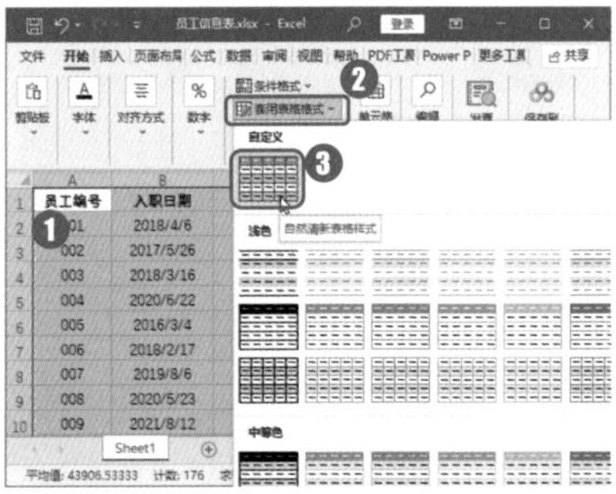

图 4-76

Step 11 确认样式应用区域。打开【创建表】对话框，确认设置单元格区域，保持默认设置，单击【确定】按钮，如图 4-77 所示。

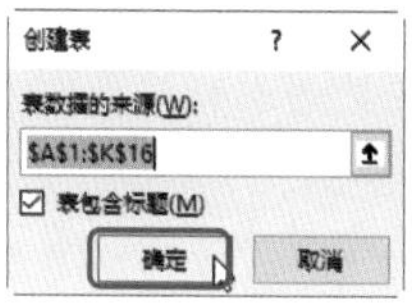

图 4-77

Step 12 取消显示筛选按钮。经过以上操作，即可为单元格应用自定义的表格样式，在【表格样式选项】组中取消选中【筛选按钮】复选框，效果如图 4-78 所示。

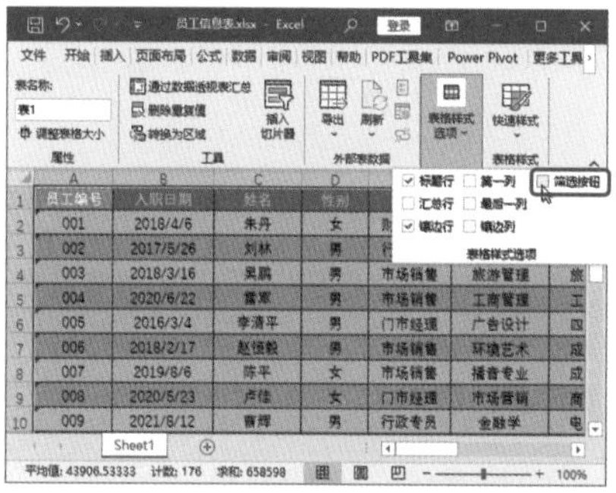

图 4-78

技术看板

创建的自定义表格样式只存储在当前工作簿中，因此不可用于其他工作簿。

4.3.4 实战：修改考核成绩表中的表格样式

实例门类	软件功能

如果对自定义套用的表格格式不满意，用户可以根据需要对创建的表格样式进行修改。例如，对考核成绩表中应用的自定义样式进行修改，具体操作步骤如下。

Step 01 执行修改命令。打开素材文件\第 4 章\考核成绩表.xlsx，❶单击【套用表格格式】按钮，❷在弹出的下拉菜单中找到当前表格所套用的表格样式，这里在【自定义】栏中的样式上右击，❸在弹出的快捷菜单中选择【修改】选项，如图 4-79 所示。

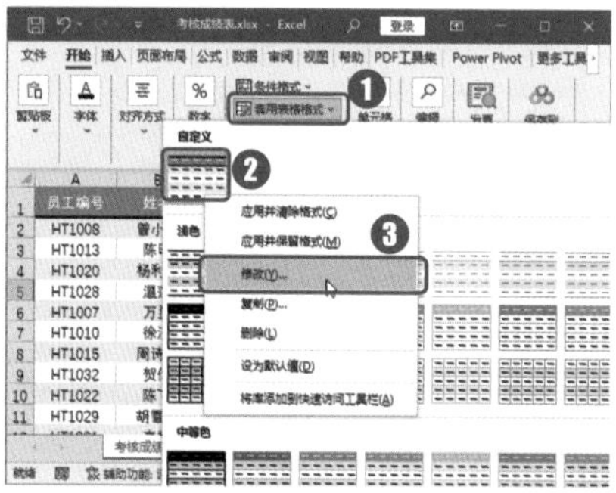

图 4-79

Step 02 选择标题行表元素。打开【修改表样式】对话框，❶在【表元素】列表框中选择需要修改的表元素，这里选择【标题行】选项，❷单击【格式】按钮，如图 4-80 所示。

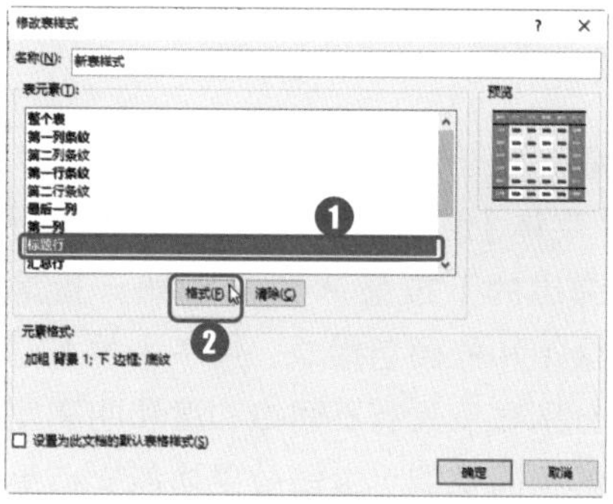

图 4-80

Step 03 设置字体格式。打开【设置单元格格式】对话框，❶选择【字体】选项卡，❷在【字形】列表框中选择【加粗】选项，❸单击【确定】按钮，如图 4-81 所示。

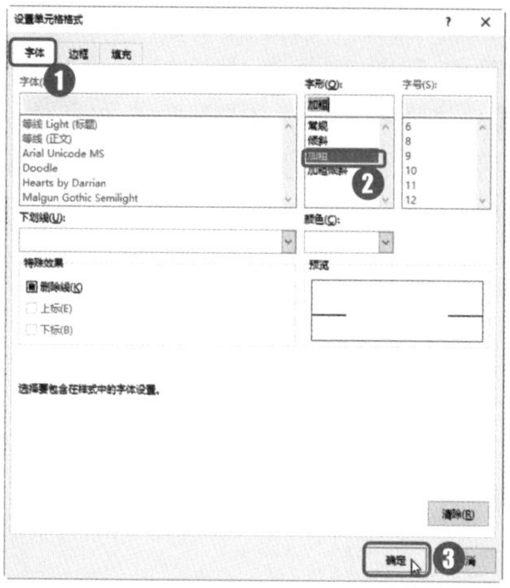

图 4-81

Step 04 清除表元素格式。❶返回【修改表样式】对话框，选择【第一行条纹】选项，❷单击【清除】按钮，清除表元素格式，如图 4-82 所示。

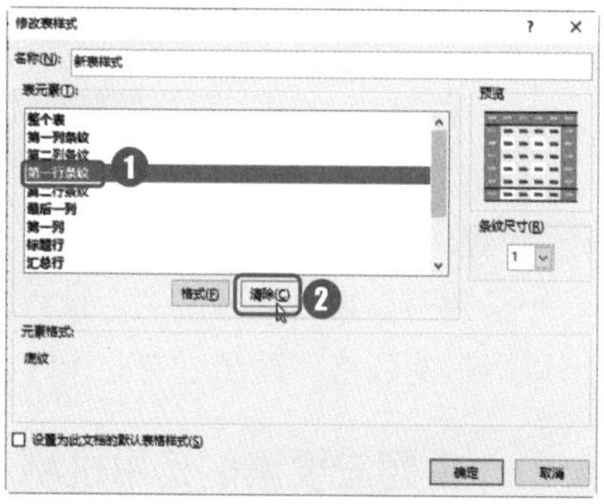

图 4-82

Step 05 选择表元素。❶选择【第二行条纹】选项，❷单击【格式】按钮，如图 4-83 所示。

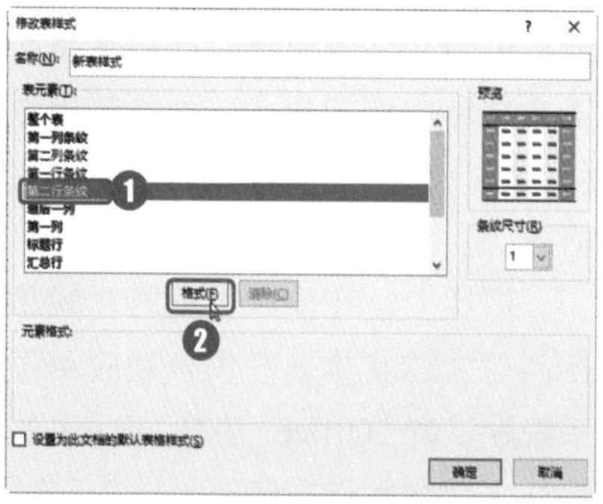

图 4-83

Step06 设置单元格填充色。打开【设置单元格格式】对话框，❶选择【填充】选项卡，❷设置填充颜色，❸单击【确定】按钮，如图 4-84 所示。

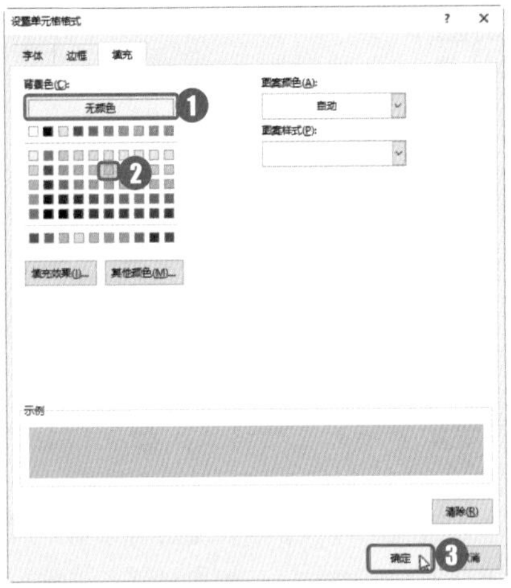

图 4-84

Step07 返回【修改表样式】对话框，单击【确定】按钮，即可自动为表格应用修改后的样式，效果如图 4-85 所示。

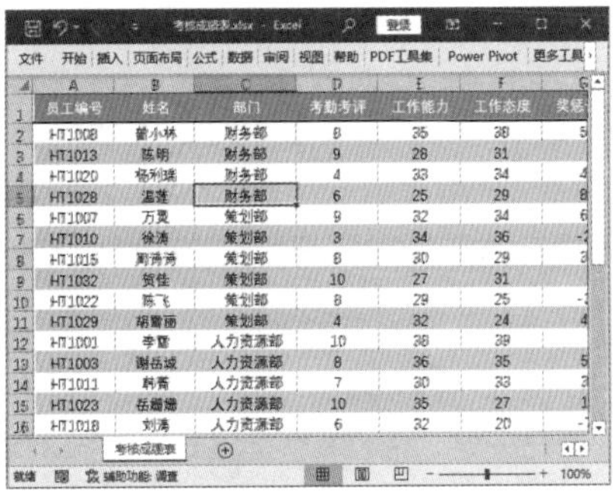

图 4-85

技能拓展——清除表格样式

如果是要清除套用的自定义表格格式，可以在【套用表格格式】下拉菜单中找到套用的表样式，然后在其上右击，在弹出的快捷菜单中执行【删除】命令，在打开的提示对话框中单击【是】按钮。这样既可以删除自定义的表格样式，又可以清除单元格中套用的表格样式。

除此之外，选择套用了表格样式区域中的任意单元格，单击【表设计】选项卡【表格样式】组中的【快速样式】按钮，在弹出的下拉菜单中执行【清除】命令，也可清除表格中套用的表格样式。

4.4 使用主题设计工作表

Excel 2021 中整合了主题功能，它是一种指定颜色、字体、图形效果的方法，能用来格式化表格。用户可以为单元格分别设置边框和底纹，也可以套用需要的单元格或表格样式，还可以通过主题设计快速改变表格效果，创建出更精美的表格，赋予它专业和时尚的外观。

4.4.1 主题三要素的运用机制

主题是Excel为表格提供的一套完整的格式集合，每一套主题都包含了颜色、字体和效果 3 个要素，其中主题颜色是配色方案的集合，主题文字中包括了标题文字和正文文字的格式集合，主题效果中包括设计元素的线条或填充效果的格式。

事实上，在输入数据时，就正在创建主题文本，它们自动应用了系统默认的“Office”主题。Excel的默认主题文本样式使用的是“正文”字体，默认主题颜色是在任意一个颜色下拉菜单的【主体颜色】栏中看到的颜色（如单击【开始】选项卡【字体】组中的【填充颜色】按钮所弹出的下拉菜单），一般第一行是最饱和的颜色模式，接下来的 5 行分别显示具有不同饱和度和明亮度的相同色调。主题效果功能支持更多格式设置选项（如直线的粗或细，简洁的或华丽的填充，对象有无斜边或阴影等），主要为图表和形状提供精美的外观。

但并不是每个人都喜欢预定义的主题，用户还可以根据需要改变主题。在Excel中选择某一个主题后，还可以分别对主题颜色、字体或效果进行设置，从而组合出更多的主题效果。用户可以针对不同的数据内容选择主题，也可以按自己对颜色、字体、效果的喜好来选择不同的设置，但应尽量让选择的主题与表格要表达的内容保持统一。

一旦选择了一个新的主题，工作簿中的任何主题样式将相应地进行更新。但在更改主题后，主题的所有组成部分（字体、颜色和效果）看起来仍然是协调且舒适的。同时，颜色下拉菜单、字体下拉菜单，以及其他的图形下拉菜单也会相应进行更新来显示新的主题。因此，通过设置主题，可以自动套用更多格式的单元格样式和表格格式。

★重点 4.4.2 实战：为销售情况分析表应用主题

实例门类	软件功能

Excel 2021 中提供了大量主题效果，用户可以根据需要选择不同的主题来设计表格。此外，还可以分别设置主题的字体、颜色、效果，从而定义出更丰富的主题样式。

为销售情况分析表应用预定义的主题，并修改主题的颜色和字体，具体操作步骤如下。

Step 01 选择主题。打开素材文件\第 4 章\销售情况分析表.xlsx，❶单击【页面布局】选项卡【主题】组中的【主题】按钮，❷在弹出的下拉菜单中选择需要的主题样式，如选择【丝状】选项，如图 4-86 所示。

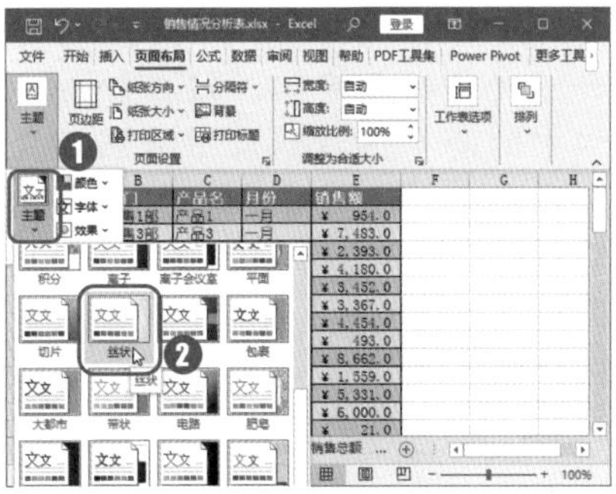

图 4-86

Step 02 选择主题颜色。经过上步操作，即可看到工作表中的数据采用了【丝状】主题中的字体、颜色和效果。❶单击【主题】组中的【颜色】按钮，❷在弹出的下拉菜单中选择【蓝色暖调】选项，如图 4-87 所示。

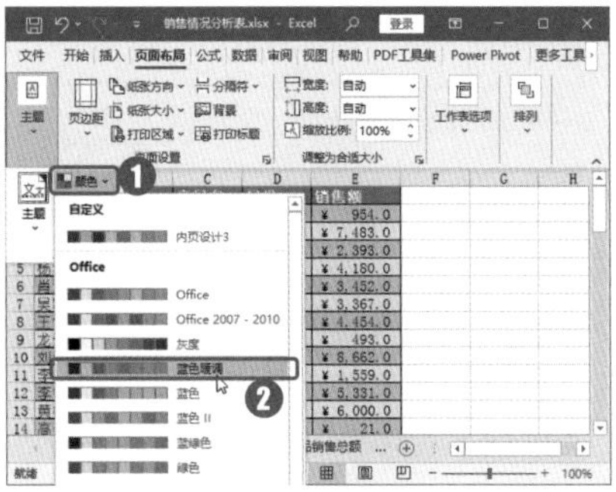

图 4-87

Step 03 选择主题字体。工作表中的配色将变成对应的【蓝色暖调】方案，❶单击【主题】组中的【字体】按钮，❷在弹出的下拉菜单中选择需要的字体命令，同时可以看到工作表中的数据采用相应的文字搭配方案后的效果，如图 4-88 所示。

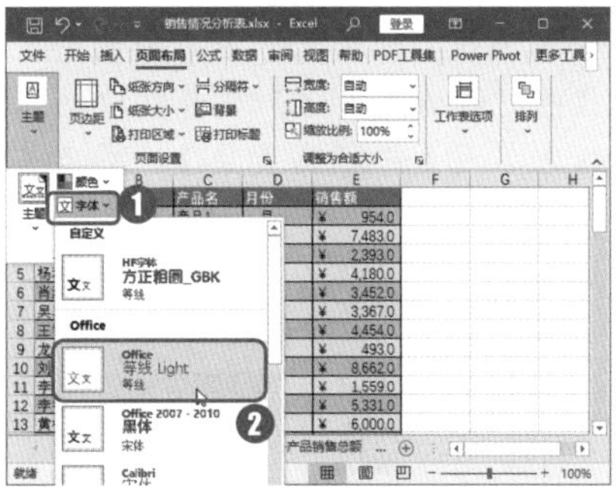

图 4-88

Step 04 查看主题效果。切换到本工作簿的其他工作表中，可以看到它们的主题效果也进行了相应的更改，如【各月销售总额】工作表、【各产品销售总额】工作表中的内容在更改主题后分别如图 4-89 和图 4-90 所示。

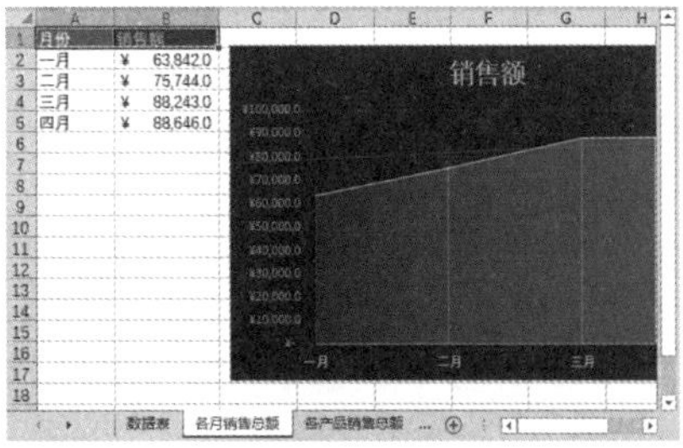

图 4-89

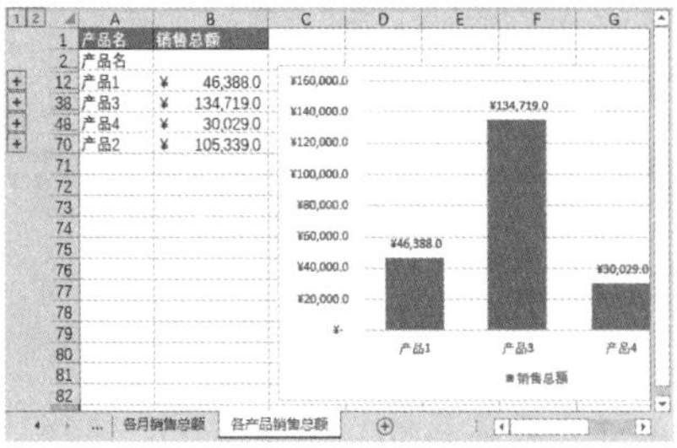

图 4-90

技术看板

主题中的效果只应用于表格中的形状、文本框、SmartArt 等图形对象。

4.4.3 实战：主题的自定义和共享

用户也可以根据自己的喜好创建、混合、搭配不同的内置和自定义的颜色、字体及效果组合，甚至保存合并的结果作为新的主题，以便在其他文档中使用。

自定义的主题只作用于当前工作簿，不影响其他工作簿。如果用户希望将自定义的主题应用于更多的工作簿，则可以将当前主题保存为主题文件，保存的主题文件格式扩展名为“.thmx”。以后在其他工作簿中需要使用自定义的主题时，通过单击【主题】按钮，在弹出的下拉菜单中选择【浏览主题】选项，在打开的对话框中找到该主题文件并将其打开即可。

例如，要自定义一个新主题并将其保存下来，具体操作步骤如下。

Step 01 选择自定义颜色命令。打开素材文件\第 4 章\销售统计报表.xlsx，❶单击【页面布局】选项卡【主题】组中的【颜色】下拉按钮，❷在弹出的下拉菜单中选择【自定义颜色】选项，如图 4-91 所示。

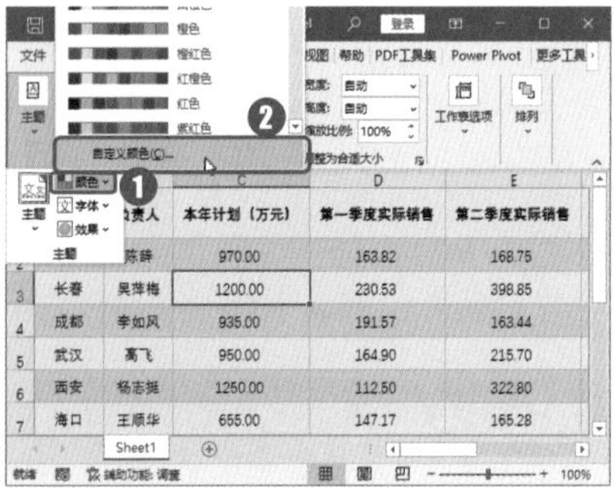

图 4-91

Step02 新建主题颜色。打开【新建主题颜色】对话框，❶单击【文字/背景-深色 2】取色器，❷在弹出的下拉菜单中选择【其他颜色】选项，如图 4-92 所示。

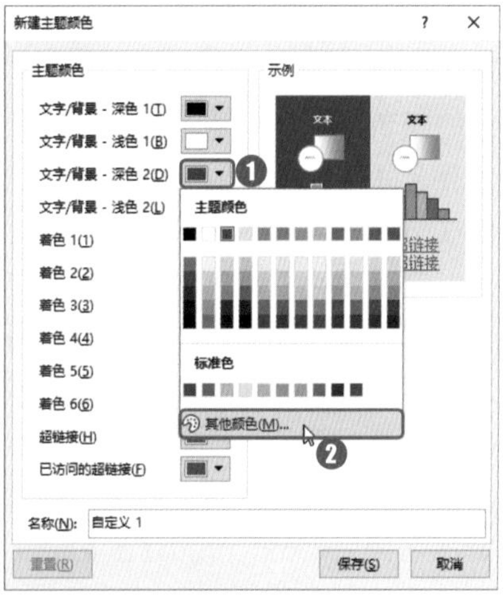

图 4-92

Step03 自定义颜色。打开【颜色】对话框，❶选择【自定义】选项卡，❷在下方的数值框中输入需要自定义的颜色RGB值，❸单击【确定】按钮，如图 4-93 所示。

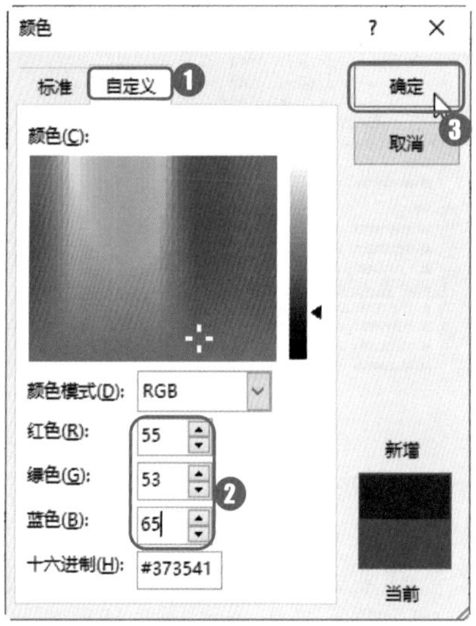

图 4-93

Step04 保存主题颜色。返回【新建主题颜色】对话框，❶使用相同的方法继续自定义该配色方案中的其他颜色，❷在【名称】文本框中输入颜色名称【自定义黄色】，❸单击【保存】按钮，如图 4-94 所示。

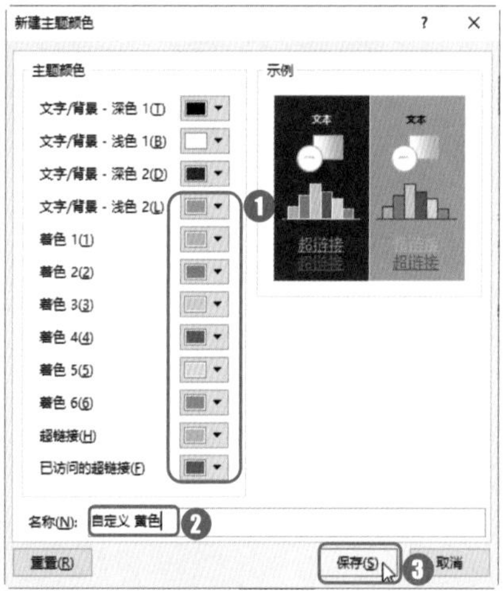

图 4-94

Step05 选择自定义字体命令。经过上步操作后，表格会自动套用自定义的颜色主题。❶单击【主题】组中的【字体】下拉按钮，❷在弹出的下拉菜单中选择【自定义字体】选项，如图 4-95 所示。

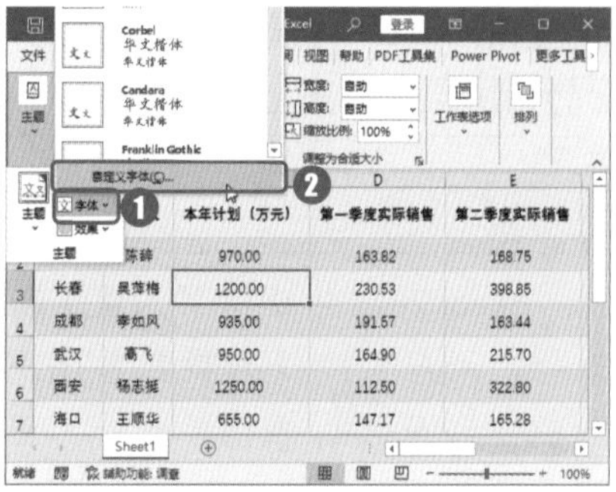

图 4-95

技术看板

建议不要自己随意搭配主题颜色，能使用系统默认的颜色方案就尽量使用默认方案。如果用户对颜色搭配不专业，又想使用个性的色彩搭配，可以到专业的配色网站直接选取它们提供的配色方案。

Step06 新建主题字体。打开【新建主题字体】对话框，❶在【西文】栏中的两个下拉列表中分别设置标题和正文的西文字体，❷在【中文】栏中的两个下拉列表中分别设置标题和正文的中文字体，❸在【名称】文本框中输入主题名称【方正圆体】，❹单击【保存】按钮，如图 4-96 所示。

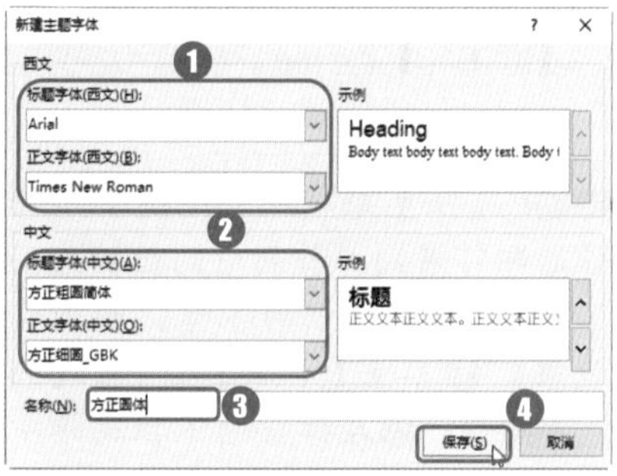

图 4-96

Step07 保存当前主题。经过上步操作后，表格会自动套用自定义的字体主题。❶单击【主题】组中的【主题】按钮，❷在弹出的下拉菜单中选择【保存当前主题】选项，如图 4-97 所示。

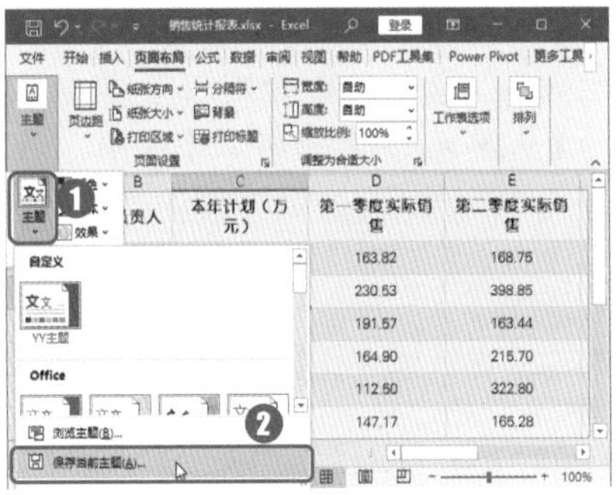

图 4-97

Step 08 设置主题保存名称。打开【保存当前主题】对话框，❶保持默认的保存位置，❷在【文件名】下拉列表框中输入主题名称，❸单击【保存】按钮，如图 4-98 所示。

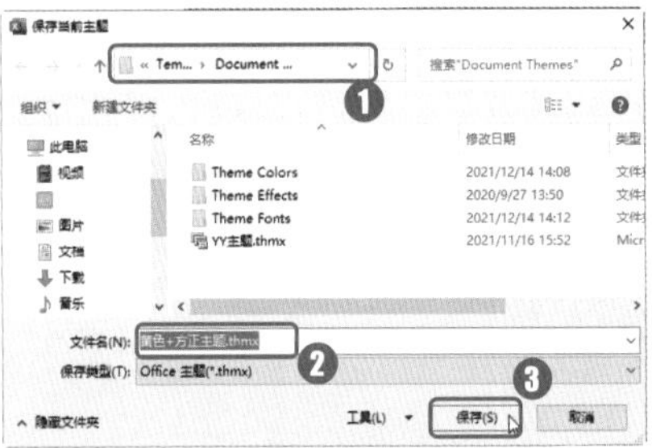

图 4-98

Step 09 查看保存的主题。此时，保存的主题将在【主题】下拉菜单中的【自定义】栏中显示，效果如图 4-99 所示。

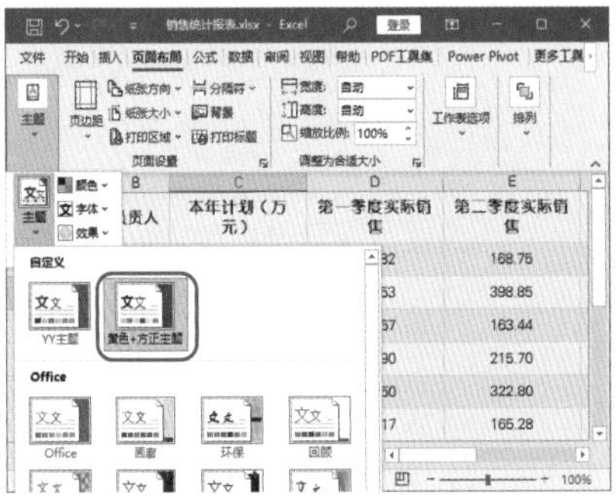

图 4-99

妙招技法

通过前面知识的学习，相信读者已经掌握了美化工作表的相关操作。下面结合本章内容给大家介绍一些实用技巧。

技巧 01：如何快速复制单元格格式

如果已经为工作表中某一个单元格或单元格区域设置了某种单元格格式，又要在与它不相邻的其他单元格或单元格区域中使用相同的格式，除了使用格式刷快速复制格式外，还可以通过选择性粘贴功能只复制其中的单元格格式。

例如，要快速复制【新产品开发计划表】工作簿中的部分单元格格式，具体操作步骤如下。

Step 01 复制单元格。打开素材文件\第 4 章\新产品开发计划表.xlsx，❶选择 A2 单元格，❷单击【开始】选项卡【剪贴板】组中的【复制】按钮，如图 4-100 所示。

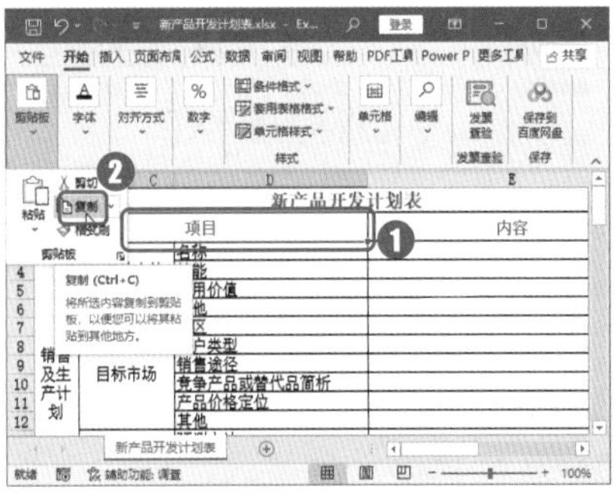

图 4-100

Step 02 选择粘贴选项。选择需要应用复制格式的 A3 单元格，❶单击【剪贴板】组中的【粘贴】下拉按钮，❷在弹出的下拉菜单中选择【格式】选项，如图 4-101 所示。

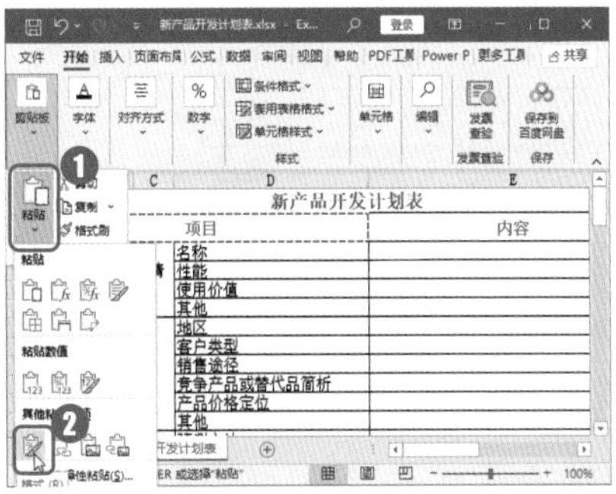

图 4-101

Step 03 查看粘贴的格式效果。经过上步操作后，即可将 A2 单元格的格式复制到所选单元格上。依次单击【对齐方式】组中的【合并后居中】和【自动换行】按钮，如图 4-102 所示。使用相同的方法继续复制格式到其他单元格中。

图 4-102

技术看板

复制数据后，在【粘贴】下拉列表中单击【值】按钮，将只复制内容而不复制格式，若所选单元格区域中原来是公式，将只复制公式的计算结果；单击【公式】按钮，将只复制所选单元格区域中的公式；单击【公式和数字格式】按钮，将复制所选单元格区域中的所有公式和数字格式；单击【值和数字格式】按钮，将复制所选单元格区域中的所有数值和数字格式，若所选单元格区域中原来是公式，将只复制公式的计算结果和其数字格式；单击【无边框】按钮，将复制所选单元格区域中除了边框以外的所有内容；单击【保留源列宽】按钮，将从一列单元格到另一列单元格复制列宽信息。

技巧 02：查找 / 替换单元格格式

通常情况下，使用替换功能替换单元格中的数据时，替换后的单元格数据依然会采用之前单元格设置的单元格格式。但实际上，Excel 2021 的查找替换功能是支持对单元格格式的查找和替换操作的，即可以查找设置了某种单元格格式的单元格，还可以通过替换功能，将它们快速设置为其他的单元格格式。

查找替换单元格格式，首先需要设置相应的单元格格式。对已经设置了单元格格式的【茶品介绍】工作簿中的工作表内容进行格式替换操作，具体操作步骤如下。

Step01 选择替换菜单选项。打开素材文件\第 4 章\茶品介绍.xlsx，❶单击【开始】选项卡【编辑】组中的【查找和选择】按钮，❷在弹出的下拉菜单中选择【替换】选项，如图 4-103 所示。

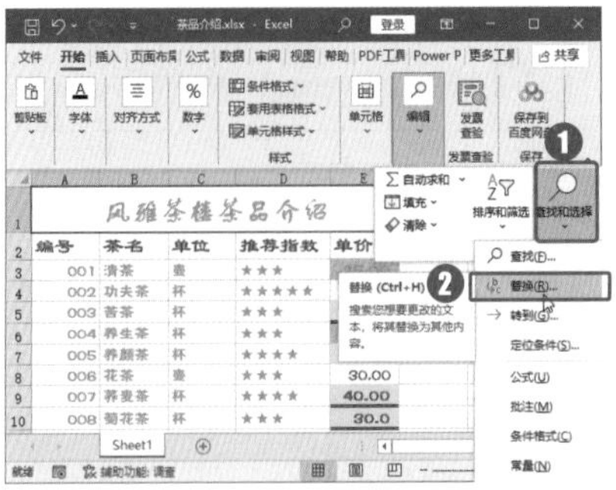

图 4-103

Step02 选择格式选项。打开【查找和替换】对话框，❶单击【选项】按钮，❷在展开的设置选项中单击【查找内容】下拉列表框右侧的【格式】下拉按钮，❸在弹出的下拉菜单中选择【从单元格选择格式】选项，如图 4-104 所示。

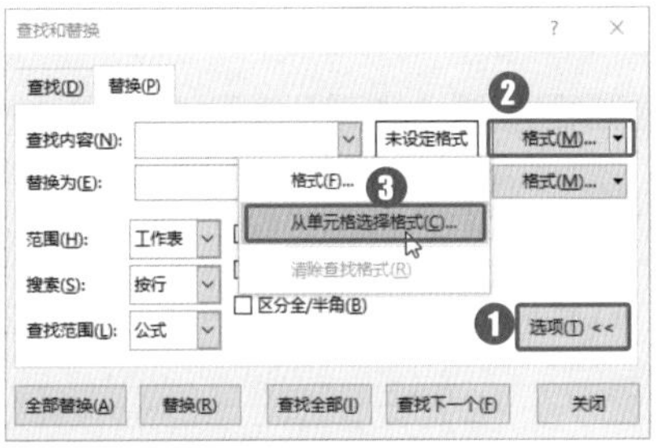

图 4-104

Step03 吸取单元格格式。当鼠标指针变为形状时，移动鼠标指针到 E3 单元格上并单击，如图 4-105 所示，即可吸取该单元格设置的单元格格式。

图 4-105

Step04 设置替换格式。返回【查找和替换】对话框，❶单击【替换为】下拉列表框右侧的【格式】下拉按钮，❷在弹出的下拉菜单中选择【从单元格选择格式】选项，如图 4-106 所示。

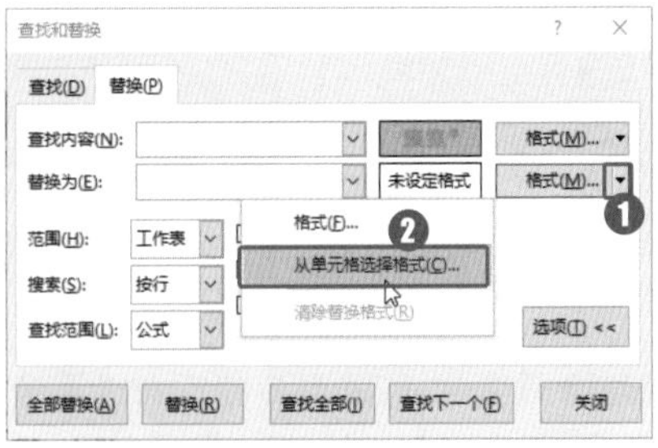

图 4-106

Step05 吸取格式。当鼠标指针变为形状时，移动鼠标指针到 E5 单元格上并单击，如图 4-107 所示。

图 4-107

Step06 单击格式按钮。返回【查找和替换】对话框，单击【替换为】下拉列表框右侧的【格式】按钮，如图 4-108 所示。

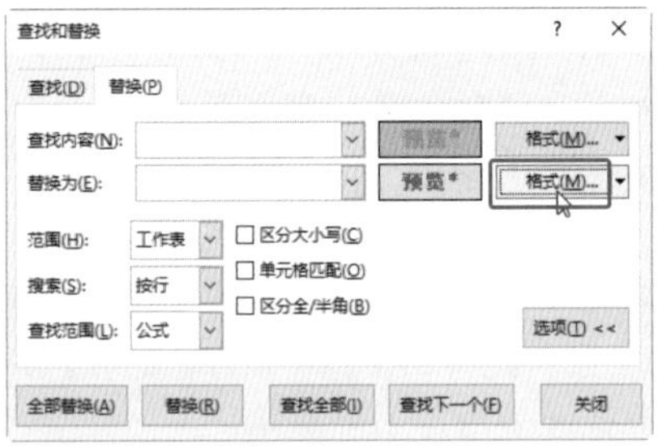

图 4-108

Step07 设置货币格式。打开【替换格式】对话框，❶选择【数字】选项卡，❷在【分类】列表框中选择【货币】选项，如图 4-109 所示。

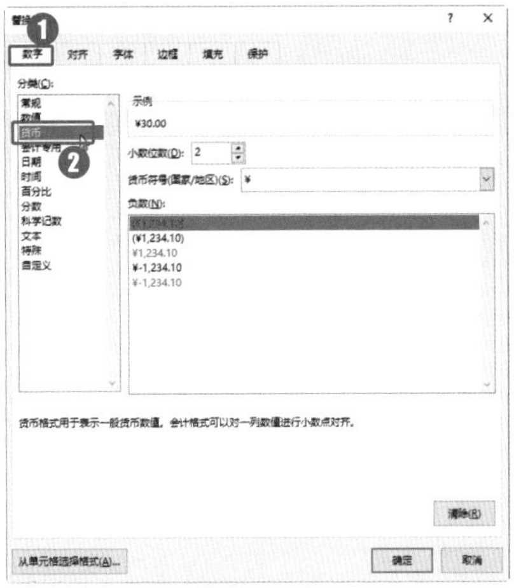

图 4-109

Step08 设置字体格式。❶选择【字体】选项卡，❷在【字体】列表框中设置字体为【仿宋】，❸在【字形】列表框中设置字形为【加粗】，❹在【颜色】下拉列表中设置字体颜色为【茶色，背景 2】，如图 4-110 所示。

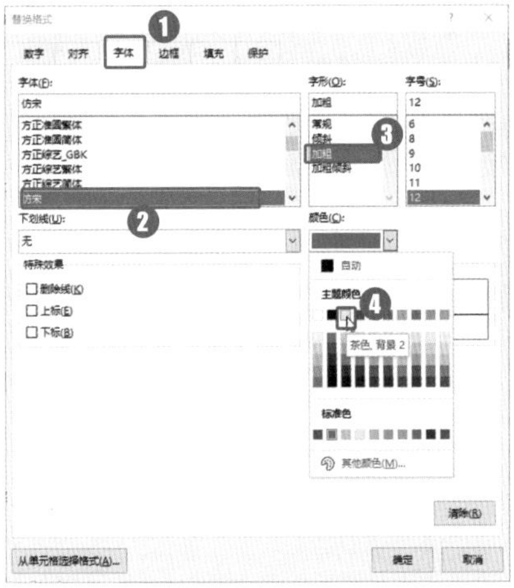

图 4-110

Step09 设置填充色。❶选择【填充】选项卡，❷设置背景色为【浅蓝色】，❸单击【确定】按钮，如图 4-111 所示。

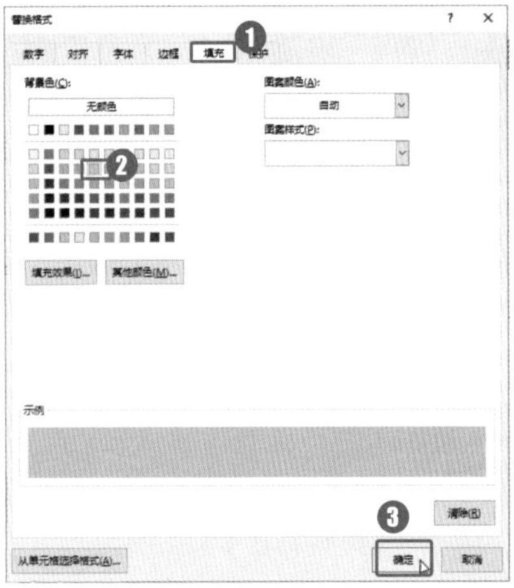

图 4-111

Step10 执行全部替换操作。返回【查找和替换】对话框，❶单击【全部替换】按钮，如图 4-112 所示。❷系统立刻对工作表中的数据进行查找替换操作，完成替换后单击【关闭】按钮即可。

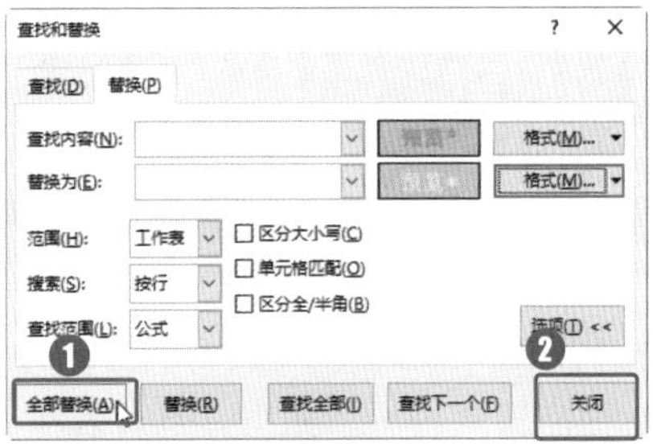

图 4-112

Step11 查看替换格式后的效果。返回工作簿中，即可看到表格中符合替换条件的单元格格式发生了改变，如图 4-113 所示。

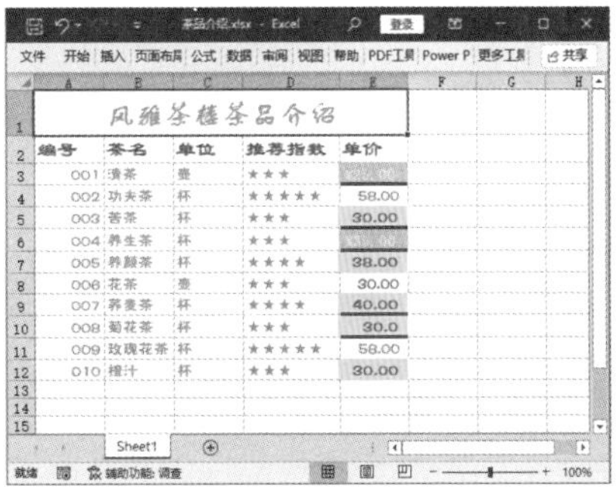

图 4-113

技巧 03：为工作表设置背景

为了让工作表的背景更美观，整体更具有吸引力，除了可以为单元格填充颜色外，还可以为工作表填充喜欢的图片作为背景。例如，为【供应商列表】工作簿中的工作表添加背景图，具体操作步骤如下。

Step01 执行背景操作。打开素材文件\第 4 章\供应商列表.xlsx，单击【页面布局】选项卡【页面设置】组中的【背景】按钮，如图 4-114 所示。

图 4-114

Step02 执行浏览操作。打开【插入图片】对话框，单击【从文件】选项右侧的【浏览】按钮，如图 4-115 所示。

图 4-115

Step03 选择图片。打开【工作表背景】对话框，❶选择背景图片的保存路径，❷在下方的列表框中选择需要添加的图片，❸单击【插入】按钮，如图 4-116 所示。

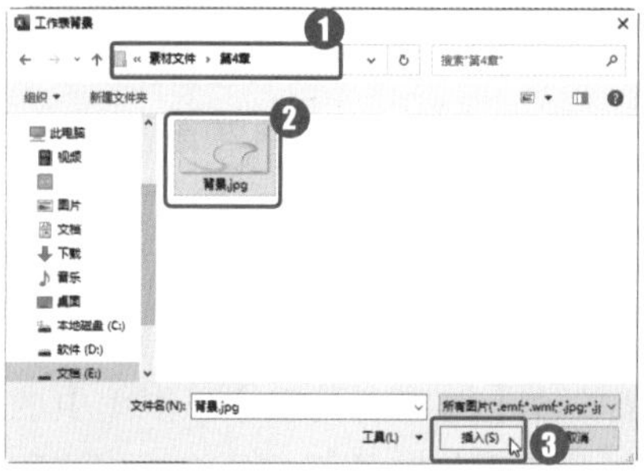

图 4-116

Step 04 查看表格效果。返回工作表中，可看到工作表的背景即变成插入图片后的效果，如图 4-117 所示。

供应商编号	供应商名称	公司成立时间	联系人	联系电话
001	成天食品批发中心	2013年	李建兴	18888888***
002	天府批发超市	2015年	王凡有	18777777***
003	兴鑫贸易有限公司	2015年	金一	18666666***
004	中兴超市	2013年	李琳	18555555***
005	云海实业有限公司	2012年	林有财	13555555***
006	平天贸易有限公司	2019年	周航	13666666***
007	明鑫批发中心	2013年	王定用	13777777***
008	路路通烟酒茶批发中	2015年	陈明莉	13888888***
009	海天食品批发超市	2018年	刘伟	13999999***

图 4-117

技能拓展——删除工作表背景

如果对添加的背景不满意，或不需要为工作表添加背景时，单击【页面布局】选项卡【页面设置】组中的【删除背景】按钮，即可删除填充的背景图。

技能拓展——取消 Excel 网格线

网格线会对显示效果产生很大的影响。同一张表格在有无网格线的情况下给人的感觉就完全不同。有网格线时给人一种“这是一张以数据为主的表格”的心理暗示，而去掉网格线则会使重点落到工作表的内容上，削弱表格的作用。

因此，以表格为主的工作表可以保留网格线，而以文字说明为主的工作表则最好隐藏网格线。单击【视图】选项卡，在【显示】组中取消选中【网格线】复选框，如图 4-118 所示，即可隐藏网格线。

图 4-118

本章小结

通过本章知识的学习和案例练习，相信读者已经掌握了美化表格的方法。不过表格美化不是随意添加各种修饰，主要作用还是突出重要数据，或者方便阅读者查看。如果只是对表格进行美化，适当设置单元格的字体格式、数字格式、对齐方式和边框即可；如果要突出表格中的数据，可以手动添加底纹，或设置单元格格式；如果需要让表格数据的可读性增加，可采用镶边行或镶边列的方式，这种情况下直接套用表格格式比较快捷；如果用户厌倦了当前表格的整体效果，可以通过修改主题快速改变。

第 5 章 表格打印设置与打印

- 打印时，表格列不能显示在同一页中怎么办?
- 怎样设置才能只打印需要的区域?
- 打印表格前，需要对页面进行设置吗?
- 怎样让打印出来的表格带有公司名称或制表日期?

在日常工作中，很多制作的表格都需要打印出来进行传阅或填写，特别是制作的表单。要想让打印出来的表格符合实际需要，那么就需要对打印内容和区域，以及打印页面等进行设置。本章将对表格的打印知识进行讲解，让用户能快速打印出需要的表格。

5.1 设置打印内容和区域

尽管无纸化办公已成为一种趋势，但大部分制作的表格都需要打印。虽然Excel默认是打印当前工作表中已有的数据和图表区域，但用户可以根据实际需要对打印的内容和区域进行设置，以保证打印出来的表格是自己所需要的。

★重点 5.1.1 实战：为员工档案表设置打印区域

实例门类	软件功能

在实际工作中，有时并不需要打印整张工作表，如果只需要打印表格中的部分数据，此时可通过设置工作表的打印区域来实现，具体操作步骤如下。

Step01 设置打印区域。打开素材文件\第 5 章\员工档案表.xlsx，❶选择需要打印的 A1:J25 单元格区域，❷单击【页面布局】选项卡【页面设置】组中的【打印区域】下拉按钮，❸在弹出的下拉菜单中选择【设置打印区域】选项，如图 5-1 所示。

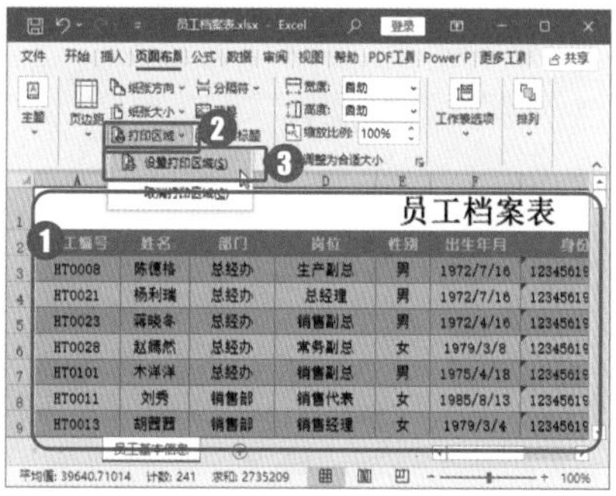

图 5-1

Step02 预览打印效果。经过上步操作，即可将选择的单元格区域设置为打印区域。在【文件】选项卡中执行【打印】命令，页面右侧可以预览工作表的打印效果，如图 5-2 所示。

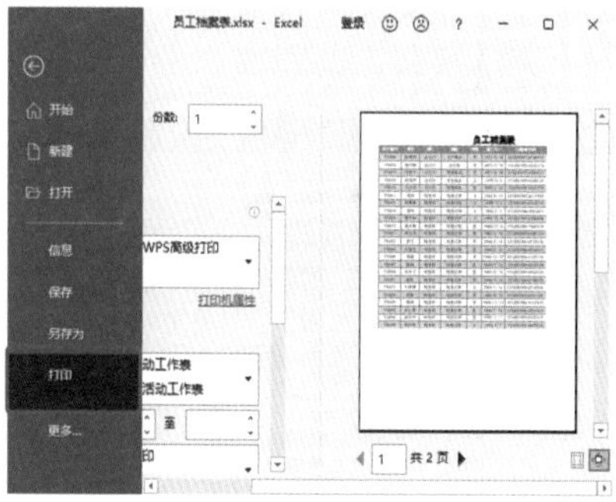

图 5-2

技能拓展——取消打印区域

如果要取消已经设置的打印区域，可以单击【打印区域】下拉按钮，在弹出的下拉列表中选择【取消打印区域】选项。

★重点 5.1.2　实战：打印员工档案表的标题

实例门类	软件功能

在Excel工作表中，第一行或前几行通常存放着各个字段的名称，如【客户资料表】中的【客户姓名】【服务账号】【公司名称】等，把这行数据称为标题行（标题列以此类推）。当工作表的数据占据着多页时，直接打印出来的就只有第一页存在标题行或标题列，在查看其他页中的数据时不太方便。为了查阅的方便，需要将行标题或列标题打印在每页上面。例如，要在员工档案表工作簿中打印标题第1行和第2行，具体操作步骤如下。

Step01 执行打印标题操作。取消前面设置的打印区域，单击【页面布局】选项卡【页面设置】组中的【打印标题】按钮，如图5-3所示。

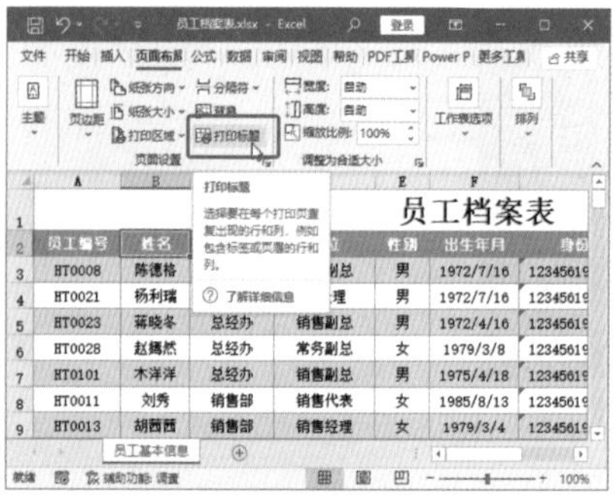

图 5-3

Step02 折叠对话框。打开【页面设置】对话框的【工作表】选项卡，单击【打印标题】栏中【顶端标题行】参数框右边的【折叠】按钮，如图5-4所示。

技术看板

在打印表格时，有时虽然是打印表格区域，但也希望连同表格标题一起打印，这时就可以在【页面设置】对话框【工作表】选项卡中同时设置打印区域和打印标题。

图 5-4

Step03 设置重复打印的行标题。❶在工作表中用鼠标拖动选择需要重复打印的行标题，这里选择第1行和第2行，❷单击折叠对话框中的【展开】按钮，如图5-5所示。

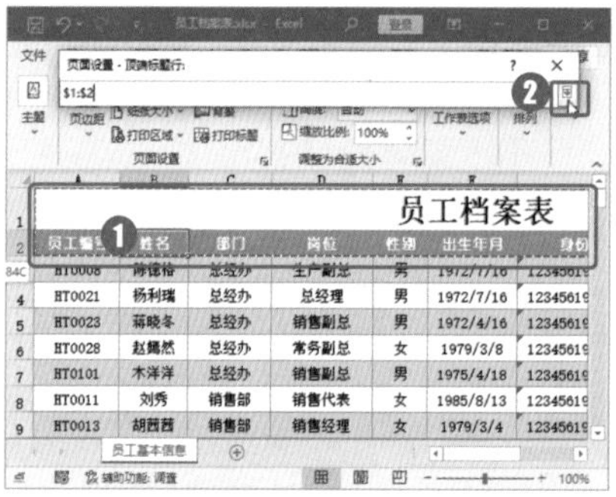

图 5-5

Step04 执行打印预览。返回【页面设置】对话框，可以看到【打印标题】栏中的【顶端标题行】参数框中已经引用了该工作表的第1行和第2行单元格区域，单击【打印预览】按钮，如图5-6所示。

技术看板

【页面设置】对话框【工作表】选项卡的【打印标题】栏中提供了两种设置方式。【顶端标题行】参数框用于将特定的行作为打印区域的横排标题，【从左侧重复的列数】参数框用于将特定的列作为打印区域的竖排标题。

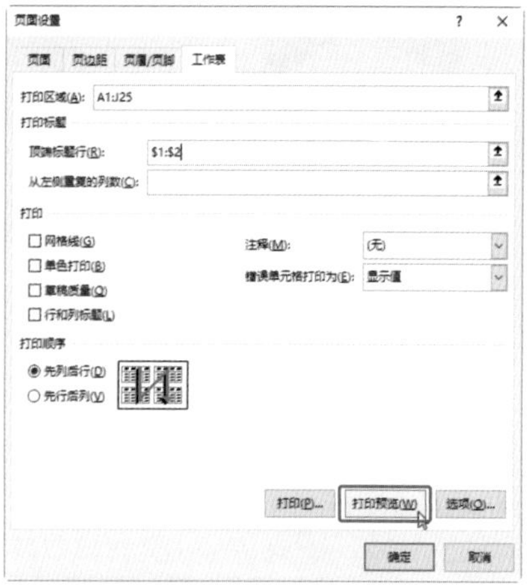

图 5-6

Step05 查看打印效果。Excel进入打印预览模式，可以看到设置打印标题行后的效果，单击下方的【下一页】按钮▶可以依次查看每页的打印效果，会发现在每页内容的顶部都显示了设置的标题行内容，如图5-7所示。

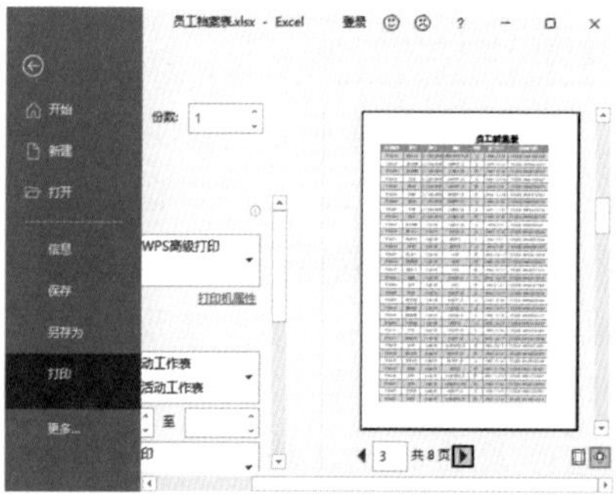

图 5-7

技术看板

在打印预览模式下，单击预览区下方的【上一页】按钮◀和【下一页】按钮▶，可逐页查看各页表格的打印预览效果。在【上一页】按钮右侧的文本框中输入需要预览的表格页码，也可直接切换到该页进行预览。

5.1.3 实战：分页预览员工档案表的打印效果

实例门类	软件功能

在【分页预览】视图模式下可以很方便地显示当前工作表的打印区域及分页设置，并且可以直接在视图中调整分页。进入【分页预览】视图模式观看表格分页打印效果的具体操作步骤如下。

Step01 执行分页预览操作。单击【视图】选项卡【工作簿视图】组中的【分页预览】按钮，如图5-8所示。

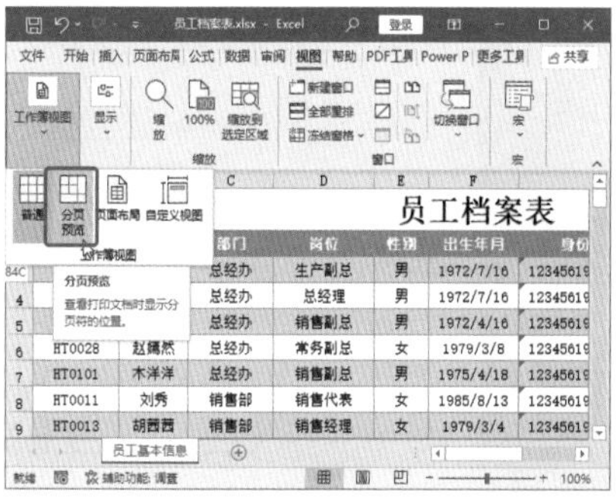

图 5-8

Step02 分页预览表格。经过以上操作后，页面进入分页预览视图，如图5-9所示。

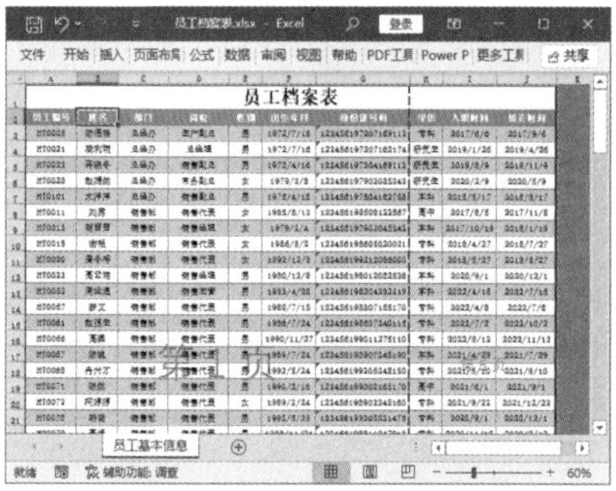

图 5-9

技术看板

在【分页预览】视图模式下，被粗实线框所围起来的白色表格区域是打印区域，而线框外的灰色区域是非打印区域。

★重点 5.1.4 实战：在分页预览模式下调整员工档案表每页打印的数据

实例门类	软件功能

默认情况下，在打印工作表时，数据内容将自动按整页排满后再自动分页的方式打印。在上面的案例中可以看到，当数据内容超过一页宽度时，Excel会先打印左半部分，把右半部分单独放在后面的新页中。同样的道理，当数据内容超过一页高度时，Excel会先打印前面部分，把超出的部分放在后面的新页中。

但当超出一页宽度的右半部分数据并不多，可能就是一两列时，或者当超出一页高度的后半部分并不多，可能就是一两行时，针对上面的情况无论是单独出现还是同时出现，如果不进行调整就直接打印，那么效果肯定不能令人满意，而且还浪费纸张。为了使打印出来的效果更好，这时就需要在分页预览下调整分页符的位置，让数据缩印在一页纸内。

例如，将【员工档案表】工作簿中的数据打印在两页上，并让打印的每一行数据都是完整的，具体操作步骤如下。

Step01 调整分页线。将鼠标指针移动到第1页右侧的蓝色虚线上，当鼠标指针变成⟷形状时，按住鼠标左键向右拖动，拖动的线条将变成灰色的实线，效果如图5-10所示。

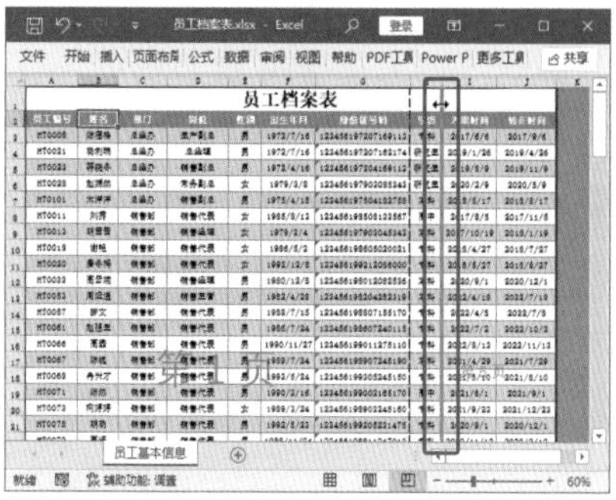

图 5-10

Step02 继续调整分页。拖动分页线至蓝色的粗线上后释放鼠标，即可将右侧第4页、第5页和第6页的数据调整到第1页、第2页和第3页中，效果如图5-11所示。

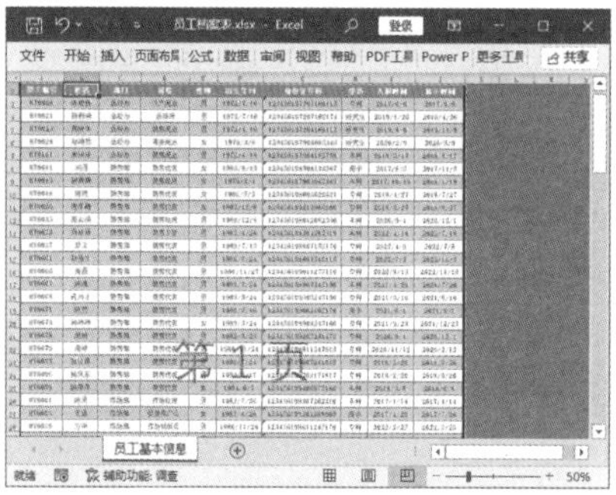

图 5-11

Step03 调整行分页线。此时，员工档案表将以3页进行打印，将鼠标指针移动到第1页和第2页的水平蓝色虚线上，当鼠标指针变成↕形状时，按住鼠标左键向下拖动至第57行后，如图5-12所示。

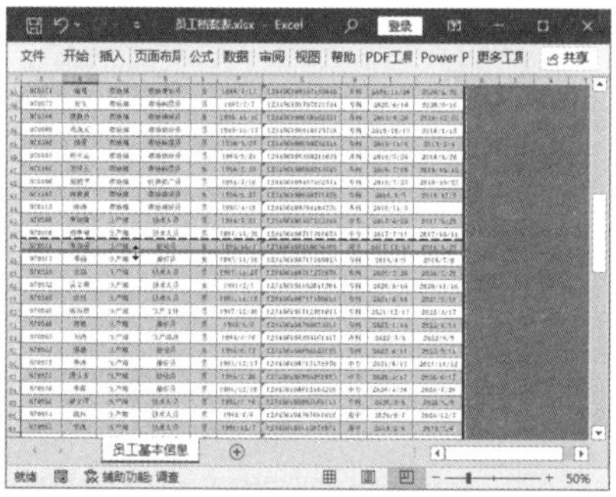

图 5-12

Step04 查看调整后的效果。释放鼠标，即可将第1页打印的范围设置到第 57 行，并且原来以 3 页才能打印的，现在两页就能打印完，效果如图 5-13 所示。

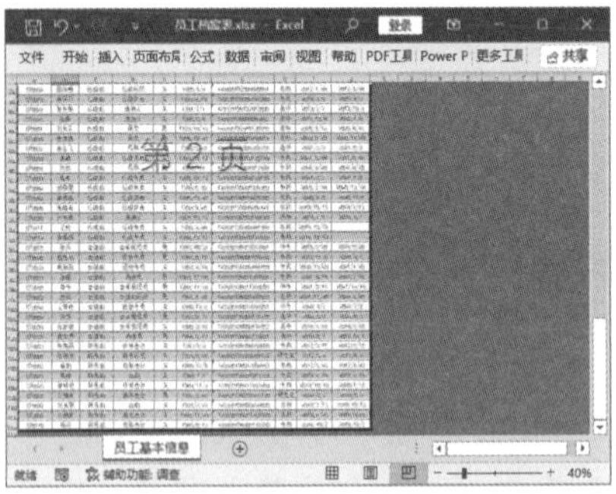

图 5-13

技能拓展——插入分页符

进入分页预览视图后，出现的水平和垂直的蓝色虚线或实线即为分页符。如果通过系统自动分页不能达到想要的效果，那么可手动插入分页符。

单击【页面布局】选项卡【页面设置】组中的【分隔符】下拉按钮，在弹出的下拉菜单中选择【插入分页符】选项，即可在所选单元格的上方和左侧各插入一条分页符，效果如图 5-14 所示。

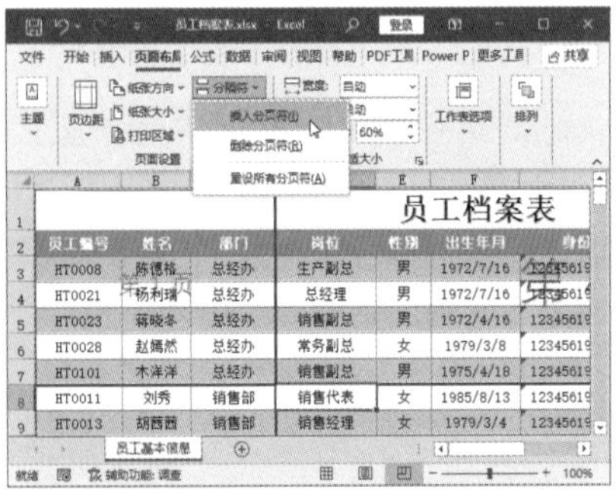

图 5-14

★重点 5.1.5 实战：对象的打印设置

实例门类	软件功能

在Excel默认设置中，几乎所有的对象都是可以打印输出的，这些对象包括文本框、艺术字、图片、图形、图标、形状和控件等。如果用户不希望打印某个对象，可以修改该对象的打印属性。例如，取消商品介绍表中图形的打印，具体操作步骤如下。

Step01 启动对话框。打开素材文件\第 5 章\商品介绍表.xlsx，❶选择不需要打印的对象，如选择表格右上角的图形，❷单击【形状格式】选项卡【形状样式】组右下角的【对话框启动器】按钮，如图 5-15 所示。

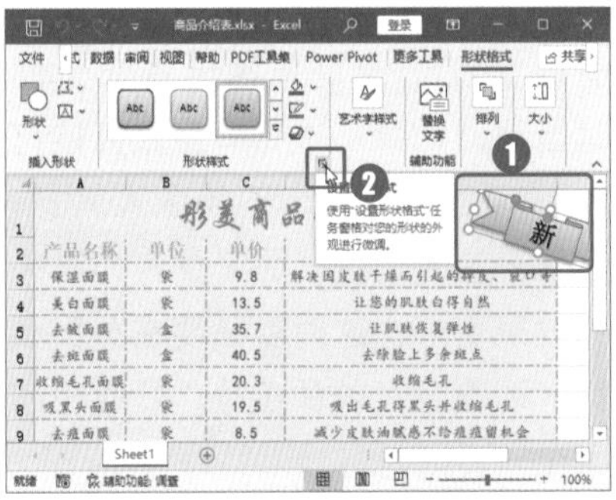

图 5-15

Step02 设置形状属性。打开【设置形状格式】任务窗格，❶单击【大小与属性】按钮，❷展开【属性】选项，取消选中【打印对象】复选框，如图 5-16 所示。

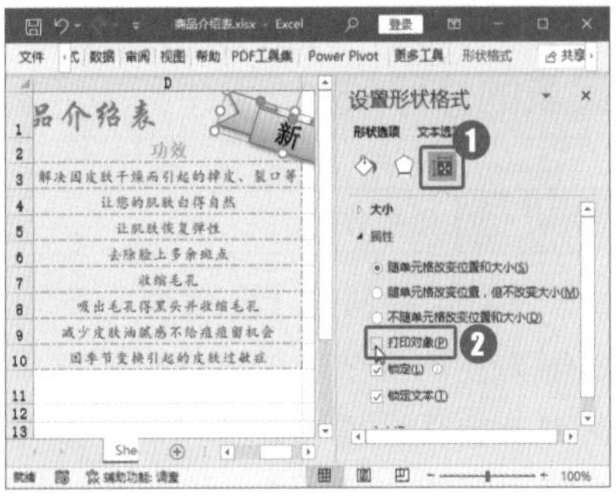

图 5-16

Step03 预览打印效果。在【文件】选项卡中执行【打印】命令，在页面右侧预览工作表的打印效果，可以发现此时图形并没有被打印，如图 5-17 所示。

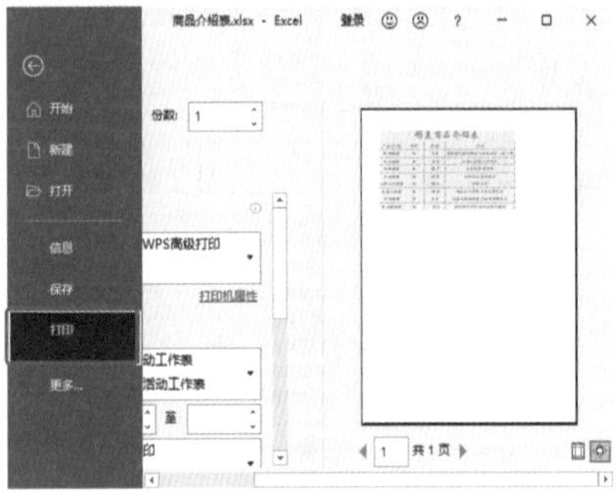

图 5-17

技能拓展——统一设置工作表中所有对象的打印属性

如果希望对工作表中的所有对象统一设置打印属性，可以单击【开始】选项卡【编辑】组中的【查找和选择】下拉按钮，在弹出的下拉菜单中选择【定位条件】选项，打开【定位条件】对话框，选中【对象】单选按钮，单击【确定】按钮；选择工作表中的所有对象，包括图表，然后打开【设置对象格式】任务窗格，在其中对打印属性进行设置。

5.2 设置打印页面

设置表格的打印区域和打印内容后，也可以直接进行打印，但为了让打印出的效果更好，还需要对打印输出的表格进行页面布局和合适的格式安排，如设置纸张的方向和大小、页边距，以及页眉和页脚等。

5.2.1 实战：为产品明细表设置页面纸张

实例门类	软件功能

实际应用中的表格都具有一定的规范，如表格一般摆放在打印纸上的中部或中上部位置，如果表格未摆放在打印纸上的合适位置，再美的表格也会黯然失色。打印之后的表格在打印纸上的位置，主要取决于打印前对表格进行的页面纸张设置，包括对纸张大小和纸张方向的设置。

纸张大小是指纸张规格，表示纸张制成后经过修整切边，裁剪成一定的尺寸，通常以【开】为单位表示纸张的幅面规格。常用纸张大小有A4、A3、B5等。在Excel中，设置纸张大小是指用户需要根据给定的纸张规格(用于打印数据的纸张大小)设置文档的页面，以便用户在相同页面大小中设置表格数据，使打印出来的表格更为美观。

纸张方向是指工作表打印的方向，分为横向打印和纵向打印两种。如果制作的表格内容中列数较多，要保证打印输出时同一记录的内容能够显示完整，可以选择打印纸张的方向为横向。如果文档内容的高度很高时，一般都设置成纵向打印。

例如，要为产品明细表设置纸张大小为A3、纸张方向为纵向，具体操作步骤如下。

Step 01 执行页面布局操作。打开素材文件\第5章\产品明细表.xlsx，单击【视图】选项卡【工作簿视图】组中的【页面布局】按钮，如图5-18所示。

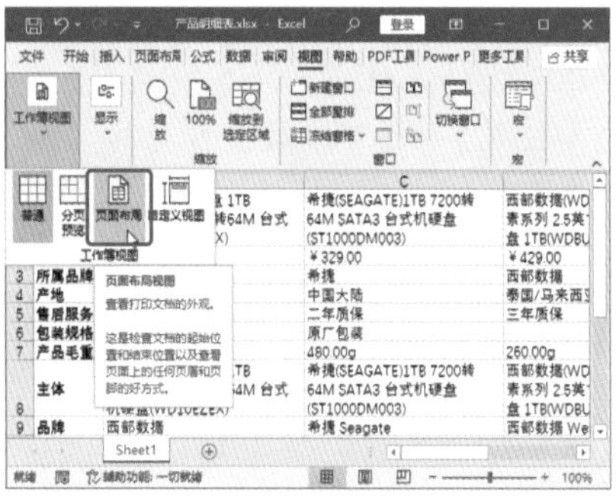

图 5-18

Step 02 设置纸张大小。经过上步操作后，进入页面布局视图，在其中能分页显示各页的效果，方便用户查看页面效果。❶单击【页面布局】选项卡【页面设置】组中的【纸张大小】下拉按钮，❷在弹出的下拉菜单中选择【A3】选项，如图5-19所示。

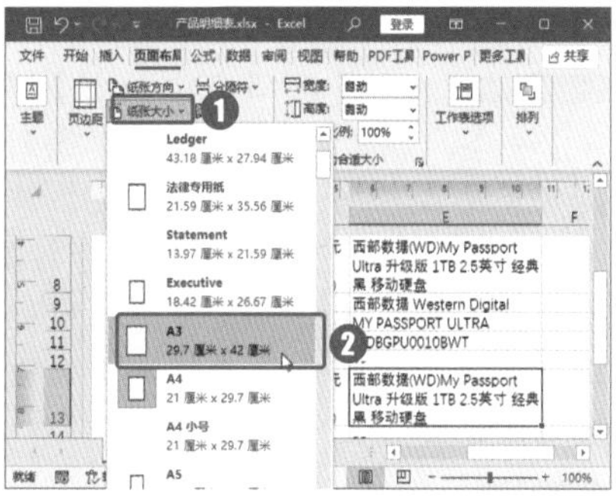

图 5-19

Step 03 设置纸张方向。此时，即可设置纸张大小为A3。在工作表中会根据纸张页面大小调整各页的效果。❶单击【页面布局】选项卡【页面设置】组中的【纸张方向】下拉按钮，❷在弹出的下拉菜单中选择【横向】选项，如图5-20所示。

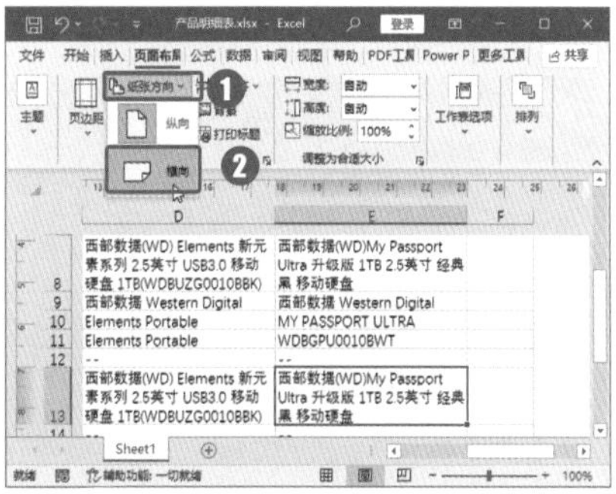

图 5-20

Step 04 查看设置后的页面显示效果。缩小内容显示比例后，所有表格内容缩放到一页上，效果如图5-21所示。

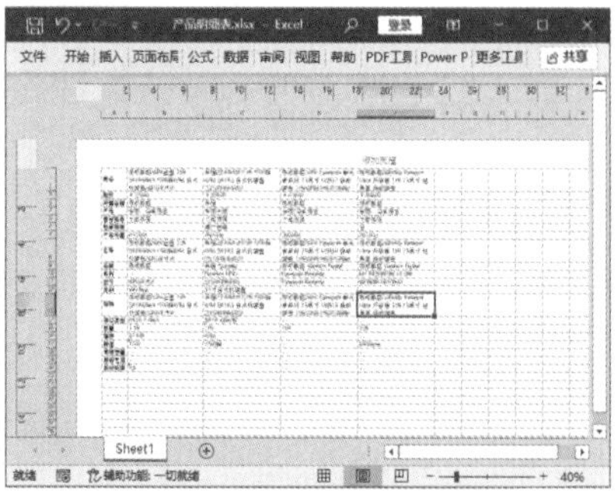

图 5-21

技能拓展——自定义纸张大小

单击【页面布局】选项卡【页面设置】组中的【纸张大小】下拉按钮，在弹出的下拉菜单中选择【其他纸张大小】选项，可以在打开的对话框中自定义纸张的大小。

5.2.2 实战：为产品明细表设置页边距

实例门类	软件功能

页边距是指打印在纸张上的内容距离纸张上、下、左、右边界的距离。打印表格时，一般可根据要打印表格的行、列数，以及纸张大小来设置页边距。有时打印出的表格需要装订成册，此时常常会将装订线所在边的距离设置得比其他边距宽。

设置页边距可以使文件或表格格式更加统一和美观，以为产品明细表设置页边距为例，具体操作步骤如下。

Step 01 设置页边距。❶单击【页面布局】选项卡【页面设置】组中的【页边距】下拉按钮，❷在弹出的下拉菜单中选择【宽】选项，如图 5-22 所示。

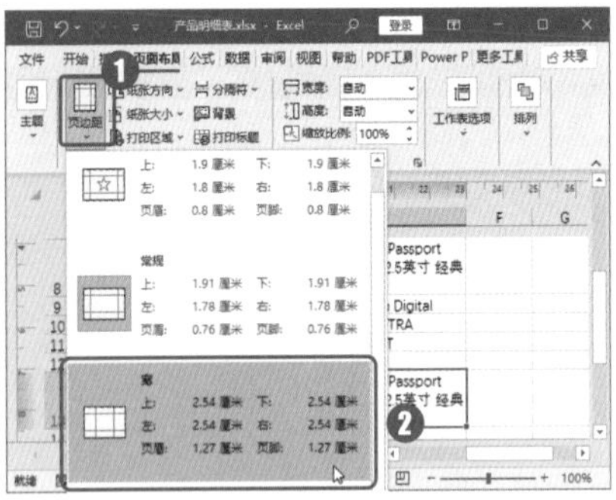

图 5-22

Step02 执行菜单命令。经过上步操作，会将表格页边距设置为普通的页边距效果，同时调整每页的显示内容。❶再次单击【页边距】下拉按钮，❷在弹出的下拉菜单中选择【自定义页边距】选项，如图 5-23 所示。

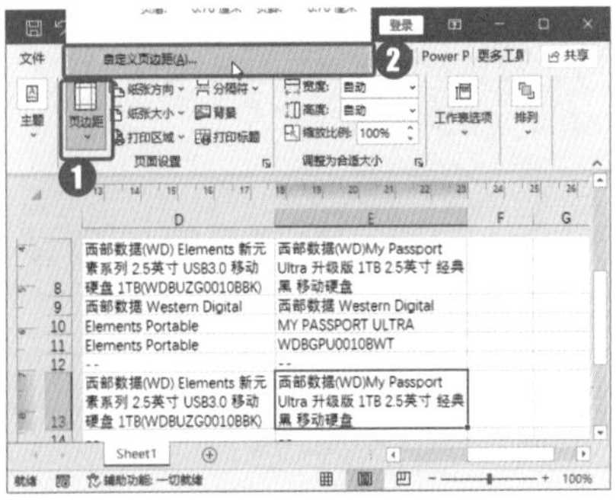

图 5-23

Step03 设置页边距。打开【页面设置】对话框，❶分别在【左】和【右】文本框中设置页面左、右的边距，❷选中【居中方式】栏中的【水平】复选框和【垂直】复选框，❸单击【确定】按钮，如图 5-24 所示。

技术看板

在Excel中，如果表格的宽度比设定的页面短，默认情况下会打印在纸张的左侧，这样右侧就会留有一条空白区域，非常不美观。调整某个或某些单元格的宽度，可以使其恰好与设定的页面相符，或者调整左右页边距，使其恰好处于页面中央。但最佳的方法是直接在【页面设置】对话框中设置数据的居中方式。

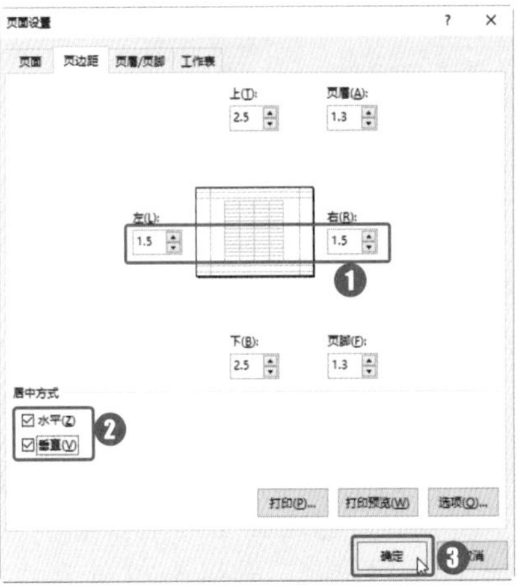

图 5-24

Step04 在【文件】选项卡中执行【打印】命令，在页面右侧可以预览到设置页边距后的表格打印效果，单击预览效果右下角的【显示边距】按钮▣，即可在预览效果的纸张边距位置显示出两条纵虚线和 4 条横虚线，如图 5-25 所示。

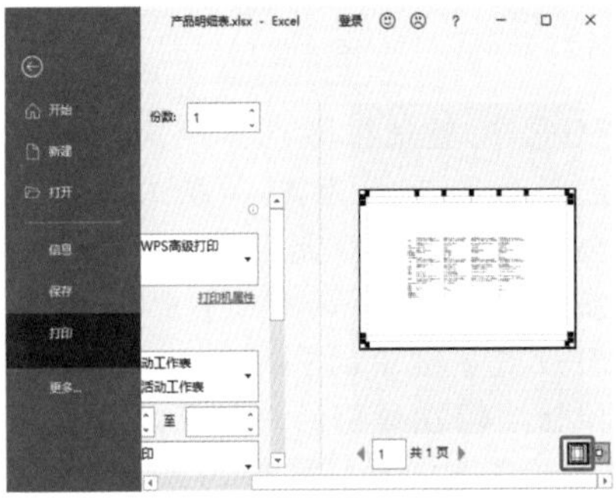

图 5-25

技术看板

【页面设置】对话框中各项数据的作用如下。

- 【上】数值框：用于设置页面上边缘与第一行顶端间的距离值。
- 【左】数值框：用于设置页面左端与无缩进的每行左端间的距离值。
- 【下】数值框：用于设置页面下边缘与最后一行底端间的距离值。
- 【右】数值框：用于设置页面右端与无缩进的每行右端间的距离值。
- 【页眉】数值框：用于设置上页边界到页眉顶端间的距离值。
- 【页脚】数值框：用于设置下页边界到页脚底端间的距离值。
- 【水平】复选框：选中该复选框后，表格相对于打印纸页面水平居中对齐。
- 【垂直】复选框：选中该复选框后，表格相对于打印纸页面垂直居中对齐。

★重点 5.2.3 实战：为产品明细表添加页眉和页脚

实例门类	软件功能

制作完成的表格有时需要打印输出交给上级部门或客户，为了让表格打印输出后更加美观和严谨，一般需要添加表格出处公司的名称等有用信息。Excel的页眉和页脚就是提供显示特殊信息的位置，也是体现这些信息的最好位置，如添加页码、日期和时间、作者、文件名、是否保密等。

页眉是每一打印页顶部所显示的信息，可以用于表明名称和标题等内容；页脚是每一打印页中底端所显示的信息，可以用于表明页码、打印日期及时间等。对于要打印的工作表，用户可以为其设置页眉和页脚。

Excel内置了很多页眉和页脚格式，用户只需做简单的选择即可快速应用相应的页眉和页脚样式，可以通过【插入】选项卡的【文本】组进行添加，也可以通过【页面设置】对话框的【页眉/页脚】选项卡进行设置。

1. 通过【文本】组插入页眉和页脚

单击【插入】选项卡【文本】组中的【页眉和页脚】按钮，Excel会自动切换到【页面布局】视图中，并在表格顶部显示出可以编辑的页眉文本框，同时显示出【页眉和页脚】选项卡，在其中的【页眉和页脚】组中单击【页眉】下拉按钮或【页脚】下拉按钮，在弹出的下拉菜单中将显示出Excel自带的页眉与页脚样式，选择需要的页眉或页脚样式选项即可。

例如，要为产品明细表快速应用简约风格的页眉和页脚信息，具体操作步骤如下。

Step01 执行页眉和页脚操作。在普通视图下，单击【插入】选项卡【文本】组中的【页眉和页脚】按钮，如图 5-26 所示。

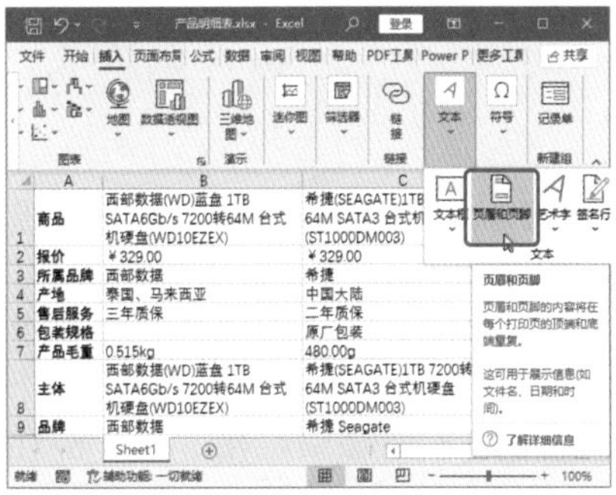

图 5-26

Step02 选择页眉样式。此时，工作表自动进入页眉和页脚的编辑状态，移动鼠标到页眉或页脚处单击，切换到【页眉和页脚】选项卡。❶单击【页眉和页脚】组中的【页眉】下拉按钮，❷在弹出的下拉菜单中选择需要的页眉样式，如图 5-27 所示。

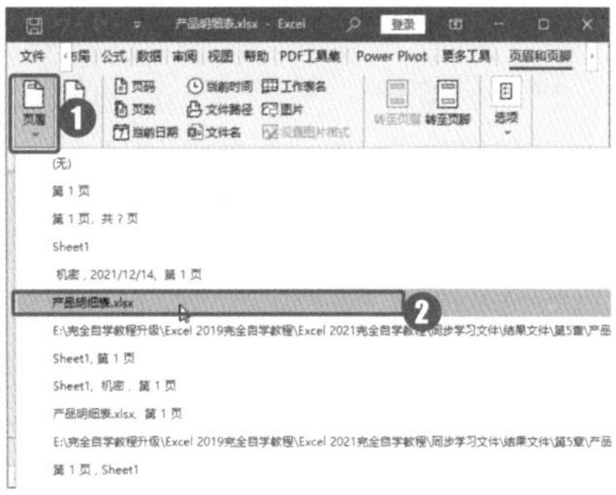

图 5-27

技术看板

在【页眉和页脚】选项卡的【导航】组中单击【转至页眉】按钮或【转至页脚】按钮，可在页脚和页眉编辑状态间进行切换。在【选项】组中可以设置页眉和页脚的一些效果，与【页面设置】对话框【页眉/页脚】选项卡中的复选框作用相同，在后面讲解各复选框的作用。

Step03 查看设置的页眉效果。返回工作表中即可查看插入的页眉效果，如图 5-28 所示。

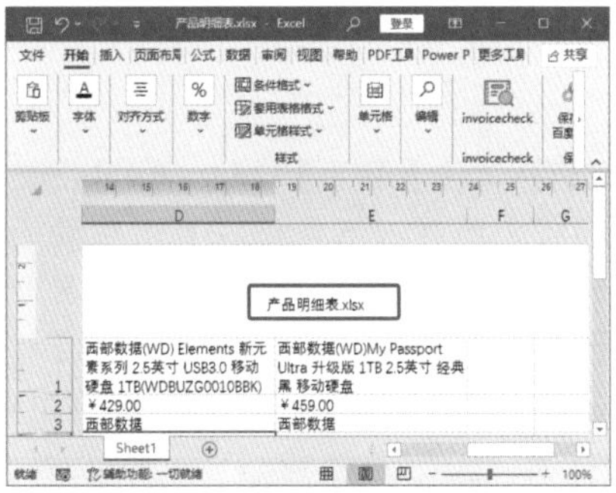

图 5-28

技术看板

插入的页眉和页脚在普通编辑视图中是不显示的，但是在打印输出时或在打印预览视图中是可以看到的。

Step04 选择页脚样式。❶单击【页眉和页脚】组中的【页脚】下拉按钮，❷在弹出的下拉菜单中选择需要的页脚样式，如图 5-29 所示。

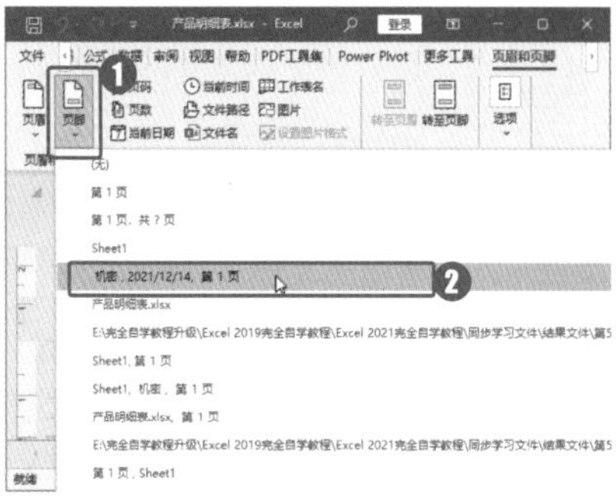

图 5-29

Step05 查看设置的页脚效果。返回工作表中即可查看插入的页脚效果，如图 5-30 所示。

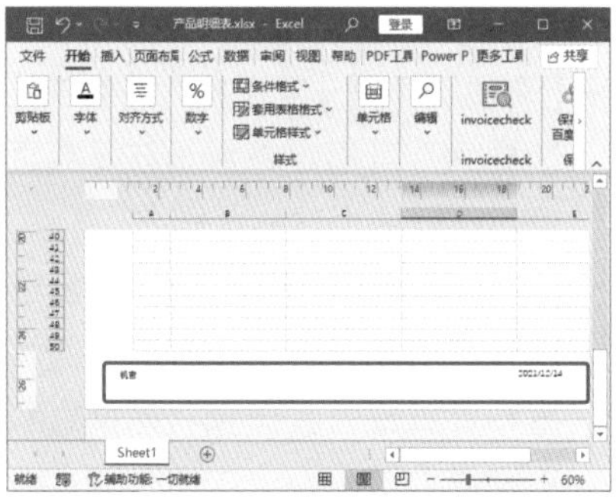

图 5-30

技术看板

在打印包含大量数据或图表的Excel表格之前，可在【页面布局】视图中快速对页面布局参数进行微调，使工作表达到专业水准。

2. 通过对话框添加页眉和页脚

如图 5-31 所示，在【页面设置】对话框的【页眉/页脚】选项卡中的【页眉】下拉列表中可以选择页眉样式，在【页脚】下拉列表中可以选择页脚样式。这些样式是Excel预先设定的，选择后可以在预览框中查看效果。

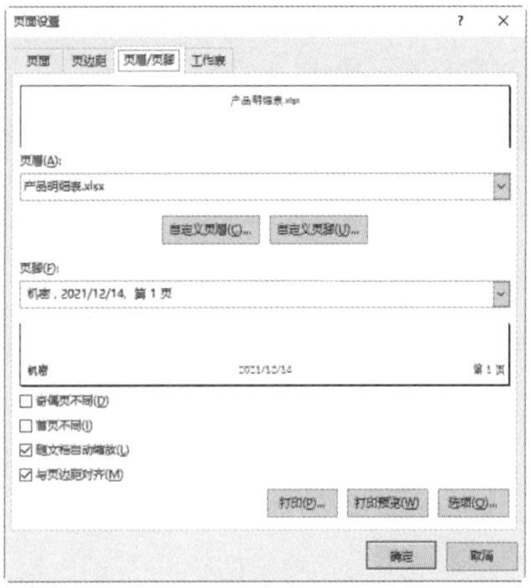

图 5-31

【页面设置】对话框的【页眉/页脚】选项卡下方的多个复选框的作用分别介绍如下。

- 【奇偶页不同】复选框：选中该复选框后，可指定奇数页与偶数页使用不同的页眉和页脚。
- 【首页不同】复选框：选中该复选框后，可删除第 1 个打印页的页眉和页脚或为其选择其他页眉和页脚样式。
- 【随文档自动缩放】复选框：用于指定页眉和页脚是否应使用与工作表相同的字号和缩放。默认情况下，此复选框处于选中状态。
- 【与页边距对齐】复选框：用于确保页眉或页脚的边距与工作表的左、右边距对齐。默认情况下，此复选框处于选中状态。取消选中该复选框后，页眉和页脚的左、右边距设置为与工作表的左、右边距无关的固定值 0.7in（1.9cm），即页边距的默认值。

5.2.4 实战：为员工档案表自定义页眉和页脚

实例门类	软件功能

如果系统内置的页眉和页脚样式不符合需要，想制作更贴切的页眉和页脚效果，用户也可以自定义页眉和页脚信息，如定义页码、页数、当前日期、文件名、文件路径和工作表名、包含特殊字体的文本及图片等元素。

例如，为员工档案表自定义带图片的页眉和页脚效果，具体操作步骤如下。

Step01 执行页眉和页脚操作。打开素材文件\第 5 章\员工档案表.xlsx，单击【插入】选项卡【文本】组中的【页眉和页脚】按钮，如图 5-32 所示，工作表自动进入页眉和页脚的编辑状态。

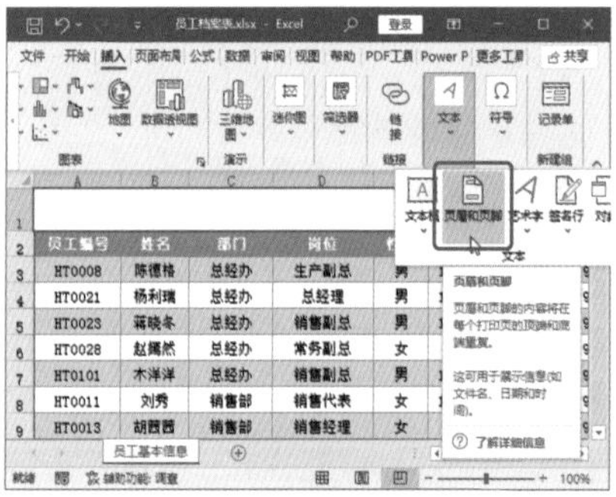

图 5-32

Step02 单击【图片】按钮。❶单击鼠标将文本插入点定位在页眉位置的第一个文本框中，❷单击【页眉和页脚】选项卡【页眉和页脚元素】组中的【图片】按钮，如图 5-33 所示。

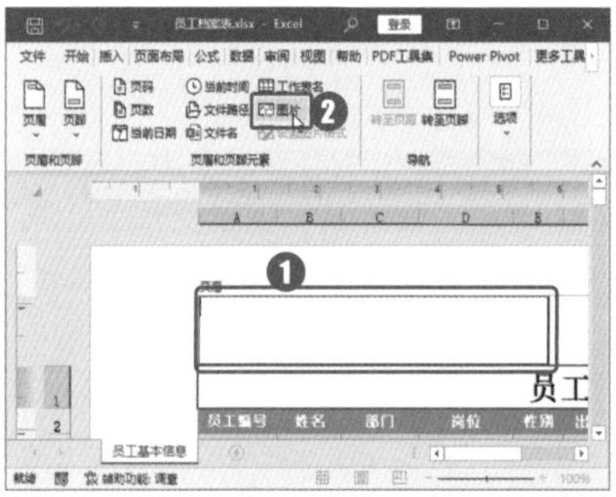

图 5-33

Step03 单击【浏览】按钮。打开【插入图片】对话框，单击【从文件】选项后的【浏览】按钮，如图 5-34 所示。

图 5-34

Step04 选择插入的图片。打开【插入图片】对话框，❶选择图片文件的保存位置，❷在下方的列表框中选择需要插入的图片，❸单击【插入】按钮，如图 5-35 所示。

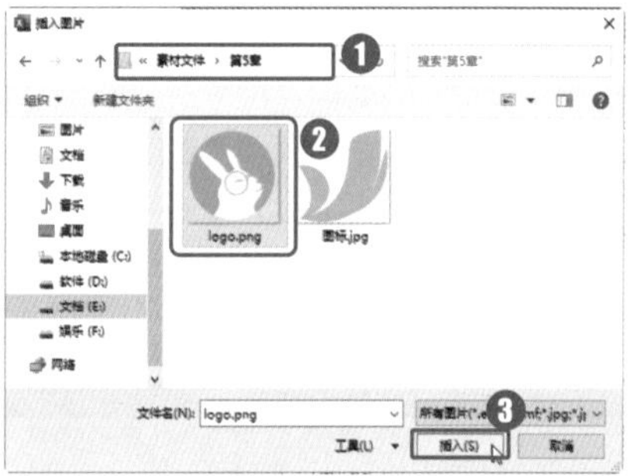

图 5-35

Step05 执行设置图片格式操作。返回工作表的编辑页眉和页脚界面，可以看到【页眉和页脚元素】组中的【设置图片格式】按钮已经处于激活状态，单击该按钮，如图 5-36 所示。

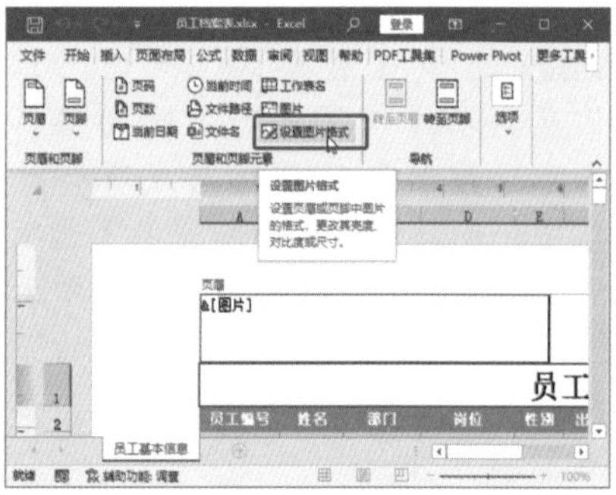

图 5-36

Step06 设置图片高度。打开【设置

图片格式】对话框，❶在【大小】选项卡的【比例】栏中设置图片高度为【9%】，❷单击【确定】按钮，如图 5-37 所示。

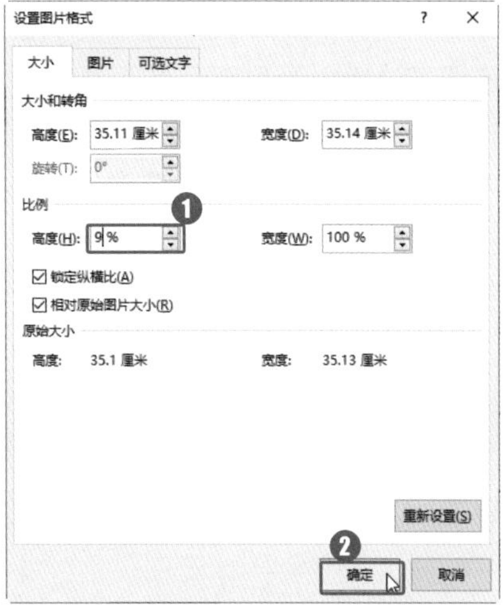

图 5-37

技术看板

因为在【设置图片格式】对话框中选中了【锁定纵横比】复选框，所以设置图片的高度后，宽度将会自动随高度等比例调整。取消选中【锁定纵横比】复选框后，图片高度或宽度并不会随着宽度或高度的变化而自动变化，需要单独进行设置。

Step07 查看页眉图片效果。返回工作表，即可查看在页眉中插入的图片效果，如图 5-38 所示。

图 5-38

Step08 输入页眉文本。❶在页眉位置的第二个文本框中单击鼠标定位文本插入点，然后输入文本【××教育咨询有限公司】，❷在【开始】选项卡的【字体】组中设置合适的字体格式，如图 5-39 所示。

图 5-39

Step09 转至页脚。单击【页眉和页脚】选项卡【导航】组中的【转至页脚】按钮，如图 5-40 所示。

图 5-40

Step10 插入页码。此时，即可切换到页脚的第 2 个文本框中。单击【页眉和页脚元素】组中的【页码】按钮，即可在页脚位置第 2 个文本框中插入页码，如图 5-41 所示。

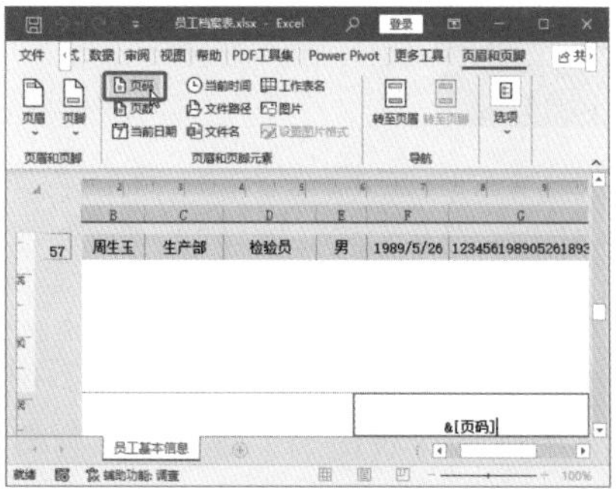

图 5-41

Step11 插入系统当前日期。❶在页脚位置的第 3 个文本框中单击鼠标定位文本插入点，❷单击【页眉和页脚元素】组中的【当前日期】按钮，即可在页脚位置第 3 个文本框中插入当前系统日期，如图 5-42 所示。

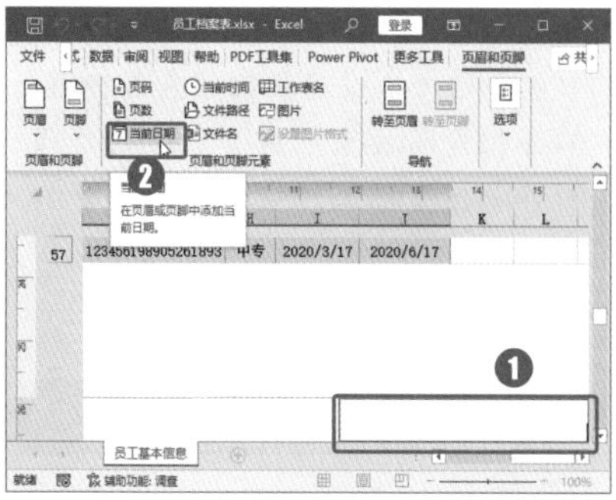

图 5-42

技术看板

将工作表切换到页眉和页脚编辑状态时，在【页眉和页脚】选项卡的【页眉和页脚元素】组中单击【页数】按钮，可插入总页数；单击【当前时间】按钮，可插入系统的当前时间；单击【文件路径】按钮，可插入文件路径；单击【文件名】按钮，可插入文件名；单击【工作表名】按钮，可插入工作表名称。

Step12 查看页眉和页脚效果。单击任意单元格，退出页眉和页脚编辑状态，即可看到自定义的页眉和页脚效果，如图 5-43 所示。

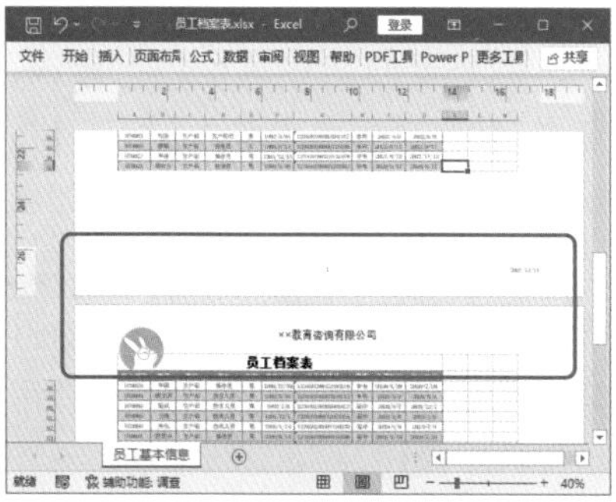

图 5-43

技能拓展——自定义页眉和页脚的其他方法

在【页面设置】对话框的【页眉/页脚】选项卡中单击【自定义页眉】按钮或【自定义页脚】按钮，将打开如图 5-44 所示的【页眉】对话框或【页脚】对话框，这两个对话框中包含的文本框及按钮信息都相同，单击相应的按钮即可在对应的页眉和页脚位置插入相应的页眉和页脚信息。

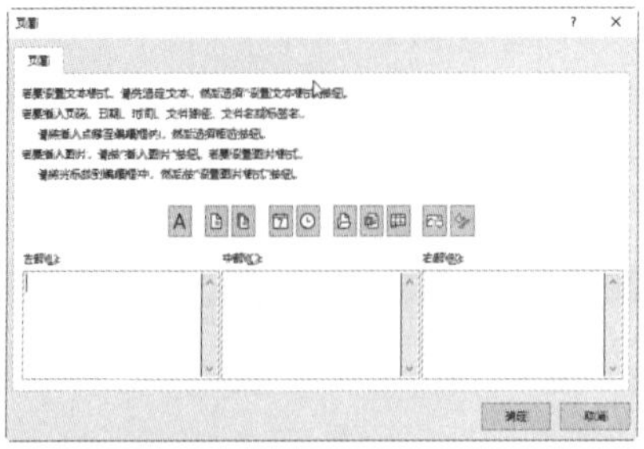

图 5-44

5.2.5 删除页眉和页脚

不同的场合会对工作表有不同的要求，若工作表中不需要设置页眉和页脚，或对自定义的页眉或页脚不满意，只需删除页眉或页脚位置文本框中的数据重新设置即可，或在【页眉和页脚】选项卡的【页眉和页脚】组中设置页眉和页脚的样式为【无】，还可以在【页面设置】对话框的【页眉/页脚】选项卡中的【页眉】下拉列表和【页脚】下拉列表中选择【无】选项。

5.3 打印设置

确定好打印的具体内容并设置打印页面后，可以对打印效果进行预览，如果对打印效果非常满意，用户就可根据需要对打印参数进行设置，然后执行打印操作。

5.3.1 在【打印】界面中设置打印参数

调整工作表的页边距、纸张大小、方向、页眉和页脚及打印区域后，为了保证设置的准确性，一般在打印之前需要对工作表进行打印预览，以观察设置的效果，以便于及时调整。在 Excel 的【打印】界面中，左侧显示【打印】命令及用于设置打印机的属性和各种打印参数，如图 5-45 所示；右侧显示表格的打印预览效果。

如果对打印预览的效果不满意，需要返回工作表中进行修改，可在【打印】界面中单击【返回】按钮，返回工作表进行修改。如果对预览效果满意，则可以在【打印】界面左侧设置需要打印的份数、打印机选项和其他打印机设置，然后执行打印操作。

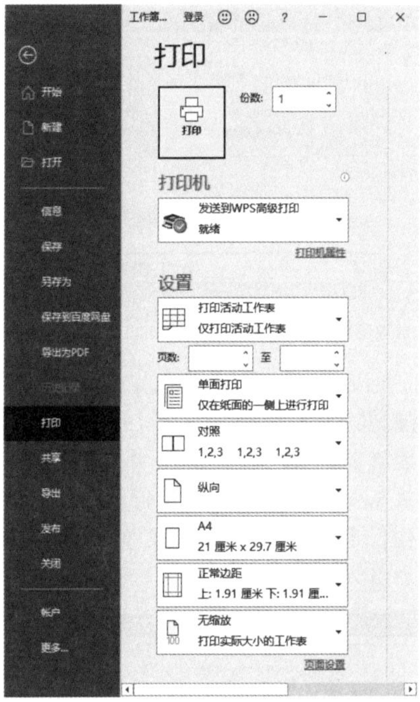

图 5-45

- 【打印】按钮：单击该按钮即可开始打印。
- 【份数】数值框：若要打印多份相同的工作表，但不想重复执行打印操作时，可在该数值框中输入要打印的份数，即可逐页打印多份表格。
- 【打印机】下拉列表：如果安装有多台打印机，可在该下拉列表中选择本次打印操作要使用的打印机，单击【打印机属性】超级链接，可以在打开的对话框中对打印机的属性进行设置。
- 【设置】下拉列表：该下拉列表用于设置打印的内容范围，单击后将显示出整个下拉选项，如图 5-46 所示。在其中选择【打印活动工作表】选项，将打印当前工作表或选择的工作表组；选择【打印整个工作簿】选项，可自动打印当前工作簿中的所有工作表；选择【打印选定区域】选项，与设置打印区域的效果相同，只打印在工作表中选择的单元格区域；选择【忽略打印区域】选项，可以在本次打印中忽略在工作表中设置的打印区域。

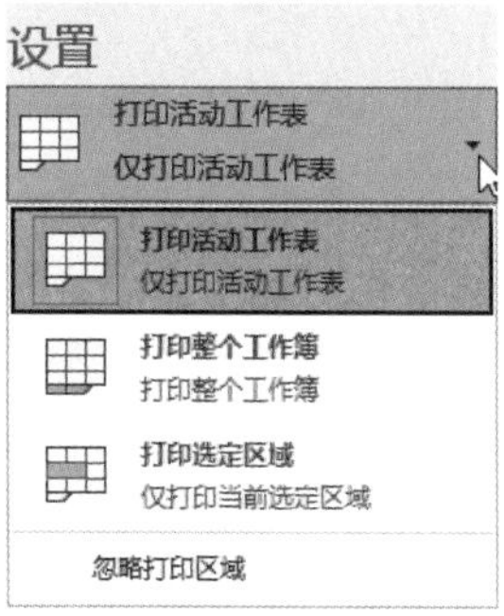

图 5-46

➥【页数】数值框 页数: 至 : 当打印的内容有多页时，在该数值框中可以设置需要打印的页面范围，分别在【至】前后的两个数值框中输入起始页码和结束页码。

➥【对照】下拉列表：该下拉列表用于设置打印的顺序，单击后将显示出整个下拉选项，如图 5-47 所示。在打印多份多页表格时，可采取逐页打印多份和逐份打印多页两种方式。

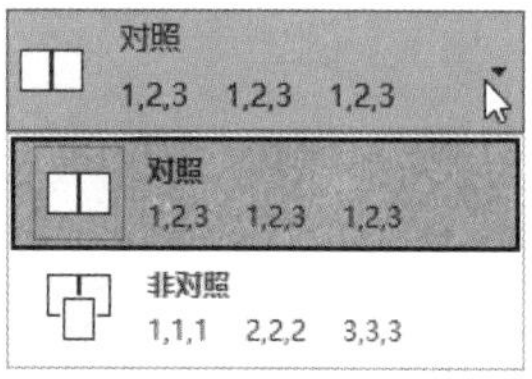

图 5-47

➥【打印方向】下拉列表：该下拉列表用于设置表格打印的方向为横向或纵向。

➥【纸张大小】下拉列表：该下拉列表用于设置打印表格的纸张大小。

➥【页边距】下拉列表：该下拉列表用于设置表格的页边距效果。

➥【缩放设置】下拉列表：该下拉列表用于当表格中数据比较多时，设置打印表格的缩放类型。单击后将显示出整个下拉选项，如图 5-48 所示。选择【将工作表调整为一页】选项时，可以将工作表中的所有内容缩为一页大小进行打印；选择【将所有列调整为一页】选项，可以将表格中所有列缩为一个页宽大小进行打印；选择【将所有行调整为一页】选项，可以将表格中所有行缩为一个页高大小进行打印；选择【自定义缩放选项】选项，可以在打开的【页面设置】对话框中自定义缩放类型。

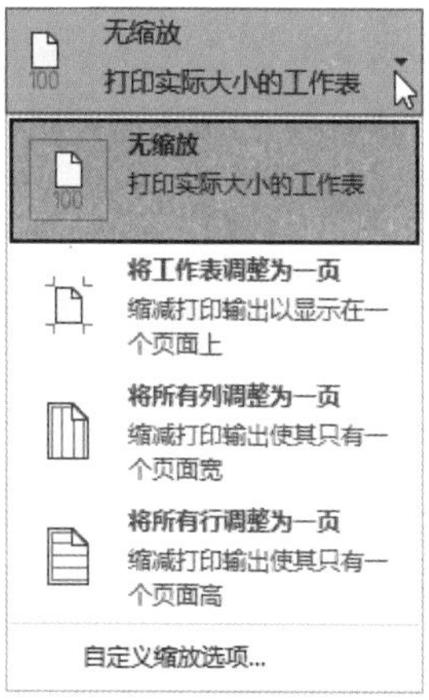

图 5-48

技能拓展——快速执行【打印】命令

按【Ctrl+P】组合键可快速切换到打印界面。

5.3.2 在【页面设置】对话框中设置打印参数

在打印表格时，为了使打印内容更加准确，有时需要进行其他打印设置，此时可在【页面设置】对话框中进行详细设置。

【页面设置】对话框中包含了 4 个选项卡，其中【页边距】和【页眉/页脚】选项卡的用法在前面已经介绍得比较仔细了，下面主要介绍【页面】选项卡和【工作表】选项卡中的相关设置。

技能拓展——打开【页面设置】对话框的其他方法

单击【页面布局】选项卡【页面设置】组右下角的【对话框启动器】按钮，或者在【文件】选项卡中执行【打印】命令，在右侧面板中的【设置】栏中单击【页面设置】超级链接，也可以打开【页面设置】对话框。

1.【页面】选项卡

【页面设置】对话框的【页面】选项卡中提供了设置打印方向、缩放、纸张大小及打印质量等选项，比【页面布局】选项卡中用于设置页面纸张的参数更齐全，如图 5-49 所示。下面对其中的一些参数进行说明。

图 5-49

➥【方向】栏：该栏用于设置纸张方向，其中提供了【纵向】和【横向】两个单选按钮，在页面横向与纵向打印之间进行选择。

- 【缩放比例】单选按钮：选中该单选按钮，可以按照正常尺寸的百分比缩放打印，在其后的数值框中输入确切的缩放百分比，最小缩放比例为 10%。
- 【调整为】单选按钮：选中该单选按钮，可以在其后的【页宽】和【页高】数值框中输入确切的数字。若要调整纸宽，在【页宽】数值框中输入指定的整数（如 1），并在【页高】数值框中不输入数据（或足够大的整数）。若要调整纸高，在【页高】数值框中输入指定的整数（如 1），并在【页宽】数值框中不输入数据（或足够大的整数）。Excel 会根据设置的【页高】和【页宽】自动调整缩放的比例。

技术看板

如果表格的宽度比设定的页面长，则右侧多余的部分会打印到新的纸张上，不仅浪费，还影响表格的阅读。如果手动调整，改变单元格的尺寸后，单元格中的内容也会随之改变。这时可以打开【页面设置】对话框并切换到【页面】选项卡，在【缩放】栏中选中【调整为】单选按钮，并设定为 1 页宽。不过，此方法对于与纸张高、宽比例严重不协调的工作表来讲，建议不要采用，否则会严重影响打印效果。

- 【打印质量】下拉列表：在该下拉列表中选择分辨率选项，可指定活动工作表的打印质量。分辨率是打印页面上每线性英寸的点数。在支持高分辨率打印的打印机上，分辨率越高打印质量就越好。一般情况下，对该项不需要进行设置。不同类型打印机的打印质量是不相同的，在设置前可以查阅打印机的说明资料。
- 【起始页码】文本框：在该文本框中输入【自动】，可以对各页进行编号。如果是打印作业的第 1 页，则从【1】开始编号，否则从下一个序号开始编号。也可以输入一个大于 1 的整数来指定【1】以外的起始页码。

2.【工作表】选项卡

【页面设置】对话框的【工作表】选项卡中不仅可以设置批注的打印与否，还可以设置工作表中的其他一些内容，如打印输出的颜色、打印质量及网格线是否打印等，如图 5-50 所示。下面分别讲解其中各选项的用途。

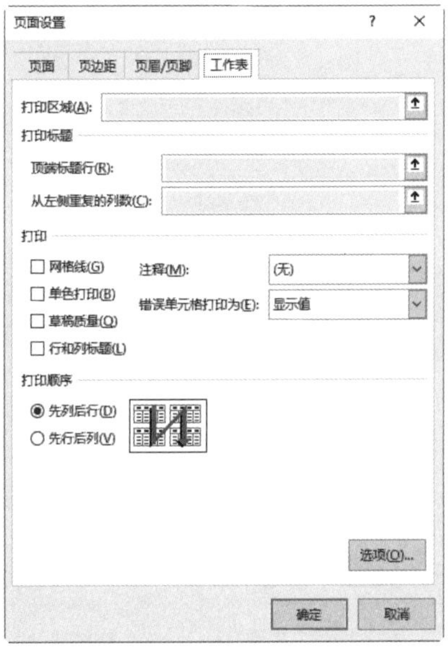

图 5-50

- 【网格线】复选框：选中该复选框后，在打印输出的表格中将包含工作表网格线。默认情况下，无论网格线在工作表中显示与否，都不会进行打印。
- 【单色打印】复选框：选中该复选框后，在使用彩色打印机时，可打印出单色表格；在使用黑白打印机时，如果不希望工作表中单元格的背景颜色影响到报表的整洁和可读性，也可选中该复选框。默认情况下，该复选框处于取消选中状态。
- 【草稿质量】复选框：如果所使用的打印机具有草稿品质模式，则选中该复选框后，可以使用较低的打印质量以更快的速度打印。
- 【行和列标题】复选框：选中该复选框后，可以在打印输出中包含这些标题。
- 【错误单元格打印为】下拉列表框：当在工作表中使用了公式或函数后，有些时候难免会出现一些错误提示信息，如果把这些错误提示信息也打印出来就非常不雅了。要避免将这些错误提示信息打印出来，可以在该下拉列表框中选择希望工作表中出现的单元格错误在打印输出中的显示方式。默认情况下，错误将按原样显示，也可以选择【<空白>】选项不显示错误，选择【--】选项，将错误显示为两个连字符，或者将错误显示为【#N/A】。
- 【先列后行】单选按钮：大的工作表必须向下打印很多行，并向一侧打印很多列，其中一些打印页会包含与其他页不同的列。打印输出会沿水平方向和垂直方向对工作表进行划分。默认情况下，Excel 按照先自上而下再从左到右的顺序（先列后行）打印工作表页面，将较长和较宽的工作表进行拆分。
- 【先行后列】单选按钮：选中该单

选按钮后，Excel会向下打印一组列中的所有行，直到工作表底部为止，然后返回顶部，横向移动，再向下打印下一组列，直到工作表底部，以此类推，直到打印完所有数据为止。

5.3.3 中止打印任务

在打印文档时，若发现打印设置错误，这时就需要立即中止正在执行的打印任务，然后重新设置打印操作。中止打印任务的具体方法如下。

Step 01 单击【设备和打印机】超链接。打开【控制面板】窗口，在大图标模式下单击【设备和打印机】超链接，如图 5-51 所示。

图 5-51

Step 02 执行菜单命令。打开【设备和打印机】窗口，在使用的打印机上右击，在弹出的快捷菜单中选择【查看现在正在打印什么】选项，如图 5-52 所示。

图 5-52

Step 03 执行取消命令。在打开的打印机窗口中的打印选项上右击，在弹出的快捷菜单中执行【取消】命令，如图 5-53 所示。

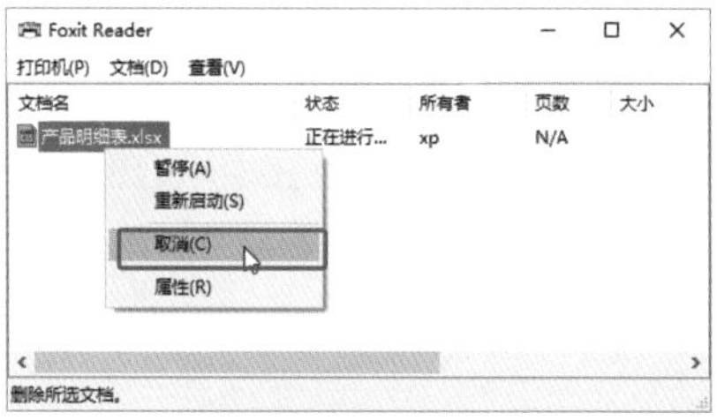

图 5-53

Step 04 确认取消打印。打开【打印机】对话框提示是否需要取消文档，单击【是】按钮即可，如图 5-54 所示。

图 5-54

Step 05 正在删除任务。经过上步操作后，将返回打印机窗口，可以看到选择的打印任务正在删除中，如图 5-55 所示。

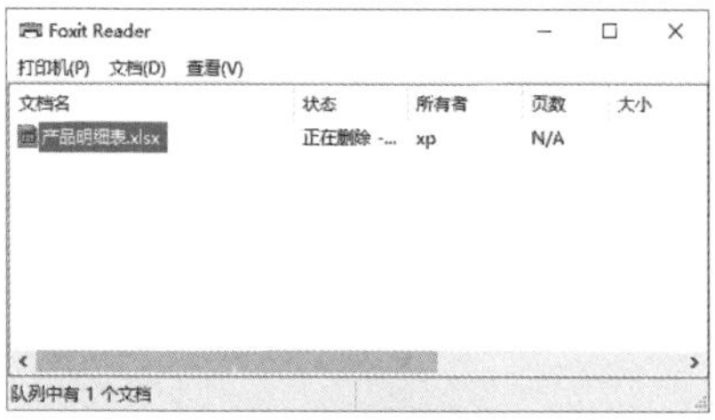

图 5-55

> **技能拓展——将常用的打印机设置为默认打印机**
>
> 如果计算机中连接有多个打印机，可将常用的打印机设置为默认打印机，这样在打印时，会直接使用默认的打印机进行打印。设置方法为：在【设置和打印机】窗口中选择需要设置为默认的打印机，右击鼠标，在弹出的快捷菜单中选择【设置为默认打印机】选项。

妙招技法

通过前面知识的学习，相信读者已经掌握了打印设置与打印报表的相关操作。下面结合本章内容给大家介绍一些实用技巧。

技巧 01：打印背景图

默认情况下，Excel中为工作表添加的背景图只能在显示器上查看，是无法打印输出的。如果需要将背景图和单元格内容一起打印输出，可以将背景图以插入图片的方法添加为背景，或者通过设置单元格的填充色，因为单元格的填充色会被Excel打印。

若已经为表格添加了背景图，还可以通过Excel的摄影功能进行打印。Excel 2021 中的摄影功能包含在【选择性粘贴】功能中，它的操作原理是将工作表中的某一单元格区域的数据以链接的方式同步显示在另一个地方，但它又是以【抓图】的形式进行链接的。因此可以连带该单元格区域的背景图一并进行链接。

通过Excel的摄影功能设置打印【供应商列表】工作簿中工作表的背景图，具体操作步骤如下。

Step01 执行复制命令。打开素材文件\第5章\供应商列表.xlsx，❶选择要打印的区域，这里选择A1:H11单元格区域，❷单击【开始】选项卡【剪贴板】组中的【复制】按钮，❸单击【新工作表】按钮，如图5-56所示。

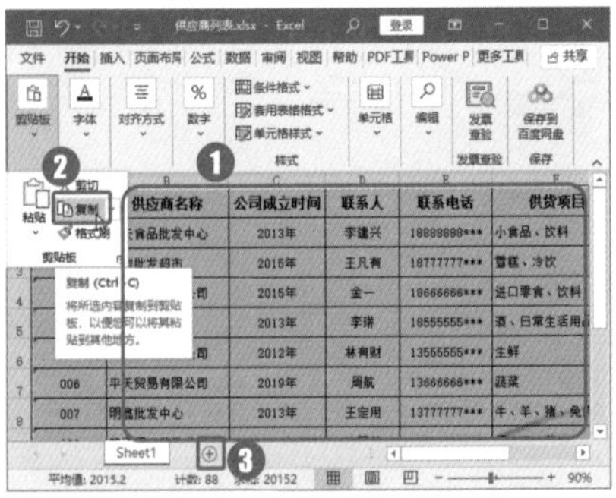

图 5-56

Step02 执行粘贴命令。❶单击【剪贴板】组中的【粘贴】下拉按钮，❷在弹出的下拉菜单的【其他粘贴选项】栏中单击【链接的图片】按钮，如图5-57所示。

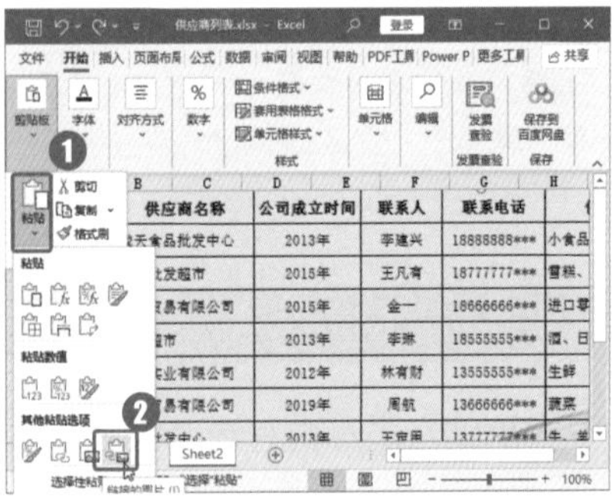

图 5-57

技术看板

通过Excel的摄影功能粘贴的链接图片虽然表面上是一张图片，但是在修改原始单元格区域中的数据时，被摄影功能抓拍下来的链接图片中的数据也会进行同步更新。链接图片还具有图片的可旋转等功能。

Step03 预览打印效果。经过上步操作，即可在【Sheet2】工作表中以图片的形式粘贴【Sheet1】工作表中的A1:H11单元格区域。在打印界面右侧可查看表格的打印预览效果，此时便能打印出背景图，如图5-58所示。

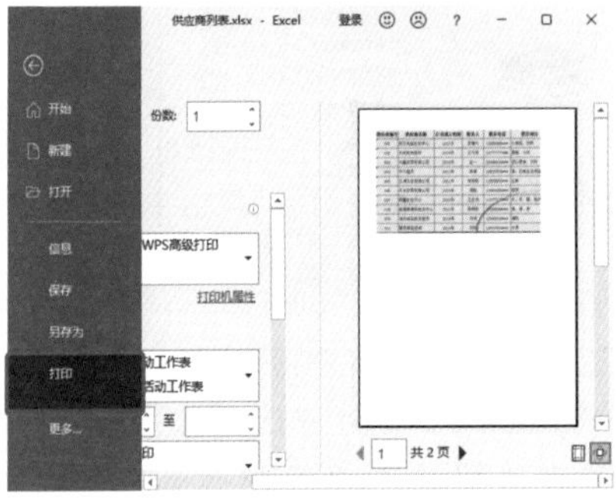

图 5-58

技能拓展——在同一页上打印不连续的区域

在Excel的同一张工作表中，按住【Ctrl】键的同时选择多个单元格区域，可以将这些单元格区域都打印输出。但是默认情况下，在将这些不连续的区域设置为打印区域后，Excel会把这些区域分别打印在不同的页面上，而不是打印在同一页中。

通过使用技巧01讲到的Excel的摄影功能就可以实现在同一页面上打印工作表中不连续的区域，甚至可以在同一页面上打印不同工作表，或者打印不同工作簿中的内容。但在打印前，需要将这些不连续的区域内容通过摄影功能复制到同一页面中并按需要进行排列，再进行打印。

技巧02：只打印工作表中的图表

在打印Excel工作表中的内容时，如果只需要打印工作表中某一个图表内容，此时可以使用以下方法。

Step01 选择打印的图表。打开素材文件\第5章\销售情况分析表.xlsx，❶选择【各产品销售总额】工作表，❷选择要打印的图表，如图5-59所示。

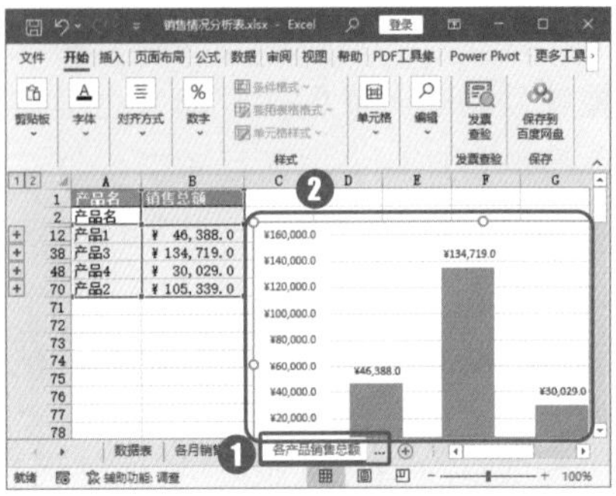

图 5-59

Step02 预览打印效果。进入打印界面，在右侧的预览面板中可以看到页面中只显示有选中的图表，如图5-60所示。

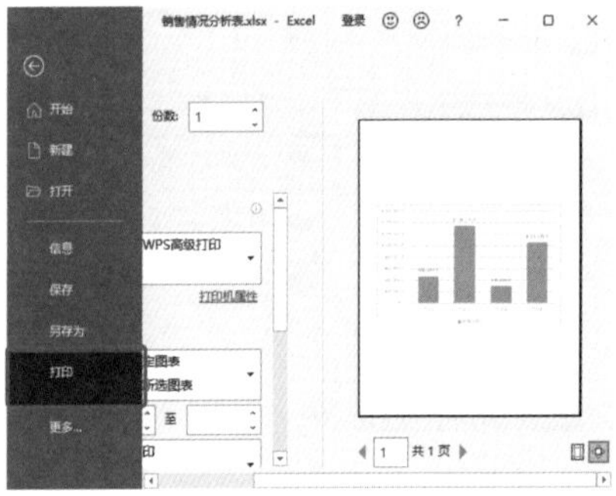

图 5-60

技巧03：不打印工作表中的零值

有些工作表中，如果认为把【0】值打印出来不太美观，可以进行如下设置，避免Excel打印【0】值。例如，要让工资表在打印输出时其中的【0】值隐藏起来，具体操作步骤如下。

Step01 让零值不显示。打开素材文件\第 5 章\工资表.xlsx，❶打开【Excel选项】对话框，选择【高级】选项卡，❷在【此工作表的显示选项】栏中取消选中【在具有零值的单元格中显示零】复选框，❸单击【确定】按钮，如图 5-61 所示。

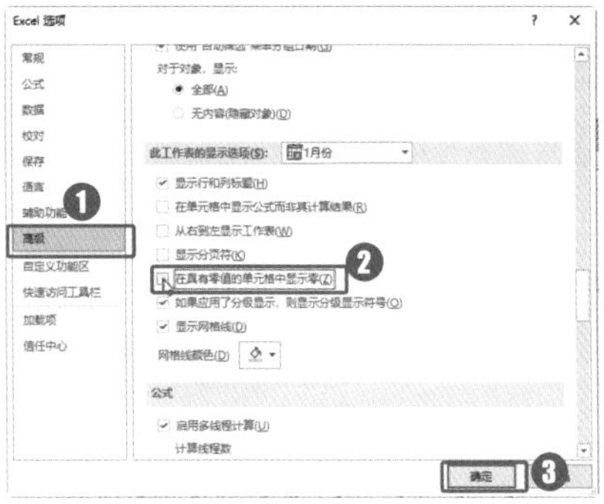

图 5-61

Step02 预览打印效果。进入打印界面，在右侧的预览面板中可以看到零值单元格已经不会被打印出来了，如图 5-62 所示。

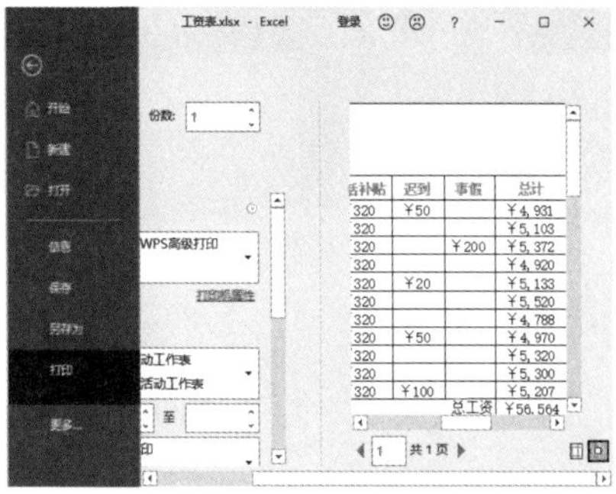

图 5-62

本章小结

在办公应用中的表格通常不是为了给自己看的，很多报表都需要打印输出，以供人填写、审阅或核准。Excel 报表的打印效果与选择的打印内容、页面布局和打印设置直接关联。因此，在打印前一般需要进行一系列的设置，从而打印出需要的工作表。无论是设置打印内容、调整页面格式还是设置打印参数，都只需要围绕一个目的来做到最好就行了，那就是将你要表达的内容正确、明了地展示给阅读群体。

第6章 数据的获取与链接

- Access和Excel都可用于数据的存储与管理，那么Access中的数据能直接导入Excel中吗?
- 其他文件中的数据能不能直接复制到Excel中呢?
- 怎样让关联的表格数据自动进行更新?
- 表格、图表、文本怎样快速导入Excel？
- 单击某个文本或数据，能不能直接跳转到相关联的数据、工作表或工作簿呢?

本章将通过数据的导入与超链接的使用，讲解在Excel中获取数据的方法及链接数据、工作表或工作簿的方法。

6.1 导入数据

在使用Excel 2021 的过程中，或许需要将其他软件制作的文件或其他设备生成的数据“放”到Excel中。这就需要学习将相关文件导入Excel的方法。本节主要介绍从Access、网站、文本获取外部数据，以及使用现有链接获取外部数据的方法。通过学习，读者需要掌握使用链接与嵌入的方式导入其他Office组件中的文件到Excel中的具体方法，以便简化后期的表格制作过程。

6.1.1 软件之间的关联性与协作

在计算机中，人们可以应用的软件非常丰富，不同的软件，开发者不同、开发目的和应用的方向也不相同，甚至具有相同功能的软件可能有许多款，用户在针对不同应用需求选购软件时，选择范围也会很广泛。

在现代企业中，无纸化办公、信息化、电子商务等高新技术的应用越来越广泛，对于各类软件的需求也越来越多。例如，公司可能会有内部的OA办公系统、账务管理系统、收银系统、进销存管理系统、电子商务平台、ERP/SAP系统等，或者有一些专业的应用软件，如金碟财务、用友A8、数据库等。

由于不同软件的侧重点不相同，提供的功能也就有很大的差别，如普通的OA系统主要应用于公司内部文件的流通和流程处理，虽然提供了文件发布及文档编辑功能，但它提供的文档编辑或表格处理功能相对于Word和Excel来说就过于简单了。要制作出专业的表格或图表，还是需要使用Word和Excel软件。

要提高工作效率，首先需要了解各款软件的作用及特点，掌握各款软件在不同应用中的重点功能。在完成某项工作时，合理地应用不同的软件完成工作中的不同部分，才能提高工作效率。

例如，要编写一个销售报告，报告中除了文字及排版样式外，还会用到许多的数据和图表等元素，此时，可以应用Excel创建数据表格、制作图表，并将这些数据表格和图表应用到Word中，从而提高工作效率。

又如，ERP系统为人们提供了信息化的综合性的企业管理功能，企业管理相关的各类信息都会存放到数据库，而系统中可能只提供了一些特定的数据分析和报表功能，如果要使用更灵活的方式来筛选数据、分析数据，此时可以将数据库中需要的数据导入Excel中，利用Excel强大的数据计算和分析功能来自行创建各类统计报表。

再如，现代化的企业中，员工的考勤记录基本上都会采用打卡设备来采集，而采集的数据很多时候还需要进一步的分析和统计，同样可以运用Excel来处理这些数据。

当然，在应用多种软件来完成工作时，只有先了解了这些软件的特点，才可能合理地应用这些软件。如果不了解Excel软件的特点是数据处理和统计分析，而应用Excel来做文档的编辑和排版，相信这样工作效率将极其低下。了解软件的特点后，合理地应用各软件的强项，便可达到提高工作效率的目的。

另外，现代化的办公应用中，可能还会用到一些现代化的仪器和设备，有些设备是用来采集数据的，有些设备又有着其他的应用目的。因此，还需要了解工作中可能会用到的各种设备，包括设备用途、导出或导入时所支持的文件格式等，当然也包括日常生活中用到的一些设备，如智能手机、平板电脑等，这些设备支持哪些文件格式，将做好的文档或表格保存成什么样的格式可以方便用户在手机上查阅甚至编辑，手机中的通讯录如何导入Excel中进行分析等。

★重点 6.1.2 实战：从 Access 获取产品订单数据

实例门类	软件功能

Microsoft Access程序是Office软件中常用的另一个组件，是一种更专业、功能更强大的数据处理软件，它能快速地处理一系列数据，主要用于大型数据的存放或查询等。

在实际工作中，由于个人处理数据所习惯使用的软件不同，可能会遇到某些人习惯使用Access软件，某些人习惯使用Excel软件，导致查看数据时需要在Excel和Access两款软件之间进行转换。也有可能用户所在的部门或工作组在处理数据时经常会既使用Access又使用Excel，也需要在Excel和Access两款软件之间进行转换。

一般情况下会在Access数据库中存储数据，但又需要使用Excel来分析数据和绘制图表。因此，经常需要将Access数据库中的数据导入Excel中。这时，可以通过下面的4种方法来实现数据的导入。

1. 复制粘贴法

如果只是临时需要将Access中的数据应用到Excel中，可以通过复制粘贴的方法进行获取。与在工作表中复制数据一样，先从Access的数据表视图复制数据，然后将数据粘贴到Excel工作表中。

通过使用复制粘贴法，将【超市产品销售】数据库中的数据复制到工作簿中，具体操作步骤如下。

Step01 复制Access软件中的数据。启动Access 2021，打开包含要复制记录的数据库，这里打开素材文件\第6章\超市产品销售.accdb，❶在【表】任务窗格中双击【超市产品列表】选项，打开该数据表，系统自动切换到数据表视图模式，❷选择需要复制的前面几条记录，❸单击【开始】选项卡【剪贴板】组中的【复制】按钮，如图6-1所示。

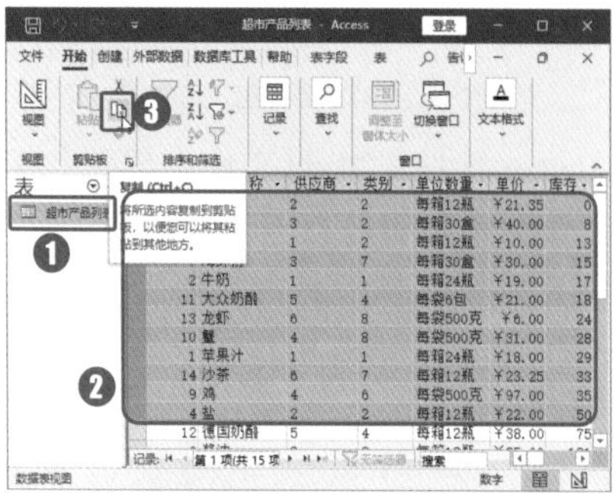

图 6-1

技术看板

Office剪贴板是所有Office组件程序的共享内存空间。任何Office组件程序之间，Office剪贴板都能帮助它们进行信息复制。

Step02 粘贴复制的数据。启动Excel 2021，在新建的空白工作簿中选择要显示第一个字段名称的单元格，这里选择A1单元格，单击【开始】选项卡【剪贴板】组中的【粘贴】按钮，即可将复制的Access数据粘贴到Excel中，并以【超市产品销售】为名进行保存，如图6-2所示。

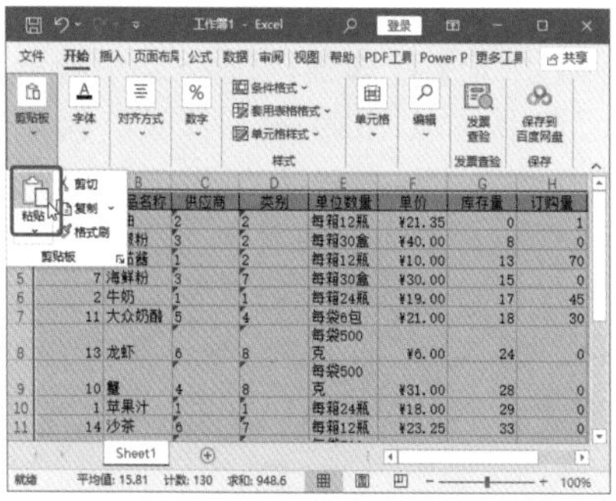

图 6-2

技术看板

由于Excel和Access都不提供利用Excel数据创建Access数据库的功能。因此不能将Excel工作簿保存为Access数据库。

2. 使用【打开】命令

在Excel中可以直接打开Access软件制作的文件，使用【打开】命令即可像打开工作簿一样打开Access文件，并可查看和编辑其中的数据。

例如，使用【打开】命令，在Excel中打开【产品订单数据库】文件，具体操作步骤如下。

Step 01 选择打开范围。❶在【文件】选项卡中执行【打开】命令，❷在中间栏中选择【浏览】选项，如图6-3所示。

图 6-3

Step 02 选择需要打开的文件。❶打开【打开】对话框，选择需要打开的数据库文件的保存位置，❷在【文件名】文本框右侧的下拉列表框中选择【所有文件】选项，❸在中间的列表框中选择需要打开的文件，❹单击【打开】按钮，如图6-4所示。

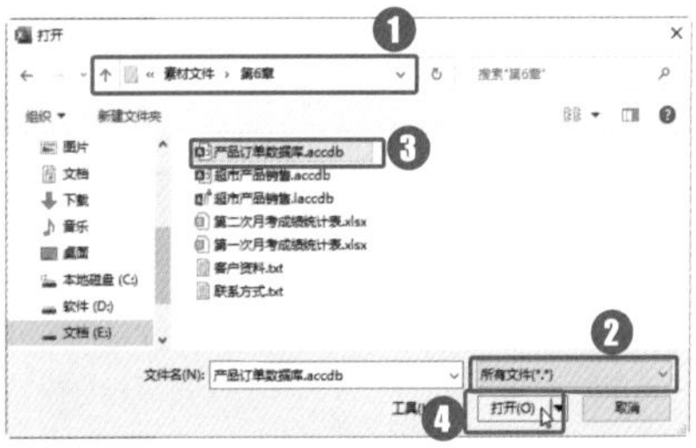

图 6-4

Step 03 启用数据连接。打开提示对话框，单击【启用】按钮继续连接数据，如图6-5所示。

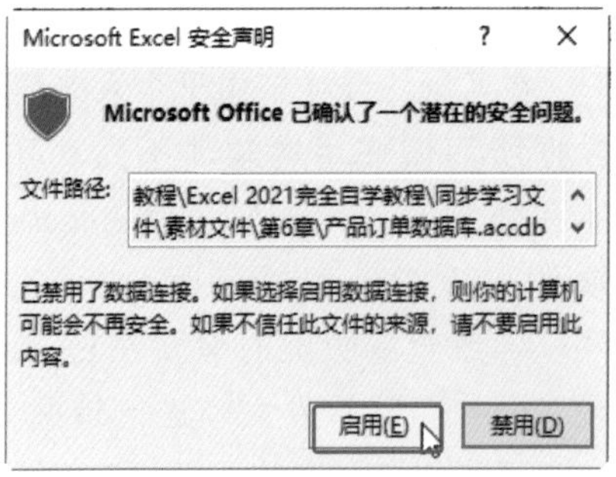

图 6-5

技术看板

通过【打开】对话框在Excel中打开Access文件时，Microsoft会自动打开【Microsoft Excel安全声明】对话框，提示用户已经禁止了数据连接，如果是信任的文件来源，可以单击【启用】按钮启用数据连接功能。如果用户不信任该文件，一定要记得单击【禁用】按钮，否则，连接数据后将对计算机产生数据安全威胁。

Step 04 选择数据表。由于打开的数据库中包含了多个数据表。因此会打开【选择表格】对话框，❶在其中选择要打开的数据表，这里选择【订单明细】选项，❷单击【确定】按钮，如图6-6所示。

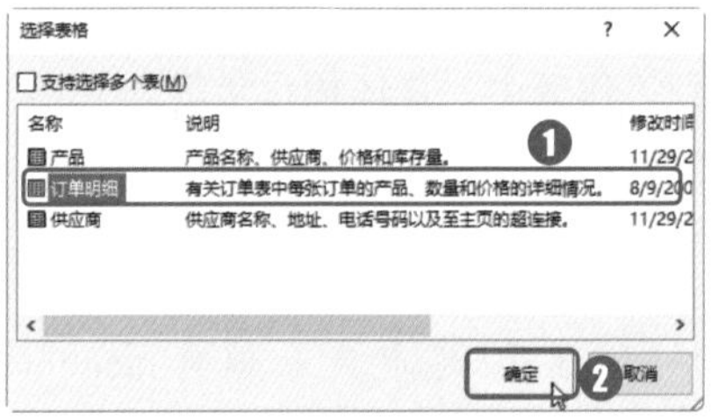

图 6-6

Step 05 设置数据的显示方式和导入位置。打开【导入数据】对话框，❶在【请选择该数据在工作簿中的显示方式】栏中根据导入数据的类型需要选择相应的显示方式，这里选中【表】单选按钮，❷单击【确定】按钮，如图6-7所示。

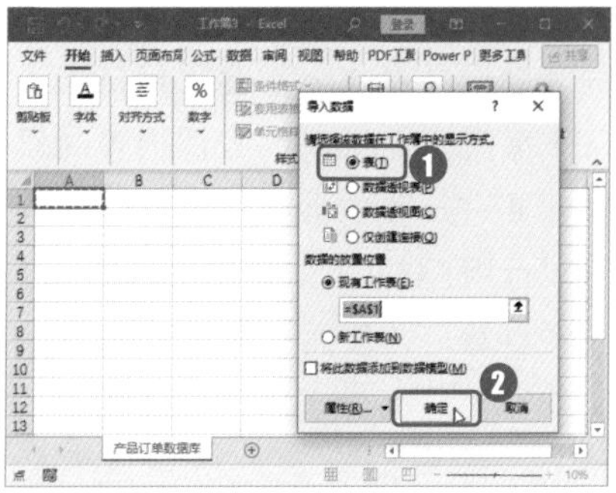

图 6-7

技能拓展——在Access中导出数据

通过使用Access中的导出向导功能，可以将一个Access数据库对象（如表、查询或窗体）或视图中选择的记录导入Excel工作表中。在执行导出操作时，还可以保存详细信息以备将来使用，甚至可以制订计划，让导出操作按指定时间间隔自动进行。

Step 06 查看打开的数据表效果。返回Excel界面中即可看到打开的Access数据表，并以【产品订单数据】为名进行保存，效果如图6-8所示。

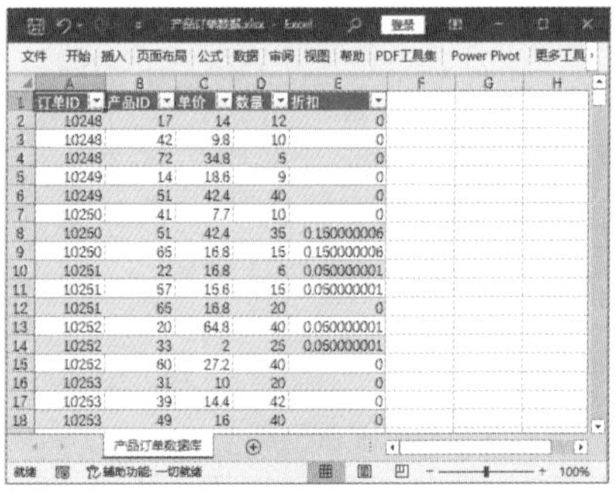

图 6-8

技术看板

在工作簿中导入外部数据库中的数据时，将激活【表设计】选项卡。在该选项卡中可以修改插入表格的表名称、调整表格的大小、导出数据、刷新、取消链接、调整表格样式选项的显示与否，以及设置表格样式等。

3. 执行【获取数据】命令

Excel的导入外部数据功能非常强大，可以实现动态查询，如要在Excel中定期分析Access中的数据，不需要从Access反复复制或导出数据。因为当原始Access数据库使用新信息更新时，可以自动刷新包含该数据库中数据的Excel工作簿。

例如，要执行【获取数据】命令获取能实现动态查询的产品订单数据的透视表，具体操作步骤如下。

Step01 执行【获取数据】操作。新建一个空白工作簿，选择A1单元格作为存放Access数据库中数据的起始单元格，❶单击【数据】选项卡【获取和转换数据】组中的【获取数据】下拉按钮，❷在弹出的下拉菜单中选择【来自数据库】选项，❸在弹出的级联菜单中选择【从Microsoft Access数据库】选项，如图6-9所示。

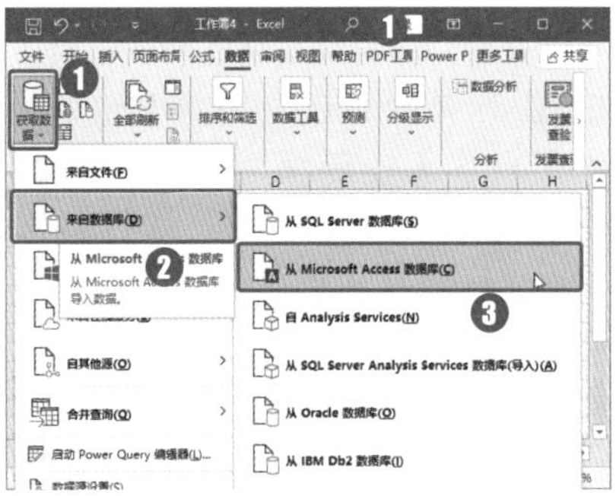

图 6-9

Step02 选择导入的文件。打开【导入数据】对话框，❶选择需要打开的数据库文件的保存位置，❷在中间的列表框中选择需要导入的文件，❸单击【导入】按钮，如图6-10所示。

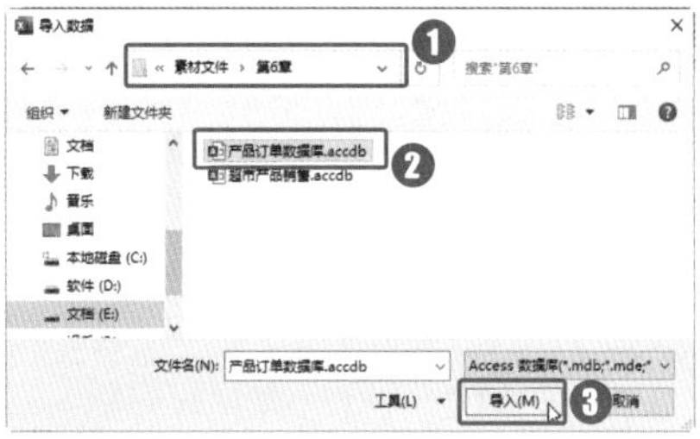

图 6-10

Step03 选择需要加载到Excel的数据表。开始连接Access数据库，打开【导航器】对话框，❶选择需要的数据表，这里选择【供应商】选项，❷在右侧将显示数据表中的内容，单击【加载】按钮右侧的下拉按钮⌄，❸在弹出的下拉菜单中选择【加载到】选项，如图6-11所示。

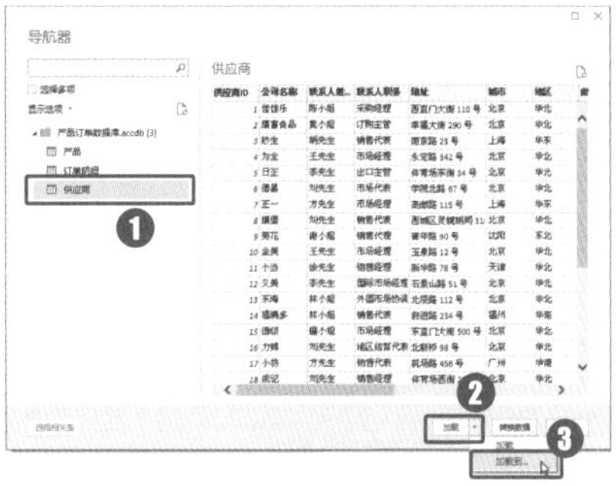

图 6-11

Step04 设置数据放置位置。打开【导入数据】对话框，❶在【数据的放置位置】栏中选中【现有工作表】单选按钮，❷其余保持默认设置，单击【确定】按钮，如图6-12所示。

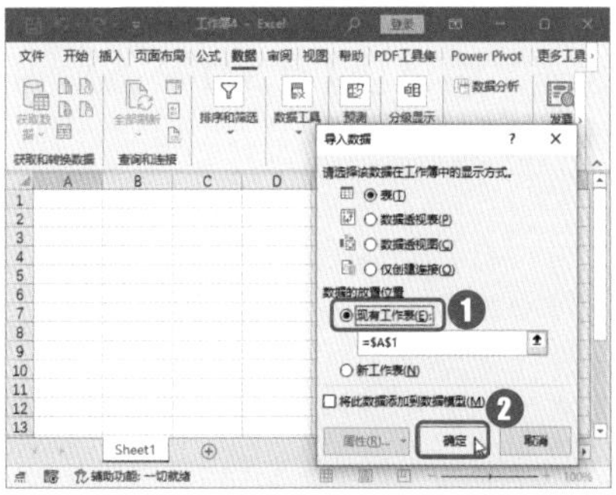

图 6-12

技术看板

在【导入数据】对话框中的【请选择该数据在工作簿中的显示方式】栏中选中【表】单选按钮可将外部数据创建为一张表，方便进行简单排序和筛选；选中【数据透视表】单选按钮可创建为数据透视表，方便通过聚合及合计数据来汇总大量数据；选中【数据透视图】单选按钮可创建为数据透视图，以方便用可视方式汇总数据；若要将所选连接存储在工作簿中以供以后使用，需要选中【仅创建连接】单选按钮。

在【数据的放置位置】栏中选中【现有工作表】单选按钮，可将数据返回到选择的位置；选中【新工作表】单选按钮，可将数据返回新工作表的第一个单元格。

Step05 上传数据。在Excel中打开【查询&连接】任务窗格，开始连接数据源，并上传数据表中的数据，上传完成后，将显示在Excel工作表中，并以【产品供应商列表】为名进行保存，效果如图6-13所示。

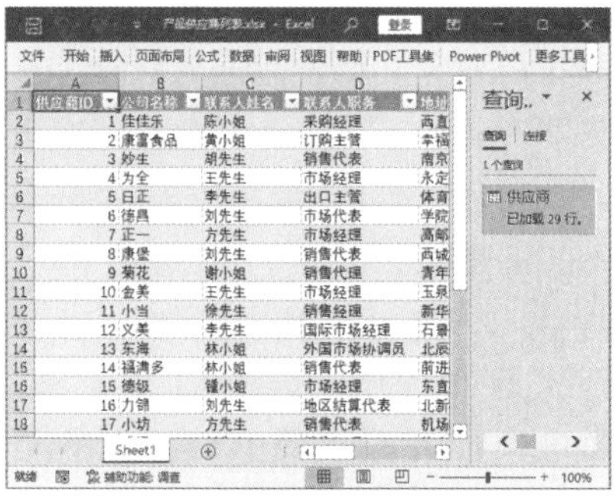

图 6-13

技能拓展——更新数据

当Access数据表中的数据进行更改后，导入上传到Excel中的数据不会自动更新，但可以单击【表设计】选项卡【外部表数据】组中的【刷新】按钮进行更新。

4. 执行【对象】命令

Office 2021 中的各个组件之间除了通过链接方式实现信息交流外，还可以通过嵌入的方式来实现协同工作。

链接数据和嵌入数据两种方式之间的主要区别在于源数据的存储位置，以及将数据导入Excel目标文档后的更新方法。链接的数据存储于源文档中，目标文档中仅存储文档的地址，并显示链接数据的外部对象。链接数据后的源文档大小变化不大，只有在修改源文档时才会更新信息；而嵌入的数据会成为目标文档中的一部分，一旦插入就不再与源文档有任何联系。在源程序中双击嵌入的数据就可以打开它的宿主程序并对它进行编辑。

例如，为了完善和丰富表格内容，有时需要嵌入其他组件中的文件到Excel中。在Excel中可以嵌入*.dbf、文本文件、网页文件、Word、PowerPoint、Access等类型的对象。要使用嵌入对象，首先要在其中新建嵌入对象。这里通过执行【对象】命令在Excel中嵌入Access对象，具体操作步骤如下。

Step01 单击【对象】按钮。❶新建一个空白工作簿，选择A1单元格，❷单击【插入】选项卡【文本】组中的【对象】按钮，如图6-14所示。

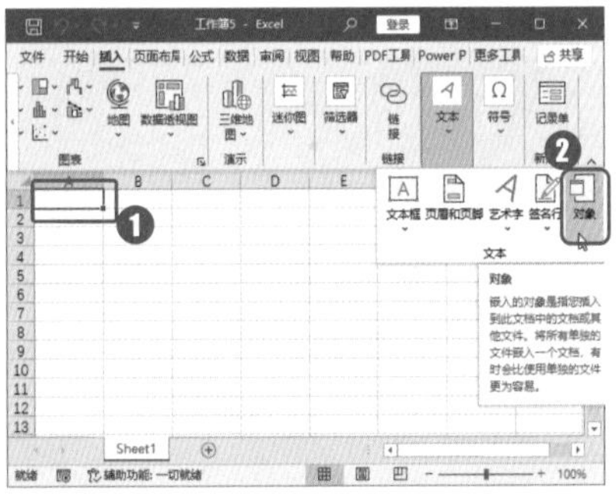

图 6-14

Step02 单击【浏览】按钮。打开【对象】对话框，❶选择【由文件创建】选项卡，❷单击【文件名】文本框右侧的【浏览】按钮，如图6-15所示。

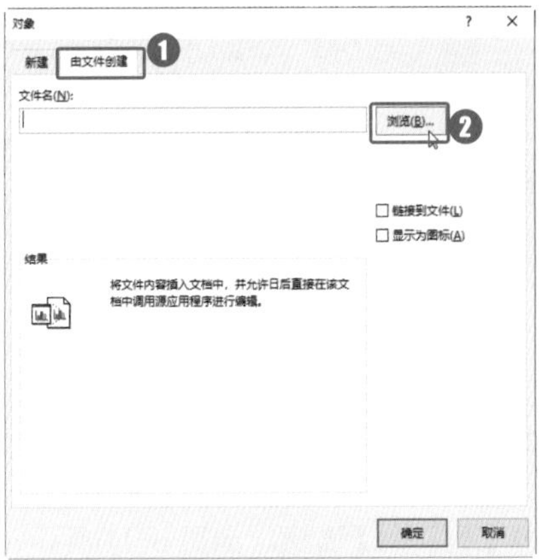

图 6-15

Step03 选择插入的文件。打开【浏览】对话框，❶选择需要插入的文件【超市产品销售】，❷单击【插入】按钮，如图6-16所示。

图 6-16

Step04 设置对象链接。返回【对象】对话框，❶选中【链接到文件】复选框，❷单击【确定】按钮，如图6-17所示。

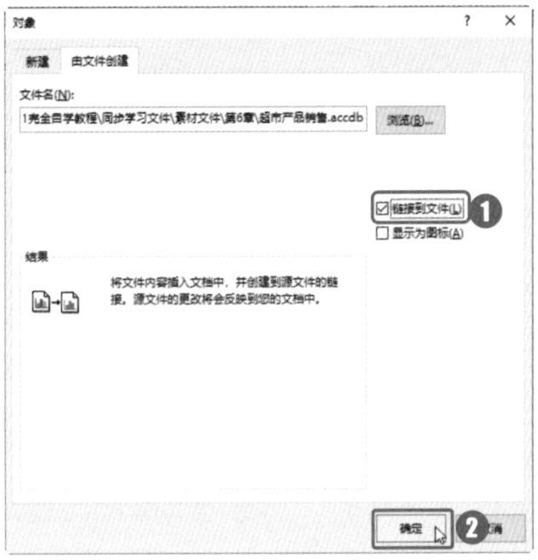

图 6-17

Step05 双击对象图标。返回工作表中即可看到插入工作表中的图标对象，如图6-18所示。双击插入的图标对象。

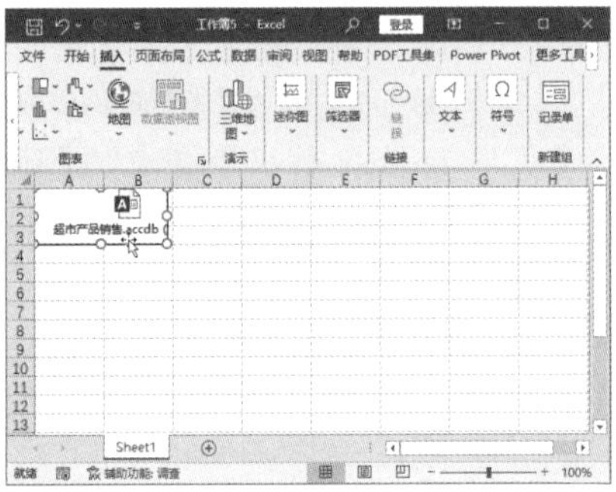

图 6-18

Step06 打开源文件。打开【打开软件包内容】对话框，单击【确定】按钮，如图6-19所示，即可启动Access软件打开该图标对象所指的源文件。

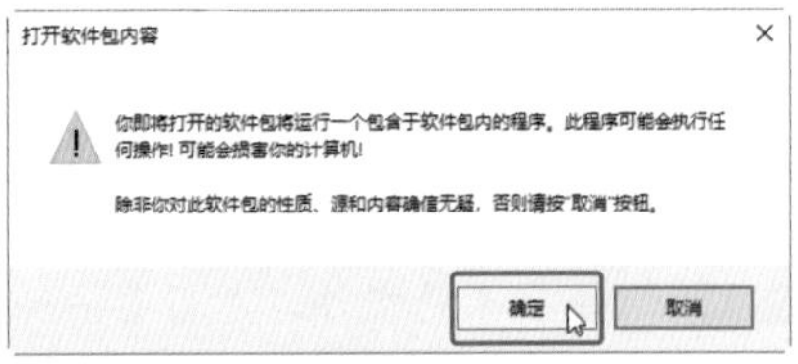

图 6-19

技能拓展——在 Excel 中插入 Word 文本

在Excel中插入的外部文件多为.prn、.txt、.csv格式，如果需要插入Word文档格式的文件，需通过【对象】对话框中的【由文件创建】插入。而在【对象】对话框中的【新建】选项卡中提供了插入Word文档的选项，选择需要的对象类型，可在工作表中新建该对象，使用Word的编辑模式进行输入。完成后单击任意单元格退出Word编辑模式。需要修改时，可双击该单元格，或在该单元格上右击，在弹出的快捷菜单中执行【文档对象-编辑】命令，进入编辑模式。

6.1.3 实战：将公司网站数据导入工作表

实例门类	软件功能

如果用户需要将某个网站的数据导入Excel工作表中，可以使用【打开】对话框，也可以执行【对象】命令，还可以使用【数据】选项卡中的【自网站】功能来实现。

例如，将网页中的【库存产品明细表】数据导入工作表，具体操作步骤如下。

Step01 利用【自网站】按钮操作。❶新建一个空白工作簿，选择A1单元格，❷单击【数据】选项卡【获取和转换数据】组中的【自网站】按钮，如图6-20所示。

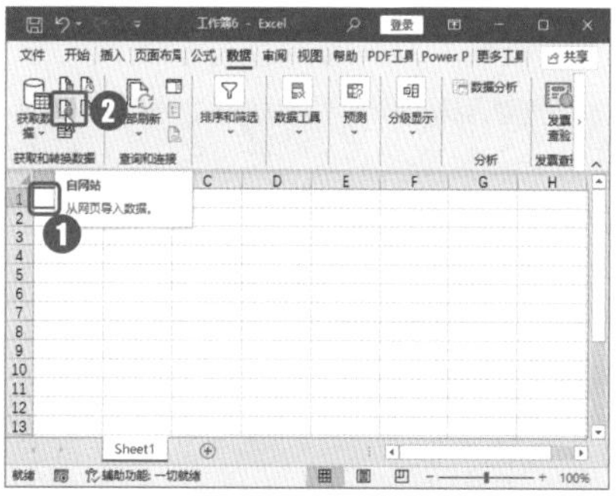

图6-20

Step02 输入网址。❶在URL地址栏中复制粘贴需要导入数据的网址，如粘贴https://baike.baidu.com/item/%E9%99%B6%E7%93%B7%E6%9D%90%E6%96%99/4551332?fr=aladdin，❷单击【确定】按钮，如图6-21所示。

图6-21

Step03 加载数据。打开【导航器】对话框，❶选择需要的表，❷单击【加载】按钮，如图6-22所示。

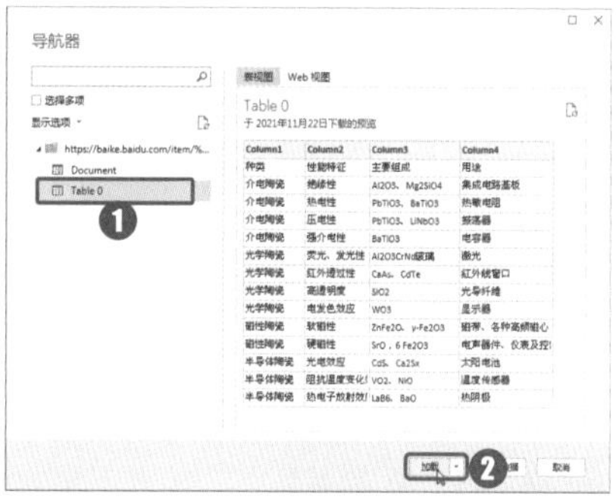

图6-22

Step04 查看导入的数据。经过以上操作，即可将当前网页中的数据导入工作表中，并以【陶瓷材料数据】为名保存该工作簿，效果如图6-23所示。

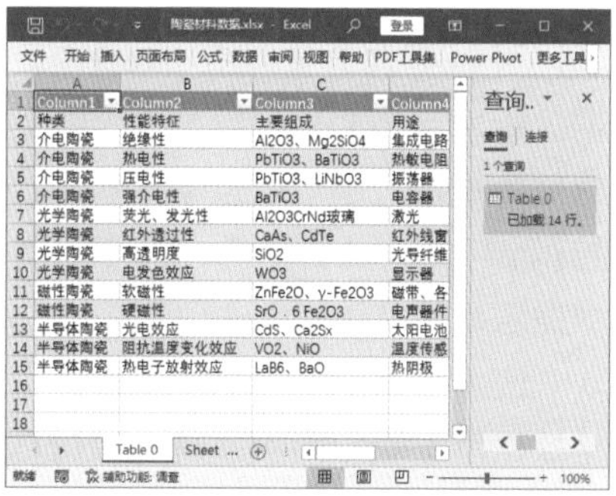

图6-23

6.1.4 实战：从文本中获取联系方式数据

实例门类	软件功能

在Excel 2019之前的版本中，使用【数据】选项卡下的导入文本数据功能，会自动打开文本导入向导对话框。在Excel 2019软件后，使用导入文本数据功能，打开的是Power Query编辑器，通过编辑器可以更加方便地导入文本数据。

这里以导入【联系方式】文本中的数据为例，讲解文本导入方法，具体操作步骤如下。

Step01 选择从文本中导入数据的方法。新建一个空白工作簿，选择A1单元格，单击【数据】选项卡【获取和转换数据】组中的【从文本/CSV】按钮，如图6-24所示。

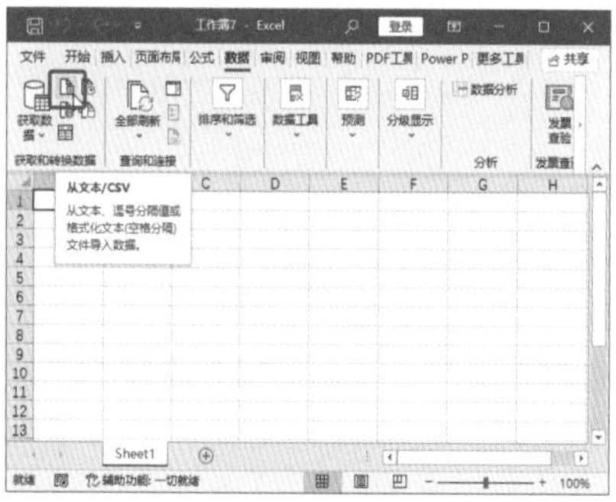

图6-24

Step02 选择要导入的文本。打开【导入数据】对话框，❶选择文本文件存放的路径，❷选择需要导入的文件，这里选择【联系方式】文件，❸单击【导入】按钮，如图6-25所示。

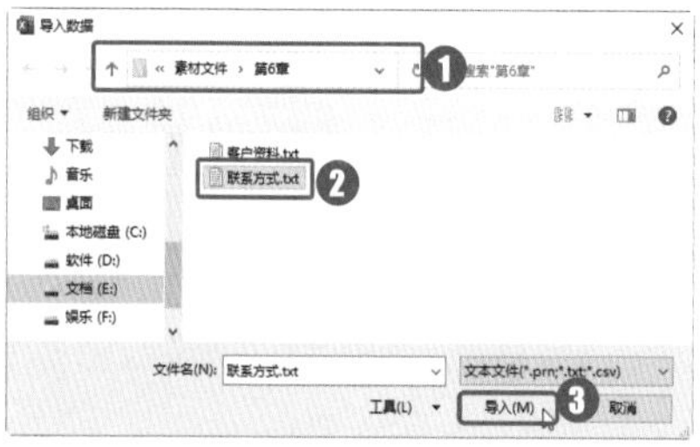

图6-25

Step03 进入数据编辑状态。此时可以初步预览文本数据，单击【转换数据】按钮，以便对文本数据进一步调整，如图 6-26 所示。

图 6-26

Step04 编辑字段名称。打开Power Query编辑器，选择第 1 列第 1 个单元格中的字段名，将其更改为【姓名】，如图 6-27 所示。

图 6-27

Step05 单击【关闭并上载】按钮。❶用同样的方法，完成其他列字段名的修改，❷单击【开始】选项卡【关闭】组中的【关闭并上载】按钮，如图 6-28 所示。

图 6-28

技术看板

在Power Query编辑器中主要是对表格行列中的数据进行查询、添加、格式转换及管理等。

Step06 查看成功导入的数据。返回Excel中，便可以看到成功导入的文本数据，保存工作簿文件，并命名为【联系方式】，效果如图 6-29 所示。

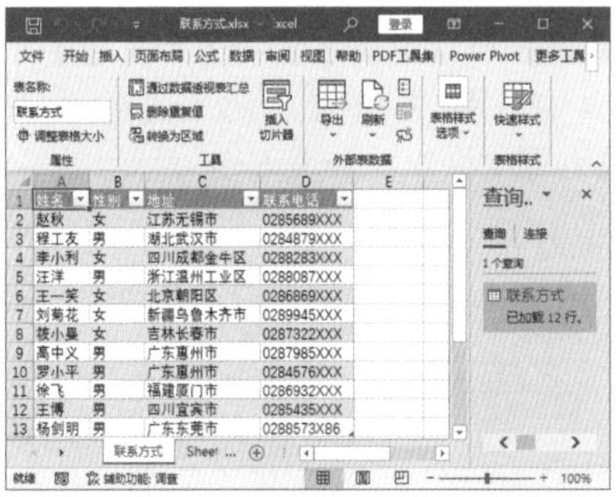

图 6-29

6.1.5 实战：使用现有连接获取产品订单数据

实例门类	软件功能

在Excel 2021 中单击【获取和转换数据】组中的【现有连接】按钮，可使用现有连接获取外部数据，这样就不用再重复复制数据了，可以更加方便地在Excel中定期分析所连接的外部数据。连接到外部数据后，还可以自动刷新来自数据源的Excel工作簿，而不论该数据源是否有新信息进行了更新。

使用现有连接功能将【产品订单数据库】文件中的【订单明细】数据表连接到Excel中，具体操作步骤如下。

Step01 单击【现有连接】按钮。❶新建一个空白工作簿，并以【产品订单】为名进行保存。❷选择A1 单元格，❸单击【获取和转换数据】组中的【现有连接】按钮，如图 6-30 所示。

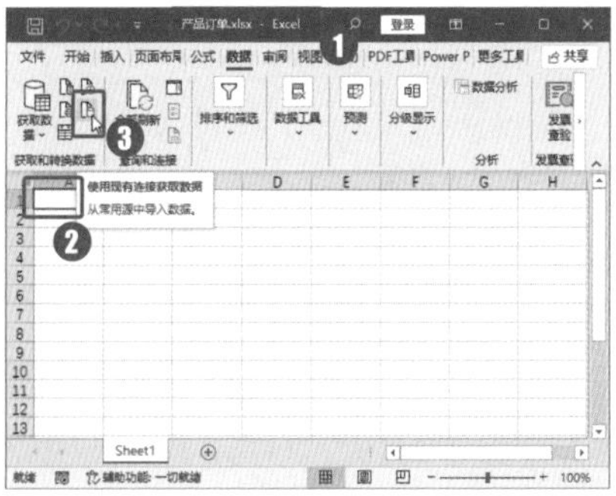

图 6-30

Step02 选择连接文件。打开【现有连接】对话框，❶在【显示】下拉列表中选择【此计算机的连接文件】选项，❷在下方的列表框中选择需要连接的外部文档，这里选择【产品订单数据库 订单明细】选项，❸单击【打开】按钮，如图 6-31 所示。

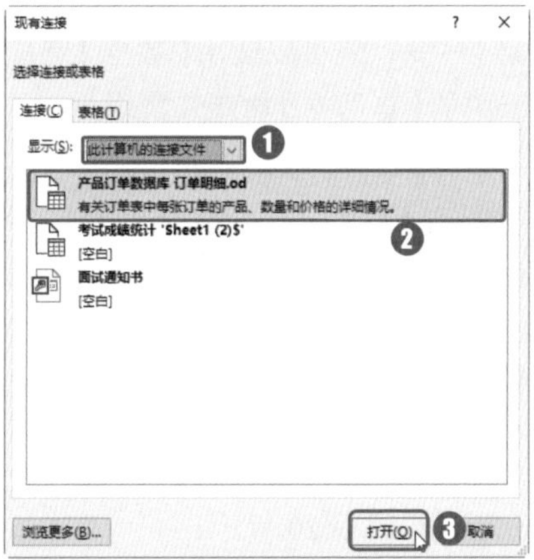

图 6-31

技术看板

Excel中导入所有外部文件都可以使用连接与嵌入的方式进行导入。

Step03 设置数据放置位置。打开【导入数据】对话框，❶选中【现有工作表】单选按钮，并选择存放数据的起始位置，如A1 单元格，❷单击【确定】按钮，如图 6-32 所示。

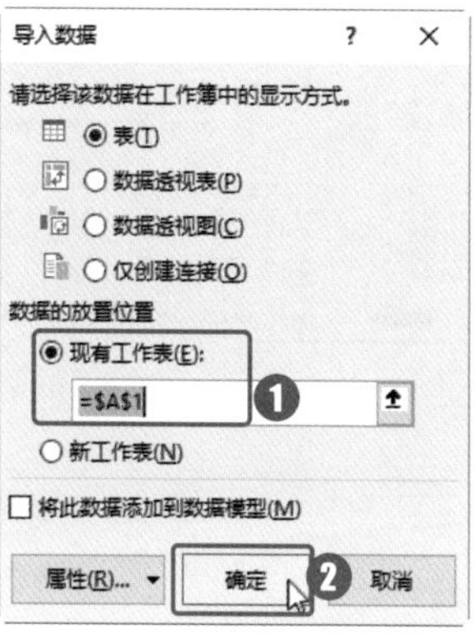

图 6-32

Step04 查看连接的数据。经过以上操作，即可在工作表中看到获取的外部产品订单明细数据，如图 6-33 所示。

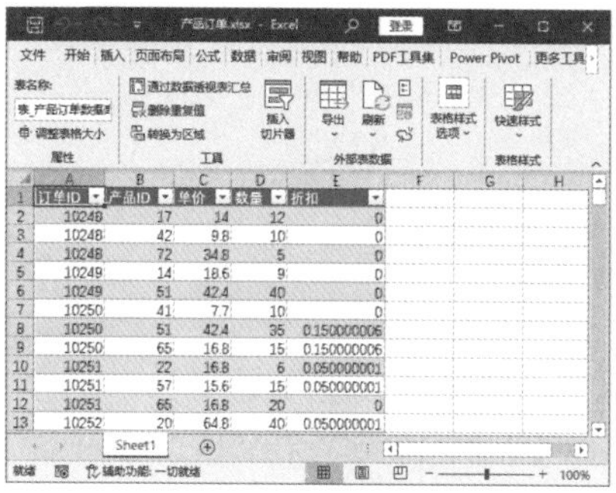

图 6-33

6.1.6 实战：通过【数据】选项卡设置数据导入

实例门类	软件功能

Excel 2021 的数据导入方式和之前的版本有所不同。考虑到用户的使用习惯，Excel 2021 在【Excel 选项】对话框中增加了【数据】选项卡。用户可以在该选项卡中，选择显示旧数据的导入向导，从而使用之前版本的数据导入方式。通过【数据】选项卡设置数据导入方式的具体操作步骤如下。

Step01 打开【Excel 选项】对话框。启动 Excel 软件，选择【文件】选项卡中的【选项】选项，如图 6-34 所示。

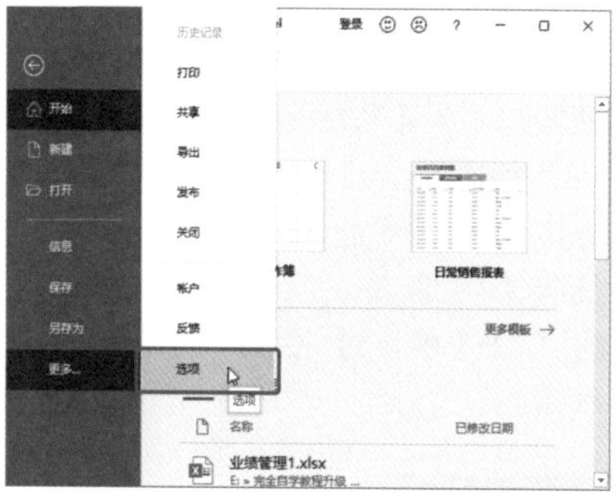

图 6-34

Step02 选择数据导入选项。❶在打开的【Excel 选项】对话框中选择【数据】选项卡。❷在【显示旧数据导入向导】栏中选择需要的数据导入方式，如这里选中【从文本（T）（旧版）】复选框，❸单击【确定】按钮，如图 6-35 所示。

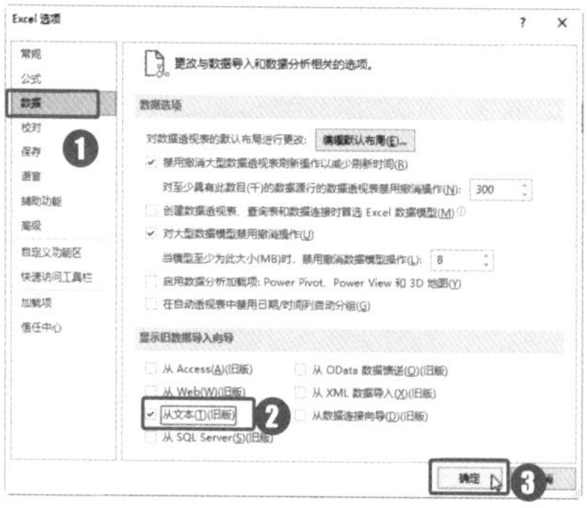

图 6-35

Step03 查看添加的功能。回到 Excel 中就可以使用旧版的导入文本功能了。如图 6-36 所示，❶选择【获取数据】下拉菜单中的【传统向导】选项，❷可以看到新增加的【从文本（T）（旧版）】功能。

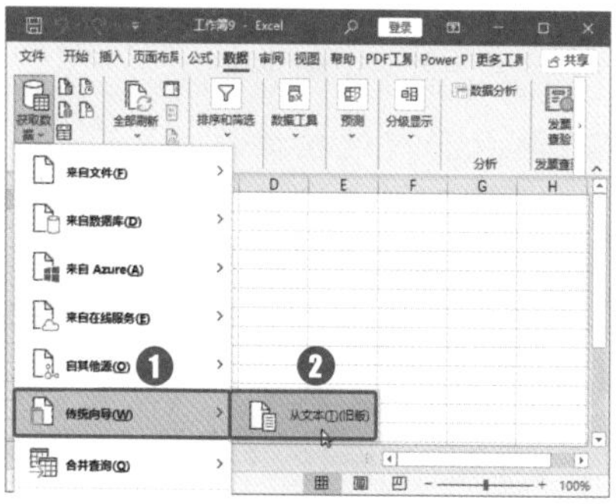

图 6-36

6.2 使用超链接

在浏览网页时，如果单击某些文字或图形，就会打开另一个网页，这就是超链接。Excel 2021 中也提供了链接到 Internet 网址及电子邮件地址等内容的功能，轻松实现跳转。超链接实际是为了快速访问而创建的指向一个目标的链接关系，在 Excel 中可以链接的目标有图片、文件、Internet 网址、电子邮件地址或程序等。

★重点 6.2.1 实战：在成绩表中插入超链接

实例门类	软件功能

超链接在Excel工作表中表示为带有颜色和下画线的文本或图形，单击后可以打开其他工作表，也可以转向互联网中的文件、文件的位置或网页。超链接还可以转到新闻组或Gopher、Telnet和FTP站点。因此，在编辑Excel时，有时为了快速访问另一个文件中或网页上的相关信息，可以在工作表单元格中插入超链接。

1. 创建指向网页的超链接

在日常工作中，经常需要在Excel工作表中插入链接到某个网页的链接。例如，需要在成绩表中插入链接到联机试卷网页的超链接，具体操作步骤如下。

Step01 执行超链接操作。打开素材文件\第 6 章\第一次月考成绩统计表.xlsx，❶选择A35 单元格，❷单击【插入】选项卡【链接】组中的【链接】按钮，如图 6-37 所示。

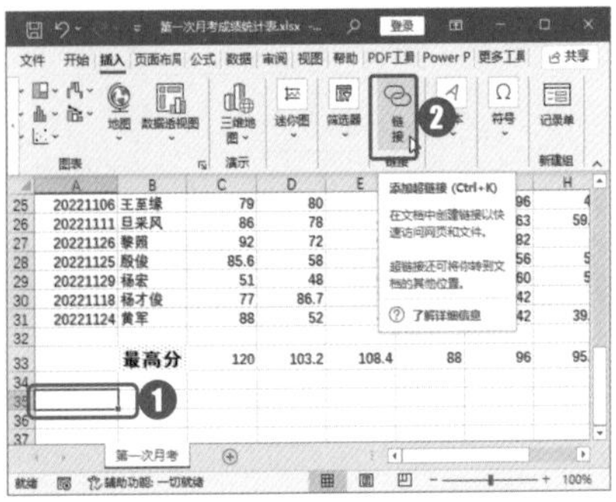

图 6-37

Step02 插入超链接。打开【插入超链接】对话框，❶在【链接到】列表框中选择【现有文件或网页】选项，❷在【地址】下拉列表中输入需要链接的网址，❸此时输入的网址会同时出现在【要显示的文字】文本框中，手动修改其中的内容为要在单元中显示的内容，这里输入【第一次月考的语文试卷】，❹单击【屏幕提示】按钮，如图 6-38 所示。

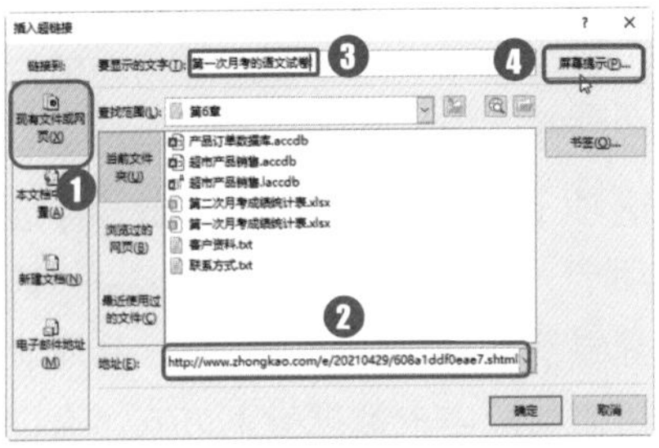

图 6-38

> **技术看板**
>
> 在【插入超链接】对话框左侧可以选择链接的目标为表格中的单元格位置、新建文档和电子邮件地址。

Step03 设置屏幕提示。打开【设置超链接屏幕提示】对话框，❶在文本框中输入将鼠标指针移动到该超级链接上时需要在屏幕显示的文字，❷单击【确定】按钮，如图 6-39 所示。

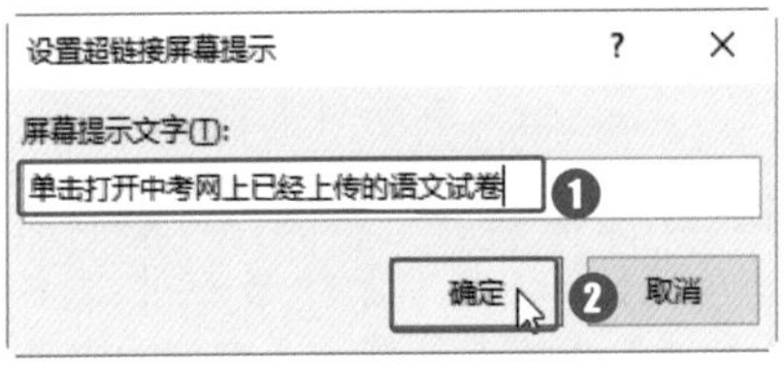

图 6-39

Step04 查看设置的超链接效果。返回【插入超链接】对话框，单击【确定】按钮，返回工作表中，可以看到A35 单元格中显示了【第一次月考的语文试卷】，将鼠标指针移动到该单元格上时，鼠标指针变为👆形状，同时在屏幕上显示提示框和提示的内容，如图 6-40 所示。

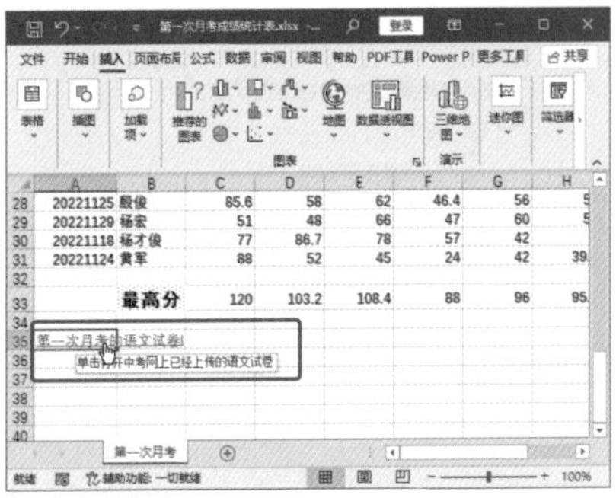

图 6-40

Step05 查看链接到网页的效果。单击该超级链接，将启动浏览器或相应浏览程序并打开设置的网页，如图 6-41 所示。

图 6-41

2. 创建指向现有文件的超链接

如果要为Excel工作表创建指向计算机中的现有文件的超链接，用户可以按照下面的步骤操作。

Step01 执行超链接操作。❶选择A37 单元格，❷单击【插入】选项卡【链接】组中的【链接】按钮，如图 6-42 所示。

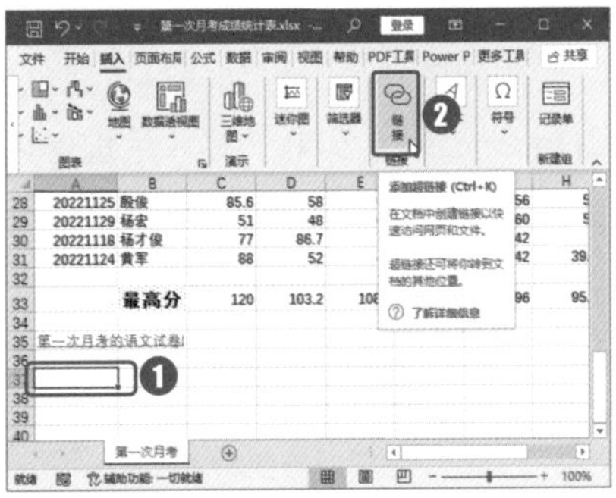

图 6-42

Step 02 设置超链接。打开【插入超链接】对话框，❶在【查找范围】下拉列表中选择需要链接的文件保存的路径，❷在【当前文件夹】列表框中选择要链接的文件，这里选择【第二次月考成绩统计表】选项，此时会在【要显示的文字】文本框和【地址】下拉列表框中同时显示出所选文件的名称，❸单击【确定】按钮，如图 6-43 所示。

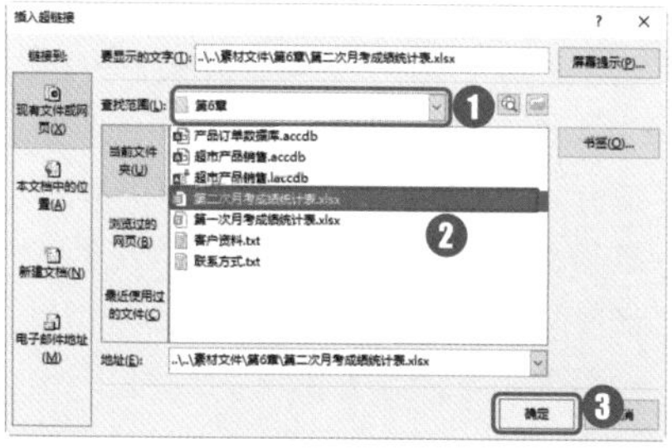

图 6-43

Step 03 查看添加的超链接文本。返回到工作表中，可以看到A37单元格中显示超链接文本，将鼠标指针移动到超链接文本上，就可显示该文件的保存路径和相关提示，如图 6-44 所示。

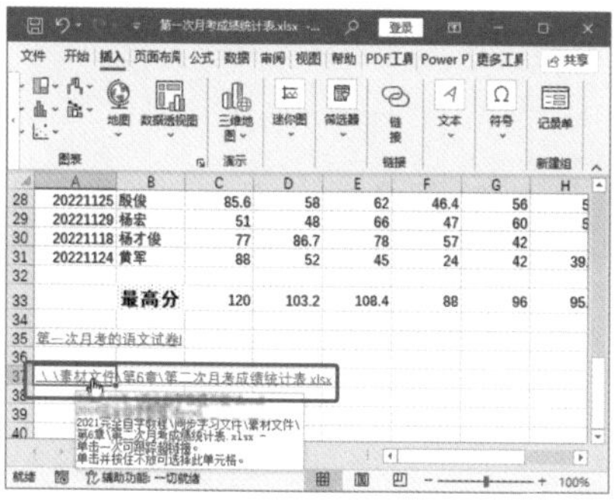

图 6-44

Step 04 链接到文件查看效果。单击该超级链接，将打开【第二次月考成绩统计表】工作簿，效果如图 6-45 所示。

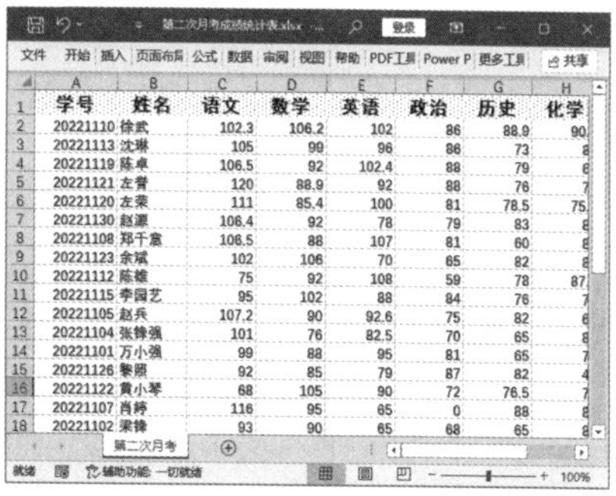

图 6-45

6.2.2 实战：编辑成绩表中的超链接

实例门类	软件功能

创建超链接后，还可以对链接的内容和内容的样式进行编辑，使其符合要求，不过首先应学会如何在不跳转到相应目标的情况下选择超链接。

1. 选择超链接，但不激活该链接

在Excel中选择包含超链接的单元格时容易跳转到对应的目标链接处，如果不需要进行跳转，可将鼠标指针移动到该单元格上单击并按住鼠标左键，片刻后鼠标指针将变成 ✥ 形状，表示在不转向目标链接处的情况下选择该单元格成功，此时可释放鼠标。

2. 更改超链接内容

在插入的超链接中难免会发生错误，如果要对插入的超链接的名称进行修改，也可以在选择包含超链接的单元格后，直接对其中的内容进行编辑；如果要对超链接进行提示信息编辑，则需要在包含该超链接的单元格上右击，在弹出的快捷菜单中选择【编辑超链接】命令，在打开的【编辑超链接】对话框中对超链接进行修改。

3. 更改超链接文本的外观

默认情况下创建的超链接以蓝色带下画线的形式显示，而访问过的超链接则以紫红色带下画线的形式显示。如果对创建的超链接的格式不满意，可以直接选择包含超链接的单元格，然后像编辑普通单元格格式一样编辑其格式。

例如，要使用单元格样式功能快速为成绩表中的超链接设置外观格式，具体操作步骤如下。

Step 01 选择单元格。将鼠标指针移动到A35单元格上单击并按住鼠标左键片刻，直到鼠标指针变成 ✥ 形状时释放鼠标左键，如图 6-46 所示。

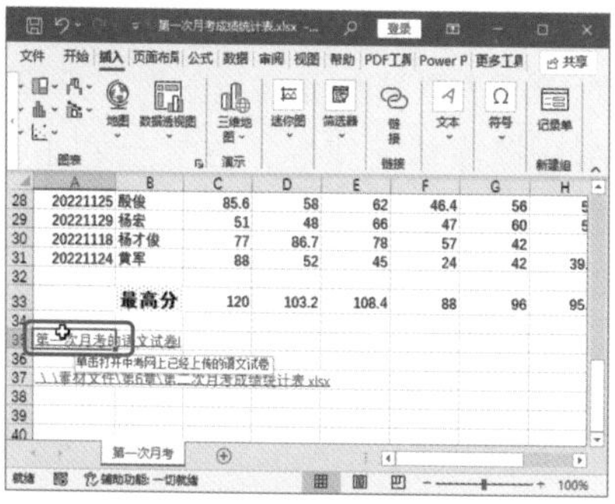

图 6-46

Step 02 设置单元格样式。❶单击【开始】选项卡【样式】组中的【单元格样式】下拉按钮，❷在弹出的下拉菜单中选择需要设置的单元格样式，这里选择【链接单元格】选项，如图 6-47 所示。

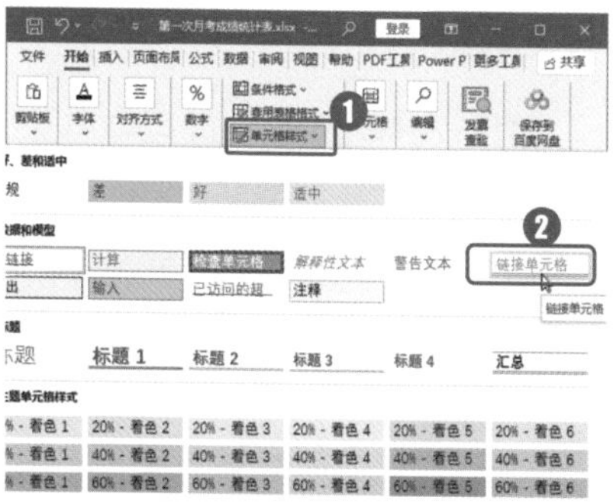

图 6-47

Step03 查看更改后的效果。返回到工作表中，可以看到A35单元格中的内容套用所选单元格样式后的效果，如图6-48所示。

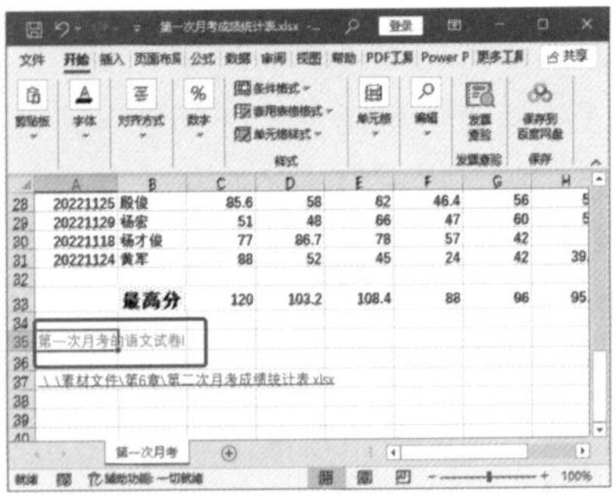

图 6-48

6.2.3 删除超链接

如果插入的超链接没有实际意义，需要在保留超链接中显示内容的情况下取消单元格链接时，只需在选择该单元格后，在其上右击，然后在弹出的快捷菜单中执行【取消超链接】命令即可，如图6-49所示。

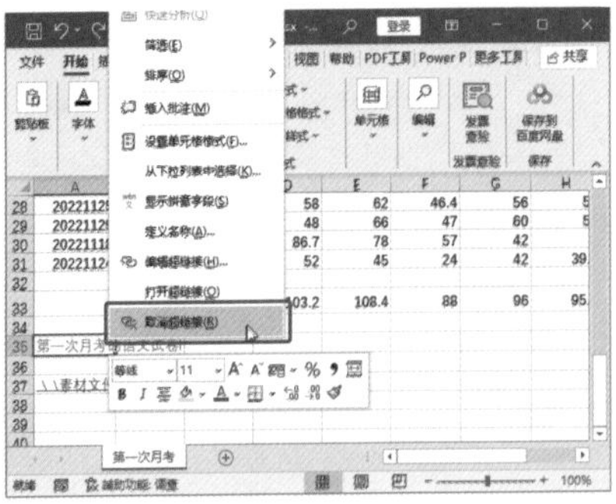

图 6-49

如果要快速删除多个超链接，可以先选择包含这些链接的单元格区域，然后单击【开始】选项卡【编辑】组中的【清除】下拉按钮，在弹出的下拉菜单中选择【删除超链接（含格式）】选项，如图6-50所示。

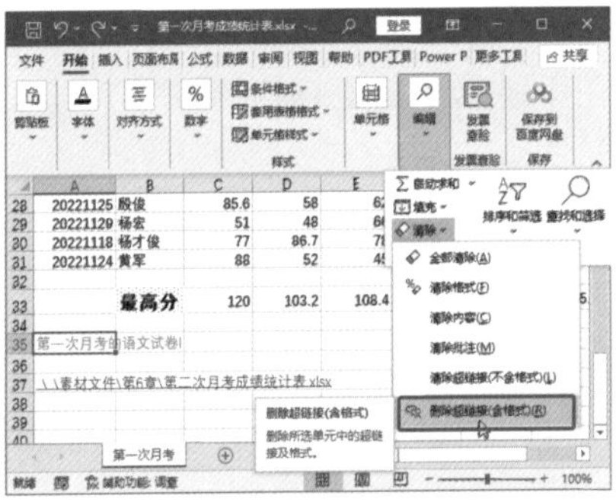

图 6-50

技能拓展——取消输入URL或E-mail地址的超链接功能

如果在单元格中输入URL或E-mail地址后按【Enter】键，即可将输入的内容快速转变为超链接格式。其实，这是设置了自动更正功能中的【键入时自动套用格式】功能，它可以将Internet及网络路径替换为超链接。如果不希望在输入这类内容时进行转换，可取消该功能，也可手动选择输入内容是否进行转换，即在内容输入完毕后，将鼠标指针移动到该单元格中，片刻后单击显示出的【自动更正选项】标记图标，在弹出的下拉菜单中选择【撤消超链接】选项，如图6-51所示。

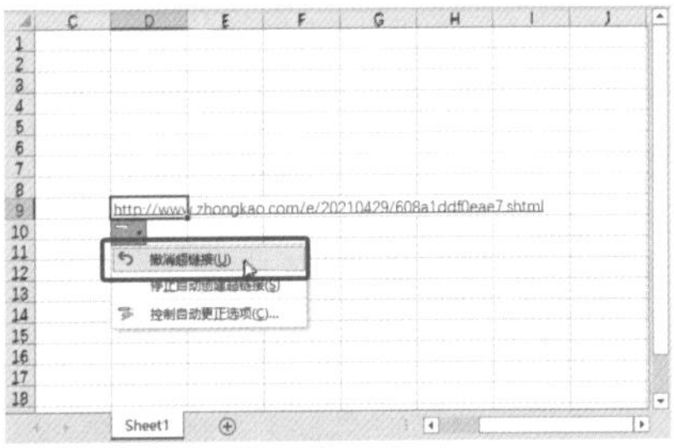

图 6-51

妙招技法

通过前面知识的学习，相信读者已经掌握了在Excel中导入数据和插入超链接的相关操作。下面结合本章内容给大家介绍一些实用技巧。

技巧01：使用文本导入向导导入文本数据

在Excel中，用户可以打开文本文件，通过复制粘贴的方式，将文本中的数据导入Excel表中。这类文本内容的每个数据项之间一般会以空格、逗号、分号、Tab键等作为分隔符，然后根据文本文件的分隔符将数据导入相应的单元格。文本导入向导导入数据的方法可以很方便地使用外部文本数据，避免了手动输入文本的麻烦，具体操作步骤如下。

Step01 复制文本数据。打开素材文件\第6章\客户资料.txt，按【Ctrl+A】组合键，选中所有内容，再右击鼠标，在弹出的快捷菜单中选择【复制】选项，如图6-52所示。

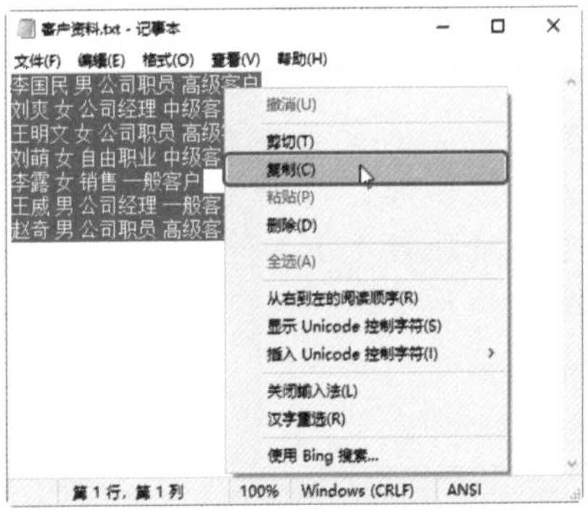

图 6-52

Step 02 选择用文本导入向导导入数据。❶新建一个空白工作簿，保存并命名为“客户资料表.xlsx”，选中A1单元格，表示要将数据导入以这个单元格为开始区域的位置。❷单击【开始】选项卡下的【粘贴】下拉按钮，❸选择下拉菜单中的【使用文本导入向导】选项，如图6-53所示。

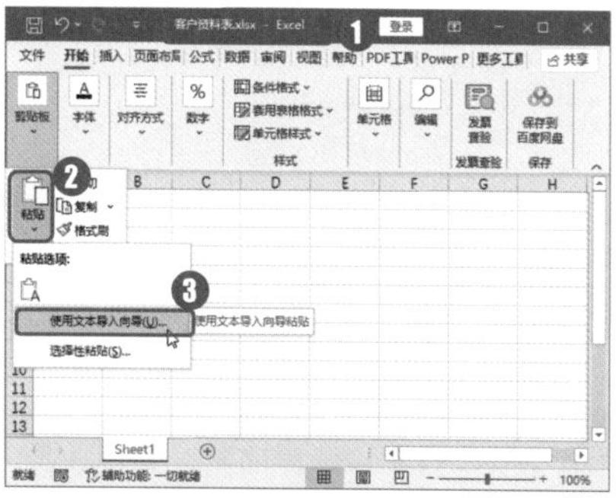

图6-53

Step 03 选择分隔方式。❶在文本导入向导第1步对话框中，选中【分隔符号】单选按钮，因为在记事本中，数据之间是用空格符号进行分隔的。❷单击【下一步】按钮，如图6-54所示。

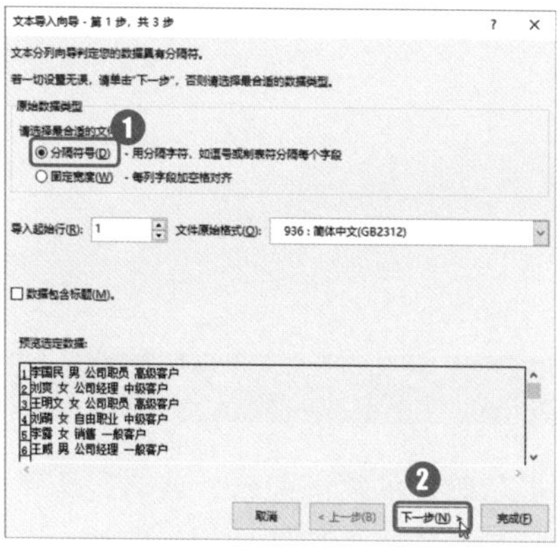

图6-54

Step 04 选择分隔符。❶在文本导入向导第2步对话框中选中【空格】复选框，❷单击【下一步】按钮，如图6-55所示。

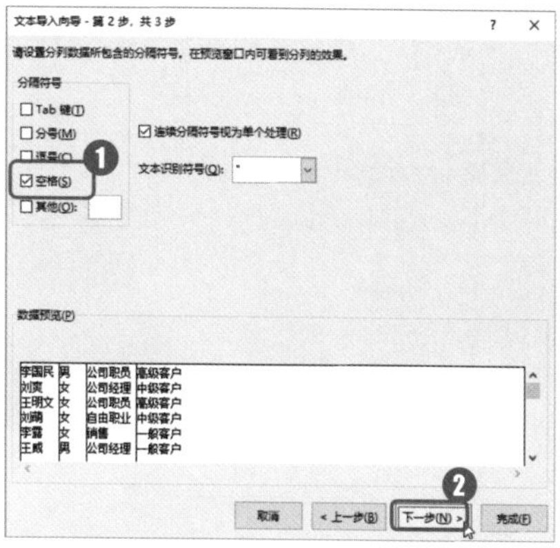

图6-55

技术看板

在导入文本时，选择分隔符号需要根据文本文件中的符号类型进行选择。对话框中提供了Tab键、分号、逗号及空格等分隔符号供选择，如果在提供的类型中没有相应的符号，可以在【其他】文本框中输入，然后再进行导入操作。用户可以在【数据预览】栏中查看分隔的效果。

Step 05 完成导入向导。在文本导入向导第3步对话框中单击【完成】按钮，如图6-56所示。

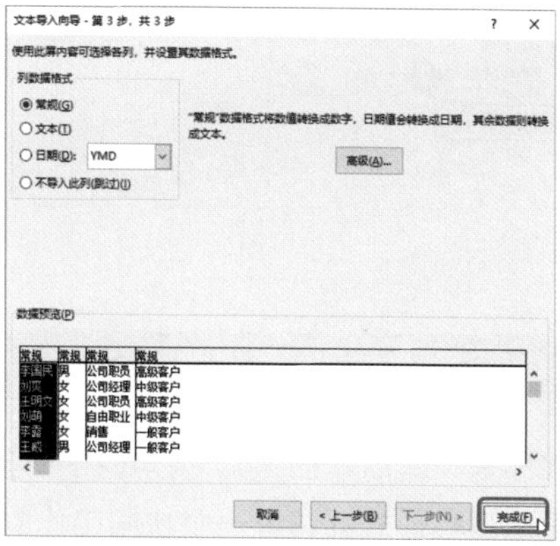

图6-56

技术看板

默认情况下，所有数据都会设置为【常规】格式，该数据格式可以将数值转换为数字格式，日期值转换为日期格式，其余数据转换为文本格式。如果导入的数据长度大于或等于11位时，为了数据的准确性，要选择导入为【文本】类型。

Step 06 查看数据导入效果。此时就完成了文本数据的导入，效果如图6-57所示，会发现记事本的数据成功导入表格中，并且根据空格自动分列显示。

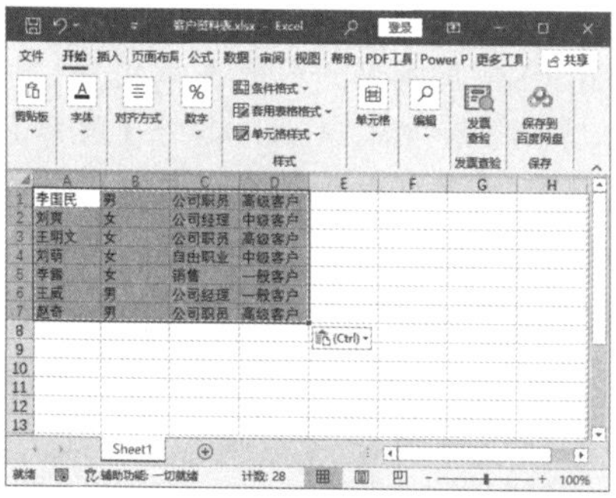

图6-57

技巧02：更新Excel中导入的外部数据

在Excel中通过导入数据功能在工作表中获取的外部数据，其实都是一个个连接的，它们和连接的图片、文件、Internet网址、电子邮件地址或程序等源文件都保留了联系。

如果源文件中对数据进行了编辑，并重新保存了，在这种情况下，用户可能希望工作表立即更新连接来显示当前的数据。例如，修改了【联系方式】文本文件中的数据，希望导入该文本文件数据的工作表能快速更新数据，具体操作步骤如下。

Step 01 修改数据。打开素材文件\第6章\联系方式.txt，对第12行中的数据进行修改，执行【文件】→【保存】命令，如图6-58所示。

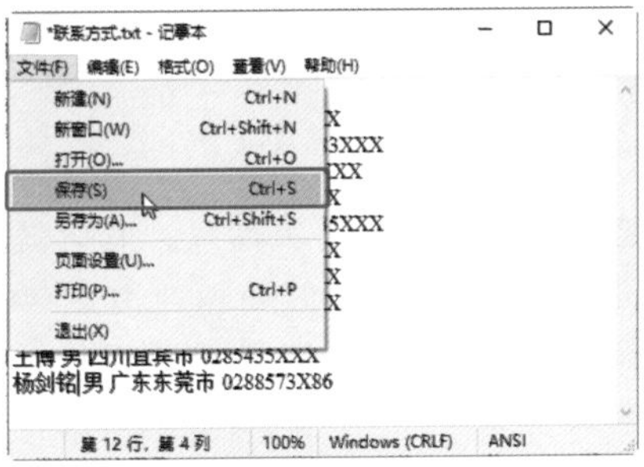

图 6-58

Step02 刷新数据。打开结果文件\第6章\联系方式.xlsx，单击【数据】选项卡【查询和连接】组中的【全部刷新】按钮，如图 6-59 所示。

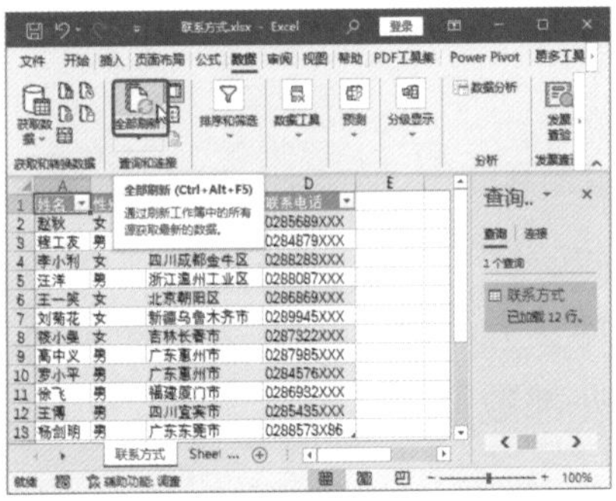

图 6-59

Step03 更新数据。在打开的提示对话框中单击【确定】按钮，即可根据源文件中的数据对表格数据进行更新，效果如图 6-60 所示。

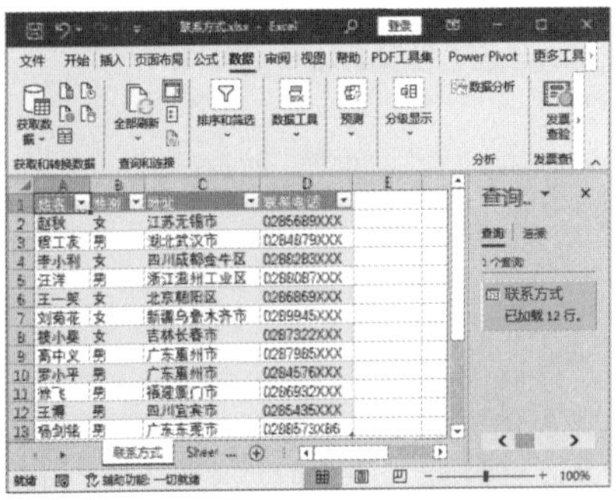

图 6-60

技巧 03：设置在打开工作簿时就连接到 Excel 中的外部数据

要在打开工作簿时就连接到 Excel中的外部数据，需要启用计算机的与外部数据连接功能，具体操作步骤如下。

Step01 信任中心设置。打开【Excel选项】对话框，❶选择【信任中心】选项卡，❷在其右侧单击【信任中心设置】按钮，如图 6-61 所示。

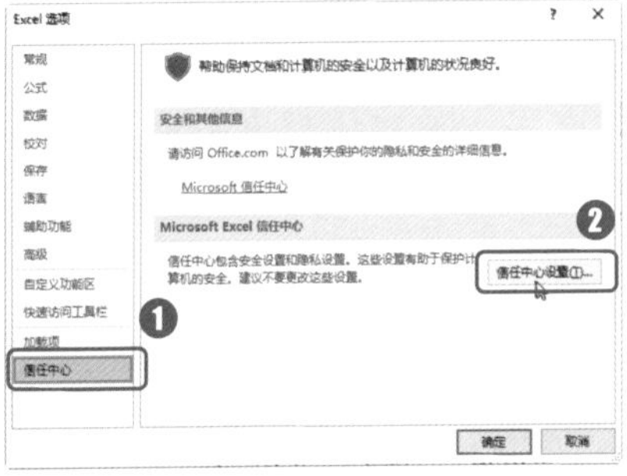

图 6-61

Step02 受信任位置设置。打开【信任中心】对话框，❶选择【受信任位置】选项卡，❷通过单击【添加新位置】按钮来创建受信任的文档，如图 6-62 所示。

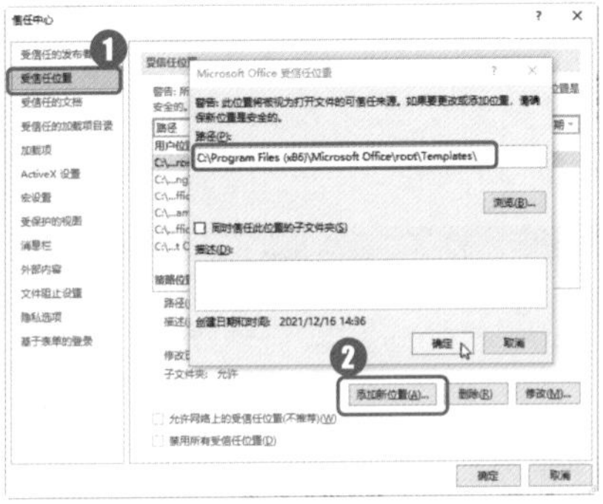

图 6-62

技术看板

在【信任中心】对话框的列表框中选择某个选项后，单击【删除】按钮，将删除相应的受信任的发布者和文档；单击【修改】按钮，可以更改文件的受信任位置。

本章小结

在现代办公中，大部分文档的制作都不是一蹴而就的，其创作过程可能需要多款软件的协同配合，或者经历了多名参与者的共同努力才最终实现。无论是哪种形式都讲究一个协同工作的原理，只有充分发挥各软件的优势、各团队成员的长处，合理地协作办公，才能使相关工作更加高质高效。本章首先介绍了导入数据的重要性和方法，在制作工作表时，如果表格中的数据已经在其他软件中制作好了，就不必再重新输入一遍，可以通过Excel提供的导入数据功能直接导入数据，还可以以超链接的方式连接其他文件，在需要时通过链接打开即可查看。

第2篇 公式和函数篇

Excel 之所以拥有强大的数据计算功能，是因为 Excel 中的公式和函数可以对表格中的数据进行计算。与其他计算工具相比，它的计算更快、更准，计算量更大。

如果用户想有效提高 Excel 的应用水平和数据处理能力，那么提高公式和函数的应用能力是行之有效的途径之一。

第7章 公式的基础应用

- 学习公式，必须掌握的知识是什么?
- 如何快速复制公式，完成其他单元格的计算?
- 公式都有哪些运算方式? 它们又是怎样进行计算的?
- 公式的输入和编辑方法与普通数据的相关操作有什么不同?
- 为什么计算结果总出现各种错误值，该怎样解决?

公式是计算表格数据不可或缺的表达式，如果想使用公式快速计算出正确的结果，就需要掌握公式的一些基础知识。本章将通过对公式的认识、输入和编辑，单元格的引用，以及常见公式中的错误等的介绍来讲解公式的基础应用，并解答以上问题。

7.1 公式简介

在Excel中，除了可以对数据进行存储和管理外，还可以对数据进行计算与分析。而公式是Excel实现数据计算的重要方式，可以高效地完成各类数据的计算。但在使用公式计算数据之前，需要先了解公式的组成、公式中的常用运算符和优先级等基础知识。

7.1.1 认识公式

在Excel中，公式是存在于单元格中的一种特殊数据，它以字符等号【=】开头，表示单元格输入的是公式，而Excel会自动对公式内容进行解析和计算，并显示最终的结果。

要输入公式计算数据，首先应了解公式的组成部分和意义。Excel中的公式是对工作表中的数据进行计算的等式。它以等号【=】开始，运用各种运算符号将常量或单元格引用组合起来，形成公式的表达式，如【=A1+B2+C3】，表示将A1、B2和C3这3个单元格中的数据相加求和。

使用公式计算实际上就是使用数据运算符，通过等式的方式对工作表中的数值、文本、函数等进行计算。公式中的数据可以是直接的数据，称为常量；也可以是间接的数据，如单元格引用、函数等。具体来说，输入单元格中的公式既可以是表 7-1 所示 6 种元素中的部分内容，又可以是全部内容。

表 7-1　Excel公式中的元素名称、含义及作用

名称	含义及作用
运算符	运算符是Excel公式中的基本元素，它用于指定表达式内执行的计算类型，不同的运算符进行不同的运算
常量数值	直接输入公式中的数字或文本等各类数据，如“0.5”和“加班”等
括号	括号控制着公式中各表达式的计算顺序
单元格引用	指定要进行运算的单元格地址，从而方便引用单元格中的数据
函数	函数是预先编写的公式，它们利用参数按特定的顺序或结构进行计算，可以对一个或多个值进行计算，并返回一个或多个值
名称	通过名称直接进行计算，如公式【=单价*数量】，其中，【单价】和【数量】表示名称

7.1.2　公式的三大优势

公式和函数可谓Excel中最核心的功能之一，它让Excel成为日常办公中最常用的数据计算工具。相对于其他计算工具来说，Excel公式拥有不可替代的优势。

1. 计算准确，速度快

当只需对表格中的某几个或某几条数据进行计算时，手工计算可能很简单，但需要对表格中成千上万条记录进行统计时，单一地靠手工来完成计算，不仅耗时耗力，还容易出错，而且对于复杂一些的统计还不一定能手工计算出来。而使用公式进行计算，无论数据有多少，都能轻松完成所有的计算，并且只要输入的数据和使用的公式没有错误，计算的结果就一定是正确的。

2. 修改联动，自动更新

手工计算是先将结果计算出来，再填入表格中；如果参与计算的某个数据发生变化，就需要重新对数据进行计算，再填入表格中。而使用Excel公式进行计算，这个问题就不存在，因为对参与计算的数据进行修改后，公式会自动重新计算，并更新计算结果。图 7-1 所示为原表格效果，图 7-2 所示为将 C6 单元格数据更改为【72】后，计算结果自动更新后的效果。

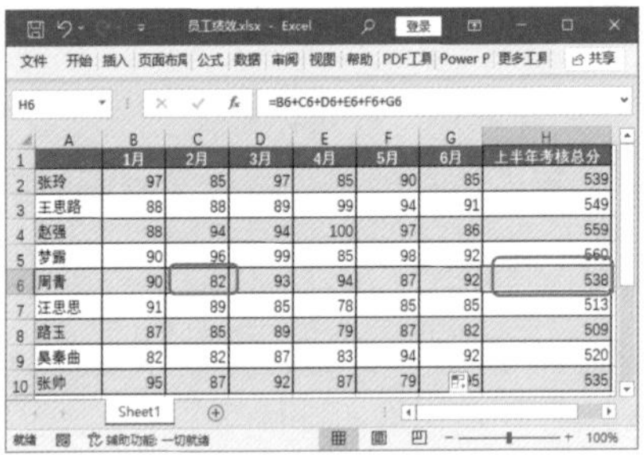

图 7-1

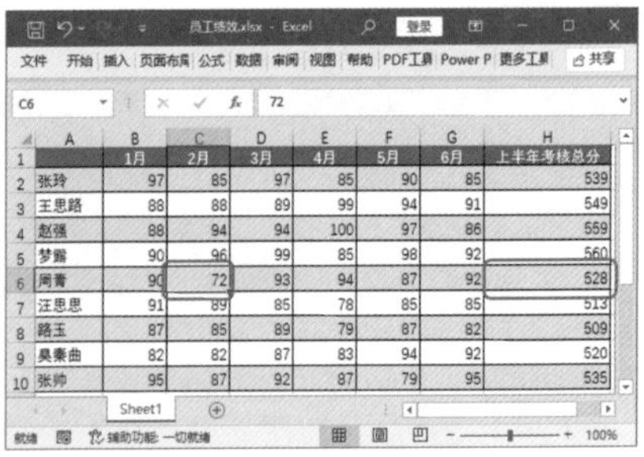

图 7-2

3. 操作简单，轻松易学

很多人看到稍复杂的公式就望而却步，其实Excel公式就像数学中的计算公式，只要找到解决的思路，并按思路使用运算符将各个计算结果或公式连接起来，就能轻松学会。对于公式中的某些函数，可能看起来比较复杂，但只要理解了函数中各个参数的含义，就能灵活使用。

★重点 7.1.3　认识公式中的运算符

运算符是公式的基本元素，它决定了公式中元素执行的计算类型。在Excel中，除了支持普通的数学运算外，还支持多种比较运算和字符串运算等，下面分别介绍在不同类型的运算中可使用的运算符。

1. 算术运算符

算术运算是最常见的运算方式，即使用加、减、乘、除等运算符完成基本的数学运算、合并数字及生成数值结果等，是所有类型运算符中使用效率最高的。在Excel 2021 中可以使用的算术运算符见表 7-2 所示。

表 7-2 算术运算符

算术运算符符号	含义	应用示例	运算结果
+	加号	6+3	9
–	减号或负号	6–3	3
*	乘号	6×3	18
/	除号	6÷3	2
%	百分比	6%	0.06
^	乘幂号	6^3	216

2. 比较运算符

在了解比较运算时，首先需要了解两个特殊类型的值，一个是【TRUE】，另一个是【FALSE】，它们分别表示逻辑值【真】和【假】，或者理解为【对】和【错】，也称为【布尔值】。假如说 1 是大于 2 的，那么这个说法是错误的，就可以使用逻辑值【FALSE】表示。

Excel 中的比较运算主要用于比较和判断值的大小，而比较运算得到的结果就是逻辑值【TRUE】或【FALSE】。要进行比较运算，通常需要【大于】【小于】【等号】等比较运算符，Excel 2021 中的比较运算符见表 7–3 所示。

表 7-3 比较运算符

比较运算符符号	含义	应用示例	运算结果
=	等号	A1=B1	若A1 单元格中的值等于B1 单元格中的值，则结果为TRUE，否则为FALSE
>	大于	18 > 10	TRUE
<	小于	3.1415 < 3.15	TRUE
> =	大于或等于	3.1415 > =3.15	FALSE
< =	小于或等于	PI( ) < =3.14	FALSE
< >	不等于	PI( ) < > 3.1416	TRUE

技术看板

比较运算符也适用于文本。如果A1 单元格中包含Alpha，A2 单元格中包含Gamma，则【A1 < A2】公式将返回【TRUE】，因为Alpha在字母顺序上排在Gamma的前面。

3. 文本连接运算符

在Excel中，文本内容也可以进行公式运算，使用【&】符号可以连接一个或多个文本字符串，以生成一个新的文本字符串。需要注意的是，在公式中使用文本内容时，需要为文本内容加上引号（英文状态下的），以表示该内容为文本。例如，要将两组文字【市场】和【专员】连接为一组文字，可以输入公式【="市场"&"专员"】，最后得到的结果为【市场专员】。

使用文本连接运算符也可以连接数值，数值可以直接输入，不用再添加引号了。例如，要将两组文字【Excel】和【2021】连接为一组文字，可以输入公式【="Excel"&2021】，最后公式得到的结果为【Excel 2021】。

使用文本连接运算符还可以连接单元格中的数据。例如，A1单元格中包含 123，A2 单元格中包含 456，则输入【=A1&A2】，Excel会默认将A1 和A2 单元格中的内容连接在一起，即等同于输入【123456】。

技术看板

从表面上看，使用文本连接运算符连接数字得到的结果是文本字符串，但是如果在数学公式中使用文本字符串，Excel会把它看成数值。

4. 引用运算符

引用运算符是与单元格引用一起使用的运算符，用于对单元格进行操作，从而确定参与公式或函数计算的单元格区域。引用运算符主要包括冒号（:）、逗号（,）和空格。

（1）冒号（:）：范围运算符，生成指向两个引用之间所有单元格的引用（包括这两个引用），如A1:B3，表示引用A1、A2、A3、B1、B2、B3共6个单元格中的数据。

（2）逗号（,）：联合运算符，将多个单元格或范围引用合并为一个引用，如A1,B3:E3，表示引用A1、B3、C3、D3、E3 共 5 个单元格中的数据。

（3）（空格）：交集运算符，生成对两个引用中共有的单元格的引用，如B3:E4 C1:C5，表示引用两个单元格区域的交叉单元格，即引用C3 和C4 单元格中的数据。

5. 括号运算符

除了以上用到的运算符外，Excel公式中还会用到括号。在公式中，括号运算符用于改变Excel内置的运算符优先次序，从而改变公式的计算顺序。每一个括号运算符都由一个左括号搭配一个右括号组成，公式会优先计算括号运算符的内容。因此，当需要改变公式求值的顺序时，可以使用括号来提升运算级别。例如，需要先计算加法再计算除法，可以利用括号将公式按需要来实现，将先计算的部分用括号括起来。例如，在公式【=(A1+1)/3】中，将先执行【A1+1】运算，再将得到的和除以3得出最终结果。

也可以在公式中嵌套括号，嵌套是把括号放在括号中。如果公式包含嵌套的括号，则会先计算最内层的括号，逐级向外。Excel计算公式中使用的括号与人们平时使用的数学计算式不一样，无论公式多复杂，凡是需要提升运算级别均使用小括号【( )】。例如，数学公式【=(4+5)×[2+(10-8)÷3]+3】，在Excel中的表达式为【=(4+5)*(2+(10-8)/3)+3】。如果在Excel中使用了很多层嵌套括号，相匹配的括号会使用相同的颜色。

技术看板

Excel公式中要习惯使用括号，即使并不需要括号，也可以添加。因为使用括号可以明确运算次序，使公式更容易阅读。

★重点 7.1.4 熟悉公式中的运算优先级

运算的优先级就是运算符的先后使用顺序。为了保证公式结果的单一性，Excel中内置了运算符的优先次序，从而使公式按照这一特定的顺序从左到右计算公式中的各操作数，并得出计算结果。

公式的计算顺序与运算符优先级有关。运算符的优先级决定了当公式中包含多个运算符时，先计算哪一部分，后计算哪一部分。如果在一个公式中包含了多个运算符，Excel将按表7-4所示的次序进行计算。如果一个公式中的多个运算符具有相同的优先顺序（例如，一个公式中既有乘号又有除号），那么Excel将从左到右进行计算。

表7-4 Excel运算符的优先级

优先顺序	运算符	说明
1	:,	引用运算符：单个空格、冒号和逗号
2	-	算术运算符：负号（取得与原值正负号相反的值）
3	%	算术运算符：百分比
4	^	算术运算符：乘幂
5	*和/	算术运算符：乘和除
6	+和-	算术运算符：加和减
7	&	文本连接运算符：连接文本
8	=,<,>,<=,>=,<>	比较运算符：比较两个值

技术看板

Excel中的计算公式与日常使用的数学计算式相比，运算符号有所不同，其中算术运算符中的乘号和除号分别用【*】和【/】符号表示，请注意区别于数学中的×和÷；比较运算符中的大于等于号、小于等于号、不等于号分别用【>=】【<=】和【<>】符号表示，请注意区别于数学中的≥、≤和≠。

7.2 公式的输入和编辑

在Excel中对数据进行计算时，用户可以根据表格的需要来自定义公式进行数据的运算。输入公式后，还可以进一步编辑公式；当公式错误时，可以进行更改；当其他单元格需要应用某一单元格的公式时，可以复制；当不需要某个公式时，也可以删除。

★重点 7.2.1 实战：在产品折扣单中输入公式

实例门类	软件功能

在工作表中进行数据的计算，首先要输入相应的公式。输入公式的方法与输入文本的方法类似，只需将公式输入相应的单元格中，即可计算出数据结果。输入公式时，既可以在单元格中输入，又可以在编辑栏中输入。但不管在哪里输入，都需要先输入【=】符号作为开头，然后才是公式的表达式。

在【产品折扣单】工作簿中，通过使用公式计算出普通包装的成品价格，具体操作步骤如下。

Step01 选择参与计算的单元格。打开素材文件\第 7 章\产品折扣单.xlsx，❶选择需要放置计算结果的 G2 单元格，❷在编辑栏中输入【=】，❸选择 C2 单元格，即可引用 C2 单元格中的数据，如图 7-3 所示。

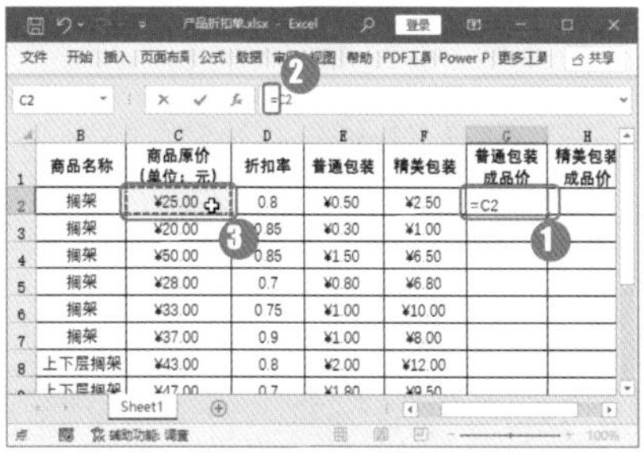

图 7-3

Step02 完成公式的输入。继续在编辑栏中输入运算符并选择相应的单元格进行引用，输入完成后的表达式效果如图 7-4 所示。

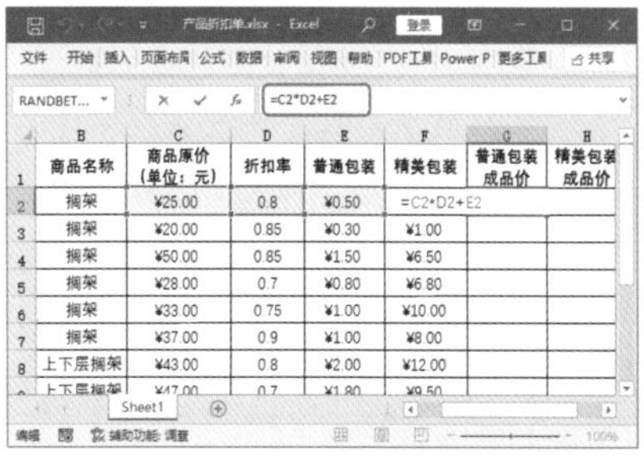

图 7-4

Step03 查看计算结果。按【Enter】键确认输入公式，即可在 G2 单元格中计算出数据结果，如图 7-5 所示。

图 7-5

技术看板

输入公式时，被输入单元格地址的单元格将以彩色的边框显示，方便确认输入是否有误，在得出结果后，彩色的边框将消失。而且，在输入公式时可以不区分单元格地址字母的大小写。

7.2.2　实战：修改折扣单中的公式

实例门类	软件功能

当输入的公式错误时，可以像修改文本一样对公式进行修改。修改公式时既可以直接在单元格中进行修改，也可以在编辑栏中进行修改，其修改的方法相同，只是修改的位置不同。

例如，在【产品折扣单】工作簿 H2 单元格中对公式进行修改，具体操作步骤如下。

Step01 删除错误的公式。双击错误公式所在的 H2 单元格，显示公式，选择公式中需要修改的【D2*E2】部分，按【Delete】键将其删除，如图 7-6 所示。

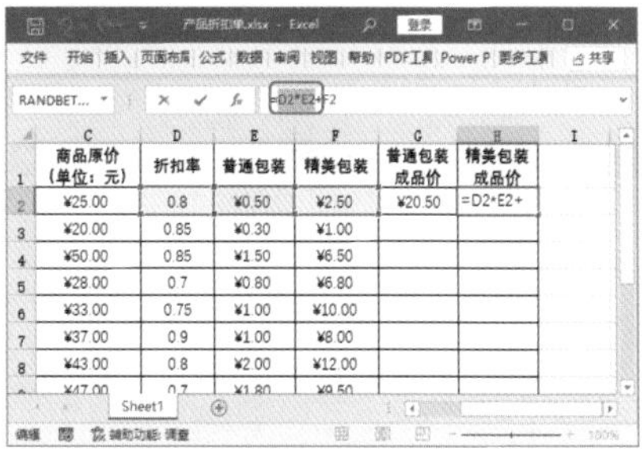

图 7-6

Step02 引用单元格。重新选择 C2 单元格，引用 C2 单元格中的数据，如图 7-7 所示。

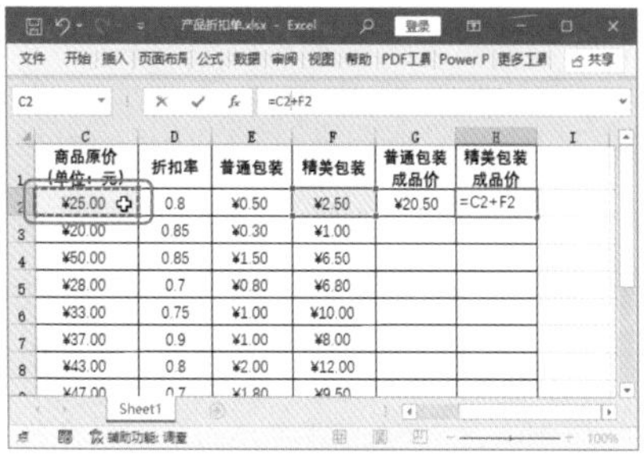

图 7-7

Step03 修改公式。经过上步操作，将公式中原来的【D2】修改为【C2】后，继续输入【*】，再选择 D2 单元格，如图 7-8 所示。

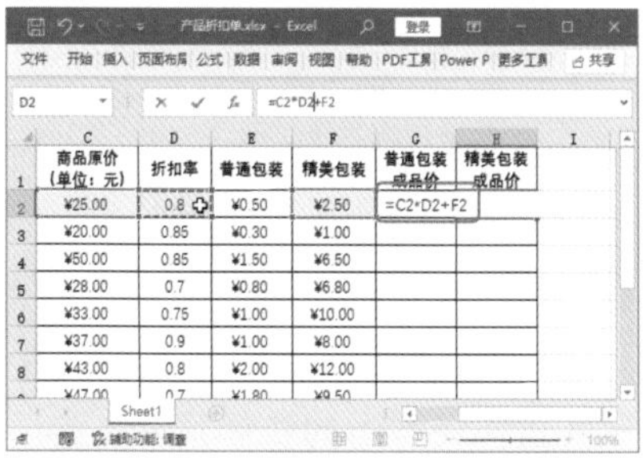

图 7-8

Step04 查看正确的计算结果。按【Enter】键确认公式的修改，即可在 H2 单元格中计算出新公式的结果，如图 7-9 所示。

图 7-9

★重点 7.2.3　实战：复制和填充产品折扣单中的公式

实例门类	软件功能

在 Excel 中，当需要将已有的公式运用到其他单元格中进行计算

时，如果在单元格中逐个输入公式进行计算，就会增加计算的工作量。此时复制公式是快速进行数据计算的最佳方法，因为将公式复制到新的位置后，公式中的相对引用单元格将会自动适应新的位置并计算出新的结果，避免了手动输入公式内容的麻烦，提高了工作效率。

（1）选择【复制】选项复制：选择需要被复制公式的单元格，单击【开始】选项卡【剪贴板】组中的【复制】按钮，然后选择目标单元格，再在【剪贴板】组中单击【粘贴】按钮即可。

（2）通过快捷菜单复制：选择需要被复制公式的单元格，并在其上右击，在弹出的快捷菜单中选择【复制】选项，然后在目标单元格上右击，在弹出的快捷菜单中选择【粘贴】选项，即可复制公式。

（3）按快捷键复制：选择需要被复制公式的单元格，按【Ctrl+C】组合键复制单元格，然后选择目标单元格，再按【Ctrl+V】组合键进行粘贴即可。

（4）拖动控制柄复制：选择需要被复制公式的单元格，移动鼠标指针到该单元格的右下角，待鼠标指针变成＋形状时，按住鼠标左键，将其拖动到目标单元格后，释放鼠标即可复制公式到鼠标拖动经过的单元格区域。

在【产品折扣单】工作簿中，分别通过拖动控制柄和快捷菜单复制公式两种方法快速计算出每种产品的成品价，具体操作步骤如下。

Step 01 拖动鼠标复制公式。❶选择G2单元格，❷将鼠标指针移动到该单元格的右下方，当其变为＋形状时，按住鼠标左键并向下拖动鼠标至G10单元格，如图7-10所示。

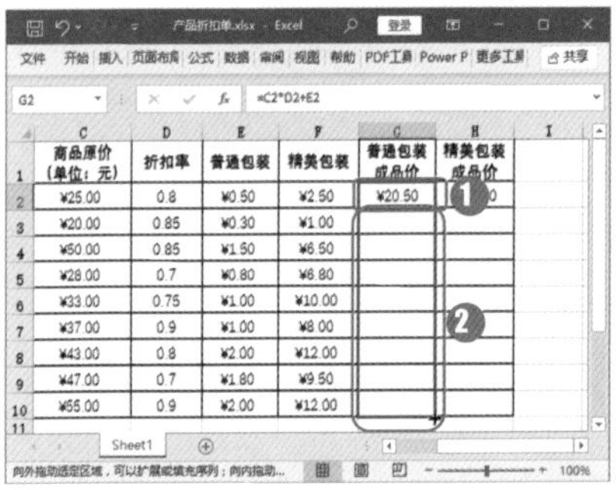

图 7-10

Step 02 查看计算结果。释放鼠标即可完成公式的复制，在G3:G10单元格区域中将自动计算出复制公式的结果，如图7-11所示。

图 7-11

Step 03 复制单元格。选择H2单元格，并在其上右击，在弹出的快捷菜单中执行【复制】命令复制单元格，如图7-12所示。

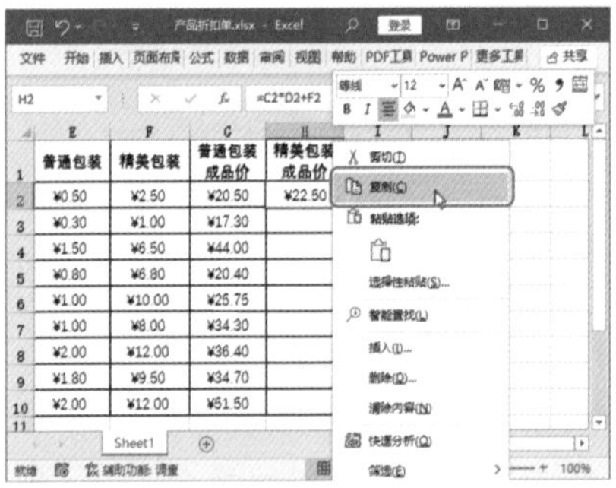

图 7-12

Step 04 粘贴公式。选择H3:H10单元格区域，并在其上右击，在弹出的快捷菜单中执行【粘贴选项】栏中的【公式】命令，即可复制H2单元格中的公式，计算出结果，但不会复制单元格的格式，如图7-13所示。

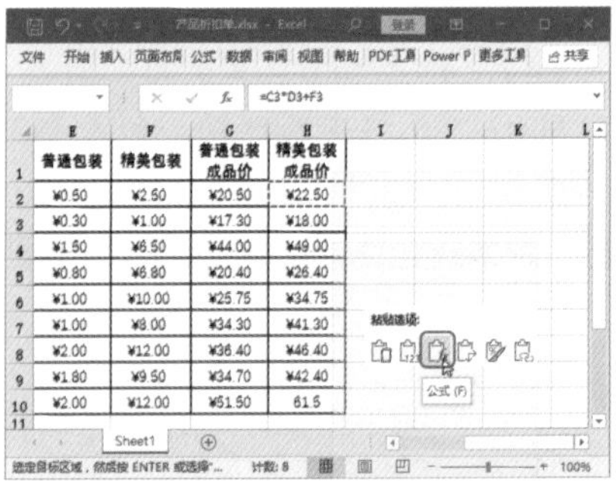

图 7-13

技能拓展——其他快速复制公式的方法

选择包含公式的单元格，将鼠标指针移动到单元格右下角，当鼠标指针变成＋形状时双击，公式将向下填充到当前单元格所在的不间断区域的最后一行。

另外，选择包含公式的单元格和需要粘贴复制公式的单元格区域，按【Ctrl+D】组合键即可向下填充。

7.2.4 删除公式

实例门类	软件功能

在Excel 2021中，删除单元格中的公式分两种情况：一种是不需要单元格中的所有数据，直接选择单元格后按【Delete】键即可删除；另一种只是为了删除单元格中的公式，而需要保留公式的计算结果，此时可利用【选择性粘贴】功能将公式结果转换为数值，这样即使改变被引用单元格中公式的数据，其结果也不会发生变化。

例如，要将【产品折扣单】工作簿中计算数据的公式删除，只保留其计算结果，具体操作步骤如下。

Step 01 执行粘贴操作。❶选择G2:H10 单元格区域，按【Ctrl+C】组合键复制单元格，❷单击【剪贴板】组中的【粘贴】下拉按钮 ˇ，❸在弹出下拉菜单的【粘贴数值】栏中选择【值】选项，如图 7-14 所示。

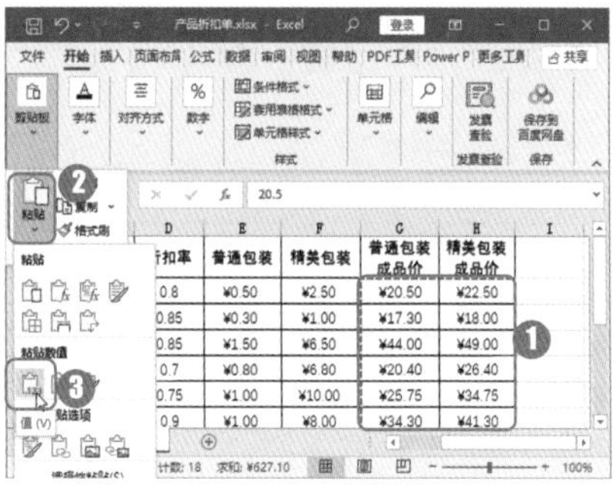

图 7-14

Step 02 查看粘贴的效果。经过上步操作后，G2:H10 单元格区域中的公式已被删除。选择该单元格区域中的某个单元格后，在编辑栏中只显示对应的数值，如图 7-15 所示。

图 7-15

7.3 单元格引用

单元格引用是公式中最为常见的一大要素，它是通过行号和列标来指明数据保存的位置，当Excel公式中引用单元格地址后，会自动根据行号和列标寻找单元格，并引用单元格中的数据进行计算。所以掌握单元格引用的相关知识，对于学习公式和函数都具有非常重要的意义。

7.3.1 单元格引用的两种样式

实例门类	软件功能

在Excel中，单元格引用样式有A1 引用样式和R1C1 引用样式两种。默认情况下，Excel使用的是A1 引用样式，由列标（字母）和行号（数字）两部分组成，表示列标的字母在前，表示行号的数字在后，如D3、B7 等。

而R1C1 引用样式由行号（数字）和列标（数字）两部分组成，即R1 和C1，其中，R1 表示第 1 行，C1 表示第 1 列，在更改单元格引用地址时，只需更改R和C后面的数字即可。

使用R1C1 引用样式，需要进行设置，具体操作步骤如下。

Step 01 设置引用样式。❶打开【Excel 选项】对话框，选择【公式】选项卡，❷在右侧选中【R1C1 引用样式】复选框，❸单击【确定】按钮，如图 7-16 所示。

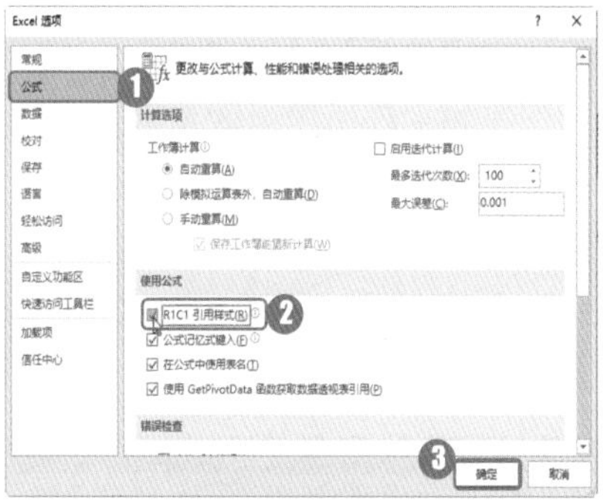

图 7-16

Step 02 查看引用样式效果。Excel将切换到R1C1 引用样式下，效果如图 7-17 所示。

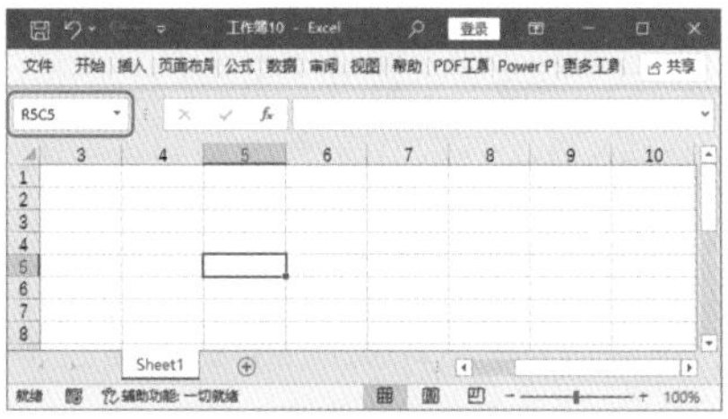

图 7-17

★重点 7.3.2 相对引用、绝对引用和混合引用

在公式中的引用具有以下关系：如果在A1 单元格中输入公式【=B1】，那么B1 就是A1 的引用单元格，A1 就是B1 的从属单元格。从属单元格和引用单元格之间的位置关系称为单元格引用的相对性。

根据表述位置相对性的方法不同，可分为 3 种不同的单元格引用方式，即相对引用、绝对引用和混合引用，它们各自具有不同的含义和作用。下面以A1 引用样式为例分别介绍相对引用、绝对引用和混合引用的使用方法。

1. 相对引用

相对引用是指引用单元格的相对地址，即从属单元格与引用单元格之间的位置关系是相对的。默认情况下，新公式使用相对引用。

使用A1 引用样式时，相对引

用样式用数字1、2、3……表示行号，用字母A、B、C……表示列标，采用【列字母+行数字】的格式表示，如A1、E12等。如果引用整行或整列，可省去列标或行号。例如，1:1表示第一行，A:A表示A列。

采用相对引用后，当复制公式到其他单元格时，Excel会保持从属单元格与引用单元格的相对位置不变，即引用的单元格位置会随着单元格复制后的位置发生改变。例如，在E2单元格中输入公式【=C2*D2】，如图7-18所示。

图 7-18

然后将公式复制到下方的E3单元格中，则E3单元格中的公式会变为【=C3*D3】。这是因为C2单元格相对于E2单元格来说，是其向左移动了两个单元格的位置，而D2单元格相对于E2单元格来说，是其向左移动了1个单元格的位置，所以在将公式复制到E3单元格时，始终保持引用公式中的单元格为向左移动两个单元格位置的C3单元格，以及向左移动1个单元格位置的D3单元格，如图7-19所示。

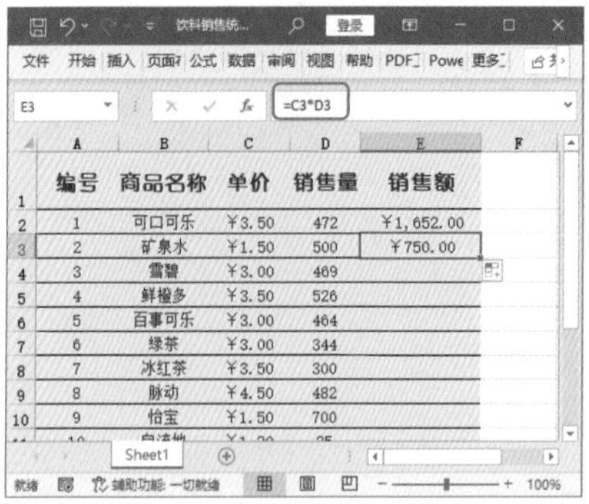

图 7-19

2. 绝对引用

绝对引用和相对引用相对应，是指引用单元格的实际地址，从属单元格与引用单元格之间的位置关系是绝对的。当复制公式到其他单元格时，Excel会保持公式中所引用单元格的绝对位置不变，结果与包含公式的单元格位置无关。

使用A1引用样式时，在相对引用的单元格的列标和行号前分别添加冻结符号【$】便可成为绝对引用。例如，公司的绩效发放比例一样，但个人绩效不一样。因此计算个人绩效奖金时，可以在E4单元格中输入公式【=D4*$E$2】，如图7-20所示。

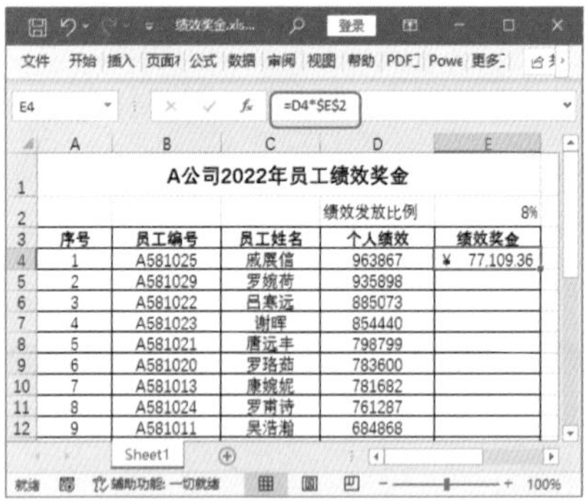

图 7-20

然后将公式复制到该列其他单元格中，则公式中的绝对引用始终没有发生变化，只有相对引用发生了变化，如图7-21所示。

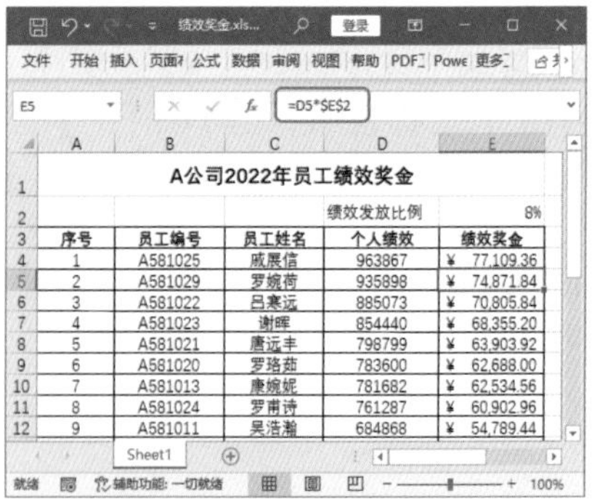

图 7-21

3. 混合引用

混合引用是指相对引用与绝对引用同时存在于一个单元格的地址引用中。混合引用有两种形式，即绝对列和相对行、绝对行和相对列。绝对引用列采用$A1、$B1等形式，绝对引用行采用A$1、B$1等形式。

在混合引用中，如果公式所在单元格的位置改变，则绝对引用的部分保持绝对引用的性质，地址保持不变；而相对引用的部分同样保留相对引用的性质，随着单元格的变化而变化。具体应用到绝对引用列中，即改变位置后的公式行部分会调整，但是列部分不会改变；绝对引用行中，则改变位置后的公式列部分会调整，但是行部分不会改变。

例如，在A1引用样式中，在C3单元格中输入公式【=$A5】，则公式向右复制时始终保持为【=$A5】不变，向下复制时行号将发生变化，即行相对列绝对引用。而在R1C1引用样式中，表示为【=R[2]C1】。

技能拓展——R1C1引用样式的相对、绝对和混合引用

在R1C1引用样式中，如果希望在复制公式时能够固定引用某个单元格地址，就不需要添加相对引用的标识符号[]，将需要相对引用的行号和列标的数字括起来，具体如表7-5所示。

表7-5 单元格引用类型及特性

引用类型	A1样式	R1C1样式	特性
相对引用	A1	R[*]C[*]	向右向下复制公式，均会改变引用关系
行绝对列相对混合引用	A$1	R1C[*]	向下复制公式，不改变引用关系
行相对列绝对混合引用	$A1	R[*]C1	向右复制公式，不改变引用关系
绝对引用	$A$1	R1C1	向右向下复制，公式不改变引用关系

上表中的*符号代表数字，正数表示右侧或下方的单元格，负数表示左侧或上方的单元格。如果活动单元格是A1，则单元格相对引用R[1]C[1]将引用下面一行和右边一列的单元格，即B2。

R1C1引用样式的行和列数据是可以省略的。例如，R[-2]C表示对在同一列、上面两行单元格的相对引用；R[-1]表示对活动单元格整个上面一行单元格区域的相对引用；R表示对当前行的绝对引用。

R1C1引用样式对于计算位于宏内的行和列非常有用。在R1C1样式中，Excel指出了行号在R后而列号在C后的单元格的位置。当录制宏时，Excel将使用R1C1引用样式录制命令。例如，如果要录制这样的宏，当单击【自动求和】按钮时，该宏插入某区域中的单元格求和公式。因此，Excel使用R1C1引用样式，而不是A1引用样式来录制公式。

7.3.3 快速切换4种不同的单元格引用类型

在Excel中创建公式时，可能需要在公式中使用不同的单元格引用方式。如果需要在各种引用方式之间不断切换，才能确定需要的单元格引用方式时，可按【F4】键快速在相对引用、绝对引用和混合引用之间进行切换。例如，在公式编辑栏中选择需要更改的单元格引用【A1】，然后反复按【F4】键时，就会在【$A$1】【A$1】【$A1】和【A1】之间进行切换。

7.4 了解公式中的错误值

使用公式计算数据时，可能由于用户的误操作或公式和函数应用不当，导致公式结果出现错误值提示信息。但也不用担心，因为每一种错误Excel都会通过返回的错误值提示出错的原因，所以只要了解公式出错的原因，就能修正公式，有效防止错误的再次发生。下面介绍一些Excel中常出现的公式错误值，以及它们出现的原因及处理办法。

7.4.1 【#####】错误及解决方法

有时在表格中输入数据或对表格格式进行调整后，单元格中的数据变成了【#####】。

在Excel中出现这种错误值的原因有两种。一种是单元格的列宽不够，如果单元格中的文本内容或数值位数较多，就会在单元格中显示错误值【#####】，如图7-22所示。这只需调整这些单元格所在的列宽即可，调整后的效果如图7-23所示。

图7-22

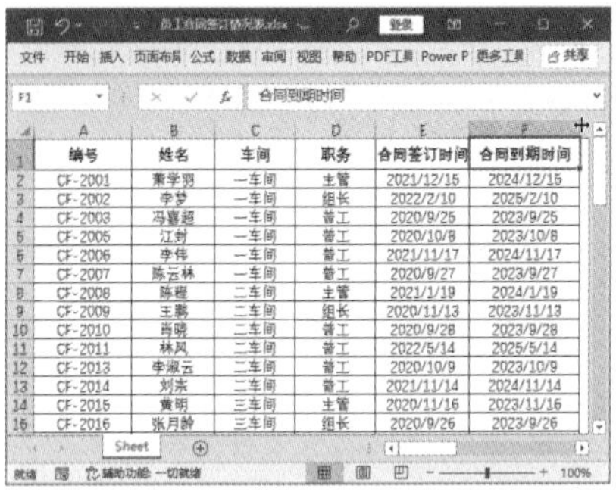

图 7-23

另一种是单元格中的数据类型不对，当单元格中包含的公式返回了无效的时间和日期，如产生了一个负值，这时无论将列宽调整为多少，单元格都会显示【#####】错误值，如图 7-24 所示。因此需要保证日期与时间公式的正确性。

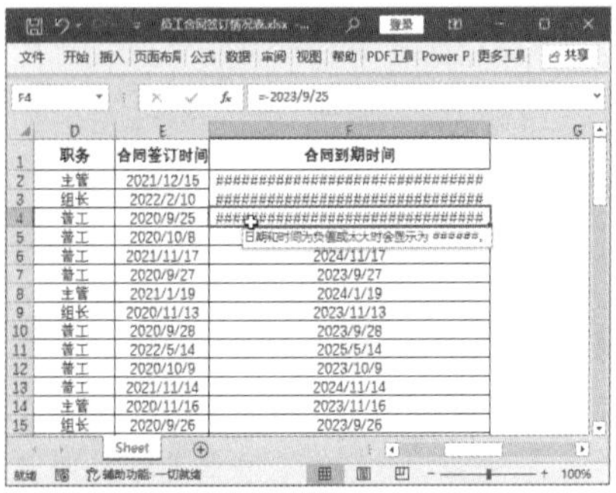

图 7-24

技术看板

公式除了使用【=】开头进行输入外，Excel还允许使用【+】或【-】符号作为公式的开头。但是，Excel总是在公式输入完毕后插入前导符号【=】。其中，以【+】符号开头的公式第一个数值为正数，以【-】符号开头的公式第一个数值为负数。例如，在Excel中输入【+58+6+7】，即等同于输入【=58+6+7】；而输入【-58+6+7】，即等同于输入【=-58+6+7】。

7.4.2 【#DIV/0!】错误及解决方法

在数学公式中 0 不能作为除数，Excel中也不例外，如果输入一个 0 作为除数的公式（=10/0），那么计算结果会返回【#DIV/0！】错误值，并且在单元格左侧出现错误检查按钮，将鼠标指针移动到这个按钮上，停留 2~3 秒，Excel就会自动显示关于该错误值的信息，如图 7-25 所示。

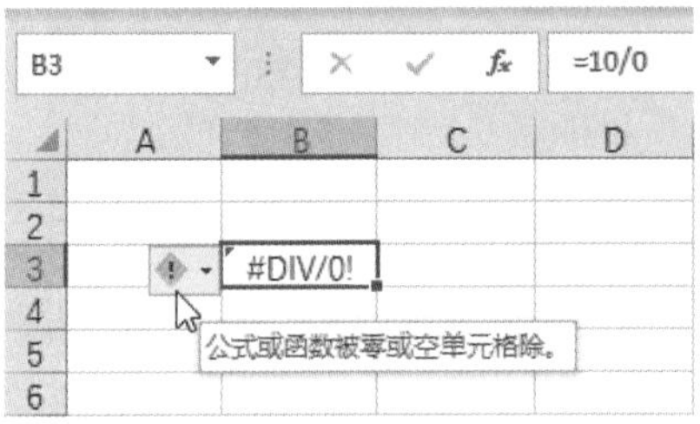

图 7-25

另外，在算术运算中，如果公式中使用了空白单元格作为除数，那么公式中引用的空白单元格会被当作 0 处理，如图 7-26 所示。所以当出现【#DIV/0！】错误值时，首先应检查是否在公式中使用了 0 或空单元格作为除数。

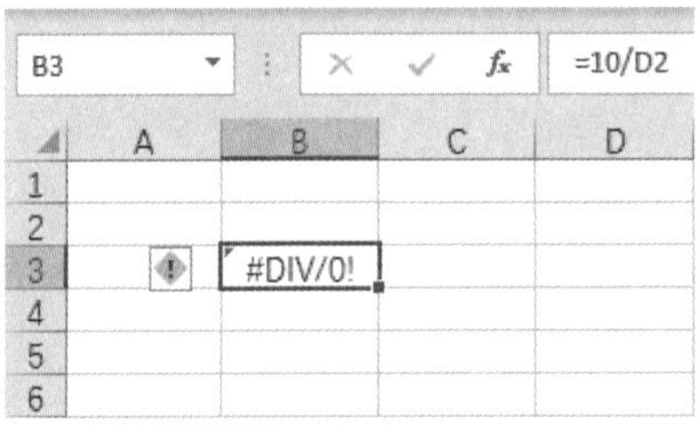

图 7-26

7.4.3 【#N/A】错误及解决方法

如果公式返回【#N/A】错误值，可能是某个值对于该公式和函数不可用导致的。这种情况多出现于VLOOKUP、HLOOKUP、LOOKUP、MATCH等查找函数中，当函数无法查找到与查找值匹配的数据时，则会返回【#N/A】错误值。例如，图 7-27 中的公式【=VLOOKUP(J1,$B$2:$G$23,6,0)】，因为在“$B$3:$F$11”单元格区域中没有查找到“李尧”，提供的查找值是不可用的，所以返回错误值【#N/A】。

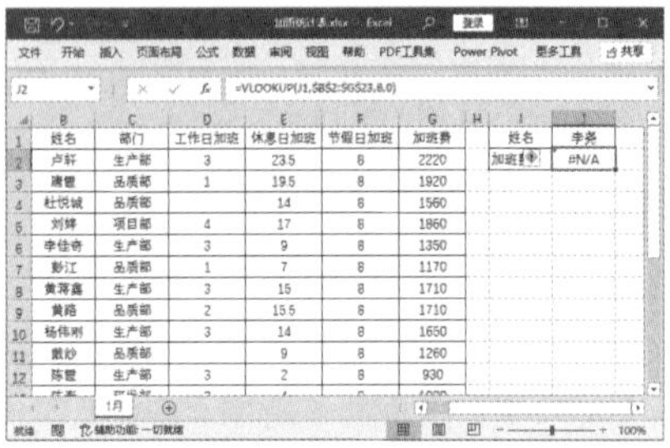

图 7-27

另外，如果在提供的查找值中没有输入数据，那么也将返回错误值。如图 7-28 所示，公式【=VLOOKUP($C$2,档案记录表!$A$3:$R$52,ROW(A2),FALSE)】是根据C2 单元格进行查找的，但因C2 单元格中没有输入数据，所以返回【#N/A】错误值；如果在C2 单元格中输入正确的员工编号，按【Enter】键，就能根据C2 单元格输入的值进行查找，如图 7-29 所示。

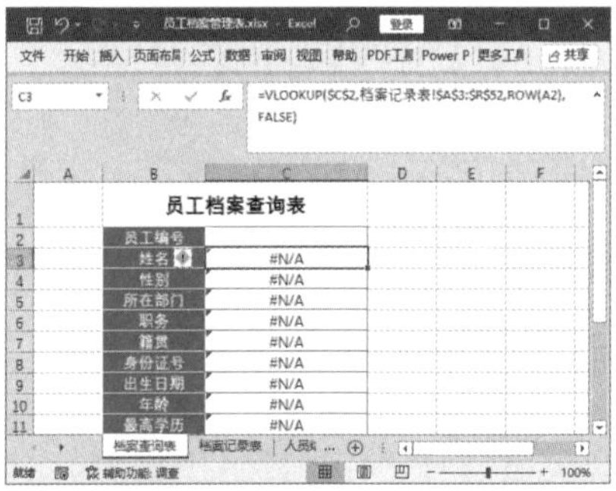

图 7-28

图 7-29

技术看板

除此之外，当某一个数组有多出来的数据时，如【SUMPRODUCT(array1,array2)】，当 array1 与 array2 的尺寸不一样时，也会产生【#N/A】错误值。

7.4.4 【#NAME?】错误及解决方法

在公式中使用Excel不能识别的文本时，将产生错误值【#NAME?】。产生该错误值的情况比较多，主要有以下 4 种。

（1）函数名称错误：例如，在公式中将【SUM】函数写成【SUN】，就会返回错误值【#NAME?】，如图 7-30 所示。

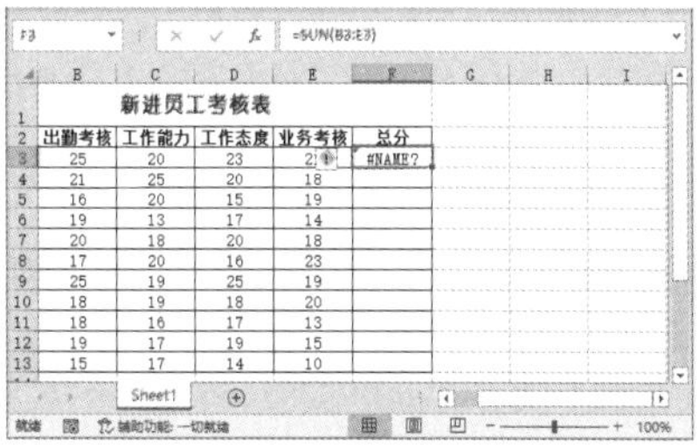

图 7-30

（2）单元格引用错误：例如，公式中引用的单元格区域之间没有【:】，或者输入的单元格引用区域错误，也会返回错误值【#NAME?】。如图 7-31 所示，在公式中将单元格引用【(B3:E3)】写成了【(B3:E)】，返回错误值【#NAME?】。

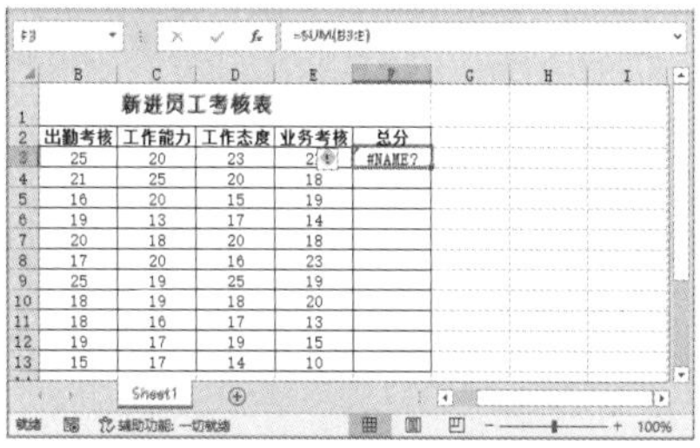

图 7-31

（3）名称错误：在Excel中，有时为了简化公式或便于理解公式，会将要参与计算的区域定义为名称。输入公式时，就可以直接输入定义的名称。但如果在公式中输入的名称与定义的名称不完全一致，那么也会产生错误值【#NAME?】。如图 7-32 所示，定义的名称是出勤考核、工作能力、工作态度和业务考核，在公式中却将【出勤考核】简写成了【出勤】，将【业务考核】简写成了【业务】。

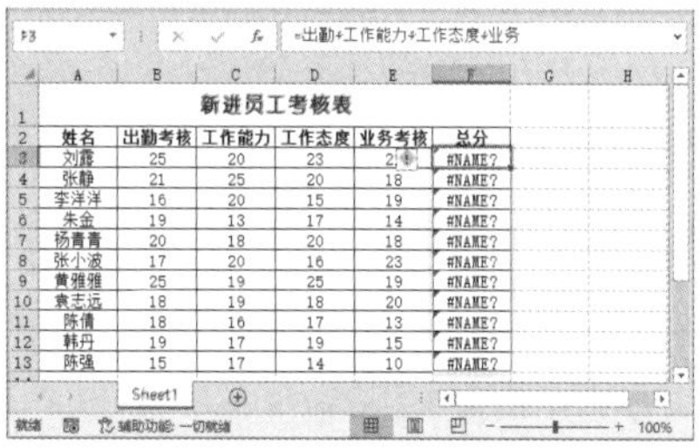

图 7-32

（4）文本未在英文半角双引号之间：在公式中需要输入文本参与计算时，文本必须置于英文状态的双引号之间，否则就会产生错误值【#NAME?】，如图 7-33 所示。

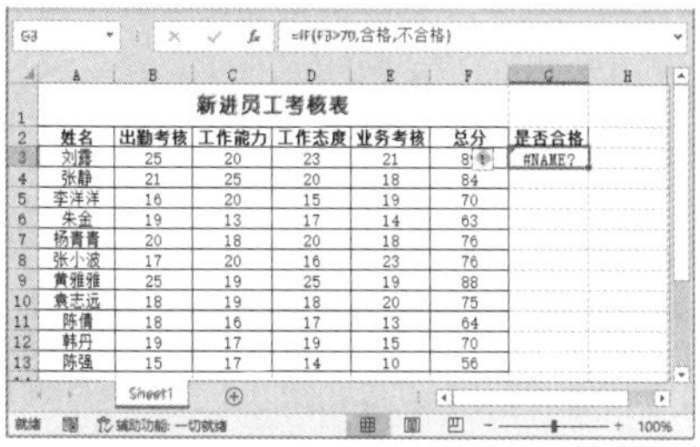

图 7-33

技能拓展——检查单元格名称的正确性

要确认公式中使用的名称是否存在，可以在【名称管理器】对话框中查看所需的名称有没有被列出。如果公式中引用了其他工作表或工作簿中的值或单元格，且工作簿或工作表的名称中包含非字母字符或空格时，需要将该字符放置在单引号【'】中。

7.4.5 【#NULL!】错误及解决方法

如果公式返回错误值【#NULL!】，可能是因为在公式中使用空格运算符连接两个不相交的单元格区域。如图 7-34 所示，在公式【=SUM(A2:A4 C2:C4)】中，A2:A4 和 C2:C4 单元格区域之间是空格运算符，其目的是返回这两个区域的公共区域数据和，但因为这两个单元格区域之间不存在公共区域，所以返回【#NULL!】错误值。

技能拓展——合并区域引用

若实在要引用不相交的两个区域，一定要使用联合运算符，即半角逗号【,】。

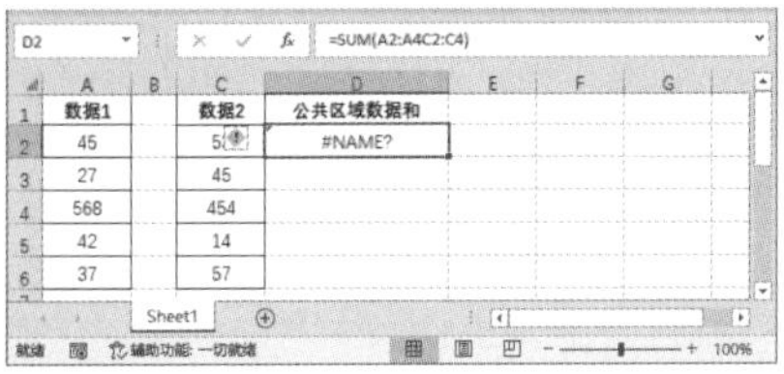

图 7-34

7.4.6 【#NUM!】错误及解决方法

如果公式或函数中使用了无效数值，或者公式返回结果超出了Excel可处理的数值范围（科学记数法形式“<9E+307>快捷键”，相当于【9×10^307】，都将返回【#NUM!】错误值。如图 7-35 所示，在DATE函数中，第 1 个参数不能设置为负数；如图 7-36 所示，在公式中的【8*10^309】超出了Excel能处理的数值范围。

图 7-35

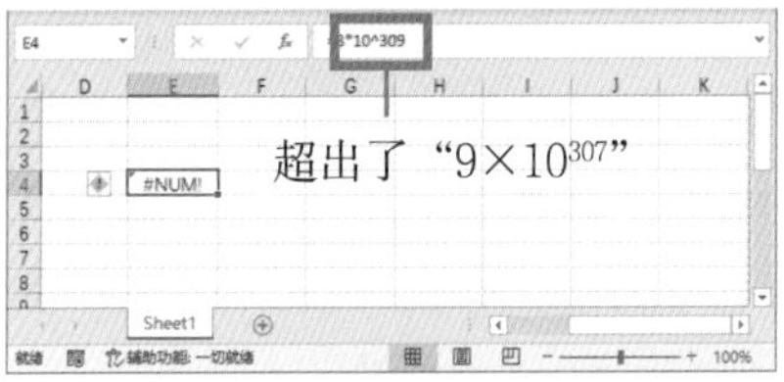

图 7-36

7.4.7 【#REF!】错误及解决方法

如果删除了已经被公式引用的单元格，或者在公式中引用了一个根本不存在的单元格，就会返回【#REF!】错误值。例如，使用SUM函数对A2:A5单元格中的数据求和，当A列被删除后，公式引用的单元格区域就不存在了，公式就会返回【#REF!】错误值，且公式中原来引用的单元格区域也会变成【#REF!】错误值，如图 7-37 所示。

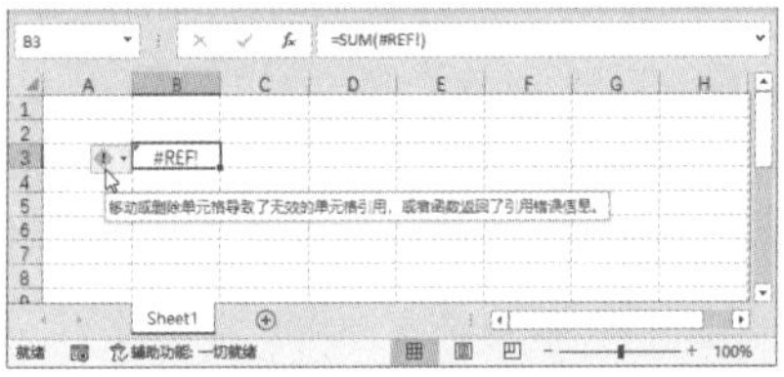

图 7-37

7.4.8 【#VALUE!】错误及解决方法

在Excel中，不同类型的数据，能进行的运算也不完全相同。因此，Excel并不允许将不同类型的数据凑在一起，执行同一种运算。例如，将字符串"a"与数值 10 相加，则会返回【#VALUE!】错误值，如图 7-38 所示。因为【"a"】是文本，而【10】是数值，文本和数值是两个不同的数据类型，所以不能相加。

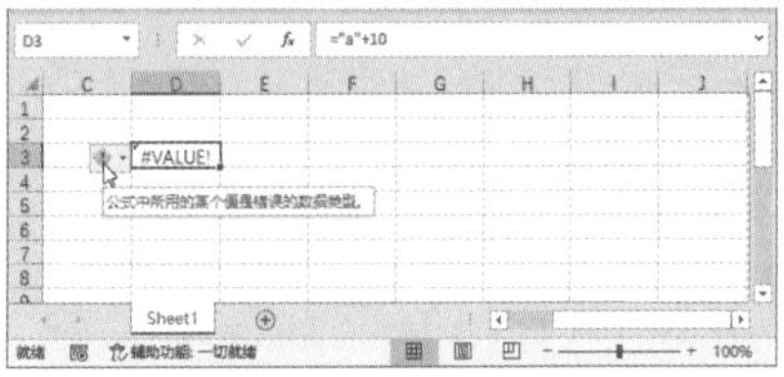

图 7-38

妙招技法

通过前面知识的学习，相信读者已经掌握了公式输入与编辑的基本操作。下面结合本章内容给大家介绍一些实用技巧。

技巧 01：手动让公式进行计算

如果一张工作表中创建了多个复杂的公式，Excel的计算就可能变得非常缓慢。如果希望控制Excel计算公式的时间，可以将公式计算模式调整为【手动计算】，具体操作步骤如下。

Step 01 选择手动计算。❶在【公式】选项卡【计算】组中单击【计算选项】下拉按钮，❷在弹出的下拉菜单中选择【手动】选项即可，如图 7-39 所示。

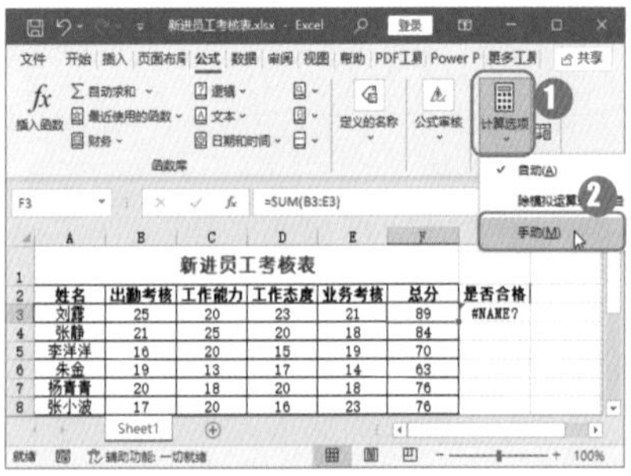

图 7-39

Step02 经过上步操作，即可进入手动计算模式。❶在单元格中输入正确的公式，此时会在状态栏中显示【计算】标识，❷单击【公式】选项卡【计算】组中的【开始计算】按钮▦，可手动重新计算所有打开的工作簿（包括数据表），并更新所有打开的图表工作表，如图 7-40 所示。

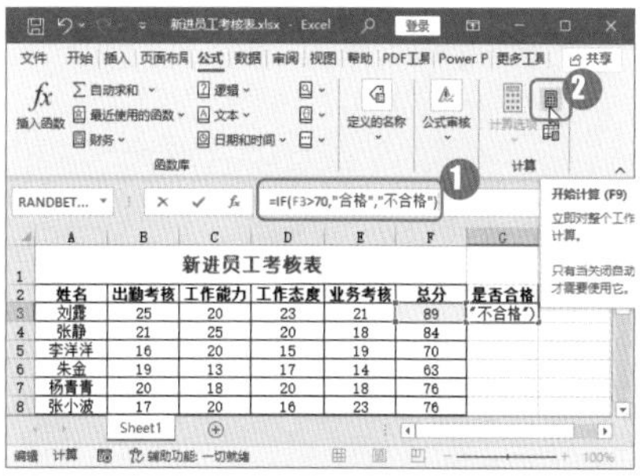

图 7-40

技术看板

单击【计算】组中的【计算工作表】按钮▦，可手动重新计算活动的工作表，以及链接到此工作表的所有图表和图表工作表。

打开【Excel选项】对话框，选择【公式】选项卡，在【计算选项】栏中可以设置公式的计算模式。当选择手动计算模式后，Excel将自动选中【保存工作簿前重新计算】复选框，如图 7-41 所示。如果保存工作簿需要很长时间，则可以考虑取消选中【保存工作簿前重新计算】复选框，以便缩短保存时间。

图 7-41

技巧 02：设置不计算数据表

Excel中的数据表是一个单元格区域，用于显示公式中一个或两个变量的更改对公式结果造成的影响。它是Excel中的 3 种假设分析工具（方案、数据表和单变量求解）之一。默认情况下，Excel工作表中若存在数据表，无论其是否进行过更改，每当重新计算工作表时，都会重新计算数据表。当工作表或数据表较大时，就容易降低计算速度。

若在每次更改值、公式或名称时，只重新计算除数据表之外的所有相关公式，就可以加快计算速度。在【计算选项】下拉菜单中选择【除模拟运算表外，自动重算】选项，即可调整为不计算数据表模式。若要手动重新计算数据表，可以选择数据表公式，然后单击【开始计算】按钮▦或按【F9】键。

技术看板

按【Shift+F9】组合键，可只计算活动工作表中的公式，不计算同一工作簿中的其他工作表；按【Ctrl+Alt+F9】组合键会强制重新计算所有打开的工作簿。Excel的计算模式不针对具体的工作表，如果改变了Excel的计算模式，它会影响所有打开的工作簿。

技巧 03：通过状态栏进行常规计算

如果需要查看某个单元格区域中的最大值、最小值、平均值、总和等，且都需要进行计算，那么就比较耗费时间。Excel中提供了查看常规公式计算的快捷方法，只需进行简单设置即可，具体操作步骤如下。

Step01 ❶在状态栏上右击，❷在弹出的快捷菜单中选择需要查看结果的计算类型的相应选项，这里选择【平均值】【计数】和【求和】选项，如图 7-42 所示。

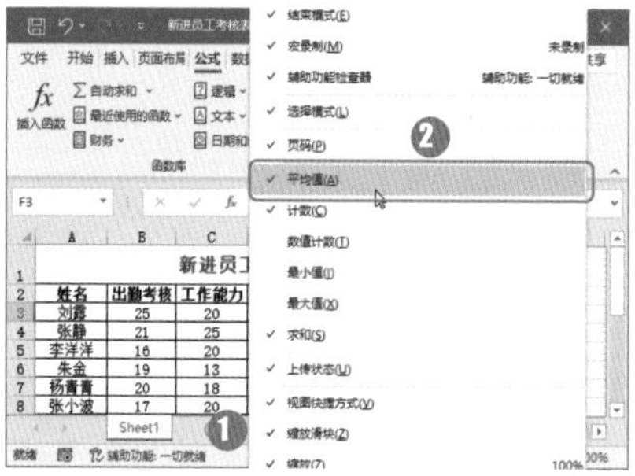

图 7-42

Step02 选择需要计算的单元格区域，即可在状态栏中一目了然地查看所选单元格区域中的相应计算结果，如图 7-43 所示。

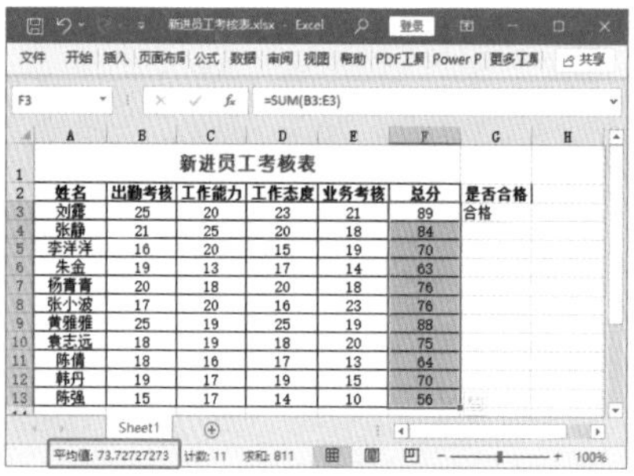

图 7-43

技术看板

在状态栏快捷菜单中选择【数值计数】选项，可统计出包含数字的单元格数量；选择【计数】选项，可统计出所选单元格区域包含的单元格数量，或者工作表中已填充数据的单元格数量。

本章小结

通过本章知识的学习和案例练习，相信读者已经掌握了公式的基础应用。本章首先介绍了什么是公式，公式中的运算符有哪些，它们是怎样进行计算的；然后举例讲解了公式的输入与编辑操作；接着重点介绍了单元格的引用，读者需要熟练掌握不同类型单元格引用的表示方式，尤其是为了简化工作表的计算采用复制公式的方法时如何才能得到正确的结果，使用正确的单元格引用方式既是一个重点又是一个难点；最后简单介绍了公式中的错误值，并教会读者能根据提示快速找到解决的方法。

第8章 公式计算的高级应用

- 表格数据已经输入其他工作表中了，使用链接公式就可以快速调用过来吗?
- 数组是什么?
- 使用数组公式能实现高级计算吗?
- 怎样使用名称简化公式中的引用，并且代入公式简化计算?
- 怎样学会自己审核公式，确保每个计算结果都是正确的?

本章将通过对链接公式、数组的简介，以及数组公式、名称及审核公式的使用来介绍公式计算的高级应用，并解答以上问题。

8.1 链接公式简介

在Excel公式中，单元格引用没有限制范围，既可以引用当前工作表中的单元格或单元格区域，又可以引用同一工作簿中其他工作表或其他工作簿中的单元格或单元格区域，但引用其他工作簿或工作表中的单元格或单元格区域时，需要用到链接公式。本节将对链接公式的相关知识和操作进行讲解，以方便多表的协同工作。

8.1.1 认识链接公式的结构

在Excel中，包含对其他工作表或工作簿的单元格或单元格区域的引用公式，也被称为【链接公式】。链接公式需要在单元格引用表达式前添加半角感叹号【!】。

在Excel中，链接公式的一般结构有如下两种。

（1）引用同一工作簿其他工作表中的单元格或单元格区域。

如果希望引用同一工作簿其他工作表中的单元格或单元格区域，那么只需在单元格或单元格区域引用的前面加上工作表的名称和半角感叹号【!】，即引用格式为【=工作表名称!单元格地址】。

> **技术看板**
>
> 如果需要引用的工作表名称中包含非字母字符，则引用格式中的工作表名称必须置于单引号【'】中。

（2）引用其他工作簿中的单元格或单元格区域。

如果需要引用其他工作簿中的单元格或单元格区域，那么引用格式为【=[工作簿名称]工作表名称!单元格地址】，即用中括号【[]】将工作簿名称括起来，后面接工作表名称、感叹号【!】和单元格地址。

当被引用单元格或单元格区域所在工作簿处于未打开状态时，公式中将在工作簿名称前自动添加上文件的路径。当路径、工作簿名称或工作表名称中有任意一处含有空格或相关特殊字符时，感叹号之前的部分需要使用一对半角单引号引起来，即表示为【'工作簿存储地址[工作簿名称]工作表名称'!单元格地址】。例如，【=SUM('C:\My Documents\[Book3.xls]Sheet1:Sheet3'!$A$1)】表示将计算C盘My Documents文件夹中的工作簿Book3中工作表1到工作表3中所有A1单元格中数值的和。

> **技术看板**
>
> 如果工作簿已被打开，那么公式会省略工作簿的存储地址，公式变为【=SUM('[Book3]Sheet1:Sheet3'!$A$1)】，但在关闭工作簿Book3后，公式又会自动变为一般格式。默认情况下，引用其他工作簿中的单元格或单元格区域时，公式中的单元格或单元格区域采用的是绝对引用。

★重点 8.1.2 实战：为成绩统计表创建链接到其他工作表中的公式

实例门类	软件功能

当公式中需要引用的单元格或单元格区域位于其他工作簿或工作表中时，除了将需要的数据添加到

该工作表中外，最简单的方法就是创建链接公式。

如果希望引用同一工作簿中其他工作表中的单元格或单元格区域，可在公式编辑状态下，通过单击相应的工作表标签，选择相应的单元格或单元格区域。

例如，要在【第二次月考】工作表中引用【第一次月考】工作表中的统计数据，具体操作步骤如下。

Step01 输入等于符号。打开素材文件\第8章\21级月考成绩统计表.xlsx，❶选择【第二次月考】工作表，❷合并A34:B34单元格，并输入文字，❸在C34单元格中输入【=】，如图8-1所示。

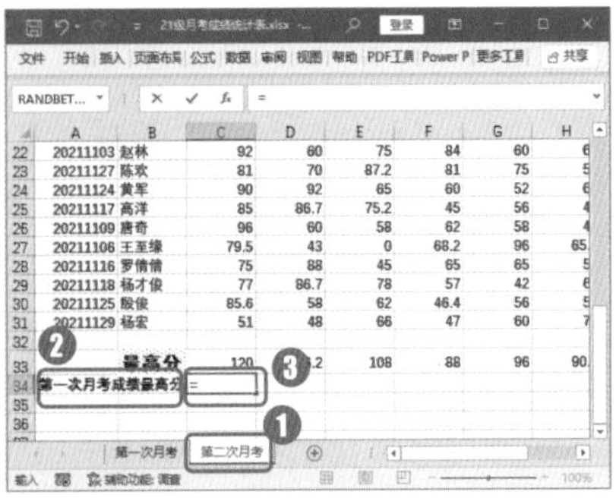

图 8-1

Step02 选择参与计算的单元格。❶选择【第一次月考】工作表，❷选择C33单元格，如图8-2所示。

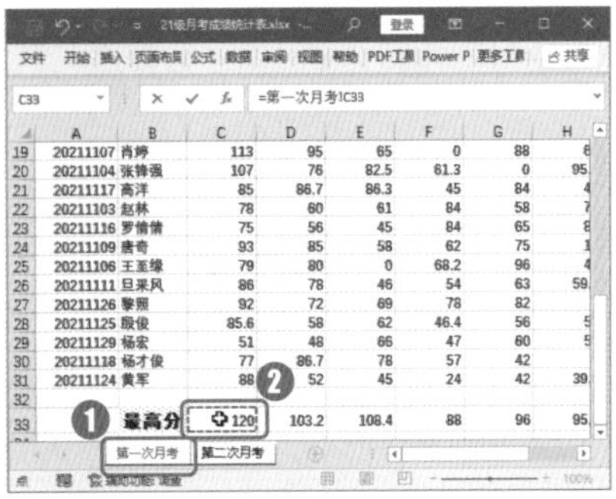

图 8-2

Step03 查看计算结果。按【Enter】键，即可将【第一次月考】工作表中C33单元格中的数据引用到【第二次月考】工作表的C34单元格中，如图8-3所示。

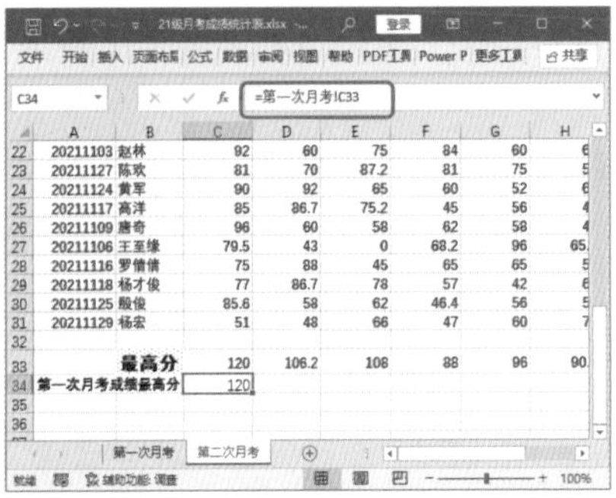

图 8-3

Step04 复制公式。向右拖动填充控制柄到K34单元格，可以看到分别引用了【第一次月考】工作表中D33:K33单元格区域的数据，如图8-4所示。

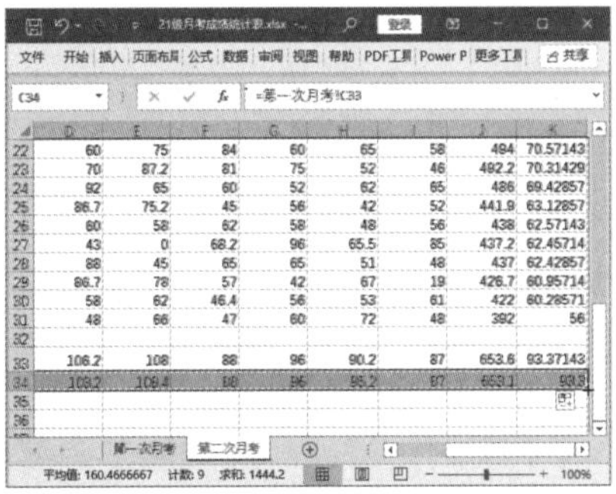

图 8-4

★重点 8.1.3 实战：为成绩统计表创建链接到其他工作簿中的公式

实例门类	软件功能

如果需要引用其他工作簿中的单元格或单元格区域，其方法与引用同一工作簿中其他工作表中的单元格或单元格区域类似。例如，要在【21级月考成绩统计表】工作簿【第一次月考】工作表中引用【子弟学校月考成绩统计表】工作簿中的第一次月考统计数据，具体操作步骤如下。

Step01 切换窗口。打开素材文件\第8章\21级月考成绩统计表.xlsx和子弟学校月考成绩统计表.xlsx，❶选择【21级月考成绩统计表】工作簿中的【第一次月考】工作表，❷合并A34:B34单元格区域，并输入文字，❸在C34单元格中输入【=】，❹单击【视图】选项卡【窗口】组中的【切换窗口】按钮，❺在弹出的下拉列表中显示了当前打开的所有工作簿名称，选择【子弟学校月考成绩统计表】工作簿选项，如图8-5所示。

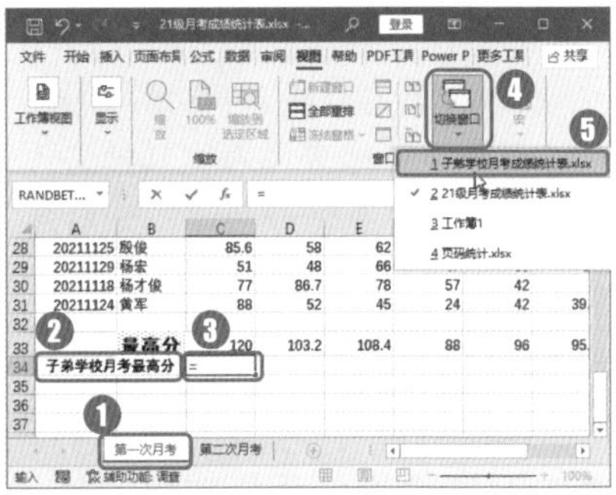

图 8-5

Step02 选择单元格。切换到【子弟学校月考成绩统计表】工作簿窗口中，选择【第一次月考】工作表中的C29单元格，如图8-6所示。

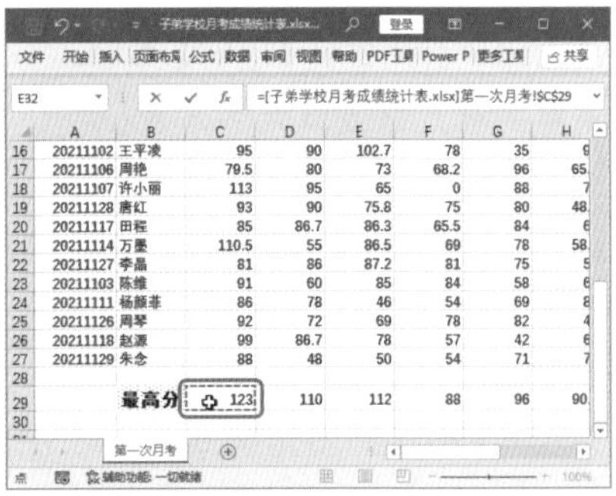

图 8-6

Step03 查看引用结果。按【Enter】键，即可将【子弟学校月考成绩统计表】工作簿【第一次月考】工作表中C29单元格中的数据引用到【21

级月考成绩统计表】工作簿【第一次月考】工作表的C34单元格中，在编辑栏中可以看到单元格引用为绝对引用，如图8-7所示。

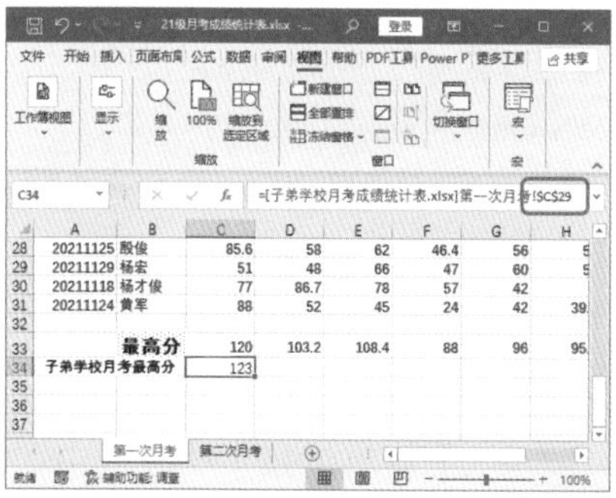

图 8-7

Step04 修改复制公式。❶修改公式中的单元格引用为相对引用，❷向右拖动填充控制柄到K34单元格，虽然后面单元格中的公式都正确填充了，但是并没有正确引用【子弟学校月考成绩统计表】工作簿中的数据，如图8-8所示。

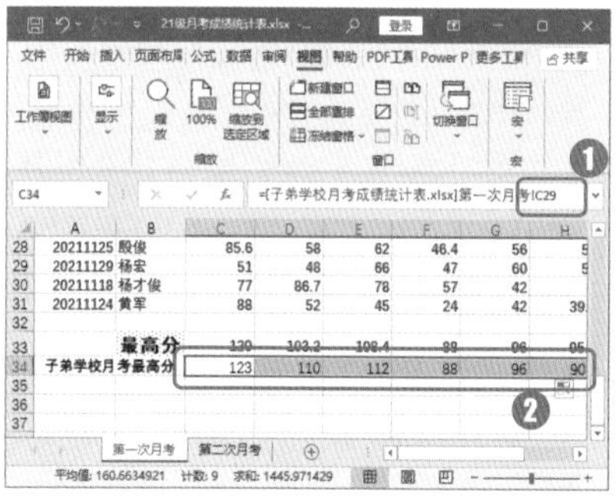

图 8-8

Step05 修改单元格引用。双击填充公式后的单元格，手动将各公式中的单元格引用修改为绝对引用，即可正确引用【子弟学校月考成绩统计表】工作簿中D29:K29单元格区域的数据，如图8-9所示。

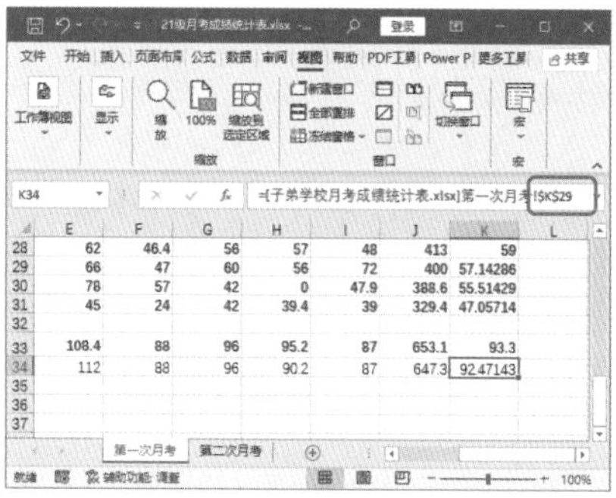

图 8-9

8.1.4 实战：更新链接

实例门类	软件功能

如果链接公式的源工作簿中的数据进行了编辑，并重新保存了。而引用工作表中的公式没有重新进行计算，数据就不会立即更新链接来显示当前的数据。可以使用Excel中提供的强制更新功能，确保链接公式拥有来自源工作簿的最新数据，具体操作步骤如下。

Step01 执行编辑链接操作。在当前工作簿中，单击【数据】选项卡【查询和连接】组中的【编辑链接】按钮，如图8-10所示。

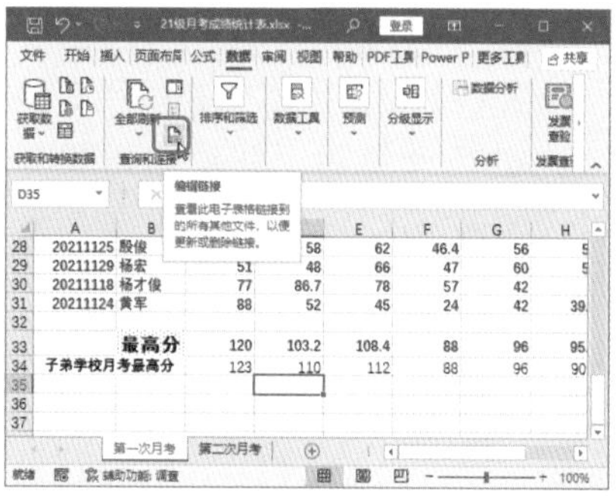

图 8-10

Step02 更改源工作簿中的值。打开【编辑链接】对话框，❶在列表框中选择相应的源工作簿，❷单击【更新值】按钮，如图8-11所示，Excel会自动使用最新版本的源工作簿数据更新链接公式。

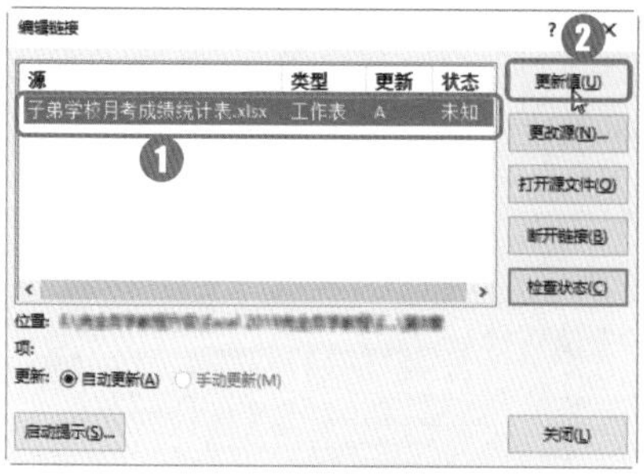

图 8-11

8.1.5 实战：修改成绩统计表中的链接源

实例门类	软件功能

当已保存的外部链接公式中存在错误的文件，或者链接的源文件不可用时，就必须修改链接源。例如，要修改【21级月考成绩统计表】工作簿【第一次月考】工作表中引用的第一次月考统计数据为【子弟学校月考成绩统计表（2）】工作簿中的数据，具体操作步骤如下。

Step01 更改源工作簿。打开素材文件\第8章\21级月考成绩统计表.xlsx，按照前面介绍的方法打开【编辑链接】对话框，❶在列表框中选择需要修改的源工作簿，❷单击【更改源】按钮，如图8-12所示。

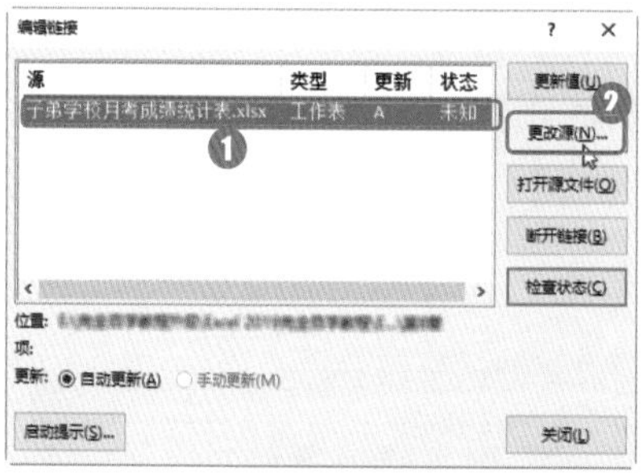

图 8-12

Step02 选择工作簿。打开【更改源】对话框，❶在列表框中重新定位原始链接源或另一个链接源，这里需要选择修改的链接源工作簿名称

【子弟学校月考成绩统计表(2)】，❷单击【确定】按钮，如图 8-13 所示。

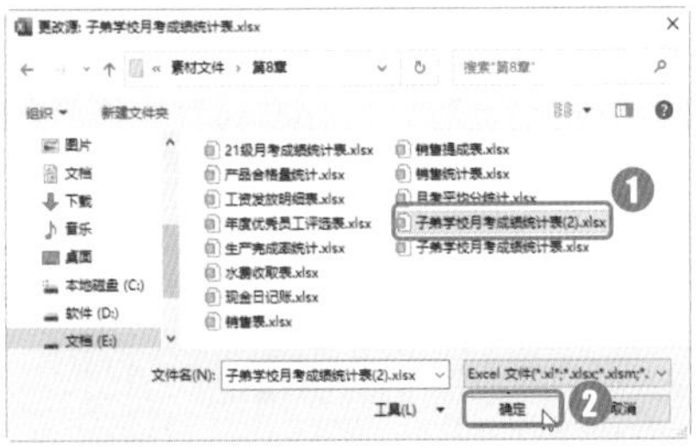

图 8-13

Step03 关闭对话框。返回【编辑链接】对话框，单击【关闭】按钮，如图 8-14 所示。

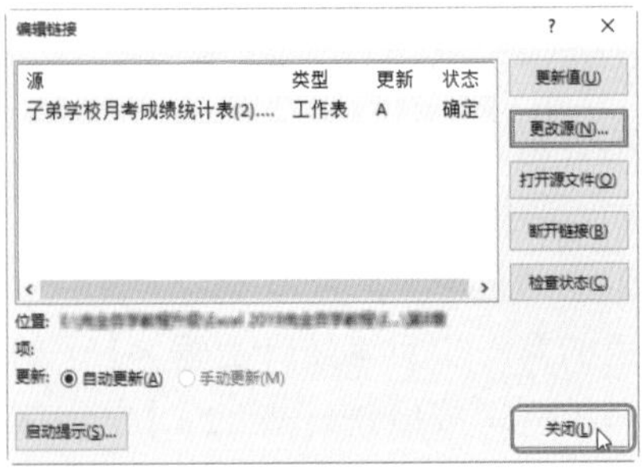

图 8-14

Step04 比较查看效果。经过上步操作后，Excel会自动使用新的链接源替换被修改前的链接源，仍套用以前的公式得到新的计算结果，如图 8-15 所示。

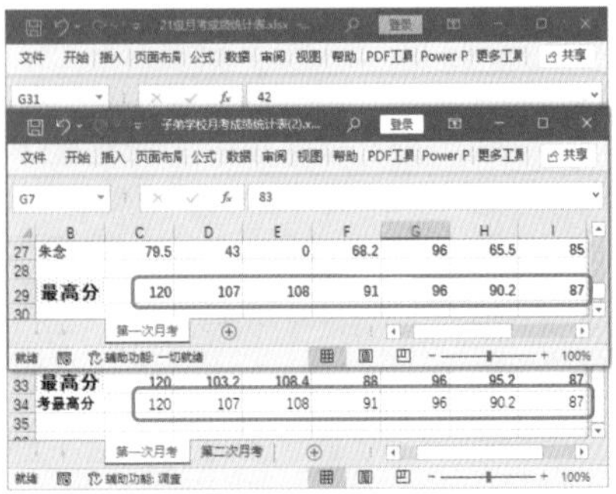

图 8-15

技能拓展——修改源文件中的数据

在【编辑链接】对话框中单击【打开源文件】按钮，可以打开源文件，方便修改源文件中的数据。

8.1.6 取消外部链接公式

在打开含有链接公式的工作簿时，系统会给出安全警告，提示用户已经禁止了自动更新链接，要更新链接需要单击【启用内容】按钮，如图 8-16 所示。

技术看板

由于不能撤消断开链接的操作，因此请慎重使用。

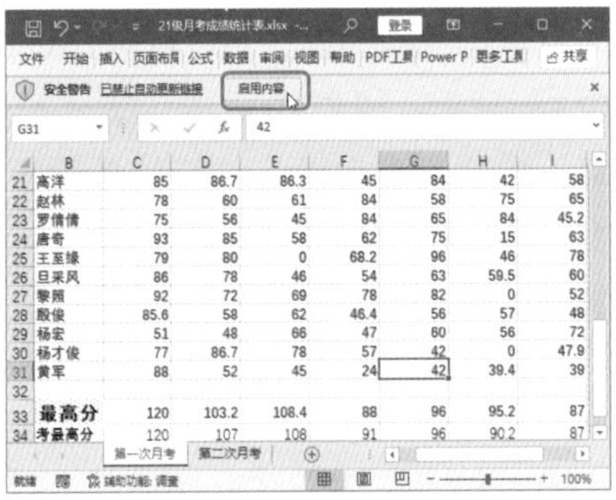

图 8-16

实际上，很多数据在使用链接公式进行计算后，并没有再更新过，如果每次打开都进行更新就麻烦了。当工作表中包含链接公式时，如果不再需要这个链接，可通过选择性粘贴功能将外部链接公式转换为数值，从而取消链接。也可以单击【编辑链接】对话框中的【断开链接】按钮来实现，如图 8-17 所示。

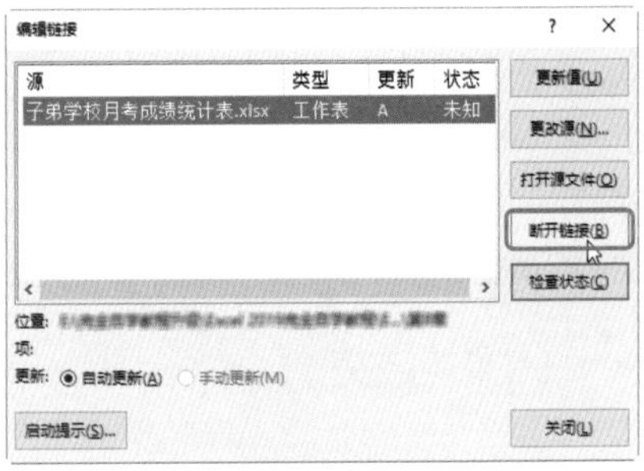

图 8-17

8.1.7 检查链接状态

单击【编辑链接】对话框中的【检查状态】按钮，可以更新列表中所有链接的状态。这样就能有针对性地对需要更新的数据进行更新，直到所有链接的状态变为【已更新】。

检查状态后，【状态】栏中的状态有以下几种情况。

- 【正常】状态，表示链接工作正常且处于最新状态，无须进行任何操作。
- 【未知】状态，需要单击【检查状态】按钮以更新列表中所有链接的状态。
- 【不适用】状态，表示链接使用对象连接与嵌入(OLE)或动态数据交换(DDE)。Excel不能检查这些链接类型的状态。
- 【错误:未找到源】状态，需要单击【更改源】按钮重新选择适当的工作簿。
- 【错误:未找到工作表】状态，表示源可能已经移动或重命名，需要重新选择适当的工作表。
- 【警告:值未更新】状态，一般是因为打开工作簿时未更新链接，单击【更新值】按钮更新即可。

- 【警告:源未重新计算】状态，表示工作簿处于手动计算状态，需要先调整为自动计算状态。
- 【警告:请打开源以更新值】状态，表示只有打开源文件才能更新链接。单击【打开源文件】按钮即可进行更新。
- 【源为打开状态】状态，表示源处于打开状态。如果未收到工作表错误，则无须进行任何操作。
- 【错误:状态不定】状态，说明Excel不能确定链接的状态。源可能不包含工作表，或者工作表可能以不受支持的文件格式保存，最好单击【更新值】按钮更新值。

8.2 数组简介

对于希望精通Excel函数与公式的用户来说，数组运算和数组公式是必须跨越的门槛。本节首先来介绍数组的相关知识，让用户能够对数组有更深刻的理解。

★重点 8.2.1 Excel中数组的相关定义

数组是在程序设计中为了处理方便，把具有相同类型的若干变量按有序的形式组织起来的一种形式。这些按序排列的同类数据元素的集合称为数组。引用到Excel中，数组就是由文本、数值、日期、逻辑值、错误值等元素组成的集合，一个数组其实就是一组同类型的数据，可以当作一个整体来处理。在Excel公式与函数中，数组是按一行一列或多行多列排列的。

1. 数组的维度

数组的维度是指数组的行列方向，一行多列的数组为横向数组（也称为【水平数组】或【列数组】），一列多行的数组为纵向数组（也称为【垂直数组】或【行数组】）。多行多列的数组则同时拥有横向和纵向两个维度。

2. 数组的维数

【维数】是数组中的一个重要概念，是指数组中不同维度的个数。根据维数的不同，可将数组划分为一维数组、二维数组、三维数组、四维数组……在Excel公式中，通常接触到的是一维数组或二维数组。Excel主要是根据行数与列数的不同进行一维数组和二维数组的区分。

> **技术看板**
>
> 虽然Excel支持三维及多维数组的计算，但由于Excel不支持显示三维数组。因此一般情况下都使用一维和二维数组进行运算。

（1）一维数组。

一维数组存在于一行或一列单元格中。根据数组的方向不同，通常又在一维数组中分为一维横向数组和一维纵向数组，具体效果如图8-18所示。

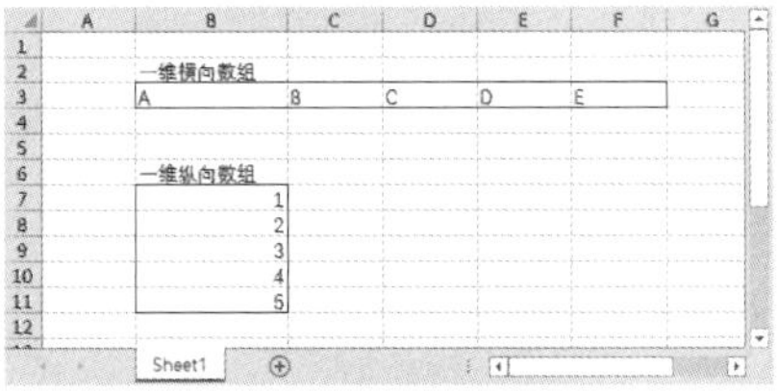

图 8-18

> **技术看板**
>
> 可以将一维数组简单地理解为一行或一列单元格数据的集合，如图8-18中的B3:F3和B7:B11单元格区域。

（2）二维数组。

多行多列同时拥有纵向和横向两个维度的数组，称为二维数组，具体效果如图8-19所示。

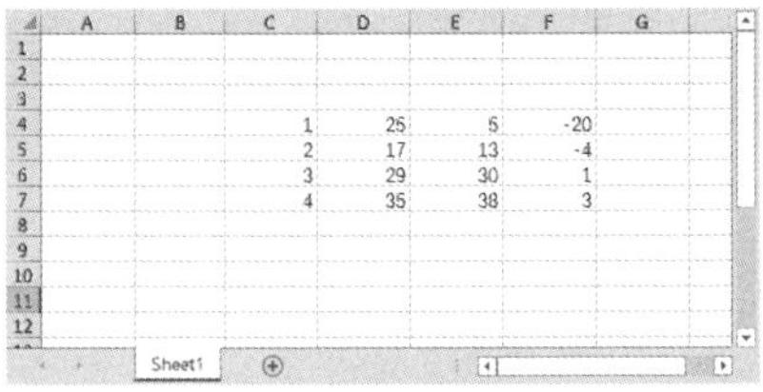

图 8-19

可以将二维数组看成是一个多行多列的单元格数据集合，也可以看成是多个一维数组的组合。图8-19中的C4:F7单元格区域是一个4行4列的二维数组。也可以把它看成是C4:F4、C5:F5、C6:F6与C7:F7这4个一维数组的组合。

由于二维数组各行或各列的元素个数必须相等，存在于一个矩形范围内。因此又称为【矩阵】，行列数相等的矩阵称为【方阵】。

3. 数组的尺寸

数组的尺寸是用数组各行各列上包含的元素个数来表示的。一行N列的一维横向数组，可以用【$1\times N$】来表示其尺寸；一列N行的一维纵向数组，可以用【$N\times 1$】来表示其尺寸；对于M行N列的二维数组，可以用【$M \times N$】来表示其尺寸。

技术看板

数组是一个以行和列来确定位置、以行数和列数作为高度和宽度的数据矩形，因此数组中不能存在长度不等的行或列。

8.2.2 Excel 2021 中数组的存在形式

在Excel中，根据构成元素的不同，还可以把数组分为常量数组、单元格区域数组、内存数组和命名数组。

1. 常量数组

在Excel公式与函数应用中，常量数组是指直接在公式中输入的数组元素，但必须手动输入大括号{}将构成数组的常量括起来，各元素之间分别用半角分号【;】和半角逗号【,】来间隔行和列。常量数组不依赖单元格区域，可直接参与公式运算。

顾名思义，常量数组的组成元素只可以是常量元素，绝不能是函数、公式、单元格引用或其他数组。常量数组中不仅可以包含数值、文本、逻辑值和错误值等，而且可以同时包含不同的数据类型，但不能包含带有逗号、美元符号、括号、百分号的数字。

常量数组只具有行、列（或称水平、垂直）两个方向，因此只能是一维或二维数组。一维横向常量数组的各元素之间用半角逗号【,】间隔。例如，【={"A","B","C","D","E"}】表示尺寸为1行×5列的文本型常量数组，具体效果如图8-18中的一维横向数组；【={1,2,3,4,5}】表示尺寸为1行×5列的数值型常量数组。

一维纵向常量数组的各元素之间用半角分号【;】间隔。例如，【={"张三";"李四";"王五"}】表示尺寸为3行×1列的文本型常量数组；【={1;2;3;4;5}】表示尺寸为5行×1列的数值型常量数组，具体效果如图8-18中的一维纵向数组。

二维常量数组在表达方式上与一维数组相同，即数组每一行上的各元素之间用半角逗号【,】间隔，每一列上的各元素之间用半角分号【;】间隔。例如，【={1,2,"我爱Excel!";"2022-8-8",TRUE,#N/A}】表示尺寸为2行×3列的二维混合数据类型的常量数组，包含数值、文本、日期、逻辑值和错误值，具体效果如图8-20所示。

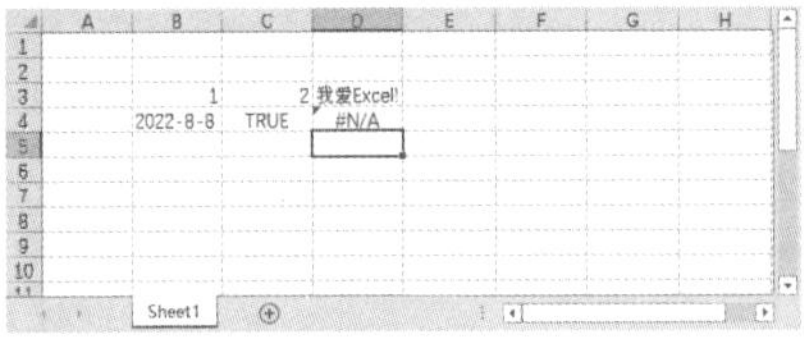

图 8-20

二维数组中的元素总是按先行后列的顺序排列，即表达为【{第一行的第一个元素，第一行的第二个元素，第一行的第三个元素……；第二行的第一个元素，第二行的第二个元素，第二行的第三个元素……；第三行的第一个……}】。

2. 单元格区域数组

如果在公式或函数参数中引用工作表的某个连续单元格区域，且其中的函数参数既不是单元格引用或区域类型（reference、ref或range），又不是向量（vector）时，Excel会自动将该区域引用转换为该区域中各单元格的值构成的同维数、同尺寸的数组，也称为单元格区域数组。

简言之，单元格区域数组是特定情况下通过对一组连续的单元格区域进行引用，被Excel自动转换得到的数组。这类数组是用户在利用【公式求值】功能查看公式运算过程时常看到的。例如，在数组公式中，{A1:B8}是一个8行×2列的单元格区域数组。Excel会自动在数组公式外添加大括号【{}】，手动输入【{}】符号是无效的，Excel会认为输入的是一个正文标签。

3. 内存数组

内存数组只出现在内存中，并不是最终呈现的结果。它是指某一公式通过计算，在内存中临时返回多个结果值构成的数组。而该公式的计算结果并不需要存储到单元格区域中，而是作为一个整体直接嵌入其他公式中继续参与运算。该公式本身被称为内存数组公式。

技术看板

内存数组与区域数组的主要区别在于，区域数组是通过引用存在的，它依赖于引用的单元格区域；而内存数组是通过公式计算得到的，独立存在于内存中。

4. 命名数组

命名数组是指使用命名的方式为常量数组、区域数组、内存数组定义了名称的数组。该名称可以在公式中作为数组来调用。

在数据验证（有效性序列除外）

和条件格式的自定义公式中不接受常量数组，可以将其命名后直接调用名称进行运算。

8.3 使用数组公式

Excel中数组公式非常有用，可建立产生多值或对一组值而不是单个值进行操作的公式。掌握数组公式的相关技能技巧，当在不能使用工作表函数直接得到结果，又需要对一组或多组数据进行多重计算时，方可大显身手。本节将介绍在Excel 2021 中数组公式的使用方法，包括输入和编辑数组、了解数组的计算方式等。

8.3.1 认识数组公式

数组公式是相对于普通公式而言的，可以认为数组公式是Excel对公式和数组的一种扩充；换句话说，数组公式是Excel公式中一种专门用于数组的公式类型。

数组公式的特点就是所引用的参数是数组参数，当把数组作为公式的参数进行输入时，就形成了数组公式。与普通公式的不同之处在于，数组公式能通过输入的单一公式，执行多个输入的操作并产生多个结果，而且每个结果都将显示在不同单元格中。

普通公式（如【=SUM(B2:D2)】【=B8+C7+D6】等）只占用一个单元格，且只返回一个结果。而数组公式可以占用一个单元格，也可以占用多个单元格，数组的元素可多达6500 个。它对一组数或多组数进行多重计算，并返回一个或多个结果。因此，可以将数组公式看成是有多重数值的公式，它会让公式中有对应关系的数组元素同步执行相关的计算，或者在工作表的相应单元格区域中同时返回常量数组、区域数组、内存数组或命名数组中的多个元素。

8.3.2 输入数组公式

在Excel中，数组公式的显示是用大括号【{}】括住以区分普通Excel公式。要使用数组公式进行批量数据的处理，首先要学会建立数组公式的方法，具体操作步骤如下。

Step01 如果希望数组公式只返回一个结果，可先选择需要保存计算结果的单元格。如果数组公式要返回多个结果，可选择需要保存数组公式计算结果的单元格区域。

Step02 在编辑栏中输入数组的计算公式。

Step03 公式输入完成后，按【Ctrl+Shift+Enter】组合键，锁定输入的数组公式并确认输入。

其中第 3 步使用【Ctrl+Shift+Enter】组合键结束公式的输入是最关键的，这相当于用户在提示Excel输入的不是普通公式，而是数组公式，需要特殊处理，此时Excel就不会用常规的逻辑来处理公式了。

在Excel中，只要在输入公式后按【Ctrl+Shift+Enter】组合键结束公式，Excel就会把输入的公式视为一个数组公式，会自动为公式添加大括号【{}】，以区别于普通公式。

输入公式后，如果在第 3 步按【Enter】键，则输入的只是一个简单的公式，Excel只在选择的单元格区域的第 1 个单元格位置（选择区域的左上角单元格）显示一个计算结果。

8.3.3 使用数组公式的规则

在输入数组公式时，必须遵循相应的规则，否则公式将会出错，无法计算出数据的结果。

（1）输入数组公式时，应先选择用来保存计算结果的单元格或单元格区域。如果计算公式将产生多个计算结果，必须选择一个与完成计算时所用区域大小和形状都相同的区域。

（2）数组公式输入完成后，按【Ctrl+Shift+Enter】组合键，这时在公式编辑栏中可以看见Excel在公式的两边加上了{}符号，表示该公式是一个数组公式。需要注意的是，{}符号是由Excel自动加上去的，不用手动输入{}；否则，Excel会认为输入的是一个正文标签。但如果想在公式中直接表示一个数组，就需要输入{}符号将数组的元素括起来。例如，【=IF({1,1},D2:D6,C2:C6)】公式中数组{1,1}的{}符号就是手动输入的。

（3）在数组公式涉及的区域中，既不能编辑、清除或移动单个单元格，又不能插入或删除其中的任何一个单元格。这是因为数组公式涉及的单元格区域是一个整体，只能作为一个整体进行操作。例如，只能把整个区域同时删除、清除，而不能只删除或清除其中的一个单元格。

（4）要编辑或清除数组公式，需要选择整个数组公式涵盖的单元格区域，并激活编辑栏（也可以单击数组公式所包括的任一单元格，这时数组公式会出现在编辑栏中，它的两边有{}符号，单击编辑栏中的数组公式，它两边的{}符号就会消失），然后在编辑栏中修改数组公式，或者删除数组公式，操作完成后按【Ctrl+Shift+Enter】组合键计算出新的数据结果。

（5）如果需要将数组公式移动至其他位置，需要先选中整个数组公式涵盖的单元格区域，然后把整个区域拖放到目标位置，也可通过【剪切】和【粘贴】命令进行数组公式的移动。

（6）对于数组公式的范畴应引起注意，在输入数值公式或函数的范围时，其大小及外形应该与作为输入数据的范围的大小和外形相同。如果存放结果的范围太小，就看不到所有的运算结果；如果存放结果的范围太大，有些单元格就会出现错误信息【#N/A】。

★重点 8.3.4 数组公式的计算方式

实例门类	软件功能

为了以后能更好地运用数组公式，还需要了解数组公式的计算方式，根据数组运算结果的多少，将数组计算分为多单元格数组公式的计算和单个单元格数组公式的计算两种。

1. 多单元格数组公式

在Excel中使用数组公式可产生多值或对应一组值而不是单个值进行操作的公式，其中能产生多个计算结果并在多个单元格中显示出来的单一数组公式，称为【多单元格数组公式】。在数据输入过程中出现统计模式相同，而引用单元格不同的情况时，就可以使用多单元格数组公式来简化计算。需要联合多单元格数组的情况主要有以下几种情况。

技术看板

多单元格数组公式主要进行批量计算，可节省计算的时间。输入多单元格数组公式时，应先选择需要返回数据的单元格区域，选择的单元格区域的行列数应与返回数组的行列数相同。否则，如果选中的区域小于数组返回的行列数，将只显示该单元格区域的返回值，其他的计算结果将不显示。如果选择的区域大于数组返回的行列数，那超出的区域将会返回【#N/A】值。因此，在输入多单元格数组公式前，需要了解数组结果是几行几列。

（1）数组与单一数据的运算。

一个数组与一个单一数据进行运算，等同于将数组中的每一个元素均与这个单一数据进行计算，并返回同样大小的数组。

例如，在【年度优秀员工评选表】工作簿中，要为所有员工的当前平均分上累加一个印象分，通过输入数组公式快速计算出员工评选累计分的具体操作步骤如下。

Step 01 输入计算公式。打开素材文件\第8章\年度优秀员工评选表.xlsx，❶选择I2:I12单元格区域，❷在编辑栏中输入【=H2:H12+B14】，如图8-21所示。

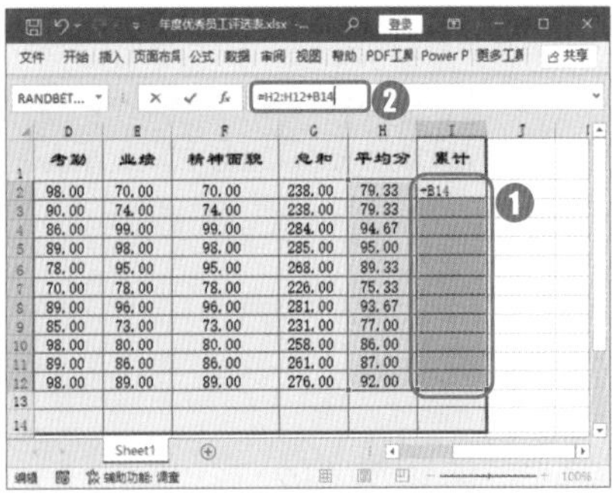

图 8-21

Step 02 查看计算结果。按【Ctrl+Shift+Enter】组合键后，可看到编辑栏中的公式变为【{=H2:H12+B14}】，同时会在I2:I12单元格区域中显示出计算的数组公式结果，如图8-22所示。

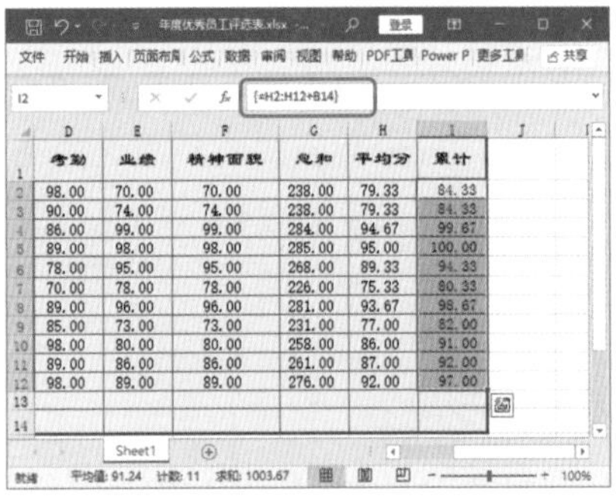

图 8-22

技术看板

该案例中的数组公式相当于在I2单元格中输入公式【=H2+$B$14】，然后通过拖动填充控制柄复制公式到I3:I12单元格区域中。

（2）一维横向数组或一维纵向数组之间的计算。

一维横向数组或一维纵向数组之间的运算，也就是单列与单列数组或单行与单行数组之间的运算。

相比数组与单一数据的运算，只是参与运算的数据都会随时变动而已，其实质是两个一维数组对应元素间进行运算，即第一个数组的第一个元素与第二个数组的第一个元素进行运算，结果作为数组公式结果的第一个元素，然后第一个数组的第二个元素与第二个数组的第二个元素进行运算，结果作为数组公式结果的第二个元素，接着是第三个元素……直到第 N 个元素。一维数组之间进行运算后，返回的仍然是一个一维数组，其行、列数与参与运算的行列数组的行列数相同。

例如，在【销售统计表】工作簿中，需要计算出各产品的销售额，即让各产品的销售量乘以其销售单价。通过输入数组公式可以快速计算出各产品的销售额，具体操作步骤如下。

Step01 输入计算公式。打开素材文件\第 8 章\销售统计表.xlsx，❶选择 H3:H11 单元格区域，❷在编辑栏中输入【=F3:F11*G3:G11】，如图 8-23 所示。

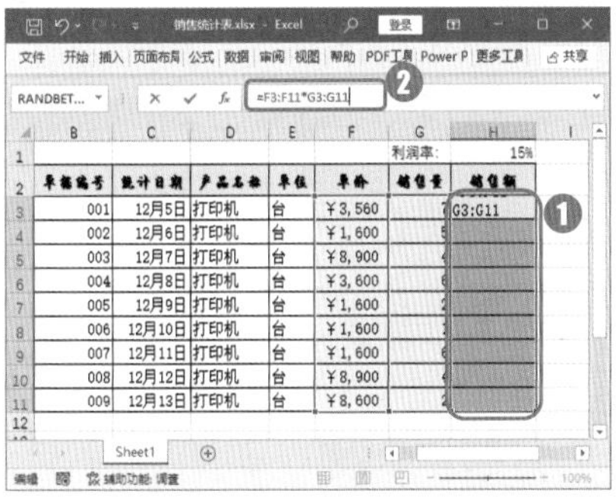

图 8-23

Step02 查看计算结果。按【Ctrl+Shift+Enter】组合键后，即可看到编辑栏中的公式变为【{=F3:F11*G3:G11}】，在 H3:H11 单元格区域中同时显示出计算的数组公式结果，如图 8-24 所示。

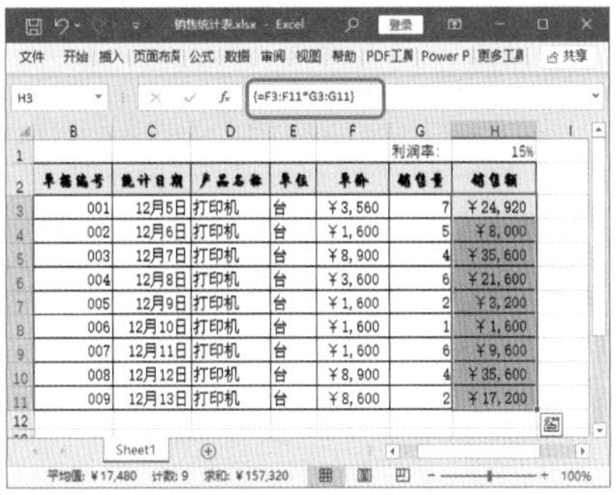

图 8-24

技术看板

该案例中 F3:F11*G3:G11 是两个一维数组相乘，返回一个新的一维数组。该案例如果使用普通公式进行计算，通过复制公式也可以得到需要的结果，但若需要对 100 行甚至更多行数据进行计算，仅复制公式就会比较麻烦。

（3）一维横向数组与一维纵向数组的计算。

一维横向数组与一维纵向数组进行运算后，将返回一个二维数组，且返回数组的行数同一维纵向数组的行数相同、列数同一维横向数组的列数相同。返回数组中第 M 行第 N 列的元素是一维纵向数组的第 M 个元素和一维横向数组的第 N 个元素运算的结果。具体的计算过程可以通过查看一维横向数组与一维纵向数组进行运算后的结果来进行分析。

例如，在【产品合格量统计】工作表中已经将生产的产品数量输入为一组横向数组，并将预计的可能合格率输入为一组纵向数组，需要通过输入数组公式计算每种合格率可能性下不同产品的合格量，具体操作步骤如下。

Step01 输入计算公式。打开素材文件\第 8 章\产品合格量统计.xlsx，❶选择 B2:G11 单元格区域，❷在编辑栏中输入【=B1:G1*A2:A11】，如图 8-25 所示。

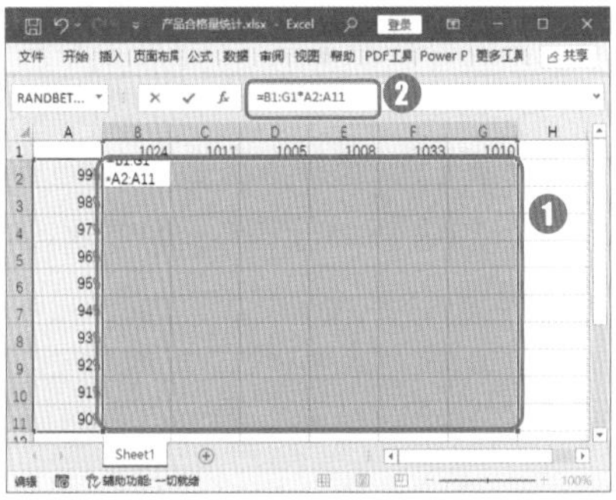

图 8-25

Step02 查看计算结果。按【Ctrl+Shift+Enter】组合键后，可看到编辑栏中的公式变为【{=B1:G1*A2:A11}】，在 B2:G11 单元格区域中同时显示出计算的数组公式结果，如图 8-26 所示。

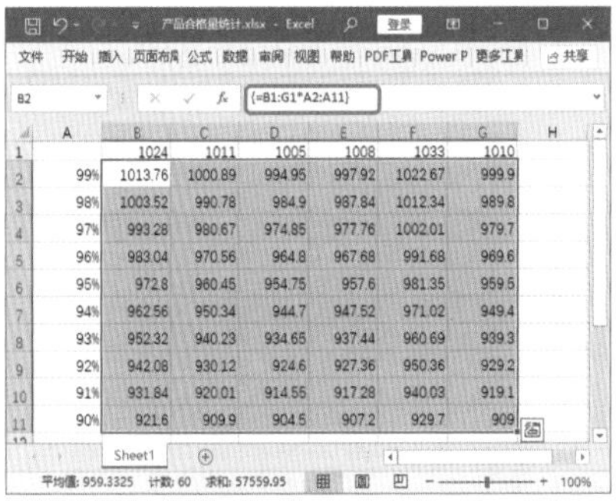

图 8-26

（4）行数（或列数）相同的单列（或单行）数组与多行多列数组的计算。

单列数组的行数与多行多列数组的行数相同时，或者单行数组的列数与多行多列数组的列数相同时，计算规律与一维横向数组或一维纵向数组之间的运算规律大同小异，计算结果将返回一个多行列的数组，其行列数与参与运算的多行多列数组的行列数相同。单列数组与多行多列数组计算时，返回数组的第M行第N列的数据等于单列数组的第M行的数据与多行多列数组的第M行第N列的数据的计算结果；单行数组与多行多列数组计算时，返回数组的第M行第N列的数据等于单行数组第N列的数据与多行多列数组第M行第N列数据的计算结果。

例如，在【生产完成率统计】工作表中已经将某一周预计要达到的生产量输入为一组纵向数组，并将各产品的实际生产数量输入为一个二维数组，需要通过输入数组公式计算每种产品每天的实际完成率，具体操作步骤如下。

Step01 输入公式。打开素材文件\第8章\生产完成率统计.xlsx，❶合并B11:G11单元格区域，并输入相应的文本，❷选择B12:G18单元格区域，❸在编辑栏中输入【=B3:G9/A3:A9】，如图8-27所示。

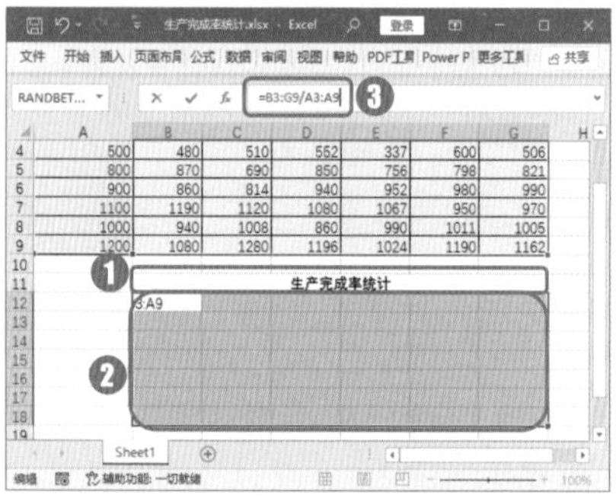

图 8-27

Step02 查看数据公式计算结果。按【Ctrl+Shift+Enter】组合键后，可看到编辑栏中的公式变为【{=B3:G9/A3:A9}】，在B12:G18单元格区域中同时显示出计算的数组公式结果，如图8-28所示。

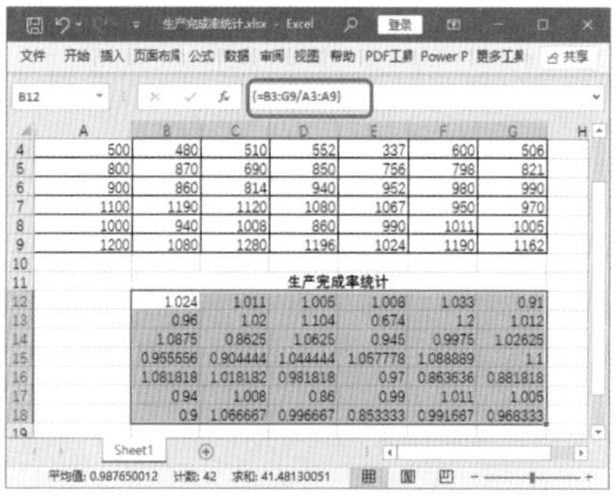

图 8-28

Step03 设置百分比格式。❶为整个结果区域设置边框线，❷在第11行单元格的下方插入一行单元格，并输入相应的文本，❸选择B12:G18单元格区域，❹单击【开始】选项卡【数字】组中的【百分比样式】按钮%，让计算结果显示为百分比样式，如图8-29所示。

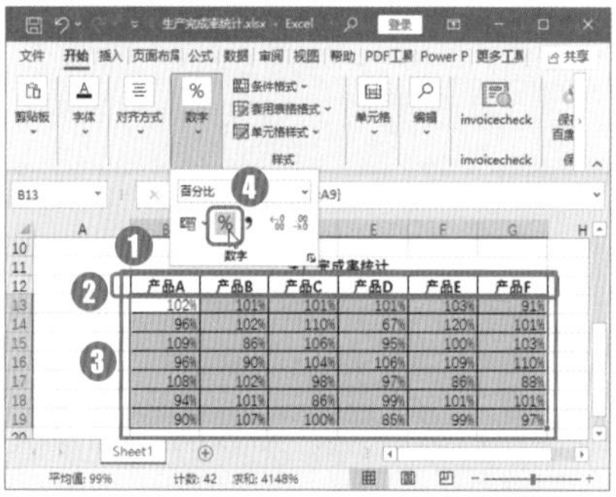

图 8-29

（5）行列数相同的二维数组间的运算。

行列相同的二维数组之间的运算，将生成一个新的同样大小的二维数组。其计算过程等同于第一个数组第一行的第一个元素与第二个数组第一行的第一个元素进行运算，结果为数组公式的结果数组第一行的第一个元素，接着是第二个，第三个……直到第N个元素。

例如，在【月考平均分统计】工作表中已经将某些同学前3次月考的成绩分别统计为一个二维数组，需要通过输入数组公式计算这些同学3次考试的每科成绩平均分，具体操作步骤如下。

Step01 输入公式。打开素材文件\第8章\月考平均分统计.xlsx，❶选择B13:D18单元格区域，❷在编辑栏中输入【=(B3:D8+G3:I8+L3:N8)/3】，如图8-30所示。

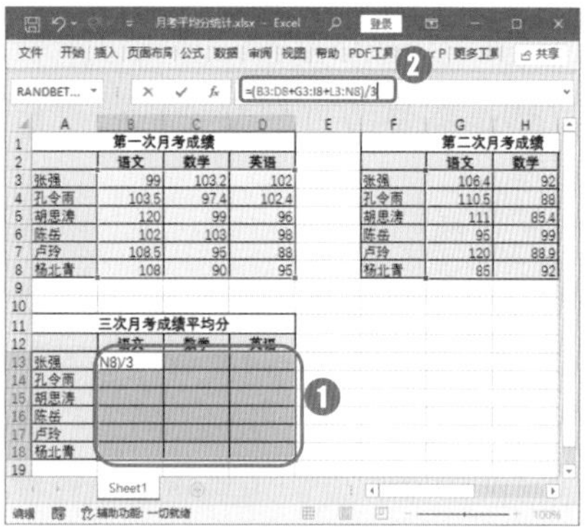

图 8-30

Step02 查看计算结果。按【Ctrl+Shift+Enter】组合键后，可看到编辑栏中的公式变为【{=(B3:D8+G3:I8+L3:N8)/3}】，在B13:D18单元格区域中同时显示出计算的数组公式结果，如图8-31所示。

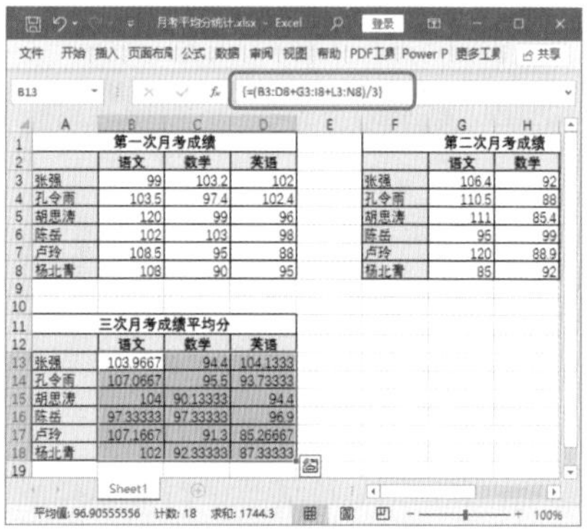

图 8-31

技术看板

使用多单元格数组公式的优势在于：①能够保证在同一个范围内的公式具有同一性，防止用户在操作时无意间修改到表格的公式。创建此类公式后，公式所在的任何单元格都不能被单独编辑，否则将会打开提示对话框，提示用户不能更改数组的某一部分。②能够在一个较大范围内快速生成大量具有某种规律的数据。③数组通过数组公式运算后生成的新数组（通常称为【内存数组】）存储在内存中。因此使用数组公式可以减少内存占用，加快公式的执行时间。

2. 单个单元格数组公式

通过前面对数组公式计算规律的讲解和案例分析，不难发现，一维数组公式经过运算后，得到的结果可能是一维的，也可能是多维的，存放在不同的单元格区域中。有二维数组参与的公式计算，其结果也是一个二维数组。总之，数组与数组的计算，返回的将是一个新的数组，其行数与参与计算的数组中行数较大的数组的行数相同，列数与参与计算的数组中列数较大的数组的列数相同。

以上两个数组公式有一个共同点，其讲解的数组运算都是普通的公式计算，如果将数组公式运用到函数中，结果又会如何？实际上，上面得出的两个结论都会被颠覆。将数组用于函数计算中，计算的结果可能是一个值，也可能是一个一维数组或二维数组。

函数的内容将在后面的章节中进行讲解，这里先用一个简单的例子来进行说明。例如，沿用【销售统计表】工作表中的数据，下面使用一个函数来完成对所有产品的总销售利润进行统计，具体操作步骤如下。

Step01 计算销售利润。❶合并 F13:G13 单元格区域，并输入相应文本，❷选择 H13 单元格，❸在编辑栏中输入【=SUM(F3:F11*G3:G11)*H1】，如图 8-32 所示。

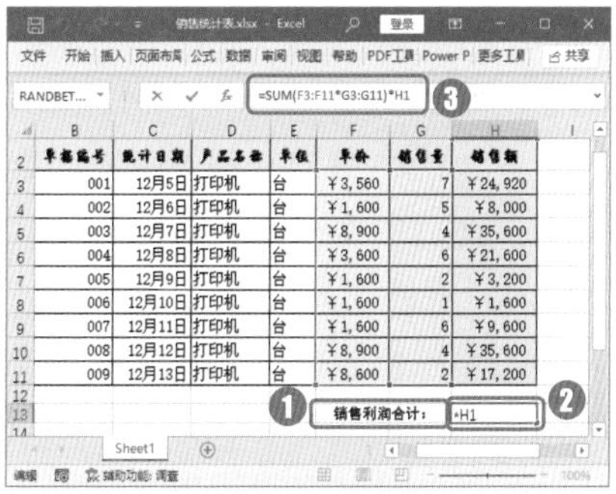

图 8-32

Step02 查看计算结果。按【Ctrl+Shift+Enter】组合键后，可看到编辑栏中的公式变为【={SUM(F3:F11*G3:G11)*H1}】，在 H13 单元格中同时显示出计算的数组公式结果，如图 8-33 所示。

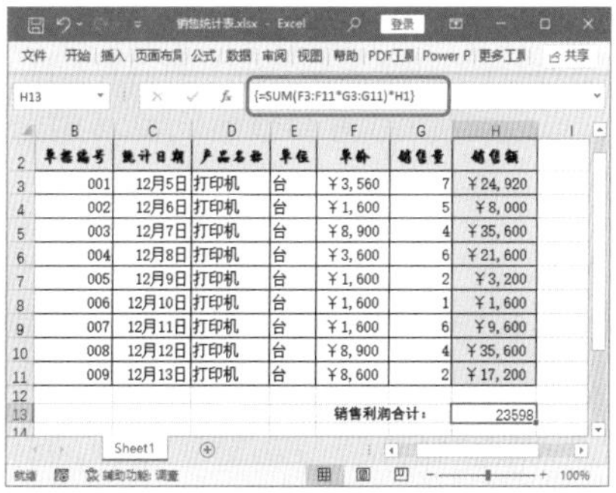

图 8-33

技术看板

当运算中存在着一些只有通过复杂的中间运算过程才会得到的结果时，就必须结合使用函数和数组了。

本例的数组公式先在内存中执行计算，将各商品的销量和单价分别相乘，然后将数组中的所有元素用 SUM 函数汇总，得到总销售额，最后乘以 H1 单元格的利润率得出最终结果。

本例中的公式还可以用 SUMPRODUCT 函数来代替，输入【=SUMPRODUCT(F3:F11* G3:G11)* H1】即可。SUMPRODUCT 函数的所有参数都是数组类型的参数，直接支持多项计算，具体应用参考后面的章节。

8.3.5 明辨多重计算与数组公式的区别

在 A1:A5 单元格区域中依次输入【-5】【0】【2】【103】和【-24】这 5 个数字，然后在 B1 单元格中输入公式【=SUMPRODUCT((A1:A5 > 0)*A1:A5)】，按【Enter】键计算的结果为 105；在 B2 单元格中输入与 B1 单元格相同的公式，按【Ctrl+Shift+Enter】组合键计算的结果也为 105，那么这两个公式到底有什么不同呢？

上面的公式都是求所选单元格区域中所有正数之和，结果相同，但这里存在【多重计算】和【数组公式】两个概念。本例中的【(A1:A5 > 0)*A1:A5】相当于先执行了 A1 > 0，A2 > 0…A5 > 0 的 5 个比较运算，再将产生的逻辑值分别乘以 A1…A5 的值，这个过程就是【多重计算】。而数组公式的定义可概括为对一组或多组值执行多重计算，并返回一个或多个结果，将数组公式置于大括号【{}】中，按【Ctrl+Shift+Enter】组合键可以输入数组公式，即数组公式中包含了多重计算，但并未明确定义执行多重计算就是数组公式，执行单个计算就不算数组公式。例如，本案例中直接按【Enter】键得到结果的第一种方法，并未将公式内容置于大括号【{}】中，可它执行的是多重计算；再如，输入【=A1】，并按【Ctrl+Shift+Enter】组合键即可得到数组公式的形式【{=A1}】，但它只执行了单个计算。为便于理解，可简单认为只要是在输入公式后，按【Ctrl+Shift+Enter】组合键结束的，即是数组公式。

★重点 8.3.6 数组的扩充功能

在公式或函数中使用数组时，参与运算的对象或参数应该和第一个数组的维数匹配，也就是说要注意数组行列数的匹配。对于行列数不匹配的数组，在必要时，Excel会自动将运算对象进行扩展，以符合计算需要的维数。每一个参与运算的数组的行数必须与行数最大的数组的行数相同，列数必须与列数最大的数组的列数相同。

当数组与单一数据进行运算时，如公式【{=H3:H6+15}】中的第一个数组为1列×4行，而第二个数据并不是数组，而是一个数值，为了让第二个数值能与第一个数组进行匹配，Excel会自动将数值扩充成1列×4行的数组{15;15;15;15}。所以最后是使用【{=H3:H6+{15;15;15;15}}】公式进行计算。

当一维横向数组与一维纵向数组进行计算时，如公式【{={10;20;30;40}+{50,60}}】的第一个数组{10;20;30;40}为4行×1列，第二个数组{50,60}为1行×2列，在计算时，Excel会自动将第一个数组扩充为一个4行×2列的数组{10,10;20,20;30,30;40,40}，也会将第二个数组扩充为一个4行×2列的数组{50,60;50,60;50,60;50,60}。所以最后是使用【{={10,10;20,20;30,30;40,40}+{50,60;50,60;50,60;50,60}}】公式进行计算。公式最后返回的数组也是一个4行×2列的数组，数组的第*M*行第*N*列的元素等于扩充后的两个数组的第*M*行第*N*列的元素的计算结果。

如果对行列数均不相同的两个数组进行计算，Excel仍然会将数组进行扩展，只是在将区域扩展到可以填入比该数组公式大的区域时，已经没有扩大值可以填入单元格内，这样就会出现【#N/A】错误值。例如，公式【{={1,2;3,4}+{1,2,3}}】的第一个数组为2行×2列，第二个数组{1,2,3}为1行×3列，在计算时，Excel会自动将第一个数组扩充为一个2行×3列的数组{1,2,#N/A;3,4,#N/A}，也会将第二个数组扩充为一个2行×3列的数组{1,2,#N/A;1,2,#N/A}。所以最后是使用【{={1,2,#N/A;3,4,#N/A}+{1,2,#N/A;1,2,#N/A}}】公式进行计算。

由此可见，行列数不相同的数组在进行运算后，将返回一个多行多列数组，行数与参与计算的两个数组中行数较大的数组的行数相同，列数与列数较大的数组的列数相同，且行数大于较小行数数组行数、列数大于较大列数数组列数区域的元素均为【#N/A】。有效元素为两个数组中对应数组的计算结果。

8.3.7 编辑数组公式

数组公式的编辑方法与公式基本相同，只是数组包含多个单元格，这些单元格形成一个整体。所以数组中的任何单元格都不能被单独编辑。

如果对数组公式结果中的其中一个单元格的公式进行编辑，系统会提示用户无法更改数组的某一部分，如图8-34所示。

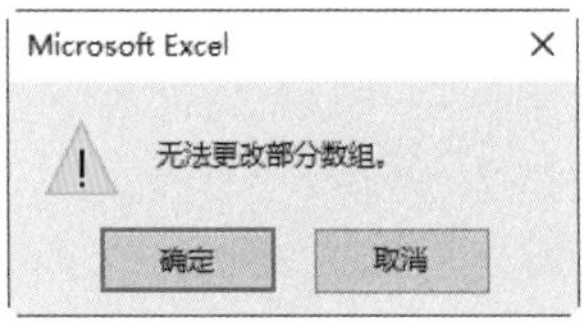

图 8-34

如果需要修改多单元格数组公式，必须先选择整个数组区域。要选择数组公式所占有的全部单元格区域，可以先选择单元格区域中的任意一个单元格，然后按【Ctrl+/】组合键。

编辑数组公式时，在选择数组区域后，将文本插入点定位到编辑栏中，此时数组公式两边的大括号【{}】将消失，表示公式进入编辑状态，在编辑公式后同样需要按【Ctrl+Shift+Enter】组合键锁定数组公式的修改。这样，数组区域中的数组公式将同时被修改。

如果要删除原有的多单元格数组公式，可以先选择整个数组区域，然后按【Delete】键删除数组公式的计算结果；或在编辑栏中删除数组公式，然后按【Ctrl+Shift+Enter】组合键完成编辑；或单击【开始】选项卡【编辑】组中的【清除】按钮，在弹出的下拉菜单中选择【全部清除】选项。

8.4 名称的使用

人们给单元格区域、数据常量或公式定义一个名称，可以直接在Excel公式中使用，以增强公式的可读性，不仅如此，它在数据验证、条件格式、动态图表等操作中也被广泛使用。所以掌握名称在公式中的相关应用技巧，可以更加便捷地创建、更改和调整数据，有助于提高数据统计的工作效率。

8.4.1 定义名称的作用

在Excel中，名称是人们建立的一个易于记忆的标识符，它可以引用单元格、范围、值或公式。使用名称有以下优点。

（1）名称可以增强公式的可读性，使用名称的公式比使用单元格引用位置的公式易于阅读和记忆。例如，公式【=销量*单价】比公式【=F6*D6】更直观，特别适用于提供给非工作表制作者的其他人查看。

（2）一旦定义名称，其使用范围通常是工作簿级的，即可以在同一个工作簿中的任何位置使用。使用名称不仅减少了公式出错的可能性，还可以让系统在计算寻址时，能精确到更小的范围而不必用相对的位置来搜寻源及目标单元格。

（3）当改变工作表结构后，可以直接更新某处的引用位置，使所有使用这个名称的公式都自动更新。

（4）为公式命名后，就不必将公式放入单元格中，这样不仅有助于减小工作表的大小，还能代替重复循环使用相同的公式，缩短公式长度。

（5）用名称方式定义动态数据列表，可以避免使用很多辅助列，在跨表链接时能让公式更清晰。

（6）使用范围名替代单元格地址，更容易创建和维护宏。

8.4.2 名称的命名规则

在Excel中定义名称时，不是任意字符都可以作为名称，当定义的名称不符合Excel限定的命名规则时，就会打开如图 8-35 所示的提示对话框。

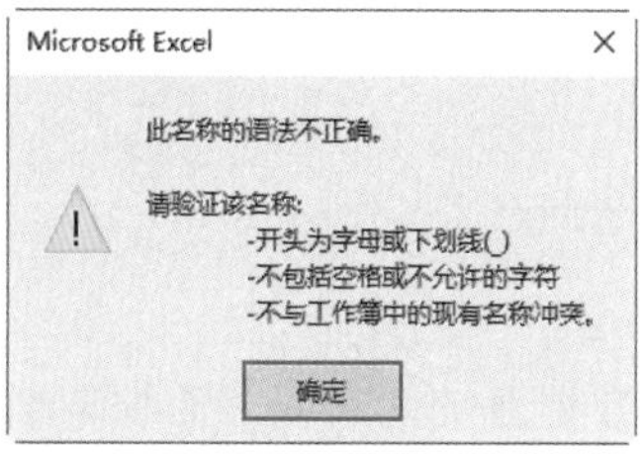

图 8-35

名称的定义有一定的规则，具体需要注意以下几点。

（1）名称可以是任意字符与数字的组合，但名称中的第一个字符必须是字母、下画线【_】或反斜线【/】，如【_1HF】。

（2）名称不能与单元格引用相同，如不能定义为【B5】和【C$6】等。也不能以字母【C】【c】【R】或【r】为名称，因为【R】【C】在R1C1单元格引用样式中表示工作表的行、列。

（3）名称中不能包含空格，如果需要由多个部分组成，则可以使用下画线或句点代替。

（4）不能使用除下画线、句点和反斜线以外的其他符号，允许使用问号【?】，但不能作为名称的开头。例如，定义为【Hjing?】可以，但定义为【?Hjing】就不可以。

（5）名称字符长度不能超过 255 个。一般情况下，名称应该便于记忆且尽量简短，否则就违背了定义名称的初衷。

（6）名称中的字母不区分大小写，即名称【HJING】和【hjing】是相同的。

技术看板

在命名时应该尽量采用一些有特定含义的名称，这样有利于记忆。另外，在Excel中，一些有特殊含义的名称，是用户在使用了一些特定功能（如高级筛选）以后，由Excel自动定义的，如【Print_Titles】和【Print_Area】。被定义为【Print_Titles】的区域将成为当前工作表打印的顶端标题行和左端标题行；被定义为【Print_Area】的区域将被设置为工作表的打印区域。

8.4.3 名称的适用范围

Excel中定义的名称具有一定的适用范围，名称的适用范围定义了使用名称的场所，一般包括当前工作表和当前工作簿。

默认情况下，定义的名称都是工作簿级的，能在工作簿中的任何一张工作表中使用。例如，创建一个名为【Name】的名称，引用Sheet1工作表中的A1:B7 单元格区域，然后在当前工作簿的所有工作表中都可以直接使用这一名称，这种能够作用于整个工作簿的名称被称为工作簿级名称。

定义的名称在其适用范围内必须唯一，在不同的适用范围内，可以定义相同的名称。如果在没有限定的情况下，在适用范围内可以直接应用名称，而超出了范围就需要加上一些元素对名称进行限定。例如，在工作簿中创建一个仅能作用于一张工作表的名称，即工作表级名称，就只能在该工作表中直接使用它，如果要在工作簿中的其他工作表中使用，就必须在该名称的前面加上工作表的名称，表达格式为【工作表名称+感叹号+名称】，如【Sheet2!名称】。如果需要引用其他工作簿中的名称时，原则与前面介绍的链接引用其他工作簿中的单元格相同。

★重点 8.4.4 实战：在现金日记账记录表中定义单元格名称

实例门类	软件功能

在公式中引用单元格或单元格区域时，为了让公式更容易理解，便于对公式和数据进行维护，可以为单元格或单元格区域定义名称。这样就可以在公式中直接通过该名称引用相应的单元格或单元格区域。尤其是在引用不连续的单元格区域时，定义名称减少了依次输入比较长的单元格区域字符串的麻烦。

例如，在【现金日记账】工作表中要统计所有存款的总金额，可以先为这些不连续的单元格区域定义名称为【存款】，然后在公式中直接运用名称来引用单元格，具体操作步骤如下。

Step 01 执行定义名称操作。打开素材文件\第8章\现金日记账.xlsx，❶按住【Ctrl】键的同时，选择所有包含存款数额的不连续单元格，❷单击【公式】选项卡【定义的名称】组中的【定义名称】按钮，如图8-36所示。

图 8-36

Step 02 新建名称。打开【新建名称】对话框，❶在【名称】文本框中为选择的单元格区域命名，这里输入【存款】，❷在【范围】下拉列表中选择该名称的适用范围，默认选择【工作簿】选项，❸单击【确定】按钮，如图8-37所示，即可完成单元格区域的命名。

图 8-37

Step 03 使用名称计算。❶在E23单元格中输入相关文本，❷选择F23单元格，❸在编辑栏中输入【=SUM(存款)】公式，即可看到公式自动引用了定义名称时包含的那些单元格，如图8-38所示。

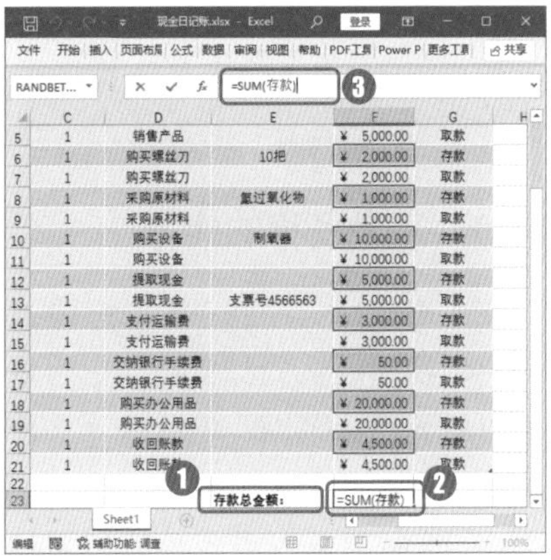

图 8-38

Step 04 查看计算结果。按【Enter】键即可快速计算出定义名称为【存款】的不连续单元格中数据的总和，如图8-39所示。

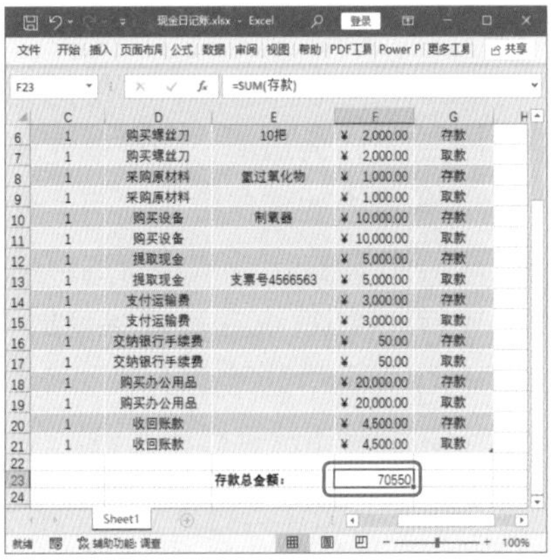

图 8-39

技术看板

通过工作表编辑栏中的名称框可以快速为选择的单元格或单元格区域定义名称。继续上面的例子，❶先按住【Ctrl】键选择不连续单元格区域，❷将文本插入点定位在名称框中，输入【存款】，如图8-40所示，按【Enter】键确认定义即可。

图 8-40

★重点 8.4.5 实战：在销售提成表中将公式定义为名称

实例门类	软件功能

Excel中的名称，并不仅仅是为单元格或单元格区域提供一个易于阅读的名称那么简单，还可以在名称中使用数字、文本、数组，以及简单的公式。

在【新建名称】对话框【引用位置】文本框中的内容永远是以【=】符号开头的，而以【=】符号开头就是Excel中公式的标志。因此可以将名称理解为一个有名称的公式，即定义名称，实质上是创建了一个命名的公式，且这个公式不存放于单元格中。

将公式定义为名称最大的优点是简化了公式的编写，并且随时可以修改名称的定义，以实现对表格中的大量计算公式快速修改。

例如，在销售表中经常会计算员工参与销售后可以提取的收益，根据规定可能需要修改提取的比例，此时就可以为提成率定义一个名称。例如，在【销售提成表】工作簿中通过将公式定义为名称计算出相关产品的提成费用，具体操作步骤如下。

Step01 执行定义名称操作。打开素材文件\第 8 章\销售提成表.xlsx，单击【公式】选项卡【定义的名称】组中的【定义名称】按钮，如图 8-41 所示。

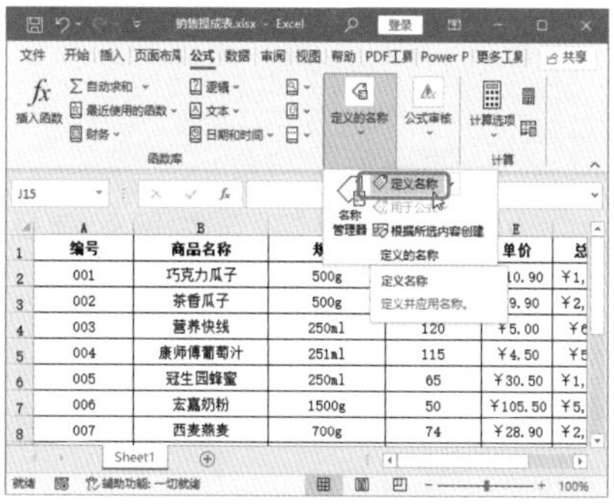

图 8-41

Step02 定义名称。打开【新建名称】对话框，❶在【名称】文本框中输入【提成率】，❷在【引用位置】文本框中输入公式【=1%】，❸单击【确定】按钮，即可完成公式的名称定义，如图 8-42 所示。

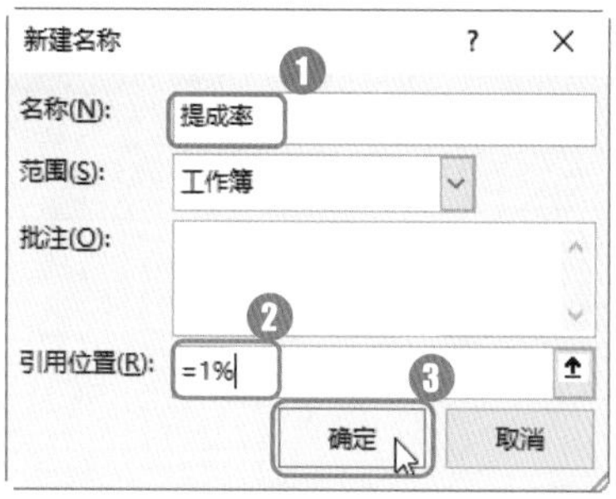

图 8-42

Step03 查看计算结果。在G2单元格中输入公式【=提成率*F2】，按【Enter】键，即可计算出单元格的值，如图 8-43 所示。

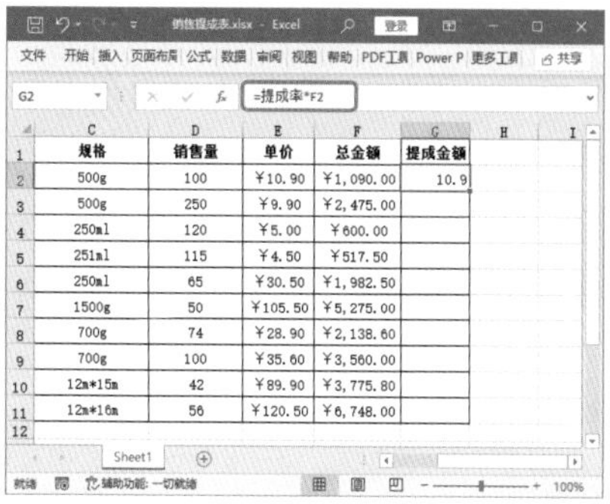

图 8-43

Step04 复制公式。选择G2单元格，拖动填充控制柄至G11单元格，计算出所有产品可以提取的获益金额，效果如图 8-44 所示。

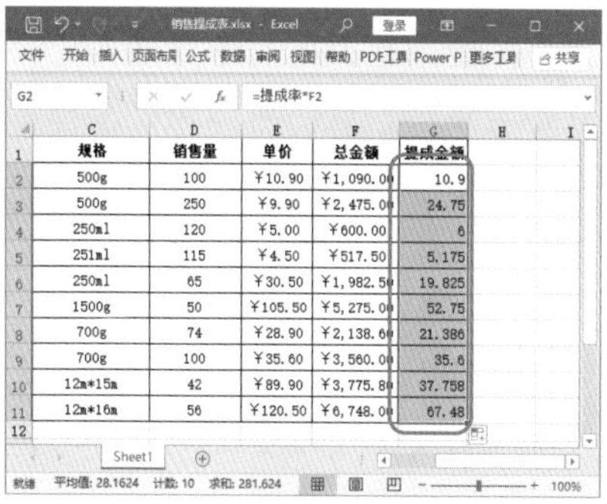

图 8-44

技术看板

基于以上理论，在名称中还能够使用函数，使用方法与公式中的使用方法相同。在将函数定义为名称时，若使用相对引用，则工作表中在引用该名称的函数求值时，会随活动单元格的位置变化而对不同区域进行计算。

8.4.6 管理定义的名称

定义名称以后，用户可能还需要查看名称的引用位置或再次编辑名称，下面将介绍名称的相关编辑方法。

1. 快速查看名称的引用位置

Excel 2021 提供了专门用于管理名称的【名称管理器】对话框。在该对话框中可以查看、创建、编辑和删除名称，在其主窗口中，可以查看名称的当前值，名称指代的内容、名称的适用范围和输入的注释。

2. 快速选择名称引用的单元格区域

选择命名的单元格或单元格区域时，对应的名称就会出现在名称框中。这是验证名称引用正确单元格的好方法。但如果定义了多个单元格，全部选择所有单元格就显得有些困难了，这时可以通过选择名称来查看对应的单元格，具体有以下两种方法。

（1）通过名称框进行选择。

例如，要在【现金日记账】工作表中查看【存款】名称的引用位置，具体操作步骤如下。

Step 01 选择定义的名称。❶单击名称框右侧的下拉按钮⌄，❷在弹出的下拉列表中选择定义的名称，这里选择【存款】选项，如图 8-45 所示。

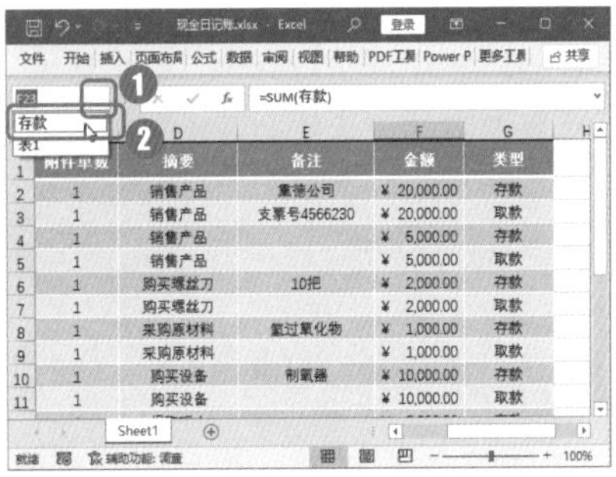

图 8-45

Step 02 快速选择名称指定的范围。经过上步操作后，即可快速选择该名称指定的范围，如图 8-46 所示。

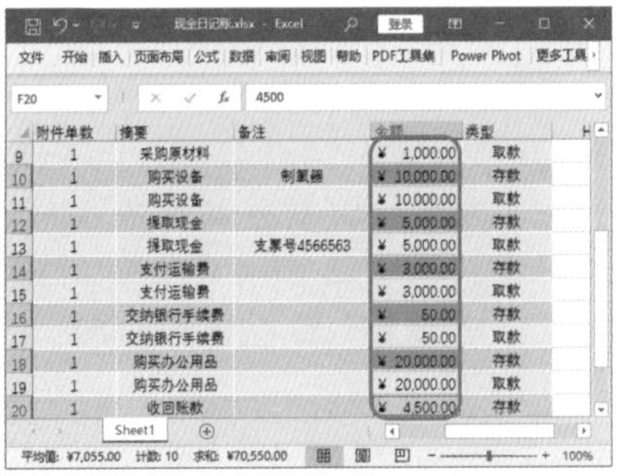

图 8-46

（2）使用定位功能进行选择。

用户可以通过定位功能来选择名称所引用的单元格区域。例如，同样是在【现金日记账】工作表中查看【存款】名称的引用位置，具体操作步骤如下。

Step 01 选择菜单命令。❶单击【开始】选项卡【编辑】组中的【查找和选择】下拉按钮，❷在弹出的下拉菜单中选择【转到】选项，如图 8-47 所示。

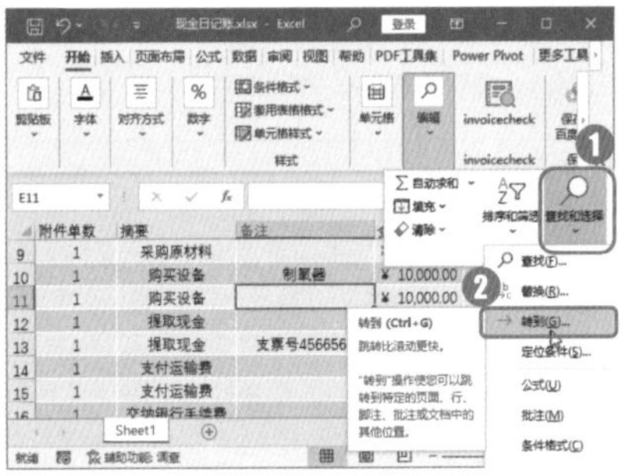

图 8-47

Step 02 设置定位位置。打开【定位】对话框，❶选择定义的名称选项，❷单击【确定】按钮，即可快速选择该名称指定的范围，如图 8-48 所示。

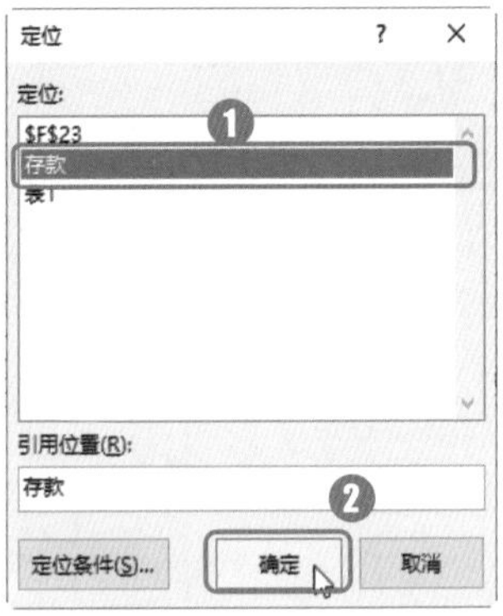

图 8-48

3. 修改名称的定义内容

在 Excel 中，如果需要重新编辑已定义名称的引用位置、适用范围和输入的注释等，可以通过【名称管理器】对话框进行修改。例如，要修改名称中定义的公式，按照 2% 的比例重新计算销售表中的提成数据，具体操作步骤如下。

Step 01 打开名称管理器。单击【公式】选项卡【定义的名称】组中的【名称管理器】按钮，如图 8-49 所示。

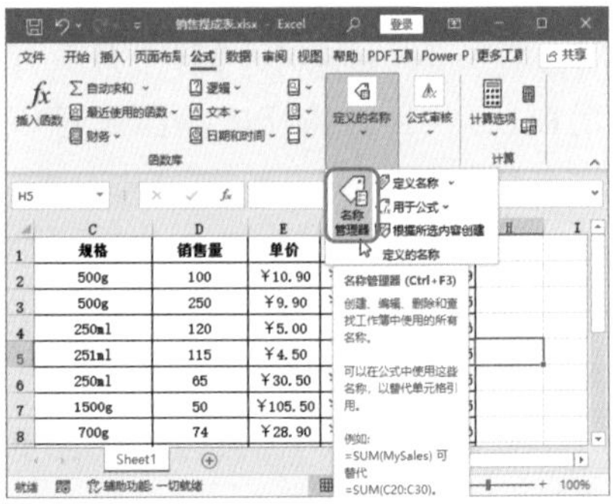

图 8-49

Step 02 选择名称选项。打开【名称管理器】对话框，❶选择需要修改的名称选项，这里选择【提成率】选项，❷单击【编辑】按钮，如图 8-50 所示。

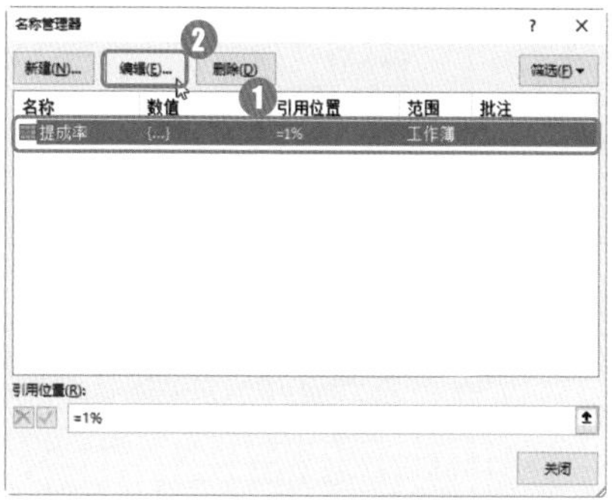

图 8-50

技能拓展——快速打开【名称管理器】对话框

按【Ctrl+F3】组合键，可快速打开【名称管理器】对话框。

Step 03 修改名称。打开【编辑名称】对话框，❶修改【引用位置】参数框中的文本为【=2%】，❷单击【确定】按钮，如图 8-51 所示。

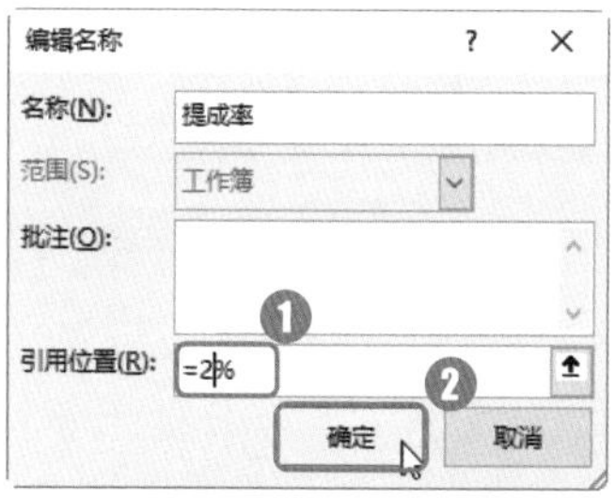

图 8-51

Step 04 查看更改名称后的计算结果。返回【名称管理器】对话框，单击【关闭】按钮，则所有引用了该名称的公式都将改变计算结果，效果如图 8-52 所示。

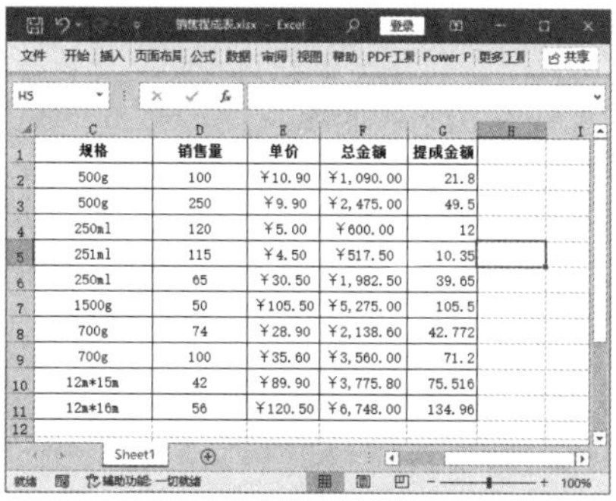

图 8-52

技能拓展——快速修改名称

如果需要修改名称，除了可以在【编辑名称】对话框中进行修改外，有些名称还可以在名称框中直接进行修改。

4. 删除名称

在名称的范围内插入行，或者在其中删除了行或列时，名称的范围也会随之变化。因此，在使用过程中需要随时注意名称的变动，防止使用错误的名称。当建立的名称不再有效时，可以将其删除。

在【名称管理器】对话框的主窗口中选择需要删除的名称，单击【删除】按钮即可将其删除。如果一次性需要删除多个名称，只需在按住【Ctrl】键的同时，在主窗口中依次选择这几个名称，再进行删除即可。

技术看板

单击【删除】按钮后会永久地删除工作簿中所选择的名称。当然，Excel会先发出警告，因为这种操作是不能撤消的。由于Excel不能用单元格引用替换删除的名称，因此使用了已删除名称的公式，将会显示为【#NAME?】错误。

8.5 审核公式

公式不仅会导致错误值，而且还会产生某些意外结果。为确保计算的结果正确，减小公式出错的可能性，审核公式是非常重要的一项工作。下面介绍一些常用的审核公式技巧。

8.5.1 实战：显示水费收取表中应用的公式

实例门类	软件功能

默认情况下，在单元格中输入一个公式，按【Enter】键后，单元格中就不再显示公式了，而是直接显示出计算结果。只有在选择单元格后，在其公式编辑栏中才能看到公式的内容。可在一些特定的情况下，在单元格中显示公式比显示数值更加有利于快速输入数据。

例如，需要查看【水费收取表】工作簿中的公式是否引用出错，具体操作步骤如下。

Step 01 执行显示公式操作。打开素材文件\第 8 章\水费收取表.xlsx，单击【公式】选项卡【公式审核】组中的【显示公式】按钮，如图 8-53 所示。

第1篇 第2篇 第3篇 第4篇 第5篇

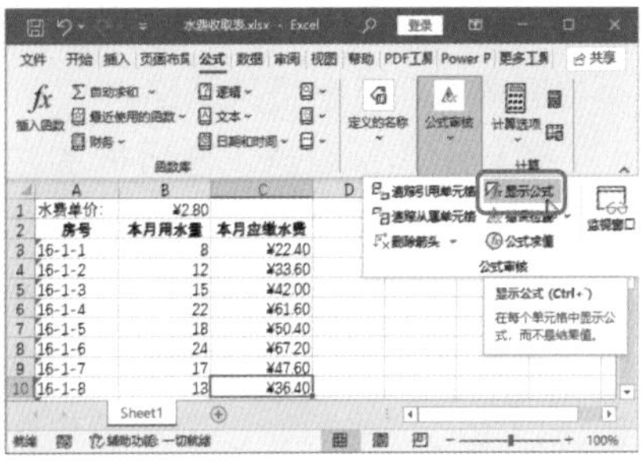

图 8-53

Step 02 查看显示的公式。经过上步操作后，则工作表中所有的公式都会显示出来，同时，为了显示完整的公式，单元格的大小会自动调整，如图 8-54 所示。

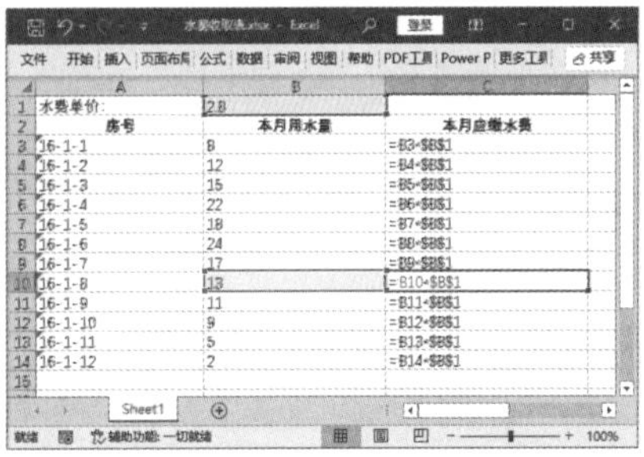

图 8-54

> **技能拓展——取消持续显示公式**
>
> 设置显示公式后，就会使公式继续保持原样，即使公式不处于编辑状态，也同样显示公式的内容。如果要恢复默认状态，显示出公式的计算结果，再次单击【显示公式】按钮即可。另外，按【Ctrl+~】组合键可以快速在公式和计算结果之间进行切换。

★重点 8.5.2 实战：查看工资表中公式的求值过程

实例门类	软件功能

Excel 2021 中提供了分步查看公式计算结果的功能，当公式中的计算步骤比较多时，使用此功能可以在审核过程中按公式计算的顺序逐步查看公式的计算过程。

例如，要使用公式的分步计算功能查看工资表中所得税是如何计算的，具体操作步骤如下。

Step 01 执行公式求值操作。打开素材文件\第 8 章\工资发放明细表.xlsx，❶选择要查看求值过程的 L3 单元格，❷单击【公式】选项卡【公式审核】组中的【公式求值】按钮，如图 8-55 所示。

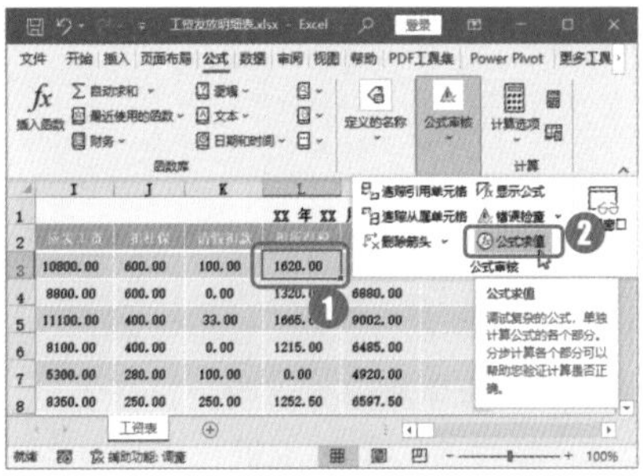

图 8-55

Step 02 计算第 1 步。打开【公式求值】对话框，在【求值】列表框中显示出了该单元格中的公式，并用下画线标记出第 1 步要计算的内容，即引用 I3 单元格中的数值，单击【求值】按钮，如图 8-56 所示。

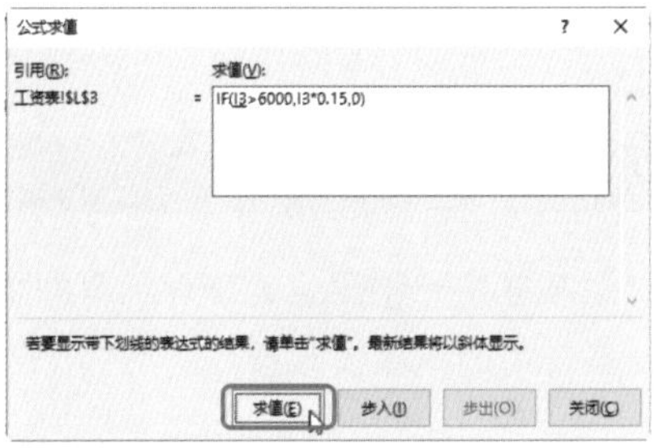

图 8-56

Step 03 计算第 2 步。经过上步操作后，会计算出该公式第 1 步要计算的结果，同时用下画线标记出下一步要计算的内容，即判断 I3 单元格中的数值是否大于 6000，单击【求值】按钮，如图 8-57 所示。

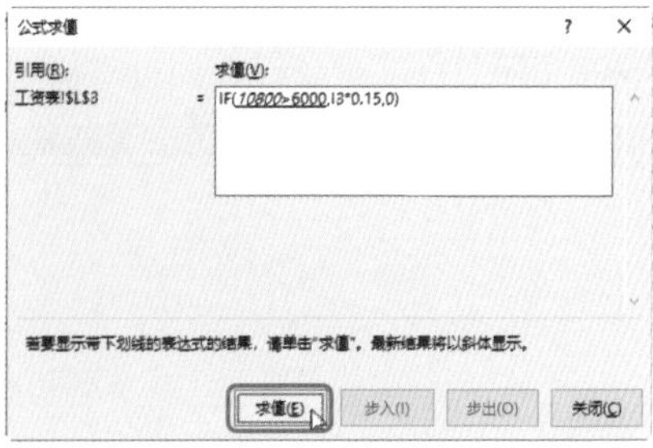

图 8-57

Step 04 计算第 3 步。经过上步操作后，会计算出该公式第 2 步要计算的结果，由于 10800 大于 6000，所以返回【TRUE】，调用 IF 函数中判断值为真的结果。同时用下画线标记出下一步要计算的内容，即引用 I3 单元格中的数值，单击【求值】按钮，如图 8-58 所示。

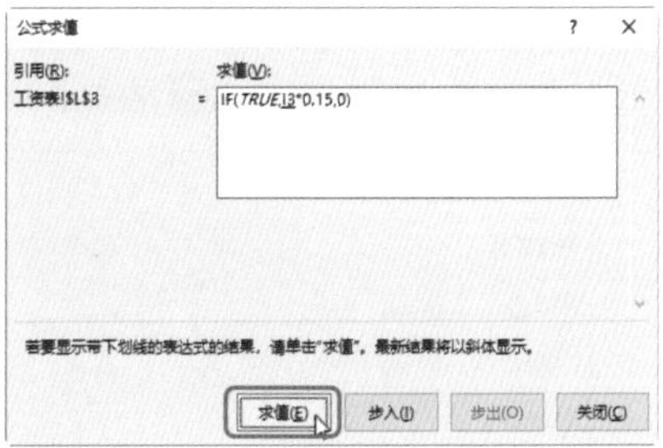

图 8-58

Step 05 计算第 4 步。经过上步操作后，会计算出该公式第 3 步要计算的结果，同时用下画线标记出下一步要计算的内容，即用 I3 单元格中的数值乘以 0.15，单击【求值】按钮，如图 8-59 所示。

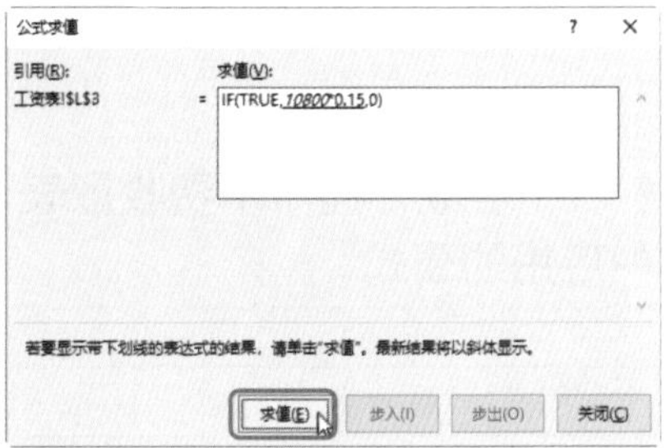

图 8-59

Step 06 计算第 5 步。经过上步操作后，会计算出该公式第 4 步要计算的结果，同时用下画线标记出下一步要计算的内容，即使用IF函数最终返回计算的结果，单击【求值】按钮，如图 8-60 所示。

图 8-60

Step 07 查看计算结果。经过上步操作后，会计算出该公式的结果，单击【关闭】按钮关闭对话框，如图 8-61 所示。

技能拓展——使用快捷键查看公式的部分计算结果

逐步查看公式中的计算结果，有时非常耗时间，在审核公式时，可以选择公式中需要显示计算结果的部分，按【F9】键即可显示出该部分的计算结果。在选择查看公式中的部分计算结果时，注意要选择包含整个运算对象的部分。例如，选择一个函数时，必须包含整个函数名称、左括号、参数和右括号。

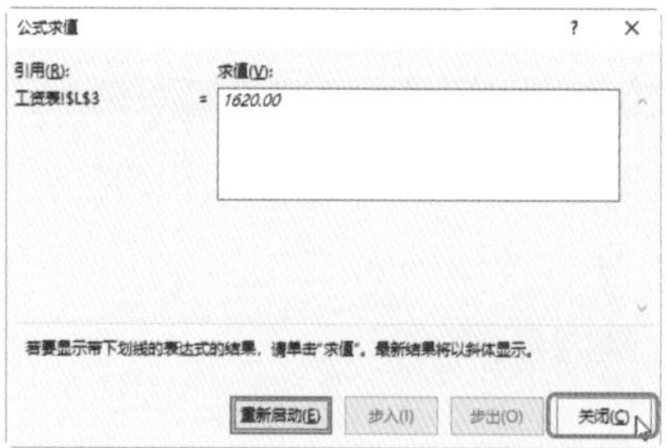

图 8-61

8.5.3 公式错误检查

在 Excel 2021 中进行公式的输入时，有时可能由于用户的错误操作或公式函数应用不当，导致公式结果返回错误值，如【#NAME?】，同时会在单元格的左上角自动出现一个绿色小三角形，这是 Excel 的智能标记。其实，这是启用了公式错误检查器的缘故。

启用公式错误检查器功能后，当单元格中的公式出错时，选择包含错误的单元格，将鼠标指针移动到左侧出现的图标上，单击图标右侧出现的下拉按钮，在弹出的下拉菜单中包括了【"无效名称"错误】【关于此错误的帮助】【显示计算步骤】【忽略错误】，以及【在编辑栏中编辑】等选项，如图 8-62 所示。这样，用户就可以方便地选择需要进行的下一步操作。

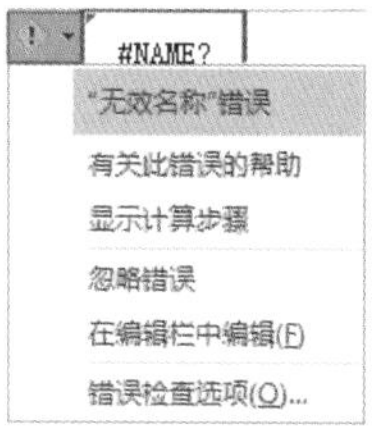

图 8-62

如果某台计算机中的 Excel 没有开启公式错误检查器功能，则不能快速检查错误的原因。用户只能通过下面的方法来进行检查，具体操作步骤如下。

Step 01 执行错误检查操作。打开素材文件\第 8 章\销售表.xlsx，单击【公式】选项卡【公式审核】组中的【错误检查】按钮，如图 8-63 所示。

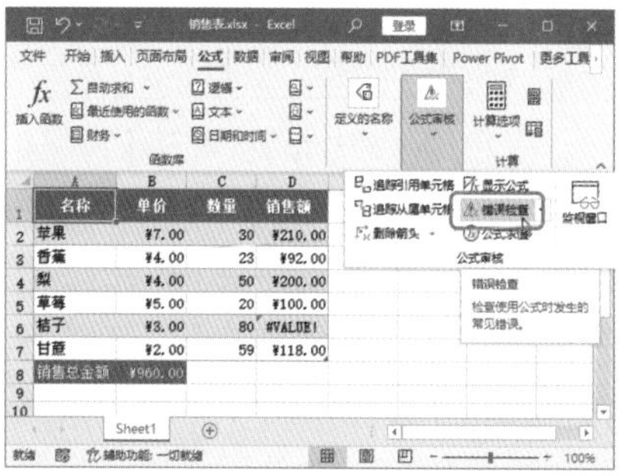

图 8-63

Step 02 查看出错位置。打开【错误检查】对话框，在其中显示了检查到的第一处错误，单击【显示计算步骤】按钮，如图 8-64 所示。

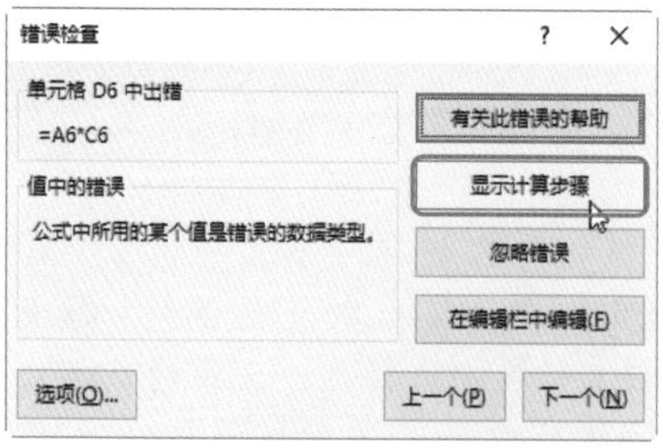

图 8-64

技术看板

在【错误检查】对话框中也可以实现图 8-62 所示的下拉菜单中的相关操作，而且在该对话框中，还可以更正错误的公式，通过单击【上一个】按钮和【下一个】按钮，可以逐个显示出错单元格，供用户检查。

Step 03 查看计算步骤。打开【公式求值】对话框，在【求值】列表框中查看该错误运用的计算公式及出错位置，单击【关闭】按钮，如图 8-65 所示。

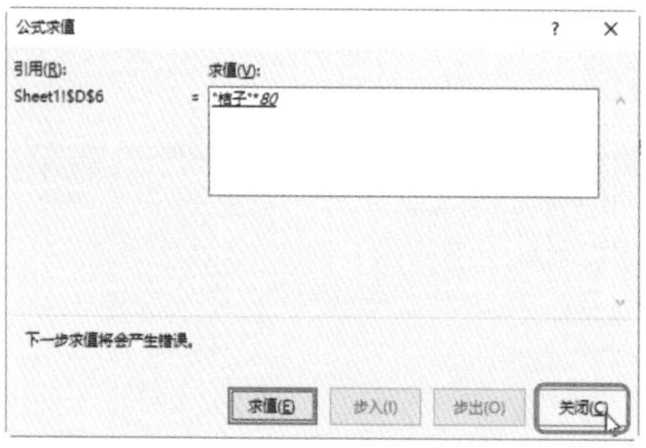

图 8-65

Step 04 执行修改。返回【错误检查】对话框，单击【在编辑栏中编辑】按钮，如图 8-66 所示。

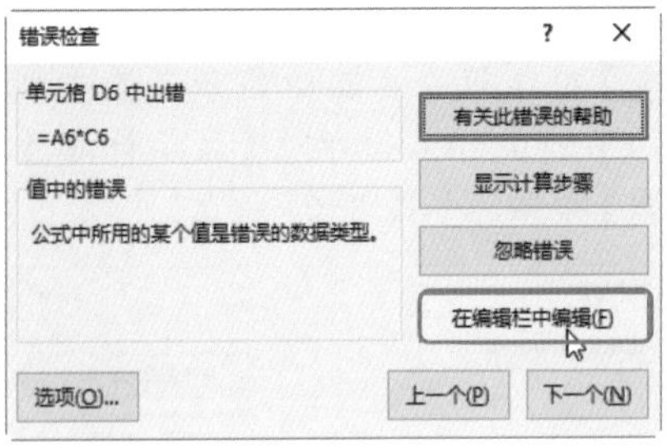

图 8-66

Step05 在编辑栏中修改公式。❶返回工作表中选择原公式中的【A6】，❷然后重新选择参与计算的B6单元格，如图 8-67 所示。

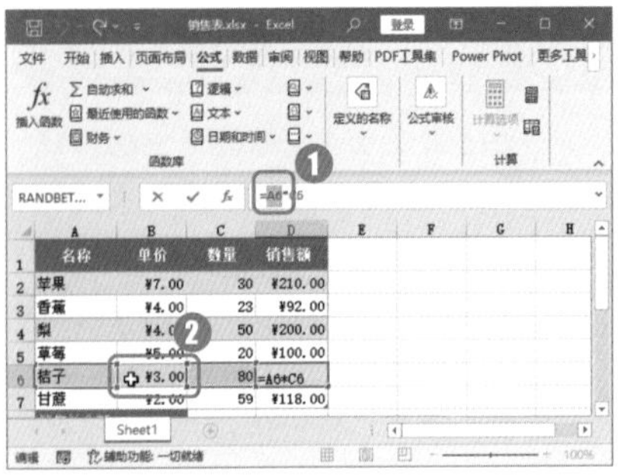

图 8-67

Step06 继续检查错误。本例由于设置了表格样式，系统就自动为套用样式的区域定义了名称，所以公式中的【B6】显示为【[@单价]】。在【错误检查】对话框中单击【继续】按钮，如图 8-68 所示。

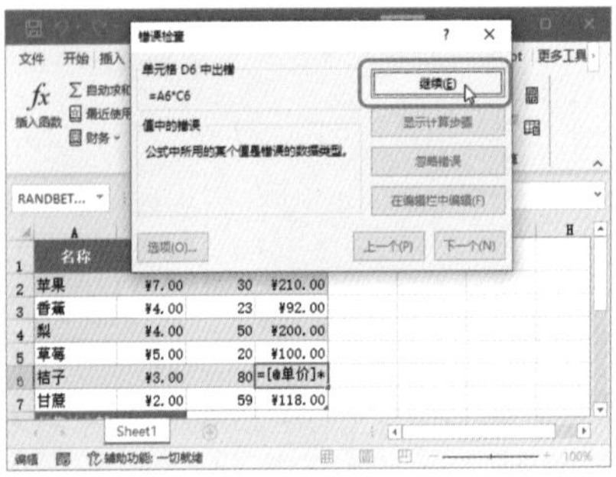

图 8-68

Step07 完成错误检查。同时可以看到出错的单元格运用修改后的公式得出了新结果，并打开提示对话框，提示已经完成错误检查。单击【确定】按钮关闭对话框，如图 8-69 所示。

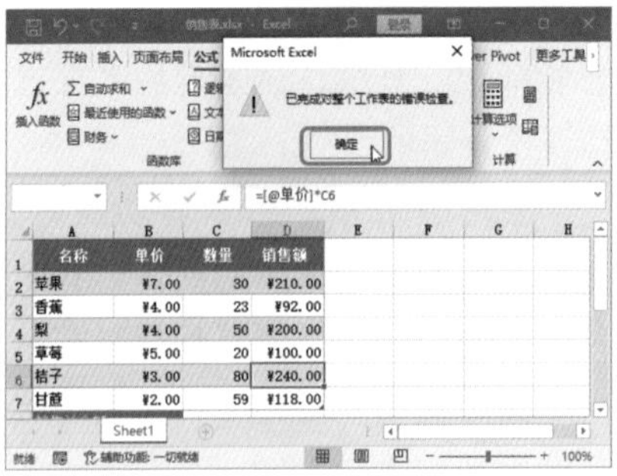

图 8-69

技术看板

Excel默认是启用了公式错误检查器的，如果没有启用，可以在【Excel选项】对话框中选择【公式】选项卡，在【错误检查】栏中选中【允许后台错误检查】复选框，如图 8-70 所示。

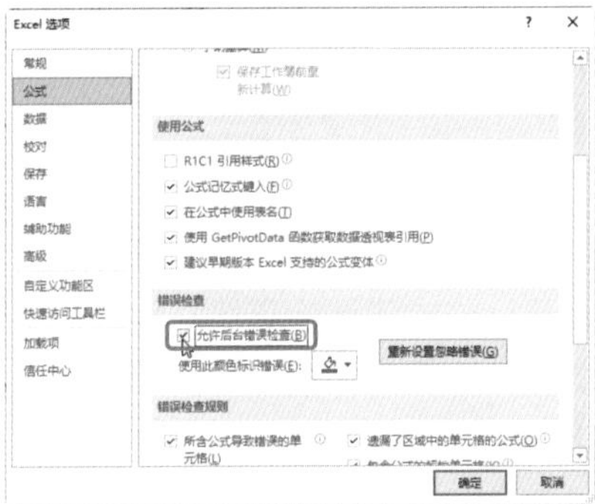

图 8-70

★重点 8.5.4 实战：追踪销售表中的单元格引用情况

实例门类	软件功能

在检查公式是否正确时，通常需要查看公式中引用单元格的位置是否正确，使用Excel 2021 中的【追踪引用单元格】和【追踪从属单元格】功能，就可以检查公式错误或分析公式中单元格的引用关系了。

1. 追踪引用单元格

【追踪引用单元格】功能可以用箭头的形式标记出所选单元格中公式引用的单元格，方便用户追踪检查引用数据的来源。该功能尤其是分析使用了较复杂的公式时非常便利。例如，要查看【销售表】中计算销售总额的公式引用了哪些单元格，具体操作步骤如下。

Step01 追踪引用单元格。❶选择计算销售总额的B8单元格，❷单击【公式】选项卡【公式审核】组中的【追踪引用单元格】按钮，如图 8-71 所示。

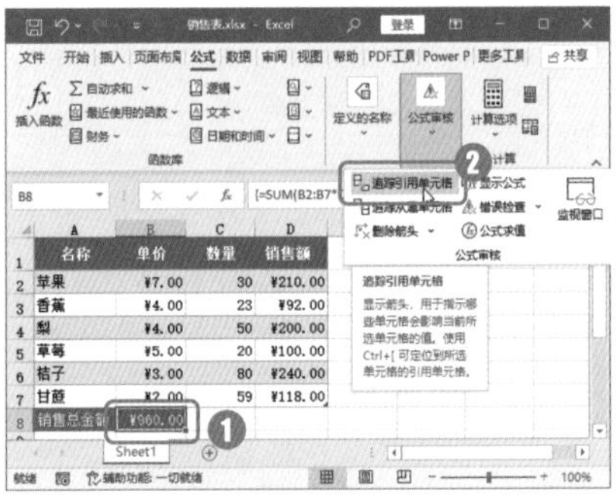

图 8-71

Step02 查看公式的引用源。经过上步操作，即可以蓝色箭头符号标识出所选单元格中公式的引用源，如图 8-72 所示。

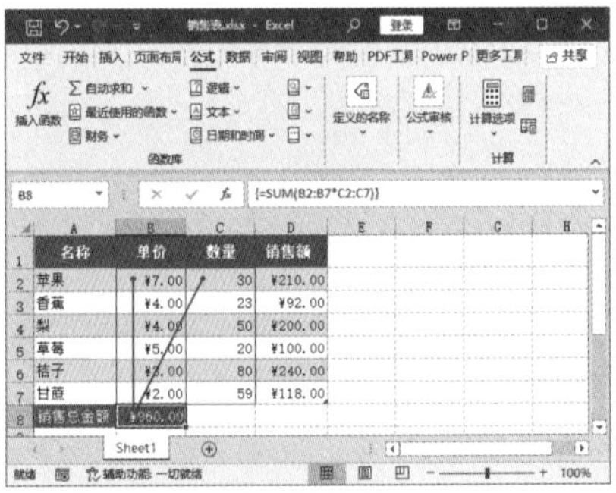

图 8-72

2. 追踪从属单元格

在检查公式时，如果要显示某个单元格数据被引用于哪个公式所在的单元格，可以使用【追踪从属单元格】功能。例如，要用箭头符号标识出销售表中销售额被作为参数引用的公式所在的单元格，具体操作步骤如下。

技术看板

若所选单元格没有从属单元格可以显示，将打开对话框进行提示。

Step 01 修改公式。❶选择B8单元格，❷修改其中的公式为【=SUM(表1[[销售额]])】，如图8-73所示。

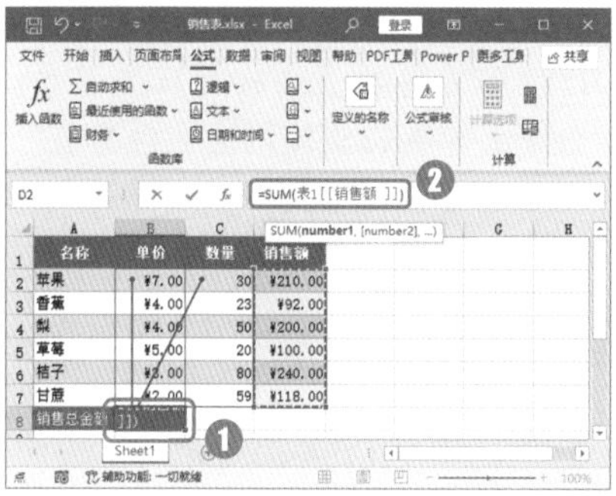

图 8-73

Step 02 追踪从属单元格。❶选择D5单元格，❷单击【公式】选项卡【公式审核】组中的【追踪从属单元格】按钮，如图8-74所示。

图 8-74

Step 03 查看被引用的单元格。经过上步操作，即可以蓝色箭头符号标识出所选单元格数据被引用的公式所在单元格，如图8-75所示。

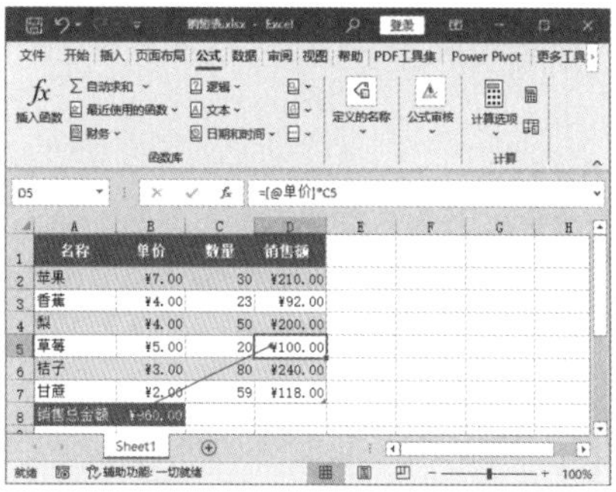

图 8-75

技能拓展——追踪公式错误

在单元格中输入错误的公式不仅会导致出现错误值，而且还有可能因为引用了错误值产生错误的连锁反应。此时使用【追踪从属单元格】功能可以在很大程度上减少连锁错误的发生，即使出现错误也可以快速进行修改。

当一个公式的错误是由它引用的单元格的错误所引起时，在【错误检查】对话框中就会出现【追踪错误】按钮。单击该按钮，可使Excel在工作表中标识出公式引用中包含错误的单元格及其引用的单元格。

3. 移除追踪箭头

使用【追踪引用单元格】和【追踪从属单元格】功能后，在工作表中将显示出追踪箭头，如果不需要查看公式与单元格之间的引用关系，就可以隐藏追踪箭头。清除追踪箭头的具体操作步骤如下。

Step 01 执行移除箭头操作。单击【公式】选项卡【公式审核】组中的【删除箭头】按钮，如图8-76所示。

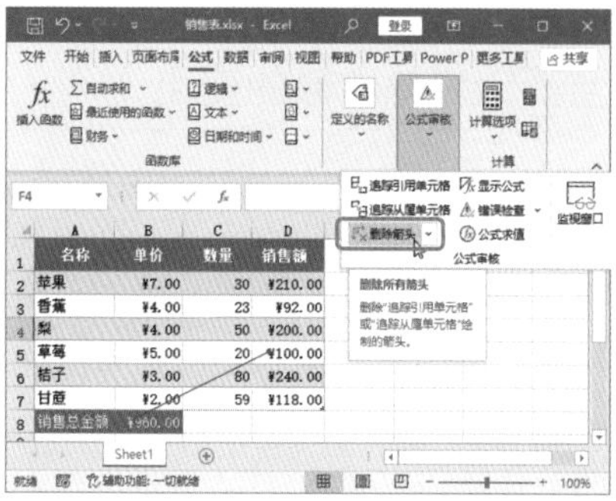

图 8-76

Step 02 查看效果。经过上步操作，清除追踪箭头后的效果如图8-77所示。

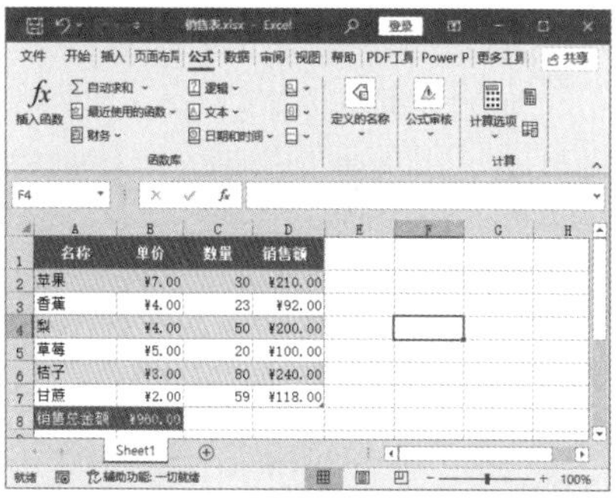

图 8-77

技能拓展——删除单元格的追踪箭头

单击【删除箭头】按钮会同时删除所有箭头，如果单击【删除箭头】右侧的下拉按钮⌄，在弹出的下拉菜单中选择【删除引用单元格追踪箭头】选项，将删除工作表中所有引用单元格的追踪箭头；如果选择【删除从属单元格追踪箭头】选项，则将删除工作表中所有从属单元格的追踪箭头。

在Excel 2021中，追踪引用和从属单元格，主要用于查看公式中所应用的单元格，但不能保存标记单元格的箭头，下次查看时需要重新单击【追踪引用单元格】按钮或【追踪从属单元格】按钮。

8.5.5 实战：使用【监视窗口】监视销售总金额的变化

实例门类	软件功能

在Excel中，当单元格数据变化时，引用该单元格数据的单元格的值也会随之改变。在数据量较大的工作表中，要查看某个单元格数据的变化可能要花费一点时间来寻找到该单元格。Excel 2021 专门提供了一个监视窗口，方便用户随时查看单元格中公式数值的变化，以及单元格中使用的公式和地址。

例如，使用【监视窗口】来监视销售表中销售总金额单元格数据的变化，具体操作步骤如下。

Step01 打开监视窗口。单击【公式】选项卡【公式审核】组中的【监视窗口】按钮，如图 8-78 所示。

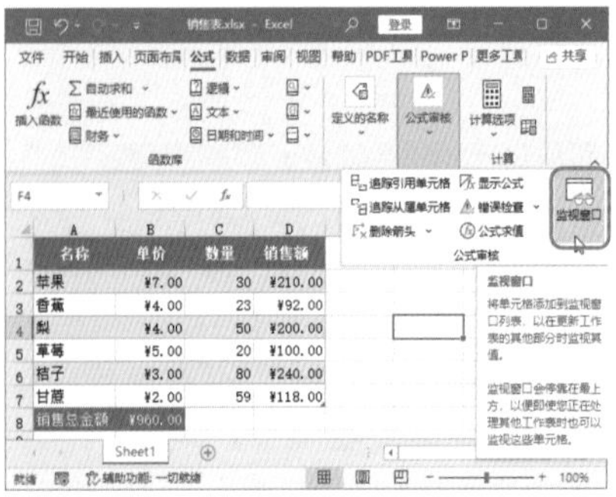

图 8-78

Step02 添加监视。打开【监视窗口】对话框，单击【添加监视】按钮，如图 8-79 所示。

图 8-79

Step03 添加监视点。打开【添加监视点】对话框，❶在参数框中输入想要监视其值的单元格，这里选择工作表中的B8 单元格，❷单击【添加】按钮，如图 8-80 所示。

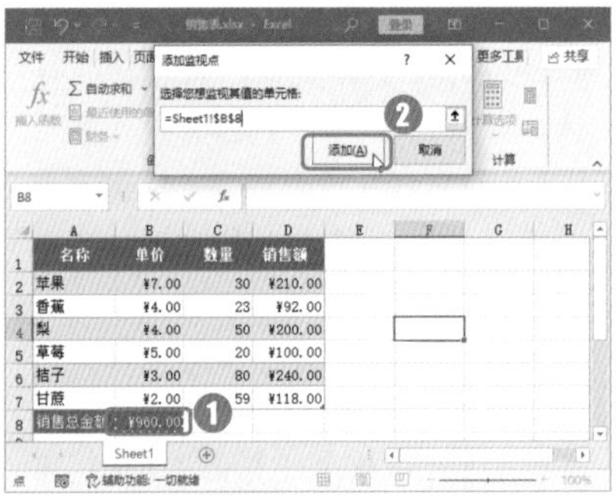

图 8-80

Step04 查看监视过程。更改工作表中B3 单元格中的值，即可看到与该单元格数据有关联的B8 单元格中的值发生了变化。同时，在【监视窗口】对话框中也记录了该单元格变化后的数据，如图 8-81 所示。

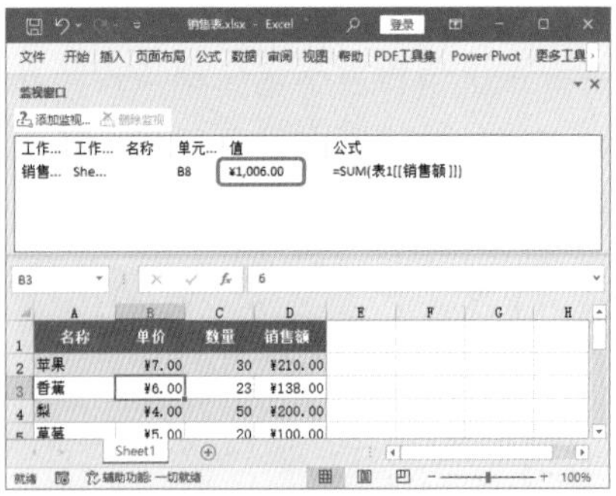

图 8-81

技术看板

监视窗口是一个浮动窗口，可以浮动在屏幕上的任何位置，不会对工作表的操作产生任何影响。将监视窗口拖动到工作簿窗口中时，它会自动嵌入工作簿窗口中（图 8-81）。

妙招技法

通过前面知识的学习，相信读者已经掌握了链接公式、数组公式、名称、公式审核等相对高级的应用操作。下面结合本章内容给大家介绍一些实用技巧。

技巧 01：同时对多个单元格执行相同计算

在编辑工作表中的数据时，可以利用【选择性粘贴】命令在粘贴数据的同时对数据区域进行计算。例如，要将销售表中的各产品的销售单价快速乘以 2，具体操作步骤如下。

Step01 复制数据。❶选择一个空白单元格作为辅助单元格，这里选择F2 单元格，并输入【2】，❷单击【开始】选项卡【剪贴板】组中的【复制】按钮，将单元格区域数据放入剪贴板中，如图 8-82 所示。

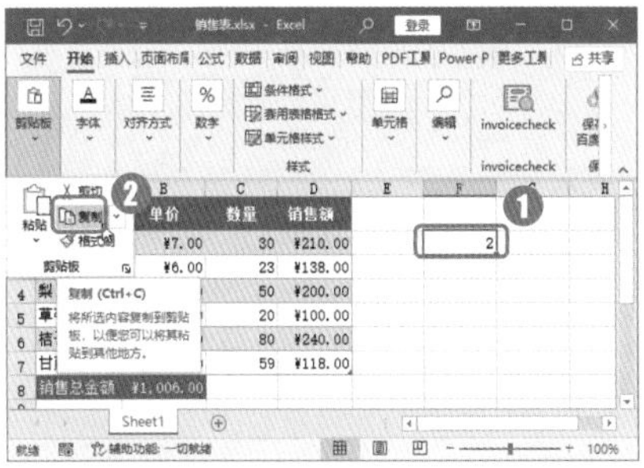

图 8-82

Step02 选择粘贴命令。❶选择要修改数据的B2:B7单元格区域，❷单击【剪贴板】组中的【粘贴】下拉按钮，❸在弹出的下拉菜单中选择【选择性粘贴】选项，如图8-83所示。

图 8-83

Step03 打开【选择性粘贴】对话框，❶在【运算】栏中选中【乘】单选按钮，❷单击【确定】按钮，如图8-84所示。

图 8-84

Step04 经过上步操作，表格中选择区域的数字都增加了1倍，效果如图8-85所示。

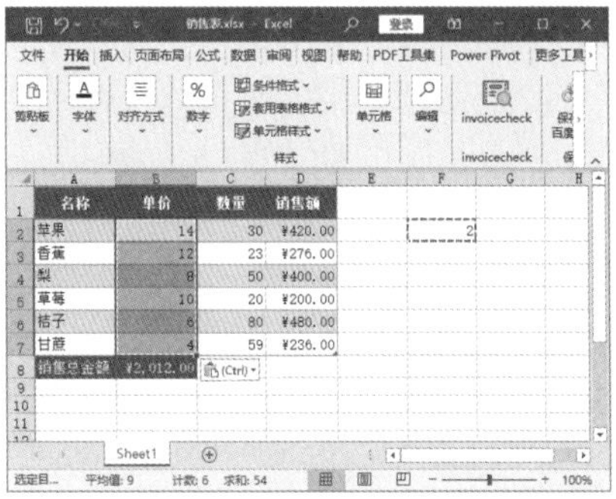

图 8-85

技术看板

在【选择性粘贴】对话框的【粘贴】栏中可以通过设置，更改粘贴的数据类型、格式等，在【运算】栏中除了可以选择运算方式为【乘】外，还可以选择【加】【减】【除】3种运算方式。

技巧02：快速指定单元格以列标题为名称

日常工作中制作的表格都具有一定的格式，如工作表每一列上方的单元格一般都有表示该列数据的标题(也称为【表头】)，而公式和函数的计算通常也可以看作是某一列(或多列)与另一列(或多列)的运算。

为了简化公式的制作，可以先将各列数据单元格区域以列标题命名。在Excel中如果需要创建多个名称，而这些名称和单元格引用的位置有一定的规则，这时除了可以通过【新建名称】对话框依次创建名称外，还可使用【根据所选内容创建】功能自动创建名称，尤其是在需要定义大批量名称时，该方法更能显示其优越性。

例如，在工资表中要指定每列单元格以列标题为名称，具体操作步骤如下。

Step01 根据所选内容创建名称。打开素材文件\第8章\工资发放明细表.xlsx，❶选择需要定义名称的单元格区域(包含表头)，这里选择A2:N14单元格区域，❷单击【公式】选项卡【定义的名称】组中的【根据所选内容创建】按钮，如图8-86所示。

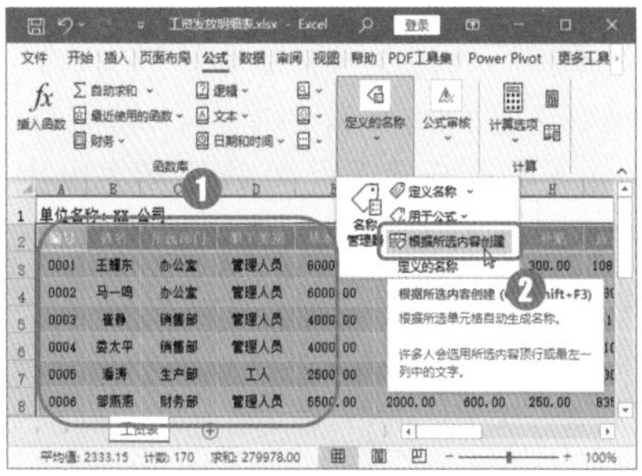

图 8-86

Step02 设置创建名称的值。打开【根据所选内容创建名称】对话框，❶选择要作为名称的单元格位置，这里选中【首行】复选框，即A2:N2单元格区域中的内容，❷单击【确定】按钮，如图8-87所示，即可完成区域的名称设置，将A3:A14单元格区域定义为【编号】，将B3:B14单元格区域定义为【姓名】，将C3:C14单元格区域定义为【所属部门】，依次类推。

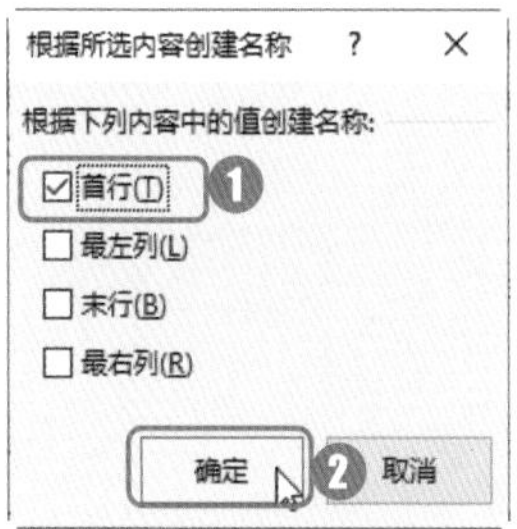

图 8-87

技巧03：通过粘贴名称快速完成公式的输入

定义名称后，就可以在公式中使用名称来代替单元格的地址了，而使用输入名称的方法还不是最快捷的。在Excel中为了防止在引用名称时输入错误，可以直接在公式中粘贴名称。

例如，要在工资表中运用定义的名称计算应发工资，具体操作步骤如下。

Step01 将定义的名称用于公式。打开素材文件\第8章\工资发放明细表(2).xlsx，❶选择I3单元格，❷在编辑栏中输入【=】，❸单击【公式】选项卡【定义的名称】组中的【用于公式】下拉按钮，❹在弹出的下拉菜单中选择需要应用于公式中的名称，这里选择【基本工资】选项，如图8-88所示。

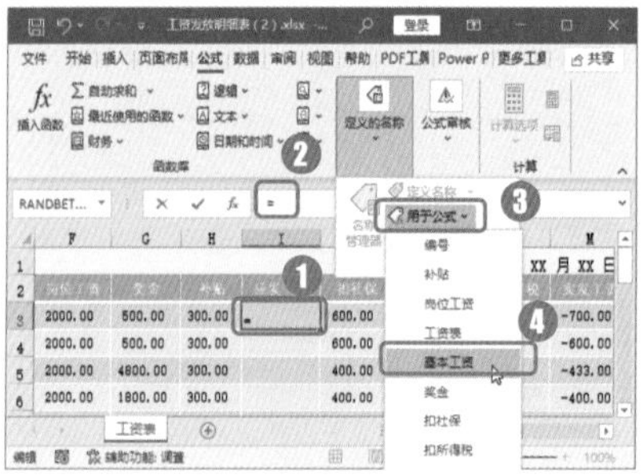

图 8-88

Step02 查看计算结果。经过上步操作后即可将名称输入公式中，使用相同的方法继续输入该公式中需要运用的名称，并计算出结果，完成后的效果如图8-89所示。

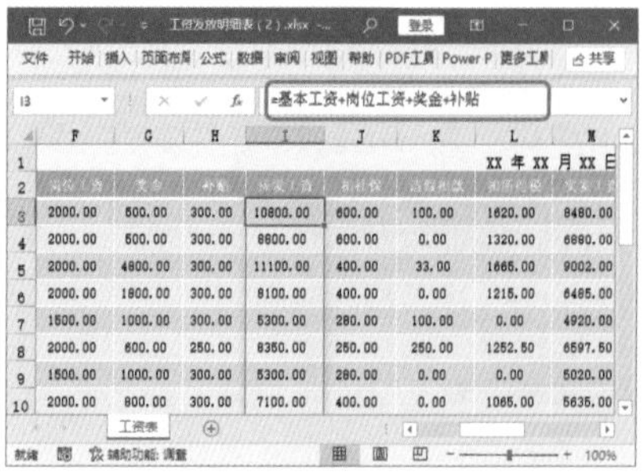

图 8-89

技能拓展——快速输入名称的其他方法

构建公式时，输入一个字母后，Excel会显示一列匹配的选项。这些选项中也包括名称，选择需要的名称后按【Tab】键，即可将该名称插入公式中。

本章小结

通过本章知识的学习和案例练习，相信读者已经学会了更好、更快地运用公式的方法。本章首先介绍了链接公式的运用，通过它来计算多张表格中的数据；然后对数组和数组公式进行了说明，从而了解如何快速提高某些具有相同属性公式的计算，到后面结合到函数的运用时，功能就更强大了；接着学习了名称的相关使用方法；最后介绍了审核公式的多种方法，读者主要应掌握查看公式的分步计算，以便审核输入公式中出现错误的环节。

第9章 函数的基础应用

- ➥ 公式参数太多，怎样区分每个函数的含义？
- ➥ 函数太多，如何选择合适的函数进行正确的计算？
- ➥ 函数名称不知道，怎样输入需要的函数？
- ➥ 你会编辑函数吗？
- ➥ 常用函数的用法，你牢记了吗？

在计算数据，特别是需要进行一些复杂的数据计算时，只有通过函数才能快速地完成。Excel 2021 中提供了大量的函数，要想从中选择合适的函数，且保证计算结果正确，就必须掌握函数的基础应用知识。本章将通过引入函数的概念，讲述如何使用函数来完成平时遇到的复杂数据的计算。

9.1 函数简介

Excel 因其强大的计算功能深受广大用户的青睐，而数据计算的依据就是公式和函数。在 Excel 中运用函数可以摆脱常规的算法，简化工作表中的公式，实现轻松、快速计算。

9.1.1 使用函数的优势

在 Excel 中，函数与公式类似，用于对数据进行不同的运算，但函数是一些预先定义好的公式，是一种在需要时可以直接调用的表达式。

相对于公式来说，使用函数对数据进行计算的优势主要体现在以下几个方面。

（1）简化公式。

利用公式可以计算一些简单的数据，而利用函数不仅可以进行简单或复杂的计算，而且能够很容易地完成各种复杂数据的处理工作，并能简化和缩短工作表中的公式，尤其是在用公式执行很长或复杂的计算时。因此函数一般用于执行复杂的计算。

例如，要计算 25 个单元格（A1:E5）中数据的平均值，用常规公式需要先将这些数相加，再除以参与计算的数值个数，即输入公式【=(A1+B1+C1+D1+E1+A2+B2+C2+D2+E2+A3+B3+C3+D3+E3+A4+B4+C4+D4+E4+A5+B5+C5+D5+E5)/25】，如图 9-1 所示。

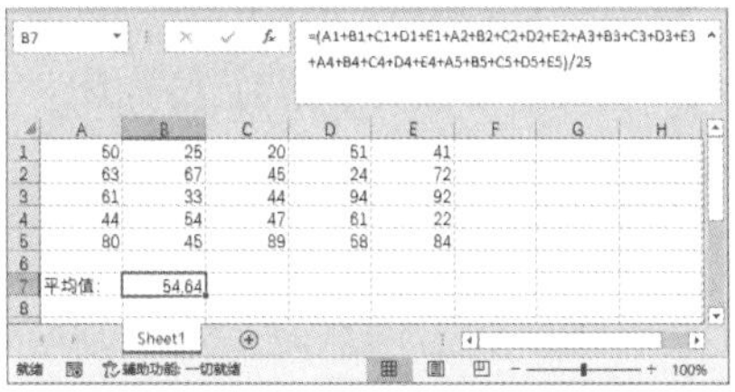

图 9-1

而用求平均值的函数 AVERAGE，只需编辑一个简单的公式【=AVERAGE(A1:E5)】便可计算出平均值，如图 9-2 所示。

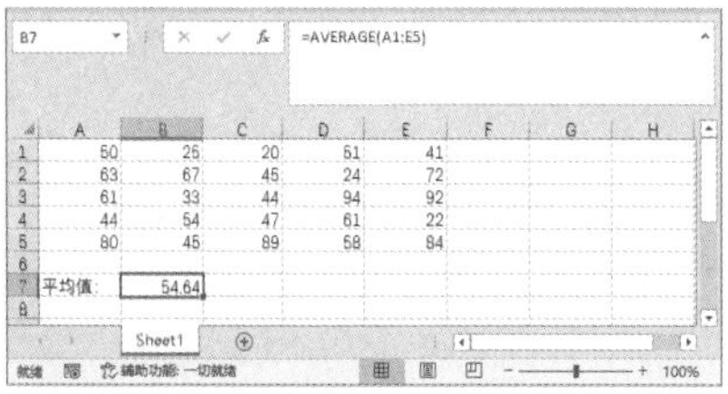

图 9-2

（2）实现特殊的运算。

很多函数运算可以实现普通公式无法完成的功能。例如，对表格中某个单元格区域所占的单元格个数进行统计；求得某个单元格区域内的最大值；对计算结果进行四舍五入；将英文的大/小写字母进行相互转换；返回当前日期与时间……而使用函数，这些问题都可以快速得到解决。

（3）允许有条件地运行公式，实现智能判断。

通过某些函数可以进行自动判断，如需要根据销售额的大小设置提成比例，最终计算出提成金额。例如，设置当销售额超过 20000 元时，其提成比例为 5%；否则为 3%。如果不使用函数，按照常规创建公式的方法就需要创建两个不同的公式，并且需要针对每位销售员的销售额进行人工判断，才能确定使用哪个公式进行计算。而如果使用函数，则只需一个 IF 函数便可以一次性进行智能判断并返回提成金额数据，具体操作步骤将在后面的章节中详细讲解。

（4）函数值被看作参数再参与运算。

函数通过对不同的参数进行特定的运算，并将计算出的结果返回函数本身。因此，在公式中，可以将函数作为一个值进行引用。

（5）减少工作量，提高工作效率。

由于函数是一种可以直接调用的表达式，加上前面介绍的函数具有的 4 种优点，因此使用函数可以大大简化公式，从而提高工作效率。除此之外，许多函数在处理数据时也能大大减少手工编辑量，将烦琐的工作变得简单。例如，需要将一个包含上千个名称的工作表打印出来，并在打印过程中将原来全部使用英文大写字母保存的名称打印为第一个字母大写，其他字母小写。如果使用手工操作，这将是一个庞大的工程，但直接使用 PROPER 函数即可立即转换为需要的格式，具体操作步骤将在后面的章节中详细讲解。

（6）其他函数功能。

Excel 中提供了大量的内置函数，每个函数的功能都不相同，具体的功能可以参考后面章节中的讲解内容。如果现有函数还不能满足需要，用户还可以通过第三方提供商购买其他专业函数，甚至可以使用 VBA 创建自定义函数。

9.1.2 函数的结构

Excel 中的函数实际上是一些预先编写好的公式，每一个函数就是一组特定的公式，代表着一个复杂的运算过程。不同的函数有着不同的功能，但不论函数有哪些功能及作用，所有函数均具有相同的特征及特定的格式。

函数作为公式的一种特殊形式存在，也是由【=】符号开始的，右侧也是表达式。不过函数是通过使用一些称为参数的数值以特定的顺序或结构进行计算的，不涉及运算符的使用。在 Excel 中，所有函数的语法结构都是相同的，其基本结构为【=函数名(参数 1,参数 2,……)】，如图 9-3 所示。

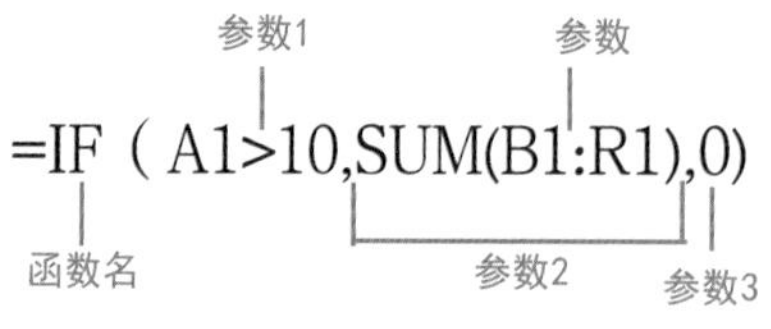

图 9-3

其中，各组成部分的含义如下。

- 【=】符号：函数的结构以【=】符号开始，后面是函数名称和参数。
- 函数名：即函数的名称，代表了函数的计算功能，每个函数都有唯一的函数名。例如，SUM 函数表示求和计算，MAX 函数表示求最大值计算。因此，要使用不同的方式进行计算应使用不同的函数名。函数名输入时不区分大小写，即函数名中的大小写字母等效。
- 【()】符号：所有函数都需要使用英文半角状态下的括号【()】，括号中的内容就是函数的参数。同公式一样，在创建函数时，所有左括号和右括号必须成对出现。括号的配对让一个函数成为完整的个体。
- 函数参数：函数中用来执行操作或计算的值，既可以是数字、文本、TRUE 或 FALSE 等逻辑值、数组、错误值或单元格引用，又可以是公式或其他函数，但指定的参数都必须为有效参数值。

不同的函数，由于其计算方式不同，所需要参数的个数、类型也均有不同。有些函数可以不带参数，如 NOW()、TODAY()、RAND() 等；有些函数只有一个参数；有些函数有固定数量的参数；有些函数有数量不确定的参数；有些函数中的参数是可选的。如果函数需要的参数有多个，则各参数间使用英文字符逗号【,】进行分隔。因此，逗号是解读函数的关键。

9.1.3 函数的分类

Excel 2021 中提供了大量的内

置函数，这些函数涉及财务、工程、统计、时间、数学等多个领域。要熟练地对这些函数进行运用，首先必须了解函数的总体情况。

根据函数的功能，主要将函数划分为11个类型。函数在使用过程中，一般也依据这个分类进行定位，再选择合适的函数。这11种函数分类的具体介绍如下。

（1）财务函数。

Excel中提供了非常丰富的财务函数，使用这些函数可以完成大部分的财务统计和计算。例如，DB函数可返回固定资产的折旧值，IPMT函数可返回投资回报的利息部分等。财务人员如果能够正确、灵活地使用Excel财务函数进行计算，就能大大减轻日常工作中有关指标计算的工作量。

（2）逻辑函数。

逻辑函数的类型只有7个，用于测试某个条件，总是返回逻辑值TRUE或FALSE。它们与数值的关系如下。

①在数值运算中，TRUE=1，FALSE=0。

②在逻辑判断中，0=FALSE，所有非0数值=TRUE。

（3）文本函数。

文本函数是指在公式中处理文本字符串的函数，主要功能既包括截取、查找或搜索文本中的某个特殊字符，又可以提取某些字符，还可以改变文本的编写状态。例如，TEXT函数可将数值转换为文本，LOWER函数可将文本字符串的所有字母转换为小写形式等。

（4）日期和时间函数。

日期和时间函数用于分析或处理公式中的日期和时间值。例如，TODAY函数可以返回当前日期。

（5）查找与引用函数。

查找与引用函数用于在数据清单或工作表中查询特定的数值或某个单元格引用的函数，其常见的示例是税率表。例如，使用VLOOKUP函数可以确定某一收入水平的税率。

（6）数学和三角函数。

数学和三角函数包括很多类型，主要运用于各种数学和三角计算。例如，RADIANS函数可以把角度转换为弧度等。

（7）统计函数。

统计函数可以对一定范围内的数据进行统计学分析。例如，可以计算统计数据，如平均值、模数、标准偏差等。

（8）工程函数。

工程函数常用于工程应用中。它们既可以处理复杂的数字，又可以在不同的计数体系和测量体系之间转换。例如，可以将十进制数转换为二进制数。

（9）多维数据集函数。

多维数据集函数用于返回多维数据集中的相关信息，如返回多维数据集中成员属性的值。

（10）信息函数。

信息函数不仅有助于确定单元格中数据的类型，还可以使单元格在满足一定的条件时返回逻辑值。

（11）数据库函数。

数据库函数用于对存储在数据清单或数据库中的数据进行分析，判断其是否符合某些特定的条件。这类函数在需要汇总符合某一条件列表中的数据时十分有用。

技术看板

Excel中还有一类函数是使用VBA创建的自定义工作表函数，称为【用户定义函数】。这些函数可以像Excel的内部函数一样运行，但不能在【插入函数】对话框中显示每个参数的描述。

9.2 输入函数

了解函数的一些基础知识后，就可以在工作表中使用函数进行计算了。使用函数计算数据时，必须正确输入相关函数名及其参数，才能得到正确的运算结果。如果用户对所使用的函数很熟悉，且对函数所使用的参数类型也比较了解，就可像输入公式一样直接输入函数；如果不是特别熟悉，那么可以通过使用【函数库】组中的功能按钮，或者使用Excel中的向导功能来创建函数。

★重点 9.2.1 实战：使用【函数库】组中的功能按钮插入函数

实例门类	软件功能

在 Excel 2021 的【公式】选项卡【函数库】组中分类放置了一些常用函数类别的对应功能按钮，如图 9-4 所示。

图 9-4

技能拓展——快速选择最近使用的函数

如果要快速插入最近使用的函数，单击【函数库】组中的【最近使用的函数】下拉按钮，在弹出的下拉菜单中显示了最近使用过的函数，选择相应的函数即可。

在销售业绩表中，通过【函数库】组中的功能按钮输入函数并计算出第一位员工的年销售总额，具体操作步骤如下。

Step01 选择求和函数。打开素材文件\第 9 章\销售业绩表.xlsx，❶选择 G2 单元格，❷单击【公式】选项卡【函数库】组中的【自动求和】下拉按钮，❸在弹出的下拉菜单中选择【求和】选项，如图 9-5 所示。

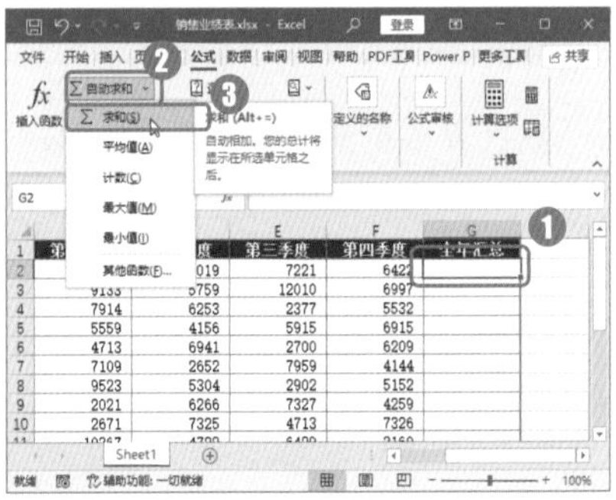

图 9-5

Step02 自动获取计算区域。经过上步操作，系统会根据放置计算结果的单元格选择相邻有数值的单元格区域进行计算，这里系统自动选择了 G2 单元格所在行并位于 G2 单元格之前的所有数值单元格，即 C2:F2 单元格区域，同时，在单元格和编辑栏中可看到插入的函数为【=SUM(C2:F2)】，如图 9-6 所示。

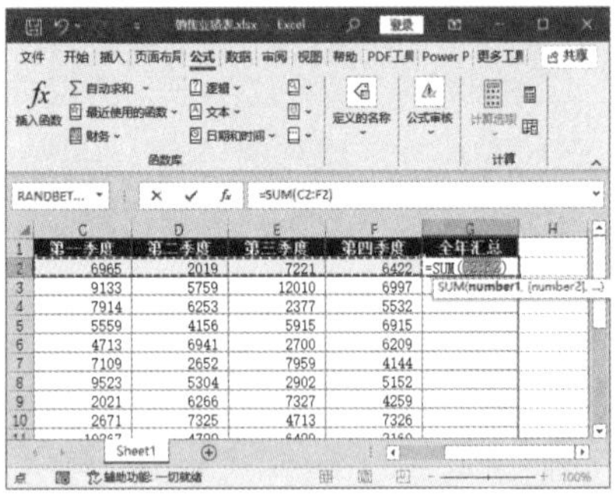

图 9-6

Step03 查看计算结果。按【Enter】键确认函数的输入，即可在 G2 单元格中计算出函数的结果，如图 9-7 所示。

图 9-7

★重点 9.2.2 实战：使用插入函数向导输入函数

实例门类	软件功能

Excel 2021 中提供了 500 多个函数，这些函数覆盖了许多应用领域，每个函数又允许使用多个参数，要记住所有函数的名称、参数及其用法是不太可能的。当用户对函数并不是很了解，如只知道函数的类别，或者知道函数的名称，但不知道函数所需要的参数，甚至只知道函数大概要做的计算目的时，就可以通过【插入函数】对话框根据向导一步步输入需要的函数。

在销售业绩表中，通过使用插入函数向导输入函数并计算出第二位员工的年销售总额，具体操作步骤如下。

Step01 执行插入函数操作。❶选择 G3 单元格，❷单击【公式】选项卡【函数库】组中的【插入函数】按钮 *fx*，如图 9-8 所示。

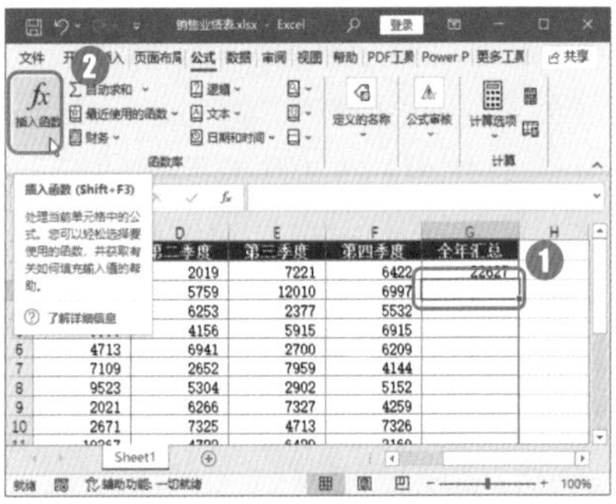

图 9-8

Step02 选择需要的函数。打开【插入函数】对话框，❶在【搜索函数】文本框中输入需要搜索的关键字，这里需要寻找求和函数，所以输入【求和】，❷单击【转到】按钮，即可搜索与关键字相符的函数，❸在【选择函数】列表框中选择需要使用的【SUM】函数，❹单击【确定】按钮，如图 9-9 所示。

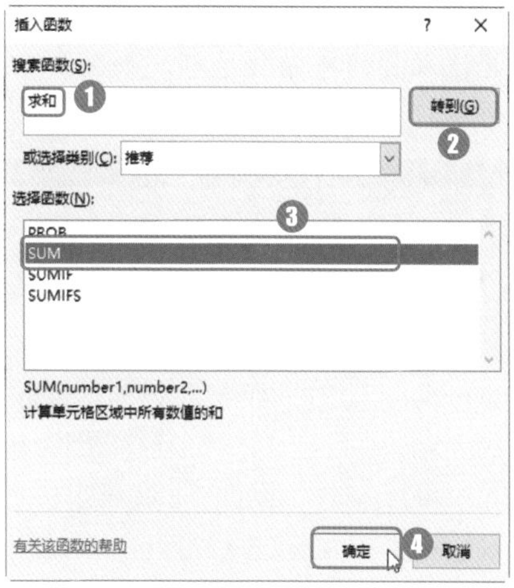

图 9-9

技能拓展——打开【插入函数】对话框

单击编辑栏中的【插入函数】按钮 *fx*，或者在【函数库】组的函数类别下拉菜单中选择【其他函数】命令，均可打开【插入函数】对话框。在对话框的【或选择类别】下拉列表中可以选择函数类别。

Step03 折叠对话框。打开【函数参数】对话框，单击【Number1】参数框右侧的【折叠】按钮，如图 9-10 所示。

图 9-10

Step04 选择参与计算的单元格区域。经过上步操作将折叠【函数参数】对话框，同时鼠标指针变为✚形状。❶在工作簿中拖动鼠标指针选择需要作为函数参数的单元格即可引用这些单元格的地址，这里选择C3:F3 单元格区域，❷单击折叠对话框右侧的【展开】按钮，如图 9-11 所示。

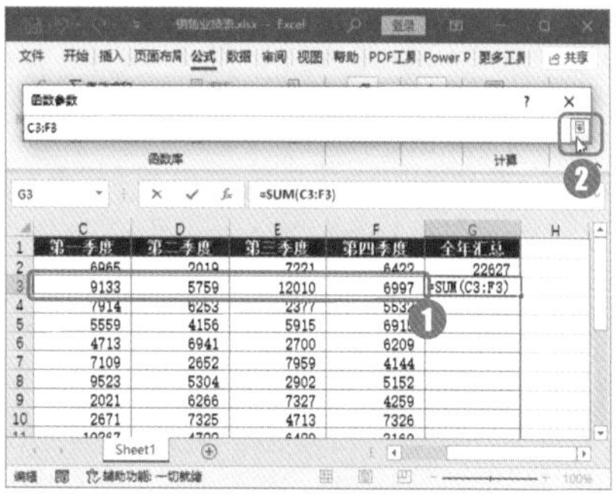

图 9-11

Step05 确认设置。返回【函数参数】对话框，单击【确定】按钮，如图 9-12 所示。

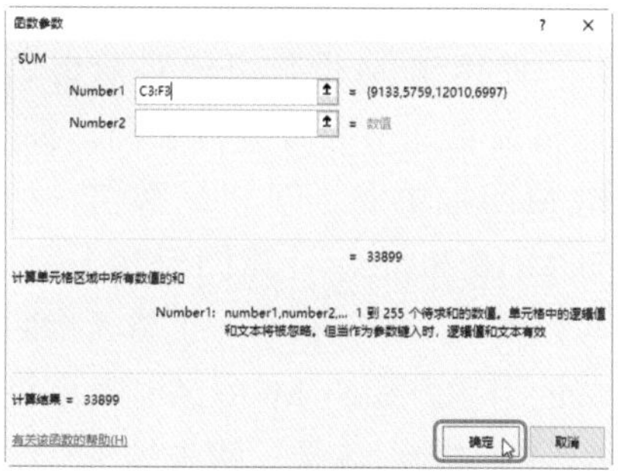

图 9-12

技术看板

本案例系统自动引用的单元格区域与手动设置的区域相同，这里只是介绍一下手动设置的方法，后面的函数应用就不会再详细讲解这些步骤了。

Step06 查看计算结果。经过上步操作，即可在G3 单元格中插入函数【=SUM(C3:F3)】并计算出结果，如图 9-13 所示。

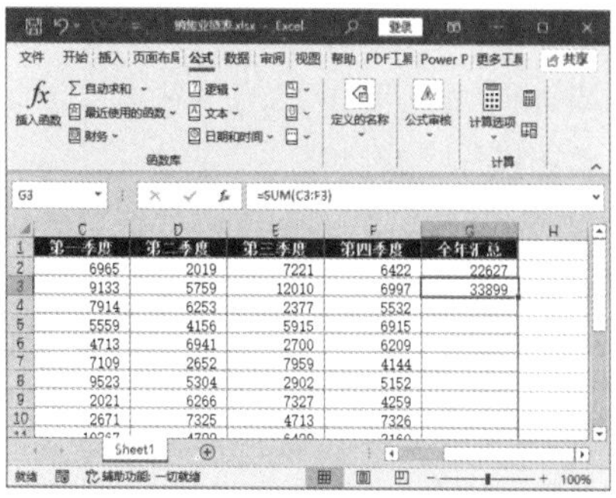

图 9-13

9.2.3 实战：手动输入函数

实例门类	软件功能

熟悉函数后，尤其是对Excel中常用的函数熟悉后，在输入时便可以直接在单元格或编辑栏中手动输入函数，这是最常用的一种输入函数的方法，也是最快的输入方法。

手动输入函数的方法与输入公式的方法基本相同，输入相应的函数名和函数参数后，按【Enter】键即可。由于Excel 2021 具有输入记忆功能，当输入【=】和函数名称开头的几个字母后，Excel会在单元格或编辑栏的下方出现一个下拉列表，如图 9-14 所示，其中包含了与输入的几个字母相匹配的有效函数、参数和函数说明信息，双击需要的函数即可快速输入该函数，这样不仅可以节省时间，还可以避免因记错函数而出现的错误。

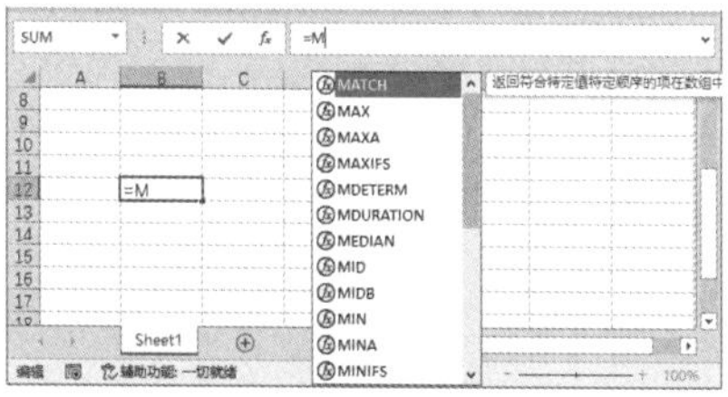

图 9-14

通过手动输入函数并填充的方法计算出其他员工的年销售总额，具体操作步骤如下。

Step01 输入公式。❶选择G4单元格，❷在编辑栏中输入公式【=SUM(C4:F4)】，如图9-15所示。

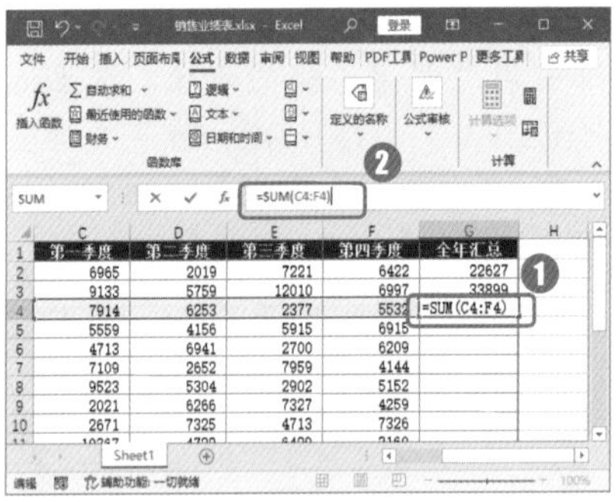

图 9-15

Step02 复制公式。❶按【Enter】键确认函数的输入，即可在G4单元格中计算出函数的结果，❷向下拖动控制柄至G15单元格，即可计算出其他人员的年销售总额，如图9-16所示。

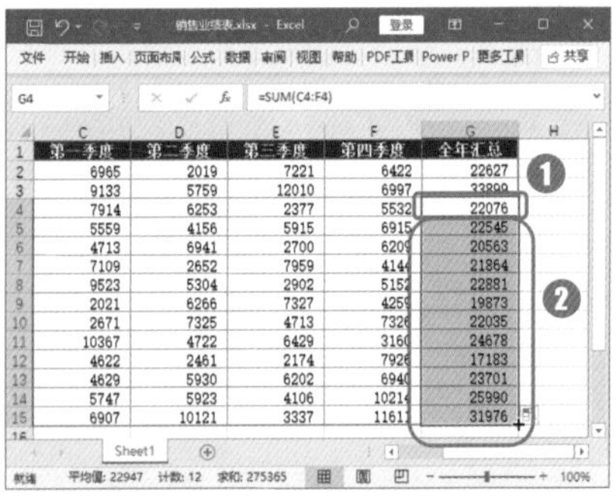

图 9-16

9.3 常用函数的使用

Excel 2021 中提供了大概500多个函数，要想掌握所有的函数是不现实的，但日常生活中经常使用的几种函数用户必须掌握，如SUM函数、AVERAGE函数、IF函数、COUNT函数和MAX函数等。

9.3.1 使用SUM函数求和

在进行数据计算处理时，经常会对一些数据进行求和汇总，此时就需要使用SUM函数来完成。

语法结构：

```
SUM(number1,[number2],
…)
```

参数说明如下。

- number1：必需参数，表示需要相加的第1个数值参数。
- [number2],…：可选参数，表示需要相加的2到255个数值参数。

技术看板

必需参数不可省略，是必须存在的参数，而可选参数则可以根据情况省略参数，一般用【[]】括起来。另外，在公式中，有些参数也可以只省略参数的值，用逗号【,】保留参数的位置，常用于代替逻辑值FALSE、数值0或空文本等参数值。

使用SUM函数可以对所选单元格或单元格区域进行求和计算。SUM函数的参数可以是数值，如SUM(18,20)表示计算【18+20】，也可以是一个单元格或一个单元格区域的引用，如SUM(A1:A5)表示将A1单元格至A5单元格中的所有数值相加，SUM(A1,A3,A5)表示将A1、A3和A5单元格中的数值相加。

SUM函数实际上就是对多个参数求和，简化了使用【+】符号来完成求和的过程。SUM函数在表格中的使用率极高，由于前面已经讲解了该函数的使用方法，这里不再赘述。

★重点 9.3.2 实战：使用AVERAGE函数求取一组数据的平均值

实例门类	软件功能

在进行数据计算处理时，对一部分数据求平均值也是很常用的，此时可以使用AVERAGE函数来完成。

AVERAGE函数用于返回所选单元格或单元格区域中数据的平均值。

语法结构：

```
AVERAGE(number1,
[number2],...)
```

参数说明如下。

- number1：必需参数，表示需要计算平均值的1到255个参数。
- [number2],…：可选参数，表示需要计算平均值的2到255个参数。

例如，在销售业绩表中要使用AVERAGE函数计算各员工的平均销售额，具体操作步骤如下。

Step01 执行插入函数操作。❶在H1单元格中输入相应的文本，❷选择H2单元格，❸单击【公式】选项卡【函数库】组中的【插入函数】按钮f_x，如图9-17所示。

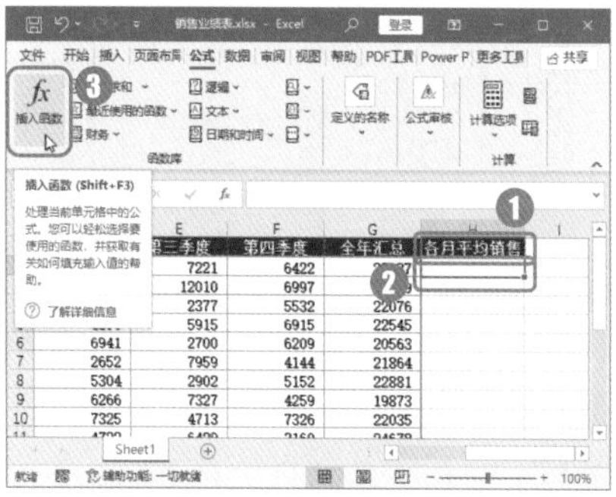

图 9-17

Step02 选择函数。打开【插入函数】对话框，❶在【搜索函数】文本框中输入需要搜索的关键字【求平均值】，❷单击【转到】按钮，即可搜索与关键字相符的函数。❸在【选择函数】列表框中选择需要使用的【AVERAGEA】函数，❹单击【确定】按钮，如图9-18所示。

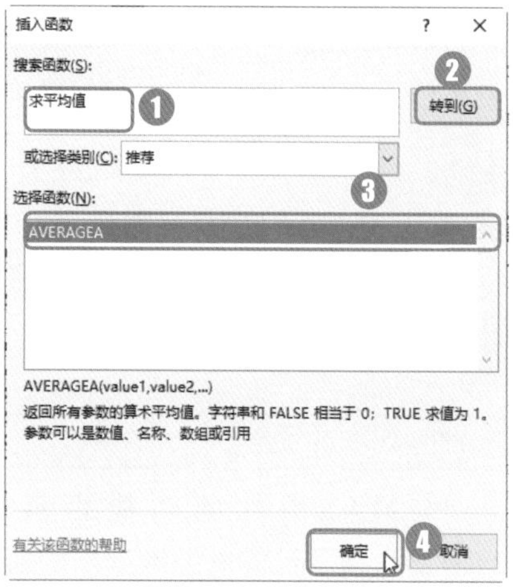

图 9-18

Step03 设置函数参数。打开【函数参数】对话框，❶在【Value1】参数框中选择要求和的C2:F2单元格区域，❷单击【确定】按钮，如图9-19所示。

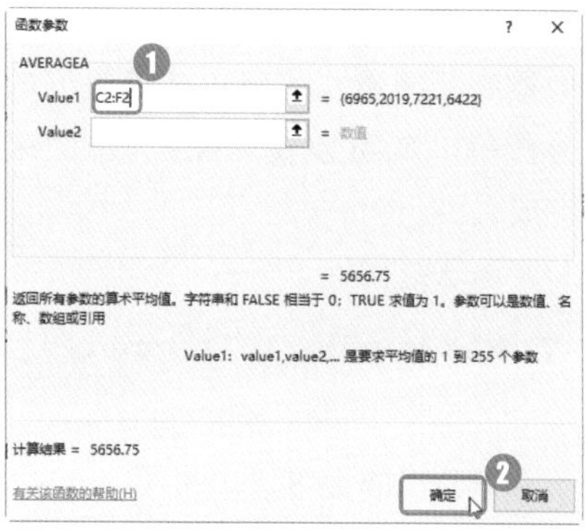

图 9-19

Step04 查看计算结果。经过上步操作，即可在H2单元格中插入AVERAGEA函数，并计算出该员工当年的平均销售额，向下拖动控制柄至H15单元格，即可计算出其他员工的平均销售额，如图9-20所示。

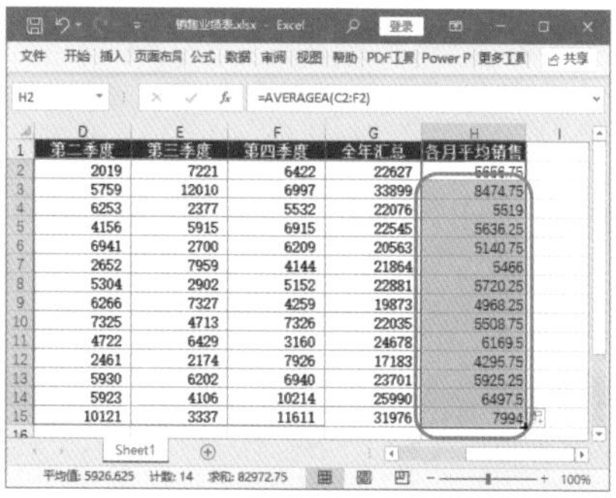

图 9-20

★重点 9.3.3 实战：使用COUNT函数统计参数中包含数据的个数

实例门类	软件功能

在统计表格中的数据时，经常需要统计单元格区域或数字数组中包含某个数值数据的单元格，以及参数列表中数字的个数，此时就可以使用COUNT函数来完成。

语法结构：

```
COUNT(value1,[value2],…)
```

参数说明如下。

- value1：必需参数。表示要计算其中数字的个数的第一个项、单元格引用或区域。
- [value2],...：可选参数。表示要计算其中数字的个数的其他项、单元格引用或区域，最多可包含255个。

技术看板

COUNT函数中的参数可以包含或引用各种类型的数据，但只有数字类型的数据（包括数字、日期、代表数字的文本，如用引号包含起来的数字"1"、逻辑值、直接输入参数列表中代表数字的文本）才会被计算在结果中。若参数为数组或引用，则只计算数组或引用中数字的个数，不会计算数组或引用中的空单元格、逻辑值、文本或错误值。

例如，要在销售业绩表中使用COUNT函数统计出当前销售人员的数量，具体操作步骤如下。

Step01 选择计数选项。❶在A17单元格中输入相应的文本，❷选择B17单元格，❸单击【函数库】组中的【自动求和】下拉按钮，❹在弹出的下拉菜单中选择【计数】选项，如图9-21所示。

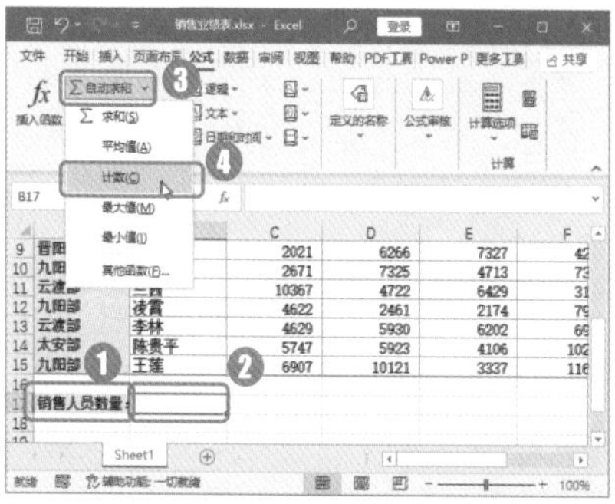

图 9-21

Step02 选择参与计算的单元格区域。经过上步操作，即可在单元格中插入COUNT函数。❶将文本插入点定位在公式的括号内，❷拖动鼠标选择C2:C15单元格区域作为函数参数的引用位置，如图9-22所示。

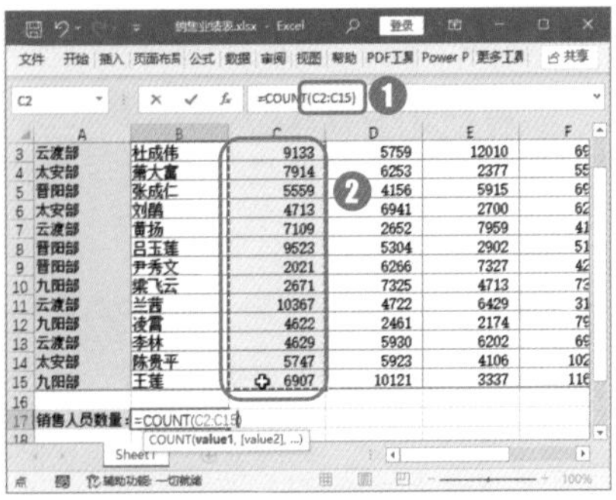

图 9-22

Step03 查看计算结果。按【Enter】键确认函数的输入，即可在该单元格中计算出函数的结果，如图9-23所示。

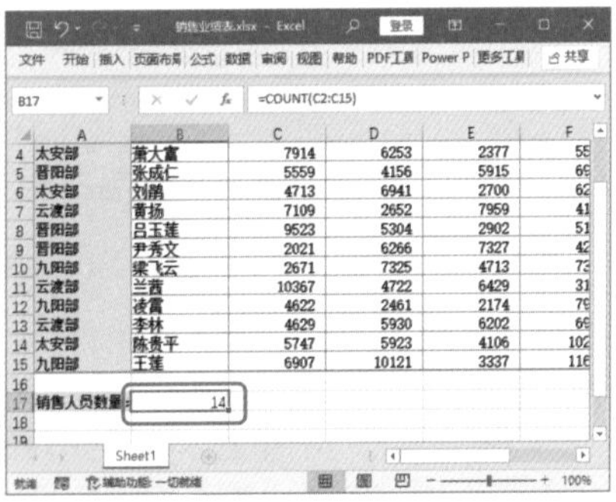

图 9-23

技术看板

COUNT函数只能计算出含数字的单元格个数，如果需要计算含数字、文本等非空值单元格的个数，需要使用COUNTA函数。

★重点 9.3.4 实战：使用MAX函数返回一组数据中的最大值

实例门类	软件功能

在处理数据时，若需要返回某一组数据中的最大值，如计算公司中最高的销量、班级中成绩最好的分数等，就可以使用MAX函数来完成。

语法结构：

```
MAX(number1,[number2],...)
```

参数说明如下。

- number1：必需参数，表示需要计算最大值的第1个参数。
- [number2],...：可选参数，表示需要计算最大值的2到255个参数。

例如，要在销售业绩表中使用MAX函数计算出季度销售额的最大值，具体操作步骤如下。

Step01 选择最大值选项。❶在A18单元格中输入相应的文本，❷选择B18单元格，❸单击【函数库】组中的【自动求和】下拉按钮，❹在弹出的下拉菜单中选择【最大值】选项，如图9-24所示。

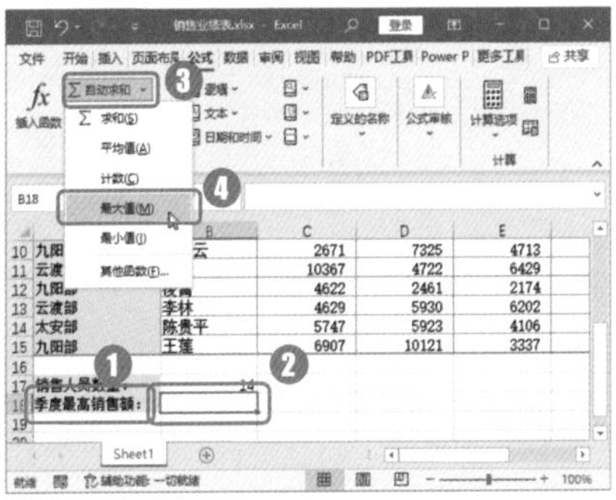

图 9-24

Step02 设置计算区域。经过上步操作，即可在单元格中插入MAX函数，拖动鼠标选择C2:F15单元格区域作为函数参数的引用位置，如图9-25所示。

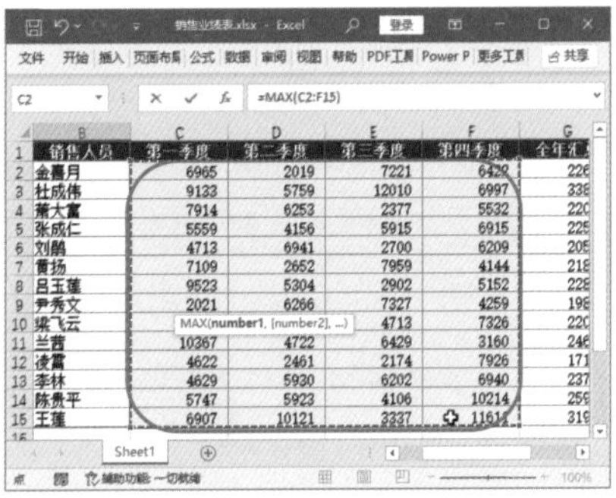

图 9-25

Step03 查看计算结果。按【Enter】键确认函数的输入，即可在该单元格中计算出函数的结果，如图9-26所示。

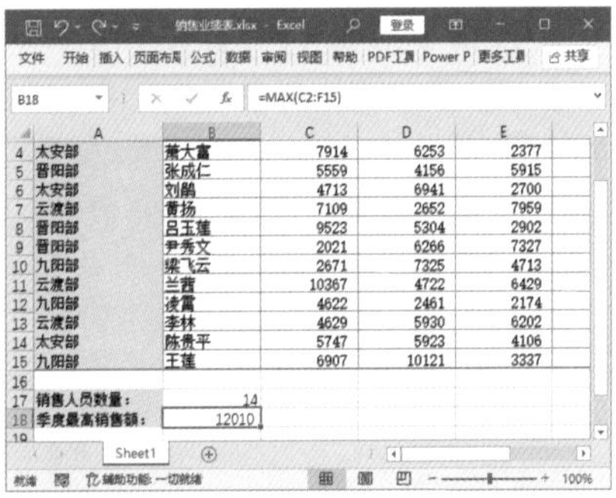

图 9-26

★重点 9.3.5 实战：使用MIN函数返回一组数据中的最小值

实例门类	软件功能

与MAX函数的功能相反，MIN函数用于计算一组数据中的最小值。

语法结构：

```
MIN(Number1,[Number2],...)
```

参数说明如下。

- number1：必需参数，表示需要计算最小值的第1个参数。
- [number2],...：可选参数，表示

需要计算最小值的 2 到 255 个参数。

MIN 函数的使用方法与 MAX 函数相同，函数参数为要求最小值的数值或单元格引用，多个参数间使用逗号分隔，如果是计算连续单元格区域之和，参数中可直接引用单元格区域。

例如，要在销售业绩表中统计出年度最低的销售额，具体操作步骤如下。

Step 01 输入计算公式。❶在 A19 单元格中输入相应的文本，❷选择 B19 单元格，❸在编辑栏中输入函数【=MIN(G2:G15)】，如图 9-27 所示。

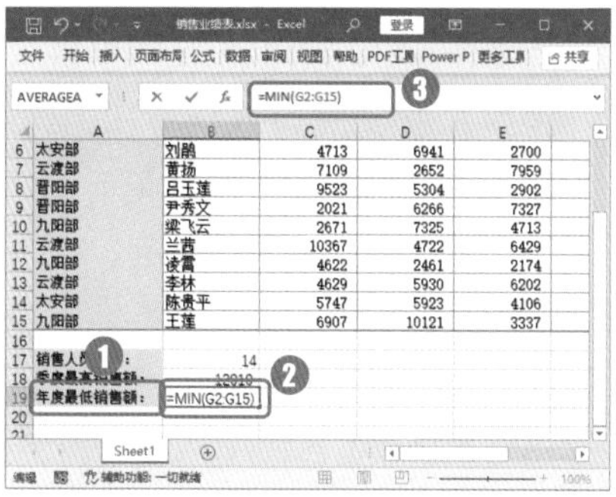

图 9-27

Step 02 查看计算结果。按【Enter】键确认函数的输入，即可在该单元格中计算出函数的结果，如图 9-28 所示。

图 9-28

★重点 9.3.6　实战：使用 IF 函数根据指定条件返回不同的结果

实例门类	软件功能

在遇到因指定的条件不同而需要返回不同结果的计算处理时，可以使用 IF 函数来完成。

语法结构：

```
IF(logical_test,
[value_if_true],[value_
if_false])
```

参数说明如下。

- logical_test：必需参数，表示计算结果为 TRUE 或 FALSE 的任意值或表达式。
- [value_if_true]：可选参数，表示 logical_test 为 TRUE 时要返回的值，可以是任意数据。
- [value_if_false]：可选参数，表示 logical_test 为 FALSE 时要返回的值，也可以是任意数据。

IF 函数是一种常用的条件函数，它能对数值和公式执行条件检测，并根据逻辑计算的真假值返回不同结果。其语法结构可理解为【=IF(条件，真值，假值)】，当【条件】成立时，结果取【真值】，否则取【假值】。

技术看板

IF 函数的作用非常广泛，除了在日常条件计算中经常使用外，在检查数据方面也有特效。例如，可以使用 IF 函数核对输入的数据，清除 Excel 工作表中的 0 值等。

在【各产品销售情况分析】工作表中使用 IF 函数来排除公式中除数为 0 的情况，使公式编写更谨慎，具体操作步骤如下。

Step 01 打开素材文件\第 9 章\各产品销售情况分析.xlsx，❶选择 E2 单元格，❷单击编辑栏中的【插入函数】按钮 f_x，如图 9-29 所示。

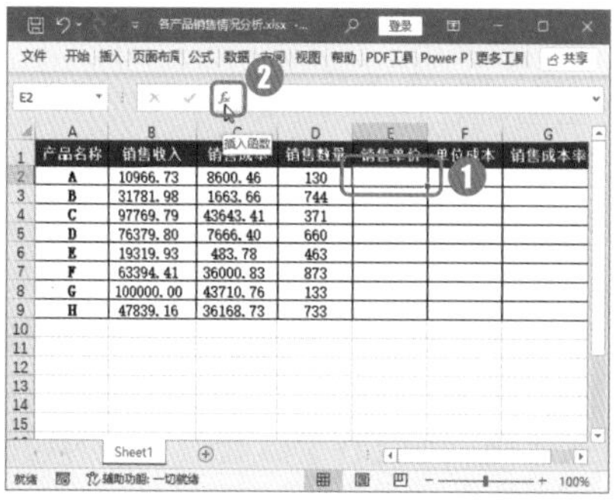

图 9-29

Step 02 选择需要的函数。打开【插入函数】对话框，❶在【选择函数】列表框中选择要使用的【IF】函数，❷单击【确定】按钮，如图 9-30 所示。

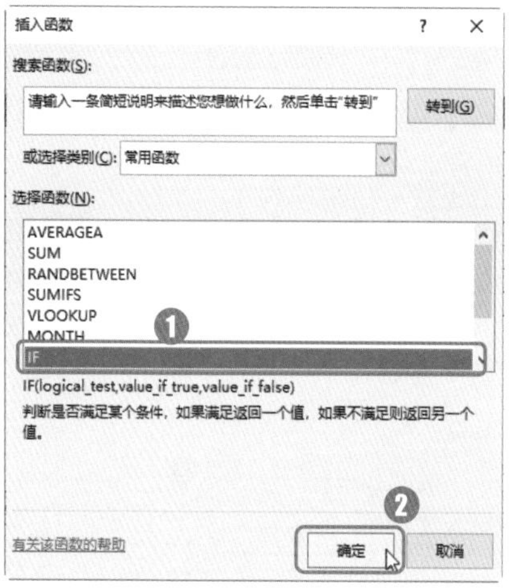

图 9-30

Step 03 设置函数参数。打开【函数参数】对话框，❶在【Logical_test】参数框中输入【D2=0】，❷在【Value_if_true】参数框中输入【0】，❸在【Value_if_false】参数框中输入【B2/D2】，❹单击【确定】按钮，如图 9-31 所示。

图 9-31

Step04 选择需要的函数。经过上步操作，即可计算出相应的结果。❶选择F2单元格，❷单击【函数库】组中的【最近使用的函数】按钮，❸在弹出的下拉菜单中选择最近使用的【IF】函数，如图 9-32 所示。

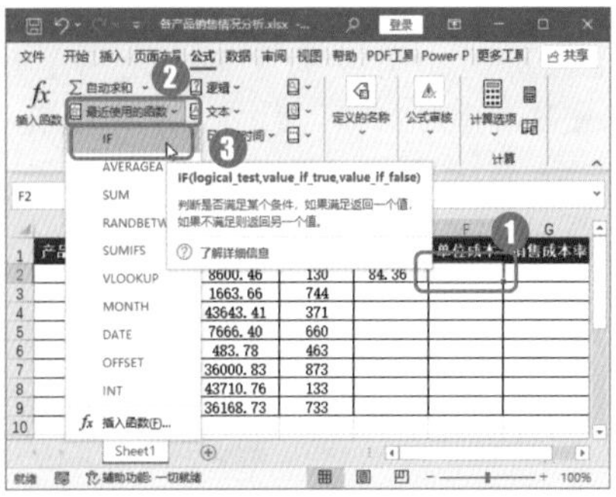

图 9-32

Step05 设置函数参数。打开【函数参数】对话框，❶在各参数框中输入如图 9-33 所示的值，❷单击【确定】按钮。

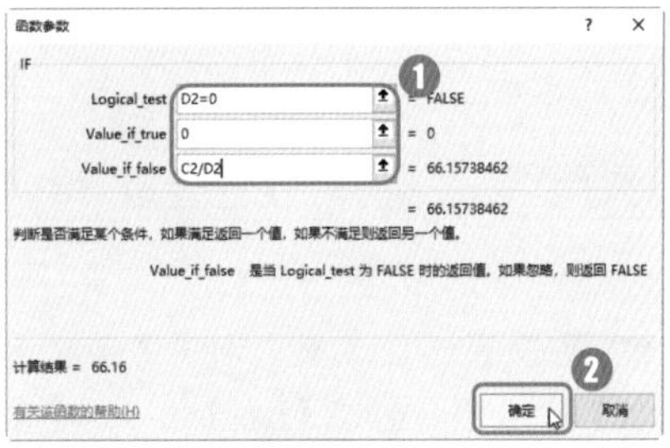

图 9-33

Step06 输入公式。经过上步操作，即可计算出相应的结果。❶选择G2单元格，❷在编辑栏中输入需要的公式【=IF(B2=0,0,C2/B2)】，如图 9-34 所示。

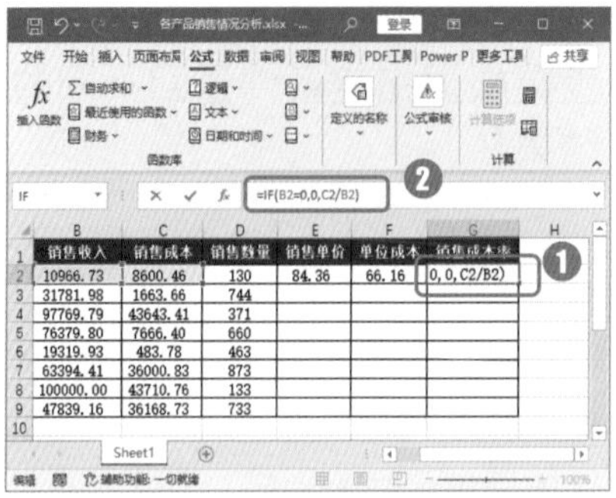

图 9-34

Step07 复制公式。按【Enter】键确认函数的输入，即可在G2单元格中计算出函数的结果，选择E2:G2单元格区域，并向下拖动控制柄至G9单元格，即可计算出其他数据，效果如图 9-35 所示。

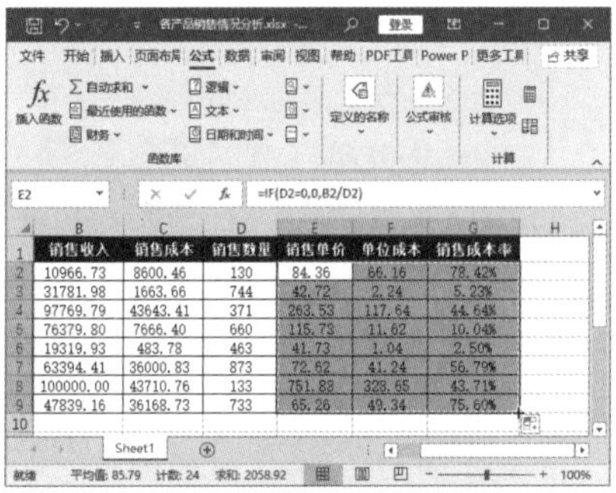

图 9-35

★重点 9.3.7 实战：使用 SUMIF 函数按给定条件对指定单元格求和

实例门类	软件功能

如果需要对工作表中满足某一个条件的单元格数据求和，可以结合使用SUM函数和IF函数，但此时使用SUMIF函数可更快地完成计算。

语法结构：

```
SUMIF(range,criteria,[sum_range])
```

参数说明如下。

- range：必需参数，表示用于条件计算的单元格区域。每个区域中的单元格都必须是数字或名称、数组或包含数字的引用。空值和文本值将被忽略。
- criteria：必需参数，表示用于确定对哪些单元格求和的条件，其形式可以是数字、表达式、单元格引用、文本或函数。
- [sum_range]：可选参数，表示要求和的实际单元格。当求和区域为参数range所指定的区域时，可省略参数sum_range。当参数指定的求和区域与条件判断区域不一致时，求和的实际单元格区域将以sum_range参数中左上角的单元格作为起始单元格进行扩展，最终成为包括与range参数大小和形状相对应的单元格区域，其示例见表 9-1 所示。

表 9-1 sum_range参数示例

如果区域是	并且 sum_range是	则需要求和的实际单元格是
A1:A5	B1:B5	B1:B5
A1:A5	B1:B3	B1:B5
A1:B4	C1:D4	C1:D4
A1:B4	C1:C2	C1:D4

SUMIF函数兼具了SUM函数的求和功能和IF函数的条件判断功能，该函数主要用于根据制定的单个条件对区域中符合该条件的值求和。

在【员工加班记录表】工作表中分别计算出各部门需要结算的加班费用总和，具体操作步骤如下。

Step01 选择需要的函数。打开素材文件\第9章\员工加班记录表.xlsx，❶新建一张工作表并命名为【部门加班费统计】，❷在A1:B7单元格区域输入需要的文本，并进行简单的表格设计，❸选择B3单元格，❹单击【公式】选项卡【函数库】组中的【数字和三角函数】按钮，❺在弹出的下拉菜单中选择【SUMIF】函数，如图9-36所示。

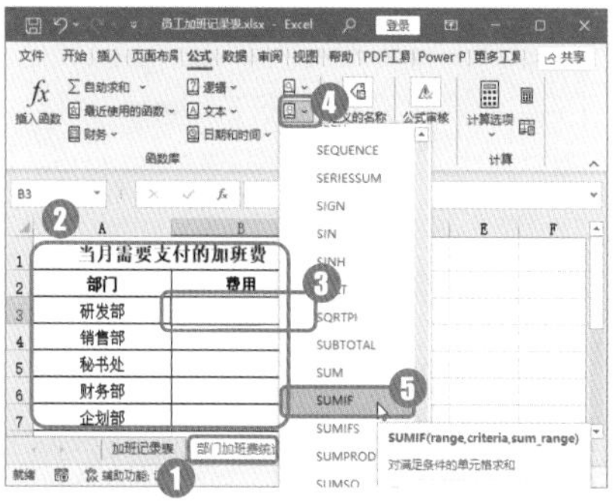

图9-36

Step 02 折叠对话框。打开【函数参数】对话框，单击【Range】参数框右侧的【折叠】按钮，如图9-37所示。

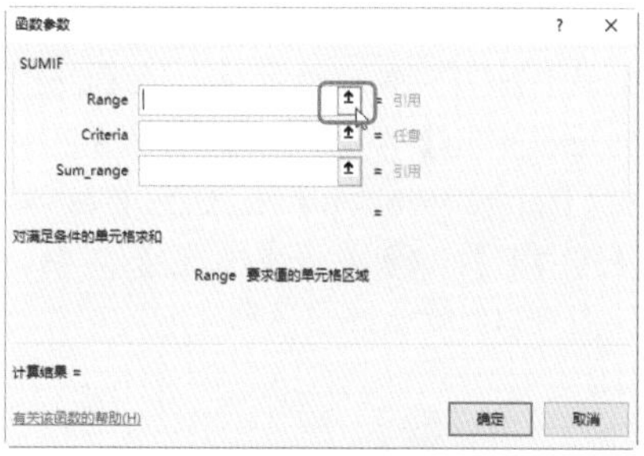

图9-37

Step 03 返回工作簿中，❶单击【加班记录表】工作表标签，❷选择D3:D28单元格区域，❸单击折叠对话框右侧的【展开】按钮，如图9-38所示。

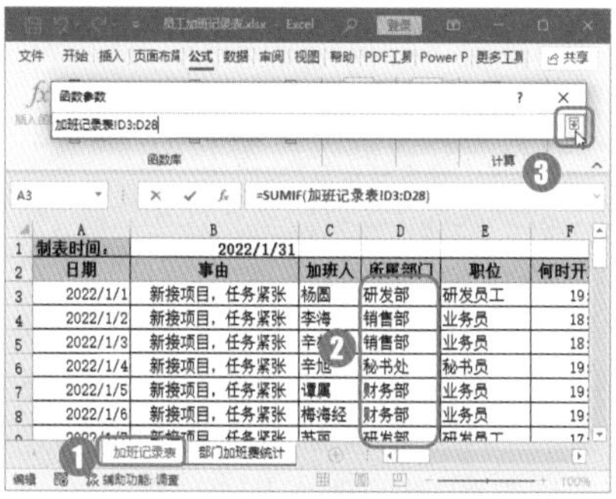

图9-38

Step 04 返回【函数参数】对话框中，❶使用相同的方法继续设置【Criteria】参数框中的内容为【部门加班费统计!A3】【Sum_range】参数框中的内容为【加班记录表!I3:I28】，❷单击【确定】按钮，如图9-39所示。

图9-39

技术看板

SUMIF函数中的参数range和参数sum_range必须为单元格引用（包括函数产生的多维引用），而不能为数组。当SUMIF函数需要匹配超过255个字符的字符串时，将返回错误值【#VALUE!】。

Step 05 修改和复制公式。返回工作簿中，在编辑栏中即可看到输入的公式【=SUMIF(加班记录表!D3:D28,部门加班费统计!A3,加班记录表!I3:I28)】，❶修改公式中部分单元格引用的引用方式为绝对引用，让公式最终显示为【=SUMIF(加班记录表!$D$3:$D$28,部门加班费统计!A3,加班记录表!$I$3:$I$28)】，❷向下拖动控制柄至B7单元格，即可统计出各部门需要支付的加班费总和，如图9-40所示。

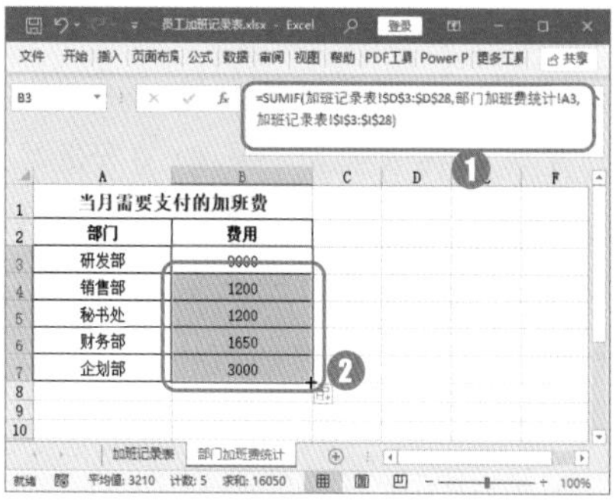

图9-40

技能拓展——修改函数

在输入函数进行计算后，若发现函数使用错误，可以将其删除，然后重新输入。但如果函数中的参数输入错误时，则可以像修改普通数据一样修改函数中的常量参数，如果需要修改单元格引用参数，还可先选择包含错误函数参数的单元格，然后在编辑栏中选择函数参数部分，此时该函数参数的单元格引用将以彩色的边框显示，拖动鼠标指针在工作表中重新选择需要的单元格引用。

★重点 9.3.8 实战：使用VLOOKUP函数在区域或数组的列中查找数据

实例门类	软件功能

VLOOKUP函数可以在某个单元格区域的首列沿垂直方向查找指定的值，然后返回同一行中的其他值。

语法结构：

VLOOKUP(lookup_value,table_array,col_index_num,[range_lookup])，可以简单理解为：VLOOKUP（查找值，查找范围，返回值所在的列，精确匹配/近似匹配）

第1篇 第2篇 第3篇 第4篇 第5篇

参数说明如下。

- lookup_value：必需参数，用于设定需要在表的第一行中进行查找的值，既可以是数值，又可以是文本字符串或引用。
- table_array：必需参数，用于设置要在其中查找数据的数据表，可以使用区域名称的引用。
- col_index_num：必需参数，在查找之后要返回匹配值的列序号。
- [range_lookup]：可选参数，是一个逻辑值，用于指明函数在查找时是精确匹配还是近似匹配。如果为TRUE或被忽略，就返回一个近似的匹配值（如果没有找到精确匹配值，就返回一个小于查找值的最大值）。如果该参数是FALSE，函数就查找精确的匹配值。如果这个函数没有找到精确的匹配值，就会返回错误值【#N/A】。

例如，要在销售业绩表中制作一个简单的查询系统，当输入某个员工的姓名时，便能通过VLOOKUP函数自动获得相关的数据，具体操作步骤如下。

Step01 复制数据。打开素材文件\第9章\销售业绩表.xlsx，❶新建一张工作表并命名为【业绩查询表】，❷选择Sheet1工作表中的B1:G1单元格区域，❸单击【开始】选项卡【剪贴板】组中的【复制】按钮，如图9-41所示。

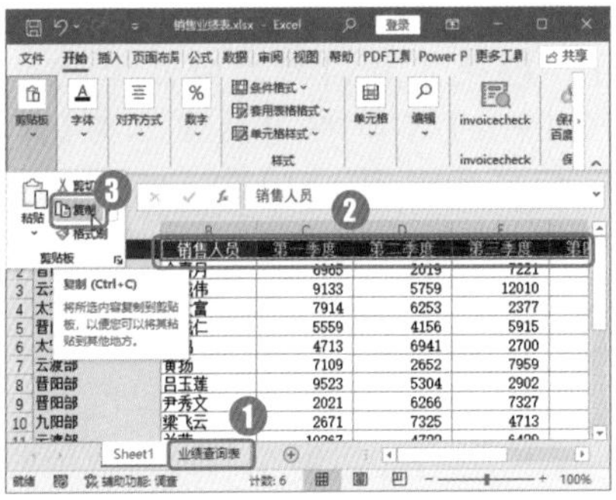

图 9-41

Step02 行列转置。❶选择【业绩查询表】工作表中的B3单元格，❷单击【剪贴板】组中的【粘贴】下拉按钮，❸在弹出的下拉菜单中选择【转置】选项，如图9-42所示。

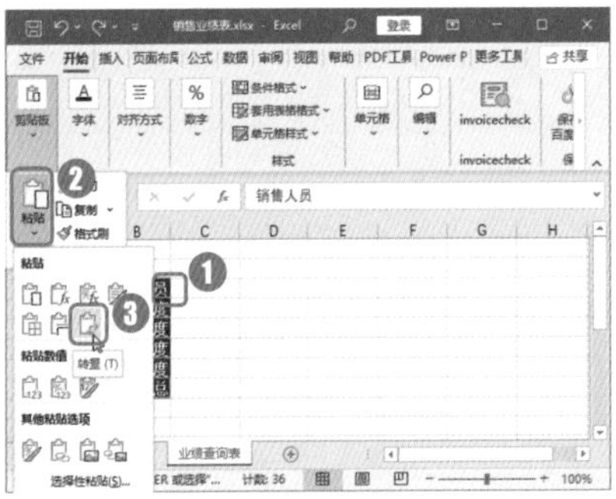

图 9-42

Step03 执行插入函数操作。❶适当调整B3:C8单元格区域的高度和宽度，并设置边框，❷选择C4单元格，❸单击【公式】选项卡【函数库】组中的【插入函数】按钮，如图9-43所示。

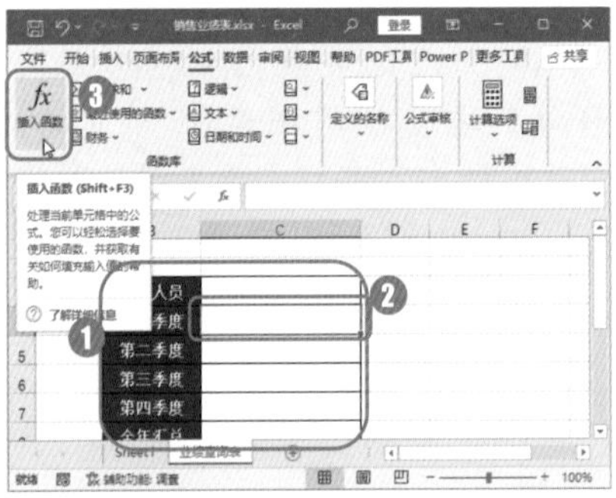

图 9-43

Step04 选择需要的函数。打开【插入函数】对话框，❶在【或选择类别】下拉列表框中选择【查找与引用】选项，❷在【选择函数】列表框中选择【VLOOKUP】选项，❸单击【确定】按钮，如图9-44所示。

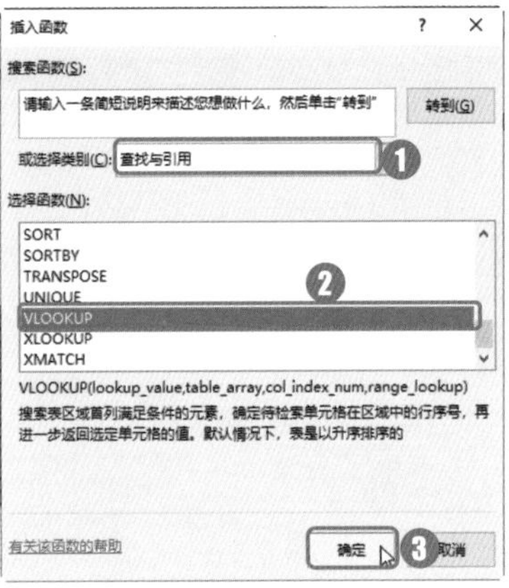

图 9-44

Step05 设置函数参数。打开【函数参数】对话框，❶在【Lookup_value】参数框中输入【C3】，在【Table_array】参数框中引用Sheet1工作表中的B2:G15单元格区域，在【Col_index_num】参数框中输入【2】，在【Range_lookup】参数框中输入【FALSE】，❷单击【确定】按钮，如图9-45所示。

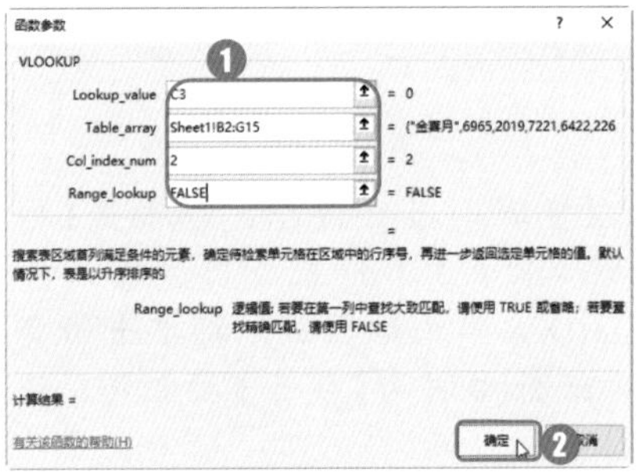

图 9-45

Step06 复制公式。返回工作簿中，即可看到创建的公式为【=VLOOKUP(C3,Sheet1!B2:G15,2,FALSE)】，即在Sheet1工作表中的B2:G15单元格区域中寻找与C3单元格数据相同的项，然后根据该项所在的行返回与该单元格区域第2列相交单元格中的数据。❶选择C4单元格中的公式内容，❷单击【剪贴板】组中的【复制】按钮，如图 9-46 所示。

图 9-46

Step07 修改粘贴的公式。将复制的公式内容粘贴到C5:C8单元格区域中，并依次修改公式中Col_index_num参数的值，修改后效果如图 9-47 所示。

图 9-47

Step08 查询员工销售数据。在C3单元格中输入任意员工姓名，即可在下方的单元格中查看到相应的销售数据，如图 9-48 所示。

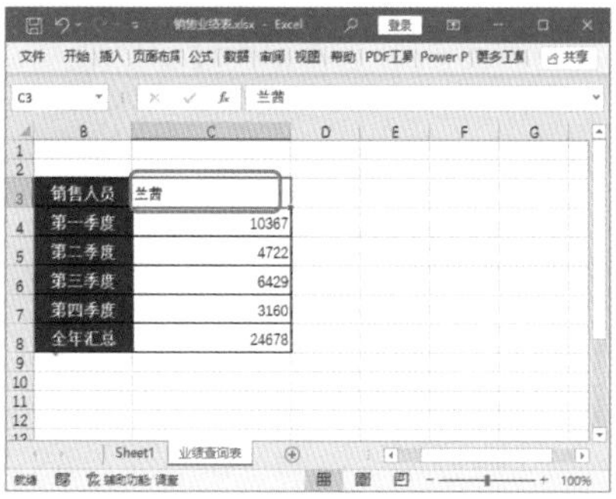

图 9-48

技术看板

如果col_index_num大于table_array中的列数，就会显示错误值【#REF!】；如果table_array小于1，就会显示错误值【#VALUE!】。

9.4 实现复杂数据的计算

在Excel中进行数据计算和统计时，使用一些简单的公式和函数常常无法得到需要的结果，还需要让公式和函数进一步参与到复杂的运算中。本节将介绍实现复杂数据运算的方法。

★重点 9.4.1 实战：让公式与函数实现混合运算

实例门类	软件功能

在Excel中进行较复杂的数据计算时，常常需要同时应用公式和函数，此时则应在公式中直接输入函数及其参数，如果对函数不是很熟悉也可先在单元格中插入公式中要使用的函数，然后在该函数的基础上添加自定义公式中需要的一些运算符、单元格引用或具体的数值。例如，要计算出各销售员的销售总额与平均销售额之差，具体操作步骤如下。

Step01 选择平均值选项。❶在Sheet1工作表的I1单元格中输入相应的文本，❷选择I2单元格，❸单击【公式】选项卡【函数库】组中的【自动求和】下拉按钮⌄，❹在弹出的下拉菜单中选择【平均值】选项，如图 9-49 所示。

图 9-49

Step02 选择计算区域。选择函数中自动引用的单元格区域，拖动鼠标重新选择表格中的G2:G15单元格区域作为函数的参数，如图 9-50 所示。

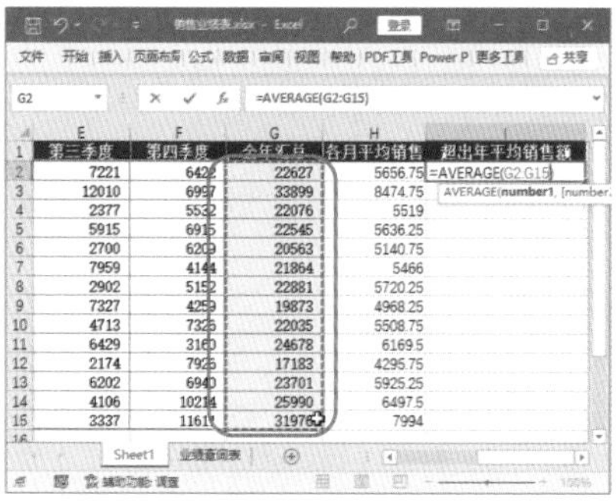

图 9-50

Step03 修改公式。❶选择函数中的参数，即单元格引用，按【F4】键让其变换为绝对引用，❷将文本插入点定位在公式的【=】符号后，并输入【G2-】，即修改公式为【=G2-AVERAGE($G$2:$G$15)】，如图 9-51 所示。

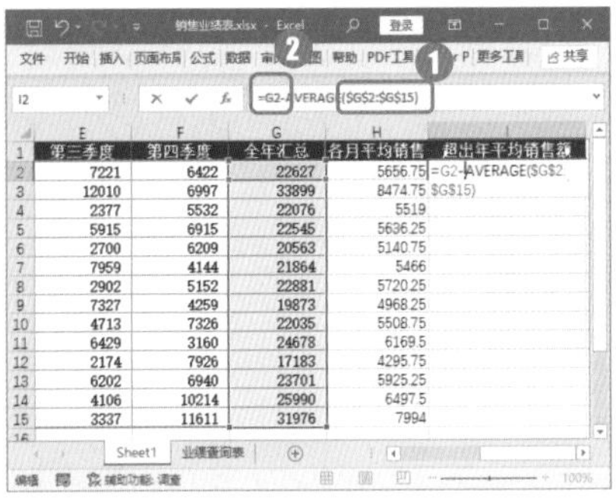

图 9-51

Step04 复制公式计算其他单元格。❶按【Enter】键确认函数的输入，即可在I2单元格中计算出函数的结果，❷选择I2单元格，向下拖动控制柄至I15单元格，即可计算出其他数据，如图 9-52 所示。

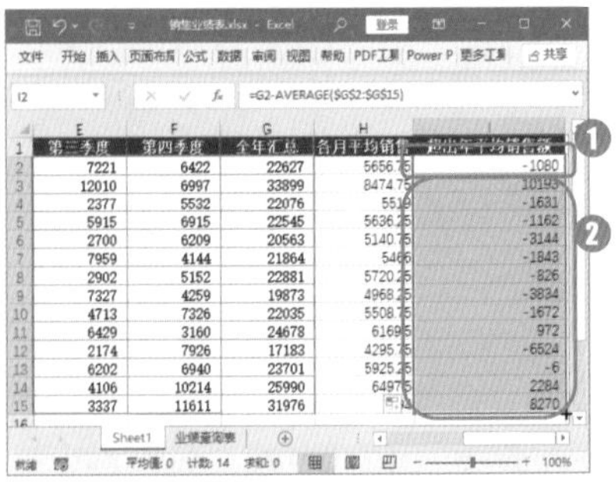

图 9-52

★重点 9.4.2 实战：嵌套函数

实例门类	软件功能

第 9.4.1 小节中只是将函数作为一个参数运用到简单的公式计算中，当然，在实际运用中可以进行更为复杂的类似运算，但整体来说还是比较简单的。

在Excel中还可以使用函数作为另一个函数的参数来计算数据。当函数的参数也是函数时，称为函数的嵌套。输入和编辑嵌套函数的方法与使用普通函数的方法相同。

例如，要在销售业绩表中结合使用IF函数和SUM函数计算出绩效的【优】【良】和【差】3个等级，具体操作步骤如下。

Step01 选择需要的函数。❶在J1单元格中输入相应的文本，❷选择J2单元格，❸单击【公式】选项卡【函数库】组中的【逻辑】下拉按钮，❹在弹出的下拉菜单中选择【IF】选项，如图 9-53 所示。

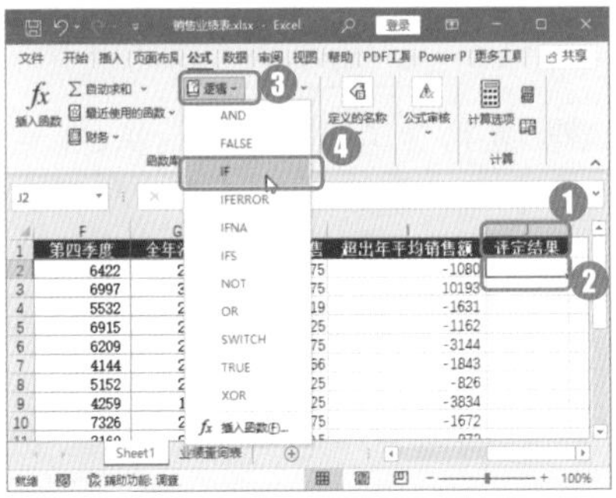

图 9-53

> **技术看板**
>
> 当函数作为参数使用时，它返回的数字类型必须与参数使用的数字类型相同；否则Excel将显示【#VALUE!】错误值。

Step02 设置函数参数。打开【函数参数】对话框，❶在【Logical_test】参数框中输入【SUM(C2:F2) > 30000】，❷在【Value_if_true】参数框中输入【"优"】，❸在【Value_if_false】参数框中输入【IF(SUM(C2:F2) > 20000,"良","差")】，❹单击【确定】按钮，如图 9-54 所示。

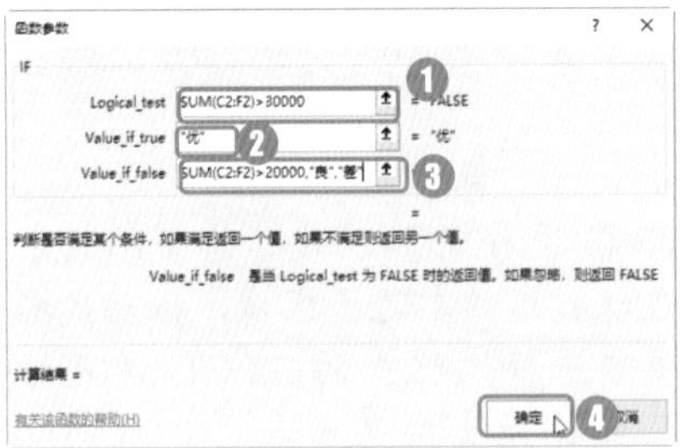

图 9-54

> **技术看板**
>
> 在嵌套函数中，Excel会先计算最深层的嵌套表达式，再逐步向外计算其他表达式。例如，本案例中的公式【=IF(SUM(C2:F2) > 30000,"优",IF(SUM(C2:F2) > 20000,"良","差"))】中包含两个IF函数和两个SUM函数。其计算过程为：①执行第一个IF函数；②收集判断条件，执行第一个SUM函数，计算C2:F2单元格区域数据的和；③将计算的结果与30000进行比较，如果计算结果大于30000，就返回【优】，否则继续计算，即执行第二个IF函数；④执行第二个SUM函数，计算C2:F2单元格区域数据的和；⑤将计算的结果与20000进行比较，如果计算结果大于20000，就返回【良】，否则返回【差】。在该计算步骤中会视J2单元格中的数据而省略步骤④和步骤⑤。

Step03 填充公式计算其他单元格。返回工作簿中即可看到计算出的结果，按住鼠标左键拖动控制柄向下填充公式，完成计算后的效果如图 9-55 所示。

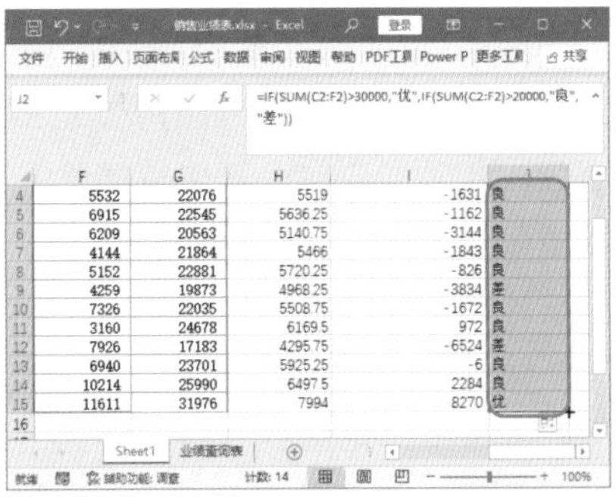

图 9-55

> **技术看板**
>
> 熟悉嵌套函数的表达方式后，也可手动输入函数。在输入嵌套函数，尤其是嵌套的层数比较多的嵌套函数时，需要注意前后括号的完整性。

9.4.3 实战：自定义函数

实例门类	软件功能

Excel函数虽然丰富，但并不能满足实际工作中所有可能出现的情况。当不能使用Excel中自带的函数进行计算时，可以自己创建函数来完成特定的功能。自定义函数需要使用VBA进行创建。例如，需要自定义一个计算梯形面积的函数，具体操作步骤如下。

Step 01 执行VBA操作。❶新建一个空白工作簿，在表格中输入相应的文本，❷单击【开发工具】选项卡【代码】组中的【Visual Basic】按钮，如图9-56所示。

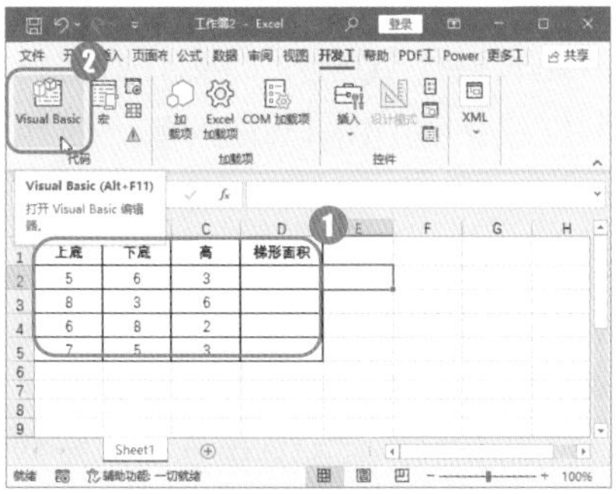

图 9-56

Step 02 执行菜单命令。打开VisualBasic编辑窗口，执行【插入】→【模块】命令，如图9-57所示。

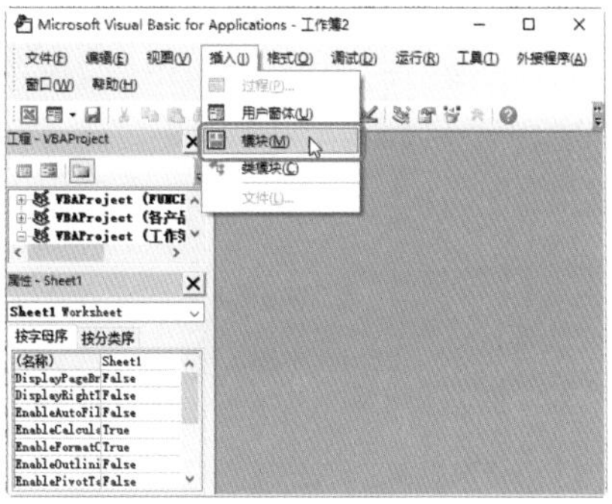

图 9-57

Step 03 输入代码。经过上步操作后，将在窗口中新建一个模块——模块1，❶在新建的【模块1（代码）】窗口中输入【Function V(a,b,h) V=h*(a+b)/2 End Function】，如图9-58所示，❷单击【关闭】按钮，关闭窗口，自定义函数完成。

图 9-58

技术看板

这段代码非常简单，只有三行，先看第一行，其中V是自己取的函数名称，括号中的是参数，也就是变量，a表示【上底边长】，b表示【下底边长】，h表示【高】，3个参数用逗号隔开。

再看第二行，这是计算过程，【h*(a+b)/2】公式赋值给V，即自定义函数的名称。

再看第三行，它是与第一行成对出现的，当手工输入第一行时，第三行的End Function就会自动出现，表示自定义函数的结束。

Step 04 返回工作簿中，即可像使用内置函数一样使用自定义的函数。❶在D2单元格中输入公式【=V(A2,B2,C2)】，即可计算出第一个梯形的面积，❷向下拖动控制柄至D5单元格，即可计算出其他梯形的面积，如图9-59所示。

图 9-59

9.5 函数须知

使用函数时，掌握一些技巧可以方便读者理解和利用函数，当然也有一些函数的通用标准和规则是需要注意的。本节将介绍几个函数的使用技巧。

9.5.1 使用函数提示工具

当公式编辑栏中的函数处于可编辑状态时，会在附近显示出一个浮动工具栏，即函数提示工具，如图9-60所示。

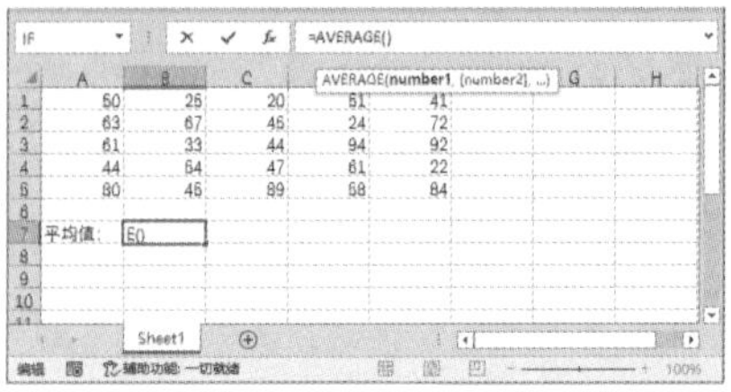

图 9-60

使用函数提示工具，可以在编辑公式时更方便地知道当前正在输入的是函数的哪个参数，以有效避免错漏。将鼠标指针移至函数提示工具中已输入参数值所对应的参数名称时，鼠标指针将变为☞形状，此时单击该参数名称，则公式中对应的该参数的完整部分将呈选择状态，效果如图 9-61 所示。

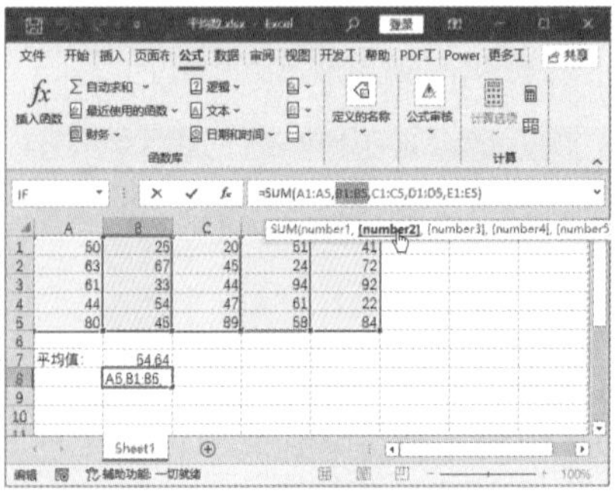

图 9-61

技能拓展——显示函数屏幕提示工具

若Excel中没有启用函数提示工具，可以在【Excel选项】对话框中选择【高级】选项卡，在【显示】栏中选中【显示函数屏幕提示】复选框，如图 9-62 所示。

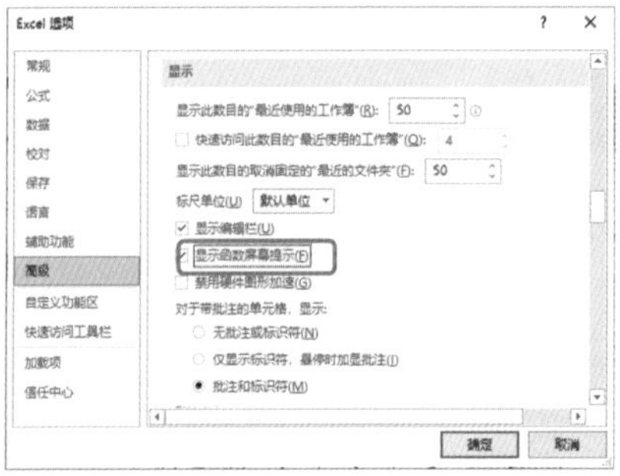

图 9-62

9.5.2 使用快捷键在单元格中显示函数完整语法

在输入不太熟悉的函数时，经常需要了解参数的各种信息。通过【Excel帮助】窗口进行查看时，需要在各窗口之间进行切换，非常麻烦。此时，按【Ctrl+Shift+A】组合键即可在单元格和公式编辑栏中显示包含该函数完整的语法公式。

例如，输入【=OFFSET】，然后按【Ctrl+Shift+A】组合键，则可以在单元格中看到【=OFFSET(reference,rows,cols,[height],[width])】，具体效果如图 9-63 所示。

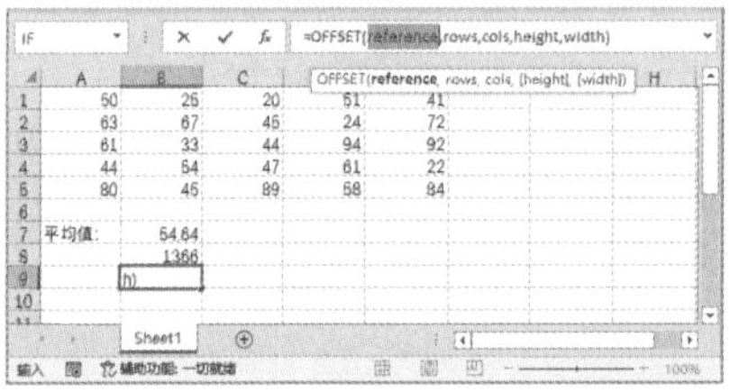

图 9-63

如果输入的函数有多种语法，如LOOKUP函数，则会打开【选定参数】对话框，如图 9-64 所示。在其中需要选择一项参数组合后单击【确定】按钮，这样，Excel才会返回相应的完整语法。

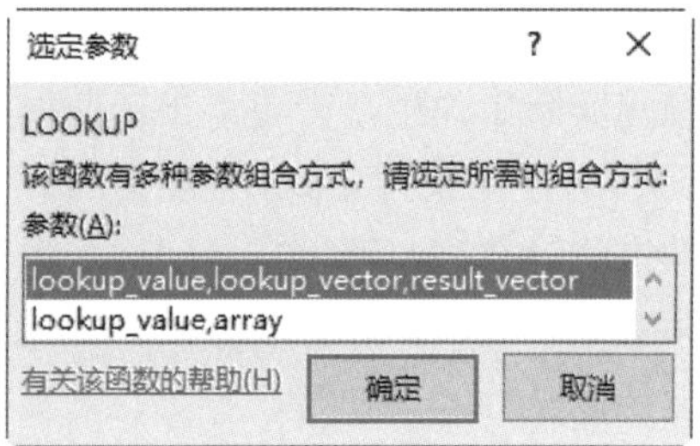

图 9-64

9.5.3 使用与规避函数的易失性

易失性函数是指具有Volatile特性的函数，常见的有NOW、TODAY、RAND、CELL、OFFSET、COUNTF、SUMIF、INDIRECT、INFO、RANDBETWEEN等。使用这类函数后，会引发工作表的重新计算。因此对包含该类函数的工作表进行任何编辑，如激活一个单元格、输入数据，甚至只是打开工作簿，都会引发具有易失性的函数进行自动重新计算。这就是在关闭某些没有进行任何编辑的工作簿时，Excel也会提醒用户是否进行保存的原因。

虽然易失性函数在实际应用中非常有用，但如果在一个工作簿中使用大量的易失性函数，就会因众多的重算操作而影响到表格的运行速度，所以应尽量避免使用易失性函数。

妙招技法

通过对前面知识的学习，相信读者已经掌握了输入与编辑函数的基本操作。下面结合本章内容，给大家介绍一些实用技巧。

技巧 01：将表达式作为参数使用

在Excel中可以将表达式作为参数使用，表达式是公式中的公式。下面来了解这种情况下函数的计算原理。

在遇到作为函数参数的表达式时，Excel会先计算这个表达式，然后将结果作为函数的参数再进行计算。例如，公式【=SQRT(PI()*(2.6^2)+PI()*(3.2^2))】中使用了SQRT函数，它的参数是两个计算半径分别是2.6和3.2的圆面积表达式【PI()*(2.6^2)】和【PI()*(3.2^2)】。Excel在计算公式时，首先计算这两个圆的面积，然后计算该结果的平方根。

技能拓展——使用数组型函数参数

函数也可以使用数组作为参数，使用数组类型的参数一般可以简化公式。例如，要计算208*1、1.2*2、3.06*3的和，可以使用公式【=SUM(208*1,1.2*2,3.06*3)】，利用数组型参数，则可以写成【=SUM({208,1.2,3.06}*{1,2,3})】，它们的结果是相同的。

技巧 02：将整行或整列作为函数参数

在一个随时增加记录的销售表格中，要随时计算总销售量，尽管使用函数比较容易得到结果，但是需要不断更改销售参数，仍然很麻烦。

遇到上述情况时，可以将这些作为函数参数，但汇总的范围又是变化的数据单独存储在一行或一列中，然后将存储数据的整行或整列作为函数的参数进行计算。例如，将销售量数据单独存储在A列中，再输入【=SUM(A:A)】，将整列作为参数计算总和。

技术看板

在使用整行或整列作为函数参数时，一定要确保该行或该列中的数据没有不符合参数要求的类型。有些人可能会认为，计算整行或整列这种大范围的数据需要很长时间，实际上并非如此，Excel会跟踪上次使用的行和列，计算引用了整行或整列的公式时，不会计算范围以外的单元格。

技巧 03：简写函数的逻辑值参数

由于逻辑值只有TRUE或FALSE，当遇到参数为逻辑值的函数时，这些参数即可简写。

函数中的参数为逻辑值时，当要指定为FALSE时，可以用0来替代，甚至连0也不写，而只用半角逗号占据参数位置。例如，VLOOKUP函数的参数range_lookup需要指定逻辑值。因此可以将公式进行简写，如函数【=VLOOKUP(A5,B5:C10,2,FALSE)】可简写为【=VLOOKUP(A5,B5:C10,2,0)】，也可简写为【=VLOOKUP(A5,B5:C10,2,)】。

技术看板

需要指定参数为0时，可以只保留该参数位置前的半角逗号。例如，函数【=MAX(A1,0)】可以简写为【=MAX(A1,)】，函数【=IF（B2=A2,1,0）】可以简写为【=IF(B2=A2,1,)】。

技巧 04：省略函数参数

函数在使用过程中，并非所有参数都需要书写完整，可以根据实际需要省略某些参数，以达到缩短公式长度或减少计算步骤的目的。

在【Excel帮助】窗口中，就可以看到有些函数的参数很多，但仔细看又会发现，在很多参数的描述中包括【忽略】【省略】【可选】等词语，而且会注明如果省略该参数则表示默认该参数为某个值，如图9-65所示。

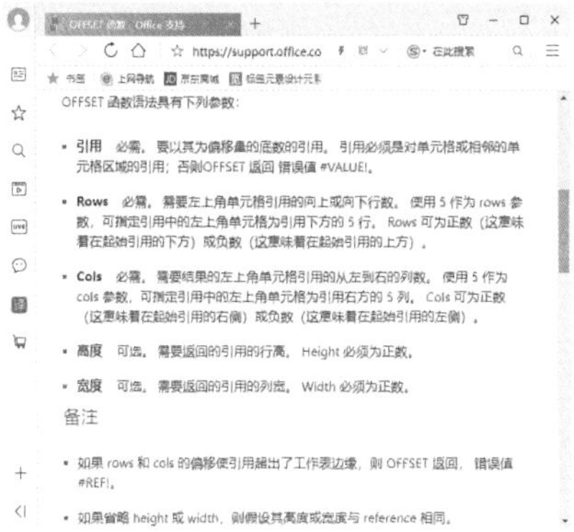

图 9-65

在省略参数时，需要连同该参数存在所需的半角逗号间隔都省略。例如，判断B5是否与A5的值相等，若是则返回TRUE，否则返回FALSE。函数【=IF(B5=A5,TRUE,FALSE)】可省略为【=IF(B5=A5,TRUE)】。

常见的省略参数还有以下几种情况。

- FIND函数的参数start_num若不指定，则默认为1。
- INDIRECT函数的参数a1若不指定，则默认为A1引用样式。
- LEFT函数、RIGHT函数的参数num_chars若未指定，则默认为1。

- SUMIF函数的参数sum_range若未指定，则默认对第1个参数range进行求和。
- OFFSET函数的参数height和width若不指定，则默认与reference的尺寸一致。

技能拓展——简写函数中的空文本

并非所有函数参数简写都表示该参数为0，如函数【=IF(A1="","",A1*B1)】中简写了该参数的空文本，表示若A1单元格为空，则显示为空，否则返回A1与B1的乘积。在函数应用中，经常也会简写空文本参数。这里所谓的空文本，不是指单元格中不包含数据，而是指单元格中包含一对英文双引号，但是其中的文本没有，是一个空的字符串，其字符长度为0。

本章小结

在Excel 2021中，虽然公式也能对数据进行计算，但具有局限性，而函数分为多种不同的类型，能够实现不同的计算功能，给人们的工作带来了极大的便利。函数是Excel的精髓，对数据进行计算主要还是靠它们。本章一开始便对函数进行了系统的介绍，然后举例说明了函数的多种输入方法，接着介绍了常用函数的使用方法，这些是学习函数的基础，掌握后就能融会贯通地使用各种函数，所以读者在学习时一定要去分析为什么函数公式是这样编写的。学公式和函数靠的是逻辑思维和思考问题的方法，不经过认真思考、举一反三是永远也学不好的，初学函数的读者应从常用的函数开始学习。

第10章 文本函数应用技巧

- 文本之间是可以合并、比较和统计的。
- 如何快速提取某个文本字符串中的某些字符?
- 如何快速转换全角/半角符号、大写/小写字母?
- 通过函数可以对文本进行查找和替换吗?
- 通过函数可以删除特殊字符吗?

本章将通过讲述文本函数应用的技巧来介绍如何使用Excel中的文本函数，以便实现查找、替换与转换等功能。

10.1 字符串编辑技巧

文本型数据是Excel的主要数据类型之一，在工作中需要大量使用。在Excel中，文本值也称为字符串，通常由若干个子串构成。在日常工作中，有时需要将某几个单元格的内容合并起来，组成一个新的字符串表达完整的意思，或者需要对几个字符串进行比较。下面将介绍常用字符串编辑函数的使用技巧。

10.1.1 使用CONCATENATE函数将多个字符串合并到一处

Excel中使用【&】符号作为连接符，可连接两个或多个单元格中的数据。例如，单元格A1中包含文本【2022年】，单元格A2中包含文本【员工工资表】，则在A3单元格中输入公式【=A1&A2】，会返回【2022年员工工资表】，如图10-1所示。

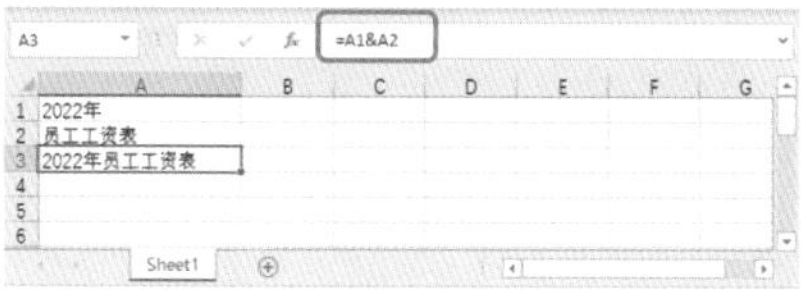

图 10-1

除此之外，使用CONCATENATE函数也能实现运算符【&】的功能。CONCATENATE函数用于合并两个或多个字符串，最多可以将255个文本字符串连接成一个文本字符串。连接项可以是文本、数字、单元格引用或这些项的组合。

语法结构：

```
CONCATENATE (text1,[text2],...)
```

参数说明如下。

- text1：必需参数，表示要连接的第一个文本项。
- [text2],...：可选参数，表示其他文本项，最多为255项。项与项之间必须用英文状态下的逗号隔开。

如果要连接图10-1中的A1和A2单元格数据，可以在A3单元格输入公式【=CONCATENATE(A1,A2)】，按【Enter】键确认，即可返回结果【2022年员工工资表】，如图10-2所示。

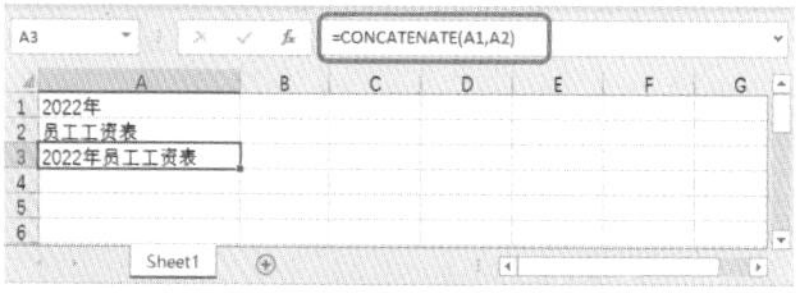

图 10-2

技术看板

如果需要在两项内容之间增加一个空格或标点符号，就必须在CONCATENATE函数参数中用英文状态下的双引号将需要添加的空格或符号括起来。如果需要在连接A1和A2单元格内容时，中间添加3个空格，可以输入公式【=CONCATENATE(A1,"   ",A2)】，按【Enter】键，即可返回如图10-3所示的效果。

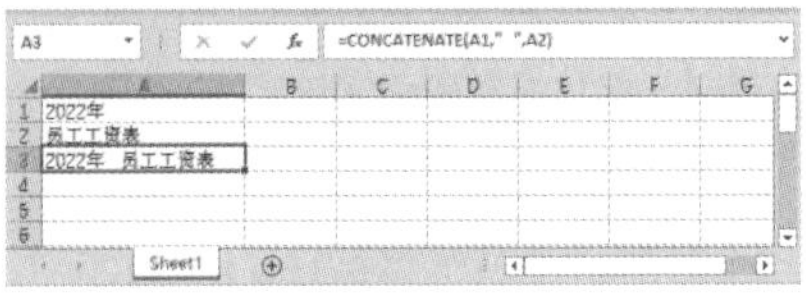

图 10-3

★重点 10.1.2　实战：使用 EXACT 函数比较两个字符串是否相同

实例门类	软件功能

EXACT 函数用于比较两个字符串，如果它们完全相同，就返回 TRUE；否则，返回 FALSE。

语法结构：

```
EXACT (text1,text2)
```

参数说明如下。

➥ text1：必需参数，第 1 个文本字符串。

➥ text2：必需参数，第 2 个文本字符串。

利用 EXACT 函数可以测试在文档内输入的文本。例如，要比较 A 列和 B 列中的字符串是否完全相同，具体操作方法如下。

Step01 输入计算公式。打开素材文件\第 10 章\比较字符串.xlsx，❶选择 C2 单元格，❷输入公式【=EXACT(A2,B2)】，如图 10-4 所示。

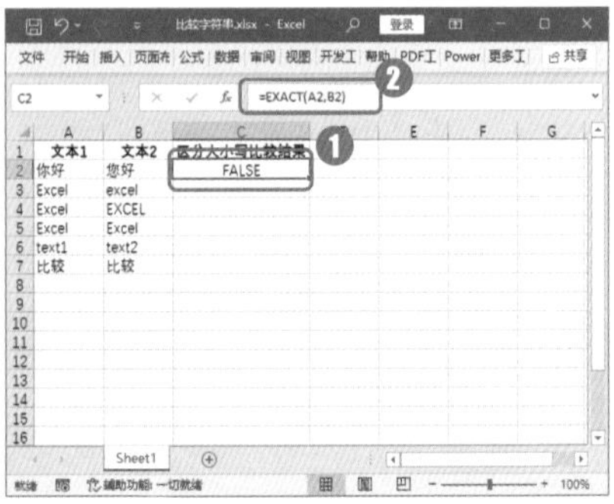

图 10-4

Step02 按【Enter】键即可判断出 A2 和 B2 单元格中的文本是否一致。使用 Excel 的自动填充功能判断后续行中的两个单元格中内容是否相同，完成后的效果如图 10-5 所示。

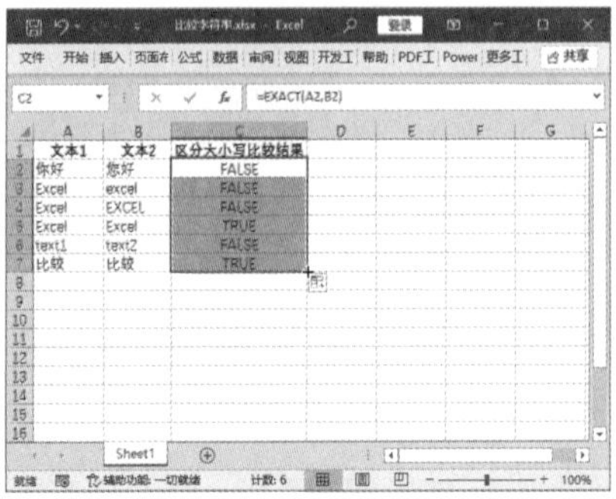

图 10-5

技术看板

EXACT 函数在测试两个字符串是否相同时，能够区分大小写，但会忽略格式上的差异。

通过比较运算符【=】也可以判断两个相应单元格中包含的文本内容是否相同，但是这样的比较并不十分准确。例如，在 A2 单元格中输入【Jan】，在 B2 单元格中输入【JAN】时，通过简单的逻辑公式【=A2=B2】会返回【TRUE】，即这种比较不能区分大小写。此时，就需要使用 EXACT 函数来精确比较两个字符串是否相同。

★重点 10.1.3　实战：使用 LEN 函数计算文本中的字符个数

实例门类	软件功能

LEN 函数用于计算文本字符串中的字符数。

语法结构：

```
LEN(text)
```

参数说明如下。

➥ text：必需参数，表示要查找其长度的文本，空格将作为字符进行计数。

例如，要在 A2 单元格中统计 A1 单元格标题中的字符，可在 A2 单元格中输入公式【=LEN(A1)】，按【Enter】键统计出标题字符数，如图 10-6 所示。

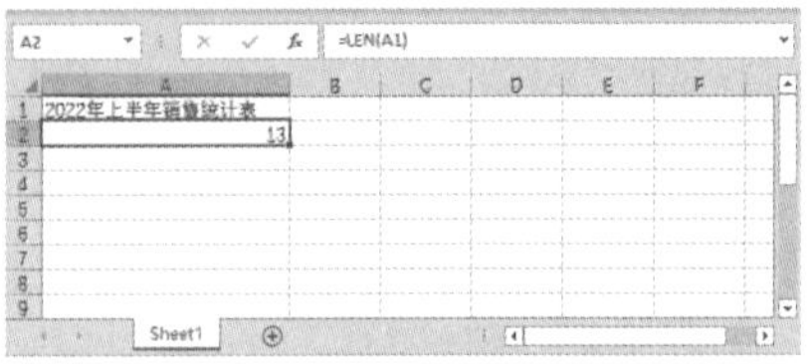

图 10-6

另外，使用 LEN 函数还可在限制输入字符的单元格中对还可以输入的字符数进行提示。例如，公司要求销售主管对每天的销售情况进行总结，要求总结的文字内容不超过 100 个字符，并在输入的同时，提示用户还可以输入的字符个数，具体操作步骤如下。

Step01 输入公式。新建一个【销售总结报告】空白工作簿，在 A1:E13 单元格区域中对表格结构进行设计，选择 A14 单元格，在编辑栏中输入公式【="还可以输入"&(100-LEN(A2)&"个字符")】，如图 10-7 所示。

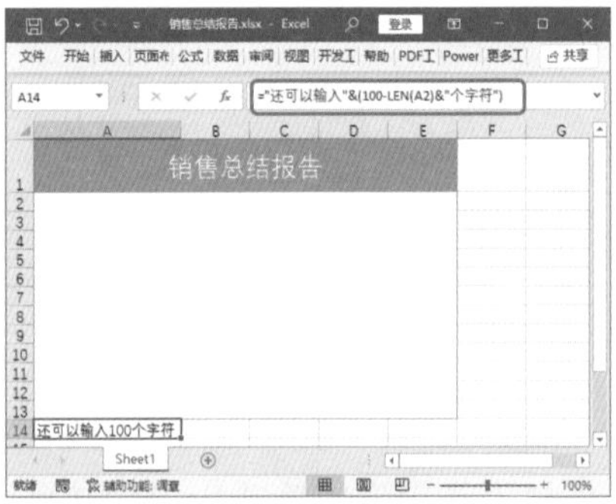

图 10-7

Step02 显示限制输入的字符个数。按【Enter】键确认，在 A2 单元格中输入需要发布的信息，即可在A14单元格中显示出还可以输入的字符个数，如图10-8所示。

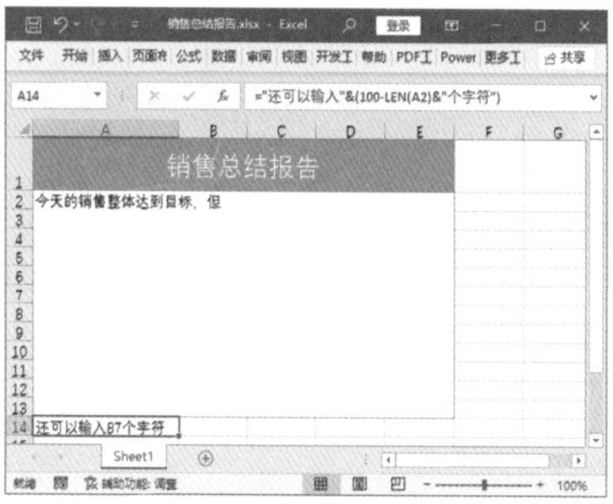

图 10-8

技术看板

使用LEN函数时，空格字符不会被忽略，会包含在字符个数中，被当作1个字符计算。

10.1.4 使用LENB函数计算文本中代表字符的字节数

对于双字节来说，一个字符包含两个字节。汉字就是双字节，即一个汉字以两个字节计算，而英文字母和数字，则是一个字符算一个字节。

如果要对单元格中的字符字节进行计算，就可以使用LENB函数，它用于返回文本中用于代表字符的字节数。也就是说，对于1个双字节的字符来说，使用LEN函数返回1，使用LENB函数就返回2。

语法结构：

```
LENB (text)
```

参数说明如下。

- text：必需参数，表示要查找其长度的文本，空格作为字符进行计数。

LENB函数的使用方法与LEN函数相同。例如，要在A2单元格中统计A1单元格标题中字符的字节，可在A2单元格中输入公式【=LENB(A1)】，按【Enter】键统计出标题字符的字节数，如图10-9所示。

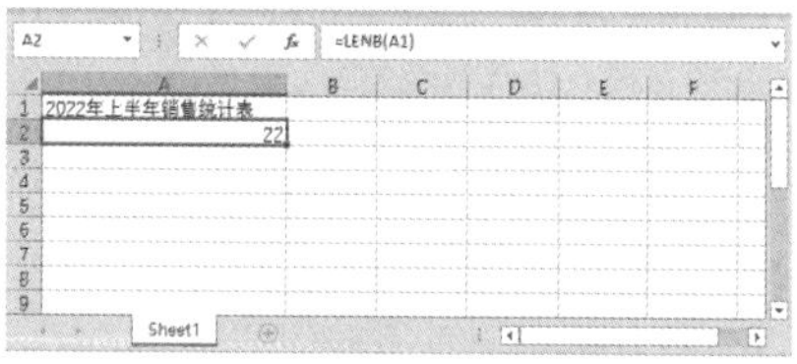

图 10-9

技术看板

函数LEN面向使用单字节字符集（SBCS）的语言，而函数LENB面向使用双字节字符集（DBCS）的语言。使用函数所在计算机的默认语言设置会对返回值产生一定影响。当计算机的默认语言设置为SBCS语言时，函数LEN和LENB都将每个字符按1计数。当计算机的默认语言设置为DBCS语言时，函数LEN仍然将每个字符按1计数，函数LENB则会将每个双字节字符按两个计数。

10.1.5 实战：使用REPT函数按给定次数重复文本

实例门类	软件功能

使用REPT函数可以按照指定的次数重复显示文本，相当于复制文本。

语法结构：

```
REPT (text,number_
times)
```

参数说明如下。

- text：必需参数，表示需要重复显示的文本。
- number_times：必需参数，用于指定文本重复次数的整数。

REPT函数常用于不断地重复显示某一文本字符串，对单元格进行填充的情况。例如，在打印票据时，需要在数字的右侧用星号进行填充，可以通过REPT函数实现，具体操作步骤如下。

Step01 输入公式。打开素材文件\第10章\报销单.xlsx，❶复制【报销单】工作表，并重命名复制得到的工作表为【打印报销单】，❷选择C7单元格，输入公式【=(报销单!C7&REPT("*",24-LEN(报销单!C7)))】，如图10-10所示。

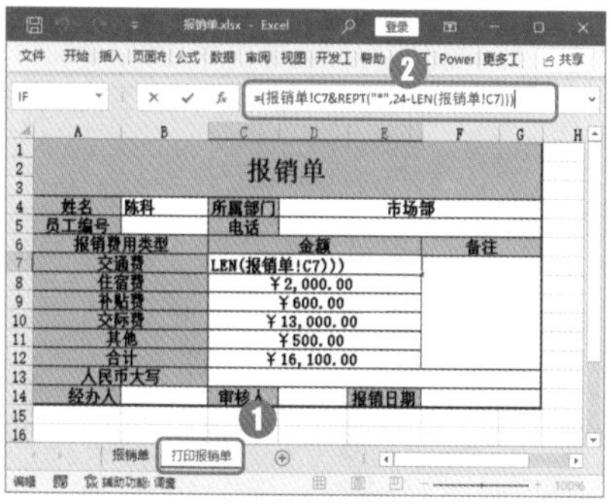

图 10-10

技术看板

本例首先设置需要打印的该值占用24个字符，然后通过LEN函数统计数据本身所占的字符，通过减法计算出星号需要占用的字符，即星号需要复制的次数。

Step02 按【Enter】键，即可在C7单元格中的数字右侧添加星号，使用Excel的自动填充功能，为其他报销金额所在单元格中的数字右侧都添加上星号，完成后的效果如图10-11所示。

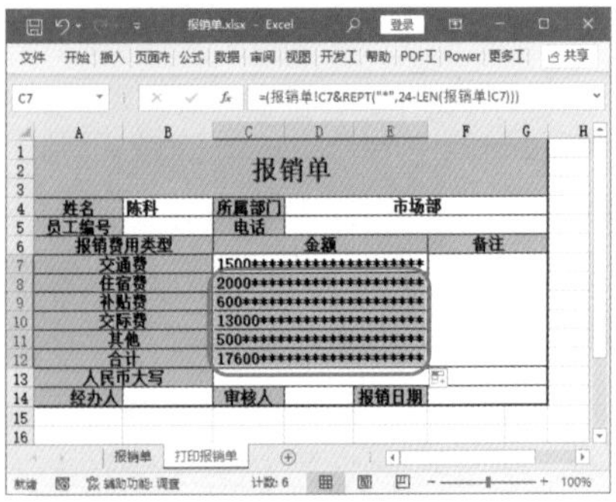

图 10-11

技术看板

使用REPT函数时，需要注意：若number_times参数为0，则返回空文本；若number_times参数不是整数，则将被截尾取整；REPT函数的结果不能大于32767个字符，否则将返回错误值【#VALUE!】。

10.1.6 实战：使用FIXED函数将数字按指定的小数位数取整

实例门类	软件功能

FIXED函数用于将数字按指定的小数位数进行取整，利用句号和逗号以十进制格式对该数进行格式设置，并以文本形式返回结果。

语法结构：

```
FIXED(number,
[decimals],[no_commas])
```

参数说明如下。

- number：必需参数，表示要进行舍入并转换为文本的数字。
- [decimals]：可选参数，用于指定小数点右侧的位数，即四舍五入的位数，如果该值为负数，则表示四舍五入到小数点左侧。
- [no_commas]：可选参数，是一个逻辑值，用于控制返回的文本是否用逗号分隔。若为TRUE，则会禁止FIXED函数在返回的文本中包含逗号。只有当no_commas为FALSE或被省略时，返回的文本才会包含逗号。

例如，某公司在统计员工当月的销售业绩后，需要制作一张红榜，红榜中要将销售业绩以万元为单位表示。使用FIXED函数来实现的具体操作步骤如下。

Step01 输入业绩奖金计算公式。打开素材文件\第10章\销售业绩表.xlsx，❶新建一张工作表，并命名为【红榜】，❷制作整个表格的框架，并复制【业绩表】中前三名的相关数据，❸选择G5单元格，输入公式【=FIXED(业绩表!E2,-2)/10000&"万元"】，如图10-12所示。

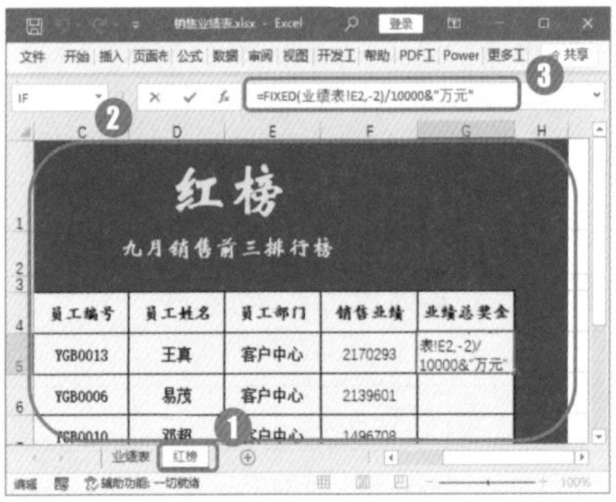

图 10-12

Step02 按【Enter】键输入公式，该员工的销售额数据即可以万元为单位表示，并将数值精确到百元。使用Excel的自动填充功能，得到其他员工的业绩总奖金，如图10-13所示。

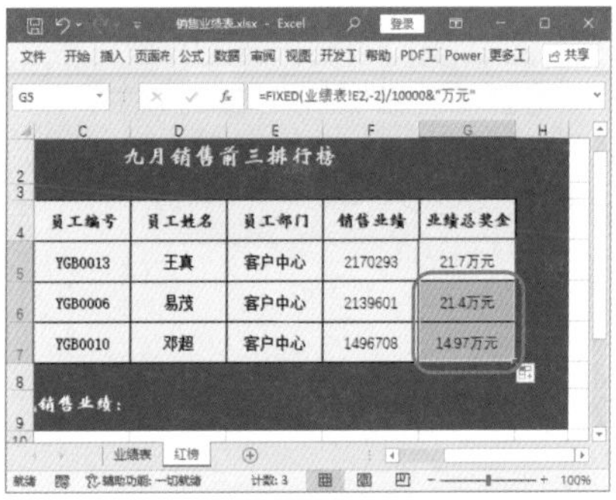

图 10-13

技术看板

本例中的公式是先将数据四舍五入到百位，即小数点左2位，然后将其转换为万元形式，最后利用运算符【&】得到相应的文本信息。

Step03 输入总业绩计算公式。❶在B9单元格中输入如图10-14所示的数据，❷选择D9单元格，输入公式【=FIXED(SUM(业绩表!D2:D15)/10000,2)&"万元"】。

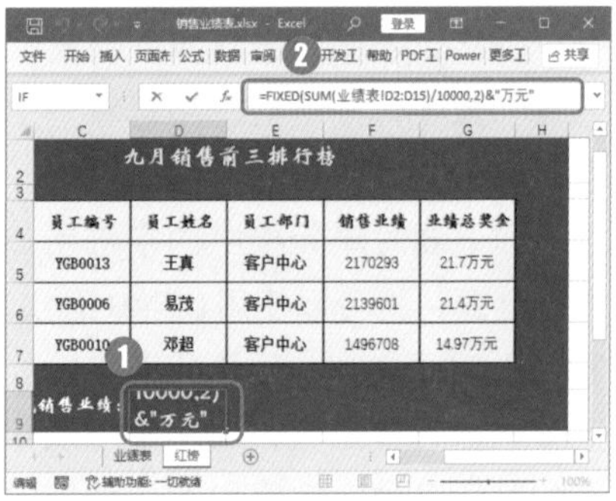

图 10-14

Step04 查看计算结果。按【Enter】键计算出当月的销售总金额，并以千分号分隔得到的结果数据，如图10-15所示。

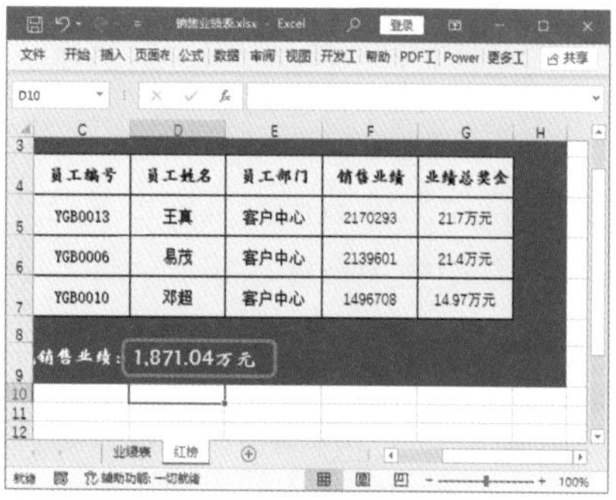

图 10-15

技术看板

本例中的第二个公式是先将数据除以 10000，使其单位转换为万元，然后利用 FIXED 函数进行四舍五入，即将数值四舍五入到小数点后 2 位。最后利用运算符【&】输出相应的文本信息。

虽然本例中两次使用 FIXED 函数时都省略了 no_commas 参数，但通过第一种方法得到的结果中并没有以千分位形式表示数据。这是因为设置格式后的数值被除以 10000，其千分位的设置已经无效了。

★重点 10.1.7 实战：使用 TEXTJOIN 函数进行多区域合并

实例门类	软件功能

TEXTJOIN 函数将多个区域或字符串的文本组合起来，并包括在要组合的各文本值之间指定的分隔符。若分隔符是空的文本字符串，则此函数将有效连接这些区域。

语法结构：

TEXTJOIN(分隔符, ignore_empty,text1,[text2],…)，也可以简单理解为 TEXTJOIN(分隔符，忽略空值，文本项 1，文本项 2，…)

参数说明如下。

- 分隔符：必需参数，表示文本字符串，或者为空，或者用双引号引起的一个或多个字符。若提供一个数字，则它将被视为文本。
- ignore_empty：必需参数，若为 TRUE，则忽略空白单元格。
- text1：必需参数，表示要连接的文本项 1（文本字符串或字符串数组，如单元格区域中）。
- [text2],...：可选参数，表示要连接的文本项 2。

例如，使用 TEXTJOIN 函数将销售人员名单按销售部门进行显示，具体操作步骤如下。

Step 01 输入公式。打开素材文件\第 10 章\销售部人员分配.xlsx，❶选择E1 单元格，❷在编辑栏中输入公式【=TEXTJOIN(",",TRUE,IF(D1=$A$1:$A$25,$B$1:$B$25,""))】，如图 10-16 所示。

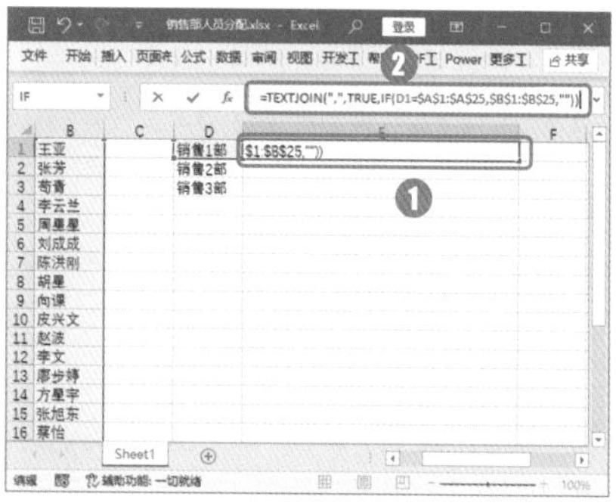

图 10-16

Step 02 提取符合条件的数据。按【Ctrl+Shift+Enter】组合键，使公式变成数组公式，即可用连接符提取出条件值【销售 1 部】对应的所有数据，效果如图 10-17 所示。

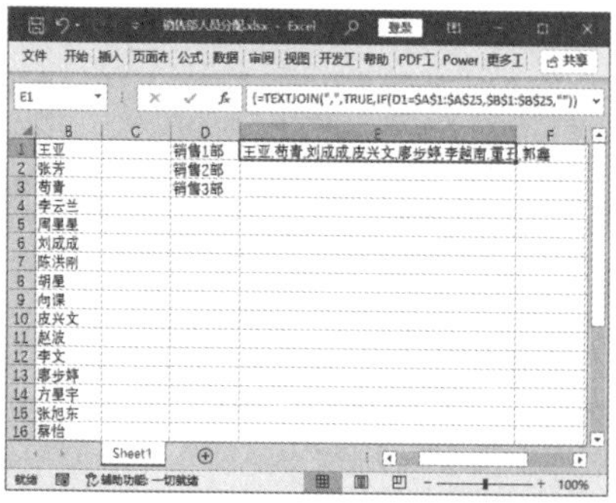

图 10-17

Step 03 复制公式。复制 E1 单元格中的公式至单元格 E2 和 E3 中，即可用连接符提取出条件值【销售 2 部】和【销售 3 部】对应的所有数据，效果如图 10-18 所示。

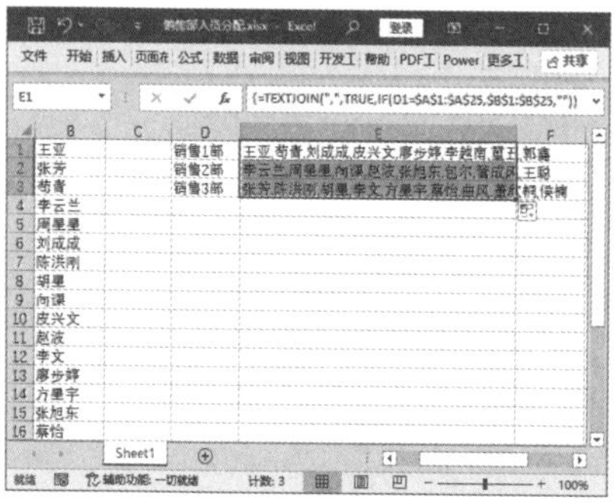

图 10-18

技术看板

公式【=TEXTJOIN(",",TRUE,IF(D1=$A$1:$A$25,$B$1:$B$25,""))】中的第一个参数【","】，表示每个值中间用逗号【,】连接；第二个参数【TRUE】表示忽略空值；第三个参数【IF(D1=$A$1:$A$25,$B$1:$B$25,"")】表示当 D1 单元格条件【销售 1 部】在 A 列中存在时，提取出对应 B 列的所有值。如果不存在，就返回空值。

10.2 返回文本内容技巧

从原有文本中截取并返回一部分用于形成新的文本是常见的文本运算。在使用Excel处理数据时，经常会遇到含有汉字、字母、数字的混合型数据，有时需要单独提取出某类型的字符串，或者在同类型的数据中提取出某些子串，如截取身份证号中的出生日期、截取地址中的街道信息等。掌握返回文本内容函数的相关技能、技巧，即可以快速完成这类工作。

★重点 10.2.1 实战：使用LEFT函数从文本左侧起提取指定个数的字符

实例门类	软件功能

LEFT函数用于从一个文本字符串的第一个字符开始返回指定个数的字符。

语法结构：

```
LEFT (text,[num_chars])
```

参数说明如下。

- text：必需参数，包含要提取字符的文本字符串。
- [num_chars]：可选参数，用于指定要由LEFT提取的字符数量。因此，该参数的值必须大于或等于零。当省略该参数时，则假设其值为1。

例如，在员工档案表中使用LEFT函数将家庭地址的所属省份内容重新保存在一列单元格中，具体操作步骤如下。

Step01 输入字符提取公式。打开素材文件\第10章\员工档案表.xlsx，❶在I列单元格右侧插入一列空白列，在J1单元格输入【省份】，❷选择J2单元格，输入公式【=LEFT(I2,2)】，如图10-19所示。

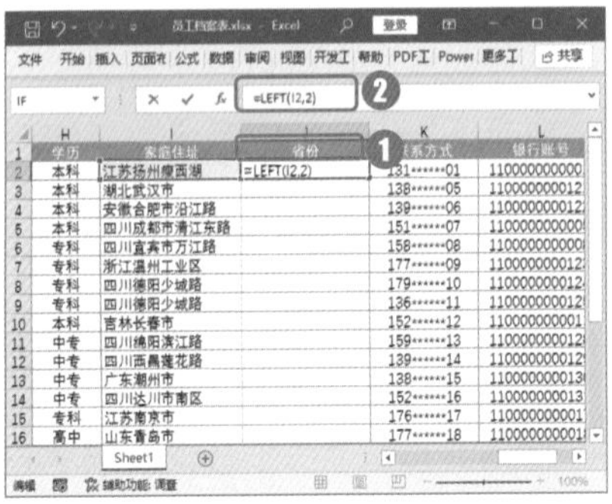

图10-19

Step02 查看提取的字符。按【Enter】键，即可提取该员工家庭住址中的省份内容，使用Excel的自动填充功能，提取其他员工家庭住址的所属省份，如图10-20所示。

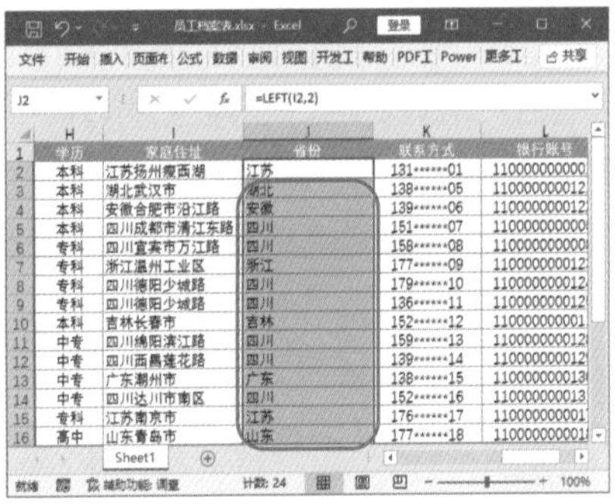

图10-20

10.2.2 使用LEFTB函数从文本左侧起提取指定字节数字符

LEFTB函数基于所指定的字节数返回文本字符串中的第一个或前几个字符。

语法结构：

```
LEFTB (text,[num_bytes])
```

参数说明如下。

- text：必需参数，包含要提取字符的文本字符串。
- [num_bytes]：可选参数，代表按字节指定要由LEFTB函数提取的字符数量，其值必须要大于或等于1，如果提取的个数超过了文本的长度，就提取整个文本内容；如果小于1，就返回错误值【#VALUE！】；如果省略提取个数，就返回文本的第一个字节。

例如，如果要使用LEFTB函数对上例员工档案表中的省份进行提取，就需要将公式更改为【=LEFTB(I2,4)】，因为一个文本字符表示两个字节，效果如图10-21所示。

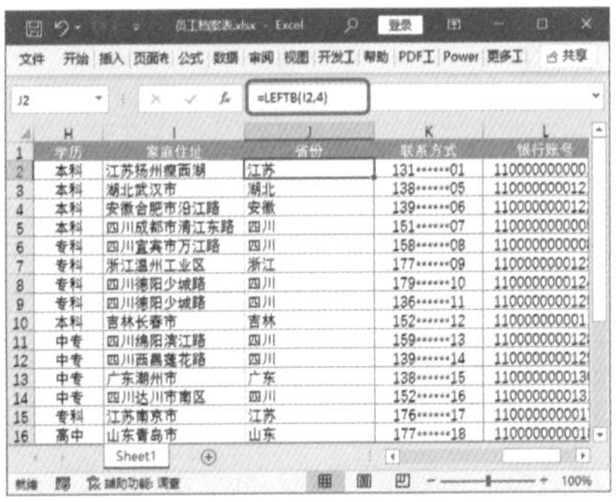

图10-21

★重点 10.2.3 实战：使用MID函数从文本指定位置起提取指定个数的字符

实例门类	软件功能

MID函数能够从文本指定位置

起提取指定个数的字符。

语法结构：

```
MID (text,start_num,
num_chars)
```

参数说明如下。

- text：必需参数，包含要提取字符的文本字符串。
- start_num：必需参数，代表文本中要提取的第一个字符的位置。文本中第一个字符的 start_num 为 1，以此类推。
- num_chars：必需参数，用于指定希望 MID 函数从文本中返回字符的个数。

例如，在员工档案表中提供了身份证号，这时就可以使用 MID 函数从身份证号码中提取出员工的出生年月、出生年份、出生月份或出生日等。下面将利用 MID 函数从身份证号码中提取出生年份，并添加单位“年”，具体操作步骤如下。

Step 01 输入提取公式。在 G 列后面插入一列空白列，在 H1 单元格中输入【出生年份】，在 H2 单元格中输入公式【=MID(G2,7,4)&"年"】，按【Enter】键，即可提取该员工的出生年份，如图 10-22 所示。

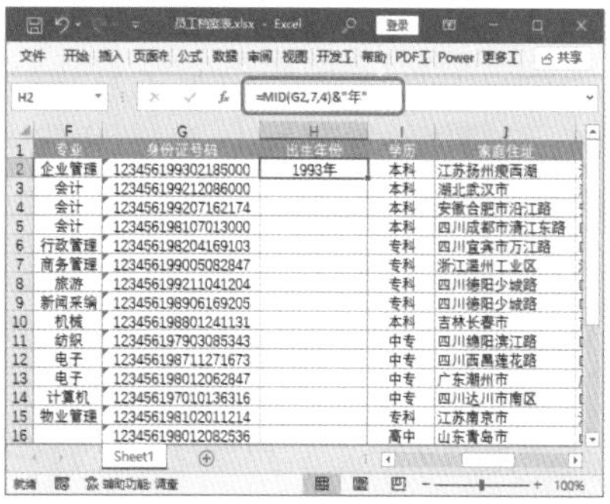

图 10-22

Step 02 查看提取的年份。使用 Excel 的自动填充功能，提取其他员工的出生年份，效果如图 10-23 所示。

图 10-23

10.2.4 使用 MIDB 函数从文本指定位置起提取指定字节数的字符

MIDB 函数与 MID 函数的功能基本相同，都是用于返回字符串中从指定位置起提取特定数量的字符，只是 MID 函数以字符为单位，而 MIDB 函数则以字节为单位。

语法结构：

```
MIDB (text,start_num,
num_bytes)
```

参数说明如下。

- text：必需参数，包含要提取字符的文本字符串。
- start_num：必需参数，代表文本中要提取的第一个字符的位置。文本中第一个字符的 start_num 为 1，以此类推。
- num_bytes：可选参数，表示按字节指定要由 MIDB 函数提取字符的数量（字节数）。

如果上一个案例使用公式【=MIDB(G2,7,4)&"年"】进行计算，也将得到相同的结果，因为数字属于单字节字符，效果如图 10-24 所示。

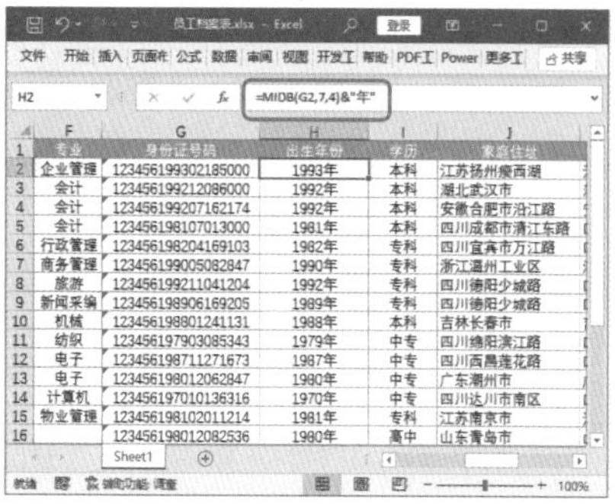

图 10-24

技术看板

使用 MID 和 MIDB 函数时，需要注意：参数 start_num 的值如果超过了文本的长度，就返回空文本；如果 start_num 的值没有超过文本长度，但是 start_num 加上 num_chars 的值超过了文本长度，那么返回从 start_num 开始，直到文本最后的字符；如果 start_num 小于 1 或 num_chars（num_bytes）为负数，那么都会返回错误值【#VALUE!】。

★重点 10.2.5 实战：使用 RIGHT 函数从文本右侧起提取指定个数的字符

实例门类	软件功能

RIGHT 函数能够从文本右侧起提取文本字符串中最后一个或多个字符。

语法结构：

```
RIGHT(text,[num_chars])
```

参数说明如下。

- text：必需参数，包含要提取字符的文本字符串。
- [num_chars]：可选参数，指定要由 RIGHT 函数提取字符的数量。

例如，在产品价目表中的产品

型号数据中包含了产品规格大小的信息，而且这些信息位于产品型号数据的倒数第 4 位，通过 RIGHT 函数进行提取的具体操作步骤如下。

Step01 输入计算公式。打开素材文件\第 10 章\产品价目表.xlsx，❶在 C 列单元格右侧插入一列空白单元格，并在 D1 单元格中输入【规格（g/ 支）】，❷在 D2 单元格中输入公式【=RIGHT(C2,4)】，按【Enter】键，即可提取该产品的规格大小，如图 10-25 所示。

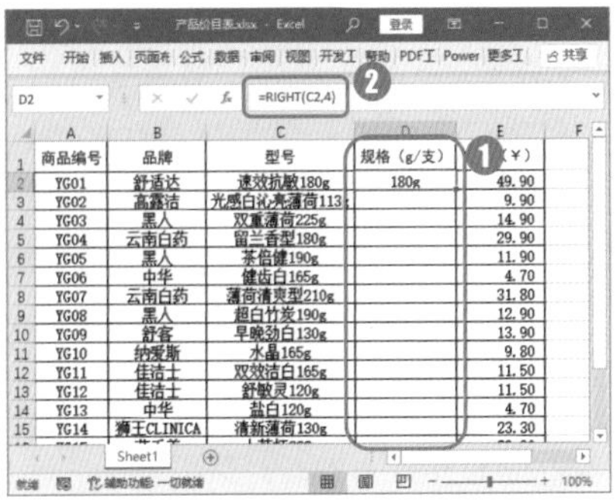

图 10-25

Step02 查看计算结果。使用 Excel 的自动填充功能，继续提取其他产品的规格大小，效果如图 10-26 所示。

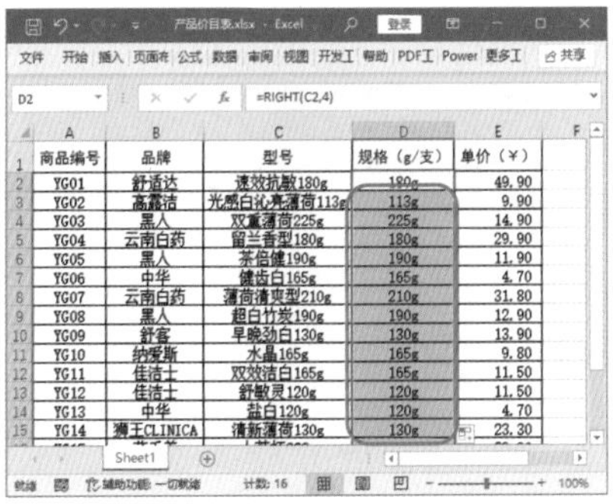

图 10-26

10.2.6 使用 RIGHTB 函数从文本右侧起提取指定字节数字符

RIGHTB 函数与 RIGHT 函数的功能基本相同，都是用于返回文本中最后一个或多个字符。只是 RIGHT 函数以字符为单位，RIGHTB 函数则以字节为单位。

语法结构：

```
RIGHTB (text,[num_bytes])
```

参数说明如下。

- text：必需参数，包含要提取字符的文本字符串。
- [num_bytes]：可选参数，代表按字节指定要由 RIGHTB 函数提取的字符的数量。

例如，上一个案例使用公式【=RIGHTB(C2,4)】进行计算，也将得到相同的结果，因为数字属于单字节字符。

技术看板

使用 RIGHT 和 RIGHTB 函数时，需要注意：参数 num_chars 的值必须大于或等于零；如果 num_chars 的值超过了文本长度，就提取整个文本内容；如果 num_chars 的值小于 1，就返回错误值【#VALUE!】；如果省略 num_chars 参数，那么假设其值为 1，返回文本的最后一个字符。

10.3 转换文本格式技巧

在 Excel 中处理文本时，有时需要将现有的文本转换为其他形式，如将字符串中的全 / 半角字符进行转换、大 / 小写字母进行转换、货币符号进行转换等。掌握转换文本格式函数的基本操作技巧，即可以快速修改表格中某种形式的文本格式。

10.3.1 实战：使用 ASC 函数将全角字符转换为半角字符

实例门类	软件功能

Excel 函数中的标点符号都是半角形式的（单字节），但正常情况下，中文输入法输入的符号都是全角符号（双字节）。如果需要快速修改表格中的全角标点符号为半角标点符号，可以使用 ASC 函数快速进行转换。

语法结构：

```
ASC (text)
```

参数说明如下。

- text：必需参数，表示文本或对包含要更改的文本的单元格的引用。

对于双字节字符集（DBCS）语言，使用 ASC 函数可快速将全角字符更改为半角字符。例如，输入公式【=ASC("，")】，则返回【，】。再如，某产品明细表中包含很多英文字母，但这些字母的显示有些异常（全部为全角符号），感觉间隔很宽，不符合人们日常的阅读习惯，就可以使用 ASC 函数将全角的英文单词转换为半角状态，具体操作步骤如下。

Step01 输入转换公式。打开素材文件\第 10 章\产品明细表.xlsx，❶新建一张空白工作表，❷选择 A1:E20 单元格区域，❸在编辑栏中输入【=ASC()】，并将文本插入点定位在括号中，如图 10-27 所示。

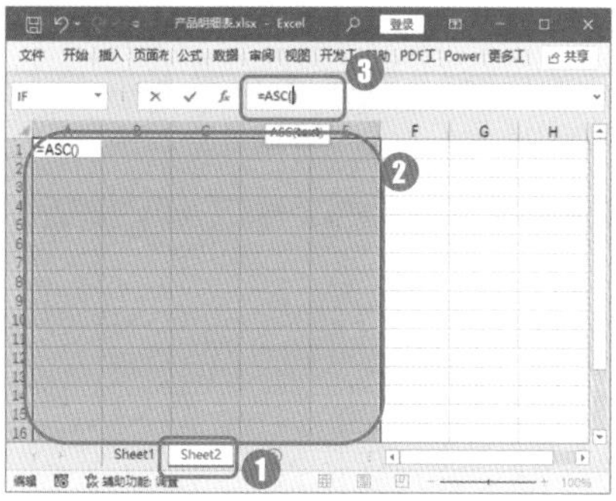

图 10-27

Step02 返回数组公式。选择Sheet1工作表中的A1:E20单元格区域，如图 10-28 所示。按【Ctrl+Shift+Enter】组合键，返回数组公式的结果。

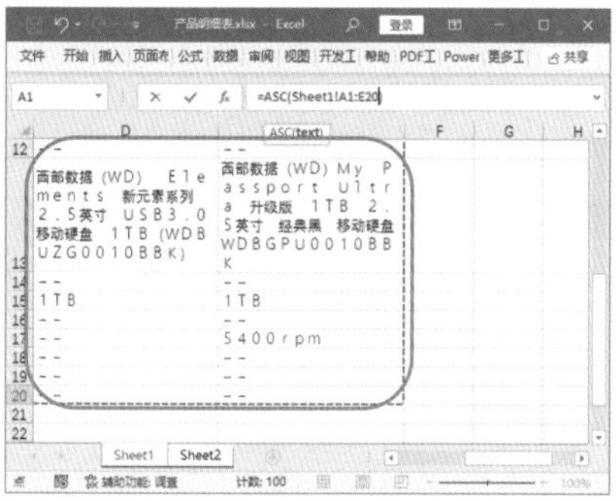

图 10-28

Step03 设置单元格格式。❶对A列单元格中的数据设置加粗显示，❷选择后面4列单元格，调整到合适的列宽，❸单击【开始】选项卡【对齐方式】组中的【自动换行】按钮，如图 10-29 所示。

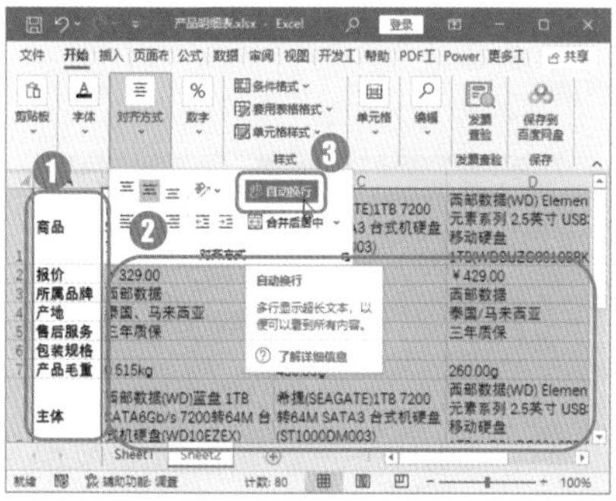

图 10-29

Step04 查看转换后的效果。经过上步操作后，即可清晰地看到已经将原工作表中的所有全角英文转换为半角状态了，效果如图 10-30 所示。

技术看板

如果ASC函数参数文本中不包含任何全角字母时，则文本不会更改。

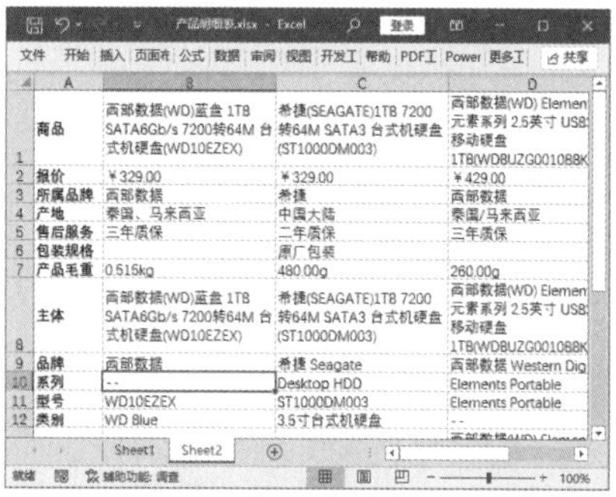

图 10-30

10.3.2 使用 WIDECHAR 函数将半角字符转换为全角字符

既然能使用函数快速将全角符号转换为半角符号，那么一定也有一种函数能够将半角符号快速转换为全角符号。确切地说，对于双字节字符集(DBCS)语言，WIDECHAR函数就是ASC函数的逆向操作。使用WIDECHAR函数可以快速将半角字符转换为全角字符。

语法结构：

```
WIDECHAR (text)
```

参数说明如下。

- text：必需参数，表示半角字符或对包含要更改的半角字符的单元格的引用。

由于WIDECHAR和ASC函数的使用方法相同，这里就不再详细介绍了。如果WIDECHAR函数参数中不包含任何半角字符，则字符内容不会更改。

★重点 10.3.3 使用 CODE 函数将文本字符串中第一个字符转换为数字代码

学习过计算机原理的人都知道，计算机中的任何一个字符都有一个与之关联的代码编号。平时不需要了解这些复杂的编号，但在某些特殊情况下，却只能使用编号进行操作。因此了解一些常用编号有时能解燃眉之急。

在Excel中使用CODE函数可返回文本字符串中第一个字符的数字代码，返回的代码对应于计算机当前使用的字符集。

语法结构：

```
CODE (text)
```

参数说明如下。

- text：必需参数，表示需要得到其第一个字符代码的文本。

例如，输入公式【=CODE("A")】，则返回【65】，即大写A的字符代码；输入公式【=CODE("TEXT")】，则返回【84】，与输入公式【=CODE("T")】得到的结果相同，因为当CODE函数的变量为多个字符时，该函数只使用第一个字符。

技术看板

在Windows操作系统中，Excel使用标准的ANSI字符集。ANSI字符集包括255个字符，编号为1~255。图 10-31 所示为使用Calibri字体的ANSI字符集的一部分。

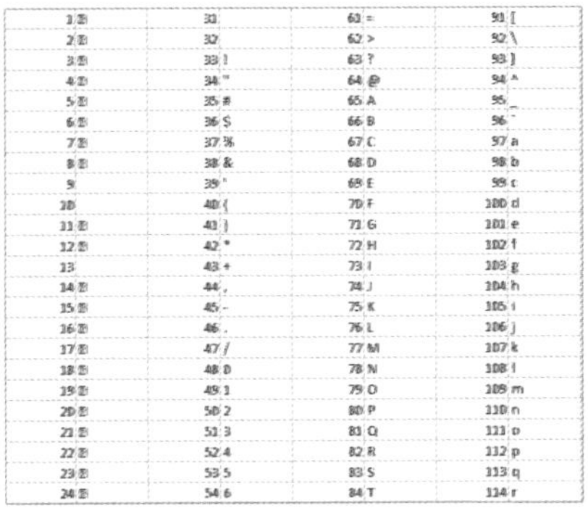

图 10-31

10.3.4 使用 CHAR 函数将数字代码转换为对应的字符

在知道某个字符的数字代码时，同样可以使用函数逆向操作，得到该字符。在Excel中使用CHAR函数即可实现将数字代码转换为字符的操作。

CHAR函数与CODE函数的操作正好相反。CHAR函数用于返回对应于数字代码的字符。

语法结构：

```
CHAR (number)
```

参数说明如下。

- number：必需参数，表示1~255之间的用于指定所需字符的数字，字符是当前计算机所用字符集中的字符。

用户可以通过CHAR函数将其他类型计算机文件中的代码转换为字符，如输入公式【=CHAR(65)】，则可返回【A】。依据【字符集中的所有字母字符按字母顺序排列，每个小写字母跟在它对应的大写字母退后32个字符位置】，可输入公式【=CHAR(CODE(A1)+32)】将A1单元格中的大写字母A转换为小写字母a。

技术看板

CODE函数和CHAR函数在Windows操作系统中只能处理ANSI字符串，在Macintosh操作系统中可以处理Macintosh字符集的字符串，但不能处理双字节的Unicode字符串。

10.3.5 实战：使用 RMB 函数将数字转换为带人民币符号【￥】的文本

实例门类	软件功能

我国在表示货币的数据前一般会添加人民币符号【￥】，要在已经输入的数据前添加人民币符号【￥】，可以通过前面介绍的设置单元格格式的方法来添加，也可以使用RMB函数来实现。

RMB函数可以依照货币格式将小数四舍五入到指定位数、转换为文本格式，并应用货币符号￥，最终显示格式为(￥#,##0.00_)或(￥#,##0.00)。

语法结构：

```
RMB(number,[decimals])
```

参数说明如下。

- number：必需参数，表示数字、对包含数字单元格的引用或计算结果为数字的公式。
- [decimals]：可选参数，用于指定小数点右边的位数。若decimals为负数，则number从小数点往左按相应位数四舍五入。若省略decimals参数，则假设其值为2。

例如，需要在产品价目表中的单价数据前添加人民币符号【￥】，具体操作步骤如下。

Step 01 输入公式。在"产品价目表.xlsx"工作簿中，选择F2单元格，输入公式【=RMB(E2,2)】，按【Enter】键，即可为该数据添加人民币符号【￥】，如图10-32所示。

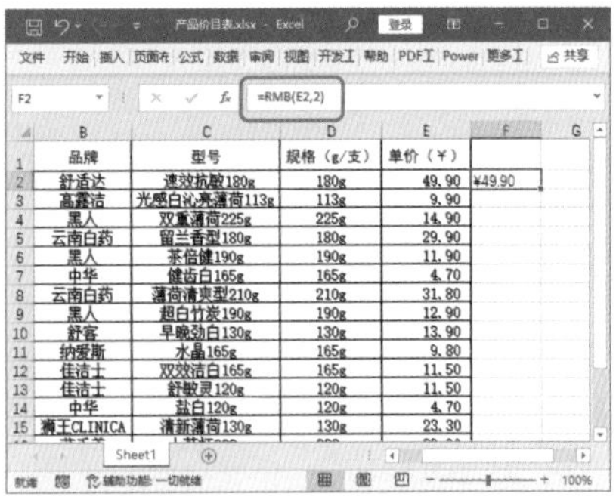

图 10-32

Step 02 复制数据。❶使用Excel的自动填充功能，为该列中的其他数据添加人民币符号【￥】，❷保持单元格区域的选择状态，单击【剪贴板】组中的【复制】按钮，如图10-33所示。

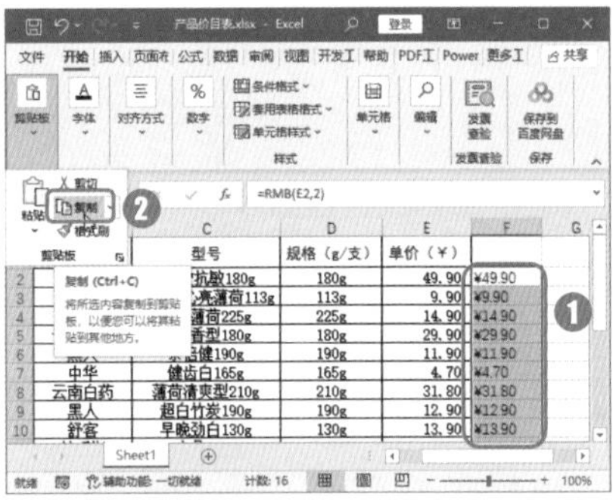

图 10-33

Step 03 执行粘贴命令。❶选择G2单元格，❷单击【剪贴板】组中的【粘贴】下拉按钮⌄，❸在弹出的下拉菜单中选择【值】命令，如图10-34所示。

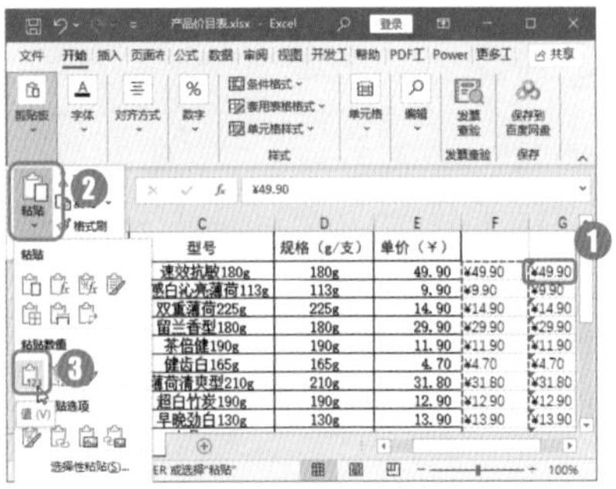

图 10-34

Step 04 执行删除操作。经过上步操作，即可将复制的数据以值的方式粘贴到G列中。❶选择E2:F17单元格区域，❷单击【单元格】组中的【删除】按钮，将辅助单元格删除，如图10-35所示。

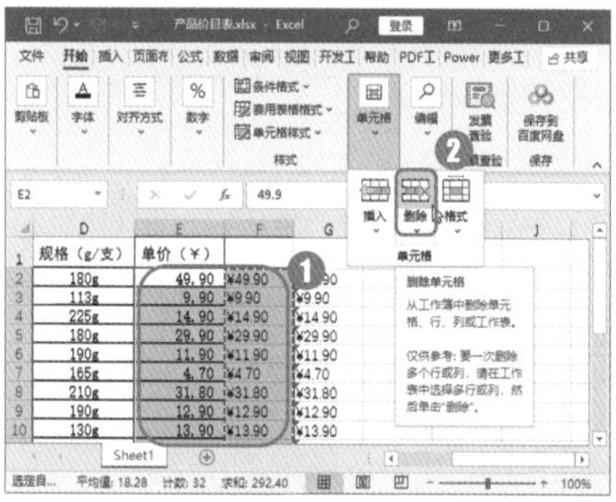

图 10-35

10.3.6 使用 DOLLAR 函数将数字转换为带美元符号【$】的文本

与在我国货币数据前添加人民币符号【￥】一样，在美元货币数据前一般需要添加美元符号【$】，要在已经输入的数据前添加美元符号【$】，可以通过DOLLAR函数来实现。

DOLLAR函数可以依照货币格式将小数四舍五入到指定位数、转换为文本格式，并应用货币符号【$】，最终显示格式为($#,##0.00_)或($#,##0.00)。

语法结构：

```
DOLLAR(number,
[decimals])
```

参数说明如下。

- number：必需参数，表示数字、对包含数字单元格的引用或计算结果为数字的公式。
- [decimals]：可选参数，表示小数点右边的位数。若decimals为负数，则number从小数点往左按相应位数四舍五入；若省略decimals，则假设其值为2。

若需要在使用DOLLAR函数统计数据时，自动添加货币符号【$】，返回【Total:$1,287.37】，则可以输入公式【="Total:"&DOLLAR(1287.367,2)】。

技术看板

函数DOLLAR的名称及其应用的货币符号取决于当前计算机所设置的语言类型。

★重点 10.3.7 使用 TEXT 函数将数字转换为文本

货币格式有很多种，其小数位数也要根据需要而设定。如果能像在【设置单元格格式】对话框中自定义单元格格式那样，可以自定义各种货币的格式，就会方便很多。

Excel的TEXT函数可以将数值转换为文本，并可使用户通过使用特殊格式字符串来指定显示格式。这个函数在需要以可读性更高的格式显示数字或需要合并数字、文本或符号时，非常有用。

语法结构：

```
TEXT (value,format_
text)
```

参数说明如下。

- value：必需参数，表示数值、计算结果为数值的公式，或对包含数值单元格的引用。
- format_text：必需参数，表示使用半角双引号括起来作为文本字符串的数字格式，如"#,##0.00"。如果需要设置为分数或含有小数点的数字格式，就需要在format_text参数中包含占位符、小数点和千位分隔符。

用0（零）作为小数位数的占位符，如果数字的位数少于格式中零的数量，则显示非有效零；#占位符与0占位符的作用基本相同，但是，如果输入的数字在小数点任一侧的位数均少于格式中#符号的数量时，那么Excel不会显示多余的零。例如，若格式仅在小数点左侧含有数字符号【#】，则小于1的数字会以小数点开头。?占位符与0占位符的作用基本也相同，但是，对于小数点任一侧的非有效零，Excel会加上空格，使得小数点在列中对齐；句点（.）占位符在数字中显示小数点；逗号（,）占位符在数字中显示代表千位分隔符。例如，在表格中输入公式【=TEXT(45.2345,"#.00")】，则可返回【45.23】。一些具体的数字格式准则使用示例，见表10-1所示。

表 10-1 数字格式准则使用示例

输入内容	显示内容	使用格式
1235.59	1235.6	####.#
8.5	8.50	#.00
0.531	0.5	0. #
1235.568	1235.57	#.0#
0.654	.65	
15	15.0	
8.5	8.5	#.##
45.398	45.398	???.???（小数点对齐）
105.65	105.65	
2.5	2.5	
5.25	5 1/4	# ???/（分数对齐）
5.5	5 5/10	
15000	15,000	#,###
15000	15	#,
15200000	15.2	0.0,,

如果数字的小数点右侧的位数大于格式中的占位符数，那么该数字会四舍五入到与占位符具有相同

小数点位的数字。如果数字的小数点左侧的位数大于占位符数，那么Excel会显示多余的位数。

技术看板

TEXT函数的参数中如果包含关于货币的符号时，即可替换DOLLAR函数。而且TEXT函数会更灵活，因为它不限制具体的数字格式。TEXT函数还可以将数字转换为日期和时间数据类型的文本，如将format_text参数设置为“"m/d/yyyy"”，即输入公式“=TEXT(NOW(),"m/d/yyyy")”，即可返回“1/24/2021”。

10.3.8 实战：使用T函数将参数转换为文本

实例门类	软件功能

T函数用于返回单元格内的值引用的文本。

语法结构：

```
T (value)
```

参数说明如下。

- value：必需参数，表示需要进行测试的数值。

T函数常被用来判断某个值是否为文本值。例如，在某留言板中，只允许用户提交纯文本的留言内容。在验证用户提交的信息时，如果发现有文本以外的内容，就会提示用户【您只能输入文本信息】。在Excel中可以通过T函数进行判断，具体操作步骤如下。

Step 01 输入计算公式。新建空白工作簿，并以“纯文本留言板”为名进行保存。在单元格A1中输入公式【=IF(T(A2)="","您只能输入文本信息","正在提交你的留言")】，如图10-36所示。

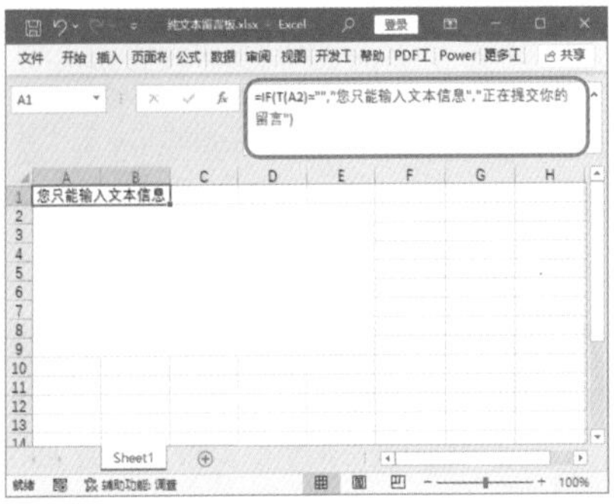

图 10-36

Step 02 查看提示信息。经过上步操作后，在A2单元格中输入数字或逻辑值，这里输入【1234566】，则A1单元格中会提示用户【您只能输入文本信息】，如图10-37所示。

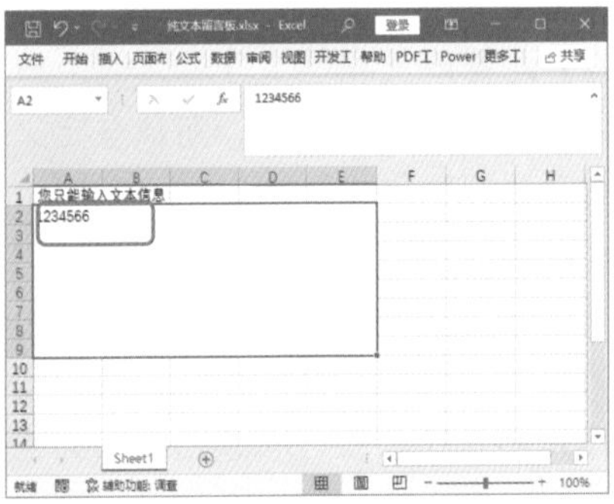

图 10-37

Step 03 验证提示信息。在A2单元格中输入纯文本，则A1单元格中会提示用户【正在提交你的留言】，如图10-38所示。

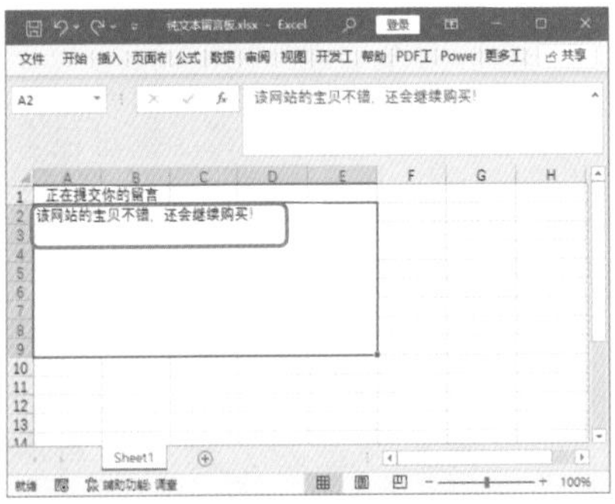

图 10-38

技术看板

如果T函数的参数中值是文本或引用了文本，将返回值。如果值未引用文本，将返回空文本。通常不需要在公式中使用T函数，因为Excel可以自动按需要转换数值的类型，该函数主要用于与其他电子表格程序兼容。

★重点 10.3.9 实战：使用LOWER函数将文本转换为小写形式

实例门类	软件功能

LOWER函数可以将一个文本字符串中的所有大写字母转换为小写字母。

语法结构：

```
LOWER (text)
```

参数说明如下。

- text：必需参数，表示要转换为小写字母的文本。函数LOWER不改变文本中的非字母字符。

例如，在产品报价表中使用LOWER函数快速将产品型号由大写转换为小写，具体操作步骤如下。

Step 01 输入转换公式。打开素材文件\第10章\产品报价表.xlsx，在A列和B列之间插入一列空白列，在B2单元格中输入公式【=LOWER(A2)】，按【Enter】键，即可将A2单元格中的英文转换为小写形式，如图10-39所示。

图 10-39

Step02 查看效果。使用Excel的自动填充功能，继续将其他行的英文转换为小写形式，完成后的效果如图 10-40 所示。

图 10-40

★重点 10.3.10 实战：使用 PROPER 函数将文本中每个单词的首字母转换为大写

实例门类	软件功能

如果在一张工作表中包含了上千个名称，这些名称都是使用英文大写字母编写的。而现在需要把这些名称全部以第一个字母大写，其他字母小写的形式打印出来，如将【ANDROID】修改为【Android】。这项工作当然可以手工修改，重新输入名称，但很浪费时间，而且有些麻烦。

PROPER函数可以将文本字符串的首字母及任何非字母字符后的首字母转换为大写，其余字母转换为小写。

语法结构：

```
PROPER (text)
```

参数说明如下。

- text：必需参数，表示用引号括起来的文本、返回文本值的公式或对包含文本（要进行部分大写转换）的单元格的引用。

例如，要将产品报价表中产品的系列数据中的【ANDROID】更改为【Android】，可使用PROPER函数，具体操作步骤如下。

Step01 输入转换公式。在H列和I列之间插入一列空白列，在I2单元格中输入公式【=PROPER(H2)】，按【Enter】键，即可将H2单元格中每个英文的首个字母转换为大写形式，如图 10-41 所示。

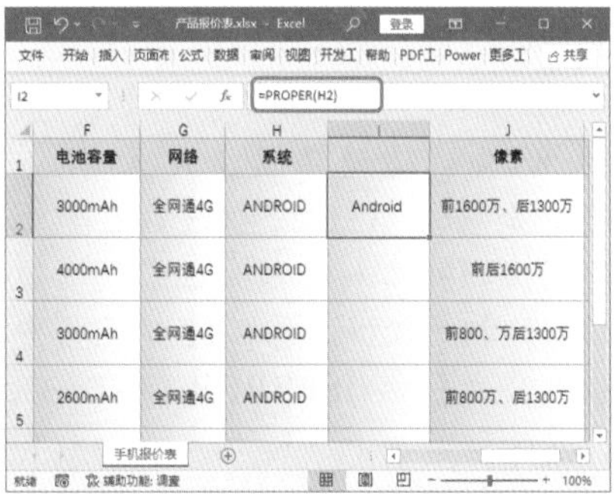

图 10-41

Step02 查看计算结果。使用Excel的自动填充功能，继续将其他行的英文转换为首个字母大写，完成后的效果如图 10-42 所示。

图 10-42

> **技术看板**
>
> PROPER函数会使每个单词的首字母大写。因此，使用该函数转换后的英文内容常常让人觉得不理想。例如，将PROPER函数应用于“a tale oftwo cities”，会得到“A Tale Of TwoCities”。一般情况下，前置词是不应该大写的。另外，在转换名称时，如需要将“ED MCMAHON”转换为“EdMcMahon”，使用PROPER函数是不能实现的。因此，在实际转换过程中，还需要结合其他函数进行操作。

10.3.11 使用 VALUE 函数将文本格式数字转换为普通数字

在表示一些特殊数字时，为了方便，可能在输入过程中将这些数字设置成文本格式，但在一些计算中，文本格式的数字并不能参与运算。此时，可以使用VALUE函数快速将文本格式数字转换为普通数字，再进行运算。

语法结构：

```
VALUE (text)
```

参数说明如下。

- text：必需参数，表示带引号的文本，或对包含要转换文本的单元格的引用。它可以是Excel中可识别的任意常数、日期或时间格式。

例如，输入公式【=VALUE("$1,500")】，即可返回【1500】，输入公式【=VALUE("14:44:00")-VALUE("9:30:00")】，即可返回【0.218055556】，如图 10-43 所示。

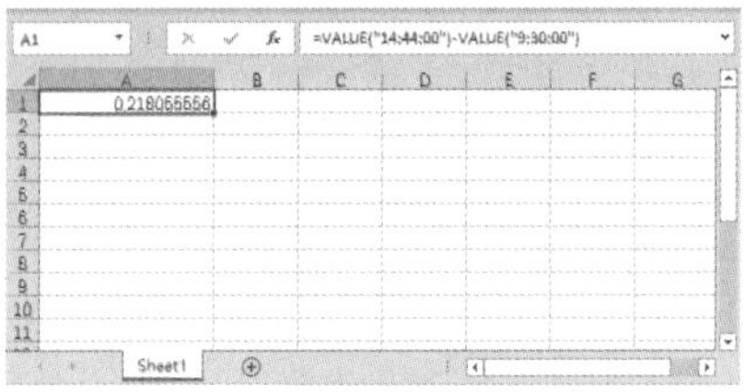

图 10-43

技术看板

如果text参数不是Excel中可识别的常数、日期或时间格式，那么函数VALUE将返回错误值【#VALUE!】。

通常情况下，并不需要在公式中使用VALUE函数，Excel可以自动在需要时将文本转换为数字。提供此函数是为了与其他电子表格程序兼容。

10.4 查找与替换文本技巧

使用Excel处理文本字符串时，还经常需要对字符串中某个特定的字符或子串进行操作，在不知道其具体位置的情况下，就必须使用文本查找或替换函数来定位和转换了。下面将介绍一些常用的查找与替换文本的知识。

★重点 10.4.1 实战：使用FIND函数以字符为单位，并区分大小写地查找指定字符的位置

实例门类	软件功能

FIND函数可以在第二个文本串中定位第一个文本串，并返回第一个文本串起始位置的值，该值从第二个文本串的第一个字符算起。

语法结构：

FIND (find_text,within_text,[start_num]) 也可以理解为 FIND(要查找的文本，文本所在的单元格，从第几个字符开始查找)

参数说明如下。

- find_text：必需参数，表示要查找的文本。
- within_text：必需参数，表示要查找关键字所在的单元格。
- [start_num]：可选参数，表示在within_text中开始查找的字符位置，首字符的位置为1。若省略start_num，则默认其值为1。

例如，某大型会议举办前，需要为每位邀请者发送邀请函，公司客服经理在给邀请者发出邀请函后，都会在工作表中做记录，方便后期核实邀请函是否都发送到了邀请者手中。现在需要通过FIND函数检查受邀请的人员名单是否都包含在统计的人员信息中，具体操作步骤如下。

Step01 输入公式。打开素材文件\第10章\会议邀请函发送记录.xlsx，❶分别合并G2:L2和G3:L20单元格区域，并输入标题和已经发送邀请函的相关数据，❷在F3单元格中输入公式【=IF(ISERROR(FIND(B3,$G$3)),"未邀请","已经邀请")】，按【Enter】键，即可判断是否已经为该邀请者发送了邀请函，如图10-44所示。

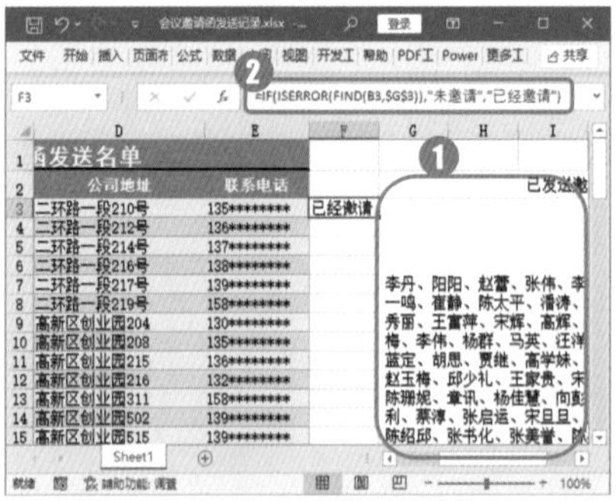

图 10-44

Step02 查看计算结果。使用Excel的自动填充功能，继续判断是否为其他邀请者发送了邀请函，效果如图10-45所示。

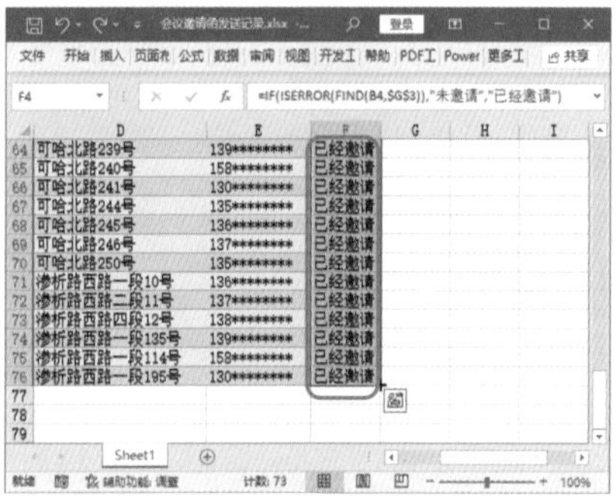

图 10-45

技术看板

公式【=IF(ISERROR(FIND(B3,$G$3)),"未邀请","已经邀请")】表示先使用FIND函数判断G3单元格中是否包含B列单元格中的人名字符串，若存在则会返回相应的位置；若错误则会返回错误值。然后根据上一步中返回的结果，使用IF函数进行判断，如果是错误值，就返回【未邀请】；反之则给出【已经邀请】的文字信息。

10.4.2 实战：使用 FINDB 函数以字节为单位，并区分大小写地查找指定字符的位置

实例门类	软件功能

FINDB 函数与 FIND 函数的功能基本相同，都是用于在第二个文本串中定位第一个文本串，并返回第一个文本串起始位置的值，只是 FIND 函数面向使用单字节字符集的语言，而 FINDB 函数面向使用双字节字符集的语言。

语法结构：

```
FINDB(find_text,within_text,[start_num])
```

参数说明如下。

- find_text：必需参数，表示要查找的文本。
- within_text：必需参数，表示要查找关键字所在的单元格。
- [start_num]：可选参数，表示在 within_text 中开始查找的字符位置，首字符的位置为 1。若省略 start_num，则默认其值为 1。

例如，要在英语歌词中提取某段落中的第一个词，以便记忆整首歌，可以使用 FINDB 函数查找到第一个空格符的位置，然后使用该信息作为 LEFT 函数的参数进行提取，具体操作步骤如下。

Step 01 输入计算公式。打开素材文件\第 10 章\英文歌词.xlsx，在 B1 单元格中输入公式【=IFERROR(LEFT(A1,FINDB(" ",A1)-1),A1)】，按【Enter】键，即可提取出该段英文中的第一个词【Every】，如图 10-46 所示。

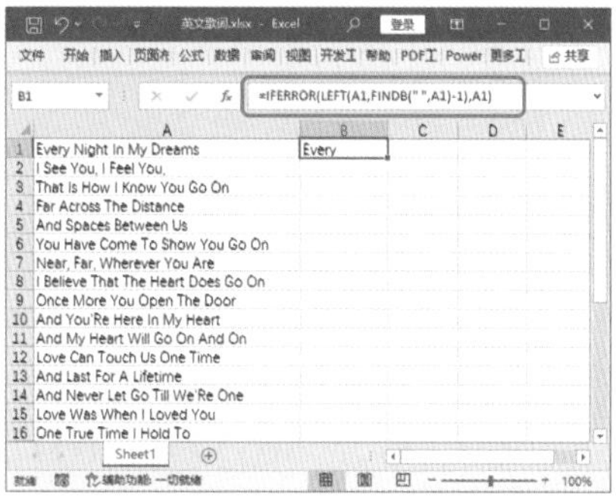

图 10-46

Step 02 查看计算结果。使用 Excel 的自动填充功能，继续将其他行英文中的第一个词提取出来，完成后的效果如图 10-47 所示。

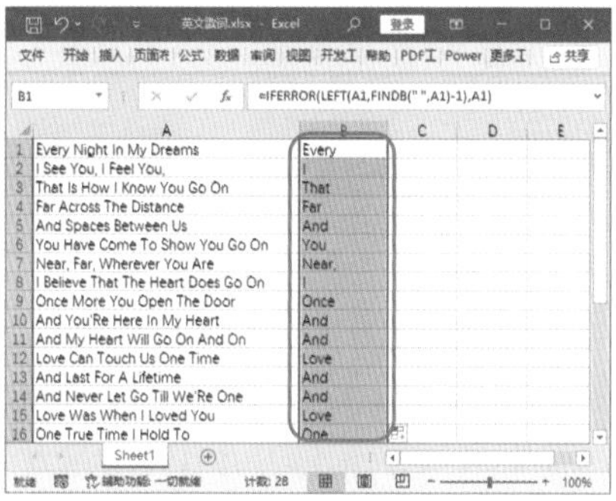

图 10-47

技术看板

使用 FIND 函数与 FINDB 函数时，需要注意：FIND 函数与 FINDB 函数区分大小写且不允许使用通配符；若 find_text 参数为空文本，则 FIND 函数会匹配搜索字符串中的首字符，即返回的编号为 start_num 或 1；若 within_text 中找不到相应的 find_text 文本，或者 start_num 小于等于 0 或大于 within_text 的长度，则 FIND 函数和 FINDB 函数会返回错误值【#VALUE!】。

★重点 10.4.3 实战：使用 SEARCH 函数以字符为单位查找指定字符的位置

实例门类	软件功能

SEARCH 函数可在第二个文本字符串中查找第一个文本字符串，并返回第一个文本字符串起始位置的编号，该编号从第二个文本字符串的第一个字符算起。

语法结构：

```
SEARCH(find_text,within_text,[start_num])
```

参数说明如下。

- find_text：必需参数，表示要查找的文本。
- within_text：必需参数，表示要查找关键字所在的单元格。
- [start_num]：可选参数，表示在 within_text 中开始查找的字符位置，首字符的位置为 1。若省略 start_num，则默认其值为 1。

与 FIND 函数相比，SEARCH 函数在比较文本时不区分大小写，但是它可以进行通配符比较。在 find_text 参数中可以使用问号【?】和星号【*】。

例如，某个邀请者的姓名由 3 个字组成，并知道姓氏为【孙】，需要在会议邀请函发送记录表中找到该人的具体姓名，就可以使用 SEARCH 函数进行模糊查找，具体操作步骤如下。

Step 01 查找指定字符的位置。在“会议邀请函发送记录.xlsx”工

作簿中的G21单元格中输入公式【=IF(ISERROR(SEARCH("孙??",$G$3)),"搜索完毕",SEARCH("孙??",$G$3))】，按【Enter】键，即可查看搜索到的结果为【44】，表示找到了符合条件的字符串，并且该字符串位于文本G3中的第44位，如图10-48所示。

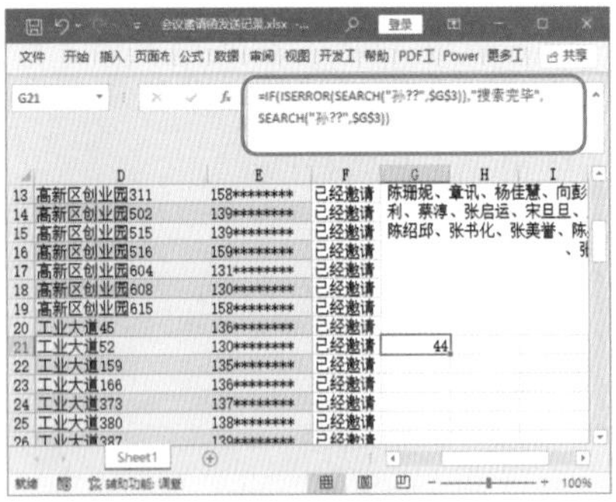

图 10-48

Step 02 查找指定位置所在的文本。在H21单元格中输入公式【=IF(G21="搜索完毕","未找到",MID($G$3,G21,3))】，按【Enter】键，即可查看搜索到的名字为【孙晓斌】，如图10-49所示。

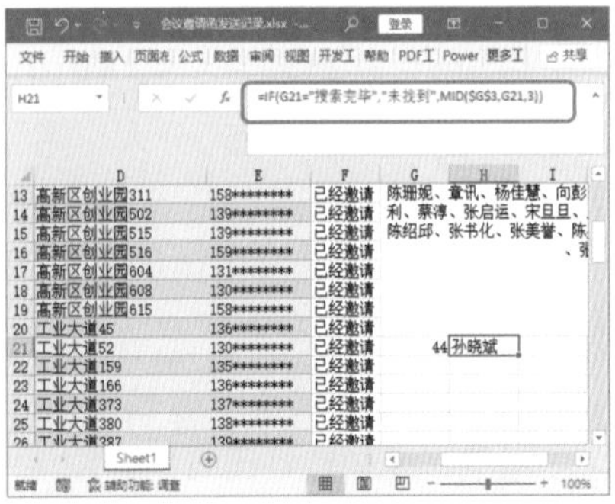

图 10-49

技术看板

公式【=IF(ISERROR(SEARCH("孙??",$G$3)),"搜索完毕",SEARCH("孙??",$G$3))】，表示先使用SEARCH函数查找到指定字符的位置，然后使用MID函数根据查找到的位置提取字符，但需要明确单元格中是否还有符合查找条件的数据，所以需要在上次查找剩余的单元格中继续查找符合条件的数据，直到查找完所有符合条件的数据为止。

Step 03 查看搜索到的结果。在I21单元格中输入公式【=IF(OR(G21+4 > LEN($G$3), ISERROR(SEARCH("孙??",$G$3,G21+1))),"搜索完毕",SEARCH("孙??",$G$3,G21+1))】，按【Enter】键，即可查看搜索到的结果为【128】，如图10-50所示。

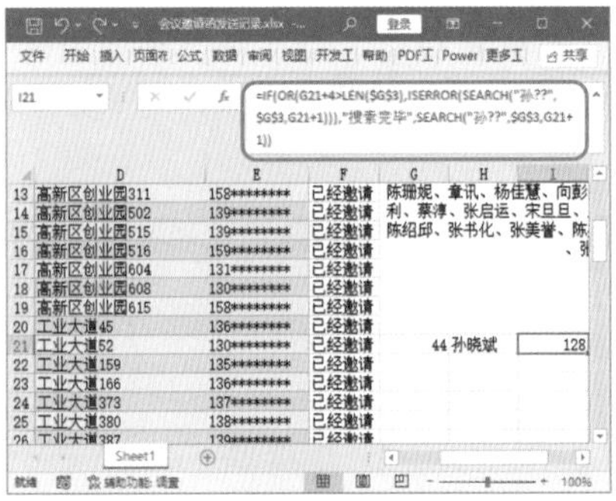

图 10-50

Step 04 查看搜索到的结果。在J21单元格中输入公式【=IF(I21="搜索完毕","未找到",MID(G3,I21,3))】，按【Enter】键，即可查看搜索到的结果为【孙秦、】，如图10-51所示。

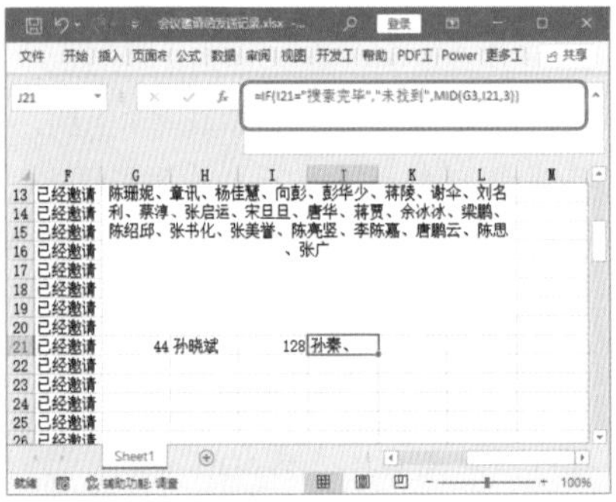

图 10-51

Step 05 完成查找。通过自动填充功能，将I21:J21单元格区域中的公式向右自动填充。在K21:L21单元格区域中即可查看结果为【搜索完毕 未找到】，如图10-52所示。

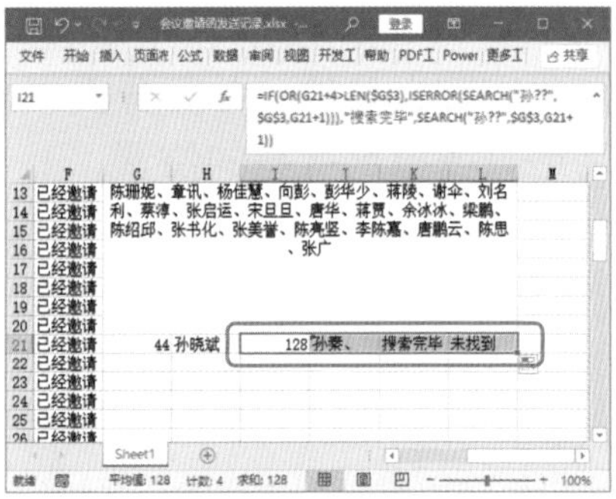

图 10-52

10.4.4 使用SEARCHB函数以字符为单位查找指定字符的位置

SEARCHB函数与SEARCH函数的功能基本相同，都是用来在第二个文本中查找第一个文本，并返回第一个文本的起始位置，如果找不到相应的文本，则返回错误值【#VALUE!】。只是SEARCH函数以字符为单位，SEARCHB函数则以字节为单位进行提取。SEARCHB函数在进行字符匹配时，不区分大小写，而且可以使用通配符。

语法结构：

```
SEARCHB(find_text,
within_text,[start_num])
```

参数说明如下。

- find_text：必需参数，表示要查找的文本。
- within_text：必需参数，表示要在其中查找fint_text的文本。
- [start_num]：可选参数，表示在within_text中开始查找的字符位置，首字符的位置是1。若省略start_num，则默认其值为1。

使用start_num可跳过指定的字符编号，如需要查找文本字符串【AYF0032.YoungMens】中第一个【Y】的位置，可设置SEARCHB

函数的start_num参数为【8】，这样就不会搜索文本的序列号部分(本例中的【AYF0032】)，直接从第8个字节开始，在下一个字节处查找【Y】的位置，并返回数字【9】。

技术看板

SEARCH函数的start_num参数也可以设置为跳过指定的字符编号。

10.4.5 实战：使用REPLACE函数以字符为单位根据指定位置进行替换

实例门类	软件功能

REPLACE函数可以使用其他文本字符串并根据所指定的位置替换某文本字符串中的部分文本。如果知道替换文本的位置，但不知道该文本，就可以使用该函数。

语法结构：

REPLACE(old_text, start_num,num_chars,new_text)，也可以理解为REPLACE(要替换的字符串，开始位置，替换个数，新的文本)

参数说明如下。

- old_text：必需参数，表示要替换其部分字符的文本。
- start_num：必需参数，表示要用new_text替换old_text中字符的位置。
- num_chars：必需参数，表示希望REPLACE使用new_text替换old_text中字符的个数。
- new_text：必需参数，表示将用于替换old_text中字符的文本。

例如，在【会议邀请函发送记录】工作表中，由于在判断时输入的是【已经邀请】文本，不便于阅读，可以通过替换的方法将其替换为容易识别的【√】符号，具体操作步骤如下。

Step 01 替换文本。在G列前插入一列新的列，在G3单元格中输入公式【=IF(EXACT(F3,"已经邀请"),REPLACE(F3,1,4,"√"),F3)】，按【Enter】键，即可将F3单元格中的【已经邀请】文本替换为【√】符号，如图10-53所示。

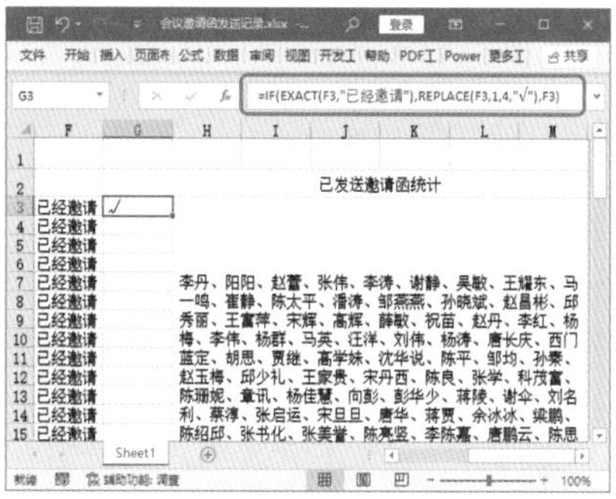

图 10-53

Step 02 复制公式。使用Excel的自动填充功能，继续替换F列中其他单元格中的【已经邀请】文本为【√】符号，如图10-54所示。

技术看板

在Excel中使用“查找和替换”对话框也可以进行替换操作。

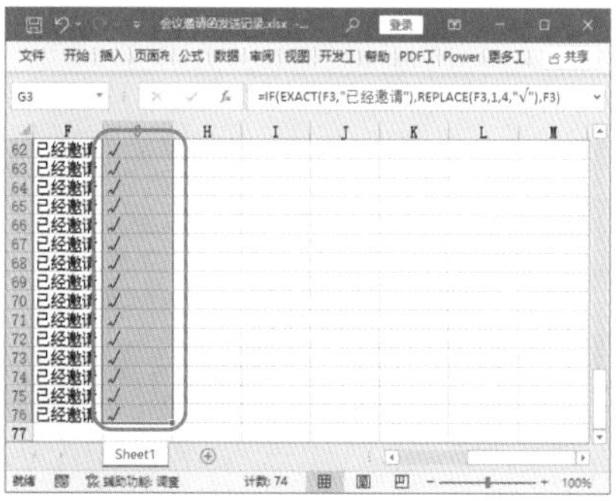

图 10-54

10.4.6 使用REPLACEB函数以字节为单位根据指定位置进行替换

REPLACEB函数与REPLACE函数的功能基本相同，都是根据所指定的字符数替换某文本字符串中的部分文本，常用于不清楚需要替换的字符的情况。只是REPLACE函数以字符为单位，REPLACEB函数则以字节为单位进行替换。

语法结构：

REPLACEB (old_text, start_num,num_bytes, new_text)，也可以理解为REPLACEB(要替换的字符串，开始位置，替换的字节数，新的文本)

参数说明如下。

- old_text：必需参数，表示要替换其部分字符的文本。
- start_num：必需参数，表示要用new_text替换old_text中字符的位置。
- num_bytes：必需参数，表示希望REPLACEB函数使用new_text替换old_text中字节的个数。
- new_text：必需参数，表示将用于替换old_text中字符的文本。

例如，输入公式【=REPLACEB("lan lan de tian",9,6,"da hai")】，即可从第9个字节开始替换6个字节，返回【lan lan da hain】文本。

10.5 删除文本中的字符技巧

要统一删除表格中同类型的字符，除了可以通过查找和替换功能来实现外，还可以通过一些函数来完成。下面将对删除文本中字符的函数使用技巧进行讲解。

10.5.1 使用 CLEAN 函数删除无法打印的字符

CLEAN函数可以删除文本中的所有非打印字符。

语法结构：

```
CLEAN (text)
```

参数说明如下。

- text：必需参数，表示要从中删除非打印字符的任何工作表信息。

例如，在导入Excel工作表的数据时，经常会出现一些莫名其妙的“垃圾”字符，一般为非打印字符。此时就可以使用CLEAN函数来规范数据格式。

例如，要删除图 10-55 中出现在数据文件头部或尾部和无法打印的低级计算机代码，可以在C5 单元格中输入公式【=CLEAN(C3)】，按【Enter】键即可删除C3 单元格数据前后出现的无法打印的字符。

图 10-55

10.5.2 使用 TRIM 函数删除多余的空格

在导入Excel工作表中的数据时，还经常会从其他应用程序中获取带有不规则空格的文本。此时就可以使用TRIM函数清除这些多余的空格。

语法结构：

```
TRIM (text)
```

参数说明如下。

- text：必需参数，表示需要删除其中空格的文本。除了直接使用文本外，还可以使用文本的单元格引用。

TRIM函数除了可以删除单词之间的单个空格外，还可以删除文本中的所有空格。例如，要删除图 10-56 中A列的多余空格，具体操作步骤如下。

Step 01 输入公式删除多余空格。在B2 单元格中输入公式【=TRIM(A2)】，按【Enter】键，即可将A2 单元格中多余的空格删除，如图 10-56 所示。

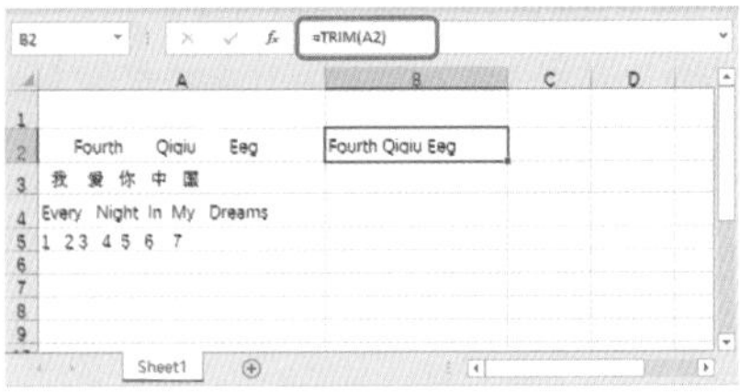

图 10-56

Step 02 查看删除空格后的效果。使用Excel的自动填充功能，继续删除A3、A4、A5 单元格中多余的空格，完成后的效果如图 10-57 所示。

图 10-57

技术看板

从该案例的效果可以看出，虽然在中文内不需要空格，但是使用TRIM函数处理后还是会保留一个空格。因此常常利用该函数处理英文的文本，而不是中文文本。而且TRIM函数只能够清除文本中的7位ASCII空格字符（值为32的空格），不能清除Unicode字符集中的不间断空格字符外的空格字符，即不能清除在网页中用作HTML实体 的字符。

★新功能 10.6 实战：使用 LET 函数为计算结果分配名称

LET函数会向计算结果分配名称。 这样就可存储中间计算、值或定义公式中的名称。这些名称仅可在LET函数范围内使用。与编程中的变量类似，LET是通过Excel的本机公式语法实现的。

若要在Excel中使用LET函数，需定义名称/关联值对，再定义一个使用所有这些项的计算。必须至少定义一个名称/值对（变量），LET最多支持126个对。

语法结构：

```
LET (name,name value,
calculation)
```

参数：

- name：必需参数，代表变量名称。
- name value：必需参数，表示要为名为name的变量分配的值。
- calculation：必需参数，表示要计算的变量值。

如果在某公式中需要多次编写同一表达式，Excel之前会多次计算出结果。而借助LET函数，就可按名称调用表达式，Excel也只进行一次计算了。所以，使用LET函数可以解决重复计算，提升公式运行效率。此外，也不用再记住特定范围/单元格引用是指什么，不用再复制/粘贴相同的表达式，阅读和撰写公式都变得轻松了。

例如，某年统计的销售业绩表，要求按以下标准计算提成：如果销量大于25000，则销量*3；如果销量大小30000，则销量*5；如果销量小于等于25000，则销量*2。下面通过使用常规函数和LET函数两种方法来解决问题，了解LET函数是如何简化公式编写的，具体操作步骤如下。

Step 01 输入常规公式。打开“素材文件\第13章\销售业绩表2.xlsx”文档，❶分别在I1和J1单元格中输入标题名称，并在I2单元格中输入某个销售人员的姓名，❷在J2单元格中输入公式【=IF(VLOOKUP(I2,B:G,6,0)>25000,VLOOKUP(I2,B:G,6,0)*3,IF(VLOOKUP(I2,B:G,6,0)>30000,VLOOKUP(I2,B:G,6,0)*5,VLOOKUP(I2,B:G,6,0)*2))】，按【Enter】键即可计算出该员工的销售提成，如图10-58所示。

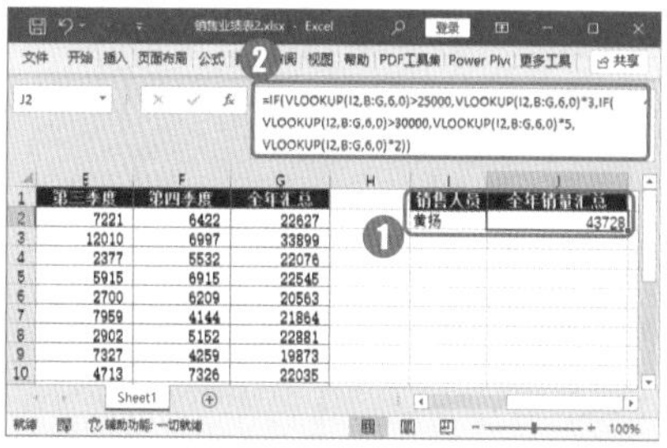

图 10-58

Step 02 使用LET函数。在J3单元格中输入公式“=LET(x,VLOOKUP(I2,B:G,6,0),IF(x>25000,x*3,IF(x>30000,x*5, x*2)))”，按【Enter】键同样可以计算出该员工的销售提成，可以看到计算结果是相同的，公式也变得简单和容易理解了，如图10-59所示。

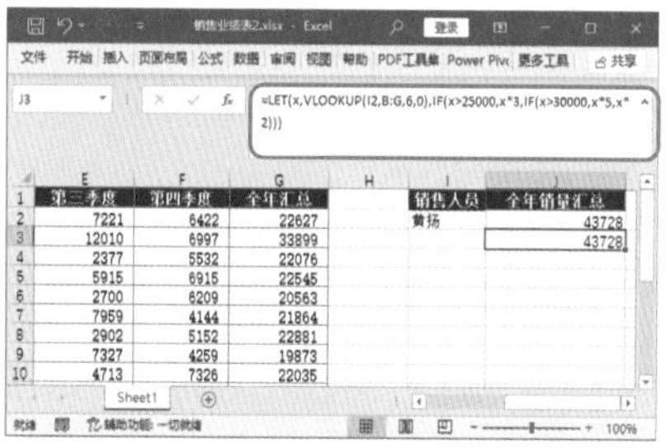

图 10-59

妙招技法

通过前面知识的学习，相信读者已经掌握了Excel中常用文本函数的相关操作。下面结合本章内容给大家再介绍几个实用文本函数的使用技巧。

技巧01：使用CONCAT函数连接文本或字符串

CONCAT函数将多个区域或字符串的文本组合起来，但不提供分隔符或IgnoreEmpty参数。

语法结构：

```
CONCAT (text1,[text2],
…)
```

参数说明如下。

- text1：必需参数，表示要连接的文本项（字符串或字符串数组，如单元格区域）。
- [text2]：可选参数，表示要连接的其他文本项，文本项最多可以有253个文本参数。每个参数可以是一个字符串或字符串数组，如单元格区域。

技术看板

如果结果字符串超过32767个字符（单元格限制），则CONCAT返回【#VALUE!】错误。

例如，需要将A2:B6单元格区域中的所有文本返回B7单元格中，就需要在B7单元格中输入公式【=CONCAT(A2:B6)】，按【Enter】键计算出结果，如图10-60所示。

图 10-60

技巧 02：使用 UPPER 函数将文本转换为大写形式

UPPER 函数与 LOWER 函数的功能正好相反，主要用于将一个文本字符串中的所有小写字母转换为大写字母。

语法结构：

```
UPPER (text)
```

参数说明如下。

- text：必需参数，表示需要转换为大写形式的文本（可以为引用或文本字符串）。

例如，在“产品报价表.xlsx”工作簿中，需要将B列文本内容，再次转换为全部大写的形式，只需输入公式【=UPPER(B2)】即可轻松解决，如图 10-61 所示。

图 10-61

技巧 03：使用 SUBSTITUTE 函数以指定文本进行替换

SUBSTITUTE 函数用于替换字符串中的指定文本。如果知道要替换的字符，但不知道其位置，就可以使用该函数。

语法结构：

```
SUBSTITUTE (text,old_text,new_text,[instance_num])
```

参数说明如下。

- text：必需参数，表示需要替换其中字符的文本，或者对含有文本（需要替换其中字符）的单元格的引用。
- old_text：必需参数，表示需要替换的旧文本。
- new_text：必需参数，表示用于替换old_text的文本。
- [instance_num]：可选参数，表示用来指定以new_text替换第几次出现的old_text。若指定了instance_num，则只有满足要求的old_text被替换；否则会将text中出现的每一处old_text都更改为new_text。

由此可见，使用SUBSTITUTE函数不仅可以将所有符合条件的内容替换，还可以替换其中的某一个符合条件的文本。

在前面的例子中，将“会议邀请函发送记录.xlsx”工作簿中的【已经邀请】文本替换为【√】符号，使用了比较复杂的查找过程。其实，可以直接输入公式【=SUBSTITUTE(F3,"已经邀请","√")】进行替换。

技术看板

REPLACE函数与SUBSTITUTE函数的主要区别在于它们所使用的替换方式不同，如果需要在某一文本字符串中替换指定的文本，就使用SUBSTITUTE函数；如果需要在某一文本字符串中替换指定位置处的任意文本，就使用REPLACE函数。

本章小结

Excel在处理文本方面有很强的功能，本章主要介绍了Excel中各文本函数在处理文本方面的应用。Excel函数中提供一些专门用于处理文本的函数，这些函数的主要功能既包括截取、查找或搜索文本中的某个特殊字符，以及转换文本格式，又包括获取关于文本的其他信息。

第11章 逻辑函数应用技巧

- 如何将【TRUE】【FALSE】运用到函数中?
- 在指定条件时如何同时设置多个条件?
- 当设置一个可以多选的条件时，只要符合其中一条就可以返回判断结果吗?
- 有些条件正向思维下比较复杂，但逆向思维下，只要不符合某个条件就返回判断结果。
- 当公式计算出现错误值时，还能返回预先指定的结果吗?

如果需要对数据进行判断，就需要使用逻辑函数。在Excel 2021中提供的逻辑函数虽然不多，却能解决很多问题。

11.1 逻辑值函数应用技巧

在Excel 2021中，逻辑值函数包括TRUE和FALSE函数，通过对满足的条件进行判断，以确定要返回的值。下面将对逻辑值函数的应用技巧进行讲解。

11.1.1 使用TRUE函数返回逻辑值TRUE

TRUE函数通过测试某个条件，当条件为真时就返回逻辑值TRUE。

语法结构：

```
TRUE ()
```

函数是直接返回固定的值。因此不需要设置参数。用户既可以通过公式判断条件是否为真，又可以通过TRUE函数进行判断。例如，在判断学生成绩是否达到班级平均分数（83分）时，既可以直接输入公式【=B2 > =83】进行判断（当B2单元格中的分数大于等于83时，表示条件为真，返回逻辑值TRUE；若条件为假，即B2单元格中的分数小于83时，则返回FALSE），如图11-1所示；又可以直接在B2单元格中输入TRUE()进行判断，如图11-2所示。

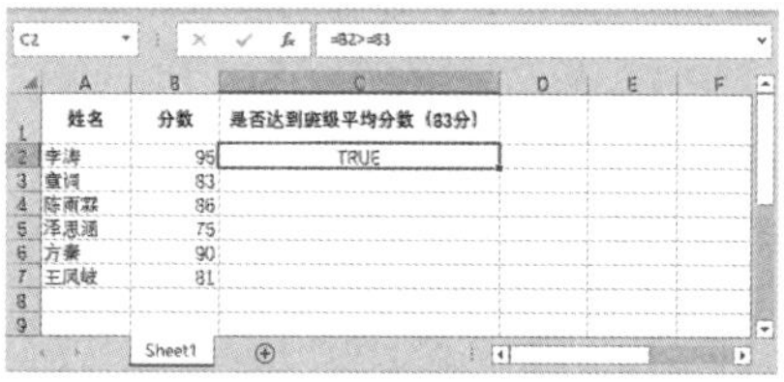

图11-1

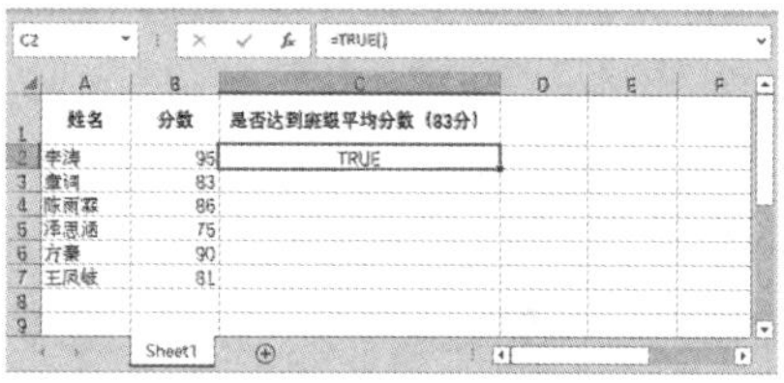

图11-2

11.1.2 实战：使用FALSE函数返回逻辑值FALSE

实例门类	软件功能

FALSE函数与TRUE函数的用途非常类似，不同的是该函数返回的是逻辑值FALSE。

语法结构：

```
FALSE ()
```

FALSE函数不需要设置参数，它主要用于检查与其他电子表格程序的兼容性。

例如，要检测某些产品的密度，要求小于0.1368的数据返回正确值，否则返回错误值，具体操作步骤如下。

Step01 计算产品密度是否达标。打开素材文件\第11章\抽样检查.xlsx，选择D2单元格，输入公式【=IF(B2 > $C$2,FALSE(),TRUE())】，按【Enter】键，即可计算出第一个产品的密度达标与否，如图11-3所示。

图 11-3

技术看板

本例中直接输入公式【=IF(B2 > $C$2,FALSE,TRUE)】，也可以得到相同的结果。

Step 02 填充公式判断其他产品密度。使用Excel的自动填充功能，判断出其他产品密度是否达标，如图 11-4 所示。

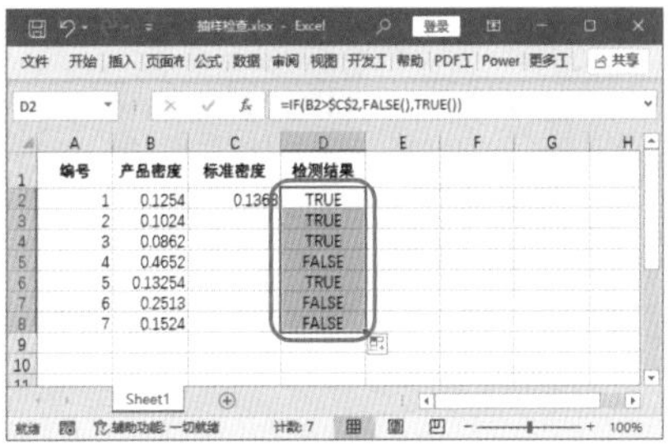

图 11-4

11.2 交集、并集和求反函数应用技巧

逻辑函数的返回值不一定全部是逻辑值，有时还可以利用它实现逻辑判断。常用的逻辑关系有 3 种，即【与】【或】【非】。在Excel中可以理解为求取区域的交集、并集等。下面就介绍交集、并集和求反函数的使用，掌握这些函数后可以简化一些表达式。

★重点 11.2.1 实战：使用AND函数判断指定的多个条件是否同时成立

实例门类	软件功能

当两个或多个条件必须同时成立才能判定为真时，称判定与条件的关系为逻辑与关系。AND函数常用于逻辑与关系运算。

语法结构：

```
AND(logical1,[logical2],...)
```

参数说明如下。

- logical1：必需参数，表示需要检验的第一个条件，其计算结果可以为TRUE或FALSE。
- [logical2],...：可选参数，表示需要检验的其他条件。

在AND函数中，只有当所有参数的计算结果为TRUE时，才返回TRUE；只要有一个参数的计算结果为FALSE，就返回FALSE。例如，公式【=AND(A1 > 0,A1 < 1)】表示当A1单元格的值大于0且小于1时返回TRUE。AND函数最常见的用途就是扩大用于执行逻辑检验的其他函数的效用。

例如，使用AND函数同时对面试人员的笔试成绩和面试成绩是否都在60分合格线内进行判定，具体操作步骤如下。

Step 01 输入判断公式。打开素材文件\第11章\面试成绩.xlsx，选择E2单元格，输入公式【=IF(AND(C2 > =60,D2 > =60),"是","否")】，按【Enter】键，即可判断第一位面试人员的面试成绩和笔试成绩是否都在60分及格线内，如图 11-5 所示。

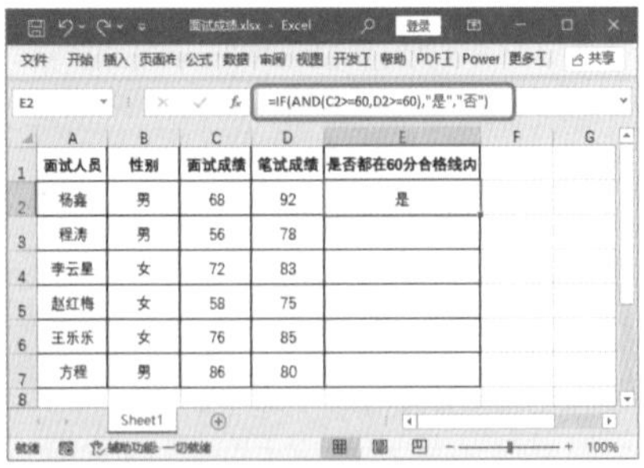

图 11-5

Step 02 判断其他人员的面试成绩。使用Excel的自动填充功能，判断出其他面试人员的面试成绩，如图 11-6 所示。

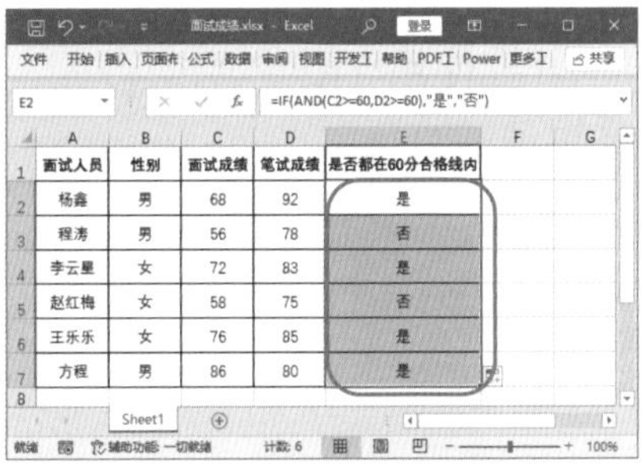

图 11-6

技术看板

在使用AND函数时，需要注意3点：参数（或作为参数的计算结果）必须是逻辑值TRUE或FALSE，或者是结果为包含逻辑值的数组或引用；如果数组或引用参数中包含文本或空白单元格，那么这些值将被忽略；如果指定的单元格区域未包含逻辑值，那么AND函数将返回错误值【#VALUE!】。

★重点 11.2.2 实战：使用 OR 函数判断指定的任一条件为真，即返回真

实例门类	软件功能

当两个或多个条件中只要有一个成立就判定为真时，称判定与条件的关系为逻辑或关系。OR 函数常用于逻辑或关系运算。

语法结构：

```
OR(logical1,[logical2],...)
```

参数说明如下。

- logical1：必需参数，表示需要检验的第一个条件，其计算结果可以为 TRUE 或 FALSE。
- [logical2],...：可选参数，表示需要检验的其他条件。

OR 函数用于对多个判断条件取并集，即只要参数中有任何一个值为真就返回 TRUE，只有都为假才返回 FALSE。例如，公式【=OR(A1 < 10,B1 < 10,C1 < 10)】表示当 A1、B1、C1 单元格中的任何一个值小于 10 时返回 TRUE。

技术看板

在使用 OR 函数时，如果数组或引用参数中包含文本或空白单元格，那么这些值将被忽略。

再如，某体育项目允许参与者有 3 次考试机会，并根据 3 次考试成绩的最高分进行分级记录，即只要有一次的考试及格就记录为【及格】；同样，只要有一次成绩达到优秀的标准，就记录为【优秀】；否则就记录为【不及格】。这次考试成绩统计实现的具体操作步骤如下。

Step 01 输入判断公式。打开素材文件\第 11 章\体育成绩登记.xlsx，❶合并 H1:I1 单元格区域，并输入【记录标准】文本，❷在 H2、I2、H3、I3 单元格中分别输入【优秀】【85】【及格】和【60】文本，❸选择 F2 单元格，输入公式【=IF(OR(C2>=$I$2,D2>=$I$2,E2>=$I$2),"优秀",IF(OR(C2>=$I$3,D2>=$I$3,E2>=$I$3),"及格","不及格"))】，按【Enter】键，即可判断第一个参与者成绩的级别，如图 11-7 所示。

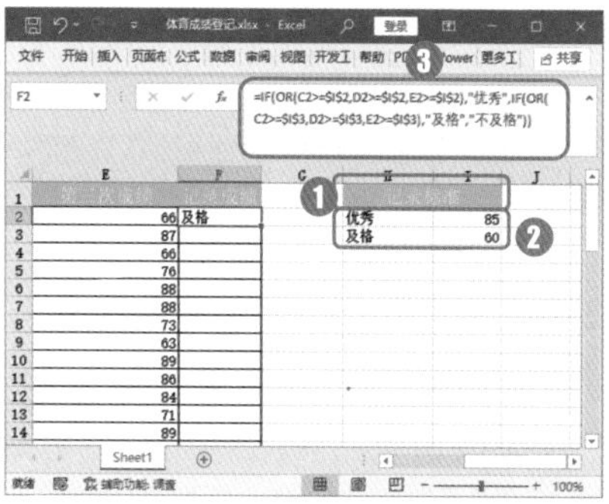

图 11-7

技术看板

本例结合 OR 函数和 IF 函数解决了问题，首先判断参与者 3 次成绩中是否有一次达到优秀的标准，如果有，就返回【优秀】。如果没有任何一次达到优秀的标准，就继续判断 3 次成绩中是否有一次达到及格的标准，如果有，就返回【及格】，否则返回【不及格】。

Step 02 查看判断结果。使用 Excel 的自动填充功能，判断出其他参与者成绩对应的级别，如图 11-8 所示。

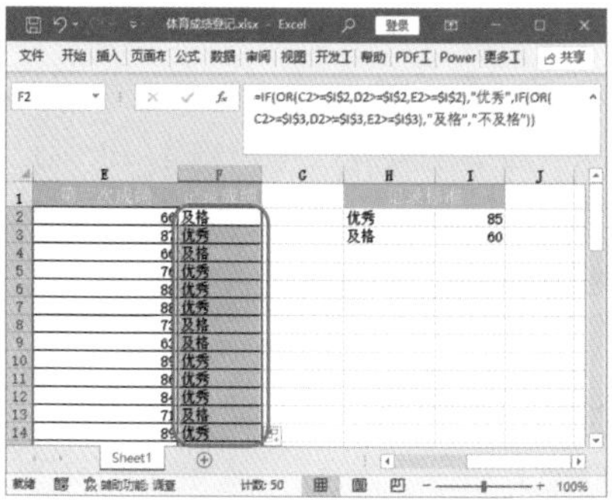

图 11-8

11.2.3 实战：使用 NOT 函数对逻辑值求反

实例门类	软件功能

当条件只要成立就判定为假时，称判定与条件的关系为逻辑非关系。NOT 函数常用于将逻辑值取反。

语法结构：

```
NOT (logical)
```

参数说明如下。

- logical：必需参数，一个计算结果可以为 TRUE/FALSE 的值或表达式。

NOT 函数用于对参数值求反，即如果参数为 TRUE，利用该函数就可以返回 FALSE。例如，公式【=NOT(A1="优秀")】与公式【=A1 < > "优秀"】所表达的含义相同。NOT 函数常用于确保某一个值不等于另一个特定值的时候。又如，在解决上例时，有些人的解题思路可能会有所不同，如有的人是通过实际的最高成绩与各级别的要求进行判断的。当实际最高成绩不小于优

秀标准时，就记录为【优秀】，否则再次判断最高成绩，如果不小于及格标准，就记录为【及格】，否则记为【不及格】。也就是说，首先利用MAX函数取得最高成绩，再将最高成绩与优秀标准和及格标准进行比较判断，具体操作步骤如下。

Step 01 输入公式。选择G2单元格，输入公式【=IF(NOT(MAX(C2:E2)< $I$2),"优秀",IF(NOT(MAX(C2:E2)<$I$3),"及格","不及格"))】，按【Enter】键，即可判断第一个参与者成绩的级别，如图11-9所示。

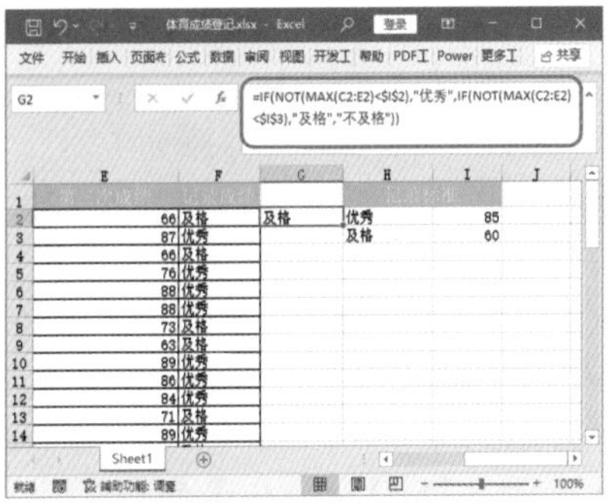

图 11-9

Step 02 查看结果。使用Excel的自动填充功能，判断出其他参与者成绩对应的级别，如图11-10所示。可以发现，F列和G列中的计算结果是相同的。

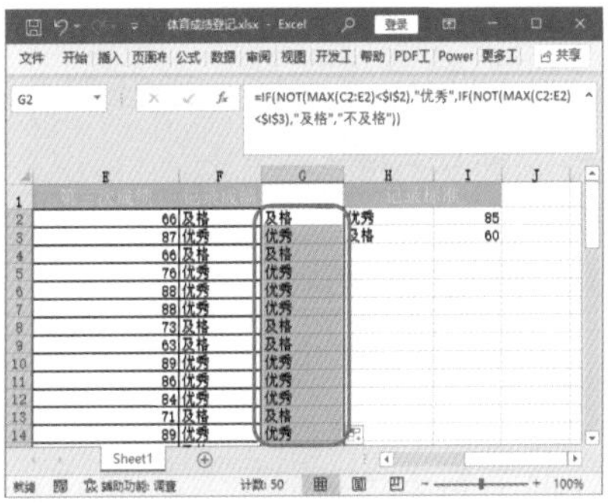

图 11-10

技术看板

从上面的案例中可以发现，一个案例可以有多种解题思路。这主要取决于思考的方法有所不同，当问题分析之后，即可使用相应的函数根据解题思路解决实际问题。

妙招技法

通过前面知识的学习，相信读者已经掌握了Excel中常用逻辑函数的相关操作。下面结合本章内容给大家再介绍几个实用逻辑函数的使用技巧。

技巧01：使用IFS多条件判断函数

IFS函数是Excel 2021提供的，用于检查是否满足一个或多个条件，且是否返回与第一个TRUE条件对应的值。IFS函数允许测试最多127个不同的条件，可以免去IF函数的过多嵌套。

语法结构：

IFS(logical_test1,value_if_true1,logical_test2,value_if_true2,...)，也可以理解为IFS(测试条件1,真值1,测试条件2,真值2,……)

参数说明如下。

- logical_test1：必需参数，表示计算结果为TRUE或FALSE的任意值或表达式。
- value_if_true1：必需参数，表示当logical_test1的计算结果为TRUE时要返回的信息。

IFS可以取代多个嵌套IF语句，在用法上和IF函数类似。例如，在考核成绩表中，如果要根据考核总分对考核结果进行优秀、良好及格和不及格4个等级的评判，使用IF函数进行评判时，需要输入公式【=IF(I2>=60,IF(I2>=70,IF(I2>=85,"优秀","良好"),"及格"),"不及格")】，如图11-11所示。

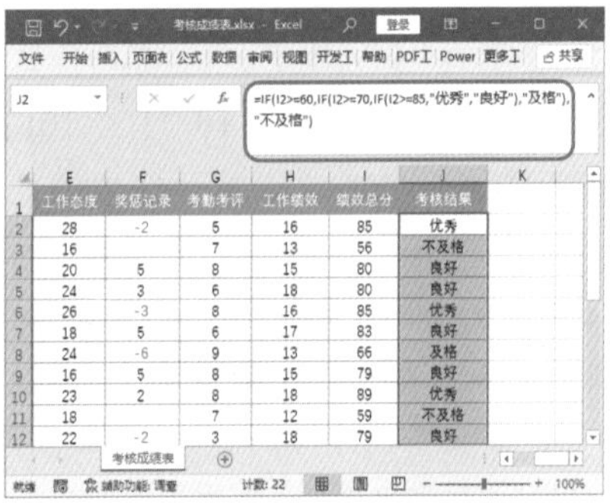

图 11-11

使用IFS函数则可以省去IF函数的多层嵌套，具体操作步骤如下。

Step 01 输入判断公式。打开素材文件\第11章\考核成绩表.xlsx，选择J2单元格，输入公式【=IFS(I2 < 60,"不及格",I2 < 70,"及格",I2

< 85,"良好",I2 > =85,"优秀")】，按【Enter】键，即可判断出员工的考核结果，如图 11-12 所示。

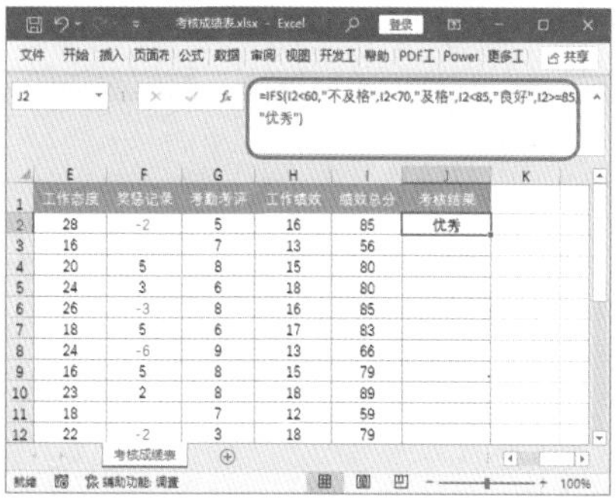

图 11-12

Step 02 复制公式判断其他员工的考核结果。使用 Excel 自动填充功能复制公式，对其他员工的考核结果进行判断，效果如图 11-13 所示。

图 11-13

技巧 02：使用 SWITCH 函数进行匹配

实例门类	软件功能

SWITCH 函数也是 Excel 2021 新增的函数，它是根据表达式计算一个值，并返回与该值所匹配的结果；如果不匹配，就返回可选默认值。

语法结构：

```
SWITCH(表达式,value1,result1,value2,result2],…,[value126, result126],[default])
```

参数说明如下。

- 表达式：必需参数，表达式的结果与 valueN 相对应。
- valueN,resultN：必需参数，用 valueN 与表达式进行比较，如满足条件则返回对应的 ResultN。至少出现 1 组，最多可出现 126 组。
- [default]：可选参数，当在 valueN 表达式中没有找到匹配值时，则返回 default 值；当没有对应的 resultN 表达式时，则标识为 default 参数。default 必须是函数中的最后一个参数。

例如，使用 SWITCH 函数在商品信息表中根据"商品信息"列数据返回商品的型号，具体操作步骤如下。

Step 01 输入公式。打开素材文件\第 11 章\商品信息表.xlsx，选择 B2 单元格，输入公式【=SWITCH(MID(A2,SEARCH("-",A2)+1,SEARCH("-",A2,SEARCH("-",A2)+1)-SEARCH("-",A2)-1),"S","小","M","中","L","大","XL","超大","XXL","超特大")】，按【Enter】键，即可返回商品对应的型号，如图 11-14 所示。

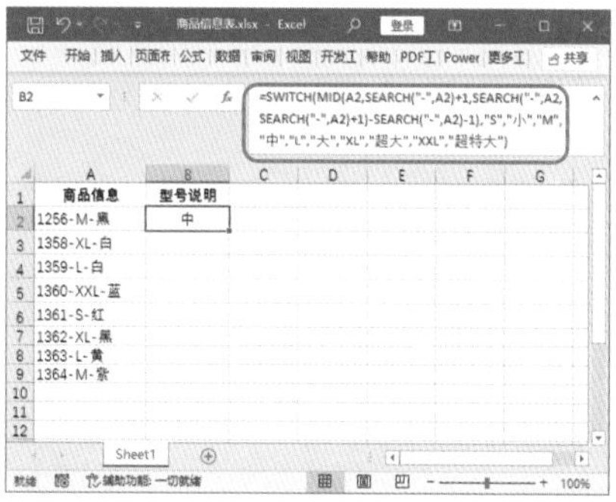

图 11-14

Step 02 返回所有产品型号。使用 Excel 自动填充功能复制公式，对其他商品型号进行判断，效果如图 11-15 所示。

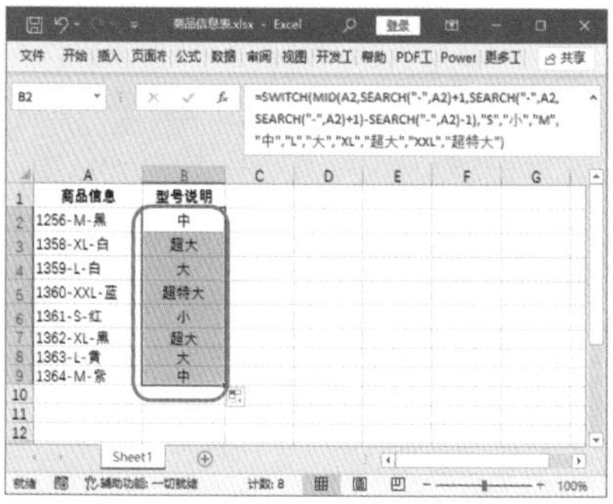

图 11-15

技巧 03：使用 IFERROR 函数对错误结果进行处理

在使用工作表中的公式计算出错误值时，如果要使用指定的值替换错误值，就可以使用 IFERROR 函数预先进行指定。

语法结构：

```
IFERROR (value,value_if_error)
```

参数说明如下。

- value：必需参数，用于进行检查是否存在错误的公式。
- value_if_error：必需参数，用于设置公式的计算结果为错误时要返回的值。

IFERROR 函数常用于捕获和处理公式中的错误。如果判断的公式中没有错误，就会直接返回公式计算的结果。如果在工作表中输入了一些公式，并希望对这些公式进行判断，当公式出现错误值时，显示【公式出错】文本，否则直接计算出结果，具体操作步骤如下。

Step 01 执行显示公式操作。打开素材文件\第 11 章\检查公式.xlsx，单击【公式】选项卡【公式审核】组中的【显示公式】按钮，使单元格中的公式直接显示出来，如图 11-16 所示。

图 11-16

Step02 输入公式。❶选择B2单元格，输入公式【=IFERROR(A2,"公式出错")】，按【Enter】键确认公式输入，❷使用Excel的自动填充功能，将公式填充到B3:B7单元格区域，如图11-17所示。

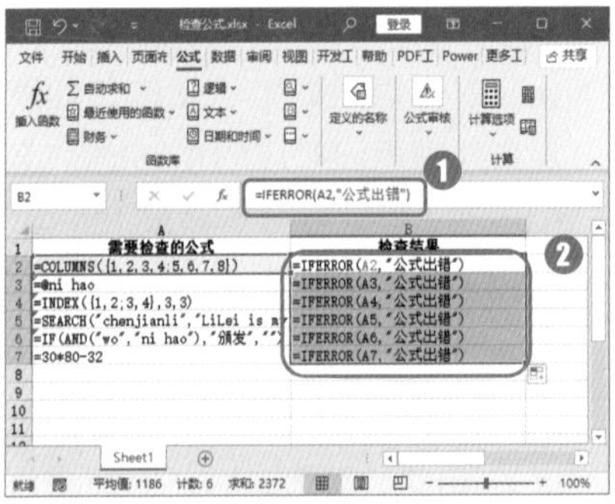

图 11-17

Step03 查看检查结果。再次单击【显示公式】按钮，对单元格中的公式进行计算，并得到检查的结果，如图11-18所示。

图 11-18

本章小结

函数能够将原来使用烦琐公式才能完成的事件简单表示清楚，简化工作任务，与函数中逻辑关系的使用是分不开的。Excel 2021 中虽然提供的逻辑函数并不多，但它在Excel中应用十分广泛。在实际应用中，逻辑关系也可以进行嵌套，逻辑值还可以直接参与函数公式的计算。逻辑关系的处理不仅影响到公式使用的正确与否，还关系到解题思路的繁简，需要用户勤加练习。

第12章 日期和时间函数应用技巧

- 表格中怎样快速插入系统当前的日期或时间?
- 如何计算出两个日期之间相隔的天数、月数、年数、小时数?
- 如何从给定的时间数据中提取年、月、日、星期、小时等数据?
- 时间也可以转换为具体的序列号吗?
- 如何计算两个时间段之间的具体天数、工作日数、小时数?如何推算时间?

大家都知道，在Excel中对数据进行计算时，通过函数和公式就能完成，那么对表格中的日期或时间进行计算时，通过函数能完成吗?答案是肯定的，Excel中提供了专门用于处理日期型或时间型数据的日期和时间函数，能轻松完成各种日期型或时间型数据之间的计算。

12.1 返回当前日期、时间技巧

在制作含日期或时间的表格时，经常需要根据系统当前的日期或时间进行计算，如果手动输入系统当前的日期或时间，输入的日期或时间不会随着系统当前日期和时间的变化而变化，但会影响计算结果。而通过TODAY函数和NOW函数，则可以自动获取当前系统的日期和时间，下面介绍这两个函数的使用技巧。

★重点 12.1.1 实战：使用TODAY函数返回当前日期

实例门类	软件功能

Excel中的日期就是一个数字，更准确地说，是以序列号进行存储的数据。默认情况下，1900年1月1日的序列号是1，而其他日期的序列号是通过计算自1900年1月1日以来的天数得到的。例如，2019年1月1日距1900年1月1日有43466天。因此这一天的序列号是43466。正因为Excel中采用了这个计算日期的系统。因此要把日期序列号表示为日期，必须把单元格格式化为日期类型；也正因为这个系统，用户可以使用公式来处理日期，如可以很简单地通过TODAY函数返回当前日期的序列号(不包括具体的时间值)。

语法结构:

```
TODAY ()
```

TODAY函数不需要设置参数。例如，当前是2022年1月6日，输入公式【=TODAY()】，即可返回【2022/1/6】，设置单元格的数字格式为【常规】，可得到数字【44567】，表示2022年1月6日距1900年1月1日有44567天。

技术看板

如果在输入TODAY或NOW函数前，单元格格式为【常规】，Excel会将单元格格式更改为与【控制面板】的区域日期和时间设置中指定的日期和时间格式相同的格式。

再如，要制作一个项目进度跟踪表，其中需要计算各项目完成的倒计时天数，具体操作步骤如下。

Step 01 输入计算公式。打开素材文件\第12章\项目进度跟踪表.xlsx，在C2单元格中输入公式【=B2-TODAY()】，计算出A项目距离计划完成项目的天数，默认情况下返回日期格式，如图12-1所示。

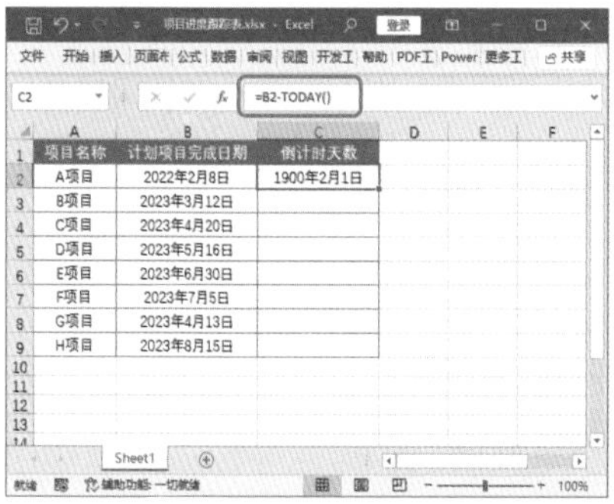

图 12-1

Step 02 设置数字格式。❶使用Excel的自动填充功能判断出后续项目距离计划完成项目的天数，❷保持单元格区域的选择状态，在【开始】

选项卡【数字】组中的列表框中选择【常规】命令，如图 12-2 所示。

图 12-2

Step 03 查看返回的天数。经过上步操作后，即可看到公式计算后返回的日期格式更改为常规格式，显示为具体的天数，如图 12-3 所示。

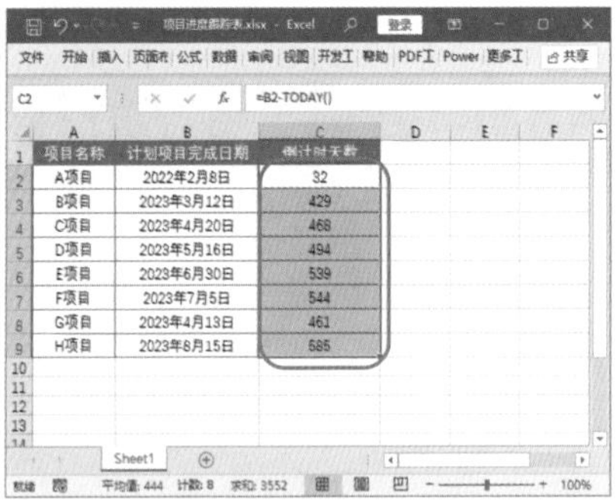

图 12-3

技术看板

TODAY 函数返回的是系统当前的日期，如果系统当前的日期发生变化，计算结果会随之发生变化。

★重点 12.1.2 使用 NOW 函数返回当前的日期和时间

Excel 中的时间系统与日期系统类似，也是以序列号进行存储的。它是以午夜 12 点为 0、中午 12 点为 0.5 进行平均分配的。当需要在工作表中显示当前日期和时间的序列号，或者需要根据当前日期和时间计算一个值，并在每次打开工作表时更新该值时，使用 NOW 函数很有用。

语法结构：

```
NOW()
```

NOW 函数比较简单，也不需要设置任何参数。在返回的序列号中小数点右边的数字表示时间，左边的数字表示日期。例如，序列号【44568.74258】中的【44568】表示的是日期，即 2022 年 1 月 7 日，【74258】表示的是时间，即 17 点 49 分。

技术看板

NOW 函数的结果仅在计算工作表或运行含有该函数的宏时才会改变，它并不会持续更新。如果 NOW 函数或 TODAY 函数并未按预期更新值，那么可能需要更改控制工作簿或工作表何时重新计算的设置。

12.2 返回特定日期、时间技巧

如果分别知道了日期的年、月、日数据，或者时间的小时、分钟数据，也可以将它们合并起来形成具体的时间，这在通过某些函数返回单个数据后合并具体日期、时间时非常好用。

12.2.1 使用 DATE 函数返回特定日期的年、月、日

如果已将日期中的年、月、日分别记录在不同的单元格中，现在需要返回一个连续的日期格式，可使用 DATE 函数。

DATE 函数可以返回表示特定日期的连续序列号。

语法结构：

DATE (year,month,day)，也可以简单理解为 DATE（年，月，日）

参数说明如下。

- year：必需参数，表示要返回日期的年份。year 参数的值可以包含 1~4 位数字（为避免出现意外结果，建议对 year 参数使用 4 位数字）。Excel 将根据计算机所使用的日期系统来解释 year 参数。如果 year 参数的值在 0~1899（含），那么 Excel 会将该值与 1900 相加来计算年份；如果值在 1900~9999（含），那么 Excel 会将该值直接作为年份返回；如果其值在这两个范围之外，那么会返回错误值【#NUM!】。
- month：必需参数，一个正整数或负整数，表示一年中的 1~12 月份。如果 month 参数的值小于 1，那么从指定年份的 1 月份开始递减该月份数，然后再加上 1 个月；如果大于 12，那么从指定年份的 1 月份开始累加该月份数。

- day 必需参数，指要返回日期的天数，表示每月中的 1~31 日。day 参数与 month 参数类似，可以是一个正整数或负整数。

例如，在图 12-4 所示的工作表 A、B、C 列中输入各种间断的日期数据，再通过 DATE 函数在 D 列中返回连续的序列号，只需在 D2 单元格中输入公式【=DATE(A2,B2,C2)】即可。

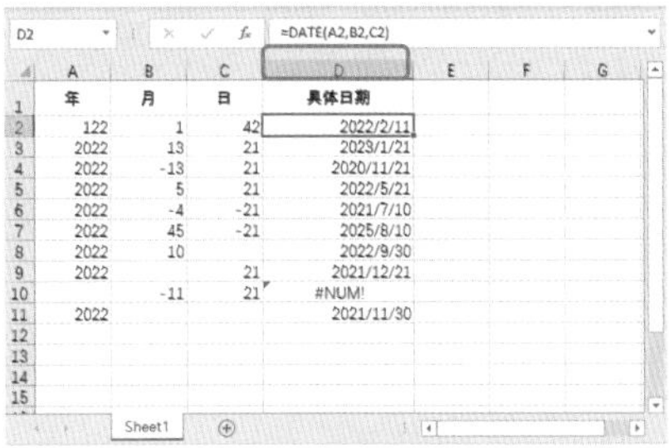

图 12-4

技术看板

在通过公式或单元格引用提供年、月、日时，DATE 函数最为有用。例如，如果有一张工作表所包含的日期使用了 Excel 无法识别的格式（如 YYYYMMDD），就可以通过结合 DATE 函数和其他函数，将这些日期转换为 Excel 可识别的序列号。

★重点 12.2.2 实战：使用 TIME 函数返回某一特定时间的小数值

实例门类	软件功能

与 DATE 函数类似，TIME 函数用于返回某一特定时间的小数值。

语法结构：

TIME(hour,minute,second)，也可以简单理解为 TIME(时，分，秒)

参数说明如下。

- hour：必需参数，在 0~32767 之间的数值，代表小时。任何大于 23 的数值将除以 24，其余数将视为小时。例如，TIME(28,0,0)=TIME(4,0,0)=0.166667 或 4:00AM。
- minute：必需参数，在 0~32767 之间的数值，代表分钟。任何大于 59 的数值将被转换为小时和分钟。例如，TIME(0,780,0)=TIME(13,0,0)=0.541667 或 1:00PM。
- second：必需参数，在 0~32767 的数值，代表秒数。任何大于 59 的数值将被转换为小时、分钟和秒。

函数 TIME 返回的小数值为 0~0.99999999，代表从 0:00:00（12:00:00AM）~23:59:59（11:59:59PM）的时间。

例如，某公司实行上下班刷卡制度，用于记录员工的考勤情况，但是规定各员工每天上班 8 小时，具体到公司上班的时间比较灵活，早到早离开，晚到晚离开。但是这就导致每天上班时间不固定，各员工为了达到上班时限，需要自己计算下班时间，避免不必要的扣工资。某位员工便制作了一个时间计算表，专门使用 TIME 函数计算下班时间，具体操作步骤如下。

Step01 根据上班时间推断出下班时间。打开素材文件\第 12 章\自制上下班时间表.xlsx，在 C2 单元格中输入公式【=B2+TIME(8,0,0)】，根据当天的上班时间推断出工作 8 小时后下班的具体时间，如图 12-5 所示。

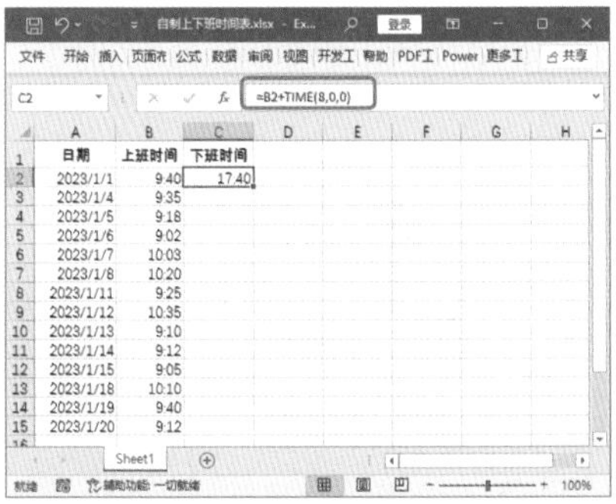

图 12-5

Step02 查看推断出的结果。使用 Excel 的自动填充功能填充 C3:C15 单元格区域的数据，推断出其他工作日工作 8 小时后下班的具体时间，如图 12-6 所示。

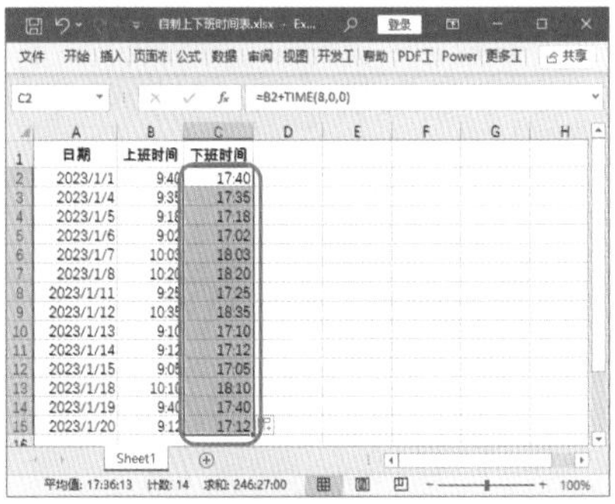

图 12-6

技术看板

时间有多种输入形式，包括带引号的文本字符串（如"6:45 PM"）、十进制数（如 0.78125 表示 6:45PM）及其他公式或函数的结果（如 TIMEVALUE("6:45 PM")）。

12.3 返回日期和时间的某个部分技巧

当只需要某个具体的日期或时间的某部分时，如年份、月份、天或小时、分钟、秒数等，可以使用YEAR、MONTH、DAY、WEEKDAY、HOUR、MINUTE和SECOND等函数来实现。

★重点 12.3.1 实战：使用YEAR函数返回某日期对应的年份

实例门类	软件功能

YEAR函数可以返回某日期对应的年份，返回值的范围在1900~9999的整数。

语法结构：

```
YEAR (serial_number)
```

参数说明如下。

- serial_number：必需参数，它是一个包含要查找年份的日期值，这个日期应使用DATE函数或其他结果为日期的函数（或公式）来设置，而不能使用文本格式的日期。例如，使用函数DATE(2021,5,23)输入2021/5/23。如果日期以文本形式输入，就有可能返回错误结果。

例如，在员工档案表中记录了员工入职的日期数据，需要结合使用YEAR函数和TODAY函数，根据当前系统时间计算出各员工当前的工龄，具体操作步骤如下。

Step01 输入计算公式。打开素材文件\第12章\员工档案表.xlsx，在【家庭住址】列前面插入【工龄】列，选择I2单元格，输入公式【=YEAR(TODAY())-YEAR(H2)】，按【Enter】键计算出结果，如图12-7所示。

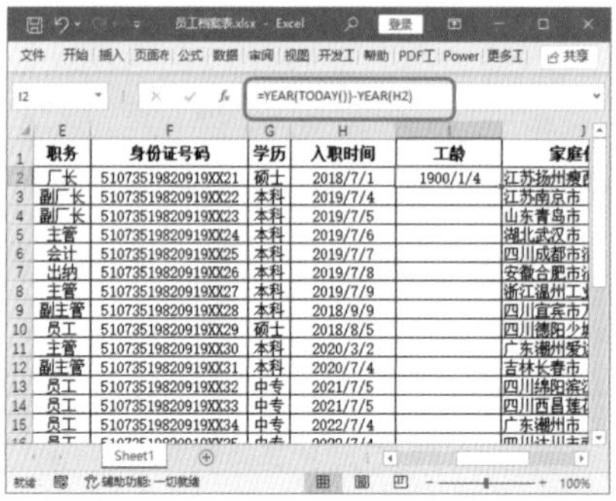

图 12-7

Step02 设置数字格式。❶使用Excel的自动填充功能，将I2单元格中的公式填充到I3:I31单元格区域，❷保持单元格区域的选择状态，在【开始】选项卡【数字】组的列表框中选择【常规】选项，如图12-8所示。

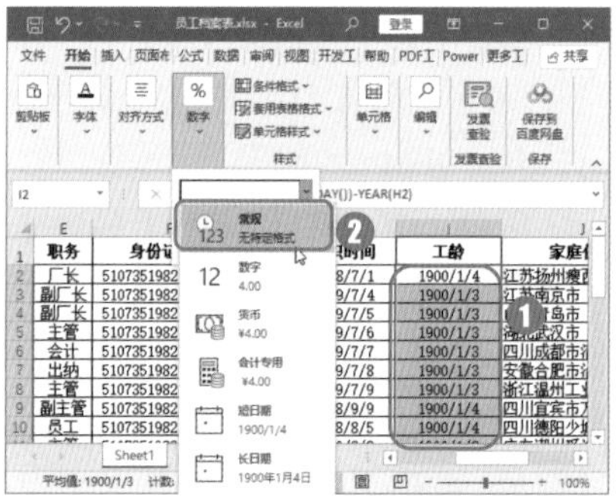

图 12-8

技术看板

在Excel中，不论提供的日期值以何种格式显示，YEAR、MONTH和DAY函数返回的值都是公历值。例如，如果提供日期的显示格式是回历（回历：伊斯兰国家/地区使用的农历），那么YEAR、MONTH和DAY函数返回的值将是与对应的公历日期相关联的值。

Step03 查看计算出的员工工龄。设置I2:I31单元格区域的单元格格式为【常规】后，即可得到各员工的当前工龄，如图12-9所示。

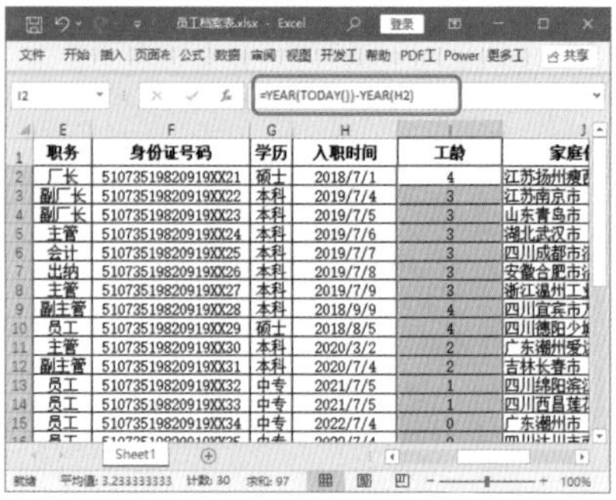

图 12-9

技能拓展——使用DATEDIF函数计算员工工龄

DATEDIF函数是Excel一个隐藏的函数，功能非常强大，主要用于计算两个日期之间的年数、月数或天数。其语法结构为DATEDIF(start_date,end_date,unit)，也可以简单理解为DATEDIF(起始日期,结束日期,返回的时间代码)，其中，unit为所需信息的返回时间单位代码。各代码含义如下。

- "y"：返回时间段中的整年数。
- "m"：返回时间段中的整月数。
- "d"：返回时间段中的天数。
- "md"：参数1和参数2的天数之差，忽略年和月。
- "ym"：参数1和参数2的月数之差，忽略年和日。
- "yd"：参数1和参数2的天数之差，忽略年，按照月、日计算天数。

例如，要根据上例中的入职日期和系统当前日期计算员工工龄，可直接输入公式【=DATEDIF(I2,TODAY(),"Y")】进行计算。

★重点 12.3.2　实战：使用 MONTH 函数返回某日期对应的月份

实例门类	软件功能

MONTH 函数可以返回以序列号表示的日期中的月份，返回值的范围为 1（一月）~12（十二月）的整数。

语法结构：

```
MONTH (serial_number)
```

参数说明如下。

- serial_number：必需参数，表示要查找月份的日期，与 YEAR 函数中的 serial_number 参数要求相同，只能使用 DATE 函数输入，或者将日期作为其他公式或函数的结果输入，不能以文本形式输入。

例如，在员工生日表中使用 MONTH 函数，根据员工的出生年月日期返回生日月份，具体操作步骤如下。

Step 01 输入返回月份的公式。打开素材文件\第 12 章\员工生日表.xlsx，在 G2 单元格中输入公式【=MONTH(F2)】，按【Enter】键，即可计算出第一位员工的生日月份，效果如图 12-10 所示。

图 12-10

Step 02 复制公式。使用 Excel 自动填充功能复制公式，计算出其他员工的生日月份，效果如图 12-11 所示。

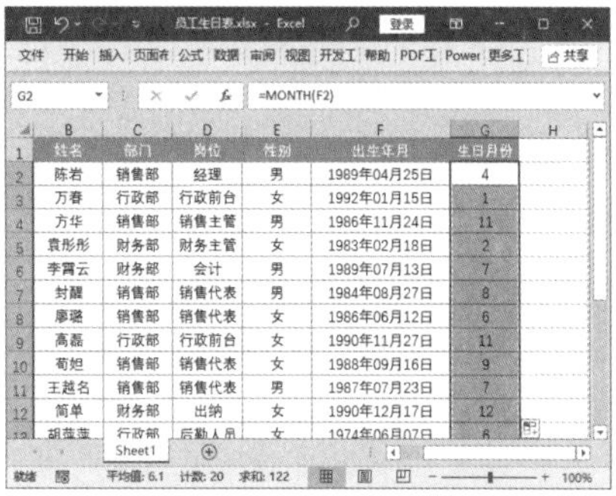

图 12-11

12.3.3　使用 DAY 函数返回某日期对应当月的天数

在 Excel 中，不仅能返回某日期对应的年份和月份，还能返回某日期对应的天数。

DAY 函数可以返回以序列号表示某日期的天数，返回值为 1~31 的整数。

语法结构：

```
DAY(serial_number)
```

参数说明如下。

- serial_number：必需参数，代表要查找的那一天的日期。应使用 DATE 函数输入日期，或者将日期作为其他公式或函数的结果输入。

例如，A2 单元格中的数据为【2022-2-28】，则通过公式【=DAY(A2)】即可返回 A2 单元格中的天数【28】。

12.3.4　使用 WEEKDAY 函数返回当前日期是星期几

在日期和时间类函数中，除了可以求取具体的日期外，还可以利用 WEEKDAY 函数返回某日期为星期几。默认情况下，其返回值为 1~7 的整数。

语法结构：

```
WEEKDAY (serial_number,[return_type])
```

参数说明如下。

- serial_number：必需参数，一个序列号，代表尝试查找的那一天的日期。应使用 DATE 函数输入日期，或者将日期作为其他公式或函数的结果输入。
- [return_type]：可选参数，用于设定返回星期数的方式。在 Excel 中共有 10 种星期的表示法，见表 12-1。

表 12-1　星期的返回值类型

参数 return_type 的取值范围	具体含义	应用示例
1 或省略	数字 1~7，表示星期日~星期六	返回值为 1 表示为星期日；返回值为 2 表示星期一
2	数字 1~7，表示星期一~星期日	返回值为 1 表示星期一；返回值为 2 表示星期二
3	数字 0~6，表示星期一~星期日	返回值为 0 表示星期一；返回 2 表示星期三
11	数字 1~7，表示星期一~星期日	返回值为 1 表示星期一；返回 2 表示星期二
12	数字 1~7，表示星期二~星期一	返回值为 7 表示星期一；返回 1 表示星期二

续表

参数return_type的取值范围	具体含义	应用示例
13	数字1~7，表示星期三~星期二	返回值为6表示星期一；返回1表示星期三
14	数字1~7，表示星期四~星期三	返回值为5表示星期一；返回1表示星期四
15	数字1~7，表示星期五~星期四	返回值为4表示星期一；返回1表示星期五
16	数字1~7，表示星期六~星期五	返回值为3表示星期一；返回1表示星期六
17	数字1~7，表示星期日~星期六	返回值为2表示星期一；返回1表示星期日

例如，要使用WEEKDAY函数判断2023年的国庆节是否开始于周末，采用不同的星期返回值类型，将得到不同的返回值，但都指向了同一个结果——星期日，具体效果如图12-12所示。

图 12-12

技术看板

如果serial_number参数的取值不在当前日期基数值范围内，或者return_type参数的取值不是上面表格中所列出的有效设置，将返回错误值【#NUM!】。

12.3.5 使用 HOUR 函数返回小时数

HOUR函数可以提取时间值的小时数。该函数返回值的范围为0（12:00AM）~23（11:00PM）的整数。

语法结构：

```
HOUR (serial_number)
```

参数说明如下。

- serial_number：必需参数，为一个时间值，其中包含要查找的小时。

如果要返回当前时间的小时数，可输入公式【=HOUR(NOW())】；如果要返回某个时间值（如A2单元格值）的小时数，可输入公式【=HOUR(A2)】。

12.3.6 使用 MINUTE 函数返回分钟数

在Excel中使用MINUTE函数可以提取时间值的分钟数。该函数返回值为0~59的整数。

语法结构：

```
MINUTE (serial_number)
```

参数说明如下。

- serial_number：必需参数，是一个包含要查找分钟数的时间值。

如果要返回当前时间的分钟数，可输入公式【=MINUTE(NOW())】；如果要返回某个时间值（如A2单元格值）的分钟数，可输入公式【=MINUTE(A2)】。

12.3.7 使用 SECOND 函数返回秒数

在Excel中使用SECOND函数可以提取时间值的秒数。该函数返回值为0~59的整数。

语法结构：

```
SECOND (serial_number)
```

参数说明如下。

- serial_number：必需参数，是一个包含要查找秒数的时间值。

如果要返回当前时间的秒数，可输入公式【=SECOND(NOW())】；如果要返回某个时间值（如A2单元格值）的秒数，可输入公式【=SECOND(A2)】。

12.4 文本与日期、时间格式间的转换技巧

掌握文本与日期、时间格式间的基本转换技巧，可以更方便地进行日期、时间的计算。下面介绍一些常用的使用技巧。

12.4.1 使用DATEVALUE函数将文本格式的日期转换为序列号

DATEVALUE函数与DATE函数的功能一样，都是返回日期的序列号，只是DATEVALUE函数是将存储为文本的日期转换为Excel可以识别的日期序列号。

语法结构：

```
DATEVALUE (date_text)
```

参数说明如下。

- date_text必需参数，表示可以被Excel识别为日期格式的日期文本，或者是对表示Excel日期格式的日期文本所在单元格的单元格引用。

例如，春节是全国人民一年一度的节日，因此很多地方都设置了倒计时装置。现在需要使用DATEVALUE函数在Excel中为农历2023年的春节（2023年1月22日）设置一个倒计时效果，即可输入公式【=DATEVALUE("2023-1-22")-TODAY()】，并设置单元格格式为【常规】，返回的数字就是当前日期距离2023年春节的天数。

> **技术看板**
>
> 在DATEVALUE函数中，如果参数date_text的日期省略了年份，则将使用当前计算机系统的年份，参数中的时间信息将被忽略。

12.4.2 使用TIMEVALUE函数将文本格式的时间转换为序列号

在Excel中，与DATE函数和DATEVALUE函数类似，TIME函数和TIMEVALUE函数都用于返回时间的序列号。同样的，TIME函数包含3个参数，分别是小时、分钟和秒数；而TIMEVALUE函数只包含一个参数。

TIMEVALUE函数会返回由文本字符串所代表的小数值，该小数值为0~0.99999999的数值。

语法结构：

```
TIMEVALUE (time_text)
```

参数说明如下。

- time_text：必需参数，是一个文本字符串，代表以任意一种Microsoft Excel时间格式表示的时间。

如果要返回文本格式时间【2:30 AM】的序列号，可输入公式【=TIMEVALUE("2:30 AM")】，得到【0.104167】。

> **技术看板**
>
> 在TIMEVALUE函数处理表示时间的文本时，会忽略文本中的日期。

12.5 两个日期间的计算技巧

由于Excel中的日期和时间是以序列号进行存储的，因此可通过计算序列号来计算日期和时间的关系。例如，计算两个日期之间相差多少天、之间有多少个工作日等。在Excel中提供了用于计算这类时间段的函数，下面介绍一些常用日期计算函数的使用技巧。

★重点 12.5.1 实战：使用DAYS360函数以360天为准计算两个日期间天数

实例门类	软件功能

用DAYS360函数可以按照一年360天的算法（每个月以30天计，一年共计12个月）计算出两个日期之间相差的天数。

语法结构：

```
DAYS360(start_date,end_date,[method])
```

也可以简单理解为DAYS360（开始日期，结束日期，欧洲算法或美国算法）

参数说明如下。

- start_date：必需参数，表示时间段开始的日期。
- end_date：必需参数，表示时间段结束的日期。
- [method]：可选参数，是一个逻辑值，用于设置采用哪一种计算方法。当其值为TRUE时，采用欧洲算法；当其值为FALSE或省略时，则采用美国算法。

> **技术看板**
>
> 欧洲算法：如果起始日期或终止日期为某一个月的31日，都将认为其等于本月的30日。
>
> 美国算法：如果起始日期是某一个月的最后一天，则等于同月的30日。如果终止日期是某一个月的最后一天，并且起始日期早于30日，则终止日期等于下一个月的1日，否则，终止日期等于本月的30日。

DAYS360 函数的计算方式是一些借贷计算中常用的计算方式。如果会计系统是基于一年 12 个月，每月 30 天来建立的，那么在会计计算中可用此函数帮助计算支付款项。

例如，小胡于 2019 年 8 月在银行存入了一笔活期存款，假设存款的年利息是 3%，在 2024 年 10 月 25 日将其取出，按照每年 360 天计算，要通过DAYS360 函数计算存款时间和可获得的利息，具体操作步骤如下。

Step01 计算存款时间。❶新建一个空白工作簿，输入如图 12-13 所示的相关内容，❷在C6 单元格中输入公式【=DAYS360(B3,C3)】，即可计算出存款时间。

图 12-13

Step02 计算存款利息。在D6 单元格中输入公式【=A3*(C6/360)*D3】，即可计算出小胡的存款 1880 天后应获得的利息，如图 12-14 所示。

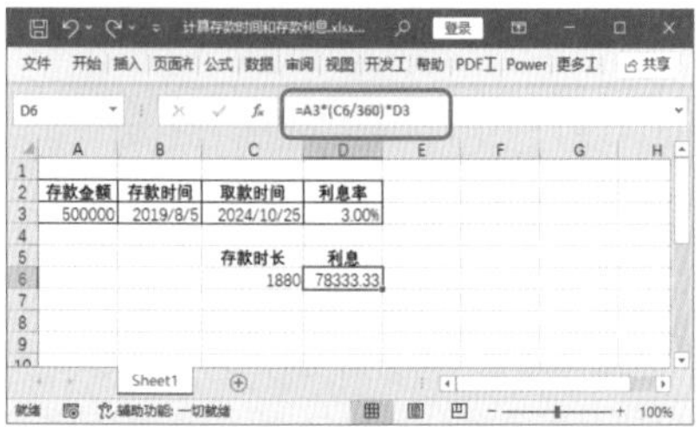

图 12-14

技术看板

如果 start_date 参数的值在 end_date 参数值后，那么 DAYS360 函数将返回一个负数。

12.5.2 使用 EDATE 函数计算从指定日期向前或向后几个月的日期

EDATE 函数用于返回表示某个日期的序列号，即该日期与指定日期相隔（之前或之后）的月份数。

语法结构：

```
EDATE (start_date,months)
```

参数说明如下。

- start_date：必需参数，用于设置开始日期。
- months：必需参数，用于设置与start_date 间隔的月份数。若取值为正数，则代表未来日期；否则代表过去的日期。

例如，某员工于 2021 年 9 月 20 日入职某公司，签订的合同为 3 年，需要推断出该员工的合同到期日。在 Excel 中输入公式【=EDATE(DATE(2021,9,20),36)-1】即可。

技术看板

在使用 EDATE 函数时，若 start_date 参数不是有效日期，则函数返回错误值【#VALUE!】；若 months 参数不是整数，则截尾取整。

★重点 12.5.3 实战：使用 NETWORKDAYS 函数计算日期间所有工作日数

实例门类	软件功能

NETWORKDAYS 函数用于返回参数 start_date 和 end_date 之间完整的工作日天数，工作日不包括周末和专门指定的假期。

语法结构：

```
NETWORKDAYS (start_date,end_date,[holidays])
```

参数说明如下。

- start_date：必需参数，一个代表开始日期的日期。
- end_date：必需参数，一个代表终止日期的日期。
- [holidays]：可选参数，代表不在工作日历中的一个或多个日期所构成的可选区域，一般用于设置这个时间段内的假期。该列表可以是包含日期的单元格区域，也可以是表示日期序列号的数组常量。

例如，某公司接到一个项目，需要在短时间内完成，现在需要根据规定的截止日期和可以开始的日期，计算排除应有节假日外的总工作时间，然后展开工作计划，具体操作步骤如下。

Step01 输入表格数据。新建一个空白工作簿，输入如图 12-15 所示的相关内容，目的是要统计出该日期间的法定放假日期。

图 12-15

Step02 计算工作总天数。在B8 单元格中输入公式【=NETWORKDAYS(A2,B2,C2:C6)】，即可计算出该项目总共可用的工作日时长，如

图 12-16 所示。

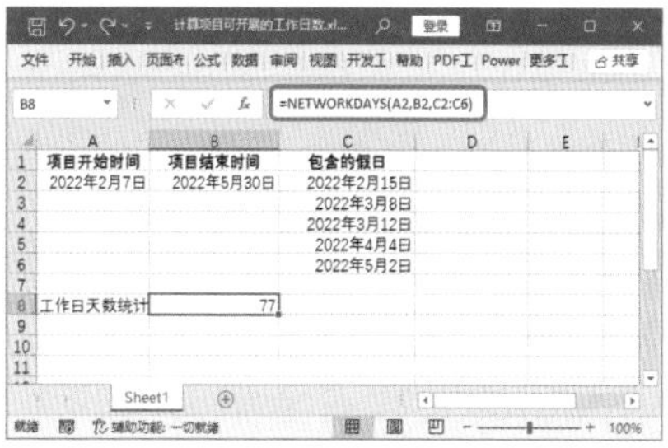

图 12-16

技能拓展——NETWORKDAYS.INTL 函数

如果在统计工作日时，需要使用参数来指明周末的日期和天数，从而计算两个日期间的全部工作日数，就可以使用 NETWORKDAYS.INTL 函数。该函数的语法结构为 NETWORKDAYS.INTL(start_date,end_date,[weekend],[holidays])，其中的 [weekend] 参数用于表示在 start_date 和 end_date 之间但又不包括在所有工作日数中的周末日。

★重点 12.5.4 实战：使用 WORKDAY 函数计算指定日期向前或向后数个工作日的日期

实例门类	软件功能

WORKDAY 函数用于返回在某日期（起始日期）之前或之后与该日期相隔指定工作日的某一日期的日期值。

语法结构：

```
WORKDAY (start_
date,days,[holidays])
```

参数说明如下。

- start_date：必需参数，一个代表开始日期的日期。
- days：必需参数，用于指定相隔的工作日天数（不含周末及节假日）。当 days 为正值时将生成未来日期；当 days 为负值时将生成过去日期。
- [holidays]：可选参数，一个可选列表，其中包含需要从工作日历中排除的一个或多个日期，如各种省\市\自治区和国家\地区的法定假日及非法定假日。该列表可以是包含日期的单元格区域，也可以是由代表日期的序列号所构成的数组常量。

有些工作在开始工作时就根据工作日给出了完成的时间。例如，某个项目从 2022 年 2 月 7 日正式启动，要求项目在 150 个工作日内完成，除去这期间的节假日，使用 WORKDAY 函数便可以计算出项目结束的具体日期，具体操作步骤如下。

Step 01 输入表格数据。新建一个空白工作簿，输入如图 12-17 所示的相关内容，主要是依次输入在完成任务的这段时间内法定放假的日期，可以尽量超出完成日期来统计放假日期。

图 12-17

Step 02 输入公式。在 B2 单元格中输入公式【=WORKDAY(A2,150,C2:C7)】，按【Enter】键即可得到日期序列号，如图 12-18 所示。

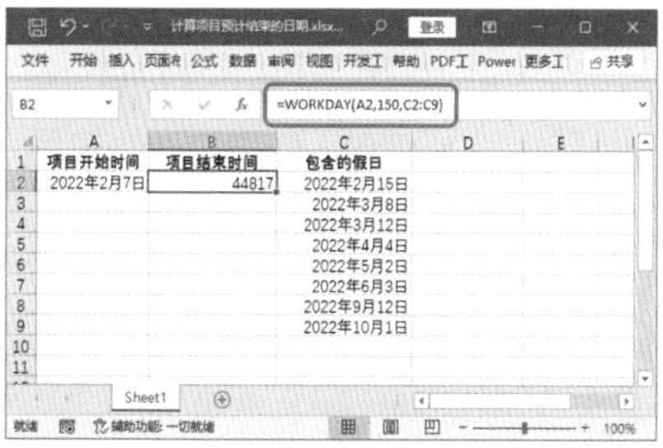

图 12-18

Step 03 设置日期格式。在【开始】选项卡【数字】组中的列表框中选择【长日期】选项，如图 12-19 所示。

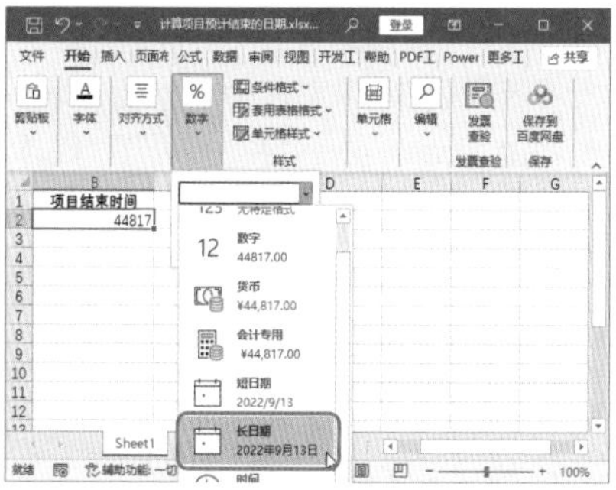

图 12-19

Step 04 查看最终完成的日期。经过上步操作后，即可将计算出的结果转换为日期格式，得到该项目预计最终完成的日期，如图 12-20 所示。

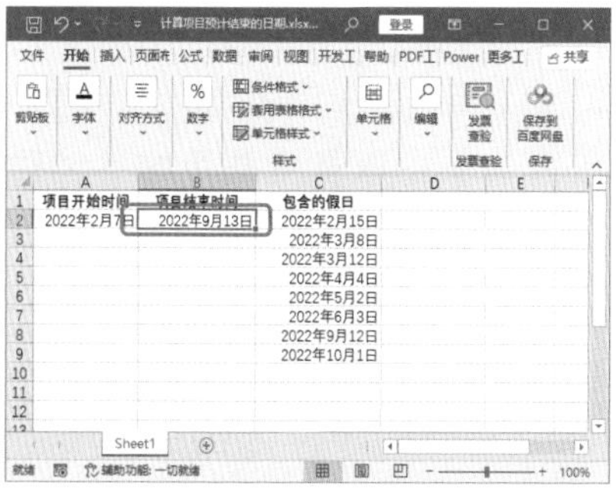

图 12-20

妙招技法

通过前面知识的学习，相信读者已经掌握了Excel中常用日期和时间函数的相关操作。下面结合本章内容给大家再介绍几个实用日期和时间函数的使用技巧。

技巧01：使用EOMONTH函数计算从指定日期向前或向后的某个月最后一天的日期

EOMONTH函数用于计算特定月份的最后一天，即返回参数startdate之前或之后的某个月份最后一天的序列号。

语法结构：

```
EOMONTH (start_
date,months)
```

参数说明如下。

- start_date：必需参数，一个代表开始日期的日期。应使用DATE函数输入日期，或者将日期作为其他公式或函数的结果输入。
- months：必需参数，start_date之前或之后的月份数。months为正值将生成未来日期；months为负值将生成过去日期。

例如，某银行代理基金为了方便管理，每满3个月才在当月的月末从基金拥有者的账户上扣取下一次的基金费用。小陈于当年的6月12日购买基金，想知道第二次扣取基金费用的具体时间。此时，可使用函数EOMONTH计算正好在特定月份中最后一天到期的日期，即输入公式【=EOMONTH(DATE(,6,12),3)】。

技术看板

EOMONTH函数的返回值是日期的序列号。因此如果希望以日期格式的形式显示结果，就需要先设置相应的单元格格式。如果start_date参数值加month参数值产生了非法日期值，那么函数将返回错误值【#NUM!】。

技巧02：使用WEEKNUM函数返回日期在一年中是第几周

WEEKNUM函数用于判断某个日期位于当年的第几周。

语法结构：

```
WEEKNUM (serial_
number,[return_type])
```

参数说明如下。

- serial_number：必需参数，代表一周中的日期。应使用DATE函数输入日期，或者将日期作为其他公式或函数的结果输入。
- [return_type]：可选参数，用于确定一周从哪一天开始。若return_type取值为1，则一周从周日开始计算；若取值为2，则一周从周一开始计算。若取值为其他内容，则函数将返回错误值【#NUM!】。return_type默认值为1。

例如，输入公式【=WEEKNUM(DATE(2022,6,25))】，即可返回该日期在当年的周数是第26周。

技巧03：使用YEARFRAC函数计算从开始日期到结束日期所经历的天数占全年天数的百分比

实例门类	软件功能

YEARFRAC函数用于计算start_date和end_date之间的天数占全年天数的百分比，使用YEARFRAC函数可判别某一特定条件下全年效益或债务的比例。

语法结构：

```
YEARFRAC (start_
date,end_date,[basis])
```

参数说明如下。

- start_date：必需参数，一个代表开始日期的日期。
- end_date：必需参数，一个代表终止日期的日期。
- [basis]：可选参数，用于设置日计数基准类型，该参数可以设置为0、1、2、3、4。basis参数的取值含义见表12-2所示。

表12-2 basis参数的取值含义

basis	日计数基准
0或省略	US (NASD)30/360
1	实际天数/实际天数
2	实际天数/360
3	实际天数/365
4	欧洲30/360

例如，某人在一年中不定时买入和卖出股票，需要使用YEARFRAC函数计算出每一次股票交易时间长度占全年日期的百分

比，具体操作步骤如下。

Step01 输入计算公式。打开素材文件\第12章\股票交易信息统计.xlsx，在C2单元格中输入公式【=YEARFRAC(A2,B2,3)】，计算出第一次购买和卖出股票的日期在全年所占的百分比数据，如图12-21所示。

图 12-21

Step02 设置百分比格式。❶使用Excel的自动填充功能判断出后续购买和卖出股票的日期在全年所占的百分比数据，❷保持单元格区域的选择状态，单击【开始】选项卡【数字】组中的【百分比样式】按钮，即可使数据以百分比格式显示，如图12-22所示。

图 12-22

本章小结

在Excel中处理日期和时间时，初学者可能经常会遇到处理失败的情况。为了避免出现错误，除了需要掌握设置单元格格式为日期和时间格式外，还需要掌握日期和时间函数的应用技巧，通过使用函数完成关于日期和时间的一些计算和统计。通过本章知识的学习和案例练习，相信读者已经掌握了常用日期和时间函数的应用方法。

第13章 查找与引用函数应用技巧

- ➥ 想提取某个列表、区域、数组或向量中的对应内容吗?
- ➥ 想知道某个数据在列表、区域、数组或向量中的位置吗?
- ➥ 想根据指定的偏移量返回新的引用区域吗?
- ➥ 通过函数也可以让表格数据的行列位置进行转置吗?
- ➥ 怎样返回数据区域中包含的行数或列数?

当需要在表格中查找特定数值，或者需要查找某一单元格的引用时，就需要使用Excel提供的查找与引用函数，通过这些函数可以快速查找到匹配的值。

13.1 查找表中数据技巧

在日常业务处理中，经常需要根据特定条件查询定位数据或按照特定条件筛选数据，例如，在一列数据中搜索某个特定值首次出现的位置、查找某个值并返回与这个值对应的另一个值、筛选满足条件的数据记录等。下面，介绍一些常用的使用函数查找表中数据的技巧。

★重点 13.1.1 实战：使用CHOOSE函数根据序号从列表中选择对应的内容

实例门类	软件功能

CHOOSE函数可以根据用户指定的自然数序号返回与其对应的数据值、区域引用或嵌套函数结果。使用该函数最多可以根据索引号从254个数值中选择一个。

语法结构：

CHOOSE(index_num,value1,value2…)，也可以简单理解为CHOOSE(索引，数据1，数据2，……)

参数说明如下。

- ➥ index_num：必需参数，用来指定返回的数值位于列表中的次序，该参数必须为1~254的数字，或者为公式或对包含1~254某个数字的单元格的引用。如果index_num为小数，在使用前将自动被截尾取整。
- ➥ value1,value2…：是必需参数，后续值是可选的。value1、value2等是要返回的数值所在的列表。这些值参数的个数在1~254之间，函数CHOOSE会基于index_num，从这些值参数中选择一个数值或一项要执行的操作。如果index_num为1，函数CHOOSE返回value1；如果index_num为2，函数CHOOSE返回value2，依次类推。如果index_num小于1或大于列表中最后一个值的序号，函数将返回错误值【#VALUE!】。参数可以为数字、单元格引用、已定义名称、公式、函数或文本。

CHOOSE函数一般不单独使用，它常常与其他函数嵌套在一起发挥更大的作用，提高我们的工作效率。

VLOOKUP函数虽然具有纵向查找的功能，但其所查找内容必须在区域的第一列，即自左向右查找。但与CHOOSE函数嵌套使用后，就可以实现自由查找了。

技术看板

虽然CHOOSE函数和IF函数相似，结果只返回一个选项值，但IF函数只计算满足条件所对应的参数表达式，而CHOOSE函数则会计算参数中的每一个选择项后再返回结果。

例如，要在员工档案表中根

据身份证号码查找员工姓名和岗位，就可使用VLOOKUP函数和CHOOSE函数来实现，具体操作步骤如下。

Step 01 输入计算公式。打开素材文件\第13章\员工档案表.xlsx，❶在A14:D14单元格区域中输入表字段，并对格式进行设置，❷在A15单元格中输入员工身份证号码，❸在C15单元格中输入公式【=VLOOKUP($A15,CHOOSE({1,2,3},$G$2:$G$12,$B$2:$B$12,$D$2:$D$12),2,0)】，如图13-1所示。

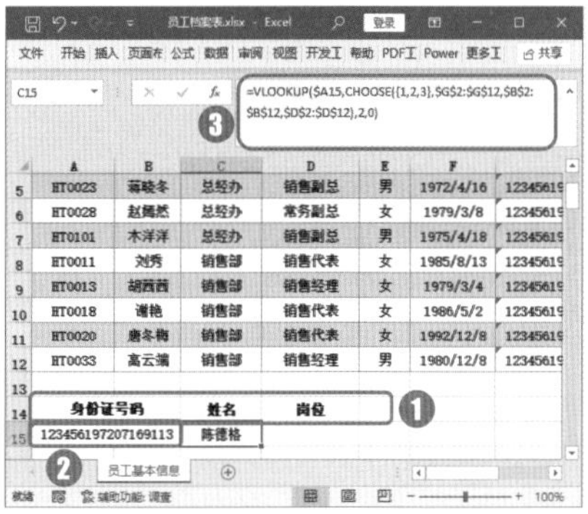

图 13-1

Step 02 复制公式。按【Enter】键返回第一个结果后，使用Excel的自动填充功能，横向拖动鼠标返回员工对应的岗位，如图13-2所示。

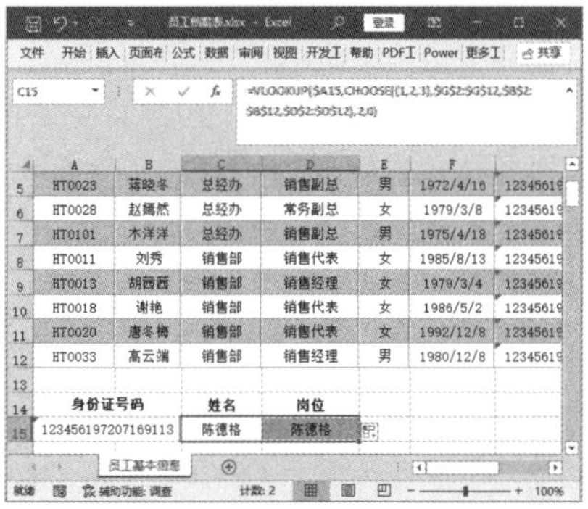

图 13-2

Step 03 更改公式返回正确结果。但D15返回的岗位结果并不正确，这时需要将D15单元格公式中VLOOKUP函数的第3个参数【2】更改为【3】，即可返回正确的值，效果如图13-3所示。

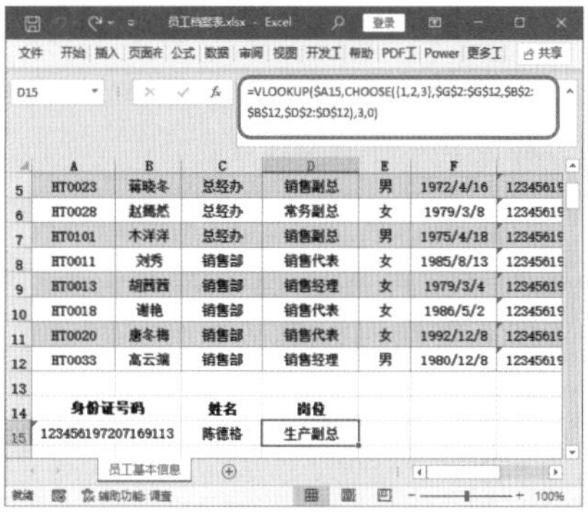

图 13-3

★重点 13.1.2 实战：使用HLOOKUP函数在区域或数组的行中查找数据

实例门类	软件功能

HLOOKUP函数可以在表格或数值数组的首行沿水平方向查找指定的数值，并由此返回表格或数组中指定行的同一列中的其他数值。

语法结构：

HLOOKUP(lookup_value,table_array,row_index_num,[ran ge_lookup])，也可以理解为HLOOKUP(要查找的值，查找区域，返回哪一行的值，精确查找/模糊查找)

参数说明如下。

- lookup_value：必需参数，用于设定需要在表的第一行中进行查找的值，可以是数值，也可以是文本字符串或引用。
- table_array：必需参数，用于设置要在其中查找数据的数据表，可以使用区域或区域名称的引用。
- row_index_num：必需参数，在查找之后要返回匹配值的行序号。
- [range_lookup]：可选参数，是一个逻辑值，用于指明函数在查找时是精确匹配还是近似匹配。若为TRUE或被忽略，则返回一个近似的匹配值（如果没有找到精确匹配值，就返回一个小于查找值的最大值）。如果该参数为FALSE，该函数就查找精确的匹配值。如果这个函数没有找到精确的匹配值，就会返回错误值【#N/A】。0表示精确匹配值，1表示近似匹配值。

例如，某公司的上班类型分为多种，不同的类型对应的工资标准也不一样，所以在计算工资时，需要根据上班类型来统计，那么可以先使用HLOOKUP函数将员工的上班类型对应的工资标准查找出来，具体操作步骤如下。

Step 01 输入计算公式。打开素材文件\第13章\工资计算表.xlsx，选择【8月】工作表中的E2单元格，输入公式【=HLOOKUP(C2,工资标准!$A$2:$E$3,2,0)*D2】，按【Enter】键，即可计算出该员工当月的工资，如图13-4所示。

图 13-4

Step 02 查看计算结果。使用Excel的自动填充功能，计算出其他员工当月的工资，如图13-5所示。

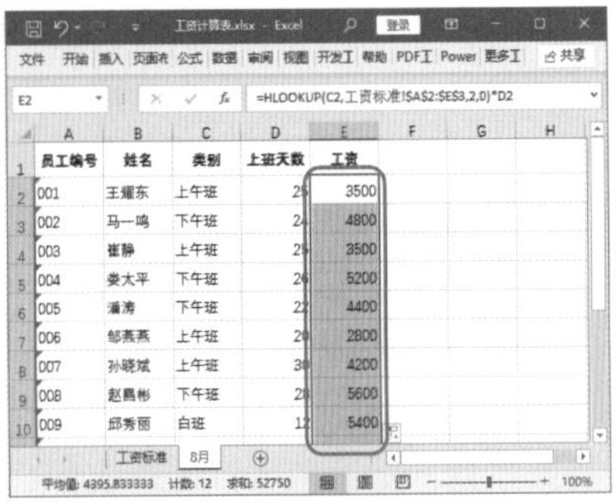

图 13-5

技术看板

对于文本的查找，该函数不区分大小写。如果lookup_value参数是文本，它就可以包含通配符*和?，从而进行模糊查找。如果row_index_num参数值小于1，就返回错误值【#VALUE!】；如果大于table_array的行数，就返回错误值【#REF!】。如果range_lookup的值为TRUE，那么table_array第一行的数值必须按升序排列，即从左到右为...-2,-1,0,1,2...A-Z,FALSE,TRUE；否则，函数将无法给出正确的数值。若range_lookup为FALSE，则table_array不必进行排序。

★重点 13.1.3 实战：使用 LOOKUP 函数以向量形式在单行单列中查找

实例门类	软件功能

LOOKUP函数可以从单行或单列区域（向量）中查找值，然后返回第二个单行区域或单列区域中相同位置的值。

语法结构：

LOOKUP(lookup_value, lookup_vector,[result_vector])，也可以简单理解为 LOOKUP（查找值，查找范围（必须升序排列），返回值范围）

参数说明如下。

- lookup_value：必需参数，用于设置要在第一个向量中查找的值，可以是数字、文本、逻辑值、名称或对值的引用。
- lookup_vector：必需参数，只包含需要查找值的单列或单行范围，其值可以是文本、数字或逻辑值。
- [result_vector]：可选参数，只包含要返回值的单列或单行范围，它的大小必须与lookup_vector相同。

技术看板

在使用LOOKUP函数的向量形式时，lookup_vector中的值必须以升序顺序放置，否则LOOKUP函数可能无法返回正确的值。在该函数中不区分大小写。如果在lookup_vector中找不到lookup_value，就匹配其中小于该值的最大值；如果lookup_value小于lookup_vector中的最小值，就返回错误值【#N/A】。

例如，在产品销量统计表中，记录了近年来各种产品的销量数据，现在需要根据产品编号查找相关产品2021年的销量，使用LOOKUP函数进行查找的具体操作步骤如下。

Step01 输入计算公式。打开素材文件\第13章\产品销量统计表.xlsx，❶在A14:B15单元格区域中进行合适的格式设置，并输入相应文本，❷选择B15单元格，输入公式【=LOOKUP(A15,A2:A11,D2:D11)】，如图13-6所示。

图 13-6

Step02 查看产品销量。在A15单元格中输入相应产品的编号，在B15单元格中即可查看到该产品在2018年的销量，如图13-7所示。

图 13-7

13.1.4 实战：使用 LOOKUP 函数以数组形式在单行单列中查找

实例门类	软件功能

LOOKUP函数还可以返回数组形式的数值。当要查询的值列表（查询区域）较大，或者查询的值可能会随时间变化而改变时，一般要使用LOOKUP函数的向量形式。当要查询的值列表较小或值在一段时间内保持不变时，就需要使用LOOKUP函数的数组形式。

LOOKUP函数的数组形式是在数组的第一行或第一列中查找指定的值，然后返回数组的最后一行或最后一列中相同位置的值。当要匹配的值位于数组的第一行或第一列中时，就可以使用LOOKUP函数的数组形式。

语法结构：

```
LOOKUP(lookup_value,
array)
```

参数说明如下。

- lookup_value：必需参数，代表LOOKUP函数在数组中搜索的值，可以是数字、文本、逻辑值、名称或对值的引用。如果LOOKUP函数找不到lookup_value的值，它会使用数组中小于或等于lookup_value的最大值；如果lookup_value的值小于第一行或第一列中的最小值（取决于数组维度），LOOKUP函数会返回【#N/A】错误值。
- array：必需参数，包含要与lookup_value进行比较的文本、数字或逻辑值的单元格区域。如果数组包含宽度比高度大的区域（列数多于行数），那么LOOKUP函数会在第一行中搜索lookup_value的值；如果数组是正方（行列数相同）或高度大于宽度的（行数多于列数），那么LOOKUP函数会在第一列中进行搜索。

例如，在产品销量统计表中根据产品编号查找2021年的销量时，就可以通过LOOKUP函数以数组形式进行查找，具体操作步骤如下。

Step 01 输入计算公式。❶在产品销量统计表的C14单元格中输入相应的文本，❷在C15单元格中输入公式【=LOOKUP(A15,A2:E11)】，如图13-8所示。

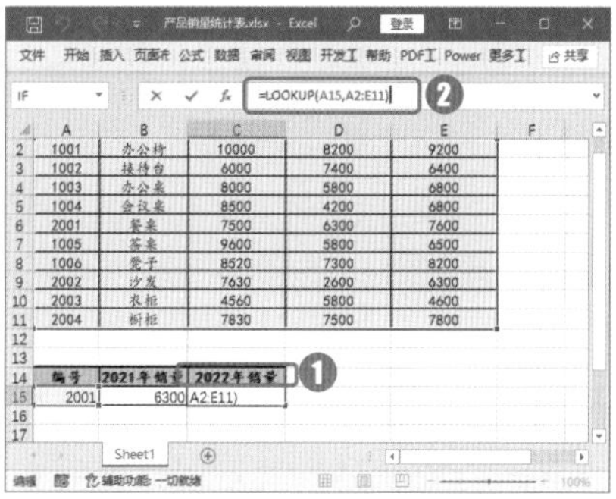

图 13-8

Step 02 创建数组公式。按【Ctrl+Shift+Enter】组合键，创建数组公式，计算出的结果如图13-9所示。

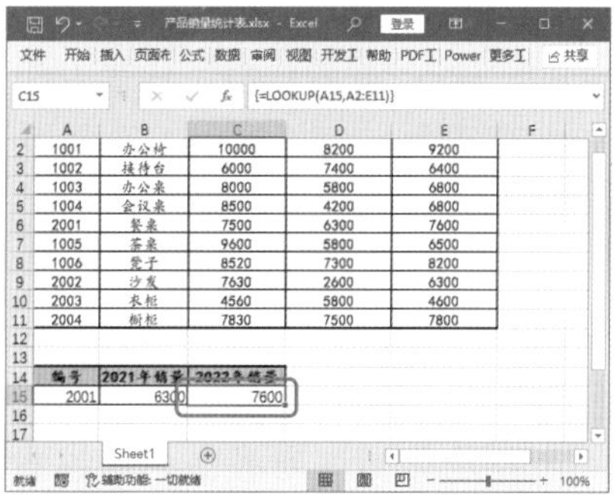

图 13-9

技术看板

实际上，LOOKUP的数组形式与HLOOKUP和VLOOKUP函数非常相似。其区别在于，HLOOKUP函数在第一行中搜索lookup_value，VLOOKUP函数在第一列中搜索，而LOOKUP函数根据数组维度进行搜索。LOOKUP函数的数组形式是为了与其他电子表格程序兼容，这种形式的功能有限。一个重要的体现就是数组中的值必须按升序排列：...-2,-1,0,1,2...A-Z,FALSE,TRUE；否则，LOOKUP函数可能无法返回正确的值。

★新功能 13.1.5 实战：使用XLOOKUP函数按行查找表格或区域内容

XLOOKUP函数可以搜索区域或数组，然后返回对应于它找到的第一个匹配项的项。如果不存在匹配项，则XLOOKUP可以返回最接近（匹配）值。

语法结构：

```
XLOOKUP(lookup_value,
lookup_array,return_
array,[if_not_found],
[match_mode],[search_
mode])
```

参数说明如下。

- lookup_value：必需参数，用于设定需要搜索的值。
- lookup_array：必需参数，表示要搜索的数组或区域。
- return_array：必需参数，表示要返回的数组或区域。
- [if_not_found]：可选参数，如果未找到有效的匹配项，则返回if_not_found的[if_not_found]文本。如果未找到有效的匹配项，并且缺少[if_not_found]，则返回【#N/A】。
- [match_mode]：可选参数，用于指定匹配类型：0，表示完全匹配。如果未找到，则返回【#N/A】。这是默认选项；-1，表示完全匹配。如果没有找到，则返回下一个较小的项；1，表示完全匹配。如果没有找到，则返回下一个较大的项；2，表示通配符匹配，其中*,?和~有特殊含义。
- [search_mode]：可选参数，用于指定要使用的搜索模式：1，表示从第一项开始执行搜索，这是默认选项；-1，表示从最后一项开始执行反向搜索；2，表示执行依赖于lookup_array按升序排序的二进制搜索，如果未排序，将返回无效结果。

例如，要在档案表中根据姓名查找工龄数据，可以建立一个简单的查询表，再使用XLOOKUP函数来查询，具体操作步骤如下。

打开“素材文件\第13章\员工档案表1.xlsx”文档，在O1和P1单元格中输入标题，在O2单元格中输入任意一个员工姓名，在P2单元格中输入公式“=XLOOKUP(O2,B2:B31,K2:K31)”，按【Enter】键返回该员工的工龄，如图13-10所示。

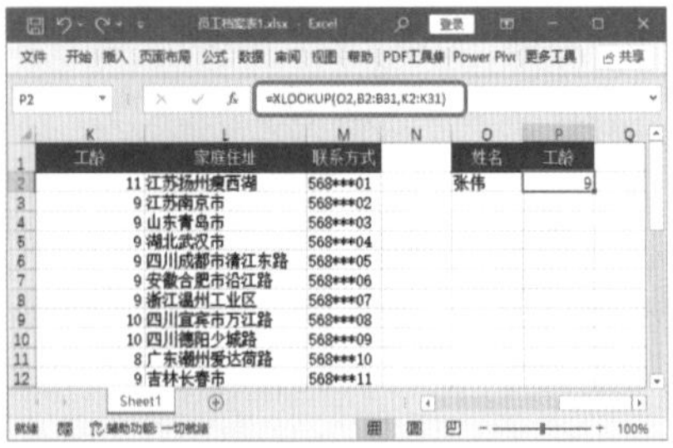

图 13-10

★重点 13.1.6 实战：使用INDEX函数以数组形式返回指定位置中的内容

如果已知一个数组{1,2;3,4}，需要根据数组中的位置返回第1行第2列对应的数值，可使用INDEX函数。

INDEX函数的数组形式可以返回表格或数组中的元素值，此元素由行序号和列序号的索引值给定。一般情况下，当INDEX函数的第一个参数为数组常量时，就使用数组形式。

语法结构：

INDEX(array,row_num,[column_num])，也可以简单理解为INDEX(数组或区域，行号，列号)

参数说明如下。

- array：必需参数，表示单元格区域或数组常量。如果数组中只包含一行或一列，就可以不使用相应的row_num或column_num参数。如果数组中包含多个行和列，但只使用了row_num或column_num参数，那么INDEX函数将返回数组中整行或整列的数组。
- row_num：必需参数，代表数组中某行的行号，INDEX函数从该行返回数值。如果省略row_num，则必须有column_num。
- [column_num]：可选参数，代表数组中某列的列标，INDEX函数从该列返回数值。如果省略column_num，就必须有row_num。

例如，使用INDEX函数的数组形式返回C产品4月份的销量，具体操作步骤如下。

Step 01 选择需要的函数。打开素材文件\第13章\产品销量表.xlsx，❶选择B8单元格，❷单击【函数库】组中的【查找与引用】下拉按钮，❸在弹出的下拉列表中选择【INDEX】选项，如图13-11所示。

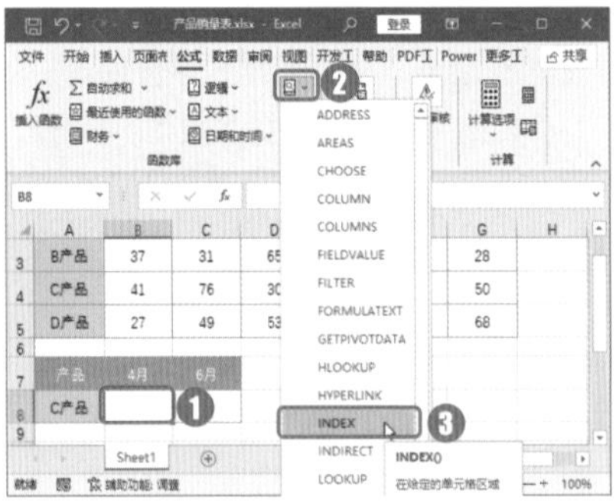

图 13-11

Step 02 选择函数形式。打开【选定参数】对话框，❶选择函数的形式，❷单击【确定】按钮，如图13-12所示。

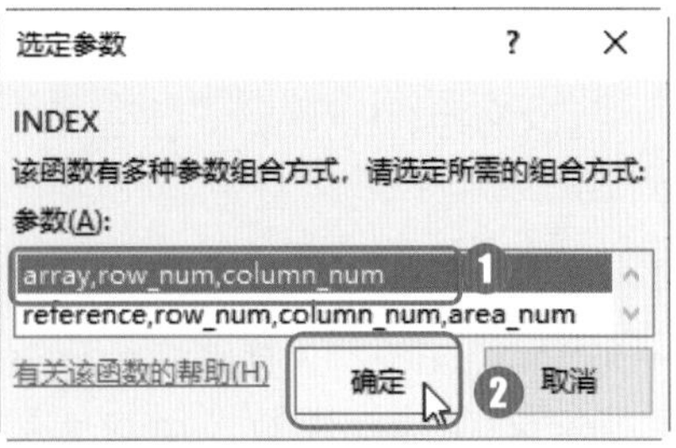

图 13-12

Step 03 设置函数参数。打开【函数参数】对话框，❶对函数参数进行设置，❷单击【确定】按钮，如图13-13所示。

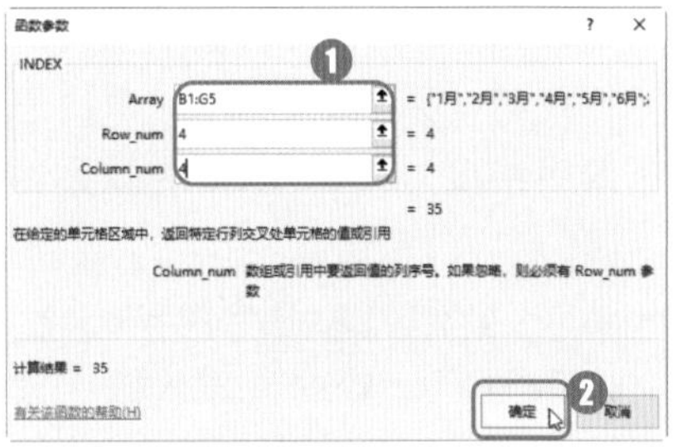

图 13-13

Step 04 查看计算结果。返回工作表编辑区域，即可查看到返回的结果，效果如图13-14所示。

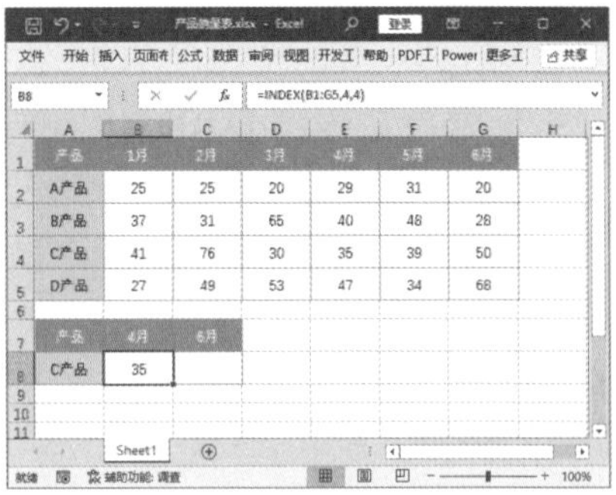

图 13-14

13.1.7 使用INDEX函数以引用形式返回指定位置中的内容

在某些情况下，需要查找工作

表中部分单元格区域的某列与某行的交叉单元格数据，此时，就可以使用INDEX函数的引用形式获得需要的数据。

INDEX函数的引用形式还可以返回指定的行与列交叉处的单元格引用。如果引用由不连续的选定区域组成，就可以选择某一选定区域。

语法结构：

INDEX(reference,row_num,column_num,area_num)，也可以简单理解为 INDEX（引用区域，行号，列号，返回第几个区域中的单元格）

参数说明如下。

- reference：必需参数，对一个或多个单元格区域的引用。如果为引用输入一个不连续的区域，必须将其用括号括起来。
- row_num：必需参数，代表引用中某行的行号，INDEX函数从该行返回一个引用。
- column_num：可选参数，代表引用中某列的列标，INDEX函数从该列返回一个引用。
- area_num：可选参数，选择引用中的一个区域，以从中返回row_num和column_num的交叉区域。选中或输入的第一个区域序号为1，第二个区域序号为2，以此类推。若省略area_num，则INDEX使用区域序号为1。

例如，要在B2:G2和B4:G4单元格区域中查找C产品6月份的销量，可在C8单元格中输入公式【=INDEX((B2:G2,B4:G4,B5:G5),1,6,2)】，如图13-15所示。

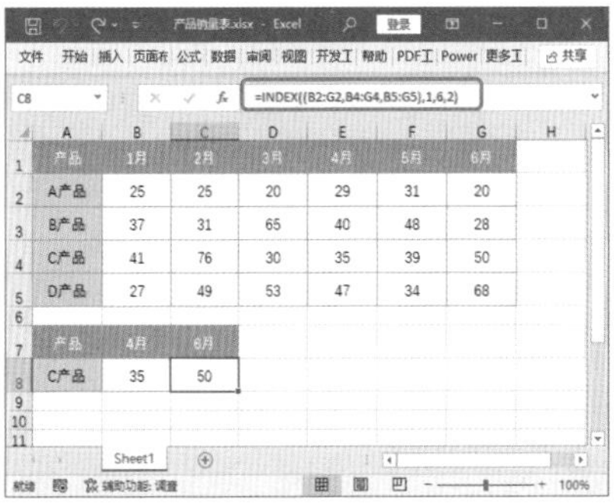

图 13-15

技术看板

如果引用中的每个区域只包含一行或一列，那么相应的参数row_num或column_num分别为可选项。例如，对于单行的引用，可以使用函数INDEX(reference,,column_num)。

13.2 引用表中数据技巧

通过引用函数可以标识工作表中的单元格或单元格区域，指明公式中所使用数据的位置。因此，掌握引用函数的相关技能、技巧，可以返回引用单元格中的数值和其他属性。下面介绍一些常用的引用表中数据函数的使用技巧。

★重点 13.2.1 实战：使用MATCH函数返回指定内容所在的位置

实例门类	软件功能

MATCH函数可在单元格区域中搜索指定项，然后返回该项在单元格区域中的相对位置。

语法结构：

MATCH(lookup_value,lookup_array,[match_type])，也可以简单理解为 MATCH（要查找的值，查找区域，查找方式）

参数说明如下。

- lookup_value：必需参数，需要在lookup_array中查找的值。
- lookup_array：必需参数，要查找的单元格区域。
- [match_type]：可选参数，用于指定匹配的类型，即指定Excel如何在lookup_array中查找lookup_value的值，其值可以是数字1、0或-1。当值为1或省略该值时，就查找小于或等于lookup_value的最大值（lookup_array必须以升序排列）；当值为0时，就查找第一个完全等于lookup_value的值；当值为-1时，就查找大于或等于lookup_value的最小值（lookup_array必须以降序排列）。

例如，需要对一组员工的考评成绩排序，然后返回这些员工的排名次序，此时可以结合使用MATCH函数和INDEX函数来完成，具体操作步骤如下。

Step 01 输入公式。打开素材文件\第13章\员工考评成绩.xlsx，❶在H1单元格中输入文本【排序】，❷选择存放计算结果的H2:H7单元格区域，❸在编辑栏中输入公式【=INDEX($A$2:$A$7,MATCH(LARGE($G$2:$G$7,ROW()-1),$G$2:$G$7,0))】，如图13-16所示。

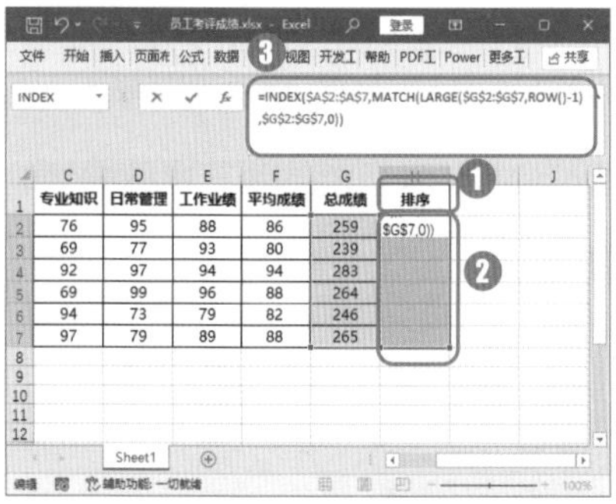

图 13-16

技术看板

LARGE函数用于返回数据集中的第K个最大值。其语法结构为LARGE(array,k)，其中参数array为需要找到第k个最大值的数组或数字型数据区域；参数k为返回的数据在数组或数据区域中的位置(从大到小)。LARGE函数计算最大值时忽略逻辑值TRUE和FALSE及文本型数字。

Step02 按高低顺序排列。按【Ctrl+Shift+Enter】组合键确认数组公式的输入，即可根据总成绩从高到低的顺序对员工姓名进行罗列，效果如图 13-17 所示。

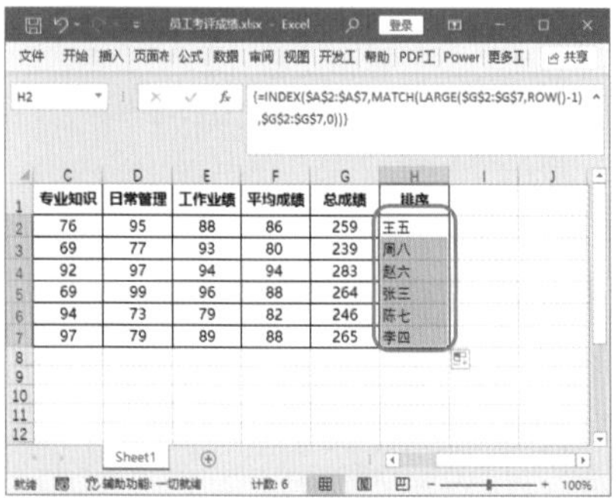

图 13-17

技术看板

在使用MATCH函数时要注意区分LOOKUP函数，MATCH函数用于在指定区域内按指定方式查询与指定内容匹配的单元格位置；而LOOKUP函数用于在指定区域内查询对应的匹配区域内单元格的内容。

★新功能 13.2.2 实战：使用 XMATCH 函数搜索指定项并返回该项的相对位置

XMATCH函数可以在数组或单元格区域搜索指定项，然后返回该项的相对位置。

语法结构：

XMATCH (lookup_value、lookup_array、[match_mode]、[search_mode])，也可以简单理解为XMATCH（查找值，查找数组，匹配模式，搜索模式）

参数说明如下。

- lookup_value：必需参数，用于设定需要搜索的值。
- lookup_array：必需参数，用于设置要在其中查找数据的数据表，可以使用区域或区域名称的引用。
- [match_mode]：可选参数，用于指定要使用的搜索模式。0，表示精确匹配，这是默认选项；-1，表示完全匹配或下一个最小项；1，表示完全匹配或下一个最大项；2，表示通配符匹配。
- [search_mode]：可选参数，用以指定搜索方式，一共有 4 种搜索方式。1，表示正序搜索，这是默认选项；-1，表示倒序搜索；2，表示依赖于lookup_array按升序排序的二进制搜索；-2，表示依赖于 lookup_array 按降序排序的二进制搜索。

XMATCH函数常与INDEX函数相结合使用。例如，要在“产品销量表.xlsx”工作簿中查找D产品4月份和6月份的销量，就可以结合使用XMATCH函数和INDEX函数来完成，具体操作步骤如下。

Step01 输入公式。打开结果文件\第13章\产品销量表.xlsx，❶在A9单元格中输入文本【D产品】，❷在B9单元格中输入公式【=INDEX(E2:E5,XMATCH(A9,A2:A5,0))】，如图 13-18 所示，即可得到D产品在4月的销量。

技术看板

INDEX+XMATCH的使用方法实际上是INDEX+MATCH函数的升级版，这个函数组合更加灵活好用，可以说是Excel中最强大的查找方式。

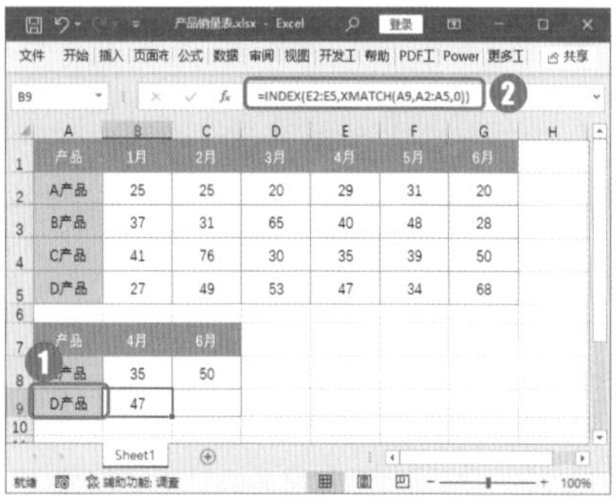

图 13-18

Step02 输入公式。在C9单元格中输入公式【=INDEX(G2:G5,XMATCH(A9,A2:A5,0))】，如图 13-19 所示，即可得到D产品在6月的销量。

图 13-19

13.2.3 使用 ADDRESS 函数返回与指定行号和列号对应的单元格地址

单元格地址除了选择单元格插入和直接输入外，还可以通过 ADDRESS 函数输入。

在给出指定行数和列数的情况下，使用 ADDRESS 函数可以返回单元格的行号和列标，从而得到单元格的确切地址。

语法结构：

ADDRESS(row_num, column_num,[abs_num],[a1],[sheet_text])，也可以简单理解为 ADDRESS（行号，列号，引用类型，引用方式，指明工作簿的工作表）

参数说明如下。

- row_num：必需参数，一个数值，指定要在单元格引用中使用的行号。
- column_num：必需参数，一个数值，指定要在单元格引用中使用的列号。
- [abs_num]：可选参数，用于指定返回的引用类型，可以取的值为 1~4。当参数 abs_num 取值为 1 或省略时，将返回绝对单元格引用，如 $A$1；当取值为 2 时，将返回绝对行号，相对列标类型，如 A$1；当取值为 3 时，将返回相对行号，绝对列标类型，如 $A1；当取值为 4 时，将返回相对单元格引用，如 A1。
- [a1]：可选参数，用以指定 A1 或 R1C1 引用样式的逻辑值，如果 a1 为 TRUE 或省略，函数就返回 A1 样式的引用；如果 a1 为 FALSE，函数就返回 R1C1 样式的引用。
- [sheet_text]：可选参数，是一个文本，指定作为外部引用的工作表的名称，若省略，则不使用任何工作表名。

如果需要获得第 3 行第 2 列的绝对单元格地址，就可以输入公式【=ADDRESS(2,3,1)】，如图 13-20 所示。

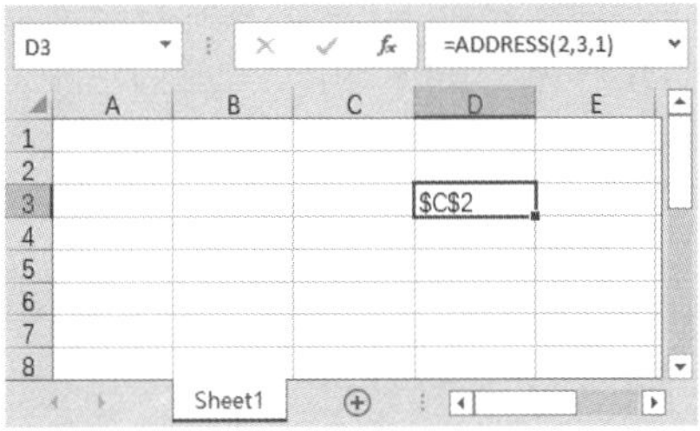

图 13-20

★重点 13.2.4 实战：使用 COLUMN 函数返回单元格或单元格区域首列的列号

Excel 中默认情况下以字母的形式表示列号，如果用户需要知道数据在具体的第几列时，可以使用 COLUMN 函数返回指定单元格引用的列号。

语法结构：

COLUMN ([reference])

参数说明如下。

- [reference]：可选参数，表示要返回其列号的单元格或单元格区域。

在 Excel 中，COLUMN 函数经常与 VLOOKUP 函数嵌套使用。例如，当需要在员工工资数据表中查询某位员工每个月的工资数据时，如果只是使用 VLOOKUP 函数，输入公式【=VLOOKUP($A$14,$A$1:$G$11,2,0)】并计算出结果后，向右拖动控制柄复制填充公式，公式中的【2】（也就是查找的列数）不会发生变化，也就会导致引用的数据错误，如图 13-21 所示。而结合 COLUMN 函数，查找的列数则会随着当前所选单元格的变化而变化，具体操作步骤如下。

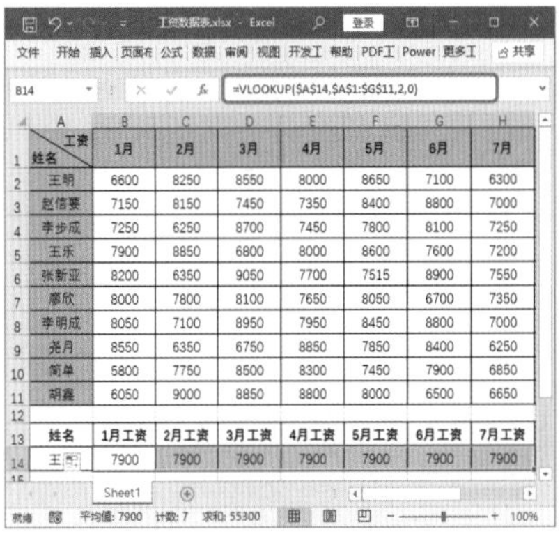

图 13-21

Step 01 输入计算公式。打开素材文件\第 13 章\工资数据表.xlsx，在 B14 单元格中输入公式【=VLOOKUP($A$14,$A$1:$G$11,COLUMN(),0)】，按【Enter】键计算出结果，如图 13-22 所示。

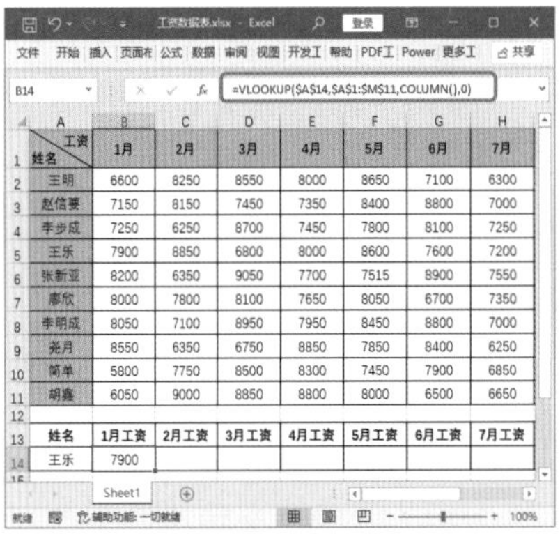

图 13-22

Step 02 查看计算结果。选择 B14 单元格，向右拖动控制柄至 G14 单元格，即可复制公式，引用出正确的数据，效果如图 13-23 所示。

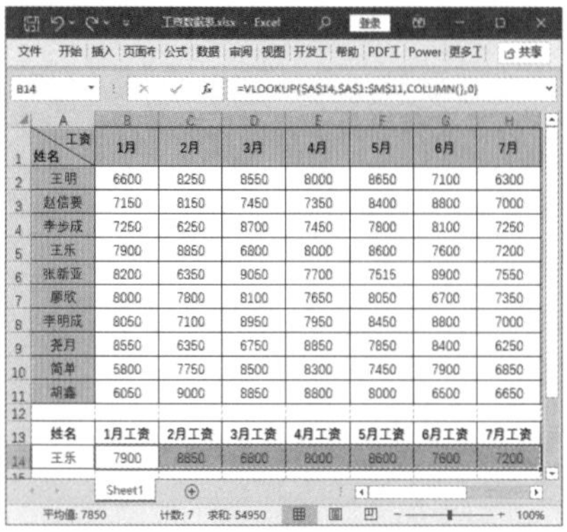

姓名 \ 工资	1月	2月	3月	4月	5月	6月	7月
王明	6600	8250	8550	8000	8650	7100	6300
赵信裴	7150	8150	7450	7350	8400	8800	7000
李步成	7250	6250	8700	7450	7800	8100	7250
王乐	7900	8850	6800	8000	8600	7600	7200
张新亚	8200	6350	9050	7700	7515	8900	7550
廖欣	8000	7800	8100	7650	8050	6700	7350
李明成	8050	7100	8950	7950	8450	8800	7000
尧月	8550	6350	6750	8850	7850	8400	6250
简单	5800	7750	8500	8300	7450	7900	6850
胡鑫	6050	9000	8850	8800	8000	6500	6650

姓名	1月工资	2月工资	3月工资	4月工资	5月工资	6月工资	7月工资
王乐	7900	8850	6800	8000	8600	7600	7200

图 13-23

★重点 13.2.5 使用 ROW 函数返回单元格或单元格区域首行的行号

既然能返回单元格引用地址中的列号，同样也可以使用函数返回单元格引用地址中的行号。ROW 函数用于返回指定单元格引用的行号。

语法结构：

```
ROW ([reference])
```

参数说明如下。

- [reference]：可选参数，表示需要得到其行号的单元格或单元格区域。

例如，输入公式【=ROW(C4:D6)】，即可返回该单元格区域首行的行号【4】。

★重点 13.2.6 使用 OFFSET 函数根据给定的偏移量返回新的引用区域

OFFSET 函数以指定的引用为参照系，通过给定偏移量得到新的引用，并可以指定返回的行数或列数。返回的引用可以为一个单元格或单元格区域。实际上，该函数并不移动任何单元格或更改选定区域，而只是返回一个引用，可用于任何需要将引用作为参数的函数。

语法结构：

```
OFFSET(reference,rows,cols,[height],[width])
```

也可以简单理解为 OFFSET（参照系，行偏移量，列偏移量，返回几行，返回几列）

参数说明如下。

- reference：必需参数，代表偏移量参照系的引用区域。reference 必须为对单元格或相连单元格区域的引用；否则，OFFSET 函数返回错误值【#VALUE!】。
- rows：必需参数，相对于偏移量参照系的左上角单元格，上（下）偏移的行数。若 rows 为 5，则说明目标引用区域的左上角单元格比 reference 低 5 行。行数可以为正数（代表在起始引用的下方）或负数（代表在起始引用的上方）。
- cols：必需参数，相对于偏移量参照系的左上角单元格，左（右）偏移的列数。若 cols 为 5，则说明目标引用区域左上角的单元格比 reference 靠右 5 列。列数可以为正数（代表在起始引用的右边）或负数（代表在起始引用的左边）。
- [height]：可选参数，表示高度，即所要返回引用区域的行数。height 必须为正数。
- [width]：可选参数，表示宽度，即所要返回引用区域的列数。width 必须为正数。

例如，公式【=OFFSET(B2,3,2,7,5)】的含义为：以 B2 为参照系，向下偏移 3 行，向右偏移 2 列，行数为 7 行，列数为 5 列，即返回 D5:H11 单元格区域，如图 13-24 所示。

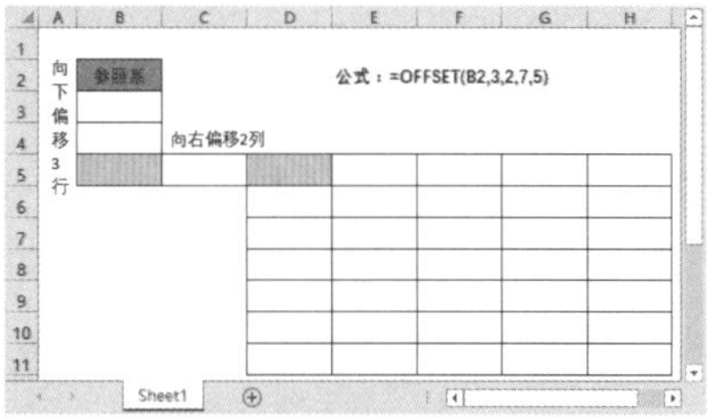

图 13-24

技术看板

参数 reference 必须是单元格或相连单元格区域的引用，否则，将返回错误值【#VALUE!】；参数 rows 取值为正，表示向下偏移，取值为负表示向上偏移；参数 cols 取值为正，表示向右偏移，取值为负表示向左偏移；若省略了 height 或 width，则假设其高度或宽度与 reference 相同。

13.3 显示相关数量技巧

查找与引用函数除了能返回特定的值和引用位置外，还有一类函数能够返回与数量有关的数据。下面将介绍这类函数的使用技巧。

13.3.1 使用 AREAS 函数返回引用中包含的区域数量

AREAS 函数用于返回引用中包含的区域个数。区域表示连续的单元格区域或某个单元格。

语法结构：

```
AREAS (reference)
```

参数说明如下。

- reference：必需参数，代表要计算区域个数的单元格或单元格区域的引用。

例如，在 G4 单元格中输入公式【=AREAS((A2:B14,D2:E14))】，即可返回【2】，表示该引用中包含了两个区域，如图 13-25 所示。

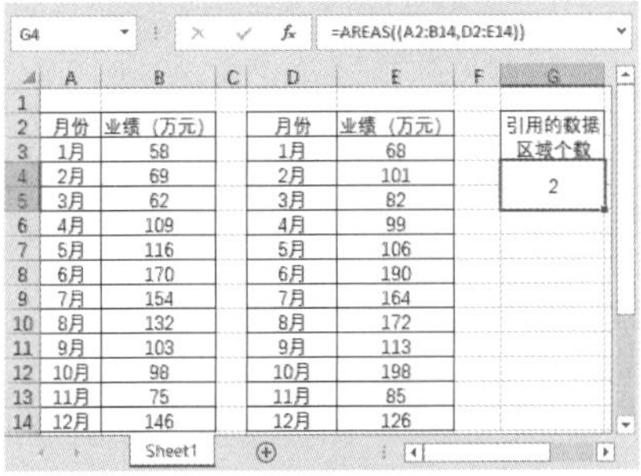

图 13-25

技术看板

如果需要将几个引用指定为一个参数，则必须用括号括起来，以免 Excel 将逗号视为字段分隔符，即 Excel 认为该函数引用了多个参数。系统就会提示参数错误，如图 13-26 所示。

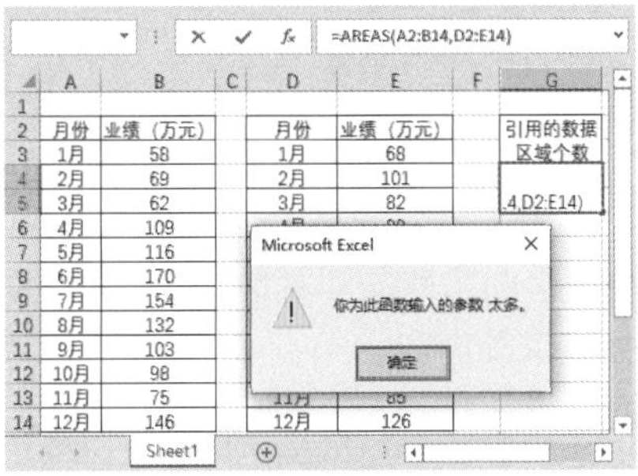

图 13-26

13.3.2 使用 COLUMNS 函数返回数据区域包含的列数

在 Excel 中不仅能通过函数返回数据区域首列的列号，还能返回数据区域中包含的列数。

COLUMNS 函数用于返回数组或引用的列数。

语法结构：

```
COLUMNS (array)
```

参数说明如下。

- array：必需参数，需要得到其列数的数组、数组公式。

例如，在 I1 单元格中输入公式【=COLUMNS(A1:G11)】，即可返回【7】，表示引用的数据区域中包含 7 列数据，如图 13-27 所示。

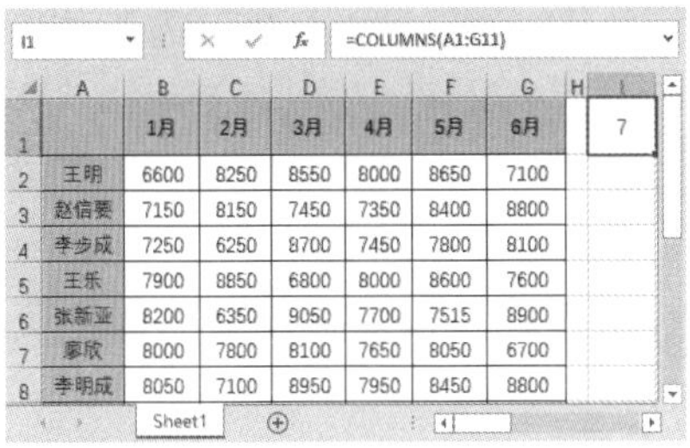

图 13-27

★重点 13.3.3 使用 ROWS 函数返回数据区域包含的行数

在 Excel 中使用 ROWS 函数可以返回数据区域中包含的行数。

语法结构：

```
ROWS(array)
```

参数说明如下。

- array：必需参数，需要得到其行数的数组、数组公式。

例如，在 I1 单元格中输入公式【=ROWS(A1:G11)】，即可返回【11】，表示引用的数据区域中包含 11 行数据，如图 13-28 所示。

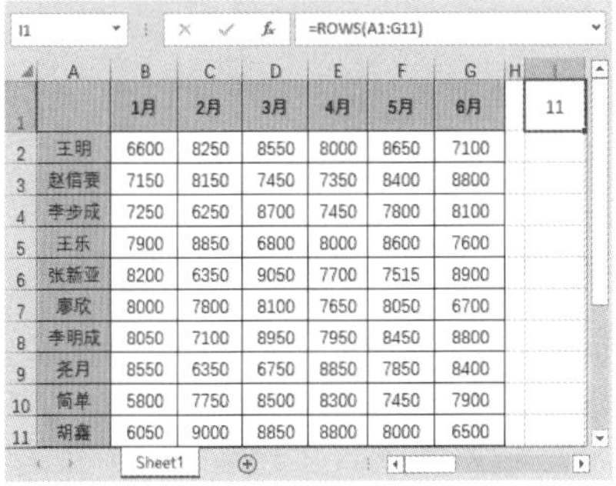

图 13-28

妙招技法

通过前面知识的学习，相信读者已经掌握了 Excel 中常用查找和引用函数的相关操作。下面结合本章内容给大家再介绍几个实用查找和引用函数的使用技巧。

技巧 01：使用 TRANSPOSE 函数转置数据区域的行列位置

TRANSPOSE 函数用于返回转置的单元格区域，即将行单元格区域转置为列单元格区域，或者将列单元格区域转置为行单元格区域。

语法结构：

```
TRANSPOSE (array)
```

参数说明如下。

➥ array：必需参数，表示需要进行转置的数组或工作表上的单元格区域。数组的转置就是将数组的第一行作为新数组的第一列，数组的第二行作为新数组的第二列，以此类推。

例如，输入公式【=TRANSPOSE({1,2,3;4,5,6})】，即可将原本为 2 行 3 列的数组 {1,2,3;4,5,6}，转置为 3 行 2 列的数组 {1,4;2,5;3,6}。

再如，假设需要使用TRANSPOSE函数对产品生产方案表中数据的行列进行转置，具体操作步骤如下。

Step01 输入行列转换公式。打开素材文件\第 13 章\产品生产方案表.xlsx，❶选择要存放转置后数据的A8:E12单元格区域，❷在编辑栏中输入公式【=TRANSPOSE(A1:E5)】，如图 13-29 所示。

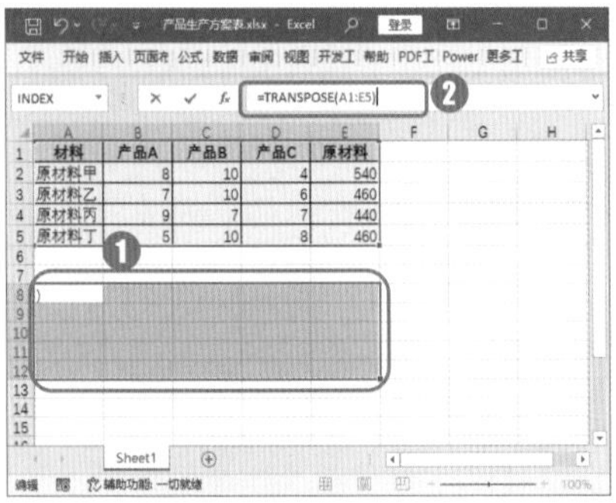

图 13-29

Step02 查看转换结果。按【Ctrl+Shift+Enter】组合键确认数组公式的输入，即可将产品名称和原材料进行转置，效果如图 13-30 所示。

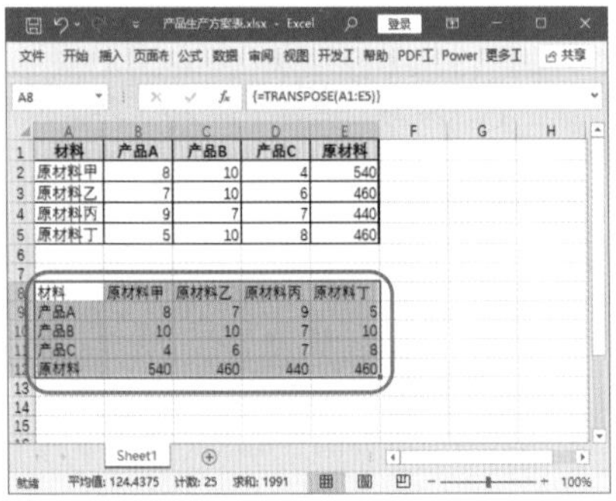

图 13-30

技巧 02：使用 INDIRECT 函数返回由文本值指定的引用

实例门类	软件功能

INDIRECT函数为间接引用函数，用于返回由文本字符串指定的引用。此函数立即对引用进行计算，并显示其内容。

语法结构：

INDIRECT (ref_text,[a1])，可以简单理解为INDIRECT(单元格引用，引用)

参数说明如下。

➥ ref_text：必需参数，代表对单元格的引用，此单元格包含A1样式的引用、R1C1样式的引用、定义为引用的名称或对作为文本字符串单元格的引用。

➥ a1：可选参数，一个逻辑值，用于指定包含在单元格ref_text中的引用类型。如果a1为TRUE或省略，那么ref_text被解释为A1样式的引用；如果a1为FALSE，那么ref_text将解释为R1C1样式的引用。

例如，要在学生成绩表中查找某个学生对应科目的成绩，可以首先将成绩表中的科目分别以其名称命名，然后结合使用VLOOKUP、COLUMN和INDIRECT函数求得查询结果，具体操作步骤如下。

Step01 创建名称。打开素材文件\第 13 章\学生成绩表.xlsx，❶选择A1:G11单元格区域，❷单击【公式】选项卡【定义的名称】组中的【根据所选内容创建】按钮，如图 13-31 所示。

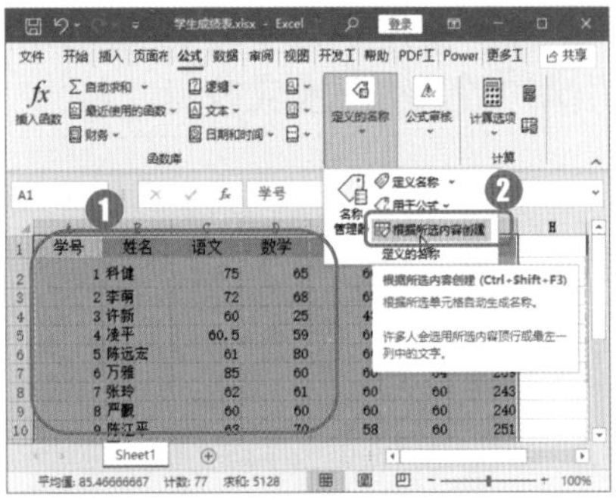

图 13-31

Step02 设置名称创建依据。打开【根据所选内容创建名称】对话框，❶选中【首行】复选框，❷单击【确定】按钮，如图 13-32 所示。

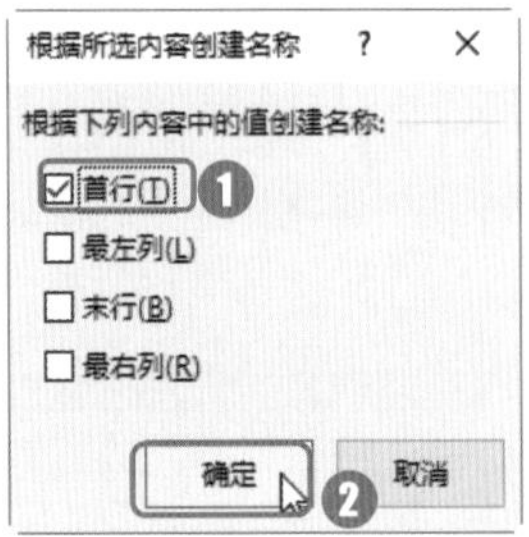

图 13-32

Step03 输入公式。返回工作簿中，❶在I1:K7单元格区域中输入需要查询的相关数据，如图 13-33 所示，❷选择K3单元格，输入公式【=VLOOKUP(I3,$B$1:$G$11,COLUMN(INDIRECT(J3))−1,FALSE)】，按【Enter】键即可得到该学生对应科目的成绩。

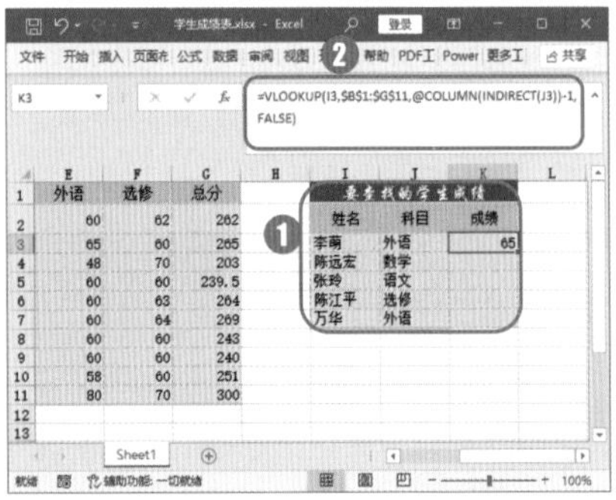

图 13-33

Step04 查看计算结果。使用Excel的自动填充功能，计算出其他学生对应科目的成绩，效果如图 13-34 所示。

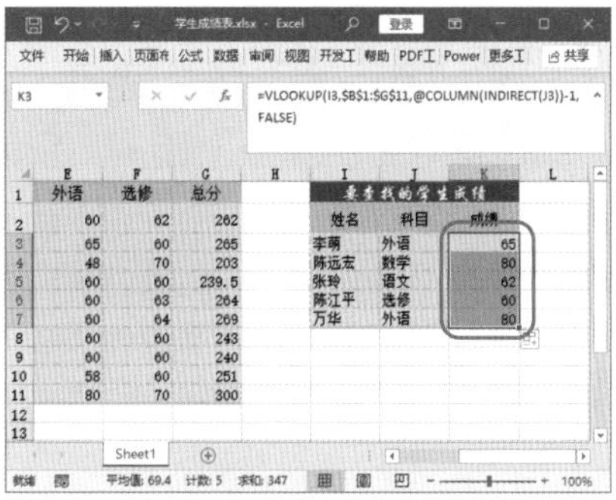

图 13-34

技术看板

上面的公式先通过使用 INDIRECT 函数判断科目的名称，并定义了查询的区域，然后利用 COLUMN 函数返回科目在查询区域中所在的列，最后查询单元格的具体内容，并返回该科目的数据。

本章小结

查找和引用是 Excel 提供的一项重要功能。Excel 的查找和替换功能可以帮助用户进行数据整理，但如果要在计算过程中进行查找，或者引用某些符合要求的目标数据，就需要借助查找引用类函数。查找主要是使用 Excel 的查找函数查询一些特定数据；引用的作用在于表示工作表中的单元格或单元格区域，指明公式中所使用的数据位置。通过引用可以在公式中使用工作表不同部分的数据，或者在多个公式中使用同一单元格区域的数据，甚至还可以引用不同工作表、不同工作簿的单元格数据。使用查找和引用函数，用户不必拘泥于数据的具体位置，只需了解数据所在的区域，即可查询特定数据，并进行相应的操作，使程序的可操作性和灵活性更强。所以读者若想提高工作效率，掌握常用的查找与引用函数是非常有必要的。

第14章 财务函数应用技巧

- 用函数分析常用的投资信息，现值、期值、利率、还款次数，手到擒来！
- 不同财务分析根据下本金和利息的计算是如何实现的？
- 投资预算的各个环节都需要考虑到，常用的3个投资预算函数是什么？
- 不同情况下的收益率如何计算？
- 不同折旧法如何计算？

对于财务人员来说，经常需要进行一些财务计算，且很多计算都需要借助Excel提供的财务函数来完成。因此，掌握财务函数的应用技巧必不可少。

14.1 基本财务函数应用技巧

Excel提供了丰富的财务函数，可以将原本复杂的计算过程变得简单，为财务分析提供极大的便利。本小节首先介绍一些常用的基本财务函数的使用技巧。

★重点 14.1.1 实战：使用FV函数计算一笔投资的期值

实例门类	软件功能

FV函数可以在基于固定利率及等额分期付款方式的情况下，计算某项投资的未来值。

语法结构：

FV(rate,nper,pmt,[pv],[type])，也可以简单理解为FV（利率，投资期数，各期金额，本金额，期末或期初）

参数说明如下。

- rate：必需参数，表示各期利率。通常用年利表示利率，若按月利率，则利率应为年利率除以12，若指定为负数，则返回错误值【#NUM!】。
- nper：必需参数，表示付款期总数。若每月支付一次，则30年期为30×12；若按半年支付一次，则30年期为30×2；若指定为负数，则返回错误值【#NUM!】。
- pmt：必需参数，各期所应支付的金额，其数值在整个年金期间保持不变。通常，pmt包括本金和利息，但不包括其他费用或税款。若省略pmt，则必须包括pv参数。
- [pv]：可选参数，表示投资的现值（未来付款现值的累积和），若省略pv，则假设其值为0（零），且必须包括pmt参数。
- [type]：可选参数，表示期初或期末，其中0为期末，1为期初。

技术看板

使用FV函数时，应确认rate和nper参数所指定单位的一致性，若以月为单位则都以月为单位，若以年为单位则都以年为单位。

例如，A公司将50万元投资于一个项目，年利率为8%，投资10年后，该公司可获得的资金总额为多少？这里使用FV函数来计算这个普通复利下的终值，具体操作步骤如下。

打开素材文件\第14章\项目投资未来值计算.xlsx，❶在A5单元格中输入图14-1所示的文本，❷在B5单元格中输入公式【=FV(B3,B4,,-B2)】，即可计算出该项目投资10年后的未来值。

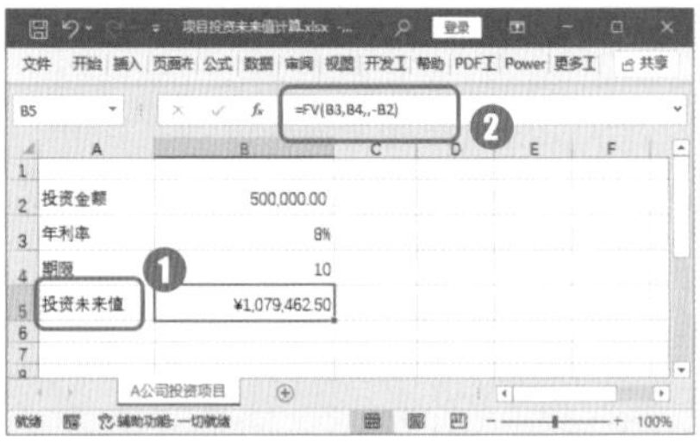

图14-1

FV函数不仅可以进行普通复利终值的计算，还可以用于年金终值的计算。例如，B公司也投资了一个项目，需要在每年年末时投资 5 万元，年回报率为 8%，计算投资 10 年后得到的资金总额，具体操作步骤如下。

❶新建一张工作表，输入图 14-2 所示的内容，❷在 B5 单元格中输入公式【=FV(B3,B4,-B2,,1)】，即可计算出该项目投资 10 年后的未来值。

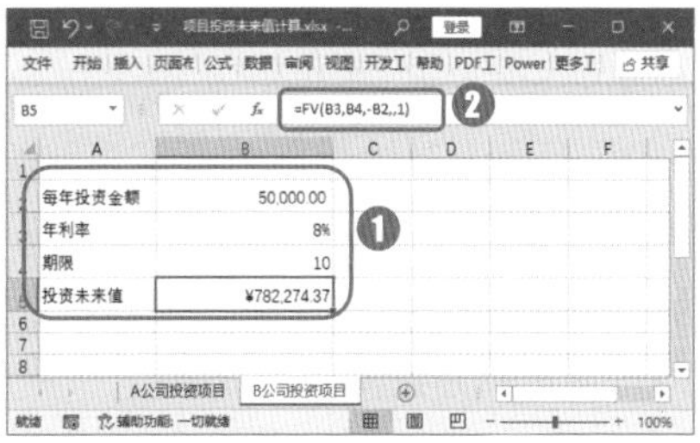

图 14-2

★重点 14.1.2　实战：使用 PV 函数计算投资的现值

实例门类	软件功能

PV 函数用于计算投资项目的现值。在财务管理中，现值为一系列未来付款的当前值的累积和，在财务概念中，表示的是考虑风险特性后的投资价值。

语法结构：

PV(rate,nper,pmt,[fv],[type])，也可以简单理解为 PV(利率，投资期数，各期金额，未来值，期末或期初)

参数说明如下。

- rate：必需参数，表示投资各期的利率。做项目投资时，如果不确定利率，就会假设一个值。
- nper：必需参数，表示投资的总期限，即该项投资的付款期总数。
- pmt：必需参数，表示投资期限内各期所应支付的金额，其数值在整个年金期间保持不变。如果忽略 pmt，就必须包含 fv 参数。
- [fv]：可选参数，表示投资项目的未来值，或者在最后一次支付后希望得到的现金余额，如果省略 fv，就假设其值为零。如果忽略 fv，就必须包含 pmt 参数。
- [type]：可选参数，是数字 0 或 1，用以指定投资各期的付款时间是在期初还是在期末。

在投资评价中，如果要计算一项投资的现金，可以使用 PV 函数来计算。例如，小胡拟在 7 年后获得一笔 20000 元的资金，假设投资回报率为 3%，那他现在应该存入多少钱？这里使用 PV 函数来计算这个普通复利下的现值，具体操作步骤如下。

打开素材文件\第 14 章\预期未来值的现值计算.xlsx，❶在 A5 单元格中输入图 14-3 所示的文本，❷在 B5 单元格中输入公式【=PV(B3,B4,,-B2,)】，即可计算出要想达到预期的收益，目前需要存入银行的金额。

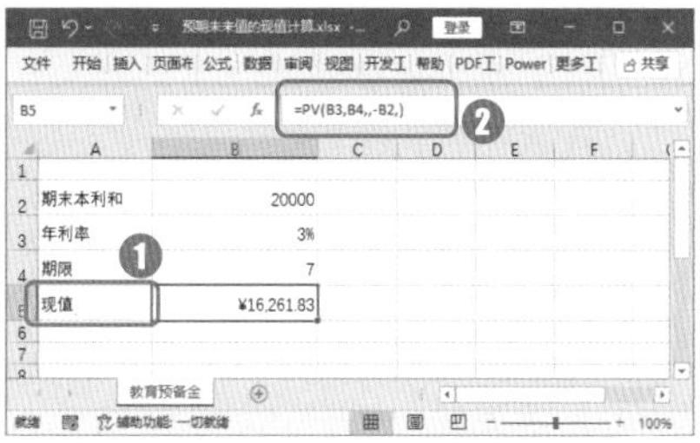

图 14-3

PV 函数还可以用于年金的现值计算。例如，小陈出国 3 年，请人代付房租，每年的租金为 10 万元，假设银行存款利率为 1.5%，他现在应该在银行存入多少钱？具体计算方法如下。

❶新建一张工作表，输入图 14-4 所示的内容，❷在 B5 单元格中输入公式【=PV(B3,B4,-B2,,)】，即可计算出小陈在出国前应该存入银行的金额。

图 14-4

技术看板

由于未来资金与当前资金有不同的价值，使用 PV 函数即可指定未来资金在当前的价值。在该案例中的结果本来为负值，表示这是一笔付款，即支出现金流。为了得到正数结果。因此在公式中的付款数前方添加了【-】符号。

★重点 14.1.3　实战：使用 RATE 函数计算年金的各期利率

实例门类	软件功能

使用 RATE 函数可以计算出年金的各期利率，如未来现金流的利率或贴现率，在利率不明确的情况下可计算出隐含的利率。

语法结构：

RATE (nper,pmt,pv,[fv],[type],[guess])，也可以简单理解为 RATE(投资期数，每期投入的金额，现值，未来值，期初或期末，预期利率)

参数说明如下。

- nper：必需参数，表示投资的付款期总数。通常用年利表示利率，若按月利率，则利率应为年利率除以 12，若指定为负数，则返回错误值【#NUM!】。

- pmt：必需参数，表示各期所应支付的金额，其数值在整个年金期间保持不变。通常，pmt包括本金和利息，但不包括其他费用或税款。若省略pmt，则必须包含fv参数。
- pv：必需参数，为投资的现值（未来付款现值的累积和）。
- [fv]：可选参数，表示未来值，或者在最后一次支付后希望得到的现金余额，若省略fv，则假设其值为零。若忽略fv，则必须包含pmt参数。
- [type]：可选参数，表示期初或期末，其中 0 为期末，1 为期初。
- [guess]：可选参数，表示预期利率（估计值），若省略预期利率，则假设该值为 10%。

技术看板

函数RATE是通过迭代法计算得出结果，可能无解或有多个解。如果在进行 20 次迭代计算后，函数RATE的相邻两次结果没有收敛于 0.0000001，函数RATE就会返回错误值【#NUM!】。

例如，C公司为某个项目投资了 80000 元，按照每月支付 5000 元的方式，16 个月支付完，需要分别计算其中的月投资利率和年投资利率，具体操作步骤如下。

Step 01 计算月投资利率。打开素材文件\第 14 章\项目投资的月利率和年利率计算.xlsx，❶在A5 和A6 单元格中输入相应的文本，❷在B5 单元格中输入公式【=RATE(B4*12,-B3,B2)】，即可计算出该项目的月投资利率，如图 14-5 所示。

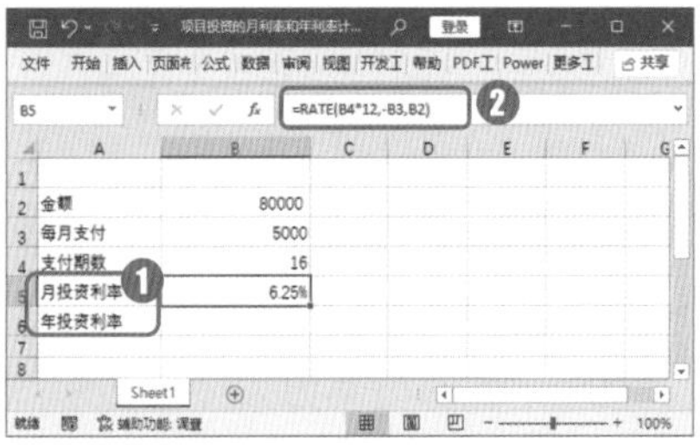

图 14-5

Step 02 计算年投资利率。在B6 单元格中输入公式【=RATE(B4*12,-B3,B2)*12】，即可计算出该项目的年投资利率，如图 14-6 所示。

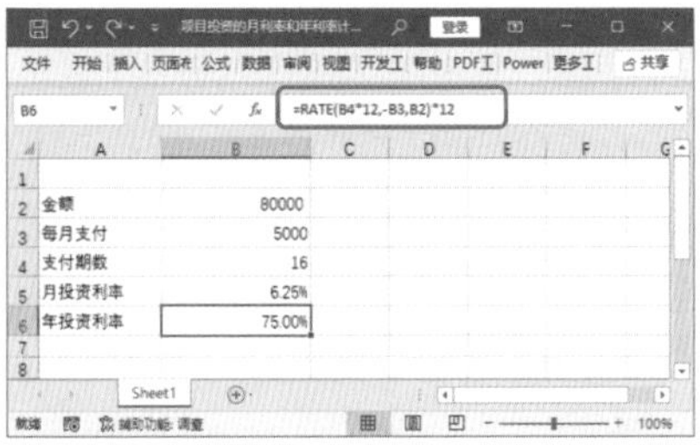

图 14-6

★重点 14.1.4 实战：使用NPER 函数计算还款次数

实例门类	软件功能

NPER函数可以基于固定利率及等额分期付款方式，返回某项投资的总期数。

语法结构：

NPER(rate,pmt,pv,[fv],[type])，也可以简单理解为NPER（利率，每期投入的金额，现值，未来值，期初或期末）

参数说明如下。

- rate：必需参数，表示各期利率。
- pmt：必需参数，表示各期所应支付的金额，其数值在整个年金期间保持不变。通常，pmt包括本金和利息，但不包括其他费用或税款。
- pv：必需参数，表示投资的现值（未来付款现值的累积和）。
- [fv]：可选参数，表示未来值，或者在最后一次支付后希望得到的现金余额，若省略fv，则假设其值为零。若忽略fv，则必须包含pmt参数。
- [type]：可选参数，表示期初或期末，其中 0 为期末，1 为期初。

例如，小李需要积攒一笔存款，金额为 60 万元，如果他当前的存款为 30 万元，并计划以后每年存款 5 万元，银行利率为 1.5%，那么他需要存款多长时间，才能积攒到需要的金额，具体计算方法如下。

打开素材文件\第 14 章\计算积攒一笔存款需要的时间.xlsx，❶在A6 单元格中输入图 14-7 所示的文本，❷在B6 单元格中输入公式【=INT(NPER(B2,-B3,-B4,B5,1))+1】，即可计算出小李积攒该笔存款需要的整数年时间。

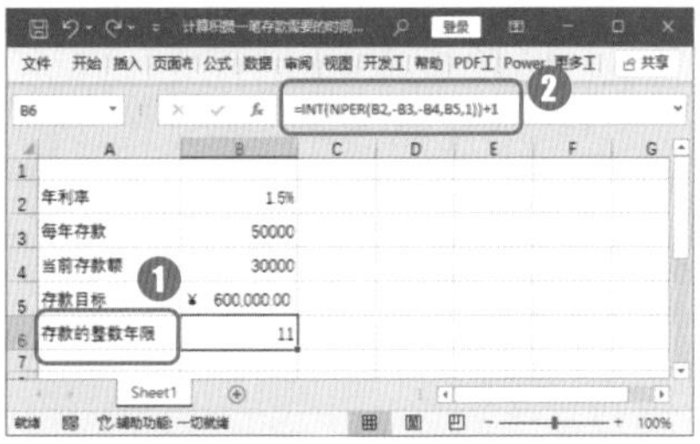

图 14-7

技术看板

使用NPER函数计算偿还贷款的期数或时间时，如果pmt参数太小而不能以指定利息分期还清贷款，该函数则返回一个出错值【#NUM!】。即每月的偿还金额至少等于分期利率与本金的乘积，否则，贷款将不能分期还清。

14.2 计算本金和利息技巧

本金和利息既是公司支付方法的重要手段，也是公司日常财务工作的重要部分。在财务管理中，本金和利息常常是十分重要的变量。为了能够方便、高效地管理这些变量，处理好财务问题，Excel提供了计算各种本金和利息的函数。下面就来学习这些函数的应用方法。

★重点 14.2.1 实战：使用PMT函数计算贷款的每期付款额

实例门类	软件功能

PMT函数用于计算基于固定利率及等额分期付款方式，返回贷款的每期付款额。

语法结构：

PMT(rate,nper,pv,[fv],[type])，也可以简单理解为PMT（利率，投资期数，现值，未来值，期初或期末）

参数说明如下。

- rate：必需参数，代表投资或贷款的各期利率。通常用年利表示利率，若按月利率，则利率应为年利率除以12，若指定为负数，则返回错误值【#NUM!】。
- nper：必需参数，代表总投资期或贷款期，即该项投资或贷款的付款期总数。
- pv：必需参数，代表从该项投资（或贷款）开始计算时已经入账的款项或一系列未来付款当前值的累积和。
- [fv]：可选参数，表示未来值，或者在最后一次支付后希望得到的现金余额，若省略fv，则假设其值为零。若忽略fv，则必须包含pmt参数。
- [type]：可选参数，是一个逻辑值0或1，用以指定付款时间在期初还是期末，其中0为期末，1为期初。

技术看板

使用PMT函数返回的支付款项包括本金和利息，但不包括税款、保留支付或某些与贷款有关的费用。

在财务计算中，了解贷款项目的分期付款额，是计算公司项目是否盈利的重要手段。例如，D公司投资某个项目，向银行贷款60万元，贷款年利率为4.9%，考虑20年或30年还清，请分析两种还款期限中按月偿还和按年偿还的项目还款金额，具体操作步骤如下。

Step01 计算每月偿还的金额。打开素材文件\第14章\项目贷款不同年限的每期还款额.xlsx，❶在A8和A9单元格中输入如图14-8所示的文本，❷在B8单元格中输入公式【=PMT(E3/12,C3*12,A3)】，即可计算出该项目贷款20年时每月应偿还的金额。

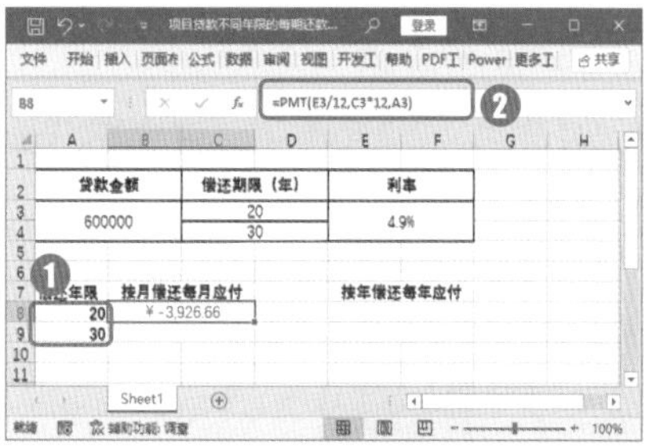

图14-8

Step02 计算每年应偿还的金额。在E8单元格中输入公式【=PMT(E3,C3,A3)】，即可计算出该项目贷款20年时每年应偿还的金额，如图14-9所示。

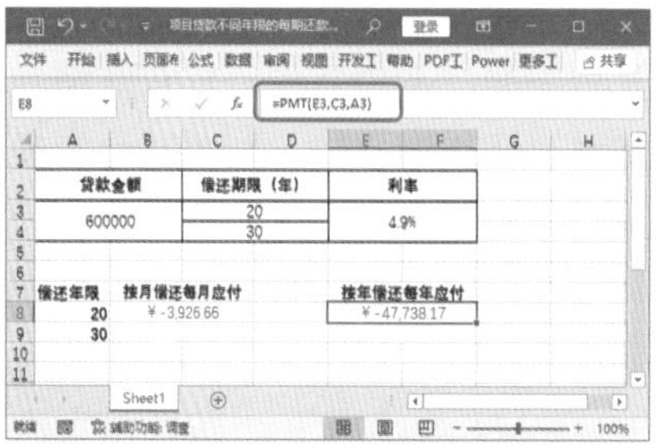

图14-9

Step03 计算每月偿还的金额。在B9单元格中输入公式【=PMT(E3/12,C4*12,A3)】，即可计算出该项目贷款30年时每月应偿还的金额，如图14-10所示。

图14-10

Step04 计算每年应偿还的金额。在E9单元格中输入公式【=PMT(E3,C4,A3)】，即可计算出该项目贷款30年时每年应偿还的金额，如图14-11所示。

图14-11

★重点 14.2.2 实战：使用 IPMT 函数计算贷款在给定期间内支付的利息

实例门类	软件功能

基于固定利率及等额分期付款方式的情况，使用PMT函数可以计算贷款的每期付款额。但有时需要知道在还贷过程中，利息部分占多少，本金部分占多少。如果需要计算该贷款情况下支付的利息，就需要使用IPMT函数。

IPMT函数用于计算在给定时间内对投资的利息偿还额，该投资采用等额分期付款方式，同时利率为固定值。

语法结构：

IPMT(rate,per,nper,pv,[fv],[type])，也可也可以简单理解为 IPMT(利率，利率期次，投资期数，现值，未来值，期初或期末)

参数说明如下。

- rate：必需参数，表示各期利率。通常用年利表示利率，若按月利率，则利率应为年利率除以12，若指定为负数，则返回错误值【#NUM!】。
- per：必需参数，表示用于计算其利息的期次，求分几次支付利息，第一次支付为1。per必须介于1到nper。
- nper：必需参数，表示投资的付款期总数。若要计算出各期的数据，则需要付款年限*期数值。
- pv：必需参数，表示投资的现值（未来付款现值的累积和）。
- [fv]：可选参数，表示未来值，或者在最后一次支付后希望得到的现金余额，若省略fv，则假设其值为零。若忽略fv，则必须包含pmt参数。
- [type]：可选参数，表示期初或期末，其中0为期末，1为期初。

例如，小陈以等额分期付款方式贷款30万元购买了一套房子，贷款期限为20年，需要对每年的偿还贷款利息进行计算，具体操作步骤如下。

Step 01 计算第一年偿还的利息金额。打开素材文件\第14章\房贷分析.xlsx，❶在A8:B27单元格区域中输入图14-12所示的文本，❷在C8单元格中输入公式【=IPMT($E$3,A8,$C$3,$A$3)】，即可计算出该项贷款在第一年需要偿还的利息金额。

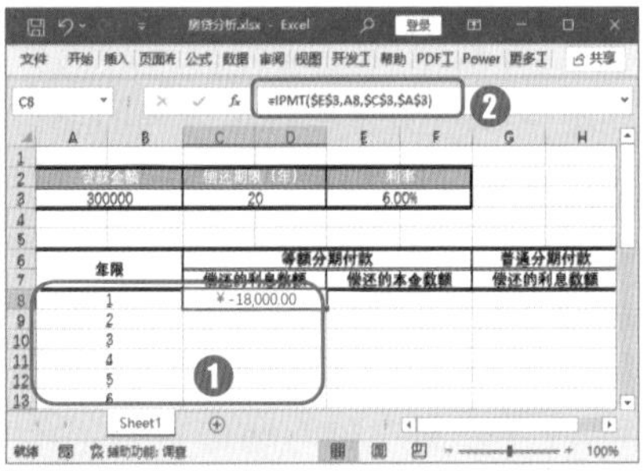

图 14-12

Step 02 计算不同年限所偿还的利息金额。使用Excel的自动填充功能，计算出每年应偿还的利息金额，如图14-13所示。

图 14-13

★重点 14.2.3 实战：使用 PPMT 函数计算贷款在给定期间内偿还的本金

实例门类	软件功能

基于固定利率及等额分期付款方式的情况，还能使用PPMT函数计算贷款在给定期间内投资本金的偿还额，从而更清楚地确定某还贷的利息本金是如何划分的。

语法结构：

PPMT(rate,per,nper,pv,[fv],[type])，也可以简单理解为 PPMT(利率，利率期次，投资期数，现值，未来值，期初或期末)

参数说明如下。

- rate：必需参数，表示各期利率。通常用年利表示利率，若按月利率，则利率应为年利率除以12，若指定为负数，则返回错误值【#NUM!】。
- per：必需参数，表示用于计算其利息的期次，求分几次支付利息，第一次支付为1。per必须在1到nper之间。
- nper：必需参数，表示投资的付款期总数。若要计算出各期的数据，则需要付款年限×期数值。
- pv：必需参数，表示投资的现值（未来付款现值的累积和）。
- [fv]：可选参数，表示未来值，或者在最后一次支付后希望得到的现金余额，若省略fv，则假设其值为零。若忽略fv，则必须包含pmt参数。
- [type]：可选参数，表示期初或期末，其中0为期末，1为期初。

例如，要分析第14.2.2小节中每年偿还房贷的本金数额，具体操作步骤如下。

Step01 计算一年要偿还的本金金额。在E8单元格中输入公式【=PPMT($E$3,A8,$C$3,$A$3)】，即可计算出该项贷款在第一年需要偿还的本金金额，如图14-14所示。

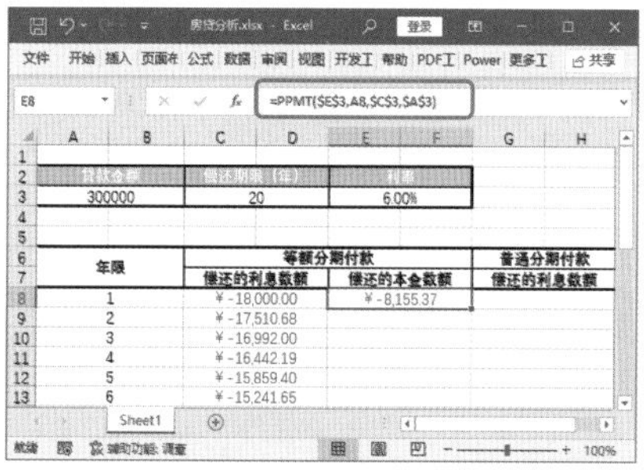

图 14-14

Step02 计算其他年限要偿还的本金金额。使用Excel的自动填充功能，计算出其他年限应偿还的本金金额，如图14-15所示。

图 14-15

14.2.4 实战：使用ISPMT函数计算特定投资期内支付的利息

实例门类	软件功能

如果不采用等额分期付款方式，在无担保的普通贷款情况下，贷款的特定投资期内支付的利息可以使用ISPMT函数来进行计算。

语法结构：

ISPMT (rate,per,nper,pv)，也可以简单理解为ISPMT(利率，利率期次，投资期数，现值)

参数说明如下。

- rate：必需参数，表示各期利率。通常用年利表示利率，若按月利率，则利率应为年利率除以12，若指定为负数，则返回错误值【#NUM!】。
- per：必需参数，表示用于计算其利息的期次，求分几次支付利息，第一次支付为1。per必须在1到nper之间。
- nper：必需参数，表示投资的付款期总数。若要计算出各期的数据，则需要付款年限*期数值。
- pv：必需参数，表示投资的现值(未来付款现值的累积和)。

例如，在14.2.2节的房贷案例中如果要换成普通贷款形式，计算出每年偿还的利息数额，具体操作步骤如下。

Step01 计算在第一年要偿还的利息金额。在G8单元格中输入公式【=ISPMT($E$3,A8,$C$3,$A$3)】，即可计算出该项贷款在第一年需要偿还的利息金额，如图14-16所示。

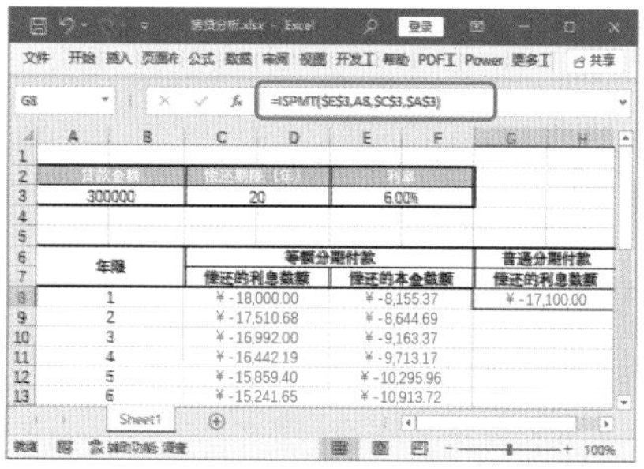

图 14-16

Step02 计算每年需要偿还的利息金额。使用Excel的自动填充功能，计算出其他年限应偿还的利息金额，如图14-17所示。

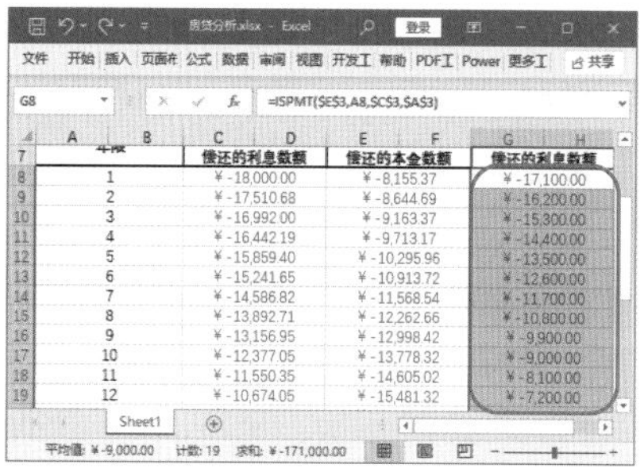

图 14-17

14.2.5 实战：使用CUMIPMT函数计算两个付款期之间累积支付的利息

实例门类	软件功能

使用前面的3个函数都只计算了某一个还款额的利息或本金，如果需要计算一笔贷款的某一个时间段内(两个付款期之间)还款额的利息总数，就需要使用CUMIPMT函数。

语法结构：

CUMIPMT(rate,nper,pv,start_period,end_period,type)，也可以简单理解为CUMIPMT(利率，总期数，现值，还息首期，还息末期，期末或期初)

参数说明如下。

- rate：必需参数，表示贷款利率，这个利率是每期的利率，而不是年利率，如果已知年利率，计算时就要用年利率除以每年的期数。
- nper：必需参数，表示贷款的总期数，期数指的是每期支付利息的期数，如一笔贷款按月支付，则每月为一期，一年12期。
- pv：必需参数，表示现值，也就是贷款的总额，或者是贷款的

第1篇 第2篇 第3篇 第4篇 第5篇

本金。

- start_period：必需参数，表示计算中的首期，付款期数从 1 开始计数。
- end_period：必需参数，表示计算中的末期。
- type：必需参数，表示期初或期末，其中 0 为期末，1 为期初。

例如，在前面的房贷案例中，需要计算前 3 年累计支付的利息，具体操作步骤如下。

❶合并单元格 A30 和 B30，并输入文本【前 3 年累计偿还的利息】，❷在 C30 单元格中输入公式【=CUMIPMT(E3/12,C3*12,A3,1,36,0)】，即可计算出该项贷款在前 3 年偿还的利息总和，如图 14-18 所示。

技术看板

在本例中计算前 3 年累计偿还的利息结果值为负数，是因为这笔钱是属于支付，表示时即为负数。

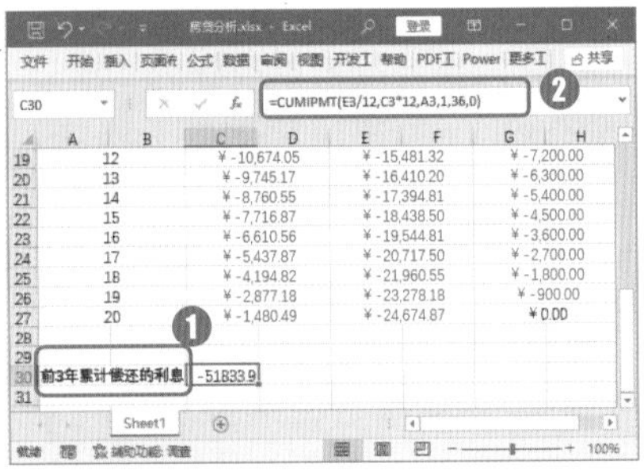

图 14-18

14.2.6 实战：使用 CUMPRINC 函数计算两个付款期之间累计支付的本金

实例门类	软件功能

CUMPRINC 函数用于返回一笔贷款在给定的 start_period（首期）到 end_period（末期）期间累计偿还的本金数额。

语法结构：

CUMPRINC(rate,nper,pv,start_period,end_period,type)，也可以简单理解为 CUMPRINC（利率，总期数，现值，还息首期，还息末期，期末或期初）

参数说明如下。

- rate：必需参数，表示贷款利率，这个利率是每期的利率，而不是年利率，如果已知年利率，计算时就要用年利率除以每年的期数。
- nper：必需参数，表示贷款的总期数，期数指的是每期支付利息的期数。
- pv：必需参数，表示现值，也就是贷款的总额，或者是贷款的本金。
- start_period：必需参数，表示计算中的首期，付款期数从 1 开始计数。
- end_period：必需参数，表示计算中的末期。
- type：必需参数，表示期初或期末，其中 0 为期末，1 为期初。

例如，要计算前面房贷案例中贷款在前 3 年时间段内还款额的本金总数，就可以使用 CUMPRINC 函数来完成，具体操作步骤如下。

❶合并单元格 A31 和 B31，并输入文本【前 3 年累计偿还的本金】，❷在 C31 单元格中输入公式【=CUMPRINC(E3/12,C3*12,A3,1,36,0)】，即可计算出该项贷款在前 3 年偿还的本金总和，如图 14-19 所示。

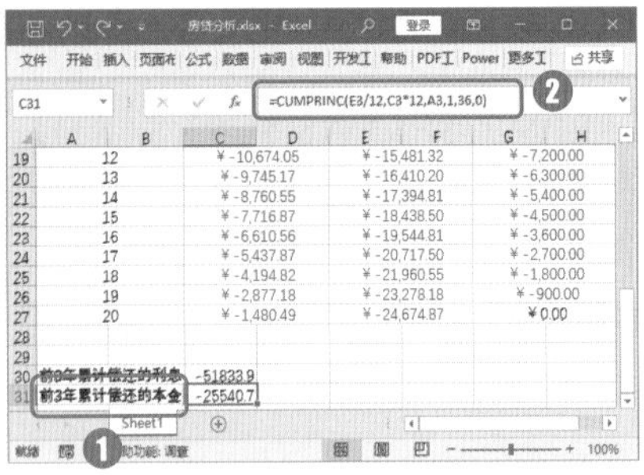

图 14-19

技术看板

如果 CUMPRINC 函数的 rate ≤ 0、nper ≤ 0、pv ≤ 0、start_period < 1、end_period < 1、start_period > end_period，或者 type 为 0 或 1 之外的任何数，就会返回错误值【#NUM!】。

14.2.7 使用 EFFECT 函数将名义年利率转换为实际年利率

在经济分析中，复利计算通常以年为计息周期。但在实际经济活动中，计息周期有半年、季度、月、周、日等多种。当利率的时间单位与计息期不一致时，就出现了名义利率和实际利率的问题。

其中，名义利率是指表示出来的利率，它表示为年利率，每年计算一次复利，如每月 6% 的 APR 复利；实际利率是每年实际支付或赚取的费率。例如，名义利率为每月 6% 的 APR 复利，如果贷款 10000 美元，则利息为 616.8 美元，实际利率为 6.618%。

实际利率与名义利率之间的关系为：

$$R = (1 + \frac{i}{m})^m - 1$$

式中，R 为实际利率；i 为名义利率；m 为一年内计息的次数。

Excel 中提供了名义利率与实际利率相互转化的财务函数，其中 EFFECT 函数可以根据给定的名义年利率和每年的复利期数，计算出有效的年利率。

语法结构：

```
EFFECT (nominal_rate,
npery)
```

参数说明如下。

- nominal_rate：必需参数，表示名义利率。
- npery：必需参数，表示每年的复利期数。

在前面的例子中使用了匹配还款期限的名义利率或估计利率，这都是转换利率的简化方法。但在处理一些特殊情况时，如果名义利率与还款频率（如每月还一次）不相同，就需要转换为正确的利率。

例如，某人在银行存款 1 年，名义利率是 1.5%，使用 EFFECT 函数求实际月利率可输入公式【=EFFECT(B2,B3)】，计算结果为 0.015103556，如图 14-20 所示。

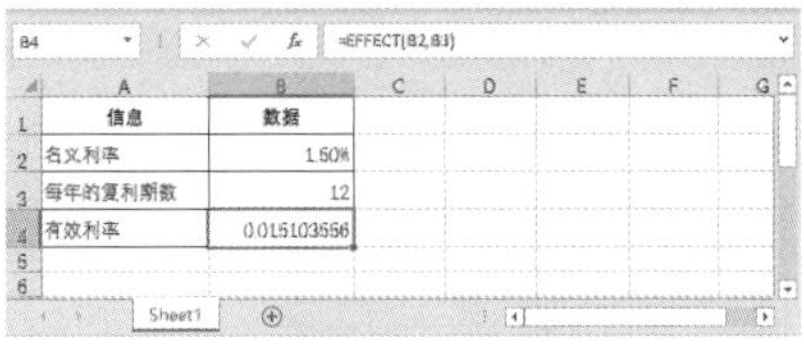

图 14-20

技术看板

表现利率常用 3 种方法，即【名义利率】【实际利率】和【定期利率】。定期利率主要用于计算复利阶段的本金，通常少于一年。例如，每月 6% 的 APR 复利，表示每月的定期利率为 0.5%。使用上述任意方法表示的利率都可以转换为另外一种方法表示的利率。定期利率只是将名义利率除以指定的复利阶段，所以没有为它提供公式。

14.2.8 使用 NOMINAL 函数将实际年利率转换为名义年利率

Excel 还提供了 NOMINAL 函数，它可以基于给定的实际利率和年复利期数，返回名义年利率。

实际利率转换为名义利率的公式为：

$$I = m\left[\left(r+1\right)^{\frac{1}{m}} - 1\right]$$

式中，I 为名义利率；r 为实际利率；m 为一年内计息的次数。

语法结构：

```
NOMINAL (effect_rate,
npery)
```

参数说明如下。

- effect_rate：必需参数，表示实际利率。
- npery：必需参数，表示年复利期数。

例如，贷款总额为 500 万美元，去年支付了 320000.89 美元的利息，要计算名义年利率，只需输入公式【=NOMINAL(B3/B2,12)】，即可得到 6.22% 的名义年利率，如图 14-21 所示。

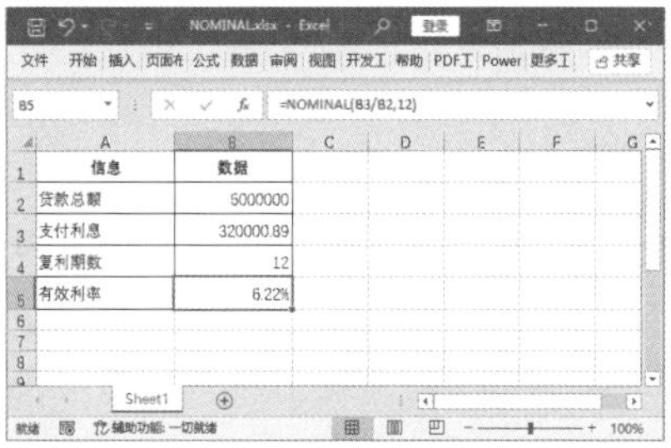

图 14-21

技术看板

大多数财务机构都把利率表示为每月复利的名义利率。但在报告投资的回报或比较利率时，又常常使用年度实际回报率，以便于比较利率。因此经常需要转换利率。

14.3 计算投资预算技巧

在进行投资评价时，经常需要计算一笔投资在复利条件下的现值、未来值和投资回收期等，或者是等额支付情况下的年金现值、未来值。最常用的投资评价方法包括净现值法、回收期法、内含报酬率法等。这些复杂的计算，可以使用财务函数中的投资评价函数轻松完成。本书因为篇幅有限，只对部分常用投资预算函数进行讲解。

★重点 14.3.1 实战：通过 FVSCHEDULE 函数使用一系列复利率计算初始本金的未来值

实例门类	软件功能

FVSCHEDULE 函数可以基于一系列复利（利率数组）返回本金的未来值，主要用于计算某项投资在变动或可调利率下的未来值。

语法结构：

```
FVSCHEDULE(principal,schedule)
```

参数说明如下。

- principal：必需参数，表示投资的现值。
- schedule：必需参数，表示要应用的利率数组。

例如，小张今年年初在银行存款 10 万元，存款利率随时都可能变动，如果根据某投资机构预测的未来 4 年的利率，需要求出该存款在 4 年后的银行存款数额，可通过 FVSCHEDULE 函数进行计算，具体操作步骤如下。

打开素材文件\第 14 章\根据预测的变动利率计算存款的未来值.xlsx，❶在 A8 单元格中输入如图 14-22 所示的文本，❷在 B8 单元格中输入公式【=FVSCHEDULE(B2,B3:B6)】，即可计算出在预测利率下该笔存款的未来值。

图 14-22

技术看板

schedule 参数的值可以是数字或空白单元格，其他任何值都将在函数 FVSCHEDULE 的运算中产生错误值【#VALUE!】。空白单元格会被认为是 0（没有利息）。

14.3.2 实战：基于一系列定期的现金流和贴现率，使用 NPV 函数计算投资的净现值

实例门类	软件功能

NPV 函数可以根据投资项目的贴现率和一系列未来支出（负值）和收入（正值），计算投资的净现值，即计算一组定期现金流的净现值。

语法结构：

```
NPV(rate,value1,[value2],...)
```

参数说明如下。

- rate：必需参数，表示投资项目在某期限内的贴现率。
- value1、[value2],...：必需参数，后续值是可选的。这些是代表项目支出及收入的 1~254 个参数。

例如，E 公司在期初投资金额为 30000 元，同时根据市场预测投资回收现金流。第一年的收益额为 18800 元，第二年的收益额为 26800 元，第三年的收益额为 38430 元，该项目的投资折现率为 6.8%，求解项目在第三年的净现值。此时，可通过 NPV 函数进行计算，具体操作步骤如下。

打开素材文件\第 14 章\计算投资项目的净现值.xlsx，❶在 A8 单元格中输入图 14-23 所示的文本，❷在 B8 单元格中输入公式【=NPV(B1,-B2,B4,B5,B6,)-B2】，即可返回该项目在第三年的净现值。

图 14-23

技术看板

NPV 函数与 PV 函数相似，主要差别在于：PV 函数允许现金流在期初或期末开始。与可变的 NPV 的现金流数值不同，PV 函数的每一笔现金流在整个投资中必须是固定的。而 NPV 函数使用 value1,value2,... 的顺序来解释现金流的顺序。所以务必保证支出和收入的数额按正确的顺序输入。NPV 函数假定投资开始于 value1 现金流所在日期的前一期，并结束于最后一笔现金流的当期。该函数依据未来的现金流进行计算。如果第一笔现金流发生在第一个周期的期初，则第一笔现金必须添加到函数 NPV 的结果中，而不应包含在 values 参数中。

14.3.3 实战：使用 XNPV 函数计算一组未必定期发生现金流的净现值

实例门类	软件功能

在进行投资决策理论分析时，往往假设现金流量是定期发生在期初或期末，而实际工作中现金流的发生往往是不定期的。计算现金流不定期条件下净现金的数学计算公式为：

$$XNPV=\sum_{j=1}^{N}\frac{Pj}{(1+rate)^{\frac{(dj-d1)}{365}}}$$

式中，dj 为第 j 个或最后一个支付日期；$d1$ 为第 0 个支付日期；Pj 为第 j 次或最后一次支付金额。

在 Excel 中，运用 XNPV 函数可以很方便地计算出现金流不定期发生条件下一组现金流的净现值，从而满足投资决策分析的需要。

语法结构：

```
XNPV (rate,values,
dates)
```

参数说明如下。

- rate：必需参数，表示用于计算现金流量的贴现率。若指定负数，则返回错误值【#NUM!】。
- values：必需参数，表示和 dates 中的支付时间对应的一系列现金流。首期支付是可选的，并与投资开始时的成本或支付有关。若第一个值是成本或支付，则它必须是负值。所有后续支付都基于 365 天/年贴现。数值系列必须至少包含一个正数和一个负数。
- dates：必需参数，表示现金流的支付日期表。

求不定期发生现金流量的净现值时，开始指定的日期和现金流量必须是发生在起始阶段。

例如，E 公司在期初投资金额为 15 万元，投资折现率为 7.2%，并知道该项目的资金支付日期和现金流数量，需要计算该项投资的净现值。此时，可通过 XNPV 函数进行计算，具体操作步骤如下。

❶新建一张工作表，输入图 14-24 所示的内容，❷在 B11 单元格中输入公式【=XNPV(B1,B4:B9,A4:A9)】，即可计算出该投资项目的净现值。

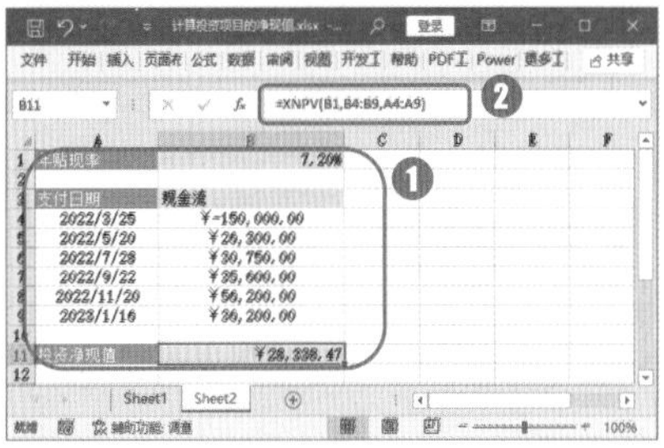

图 14-24

技术看板

在函数 XNPV 中，参数 dates 中的数值将被截尾取整；如果参数 dates 中包含不合法的日期，或者先于开始日期，将返回错误值【#VAIUE】；如果参数 values 和 dates 中包含的参数数量不同，该函数将返回错误值【#NUM!】。

14.4 计算收益率技巧

在投资和财务管理领域，计算投资的收益率具有重要的意义。因此，为了方便用户分析各种收益率，Excel 提供了多种计算收益率的函数，下面介绍一些常用计算收益率函数的使用技巧。

★重点 14.4.1 实战：使用 IRR 函数计算一系列现金流的内部收益率

实例门类	软件功能

IRR 函数可以返回由数值代表的一组现金流的内部收益率。这些现金流不必是均衡的，但作为年金，它们必须按固定的间隔产生，如按月或按年。内部收益率为投资的回收利率，其中包含定期支付（负值）和定期收入（正值）。函数 IRR 与 NPV 的关系十分密切。函数 IRR 计算出的收益率即净现值为 0 时的利率。

语法结构：

```
IRR (values,[guess])
```

参数说明如下。

- values：必需参数，表示用于指定计算的资金流量。
- [guess]：可选参数，表示函数计算结果的估计值。大多数情况下并不需要该参数。若省略 guess，则假设它为 0.1(10%)。

例如，F 公司在期初投资金额为 50 万元，投资回收期为 4 年。现在得知第一年的净收入为 30800 元，第二年的净收入为 32800 元，第三年的净收入为 38430 元，第四年的净收入为 52120 元，求解该项目的内部收益率。此时，可通过IRR函数进行计算，具体操作步骤如下。

Step 01 计算收益率。打开素材文件\第14章\计算内部收益率.xlsx，❶在A7和A8单元格中输入图14-25所示的文本，❷在B7单元格中输入公式【=IRR(B1:B4)】，即可得到该项目在投资3年后的内部收益率为44%。

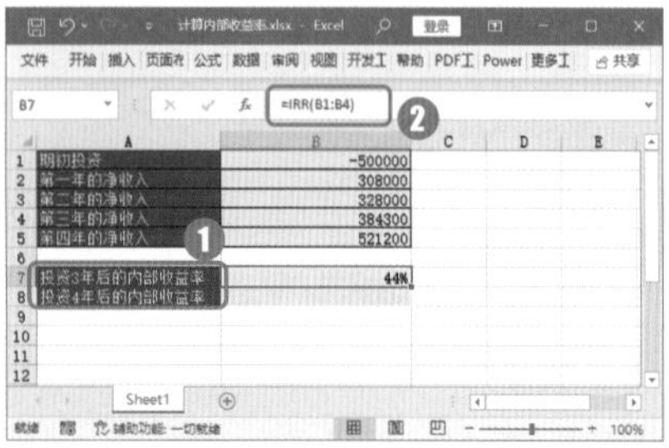

图 14-25

Step 02 计算4年后的内部收益率。在B8单元格中输入公式【=IRR(B1:B5)】，即可得到该项目在投资4年后的内部收益率为59%，如图14-26所示。

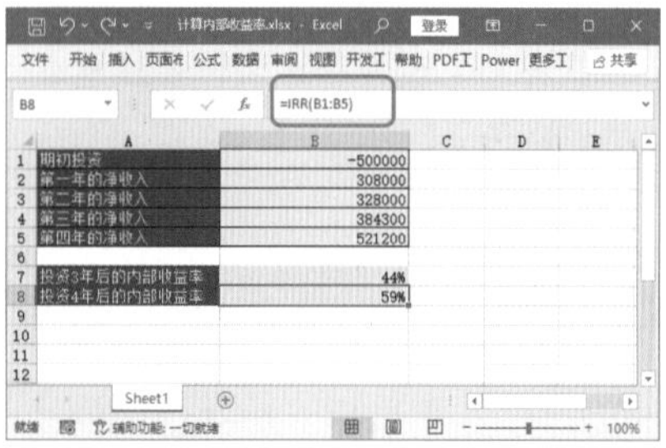

图 14-26

技术看板

在本例中，如果计算两年后的内部收益率，需要估计一个值，如输入公式【=IRR(B1:B3,70%)】。Excel使用迭代法计算时，函数IRR从guess开始，函数IRR进行循环计算，直至结果的精度达到0.00001%为止。如果函数IRR经过20次迭代仍未找到结果，就返回错误值【#NUM!】。此时，可用另一个guess值再试一次。

14.4.2 实战：使用MIRR函数计算正负现金流在不同利率下支付的内部收益率

实例门类	软件功能

MIRR函数用于计算某一连续期间内现金流的修正内部收益率，该函数同时考虑了投资的成本和现金再投资的收益率。

语法结构：

```
MIRR (values,finance_rate,reinvest_rate)
```

参数说明如下。

- values：必需参数，表示用于指定计算的资金流量。
- finance_rate：必需参数，表示现金流中资金支付的利率。
- reinvest_rate：必需参数，表示将现金流再投资的收益率。

例如，在求解上一个案例的过程中，实际上是认为投资的贷款利率和再投资收益率相等。这种情况在实际的财务管理中并不常见。例如，上一个案例中的投资项目经过分析后，若得出贷款利率为6.8%，而再投资收益率为8.42%。此时，可通过MIRR函数计算修正后的内部收益率，具体操作步骤如下。

Step 01 计算3年后的内部收益率。❶复制Sheet1工作表，并重命名为【修正后的内部收益率】，❷在中间插入几行空白行，并输入贷款利率和数据，❸在B10单元格中输入公式【=MIRR(B1:B4,B7,B8)】，即可得到该项目在投资3年后的内部收益率为30%，如图14-27所示。

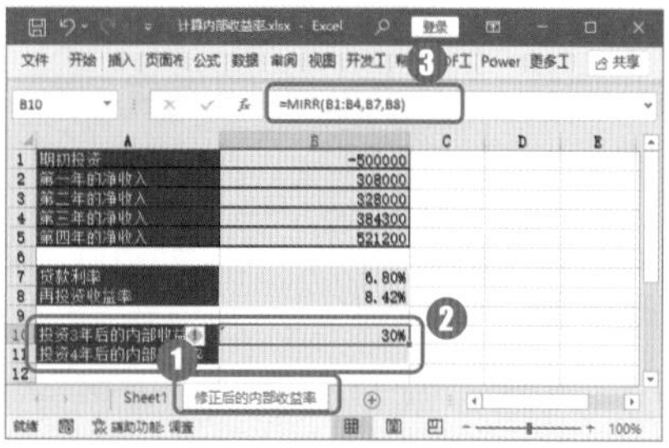

图 14-27

Step 02 计算4年后的内部收益率。在B11单元格中输入公式【=MIRR(B1:B5,B7,B8)】，即可得到该项目在投资4年后的内部收益率为36%，如图14-28所示。

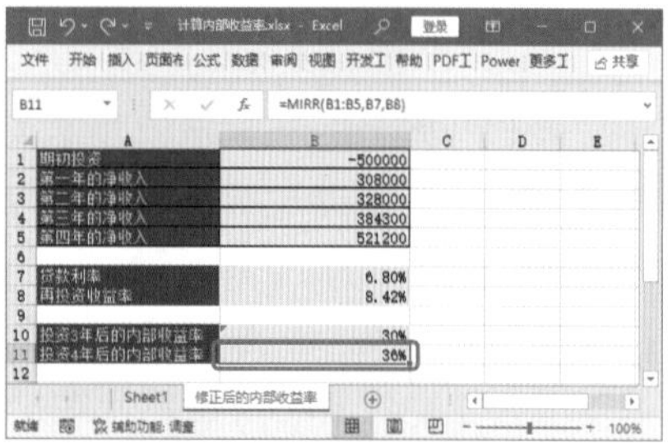

图 14-28

技术看板

values参数值可以是一个数组或是对包含数字的单元格引用。这些数值代表各期的一系列支出（负值）及收入（正值）。其中必须至少包含一个正值和一个负值，才能计算修正后的内部收益率，否则函数MIRR会返回错误值【#DIV/0!】。如果数组或引用参数包含文本、逻辑值或空白单元格，那么这些值将被忽略，但包含零值的单元格将计算在内。

14.4.3 实战：使用XIRR函数计算一组未必定期发生现金流的内部收益率

实例门类	软件功能

投资评价中经常采用的另一种

方法是内部收益率法。利用XIRR函数可以很方便地解决现金流不定期发生条件下内部收益率的计算，从而满足投资决策分析的需要。

内部收益率是指净现金流为0时的利率，计算现金流不定期条件下内部收益率的公式为：

$$0=\sum_{j=1}^{N}\frac{Pj}{(1+rate)^{\frac{(dj-d1)}{365}}}$$

式中，dj 为第 j 个或最后一个支付日期；$d1$ 为第0个支付日期；Pj 为第 j 次或最后一次支付金额。

语法结构：

```
XIRR (values,dates,
[guess])
```

参数说明如下。

- values：必需参数，表示用于指定计算的资金流量。
- dates：必需参数，表示现金流的支付日期表。
- [guess]：可选参数，表示函数计算结果的估计值，大多数情况下并不需要该参数。若省略guess，则假设它为0.1（10%）。

例如，G公司有一个投资项目，在预计现金流不变的条件下，需具体预测现金流的回流日期。但是这些资金回流日期都是不定期的，因此无法使用IRR函数进行计算。此时就可以使用XIRR函数进行计算，具体操作步骤如下。

打开素材文件\第14章\计算不定期现金流条件下的内部收益率.xlsx，❶ 在A8单元格中输入如图14-29所示的文本，❷ 在B8单元格中输入公式【=XIRR(B2:B6,A2:A6)】，计算出不定期现金流条件下的内部收益率为4.43。

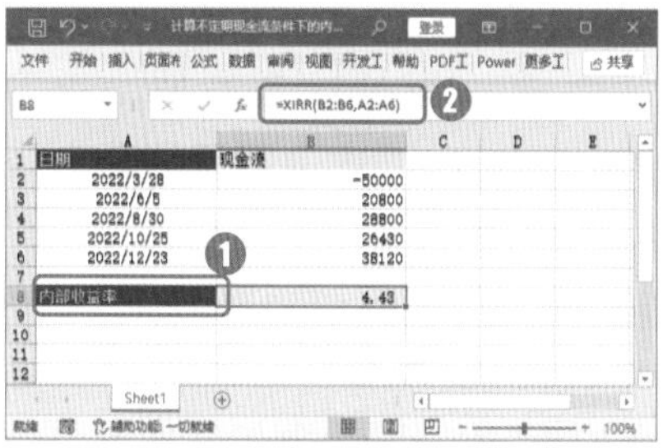

图 14-29

技术看板

本节介绍了3个求解公司财务中收益率问题的函数——IRR、MIRR、XIRR函数。在使用这些函数对同一个现金流序列进行分析时，会得出多个收益率结果，这将直接影响投资部门对是否能够进行决策的判定。因此，需要借助Excel的多个工具来进行取舍。由于篇幅有限，这里不再详细介绍其过程，读者可查看其他有关处理多个收益率问题的方法。

14.5 计算折旧值技巧

在公司财务管理中，折旧是固定资产管理的重要组成部分。不同会计标准下需要使用不同的折旧方法。我国现行固定资产折旧计算方法中，以价值为计算依据的常用折旧方法包括直线法、年数总和法和双倍余额递减法等。运用Excel提供的财务函数可以方便地解决这3种折旧方法的通用计算问题。

★重点 14.5.1 实战：根据资产的耐用年限，使用AMORDEGRC函数计算每个结算期间的折旧值

实例门类	软件功能

AMORDEGRC函数用于计算每个结算期间的折旧值，该函数主要由法国会计系统提供。

语法结构：

```
AMORDEGRC(cost,
date_purchased,first_
period,salvage,period,
rate,[basis])
```

参数说明如下。

- cost：必需参数，表示资产原值。
- date_purchased：必需参数，表示购入资产的日期。
- first_period：必需参数，表示第一个期间结束时的日期。
- salvage：必需参数，表示资产在使用寿命结束时的残值。
- period：必需参数，表示需要计算折旧值的期间。
- rate：必需参数，表示折旧率。
- [basis]：可选参数，表示所使用的年基准。在基准中，0表示360天（NASD方法）；1表示实际；2表示实际天数360；3表示一年中的365天；4表示一年中的360天（欧洲算法）。

例如，H公司于2016年3月15日购买了一批价值为10万元的计算机，估计计算机停止使用的日期是2021年3月15日，计算机的残值为1万元，折旧率为

10%。同时，按照【实际天数/365】的方法作为日计数基准，使用AMORDEGRC函数即可计算出该批计算机的折旧值，具体操作步骤如下。

打开素材文件\第14章\计算电脑的折旧值.xlsx，❶在A8单元格中输入图14-30所示的文本，❷在B8单元格中输入公式【=AMORDEGRC(B1,B2,B3,B4,B5,B6,3)】，即可计算出这批计算机的折旧值为3506元。

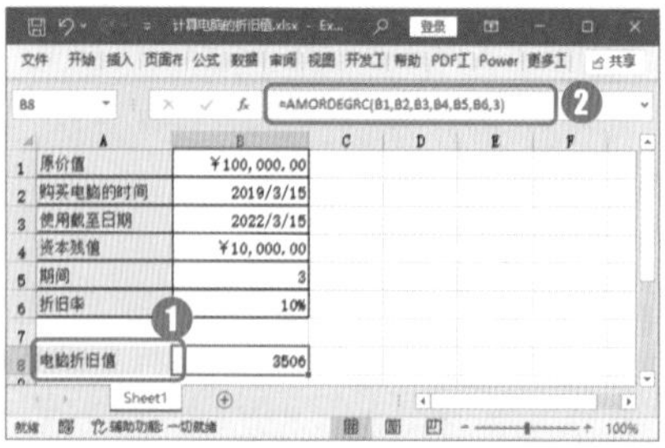

图14-30

技术看板

折旧率将在倒数第二个会计期间增长到50%，在最后一个会计期间增长到100%。如果资产的生命周期在0~1、1~2、2~3或4~5，那么将返回错误值【#NUM!】。

14.5.2 使用AMORLINC函数计算每个结算期间的折旧值

在Excel中，还可以使用AMORLINC函数计算每个结算期间的折旧值，该函数由法国会计系统提供。

语法结构：

```
AMORLINC(cost,date_
purchased,first_period,
salvage, period,rate,
[basis])
```

参数说明如下。

- cost：必需参数，表示资产原值。
- date_purchased：必需参数，表示购入资产的日期。
- first_period：必需参数，表示第一个期间结束时的日期。
- salvage：必需参数，表示资产在使用寿命结束时的残值。
- period：必需参数，表示需要计算折旧值的期间。
- rate：必需参数，表示折旧率。
- [basis]：可选参数，表示所使用的年基准。在基准中，0表示360天（NASD方法）；1表示实际；2表示实际天数360；3表示一年中的365天；4表示一年中的360天（欧洲算法）。

例如，使用AMORLINC函数计算上例的折旧值，在B8单元格中输入公式【=AMORLINC(B1,B2,B3,B4,B5,B6,3)】，即可得到计算机的折旧值为10000，如图14-31所示。

图14-31

技术看板

函数AMORLINC和AMORDEGRC的计算结果是不同的，主要原因是函数AMORLINC按照线性计算折旧，而函数AMORDEGRC的折旧系数与资产寿命有关。如果某项资产是在结算期间的中期购入的，那么按线性折旧法计算。

★重点 14.5.3 实战：以固定余额递减法，使用DB函数计算一笔资产在给定期间内的折旧值

实例门类	软件功能

DB函数可以使用固定余额递减法，计算一笔资产在给定期间内的折旧值。

语法结构：

```
DB (cost,salvage,life,
period,[month])
```

参数说明如下。

- cost：必需参数，表示资产原值。
- salvage：必需参数，表示资产在使用寿命结束时的残值。
- life：必需参数，表示资产的折旧期限。
- period：必需参数，表示需要计算折旧值的期间。
- [month]：可选参数，表示第一年的月份数，默认数值为12。

例如，某工厂在今年1月份购买了一批新设备，价值为200万元，使用年限为10年，设备的估计残值为20万元。如果对该设备采用【固定余额递减】的方法进行折旧，即可使用DB函数计算该设备的折旧值，具体操作步骤如下。

Step 01 计算折旧值。打开素材文件\第14章\计算一批设备的折旧值.xlsx，❶在D2:D11单元格区域

中输入图 14-32 所示的文本，❷在 E2 单元格中输入公式【=DB($B$1,$B$2,$B$3,D2,$B$4)】，即可计算出第一年设备的折旧值。

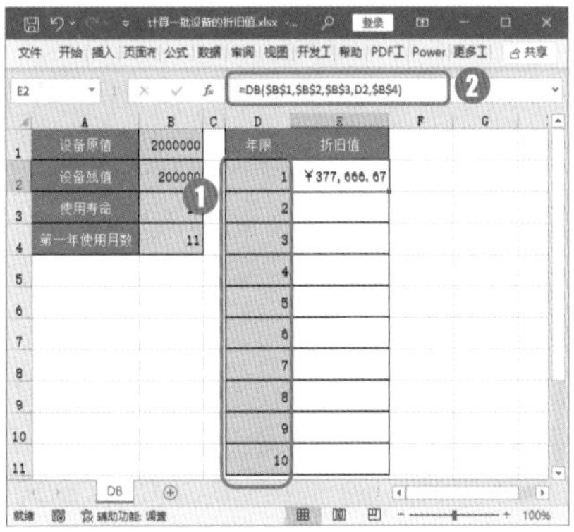

图 14-32

Step02 计算出其他年限的折旧值。使用 Excel 的自动填充功能，计算出每年的折旧值，效果如图 14-33 所示。

图 14-33

技术看板

第一个周期和最后一个周期的折旧属于特例。对于第一个周期，函数 DB 的计算公式为 cost×rate×month÷12；对于最后一个周期，函数 DB 的计算公式为 [(cost－前期折旧总值)×rate×(12－month)]÷12。

14.5.4 实战：以双倍余额递减法或其他指定方法，使用 DDB 函数计算一笔资产在给定期间内的折旧值

实例门类	软件功能

双倍余额递减法是在不考虑固定资产残值的情况下，根据每期期初固定资产账面净值和双倍的直线法折旧率计算固定资产折旧的一种加速折旧方法。在使用双倍余额递减法时应注意，按我国会计实务操作要求，在最后两年计提折旧时，要将固定资产账面净值扣除预计净残值后的净值在两年内平均摊销。

在 Excel 中，DDB 函数可以使用双倍（或其他倍数）余额递减法计算一笔资产在给定期间内的折旧值。如果不想使用双倍余额递减法，可以更改余额递减速率，即指定为其他倍数的余额递减。

语法结构：

```
DDB(cost,salvage,life,period,[factor])
```

参数说明如下。

- cost：必需参数，且必须为正数，表示资产原值。
- salvage：必需参数，且必须为正数，表示资产在使用寿命结束时的残值。
- life：必需参数，且必须为正数，表示资产的折旧期限。若按天计算，则需折旧期限×365；若按月计算，则需折旧期限×12。
- period：必需参数，且必须为正数，表示需要计算折旧值的期间。
- [factor]：可选参数，且必须为正数，表示余额递减速率，默认值为 2（双倍余额递减法）。

例如，同样要计算上例中设备的折旧值，如果采用【双倍余额递减】方法，即可使用 DDB 函数进行计算。使用 DDB 函数计算上述设备第一天、第一个月、第一年和第 10 年的折旧值，具体操作步骤如下。

Step01 计算第一天设备的折旧值。❶新建一张工作表，并重命名为【DDB】，❷输入如图 14-34 所示的内容，❸在 B7 单元格中输入公式【=DDB(B1,B2,B3*365,1)】，即可计算出第一天设备的折旧值。

图 14-34

Step02 计算出第一个月设备的折旧值。在 B8 单元格中输入公式【=DDB(B1,B2,B3*12,1,2)】，即可计算出第一个月设备的折旧值，如图 14-35 所示。

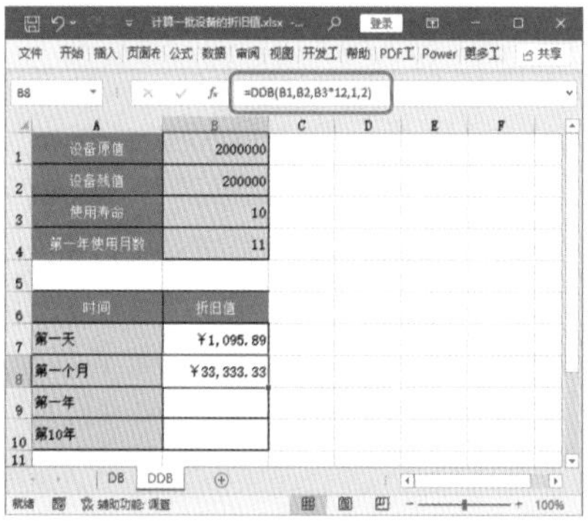

图 14-35

Step03 计算出第一年设备的折旧值。在 B9 单元格中输入公式【=DDB

(B1,B2,B3,1,2)】，即可计算出第一年设备的折旧值，如图 14-36 所示。

图 14-36

Step04 计算出第 10 年设备的折旧值。在 B10 单元格中输入公式【=DDB(B1,B2,B3,10)】，即可计算出第 10 年设备的折旧值，如图 14-37 所示。

图 14-37

技术看板

双倍余额递减法以加速的比率计算折旧。折旧值在第一阶段是最高的，在后继阶段中会减少。DDB 函数使用下面的公式计算一个阶段的折旧值：

最小值（成本－以前期间的总折旧）×（系数/寿命），（成本－以前期间的成本残值－以前期间的总折旧）

14.5.5 实战：以余额递减法，即使用 VDB 函数计算一笔资产在给定期间或部分期间内的折旧值

实例门类	软件功能

VDB 函数可以使用双倍余额递减法或其他指定的方法，返回指定期间内资产的折旧值。

语法结构：

```
VDB(cost,salvage,life,start_period,end_period,[factor],[no_switch])
```

参数说明如下。

- cost：必需参数，表示资产原值。
- salvage：必需参数，表示资产在使用寿命结束时的残值。
- life：必需参数，表示资产的折旧期限。
- start_period：必需参数，表示进行折旧计算的起始期间。该参数必须与 life 的单位相同。
- end_period：必需参数，表示进行折旧计算的截止期间。该参数必须与 life 的单位相同。
- [factor]：可选参数，表示余额递减速率，默认值为 2（双倍余额递减法）。
- [no_switch]：可选参数，是一个逻辑值，用于指定当折旧值大于余额递减计算值时，是否转用直线折旧法。

技术看板

VDB 函数的参数中除 no_switch 参数外，其余参数都必须为正数。如果 no_switch 参数值为 TRUE，即使折旧值大于余额递减计算值，Excel 也不会转用直线折旧法；如果 no_switch 参数值为 FALSE 或被忽略，且折旧值大于余额递减计算值时，Excel 将转用线性折旧法。

例如，同样计算上例中设备的折旧值，如果采用【余额递减】方法，折旧系数为 1.5，即可使用 VDB 函数计算该设备的折旧值，具体操作步骤如下。

Step01 计算出第一年设备的折旧值。❶新建一张工作表，并重命名为【VDB】，❷输入图 14-38 所示的内容，❸在 E2 单元格中输入公式【=VDB($B$1,$B$2,$B$3,0,D2,$B$4,1)】，即可计算出第一年设备的折旧值。

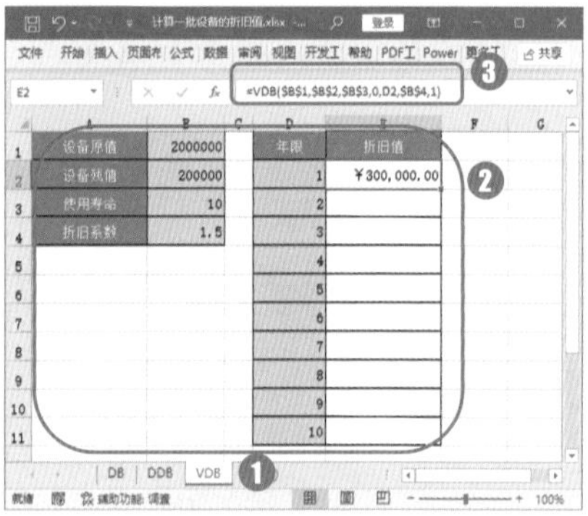

图 14-38

Step02 计算出其他年限的折旧值。使用 Excel 的自动填充功能，即可计算出每年的折旧值，如图 14-39 所示。

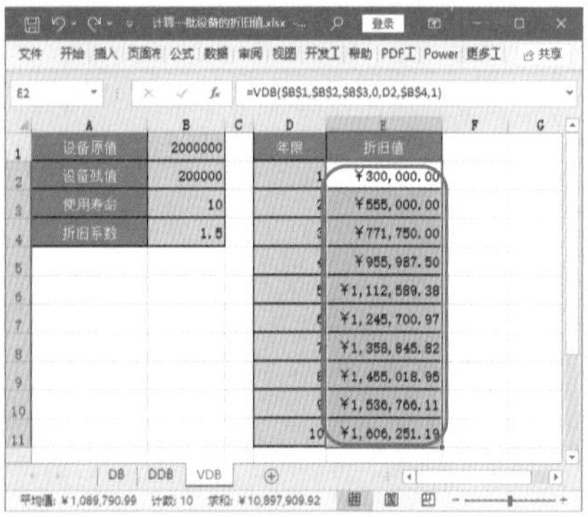

图 14-39

★重点 14.5.6 实战：用直线折旧法，使用 SLN 函数计算某项资产在一定期间内的折旧值

实例门类	软件功能

直线法又称为平均年限法，是以固定资产的原值减去预计净残值除以预计使用年限来计算每年折旧费用的折旧计算方法。

在 Excel 中，使用 SLN 函数可以计算某项资产在一定期间内的线性折旧值。

语法结构：

```
SLN (cost,salvage,
life)
```

参数说明如下。

- cost：必需参数，表示资产原值。
- salvage：必需参数，表示资产在使用寿命结束时的残值。
- life：必需参数，表示资产的折旧期限。

例如，同样计算上例中设备的折旧值，如果采用直线折旧法，即可使用 SLN 函数计算该设备每年的折旧值，具体操作步骤如下。

❶新建一张工作表，并重命名为【SLN】，❷输入如图 14-40 所示的内容，❸在 B4 单元格中输入公式【=SLN(B1,B2,B3)】，即可计算出该设备每年的折旧值。

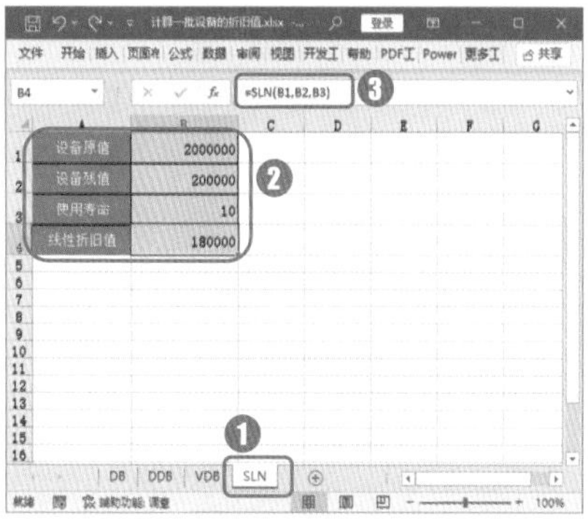

图 14-40

妙招技法

通过前面知识的学习，相信读者已经掌握了 Excel 中常用财务函数的相关操作。下面结合本章内容给大家再介绍几个实用财务函数的使用技巧。

技巧 01：用年限总和折旧法，使用 SYD 函数计算某项资产在指定期间内的折旧值

年限总和法又称为年限合计法，是快速折旧的一种方法，它将固定资产的原值减去预计净残值后的净额乘以一个逐年递减的分数来计算每年的折旧额，这个分数的分子代表固定资产尚可使用的年数，分母代表使用年限的逐年数字总和。

在 Excel 中，使用 SYD 函数可以计算某项资产按年限总和折旧法在指定期间内的折旧值。

语法结构：

```
SYD (cost,salvage,
life,per)
```

参数说明如下。

- cost：必需参数，表示资产原值。
- salvage：必需参数，表示资产在使用寿命结束时的残值。
- life：必需参数，表示资产的折旧期限。
- per：必需参数，表示期间，与 life 单位相同。

例如，同样计算上例中设备的折旧值，如果采用年限总和折旧方法，即可使用 SYD 函数计算该设备各年的折旧值，具体操作步骤如下。

Step01 计算第一年的折旧值。❶复制【DB】工作表，并重命名为【SYD】，❷删除 E2:E11 单元格区域中的内容，❸在 E2 单元格中输入公式【=SYD($B$1,$B$2,$B$3,D2)】，即可计算出该设备第一年的折旧值，如图 14-41 所示。

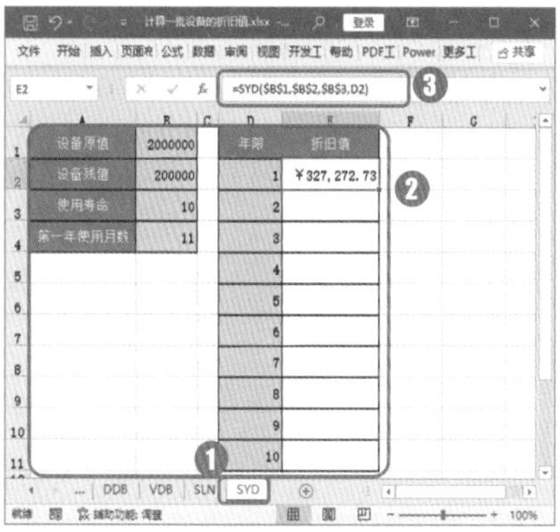

图 14-41

Step02 计算出其他年限的折旧值。使用 Excel 中的自动填充功能，计算出各年的折旧值，如图 14-42 所示。

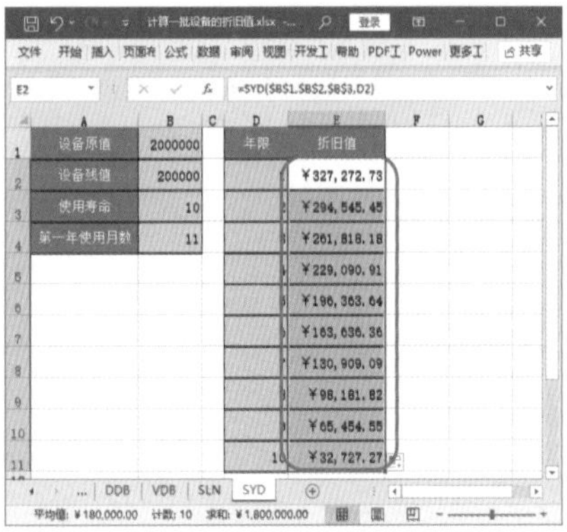

图 14-42

技术看板

本节介绍了 7 种折旧方法对应的折旧函数，读者不难发现，对于同样的资产状况，使用不同的折旧方法将会产生差异非常大的现金流，导致产生不同的财务效果。因此，在公司财务部门，需要针对不同的情况，采用不同的折旧方法。由于篇幅有限，这里不再详细介绍其过程，读者可查看其他折旧方式。

技巧 02：使用 DOLLARDE 函数将以分数表示的美元价格转换为以小数表示

在执行财务管理，尤其是在有外币的财务管理中，首先需要统一货币单位，一般以转换为美元价格的格式进行计算。

DOLLARDE 函数可以将以整数部分和小数部分表示的价格（如 1.02）转换为以十进制数表示的小数价格。

语法结构：

```
DOLLARDE(fractional_dollar, fraction)
```

参数说明如下。

- fractional_dollar：必需参数，以整数部分和分数部分表示的数字，用小数点隔开。
- fraction：必需参数，表示用作分数中分母的整数。若 fraction 不是整数，将被截尾取整；若 fraction 小于 0，则返回错误值【#NUM!】；若 fraction 大于等于 0 且小于 1，则返回错误值【#DIV/0!】。

使用 DOLLARDE 函数进行转换，实际上就是将值的小数部分除以一个指定整数。

例如，在表示证券价格时需要以十六进制形式来表示，则将小数部分除以 16。例如，要将十六进制计数中的 1.02（读作【一又十六分之二】）转换为十进制数，可输入公式【=DOLLARDE(1.02,16)】，得到转换后的十进制数为【1.125】。再如，要将八进制数中的 6.2（读作【六又八分之二】）转换为十进制数，可输入公式【=DOLLARDE(6.2,8)】，得到转换后的十进制数为【6.25】。

技巧 03：使用 DOLLARFR 函数将以小数表示的美元价格转换为以分数表示

在 Excel 中除了能将以整数部分和小数部分表示的价格转换为以十进制数表示的小数价格外，还能使用 DOLLARFR 函数进行逆向转换，即将以小数表示的价格转换为以分数表示的价格。

语法结构：

```
DOLLARFR(decimal_dollar, fraction)
```

参数说明如下。

- decimal_dollar：必需参数，表示一个小数。
- fraction：必需参数，表示用作分数中分母的整数。若 fraction 不是整数，将被截尾取整；若 fraction 小于 0，则返回错误值【#NUM!】；若 fraction 大于等于 0 且小于 1，则返回错误值【#DIV/0!】。

使用 DOLLARFR 函数可以将小数表示的金额数字，如证券价格，转换为分数型数字。例如，输入公式【=DOLLARFR(1.125,16)】，即可将十进制数中的【1.125】转换为十六进制数中的【1.02】；再如，输入公式【=DOLLARFR(1.125,8)】，即可将十进制数中的【1.125】转换为八进制数中的【1.1】。

本章小结

Excel 最常见的用途就是执行与货币相关的金融财务计算。人们每天都会做出无数项财务决策，在这个过程中使用 Excel 财务函数可能会使用户的决策更理性、准确。根据函数用途的不同，又可以将财务函数划分为投资决策函数、收益率计算函数、资产折旧函数、本利计算函数和转换美元价格格式函数等。由于财务函数本身的计算公式比较复杂，又涉及很多金融知识，对于财务不太了解的读者学习起来难度比较大。但读者会发现，其实财务函数的有些参数是通用的，学习这类函数时可以先将常用财务函数参数的作用和可取值进行统一学习，再投入各函数的具体应用中。在实际财务工作中，可能会遇到多种复杂的问题，需要借助多种复杂函数和工具来完成，具体的应用要在读者熟练掌握各个函数的具体求值内容后才能准确运用。

第15章 数学和三角函数应用技巧

- 常规的数学计算都按照它们的实际计算规律已被定义成函数了。
- 舍入取整的方法很多，每种都有相应的函数来对应。
- 怎样用Excel计算一个数据的指数或对数？
- 如何快速在弧度和角度之间进行转换？
- 常见三角函数也可以用Excel函数计算吗？

Excel中的每一个数学和三角函数都是根据其对应的数学公式来设计的。学习本章内容后，读者将不再需要推演每个公式的由来，就能够直接使用函数轻松地获取计算结果。

15.1 常规数学计算

在研究、工程及建筑方面，经常需要进行各种常规的数学计算，如取绝对值、求和、乘幂、取余等。Excel中提供了相应的函数，下面就来学习这些常用的数学计算函数的使用技巧，帮助读者在工作表中完成那些熟悉的数学计算过程。

★重点 15.1.1 使用ABS函数计算数字的绝对值

在日常数学计算中，需要将计算的结果始终取正值，即求数字的绝对值，可以使用ABS函数来完成。绝对值不带任何符号。

语法结构：

```
ABS (number)
```

参数说明如下。

- number：必需参数，表示计算绝对值的参数。

例如，要计算两栋楼相差的高度，将一栋楼的高度值存放在A1单元格中，另一栋楼的高度值存放在A2单元格中，在A3单元格中输入公式【=ABS(A1-A2)】，按【Enter】键，即可得到两栋楼相差的高度，如图15-1所示。

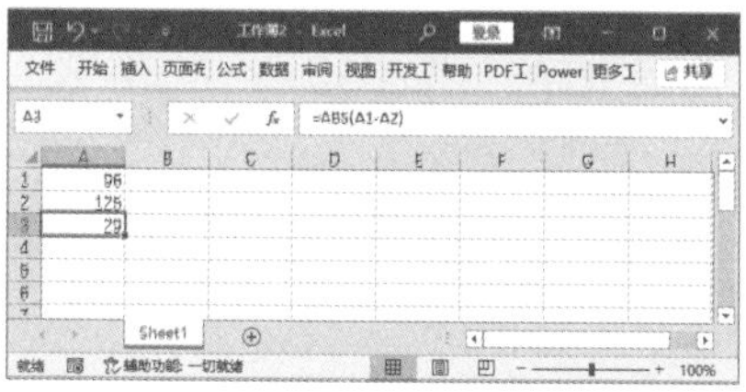

图 15-1

> **技术看板**
>
> 使用ABS函数计算的数值始终为正值，该函数常用于需要求解差值的大小，且对差值的方向并不在意。

★重点 15.1.2 实战：使用SIGN函数获取数值的符号

实例门类	软件功能

SIGN函数用于返回数值的符号。当数值为正数时返回1，为零时返回0，为负数时返回-1。

语法结构：

```
SIGN (number)
```

参数说明如下。

- number：必需参数，可以是任意实数。

例如，要根据员工月初时定的销售任务量，在月底统计时进行对比，刚好完成和超出任务量的表示完成任务，否则为未完成任务。继而对未完成任务的人员进行分析，具体还差多少，其操作步骤如下。

Step01 输入公式判断员工是否完成任务。打开素材文件\第15章\销售情况统计表.xlsx，在D2单元格中输入公式【=IF(SIGN(B2-C2)>=0,"完成任务","未完成任务")】，即可判断出该员工是否完成任务，如图15-2所示。

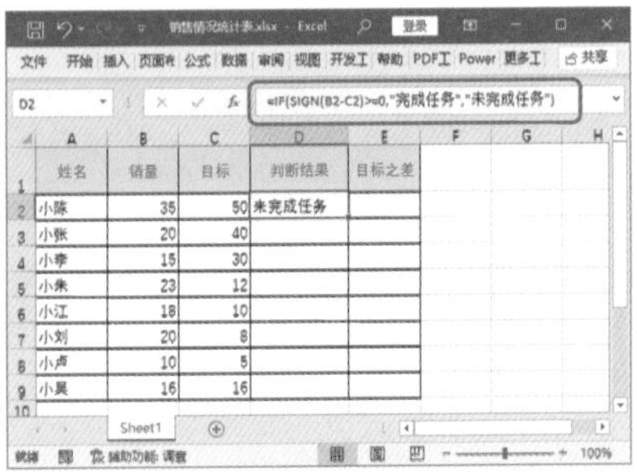

图 15-2

Step 02 判断员工是否完成既定任务目标。在E2单元格中输入公式【=IF(D2="未完成任务",C2-B2,"")】，即可判断出该员工与既定目标任务还相差多少，如图 15-3 所示。

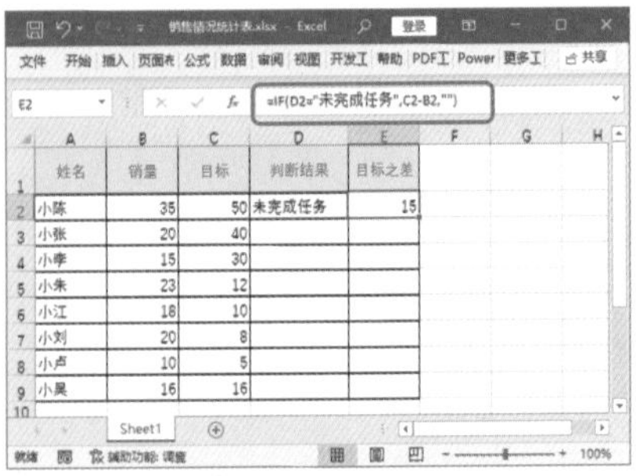

图 15-3

Step 03 判断其他员工是否完成。选择D2:E2单元格区域，然后使用Excel的自动填充功能，判断出其他员工是否完成任务，如果没有完成任务，那么继续计算出实际完成的量与既定目标任务还相差多少，最终效果如图 15-4 所示。

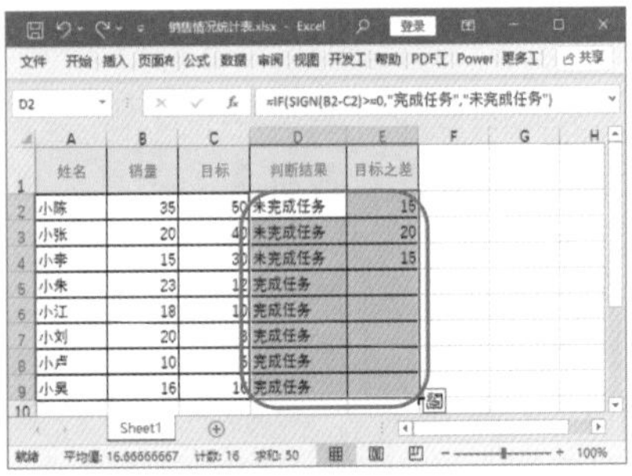

图 15-4

技术看板

使用SIGN函数可以通过判断两数相减后差的符号，从而判断出减数和被减数的大小关系。例如，本例中在判断员工是否完成任务时，首先需要计算出数值的符号，然后根据数值结果进行判断。

15.1.3 实战：使用 PRODUCT 函数计算乘积

在Excel中，如果需要计算两个数的乘积，可以使用乘法数学运算符(*)来进行。例如，单元格A1和A2中含有数字，需要计算这两个数的乘积，输入公式【=A1*A2】即可。如果需要计算许多单元格数据的乘积，使用乘法数学运算符就显得有些麻烦。此时，使用PRODUCT函数来计算所有参数的乘积就会更简便。

语法结构：

```
PRODUCT (number1,
[number2],...)
```

参数说明如下。

- number1：必需参数，表示要相乘的第一个数字或区域(工作表上的两个或多个单元格，区域中的单元格可以相邻或不相邻)。
- [number2],...：可选参数，表示要相乘的其他数字或单元格区域，最多可以使用 255 个参数。

例如，在办公用品采购清单中，已知物品采购数量、单价和折扣，求采购金额时，就可使用PRODUCT函数来进行计算，具体操作步骤如下。

Step 01 计算办公用品价格。打开素材文件\第 15 章\办公用品采购清单.xlsx，在H3单元格中输入公式【=PRODUCT(E3:G3)】，按【Enter】键计算出结果，如图 15-5 所示。

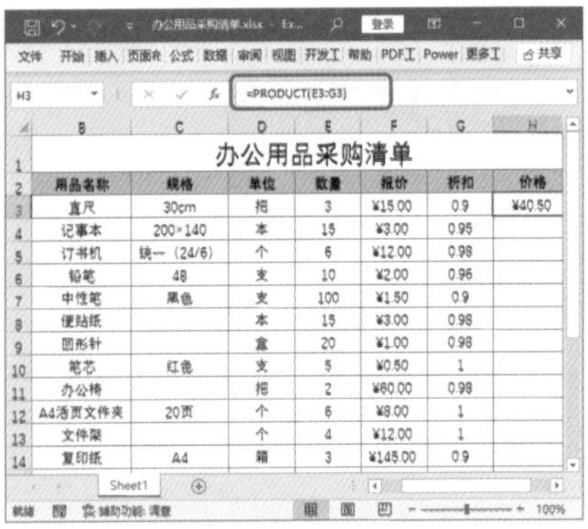

图 15-5

Step 02 计算其他办公用品采购价格。使用Excel的自动填充功能，计算出其他办公物品的采购金额，如图 15-6 所示。

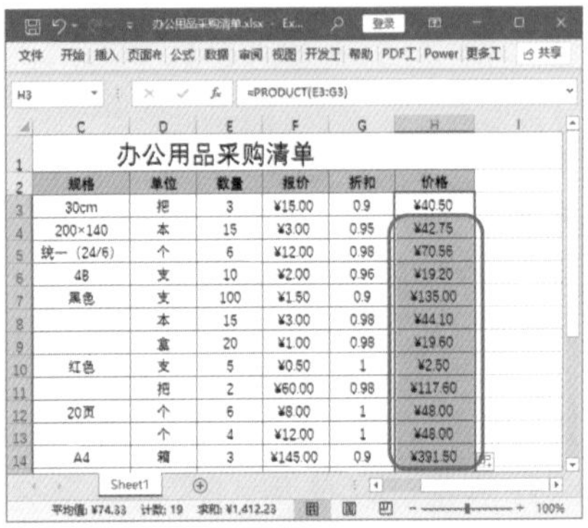

图 15-6

技术看板

如果PRODUCT函数的参数为数组或引用，那么只有其中的数字被计算乘积。数组或引用中的空白单元格、逻辑值和文本将被忽略；如果参数为文本，或者用单元格引用指定文本时，将得到不同的结果。

15.1.4 实战：使用 PI 函数返回 π 值

PI函数用于返回数学常量π，即 3.14159265358979，精确到小数点后 14 位。

语法结构：

```
PI()
```

PI函数没有参数。在计算圆周长和圆面积时，都需要使用圆周率，计算公式分别为【$2\pi r$】和【πr^2】。在Excel中使用系数PI代表圆周率。因此PI函数经常被使用。

例如，已知圆的半径，使用PI函数求圆的周长和面积，具体操作步骤如下。

Step01 计算圆的周长。打开素材文件\第15章\计算圆周长和面积.xlsx，在B2单元格中输入公式【=2*PI()*A2】，按【Enter】键，计算出圆的周长，如图15-7所示。

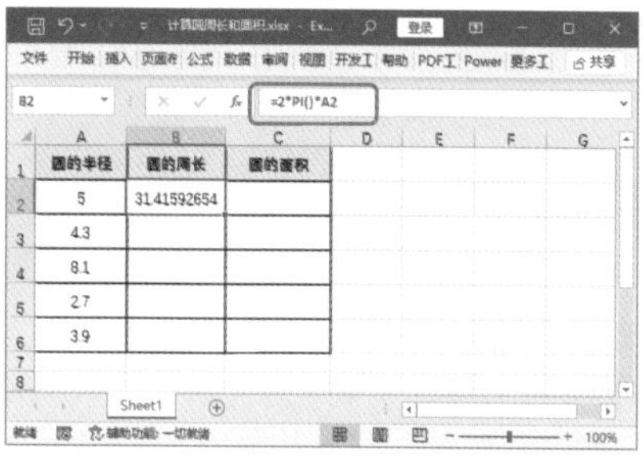

图 15-7

Step02 计算圆的面积。在C2单元格中输入公式【=PI()*SQRT(A2)】，按【Enter】键，计算出圆的面积，如图15-8所示。

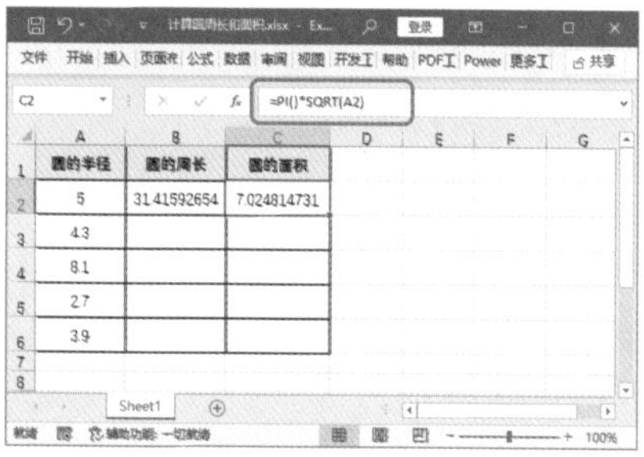

图 15-8

Step03 查看不同半径下圆的面积和周长。使用Excel的自动填充功能，计算出其他不同半径下圆的周长和面积，效果如图15-9所示。

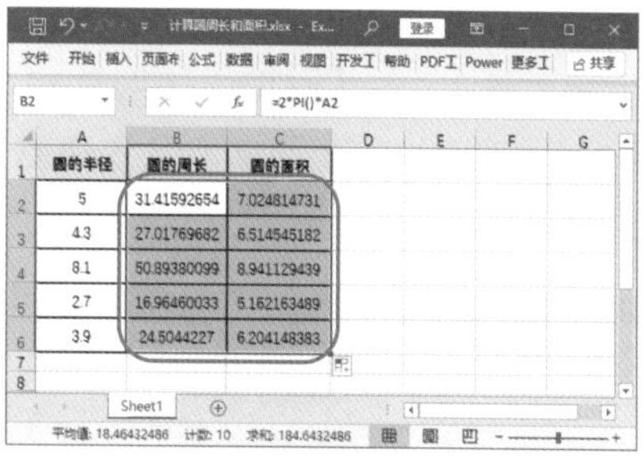

图 15-9

15.1.5 实战：使用SQRT函数计算正平方根

实例门类	软件功能

SQRT函数用于计算数值的正平方根。

语法结构：

```
SQRT(number)
```

参数说明如下。

- number：必需参数，要计算平方根的数。

例如，根据圆面积的相关知识，某圆面积S和其半径r满足下面的关系式$S=\pi r^2$。已知某圆面积为220，求该圆的半径值，就可以通过SQRT函数求得，具体操作步骤如下。

❶新建一个空白工作簿，输入图15-10所示的内容，❷在B2单元格中输入公式【=SQRT(A2/PI())】，即可计算出该圆的半径值为8.368283872。

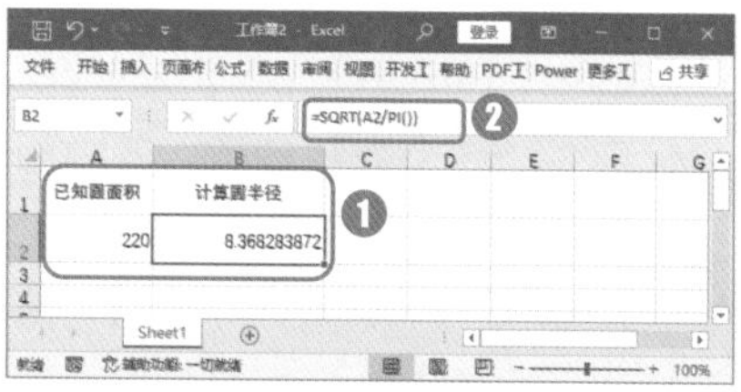

图 15-10

★重点 15.1.6 实战：使用MOD函数计算两数相除的余数

实例门类	软件功能

在数学运算中，计算两个数相除是很常见的运算，此时使用运算符【/】即可，但有时还需要计算两数相除后的余数。

在数学概念中，被除数与除数进行整除运算后剩余的数值被称为余数，其特征为：如果取绝对值进行比较，余数必定小于除数。在Excel中，使用MOD函数可以返回两个数相除后的余数，其结果的正负号与除数相同。

语法结构：

```
MOD(number,divisor)
```

参数说明如下。

- number：必需参数，表示被除数。
- divisor：必需参数，表示除数。若divisor为零，则会返回错误值【#DIV/0!】。

例如，A运输公司需要搬运一堆重达70吨的沙石，而公司调派的运输车每辆只能装载的重量为8吨，求最后还剩多少沙石没有装满一车搬运？使用MOD函数进行计算，具体操作步骤如下。

❶新建一个空白工作簿，输入图15-11所示的内容，❷在C2单元格中输入公式【=MOD(A2,B2)】，即可计算出还剩余6吨沙石没有搬运。

图 15-11

技能拓展——利用 MOD 函数判断一个数的奇偶性

利用余数必定小于除数的原理，当用一个数值对 2 进行取余操作时，结果就只能得到 0 或 1。在实际工作中，可以利用此原理来判断数值的奇偶性。

★重点 15.1.7 实战：使用 QUOTIENT 函数返回商的整数部分

实例门类	软件功能

QUOTIENT 函数既可用于返回商的整数部分，也可用于舍掉商的小数部分。

语法结构：

```
QUOTIENT (numerator,denominator)
```

参数说明如下。

- numerator：必需参数，表示被除数。
- denominator：必需参数，表示除数。

例如，B 公司专门加工牛奶，每天向外输出牛奶成品为 80000L，新设计的包装每个容量为 2.4L，公司领导要了解每天需要这种包装的大概数量。使用 QUOTIENT 函数进行计算的具体操作步骤如下。

❶新建一个空白工作簿，输入图 15-12 所示的内容，❷在 C2 单元格中输入公式【=QUOTIENT(A2,B2)】，即可计算出包装盒的大概需求量。

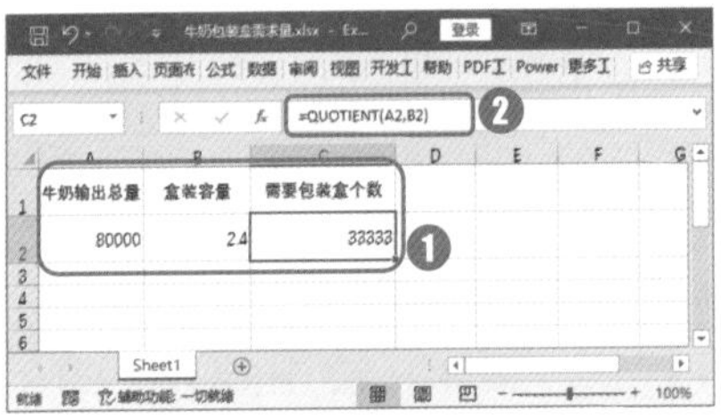

图 15-12

技术看板

若函数 QUOTIENT 中有某个参数为非数值型，则会返回错误值【#VALUE!】。

★重点 15.1.8 实战：使用 SUMPRODUCT 函数计算数组元素乘积之和

实例门类	软件功能

SUMPRODUCT 函数可以在给定的几组数组中，将数组间对应的元素相乘，并返回乘积之和。

语法结构：

```
SUMPRODUCT(array1,[array2],[array3],...)
```

参数说明如下。

- array1：必需参数，代表其中相应元素需要进行相乘并求和的第一个数组。
- [array2],[array3],...：可选参数，代表 2~255 个数组参数，其中相应元素需要进行相乘并求和。

例如，C 公司共有 3 个分店，每天都会记录各店的日销售数据，包括销售的产品名称、单价和销售量。如果需要计算每个店当日的总销售额，就可以使用 SUMPRODUCT 函数来完成，具体操作步骤如下。

Step01 计算秦隆店当日总销售额。打开素材文件\第 15 章\日销售记录表.xlsx，在 B23 单元格中输入公式【=SUMPRODUCT(($C$2:$C$19=A23)*($F$2:$F$19)*($G$2:$G$19))】，计算出秦隆店当日的销售额，如图 15-13 所示。

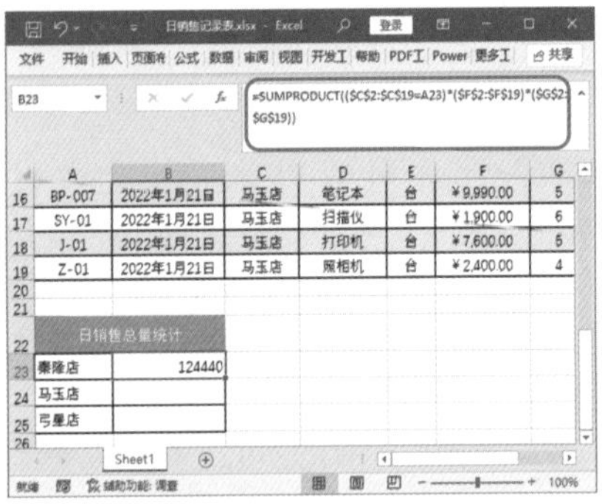

图 15-13

技术看板

在本例的解题过程中，使用了【$C$2:$C$19=A23】表达式进行判断分店的类别，该表达式得到的是一个逻辑数组，即由 TRUE 和 FALSE 组成的结果。当销售数据属于秦隆店时，返回逻辑值 TRUE，相当于 1；否则返回 FALSE，相当于 0。函数 SUMPRODUCT 将非数值型的数组元素作为 0 处理。如果数组参数具有不同的维数，则会返回错误值【#VALUE!】。

Step02 计算其他店当日总销售额。使用 Excel 的自动填充功能，计算出其他店当日的总销售额，如图 15-14 所示。

技术看板

使用 SUMPRODUCT 函数时需要注意，数组参数必须具有相同的维度，即行和列的维度是一致的；否则，函数 SUMPRODUCT 将返回错误值【#REF!】。

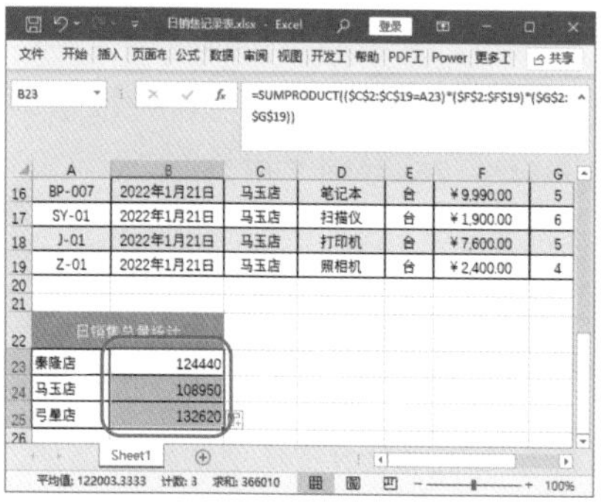

图 15-14

★重点 15.1.9 实战：使用 SUMIFS 函数计算多重条件的和

实例门类	软件功能

SUMIFS 函数用于对区域中满足多个条件的单元格求和。

语法结构：

SUMIFS(sum_range,criteria_range1,criteria1,[criteria_range2, criteria2],...)，也可以简单理解为 SUMIFS(求和区域，条件区域 1，求和条件 1，条件区域 2，求和条件 2，...)

参数说明如下。

- sum_range：必需参数，对一个或多个单元格求和，包括数字或包含数字的名称、区域或单元格引用。忽略空白单元格和文本值。
- criteria_range1：必需参数，在其中计算关联条件的第一个区域。
- criteria1：必需参数，条件的形式为数字、表达式、单元格引用或文本，可用来定义对criteria_range1 参数中的哪些单元格求和。
- [criteria_range2, criteria2],...：可选参数，附加的区域及其关联条件，最多允许 127 个区域/条件对。

例如，要在电器销售表中统计出大小为 6L 的商用型洗衣机的当月销量，具体操作步骤如下。

打开素材文件\第 15 章\电器销售表.xlsx，❶在 A28 单元格中输入相应文本，❷在 B28 单元格中输入公式【=SUMIFS(D2:D26,A2:A26,"=*商用型",B2:B26,"6")】，按【Enter】键，Excel 自动统计出满足上述两个条件的机型销量总和，如图 15-15 所示。

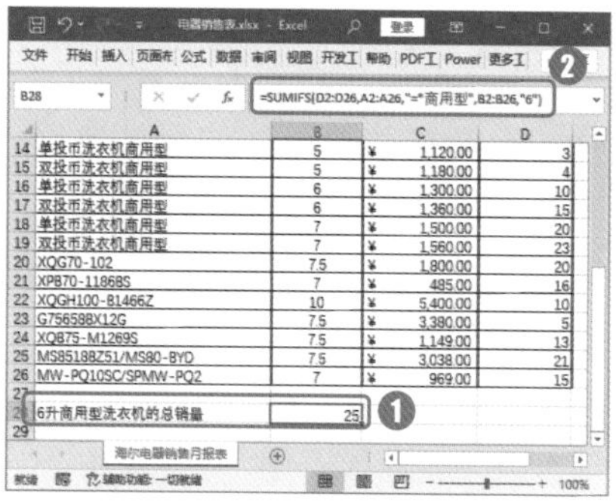

图 15-15

15.1.10 实战：使用 SUMSQ 函数计算平方和

实例门类	软件功能

SUMSQ 函数用于计算各参数的平方和。

语法结构：

SUMSQ(number1,[number2],...)

参数说明如下。

- number1为必需参数。[number2],...为可选参数。它们都代表要对其求平方和的 1~255 个参数。可以用单一数组或对某个数组的引用来代替用逗号分隔的参数。

例如，已知 $a^2+b^2=c^2$，a=27，b=8，求c的值。此时，可以先使用 SUMSQ 函数计算出 c^2 的值，然后使用SQRT函数计算出c的值，具体操作步骤如下。

Step01 输入计算公式。❶新建一个空白工作簿，输入图 15-16 所示的内容，❷在 A6 单元格中输入公式【=SUMSQ(A3,B3)】，即可计算出 c^2 的值。

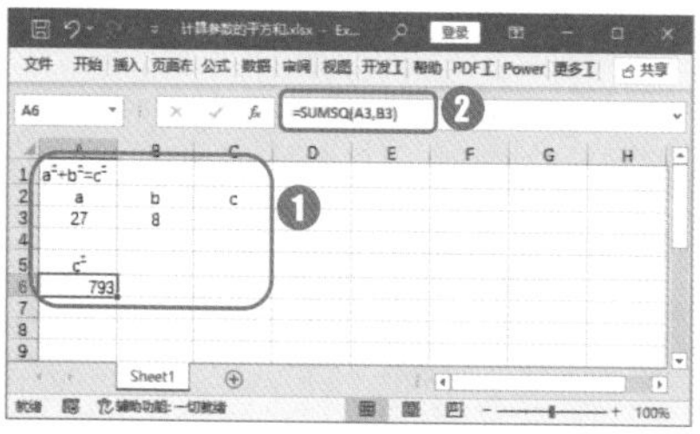

图 15-16

Step02 计算c的值。在C3 单元格中输入公式【=SQRT(A6)】，即可计算出c的值，如图 15-17 所示。

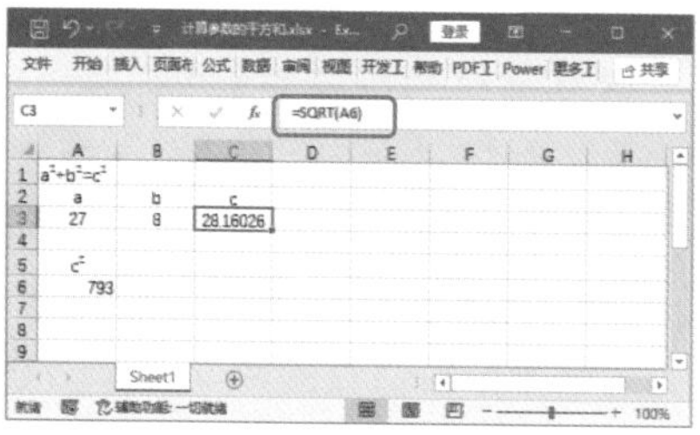

图 15-17

技术看板

SUMSQ函数的参数可以是数字，或者包含数字的名称、数组或引用。逻辑值和直接输入参数列表中代表数字的文本也会参与运算。如果参数是一个数组或引用，就只计算其中的数字。数组或引用中的空白单元格、逻辑值、文本或错误值将被忽略。

15.2 舍入与取整计算

在实际工作中，经常会遇到各种各样的数值取舍问题，如果将某数值去掉小数部分、将某数值按两位小数四舍五入，或者将某个整数保留 3 位有效数字等。为了能够满足用户对数值的各种取舍要求，Excel 提供了多种取舍函数。灵活运用这些函数，可以很方便地完成各种数值的取舍问题。下面介绍一些常用取舍函数的使用技巧。

★重点 15.2.1 使用 TRUNC 函数返回数值的整数部分

TRUNC 函数可以直接去除数值的小数部分，返回整数部分。

语法结构：

```
TRUNC (number,[num_
digits])
```

参数说明如下。

- number：必需参数，代表需要截尾取整的数值。
- [num_digits]：可选参数，用于指定取整精度的数值默认值为 0。

根据实际需要，或者为了简化公式的计算，有时只需计算某个大概的数据，此时就可以将参与运算的所有小数取整数位进行计算。例如，使用 TRUNC 函数返回 8.965 的整数部分，输入公式【=TRUNC(8.965)】，即可返回【8】。如果需要返回该数的两位小数，可输入公式【=TRUNC(8.965,2)】，返回【8.96】，如图 15-18 所示。

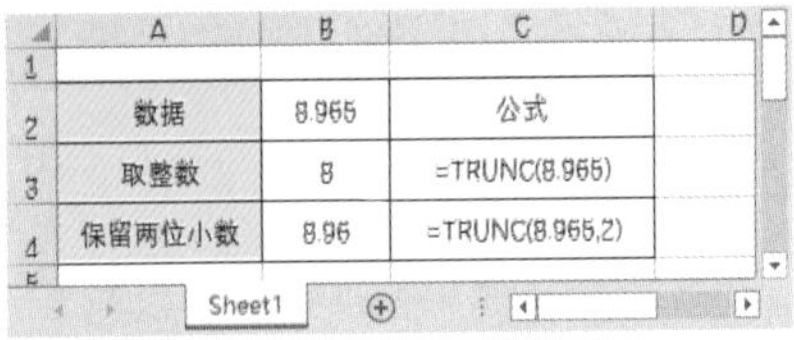

	A	B	C
2	数据	8.965	公式
3	取整数	8	=TRUNC(8.965)
4	保留两位小数	8.96	=TRUNC(8.965,2)

图 15-18

15.2.2 使用 INT 函数返回永远小于且最接近原数的整数

在 Excel 中，INT 函数与 TRUNC 函数类似，都可以用来返回整数。但是，INT 函数可以依照给定数小数部分的值，将其向下舍入到最接近的整数。

语法结构：

```
INT (number)
```

参数说明如下。

- number：必需参数，代表需要进行向下舍入取整的实数。

在实际运算中对有些数据取整时，不仅是截取小数位后的整数，而且需要将数值进行向下舍入计算，即返回永远小于且最接近原数的整数。INT 函数与 TRUNC 函数在处理正数时结果是相同的，但在处理负数时就明显不同了。

如果使用 INT 函数返回 8.965 的整数部分，输入公式【=INT(8.965)】，即可返回【8】。如果使用 INT 函数返回 -8.965 的整数部分，输入公式【=INT(-8.965)】，即可返回【-9】，因为 -9 是较小的数。而使用 TRUNC 函数返回 -8.965 的整数部分，将返回【-8】，如图 15-19 所示。

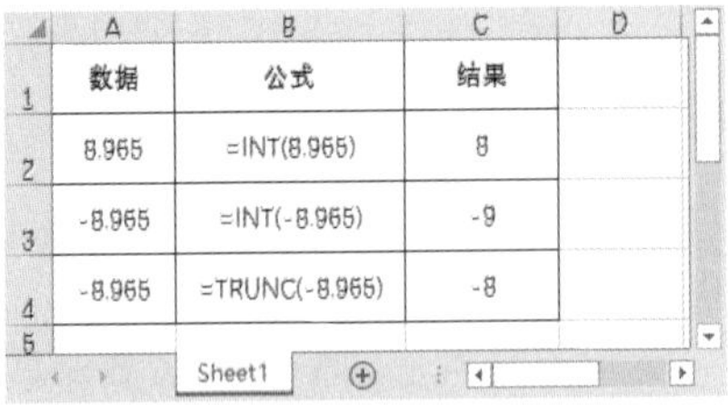

	A	B	C
1	数据	公式	结果
2	8.965	=INT(8.965)	8
3	-8.965	=INT(-8.965)	-9
4	-8.965	=TRUNC(-8.965)	-8

图 15-19

15.2.3 实战：使用 CEILING 函数按条件向上舍入

实例门类	软件功能

CEILING 函数用于将数值按条件（significance 的倍数）进行向上（沿绝对值增大的方向）舍入计算。

语法结构：

```
CEILING(number,
significance)
```

参数说明如下。

- number：必需参数，代表要舍入的值。
- significance：必需参数，代表要舍入到的倍数，是进行舍入的基准条件。

技术看板

如果 CEILING 函数中的参数为非数值型，将返回错误值【#VALUE!】；无论数字符号如何，都按远离 0 的方向向上舍入。如果数值是参数 significance 的倍数，将不进行舍入。

例如，D 公司举办一场活动，需要购买一批饮料和酒水，按照公司的人数统计出所需数量，然后去批发商那里整箱购买。由于每种饮料和酒水所装瓶数不同，现需要使用 CEILING 函数计算出整箱的数量，然后计算出要购买的具体箱数，其操作步骤如下。

Step01 计算实际需要订购的瓶数。❶新建一个空白工作簿，输入图 15-20 所示的内容，❷在D2 单元格中输入公式【=CEILING(B2, C2)】，即可计算出百事可乐实际需要订购的瓶数。

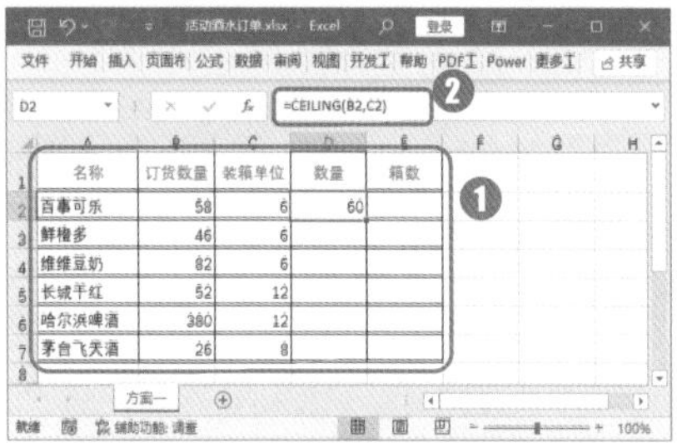

图 15-20

技术看板

本例中的公式表示将B2 单元格中的 58 向上舍入到 6 的倍数，得到的结果为【60】。

Step02 计算实际需要订购的箱数。在E2 单元格中输入公式【=D2/C2】，即可计算出百事可乐实际需要订购的箱数，如图 15-21 所示。

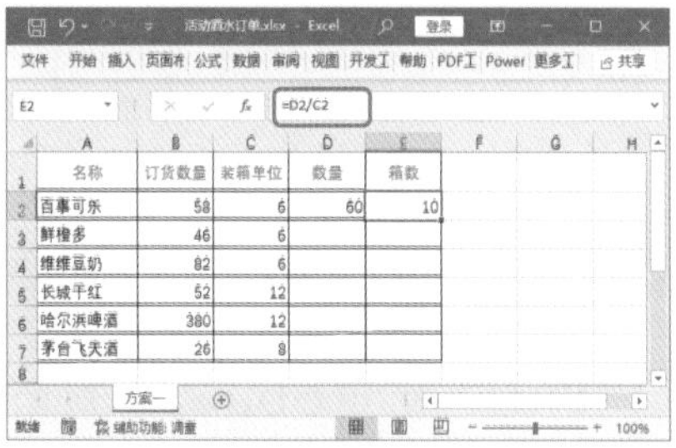

图 15-21

Step03 计算其他酒水需订购的瓶数和箱数。❶选择D2:E2 单元格区域，❷使用 Excel的自动填充功能，计算出其他酒水需要订购的瓶数和箱数，完成后的效果如图 15-22 所示。

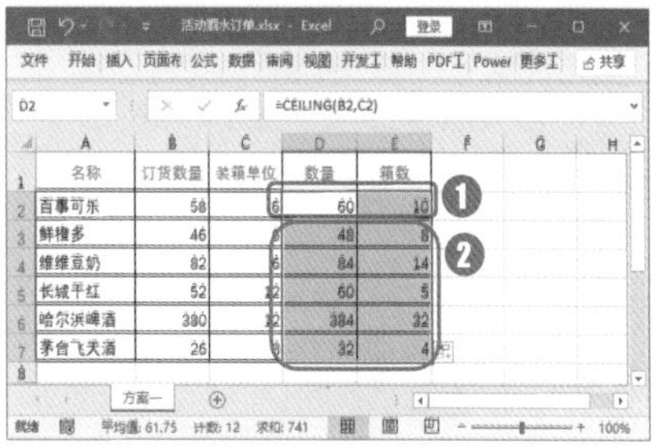

图 15-22

15.2.4 实战：使用 FLOOR 函数按条件向下舍入

实例门类	软件功能

FLOOR函数与CEILING函数的功能正好相反，它用于将数值按条件（significance的倍数）进行向下（沿绝对值减小的方向）舍入计算。

语法结构：

```
FLOOR(number,significance)
```

参数说明如下。

- number：必需参数，代表要舍入的数值。
- significance：必需参数，代表要舍入到的倍数。

例如，重新计算D公司举办活动需要购买饮料和酒水的数量，按照向下舍入的方法进行统计，其具体操作步骤如下。

Step01 计算瓶数和箱数。❶复制【方案一】工作表，并重命名为【方案二】，删除多余数据，❷在D2 单元格中输入公式【=FLOOR(B2,C2)】，即可计算出百事可乐实际需要订购的瓶数，同时可以查看计算出的箱数，如图 15-23 所示。

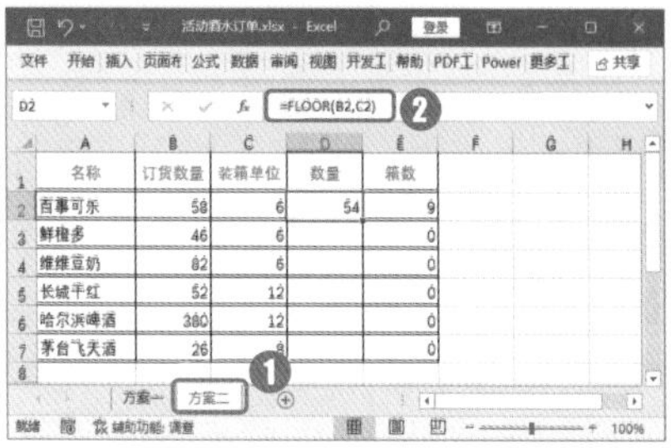

图 15-23

Step02 计算其他酒水订购的瓶数和箱数。使用 Excel的自动填充功能，计算出其他酒水需要订购的瓶数和箱数，效果如图 15-24 所示。

图 15-24

★重点 15.2.5 实战：使用 ROUND 函数按指定位数对数值进行四舍五入

在日常使用中，四舍五入的取整方法是最常用的。在Excel中，要将某个数值或计算结果四舍五入为指定的位数，可使用ROUND函数。

语法结构：

```
ROUND (number,num_digits)
```

参数说明如下。

- number：必需参数，代表要四舍五入的数值。
- num_digits：必需参数，代表位数，按此位数对number参数进行四舍五入。

例如，在培训成绩表中对员工的平均成绩进行计算，并让计算结果四舍五入到两位小数，具体操作步骤如下。

Step01 计算平均成绩。打开素材文件\第 15 章\培训成绩表.xlsx，在 H2 单元格中输入公式【=ROUND(AVERAGE(B2:G2),2)】，按【Enter】键计算出第一位员工的培训平均成绩，并且四舍五入到两位小数，如图 15-25 所示。

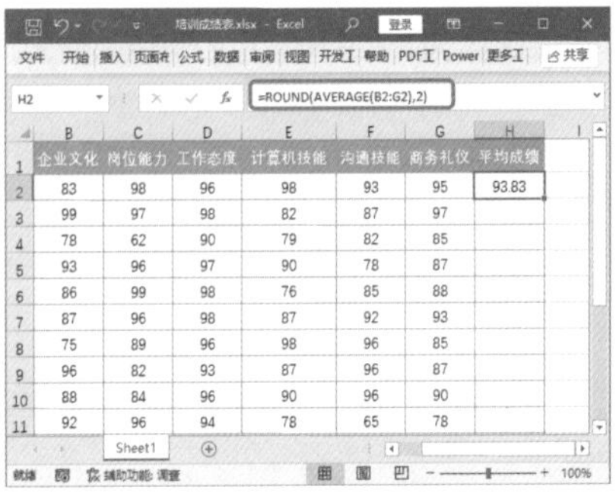

企业文化	岗位能力	工作态度	计算机技能	沟通技能	商务礼仪	平均成绩
83	98	96	98	93	95	93.83
99	97	98	82	87	97	
78	62	90	79	82	85	
93	96	97	90	78	87	
86	99	98	76	85	88	
87	96	98	87	92	93	
75	89	96	98	96	85	
96	82	93	87	96	87	
88	84	96	90	96	90	
92	96	94	78	65	78	

图 15-25

技术看板

使用ROUND函数进行四舍五入时，当数据没有小数位数或小数位数不够时，就不会四舍五入到指定的位数，如【95.5】四舍五入到两位小数时，其结果还是【95.5】。

Step02 复制公式计算其他单元格。使用Excel的自动填充功能，计算出其他员工的培训平均成绩，效果如图 15-26 所示。

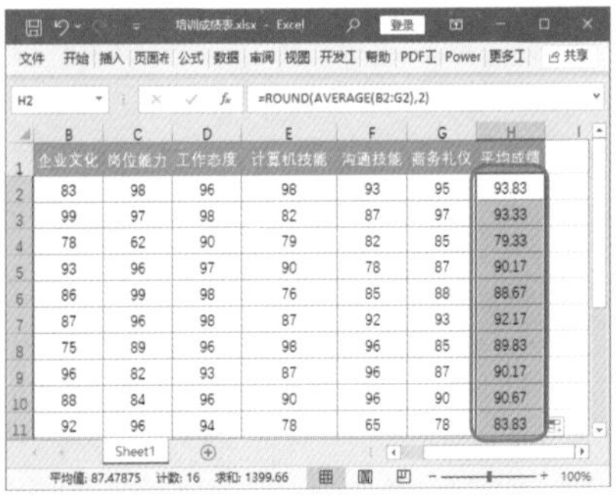

企业文化	岗位能力	工作态度	计算机技能	沟通技能	商务礼仪	平均成绩
83	98	96	98	93	95	93.83
99	97	98	82	87	97	93.33
78	62	90	79	82	85	79.33
93	96	97	90	78	87	90.17
86	99	98	76	85	88	88.67
87	96	98	87	92	93	92.17
75	89	96	98	96	85	89.83
96	82	93	87	96	87	90.17
88	84	96	90	96	90	90.67
92	96	94	78	65	78	83.83

图 15-26

技术看板

ROUND函数的num_digits参数若大于0，则将数值四舍五入到指定的小数位；若等于0，则将数值四舍五入到最接近的整数；若小于0，则在小数点左侧进行四舍五入。若要始终进行向上舍入，应使用ROUNDUP函数，其语法结构为ROUNDUP(number,num_digits)。若要始终进行向下舍入，应使用ROUNDDOWN函数，其语法结构为ROUNDDOWN(number,num_digits)。若要将某个数值四舍五入为指定的位数，应使用MROUND函数，其语法结构为MROUND(number,multiple)。

15.2.6 使用 EVEN 函数沿绝对值增大的方向舍入到最接近的偶数

EVEN函数可以将数值按照绝对值增大的方向取整，得到最接近的偶数。该函数常用于处理那些成对出现的对象。

语法结构：

```
EVEN (number)
```

参数说明如下。

➥ number：必需参数，代表要舍入的值。

在Excel中，如果需要判断一个数值的奇偶性，就要使用EVEN函数来进行判断。例如，要判断A列数值沿增大方向最接近的偶数，可以在C2单元格中输入公式【=EVEN(A2)】，并向下复制公式，效果如图 15-27 所示。

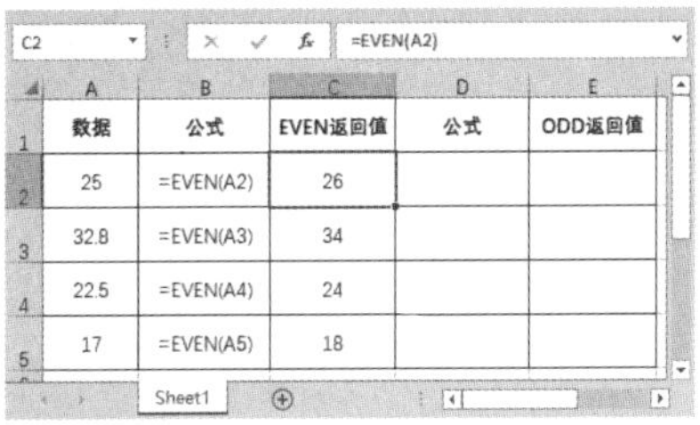

数据	公式	EVEN返回值	公式	ODD返回值
25	=EVEN(A2)	26		
32.8	=EVEN(A3)	34		
22.5	=EVEN(A4)	24		
17	=EVEN(A5)	18		

图 15-27

15.2.7 使用 ODD 函数沿绝对值增大的方向舍入到最接近的奇数

在Excel中，要判断一个数值的奇偶性，除了可以使用EVEN函数进行判断外，还可以通过ODD函数进行判断。

ODD函数可以将指定数值进行向上舍入为奇数。由于该函数会将数值的绝对值向上舍入到最接近奇数的整数值，因此小数会向上舍入到最接近奇数的整数。如果数值为负数，那么返回值是向下舍入到最接近的奇数。

语法结构：

```
ODD (number)
```

参数说明如下。

➥ number：必需参数，代表要舍入的值。

例如，使用ODD函数判断A列数值沿增大方向最接近的奇数，可以在E2单元格中输入公式【=ODD(A2)】，并向下复制公式，效果如图 15-28 所示。

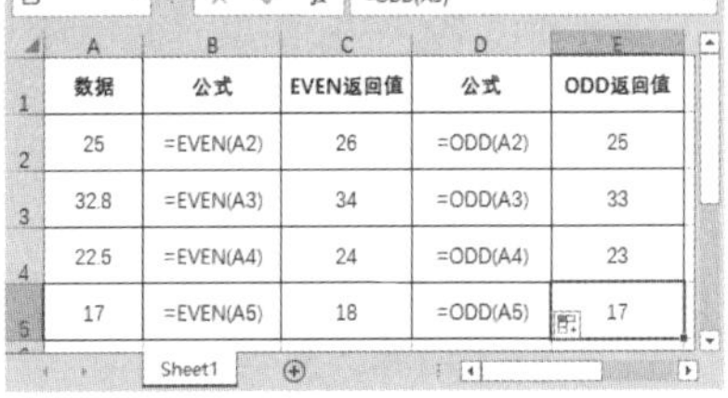

数据	公式	EVEN返回值	公式	ODD返回值
25	=EVEN(A2)	26	=ODD(A2)	25
32.8	=EVEN(A3)	34	=ODD(A3)	33
22.5	=EVEN(A4)	24	=ODD(A4)	23
17	=EVEN(A5)	18	=ODD(A5)	17

图 15-28

15.3 指数与对数计算

在Excel中，还专门提供了进行指数与对数计算的函数，掌握这些函数的相关技巧，可以提高指数与对数运算的速度。下面介绍一些常用指数与对数函数的使用技巧。

★重点 15.3.1 使用 POWER 函数计算数值的乘幂

在Excel中，除了可以使用【^】运算符表示对底数乘方的幂次（如5^2）外，还可以使用POWER函数代替【^】运算符，来表示对底数乘方的幂次。

语法结构：

```
POWER (number,power)
```

参数说明如下。

- number：必需参数，表示底数，可以是任意实数。
- power：必需参数，表示指数，底数按该指数次幂乘方。

例如，要计算6的平方，可输入公式【=POWER(6,2)】；要计算4的6次方，可输入公式【=POWER(4,6)】。

15.3.2 使用 EXP 函数计算 e 的 *n* 次方

在指数与对数运算中，经常需要使用到常数e（2.7182818，是自然对数的底数），如计算e的*n*次幂等。而在Excel中，就需要使用相应的函数来进行计算。其中，EXP函数用于计算e的*n*次幂。

语法结构：

```
EXP (number)
```

参数说明如下。

- number：必需参数，应用于底数为e的指数。

例如，要计算-5的指数数值，可输入公式【=EXP(-5)】；要计算2的指数数值，可输入公式【=EXP(2)】。

15.3.3 使用 LN 函数计算自然对数

LN函数是EXP函数的反函数，用于计算一个数的自然对数，自然对数以常数项e（2.718 281 828 459 04）为底。

语法结构：

```
LN (number)
```

参数说明如下。

- number：必需参数，表示要计算其自然对数的正实数。

例如，输入公式【=LN(25)】，即可计算25的自然对数（3.218875825）。

> **技术看板**
>
> 指数函数的公式为y=ex=EXP(x)；指数函数的反函数公式为x=ey，y=logex=LN(x)。

15.3.4 使用 LOG 函数计算以指定数为底数的对数

常见求解对数的底数很多情况下都是指定的其他数据，此时可以使用LOG函数进行求解。

语法结构：

```
LOG (number,[base])
```

参数说明如下。

- number：必需参数，用于计算对数的正实数。
- [base]：可选参数，指代对数的底数。若省略底数，则假定其值为10。若底数为负数或0值，则返回错误值【#NUM!】；若底数为文本值，则返回错误值【#VALUE!】。

LOG函数可以按所指定的底数，返回一个数的对数。例如，输入公式【=LOG(8,2)】，即可计算以2为底时8的对数（3）；输入公式【=LOG(8,3)】，即可计算以3为底时8的对数（1.892789261）。

> **技术看板**
>
> 在Excel中，还提供了一个用于计算对数的函数——LOG10，该函数可以计算以10为底数的对数。其语法结构为LOG10(number)。例如，输入公式【=LOG10(46)】，即可计算以10为底时46的对数。

15.4 三角函数计算

在Excel中还提供了常用的三角函数和反三角函数，使用这些函数可计算出对应的三角函数和反三角函数的数值，包括计算角度或弧度的正弦值、反正弦值和余弦值等。下面介绍一些常用三角函数和反三角函数的使用技巧。

★重点 15.4.1 使用 DEGREES 函数将弧度转换为角度

在处理计算三角形、四边形和圆等几何体的各种问题中，经常需要将用弧度表示的参数转换为角度，此时就需要使用DEGREES函数进行转换。

语法结构：

```
DEGREES (angle)
```

参数说明如下。

- angle：必需参数，表示待转换的弧度。

例如，输入公式【=DEGREES(PI()/3)】，即可计算π/3 弧度对应的角度（60°）。

★重点 15.4.2 使用 RADIANS 函数将角度转换为弧度

RADIANS函数是DEGREES函数的逆运算，可将用角度表示的参数转换为弧度。

语法结构：

```
RADIANS (angle)
```

参数说明如下。

- angle：必需参数，表示待转换的角度。

在Excel中，三角函数都采用弧度作为角的单位（而不是角度），经常需要使用RADIANS函数把角度转换为弧度。例如，输入公式【=RADIANS(240)】，即可将角度240°转换为弧度（4.18879）。

★重点 15.4.3 使用 SIN 函数计算给定角度的正弦值

在进行三角函数计算时，经常需要根据某个给定的角度求正弦值，此时就可以使用SIN函数来完成。

语法结构：

```
SIN (number)
```

参数说明如下。

- number：必需参数，代表需要求正弦的角度，以弧度表示。正弦值的取值范围为-1~1。

例如，需要求45°的正弦值，则可输入公式【=SIN(PI()/4)】，返回0.707106781。

技能拓展——在 SIN 函数中使用角度参数

如果SIN函数参数的单位是度，则可以乘以PI()/180或使用RADIANS函数将其转换为弧度。若需要求45°的正弦值，也可输入公式【=SIN(45*PI()/180)】，或者输入公式【=SIN(RADIANS(45))】。

15.4.4 使用 ASIN 函数计算反正弦值

ASIN函数用于返回参数的反正弦值。反正弦值为一个角度，该角度的正弦值即等于此函数的number参数。返回的角度值将以弧度表示，范围为-π/2~π/2。

语法结构：

```
ASIN (number)
```

参数说明如下。

- number：必需参数，表示所需的角度正弦值，必须介于-1~1之间。

例如，输入公式【=ASIN(-0.8)】，即可计算以弧度表示-0.8的反正弦值，即-0.927295218。

技能拓展——在 ASIN 函数中使用角度参数

在Excel中，若要用度表示反正弦值，需要将结果再乘以180/PI()或用DEGREES函数表示。若要以度表示-0.9的反正弦值（-64.1581），可输入公式【=ASIN(-0.9)*180/PI()】或【=DEGREES(ASIN(-0.9))】。

15.4.5 使用 COS 函数计算给定角度的余弦值

在Excel中，如果需要求解给定角度的余弦值，可以使用COS函数。

语法结构：

```
COS (number)
```

参数说明如下。

- number：必需参数，表示要求余弦的角度，以弧度表示，数值必须介于-1~1之间。

例如，需要求解1.5824弧度的余弦值（-0.01160341），可输入公式【=COS(1.5824)】。

技术看板

在COS函数中，如果参数number是用度来表示的，在计算余弦值时，需要将参数乘以PI()/180，转换为弧度，或者使用RADIANS函数将其转换为弧度。例如，求解48°的余弦值，还可输入公式【=COS(48*PI()/180)】或【=COS(RADIANS(48))】。

15.4.6 使用 ACOS 函数计算反余弦值

ACOS函数用于返回数值的反余弦值。反余弦值是角度，它的余弦值为数值。返回的角度值以弧度表示，范围为0~π。

语法结构：

```
ACOS (number)
```

参数说明如下。

➥ number：必需参数，表示所需角度的余弦值，必须介于-1~1 之间。

例如，需要求解-1 弧度的余弦值（3.141592654），可输入公式【=ACOS(-1)】。

妙招技法

通过前面知识的学习，相信读者已经掌握了Excel中常用数学和三角函数的相关操作。下面结合本章内容给大家再介绍几个实用数学和三角函数的使用技巧。

技巧 01：使用 SQRTPI 函数计算 π 乘积的平方根

SQRTPI函数用于计算某数与π乘积的平方根。

语法结构：

```
SQRTPI(number)
```

参数说明如下。

➥ number：必需参数，表示与 π 相乘的数。

在圆面积计算过程中，由于参数比较多，有可能使用到SQRTPI函数。例如，输入公式【=SQRTPI(1)】，即可计算出 π 的平方根为【1.772454】。若输入公式【=SQRTPI(6)】，则表示对【6*π】的乘积开平方，得到【4.341607527】。

技术看板

如果SQRT函数或SQRTPI函数的参数number为负值，则会返回错误值【#NUM!】。在Excel中，若SQRTPI函数不能得到结果，并返回错误值【#NAME?】，则需要安装并加载【分析工具库】加载宏。

技巧 02：使用 GCD 函数计算最大公约数

在数学运算中，计算两个或多个正数的最大公约数是很有用的。最大公约数是指能分别整除参与运算的两个或多个数的最大整数。在Excel中，GCD函数用于计算两个或多个整数的最大公约数。

语法结构：

```
GCD(number1,[number2],…)
```

参数说明如下。

➥ number1,[number2],…：为 1~255 个数值，其中number1 为必需参数，[number2] 为可选参数，如果任意数值为非整数，那么会被强行截尾取整。

例如，需要计算 341、27、102 和 7 的最大公约数，则可输入公式【=GCD(341,27,102,7)】，得到这一组数据的最大公约数为 1。

技术看板

任何数都能被 1 整除，质数只能被其本身和 1 除尽。在GCD函数中，如果参数为非数值型，那么返回错误值【#VALUE!】；如果参数小于零，那么返回错误值【#NUM!】。

技巧 03：使用 LCM 函数计算最小公倍数

计算两个或多个整数的最小公倍数，在数学运算中的应用也比较广泛。最小公倍数是所有需要求解整数的最小正整数倍数。在Excel中需要使用LCM函数来求解数值的最小公倍数。

语法结构：

```
LCM(number1,[number2],…)
```

参数说明如下。

➥ number1,[number2],…：为 1~255 个数值，其中number1 为必需参数，[number2] 为可选参数，如果任意数值为非整数，就会被强行截尾取整。

例如，需要计算 341、27、102 和 7 的最小公倍数，则可输入公式【=LCM(341,27,102,7)】，得到这一组数据的最小公倍数为 2191266。

本章小结

Excel 2021 中提供的数学和三角函数基本上包含了平时经常使用的各种数学公式和三角函数，使用这些函数，可以完成求和、开方、乘幂及角度、弧度转换等各种常见的数学运算和数据舍入功能。同时，在Excel的综合应用中，掌握常用数学函数的应用技巧，对构造数组序列、单元格引用位置变换、日期函数应用及文本的提取等都起着重要作用。读者在学习时要多结合相应的数学公式和计算原理，只有熟练运用，才能在日后的工作中得心应手。

第16章 其他函数应用技巧

- 当需要对公司中各部门的人数进行统计时，使用什么函数最合适？
- 当一组数据中包含空值时，如何求非空的平均值、最大值和最小值？
- 使用函数可以轻松实现排名吗？
- 二进制、八进制、十进制与十六进制之间如何转换？
- 如何将文本型数据中的数字转换为数据型格式，让其参与到公式计算中？

函数的种类有很多，有些特殊的函数虽然数量少，但它们的功能很强大。本章将学习一些小分类的函数。

16.1 统计函数

统计类函数是Excel中使用频率最高的一类函数，绝大多数报表都离不开它们，从简单的计数与求和，到多区域中多种条件下的计数与求和，此类函数总是能帮助用户解决问题。根据函数的功能，主要可将统计函数分为数理统计函数、分布趋势函数、线性拟合和预测函数、假设检验函数和排位函数。本节主要介绍其中最常用和有代表性的一些统计函数。

★重点 16.1.1 实战：使用COUNTA函数计算参数中包含非空值的个数

实例门类	软件功能

COUNTA函数用于计算区域中所有不为空的单元格个数。

语法结构：

COUNTA (value1,[value2],...)

参数说明如下。

- value1：必需参数，表示要计数的第一个参数。
- [value2],...：可选参数，表示要计数的其他参数，最多可包含255个参数。

例如，要在员工奖金表中统计出获奖人数，因为没有奖金人员对应的单元格为空，有奖金人员对应的单元格为获得的具体奖金额，所以可以通过COUNTA函数统计相应列中的非空单元格个数来得到获奖人数，具体操作步骤如下。

技术看板

COUNTA函数可以对包含任何类型信息的单元格进行计数，包括错误值和空文本。如果不需要对逻辑值、文本或错误值进行计数，只希望对包含数字的单元格进行计数，就需要使用COUNT函数。

打开素材文件\第16章\员工奖金表.xlsx，❶在A21单元格中输入相应的文本，❷在B21单元格中输入公式【=COUNTA(D2:D19)】，返回结果为【14】，如图16-1所示，即统计到该单元格区域中有14个单元格非空，也就是说有14人获奖。

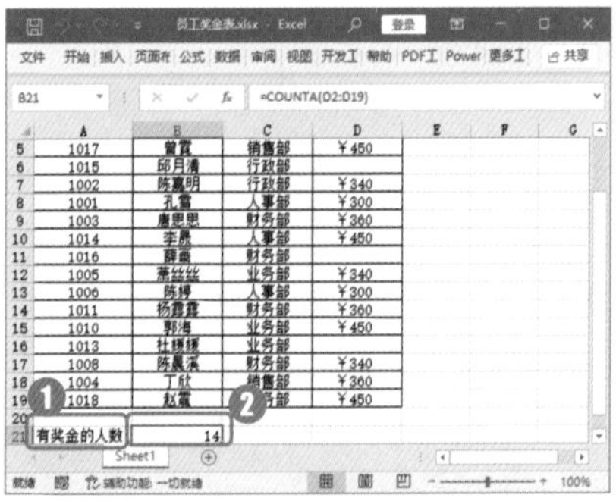

图16-1

★重点 16.1.2 实战：使用COUNTBLANK函数计算区域中空白单元格的个数

实例门类	软件功能

COUNTBLANK函数用于计算指定单元格区域中空白单元格的个数。

语法结构：

```
COUNTBLANK(range)
```

参数说明如下。

- range：必需参数，表示需要计算其中空白单元格个数的区域。

例如，要在上例中统计出没有获奖的人数，除了可以使用减法从总人数中减去获奖人数外，还可以使用COUNTBLANK函数进行统计，具体操作步骤如下。

❶在A22单元格中输入相应的文本，❷在B22单元格中输入公式【=COUNTBLANK(D2:D19)】，返回结果为【4】，如图16-2所示，即统计到该单元格区域中有4个空单元格，也就是说有4人没有奖金。

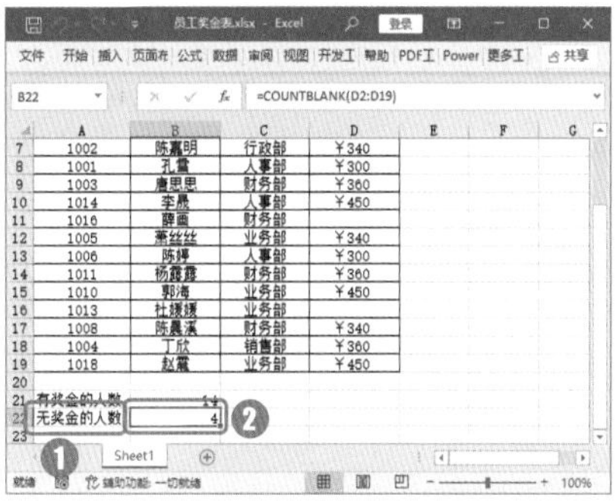

图 16-2

技术看板

即使单元格中含有返回值为空文本的公式，COUNTBLANK函数也会将这个单元格统计在内，但包含零值的单元格将不被计算在内。

★重点 16.1.3 实战：使用COUNTIF函数计算满足给定条件的单元格个数

实例门类	软件功能

COUNTIF函数用于对单元格区域中满足单个指定条件的单元格进行计数。

语法结构：

COUNTIF(range, criteria)，也可以简单理解为COUNTIF(条件区域，条件)

参数说明如下。

- range：必需参数，表示要对其进行计数的一个或多个单元格，其中包括数字或名称、数组或包含数字的引用。空值和文本值将被忽略。
- criteria：必需参数，表示统计的条件，可以是数字、表达式、单元格引用或文本字符串。

例如，在招聘统计表中要对各招聘渠道参加面试的人数进行统计，就需要使用COUNTIF函数，具体操作步骤如下。

Step01 引用其他工作表。打开素材文件\第16章\招聘统计表.xlsx，❶在【招聘渠道统计表】工作表中的B2单元格中输入公式【=COUNTIF()】，将光标定位到公式括号中，❷单击【应聘人员信息表】工作表标签，如图16-3所示。

图 16-3

Step02 选择引用范围。切换到【应聘人员信息表】工作表中，拖动鼠标选择B2:B135单元格区域，在公式中输入【,】，效果如图16-4所示。

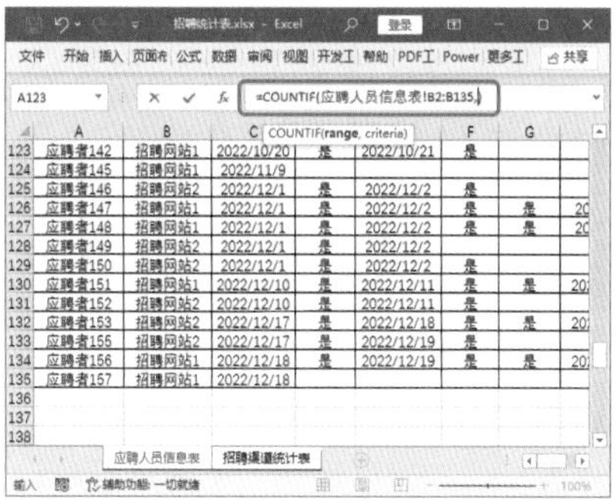

图 16-4

Step03 完成公式的输入。切换到【招聘渠道统计表】工作表中，选择A2单元格，完成公式【=COUNTIF(应聘人员信息表!B2:B135,招聘渠道统计表!A2)】的输入，如图16-5所示。

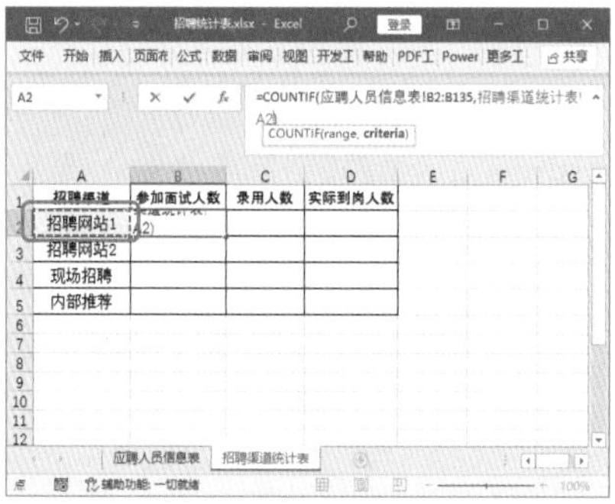

图 16-5

Step04 计算出面试人员的人数。按【Enter】键计算出招聘网站1渠道参加面试的人员数量，向下复制公式，计算出其他招聘渠道参加面试的人数，效果如图16-6所示。

图 16-6

★重点 16.1.4 实战：使用 COUNTIFS 函数计算满足多个给定条件的单元格个数

实例门类	软件功能

COUNTIFS 函数用于计算单元格区域中满足多个条件的单元格数量。

语法结构：

COUNTIFS (criteria_range1,criteria1,[criteria_range2, criteria2],…)，也可以简单理解为 COUNTIFS(条件匹配查询区域 1，条件 1，条件匹配查询区域 2，条件 2，以此类推)

参数说明如下。

- criteria_range1：必需参数，表示在其中计算关联条件的第一个区域。
- criteria1：必需参数，表示条件的形式为数字、表达式、单元格引用或文本，可用来定义将对哪些单元格进行计数。
- [criteria_range2,criteria2],…：可选参数，表示附加的区域及其关联条件，最多允许 127 个区域/条件对。

例如，继续上例的操作，使用 COUNTIFS 函数对各渠道录用的人数和实际到岗人数进行统计，具体操作步骤如下。

Step 01 在 C2 单元格中输入公式【=COUNTIFS(应聘人员信息表!$B$2:$B$135,A2,应聘人员信息表!$H$2:$H$135,">0")】，按【Enter】键计算出招聘网站 1 录用的人数，如图 16-7 所示。

图 16-7

Step 02 在 D2 单元格中输入公式【=COUNTIFS(应聘人员信息表!$B$2:$B$135,A2,应聘人员信息表!$I$2:$I$135,">0")】，按【Enter】键计算出招聘网站 1 实际到岗人数，如图 16-8 所示。

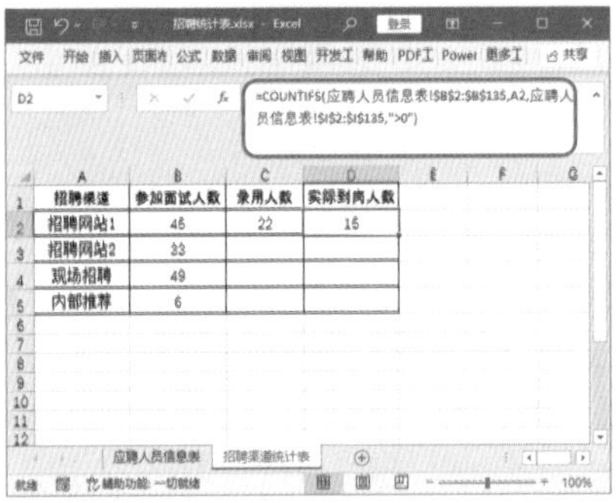

图 16-8

Step 03 使用 Excel 自动填充功能，复制 C2 和 D2 单元格中的公式，计算出其他招聘渠道的录用人数和实际到岗人数，效果如图 16-9 所示。

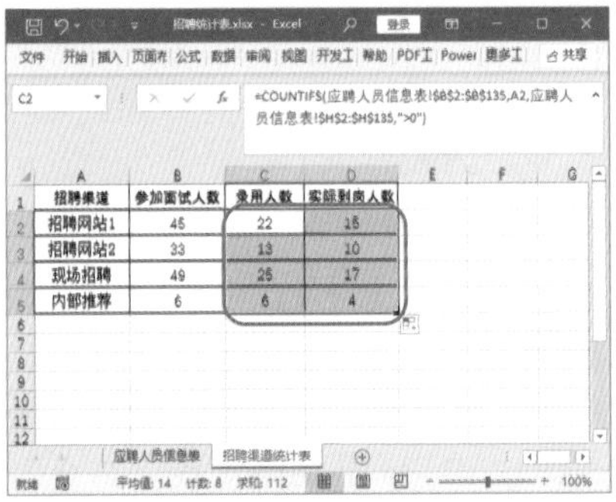

图 16-9

技术看板

COUNTIFS 函数中的每一个附加区域都必须与参数 criteria_range1 具有相同的行数和列数。这些区域无须彼此相邻。只有在单元格区域中的每一单元格满足对应的条件时，COUNTIFS 函数才对其进行计算。在条件中还可以使用通配符。

★重点 16.1.5 实战：使用 AVERAGEA 函数计算参数中非空值的平均值

实例门类	软件功能

AVERAGEA 函数与 AVERAGE 函数的功能类似，都是计算数值的平均值，只是 AVERAGE 函数计算包含数值单元格的平均值，而 AVERAGEA 函数则用于计算参数列表中所有非空单元格的平均值(算术平均值)。

语法结构：

AVERAGEA (value1,[value2],...)

参数说明如下。

- value1：必需参数，表示需要计算平均值的第一个单元格、单元格区域或值。
- [value2],...：可选参数，表示计算平均值的第 2~255 个单元格、单元格区域或值。

例如，要在员工奖金表中统计出该公司员工领取奖金的平均值，可以使用 AVERAGE 和 AVERAGEA 函数进行两种不同方式的计算，具体操作步骤如下。

Step 01 计算所有员工的奖金平均值。打开结果文件\第 16 章\员工奖金表.xlsx，❶ 复制 Sheet1 工作表，

❷在D列中数据区域部分的空白单元格中输入非数值型数据，这里输入文本型数据【无】，❸在A21单元格中输入文本【所有员工的奖金平均值：】，❹在C21单元格中输入公式【=AVERAGEA(D2:D19)】，计算出所有员工的奖金平均值约为287，如图16-10所示。

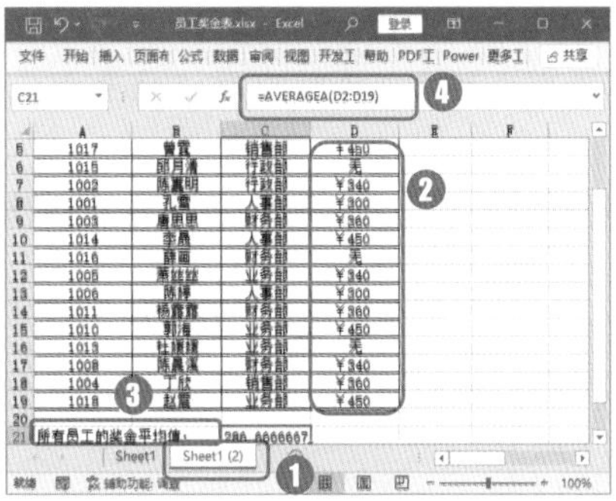

图 16-10

Step02 计算所有获奖员工的奖金平均值。❶在A22单元格中输入文本【所有获奖员工的奖金平均值：】，❷在C22单元格中输入公式【=AVERAGE(D2:D19)】，计算出所有获奖员工的奖金平均值为369，如图16-11所示。

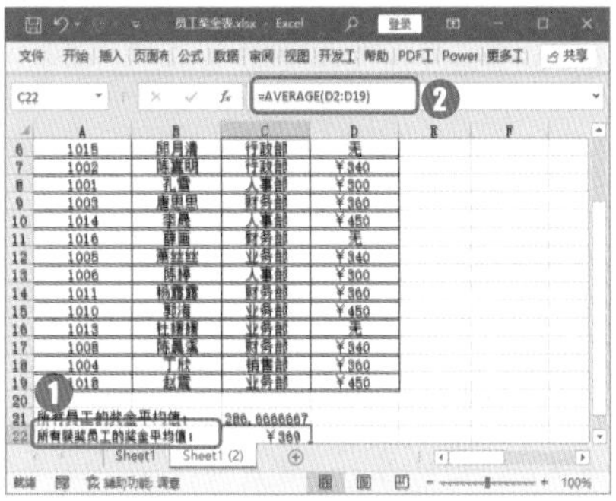

图 16-11

技术看板

从上面的例子中可以发现，针对不是数值类型的单元格，AVERAGE函数会将其忽略，不参与计算；而AVERAGEA函数则将其处理为数值0，然后参与计算。

16.1.6 实战：使用AVERAGEIF函数计算满足给定条件单元格的平均值

实例门类	软件功能

AVERAGEIF函数返回某个区域内满足给定条件所有单元格的平均值（算术平均值）。

语法结构：

AVERAGEIF(range,criteria,[average_range])，也可以简单理解为AVERAGEIF(条件区域，条件，求平均值数据所在区域)

参数说明如下。

- range：必需参数，表示要计算平均值的一个或多个单元格，其中包括数字或包含数字的名称、数组或引用。
- criteria：必需参数，表示数字、表达式、单元格引用或文本形式的条件，用于定义要对哪些单元格计算平均值。
- [average_range]：可选参数，表示要计算平均值的实际单元格集。若忽略，则使用range。

技术看板

如果参数average_range中的单元格为空单元格，AVERAGEIF函数将忽略它。如果参数range为空值或文本值，那么该函数会返回【#DIV/0!】错误值。当条件中的单元格为空单元格时，该函数就会将其视为零值。如果区域中没有满足条件的单元格，那么该函数会返回【#DIV/0!】错误值。

例如，要在员工奖金表中计算出各部门获奖人数的平均金额，可以使用AVERAGEIF函数进行计算，其具体操作步骤如下。

Step01 计算销售部的平均获奖奖金。❶选择【Sheet1(2)】工作表，❷在F1:G6单元格区域中输入与统计数据相关的内容，并进行简单的格式设置，❸在G2单元格中输入公式【=AVERAGEIF(C2:C19,F2,D2:D19)】，计算出销售部的平均获奖金额，如图16-12所示。

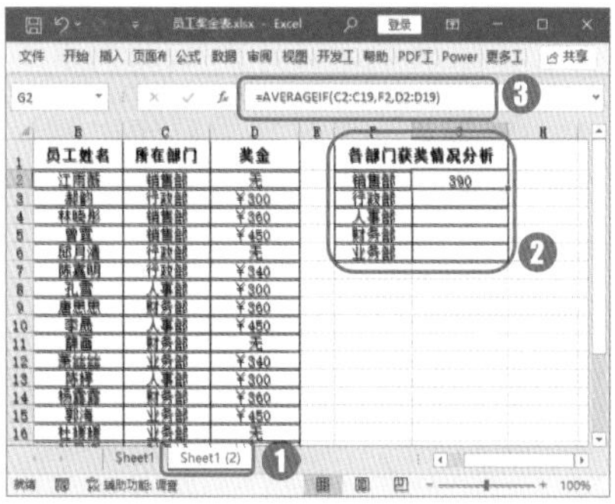

图 16-12

Step02 计算其他部门的平均获奖奖金。选择G2单元格，并向下拖动填充控制柄，计算出其他部门的平均获奖金额，效果如图16-13所示。

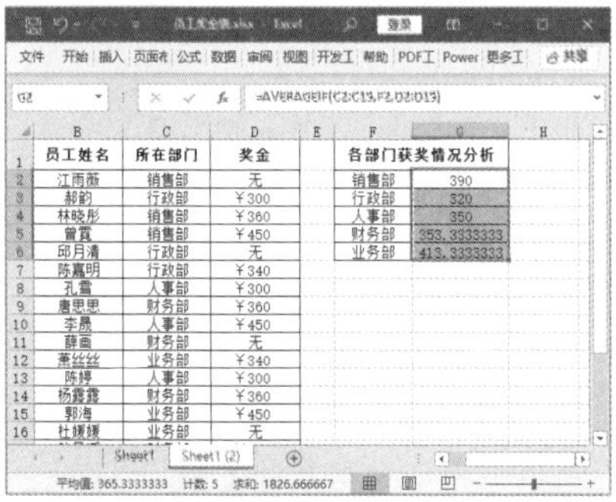

图 16-13

技能拓展——AVERAGEIFS函数的语法结构

AVERAGEIFS函数用于返回满足多个条件所有单元格的平均值（算术平均值）。其语法结构为AVERAGEIFS(average_range,criteria_range1,criteria1,[criteria_range2, criteria2],...)，也可以简单理

第1篇 第2篇 第3篇 第4篇 第5篇

解为 AVERAGEIFS(求平均值数据所在区域,条件区域 1,条件 1,求平均值数据所在区域 2,条件区域 2,条件 2,...)，其用法大致与 AVERAGEIF 函数类似。

16.1.7 实战：使用 AVEDEV 函数计算一组数据与其算术平均值绝对偏差的平均值

AVEDEV 函数用于计算一组数据与其算术平均值绝对偏差的平均值。AVEDEV 是对这组数据中变化性的度量，主要用于评测这组数据的离散度。

语法结构：

```
AVEDEV(number1,[number2],...)
```

参数说明如下。

- number1：必需参数，代表要计算其绝对偏差平均值的第一个数值参数。
- [number2],...：可选参数，代表要计算其绝对偏差平均值的 2~255 个参数。也可以用单一数组或对某个数组的引用来代替用逗号分隔的参数。

技术看板

在 AVEDEV 函数中，参数必须是数值或包含数字的名称、数组或引用。如果参数中包含逻辑值和直接输入参数列表中代表数字的文本，那么将被计算在内。如果数组或引用参数包含文本、逻辑值或空白单元格，那么这些值将被忽略，但包含零值的单元格将计算在内。输入数据所使用的计量单位将会影响 AVEDEV 函数的计算结果。

例如，某员工的工资与工作量成正比，他统计了某个星期自己完成的工作量。为了分析自己完成工作量的波动性，需要计算工作量的平均值绝对偏差，可以使用 AVEDEV 函数进行计算，其具体操作步骤如下。

打开素材文件\第 16 章\一周工作量统计.xlsx，❶合并 A8:C8 单元格区域，并输入相应文本，❷在 D8 单元格中输入公式【=AVEDEV(B2:B6)】，即可计算出该员工完成工作量的平均值绝对偏差为 31.92，如图 16-14 所示。

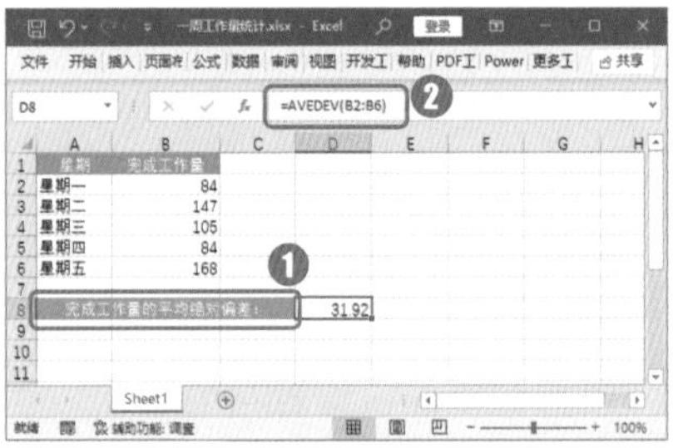

图 16-14

16.1.8 使用 MAXA 函数返回一组非空值中的最大值

如果要返回一个数组中的最大值，可以使用 MAX 函数和 MAXA 函数进行计算。MAX 函数统计的是所有数值数据的最大值，而 MAXA 函数统计的则是所有非空单元格的最大值。

语法结构：

```
MAXA(value1,[value2],...)
```

参数说明如下。

- value1：必需参数，代表需要从中找出最大值的第一个数值参数。
- [value2],...：可选参数，代表需要从中找出最大值的 2~255 个数值参数。

例如，在一组包含文本、逻辑值和空值的数据中，分别使用 MAX 函数和 MAXA 函数计算出最大值，具体操作步骤如下。

Step 01 计算最大值。❶新建一个空白工作簿，并在工作表中输入图 16-15 所示的一组数据，❷合并 A13:D13 单元格区域，并输入相应的文本，❸在 E13 单元格中输入公式【=MAX(A1:A12)】，即可计算出该单元格区域所有数值的最大值为 0。

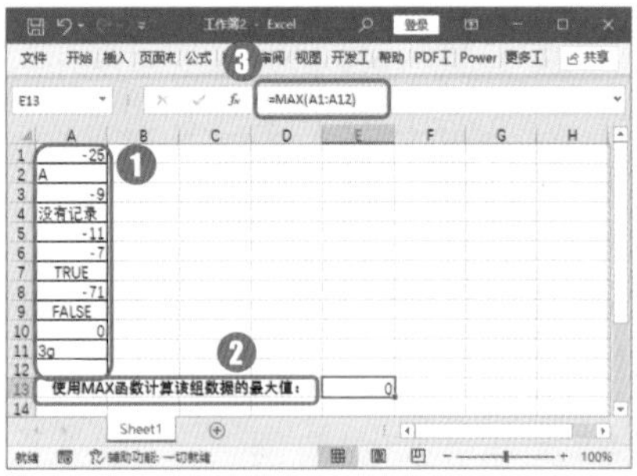

图 16-15

Step 02 计算非空单元格区域中的最大值。在 E14 单元格中输入公式【=MAXA(A1:A12)】，即可计算出该单元格区域中所有非空单元格的最大值为 1，如图 16-16 所示。

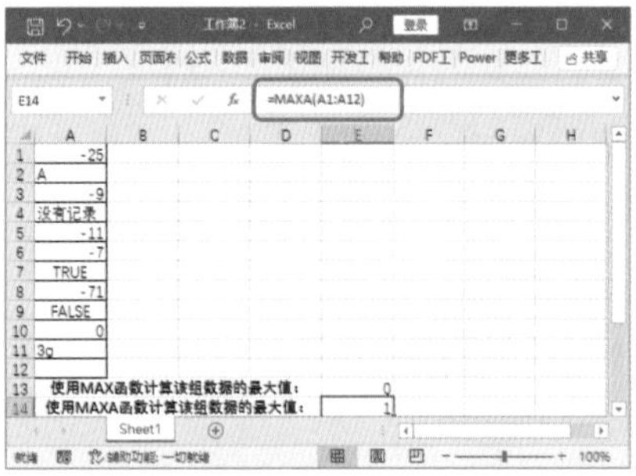

图 16-16

技术看板

使用 MAXA 函数时，包含 TRUE 的参数将作为 1 进行计算；包含文本或 FALSE 的参数将作为 0 进行计算。如果参数不包含任何值，将返回 0。

16.1.9 用 MINA 函数返回一组非空值中的最小值

Excel 中除了 MIN 函数可以计算最小值以外，MINA 函数也可以计算最小值。MINA 函数用于计算所有非空单元格的最小值。

语法结构：

```
MINA(value1,[value2],...)
```

参数说明如下。

- value1：必需参数，代表需要从中找出最小值的第一个数值参数。
- [value2],...：可选参数，代表需要从中找出最小值的 2~255 个数值参数。

例如，在员工奖金表中的奖金列包含文本数据，要使用 MINA 函数计算出最小值，具体操作步骤如下。

打开结果文件\第 16 章\员工奖金表.xlsx，❶合并 A23:B23 单元格区域，并输入相应文本，❷在 C23 单元格中输入公式【=MINA(D2:D19)】，计算出所有员工中获奖最少的，但是输入函数的计算结果为【0】，如图 16-17 所示。虽然计算的结果可能不是所需要的结果，但从某种意义上说，该结果又是正确的，毕竟有些员工没有领取到奖金。因此对于他们来说，奖金就是 0。

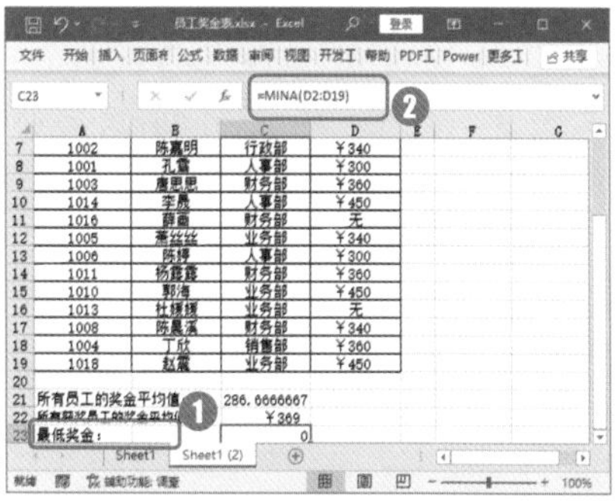

图 16-17

★重点 16.1.10 实战：使用 RANK.EQ 函数返回一个数据在一组数据中的排位

实例门类	软件功能

RANK.EQ 函数用于返回一个数据在数据列表中的排位，数据的排位是其大小与列表中其他值的比较（如果列表已排过序，则数据的排位就是它当前的位置）。如果多个值具有相同的排位，则返回该组数据的最高排位。若要对列表进行排序，则数据排位可作为其位置。

语法结构：

```
RANK.EQ (number,ref,[order])
```

参数说明如下。

- number：必需参数，表示需要找到排位的数据。
- ref：必需参数，表示数据列表数组或对数据列表的引用。ref 中的非数值型值将被忽略。
- [order]：可选参数，用于指明数据排位的方式。如果 order 为 0 或省略，Excel 对数据的排位是基于 ref 为按照降序排列的列表，否则 Excel 对数据的排位是基于 ref 为按照升序排列的列表。

例如，在成绩表中记录了各学生的成绩，如果需要判断出各学生总成绩在全班的排名，就可以使用 RANK.EQ 函数进行计算，其具体操作步骤如下。

Step 01 判断学生总成绩排名。打开素材文件\第 16 章\21 级月考成绩统计表.xlsx，❶在 K1 单元格中输入文本【排序】，❷在 K2 单元格中输入公式【=RANK.EQ(J2,$J$2:$J$31)】，判断出该学生的总成绩在全班成绩的排位为 1，如图 16-18 所示。

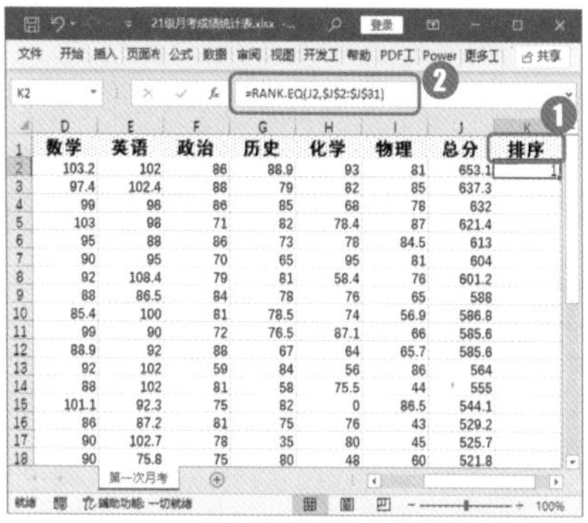

图 16-18

Step 02 计算其他学生排名。选择 K2 单元格，并通过拖动填充控制柄自动填充公式，计算出各学生成绩在全班成绩的排名，如图 16-19 所示。

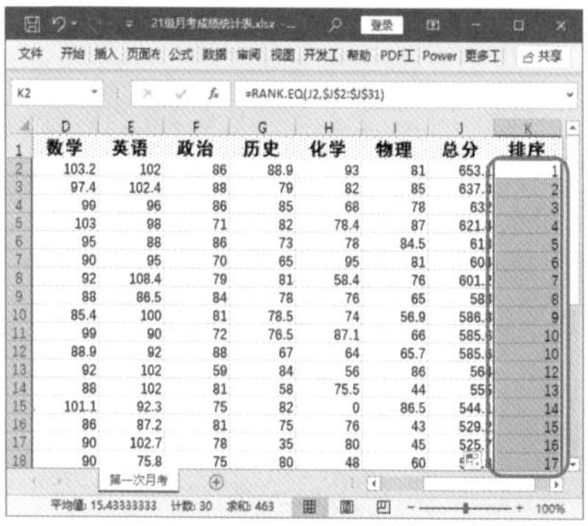

图 16-19

★重点 16.1.11 实战：使用 RANK.AVG 函数返回一个数据在一组数据中的排位

实例门类	软件功能

上例中，可以看出 RANK.EQ 函数对重复数的排位相同，但重复数的存在将影响后续数据的排位。如果希望在遇到重复时采用平均排位方式排位，就可以使用 RANK.AVG 函数。

语法结构：

```
RANK.AVG (number,ref,[order])
```

参数说明如下。

- number：必需参数，表示需要找到排位的数据。
- ref：必需参数，表示数据列表数组或对数据列表的引用。ref中的非数值型值将被忽略。
- [order]：可选参数，用于指明数据排位的方式。如果order为0或省略，那么Excel对数据的排位是基于ref为按照降序排列的列表，否则Excel对数据的排位是基于ref为按照升序排列的列表。

例如，要使用RANK.AVG函数对上例重新进行排位，具体操作步骤如下。

Step 01 输入排名公式。在L2单元格中输入公式【=RANK.AVG(J2,$J$2:$J$31)】，判断出该同学的总成绩在全班成绩的排位为1，如图16-20所示。

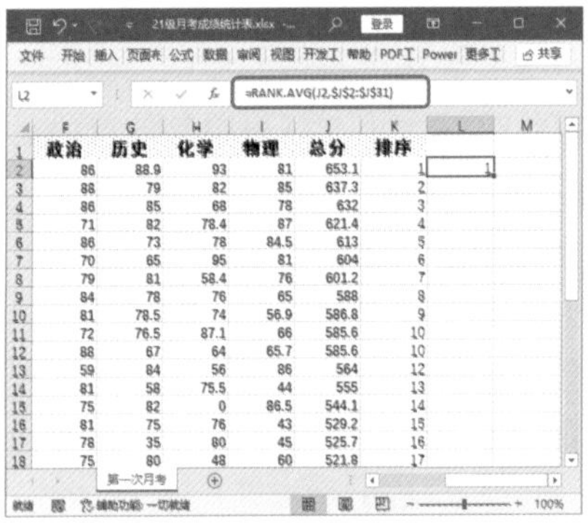

图16-20

Step 02 计算员工排名。选择L2单元格，并通过拖动填充控制柄自动填充公式，计算出各同学成绩在全班成绩的排名，可以看到，当排位数据相同时，排位根据求平均值的方式进行显示。如图16-21所示。

图16-21

16.2 工程函数

在进行编程时，经常会遇到一些工程计算方面的问题。掌握工程函数的相关应用技巧，可以极大地简化程序，解决一些数学问题。工程函数是属于专业领域计算分析用的函数，本节将介绍一些常用工程函数，包括数制转换类函数和复数运算类函数的使用技巧。

★重点 16.2.1 实战：使用DELTA函数测试两个值是否相等

实例门类	软件功能

DELTA函数用于测试两个数值是否相等。若number1=number2，则返回1，否则返回0。

语法结构：

```
DELTA(number1,[number2])
```

参数说明如下。

- number1：必需参数，代表要进行比较的第一个数值。
- [number2]：可选参数，代表要进行比较的第二个数值。如果省略number2，那么假设该参数值为0。

DELTA函数常用于筛选一组数据。例如，在统计学生的数学运算成绩时，每得到一个正确计算结果就得1分，要统计某学生成绩时可以先使用DELTA函数判断出结果是否正确，再计算总得分，具体操作步骤如下。

Step 01 输入公式判断答案是否正确。打开素材文件\第16章\简单数学计算得分统计.xlsx，在C2单元格中输入公式【=DELTA(A2,B2)】，判断出该题的答案是否正确。若正确便得到1分，否则为0，如图16-22所示。

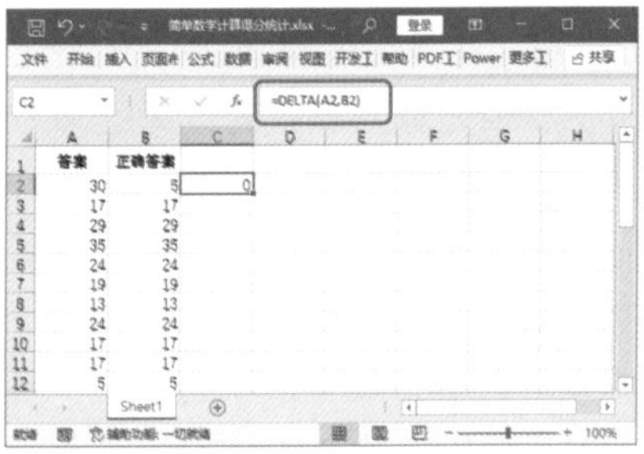

图16-22

Step 02 计算最终得分。❶选择C2单元格，并拖动控制柄填充公式，❷在A33单元格中输入相应文本，❸在B33单元格中输入公式【=SUM(C2:C31)】，即可计算出该学生的最终得分，如图16-23所示。

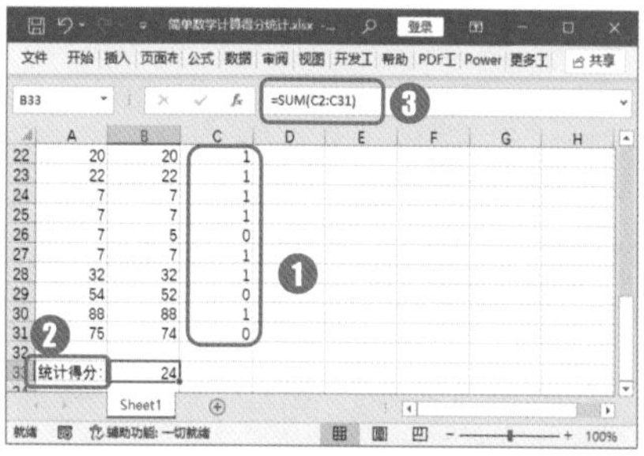

图 16-23

技术看板

在使用 DELTA 函数时，要保证两个参数都是数值，否则将返回错误值【#VALUE!】。

★重点 16.2.2 实战：使用 GESTEP 函数测试某值是否大于阈值

实例门类	软件功能

GESTEP 函数用于检验数字是否大于等于特定的值（阈值），如果大于等于阈值，就返回 1，否则返回 0。

语法结构：

```
GESTEP (number,[step])
```

参数说明如下。

- number：必需参数，表示要针对 step 进行测试的值。
- [step]：可选参数，代表作为参照的数值（阈值）。如果省略 step 的值，那么函数 GESTEP 假设其为零。

例如，某员工每天完成 100 份才算达标，要在【一周工作量统计】工作表中将每天实际完成任务与 100 进行比较，判断当天是否达标，并对记录周数据中达标的天数进行统计，具体操作步骤如下。

打开结果文件\第 16 章\一周工作量统计.xlsx，❶合并 A9:C9 单元格区域，并输入相应文本，❷在 D9 单元格中输入公式【=SUM(GESTEP(B2,100),GESTEP(B3,100),GESTEP(B4,100),GESTEP(B5,100),GESTEP(B6,100))】即可，计算出实际达标的天数为 3，如图 16-24 所示。

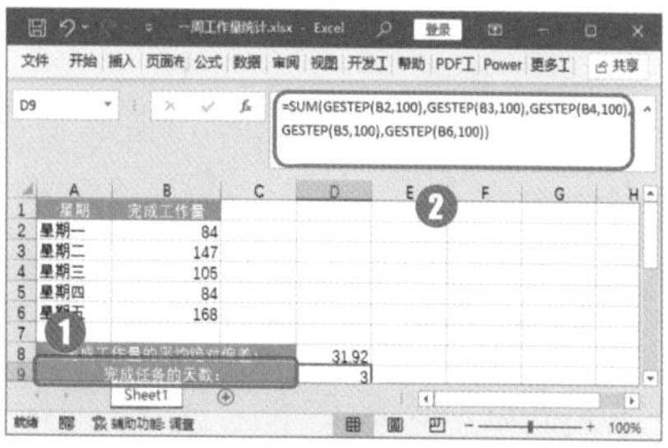

图 16-24

技术看板

从上例中可以看出，通过计算多个函数 GESTEP 的返回值，可以检测出数据集中超过某个临界值的数据个数。

16.2.3 使用 BIN2DEC 函数将二进制数转换为十进制数

BIN2DEC 函数用于将二进制数转换为十进制数。

语法结构：

```
BIN2DEC(number)
```

参数说明如下。

- number：必需参数，表示希望转换的二进制数。number 的位数不能多于 10 位（二进制位），最高位为符号位，其余 9 位为数字位。负数用二进制数的补码表示。

例如，需要将二进制数 1100101 转换为十进制数，即可输入公式【=BIN2DEC(1100101)】，返回【101】。

16.2.4 使用 BIN2HEX 函数将二进制数转换为十六进制数

如果需要将二进制数转换为十六进制数，可使用 BIN2HEX 函数进行转换。

语法结构：

```
BIN2HEX(number, [places])
```

参数说明如下。

- number：必需参数，表示希望转换的二进制数。number 包含的字符不能多于 10 位（二进制位），最高位为符号位，其余 9 位为数字位。负数用二进制补码记数法表示。
- [places]：可选参数。表示要使用的字符数。如果省略 places，函数 BIN2HEX 将使用必需的最小字符数。places 可用于在返回的值前置 0。

例如，需要将二进制数 11001011 转换为 4 个字符的十六进制数，即可输入公式【=BIN2HEX(11001011,4)】，返回【00CB】。

技术看板

Excel 中专门提供转换十六进制数的函数，如 HEX2BIN、HEX2OCT、HEX2DEC 函数分别用于将十六进制数转换为二进制数、八进制数和十进制数。这几个函数的语法结构分别为 HEX2BIN(number,[places])、HEX2OCT(number,[places]) 和 HEX2DEC(number)。其中，参数 number 是要转换的十六进制数，其位数不能多于 10 位（40 位二进制位），最高位为符号位，后 39 位为数字位，负数用二进制数的补码表示；参数 places 用于设置所要使用的字符数。

16.2.5 使用 DEC2BIN 函数将十进制数转换为二进制数

Excel 中专门提供有转换十进制数的函数。如果需要将十进制数转换为二进制数，可使用 DEC2BIN 函数进行转换。

语法结构：

```
DEC2BIN(number,[places])
```

参数说明如下。

- number：必需参数，表示希望转换的十进制数。如果 number 参数值为负数，则省略有效位值并返回 10 个字符的二进制数（10 位二进制数），该数最高位为符号位，其余 9 位是数字位。
- [places]：可选参数，表示要使用的字符数。如果省略 places，函数 DEC2BIN 将使用必需的最小字符数。places 可用于在返回的值前置 0。

例如，需要将十进制数 16 转换为 6 个字符的二进制数，即可输入公式【=DEC2BIN(16,6)】，返回【010000】。

技术看板

在使用 DEC2BIN 函数时，需要注意以下几点。

（1）如果 number < -512 或 number > 511，将返回错误值【#NUM!】。

（2）如果参数 number 为非数值型，将返回错误值【#VALUE!】。

（3）如果函数 DEC2BIN 需要比 places 指定更多的位数，将返回错误值【#NUM!】。

（4）如果 places 不是整数，将截尾取整。

（5）如果 places 为非数值型，将返回错误值【#VALUE!】。

（6）如果 places 为零或负值，将返回错误值【#NUM!】。

16.2.6 使用 DEC2HEX 函数将十进制数转换为十六进制数

如果需要将十进制数转换为十六进制数，即可使用 DEC2HEX 函数进行转换。

语法结构：

```
DEC2HEX(number,[places])
```

参数说明如下。

- number：必需参数，表示希望转换的十进制整数。如果数字为负数，则忽略 places，且函数 DEC2HEX 返回 10 个字符的（40 位）十六进制数，其中最高位为符号位，其余 39 位是数量位，负数由二进制补码记数法表示。
- [places]：可选参数，表示要使用的字符数。如果省略 places，函数 DEC2HEX 将使用必需的最小字符数。places 可用于在返回的值前置 0。

例如，需要将十进制数 -54 转换为十六进制数，即可输入公式【=DEC2HEX(-54)】，返回【FFFFFFFFCA】。

16.2.7 使用 COMPLEX 函数将实系数和虚系数转换为复数

在 Excel 中，可以利用一些函数对复数进行转换，如将实系数和虚系数转换为复数。

COMPLEX 函数用于将实系数及虚系数转换为 x+yi 或 x+yj 形式的复数。

语法结构：

```
COMPLEX(real_num, i_num, [suffix])
```

参数说明如下。

- real_num：必需参数，代表复数的实系数。
- i_num：必需参数，代表复数的虚系数。
- suffix：可选参数，代表复数中虚系数的后缀，若省略，则默认为【i】。

例如，需要将实部为 3、虚部为 4、后缀为 j 的数转换为复数，即可输入公式【=COMPLEX(3,4,"j")】，返回【3+4j】。

技术看板

使用 COMPLEX 函数时，需要注意以下几点。

（1）所有复数函数均接受 i 和 j 作为后缀，但不接受 I 和 J 作为后缀。如果复数的后缀不是 i 或 j，函数将返回错误值【#VALUE!】。使用两个或多个复数的函数要求所有复数的后缀一致。

（2）如果参数 real_num 或 i_num 为非数值型，函数将返回错误值【#VALUE!】。

16.2.8 使用 IMREAL 函数返回复数的实系数

IMREAL 函数用于返回以 x+yi 或 x+yj 文本格式表示复数的实系数。

语法结构：

```
IMREAL (inumber)
```

参数说明如下。

- inumber：必需参数，表示需要计算其实系数的复数。

在编写某些工程程序时，可能

需要将复数的实系数提取出来。例如，要提取 6+5i 的实系数，可输入公式【=IMREAL("6+5i")】，返回实系数为【6】。

16.2.9 使用 IMAGINARY 函数返回复数的虚系数

IMAGINARY 函数用于返回以 x+yi 或 x+yj 文本格式表示复数的虚系数。

语法结构：

```
IMAGINARY (inumber)
```

参数说明如下。

- inumber：必需参数，表示需要计算其虚系数的复数。

在编写某些工程程序时，如果需要将复数的虚系数提取出来，此时可使用 IMAGINARY 函数进行提取。例如，要提取 6+5i 的虚系数，可输入公式【=IMAGINARY("6+5i")】，返回虚系数为【5】。

16.2.10 使用 IMCONJUGATE 函数返回复数的共轭复数

IMCONJUGATE 函数用于返回以 x+yi 或 x+yj 文本格式表示的共轭复数。

语法结构：

```
IMCONJUGATE (inumber)
```

参数说明如下。

- inumber：必需参数，表示需要返回其共轭数的复数。

例如，需要求复数 6+5i 的共轭复数，即可输入公式【=IMCONJUGATE("6+5i")】，返回复数【6-5i】。

> **技术看板**
>
> 在处理复数的函数中，如果使用了两个或多个复数，则要求所有复数的后缀一致。

★重点 16.2.11 使用 ERF 函数返回误差函数

ERF 函数用于返回误差函数在上下限之间的积分。

语法结构：

```
ERF (lower_limit, [upper_limit])
```

参数说明如下。

- lower_limit：必需参数，表示 ERF 函数的积分下限。
- [upper_limit]：可选参数，表示 ERF 函数的积分上限。如果省略 upper_limit，那么 ERF 将在 0 到 lower_limit 之间进行积分。

有些工程程序在编写时，需要计算误差函数在上下限之间的积分，此时即可使用 ERF 函数进行计算。例如，需要计算误差函数在 0~0.55 的积分值，即可输入公式【=ERF(0.55)】，返回【0.563323】。

> **技术看板**
>
> 使用 ERF 函数时，需要注意的是：①如果上限或下限是非数值型，将返回错误值【#VALUE!】；②如果上限或下限是负值，将返回错误值【#NUM!】。

16.3 信息函数

在 Excel 函数中有一类专门用来返回某些指定单元格或区域的信息函数，如获取文件路径、单元格格式信息或操作环境信息等。本节将简单介绍部分信息函数是如何获取信息的。

16.3.1 使用 CELL 函数返回引用单元格信息

工作表中的每一个单元格都有对应的单元格格式、位置和内容等信息，在 Excel 中可以使用函数返回这些信息，以便查看和管理。

CELL 函数用于返回某一引用区域的左上角单元格的格式、位置或内容等信息。

语法结构：

```
CELL (info_type, [reference])
```

参数说明如下。

- info_type：必需参数，表示一个文本值，用于指定所需单元格信息的类型。
- [reference]：可选参数，表示需要获取相关信息的单元格。如果忽略该参数，Excel 就自动将 info_type 参数中指定的信息返回最后更改的单元格。如果参数 reference 的值是某一单元格区域，那么函数 CELL 只将该信息返回该单元格区域左上角的单元格。

表 16-1 展示了 info_type 参数的可能值及相应的结果。

表 16-1　info_type参数的可能值

info_type	返回值
"address"	引用中第一个单元格的引用，文本类型
"col"	引用中单元格的列标
"color"	如果单元格中的负值以不同颜色显示，则为值 1；否则，返回 0
"contents"	引用中左上角单元格的值，不是公式
"filename"	包含引用的文件名(包括全部路径)，文本类型。如果包含目标引用的工作表尚未保存，则返回空文本
"format"	与单元格中不同的数字格式相对应的文本值。如果单元格中负值以不颜色显示，则在返回的文本值的结尾处加【-】；如果单元格中为正值或所有单元格均加括号，则在文本值的结尾处返回【()】
"parentheses"	如果单元格中为正值或所有单元格均加括号，则为值 1；否则返回 0
"prefix"	与单元格中不同的【标志前缀】相对应的文本值。如果单元格文本左对齐，则返回单引号(')；如果单元格文本右对齐，则返回双引号(")；如果单元格文本居中，则返回插入字符(^)；如果单元格文本两端对齐，则返回反斜线(\)；如果是其他情况，则返回空文本
"protect"	如果单元格没有锁定，则为值 0；如果单元格锁定，则返回 1
"row"	引用中单元格的行号
"type"	与单元格中的数据类型相对应的文本值。如果单元格为空，则返回【b】。如果单元格包含文本常量，则返回【l】；如果单元格包含其他内容，则返回【v】
"width"	取整后的单元格的列宽。列宽以默认字号的一个字符的宽度为单位

根据表 16-1 的参数，套用ELL函数即可获取需要的单元格信息。如果需要返回单元格A2中的行号，即可输入公式【=CELL("row",A2)】，返回【2】。

技术看板

当参数info_type为【format】时，根据单元格中不同的数据格式，将返回不同的文本值，表 16-2 所示的是数据格式与对应的CELL函数返回值。

表 16-2　数据格式与对应的CELL函数返回值

Excel的格式	CELL函数返回值
常规	"G"
0	"F0"
0.00	"F2"
0%	"P0"
0.00%	"P2"

续表

Excel的格式	CELL函数返回值
0.00E+00	"S2"
#,##0	",0"
#,##0.00	",2"
# ?/? 或 # ??/??	"G"
$#,##0_);($#,##0)	"C0"
$#,##0_);[Red]($#,##0)	"C0-"
$#,##0.00_);($#,##0.00)	"C2"
$#,##0.00_);[Red]($#,##0.00)	"C2-"
d-mmm-yy 或 dd-mmm-yy	"D1"
mmm-yy	"D2"
d-mmm 或 dd-mmm	"D3"
yy-m-d 或 yy-m-d h:mm 或 dd-mm-yy	"D4"
dd-mm	"D5"
h:mm:ss AM/PM	"D6"
h:mm AM/PM	"D7"
h:mm:ss	"D8"
h:mm	"D9"

技术看板

使用CELL函数时，如果列宽的数值不是整数，结果值会根据四舍五入的方式返回整数值。

16.3.2 使用 ERROR.TYPE 函数返回对应错误类型数值

ERROR.TYPE函数用于返回对应于Excel中某一错误值的数值，如果没有错误则返回【#N/A】。

语法结构：

```
ERROR.TYPE (error_val)
```

参数说明如下。

- error_val：必需参数，用于指定需要查找其标号的一个错误值。

表 16-3 展示了错误值与对应的ERROR.TYPE函数返回值。

表 16-3 错误值与对应的ERROR.TYPE函数返回值

error_val	函数ERROR.TYPE的返回值
#NULL!	1
#DIV/0!	2
#VALUE!	3
#REF!	4
#NAME?	5
#NUM!	6
#N/A	7
#GETTING_DATA	8
其他值	#N/A

虽然该参数值可以为实际的错误值，但通常为一个包含需要检测的公式的单元格引用。在函数IF中可以使用ERROR.TYPE函数检测错误值，并返回文本字符串来取代错误值。例如，输入公式【=IF(ERROR.TYPE(A3) < 3, CHOOSE(ERROR.TYPE(A3),"区域没有交叉","除数为零"))】，即可检查A3单元格以查看是否包含【#NULL!】错误值或【#DIV/0!】错误值。如果有，则在工作表函数CHOOSE中使用错误值对应的数字来显示两条消息之一；否则将返回【#N/A】错误值（除数为零）。

16.3.3 使用INFO函数返回与当前操作环境有关的信息

在对工作簿进行操作时，Excel窗口下方的状态栏左侧会显示当前操作环境所处的状态，如【就绪】【输入】等。除此之外，还可以通过INFO函数返回有关当前操作环境的信息。

语法结构：

```
INFO (type_text)
```

参数说明如下。

- type_text：必需参数，用于指定所要返回信息类型的文本。

表16-4展示了该参数值的数值范围和对应的INFO函数返回值。

表 16-4 type_text参数值与对应的INFO函数返回值

type_text	函数INFO的返回值
"directory"	当前目录或文件夹的路径
"numfile"	打开的工作簿中活动工作表的数目
"origin"	以当前滚动位置为基准，返回窗口中可见的左上角单元格的绝对单元格引用，如带前缀【$A:】的文本。此值与Lotus 1-2-3 3.x版兼容。返回的实际值取决于当前的引用样式设置。以D9为例，当采用A1引用样式，则返回值为"$A:$D$9"；当采用R1C1引用样式，则返回值为"$A:R9C4"
"osversion"	当前操作系统的版本号，文本值
"recalc"	当前的重新计算模式，返回【自动】或【手动】
"release"	Excel的版本号，文本值
"system"	操作系统名称：Macintosh =【mac】；Windows =【pcdos】

例如，要在当前工作簿中返回活动工作表的个数，输入公式【=INFO("numfile")】即可。

16.3.4 使用N函数返回转换为数值后的值

N函数可以将其他类型的数据或变量转换为数值。

语法结构：

```
N (value)
```

参数说明如下。

- value：必需参数，表示要转化的值。

下面以列表形式展示其他类型数据或变量与对应的N函数返回值，见表16-5所示。

表 16-5 value参数值与对应的N函数返回值

数值或引用	函数N的返回值
数字	该数字
日期（Excel的一种内部日期格式）	该日期的序列号
TRUE	1
FALSE	0
错误值，例如#DIV/0!	错误值
其他值	0

例如，要将日期格式数据【2017/6/1】转换为数值，可输入公式【=N(2017/6/1)】，返回【336.1666667】。又如，要将文本格式数据【Hello】转换为数值，可输入公式【=N("Hello")】，返回【0】。

16.3.5 使用TYPE函数返回数据类型

TYPE函数用于返回数据的类型。在Excel中，用户可以使用TYPE函数来确定单元格中是否含有公式，它仅确定结果、显示或值的类型。如果某个值是单元格引用，它所引用的另一个单元格中含有公式，则TYPE函数将返回此公式结果值的类型。

语法结构：

```
TYPE (value)
```

参数说明如下。

- value：必需参数，表示任意Excel数值。当value为数字时，TYPE函数将返回1；当value为文本时，TYPE函数将返回2；当value为逻辑值时，TYPE函数将返回4；当value为误差值时，TYPE函数将返回16；当value为数组时，TYPE函数将返回64。

例如，输入公式【=TYPE("Hello")】，将返回【2】；输入公式【=TYPE(8)】，将返回【1】。

16.3.6 实战：使用IS类函数检验指定值

实例门类	软件功能

IS类函数又被称为检测类函数，这类函数可检验指定值，并根据参数取值返回对应的逻辑值。

在对某一值执行计算或执行其他操作之前，可以使用IS函数获取该值的相关信息。IS类函数有相同的参数value，表示用于检验的数值，可以是空白（空单元格）、错误值、逻辑值、文本、数字、引用值，或者引用要检验的以上任意值的名称。表16-6所示的是IS类函数的语法结构和返回值。

表16-6 IS类函数的语法结构和返回值

语法结构	如果为下面的内容，则返回TRUE
ISBLANK(value)	值为空白单元格
ISERR(value)	值为任意错误值（除去#N/A）
ISERROR(value)	值为任意错误值（#N/A、#VALUE!、#REF!、#DIV/0!、#NUM!、#NAME?或#NULL!）
ISLOGICAL(value)	值为逻辑值
ISNA(value)	值为错误值#N/A（值不存在）
ISNONTEXT(value)	值为不是文本的任意项（请注意，此函数在值为空单元格时返回TRUE）
ISNUMBER(value)	值为数字
ISREF(value)	值为引用
ISTEXT(value)	值为文本

例如，某公司在统计职业技能培训成绩时，统计原则是【如果三次考试都有成绩，取三次成绩中的最大值作为统计成绩；如果三次考试中有缺考记录，则标记为“不及格”】。

要使用Excel统计上述要求下的成绩，首先可使用ISBLANK函数检查成绩表中是否存在空白单元格，其次使用OR函数来判断是否三次考试中有缺考情况，最后使用IF函数根据结果返回不同的计算值。

语法结构：

```
ISBLANK (value)
```

参数说明如下。

- value：必需参数，表示要检验的值。参数value可以是空白（空单元格）、错误值、逻辑值、文本、数字、引用值，或者引用要检验的以上任意值的名称。

针对上述案例，结合3个函数检验成绩是否合格的具体操作步骤如下。

Step 01 输入计算公式。打开素材文件\第16章\培训成绩登记表.xlsx，在F2单元格中输入公式【=IF(OR(ISBLANK(C2),ISBLANK(D2),ISBLANK(E2)),"不及格",MAX(C2:E2))】，统计出第一名员工的成绩，如图16-25所示。

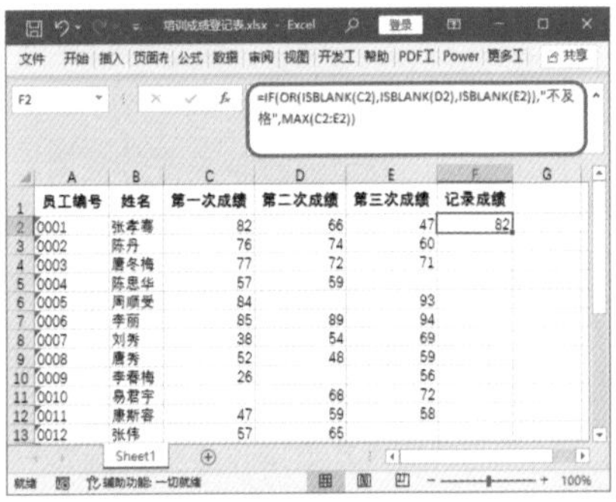

图16-25

Step 02 统计其他员工成绩。使用Excel的自动填充功能将F2单元格中的公式填充到F3:F24单元格区域，统计出其他员工的成绩如图16-26所示。

图16-26

妙招技法

通过前面知识的学习，相信读者已经掌握了Excel中常用统计、工程、信息函数的相关操作。下面结合本章内容给大家再介绍几个实用函数的使用技巧。

技巧01：使用BIN2OCT函数将二进制数转换为八进制数

在编写工程程序时，经常会遇到数制转换的问题，如果需要将二进制数转换为八进制数，就可以使用BIN2OCT函数进行转换。

语法结构：

```
BIN2OCT(number,[places])
```

参数说明如下。

- number：必需参数，表示希望转换的二进制数。number的位数不能多于10位（二进制位），最高位为符号位，其余9位为数字位。负数用二进制数的补码表示。
- [places]：可选参数，代表要使用的字符数。如果省略places，函数BIN2OCT将使用尽可能少的字符数。当需要在返回的值前置0时，places尤其有用。

例如，需要将二进制数中的1111111111转换为八进制数，即可输入公式【=BIN2OCT(1111111111)】，返回【7777777777】。

又如，需要将二进制数1011转换为4个字符的八进制数，即可输入公式【=BIN2OCT(1011,4)】，返回【0013】。

技术看板

在使用BIN2OCT函数时，需要注意以下几点。

（1）如果数字为非法二进制数或位数多于10位，将返回错误值【#NUM!】。

（2）如果数字为负数，函数将忽略places，返回以10个字符表示的八进制数。

（3）如果函数BIN2OCT需要比places指定更多的位数，将返回错误值【#NUM!】。

（4）如果places不是整数，将被截尾取整。

（5）如果places为非数值型，将返回错误值【#VALUE!】。

（6）如果places为负值，将返回错误值【#NUM!】。

技巧02：使用DEC2OCT函数将十进制数转换为八进制数

如果需要将十进制数转换为八进制数，可使用DEC2OCT函数进行转换。

语法结构：

```
DEC2OCT(number,[places])
```

参数说明如下。

- number：必需参数，表示希望转换的十进制整数。如果数字为负数，则忽略places，且函数DEC2OCT返回10个字符的（30位）八进制数，其中最高位为符号位，其余29位是数字位。负数由二进制补码记数法表示。
- [places]：可选参数，表示要使用的字符数。如果省略places，函数DEC2OCT将使用必需的最小字符数。places可用于在返回的值前置0。

例如，需要将十进制数-104转换为八进制数，即可输入公式【=DEC2OCT(-104)】，返回【7777777630】。

技术看板

Excel中专门提供转换八进制数的函数，如OCT2BIN、OCT2DEC、OCT2HEX函数分别用于将八进制数转换为二进制数、十进制数和十六进制数。这几个函数的表达式分别为OCT2BIN(number,[places])、OCT2DEC(number)和OCT2HEX(number,[places])。其中，number是要转换的八进制数，其位数不能多于10位（30个二进制位），最高位为符号位，后29位为数字位，负数用二进制数的补码表示。

技巧03：使用ERFC函数返回补余误差函数

ERFC函数用于返回从x到∞（无穷）积分的ERF函数补余误差函数。

语法结构：

```
ERFC (x)
```

参数说明如下。

- x：必需参数，表示ERFC函数的积分下限。如果x是非数值型，那么函数ERFC返回错误值【#VALUE!】。

例如，输入公式【=ERFC(1)】，即可计算1的ERF函数补余误差函数，返回【0.1573】。

本章小结

Excel中的函数还有很多，前面章节中已经讲解了几大类比较常见的函数。本章主要介绍了统计类、工程类、信息类的常用函数。统计类的函数用得比较多，掌握这些函数的相关技能、技巧，可以方便地处理各种统计、概率或预测问题；工程类的函数基本上是专门为工程师准备的，如果读者没有这方面的需求，那么使用该类函数的概率会比较小；信息类的函数就是对Excel进行信息处理和检测，便捷地分析单元格的数据类型，在具体应用中通常需要结合其他函数来使用。

第3篇 数据可视化篇

很多时候，制作表格就是为了将表格数据直观地展现出来，以便分析和查看数据，而图表则是直观展现数据的一大“利器”。另外，利用 Excel 中的迷你图不仅占位空间小，而且也是以迷你的图表来展示数据，善于使用将制作出引人注目的报表。

第17章 图表的应用

- 图表类型那么多，选择什么样的图表展示数据更合理?
- 原来表格数据还可以通过两种图表类型进行展示。
- 默认的图表布局不能满足我的需要，怎么办?
- 制作的图表效果太“次”，怎么快速提升图表档次?

在这个“用数据说话”的时代，图表已成为数据分析必不可少的工具，通过图表，可以将表格数据直观地展示出来。本章将对Excel图表的相关知识进行讲解，让读者能快速制作出专业又直观的图表。

17.1 图表简介

用户在使用图表对数据进行分析之前，首先需要了解图表的一些基础知识，这样在制作图表时才会更加得心应手，让制作的图表更加符合数据分析需要。下面将对图表的基础知识进行讲解。

17.1.1 图表的特点及使用分析

在现代办公应用中，人们需要记录和存储各种数据，而这些数据记录和存储的目的是方便日后数据的查询或分析。

Excel对数据实现查询和分析的重要手段除了前面介绍的公式和函数外，还提供了丰富实用的图表功能。Excel 2021 图表具有美化表格、直观形象、实时更新和二维坐标展现等特点。

1. 美化表格

在工作表中，如果仅有数据看起来会十分枯燥，运用Excel的图表功能，可以帮助用户迅速创建各种各样的商业图表。

图表是图形化的数据，整个图表由点、线、面与数据匹配组合而成，具有良好的视觉效果。

2. 直观形象

图表应用不同色彩、不同大小或不同形状来表现不同的数据，所以图表最大的特点就是直观形象，能使读者一目了然地看清数据的大小、差异、构成比例和变化趋势。

如图 17-1 所示，数据表中的数据已经是经过处理和分析的一组数据，但如果只是阅读这些数字，可能无法得到整组数据所包含的更有价值信息。

产品接受程度对比图

群体	女性	男性
10~20岁	16%	-10%
21~30岁	68%	-53%
31~40岁	42%	-35%
41~50岁	27%	-19%
50岁以上	20%	-14%

图 17-1

如果将图 17-1 中所展示的数据制作成图 17-2 所示的图表，则图表中至少反映了以下三方面信息。

（1）该产品的用户主要集中在 21~40 岁。

（2）10~20 岁的用户基本上对该产品没有兴趣。

（3）整体上来讲，女性比男性更喜欢该产品。

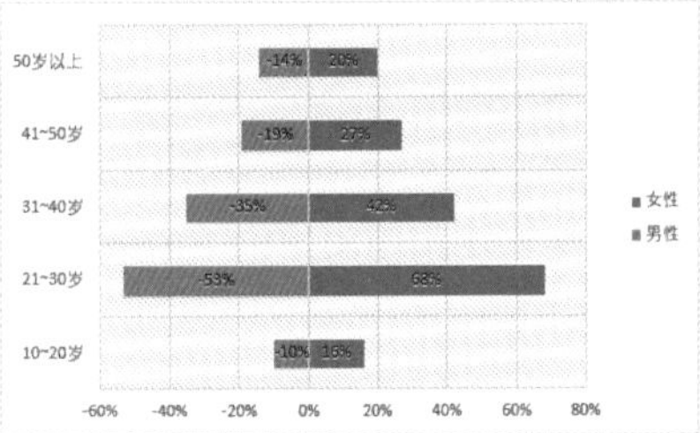

图 17-2

3. 实时更新

一般情况下，用户使用 Excel 工作簿内的数据制作图表，生成的图表也存放在工作簿中。

Excel 中的图表具有实时更新功能，即图表中的数据可以随着数据表中数据的变化而自动更新。

图表实时更新的前提是，已经设置了表格数据自动进行重算。用户可以在【Excel 选项】对话框中选择【公式】选项卡，然后在【计算选项】栏中选中【自动重算】单选按钮来设置，如图 17-3 所示。

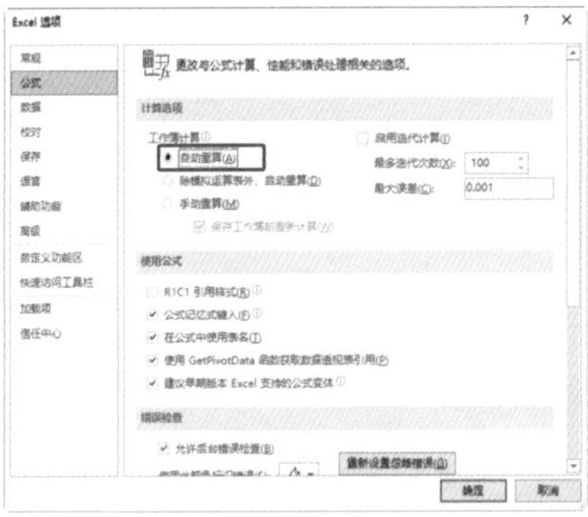

图 17-3

4. 二维坐标展现

Excel 中虽然也提供了一些三维图表类型，但从实际运用的角度来看，其实质还是二维的平面坐标系下建立的图表。图 17-4 所示的三维气泡图只有两个数值坐标轴；而图 17-5~图 17-8 所示的三维柱形图、三维折线图、三维面积图、三维曲面图中，虽然显示了 3 个坐标轴，但是 *X* 轴为分类轴，*Y* 轴为系列轴，只有 *Z* 轴为数值轴，其实使用平面坐标的图表也能完全地表现出来。

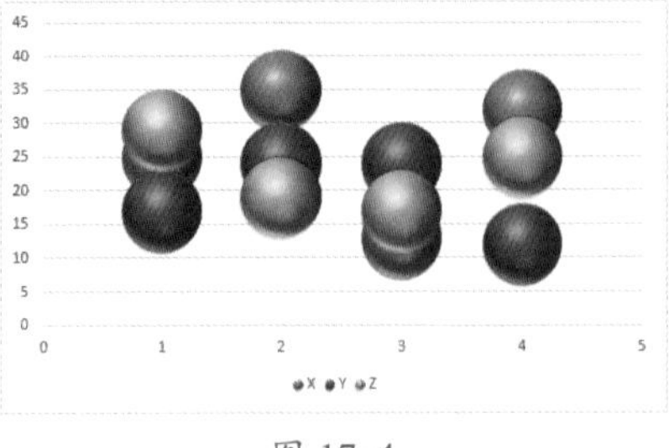

图 17-4

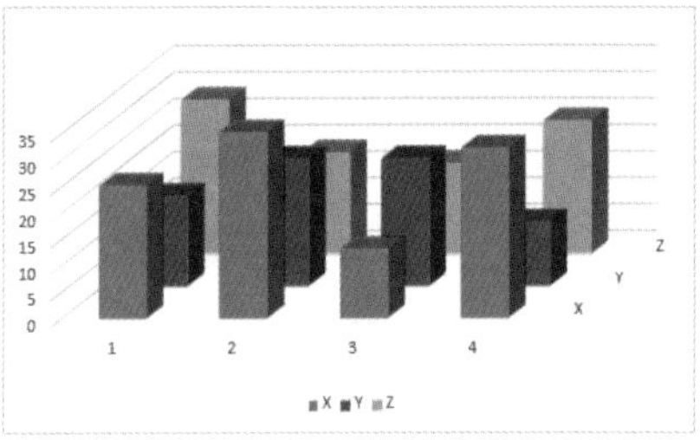

图 17-5

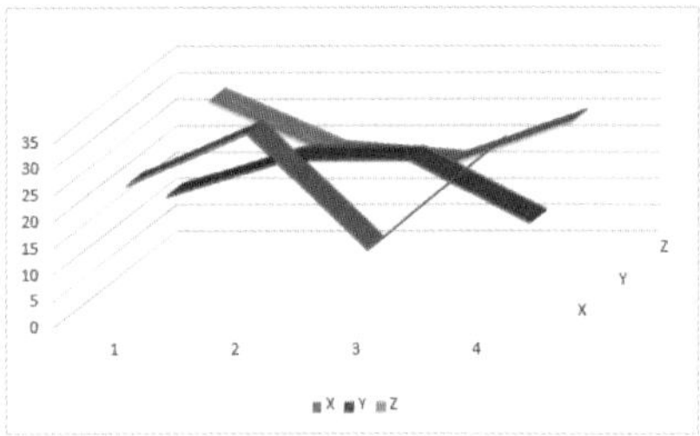

图 17-6

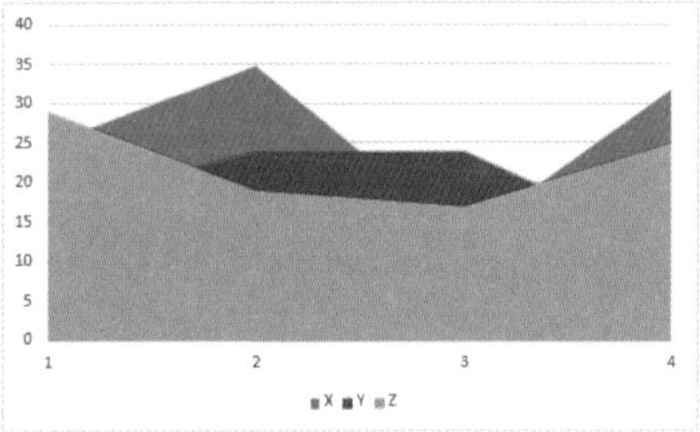

图 17-7

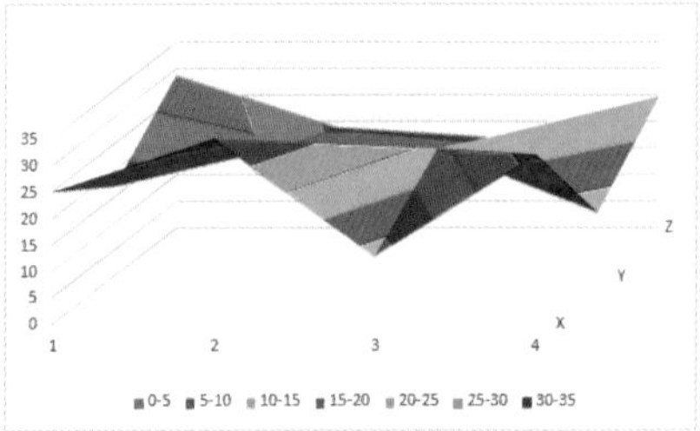

图 17-8

17.1.2 图表的构成元素

Excel 2021 提供了 17 种标准的图表类型，每一种图表类型都分为几种子类型，其中包括二维图表和三维图表。虽然图表的种类不同，但每一种图表的绝大部分组件是相同的，一个完整的图表主要由图表区、图表标题、坐标轴、绘图区、数据系列、网格线和图例等部分组成，见表 17-1 所示。下面以柱形图的图表为例讲解图表的组成，如图 17-9 所示。

表 17-1 图表的组成

序号	名称	作 用
❶	图表区	在Excel中，图表是以一个整体的形式插入表格中的，它类似于一个图片区域，这就是图表区。图表及图表相关的元素均存在于图表区中。在Excel中可以为图表区设置不同的背景颜色或背景图像
❷	绘图区	在图表区中，通过横坐标轴和纵坐标轴界定的矩形区域，用于绘制图表序列和网格线，图表中用于表示数据的图形元素也将出现在绘图区中。标签、刻度线和轴标题在绘图区外、图表区内的位置绘制
❸	图表标题	图表上显示的名称，用于简要概述该图表的作用或目的。图表标题在图表区中以一个文本框的形式呈现，可以对其进行各种调整或修饰
❹	垂直轴	即图表中的纵（Y）坐标轴。通常为数值轴，用于确定图表中垂直坐标轴的最小和最大刻度值
❺	水平轴	即图表中的横（X）坐标轴。通常为分类轴，主要用于显示文本标签。不同数据值的大小会依据垂直轴和水平轴上标定的数据值（刻度）在绘图区中绘制产生。不同坐标轴表示的数值或分类的含义可以使用坐标标题进行标识和说明
❻	数据系列	在数据区域中，同一列（或同一行）数值数据的集合构成一组数据系列，也就是图表中相关数据点的集合，这些数据源自数据表的行或列。它是根据用户指定的图表类型以系列的方式显示在图表中的可视化数据。图表中可以有一组到多组数据系列，多组数据系列之间通常采用不同的图案、颜色或符号来区分。在图 17-9 中，不同产品的销售收入和销售成本形成了两个数据系列，它们分别以不同的颜色来加以区分。在各数据系列数据点上还可以标注出该系列数据的具体值，即数据标签
❼	图例	列举各系列表示方式的方框图，用于指出图表中不同的数据系列采用的标识方式，通常列举不同系列在图表中应用的颜色。图例由两部分构成：①图例标识，代表数据系列的图案，即不同颜色的小方块；②图例项，代表与图例标识对应的数据系列名称，一种图例标识只能对应一种图例项
❽	网格线	贯穿绘图区的线条，用于作为估算数据系列所示值的标准

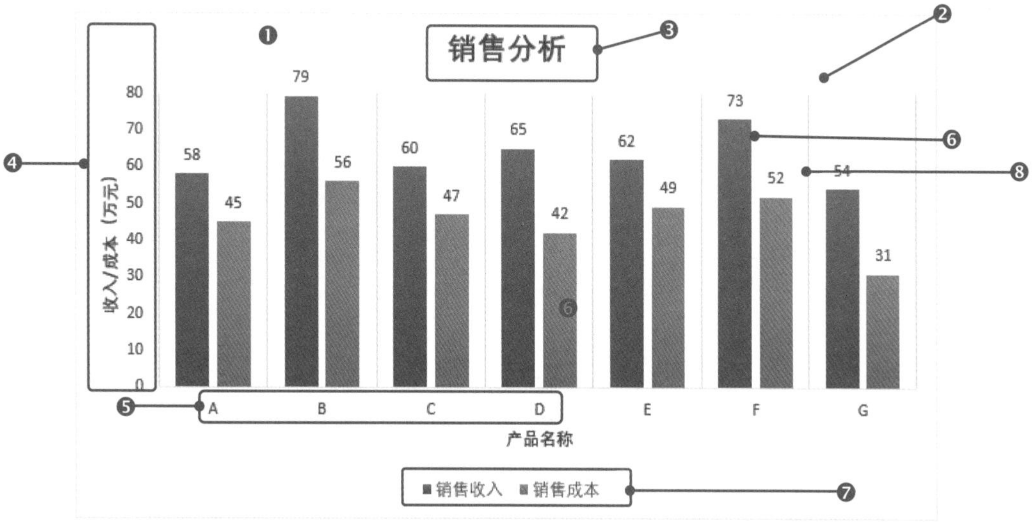

图 17-9

17.1.3 Excel 2021 图表类型

Excel 2021 内置的图表包括 17 大类：柱形图、折线图、饼图、条形图、面积图、XY 散点图、地图、股价图、曲面图、雷达图、树状图、旭日图、直方图、箱形图、瀑布图、漏斗图和组合图，每种图表类型下还包括多种子图表类型，如图 17-10 所示。

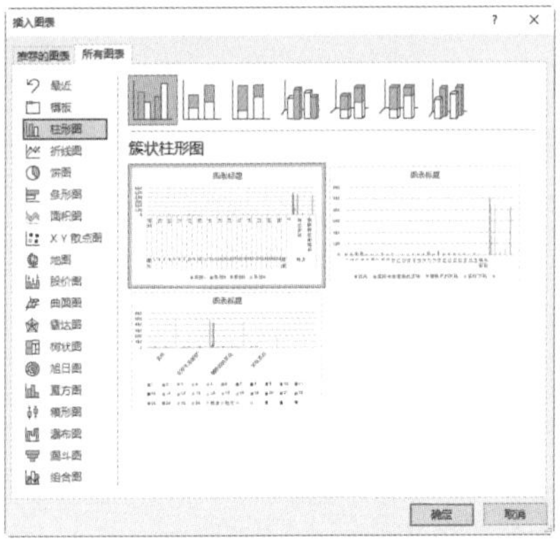

图 17-10

不同类型图表表现数据的意义和作用是不同的。例如，下面的几种图表类型，它们展示的数据是相同的，但表达的含义可能截然不同。

从图 17-11 所示的图表中主要看到的是一个趋势和过程。

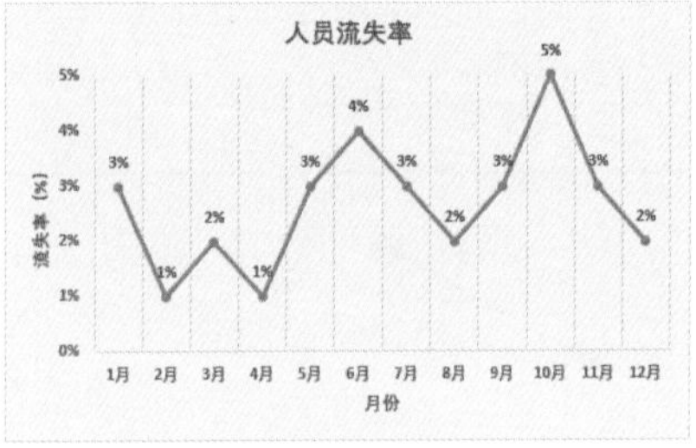

图 17-11

从图 17-12 所示的图表中主要看到的是各数据之间的大小及趋势。

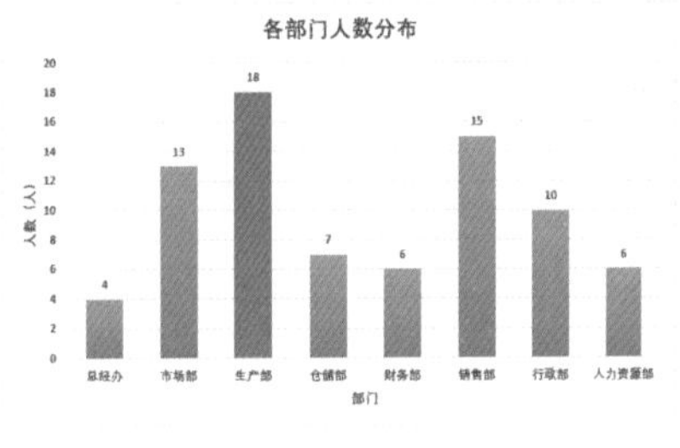

图 17-12

从图 17-13 所示的图表中几乎看不出趋势，只能看到各组数据的占比情况。

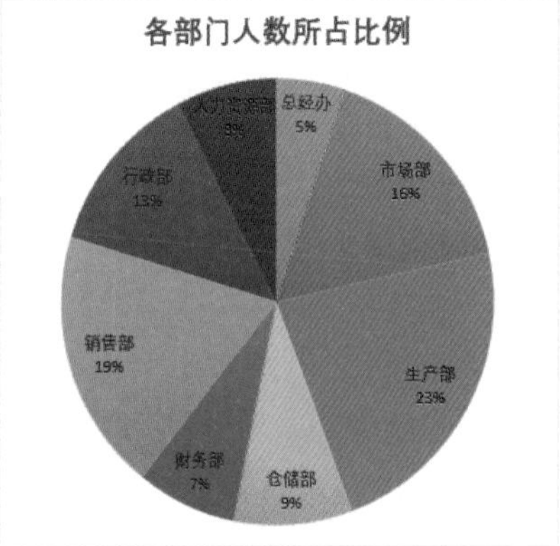

图 17-13

什么时候该用什么类型的图，如何通过图表的方式快速展现想要的内容呢？如果你对这些问题很迷茫，那就先来了解各种图表类型的基础知识，以便在创建图表时选择最合适的图表，让图表具有阅读价值。

1. 柱形图

柱形图是最常见的图表类型，它的适用场合是二维数据集（每个数据点包括两个值，即X和Y），但只有一个维度需要比较的情况。例如，图 17-14 所示的柱形图就表示了一组二维数据，【年份】和【销售额】就是它的两个维度，但只需要比较【销售额】这一个维度。

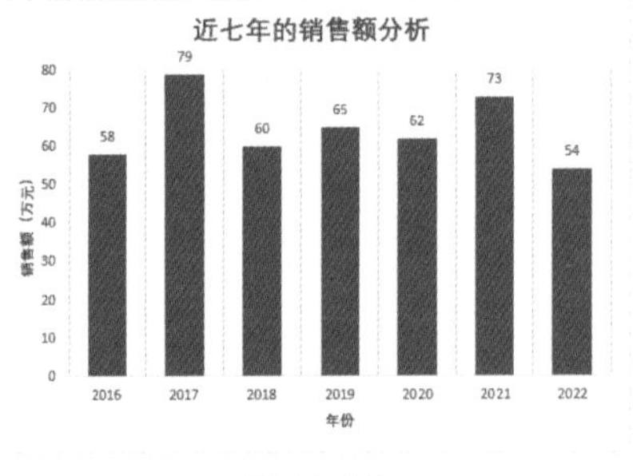

图 17-14

柱形图通常沿水平轴组织类别，而沿垂直轴组织数值，利用柱子的高度，反映数据的差异。人类肉眼对高度差异很敏感，辨识效果非常好，所以非常容易解读。柱形图的局限在于只适用中小规模的数据集。

通常来说，柱形图用于显示一段时间内数据的变化，即柱形图的X轴是时间维的，用户习惯性认为存在时间趋势（但表现趋势并不是柱形图的重点）。遇到X轴不是时间维的情况，如需要用柱形图来描述各项之间的比较情况，建议用颜色区分每根柱子，改变用户对时间趋势的关注。图 17-15 所示为 7 个不同类别数据的展示。

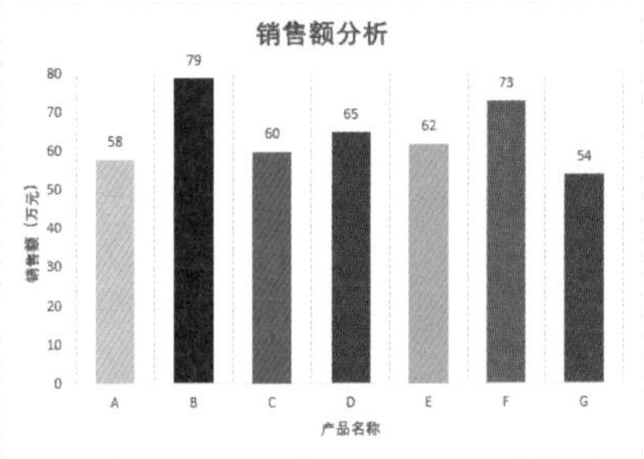

图 17-15

2. 折线图

折线图也是常见的图表类型，它是将同一数据系列的数据点在图上用直线连接起来，以等间隔显示数据的变化趋势，如图 17-16 所示。折线图适合二维的大数据集，尤其是那些趋势比单个数据点更重要的场合。

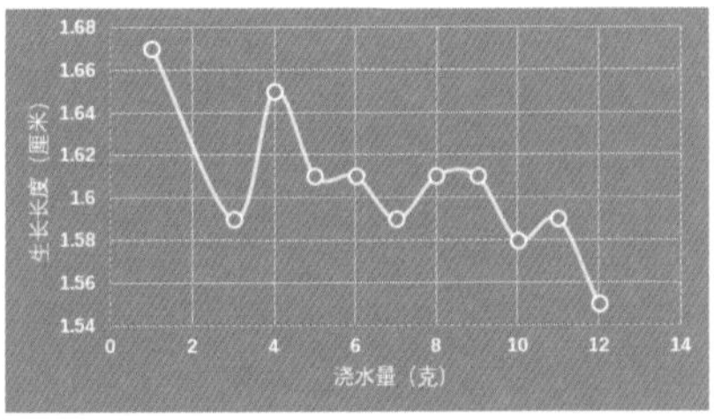

图 17-16

折线图可以显示随时间而变化的连续数据（根据常用比例设

置），它强调的是数据的时间性和变动率。因此非常适用于显示在相等时间间隔下数据的变化趋势。在折线图中，类别数据沿水平轴均匀分布，所有的值数据沿垂直轴均匀分布。

折线图也适合多个二维数据集的比较，图 17-17 所示为两个产品在同一时间内的销售情况比较。

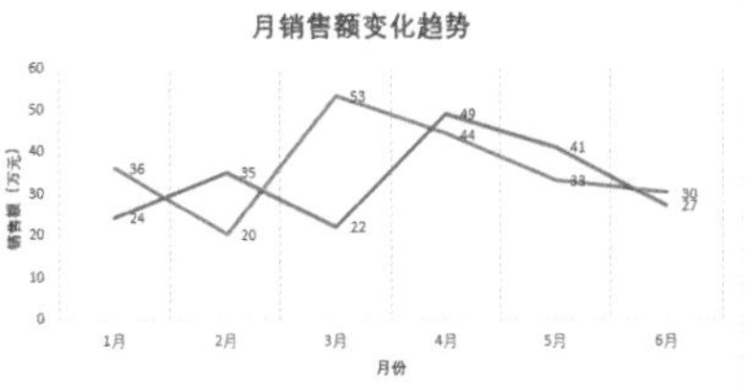

图 17-17

不管是用于表现一组还是多组数据的大小变化趋势，在折线图中数据的顺序都非常重要，通常数据之间有时间变化关系才会使用折线图。

3. 饼图

饼图虽然也是常用的图表类型，但在实际应用中应尽量避免使用饼图，因为肉眼对面积的大小不敏感。例如，对同一组数据使用饼图和柱形图来显示，效果如图 17-18 所示。

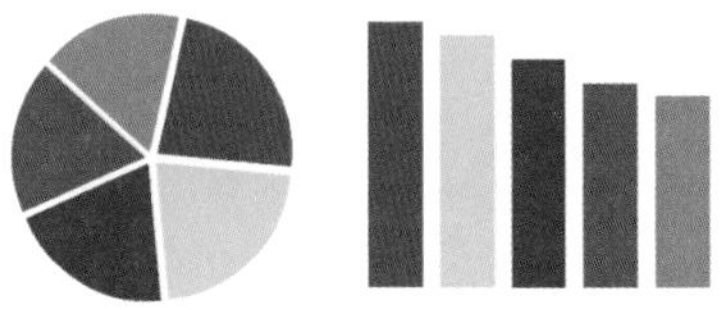

图 17-18

在图 17-18 中，显然饼图的 5 个色块的面积排序不容易看出来；而换成柱形图后，各数据的大小就容易看出来了。

一般情况下，总是应用柱形图替代饼图。但有一个例外，就是要反映某个部分占整体的比例，如果要了解各产品的销售比例，可以使用饼图，如图 17-19 所示。

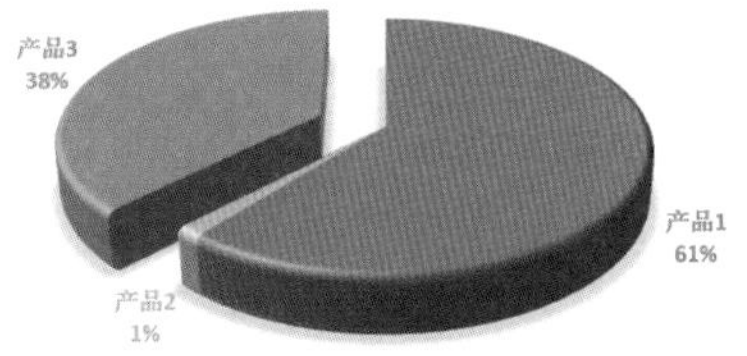

图 17-19

这种情况下，饼图会先将某个数据系列中的单独数据转为数据系列总和的百分比，然后按照百分比绘制在一个圆形上，数据点之间用不同的图案填充。但它只能显示一个数据系列，如果有几个数据系列同时被选中，则将只显示其中的一个系列。

技术看板

一般在仅有一个要绘制的数据系列（仅排列在工作表的一列或一行中的数据），且要绘制的数值中不包含负值，也几乎没有零值时，才使用饼图图表。由于各类别分别代表整个饼图的一部分。因此，饼图中最好不要超过 5 类别，否则就会显得杂乱，也不好识别其大小。

饼图中包含了圆环图，圆环图类似于饼图，它是使用环形的一部分来表现一个数据在整体数据中的大小比例。圆环图也用来显示单独的数据点相对于整个数据系列的关系或比例，同时圆环图还可以含有多个数据系列，如图 17-20 所示。圆环图中的每个环代表一个数据系列。

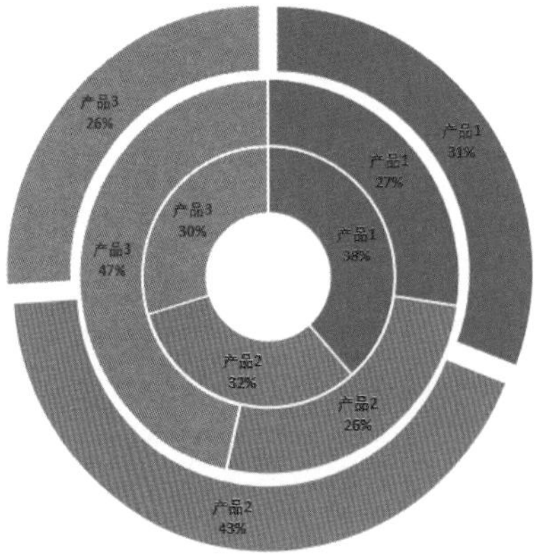

图 17-20

4. 条形图

条形图用于显示各项目之间数据的差异，它与柱形图具有相同的表现目的，不同的是：柱形图是在水平方向上依次展示数据，条形图是在垂直方向上依次展示数据，如图 17-21 所示。

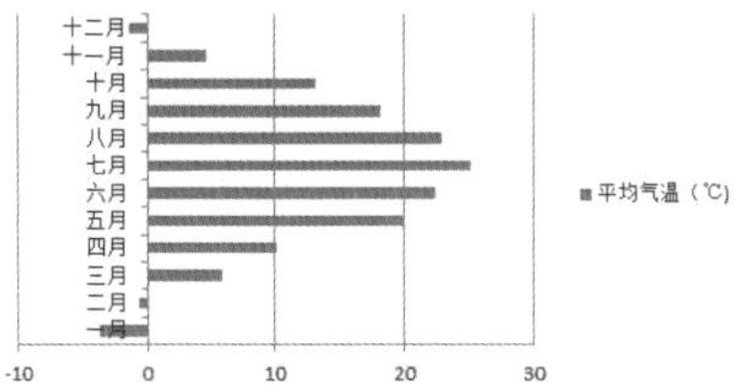

图 17-21

条形图描述了各个项之间的差别情况。分类项垂直表示，数值水平表示。这样可以突出数值的比较，而淡化随时间的变化。

条形图常应用于轴标签过长的图表的绘制，以免出现柱形图中对长分类标签省略的情况，如图 17-22 所示。

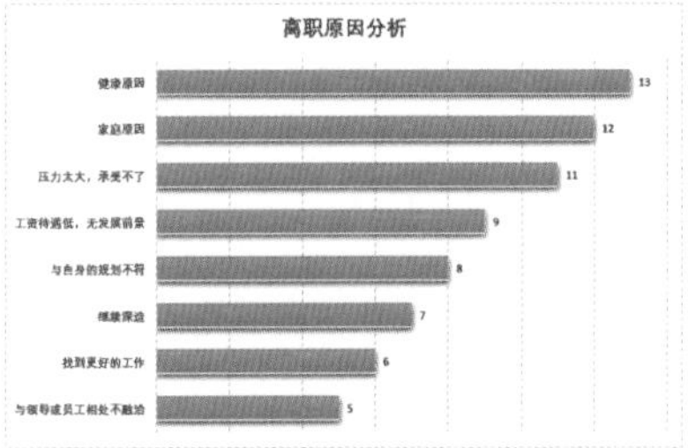

图 17-22

5. 面积图

面积图与折线图类似，也可以显示多组数据系列，只是将连线与分类轴之间用图案填充，主要用于表现数据的趋势。但不同的是：折线图只能单纯地反映每个样本的变化趋势，如某产品每个月的变化趋势；而面积图除了可以反映每个样本的变化趋势外，还可以显示总体数据的变化趋势，即面积，如图 17-23 所示。

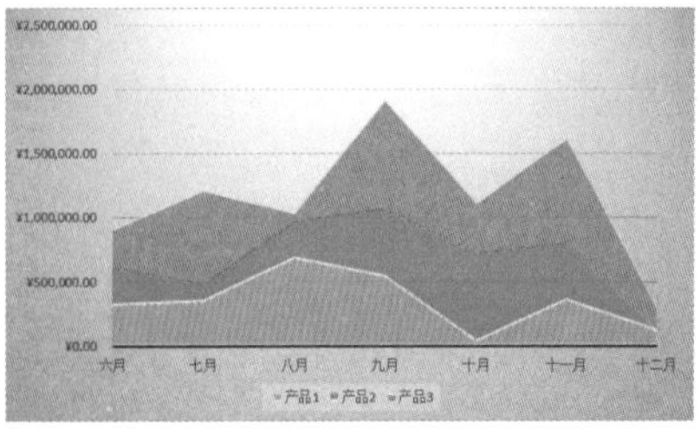

图 17-23

面积图可用于绘制随时间发生的变化量，常用于引起人们对总值趋势的关注。通过显示所绘制值的总和，面积图还可以显示部分与整体的关系。面积图强调的是数据的变动量，而不是时间的变动率。

技术看板

折线图，一般在日期力度比较大或日期力度比较小时，不太好表示，这时比较适合使用面积图来反映数据的变化。但当某组数据变化特别小时，使用面积图就不太合适，会被遮挡。

6. XY 散点图

XY 散点图主要用来显示单个或多个数据系列中各数值之间的相互关系，或者将两组数据绘制为 XY 坐标的一个系列。

散点图有两个数值轴，沿横坐标轴（X 轴）方向显示一组数值数据，沿纵坐标轴（Y 轴）方向显示另一组数值数据。一般情况下，散点图用这些数值构成多个坐标点，通过观察坐标点的分布，即可判断变量间是否存在关联关系，以及相关关系的强度。

技术看板

相关关系表示两个变量同时变化。进行相关关系分析时，应使用连续数据，一般在 X 轴（横轴）上放置自变量，Y 轴（纵轴）上放置因变量，在坐标系上绘制出相应的点。

相关关系共有 3 种情况，导致散点图的形状也可大致分为 3 种。

- 无明显关系：即点的分布比较乱。
- 正相关：自变量 X 增大时，因变量 Y 随之增大。
- 负相关：随着自变量 X 增大，因变量 Y 反而减小。

散点图是回归分析时非常重要的图形展示。

散点图适用于三维数据集，但其中只有两维需要比较（为了识别第三维，可以为每个点加上文字标示，或者不同颜色）。常用于显示和比较成对的数据，如科学数据、统计数据和工程数据，如图 17-24 所示。

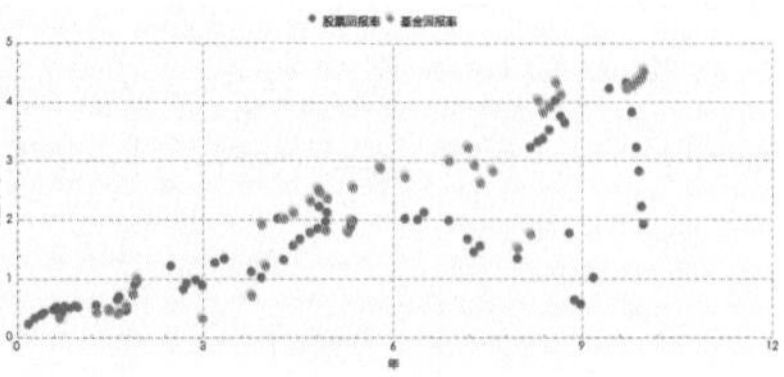

图 17-24

此外，如果不存在相关关系，可以使用散点图总结特征点的分布模式，即矩阵图（象限图），如图 17-25 所示。

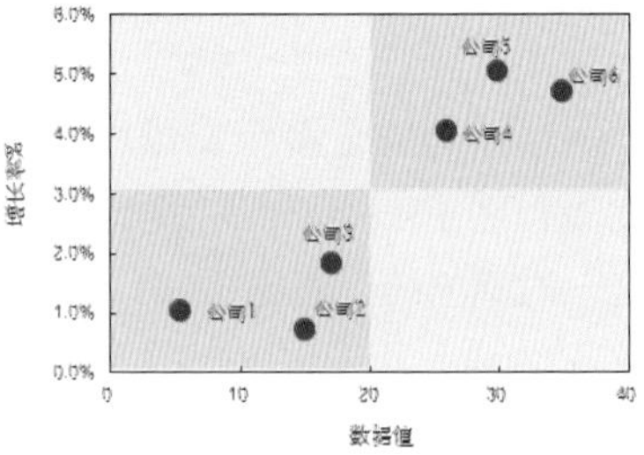

图 17-25

技术看板

散点图只是一种数据的初步分析工具，能够直观地观察两组数据可能存在什么关系，在分析时如果找到变量间存在可能的关系，则需要进一步确认是否存在因果关系，使用更多的统计分析工具进行分析。

气泡图是散点图的一种变体，它可以反映 3 个变量（X、Y、Z）的关系，反映到气泡图中就是气泡的面积大小。这样就解决了在二维图中比较难以表达三维关系的问题。

技术看板

如果分类标签是文本且表示均匀分布的数值（如月份、季度或财政年度），则应使用折线图。当有多个数据系列时，尤其适合使用折线图；对于一个数据系列，则应考虑使用散点图。如果有几个均匀分布的数值标签（如年份），就应该使用折线图。如果拥有的数值标签多于 10 个，则需要改用散点图。

7. 股价图

股价图经常用来描绘股票价格走势，如图 17-26 所示。不过，这种图表也可用于科学数据。例如，可以使用股价图来显示每天或每年温度的波动。

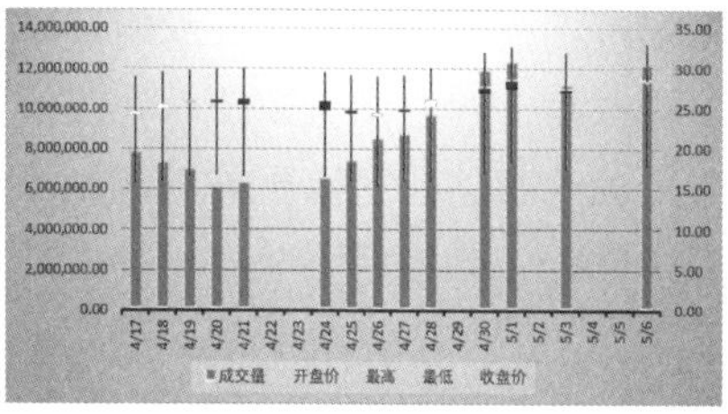

图 17-26

股价图数据在工作表中的组织方式非常重要，必须按正确的顺序组织数据才能创建股价图。例如，若要创建一个简单的盘高—盘低—收盘股价图，应按盘高、盘低和收盘次序输入的列标题来排列数据。

8. 曲面图

曲面图显示的是连接一组数据点的三维曲面。当需要寻找两组数据之间的最优组合时，可以使用曲面图进行分析，如图 17-27 所示。

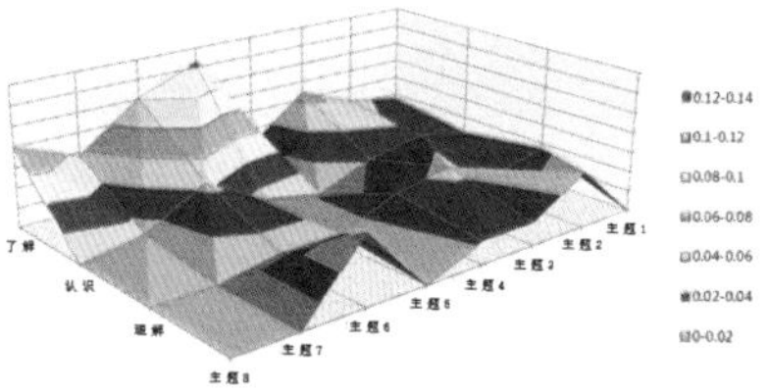

图 17-27

曲面图好像一张地质学的地图，曲面图中的不同颜色和图案表明具有相同范围值的区域。与其他图表类型不同，曲面图中的颜色不是用于区别【数据系列】，而是用于区别值的。

9. 雷达图

雷达图，又称为戴布拉图、蜘蛛网图。它用于显示独立数据系列之间及某个特定系列与其他系列的整体关系。每个分类都拥有自己的数值坐标轴，这些坐标轴同中心点向外辐射，并由折线将同一系列中的值连接起来，如图 17-28 所示。

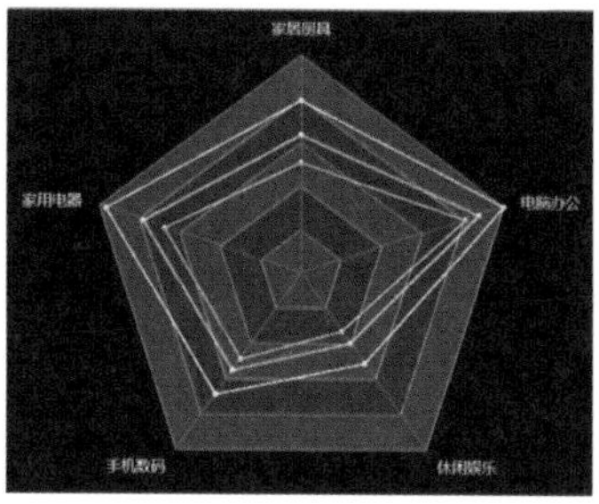

图 17-28

雷达图中，面积越大的数据点，就表示越重要。

雷达图适用于多维数据（四维以上），且每个维度必须可以排序。但是，它有一个局限，就是数据点最多 6 个，否则无法辨别，因此适用场合有限。而且很多用户不熟悉雷达图，阅读有困难。使用时应尽量加上说明，减轻阅读负担。

10. 树状图

树状图全称为矩形式树状结构图，可以实现层次结构可视化的图表结构，以便用户轻松地发现不同系列之间、不同数据之间的大小关系。在图 17-29 所示的图表中，可以清晰看到该酸奶在 10 月份的销量最高，其他月份的销量按照方块的大小排列。

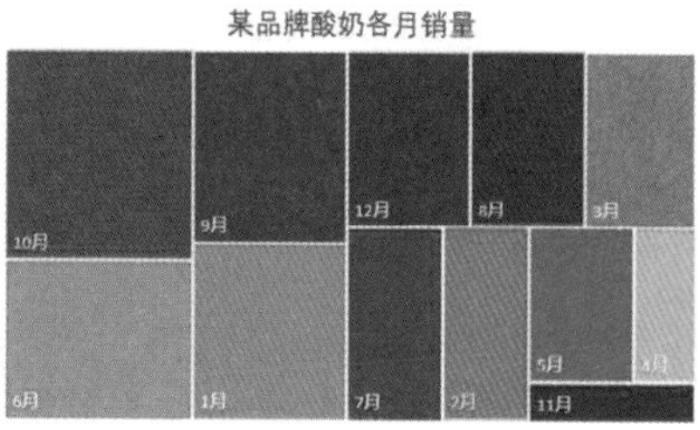

图 17-29

11. 旭日图

树状图在显示超过两个层级的数据时，基本没有太大的优势。这时就可以使用旭日图。

旭日图主要用于展示数据之间的层级和占比关系，从环形内向外，层级逐渐细分，如图 17-30 所示。它的好处就是想分多少层都可以。其实，旭日图的功能有些像旧版Excel中制作的复合环形图，即将几个环形图套在一起，只是旭日图简化了制作过程。

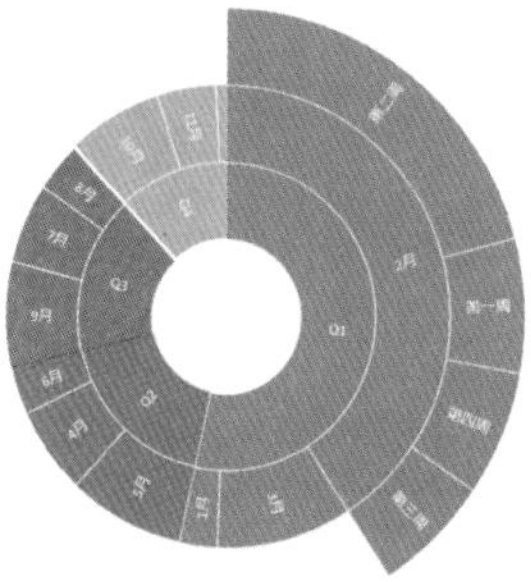

图 17-30

技术看板

Excel中还提供了直方图、箱形图和瀑布图，这些图形一般在专业领域或特殊场合中使用。

12. 直方图

直方图用于描绘测量值与平均值变化程度的一种条形图类型。借助分布的形状和分布的宽度（偏差），它可以帮助用户确定过程中的问题原因。在直方图中，频率由条形的面积而不是由条形的高度表示，如图 17-31 所示。

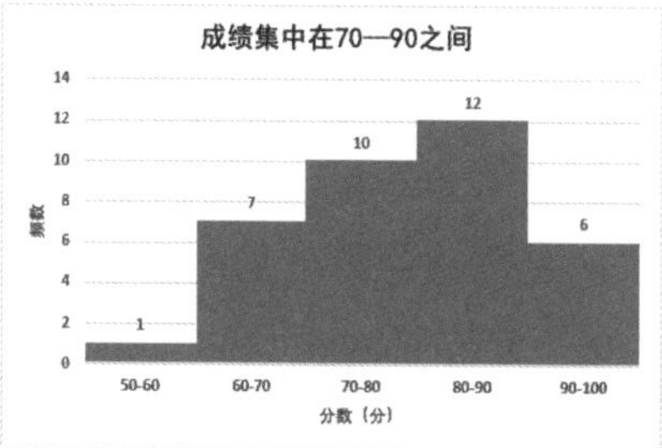

图 17-31

13. 箱形图

箱形图又称为盒须图、盒式图或箱线图，是一种用作显示一组数据分散情况的统计图，如图 17-32 所示。

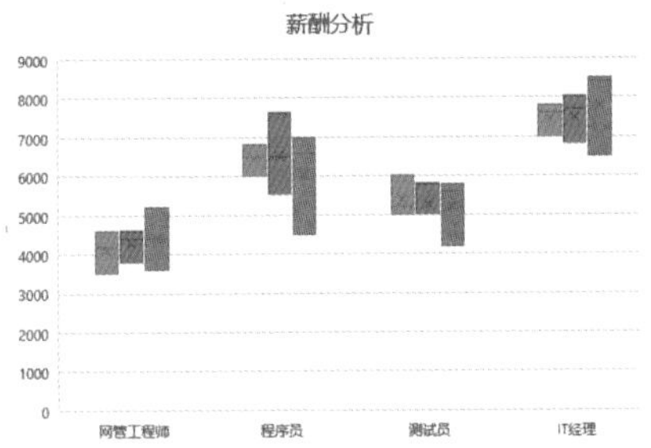

图 1-32

14. 瀑布图

瀑布图采用绝对值与相对值结合的方式，适用于表达数个特定数值之间的数量变化关系，如图 17-33 所示。

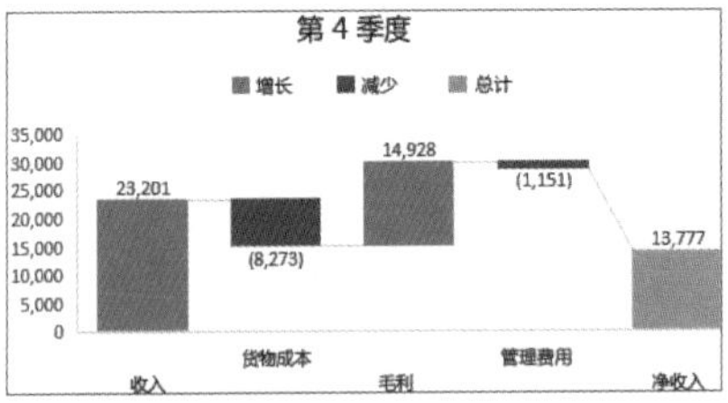

图 17-33

15. 漏斗图

漏斗图通常用于表示销售过程的各个阶段，图 17-34 所示为使用漏斗图对销售主管招聘过程的人数进行展示。

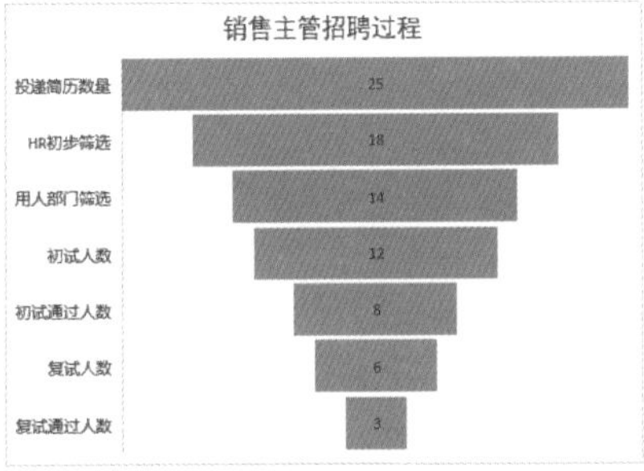

图 17-34

16. 组合图表

组合图表是在一个图表中应用了多种图表类型的元素来同时展示多组数据。组合图可以使得图表类型更加丰富，还可以更好地区别不同的数据，并强调不同数据关注的侧重点。图 17-35 所示为应用柱形图和折线图构成的组合图表。

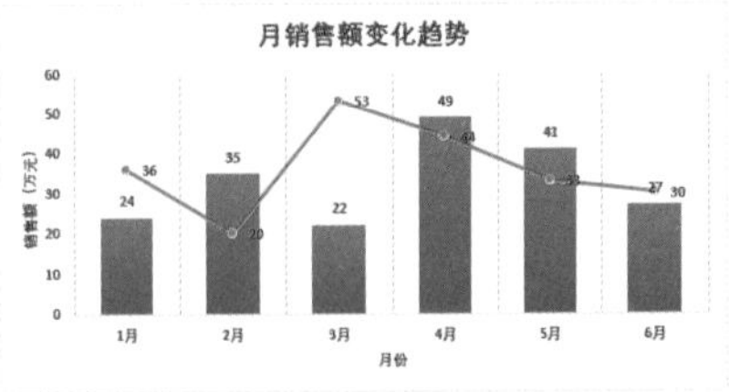

图 17-35

技术看板

Excel 中的每种图表表达的数据效果是不相同的，用户需要多练习才能掌握各类图表的使用场合。

17.2 创建图表

图表是在数据的基础上制作出来的，一般数据表中的数据很详细，但是不利于直观地分析问题。如果要针对某一问题进行研究，就要在数据表的基础上创建相应的图表。下面对图表的创建方法进行讲解。

★重点 17.2.1 实战：使用推荐功能为销售数据创建图表

实例门类	软件功能

当不知道需要使用什么类型的图表来直观展现表格中的数据时，可以使用Excel推荐的图表进行创建，它可以根据当前选择的数据推荐合适的图表。例如，要为销售表中的数据创建推荐的图表，具体操作步骤如下。

Step 01 执行推荐的图表操作。打开素材文件\第 17 章\销售表.xlsx，❶选择 A1:A7 和 C1:C7 单元格区域，❷单击【插入】选项卡【图表】组中的【推荐的图表】按钮，如图 17-36 所示。

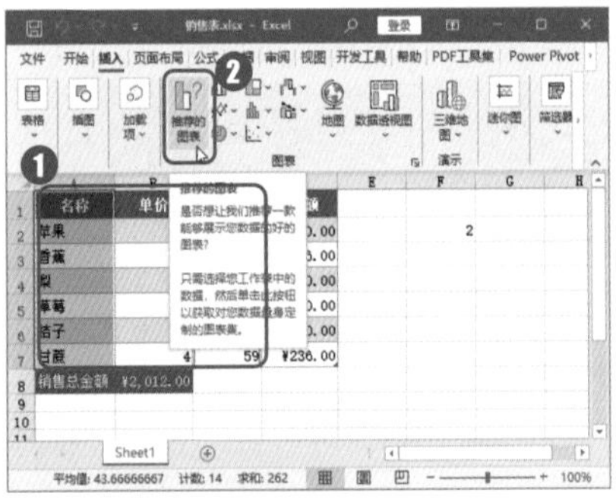

图 17-36

技术看板

创建图表时，如果只选择一个单元格，Excel 2021 自动将紧邻当前单元格包含数据的所有单元格添加在图表中。此外，如果有不想显示在图表中的数据，用户可以在创建图表之前将包含这些数据的单元格隐藏起来。

Step 02 选择图表。打开【插入图表】对话框，❶在【推荐的图表】选项卡左侧显示了系统根据所选数据推荐的图表类型，选择需要的图表类型，这里选择【饼图】选项，在右侧即可预览图表效果。❷确定使用该图表后，单击【确定】按钮，如

图 17-37 所示。

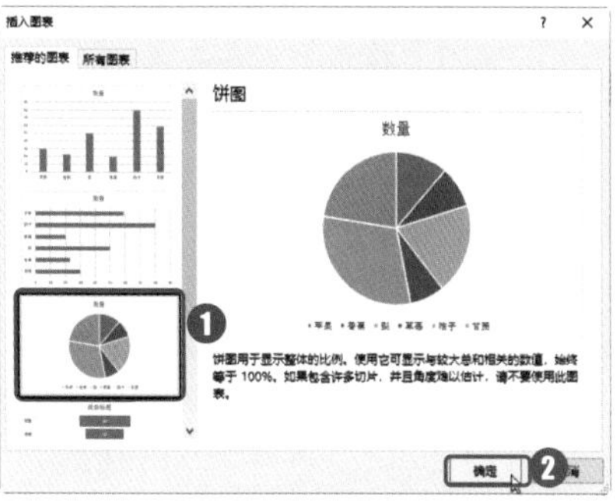

图 17-37

Step03 查看创建的图表。经过上步操作，即可在工作表中看到根据选择的数据源和图表样式生成的对应图表，如图 17-38 所示。

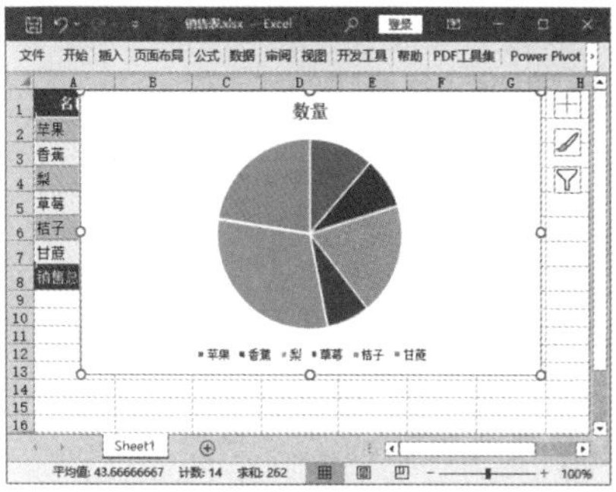

图 17-38

★重点 17.2.2 实战：使用功能区为成绩数据创建普通图表

实例门类	软件功能

当知道要对哪些数据使用什么类型的图表时，可以直接选择相应的图表类型进行创建。在Excel中【插入】选项卡下的【图表】组中提供了几种常用的图表类型，用户只需要选择图表类型就可以完成创建。例如，创建图表对第一次月考成绩数据进行分析，具体操作步骤如下。

Step01 选择需要的图表。打开素材文件\第 17 章\月考平均分统计.xlsx，❶选择 A3:D8 单元格区域，❷单击【插入】选项卡下【图表】组中的【插入柱形图】按钮下拉，❸在弹出的下拉菜单中选择需要的柱形图子类型，这里选择【堆积柱形图】选项，如图 17-39 所示。

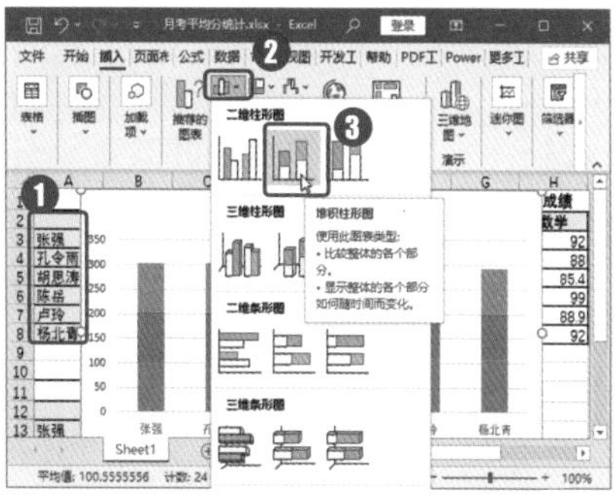

图 17-39

Step02 查看创建的堆积柱形图。经过上步操作，即可看到根据选择的数据源和图表样式生成的对应图表，如图 17-40 所示。

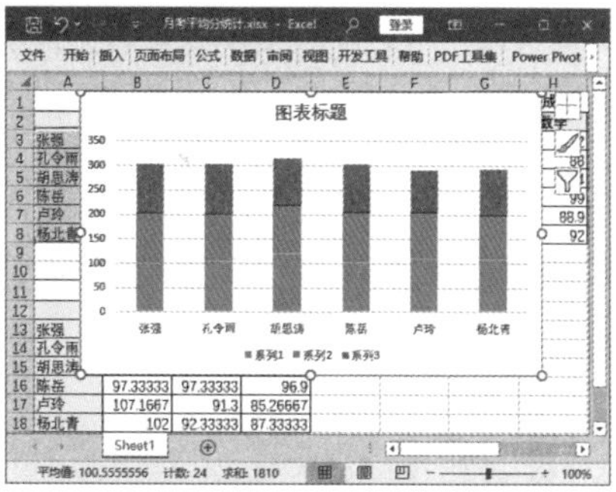

图 17-40

★重点 17.2.3 实战：通过对话框为销售汇总数据创建组合图表

实例门类	软件功能

如果要插入样式更加丰富的图表类型及更标准的图表，可以通过【插入图表】对话框来插入。

Excel中默认制作图表的数据系列都只包含了一种图表类型。事实上，在Excel 2021 中可以非常便捷地自由组合图表类型，使不同的数据系列按照最合适的图表类型，放置在同一张图表中，即所谓的组合图表，这样能够更加准确地传递图表信息。

> **技术看板**
>
> 在制作组合图表时，不能组合二维和三维图表类型，只能组合同维数的图表类型；否则，系统会打开提示对话框，提示用户是否更改三维图表的数据类型，以将两个图表组合为一个二维图表。

例如，为销售汇总数据创建自定义组合图表，将图表中的【产品4】数据系列设置为折线图表类型，其余的数据系列采用柱形图，具体操作步骤如下。

Step01 选择数据区域。打开素材文件\第 17 章\半年销售额汇总.xlsx，❶选择 A1:E8 单元格区域，❷单击【插入】选项卡下【图表】组右下角的【对话框启动器】按钮，如图 17-41 所示。

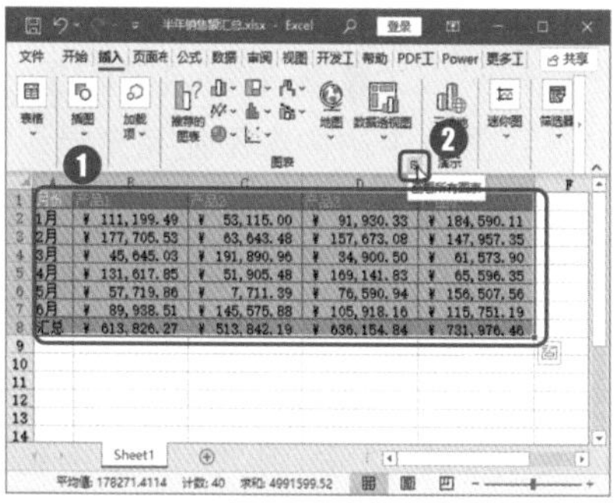

图 17-41

Step02 设置组合图表。打开【插入图表】对话框，❶选择【所有图表】选项卡，❷在左侧列表框中选择【组合】选项，❸在右侧上方单击【自定义组合】按钮，❹在下方的列表框中设置【产品 1】【产品 2】【产品 3】数据系列的图表类型为【簇状柱形图】，❺设置【产品 4】数据系列的图表类型为【折线图】，❻选中

【产品 4】数据系列后的复选框，为该数据系列添加次坐标轴，❼单击【确定】按钮，如图 17-42 所示。

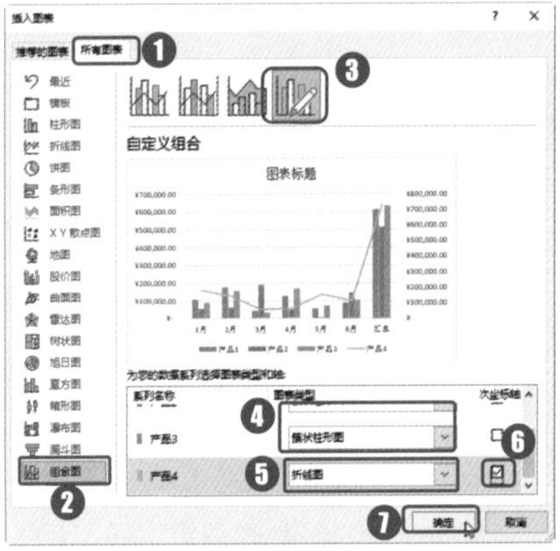

图 17-42

Step03 查看图表效果。经过上步操作，即可在工作表中看到根据选择的数据源和自定义的图表样式生成的对应图表，效果如图 17-43 所示。

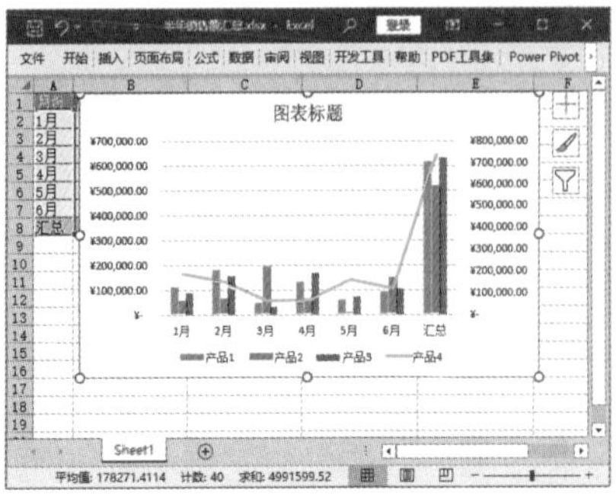

图 17-43

技能拓展——保存图表模板

Excel 允许用户创建自定义图表类型为图表模板，以便后期调用常用的图表格式。

选择需要保存为图表模板的图表，并在其上右击，在弹出的快捷菜单中选择【保存为模板】选项。当下一次需要根据模板建立图表时，可在【插入图表】对话框中选择【所有图表】选项卡，然后在左侧的列表框中选择【模板】选项，在右侧会显示出保存的图表模板，根据需要选择相应的图表模板，即可快速生成应用该图表样式的新图表。

17.3 编辑图表

通常，在插入图表后，还需要对图表进行编辑和美化操作，包括对图表的大小、位置、数据源、布局、图表样式和图表类型等进行编辑，以满足不同的需要。

17.3.1 实战：调整成绩统计表中图表的大小

实例门类	软件功能

有时因为图表中的内容较多，会导致图表中的内容不能完全显示或显示不清楚所要表达的意义，此时可适当地调整图表的大小，具体操作步骤如下。

Step01 调整图表的大小。打开素材文件\第 17 章\月考平均分统计.xlsx，❶选择要调整大小的图表，❷将鼠标指针移动到图表右下角，当鼠标指针变成双向箭头时，按住鼠标左键拖动，即可缩放图表大小，如图 17-44 所示。

技术看板

在调整图表大小时，图表的各组成部分也会随之调整大小。若不满意图表中某个组成部分的大小，则可以选择对应的图表对象，用相同的方法对其大小单独进行调整。

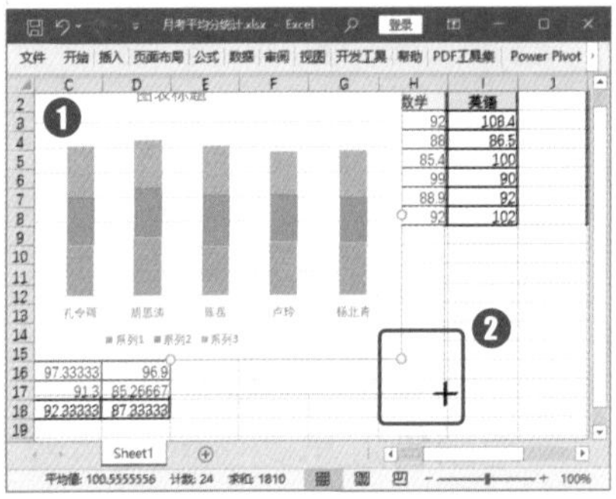

图 17-44

Step02 查看图表效果。将图表调整到合适大小后释放鼠标左键即可，效果如图 17-45 所示。

技能拓展——精确调整图表大小

在【格式】选项卡【大小】组中的【形状高度】或【形状宽度】数值框中输入数值，可以精确设置图表的大小。

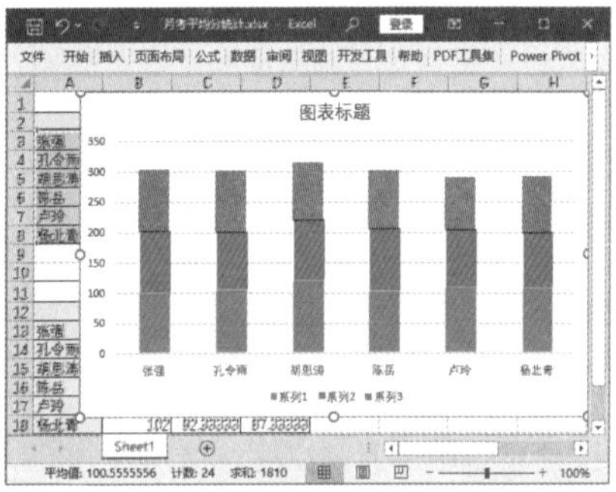

图 17-45

★重点 17.3.2 实战：移动成绩统计表中的图表位置

实例门类	软件功能

默认情况下，创建的图表会显示在其数据源的附近，然而这样的设置通常会遮挡工作表中的数据。这时可以将图表移动到工作表中的空白位置。在同一张工作表中移动图表位置可先选择要移动的图表，然后直接按住鼠标左键进行拖动。

有时，为了表达图表数据的重要性，或者为了能清楚分析图表中的数据，需要将图表放大并单独制作为一张工作表。针对这个需求，Excel提供了【移动图表】功能。

调整成绩统计表中的图表位置，并最终将图表单独制作成一张工作表，具体操作步骤如下。

Step01 拖动鼠标调整图表位置。选择要在同一张工作表中移动位置的图表，并将鼠标指针移动到图表的边框上，当其变为✣形状时，按住鼠标左键并拖动，即可改变图表在工作簿中的位置，如图 17-46 所示。

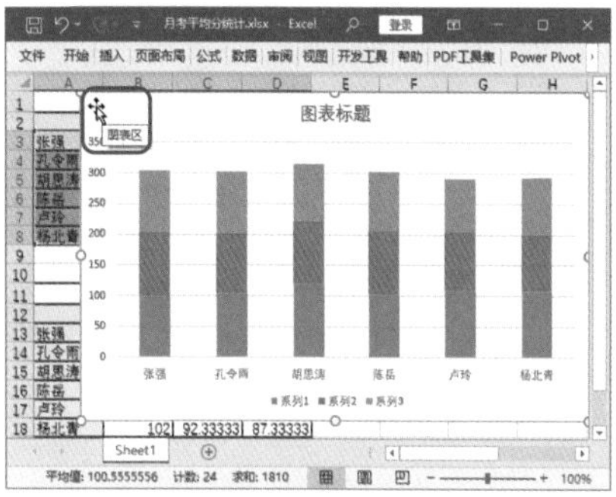

图 17-46

Step02 查看调整图表位置后的效果。将图表移动到适当位置后释放鼠标左键即可，本例中的图表移动位置后的效果如图 17-47 所示。

技术看板

图表中各组成部分的位置并不是固定不变的，可以单独对图表标题、绘图区和图例等图表组成元素的位置进行移动，其方法与移动图表区的方法一样，只是图表组成部分的移动范围始终在图表区范围内。有时，通过对图表元素位置的调整，可在一定程度上使图表更美观、排版更合理。

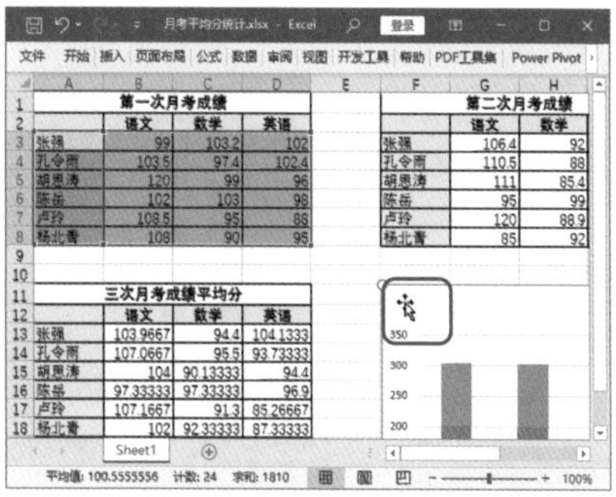

图 17-47

Step03 执行移动图表操作。❶选择图表，❷单击【图表设计】选项卡【位置】组中的【移动图表】按钮，如图 17-48 所示。

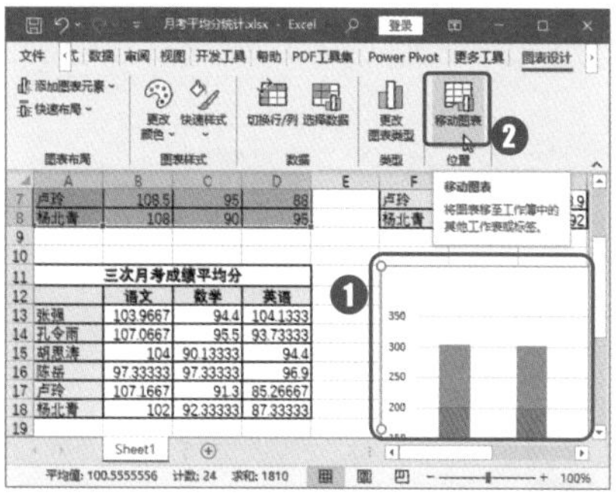

图 17-48

Step04 设置移动位置。打开【移动图表】对话框，❶选中【新工作表】单选按钮，❷在其后的文本框中输入移动图表后新建的工作表名称，这里输入【第一次月考成绩图表】，❸单击【确定】按钮，如图 17-49 所示。

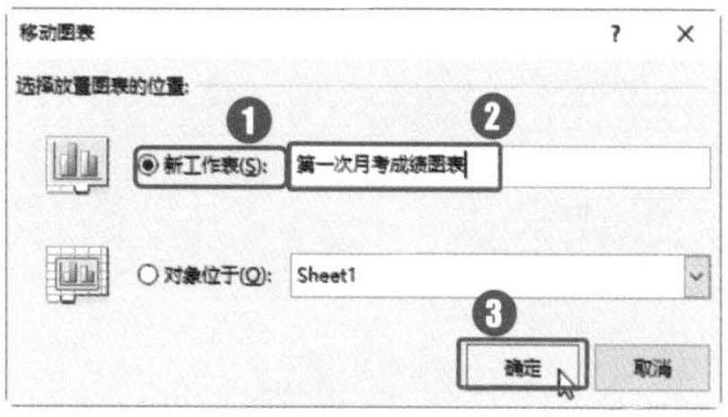

图 17-49

Step05 查看图表效果。经过上步操作，返回工作簿中即可看到新建的“第一次月考成绩图表”工作表，而且该图表的大小会根据当前窗口中编辑区的大小自动以全屏显示进行调节，如图 17-50 所示。

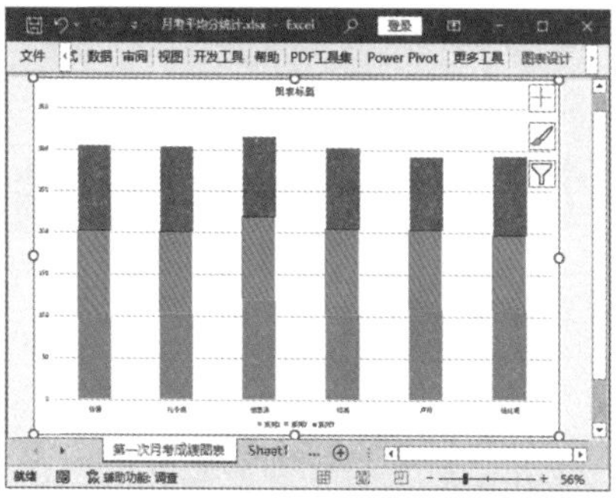

图 17-50

技术看板

当再次通过【移动图表】功能将图表移动到其他普通工作表中时，图表将还原为最初的大小。

★重点 17.3.3 实战：更改成绩统计表中图表的数据源

实例门类	软件功能

在创建了图表的表格中，图表中的数据与工作表中的数据源是保持动态联系的。当修改工作表中的数据源时，图表中的相关数据系列也会发生相应的变化。如果要像转置表格数据一样交换图表中的纵横坐标，可以使用【切换行/列】命令；如果需要重新选择作为图表数据源的表格数据，可通过【选择数据源】对话框进行修改。

例如，要通过复制工作表并修改图表数据源的方法来制作其他成绩统计图表效果，具体操作步骤如下。

Step01 执行切换行列操作。❶复制【第一次月考成绩图表】工作表，并重命名为【第一次月考各科成绩图表】，❷选择复制得到的图表，❸单击【图表设计】选项卡【数据】组中的【切换行/列】按钮，如图 17-51 所示。

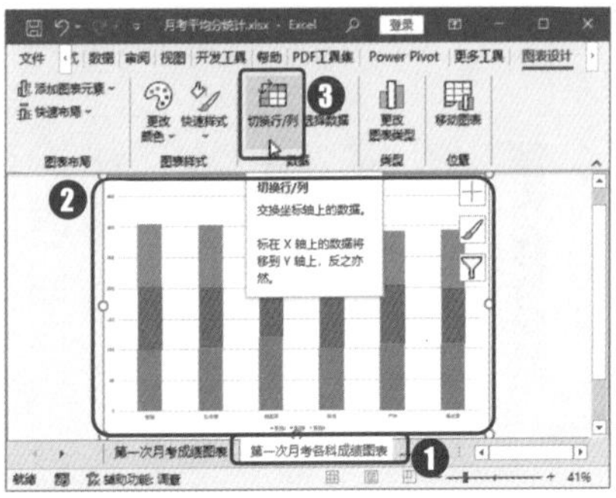

图 17-51

Step02 查看切换行列后的效果。经过上步操作，即可改变图表中数据分类和系列的方向，如图 17-52 所示。

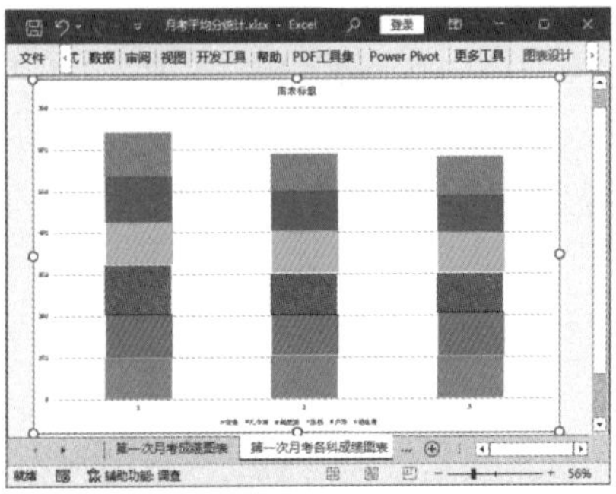

图 17-52

技术看板

默认情况下创建的图表，Excel 会自动以每一行作为一个分类，按每一列作为一个系列。

Step03 执行选择数据操作。❶复制【第一次月考成绩图表】工作表，并重命名为【第二次月考成绩图表】，❷选择复制得到的图表，❸单击【数据】组中的【选择数据】按钮，如图 17-53 所示。

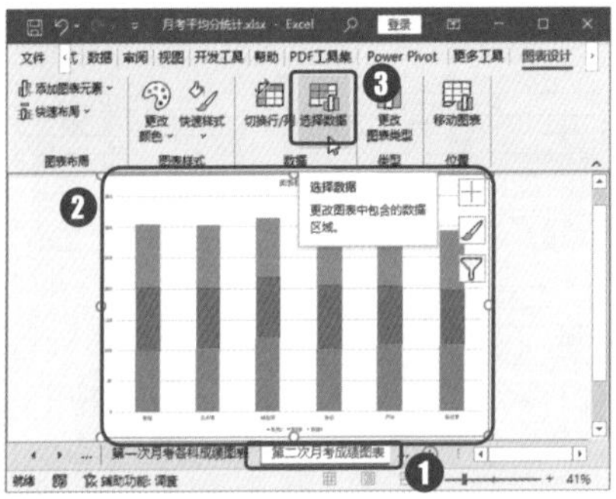

图 17-53

Step04 折叠对话框。打开【选择数据源】对话框，单击【图表数据区域】参数框后的【折叠】按钮，如图 17-54 所示。

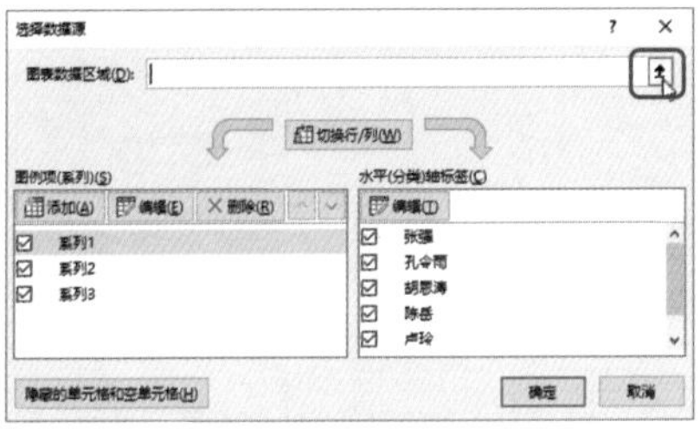

图 17-54

Step05 设置引用的数据区域。返回工作簿中，❶选择【Sheet1】工作表中的 F2:I8 单元格区域，❷单击折叠对话框中的【展开】按钮，如图 17-55 所示。

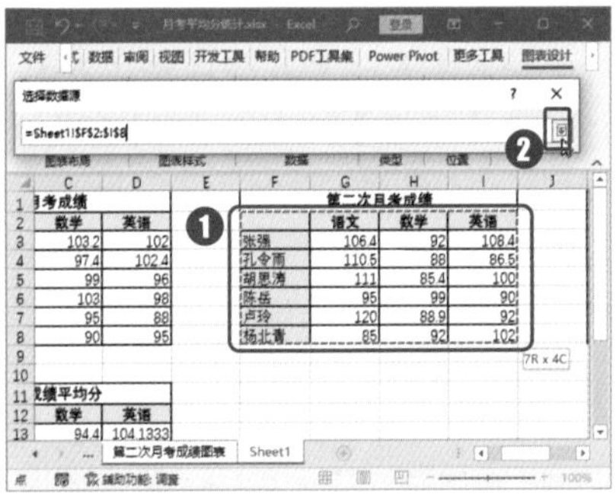

图 17-55

Step06 确认设置。返回【选择数据源】对话框，单击【确定】按钮，如图 17-56 所示。

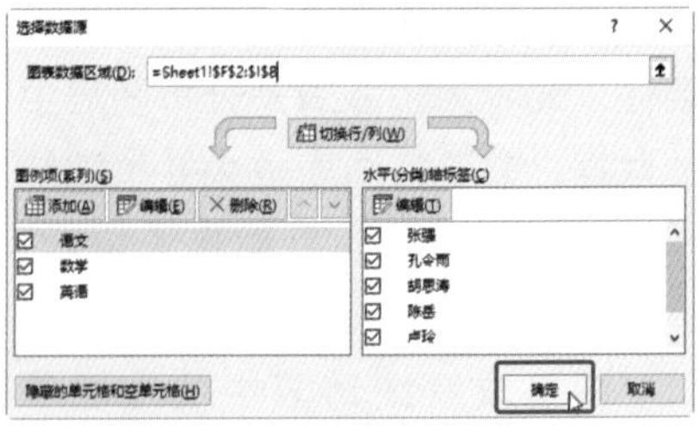

图 17-56

Step07 查看修改数据源后的效果。经过上步操作，即可在工作簿中查看到修改数据源后的图表效果，如图 17-57 所示，注意观察图表中数据的变化。

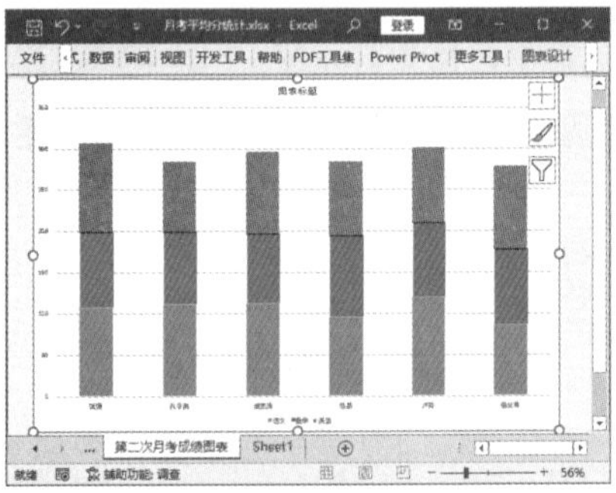

图 17-57

技能拓展——设置图表中要不要显示源数据中的隐藏数据

单击【选择数据源】对话框中的【隐藏的单元格和空单元格】按钮，打开图 17-58 所示的【隐藏和空单元格设置】对话框，在其中选中或取消选中【显示隐藏行列中的数据】复选框，即可在图表中显示或隐藏工作表中隐藏行列中的数据。

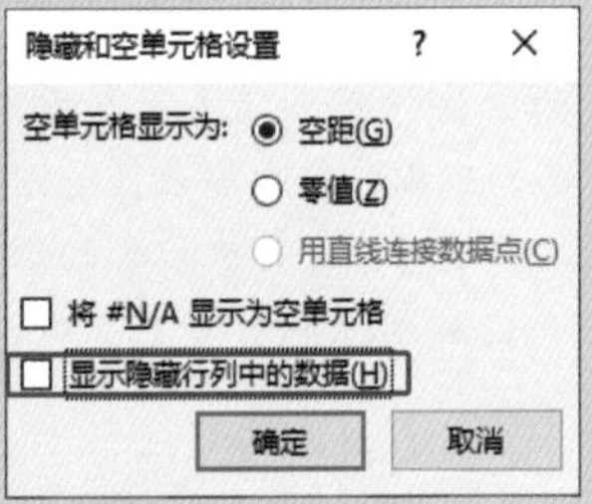

图 17-58

★重点 17.3.4 实战：更改销售汇总表中的图表类型

实例门类	软件功能

如果对图表各类型的使用情况不是很清楚，有可能创建的图表不能够表达出数据的含义。不用担心，创建好的图表仍然可以方便地更改图表类型。

当然，用户也可以只修改图表中某个或某些数据系列的图表类型，从而自定义出组合图表。

例如，要通过更改图表类型让销售汇总表中的各产品数据用柱形图表示，将汇总数据用折线图表示，具体操作步骤如下。

Step01 执行更改图表类型操作。打开结果文件\第17章\半年销售额汇总.xlsx，❶选择需要更改图表类型的图表，❷单击【图表设计】选项卡【类型】组中的【更改图表类型】按钮，如图17-59所示。

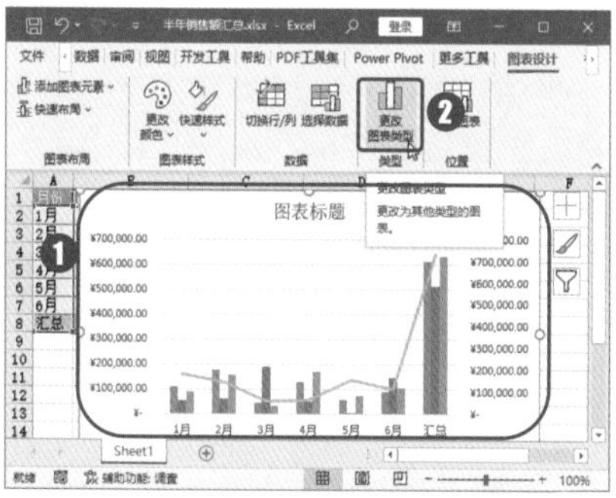

图 17-59

Step02 选择图表类型。打开【更改图表类型】对话框，❶选择【所有图表】选项卡，❷在左侧列表框中选择【柱形图】选项，❸在右侧选择合适的柱形图样式，❹单击【确定】按钮，如图17-60所示。

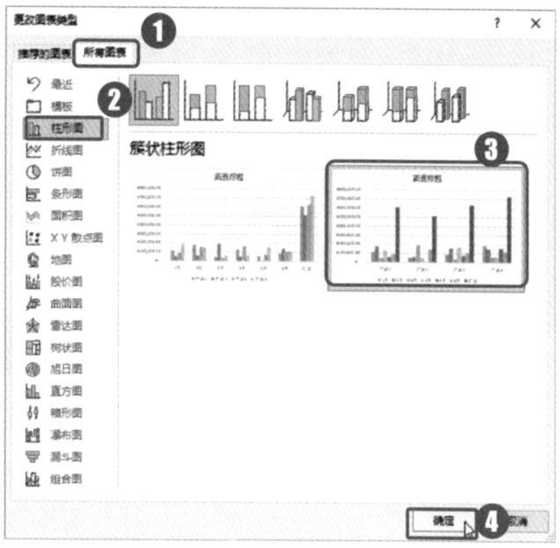

图 17-60

Step03 执行菜单命令。经过上步操作，即可将原来的组合图表更改为柱形图表。❶选择图表中的【汇总】数据系列，并在其上右击，❷在弹出的快捷菜单中选择【更改系列图表类型】选项，如图17-61所示。

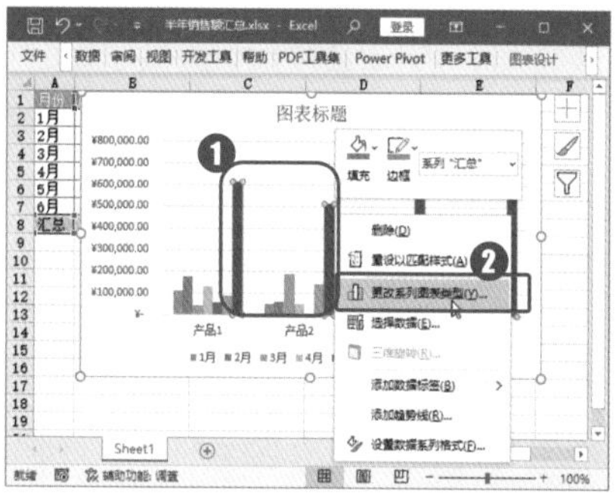

图 17-61

Step04 组合图表。打开【更改图表类型】对话框，❶选择【所有图表】选项卡，❷在左侧列表框中选择【组合图】选项，❸在右侧上方单击【自定义组合】按钮，❹在下方的列表框中设置【汇总】数据系列的图表类型为【折线图】，❺选中【汇总】数据系列后的【次坐标轴】复选框，为该数据系列添加次坐标轴，❻单击【确定】按钮，如图17-62所示。

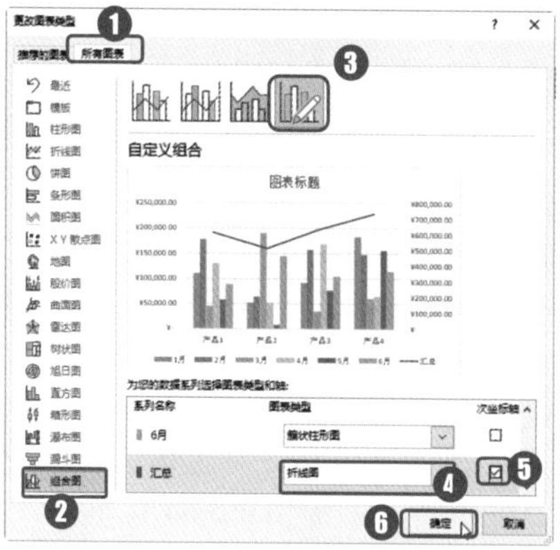

图 17-62

Step05 查看更改的图表效果。返回工作表中即可看到已经将【汇总】数据系列从原来的柱形图更改为折线图，效果如图17-63所示。

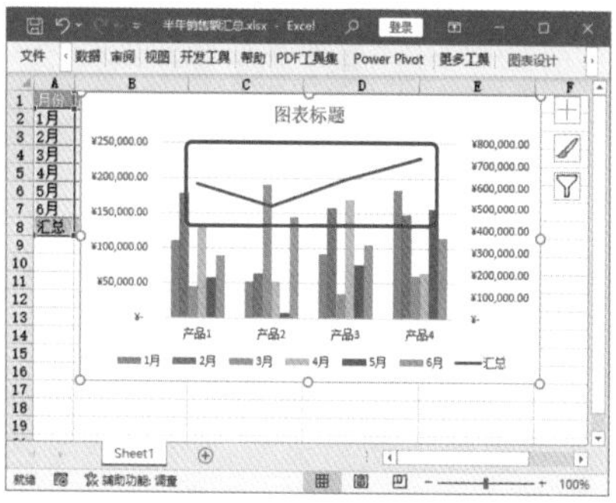

图 17-63

17.3.5 实战：设置销售汇总表中的图表样式

实例门类	软件功能

创建图表后，可以快速将一个预定义的图表样式应用到图表中，让图表外观更加专业；还可以更改图表的颜色方案，快速更改数据系列采用的颜色；如果需要设置图表中各组成元素的样式，则可以在【格式】选项卡中进行自定义设置，包括对图表区中文字的格式、填充

颜色、边框颜色、边框样式、阴影及三维格式等进行设置。

例如，要为销售汇总表中的图表设置样式，具体操作步骤如下。

Step01 应用图表样式。❶选择图表，❷单击【图表设计】选项卡【图表样式】组中的【快速样式】下拉按钮，❸在弹出的下拉菜单中选择需要应用的图表样式，即可为图表应用所选图表样式，如图 17-64 所示。

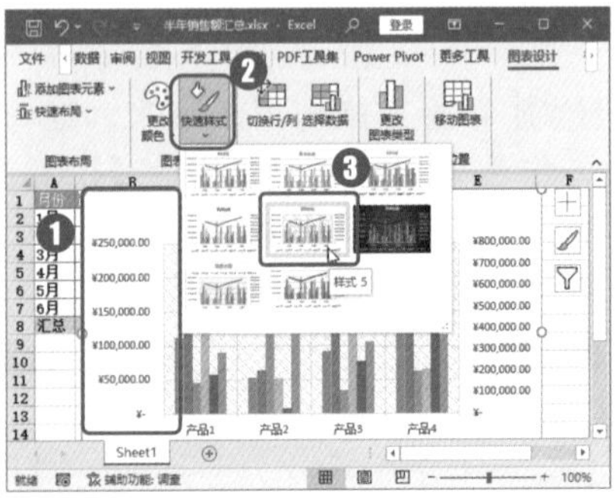

图 17-64

Step02 更改图表颜色。❶单击【图表样式】组中的【更改颜色】下拉按钮，❷在弹出的下拉菜单中选择需要应用的色彩方案，即可改变图表中数据系列的配色，如图 17-65 所示。

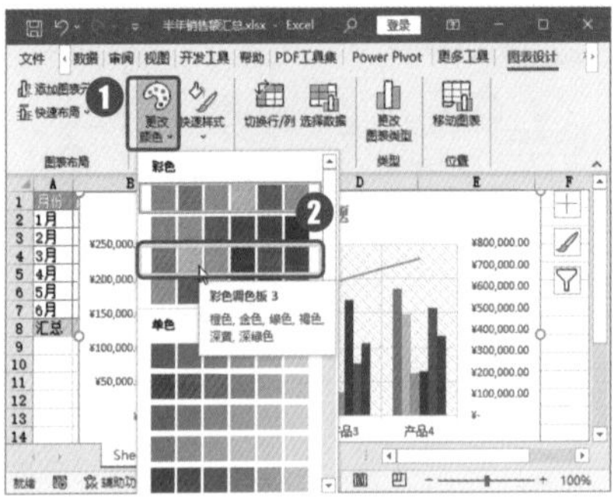

图 17-65

17.3.6 实战：快速为销售汇总表中的图表布局

实例门类	软件功能

对创建的图表进行合理的布局可以使图表效果更加美观。在 Excel 中创建的图表会采用系统默认的图表布局，Excel 2021 中提供了 11 种预定义布局样式，使用这些预定义的布局样式可以快速更改图表的布局效果。

例如，要使用预定义的布局样式快速改变销售汇总表中图表的布局效果，具体操作步骤如下。

Step01 选择布局样式。❶选择图表，❷单击【图表设计】选项卡【图表布局】组中的【快速布局】下拉按钮，❸在弹出的下拉菜单中选择需要的布局样式，这里选择【布局 11】选项，如图 17-66 所示。

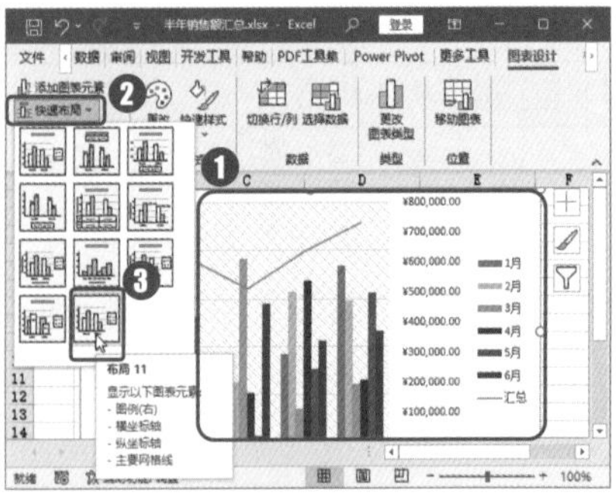

图 17-66

Step02 查看布局效果。经过上步操作，即可看到应用新布局样式后的图表效果，如图 17-67 所示。

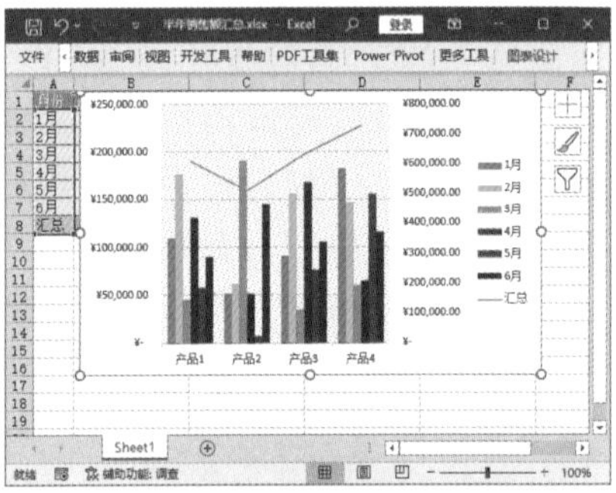

图 17-67

技术看板

自定义的图表布局和图表格式是不能保存的，但可以通过将图表另存为图表模板，这样就可以再次使用自定义布局或图表格式。

17.4 修改图表布局

在 Excel 2021 中，不仅可以通过应用布局样式来修改图表的布局，还可以通过对图表各组成元素的设置来更改图表整体的布局，使图表内容结构更加合理、美观。本节介绍修改图表布局的方法，包括为图表添加标题、设置坐标轴格式、添加坐标轴标题、设置数据标签格式、添加数据表、设置网格线、添加趋势线、添加误差线等。

17.4.1 实战：设置销售汇总图表的标题

实例门类	软件功能

在创建图表时，默认会添加一个图表标题，标题的内容是系统根据图表数据源自动进行添加的，或者为数据源所在的工作表标题，或者为数据源对应的表头名称。如果系统没有识别到合适的名称，就会显示为【图表标题】字样。

设置合适的图表标题，有利于说明整个图表的主要内容。如果系统默认的图表标题不合适，用户也可以通过自定义为图表添加适当的图表标题，使其他用户在只看到图表标题时就能了解该图表所要表达的大致信息。

当然，根据图表的显示效果需要，用户也可以调整标题在图表中的位置，或者取消标题的显示。

例如，要为使用快速布局样式后的销售汇总表中的图表添加标题，具体操作步骤如下。

Step01 添加图表标题。❶选择图表，❷单击【图表设计】选项卡【图表布局】组中的【添加图表元素】下拉按钮，❸在弹出的下拉菜单中选择【图表标题】选项，❹在弹出的级联菜单中选择【居中覆盖】选项，即可在图表中的上部显示出图表标题，如图 17-68 所示。

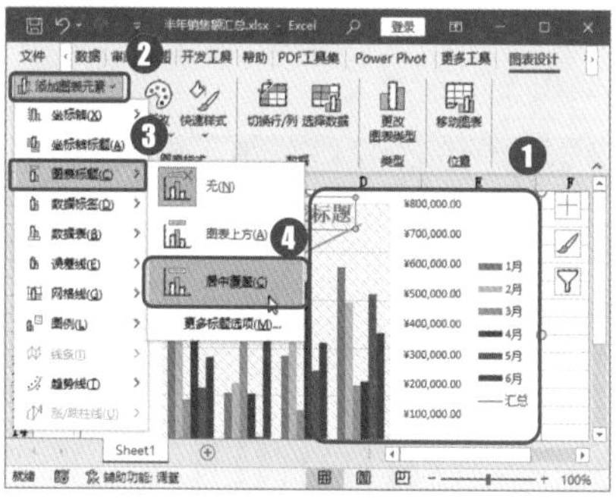

图 17-68

Step02 输入图表标题。选择图表标题文本框中出现的默认内容，重新输入合适的图表标题文本，如图 17-69 所示。

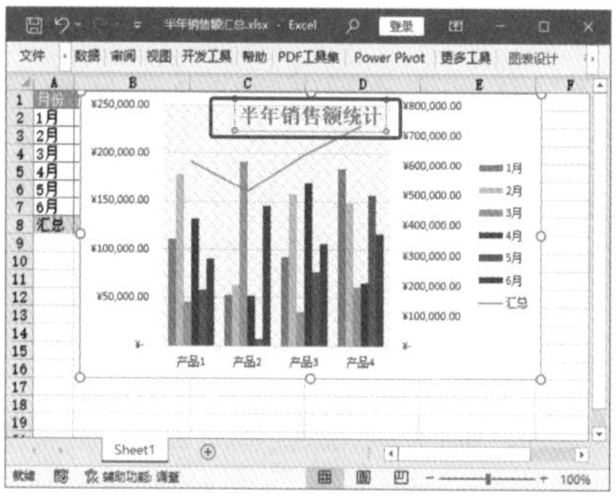

图 17-69

Step03 移动图表标题。选择图表标题文本框，将鼠标指针移动到图表标题文本框上，当其变为✣形状时，按住鼠标左键拖动，即可调整标题在图表中的位置，如图 17-70 所示。

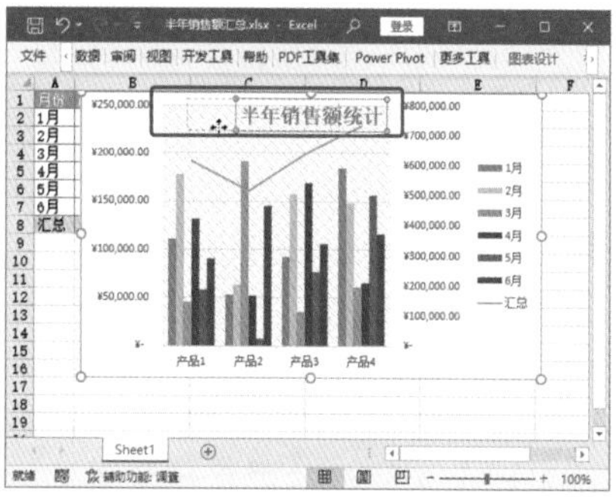

图 17-70

技术看板

在【图表标题】下拉菜单中选择【无】选项，将隐藏图表标题；选择【图表上方】选项，将在图表区的顶部显示图表标题，并调整图表大小；选择【居中覆盖】选项，将居中标题覆盖在图表上方，但不调整图表的大小；选择【更多标题选项】选项，将显示出【设置图表标题格式】任务窗格，在其中可以设置图表标题的填充、边框颜色、边框样式、阴影和三维格式等。

★重点 17.4.2 实战：设置销售统计图表的坐标轴

实例门类	软件功能

除饼图和圆环图外，其他图表中还可以显示坐标轴，它是图表中用于对数据进行度量和分类的轴线。通常在图表中会有横坐标轴（水平坐标轴）和纵坐标轴（垂直坐标轴），在坐标轴上需要用数值或文字数据作为刻度和标签。在组合图表中可以存在两个横坐标轴或纵坐标轴，分别称为主要横坐标轴、次要横坐标轴、主要纵坐标轴和次要纵坐标轴。主要横坐标轴在图表下方，次要横坐标轴在图表上方，主要纵坐标轴在图表左侧，次要纵坐标轴在图表右侧。

有时会因为个人喜好和用途不同，需要对这两类坐标轴进行设置。例如，在“饮料销售统计表”工作簿的图表中，为了区别销售额和销售量数据，要将销售额的数据值用次要纵坐标轴表示，并修改其中的刻度值到合适的程度，具体操作步骤如下。

Step01 设置所选内容格式。打开素材文件\第 17 章\饮料销售统计表.xlsx，❶选择图表中需要添加坐标轴的【销售量】数据系列，❷单击【格式】选项卡【当前所选内容】组中的【设置所选内容格式】按钮，如图 17-71 所示。

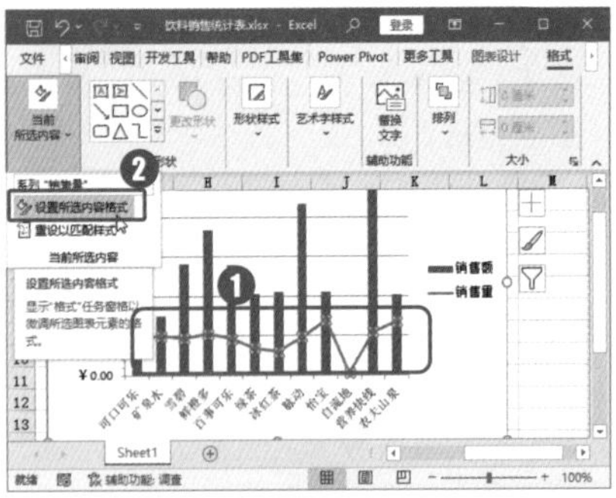

图 17-71

Step02 设置次坐标轴。显示出【设置数据系列格式】任务窗格，选中【次坐标轴】单选按钮，即可在图表右侧显示出相应的次坐标轴，如图 17-72 所示。

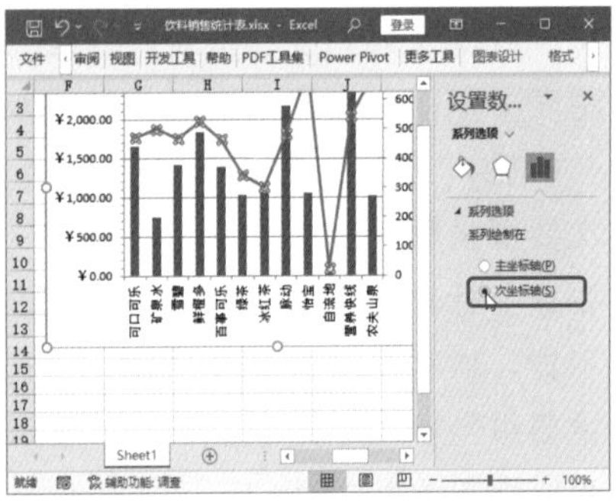

图 17-72

Step03 选择坐标轴选项。❶选择图表，❷单击【图表设计】选项卡【图表布局】组中的【添加图表元素】下拉按钮，❸在弹出的下拉菜单中选择【坐标轴】选项，❹在弹出的级联菜单中选择【更多轴选项】选项，如图 17-73 所示。

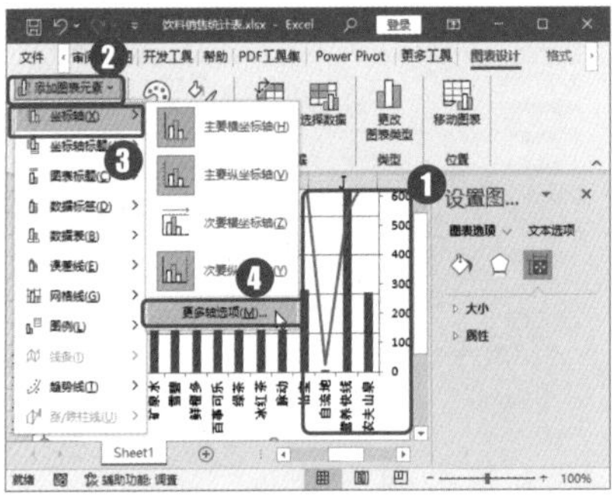

图 17-73

Step04 设置主坐标轴刻度值。显示出【设置坐标轴格式】任务窗格，❶选择图表中左侧的垂直坐标轴，❷选择任务窗格上方的【坐标轴选项】选项卡，❸单击下方的【坐标轴选项】按钮，❹在【坐标轴选项】栏的各数值框中输入相应的数值，从而完成主坐标轴的刻度值设置，如图 17-74 所示。

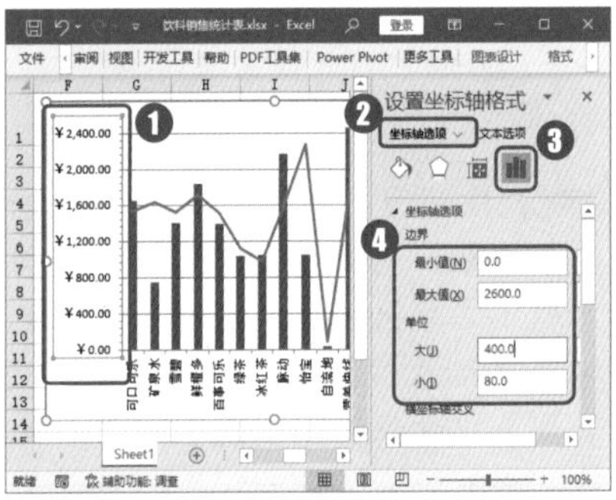

图 17-74

Step05 设置次坐标轴刻度值。❶选择图表中右侧的垂直坐标轴，❷选择任务窗格上方的【坐标轴选项】选项卡，❸单击下方的【坐标轴选项】按钮，❹在【坐标轴选项】栏的各数值框中输入相应的数值，从而完成次坐标轴的刻度值设置，如图 17-75 所示。

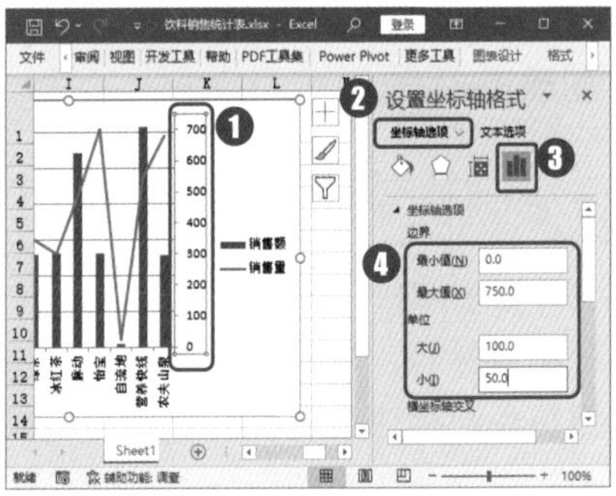

图 17-75

Step06 设置标签距离。❶选择图表中的水平坐标轴，❷选择任务窗格上方的【坐标轴选项】选项卡，❸单击下方的【坐标轴选项】按钮，❹在【标签】栏的【与坐标轴的距离】文本框中输入【50】，完成该坐标轴与图表绘图区的距离设置，如图 17-76 所示。

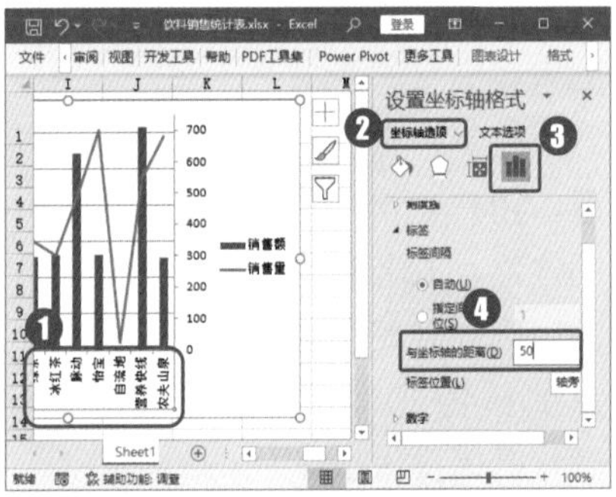

图 17-76

技术看板

在【坐标轴】下拉菜单中选择【主要横坐标轴】选项，可以控制主要横坐标轴的显示与否；选择【主要纵坐标轴】选项，可以控制主要纵坐标轴的显示与否；同理，选择【次要横坐标轴】或【次要纵坐标轴】选项，可以控制次要横坐标轴和次要纵坐标轴的显示与否。若要设置坐标轴的详细参数，则需要在【设置坐标轴格式】任务窗格中完成。

17.4.3 实战：设置饮料销售统计图表的坐标轴标题

实例门类	软件功能

在Excel中，为了更好地说明图表中坐标轴所代表的内容，可以为每个坐标轴添加相应的坐标轴标题，具体操作步骤如下。

Step01 添加主要纵坐标轴。❶选择图表，❷单击【添加图表元素】下拉按钮，❸在弹出的下拉菜单中选择【坐标轴标题】选项，❹在弹出的级联菜单中选择【主要纵坐标轴】选项，如图17-77所示。

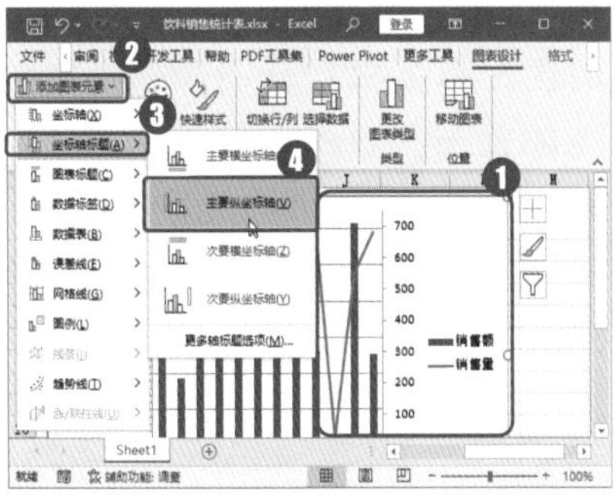

图 17-77

Step02 输入坐标轴标题。经过上步操作，将在图表中主要纵坐标轴的左侧显示坐标轴标题文本框，输入相应的内容，如【销售额】，如图17-78所示。

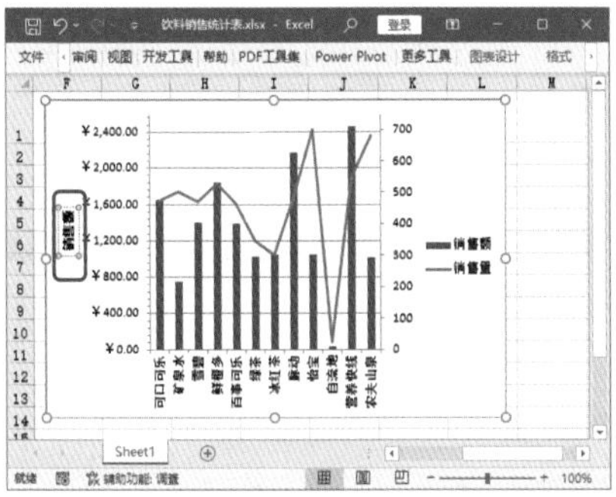

图 17-78

Step03 选择坐标轴其他选项。❶单击【添加图表元素】下拉按钮，❷在弹出的下拉菜单中选择【坐标轴标题】选项，❸在弹出的级联菜单中选择【更多轴标题选项】选项，如图17-79所示。

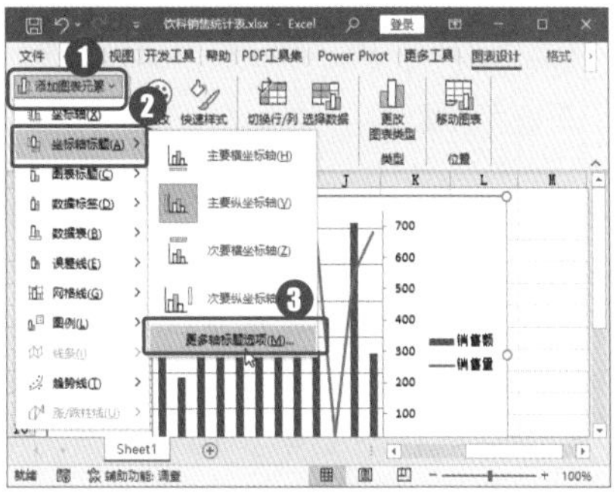

图 17-79

Step04 设置坐标轴文字方向。显示出【设置坐标轴标题格式】任务窗格，❶选择【文本选项】选项卡，❷单击【文本框】按钮，❸在【文本框】栏中单击【文字方向】列表框的下拉按钮，❹在弹出的下拉列表中选择【竖排】选项，如图17-80所示。

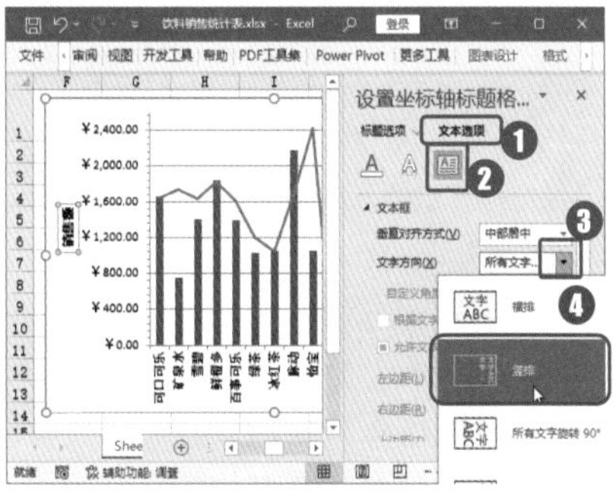

图 17-80

Step05 添加次要坐标轴。经过上步操作后，将改变坐标轴标题文字的排版方向。❶单击【添加图表元素】下拉按钮，❷在弹出的下拉菜单中选择【坐标轴标题】选项，❸在弹出的级联菜单中选择【次要纵坐标轴】选项，即可在图表中次要纵坐标轴的右侧显示坐标轴标题文本框，如图17-81所示。

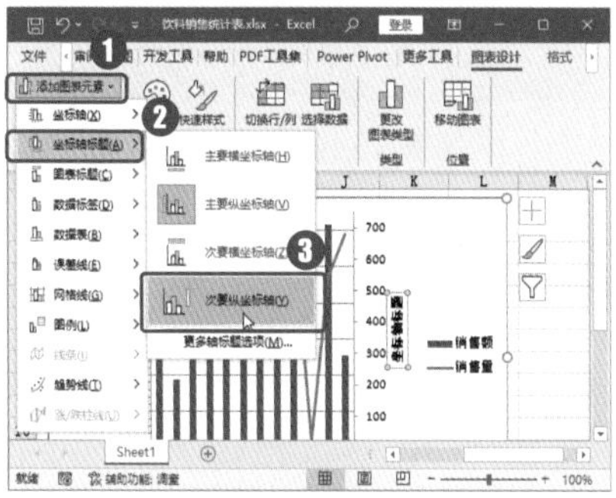

图 17-81

Step06 输入坐标轴标题。❶在坐标轴标题文本框中输入需要的标题文本，如【销量】，❷单击【格式】选项卡【当前所选内容】组中的【设置所选内容格式】按钮，如图17-82所示。

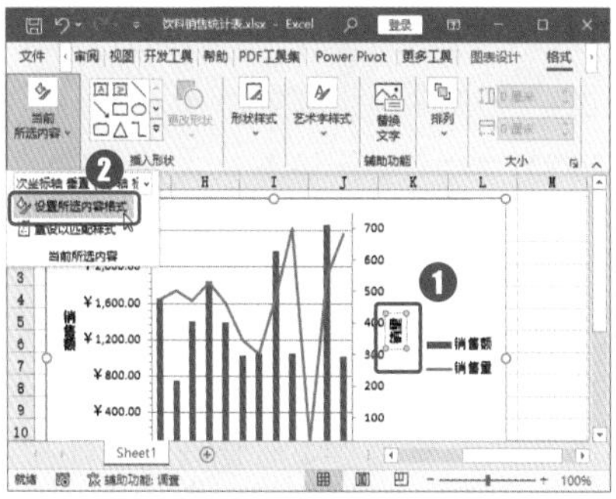

图 17-82

Step07 设置次要坐标轴方向。显示出【设置坐标轴标题格式】任务窗格，❶选择【文本选项】选项卡，❷单击【文本框】按钮，❸在【文本框】栏中的【文字方向】下拉列表中选择【竖排】选项，如图17-83所示。

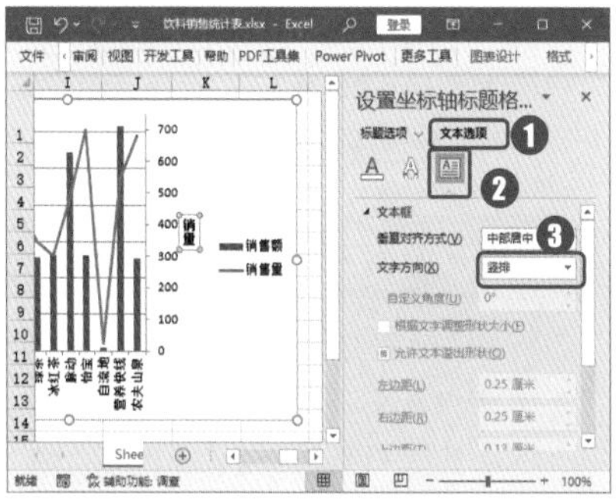

图 17-83

技能拓展——快速删除图表中的坐标轴标题

选择图表中的坐标轴标题，按【Delete】键可以快速将其删除。

★重点 17.4.4 实战：设置销售图表的数据标签

实例门类	软件功能

数据标签是图表中用于显示数据点上具体数值的元素，添加数据标签后可以使图表更清楚地表现数据的含义。在图表中可以为一个或多个数据系列进行数据标签的设置。例如，要为销售图表添加数据标签，并设置数据格式为百分比类型，具体操作步骤如下。

Step01 添加数据标签。打开结果文件\第 17 章\销售表.xlsx，❶选择图表，❷单击【添加图表元素】下拉按钮，❸在弹出的下拉菜单中选择【数据标签】选项，❹在弹出级联菜单中选择【最佳匹配】选项，即可在各数据系列的内侧显示出数据标签，如图 17-84 所示。

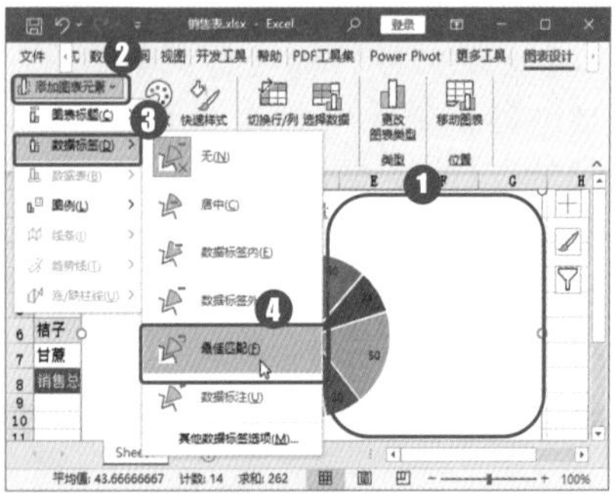

图 17-84

技术看板

在【数据标签】下拉菜单中可以选择数据标签在图表数据系列中显示的位置。如果选择【无】选项，将隐藏所选数据系列或所有数据系列的数据标签；如果选择【其他数据标签选项】选项，将打开【设置数据标签格式】任务窗格，在其中可以设置数据标签的数字格式、填充颜色、边框颜色和样式、阴影、三维格式和对齐方式等。

Step02 执行更多选项命令。❶单击图表右侧的【图表元素】按钮 +，❷在弹出的下拉菜单中单击【数据标签】下拉按钮▸，❸在弹出的级联菜单中执行【更多选项】命令，如图 17-85 所示。

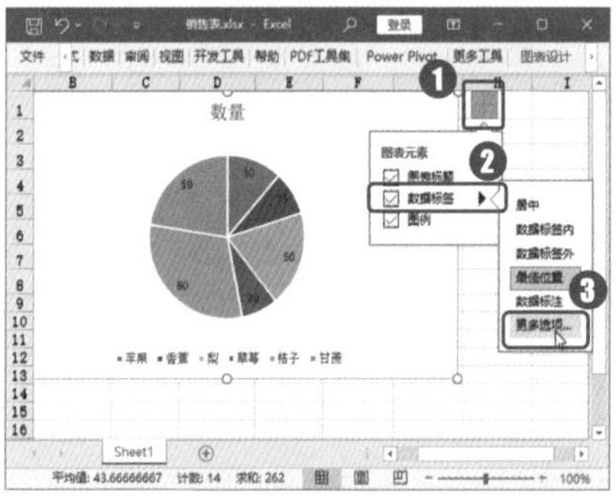

图 17-85

技能拓展——删除同一数据系列的某个数据标签

默认情况下，都是为整个图表或选择的某个数据系列添加数据标签，如果只需要为某个数据系列的个别添加数据标签，则需要先为整个数据系列添加数据标签，然后单击选择整个数据标签，在需要删除的数据标签上单击，就可选择单个数据标签，此时按【Delete】键即可进行删除。

Step03 设置标签包含的内容。打开【设置数据标签格式】任务窗格，❶选择上方的【标签选项】选项卡，❷单击下方的【标签选项】按钮，❸在【标签包括】栏中选中【类别名称】复选框、【百分比】复选框和【显示引导线】复选框，即可改变图表中数据标签的格式，如图 17-86 所示。

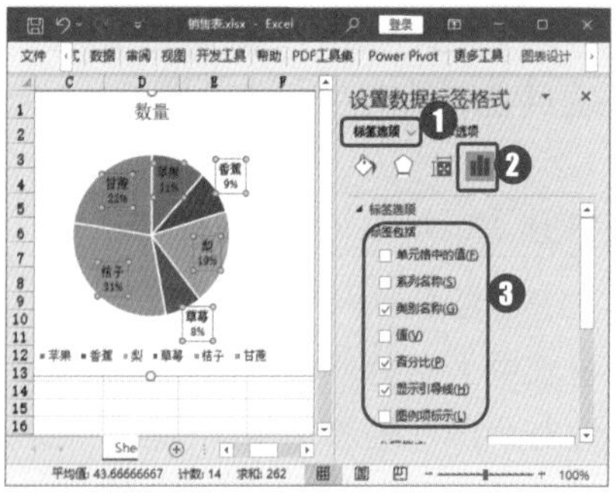

图 17-86

★重点 17.4.5 实战：设置销售统计图表的图例

实例门类	软件功能

创建一个统计图表后，图表中的图例都会根据该图表模板自动地放置在图表的右侧或上端。当然，图例在图表中的位置也可根据需要随时进行调整。例如，要将销售统计图表中原来位于右侧的图例放置到图表的顶部，具体操作方法如下。

打开文件\第 17 章\饮料销售统计表.xlsx，❶选择图表，❷单击【添加图表元素】下拉按钮，❸在弹出的下拉菜单中选择【图例】选项，❹在弹出的级联菜单中选择【顶部】选项，即可看到将图例移动到图表顶部的效果，同时图表中的其他组成部分也会重新进行排列，效果如图 17-87 所示。

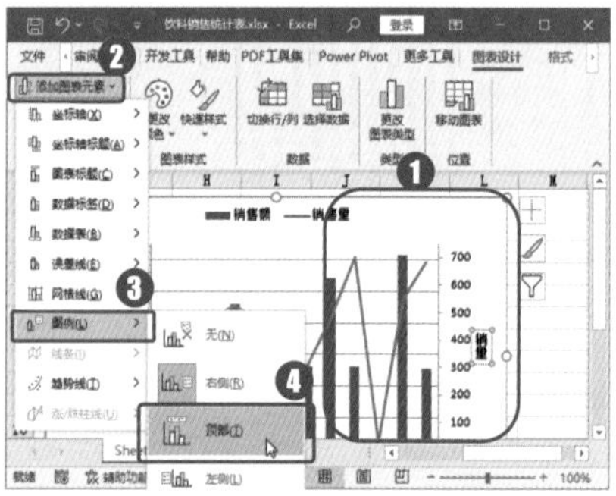

图 17-87

技术看板

在【图例】下拉菜单中可以选择图例在图表中的显示位置，如果选择【无】选项，将隐藏图例，如果选择【更多图例选项】选项，将显示出【设置图例格式】任务窗格，在其中可以设置图例的位置、填充样式、边框颜色、边框样式、阴影效果、发光和柔化边缘效果。

17.4.6 实战：设置成绩统计图表的网格线

实例门类	软件功能

为了便于查看图表中的数据，可以在图表的绘图区中显示水平轴和垂直轴延伸出的水平网格线和垂直网格线。例如，要为成绩统计图表设置次要的细小网格线，便于数据识读，具体操作步骤如下。

Step 01 添加主轴次要水平网格线。打开结果文件\第17章\月考平均分统计.xlsx，❶选择【第一次月考成绩图表】工作表中的图表，❷单击【添加图表元素】下拉按钮，❸在弹出的下拉菜单中选择【网格线】选项，❹在弹出的级联菜单中选择【主轴次要水平网格线】选项，即可显示出次要水平网格线，如图17-88所示。

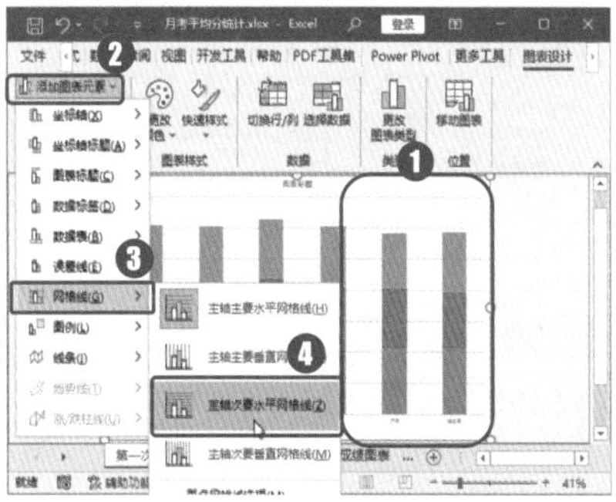

图17-88

Step 02 添加主轴次要垂直网格线。❶单击【添加图表元素】下拉按钮，❷在弹出的下拉菜单中选择【网格线】选项，❸在弹出的级联菜单中选择【主轴次要垂直网格线】选项，即可显示出次要垂直网格线，如图17-89所示。

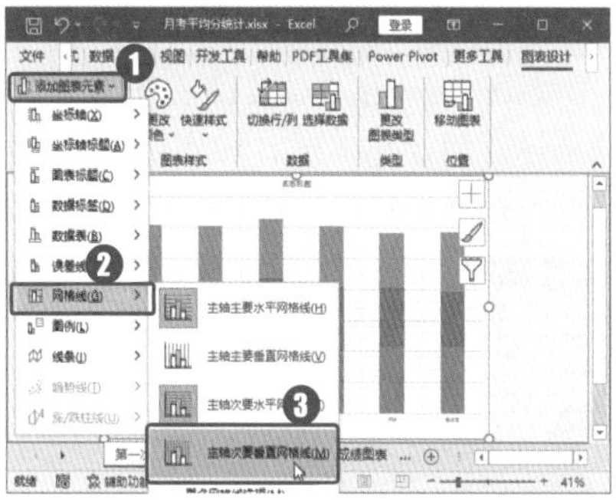

图17-89

技能拓展——显示或隐藏图表中的网格线

在【网格线】下拉菜单中选择相应的网格线类型选项，可以设置显示或隐藏相应的网格线。

17.4.7 实战：显示成绩统计图表的数据表

实例门类	软件功能

当图表单独置于一张工作表中时，若将图表打印出来，则只会得到图表区域，而没有具体的数据源。若在图表中显示数据表格，则可以在查看图表的同时查看详细的表格数据。例如，要在成绩统计图表中添加数据表，具体操作步骤如下。

Step 01 添加数据表。❶选择图表，❷单击【添加图表元素】下拉按钮，❸在弹出的下拉菜单中选择【数据表】选项，❹在弹出的级联菜单中选择【显示图例项标示】选项，即可在图表的下方显示出带图例项标示的数据表效果，如图17-90所示。

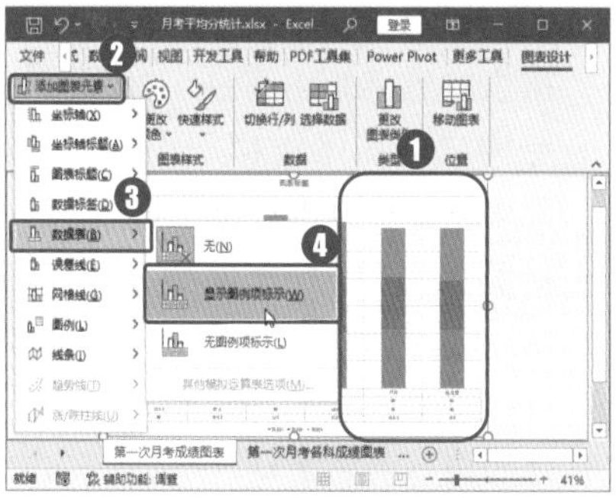

图17-90

Step 02 添加数据表。❶选择【第二次月考成绩图表】工作表，❷选择工作表中的图表，❸单击图表右侧的【图表元素】按钮+，❹在弹出的下拉菜单中选中【数据表】复选框，即可在图表的下方显示出带图例项标示的数据表效果，如图17-91所示。

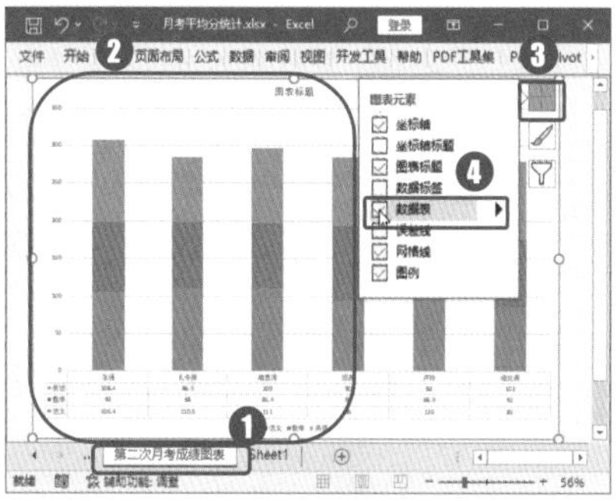

图17-91

★重点 17.4.8 实战：为销售汇总图表添加趋势线

实例门类	软件功能

趋势线用于问题预测研究，又称为回归分析。在图表中，趋势线是以图形的方式表示数据系列的趋势。

Excel中趋势线的类型有线性、指数、对数、多项式、乘幂和移动平均6种，用户可以根据需要选择趋势线，从而查看数据的动向。各类趋势线的功能如下。

➥ 线性趋势线：适用于简单线性数据集的最佳拟合直线。如果数据点构成的图案类似于一条直线，则表明数据是线性的。

➥ 指数趋势线：一种曲线，适用于速度增减越来越快的数据值。如果数据值中含有零或负值，就不能使用指数趋势线。

➥ 对数趋势线：如果数据的增加或减小速度很快，但又迅速趋近于平稳，那么对数趋势线是最佳的拟合曲线。对数趋势线可以使用正值和负值。

➥ 多项式趋势线：数据波动较大时适用的曲线。它可用于分析大量数据的偏差。多项式的阶数可由数据波动的次数或曲线中拐点（峰和谷）的个数确定。二阶多项式趋势线通常仅有一个峰或谷，三阶多项式趋势线通常有一个或两个峰或谷，四阶多项式趋势线通常多达 3 个。

➥ 乘幂趋势线：一种适用于以特定速度增加数据集的曲线。如果数据中含有零或负数值，就不能创建乘幂趋势线。

➥ 移动平均趋势线：平滑处理了数据中的微小波动，从而更清晰地显示了图案和趋势。移动平均使用特定数量的数据点（由【周期】选项设置），取其平均值，然后将该平均值作为趋势线中的一个点。

例如，为了更加明确产品的销售情况，需要为销售汇总图表中的产品 1 数据系列添加趋势线，以便能够直观地观察到该系列前 6 个月销售数据的变化趋势，对未来工作的开展进行分析和预测。添加趋势线的具体操作步骤如下。

Step01 执行推荐的图表操作。打开结果文件\第 17 章\半年销售额汇总.xlsx，❶选择表格中的 A1:D7 单元格区域，❷单击【插入】选项卡【图表】组中的【推荐的图表】按钮，如图 17-92 所示。

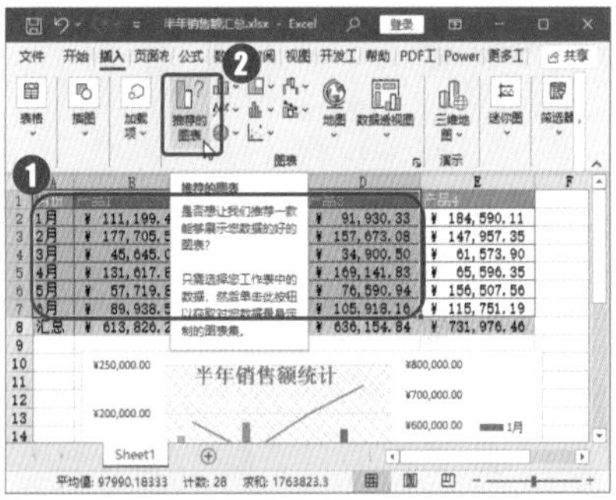

图 17-92

Step02 选择插入的图表。打开【插入图表】对话框，❶选择【推荐的图表】选项卡，在左侧选择需要的图表类型，这里选择【簇状柱形图】选项，❷单击【确定】按钮，如图 17-93 所示。

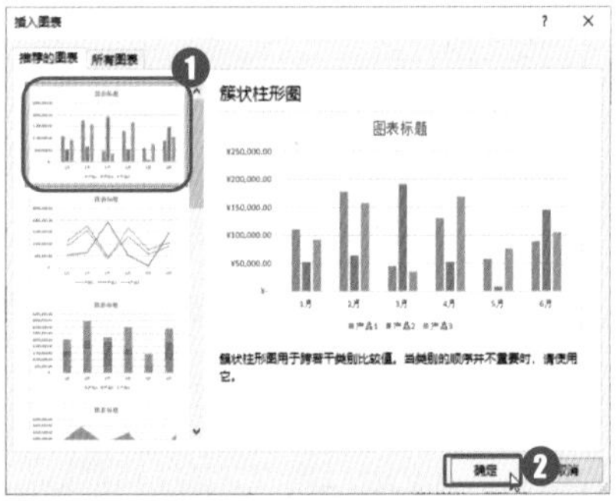

图 17-93

Step03 执行移动图表操作。经过上步操作，即可根据选择的数据重新创建一个图表。单击【图表设计】选项卡【位置】组中的【移动图表】按钮，如图 17-94 所示。

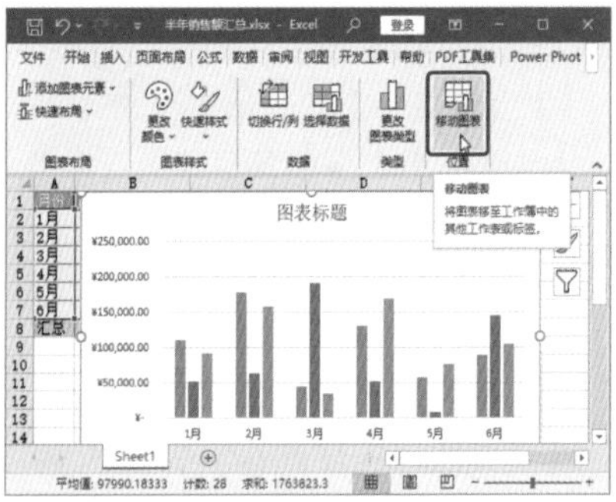

图 17-94

Step04 打开【移动图表】对话框，❶选中【新工作表】单选按钮，❷在其后的文本框中输入移动图表后新建的工作表名称，这里输入【销售总体趋势】，❸单击【确定】按钮，如图 17-95 所示。

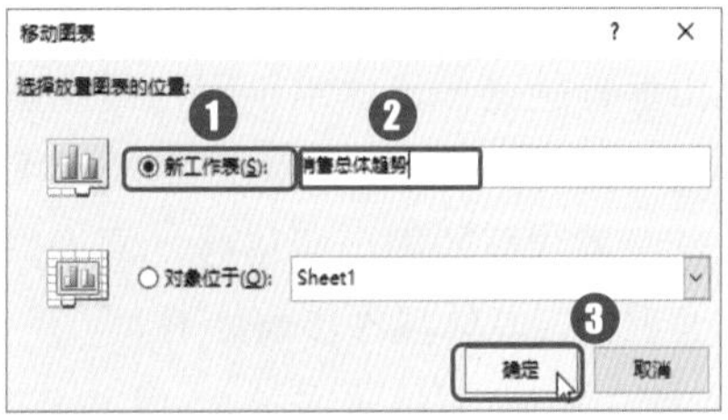

图 17-95

Step05 添加趋势线。❶选择图表中需要添加趋势线的产品 1 数据系列，❷单击【添加图表元素】下拉按钮，❸在弹出的下拉菜单中选择【趋势线】选项，❹在弹出的级联菜单中选择【移动平均】选项，如图 17-96 所示。

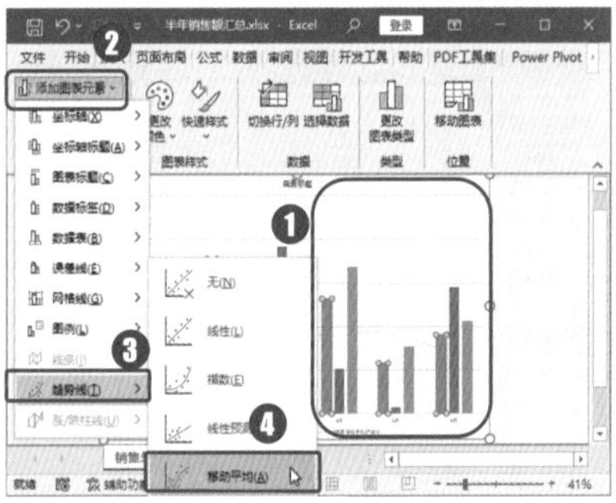

图 17-96

Step06 选择趋势线命令。经过上步操作，即可为产品1数据系列添加默认的移动平均趋势线效果。❶再次单击【添加图表元素】下拉按钮，❷在弹出的下拉菜单中选择【趋势线】选项，❸在弹出的级联菜单中选择【其他趋势线选项】选项，如图17-97所示。

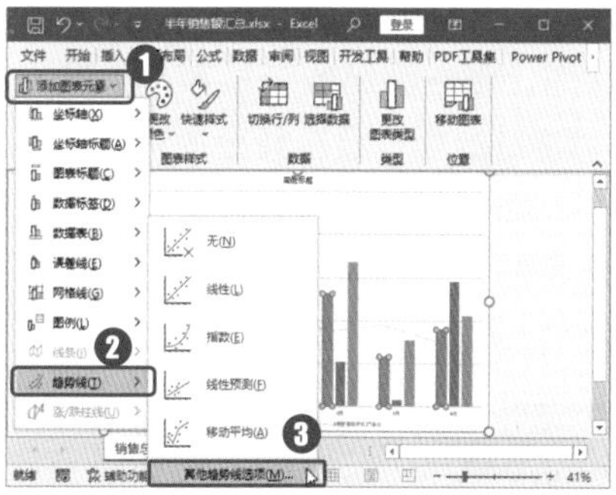

图 17-97

Step07 设置趋势线。打开【设置趋势线格式】任务窗格，选中【趋势线选项】栏中【移动平均】单选按钮，在其后的【周期】数值框中设置数值为【3】，即调整为使用3个数据点进行数据的平均计算，然后将该平均值作为趋势线中的一个点进行标记，如图17-98所示。

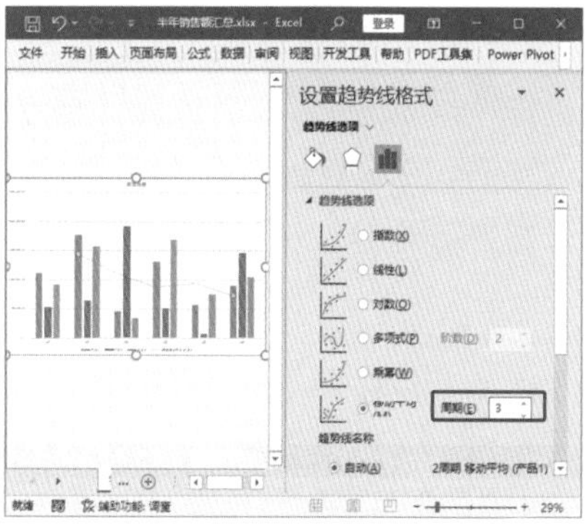

图 17-98

Step08 查看趋势线效果。经过以上操作，即可改变图表的趋势线效果，选择【图表标题】文本框，按【Delete】键将其删除，如图17-99所示。

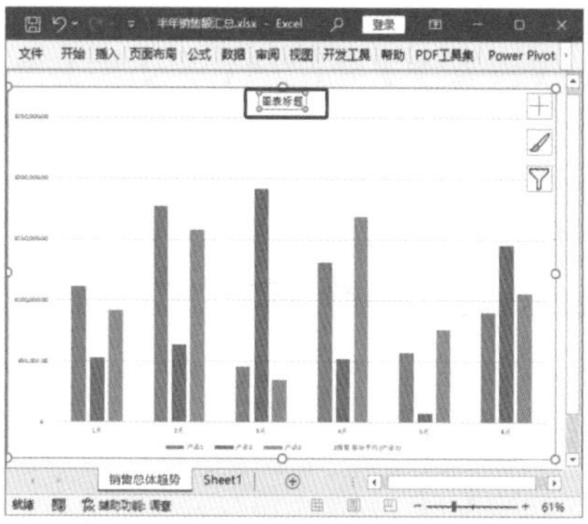

图 17-99

技术看板

为图表添加趋势线必须是基于某个数据系列来完成的。如果在没有选择数据系列的情况下直接执行添加趋势线的操作，系统将打开【添加趋势线】对话框，在其中的【添加基于系列的趋势线】列表框中可以选择要添加趋势线基于的数据系列。

17.4.9 实战：为销售汇总图表添加误差线

实例门类	软件功能

误差线通常运用在统计或科学记数法数据中，它显示了相对序列中的每个数据标记的潜在误差或不确定度。

通过误差线来表达数据的有效区域是非常直观的。在Excel图表中，误差线可形象地表现所观察数据的随机波动。任何抽样数据的观察值都具有偶然性，误差线是代表数据系列中每一组数据标记中潜在误差的图形线条。

Excel中误差线的类型有标准误差、百分比误差和标准偏差3种，下面分别进行介绍。

- 标准误差：是各测量值误差平方和的平均值的平方根。标准误差用于估计参数的可信区间，进行假设检验等。
- 百分比误差：与标准误差基本相同，也用于估计参数的可信区间，进行假设检验等，只是百分比误差中使用百分比的方式来估算参数的可信范围。
- 标准偏差：标准偏差可以与平均数结合估计参考值范围，计算变异系数、计算标准误差等。

技术看板

标准误差和标准偏差的计算方式有本质上的不同，具体计算公式如图17-100所示。

$$\text{样本标准偏差}\ S.D.=s=\sqrt{\frac{\sum_{i=1}^{n}(x_i-\bar{x})^2}{n-1}}=\sqrt{\frac{\sum_{i=1}^{n}x_i^2-\frac{\left(\sum_{i=1}^{n}x_i\right)^2}{n}}{n-1}}$$

$$\text{标准误差}\ S.E.=\frac{s}{\sqrt{n}}$$

图 17-100

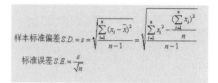

与样本含量的关系不同：当样本含量n足够大时，标准偏差趋向稳定；而标准误差会随n的增大而减小，甚至趋于0。

例如，要为销售汇总图表中的数据系列添加百分比误差线，具体操作步骤如下。

Step01 添加百分比误差线。❶选择图表，❷单击【添加图表元素】下拉按钮，❸在弹出的下拉菜单中选择【误差线】选项，❹在弹出的级联菜单中选择【百分比】选项，即可看到为图表中的数据系列添加该类误差线的效果，如图17-101所示。

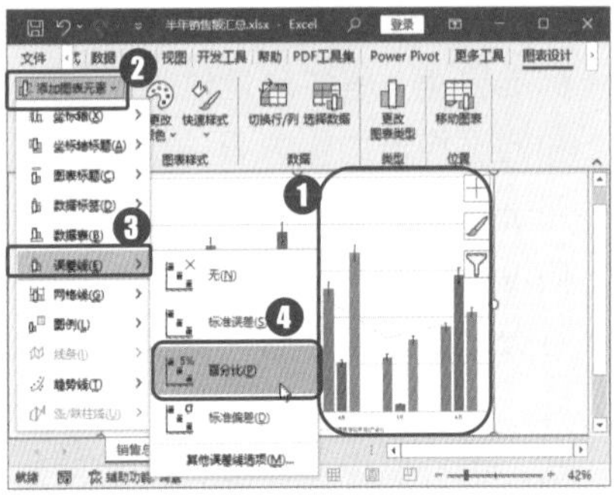

图 17-101

Step02 设置误差线格式。在图表中的产品 2 数据系列上的误差线上双击鼠标，如图 17-102 所示。

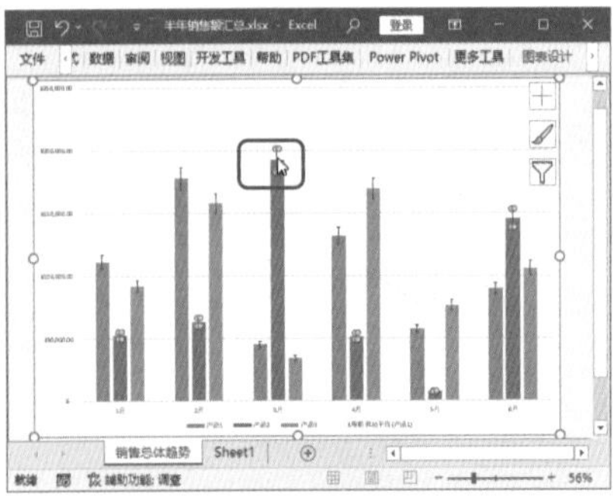

图 17-102

Step03 调整误差线百分比。打开【设置误差线格式】任务窗格，选中【误差量】栏中的【百分比】单选按钮，在其后的文本框中输入【3.0】，即可调整误差线的百分比，如图 17-103 所示。

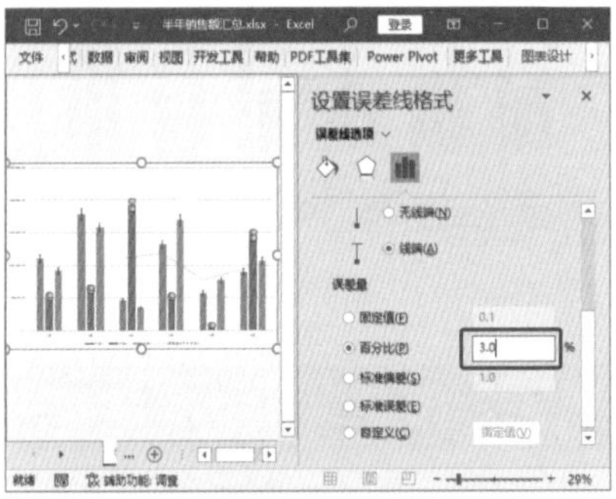

图 17-103

17.4.10 实战：为成绩统计图表添加系列线

实例门类	软件功能

为了帮助用户分析图表中显示的数据，Excel 2021 中还为某些图表类型提供了添加系列线的功能。例如，要为堆积柱形图的成绩统计图表添加系列线，以便分析各系列的数据，具体操作步骤如下。

打开结果文件\第 17 章\月考平均分统计.xlsx，❶选择“第一次月考各科成绩图表”工作表中的图表，❷单击【添加图表元素】下拉按钮，❸在弹出的下拉菜单中选择【线条】选项，❹在弹出的级联菜单中选择【系列线】选项，即可看到为图表中的数据系列添加系列线的效果，如图 17-104 所示。

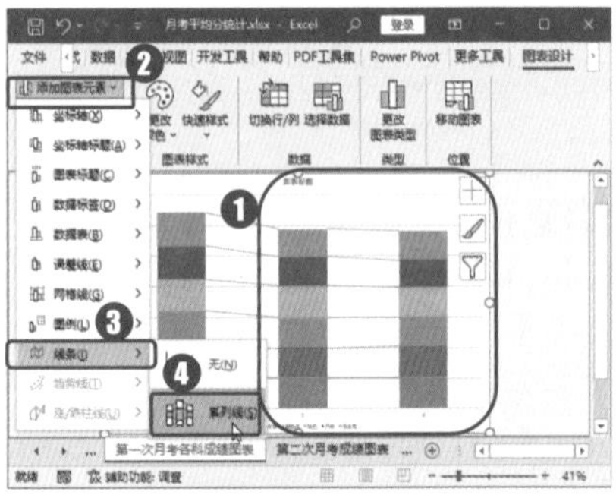

图 17-104

17.5 设置图表格式

将数据创建为需要的图表后，为使图表更美观、数据更清晰，还可以对图表进行适当的美化，即为图表的相应部分设置适当的格式，如更改图表样式、形状样式、形状填充、形状轮廓和形状效果等。在图表中，用户可以设置图表区格式、绘图区格式、图例格式和标题等多种对象的格式。每种对象的格式设置方法基本上大同小异，本节将介绍部分图表元素的格式设置方法。

17.5.1 实战：更改图表区的形状样式

实例门类	软件功能

通过前面的方法使用系统预设的图表样式快速设置图表样式，主要设置了图表区和数据系列的样式。如果需要单独设置图表中各组成元素的样式，则必须通过自定义的方法进行，即在【格式】选项卡中进行设置。

例如，要更改销售汇总图表的图表区样式，具体操作步骤如下。

Step01 设置图表形状样式。打开素材文件\第 17 章\半年销售额汇总.xlsx，❶选择图表，❷在【格式】选项卡【形状样式】组的列表框中选择需要的预定义形状样式，这里选择【细微效果 - 蓝色，强调颜色 1】样式，如图 17-105 所示。

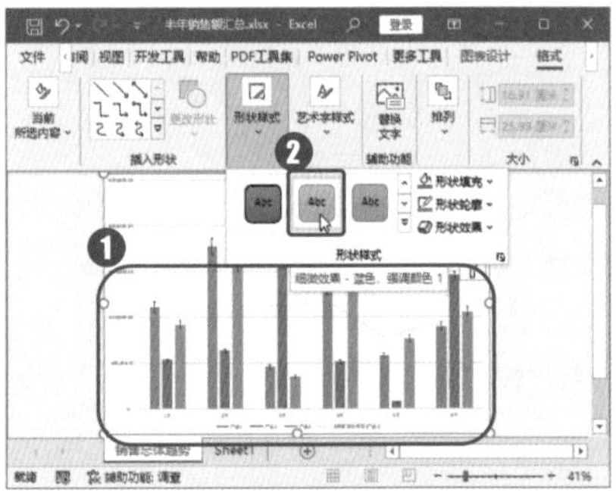

图 17-105

Step 02 查看图表效果。经过以上操作，即可更改图表形状样式的效果，如图 17-106 所示。

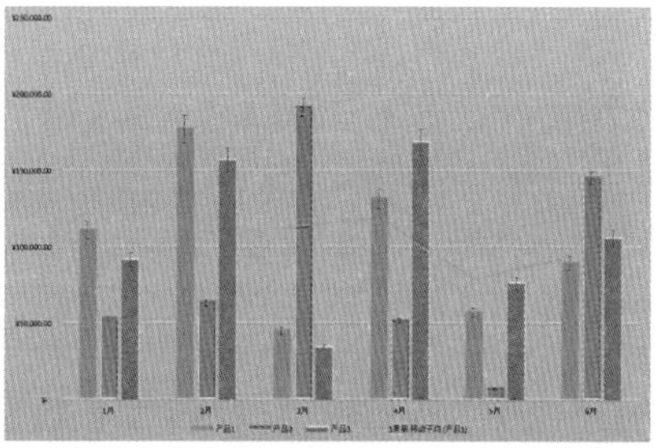

图 17-106

17.5.2 实战：更改数据系列的形状填充

实例门类	软件功能

如果对图表中形状的颜色不满意，可以在【格式】选项卡中重新进行填充。例如，要更改销售汇总图表中数据系列的形状填充颜色，具体操作步骤如下。

Step 01 设置产品 3 数据系列颜色。❶选择需要修改填充颜色的产品 3 数据系列，❷单击【格式】选项卡【形状样式】组中的【形状填充】下拉按钮 ˇ，❸在弹出的下拉菜单中选择【绿色】选项，如图 17-107 所示。

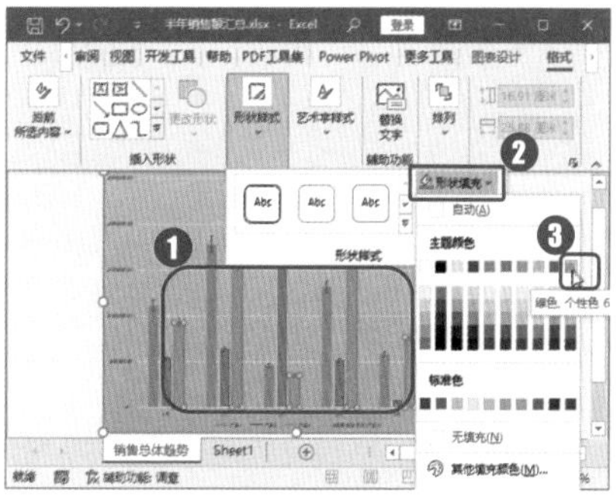

图 17-107

Step 02 设置产品 2 数据系列颜色。经过上步操作，即可更改产品 3 数据系列形状的填充色为绿色。❶选择需要修改填充颜色的产品 2 数据系列，❷单击【形状填充】下拉按钮 ˇ，❸在弹出的下拉菜单中选择【金色】选项，即可更改产品 2 数据系列形状的填充色为金色，如图 17-108 所示。

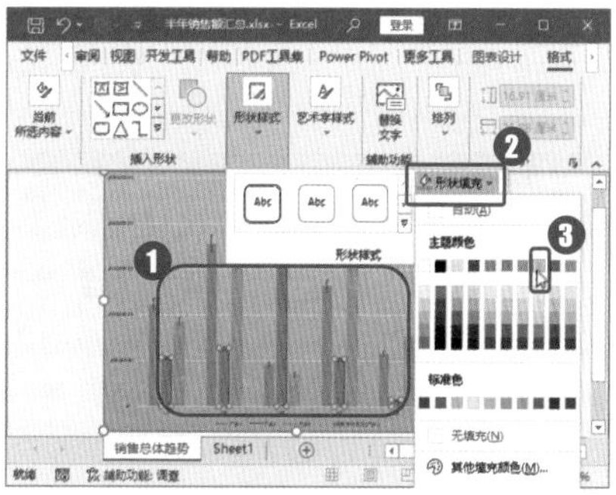

图 17-108

技术看板

在【形状填充】下拉菜单中选择【无填充颜色】选项，将让选择的形状保持透明色；选择【其他填充颜色】选项，可以在打开的对话框中自定义各种颜色；选择【图片】选项，可以设置形状填充为图片；选择【渐变】选项，可以设置形状填充为渐变色，渐变色也可以自定义设置；选择【纹理】选项，可以为形状填充纹理效果。

17.5.3 实战：更改图例的形状轮廓

实例门类	软件功能

在图表中大量使用线条元素和形状元素，各部分线条和形状轮廓的样式均可自行进行设置和调整，以美化或个性化图表外观。例如，要让销售汇总图表中的图例部分凸显出来，更改其轮廓效果是个不错的选择，具体操作步骤如下。

Step 01 设置图例形状轮廓。❶选择图表中的图例，❷单击【格式】选项卡【形状样式】组中的【形状轮廓】下拉按钮 ˇ，❸在弹出的下拉菜单中选择【金色】选项，如图 17-109 所示。

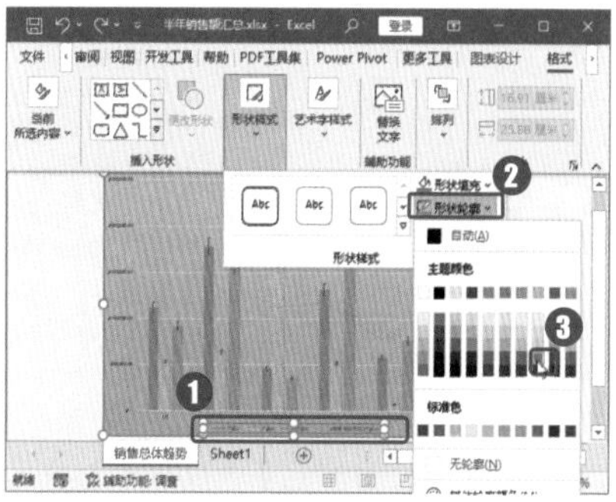

图 17-109

技能拓展——准确选择图表元素

如果需要选择的图表元素通过单击直接选择的方法不容易实现，可以在【格式】选项卡【当前所选内容】组中的列表框中选择需要的图表组成名称，来快速选择对应的图表元素。

Step 02 设置图例轮廓粗细。经过上步操作，即可更改图表中图例形状的外边框为金色。❶再次单击【形状轮廓】下拉按钮 ˇ，❷在弹出的下拉菜单中选择【粗细】选项，❸在弹出的级联菜单中选择需要的轮廓粗细，这里选择【1 磅】选项，即可更改边框的粗细，如图 17-110 所示。

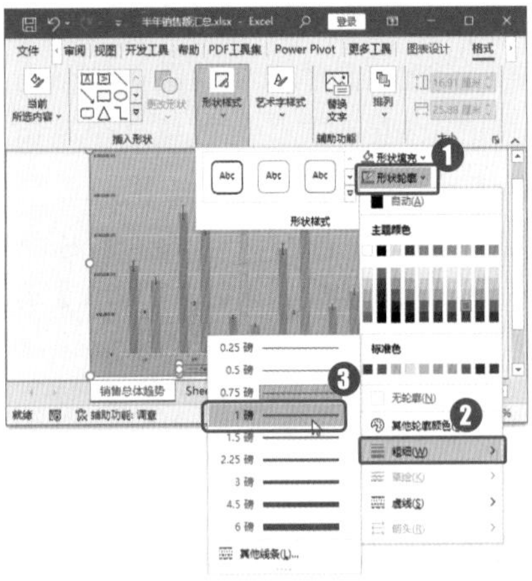

图 17-110

技术看板

在【形状轮廓】下拉菜单中选择【无轮廓】选项，将不设置所选线条或形状的轮廓色，即保持透明状态；选择【其他轮廓颜色】选项，可以在打开的对话框中自定义各种颜色；选择【粗细】选项，可以调整线条或形状的轮廓线粗细；选择【虚线】选项，可以设置线条或形状轮廓线的样式；选择【箭头】选项，可以改变线条的箭头样式。

17.5.4 实战：更改趋势线的形状效果

实例门类	软件功能

在Excel 2021中，为了加强图表各部分的修饰效果，可以使用【形状效果】命令为图表加上特殊效果。例如，要突出显示销售汇总图表中的趋势线，为其设置发光效果的具体操作步骤如下。

Step01 设置趋势线形状效果。❶选择图表中的趋势线，❷单击【格式】选项卡【形状样式】组中的【形状效果】按钮，❸在弹出的下拉菜单中选中【发光】选项，❹在弹出的级联菜单中选择需要的发光效果，如图 17-111 所示。

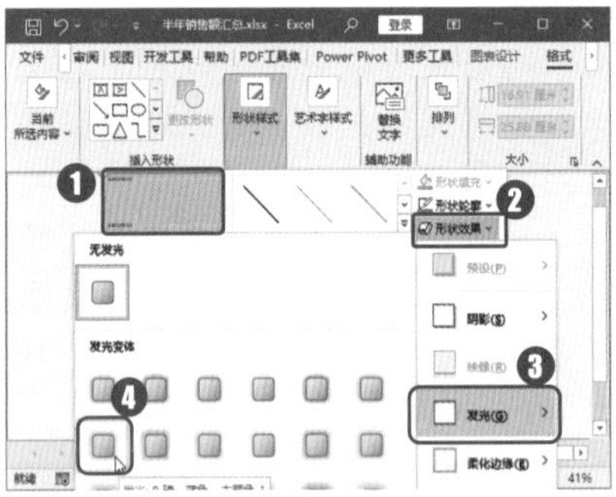

图 17-111

技术看板

在【形状效果】下拉菜单【预设】命令中提供了一些预设好的三维形状样式，选择即可快速应用到所选形状上；在【阴影】选项中提供了常见的阴影效果；在【映像】选项中提供了常见的映像效果，选择后可以为形状设置水中倒影一般的效果；【发光】选项主要用于设置霓虹一样的自发光效果；【柔化边缘】选项用于柔化（模糊）形状边缘，使其看起来边缘像被虚化了，不再清晰；【棱台】选项提供了简单的形状棱角处理效果。如果插入的图表为三维类型的图表，还可以选择【三维旋转】选项，对图表中除图表标题和图例外的其他组成部分进行三维旋转。

若想设置详细的形状参数，可以单击【形状样式】组中右下角的【对话框启动器】按钮◪，在显示出的相应任务窗格中进行设置。例如，在【旋转】栏中可以分别设置图表（除图表标题和图例）在X轴和Y轴上的旋转角度，还可以设置透视的角度值，从而模拟图表在三维空间中旋转的效果。

Step02 查看趋势线效果。经过上步操作，即可看到为趋势线应用设置发光效果后的效果，如图 17-112 所示。

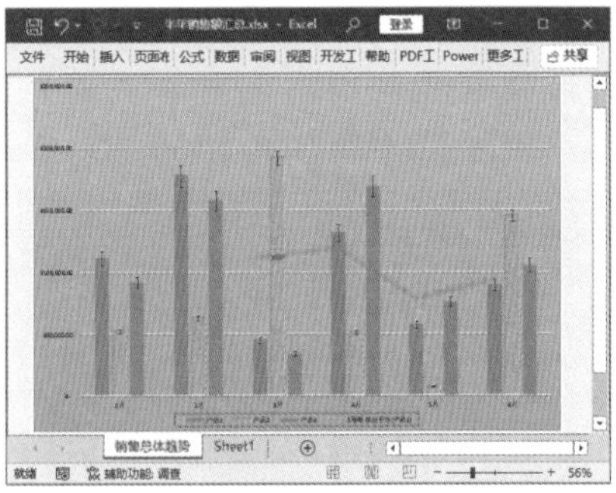

图 17-112

17.5.5 实战：为坐标轴文字和数据添加修饰

实例门类	软件功能

图表区域中的文字和数据与普通的文本和数据相同，均可为其设置各种文字修饰效果，使图表更加美观。例如，需要修饰销售汇总图表中坐标轴的文字和数据效果，具体操作步骤如下。

Step01 设置艺术字样式。❶选择水平坐标轴，❷在【格式】选项卡【艺术字样式】组中的列表框中选择需要的艺术字样式，如图 17-113 所示。

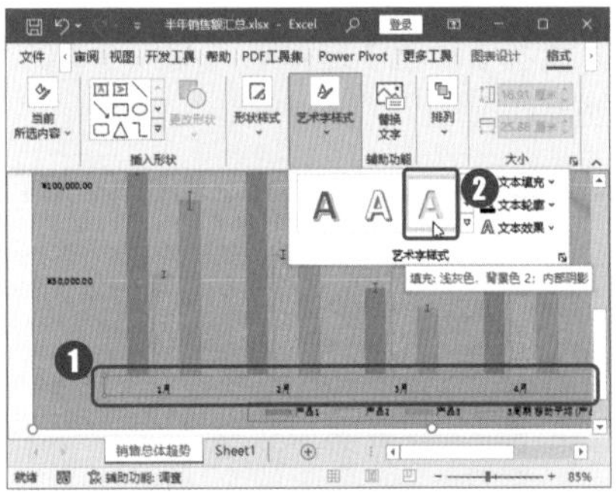

图 17-113

Step02 增大坐标轴文字大小。经过上步操作，即可为水平坐标轴中的文字应用设置的预定义艺术字效果。单击【开始】选项卡【字体】组中的【增大字号】按钮A^，直到将其大小设置为合适，如图 17-114

所示。

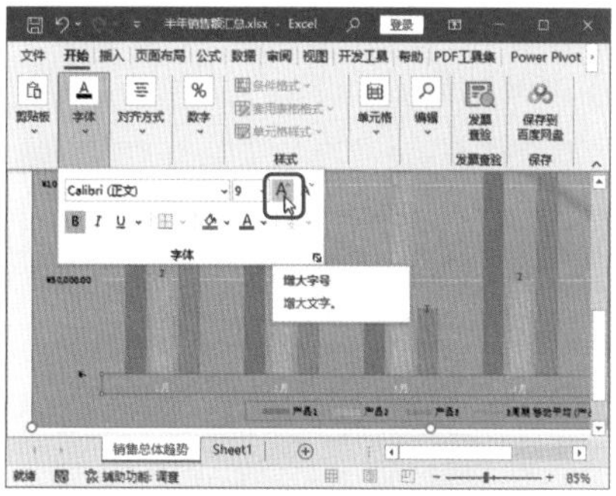

图 17-114

Step03 设置垂直坐标轴字体格式。❶选择垂直坐标轴，在【字体】组中设置字体颜色为【白色】，❷单击【字号】列表框右侧的下拉按钮⌄，❸在弹出的下拉列表中选择【12】选项，如图 17-115 所示。

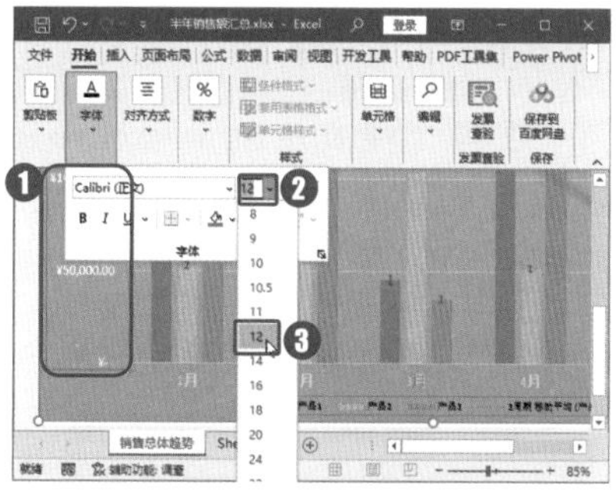

图 17-115

技术看板

单击【艺术字样式】组中的【文本填充】按钮，可以为所选文字设置填充颜色；单击【文本轮廓】按钮，可以为所选文字设置轮廓效果；单击【文本效果】按钮，可以自定义设置文本的各种效果，如阴影、映像、发光、棱台、三维旋转和转换等，其中转换是通过设置文本框的整体形状效果来改变文本框中文字显示效果的。

17.6 让图表更专业的技巧

很多人在制作图表时，只考虑图表能不能体现出数据特征，并没有考虑图表的专业性。制作图表的目的大部分都是展示给领导、客户或其他员工看的，所以在制作图表时，除了考虑图表的美观性、直观性外，还要考虑图表的专业性。下面将讲解一些图表制作技巧来提升图表的专业性，以及提高图表的整体效果。

17.6.1 图表数据要排序

图表中数据系列的排列顺序默认都是根据数据源的顺序进行排列的，很多人创建图表时都会采用默认的排列方式。其实，在很多情况下，制作图表前，可以先将数据按照升序或降序进行排列，这样制作出来的图表效果更好，更容易吸引观众的注意。

但需要注意的是，并不是所有的情况都适合先排序，后创建图表，如反映时间序列的图表、数据系列类别较多的柱形图等都不适合排序。

例如，图 17-116 所示为默认的排列顺序；图 17-117 所示为对数据进行降序排列后制作出的图表效果。

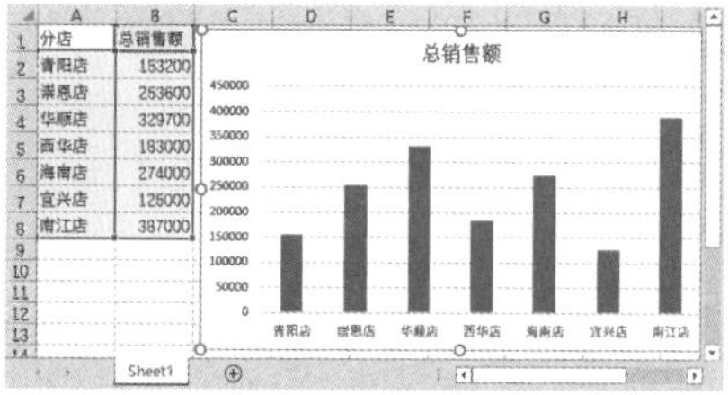

图 17-116

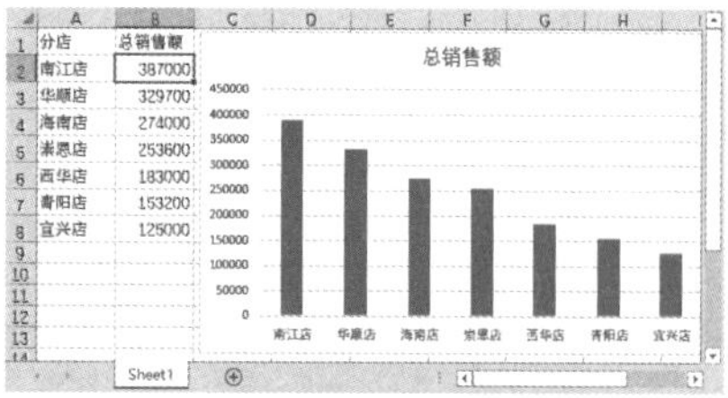

图 17-117

17.6.2 调整系列间隙宽度

在制作柱形图和条形图时，还应注意调整系列间隙宽度，既不能太窄，也不能太宽。默认情况下，在 Excel 中插入的图表，各图表的系列间隙较大，如图 17-116 所示。这样会导致图表的比例不协调，影响图表的美观度，所以需要缩小图表系列间隙宽度。图 17-118 所示为缩小图表系列间隙宽度后的效果。

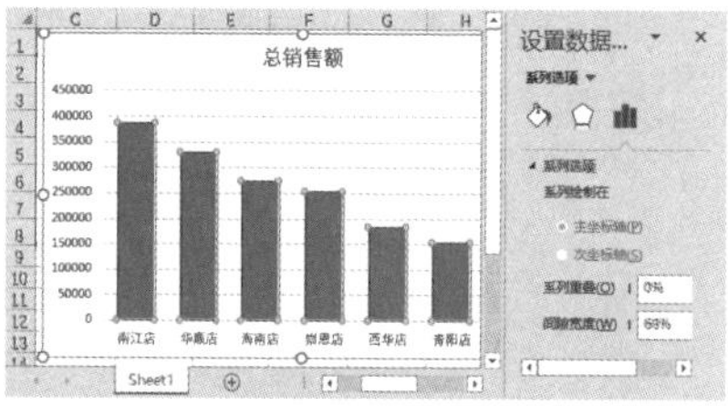

图 17-118

★重点 17.6.3 拒绝倾斜标签

当文本标签太长、图表宽度不够时，经常会导致图表标签倾斜，如图 17-119 所示。

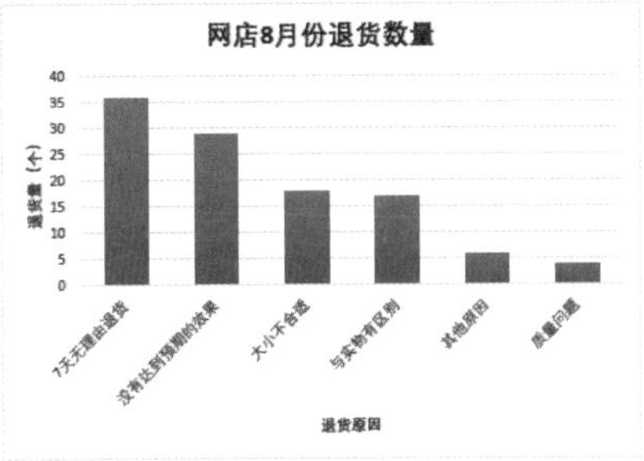

图 17-119

专业的图表一般不允许出现这种情况。当遇到这种情况时，可以在分类标签文本中间加上换行符号，这样在图表中的文本标签就会换行。一种方法是将鼠标光标定位到表格单元格文本需要换行的位置，按【Alt+Enter】组合键即可进行强制换行，如图 17-120 所示。图表中的文本标签也会随着单元格中的显示行数进行显示，效果如图 17-121 所示。

退货原因	退货数量
7天无理 由退货	36
与实物 有区别	17
大小不合适	18
没有达到 预期的效果	29
质量问题	4
其他原因	6

图 17-120

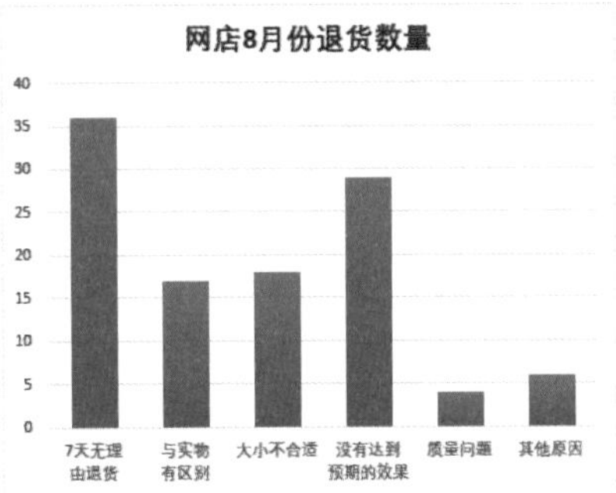

图 17-121

技术看板

为文本添加换行符和为单元格设置自动换行是有区别的，要让图表中的分类标签文本多行显示，需在文本中间插入强制换行符。

还有一种方法就是将柱形图更改为条形图，效果如图 17-122 所示。

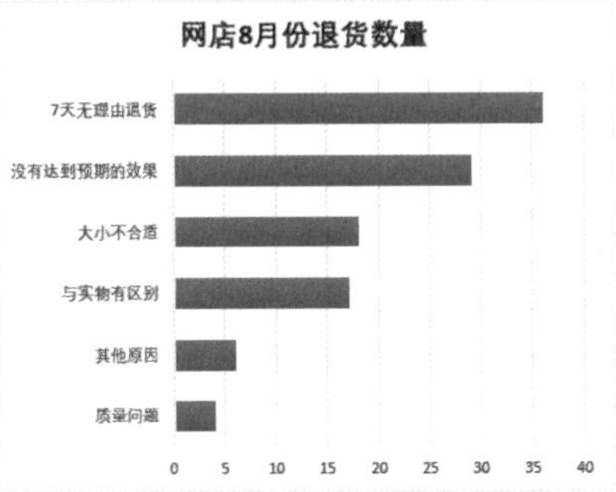

图 17-122

★重点 17.6.4　多余图例要删除

在一些情况下，有的图例是多余的，如在图表中只体现一个数据系列的数据，如图 17-123 所示。此时，图表中的图例就是多余的，用户可以选择图表中的图例，按【Delete】键删除。

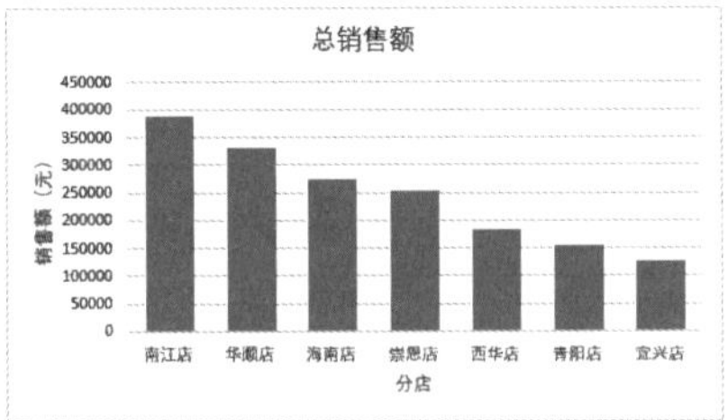

图 17-123

另外，在饼图中，很多时候都可以将图例删除，用类别名称来代替，这样会使图表显得更加简洁、直观。例如，图 17-124 所示为显示图例的饼图效果；图 17-125 所示为将数据标签和类别名称添加到饼图中的效果。

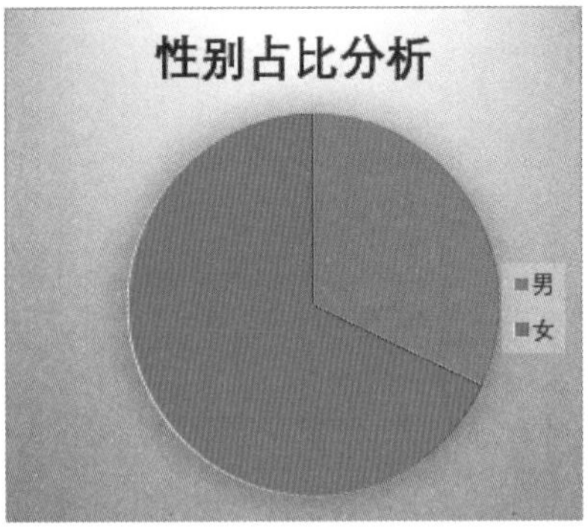

图 17-124

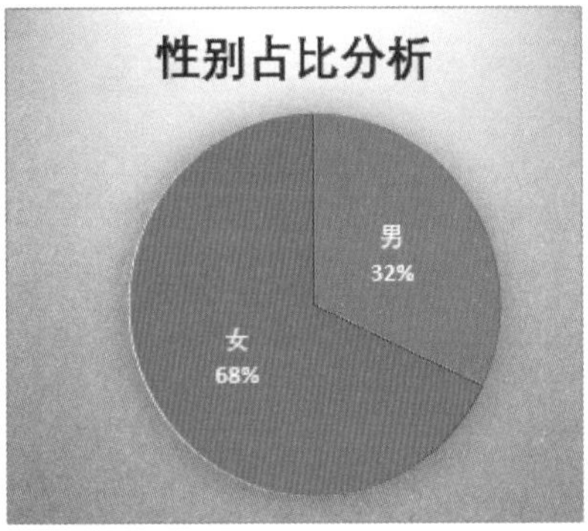

图 17-125

17.6.5　主次坐标轴刻度要对称

使用组合图分析数据时，经常会涉及双坐标轴，图 17-126 所示的图表就是采用的双坐标轴，左侧为主要纵坐标轴，有 5 个刻度；右侧为次要纵坐标轴，有 8 个刻度。由于次要坐标轴的刻度、网格线与主要纵坐标轴的刻度不对等，因此导致图表的双坐标轴不对称。这种情况一般是不允许的，需要调整纵坐标轴最大刻度与主要刻度单位，让其对称。调整主要坐标轴刻度后的效果如图 17-127 所示。

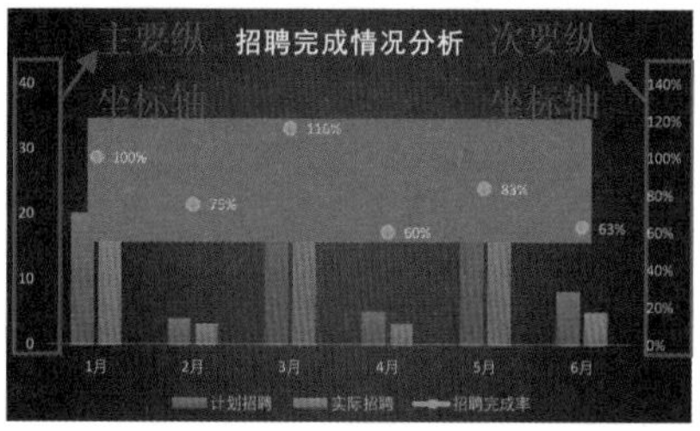

图 17-126

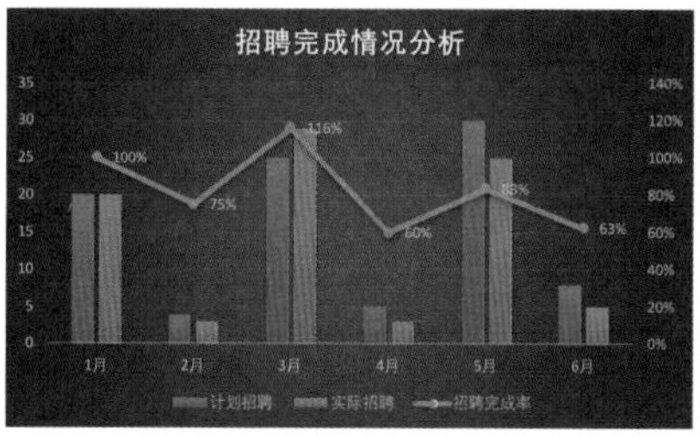

图 17-127

17.6.6　图表中的关键数据点要突出

突出关键数据点是指通过更改单个数据点的填充颜色、添加数据标签等方式，突出显示关键的数据，一眼就能看出图表中想要强调的数据信息，特别适用于各个数据点之间的数值大小变化不大的图表。如图 17-128 所示，将最大值的数值填充为黄色，并添加数据标签后的效果。

图 17-128

17.6.7　折线图要懂得拆分

在使用折线图时，常常需要同时体现多项数据的趋势。当数据项目较多时，就意味着一张折线图中有多条趋势线，线条之间相互影响，导致图表信息读取困难，如图 17-129 所示。这种情况下，就需要将折线图拆分为多张，避免各线条“纠缠”在一起。图 17-130 所示的就是将图 17-129 中的折线图表拆分为多张后的效果。

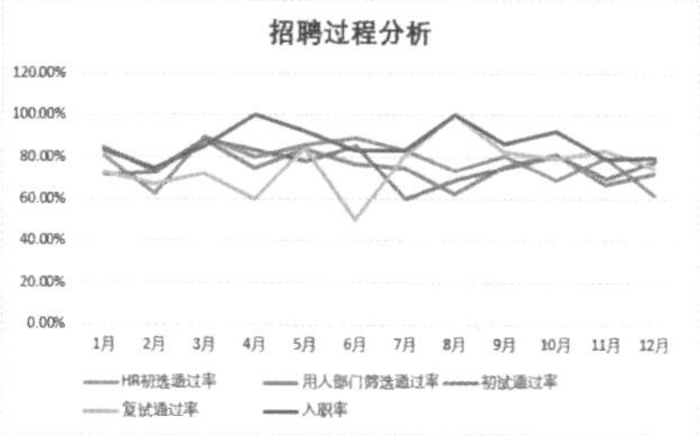

图 17-129

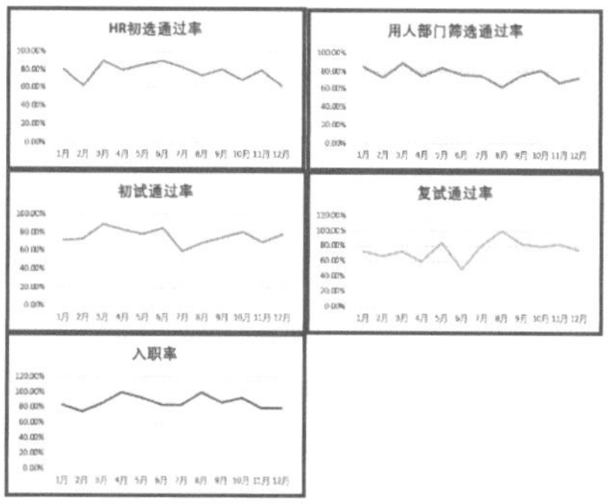

图 17-130

★新功能 17.6.8　善用图标填充数据条

在使用图表对数据进行分析时，为了使图表更加形象，可以用一些形象且具有代表意义的图标或图片填充到图表的数据系列，让图表更直观。例如，对于分析产品销量的图表，就可以使用相关的产品图片来填充数据系列，图 17-131 所示为使用手表填充的图表效果。

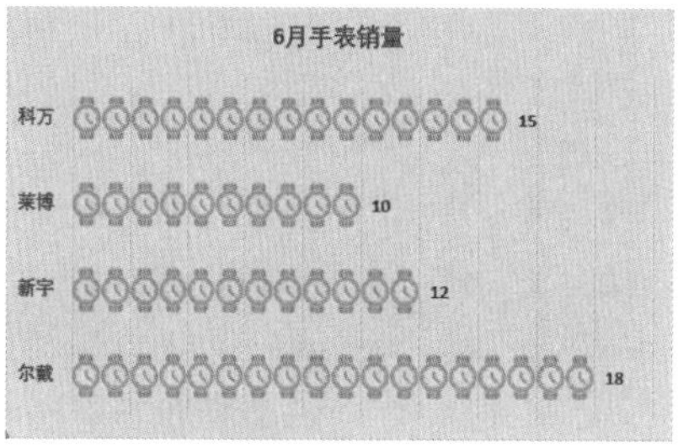

图 17-131

为了方便用户使用，Office 2021 中提供了一个内容丰富的图像集库，其中分门别类地提供了图像、图标、人像抠图、贴纸、插图等。

在对人员进行分析时，可以使用分别代表男和女的人物图标来填充图表中男和女的数据系列，具体操作步骤如下。

Step 01 创建表格和图表。打开素材文件\第 17 章\部门人数统计.xlsx，根据表格中的数据插入图表，单击【插入】选项卡【插图】组中的【图标】按钮，如图 17-132 所示。

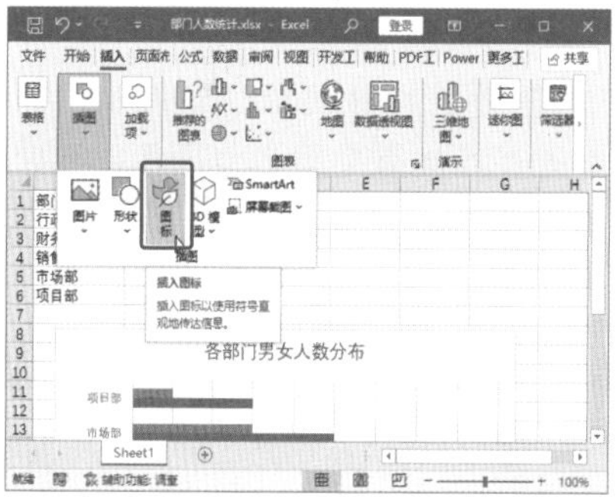

图 17-132

Step 02 选择在线图标。打开对话框中的【图标】选项卡，❶在搜索栏中根据需要插入的图标输入关键字，如输入【人】，❷在下方会显示出搜索到的所有图标，选择需要的图标，这里选中男性和女性人物图标对应的复选框，❸单击【插入】按钮，如图 17-133 所示。

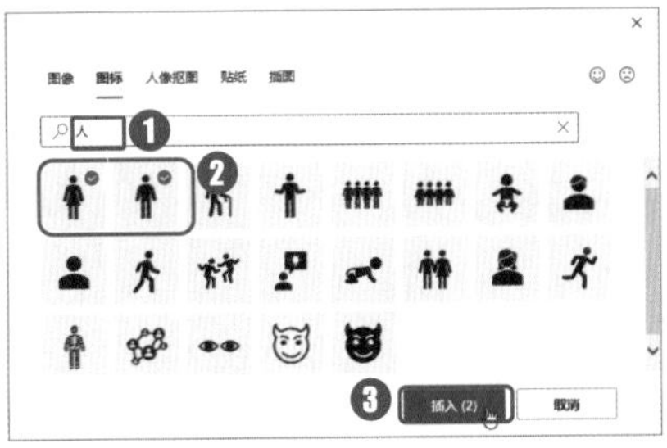

图 17-133

Step03 设置图标颜色。❶选择女性图标，❷单击【图形格式】选项卡【图形样式】组中的【图形填充】下拉按钮⌄，❸在弹出的下拉菜单中选择【橙色】选项，如图 17-134 所示。

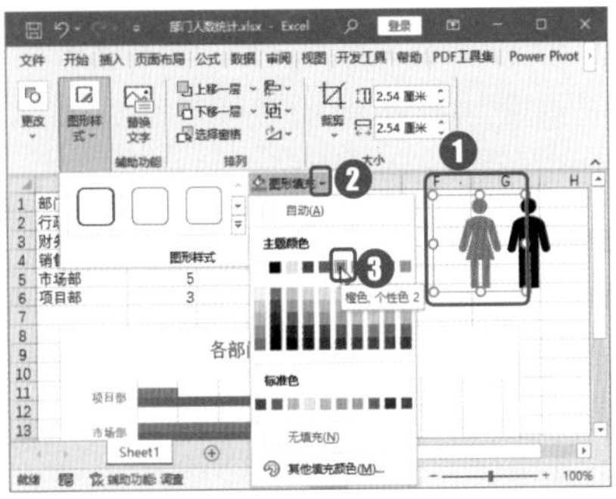

图 17-134

Step04 复制粘贴图标。使用相同的方法将男性图标填充为蓝色，选择女性图标，按【Ctrl+C】组合键复制，再选择图表中代表“女性人数”的数据系列，按【Ctrl+V】组合键粘贴，如图 17-135 所示。

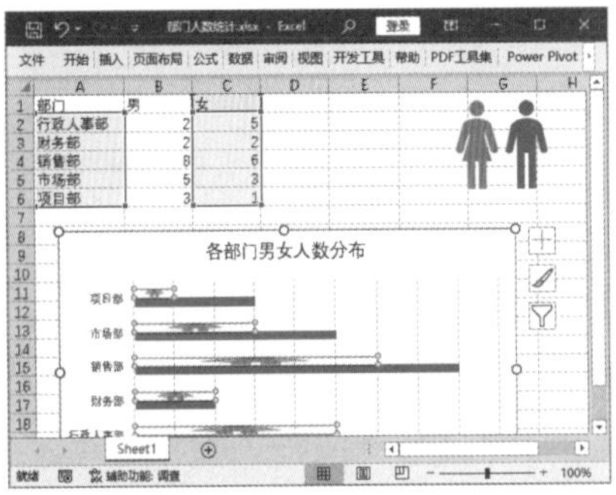

图 17-135

Step05 设置图标填充方式。打开【设置数据系列格式】任务窗格，将填充方式设置为【层叠】，这样人物图标将以正常的比例填充到数据系列中，如图 17-136 所示。

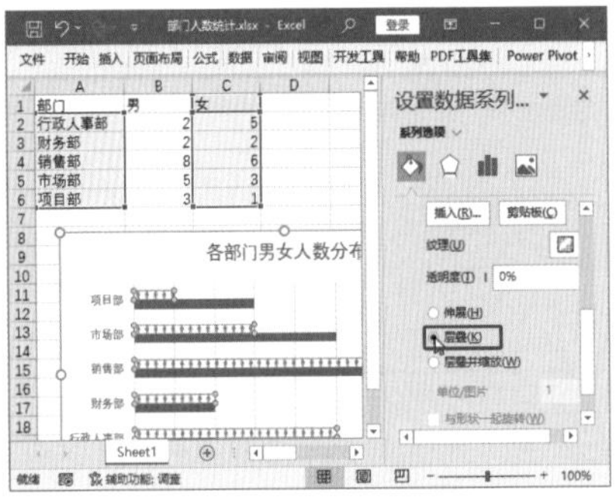

图 17-136

Step06 查看图表最终效果。用同样的方法，将男性图标填充到图表的另外一个数据系列中，调整填充方式为【层叠】，然后将图表调整到合适的大小，最终图表效果如图 17-137 所示。通过人物图标对比，就能清楚地知道各部门男、女之间人数的差距。

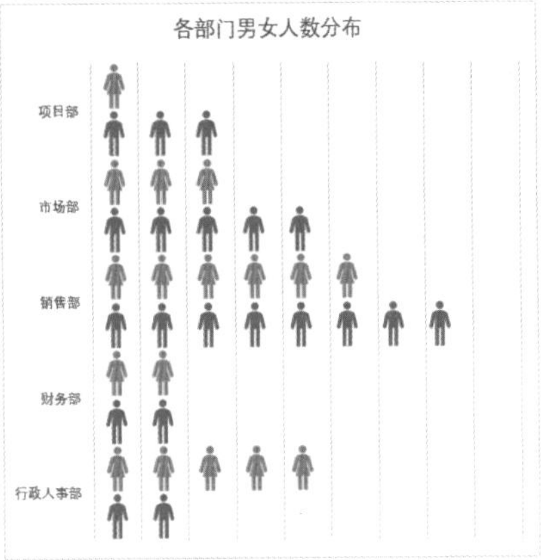

图 17-137

妙招技法

通过前面知识的学习，相信读者已经掌握了用图表展示表格数据的相关操作。下面结合本章内容，给大家介绍一些实用技巧。

技巧 01：隐藏靠近零值的数据标签

制作饼图时，有时会因为数据百分比相差悬殊，或者某个数据本身靠近零值，而不能显示出相应的色块，只在图表中显示一个【0%】的数据标签，非常难看。且即使将其删除后，一旦更改表格中的数据，这个【0%】数据标签又会显示出来。此时可以通过设置数字格式的方法对其进行隐藏。

例如，要将文具销量图表中靠近零值的数据标签隐藏起来，具体操作步骤如下。

Step01 为图表添加数据标签。打开素材文件\第 17 章\文具销量.xlsx，❶选择图表，❷单击【图表设计】选项卡【图表布局】组中的【添加图表元素】下拉按钮，❸在弹出的下拉菜单中选择【数据标签】选项，❹在弹出的级联菜单中选择【其他数据标签选项】选项，如图 17-138 所示。

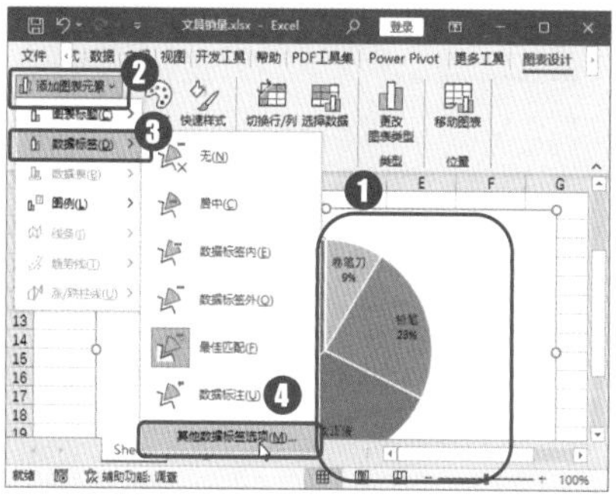

图 17-138

Step02 设置数据标签的数字格式。打开【设置数据标签格式】任务窗格，❶选择【标签选项】选项卡，❷在下方单击【标签选项】按钮，❸在【数字】栏中的【类型】下拉列表中选择【自定义】选项，❹在【格式代码】文本框中输入【[< 0.01]"";0%】，❺单击【添加】按钮，如图 17-139 所示。

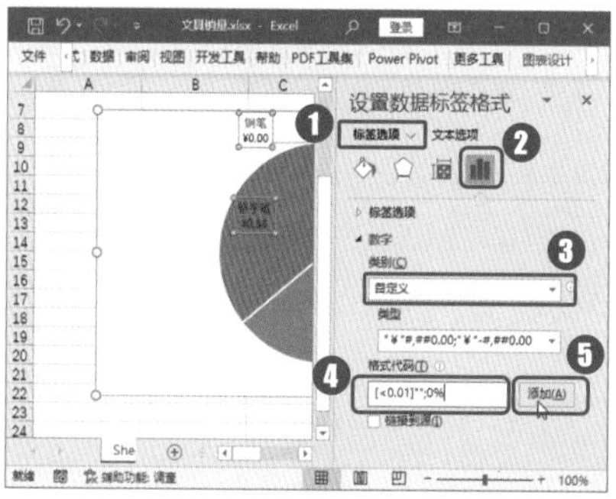

图 17-139

Step03 查看图表效果。经过上步操作，将把自定义的格式添加到【类别】列表框中，同时可看到图表中的【0%】数据标签已经消失了，如图 17-140 所示。

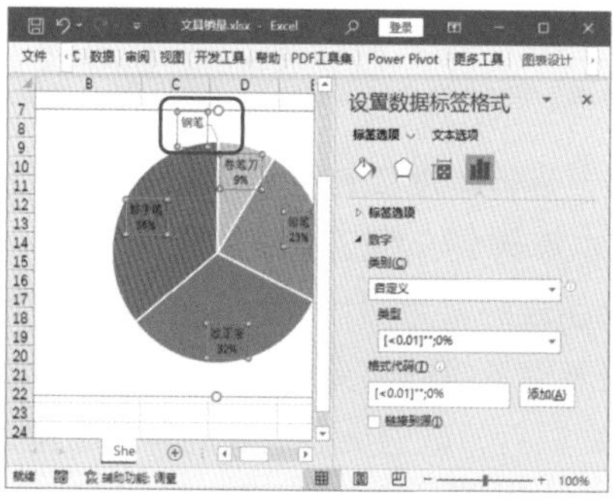

图 17-140

技术看板

自定义格式代码【[< 0.01]"";0%】的含义是：当数值小于 0.01 时则不显示。

技巧 02：为纵坐标数值添加单位

当坐标数值太大时，为了使图表更加简洁，可以为纵坐标轴的数据添加单位，这样就能一眼看出数据的大小。添加单位的具体操作步骤如下。

Step01 选择坐标轴的更多选项。打开结果文件\第 17 章\半年销售额汇总.xlsx，❶选择图表中的垂直坐标轴，❷单击图表右侧的【图表元素】按钮，❸在弹出的下拉菜单中单击【坐标轴】下拉按钮，❹在弹出的级联菜单中选择【更多选项】选项，如图 17-141 所示。

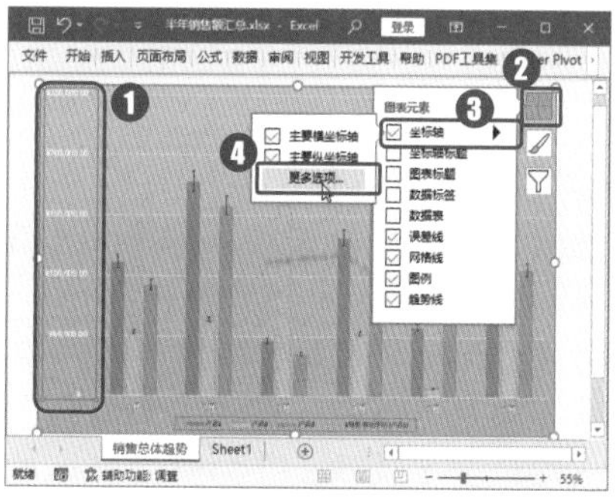

图 17-141

Step02 设置坐标轴数值数字格式。打开【设置坐标轴格式】任务窗格，❶选择【坐标轴选项】选项卡，❷单击下方的【坐标轴选项】按钮，❸在【数字】栏中的【类别】下拉列表中选择【数字】选项，❹在下方的【小数位数】文本框中输入【0】，如图 17-142 所示。

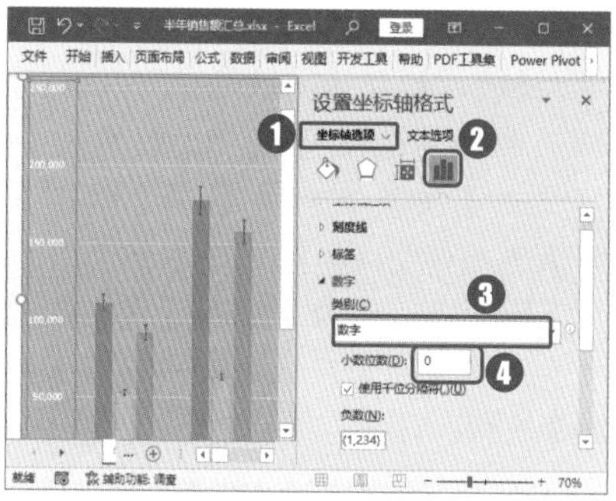

图 17-142

Step03 添加单位。经过上步操作，即可让坐标轴中的数字不显示小数位数。❶单击【坐标轴选项】栏中的【显示单位】列表框右侧的下拉按钮，❷在弹出的下拉列表中选择【千】选项，即可让坐标轴中的刻度数据以千为单位进行缩写，如图 17-143 所示。

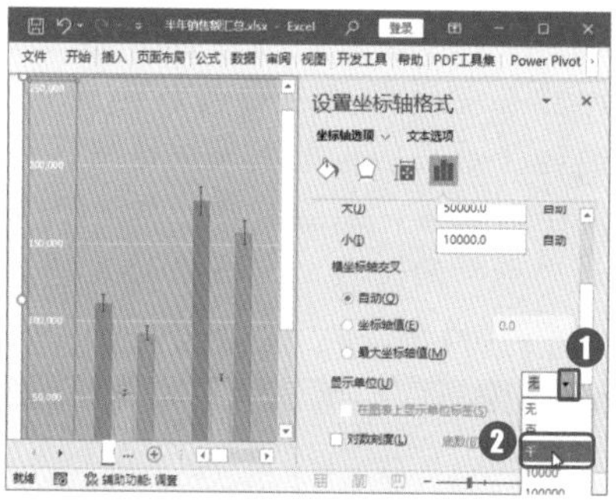

图 17-143

Step04 显示单位标签。选中【坐标轴选项】栏中的【在图表上显示单位标签】复选框，即可在坐标轴顶端左侧显示出单位标签，如图 17-144 所示。

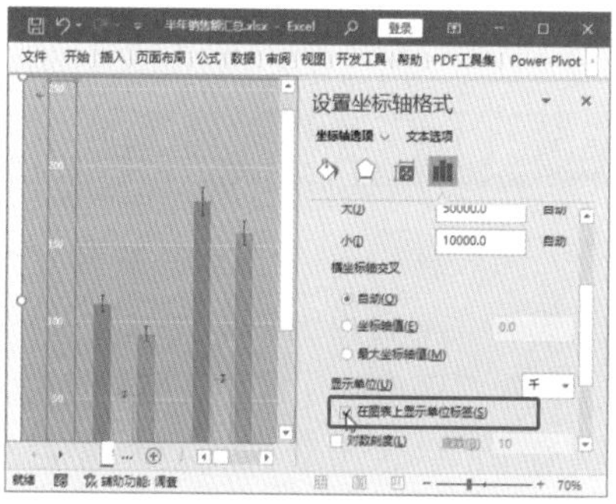

图 17-144

Step05 设置单位文本方向。❶将文本插入点定位在单位标签文本框中，修改文本内容如图 17-145 所示，❷在【设置显示刻度单位标签格式】任务窗格中选择【标签选项】选项卡，❸单击下方的【文本框】按钮，❹在【对齐方式】栏中的【文字方向】下拉列表中选择【横排】选项。

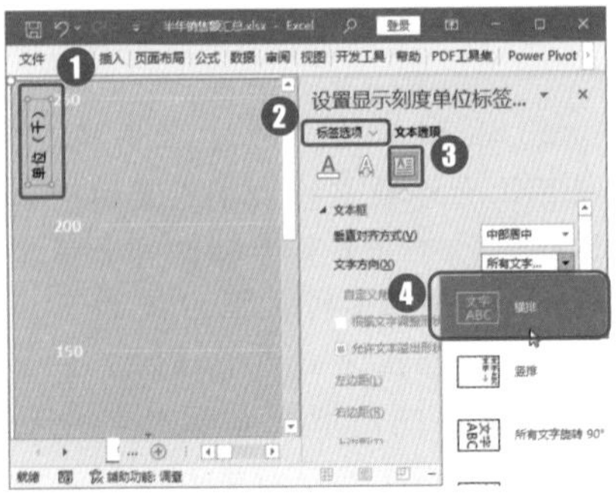

图 17-145

Step06 查看效果。经过上步操作，即可让竖向的单位标签横向显示。通过拖动鼠标调整图表中绘图区的大小和位置，然后将单位标签移动到坐标轴的上方，完成后的效果如图 17-146 所示。

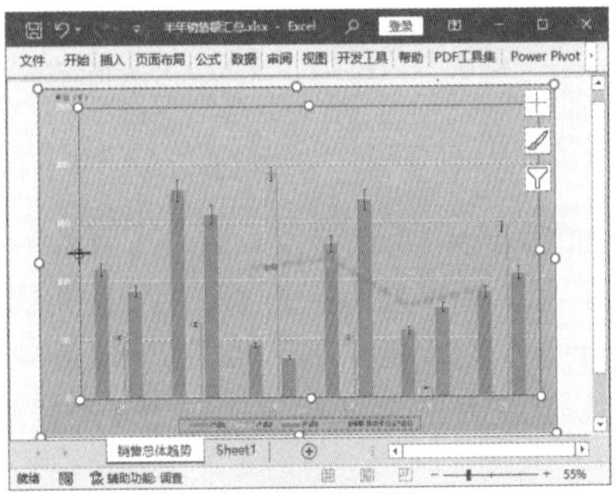

图 17-146

技巧 03：使用【预测工作表】功能预测数据

预测工作表是根据前面提供的数据，可以预出后面一段时间的数据。例如，根据近期的温度，预测出未来 10 天的温度，具体操作步骤如下。

Step01 执行预测工作表操作。打开素材文件\第 17 章\气象预测.xlsx，❶选择 A1:B11 单元格区域，❷单击【数据】选项卡【预测】组中的【预测工作表】按钮，如图 17-147 所示。

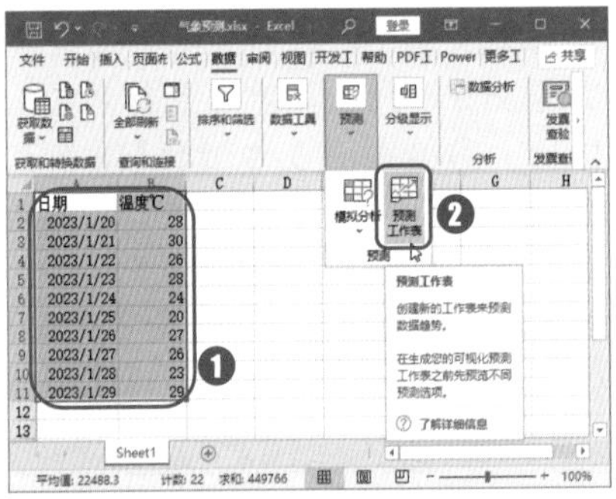

图 17-147

Step02 创建预测工作表。打开【创建预测工作表】对话框，❶单击【选项】按钮，显示出整个对话框内容，❷在【预测结束】参数框中输入要预测的结束日期，❸在【使用以下方式聚合重复项】下拉列表中选择【AVERAGE】选项，❹单击【创建】按钮，如图 17-148 所示。

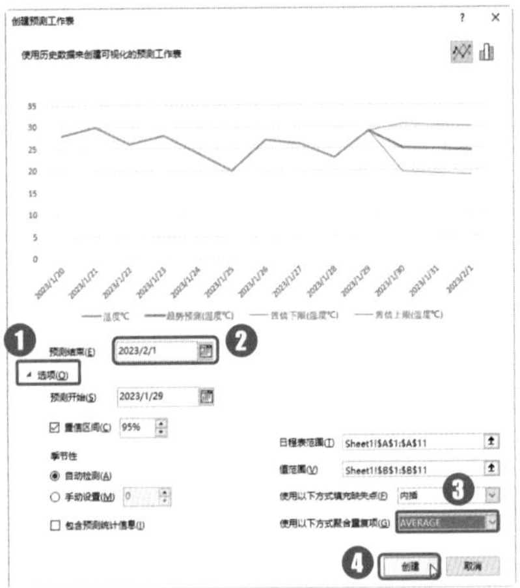

图 17-148

Step03 查看预测效果。经过以上操作，即可制作出预测图表，同时会自动在Excel原表格中将预测的数据填充出来，效果如图 17-149 所示。

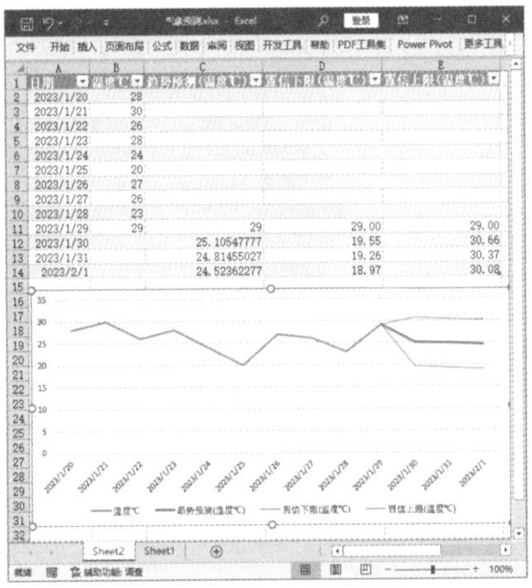

图 17-149

本章小结

图表是Excel中重要的数据分析工具之一。工作中，不管是做销售业绩报表，进行年度工作汇总，还是制作研究报告，都会用到Excel图表，一张漂亮的Excel图表往往会为报告增色不少。本章首先介绍了图表的相关基础知识，包括图表的组成、各部分的作用、常见图表的分类、创建图表的方法、编辑图表的常用操作，但是通过系统默认制作的图表还是不尽完美；然后讲解了图表布局的一些方法，让读者掌握对图表中各组成部分进行设置，并选择性进行布局的操作；最后讲解了一些专业图表的制作技巧。希望读者在学习本章知识后，能够突破常规的制图思路，制作出专业的图表。

第18章 迷你图的使用

- 你知道单元格中的微型图表如何制作吗?
- 迷你图的图表类型是可以改变的吗?
- 需要调整创建迷你图的原始数据吗?
- 迷你图中的数据点也有多种表现形式吗?
- 想让你的迷你图更出彩吗?

迷你图是一种存放于单元格的小型图表，它同样可以对数据进行分析，相对于图表来说更简单方便。本章将对迷你图进行讲解，让读者快速学会用它来美化表格，以及分析数据。

18.1 迷你图简介

迷你图是以单元格为绘图区域制作的一个微型图表，可提供数据的直观表示。迷你图通常用在数据表内对一系列数值的变化趋势进行标识，如季节性增加或减少、经济周期，或者可以突出显示最大值和最小值。

18.1.1 迷你图的特点

迷你图是创建在工作表单元格中的一个微型图表，是从Excel 2010版本后就一直具有的一个功能。迷你图与第17章中讲解的Excel传统图表相比，具有以下特点。

- 与Excel工作表中的传统图表最大的不同是：传统图表是嵌入在工作表中的一个图形对象；而迷你图并非对象，它实际上是在单元格背景中显示的微型图表。
- 由于迷你图是一个嵌入在单元格中的微型图表。因此，可以在使用迷你图的单元格中输入文字，让迷你图作为其背景，或者为该单元格设置填充颜色，如图18-1所示。

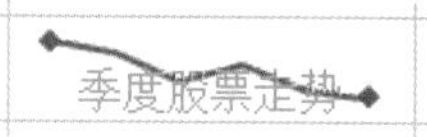

图 18-1

- 迷你图相比于传统图表最大的优势是可以像填充公式一样方便地创建一组相似的图表。
- 迷你图的整个图形比较简洁，没有纵坐标轴、图表标题、图例、数据标签、网格线等图表元素，主要用数据系列体现数据的变化趋势或数据对比。
- Excel中的迷你图图表类型有限，不像传统图表那样分为很多种图表类型，每种类型下又可以划分出多种子类型，还可以制作组合图表。迷你图仅提供了3种常用图表类型：折线迷你图、柱形迷你图和盈亏迷你图，并且不能够制作两种以上图表类型的组合图。
- 迷你图可以根据需要突出显示最大值、最小值和一些特殊数据点，而且操作非常方便。
- 迷你图占用的空间较小，可以方便地进行页面设置和打印。

18.1.2 使用迷你图的场合

虽然工作表中以行和列单元格来呈现数据很有用，但很难一眼看出数据的分布形态、发现各数据的上下关系。通过在数据旁边插入迷你图可以实现数据的直观表示，一目了然地反映一系列数据的变化趋势，或者突出显示数据中的最大值和最小值。

因此，迷你图主要用于在数据表内对数据变化趋势进行标识。尽管Excel并没有强制性要求将迷你图单元格直接置于其基础数据紧邻的单元格中，但如果这样做能达到最佳效果，方便用户快速查看迷你图与其源数据之间的关系。而且，当源数据发生更改时，也方便用户查看迷你图中做出的相应变化。

18.2 创建迷你图

Excel 2021 中可以快速制作折线迷你图、柱形迷你图和盈亏迷你图，每种类型迷你图的创建方法都相同。下面根据创建迷你图的多少（一个或一组）讲解迷你图的具体创建方法。

18.2.1 实战：为销售表创建一个迷你图

实例门类	软件功能

迷你图只需占用少量空间就可以通过清晰简明的图形显示一系列数值的趋势。所以在只需要对数据进行简单分析时，插入迷你图非常好用。

在工作表中插入迷你图的方法与插入图表的方法基本相似，为【产品销售表】工作簿中的第一季度数据创建一个迷你图，具体操作步骤如下。

Step01 选择迷你图类型。打开素材文件\第 18 章\产品销售表.xlsx，在【插入】选项卡【迷你图】组中选择需要的迷你图类型，这里单击【柱形】按钮，如图 18-2 所示。

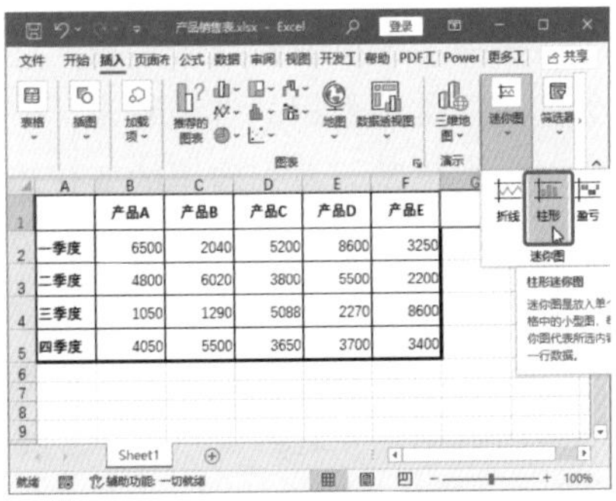

图 18-2

Step02 设置迷你图数据范围。打开【创建迷你图】对话框，❶在【数据范围】文本框中引用需要创建迷你图的源数据区域，即 B2:F2 单元格区域，❷在【位置范围】文本框中引用需要创建迷你图的单元格，这里选择 G2 单元格，❸单击【确定】按钮，如图 18-3 所示。

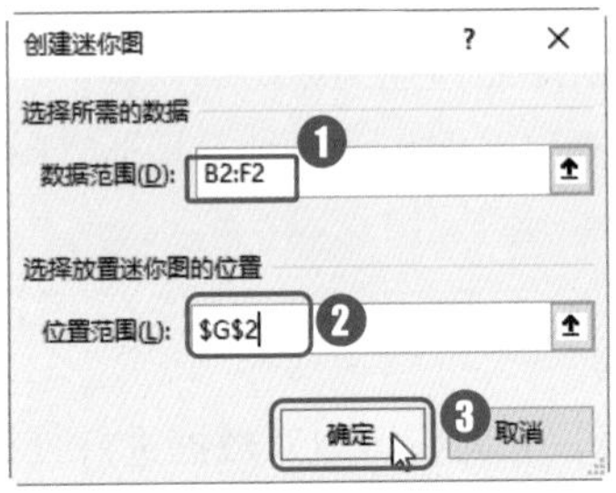

图 18-3

Step03 查看创建的迷你图。经过上步操作，即可为所选单元格区域创建对应的迷你图，如图 18-4 所示。

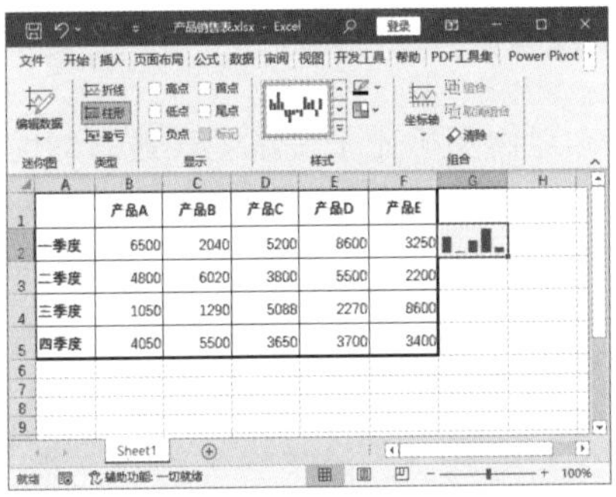

图 18-4

技术看板

单个迷你图只能使用一行或一列数据作为源数据，如果使用多行或多列数据创建单个迷你图，则 Excel 会打开对话框提示数据引用出错。

★重点 18.2.2 实战：为销售表创建一组迷你图

实例门类	软件功能

Excel 中除了可以为一行或一列数据创建一个或多个迷你图外，还可以为多行或多列数据创建一组迷你图。一组迷你图具有相同的图表特征。创建一组迷你图的方法有以下 3 种。

1. 插入法

与创建单个迷你图的方法相同，如果选择了与基本数据相对应的多个单元格区域，则可以同时创建若干个迷你图，让它们形成一组迷你图。

例如，要为【产品销售表】工作簿中各产品的销售数据创建迷你图，具体操作步骤如下。

Step01 创建折线图迷你图。❶选择需要存放迷你图的 B6:F6 单元格区域，❷在【插入】选项卡【迷你图】组中选择需要的迷你图类型，这里单击【折线图】按钮，如图 18-5 所示。

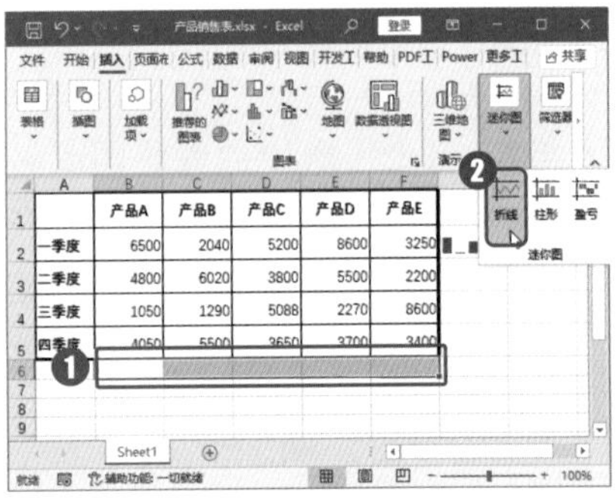

图 18-5

Step02 设置迷你图数据范围。打开【创建迷你图】对话框，❶在【数据范围】文本框中引用需要创建迷你图的源数据区域，即 B2:F5 单元格区域，❷单击【确定】按钮，如图 18-6 所示。

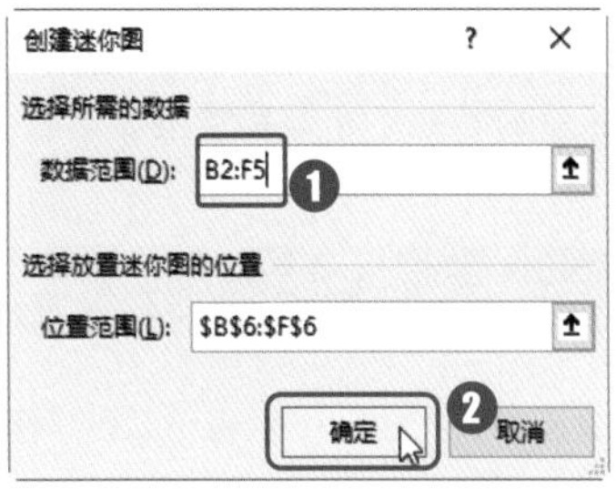

图 18-6

Step03 查看创建的迷你图效果。经过上步操作，即可为所选单元格区域按照列为标准分别创建对应的迷你图，如图 18-7 所示。

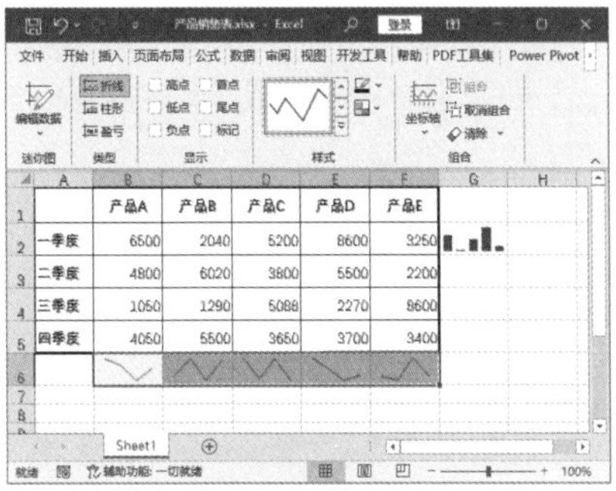

图 18-7

2. 填充法

我们也可以像填充公式一样，为包含迷你图的相邻单元格填充相同图表特征的迷你图。通过该方法复制创建的迷你图，会将“位置范围”设置成单元格区域，即转换为一组迷你图。

例如，要通过拖动控制柄的方法为【产品销售表】工作簿中各季度数据创建迷你图，具体操作步骤如下。

Step01 显示出填充控制柄。❶选择要创建一组迷你图时已经创建好的单个迷你图，这里选择G2单元格，❷将鼠标指针移动到该单元格的右下角，直到显示出控制柄（鼠标指针变为+形状），如图 18-8 所示。

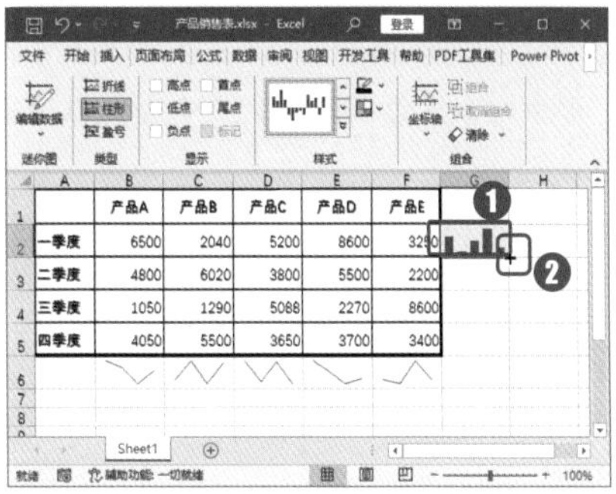

图 18-8

Step02 复制迷你图。拖动控制柄至G5单元格，如图 18-9 所示，即可为该G3:G5单元格区域复制相应的迷你图，但引用的数据源会自动发生改变，就像复制公式时单元格的相对引用会发生改变一样。

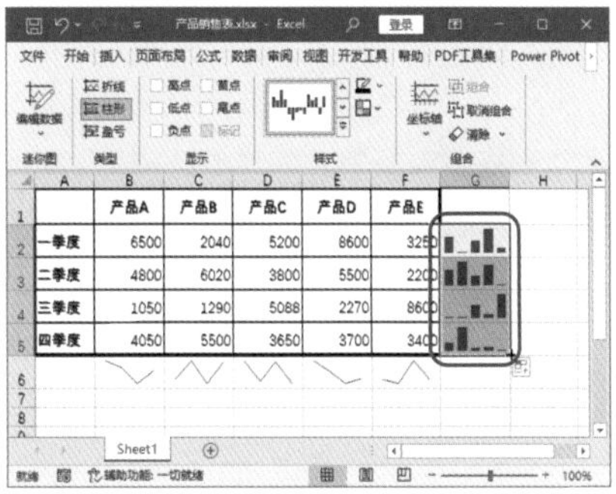

图 18-9

技能拓展——填充迷你图的其他方法

选择需要创建一组迷你图的单元格区域（包括已经创建好的单个迷你图和后续要创建迷你图放置的单元格区域），然后单击【开始】选项卡【编辑】组中的【填充】按钮，在弹出的下拉菜单中选择需要填充的方向，也可以快速为相邻单元格填充迷你图。

3. 组合法

利用迷你图的组合功能，可以将原本不同的迷你图组合成一组迷你图。例如，要将【产品销售表】工作簿中根据各产品的销售数据和各季度数据创建的两组迷你图组合为一组迷你图，具体操作步骤如下。

Step01 执行组合操作。❶按住【Ctrl】键的同时依次选择已经创建好的两组迷你图，即B6:F6和G2:G5单元格区域，❷单击【迷你图】选项卡【组合】组中的【组合】按钮，如图 18-10 所示。

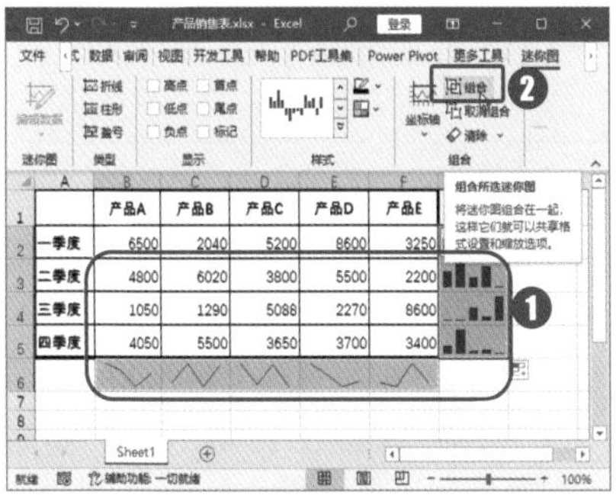

图 18-10

Step02 查看组合后的效果。经过上步操作，即可完成两组迷你图的组合操作，使其变为一组迷你图。而且，组合后的迷你图的图表类型由最后选中的单元格中的迷你图类型决定。本例最后选择的迷你图是G5单元格，所以组合后的迷你图均显示为柱形迷你图。后期只要选择该组迷你图中的任意一个迷你图，Excel便会选择整组迷你图，同时会显示出整组迷你图所在的单元格区域的蓝色外边框线，如图 18-11 所示。

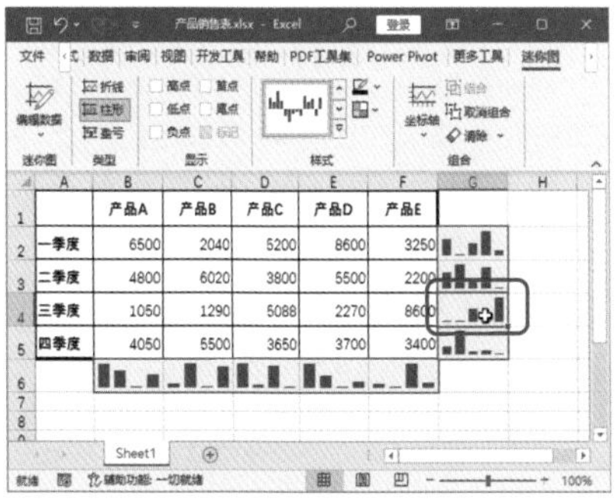

图 18-11

技术看板

如果只是用拖动鼠标框选多个迷你图，那么组合迷你图的图表类型会由框选单元格区域中的第一个迷你图类型决定。

18.3 改变迷你图类型

如果创建的迷你图类型不能体现数据的走势，可以更改现有迷你图的类型。根据要改变图表类型的迷你图多少，可以分为改变一组和一个迷你图两种方式。

18.3.1 实战：改变销售表中一组迷你图的类型

实例门类	软件功能

如果要统一将某组迷你图的图表类型更改为其他图表类型，操作很简单。例如，要将【产品销售表】工作簿中的迷你图更改为折线迷你图，具体操作步骤如下。

Step01 更改迷你图类型。❶选择迷你图所在的任意单元格，此时相同组的迷你图会被关联选择，❷单击【迷你图】选项卡【类型】组中的【折线】按钮，如图 18-12 所示。

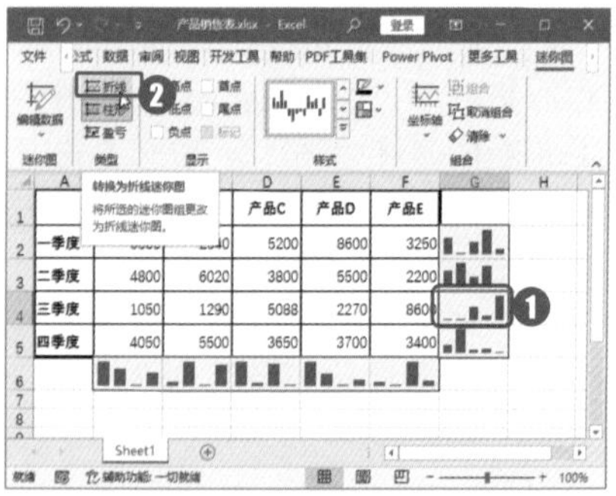

图 18-12

Step02 查看迷你图效果。经过上步操作，即可将该组迷你图全部更换为折线图类型的迷你图，效果如图 18-13 所示。

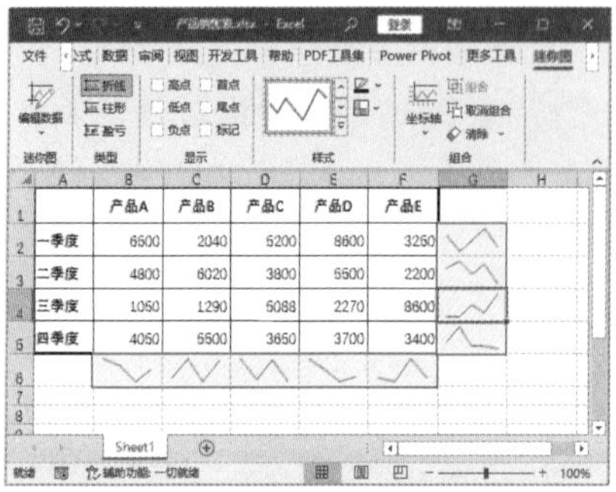

图 18-13

技术看板

迷你图和图表的很多操作均是相似的，而且迷你图的相关操作比图表的相关操作更简单。

★重点 18.3.2 实战：改变销售表中单个迷你图的类型

实例门类	软件功能

当对一组迷你图中的某个迷你图进行设置时，改变其他迷你图也会进行相同的设置。若要单独设置某个迷你图的效果，必须先取消该迷你图与原有迷你图组的关联关系。

例如，当只需要更改一组迷你图中某个迷你图的图表类型时，应该先将该迷你图独立出来，再修改图表类型。若要将【产品销售表】工作簿中的某个迷你图更改为柱形迷你图，具体操作步骤如下。

Step01 取消迷你图组合。❶选择需要单独修改的迷你图所在单元格，这里选择B6 单元格，❷单击【迷你图】选项卡【组合】组中的【取消组合】按钮，如图 18-14 所示。

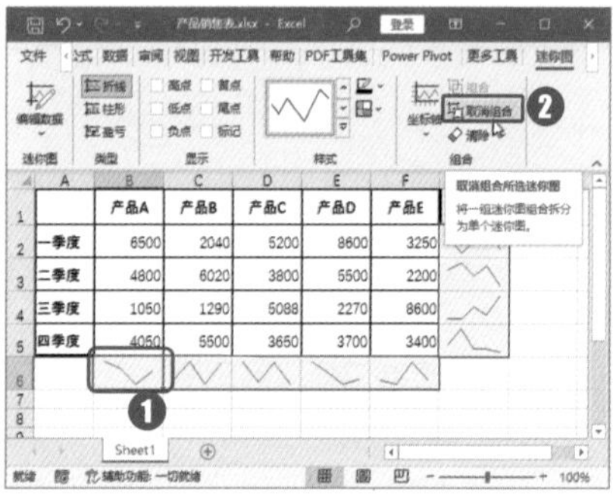

图 18-14

Step02 更改迷你图类型。经过上步操作，即可将选择的迷你图与原有迷你图组的关系断开，变成单个迷你图。保持单元格的选择状态，单击【类型】组中的【柱形】按钮，如图 18-15 所示。

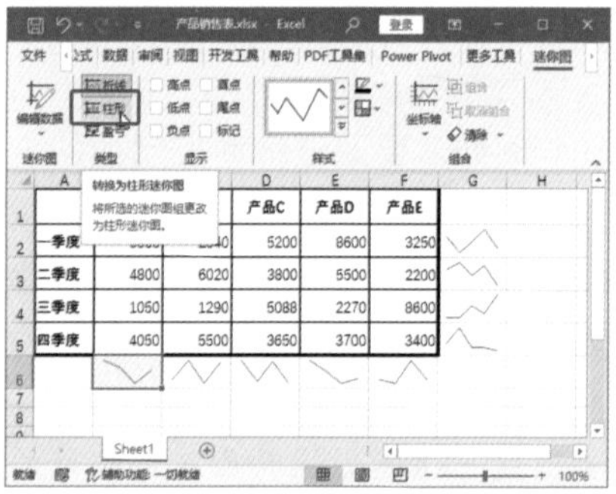

图 18-15

Step03 查看迷你图效果。经过上步操作，即可将选择的单个迷你图更换为柱形图类型的迷你图，效果如图 18-16 所示。

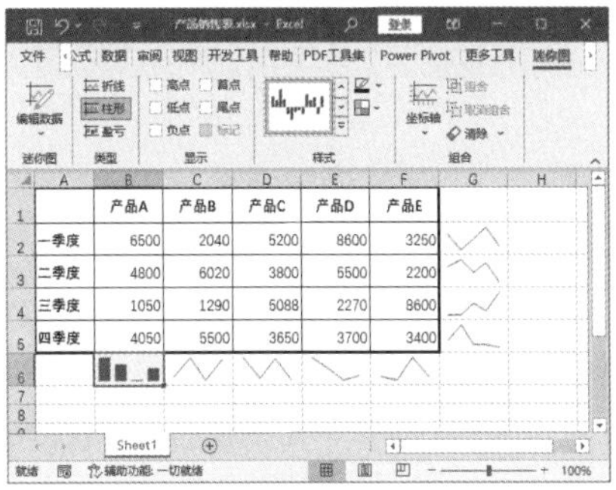

图 18-16

技能拓展——清除迷你图

在Excel 2021中，删除迷你图与删除创建的传统图表不同，不能通过按【Backspace】键和【Delete】键进行删除。需要先选择要删除的迷你图，单击【迷你图】选项卡【组合】组中的【清除】按钮，在弹出的下拉菜单中选择【清除所选的迷你图】或【清除所选的迷你图组】选项即可。

18.4 突出显示数据点

创建迷你图后，可以使用提供的【高点】【低点】【首点】【尾点】【负点】和【标记】等功能，快速控制显示迷你图上的数据值点，如高值、低值、第一个值、最后一个值或任何负值，还可以通过设置来使一些或所有标记可见来突出显示迷你图中需要强调的数据标记（值）。

18.4.1 实战：为销售迷你图标记数据点

实例门类	软件功能

如果创建了一个折线迷你图，则可以设置标记出迷你图中的所有数据点，具体操作步骤如下。

技术看板

只有折线迷你图具有数据点标记功能，柱形迷你图和盈亏迷你图都没有标记功能。

❶选择一组折线迷你图中的任意单元格，❷选中【迷你图】选项卡【显示】组中的【标记】复选框，同时可以看到该组迷你图中的数据点都显示出来了，如图18-17所示。

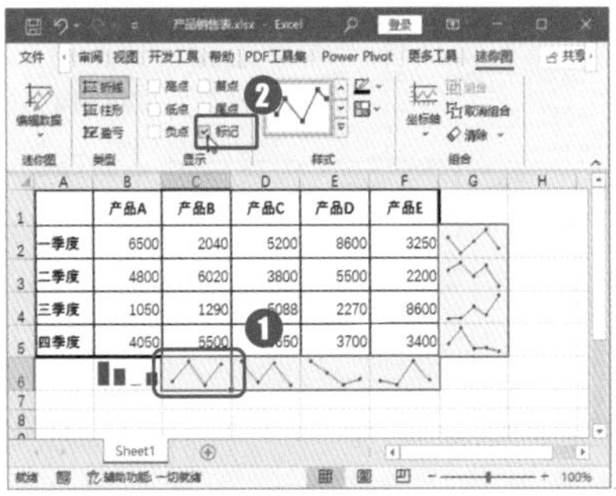

图 18-17

18.4.2 实战：突出显示销量的高点和低点

实例门类	软件功能

在各类型的迷你图中都提供了标记高点和低点的功能。例如，要为刚刚制作的一组柱形迷你图标记高点和低点，具体操作步骤如下。

Step01 突出显示高点。❶选择B6单元格，❷选中【迷你图】选项卡【显示】组中的【高点】复选框，即可改变迷你图中最高柱形图的颜色，如图18-18所示。

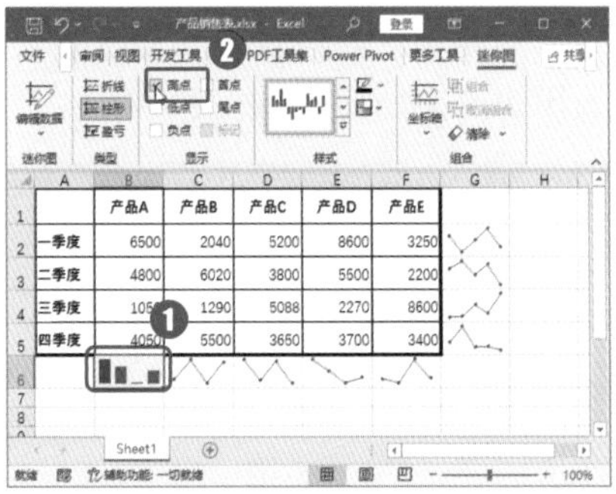

图 18-18

Step02 突出显示低点。选中【显示】组中的【低点】复选框，即可改变迷你图中最低柱形图的颜色，如图18-19所示。

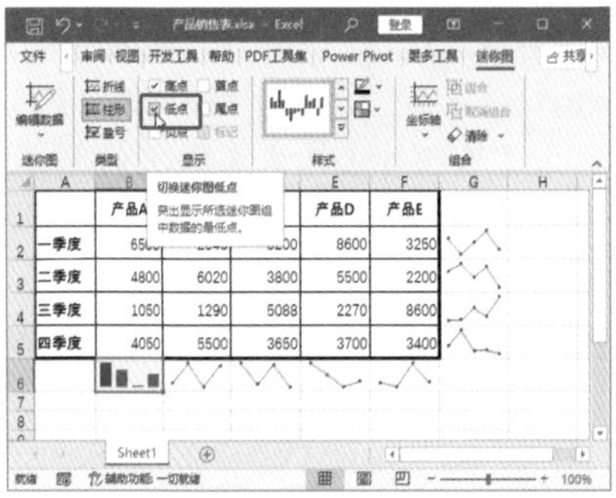

图 18-19

技术看板

在3种迷你图类型中都提供了标记特殊数据点的功能。只要在【显示】组中选中【负点】复选框、【首点】复选框和【尾点】复选框，即可在迷你图中标记出负数值、第一个值和最后一个值。

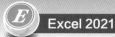

18.5 迷你图样式和颜色设置

在工作表中插入的迷你图样式并不是一成不变的，可以快速将一个预定义的迷你图样式应用到迷你图上。此外，还可以单独修改迷你图中的线条和各数据点的样式，让迷你图效果更美观。

18.5.1 实战：为销售迷你图设置样式

实例门类	软件功能

迷你图提供了多种常用的预定义样式，在库中选择相应选项即可使迷你图快速应用选择的预定义样式。例如，要为销售表中的折线迷你图设置预定义的样式，具体操作步骤如下。

Step01 选择迷你图样式。❶选择工作表中的一组迷你图，❷在【迷你图】选项卡【样式】组中的列表框中选择需要的迷你图样式，如图 18-20 所示。

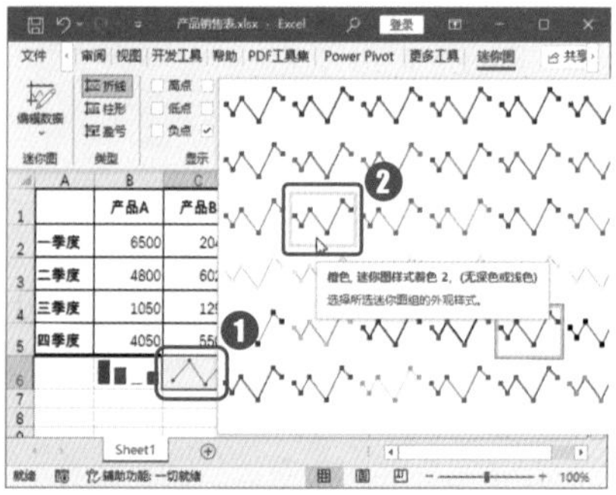

图 18-20

Step02 查看迷你图效果。经过上步操作，即可为该组迷你图应用选择的样式，效果如图 18-21 所示。

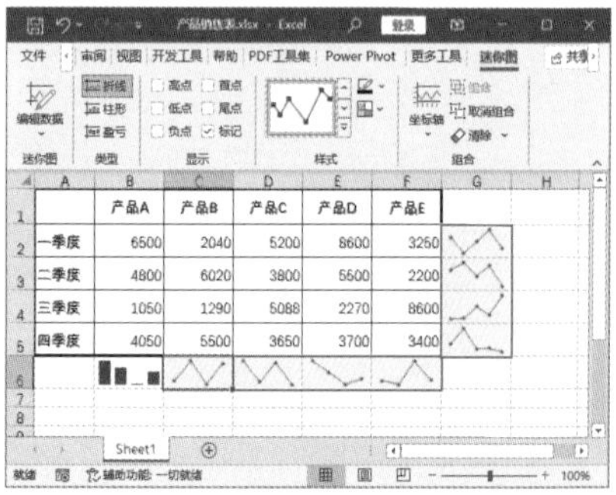

图 18-21

18.5.2 实战：为销售迷你图设置颜色

实例门类	软件功能

如果对预设的迷你图样式不满意，用户也可以根据需要自定义迷你图颜色。例如，要将销售表中的柱形迷你图的线条颜色设置为橙色，具体操作步骤如下。

Step01 更改迷你图颜色。❶选择 B6 单元格中的迷你图，❷单击【样式】组中的【迷你图颜色】下拉按钮，❸在弹出的下拉菜单中选择【橙色】选项，如图 18-22 所示。

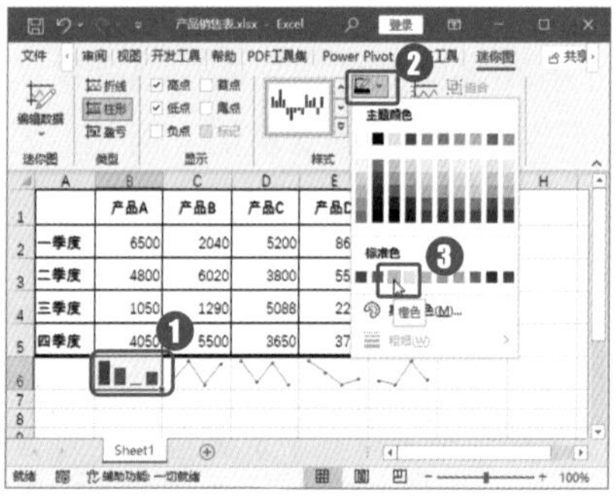

图 18-22

Step02 查看迷你图效果。经过上步操作，即可修改所选迷你图的线条颜色为橙色，如图 18-23 所示。

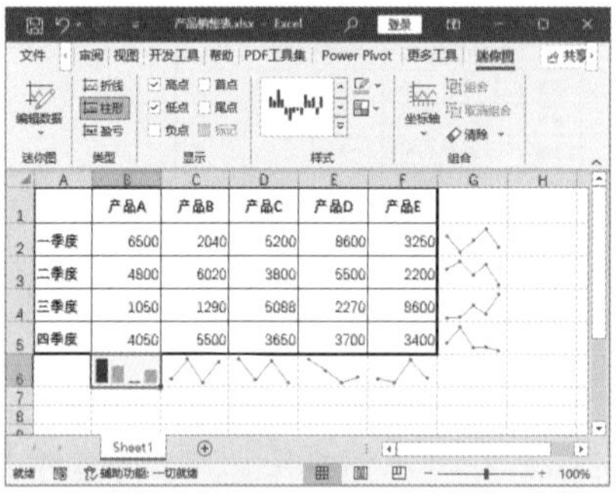

图 18-23

18.5.3 实战：设置销量迷你图的标记颜色

实例门类	软件功能

除了可以设置迷你图线条颜色外，用户还可以为迷你图的各数据点自定义配色方案。例如，要为销售表中的柱形迷你图设置高点为浅绿色、低点为黑色，具体操作步骤如下。

Step01 设置迷你图高点颜色。❶单击【样式】组中的【标记颜色】下拉按钮，❷在弹出的下拉菜单中选择【高点】选项，❸在弹出的级联菜单中选择高点需要设置的颜色，这里选择【浅绿】选项，如图 18-24 所示。

技术看板

在【标记颜色】下拉菜单中还可以设置迷你图中其他数据点的颜色，操作方法与高点和低点颜色的设置方法相同。

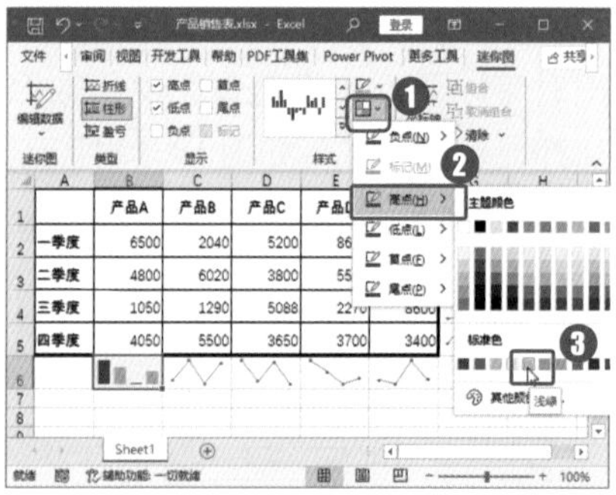

图 18-24

Step02 设置迷你图低点颜色。经过上步操作，即可改变高点的颜色为浅绿色。❶单击【标记颜色】下拉按钮，❷在弹出的下拉菜单中选择【低点】选项，❸在弹出的级联菜单中选择低点需要设置的颜色，这里选择【黑色】选项，如图 18-25 所示。

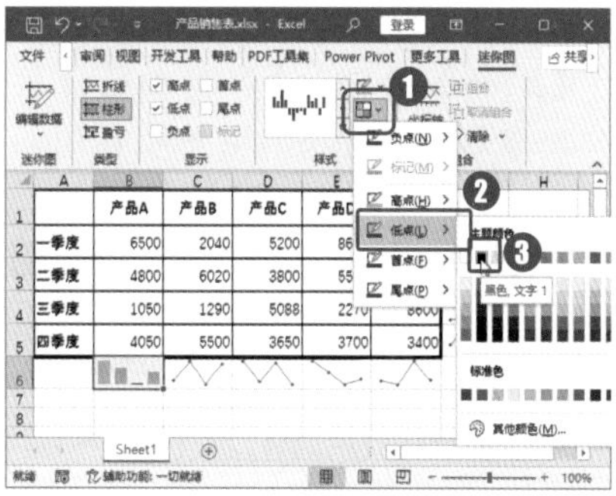

图 18-25

Step03 查看迷你图效果。经过上步操作，即可改变低点的颜色为黑色，如图 18-26 所示。

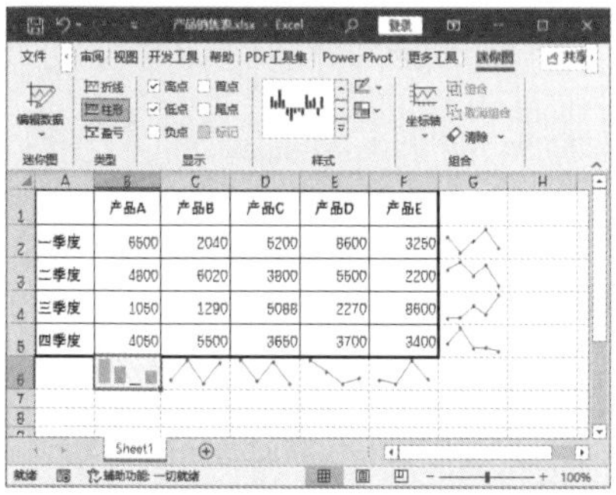

图 18-26

妙招技法

通过前面知识的学习，相信读者已经掌握了迷你图的创建与编辑方法。下面结合本章内容给大家介绍一些实用技巧。

技巧 01：设置迷你图纵坐标

迷你图中也包含横坐标轴和纵坐标轴，在单元格中添加迷你图后，可以根据需要设置迷你图的坐标轴选项。

例如，由于迷你图数据点之间的差异各不相同，默认设置的迷你图并不能真实体现数据点之间的差异量。因此，有时需要手动设置迷你图纵坐标轴的最小值和最大值，使迷你图真实反映数据的差异量和趋势。

这里定义纵坐标轴的最小值和最大值，让销售表中的迷你图显示值之间的关系，具体操作步骤如下。

Step01 选择坐标轴的最小值相关选项。❶选择工作表中的一组迷你图，❷单击【迷你图】选项卡【组合】组中的【坐标轴】下拉按钮，❸在弹出的下拉菜单的【纵坐标轴的最小值选项】栏中选择【自定义值】选项，如图 18-27 所示。

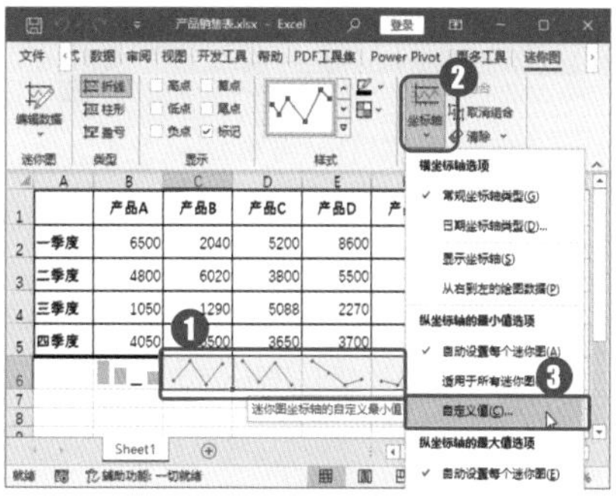

图 18-27

Step02 设置最小值。打开【迷你图垂直轴设置】对话框，❶在文本框中输入能最好地强调迷你图中数值的最小值，这里设置垂直轴的最小值为【1000】，❷单击【确定】按钮，如图 18-28 所示。

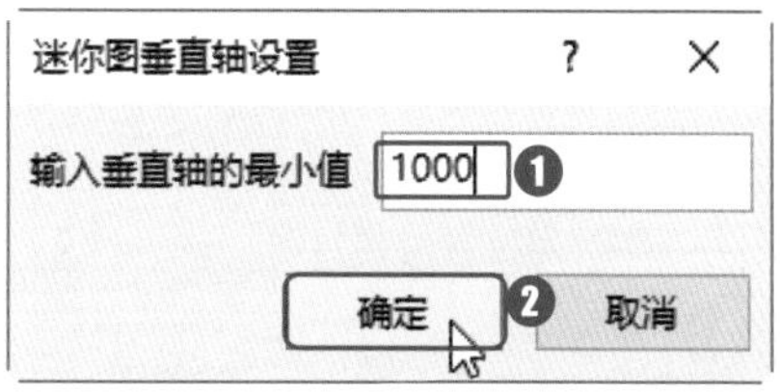

图 18-28

Step03 选择坐标轴的最大值相关命令。经过上步操作，即完成了垂直轴最小值的设置，同时可以看到工作表中该组迷你图形状也发生了相应改变。❶单击【组合】组中的【坐标轴】下拉按钮，❷在弹出的下拉菜单的【纵坐标轴的最大值选项】栏中选择【自定义值】选项，如图 18-29 所示。

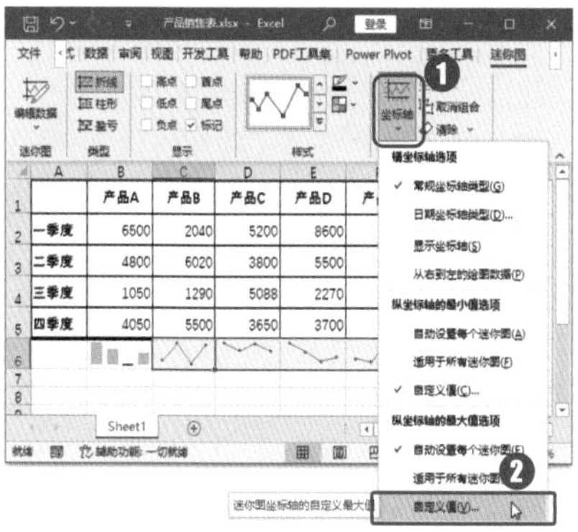

图 18-29

Step04 设置最大值。打开【迷你图垂直轴设置】对话框，❶在文本框中输入能最好地强调迷你图中数值的最大值，这里设置垂直轴的最大值为【9000】，❷单击【确定】按钮，如图 18-30 所示。

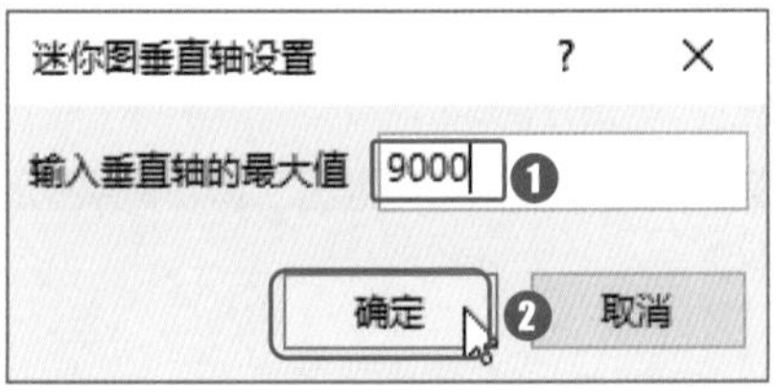

图 18-30

Step05 查看迷你图效果。经过上步操作，即完成了垂直轴最大值的设置，同时可以看到工作表中该组迷你图形状也发生了相应改变，效果如图 18-31 所示。对比迷你图纵坐标轴自定义设置前后的图形效果，可以发现自定义后的图形比较客观地反映了数据的差异量状况，而设置前的图形则只有高低的差别，没有差异量的体现。

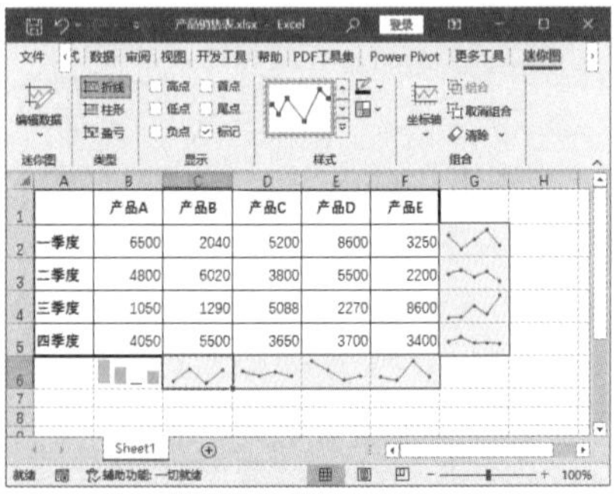

图 18-31

技术看板

如果迷你图中存在非常小和非常大的值，为了更加突出地强调数据值的差异，可以增加包含迷你图的行的高度。

技巧 02：显示横坐标轴

迷你图中的横坐标轴实际是在值为 0 处显示一条横线，简易地代表横坐标轴。默认创建的迷你图是不显示横坐标轴的，如果想要显示出迷你图的横坐标轴，则可以按照下面的步骤进行操作。

Step01 取消迷你图的组合。❶选择 C6 单元格，❷单击【迷你图】选项卡【组合】组中的【取消组合】按钮，取消该迷你图与其他迷你图的组合关系，如图 18-32 所示。

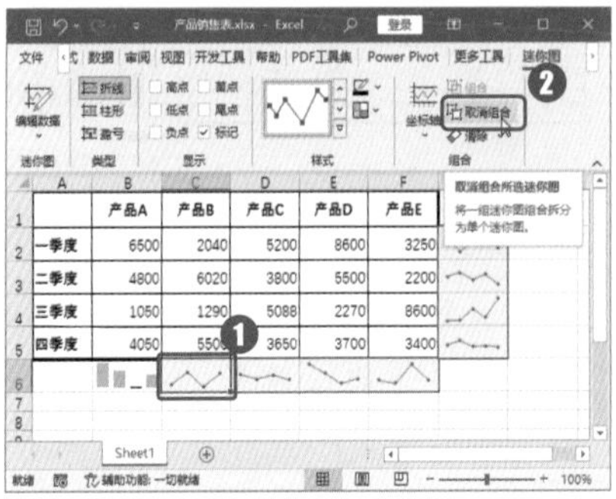

图 18-32

Step02 更改迷你图类型。单击【类型】组中的【盈亏】按钮，将该迷你图显示为盈亏迷你图效果，如图 18-33 所示。

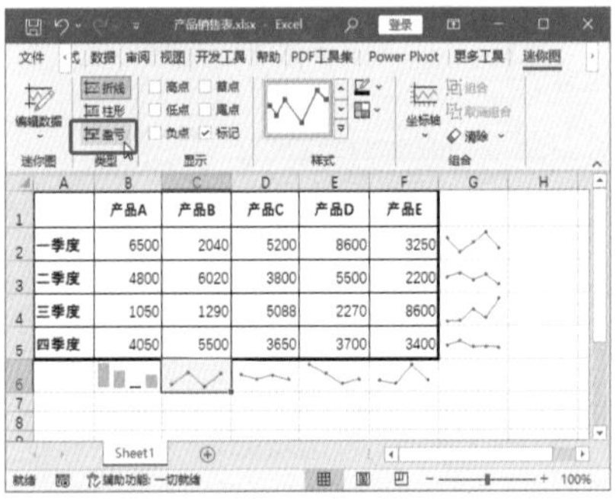

图 18-33

Step03 显示坐标轴。❶单击【组合】组中的【坐标轴】下拉按钮，❷在弹出的下拉菜单的【横坐标轴选项】栏中选择【显示坐标轴】选项，如图 18-34 所示。

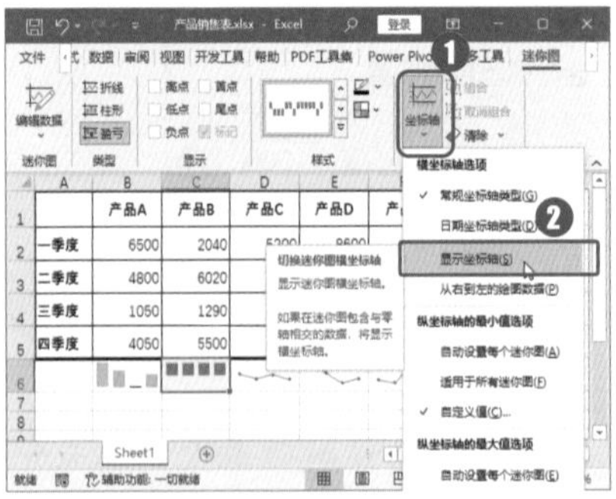

图 18-34

Step04 查看迷你图效果。经过上步操作，将在迷你图中显示横坐标轴，效果如图 18-35 所示。

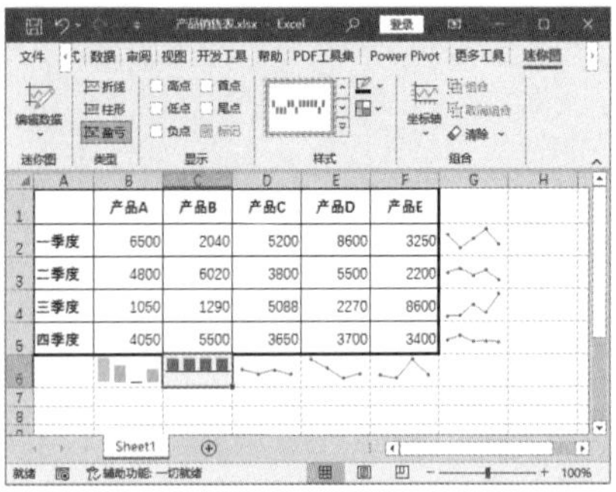

图 18-35

技术看板

设置显示横坐标轴后，盈亏迷你图不管包含什么数据，都可以显示横坐标轴。但折线迷你图和柱形迷你图只有当其中的数据包含负值数据点时，才会显示出横坐标轴。因为只有数据中有负值时，才需要通过在迷你图中显示横坐标轴来强调。

技巧 03：使用日期坐标轴

日期坐标轴的优点在于可以根据日期系列显示数据，当缺少某些日期对应的数据时，在迷你图中依然会保留对应的日期位置，显示为空位。因此，设置日期坐标轴，可以很好地反映基础数据中任何不规则的时间段。

在折线迷你图中，应用日期坐标轴类型可以更改绘制折线的斜率及其数据点的彼此相对位置。

在柱形迷你图中，应用数据轴类型可以更改宽度和增加或减小列之间的距离。

例如，要使用日期坐标轴显示加工日记录中的生产数据迷你图，具体操作步骤如下。

Step 01 取消迷你图的组合。打开素材文件\第 18 章\生产厂加工日记录.xlsx，❶选择G6 单元格，❷单击【迷你图】选项卡【组合】组中的【取消组合】按钮，取消该迷你图与其他迷你图的组合关系，如图 18-36 所示。

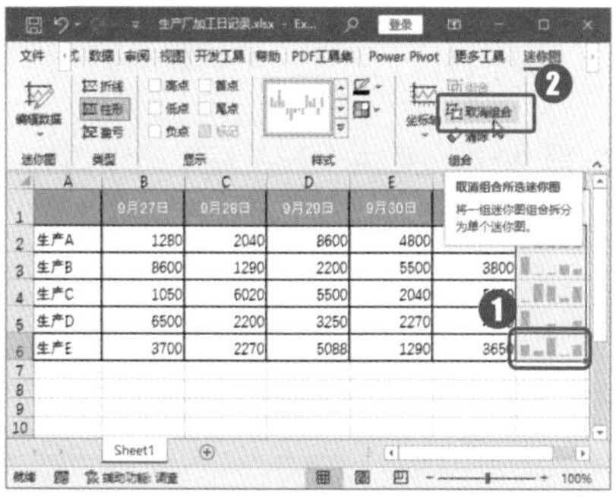

图 18-36

Step 02 选择坐标轴选项。❶单击【组合】组中的【坐标轴】下拉按钮，❷在弹出的下拉菜单的【横坐标轴选项】栏中选择【日期坐标轴类型】选项，如图 18-37 所示。

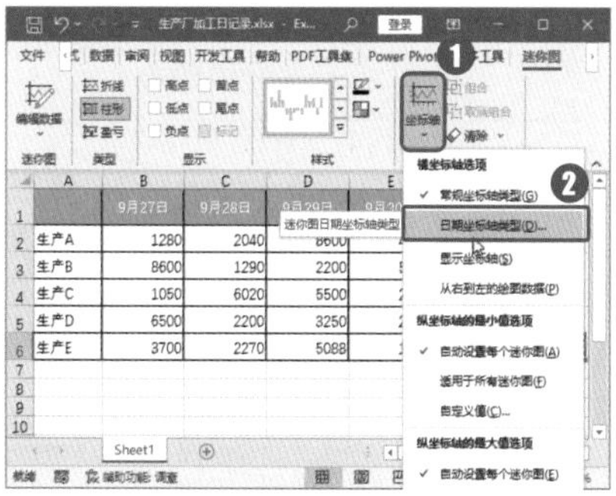

图 18-37

Step 03 设置引用的日期范围。打开【迷你图日期范围】对话框，❶在参数框中引用工作表中的B1:F1 单元格区域，❷单击【确定】按钮，如图 18-38 所示。

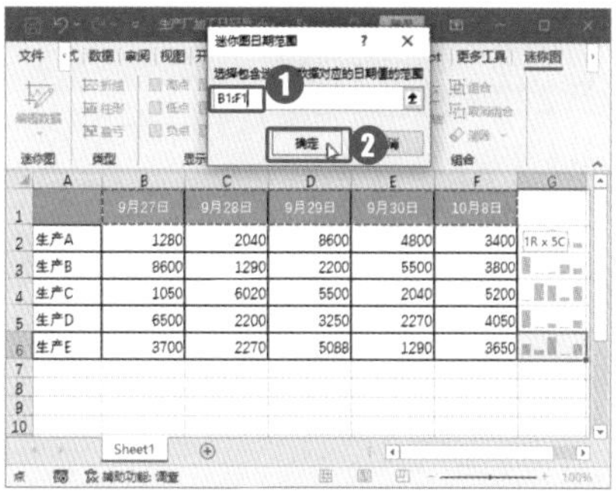

图 18-38

Step 04 查看迷你图效果。经过上步操作，即完成了日期坐标轴的设置，同时可以看到迷你图使用日期坐标轴格式后的效果，如图 18-39 所示。

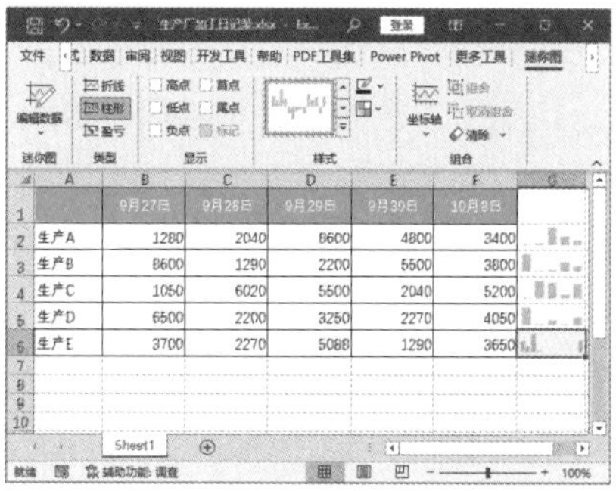

图 18-39

技能拓展——从右到左的绘制迷你图数据

在【坐标轴】下拉菜单的【横坐标轴选项】栏中选择【从右到左的绘图数据】选项，可以将迷你图表的横坐标轴选项设置为从右到左的绘图数据效果，即改变迷你图的效果为以前效果的镜像后效果。例如，图 18-40 所示为迷你图设置【从右到左的绘图数据】后的效果。

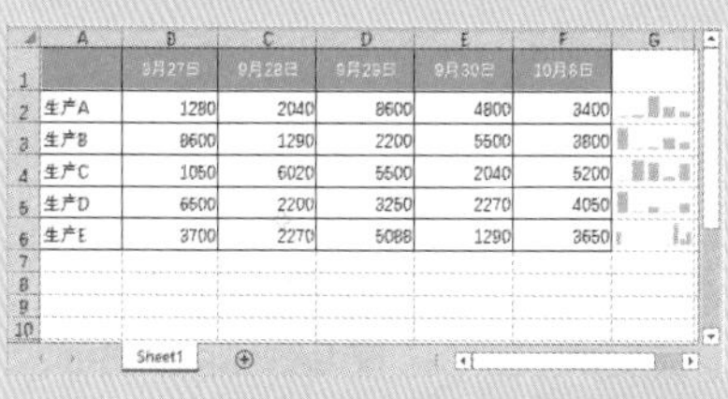

图 18-40

技能拓展——编辑迷你图源数据

选择制作好的迷你图后，单击【迷你图】选项卡【迷你图】组中的【编辑数据】下拉按钮，在弹出的下拉菜单中选择【编辑组位置和数据】选项，可以更改创建迷你图的源数据。如果需要修改某组迷你图中的其中一个迷你图的源数据，可以在弹出的下拉菜单中选择【编辑单个迷你图的数据】选项。具体修改方法与修改图表数据源的方法相同，这里不再赘述。

本章小结

使用迷你图只需占用少量空间就可以让用户看出数据的分布形态，所以它的使用也是很频繁的。Excel 2021 可以快速制作折线迷你图、柱形迷你图和盈亏迷你图 3 种类型。创建迷你图后，将激活【迷你图】选项卡，对迷你图的所有编辑操作都在该选项卡中进行，具体包括更改迷你图类型、设置迷你图格式、显示或隐藏迷你图上的数据点、设置迷你图组中的坐标轴格式等。由于其操作方法与图表的操作方法大同小异，因此本章讲解得比较简单。

第4篇 数据分析篇

Excel 中可存储和记录的数据信息非常多，要想从海量的数据信息中获取有用的信息，仅仅依靠眼睛观察是很难实现的，使用 Excel 提供的数据分析工具对数据进行分析，可以从中得出有用的结论或获取有价值的信息。

第19章 数据的简单分析

- 表格数据排列混乱，怎样按照指定的顺序重新排列表格数据?
- 花了大量的时间来筛选数据，为什么结果还是错了?
- 不用公式和函数，就能对表格中每个类别的数据进行相同的计算吗?
- 怎样对结构相同、数据记录不相同的多张表格进行汇总计算?
- 怎样将数据放在不同的单元格区域或不同的工作表中？怎样合并这些数据?

如果只是对数据进行一些简单的分析，如按照一定顺序排列数据、筛选符合条件的数据、按类别汇总数据、模拟运算分析数据等，可以直接使用Excel提供的数据分析功能来快速实现，并且在学习过程中，还可以从中得出以上问题的答案。

19.1 数据排序

在记录表格数据时，有时不会去在意行的排列顺序，但在查看表格数据时，可能会觉得表格数据内容排列混乱，不利于数据的查看。这时，可以通过对数据进行排序，让数据按照数值大小或数据分类来进行排序。下面将对数据排序的相关知识进行讲解。

19.1.1 了解数据的排序规则

对数据进行排序是指根据数据表格中的相关字段名，将数据表格中的记录按升序或降序的方式进行排列。在使用排序功能之前，首先需要了解排序的规则，然后根据需要选择排序的方式。

Excel 2021 在对数字、日期、文本、逻辑值、错误值和空白单元格进行排序时会使用一定的排序次序。在按升序排序时，Excel使用表19-1 所示的排序规则。在按降序排列时，则使用相反的次序。

表 19-1 数据的排序规则

<table>
<tr><th>排序内容</th><th>排序规则（升序）</th></tr>
<tr><td>数字</td><td>按从最小的负数到最大的正数进行排序</td></tr>
<tr><td>日期</td><td>按从最早的日期到最近的日期进行排序</td></tr>
<tr><td>字母</td><td>按字母从A~Z的先后顺序排序，在按字母先后顺序对文本项进行排序时，Excel会从左到右一个字符接一个字符地进行排序</td></tr>
<tr><td>字母数字文本</td><td>按从左到右的顺序逐字符进行排序。例如，如果一个单元格中含有文本【A100】，Excel会将这个单元格放在含有【A1】的单元格后面、含有【A11】的单元格前面</td></tr>
<tr><td>文本及包含数字的文本</td><td>按以下次序排序：0 1 2 3 4 5 6 7 8 9（空格）! " # $ % & ( ) * , . / : ; ? @ [\ ] ^ _ ` { | } ~ + < = > A B C D E F G H I J K L M N O P Q R S T U V W X Y Z</td></tr>
<tr><td>逻辑值</td><td>在逻辑值中，FALSE排在TRUE之前</td></tr>
<tr><td>错误值</td><td>所有错误值的优先级相同</td></tr>
<tr><td>空格</td><td>空格始终排在最后</td></tr>
</table>

19.1.2 实战：对员工业绩数据进行简单排序

实例门类	软件功能

Excel中最简单的排序就是按一个条件将数据进行升序或降序的排列，即让工作表中的各项数据根据某一列单元格中的数据大小进行排列。例如，要让员工业绩表中的数据按当年累计销售总额从高到低的顺序排列，具体操作步骤如下。

Step01 执行降序排列。打开素材文件\第19章\员工业绩管理表.xlsx，❶将【Sheet1】工作表重命名为【数据表】，❷复制工作表，并重命名为【累计业绩排名】，❸选择要进行排序的列（D列）中的任一单元格，❹单击【数据】选项卡【排序和筛选】组中的【降序】按钮，如图19-1所示。

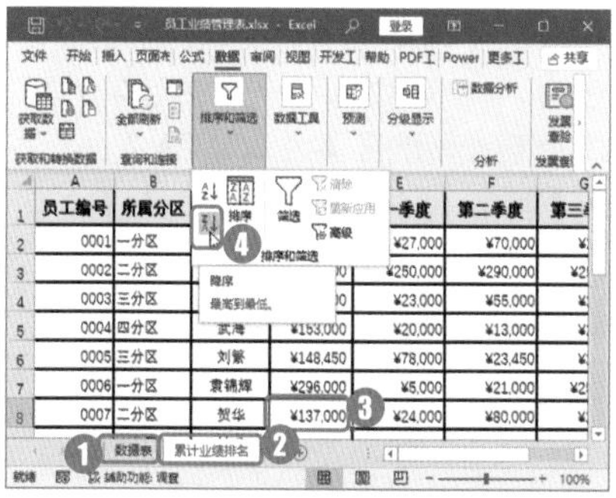

图 19-1

技能拓展——升序排列数据

单击【数据】选项卡【排序和筛选】组中的【升序】按钮，可以让数据以升序排列。

Step02 查看排序效果。经过上步操作，D列单元格区域中的数据便按照从大到小的顺序进行排列，并且，在排序后会保持同一记录的完整性，如图19-2所示。

图 19-2

技术看板

在执行排序命令时，应针对整个数据表格进行排序，如果选择的排序区域不是完整的数据表格区域（表格中存在无行标题的整行空白或无列标题的整列空白区域），则在执行排序命令后，会打开排序提醒对话框，提示需要扩展单元格的选择或只对当前选择的单元格进行排序，如图19-3所示。如果只对当前选择的单元格区域排序，则会打乱原来每行数据的关联性，这样排序就毫无意义。

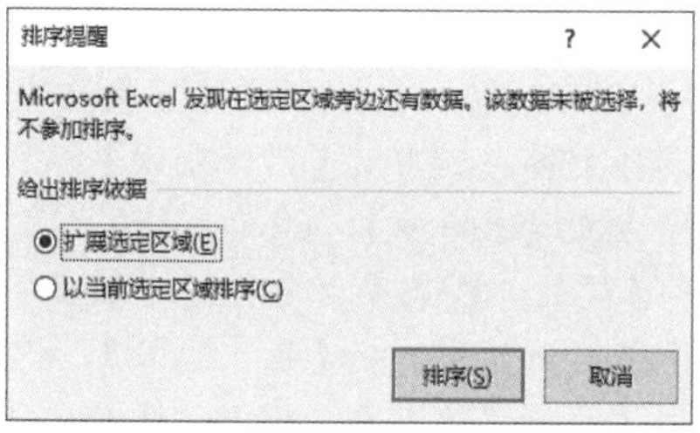

图 19-3

★重点 19.1.3 实战：让员工业绩数据根据多个条件进行排序

实例门类	软件功能

按一个排序条件对数据进行简单排序时，经常会遇到多条数据的值相同的情况，此时可以为表格设置多个排序条件作为次要排序条件，这样就可以在排序过程中，让在主要排序条件下数据相同的值再次根据次要排序条件进行排序。

例如，要在【员工业绩管理表】工作簿中，以累计业绩额大小为主要关键字，以员工编号大小为次要关键字，对业绩数据进行排列，具体操作步骤如下。

Step 01 单击排序按钮。❶复制【数据表】工作表，并重命名为【累计业绩排名(2)】，❷选择要进行排序的 A1:H22 单元格区域，❸单击【数据】选项卡【排序和筛选】组中的【排序】按钮，如图 19-4 所示。

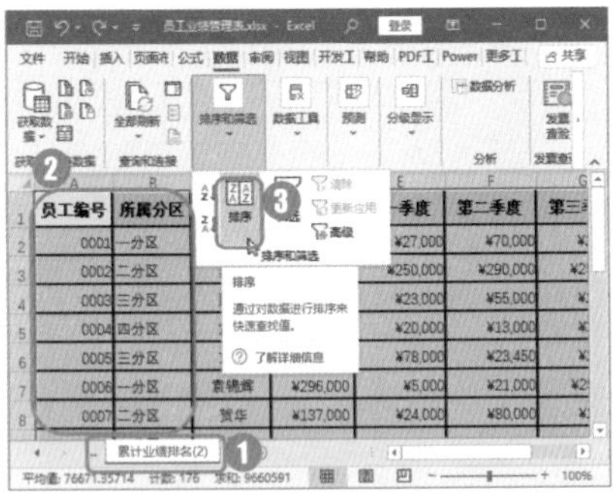

图 19-4

Step 02 设置排序条件。打开【排序】对话框，❶在【主要关键字】栏中设置主要关键字为【累计业绩】，排序方式为【降序】，❷单击【添加条件】按钮，❸在【次要关键字】栏中设置次要关键字为【员工编号】，排序方式为【降序】，❹单击【确定】按钮，如图 19-5 所示。

技术看板

在【排序】对话框中默认只有一个主要关键字，单击【添加条件】按钮，可依次添加次要关键字；在【排序依据】栏的下拉列表中可以选择数值、单元格颜色、字体颜色和单元格图标等作为对数据进行排序的依据；单击【删除条件】按钮，可删除添加的关键字；单击【复制条件】按钮，可复制在【排序】对话框下部列表框中选择的已经设置的排序条件，只要是通过复制产生的条件都隶属于次要关键字。

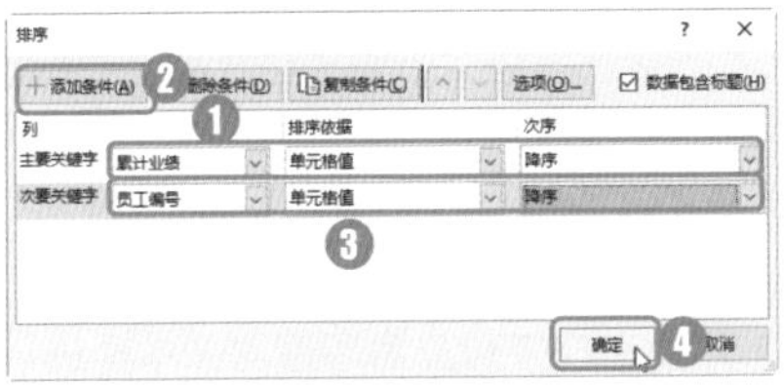

图 19-5

Step 03 查看排序效果。经过上步操作，表格中的数据会根据累计业绩额从大到小进行排列，并且在遇到累计业绩额为相同值时再次根据员工编号从高到低进行排列，排序后的效果如图 19-6 所示。

图 19-6

★重点 19.1.4 实战：对员工业绩数据进行自定义排序

实例门类	软件功能

除了在表格中根据内置的一些条件对数据进行排序外，用户还可以自定义排序条件，使用自定义排序让表格的内容以自定义序列的先后顺序进行排列。例如，要在员工业绩表中自定义分区顺序，并根据自定义的顺序排列表格数据，具体操作步骤如下。

Step 01 执行排序操作。❶复制【数据表】工作表，并重命名为【各分区排序】，❷选择要进行排序的 A1:H22 单元格区域，❸单击【数据】选项卡【排序和筛选】组中的【排序】按钮，如图 19-7 所示。

技能拓展——实现数据排序和筛选的其他方法

单击【开始】选项卡【编辑】组中的【排序和筛选】下拉按钮，在弹出的下拉菜单中选择【升序】【降序】或【自定义排序】选项，可以进行数据排序；选择【筛选】选项，可以进入筛选状态，在字段旁显示出筛选下拉按钮▾。

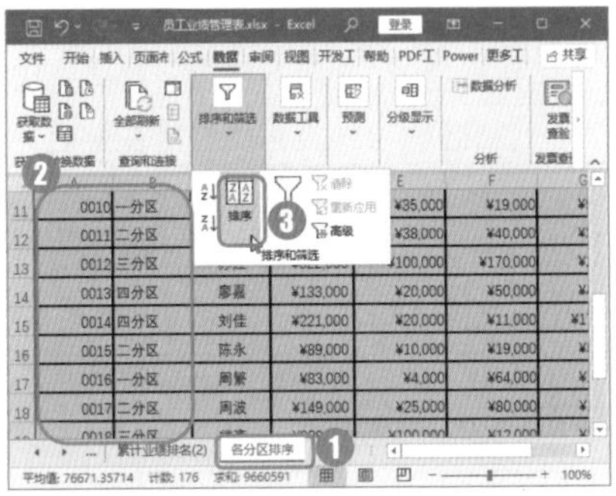

图 19-7

Step 02 选择排序方式。打开【排序】对话框，❶在【主要关键字】栏中设置主要关键字为【所属分区】，❷在其后的【次序】下拉列表中选择【自定义序列】选项，如图 19-8 所示。

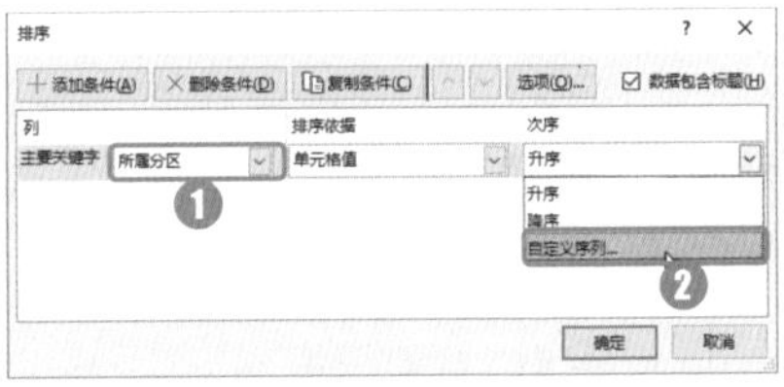

图 19-8

Step 03 设置自定义序列。打开【自定义序列】对话框，❶在右侧的【输入序列】文本框中输入需要定义的序列，这里输入【一分区,二分区,三分区,四分区】文本，❷单击【添加】按钮，将新序列添加到【自定义序列】列表框中，❸单击【确定】按钮，如图 19-9 所示。

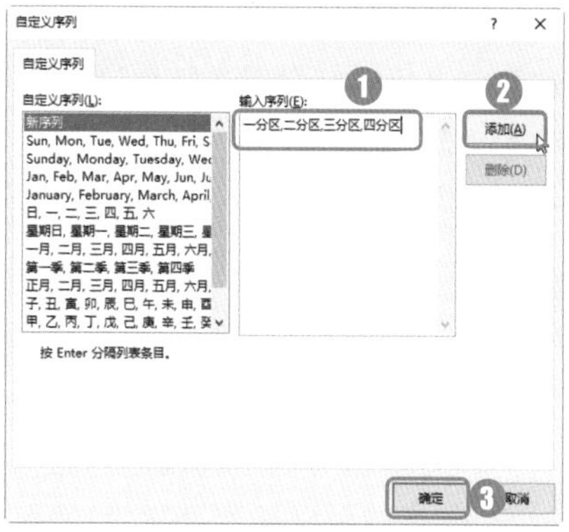

图 19-9

Step04 设置次要关键字条件。返回【排序】对话框，即可看到【次序】下拉列表中自动选择了刚刚自定义的排序序列顺序，❶单击【添加条件】按钮，❷在【次要关键字】栏中设置次要关键字为【累计业绩】，排序方式为【降序】，❸单击【确定】按钮，如图 19-10 所示。

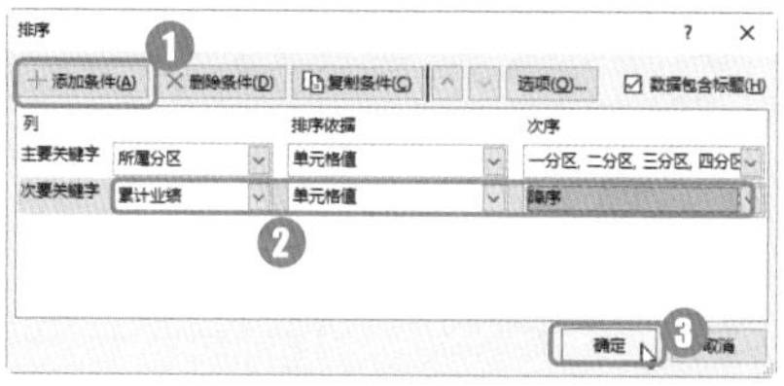

图 19-10

Step05 查看排序效果。经过以上操作，即可让表格中的数据以所属分区为主要关键字，以自定义的【一分区,二分区,三分区,四分区】顺序进行排列，并且该列中相同分区的单元格数据会再次根据累计业绩额从大到小进行排列，排序后的效果如图 19-11 所示。

图 19-11

19.2 筛选数据

在大量数据中，有时只有一部分数据可以分析和参考，此时可以利用数据筛选功能筛选出有用的数据，然后在这些数据范围内进行进一步的统计和分析。Excel 提供了【自动筛选】【自定义筛选】和【高级筛选】3 种筛选方式，本节将介绍各功能的具体实现方法。

19.2.1 实战：对员工业绩数据进行简单筛选

实例门类	软件功能

要快速在众多数据中查找某一个或某一组符合指定条件的数据，并隐藏其他不符合条件的数据，可以使用 Excel 中的数据筛选功能。

对数据进行筛选是分析数据时常用的操作之一。一般情况下，在一个数据列表的一个列中含有多个相同的值。使用【自动筛选】功能会在数据表中各列的标题行中出现筛选下拉列表框，其中在列表框中会将该列中的值（不重复的值）一一列举出来，用户通过选择即可筛选出符合条件的相应记录。可见，使用自动筛选功能，可以非常方便地筛选出符合简单条件的记录。

例如，要在【员工业绩表】中筛选二分区的相关记录，具体操作步骤如下。

Step01 执行筛选操作。❶复制【数据表】工作表，并重命名为【二分区数据】，❷选择要进行筛选的 A1:H22 单元格区域，❸单击【数据】选项卡【排序和筛选】组中的【筛选】按钮，如图 19-12 所示。

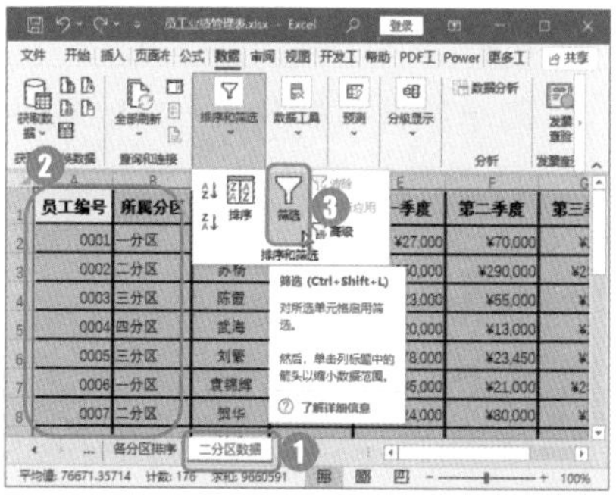

图 19-12

Step02 设置筛选条件。经过上步操作，工作表表头字段名的右侧会出现一个下拉按钮▾。❶单击【所属分区】字段名右侧的下拉按钮▾，❷在弹出的下拉菜单中选中【二分区】复选框，❸单击【确定】按钮，如图 19-13 所示。

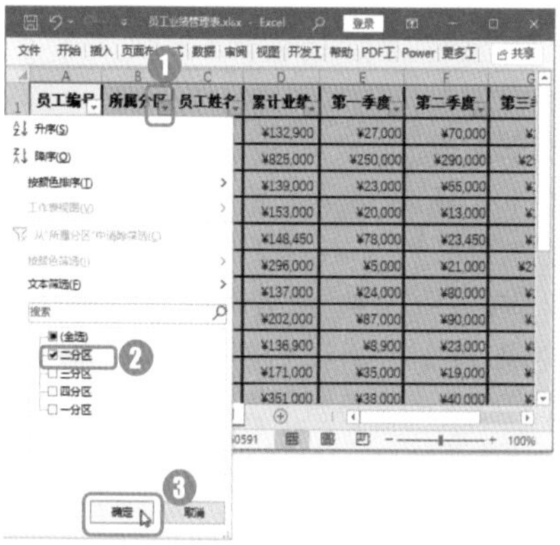

图 19-13

技能拓展——取消筛选

对工作表中的数据进行筛选后，如果需要恢复到未筛选之前的状态，可再次单击【排序和筛选】组中的【筛选】按钮。

Step03 查看筛选结果。经过上步操作，在工作表中将只显示所属分区为【二分区】的相关记录，且【所属分区】字段名右侧的下拉按钮将变成▼形状，如图 19-14 所示。

图 19-14

19.2.2 实战：筛选出符合多个条件的员工业绩数据

实例门类	软件功能

利用自动筛选功能不仅可以根据单个条件进行自动筛选，还可以设置多个条件进行筛选。例如，要在前面筛选结果的基础上再筛选出某些员工的数据，具体操作步骤如下。

Step01 设置多个筛选条件。复制【二分区数据】工作表，重命名为【二分区部分数据】，❶单击【员工姓名】字段名右侧的下拉按钮▾，❷在弹出的下拉菜单中选中【陈永】【刘健】和【周波】复选框，❸单击【确定】按钮，如图 19-15 所示。

图 19-15

Step02 查看筛选结果。经过上步操作，将在刚刚筛选后的数据基础上再筛选出陈永、刘健和周波 3 个人的相关记录，且【员工姓名】字段名右侧的下拉按钮也变成▼形状，如图 19-16 所示。

图 19-16

★重点 19.2.3 实战：自定义筛选员工业绩数据

实例门类	软件功能

简单筛选数据具有一定的局限性，只能满足简单的数据筛选操作，所以很多时候还是需要自定义筛选条件的。相比简单筛选，自定义筛选更灵活，自主性也更强。

在 Excel 2021 中，可以对文本、数字、颜色、日期或时间等数据进行自定义筛选。在【筛选】下拉菜单中会根据所选择的需要筛选的单元格数据显示出相应的自定义筛选命令。下面分别讲解对文本、数字和颜色进行自定义筛选的方法。

1. 对文本进行筛选

在将文本数据类型的列单元格作为筛选条件进行筛选时，可以筛选出与设置文本相同、不同或是否包含相应文本的数据。

对文本数据进行自定义筛选，只需单击包含文本数据类型的列单元格表头字段名右侧的下拉按钮▾，在弹出的下拉菜单中选择【文本筛选】选项，并在其级联菜单中选择相应的选项即可。

【文本筛选】下拉菜单中各选项的含义如下。

- 等于：筛选出等于设置文本的数据。
- 不等于：筛选出不等于设置文本的数据。
- 开头是：筛选出文本开头符合设置文本的数据。
- 结尾是：筛选出文本结尾符合设置文本的数据。
- 包含：筛选出文本包含设置文本的数据。
- 不包含：筛选出文本没有包含设置文本的数据。

例如，要在【员工业绩管理表】工作簿中进行自定义筛选，仅显示姓刘销售员的记录，具体操作步骤如下。

Step01 设置文本筛选。复制【数据表】工作表，重命名为【刘氏销售数据】，选择要进行筛选的 A1:H22 单元格区域中的任意单元格，单击【数据】选项卡【排序和筛选】组中的【筛选】按钮，❶单击【员工姓名】字段名右侧的下拉按钮▾，❷在弹出的下拉菜单中选择【文本筛选】选项，❸在弹出的级联菜单中选择【开头是】选项，如图 19-17 所示。

图 19-17

Step02 设置自定义筛选条件。打开【自定义自动筛选方式】对话框，❶在【开头是】右侧的下拉列表框中根据需要输入筛选条件，这里输入文本【刘】，❷单击【确定】按钮，如图 19-18 所示。

图 19-18

技术看板

【自定义自动筛选方式】对话框中的左侧两个下拉列表框用于选择赋值运算符，右侧两个下拉列表框用于对筛选范围进行约束，选择或输入具体的数值。【与】和【或】单选按钮用于设置相应的运算公式，其中，选中【与】单选按钮后，必须同时满足第一个和第二个条件才能在筛选数据后被保留；选中【或】单选按钮，表示满足第一个和第二个条件中任意一个就可以在筛选数据后被保留。

在【自定义自动筛选方式】对话框中输入筛选条件时，可以使用通配符代替字符或字符串，如可以用【?】符号代表任意单个字符，用【*】符号代表任意多个字符。

Step03 经过上步操作，在工作表中将只显示姓名中由【刘】开头的所有记录，如图 19-19 所示。

图 19-19

2. 对数字进行筛选

在将数字数据类型的列单元格作为筛选条件进行筛选时，可以筛选出与设置数字相等、大于或小于设置数字的数据。

对数字数据进行自定义筛选的方法与对文本数据进行自定义筛选的方法基本类似。选择【数字筛选】选项后，在弹出的级联菜单中包含了多种对数字数据进行自定义筛选的依据。

其中，部分特殊选项的含义如下。

- 高于平均值：可用于筛选出该列单元格中值大于这一列所有值平均值的数据。
- 低于平均值：可用于筛选出该列单元格中值小于这一列所有值平均值的数据。
- 前 10 项：选择该命令后将打开【自动筛选前 10 个】对话框，如图 19-20 所示。在左侧下拉列表中选择【最大】选项，可以筛选出最大的多个数据。在中间的数值框中可以输入需要筛选出的记录数。在右侧的下拉列表中还可以设置筛选结果显示个数的计数方式，若选择【项】选项，则中间数值框中设置的值为多少，筛选结果就为多少条记录；若选择【百分比】选项，则筛选结果的记录数将根据整体数据表中的总数进行百分比计算。

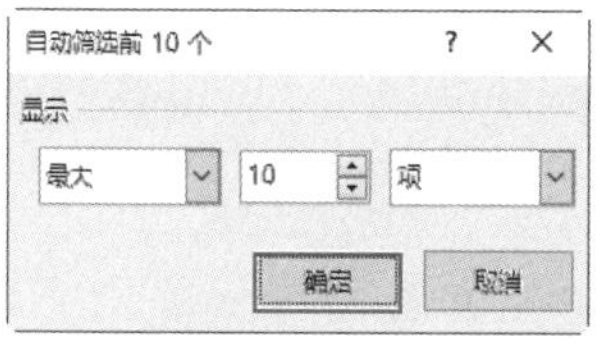

图 19-20

例如，要在员工业绩表中进行自定义筛选，仅显示累计业绩额大于 300000 的记录，具体操作步骤如下。

Step01 选择清除筛选命令。复制【刘氏销售数据】工作表，并重命名为【销售较高数据分析】，❶单击【员工姓名】字段名右侧的下拉按钮，❷在弹出的下拉菜单中选择【从“员工姓名”中清除筛选】选项，如图 19-21 所示。

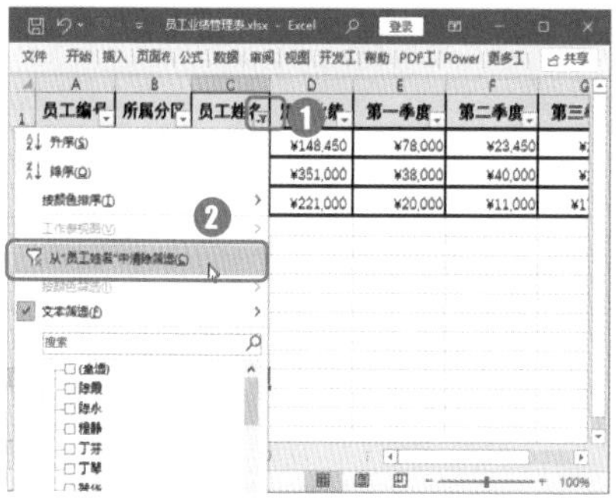

图 19-21

Step02 选择数据筛选相关选项。经过上步操作，即可取消上一次的筛选效果，表格中的数据恢复到未筛选之前的状态。❶单击【累计业绩】字段名右侧的下拉按钮，❷在弹出的下拉菜单中选择【数字筛选】选项，❸在在弹出的级联菜单中选择【大于】选项，如图 19-22 所示。

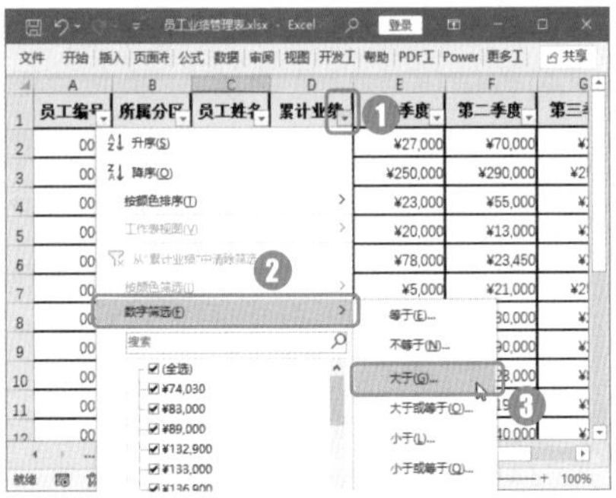

图 19-22

Step03 设置自动筛选条件。打开【自定义自动筛选方式】对话框，❶在【大于】右侧的文本框中输入【300000】，❷单击【确定】按钮，如图 19-23 所示。

图 19-23

Step04 查看筛选效果。返回工作表，可看到只显示当年累计业绩额大于 300000 的记录，如图 19-24 所示。

图 19-24

3. 对颜色进行筛选

在将填充了不同颜色的列单元格作为筛选条件进行筛选时，还可以通过颜色来进行筛选，将具有某一种颜色的单元格筛选出来。

对颜色进行自定义筛选的方法与对文本数据进行自定义筛选的方法基本类似。例如，要在【员工业绩表】中进行自定义筛选，仅显示新员工的记录，具体操作步骤如下。

Step01 填充单元格颜色。❶复制【数据表】工作表，并重命名为【新员工业绩】，❷选择新员工姓名所在的单元格，单击【开始】选项卡【字体】组中的【填充颜色】下拉按钮，❸在弹出的下拉菜单中选择需要填充的单元格颜色，这里选择【橙色】选项，如图 19-25 所示。

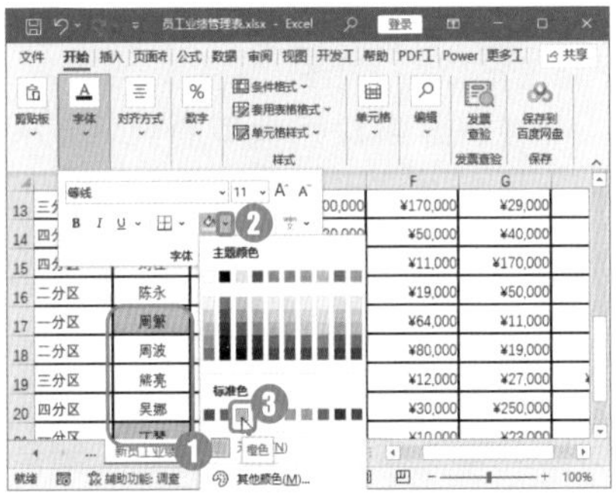

图 19-25

Step02 按单元格颜色进行筛选。选择 A1:H22 单元格区域中的任意单元格，单击【数据】选项卡【排序和筛选】组中的【筛选】按钮，❶单击【员工姓名】字段名右侧的下拉按钮，❷在弹出的下拉菜单中选择【按颜色筛选】选项，❸在弹出的级联菜单中选择需要筛选出的颜色，如图 19-26 所示。

图 19-26

Step03 查看筛选结果。经过上步操作，即可筛选出员工姓名列中填充了橙色的新员工记录，如图 19-27 所示。

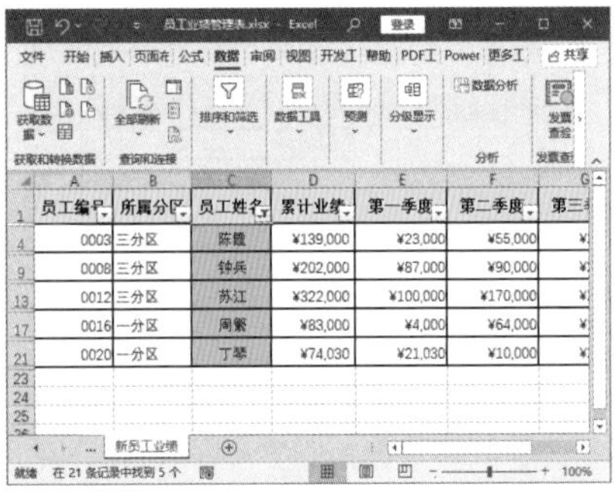

图 19-27

技能拓展——对筛选后的数据排序

单击列单元格表头字段名右侧的下拉按钮后，在弹出的下拉菜单中选择【升序】或【降序】选项，可以对筛选后的数据再进行升序或降序排列。

★重点 19.2.4 实战：对员工业绩数据进行高级筛选

实例门类	软件功能

自定义筛选虽然具有一定的灵活性，但仍然是针对单列单元格数据进行的筛选。如果需要对多列单元格数据进行筛选，则需要分别单击这些列单元格表头字段名右侧的下拉按钮，在弹出的下拉菜单中进行设置。

当需要进行筛选的数据列表中的字段比较多，筛选条件比较复杂时，使用高级筛选功能在工作表的空白单元格中输入自定义筛选条件，就可以扩展筛选方式和筛选功能。

例如，要在【员工业绩表】中筛选出累计业绩额超过 200000，且各季度业绩额超过 20000 的记录，具体操作步骤如下。

Step01 执行高级筛选操作。❶复制【数据表】工作表，并重命名为【业绩平稳员工】，❷在J1:N2单元格区域中输入高级筛选的条件，❸单击【排序和筛选】组中的【高级】按钮，如图19-28所示。

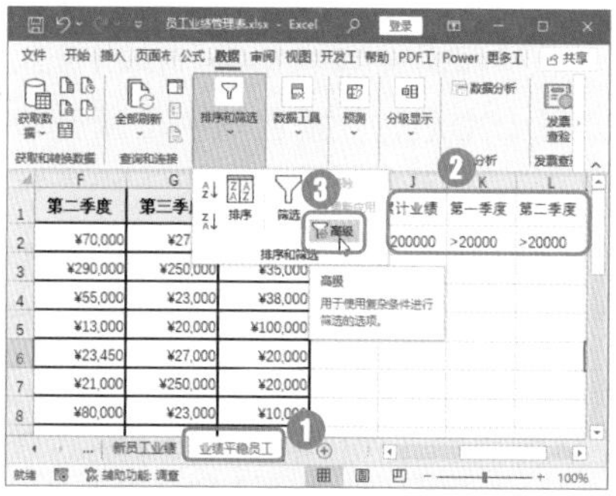

图 19-28

技术看板

进行高级筛选时，作为条件筛选的列标题文本必须放在同一行中，且其中的数据与数据表格中的列标题文本应完全相同。在列标题下方列举条件文本，有多个条件时，各条件为"与"关系的将条件文本并排放在同一行中，为"或"关系的要放在不同行中。

Step02 设置高级筛选。打开【高级筛选】对话框，❶在【列表区域】文本框中引用数据筛选的A1:H22单元格区域，❷在【条件区域】文本框中引用筛选条件所在的J1:N2单元格区域，❸单击【确定】按钮，如图19-29所示。

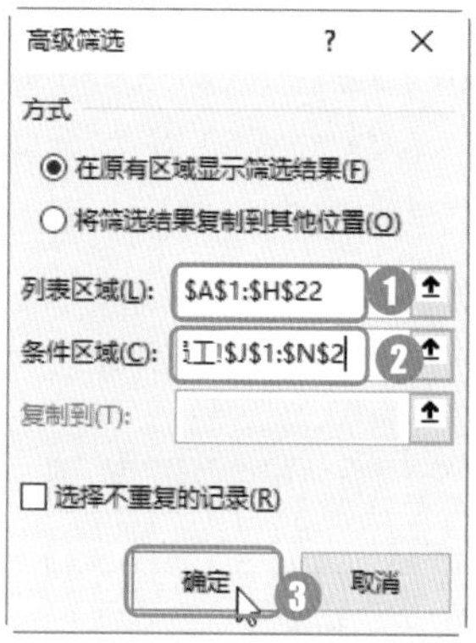

图 19-29

技术看板

在【高级筛选】对话框中选中【在原有区域显示筛选结果】单选按钮，可以在数据原有区域中显示筛选结果；选中【将筛选结果复制到其他位置】单选按钮，可以在出现的【复制到】文本框中设置准备存放筛选结果的单元格区域。

Step03 查看筛选结果。经过上步操作，即可筛选出符合条件的数据，如图19-30所示。

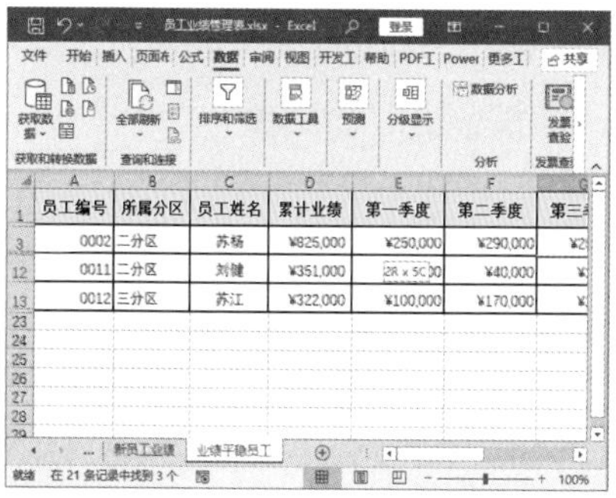

图 19-30

19.3 数据的分类汇总

当需要对同类型的数据进行汇总分析时，可以直接使用Excel提供的分类汇总功能，快速对数据进行汇总，包括求和、计数、平均值、最大值、最小值和乘积等。下面将对分类汇总的相关知识进行讲解。

19.3.1 分类汇总简介

在对数据进行查看和分析时，有时需要对数据按照某一字段（某列）中的数据进行分类排列，并分别统计出不同类别数据的汇总结果。

1. 走出分类汇总误区

初学Excel的部分用户习惯手工制作分类汇总表，这是很浪费时间的。手工制作分类汇总表的情况主要分为以下两类。

（1）只有分类汇总表，没有源数据表。

此类汇总表的制作工艺100%靠手工，有的用计算器算，有的直接在汇总表里或纸上算。总而言之，每一个汇总数据都是通过键盘输进去的。

（2）有源数据表，并经过多次重复操作做出汇总表。

此类汇总表的制作步骤：按字段筛选，选中筛选出的数据；目视状态栏的汇总数；切换到汇总表；在相应单元格填写汇总数；然后重复以上所有操作多次。这期间可能在选择数据时有遗漏，填写时忘记了汇总数，切换时无法准确定位汇总表。

2. 分类汇总的层次

分类汇总是一个比较有技术含量的工作，根据所掌握的技术大致可分为以下几个层次。

（1）初级分类汇总：指制作好的分类汇总表是一维的，即仅对一个字段进行汇总。例如，求每个月的请假总天数。

（2）中级分类汇总：指制作好

的分类汇总表是二维一级的，即对两个字段进行汇总。这也是最常见的分类汇总表。此类汇总表既有标题行，也有标题列，在横纵坐标的交集处显示汇总数据。例如，求每个月每个员工的请假总天数，月份为标题列，员工姓名为标题行，在交叉单元格处得到某员工某月的请假总天数。

（3）高级分类汇总：指制作好的分类汇总表是二维多级汇总表，即对两个字段以上进行汇总。

3. 了解分类汇总要素

当表格中的记录越来越多，且出现相同类别的记录时，使用分类汇总功能可以将性质相同的数据集合到一起，分门别类后再进行汇总运算。这样就能更直观地显示出表格中的数据信息，方便用户查看。

在使用Excel 2021中的【分类汇总】功能时，表格区域中需要有分类字段和汇总字段。其中，分类字段是指对数据类型进行区分的列单元格，该列单元格中的数据包含多个值，且数据中具有重复值，如性别、学历、职位等；汇总字段是指对不同类别的数据进行汇总计算的列，汇总方式可以为计算、求和、求平均值等。例如，要在工资表中统计出不同部门的工资总和，则将部门数据所在的列单元格作为分类字段，将工资作为汇总项，汇总方式则采用求和的方式。

在汇总结果中将出现分类汇总和总计的结果值。其中，分类汇总结果值是对同一类别的数据进行相应的汇总计算后得到的结果；总计结果值则是对所有数据进行相应的汇总计算后得到的结果。执行分类汇总命令后，数据区域将应用分级显示，不同的分类作为第一级，每一级中的内容即为原数据表中该类别的明细数据。例如，将【所属部门】作为分类字段，对【基本工资】【岗位工资】和【实发工资】项的总值进行汇总，得到如图19-31所示的汇总结果。

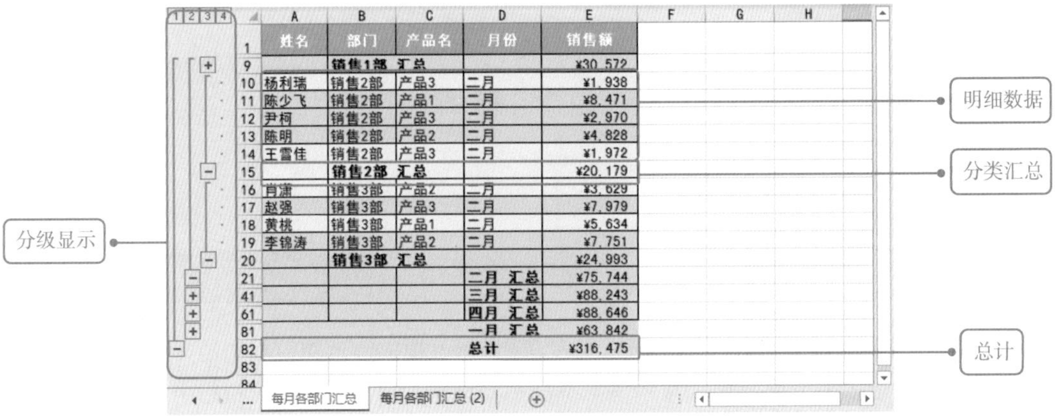

图 19-31

19.3.2 实战：在销售表中创建简单分类汇总

实例门类	软件功能

单项分类汇总只是对数据表格中的字段进行一种计算方式的汇总。在Excel中创建分类汇总之前，首先应对表格中需要进行分类汇总的数据以汇总选项进行排序，其作用是将具有相同关键字的记录表集中在一起；然后设置分类汇总的分类字段、汇总字段、汇总方式和汇总后数据的显示位置即可。

技术看板

要进行分类汇总的工作表必须具备表头名称，因为Excel 2021是使用表头名称来决定如何创建数据组及如何进行汇总的。

例如，要在【销售情况分析表】工作簿中统计出不同部门的总销售额，具体操作步骤如下。

Step01 排序数据。打开素材文件\第19章\销售情况分析表.xlsx，❶复制【数据表】工作表，并重命名为【部门汇总】，❷选择作为分类字段【部门】列中的任意单元格，❸单击【数据】选项卡【排序和筛选】组中的【升序】按钮，如图19-32所示。

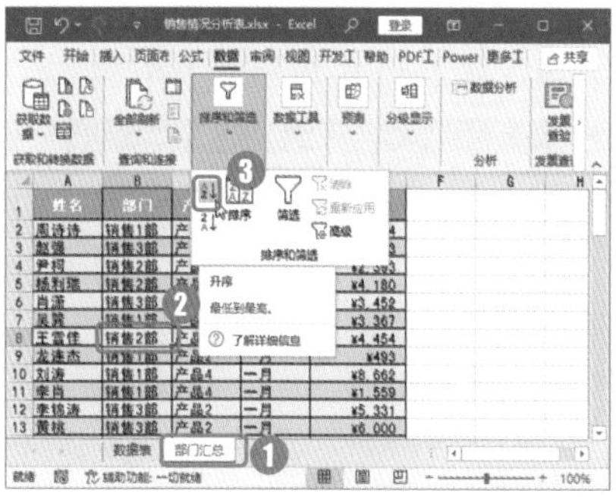

图 19-32

Step02 执行分类汇总。经过上步操作，即可将不同部门的数据排列在一起。单击【分级显示】组中的【分类汇总】按钮，如图 19-33 所示。

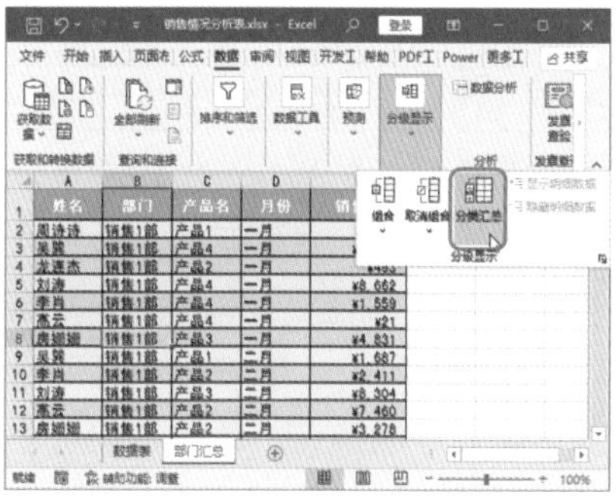

图 19-33

Step03 设置分类汇总。打开【分类汇总】对话框，❶在【分类字段】下拉列表中选择要进行分类汇总的字段名称，这里选择【部门】选项，❷在【汇总方式】下拉列表中选择计算分类汇总的汇总方式，这里选择【求和】选项，❸在【选定汇总项】列表框中选择要进行汇总计算的列，这里选中【销售额】复选框，❹单击【确定】按钮，如图 19-34 所示。

技术看板

如果要使每个分类汇总自动分页，则可在【分类汇总】对话框中选中【每组数据分页】复选框；若要指定汇总行位于明细行的下方，则可选中【汇总结果显示在数据下方】复选框。

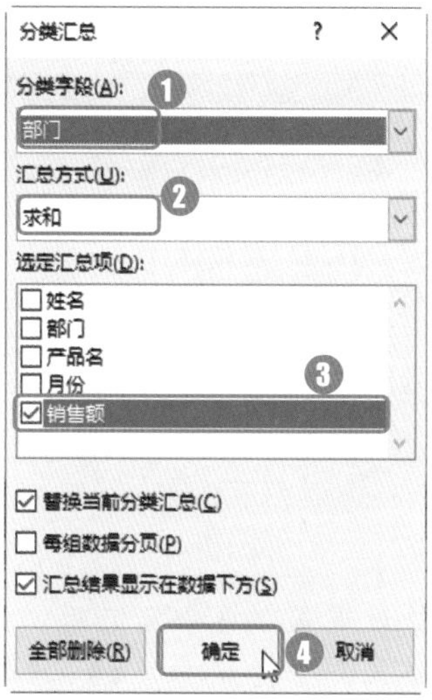

图 19-34

Step04 查看分类汇总效果。经过上步操作，即可创建分类汇总，如图 19-35 所示。可以看到表格中相同部门的销售额总和汇总结果将显示在相应的名称下方，最后还将所有部门的销售额总和进行统计并显示在工作表的最后一行。

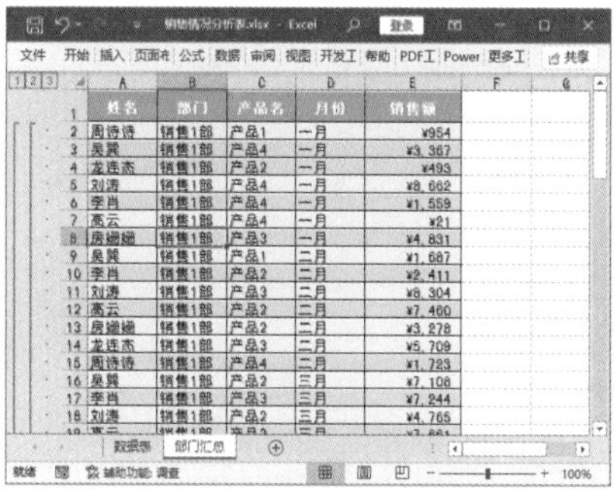

图 19-35

★重点 19.3.3 实战：在销售表中创建多重分类汇总

实例门类	软件功能

进行简单分类汇总后，若需要对数据进行进一步的细化分析，可以在原有汇总结果的基础上，再次进行分类汇总，形成多重分类汇总。

多重分类汇总可以对同一字段进行多种方式的汇总，也可以对不同字段（两列或两列以上的数据信息）进行汇总。需要注意的是，在分类汇总之前，仍然需要对分类的字段进行排序；否则分类将毫无意义。而且，排序的字段（包括字段的主次顺序）与后面分类汇总的字段必须一致。

例如，要在【销售情况分析表】工作簿中统计出每个月不同部门的总销售额，具体操作步骤如下。

Step01 执行排序操作。❶复制【数据表】工作表，并重命名为【每月各部门汇总】，❷选择包含数据的任意单元格，单击【数据】选项卡【排序和筛选】组中的【排序】按钮，如图 19-36 所示。

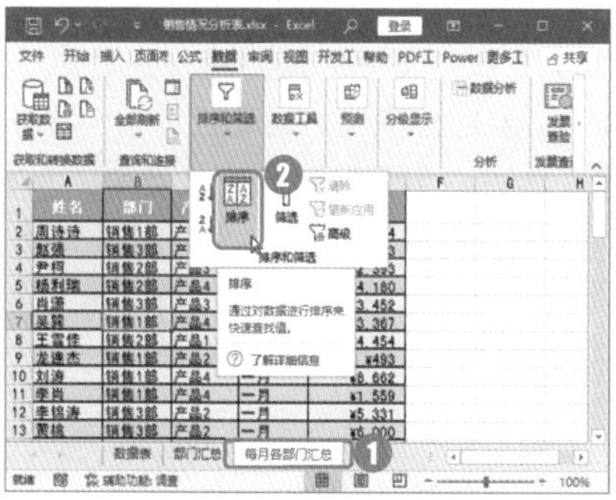

图 19-36

Step02 设置排序条件。打开【排序】对话框，❶在【主要关键字】栏中设置分类汇总的主要关键字为【月份】，排序方式为【升序】，❷单击【添加条件】按钮，❸在【次要关键字】栏中设置分类汇总的次要关键字为【部门】，排序方式为【升序】，❹单击【确定】按钮，如图 19-37 所示。

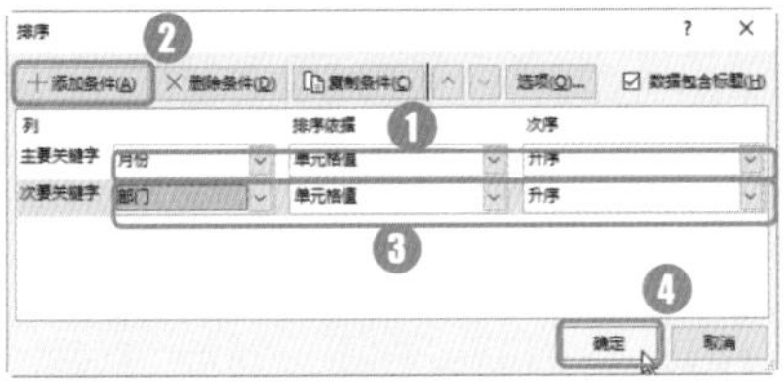

图 19-37

Step03 执行分类汇总操作。经过上步操作，即可根据要创建分类汇总的主要关键字和次要关键字进行排序。单击【分级显示】组中的【分类汇总】按钮，如图 19-38 所示。

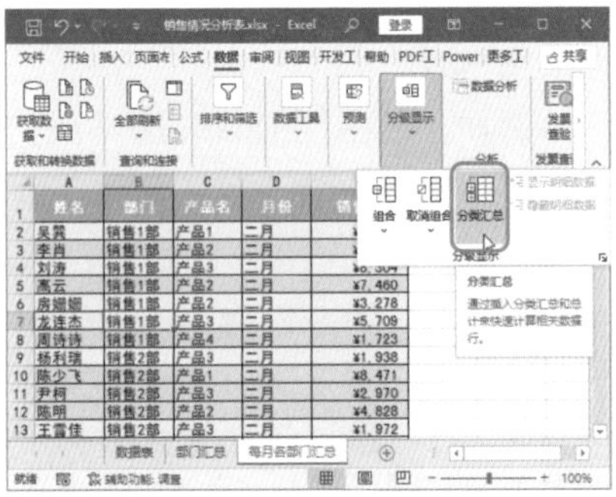

图 19-38

Step04 设置第 1 重分类汇总。打开【分类汇总】对话框，❶在【分类字段】下拉列表中选择要进行分类汇总的主要关键字段名称【月份】，❷在【汇总方式】下拉列表中选择【求和】选项，❸在【选定汇总项】列表框中选中【销售额】复选框，❹单击【确定】按钮，如图 19-39 所示。

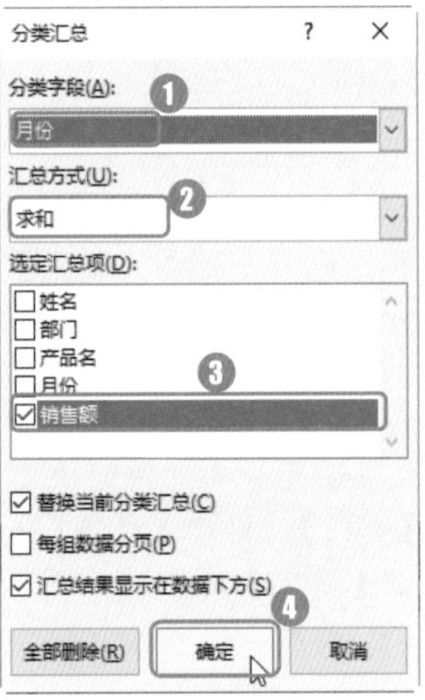

图 19-39

Step05 再次执行分类汇总。经过上步操作，即可创建一级分类汇总。单击【分级显示】组中的【分类汇总】按钮，如图 19-40 所示。

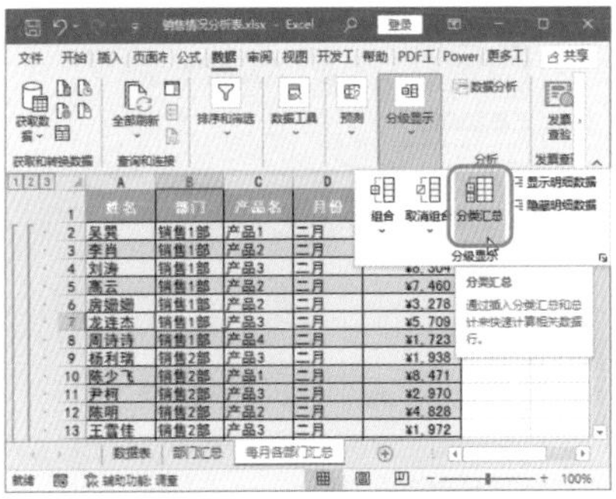

图 19-40

Step06 设置第 2 重分类汇总。打开【分类汇总】对话框，❶在【分类字段】下拉列表中选择要进行分类汇总的次要关键字段名称【部门】，❷在【汇总方式】下拉列表中选择【求和】选项，❸在【选定汇总项】列表框中选中【销售额】复选框，❹取消选中【替换当前分类汇总】复选框，❺单击【确定】按钮，如图 19-41 所示。

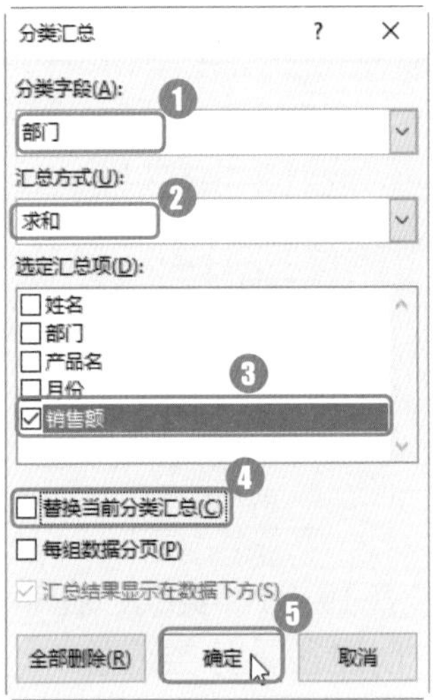

图 19-41

Step07 查看多重分类汇总效果。经过上步操作，即可创建二级分类汇总。可以看到表格中相同级别的相应汇总项的结果将显示在相应的级别后方，同时隶属一级分类汇总的内部，效果如图 19-42 所示。

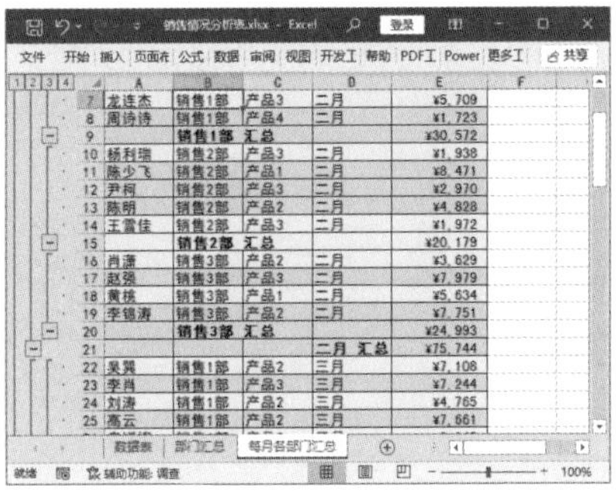

图 19-42

★重点 19.3.4 实战：分级显示销售表中的分类汇总数据

实例门类	软件功能

进行分类汇总后，工作表中的数据将以分级方式显示汇总数据和明细数据，并在工作表的左侧出现1、2、3……用于显示不同级别分类汇总的按钮，单击它们可以显示不同级别的分类汇总。要更详细地查看分类汇总数据，还可以单击工作表左侧的按钮。例如，要查看刚刚分类汇总的数据，具体操作步骤如下。

Step01 单击分级按钮。单击窗口左侧分级显示栏中的2按钮，如图 19-43 所示。

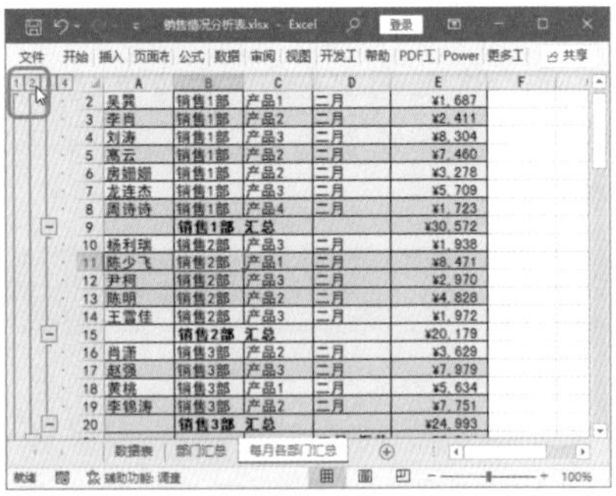

图 19-43

Step02 查看分级显示效果。经过上步操作，将折叠二级分类下的所有分类明细数据。单击工作表左侧需要查看明细数据对应分类的⊞按钮，如图 19-44 所示。

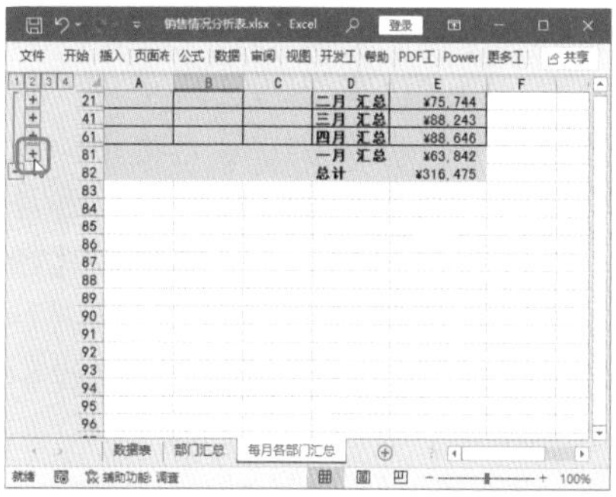

图 19-44

Step03 查看分级明细数据。经过上步操作，即可展开该分类下的明细数据，同时按钮变为⊟形状，如图 19-45 所示。

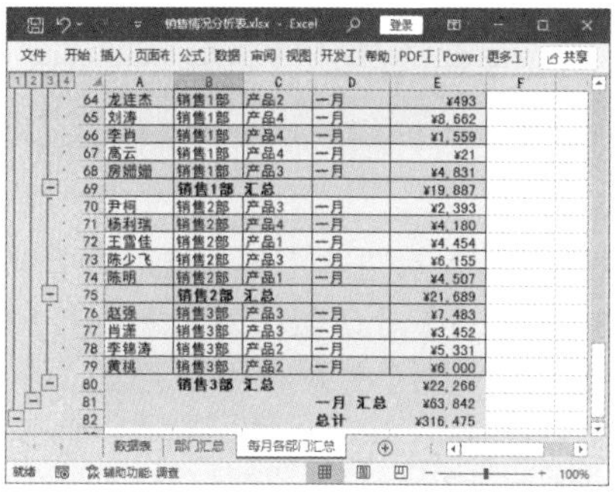

图 19-45

技能拓展——查看明细数据的其他方法

单击⊟按钮可隐藏不需要的单个分类汇总项目的明细行。此外，在工作表中选择需要隐藏的分类汇总数据项中的任一单元格，单击【分级显示】组中的【隐藏明细数据】按钮⁻☰可以隐藏该分类汇总数据项，再次单击【隐藏明细数据】按钮⁻☰可以隐藏该汇总数据项上一级的分类汇总数据项。单击【显示明细数据】按钮⁺☰，则可以依次显示各级别的分类汇总数据项。

19.3.5 实战：清除销售表中的分类汇总

实例门类	软件功能

分类汇总查看完毕后，有时还需要删除分类汇总，使数据恢复到分类汇总前的状态。要清除销售表中的分类汇总，具体操作步骤如下。

Step01 执行分类汇总命令。❶复制【每月各部门汇总】工作表，❷单击【数据】选项卡中【分级显示】组中的【分类汇总】按钮，如图 19-46 所示。

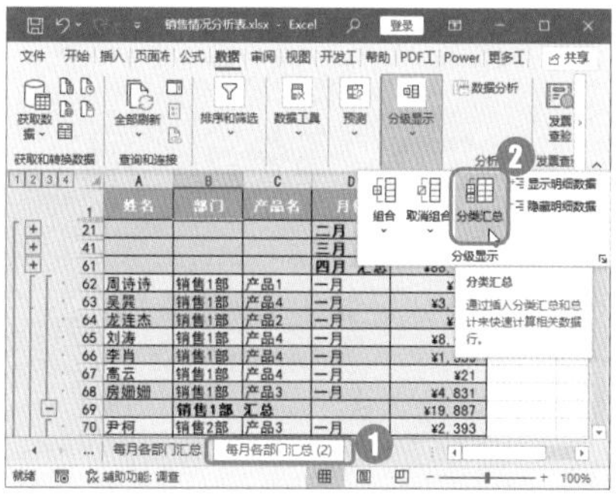

图 19-46

Step02 删除分类汇总。打开【分类汇总】对话框，单击【全部删除】按钮，如图 19-47 所示。

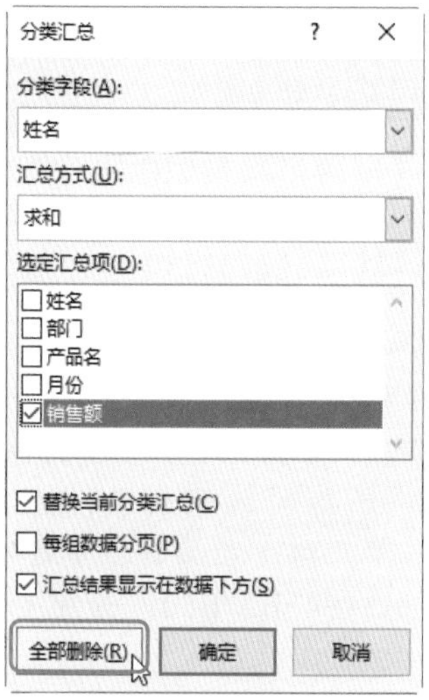

图 19-47

Step03 查看效果。返回工作表，即可看到已经删除表格中曾创建的分类汇总了，效果如图 19-48 所示。

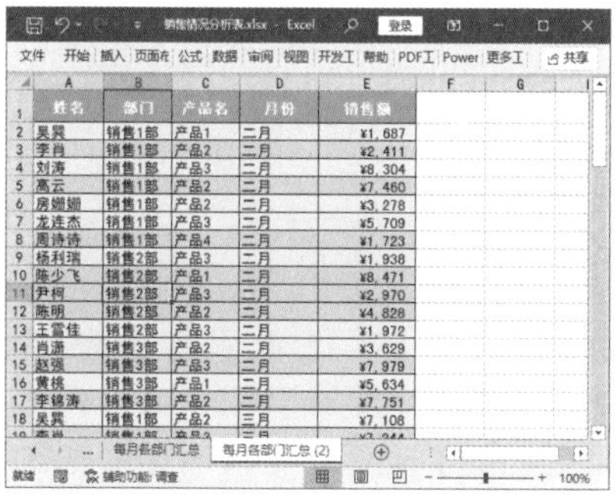

图 19-48

19.4 数据的模拟分析

Excel 2021 提供了模拟分析数据的功能，通过该功能可对表格数据的变化情况进行模拟，并分析出该数据变化后导致其他数据变化的结果。下面将对单变量求解和模拟运算的相关知识进行讲解。

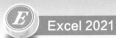

★重点 19.4.1 实战：在产品利润预测表中使用单变量求解计算产品售价

实例门类	软件功能

单变量求解是指通过调整变量值，按照给定的公式求出目标值。例如，在产品利润预测表中通过给定的目标利润来计算产品售价，具体操作步骤如下。

Step01 输入公式。打开素材文件\第19章\产品利润预测表.xlsx，选择B6单元格，在编辑栏中输入公式【=B2*B4-B3-B5】，如图19-49所示。

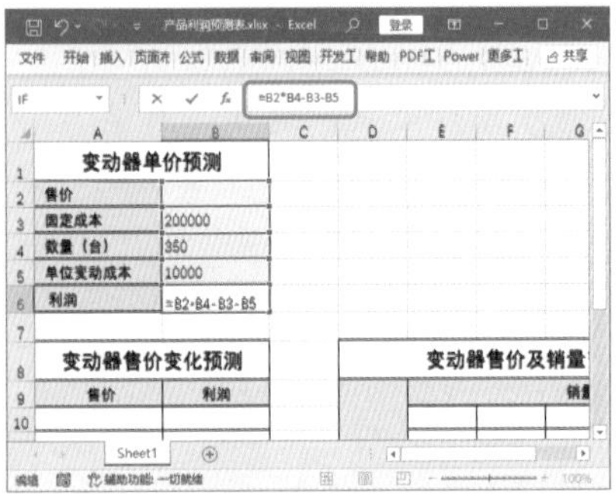

图 19-49

Step02 选择【单变量求解】选项。❶按【Enter】键计算出结果，❷单击【数据】选项卡【预测】组中的【模拟分析】下拉按钮，❸在弹出的下拉菜单中选择【单变量求解】选项，如图19-50所示。

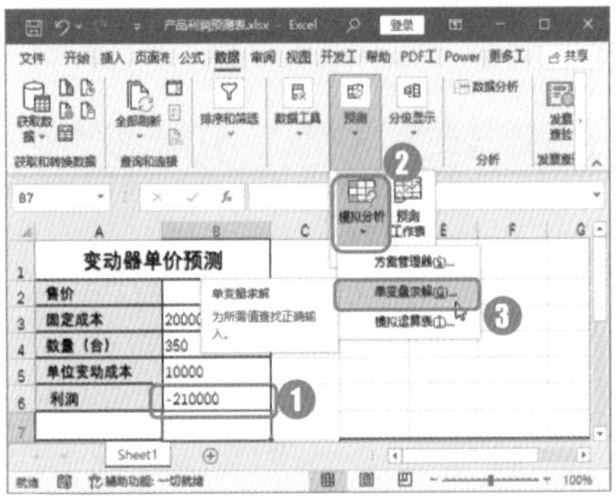

图 19-50

Step03 设置变量参数。❶打开【单变量求解】对话框，在【目标单元格】文本框中设置引用单元格，如输入【B6】，❷在【目标值】文本框中输入利润值，如输入【250000】，❸在【可变单元格】中输入变量单元格【$B$2】，❹单击【确定】按钮，如图19-51所示。

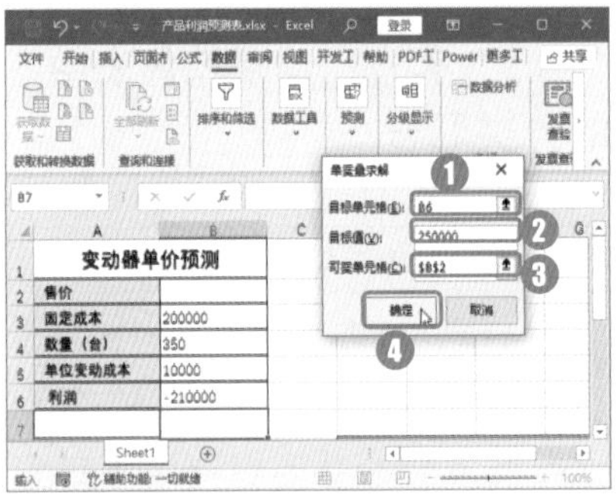

图 19-51

Step04 查看结果。打开【单变量求解状态】对话框，在其中显示了目标值，并在工作表中显示了求出的产品售价，如图19-52所示。

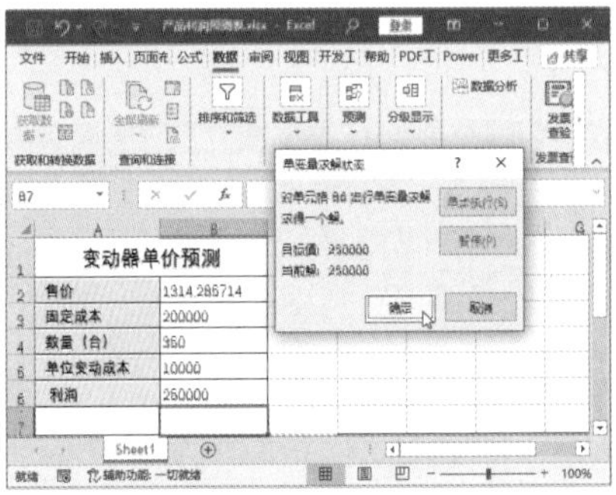

图 19-52

★重点 19.4.2 实战：使用单变量模拟运算预测售价变化时的利润

实例门类	软件功能

对数据进行模拟运算时，如果只需要分析一个变量变化对应的公式变化结果，则可以使用单击变量模拟运算表。例如，根据产品售价的变化，来计算出不同售价产品的利润，具体操作步骤如下。

Step01 选择【模拟运算表】选项。❶在A10:A15单元格区域中输入需要的数据，并在B10单元格中输入公式"=B2*B4-B3-B5"，再选择A10:B15单元格区域，❷单击【预测】组中的【模拟分析】下拉按钮，❸在弹出的下拉菜单中选择【模拟运算表】选项，如图19-53所示。

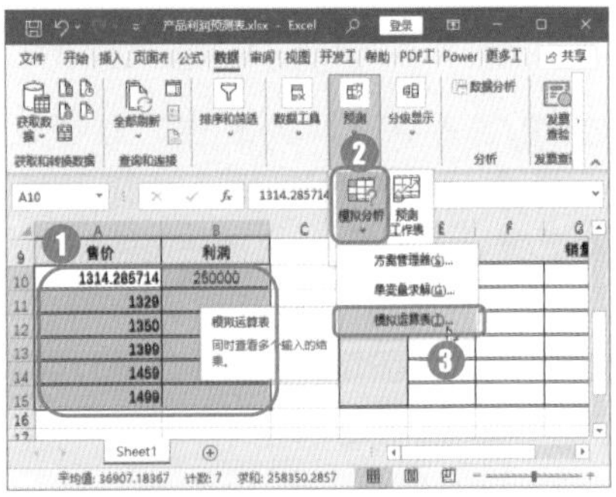

图 19-53

Step02 输入引用单元格。❶打开【模拟运算表】对话框，在【输入引用列的单元格】文本框中引用变量售价单元格，如输入【$B$2】，❷单击【确定】按钮，如图19-54所示。

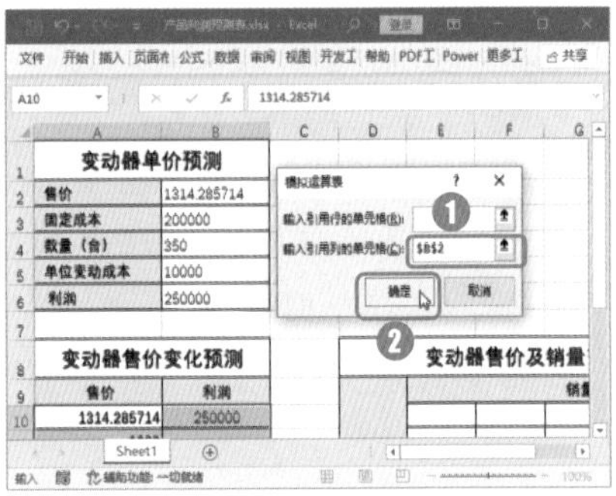

图 19-54

Step03 查看预测的利润值。返回工作表中，即可查看到产品利润随着售价的变化而变化，如图19-55所示。

图 19-55

技术看板

在创建模拟运算表区域时，可将变化的数据放置在一行或一列中，若变化的数据在一列中，应将计算公式创建于其右侧列的首行；若变化的数据创建于一行中，则应将计算公式创建于该行下方的首列中。

★重点 19.4.3 实战：使用双变量模拟运算预测售价和数量同时变化时的利润

实例门类	软件功能

要对两个公式中变量的变化进行模拟，分析不同变量在不同的取值时公式运算结果的变化情况及关系，可应用双变量模拟运算表。例如，根据售价和销量同时变化，预测产品的利润值，具体操作步骤如下。

Step01 输入模拟运算区域数据。在E10 单元格中输入公式“=B2*B4-B3-B5”，在F10:I10 单元格区域和E11:E15 单元格区域中输入模拟运算数据，如图 19-56 所示。

图 19-56

Step02 选择【模拟运算表】选项。❶选择E10:I15 单元格区域，❷单击【数据】选项卡【预测】组中的【模拟分析】下拉按钮，❸在弹出的下拉菜单中选择【模拟运算表】选项，如图 19-57 所示。

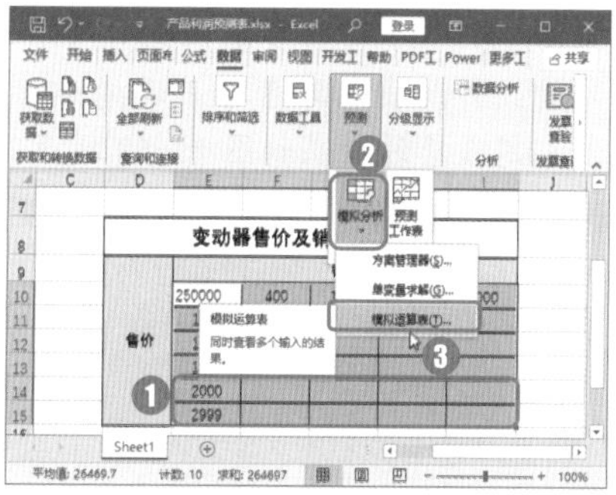

图 19-57

Step03 设置变量引用单元格。❶打开【模拟运算表】对话框，在【输入引用行的单元格】文本框中引用变量数量单元格，如输入【$B$4】，❷在【输入引用列的单元格】文本框中引用变量售价单元格，如输入【$B$2】，❸单击【确定】按钮，如图 19-58 所示。

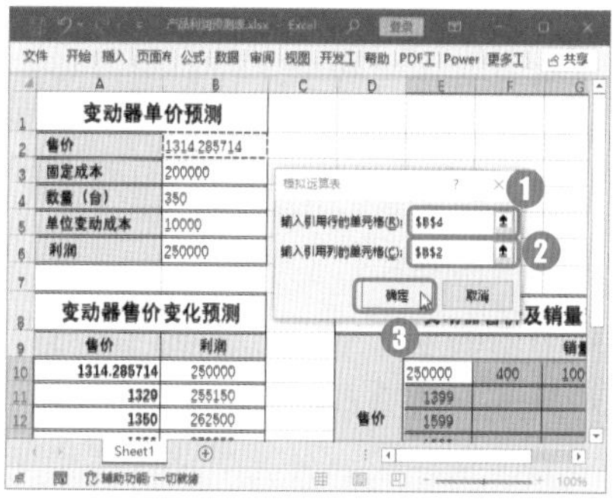

图 19-58

Step04 查看预测的利润值。返回工作表中，即可看到产品利润随着售价和销量的变化而变化，如图 19-59 所示。

图 19-59

技术看板

要使用模拟运算表计算出变量，利润值单元格必须是公式，变量必须是公式中的其中一个单元格；否则将无法使用模拟运算表功能计算变量的利润。

妙招技法

通过前面知识的学习，相信读者已经掌握了为工作表中的数据进行排序、筛选、分类汇总和模拟分析的操作。下面结合本章内容，给大家介绍一些实用技巧。

技巧 01：组合显示数据

在Excel 2021中浏览大量数据时，为了方便查看数据，可以使用分组的方法将数据进行分组，从而简化显示表格数据。

组合显示数据功能中提供了数据的分级显示，它可以实现对某个范围内的单元格进行关联，从而可对其进行折叠或展开。它与分类汇总的区别在于，分类汇总是将相同数据类型的记录集合在一起进行汇总，而组合只是将某个范围内的记录集合在一起，它们之间可以没有任何关系且并不进行汇总。

在记录数据的大型表格中，如果用户在数据表中设置了汇总行或列，并对数据应用了求和或其他汇总方式，那么Excel可以自动判断分级的位置，从而自动分级显示数据表。

例如，要自动在【汽车销售表】工作簿中创建组分级显示时，具体操作步骤如下。

Step01 执行插入行操作。打开素材文件\第19章\汽车销售表.xlsx，❶选择第7行单元格，❷单击【开始】选项卡【单元格】组中的【插入】按钮，如图19-60所示。

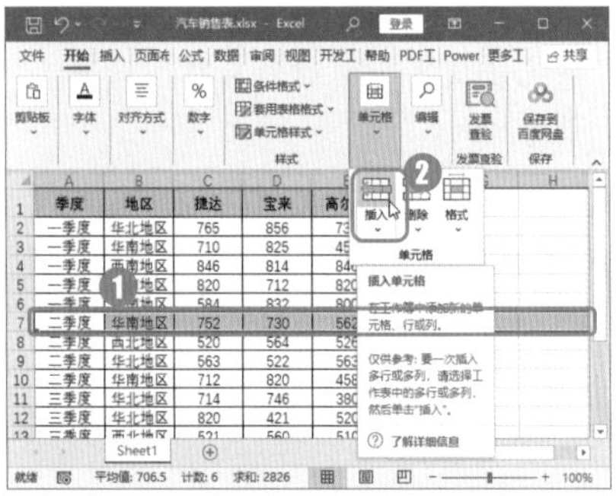

图 19-60

Step02 计算第一季度的销售总和。❶在A7单元格中输入相应的文本，❷在C7单元格中输入公式【=SUM(C2:C6)】，计算出捷达汽车一季度的销售总和，❸向右拖动填充控制柄至F7单元格，计算出其他产品的一季度销售总和，如图19-61所示。

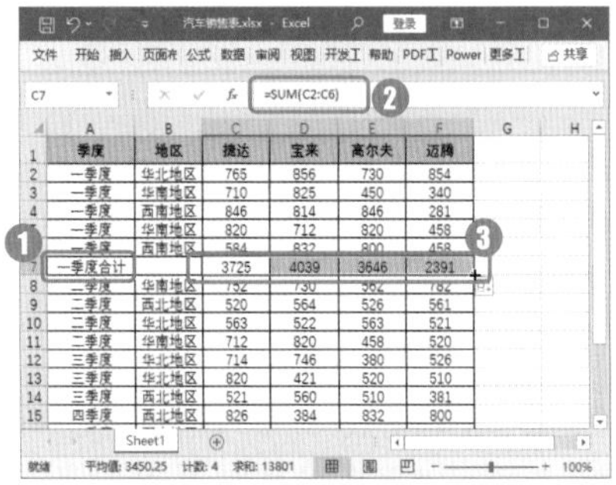

图 19-61

Step03 计算其他季度的销售总和。使用相同的方法，分别在第12、16、19行插入单元格，并在相应的C、D、E、F列中使用自动求和的方式计算出各季度各产品的合计值，完成后的效果如图19-62所示。

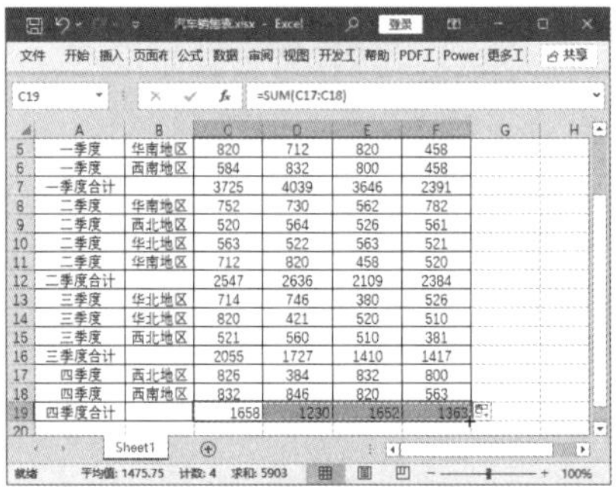

图 19-62

技术看板

对组合后的数据进行编辑的方法与编辑分类汇总的方法基本相同。分组也是可以进行嵌套的。

Step04 创建组。❶选择表格中的任意单元格，❷单击【数据】选项卡【分级显示】组中的【组合】下拉按钮，❸在弹出的下拉菜单中选择【自动建立分级显示】选项，如图19-63所示。

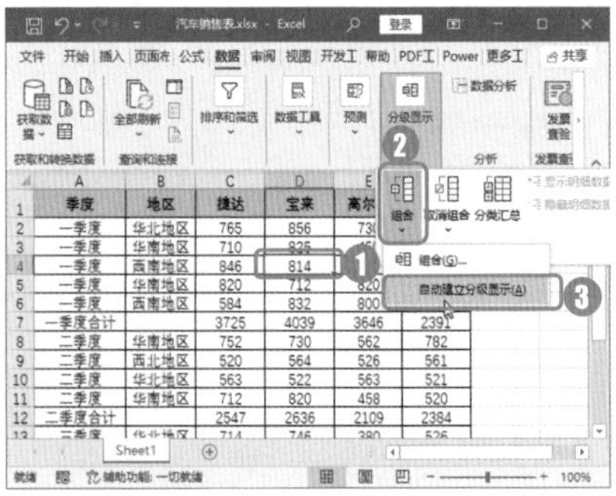

图 19-63

Step05 查看效果。经过以上操作后，即可自动建立分级显示，效果如图19-64所示，单击左侧的1按钮。

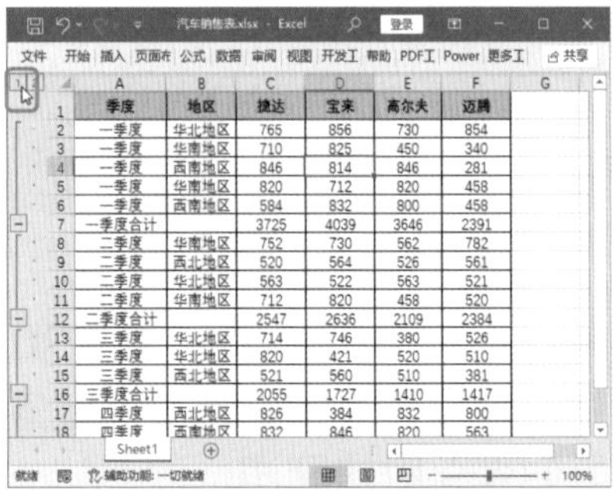

图 19-64

Step06 查看汇总数据。经过以上操作后，将隐藏所有明细数据，只显示一级汇总数据，效果如图19-65所示。

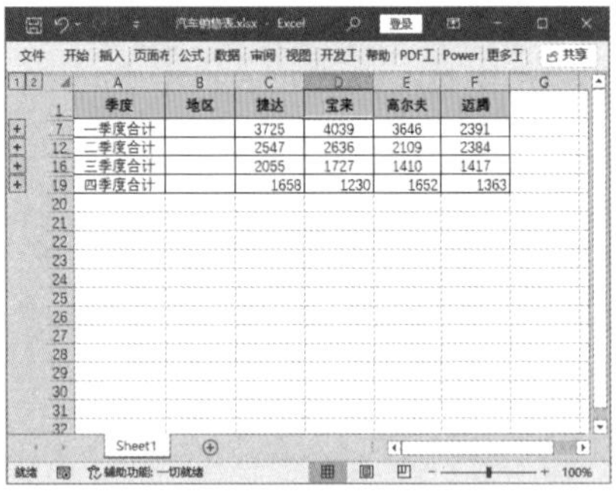

图 19-65

技能拓展——手动分组数据

在Excel表格中，还可以选择多行或多列后按照自己的意愿手动创建分组。首先选择需要进行组合的数据所在单元格区域；然后单击【创建组】按钮，在打开的【创建组】对话框中选择以行或列的方式创建组即可。

技巧 02：让数据分组后返回分组前的初始效果

创建分组后，如果对组合的数据效果不满意，还可以取消表格中的分组。在取消分组时，可以一次性取消所有分组或是只取消某一级的分组。例如，要取消【汽车销售表】工作簿中的所有分组，具体操作步骤如下。

Step 01 取消分级显示。❶复制【Sheet1】工作表，并重命名为【原始数据】，❷单击【数据】选项卡【分级显示】组中的【取消组合】下拉按钮，❸在弹出的下拉菜单中选择【清除分级显示】选项，如图 19-66 所示。

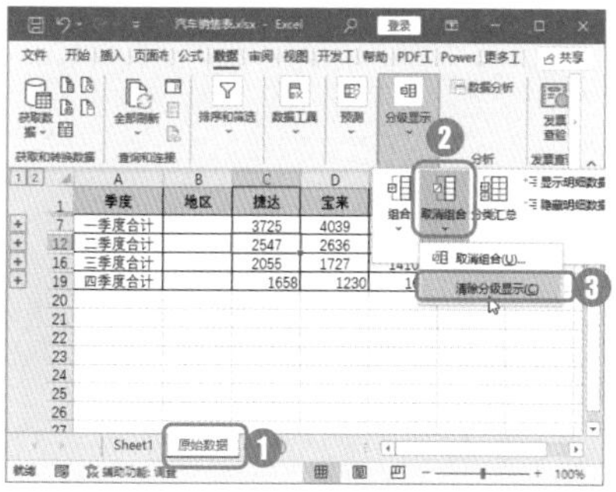

图 19-66

Step 02 删除多余的合计行。经过以上操作后，即可删除表格中的所有分组。❶选择表格中进行自动求和计算的第 7、12、16、19 行，❷单击【开始】选项卡【单元格】组中的【删除】按钮，即可让表格数据恢复到最初的效果，如图 19-67 所示。

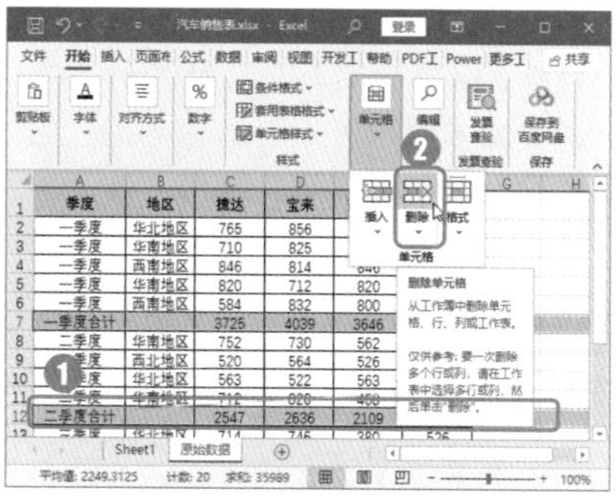

图 19-67

技术看板

如果创建的数据分组有多层嵌套，则在选择表格中的任意单元格后，单击【取消组合】下拉按钮，在弹出的下拉菜单中选择【清除分级显示】选项，可取消最后一次分组操作。

在清除分组时，如果要取消某一级的分组，需要选择当前分组所在的行或列，再单击【取消组合】按钮即可。

技巧 03：合并工作表中的数据

在 Excel 中，合并计算就是把两个或两个以上的表格中具有相同区域或相同类型的数据运用相关函数（求和、计算平均值等）进行运算后，再将结果存放到另一个区域中。

在合并计算时，如果所有数据在同一张工作表中，那么可以在同一张工作表中进行合并计算。例如，要将汽车销售表中的数据根据地区和品牌合并各季度的销量总和，具体操作步骤如下。

Step 01 执行合并计算。❶在表格空白位置选择一处作为存放汇总结果的单元格区域，并输入相应的表头名称，选择该单元格区域，❷单击【数据】选项卡【数据工具】组中的【合并计算】按钮，如图 19-68 所示。

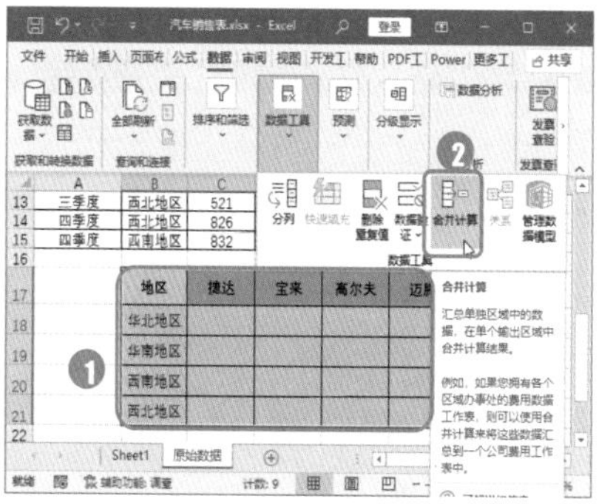

图 19-68

Step 02 设置合并计算。打开【合并计算】对话框，❶在【引用位置】参数框中引用原始数据表中需要求和的区域，这里选择 B1:F15 单元格区域，❷单击【添加】按钮，添加到下方的【所有引用位置】列表框中，❸选中【首行】复选框和【最左列】复选框，❹单击【确定】按钮，如图 19-69 所示。

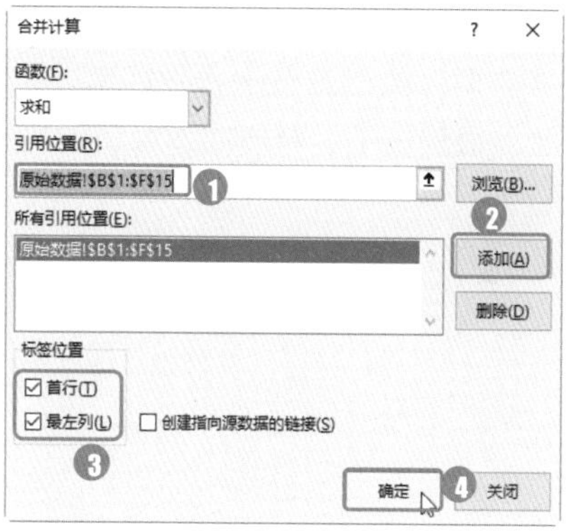

图 19-69

技能拓展——更改合并计算的汇总方式

在对数据进行合并计算时，除了可以用默认的【求和】汇总方式外，还可以将汇总方式更改为其他汇总方式，如【平均值】【计数】等。只需要在【合并计算】对话框的【函数】下拉列表中选择汇总方式即可。

Step 03 查看合并计算效果。经过以上操作，即可计算出不同地区各产品的汇总结果，如图 19-70 所示。

图 19-70

技术看板

除了可以对一张工作表进行合并计算外，还可以对多张工作表进行合并计算。参与合并计算的多张工作表可以在同一个工作簿中，也可以在多个工作簿的相同位置。操作方法与对一张工作表进行合并计算的方法基本相同，主要是在选择引用位置时选择的是不同工作簿中的不同工作表而已。

如果有多个表格区域需要进行合并计算，那就需要多次引用并依次添加到【所有引用位置】列表框中。在对多张表格进行合并计算时，要注意每张工作表中的数据必须在相同位置，并且每张工作表中的行标题和列标题必须一致；否则会导致在汇总时因位置不对和行列标题不符而使汇总结果不正确。

技术看板

默认情况下，合并计算的结果是以数值的形式显示，当数据源区域的数据发生变化时，合并计算结果不会自动更改。要想使合并计算结果随着源数据的变化而自动变化，那么在【合并计算】对话框中选中【创建指向源数据的链接】复选框，合并计算结果将自带公式。

本章小结

人们收集和存储数据不仅只是为了备案，更多是为了从中获取更多有价值的信息。而很多时候只看数据的明细并不能看出什么，更不能指导人们做什么决策，通常都需要对数据进行理解和分析后才能得出一定的结论，为下一步的工作做准备。本章介绍了数据分析的常用方法，包括对表格中的数据进行排序、筛选符合条件的数据、分类汇总数据，虽然这些操作很简单，但在实际应用中结合公式、函数、图表等功能，就足以让制作的表格分析得很专业、很到位了。希望在本章学到的知识，能够帮助读者在表格中提炼出所需要的数据。

第20章 条件格式与数据验证

- 不需要进行排序、筛选等复杂分析，只是想简单标识出大于某个值的数据。
- .不改变数据位置，也能知道哪些数据的排名靠前。
- 想用最简单的符号图示化各单元格的值。
- 怎样让单元格中只输入特定的内容?
- 怎样通过提示框告诉用户单元格中需要输入何种数据，以提升用户体验度?

条件格式和数据验证是Excel中使用比较频繁的功能，条件格式能突出显示某些符合条件的数据；而数据验证则能限制单元格中输入的内容，并且可以通过提示框，提示用户在单元格中可输入的内容或格式，以保证单元格数据输入的有效性。

20.1 使用条件格式

在编辑表格时，可以为单元格区域、表格或数据透视表设置条件格式。Excel 2021 中提供了非常丰富的条件格式，可以让满足条件的数据呈现成百上千种变化，并且，当单元格中的数据发生变化时，会自动评估并应用指定的格式。下面将详细讲解条件格式的使用方法。

20.1.1 条件格式综述

在分析表格数据时，经常会遇到一些问题，如在利润统计表中汇总过去几年企业的利润时，都出现了哪些异常情况？过去两年的营销调查反映出未来产品购买趋势是什么？某个月哪些员工的销售额超过了 10 万元？企业员工的总体年龄分布情况如何？哪些产品的年收入增长幅度大于 15%？某个月哪个型号的产品卖出最多，哪个型号的产品卖出最少等问题。

在分析这类数据时，常常需要根据一些特定的规则找出一些数据，然后根据这些数据进行进一步的分析，而这些数据很有可能不是应用简单的排序就能发现的，或者已经利用排序展示了一些数据关系不能再重新排序了。这种情况下，就需要从数据的显示效果上去突出数据了，如设置不同的单元格字体、字号、文字颜色、单元格背景等。

在Excel中使用条件格式有助于解答以上的问题，因为使用条件格式可以在工作表中基于设置的条件更改单元格区域的外观。如果单元格中的数据符合条件，则会基于该条件设置单元格区域的格式；否则，将保持原来的格式。因此，使用Excel条件格式可以帮助用户直观地查看和分析数据、解答有关数据的特定问题，以及识别模式和趋势。

Excel 2021 中提供的条件格式非常丰富，如可以使用填充颜色、采用数据柱线、颜色刻度和图标集来直观地显示所关注的数据。

技术看板

如果将条件格式功能和公式结合使用，则可以制作出功能强大的表格。

★重点 20.1.2 实战：突出显示超过某个值的销售额数据

实例门类	软件功能

在对数据表进行统计分析时，如果要突出显示表格中的一些数据，如大于某个值的数据、小于某个值的数据、等于某个值的数据等，可以使用【条件格式】中的【突出显示单元格规则】功能，基于比较运算符设置这些特定单元格的格式。

在【突出显示单元格规则】的级联菜单中选择不同的选项，可以实现不同的突出效果，具体介绍如下。

- 【大于】选项：表示将大于某个值的单元格突出显示。
- 【小于】选项：表示将小于某个值的单元格突出显示。

➥【介于】选项：表示将单元格中数据在某个数值范围内的突出显示。

➥【等于】选项：表示将等于某个值的单元格突出显示。

➥【文本包含】选项：可以将单元格中符合设置的文本信息突出显示。

➥【发生日期】选项：可以将单元格中符合设置的日期信息突出显示。

➥【重复值】选项：可以将单元格中重复出现的数据突出显示。

在【员工业绩管理表】工作簿中的【累计业绩排名】工作表中，在累计业绩排序基础上，对各季度销售额超过 200000 的单元格进行突出显示，具体操作步骤如下。

Step 01 选择突出显示单元格规则。打开素材文件\第 20 章\员工业绩管理表.xlsx，❶选择【累计业绩排名】工作表，❷选择 E2:H22 单元格区域，❸单击【开始】选项卡【样式】组中的【条件格式】按钮，❹在弹出的下拉菜单中选择【突出显示单元格规则】选项，❺在弹出的级联菜单中选择【大于】选项，如图 20-1 所示。

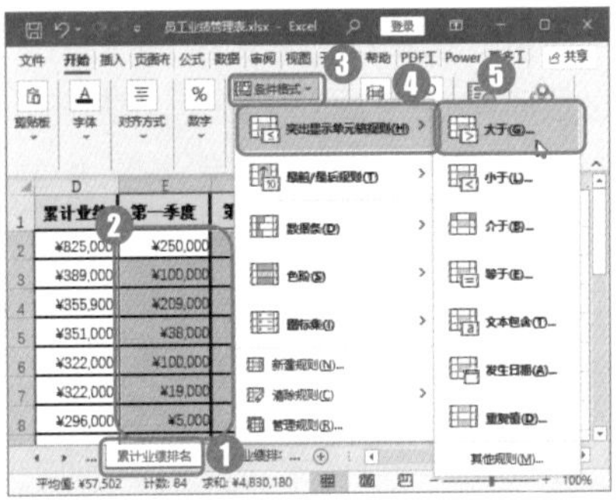

图 20-1

Step 02 设置大于条件格式。打开【大于】对话框，❶在参数框中输入要作为判断条件的最小数值【¥200,000】，❷在【设置为】下拉列表中选择要为符合条件的单元格设置的格式样式，这里选择【浅红填充色深红色文本】选项，❸单击【确定】按钮，如图 20-2 所示。

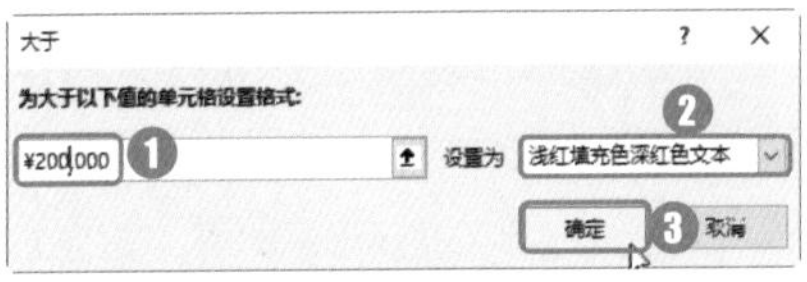

图 20-2

技能拓展——通过引用单元格数据快速设置条件

在创建条件格式时，也可以通过引用单元格来设置条件，但是只能引用同一张工作表中的其他单元格。有些情况下也可以引用当前打开的同一个工作簿中其他工作表上的单元格。但不能对其他工作簿的外部引用使用条件格式。

Step 03 查看设置的条件格式效果。经过上步操作，即可看到所选单元格区域中值大于 200000 的单元格格式发生了变化，如图 20-3 所示。

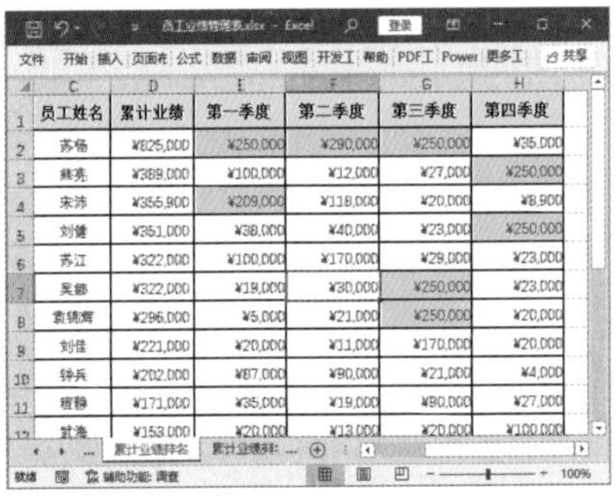

图 20-3

★重点 20.1.3 实战：对排名前三的累计销售额设置单元格格式

实例门类	软件功能

项目选取规则允许用户识别项目中最大/最小的百分数或数字所指定的项，或者指定大于或小于平均值的单元格。例如，要在表格中查找最畅销的 3 种产品，在客户调查表中查找最不受欢迎的 10% 的产品等，都可以在表格中使用项目选取规则。

使用项目选取规则的方法与使用突出显示单元格规则的方法基本相同，在【条件格式】下拉菜单中选择【最前/最后规则】选项后，在其级联菜单中选择不同的选项，可以实现不同的项目选取目的。

➥【前 10 项】选项：表示将突出显示所选单元格区域中值最大的前 10（实际上，具体个数还需要在选择该选项后打开的对话框中进行设置）个单元格。

➥【前 10%】选项：表示将突出显示所选单元格区域中值最大的前 10%（相对于所选单元格总数的百分比）个单元格。

➥【最后 10 项】选项：表示将突出显示所选单元格区域中值最小的后 10 个单元格。

➥【最后 10%】选项：表示将突出显示所选单元格区域中值最小的后 10% 个单元格。

➥【高于平均值】选项：表示将突出显示所选单元格区域中值高于平均值的单元格。

➥【低于平均值】选项：表示将突出显示所选单元格区域中值低于平均值的单元格。

在【员工业绩管理表】工作簿中的【各分区排序】工作表中，在各分区的累计业绩排序基础上，对累积销售额最高的 3 项单元格进行突出显示，具体操作步骤如下。

Step 01 选择项目选取规则。❶选

择【各分区排序】工作表，❷选择D2:D22单元格区域，❸单击【条件格式】按钮，❹在弹出的下拉菜单中选择【最前/最后规则】选项，❺在弹出的级联菜单中选择【前10项】选项，如图 20-4 所示。

图 20-4

技术看板

如果设置条件格式的单元格区域中有一个或多个单元格包含的公式返回错误，则条件格式就不会应用到整个区域。若要确保条件格式应用到整个区域，用户则可使用IS或IFERROR函数来返回正确值（如0或【N/A】）。

Step02 设置条件。打开【前 10 项】对话框，❶在数值框中输入需要查看的最大项数，这里输入【3】，❷在【设置为】下拉列表中选择【自定义格式】选项，如图 20-5 所示。

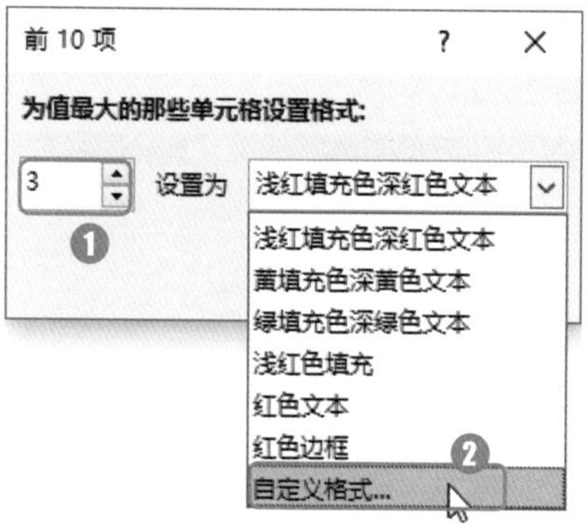

图 20-5

Step03 设置条件的字体格式。打开【设置单元格格式】对话框，❶选择【字体】选项卡，❷在【字形】列表框中选择【加粗】选项，❸在【颜色】下拉列表中选择需要设置的字体颜色，这里选择【橙色，个性色2】选项，如图 20-6 所示。

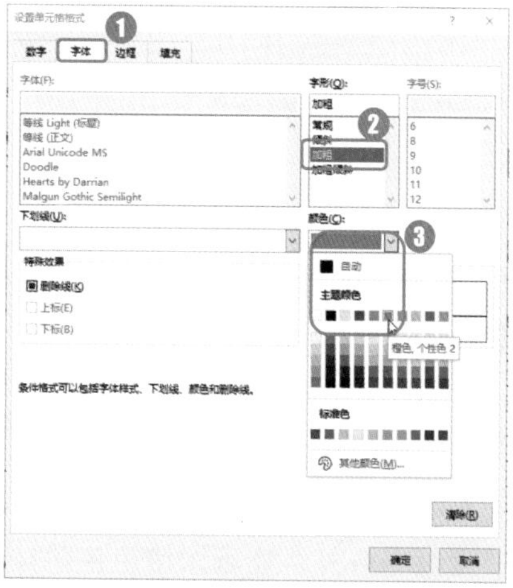

图 20-6

Step04 设置条件的边框。❶选择【边框】选项卡，❷在【样式】列表框中选择需要的边框线型，❸在【颜色】下拉列表中选择需要的边框颜色，❹单击【外边框】按钮，如图 20-7 所示。

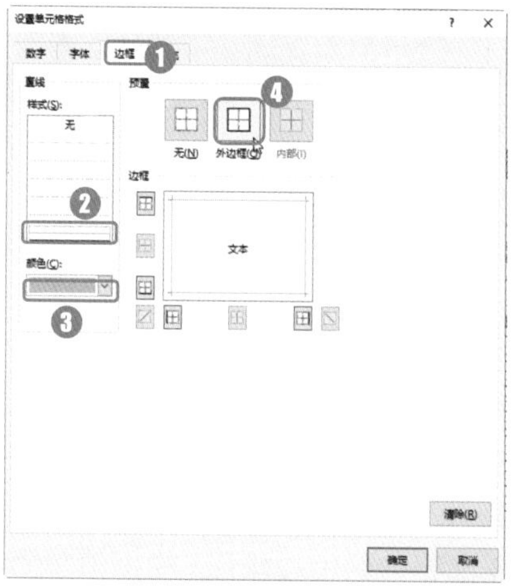

图 20-7

Step05 设置条件的底纹。❶选择【填充】选项卡，❷在【背景色】栏中选择需要填充的单元格颜色，这里选择【黄色】选项，❸单击【确定】按钮，如图 20-8 所示。

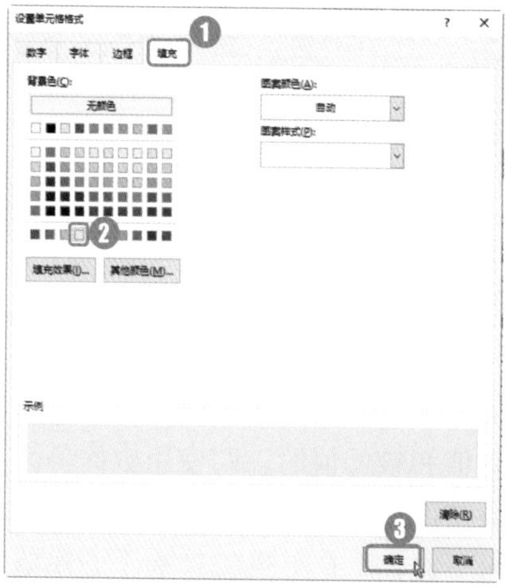

图 20-8

Step06 确认设置的条件。返回【前 10 项】对话框，单击【确定】按钮，如图 20-9 所示。

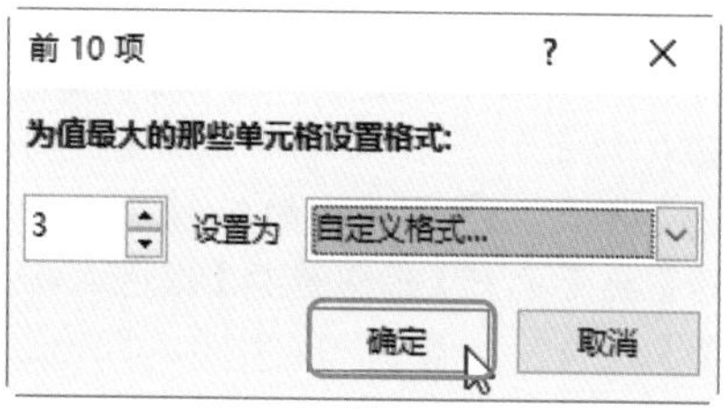

图 20-9

Step07 查看条件效果。返回工作表中，即可看到所选单元格区域中值最大的前3个单元格应用了自定义的单元格格式，效果如图 20-10 所示。

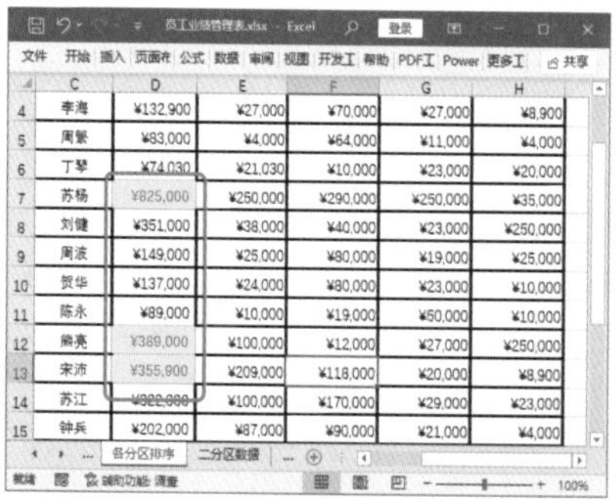

图 20-10

20.1.4 实战：使用数据条显示二分区的各季度销售额

实例门类	软件功能

使用数据条可以查看某个单元格相对于其他单元格的值。数据条的长度代表单元格中的值，数据条越长，表示值越高；反之，则表示值越低。若要在大量数据中分析较高值和较低值时，则使用数据条尤为有用。

在【员工业绩管理表】工作簿中的【二分区数据】工作表中，使用数据条来显示二分区各季度的销售额数据，具体操作步骤如下。

Step01 选择数据条。❶选择【二分区数据】工作表，❷选择E3:H18 单元格区域，❸单击【条件格式】按钮，❹在弹出的下拉菜单中选择【数据条】选项，❺在弹出的级联菜单中的【渐变填充】栏中选择【橙色数据条】选项，如图 20-11 所示。

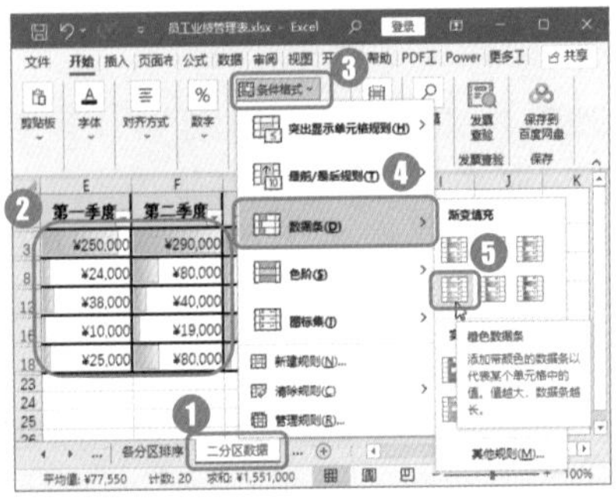

图 20-11

Step02 查看设置的数据条条件格式效果。返回工作簿中即可看到在 E3:H18 单元格区域中根据数值大小填充了不同长短的橙色渐变数据条，如图 20-12 所示。

图 20-12

20.1.5 实战：使用色阶显示成绩较好销售人员各季度的销售额数据

实例门类	软件功能

对数据进行直观分析时，除了使用数据条外，还可以使用色阶按阈值将单元格数据分为多个类别，其中每种颜色代表一个数值范围。

色阶作为一种直观的指示，可以帮助用户了解数据的分布和变化。Excel 中默认使用双色刻度和三色刻度两种色阶方式来设置条件格式。

双色刻度使用两种颜色的渐变来比较某个区域的单元格，颜色的深浅表示值的高低。例如，在绿色和红色的双色刻度中，可以指定较高值单元格的颜色更绿，而较低值单元格的颜色更红。三色刻度使用 3 种颜色的渐变来比较某个区域的单元格。颜色的深浅表示值的高、中、低。例如，在绿色、黄色和红色的三色刻度中，可以指定较高值单元格的颜色为绿色，中间值单元格的颜色为黄色，而较低值单元格的颜色为红色。

在【员工业绩管理表】工作簿中的【销售较高数据分析】工作表中，使用一种三色刻度颜色来显示累计销售额较高员工的各季度销售额数据，具体操作步骤如下。

Step01 设置色阶条件格式。❶选择【销售较高数据分析】工作表，❷选择E3:H22 单元格区域，❸单击【条件格式】按钮，❹在弹出的下拉菜单中选择【色阶】选项，❺在弹出的级联菜单中选择【绿-黄-红色阶】选项，如图 20-13 所示。

图 20-13

技术看板

在【条件格式】下拉菜单的各级联菜单中选择【其他规则】选项，将打开【新建格式规则】对话框，用户可以根据数据需要进行条件格式的自定义设置。

Step02 查看设置的条件格式效果。返回工作簿中即可看到在 E3:H22 单元格区域中根据数值大小填充了不同深浅度的红、黄、绿颜色，如图 20-14 所示。

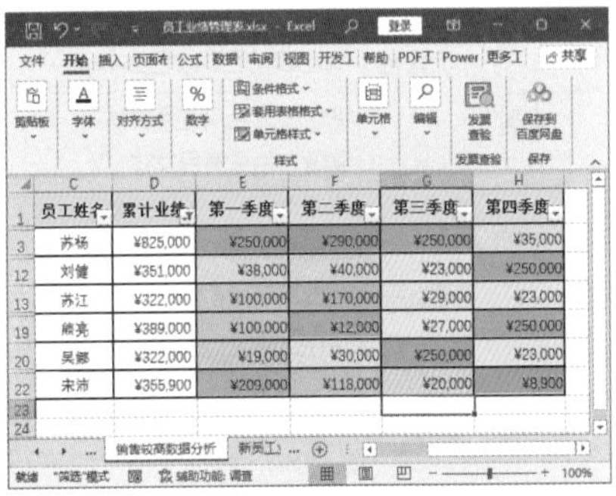

图 20-14

20.1.6 实战：使用图标集显示销售数据稳定者的各季度销售额

实例门类	软件功能

Excel 2021 对数据进行格式设置和美化时，为了表现出一组数据中的等级范围，还可以使用图标集对数据进行标识。

图标集中的图标是以不同的形状或颜色来表示数据的大小。使用图标集可以按阈值将数据分为 3~5 个类别，每个图标代表一个数值范围。例如，在【三向箭头】图标集中，绿色的上箭头代表较高值，黄色的横向箭头代表中间值，红色的下箭头代表较低值。

在【员工业绩管理表】工作簿中的【稳定表现者】工作表中，使用图标集中的【四等级】来标识相应员工各季度销售额数据的大小，具体操作步骤如下。

Step01 设置图标集条件格式。❶选择【业绩平稳员工】工作表，选择 E3:H13 单元格区域，❷单击【条件格式】按钮，❸在弹出的下拉菜单中选择【图标集】选项，❹在弹出的级联菜单中的【等级】栏中选择【四等级】选项，如图 20-15 所示。

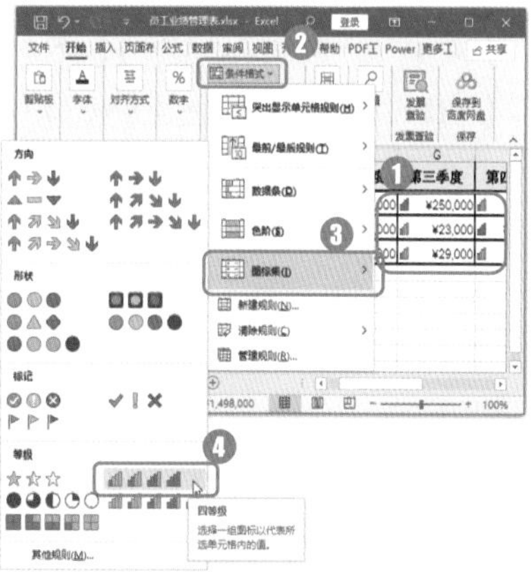

图 20-15

Step02 查看设置条件格式效果。经过上步操作，即可看到 E3:H13 单元格区域中根据数值大小分为 4 个等级，并在不同等级的单元格数据前添加了不同等级的图标，效果如图 20-16 所示。

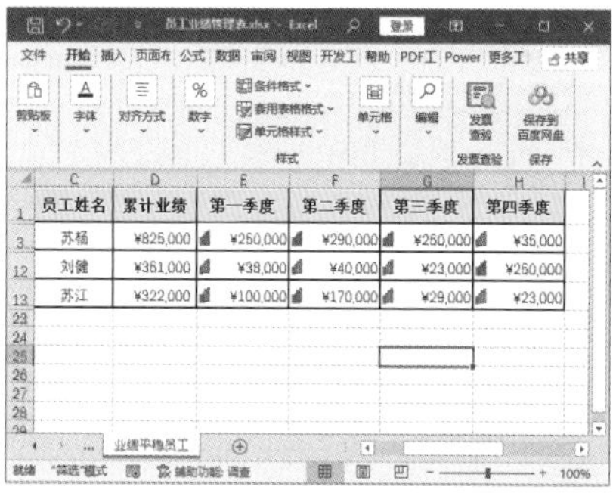

图 20-16

★重点 20.1.7 实战：在加班记录表中新建条件规则

实例门类	软件功能

Excel 2021 中的条件格式功能允许用户定制条件格式，定义自己的规则或格式。新建条件格式规则需要在【新建格式规则】对话框中进行。

在【新建格式规则】对话框中的【选择规则类型】列表框中，用户可选择基于不同的筛选条件设置新的规则，打开的【新建格式规则】对话框内的设置参数也会随之发生改变。

1. 基于值设置单元格格式

默认打开的【新建格式规则】对话框的【选择规则类型】列表框中选择的是【基于各自值设置所有单元格的格式】选项。选择该选项可以根据所选单元格区域中的具体值设置单元格格式，要设置何种单元格格式，还需要在【格式样式】下拉列表中进行选择。

（1）设置色阶。

内置的色阶条件格式只能选择默认的色阶样式，如果需要设置个性的双色刻度或三色刻度的色阶条件格式，可在【格式样式】下拉列表中选择【双色刻度】或【三色刻度】选项，如图 20-17 所示，然后在下方的【最小值】和【最大值】栏中分别设置数据划分的类型、具体值或填充颜色。

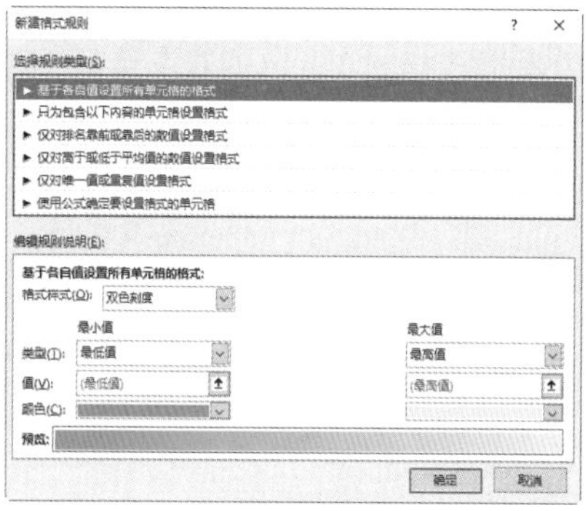

图 20-17

技术看板

在图 20-17 所示的【类型】下拉列表框中提供了 4 种数据划分方式。

- 【数字】：要设置数字、日期或时间值的格式，就需要选择该选项。
- 【百分比】：如果要按比例直观显示所有值，则使用百分比，因为值的分布是成比例的。有效值为 0~100，请不要输入百分号。
- 【公式】：如果要设置公式结果的格式，就选择该选项。公式必须返回数字、日期或时间值。若公式无效将使所有格式设置都不被应用，所以最好在工作表中测试公式，以确保公式不会返回错误值。
- 【百分点值】：如果要用一种颜色比例直观显示一组上限值（如前 20 个百分点值），用另一种颜色比例直观显示一组下限值（如后 20 个百分点值），就选择该选项。

这两种比例所表示的极值有可能会使数据的显示失真。有效的百分点值为 0~100。如果单元格区域包含的数据点超过 8191 个，则不能使用百分点值。

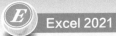

此外，还可以在【最小值】和【最大值】栏中设置最低值和最高值的格式。

（2）设置数据条。

在基于值设置单元格格式时，如果需要设置个性的数据条，可以在【格式样式】下拉列表中选择【数据条】选项，如图 20-18 所示。该对话框的具体设置和图 20-17 的方法相同，只是在【条形图外观】栏中需要设置条形图的填充效果和颜色、边框的填充效果和颜色，以及条形图的方向。

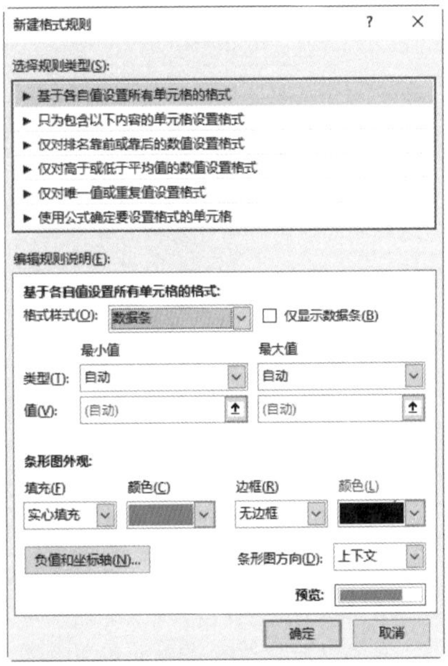

图 20-18

（3）设置图标集。

如果需要设置个性的图标形状和颜色，可以在【格式样式】下拉列表中选择【图标集】选项，然后在【图标样式】下拉列表中选择需要的图标集样式，并在下方分别设置各图标代表的数据范围，如图 20-19 所示。

图 20-19

技术看板

基于图标集新建规则，可以选择只对符合条件的单元格显示图标，如对低于临界值的那些单元格显示一个警告图标，对超过临界值的单元格不显示图标。为此，只需在设置条件时，单击【图标】右侧的下拉按钮，在弹出的下拉列表中选择【无单元格图标】选项即可隐藏图标。

2. 对包含相应内容的单元格设置单元格格式

如果是要为文本数据的单元格区域设置条件格式，可在【新建格式规则】对话框中的【选择规则类型】列表框中选择【只为包含以下内容的单元格设置格式】选项，如图 20-20 所示。

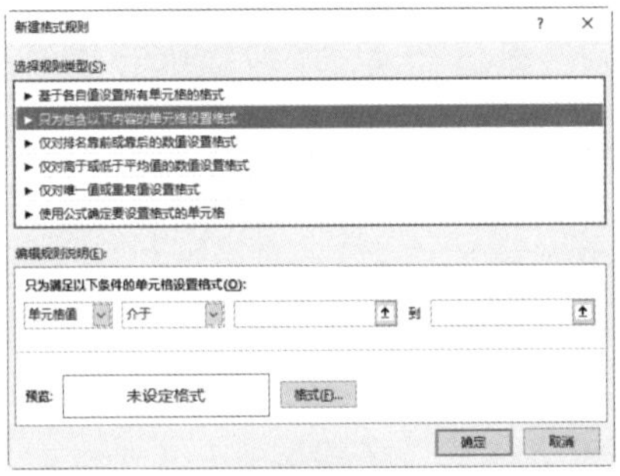

图 20-20

在【编辑规则说明】栏的左侧下拉列表中可选择按单元格值、特定文本、发生日期、空值、无空值、错误和无错误来设置格式。选择不同选项的具体设置说明如下。

- 【单元格值】：选择该选项，表示要按数字、日期或时间设置格式，然后在中间的下拉列表中选择比较运算符，在右侧的下拉列表框中输入数字、日期或时间。例如，依次在后面 3 个下拉列表框中设置【介于】【10】和【200】。
- 【特定文本】：选择该选项，表示要按文本设置格式，然后在中间的下拉列表中选择比较运算符，在右侧的下拉列表框中输入文本。例如，依次在后面两个下拉列表框中设置【包含】和【Sil】。
- 【发生日期】：选择该选项，表示要按日期设置格式，然后在后面的下拉列表中选择比较的日期，如【昨天】或【下周】。
- 【空值】和【无空值】：空值即单元格中不包含任何数据，选择这两个选项，表示要为空值或无空值单元格设置格式。
- 【错误】和【无错误】：错误值包括【#####】【#VALUE!】【#DIV/0!】【#NAME?】【#N/A】【#REF!】【#NUM!】和【#NULL!】。选择这两个选项，表示要为包含错误值或无错误值的单元格设置格式。

3. 根据单元格内容排序位置设置单元格格式

想要扩展项目选取规则，对单元格区域中的数据按照排序方式设置条件格式，可以在【新建格式规则】对话框中的【选择规则类型】列表框中选择【仅对排名靠前或靠后的数值设置格式】选项，如图 20-21 所示。

图 20-21

在【编辑规则说明】栏左侧的下拉列表框中可以设置排名靠前或靠后的单元格，而具体的单元格数量则需要在其后的文本框中输入，若选中【所选范围的百分比】复选框，则会根据所选择的单元格总数的百分比进行单元格数量的选择。

4. 根据单元格数据相对于平均值的大小设置单元格格式

如果需要根据所选单元格区域的平均值来设置条件格式，可以在【新建格式规则】对话框中的【选择规则类型】列表框中选择【仅对高于或低于平均值的数值设置格式】选项，如图 20-22 所示。

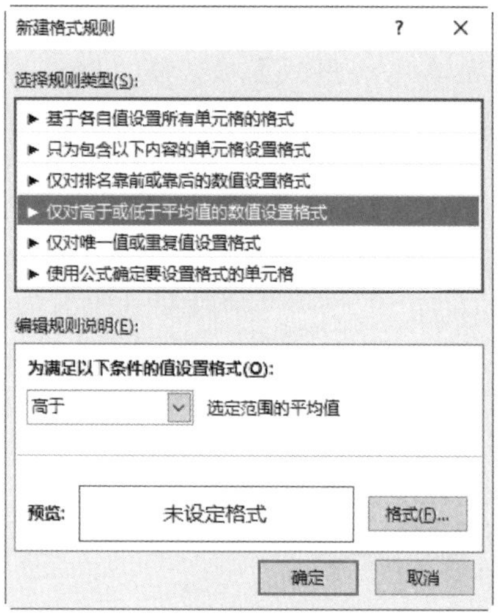

图 20-22

在【编辑规则说明】栏的下拉列表框中可以设置相对于平均值的具体条件是高于、低于、等于或高于、等于或低于，以及各种常见标准偏差。

5. 根据单元格数据是否唯一设置单元格格式

如果需要根据数据在所选单元格区域中是否唯一来设置条件格式，可以在【新建格式规则】对话框中的【选择规则类型】列表框中选择【仅对唯一值或重复值设置格式】选项，如图 20-23 所示。

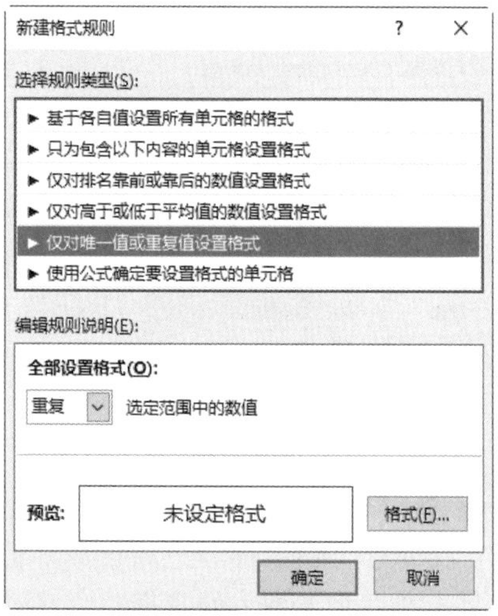

图 20-23

在【编辑规则说明】栏的下拉列表框中可以设置具体是对唯一值还是对重复值进行格式设置。

6. 使用公式完成较复杂条件格式的设置

其实前面的这些选项都是对 Excel 提供的条件格式进行扩充设置，如果这些自定义条件格式都不能满足需要，那么就需要在【新建格式规则】对话框中的【选择规则类型】列表框中选择【使用公式确定要设置格式的单元格】选项来完成较复杂的条件设置了，如图 20-24 所示。

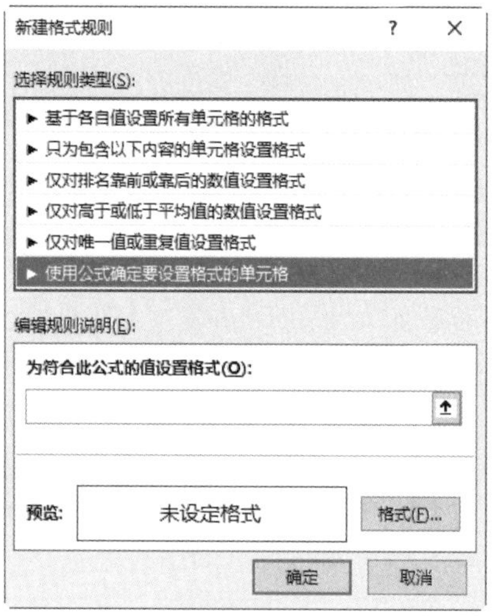

图 20-24

在【编辑规则说明】栏的参数框中输入需要的公式即可。值得注意的是：与普通公式一样，以等于号开始输入公式；系统默认是以选择单元格区域的第一个单元格进行相对引用计算的，也就是说，只需要设置好所选单元格区域的第一个单元格的条件，其后的其他单元格系统会自动计算。

通过公式来扩展条件格式的功能很强大，也比较复杂，下面举例说明。例如，在“加班记录表”中利用公式突出显示周末日期，具体操作步骤如下。

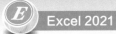

Step 01 选择【新建规则】选项。打开素材文件\第 20 章\加班记录表.xlsx，❶选择 A2:A15 单元格区域，❷单击【条件格式】下拉按钮，❸在弹出的下拉菜单中选择【新建规则】选项，如图 20-25 所示。

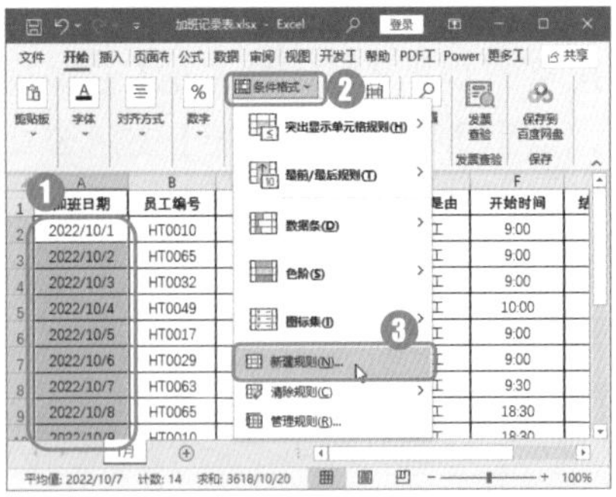

图 20-25

Step 02 设置条件公式。打开【新建格式规则】对话框，❶在【选择规则类型】列表框中选择【使用公式确定要设置格式的单元格】选项，❷在【编辑规则说明】栏中的【为符合此公式的值设置格式】文本框中输入公式【=WEEKDAY(A2,2) > 5】，❸单击【格式】按钮，如图 20-26 所示。

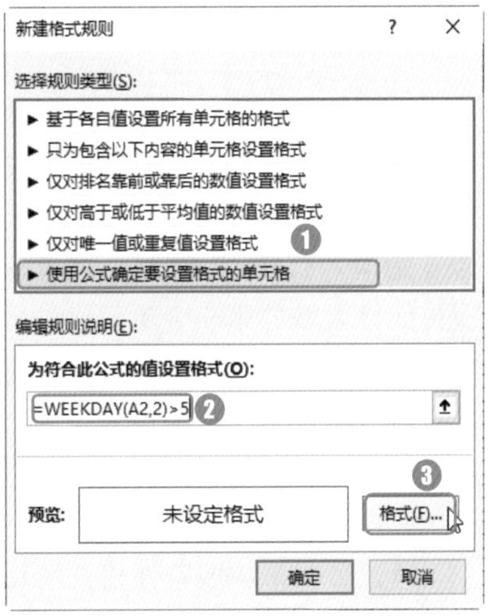

图 20-26

Step 03 设置条件底纹格式。打开【设置单元格格式】对话框，❶选择【填充】选项卡，❷在【背景色】栏中选择需要填充的单元格颜色，这里选择【橙色】选项，❸单击【确定】按钮，如图 20-27 所示。

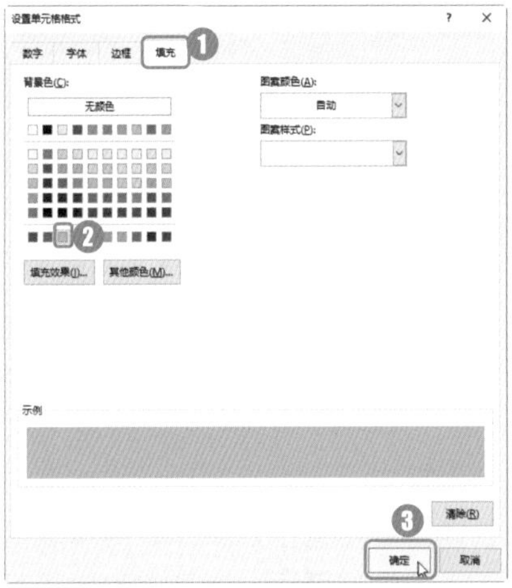

图 20-27

Step 04 确认设置的条件格式。返回【新建格式规则】对话框，在【预览】栏中可以看到设置的单元格格式，单击【确定】按钮，如图 20-28 所示。

图 20-28

Step 05 查看条件格式效果。经过上步操作后，A2:A15 单元格区域中属于星期六和星期天的日期将会以橙色底纹显示出来，效果如图 20-29 所示。

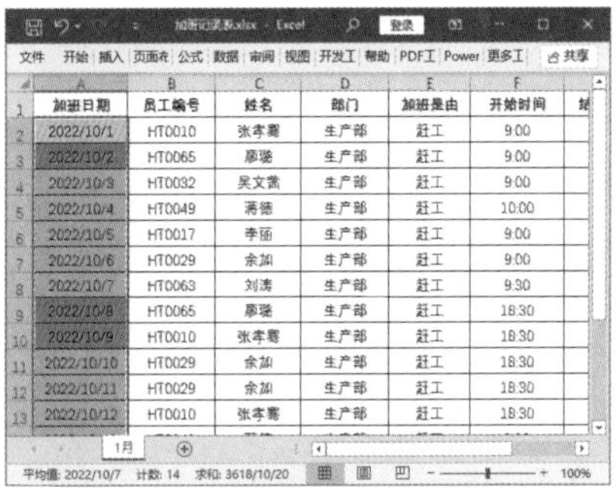

图 20-29

★重点 20.1.8 实战：编辑加班记录表中的条件规则

实例门类	软件功能

为单元格应用条件格式后，如果感觉不满意，则可以在【条件格式规则管理器】对话框中对其进行编辑。

在【条件格式规则管理器】对话框中可以查看当前所选单元格或当前工作表中应用的条件规则。在【显示其格式规则】下拉列表中可以选择相应的工作表或数据透视表，以显示出需要进行编辑的条件格式。单击【编辑规则】按钮，可以在打开的【编辑格式规则】对话框中对选择的条件格式进行编辑，编辑方法与新建规则的方法相同。

要对加班记录表中的条件格式进行编辑，具体操作步骤如下。

Step 01 执行菜单命令。❶单击【条件格式】下拉按钮，❷在弹出的下拉菜单中选择【管理规则】选项，如图 20-30 所示。

图 20-30

Step 02 执行编辑规则操作。打开【条件格式规则管理器】对话框，由于设置条件格式的单元格区域没有呈选中状态，因此显示没有自定义的条件格式。❶需要在【显示其格式规则】下拉列表中选择【当前工作表】选项，❷单击【编辑规则】按钮，如图 20-31 所示。

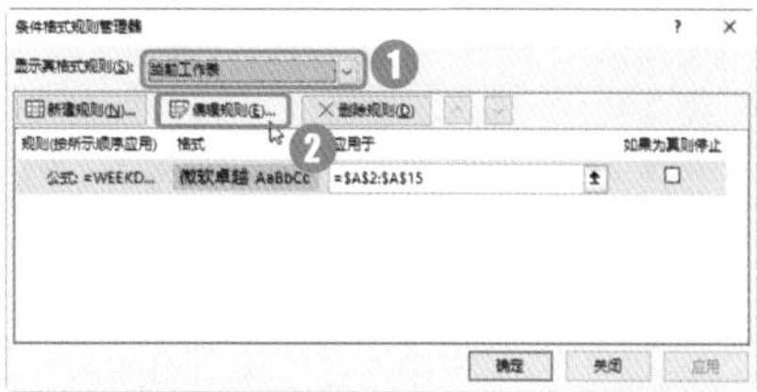

图 20-31

技术看板

当【条件格式规则管理器】对话框中显示有多个条件规则时，需要先选择需要编辑的条件规则，再单击【编辑规则】按钮，进行编辑操作。

Step 03 编辑格式规则。打开【编辑格式规则】对话框，❶将公式中的【A2】更改为【$A2】，❷单击【格式】按钮，如图 20-32 所示。

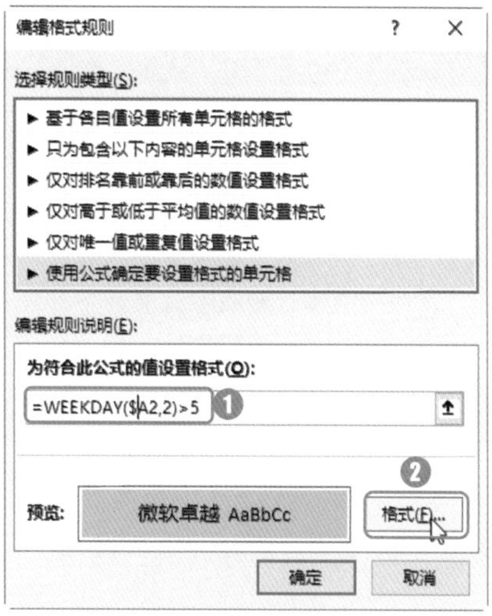

图 20-32

技术看板

因为表格中有很多数据大于 5，将条件格式应用到满足条件的整行后，大于 5 的数据也将应用该条件格式，所以必须将公式中的列更改为绝对引用，只根据 A 列日期来判断。

Step 04 设置条件格式字体。打开【设置单元格格式】对话框，❶选择【字体】选项卡，❷将颜色设置为【蓝色】，❸单击【确定】按钮，如图 20-33 所示。

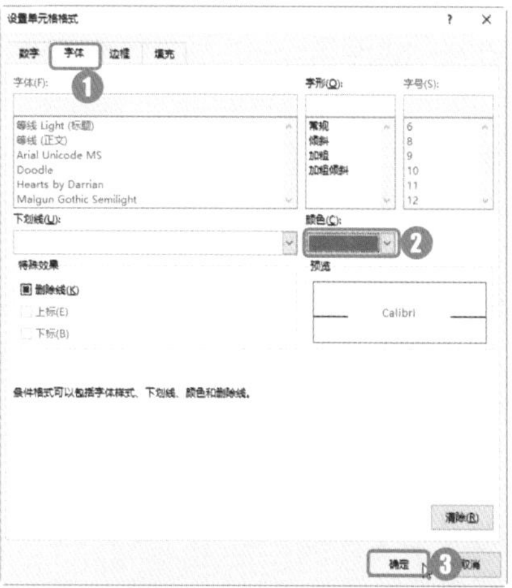

图 20-33

Step 05 折叠对话框。返回【编辑格式规则】对话框，单击【确定】按钮，返回【条件格式规则管理器】对话框，单击【应用于】参数框右侧的【折叠】按钮，如图 20-34 所示。

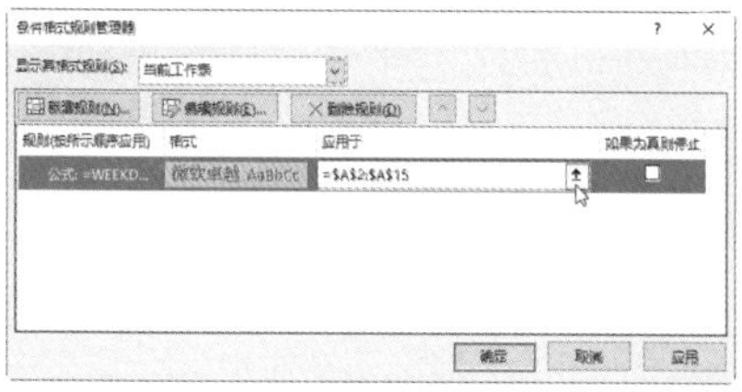

图 20-34

Step 06 选择应用条件格式的区域。在表格中拖动鼠标选择要用条件格式的单元格区域，单击【展开】按钮，如图 20-35 所示。

图 20-35

Step 07 查看编辑规则后的效果。展开对话框，单击【确定】按钮，返回工作表编辑区，即可查看编辑条件格式后的效果，如图 20-36 所示。

图 20-36

技能拓展——清除条件规则

当不需要应用于表格中的条件格式时，可以在【条件格式规则管理器】对话框中单击【删除规则】按钮，清除相应的条件规则。

另外，也可以在【条件格式】下拉菜单中选择【清除规则】选项，然后在弹出的级联菜单中选择【清除所选单元格的规则】选项，清除所选单元格区域中包含的所有条件规则；或选择【清除整个工作表的规则】选项，清除该工作表中的所有条件规则；或选择【清除此数据透视表的规则】选项，清除该数据透视表中设置的条件规则。

20.2 设置数据有效性

在输入数据时，为了防止用户输入无效或错误的数据，可以通过Excel提供的数据验证功能限制单元格中输入数据的范围和类型，当输入错误时进行提示，以保证数据输入的正确性，提高工作效率。

★重点 20.2.1 实战：为考核表和劳动合同签订统计表设置数据有效性的条件

实例门类	软件功能

在编辑工作表时，通过数据验证功能，可以建立一定的规则来限制向单元格中输入的内容，从而避免输入的数据无效。这在一些有特殊要求的表格中非常有用，如在共享工作簿中设置数据有效性时，可以确保所有人员输入的数据都准确无误且保持一致。通过设置，不仅可以将输入的数字限制在指定范围内，也可以限制文本的字符数，还可以将日期或时间限制在某一时间范围之外，甚至可以将数据限制在列表中的预定义项范围内，对于复杂的设置也可以通过自定义完成。

1. 设置单元格内小数的输入范围

在Excel工作表中编辑内容时，为了确保数值输入的准确性，可以设置单元格中数值的输入范围。

例如，在新进员工考核表中需要设置各项评判标准的分数取值范围，要求只能输入1~10的数值，具体操作步骤如下。

Step01 执行数据验证操作。打开素材文件\第20章\新进员工考核表.xlsx，❶选择要设置数值输入范围的B3:E13单元格区域，❷单击【数据】选项卡【数据工具】组中的【数据验证】按钮，如图20-37所示。

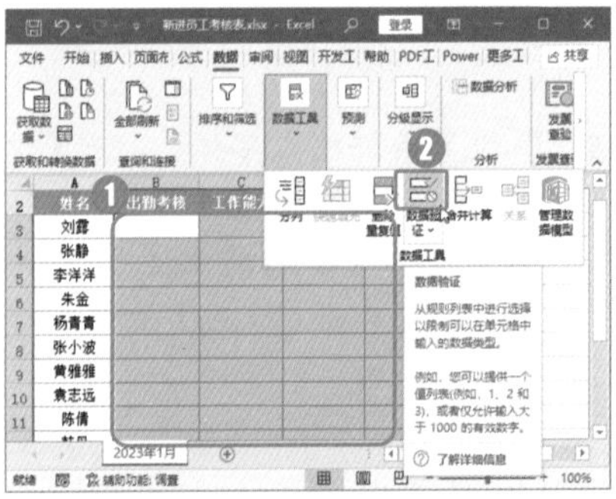

图 20-37

Step02 设置小数验证条件。打开【数据验证】对话框，❶在【允许】下拉列表中选择【小数】选项，❷在【数据】下拉列表中选择【介于】选项，❸在【最小值】参数框中输入单元格允许输入的最小限度值【1】，❹在【最大值】参数框中输入单元格允许输入的最大限度值【10】，❺单击【确定】按钮，如图20-38所示。

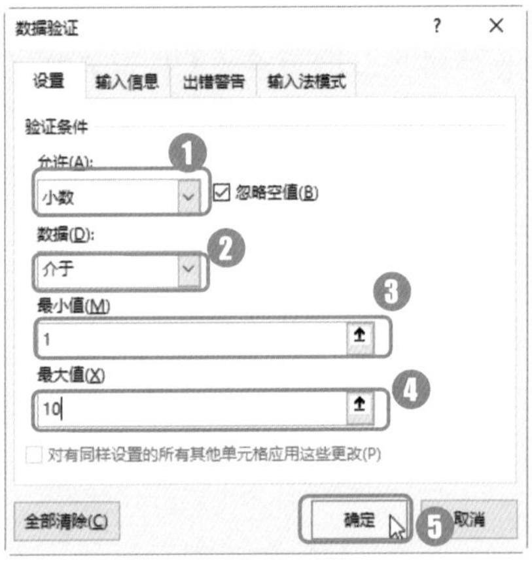

图 20-38

技术看板

如果在【数据】下拉列表中选择【等于】选项，表示输入的内容必须为设置的数据。在列表中同样可以选择【不等于】【大于】【小于】【大于或等于】【小于或等于】等选项，再设置数值的输入范围。

Step03 验证设置的条件。完成对所选区域数据输入范围的设置。在该区域输入范围外的数据时，将打开提示对话框，如图20-39所示，单击【取消】按钮或【关闭】按钮后输入的不符合范围的数据会自动消失。

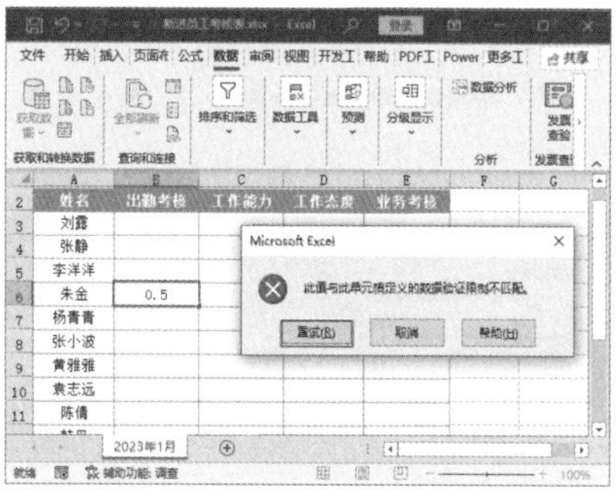

图 20-39

技术看板

当在设置了数据有效性的单元格中输入无效数据时，在打开的提示对话框中，单击【重试】按钮可返回工作表中重新输入，单击【取消】按钮将取消输入内容的操作，单击【帮助】按钮可打开【Excel帮助】窗口。

Step 04 输入正确数据后的效果。在表格区域中输入正确范围内的数据，效果如图 20-40 所示。

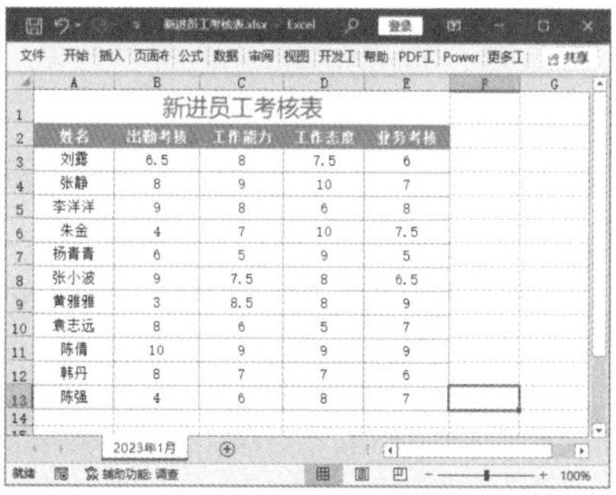

图 20-40

技能拓展——删除数据有效性

对于设置的数据有效性不满意或错误时，可以删除设置的数据有效性。选择已经设置数据有效性的单元格区域，打开【数据验证】对话框，单击【全部清除】按钮，再单击【确定】按钮，即可删除所选单元格区域的数据有效性。

2. 设置单元格内整数的输入范围

在Excel中编辑表格内容时，某些情况下（如在设置年龄数据时）还需要设置整数的取值范围。其设置方法与小数取值范围的设置方法基本相同。例如，在劳动合同签订统计表中将签订的年限设置为整数，且始终小于等于 5，具体操作步骤如下。

Step 01 选择单元格区域。打开素材文件\第 20 章\劳动合同签订统计表.xlsx，❶选择要设置数值输入范围的 F3:F10 单元格区域，❷单击【数据验证】按钮，如图 20-41 所示。

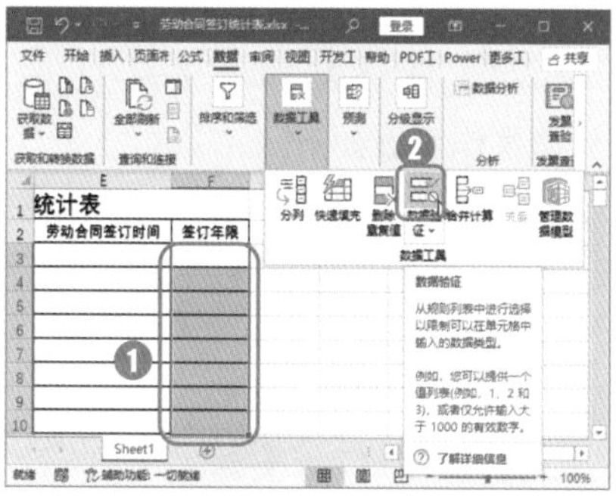

图 20-41

Step 02 设置数据验证条件。打开【数据验证】对话框，❶在【允许】下拉列表中选择【整数】选项，❷在【数据】下拉列表中选择【小于或等于】选项，❸在【最大值】参数框中输入单元格允许输入的最大限度值【5】，❹单击【确定】按钮，如图 20-42 所示。

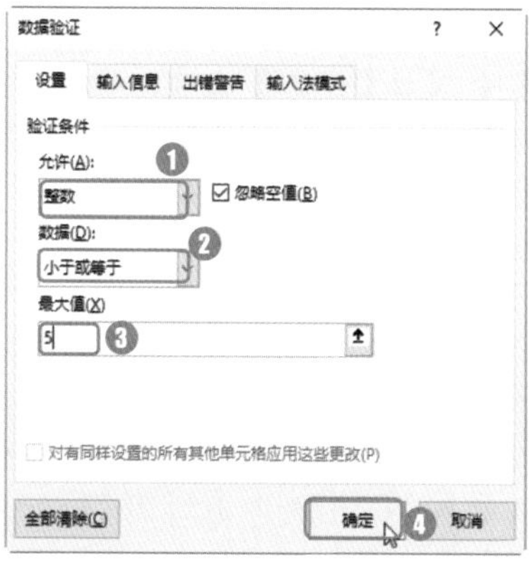

图 20-42

Step 03 验证设置的条件。返回工作表编辑区，在设置的单元格中输入大于 6 的整数或任意小数时，都会打开错误提示对话框，如图 20-43 所示。

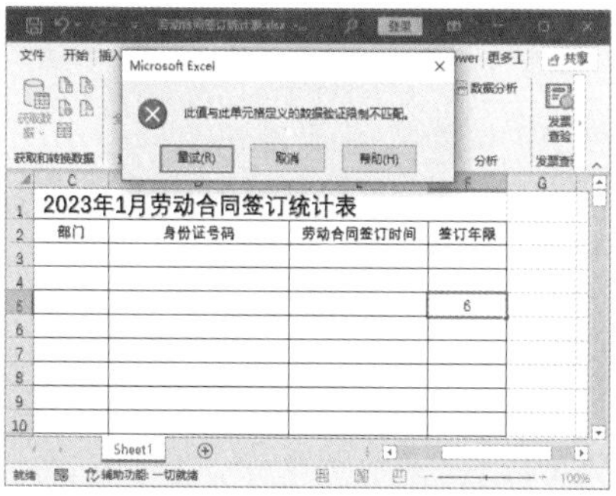

图 20-43

3. 设置单元格文本的输入长度

在工作表中编辑数据时，为了增强数据输入的准确性，可以限制单元格文本输入的长度。当输入文本超过或小于设置的长度时，系统将提示无法输入。

例如，在劳动合同签订统计表中将身份证号码的输入长度限制为 18 个字符，具体操作步骤如下。

Step 01 执行数据验证操作。❶选择要设置文本长度的 D3:D10 单元格区域，❷单击【数据验证】按钮，如图 20-44 所示。

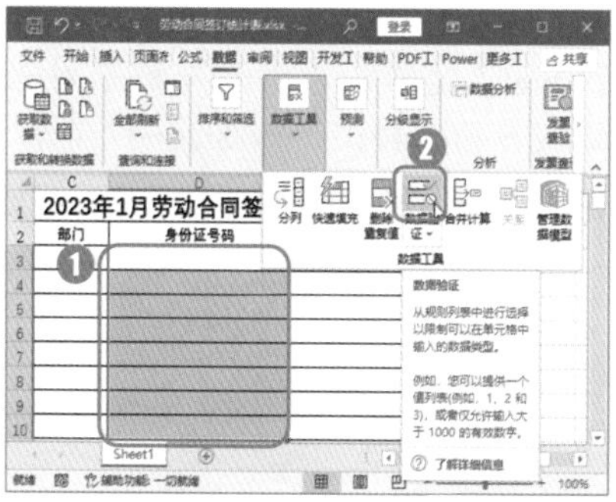

图 20-44

Step 02 提示是否使用相同的数据验证。由于前面为该表格设置了数据验证，所以会打开提示对话框，方便用户操作是否使用上一次相同的数据验证条件，这里不需要，所以单击【否】按钮，如图 20-45 所示。

图 20-45

Step 03 设置文本长度限制条件。打开【数据验证】对话框，❶在【允许】下拉列表中选择【文本长度】选项，❷在【数据】下拉列表中选择【等于】选项，❸在【长度】参数框中输入单元格允许输入的文本长度值【18】，❹单击【确定】按钮，如图 20-46 所示。

图 20-46

Step 04 验证设置的条件。此时，如果在 D3 单元格中输入了小于或超出限制长度范围的文本，则按【Enter】键确认后将打开提示对话框提示输入错误，如图 20-47 所示。

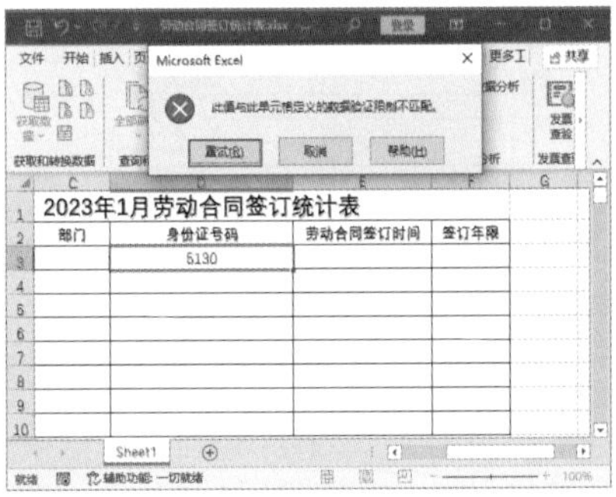

图 20-47

技术看板

输入身份证号码时，如果是通过英文状态的单引号【'】将输入的身份证号码转换为文本型数值时，那么，【'】将不计入限制的文本长度中。

4. 设置单元格中准确的日期范围

在工作表中输入日期时，为了保证输入的日期格式是正确且有效的，可以通过设置数据验证的方法对日期的有效性条件进行设置。

例如，在劳动合同签订统计表中将合同签订的日期限定在 2023 年 1 月 1 日至 2023 年 1 月 31 日，具体操作步骤如下。

Step 01 选择设置区域。❶选择要设置日期范围的 E3:E10 单元格区域，❷单击【数据验证】按钮，如图 20-48 所示。

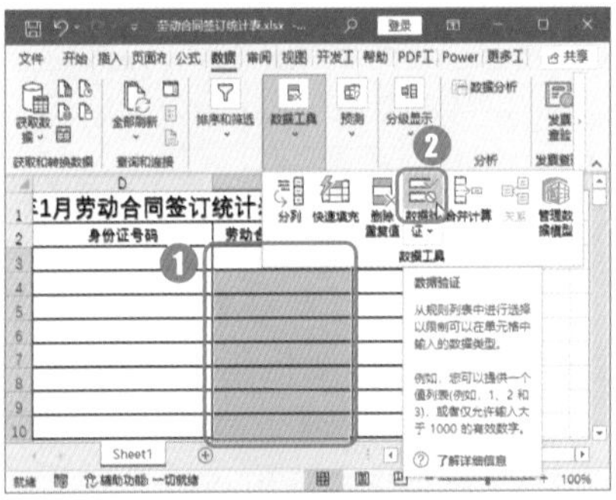

图 20-48

Step 02 设置验证条件。打开【数据验证】对话框，❶在【允许】下拉列表中选择【日期】选项，❷在【数据】下拉列表中选择【介于】选项，❸在【开始日期】参数框中输入单元格允许输入的最早日期【2023-1-1】，❹在【结束日期】参数框中输入单元格允许输入的最晚日期【2023-1-31】，❺单击【确定】按钮，如图 20-49 所示，即可限制该单元格只能输入 2023-1-1 到 2023-1-31 的日期数据。

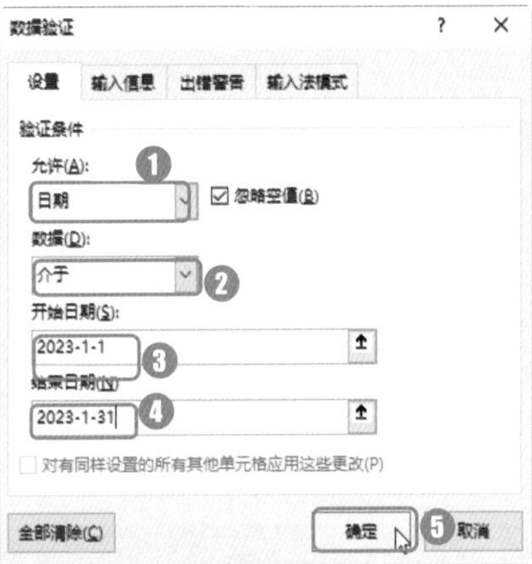

图 20-49

5. 制作单元格选择序列

在 Excel 中，可以通过设置数据有效性的方法为单元格设置选择序列，这样在输入数据时就无须手动输入了，只需单击单元格右侧的下拉按钮，从弹出的下拉列表中选择所需的内容即可快速完成输入。

例如，为劳动合同签订统计表中的部门列单元格设置选择序列，具体操作步骤如下。

Step 01 选择设置区域。❶选择要设置输入序列的 C3:C10 单元格区域，❷单击【数据验证】按钮，如图 20-50 所示。

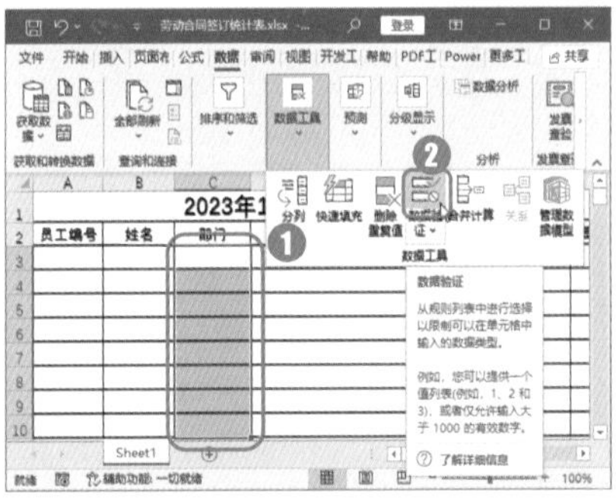

图 20-50

Step 02 设置验证条件。打开【数据验证】对话框，❶在【允许】下拉列表中选择【序列】选项，❷在【来源】参数框中输入该单元格允许输入的各种数据，且各数据之间用半角的逗号【,】隔开，这里输入【销售部,行政部,人事部,财务部,生产部】，❸单击【确定】按钮，如图 20-51 所示。

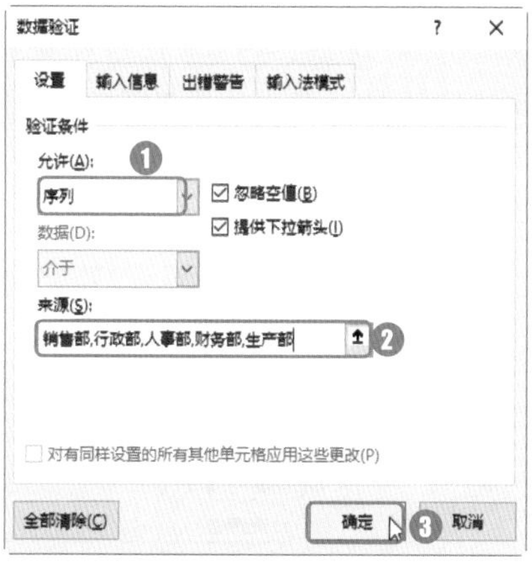

图 20-51

技术看板

设置序列的数据有效性时，可以先在表格空白单元格中输入要引用的序列，然后在【数据验证】对话框中的【来源】参数框中通过引用单元格来设置序列。

Step03 查看序列效果。经过以上操作后，单击工作表中设置了序列的单元格时，单元格右侧将显示一个下拉按钮。单击该按钮，在弹出的下拉列表中提供了该单元格允许输入的序列，如图 20-52 所示，用户从中选择所需的内容即可快速输入数据。

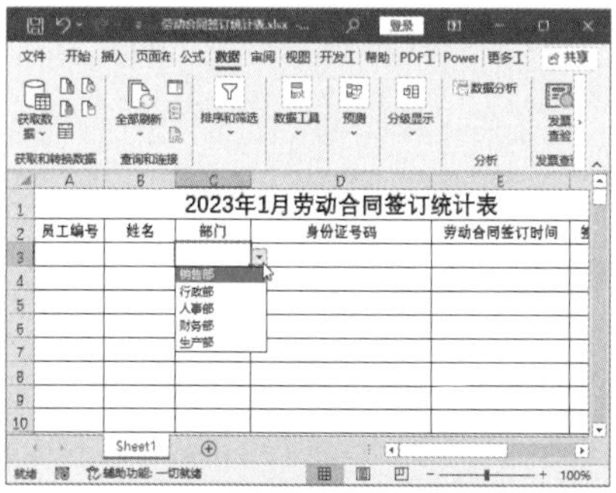

图 20-52

6. 自定义验证条件

遇到需要设置复杂数据有效性的情况时，就要结合公式来进行设置了。例如，在劳动合同签订统计表中，为了保证输入的员工编号是唯一的，可以通过公式来进行限制，具体操作步骤如下。

Step01 选择设置区域。❶选择要设置自定义数据验证的 A3:A10 单元格区域，❷单击【数据验证】按钮，如图 20-53 所示。

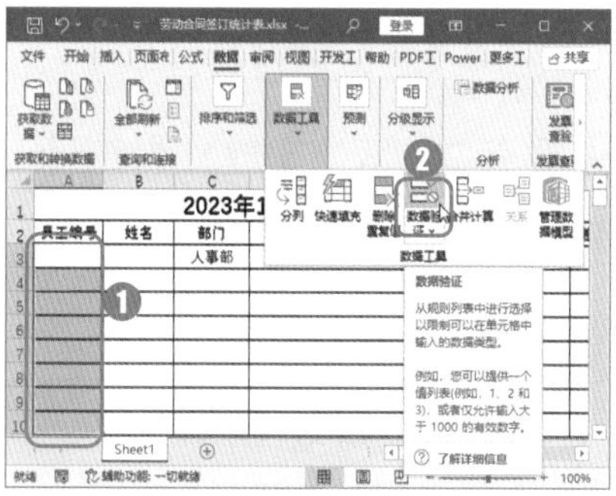

图 20-53

Step02 设置自定义条件。打开【数据验证】对话框，❶在【允许】下拉列表中选择【自定义】选项，❷在【公式】参数框中输入【=COUNTIF($A$3:$A$10,A3)=1】，❸单击【确定】按钮，如图 20-54 所示。

图 20-54

技术看板

一般情况下都是使用 COUNTIF 函数来判断不重复值，但如果要判断身份证号码的不重复值时，就需要使用 SUMPRODUCT 函数进行判断，因为 Excel 的运算智能精确到 15 位，使用 COUNTIF 函数对 16 位以后不同的号码进行判断时，会将它们认作相同的号码进行统计，从而会造成判断错误。

Step03 验证设置的条件。返回工作表编辑区，当在 A3:A10 单元格区域中输入重复的员工编号时，就会打开错误提示对话框，如图 20-55 所示。

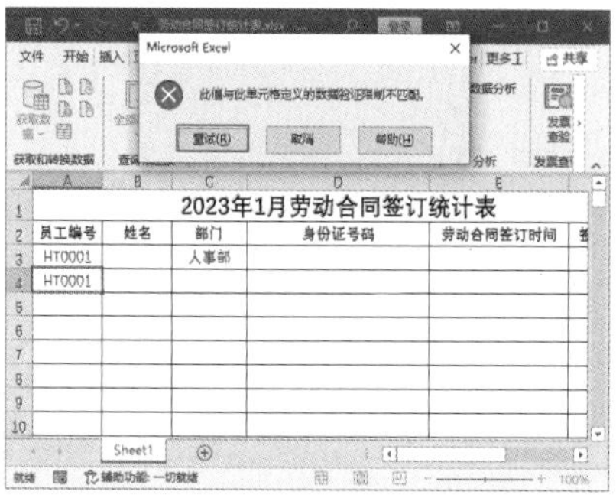

图 20-55

20.2.2 实战：为劳动合同签订统计表设置数据输入提示信息

实例门类	软件功能

在工作表中编辑数据时，使用数据验证功能还可以为单元格设置输入提示信息，提醒在输入单元格信息时应该输入的内容，提高数据输入的准确性。

例如，为劳动合同签订统计表设置部分单元格的提示信息，具体操作步骤如下。

Step01 执行数据验证操作。❶选择要设置数据输入提示信息的 A3:A10 单元格区域，❷单击【数据验证】按钮，如图 20-56 所示。

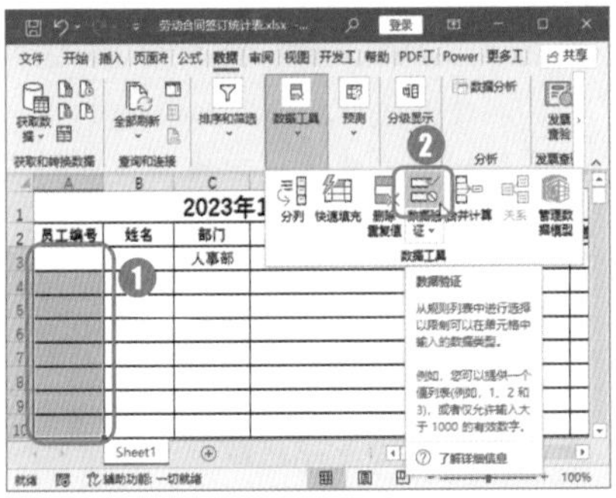

图 20-56

Step02 设置输入信息提示。打开【数据验证】对话框，❶选择【输入信息】选项卡，❷在【标题】文本框中输入提示信息的标题，❸在【输入信息】文本框中输入具体的提示信息，❹单击【确定】按钮，如图 20-57 所示。

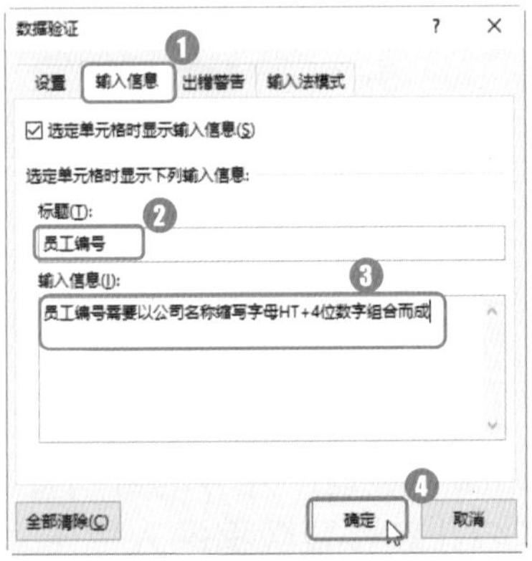

图 20-57

Step03 查看设置的提示效果。返回工作表中，当选择设置了提示信息的任意一个单元格时，将在单元格旁显示设置的文字提示信息，效果如图 20-58 所示。

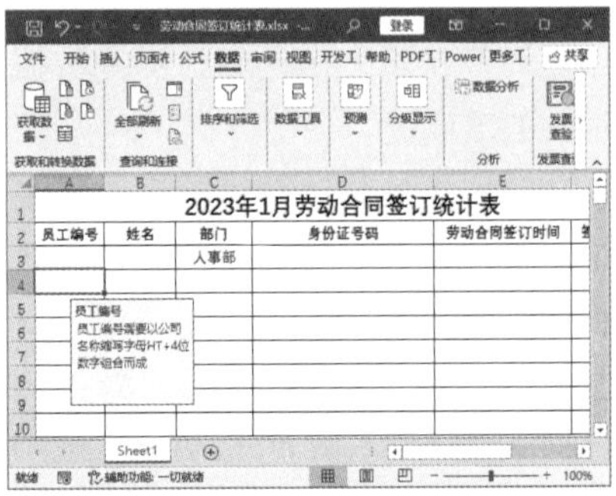

图 20-58

Step04 设置签订年限提示信息。使用相同的方法设置 F3:F10 单元格区域的输入信息提示，效果如图 20-59 所示。

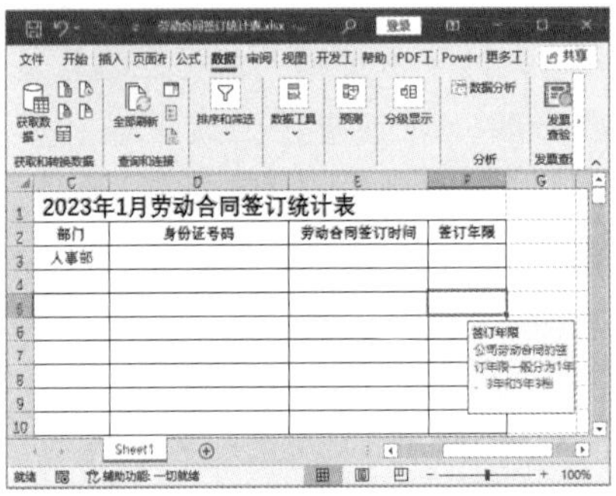

图 20-59

★重点 20.2.3 实战：为统计表设置出错警告信息

实例门类	软件功能

当在设置数据有效性的单元格中输入错误的数据时，系统将提示警告信息。除了系统默认的系统警告信息之外，用户还可以自定义警告信息的内容。

例如，在劳动合同签订统计表中为身份证号码列设置出错警告信息，具体操作步骤如下。

Step01 执行数据验证操作。❶选择要设置数据输入出错警告信息的 D3:D10 单元格区域，❷单击【数据验证】按钮，如图 20-60 所示。

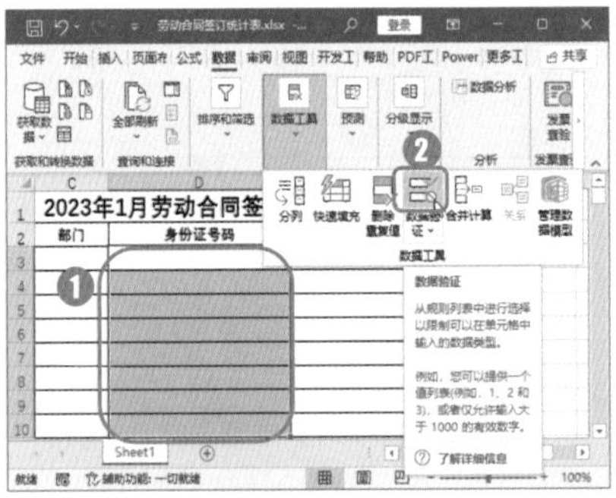

图 20-60

Step02 设置出错警告。打开【数据验证】对话框，❶选择【出错警告】选项卡，❷在【样式】下拉列表中选择当单元格数据输入有误时要显示的警告样式，这里选择【停止】选项，❸在【标题】文本框中输入警告信息的标题，❹在【错误信息】文本框中输入具体的错误原因以作为提示，❺单击【确定】按钮，如图 20-61 所示。

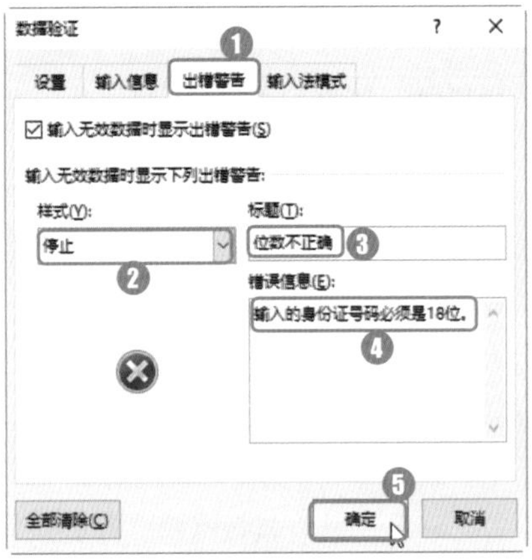

图 20-61

Step03 查看提示效果。返回工作表编辑区，当输入的身份证号码位数不正确时，系统将打开提示对话框，其中提示的出错信息即自定义的警告信息，如图 20-62 所示。

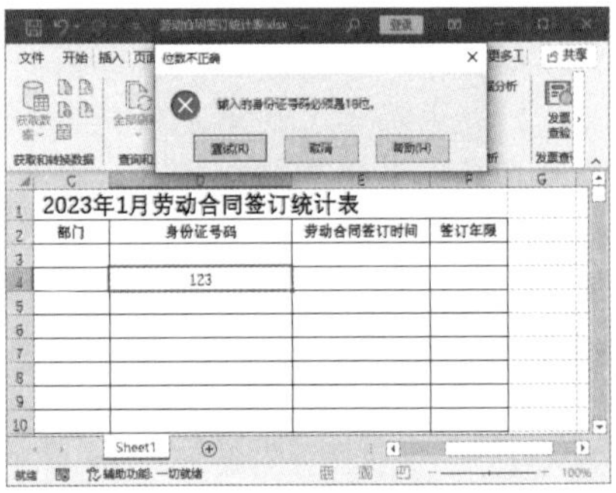

图 20-62

Step04 输入正确的数据。根据设置的数据验证要求，在表格中输入正确的数据，效果如图 20-63 所示。

图 20-63

> **技术看板**
>
> 虽然前面已设置允许输入的日期格式用【-】分隔，但在 Excel 中输入日期并按【Enter】键确认后，【-】默认会自动变成【/】，如输入【2023-1-5】，按【Enter】键后将自动变成【2023/1/5】。

★重点 20.2.4 实战：圈释服务登记表中无效的数据

实例门类	软件功能

在包含大量数据的工作表中，可以通过设置数据有效性来区分有效数据和无效数据；无效数据还可以通过设置数据验证的方法被圈释出来。

例如，要将【康复训练服务登记表】工作簿中时间较早的那些记录标记出来，具体操作步骤如下。

Step 01 执行数据验证。打开素材文件\第 20 章\康复训练服务登记表.xlsx，❶选择要设置数据有效性的 A2:A37 单元格区域，❷单击【数据工具】组中的【数据验证】按钮，如图 20-64 所示。

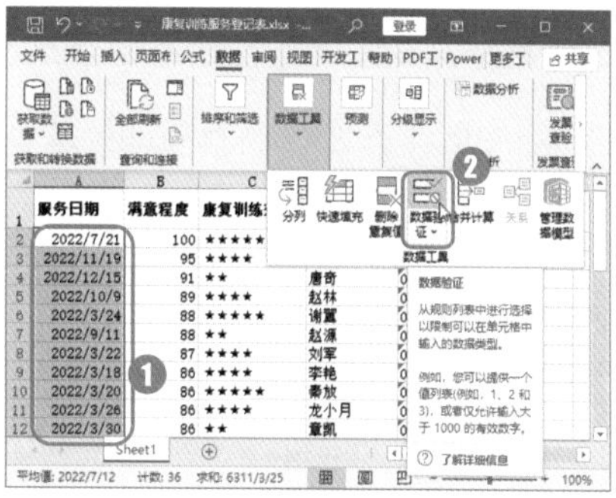

图 20-64

Step 02 设置验证条件。打开【数据验证】对话框，❶选择【设置】选项卡，❷在【允许】下拉列表中选择【日期】选项，❸在【数据】下拉列表中选择【介于】选项，❹在【开始日期】参数框和【结束日期】参数框中分别输入单元格区域允许输入的最早日期【2022/6/1】和允许输入的最晚日期【2022/12/31】，❺单击【确定】按钮，如图 20-65 所示。

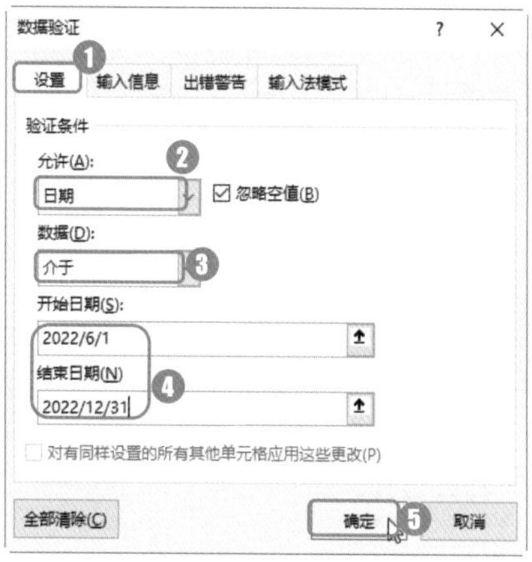

图 20-65

Step 03 选择命令选项。❶单击【数据验证】下拉按钮，❷在弹出的下拉菜单中选择【圈释无效数据】选项，如图 20-66 所示。

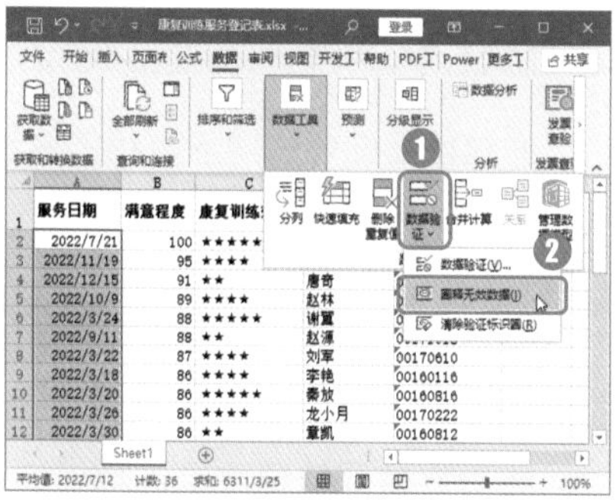

图 20-66

> **技术看板**
>
> 要圈释工作表中的无效数据，需要先在单元格区域中输入数据，再设置数据验证。

Step 04 查看效果。经过上步操作后，将用红色标记圈释出表格中的无效数据，效果如图 20-67 所示。

图 20-67

> **技能拓展——清除圈定数据**
>
> 圈释无效数据的结果只能在当前显示，结果不会被保存下来。若要在圈释无效数据后继续对表格内容进行其他操作，就需要手动清除圈释标记。其方法是：单击【数据验证】下拉按钮，在弹出的下拉菜单中选择【清除验证标识圈】选项即可。

妙招技法

通过前面知识的学习，相信读者已经掌握了条件格式和数据验证的基本设置方法。下面结合本章内容，给大家介绍一些实用技巧。

技巧 01：自定义条件格式添加奇数行的底纹

若用户需要快速对某区域中的奇数行添加底纹，可以通过设置条件格式的方法进行操作。其中，会使用MOD函数和ROW函数，具体操作步骤如下。

Step 01 执行新建规则命令。打开素材文件\第 20 章\月考成绩统计表.xlsx，❶选择【第一次月考】工作表，❷选择 A2:K31 单元格区域，单击【条件格式】下拉按钮，❸在弹出的下拉菜单中执行【新建规则】命令，如图 20-68 所示。

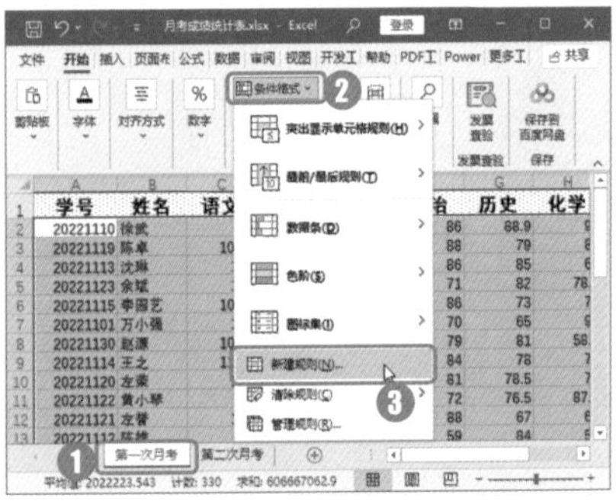

图 20-68

Step 02 输入条件公式。打开【新建格式规则】对话框，❶在【选择规则类型】列表框中选择【使用公式确定要设置格式的单元格】选项，❷在【编辑规则说明】栏中的【为符合此公式的值设置格式】文本框中输入公式【=MOD(ROW(),2)=1】，❸单击【格式】按钮，如图 20-69 所示。

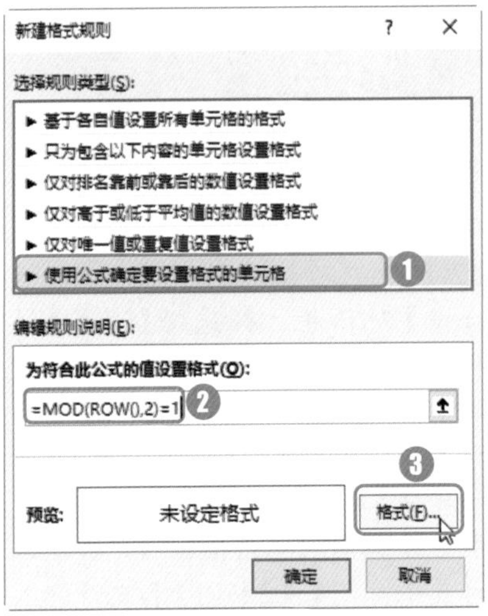

图 20-69

Step 03 设置条件格式底纹。打开【设置单元格格式】对话框，❶选择【填充】选项卡，❷在【背景色】栏中选择需要填充的单元格颜色，这里选择【浅黄色】选项，❸单击【确定】按钮，如图 20-70 所示。

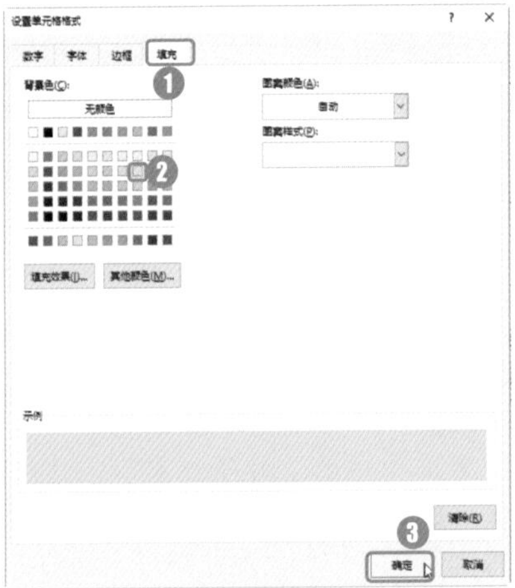

图 20-70

Step 04 预览条件格式效果。返回【新建格式规则】对话框，在【预览】栏中可以看到设置的单元格格式，单击【确定】按钮，如图 20-71 所示。

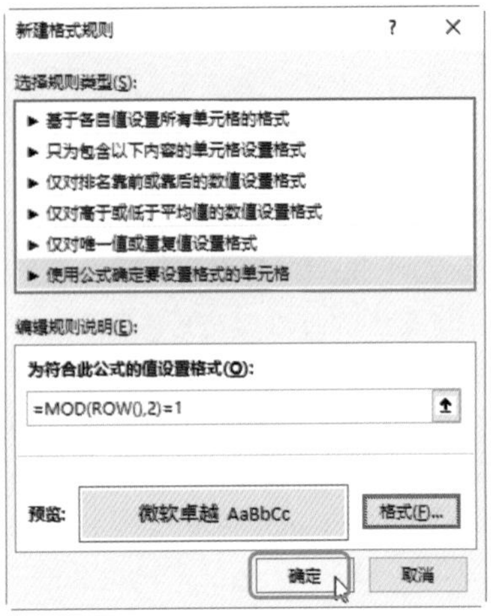

图 20-71

Step 05 查看效果。经过上步操作后，为 A2:K31 单元格区域中的奇数行便添加了底纹，效果如图 20-72 所示。

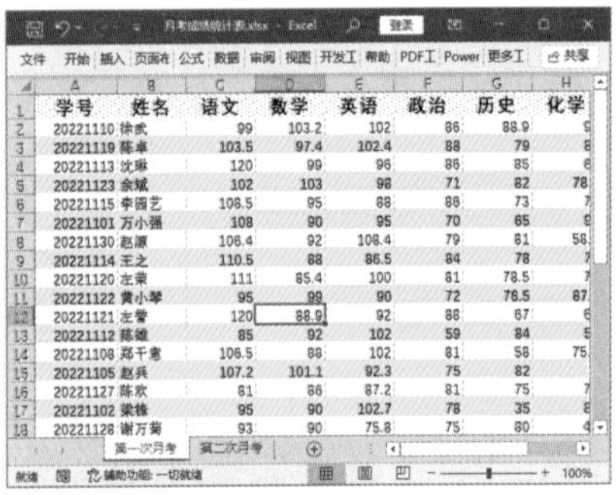

图 20-72

技能拓展——添加偶数行的底纹

如果用户需要为选择的单元格区域偶数行添加底纹，则在【新建格式规则】对话框中需要输入的公式为【=MOD(ROW(),2)=0】。

技巧 02：调整条件格式的优先级

Excel允许对同一个单元格区域设置多个条件格式。当两个或更多条件格式规则同时作用于一个单元格区域时，如果规则之间没有冲突，则全部规则都会得到应用。例如，一个规则将单元格字体设置为【微软雅黑】；另一个规则将同一个单元格的底纹设置为【橙色】，则在满足条件的情况下会将单元格的字体设置为【微软雅黑】，底纹设置为【橙色】。

如果为同一个单元格区域设置的两个或多个规则之间存在冲突，则只执行优先级较高的规则。例如，一个规则将单元格字体设置为【微软雅黑】；另一个规则将单元格的字体设置为【宋体】，因为这两个规则存在冲突，所以只应用其中一个规则，且执行的是优先级较高的规则。

在Excel中，将按照创建的条件规则在【条件格式规则管理器】对话框中列出的优先级顺序执行这些规则。在该对话框的列表框中，位于上方的规则，其优先级高于位于下方的规则。而在默认情况下，新规则总是添加到列表框中最上方的位置，因此具有最高的优先级。

用户可以先在【条件格式规则管理器】对话框的列表框中选择需要调整优先级的规则，然后通过该对话框中的【上移】按钮和【下移】按钮来更改其优先级顺序，具体操作步骤如下。

Step 01 执行管理规则命令。❶选择【第二次月考】工作表，❷单击【条件格式】下拉按钮，❸在弹出的下拉菜单中执行【管理规则】命令，如图 20-73 所示。

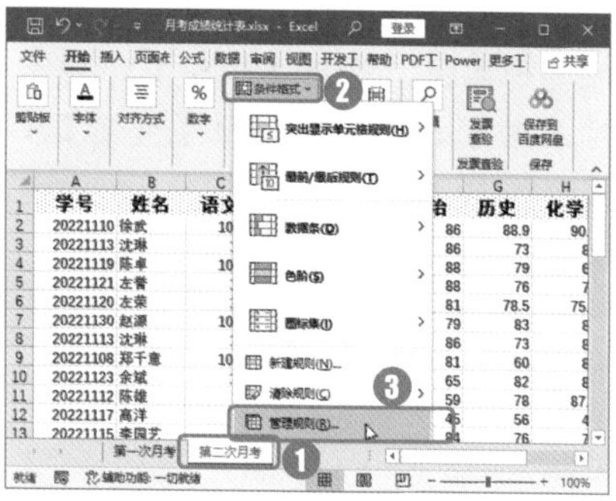

图 20-73

Step 02 调整条件格式优先级。打开【条件格式规则管理器】对话框，❶在【显示其格式规则】下拉列表中选择【当前工作表】选项，❷在下方的列表框中选择需要编辑的条件格式选项，这里选择【数据条】规则，❸单击【上移】按钮，如图 20-74 所示。

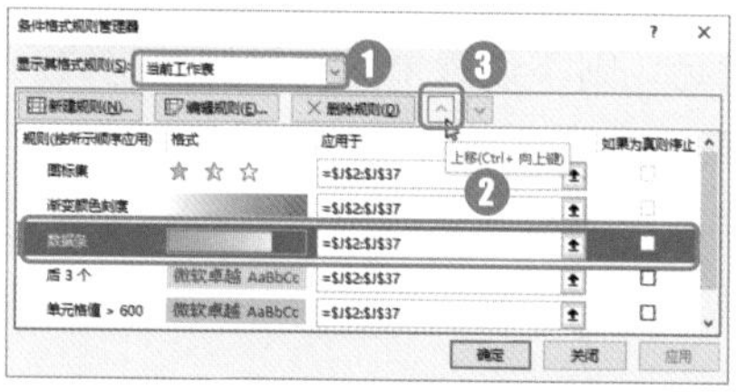

图 20-74

Step 03 查看调整后的效果。经过上步操作，可以在【条件格式规则管理器】对话框中的列表框中看到所选的【数据条】规则向上移动一个位置后的效果，如图 20-75 所示，同时也调整了该表格中【数据条】规则的优先级。

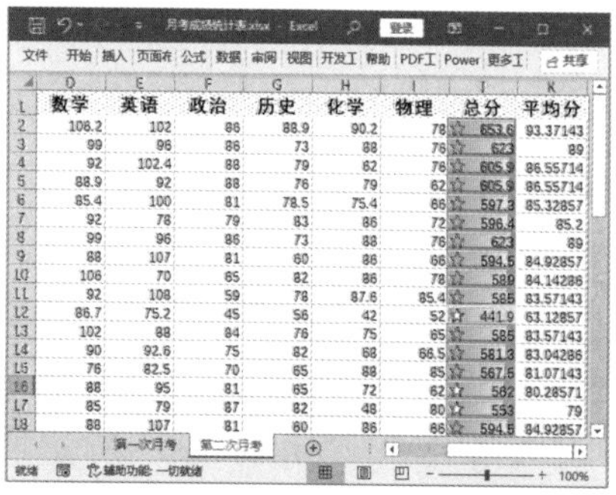

图 20-75

技能拓展——应用【如果为真则停止】规则

在默认情况下，一个单元格区域中如果存在多个条件格式规则，则优先级高的规则先执行，然后依次执行下一级规则，直到将所有规则执行完毕。在这一过程中，还可以在【条件格式规则管理器】对话框中选中对应规则后的【如果为真则停止】复选框启用【如果为真则停止】功能，让优先级较高的规则条件在满足后，继续执行后续级别的规则时，不再对满足了较高规则条件的单元格执行后续规则。这样，就可以实现对数据的有条件筛选。

技巧 03：快速删除重复值

数据的准确性和唯一性是数据处理中的基本原则。但是，在输入数据或编辑修改数据时，可能因为某些环节的疏忽大意让数据出现错误或重复的情况，这对于后期数据的应用或分析，可能会造成很大的影响。例如，在工资表中，如果某一员工的工资数据出现了重复，那么后果可想而知。所以在输入和编辑数据时，一定要注意数据的准确性和唯一性。

为提高数据的准确性，可以为单元格设置相应的数据有效性，以便进行验证。但要保证数据的唯一性，就需要借助Excel提供的【删除重复值】功能了。

例如，要删除"第二次月考"工作表中的重复数据，具体操作步骤如下。

Step 01 执行删除重复项操作。❶选择【第二次月考】工作表，❷选择A1:K37 单元格区域，❸单击【数据】选项卡【数据工具】组中的【删除重复值】按钮，如图 20-76 所示。

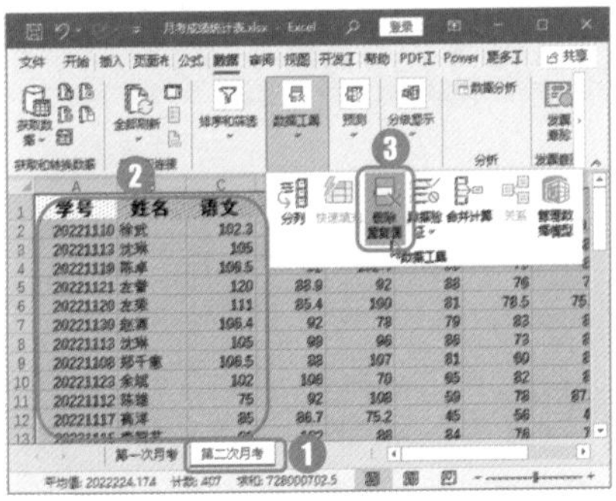

图 20-76

技术看板

执行【删除重复值】功能的过程中，在选择数据区域时最好附带选择一些空白区域，避免系统判断失误。

Step 02 选择要删除的重复值字段。打开【删除重复值】对话框，❶在列表框中选择需要作为重复值判断依据的字段，这里选中所有字段名对应的复选框，❷单击【确定】按钮，如图 20-77 所示。

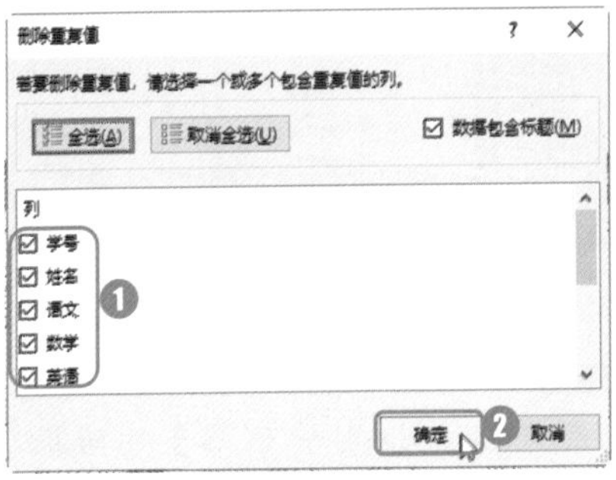

图 20-77

Step 03 查看删除后的效果。经过上步操作，系统会自动判断所设置的字段中数据完全相同的数据值，然后打开提示对话框提示找到的相同值，如图 20-78 所示，单击【确定】按钮，即可将这些重复值删除。

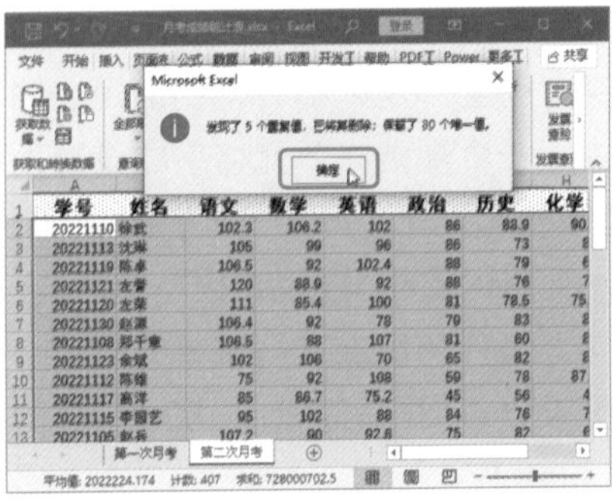

图 20-78

本章小结

学完本章知识后，读者可以知道突出显示单元格规则就是自定义一个条件，当单元格数据满足某个条件时，就可以设置相应的单元格格式；如果没有满足，则不设置单元格区域的格式。在对大型数据表进行统计分析时，为了便于区别和查看，可以使用条件格式对满足或不满足条件的数据进行突出显示。为了保证数据的准确性和唯一性，本章也讲解了数据有效性的内容。对各种数据的有效输入范围进行设置后，可以避免数据输入错误，还可以快速查看无效的数据，对数据也能起到筛选作用。

第21章 数据透视表与透视图

- 看似简单的数据透视表，却总是制作不出想要的效果?
- 数据透视表竟然也能实现数据的排序、筛选和汇总?
- 在透视数据的同时，也可以查看汇总结果或明细吗?
- 使用切片器，能够让数据筛选变得更简单吗?
- 数据透视图与普通图表有什么区别?

分析数据时，很多时候需要从不同的角度或不同的层次来分析，而图表无法直接实现，此时就需要运用数据透视表。另外，根据数据透视表还可以生成数据透视图，非常适用于对大量数据进行汇总分析与统计。

21.1 数据透视表介绍

数据透视表兼具了Excel的数据排序、筛选和分类汇总功能，能灵活展现各种数据，是Excel中非常重要的一个数据分析工具。在使用数据透视表之前，需要透彻地了解数据透视表。本节将对数据透视表的基础知识进行讲解。

21.1.1 认识数据透视表

数据透视表，顾名思义就是将数据“看透”了。

在学习数据透视表的其他知识之前，首先了解数据透视表的基本术语，也是它的关键功能——“透视”，指通过重新排列或定位一个或多个字段的位置来重新安排数据透视表。

之所以称为数据透视表，是因为可以动态地改变数据间的版面布置，以便按照不同方式分析数据，也可以重新安排行号、列标和页字段。每一次改变版面布置时，数据透视表会立即按照新的布置重新计算数据。另外，如果原始数据发生更改，则可以更新数据透视表。

简言之，数据透视表是一种可以对大量数据进行快速汇总和建立交叉列表的交互式表格，也就是一个产生于数据库的动态报告，可以驻留在工作表中或外部文件中。

数据透视表是Excel中具有强大分析能力的工具，可以帮助用户将行或列中的数字转变为有意义的数据表示。

21.1.2 数据透视表的组成

一个完整的数据透视表主要由数据库、行字段、列字段、求值项和汇总项等部分组成。而对数据透视表的透视方式进行控制需要在【数据透视表字段】任务窗格中来完成。

图 21-1 所示为某订购记录制作的数据透视表。

在Excel 2021 中创建数据透视表后，会显示【数据透视表字段】任务窗格，对数据透视表的透视方式进行设置的所有操作都需要在该任务窗格中完成。【数据透视表字段】任务窗格分为两部分，下部分是用于重新排列和定位字段的 4 个列表框。为了在设置数据透视表布局时能够获得所需结果，用户需要深入了解并掌握【数据透视表字段】任务窗格的工作方式及排列不同类型字段的方法。表 21-1 则结合数据透视表中的显示效果来介绍一个完整数据透视表各组成部分的作用。

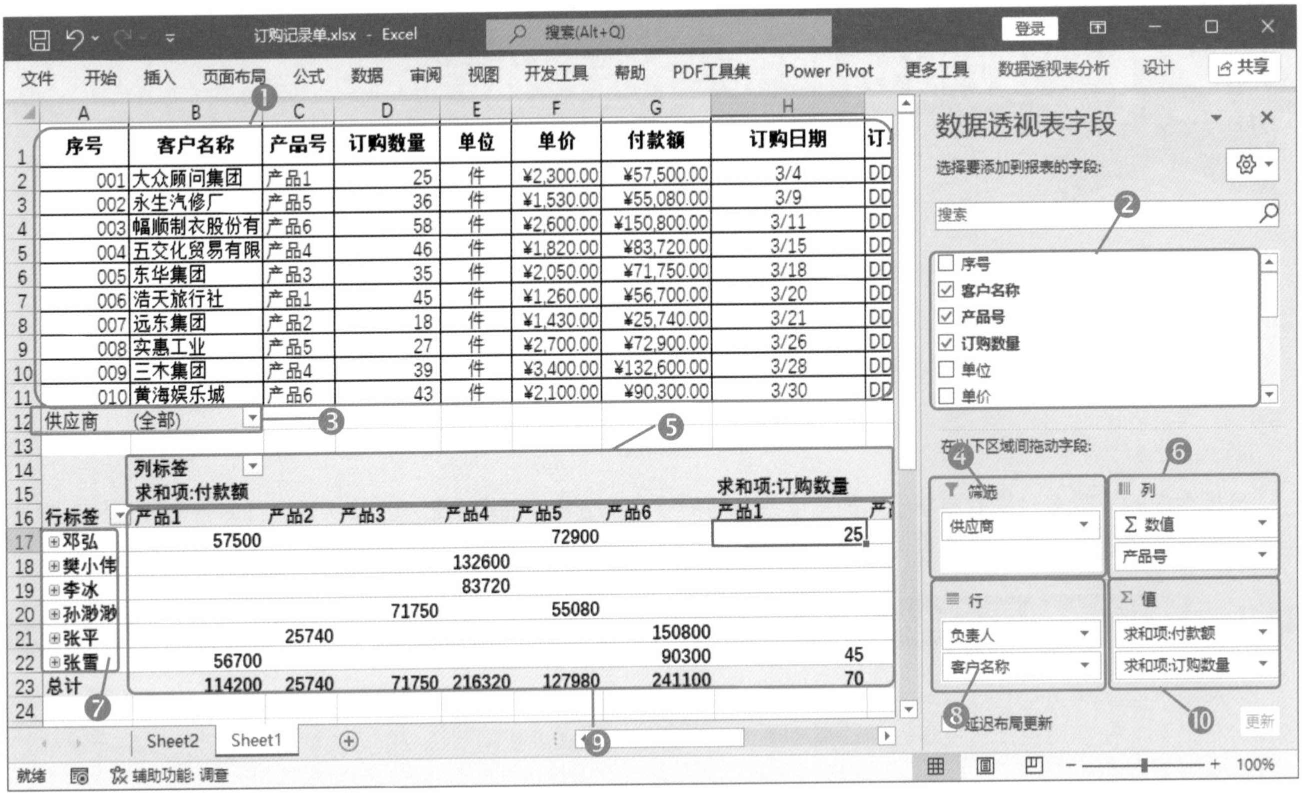

图 21-1

表 21-1 数据透视表各组成部分及作用序号

序号	名称	作用
❶	数据库	也称为数据源，是用于创建数据透视表的数据清单或多维数据集。数据透视表的数据库可以驻留在当前工作表或外部文件中
❷	【字段列表】列表框	字段列表中包含了数据透视表中所需要数据的字段（也称为列）。在该列表框中选中或取消选中字段标题对应的复选框，可以对数据透视表进行透视
❸	报表筛选字段	又称为页字段，用于筛选表格中需要保留的项，项是组成字段的成员
❹	【筛选】列表框	移动到该列表框中的字段即为报表筛选字段，将在数据透视表的报表筛选区域显示
❺	列字段	信息的种类，等价于数据清单中的列
❻	【列】列表框	移动到该列表框中的字段即为列字段，将在数据透视表的列字段区域显示
❼	行字段	信息的种类，等价于数据清单中的行
❽	【行】列表框	移动到该列表框中的字段即为行字段，将在数据透视表的行字段区域显示
❾	值字段	根据设置的求值函数，对选择的字段项进行求值。数值和文本的默认汇总函数分别是SUM（求和）和COUNT（计数）
❿	【值】列表框	移动到该列表框中的字段即为值字段，将在数据透视表的求值项区域显示

21.1.3 数据透视表的作用

数据透视表是对数据源进行透视，并进行分类、汇总、比较和大量的数据筛选，以达到快速查看源数据不同方面统计结果的目的。

数据透视表综合了数据的排序、筛选、分类、汇总等常用的数据分析方法，并且可以方便地调整分类、汇总方式，灵活地以不同的方式展示数据的特征。

数据透视表最大的优势在于，它可以根据数据源的变化进行变动，而且非常快捷和方便，这也是函数公式计算无法比拟的。

数据透视表主要有以下几种用途。

- 以多种方式查询大量数据。通过对数据透视表中各个字段的行列进行交换，能够快速得到用户需要的数据。
- 可以对数值数据进行分类汇总和聚合。按分类和子分类对数据进行汇总，还可以创建自定义计算规则和公式。
- 展开或折叠要关注结果的数据级别，可以选择性查看感兴趣区域数据的明细。
- 将行移动到列或将列移动到行，以查看源数据的不同汇总。
- 对最有用和最关注的数据子集进行筛选、排序、分组及有条件的格式设置，让用户能够关注和重点分析所需的信息。
- 提供简明、有吸引力且带有批注的联机报表或打印报表。

21.2 创建数据透视表

使用数据透视表对数据进行分析时，首先需要创建数据透视表。在Excel 2021中，数据透视表既可以通过【推荐的数据透视表】功能快速创建，也可以根据需要手动创建，用户可以根据实际情况选择创建的方法。

★重点 21.2.1 实战：使用推荐功能创建销售数据透视表

实例门类	软件功能

Excel 2021提供的【推荐的数据透视表】功能，会根据数据源的特点，自动生成不同的数据透视表，用户可以直接预览数据透视表效果，选择需要的数据透视表，不必重新编辑字段列表，非常方便。

例如，要在销售表中为某个品牌的销售数据创建推荐的数据透视表，具体操作步骤如下。

Step01 执行推荐的数据透视表操作。打开素材文件\第21章\汽车销售表.xlsx，❶选择任意包含数据的单元格，❷单击【插入】选项卡【表格】组中的【推荐的数据透视表】按钮，如图21-2所示。

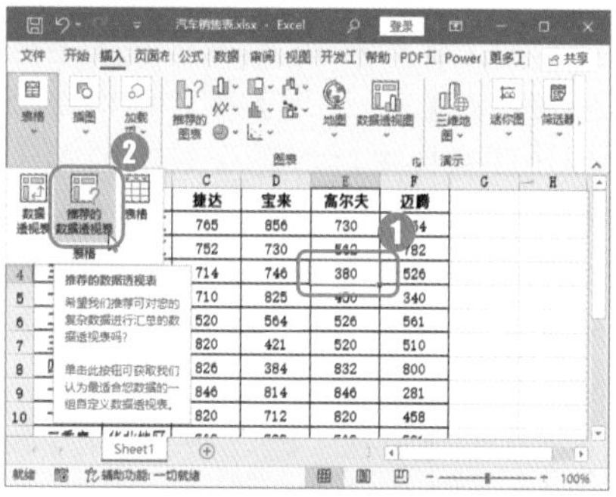

图 21-2

技术看板

要创建数据透视表的数据必须以数据库的形式存在，数据库可以存储在工作表中，也可以存储在外部数据库中。一个数据库表可以包含任意数量的数据字段和分类字段，但在分类字段中的数值应以行、列或页的形式出现在数据透视表中。除了含有分类别数据的数据库可以创建数据透视表以外，一些不含有数值的数据库也可以创建数据透视表，只是它所统计的内容并不是数值，而是个数。

Step02 选择推荐的数据透视表。打开【推荐的数据透视表】对话框，❶在左侧选择需要的数据透视表效果，❷在右侧预览相应的透视表字段数据，满意后单击【确定】按钮，如图21-3所示。

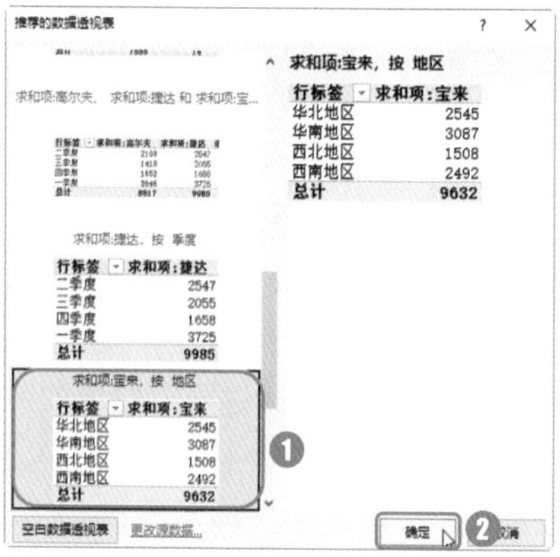

图 21-3

Step03 查看数据透视表效果。经过上步操作，即可在新工作表中创建对应的数据透视表，同时可以在右侧显示出的【数据透视表字段】任务窗格中查看到当前数据透视表的透视设置参数，如图21-4所示，修改该工作表的名称为【宝来】。

图 21-4

★重点 21.2.2 实战：手动创建库存数据透视表

实例门类	软件功能

由于数据透视表的创建是依据用户想要查看数据某个方面的信息而存在的，这要求用户的主观能动性很强，能根据需要做出恰当的字段形式判断，从而得到一堆数据关联后在某方面的关系。因此，掌握手动创建数据透视表的方法是学习数据透视表的最基本操作。

通过前面的介绍，可知数据透视表包括 4 类字段，分别为报表筛选字段、列字段、行字段和值字段。手动创建数据透视表就是要连接到数据源，在指定位置创建一个空白数据透视表，然后在【数据透视表字段】任务窗格的【字段列表】列表框中添加数据透视表需要的数据字段。此时，系统会将这些字段放置在数据透视表的默认区域中，用户还需要手动调整字段在数据透视表中的区域。

例如，要创建数据透视表分析【产品库存表】中的数据，具体操作步骤如下。

Step01 创建数据透视表。打开素材文件\第 21 章\产品库存表.xlsx，❶选择任意包含数据的单元格，❷单击【插入】选项卡【表格】组中的【数据透视表】按钮，如图 21-5 所示。

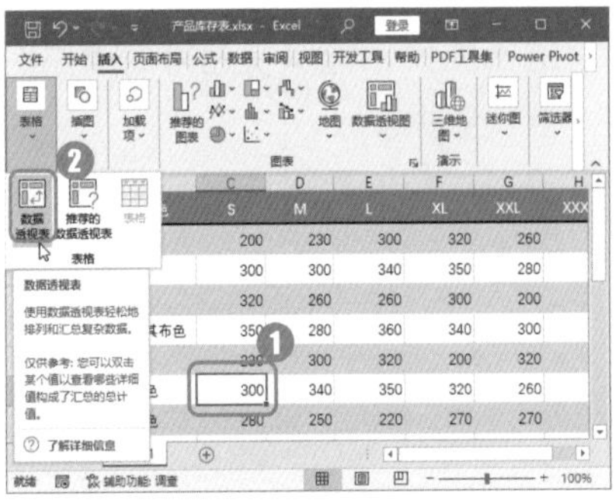

图 21-5

Step02 设置数据源和创建位置。打开【创建数据透视表】对话框，❶选中【选择一个表或区域】单选按钮，在【表/区域】参数框中会自动引用表格中所有包含数据的单元格区域（本例因数据源设置了表格样式，自动定义样式所在区域的名称为【表 1】），❷在【选择放置数据透视表的位置】栏中选中【新工作表】单选按钮，❸单击【确定】按钮，如图 21-6 所示。

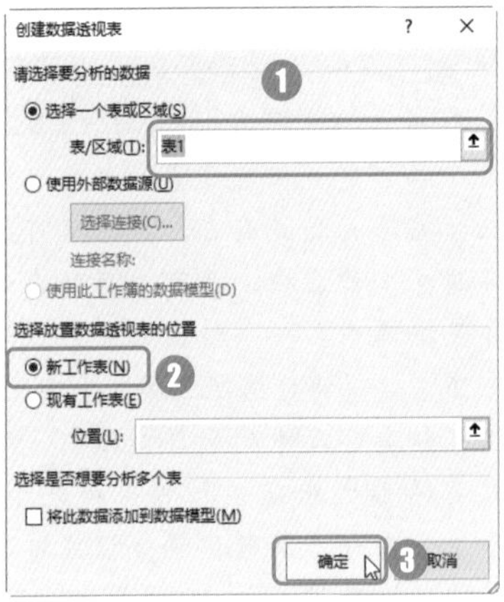

图 21-6

技术看板

如果要将创建的数据透视表存放到源数据所在的工作表中，可以在【创建数据透视表】对话框的【选择放置数据透视表的位置】栏中选中【现有工作表】单选按钮，并在下方的【位置】文本框中选择要以哪个单元格作为起始位置存放数据透视表。

Step03 设置字段创建数据透视表。经过上步操作，即可在新工作表中创建一个空白数据透视表，并显示出【数据透视表字段】任务窗格。在任务窗格中的【字段列表】列表框中选中需要添加到数据透视表中的字段对应的复选框，这里选中所有复选框，系统会根据默认规则，自动将选择的字段显示在数据透视表的各区域中，效果如图 21-7 所示。

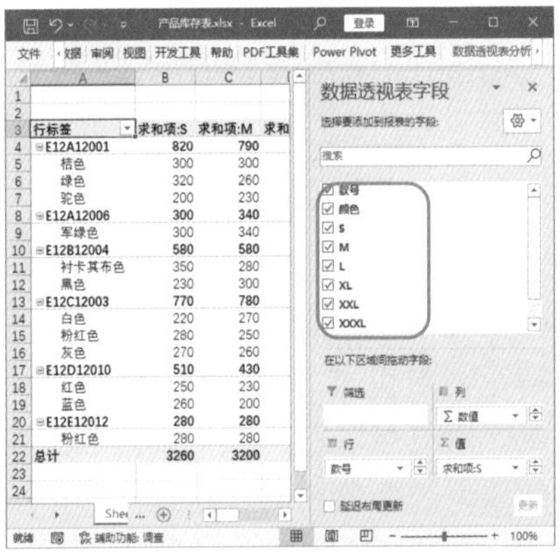

图 21-7

技能拓展——为外部数据源创建数据透视表

在【创建数据透视表】对话框中选中【使用外部数据源】单选按钮，然后单击【选择连接】按钮可选择外部数据源。

21.3 编辑数据透视表

创建数据透视表后，在显示出的【数据透视表字段】任务窗格中可以编辑数据透视表中的各字段，以便对源数据中的行或列数据进行分析，查看数据表的不同汇总结果。同时，数据透视表作为Excel中的对象，与创建其他Excel对象一样，会激活编辑对象的工具选项卡——【数据透视表分析】选项卡和【设计】选项卡。通过这两个选项卡可以对创建的数据透视表进行更多编辑，如更改汇总计算方式、筛选数据透视表中的数据及设置数据透视表样式等。

21.3.1 实战：改变库存数据透视表的透视方式

实例门类	软件功能

创建数据透视表时只是将相应的数据字段添加到数据透视表的默认区域中，进行具体数据分析时还需要调整字段在数据透视表的区域，主要可以通过以下 3 种方法进行调整。

- 通过拖动鼠标进行调整：在【数据透视表字段】任务窗格中通过拖动鼠标将需要调整的字段名称拖动到相应的列表框中，即可更改数据透视表的布局。
- 通过菜单进行调整：在【数据透视表字段】任务窗格下方的 4 个列表框中选择并单击需要调整的字段名称按钮，在弹出的下拉菜单中选择需要移动到其他区域的选项，如【移动到行标签】【移动到列标签】等选项，即可在不同的区域之间移动字段。
- 通过快捷菜单进行调整：在【数据透视表字段】任务窗格的【字段列表】列表框中需要调整的字段名称上右击，在弹出的快捷菜单中选择【添加到报表筛选】【添加到列标签】【添加到行标签】或【添加到值】选项，即可将该字段放置在数据透视表的某个特定区域中。

此外，在同一个字段属性中，还可以调整各数据项的顺序。此时，可以在【数据透视表字段】任务窗格下方的【筛选】【列】【行】或【值】列表框中，通过拖动鼠标的方式，或者单击需要进行调整的字段名称按钮，在弹出的下拉菜单中选择【上移】【下移】【移至开头】或【移至末尾】选项来完成。

例如，为刚刚手动创建的库存数据透视表进行透视设置，使其符合实际分析需要，具体操作步骤如下。

Step 01 拖动调整字段位置。❶在【行】列表框中选择【款号】字段名称，❷按住鼠标左键将其拖动到【筛选】列表框中，如图 21-8 所示。

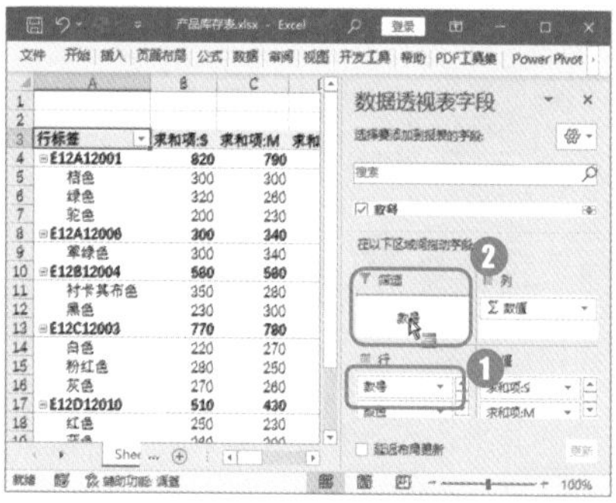

图 21-8

Step 02 移动字段位置。经过上步操作，可将【款号】字段移动到【筛选】列表框中，作为整个数据透视表的筛选项目，当然数据透视表的透视方式也发生了改变。❶单击【值】列表框中【求和项:M】字段名称右侧的下拉按钮 ▾，❷在弹出的下拉菜单中选择【移至开头】选项，如图 21-9 所示。

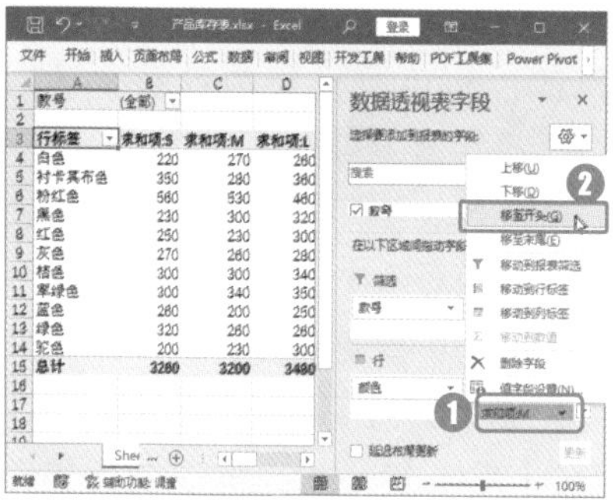

图 21-9

Step 03 查看数据透视表效果。经过上步操作，即可将【求和项:M】字段移动到值字段的顶层，同时数据透视表的透视方式也发生了改变，完成后的效果如图 21-10 所示。

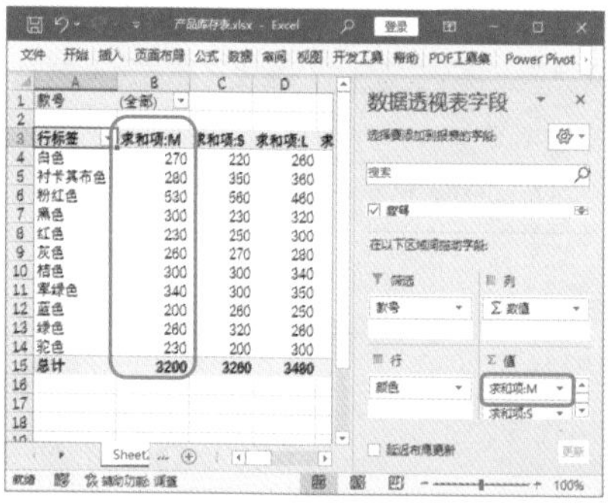

图 21-10

★重点 21.3.2 实战：设置库存数据透视表中的值字段

实例门类	软件功能

默认情况下，数据透视表中的值字段数据会按照数据源中的方式进行显示，且汇总方式为求和。实际上，可以根据需要修改数据的汇总方式和显示方式。

1. 更改值字段的汇总方式

在 Excel 2021 中，数据透视表的汇总数据默认按照“求和”的方式进行运算。如果用户不想使用这样的方式，也可以对汇总方式进行更改，如可以设置为计数、平均值、最大值、最小值、乘积、偏差和方差等，不同的汇总方式会使数据透视表显示出不同的数据结果。

例如，要更改库存数据透视表中【XXXL】字段的汇总方式为计数、【XXL】字段的汇总方式为求最大值，具体操作步骤如下。

Step01 选择值字段设置命令。❶单击【数据透视表字段】任务窗格【值】列表框中【求和项:XXXL】字段名称右侧的下拉按钮 ˅，❷在弹出的下拉菜单中选择【值字段设置】选项，如图 21-11 所示。

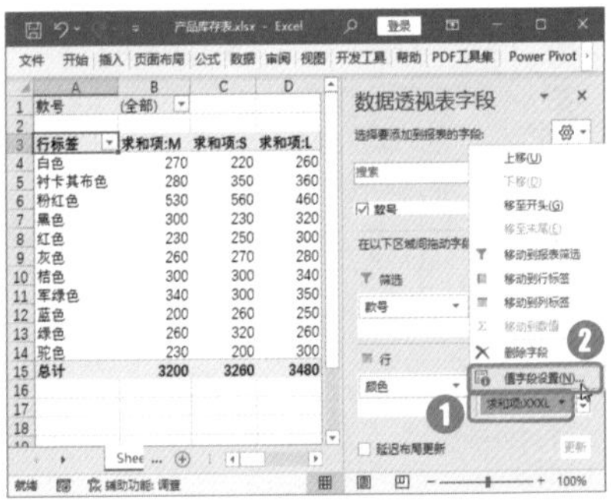

图 21-11

Step02 设置值汇总方式（一）。打开【值字段设置】对话框，❶选择【值汇总方式】选项卡，❷在【计算类型】列表框中选择需要的汇总方式，这里选择【计数】选项，❸单击【确定】按钮，如图 21-12 所示。

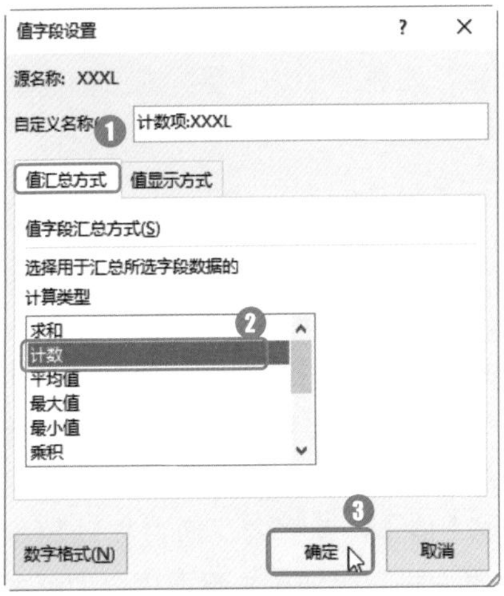

图 21-12

Step03 执行字段设置操作。在工作表中即可看到【求和项:XXXL】字段的汇总方式已经修改为计数，并统计出 XXXL 型号的衣服有 12 款。❶选择需要修改汇总方式的【XXL】字段中的任意单元格，❷单击【数据透视表分析】选项卡【活动字段】组中的【字段设置】按钮，如图 21-13 所示。

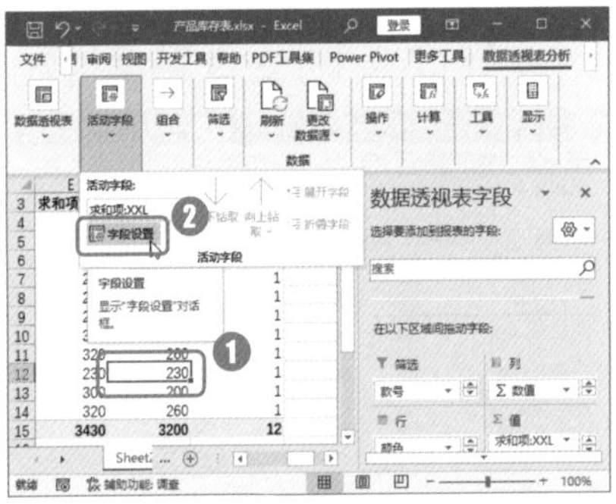

图 21-13

Step04 设置值汇总方式（二）。打开【值字段设置】对话框，❶选择【值汇总方式】选项卡，❷在【计算类型】列表框中选择【最大值】选项，❸单击【确定】按钮，如图 21-14 所示。

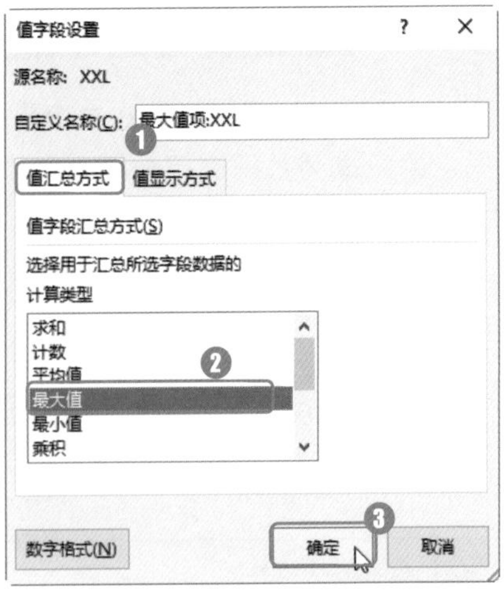

图 21-14

技能拓展——打开【值字段设置】对话框的其他方法

直接在数据透视表中值字段的字段名称单元格上双击，也可以打开【值字段设置】对话框。在【值字段设置】对话框的【自定义名称】文本框中可以对字段的名称进行重命名。

Step05 查看更改汇总方式后的效果。经过上步操作后，在工作表中即可看到【求和项:XXL】字段的汇总方式修改为求最大值了，统计出 XXL 型号的衣服中有一款剩余 320 件，是库存最多的一款，如图 21-15 所示。

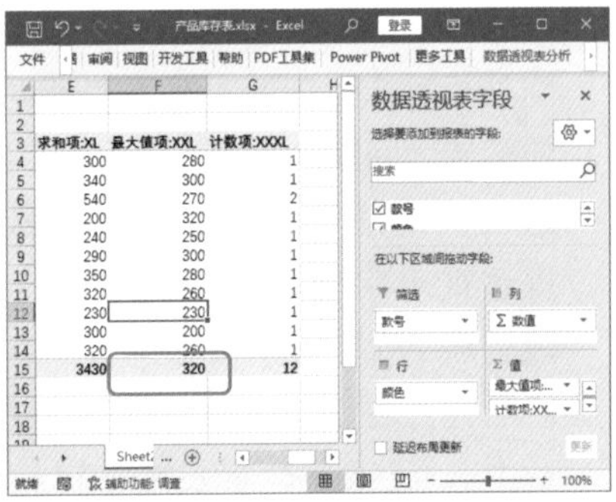

图 21-15

2. 更改值字段的显示方式

数据透视表中数据字段值的显

示方式也是可以改变的，如可以设置数据值显示的方式为普通、差异和百分比等，具体操作需要通过【值字段设置】对话框来完成。

例如，在库存数据透视表中设置【XL】字段以百分比形式进行显示，具体操作步骤如下。

Step 01 执行字段设置操作。❶选择需要修改值显示方式的【XL】字段，❷单击【数据透视表分析】选项卡【活动字段】组中的【字段设置】按钮，如图 21-16 所示。

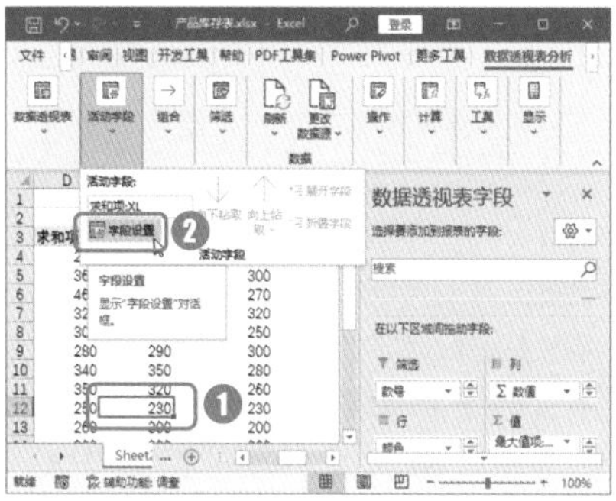

图 21-16

Step 02 设置值的显示方式。打开【值字段设置】对话框，❶选择【值显示方式】选项卡，❷在【值显示方式】下拉列表中选择需要的显示方式，这里选择【列汇总的百分比】选项，❸单击【数字格式】按钮，如图 21-17 所示。

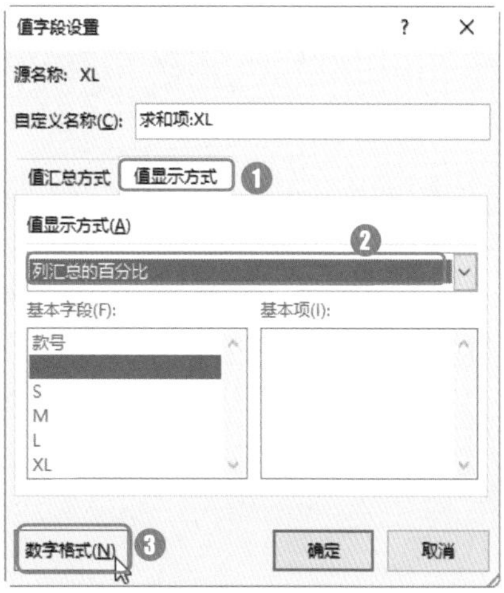

图 21-17

Step 03 设置值的数字格式。打开【设置单元格格式】对话框，❶在【分类】列表框中选择【百分比】选项，❷在【小数位数】数值框中设置小数位数为【1】，❸单击【确定】按钮，如图 21-18 所示。

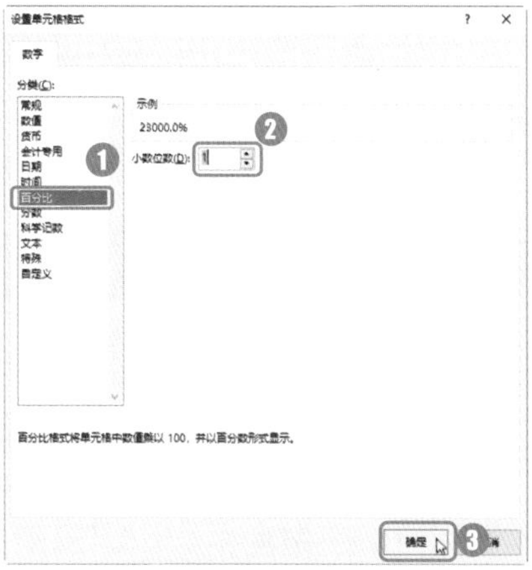

图 21-18

Step 04 确认设置。返回【值字段设置】对话框，单击【确定】按钮，如图 21-19 所示。

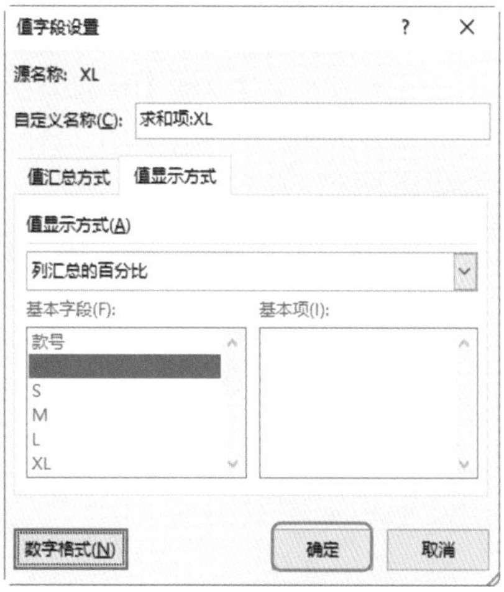

图 21-19

Step 05 查看更改值显示方式后的效果。返回工作表中即可看到【XL】字段的数据均显示为一位小数位数的百分比数据效果，如图 21-20 所示。

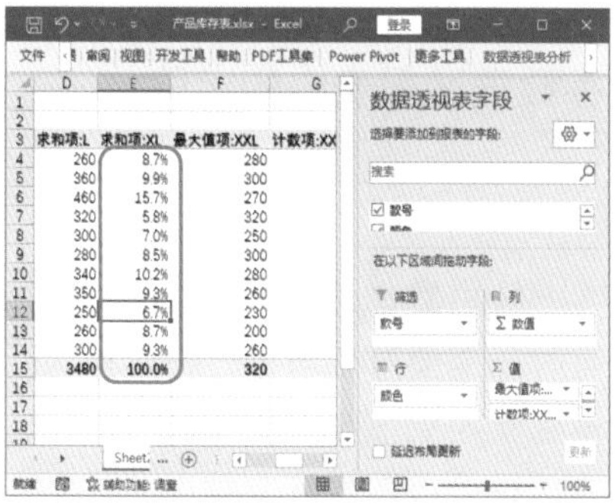

图 21-20

技术看板

Excel 中提供的数据透视表工具中的字段设置功能，除了能对数据透视表【数值】区域中的数据进行设置外，还可以对【报表筛选】【列标签】和【行标签】区域中的数据进行设置。只是在选择这些数据字段后，打开的不是【值字段设置】对话框，而是【字段设置】对话框，如图 21-21 所示。在其中可以设置字段的分类汇总和筛选方式，以及布局和打印方式。

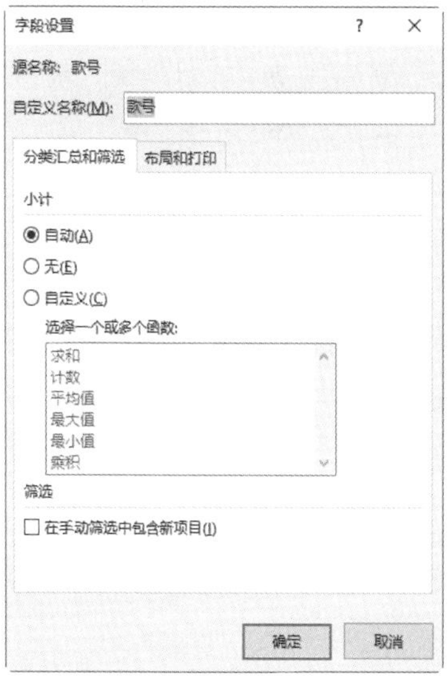

图 21-21

★重点 21.3.3 实战：筛选库存数据透视表中的字段

实例门类	软件功能

应用数据透视表透视数据时，有时还需要对字段进行筛选，从而得到更符合要求的数据透视效果。在数据透视表中筛选数据的效果是叠加式的，也就是说，每次增加筛选条件都是基于当前已经筛选过的数据进一步减小数据子集。

在 Excel 2021 数据透视表中，筛选字段数据主要通过在相应字段的下拉菜单中选择，以及插入切片器的方法来完成。下面分别进行讲解。

1. 通过下拉菜单进行筛选

在 Excel 2021 中创建的数据透视表，其报表筛选字段、行字段和列字段、值字段会提供相应的下拉按钮，单击相应的按钮，在弹出的下拉菜单中，用户可以同时创建 4 种类型的筛选：手动筛选、标签筛选、值筛选和复选框设置。

例如，要根据库存表原始数据重新创建一个数据透视表，并对其中的报表筛选字段、行字段进行数据筛选，具体操作步骤如下。

Step 01 创建数据透视表。❶选择【Sheet1】工作表，❷选择任意包含数据的单元格，❸单击【插入】选项卡【表格】组中的【推荐的数据透视表】按钮，如图 21-22 所示。

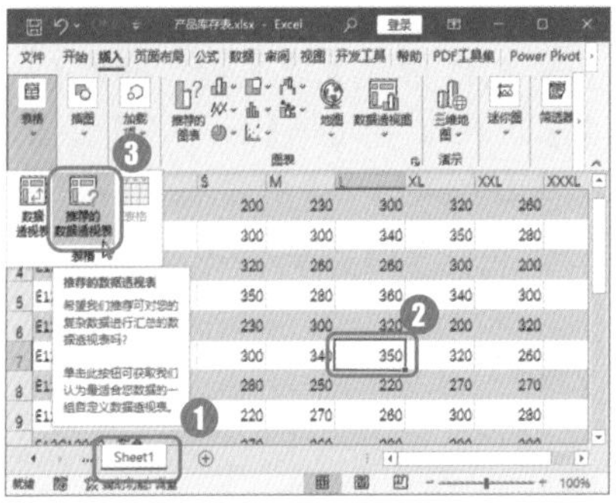

图 21-22

技术看板

并不是所有创建的数据透视表中的报表筛选字段、行字段、列字段和值字段都会提供相应的下拉按钮用于筛选字段，系统会根据相应字段的内容判断出是否需要进行筛选，只有可用于筛选的数据时才会在字段旁显示出下拉按钮▼。

Step 02 选择数据透视表。打开【推荐的数据透视表】对话框，❶在左侧选择需要的数据透视表效果，❷在右侧预览相应的透视表字段数据，满意后单击【确定】按钮，如图 21-23 所示。

图 21-23

Step 03 更改创建的数据透视表。经过上步操作，即可在新工作表中创建对应的数据透视表。❶在【数据透视表字段】任务窗格的【字段列表】列表框中选中所有复选框，❷将“款号”字段移动到【筛选】列表框中，改变数据透视表的透视效果，如图 21-24 所示。

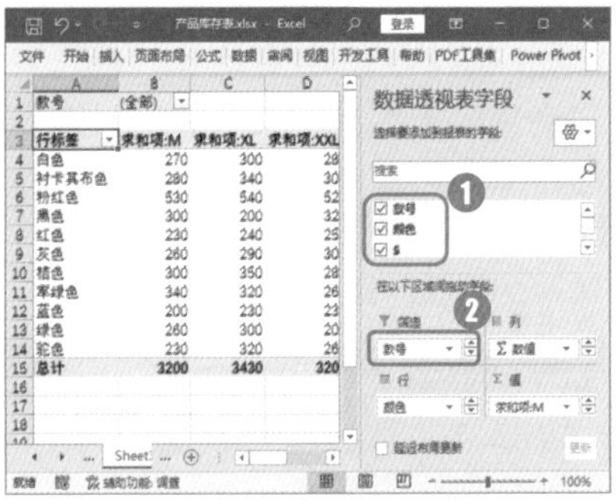

图 21-24

Step 04 筛选数据。❶单击【款号（全部）】字段右侧的下拉按钮▼，❷在弹出的下拉菜单中选中【选择多项】复选框，❸在上方的列表框中仅选中前两项对应的复选框，❹单击【确定】按钮，如图 21-25 所示。

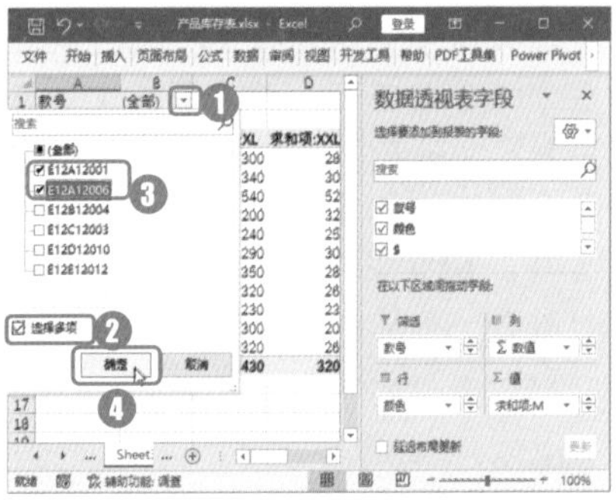

图 21-25

Step 05 查看筛选结果。经过以上操作后，将筛选出数据透视表中相应款号的数据内容，效果如图 21-26 所示，修改工作表名称为【E12A 系列】。

图 21-26

Step06 设置筛选字段。❶单击【行标签】字段右侧的下拉按钮▾，❷在弹出的下拉菜单列表框中选中要筛选字段的对应复选框，这里选中【军绿色】复选框和【绿色】复选框，❸单击【确定】按钮，如图 21-27 所示。

图 21-27

Step07 查看筛选结果。经过上步操作后，即可在上次筛选的结果中继续筛选颜色为军绿色或绿色的数据，效果如图 21-28 所示。

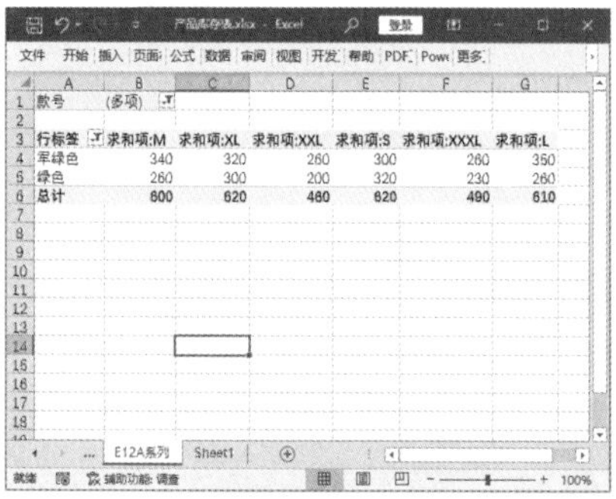

图 21-28

技能拓展——在数据透视表中筛选数据的其他方法

筛选报表字段、行字段时都会弹出一个下拉菜单，在这个下拉菜单的【搜索】文本框中可以手动输入要筛选的条件，还可以在【标签筛选】和【值筛选】级联菜单中选择相应的选项来进行筛选。

2. 插入切片器筛选

通过筛选器对数据透视表中多个数据字段进行筛选时，很难看到当前的筛选状态，必须打开一个下拉菜单才能找到有关筛选的详细信息，而且有些筛选方式还不能实现，这时可以使用切片器来对数据透视表中的数据进行筛选。

切片器提供了一种可视性极强的筛选方法来筛选数据透视表中的数据。它包含一组易于使用的筛选组件，一旦插入切片器，用户就可以使用多个按钮对数据进行快速分段和筛选，仅显示所需数据。此外，切片器还会清晰地标记已应用的筛选器，提供详细信息指示当前筛选状态，从而便于其他用户能够轻松、准确地了解已筛选的数据透视表中所显示的内容。

在 Excel 中使用切片器对数据透视表中的数据进行筛选时，首先需要插入用于筛选字段的切片器，然后在切片器中选择要筛选出的数据选项即可。

例如，在库存数据透视表中要撤消上次的筛选效果，并根据款号和颜色重新进行筛选，具体操作步骤如下。

Step01 执行清除筛选操作。❶复制【E12A 系列】工作表，得到【E12A 系列 (2)】工作表，❷选择数据透视表中的任意单元格，❸单击【数据透视表分析】选项卡【操作】组中的【清除】按钮，❹在弹出的下拉菜单中选择【清除筛选】选项，如图 21-29 所示。

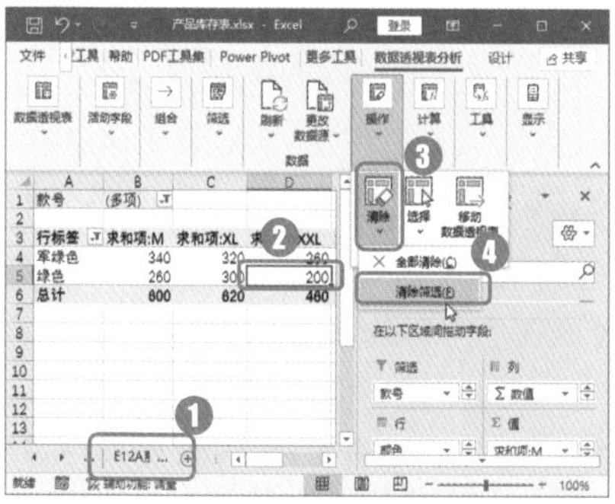

图 21-29

Step02 执行插入切片器操作。经过上步操作，将清除对数据透视表中的筛选操作，显示出所有透视数据。❶选择数据透视表中的任意单元格，❷单击【数据透视表分析】选项卡【筛选】组中的【插入切片器】按钮，如图 21-30 所示。

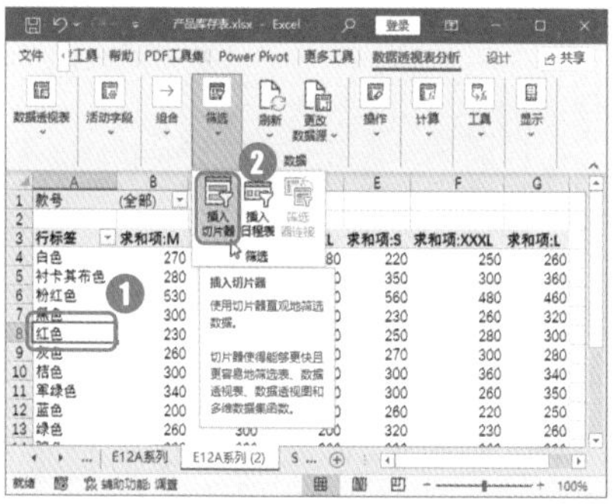

图 21-30

Step03 设置切片器字段。打开【插入切片器】对话框，❶在列表框中选中需要插入切片器的字段，这里选中【款号】复选框和【颜色】复选框，❷单击【确定】按钮，如图 21-31 所示。

图 21-31

Step04 利用切片器筛选款号数据。经过上步操作，将插入【款号】和【颜色】两个切片器，且每个切片器中的数据都以升序自动进行排列。❶将插入的切片器移动到合适的位置，❷在【款号】切片器中按住【Ctrl】键的同时，选择需要筛选出的数据，即可在数据透视表中筛选出相关的数据，如图 21-32 所示。

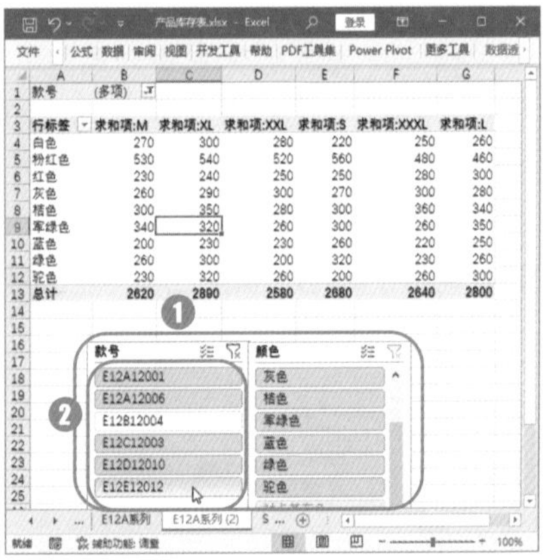

图 21-32

Step05 利用切片器筛选颜色数据。使用相同的方法，在【颜色】切片器中选择需要的字段选项，即可在数据透视表上次筛选结果的基础上，继续筛选出符合本次设置条件的相关数据，如图 21-33 所示。

图 21-33

技能拓展——断开切片器与数据透视表的连接

在Excel中，如果需要断开切片器与数据透视表的连接，可选择切片器，单击【切片器】选项卡【切片器】组中的【报表连接】按钮。打开【数据透视表连接（颜色）】对话框，取消选中【数据透视表 5】复选框，单击【确定】按钮即可，如图 21-34 所示。

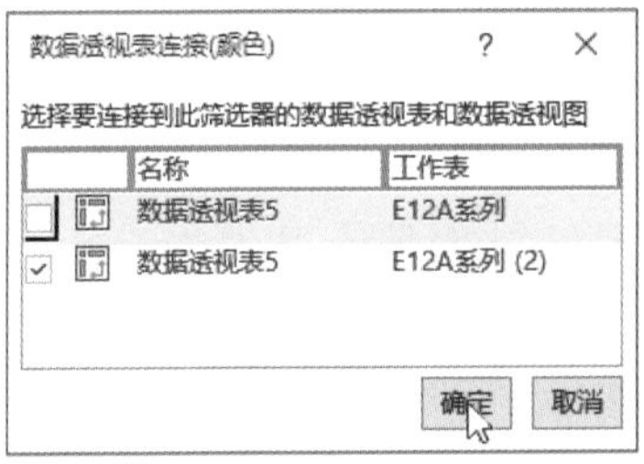

图 21-34

21.3.4 实战：对库存数据进行排序

实例门类	软件功能

对数据透视表中的数据已经进行了处理，因此，即使需要对表格中的数据进行排序，也不会像在普通数据表中进行排序那么复杂。数据透视表中的排序都比较简单，通常进行升序或降序排列即可。

例如，要让库存数据透视表中的数据按照销量从大到小进行排列，具体操作步骤如下。

Step01 执行降序操作。❶重命名【E12A 系列（2）】工作表的名称为【畅销款】，❷选择数据透视表中总计行的任意单元格，❸单击【数据】选项卡【排序和筛选】组中的【降序】按钮，如图 21-35 所示。

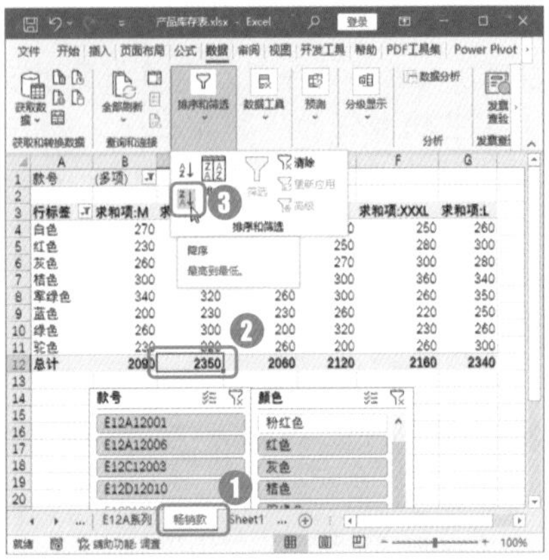

图 21-35

Step02 再次执行降序操作。经过上步操作，数据透视表中的数据会根据【总计】数据从大到小进行排列，且所有与这些数据有对应关系的单元格数据都会自动进行排列。❶选择数据透视表中总计排在第一列的【XL】字段列中的任意单元格，❷单击【数据】选项卡【排序和筛选】组中的【降序】按钮，如图 21-36 所示。

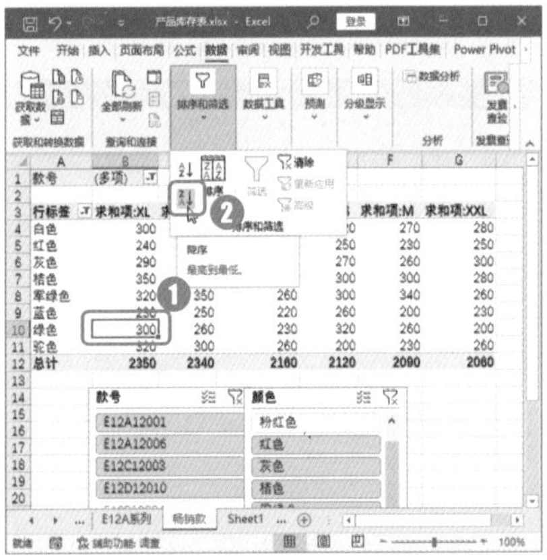

图 21-36

Step03 查看降序排列后的效果。经过上步操作，可以看到数据透视表中的数据在上次排序结果的基础上，再次根据【XL】字段列从大到小进行排列，且所有与这些数据有对应关系的单元格数据都会自动进行排列，效果如图 21-37 所示。

图 21-37

21.3.5 实战：设置库存数据透视表布局样式

实例门类	软件功能

在 Excel 2021 中，默认情况下，创建的数据透视表都压缩在左边，不方便数据的查看。利用数据透视表布局功能可以更改数据透视表原有的布局效果。

例如，为刚刚创建的数据透视表设置布局样式，具体操作步骤如下。

Step01 选择报表布局样式。❶选择数据透视表中的任意单元格，❷单击【设计】选项卡【布局】组中的【报表布局】按钮，❸在弹出的下拉菜单中选择【以表格形式显示】选项，如图 21-38 所示。

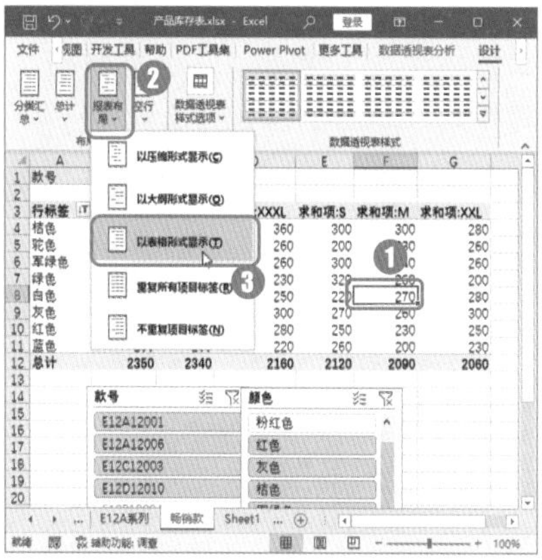

图 21-38

技术看板

单击【布局】组中的【空行】按钮，在弹出的下拉菜单中可以选择是否在每个汇总项目后插入空行。在【布局】组中还可以设置数据透视表的汇总形式、总计形式。

Step02 查看更改布局后的效果。经过上步操作，即可更改数据透视表布局为表格格式，最明显的是行字段的名称改变为表格中相应的字段名称了，效果如图 21-39 所示。

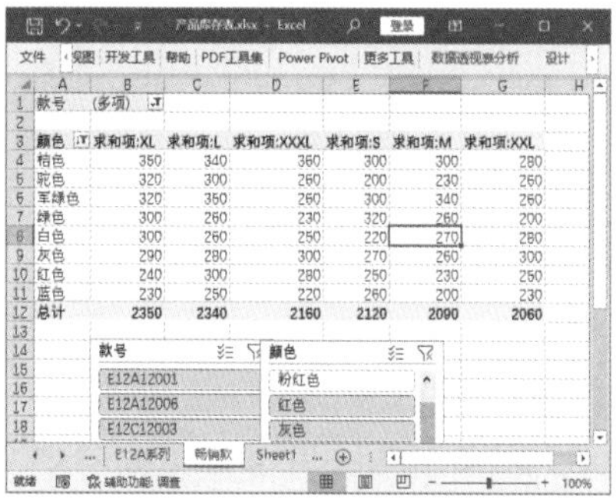

图 21-39

21.3.6 实战：设置库存数据透视表样式

实例门类	软件功能

Excel 中为数据透视表预定义了多种样式，用户可以使用样式库轻松更改数据透视表内容和切片器的样式，达到美化数据透视表的效果。

1. 设置数据透视表内容样式

默认情况下创建的数据透视表都是白底黑字蓝边框样式，让人感觉很枯燥。其实，Excel 中为数据透视表预定义了多种样式，用户只需在【设计】选项卡的【数据透视表样式】列表框中进行选择，即可为数据透视表快速应用这些样式。还可以在【数据透视表样式选项】组中选择数据透视表样式应用的范围，如列标题、行标题、镶边行和镶边列等。

例如，为刚刚创建的数据透视表设置一种样式，并将样式应用到列标题、行标题和镶边行上，具体操作步骤如下。

Step01 选择数据透视表样式。❶选择数据透视表中的任意单元格，❷在【设计】选项卡【数据透视表样式】组中的列表框中选择需要的数据透视表样式，即可为数据透视表应用选择的样式，效果如图 21-40 所示。

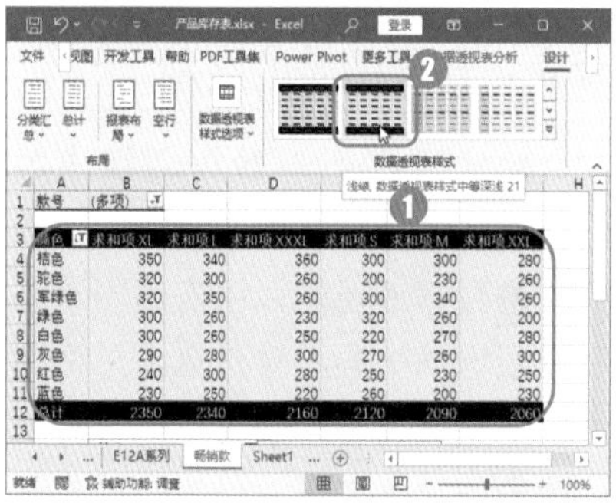

图 21-40

Step02 查看设置数据透视表样式后的效果。在【数据透视表样式选项】组中选中【镶边行】复选框，即可看到为数据透视表应用相应镶边行样式后的效果，如图 21-41 所示。

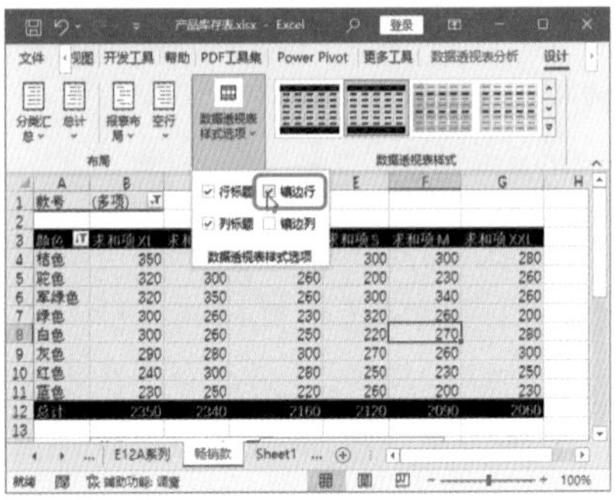

图 21-41

2. 设置切片器样式

Excel 2021 中还为切片器提供了预设的切片器样式。使用切片器样式可以快速更改切片器的外观，从而使切片器更突出、更美观。美化切片器的具体操作步骤如下。

Step01 选择切片器样式。❶选择工作表中的【款号】切片器，❷单击【切片器】选项卡【切片器样式】组中的【快速样式】下拉按钮，❸在弹出的下拉菜单中选择需要的切片器样式，如图 21-42 所示。

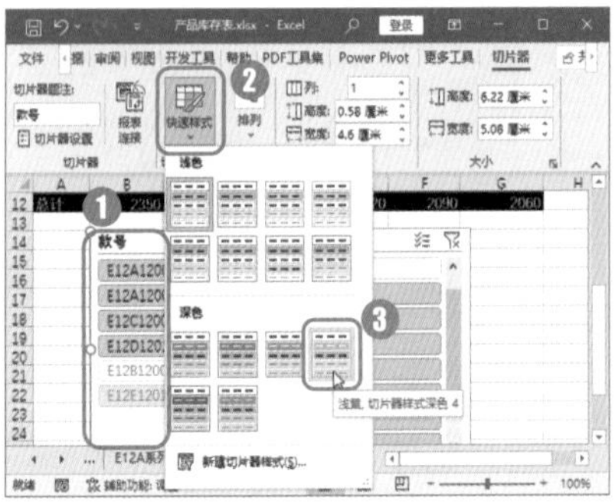

图 21-42

Step02 继续应用切片器样式。经过上步操作，即可为选择的切片器应用设置的样式。❶选择插入的【颜色】切片器，❷使用相同的方法在【切片器样式】组中单击【快速样式】下拉按钮，❸在弹出的下拉菜单中选择需要的切片器样式，如图 21-43 所示。

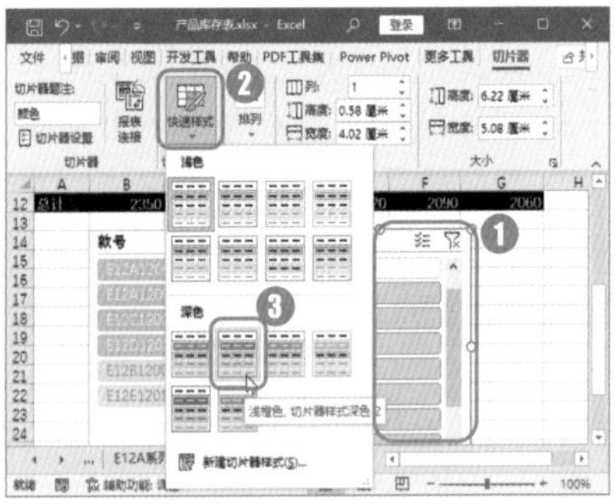

图 21-43

技术看板

在【切片器】选项卡中还可以对切片器的排列方式、按钮样式和大小等进行设置，设置方法比较简单，与设置图片的方法基本相同，这里不再赘述。

21.4 创建与编辑数据透视图

数据透视图是数据的另一种表现形式，它是以图表的形式更直观地对数据透视表中的数据进行分析。虽然数据透视图的编辑方法和普通图表的编辑方法基本相同，但本质上与普通图表还是有所区别的。本节将对数据透视图的创建与编辑操作进行讲解。

21.4.1 数据透视图与数据透视表、普通图表的区别

数据透视图与数据透视表类似，用于透视数据并汇总结果，不同的是数据透视图以图表的形式来展示数据源中的各种信息。总体来说，数据透视图结合了数据透视表和图表的功能，可以更清楚地显示数据透视表中的数据信息。

数据透视图综合了数据透视表和普通图表的功能与作用，数据透视图和一般的图表类似，具有标准图表的系列、分类、数据标记和坐标轴，但在交互性、源数据、图表元素、图表类型等方面还是存在区别的，主要表现在以下几个方面。

- 交互：对于标准图表，需要为每一种数据分析角度创建一张图表，而且它们不交互，有些错综复杂的数据关系还不容易分析。而对于数据透视图，只要创建单张图表就可以通过更改报表透视方式或显示的明细数据以不同的方式交互查看数据。
- 源数据：标准图表可直接链接到工作表单元格中。而数据透视图则需要基于相关联数据透视表的数据源。在 Excel 中创建数据透视图时，将自动创建一个与之相关联的数据透视表，两者之间的字段、透视方式、布局都是相互对应的。如果更改了其中一个报表的布局，另外一个报表也随之发生变化。
- 图表元素：在 Excel 2021 中，数据透视图中的元素除了包含与标准图表相同的元素外，还包括字段和项。用户可以通过添加、删除字段和项来显示数据的不同视图。标准图表中的分类、系列和数据分别对应于数据透视图中的分类字段、系列字段和值字段，

数据透视图中还可包含报表筛选字段。而这些字段中都包含项，这些项在标准图表中显示为图例中的分类标签或系列名称。

- 图表类型：数据透视图的图表类型没有普通图表的类型丰富，可以更改为除XY散点图、股价图、树状图、旭日图、箱形图或瀑布图之外的其他图表类型。
- 刷新格式：刷新数据透视图时，大部分格式（包括图表元素、布局和样式）将得到保留。但是，不会保留趋势线、数据标签、误差线和对数据集所做的其他更改。标准图表在刷新数据时并不会失去相应格式。

21.4.2 实战：基于销售表数据创建数据透视图

实例门类	软件功能

在 Excel 2021 中，可以使用【数据透视图】功能一次性创建数据的透视表和数据透视图。而且，基于数据源创建数据透视图的方法与手动创建数据透视表的方法相似，都需要选择数据表中的字段作数据透视图表中的行字段、列字段及值字段。

例如，用数据透视图展示【汽车销售表】中的销售数据，具体操作步骤如下。

Step 01 执行数据透视图操作。打开结果文件\第 21 章\汽车销售表.xlsx，❶选择【Sheet1】工作表，❷选择包含数据的任意单元格，❸单击【插入】选项卡【图表】组中的【数据透视图】下拉按钮，❹在弹出的下拉菜单中选择【数据透视图】选项，如图 21-44 所示。

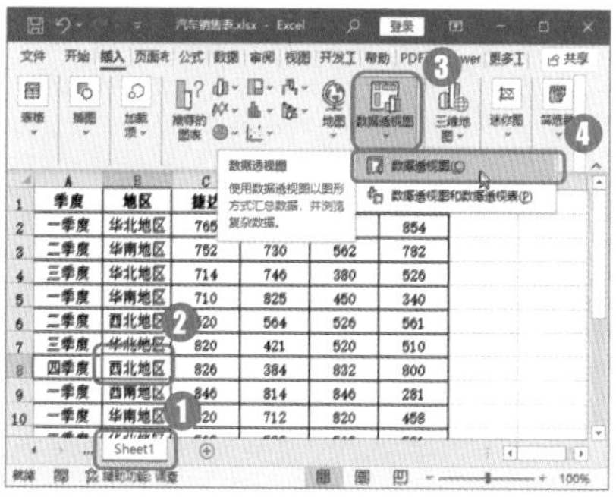

图 21-44

Step 02 创建数据透视图。打开【创建数据透视图】对话框，❶在【表/区域】参数框中自动引用了该工作表中的 A1:F15 单元格区域，❷选中【新工作表】单选按钮，❸单击【确定】按钮，如图 21-45 所示。

技术看板

若需要将数据透视图创建在源数据透视表中，可以在打开的【创建数据透视图】对话框中选中【现有工作表】单选按钮，在【位置】文本框中输入单元格地址。

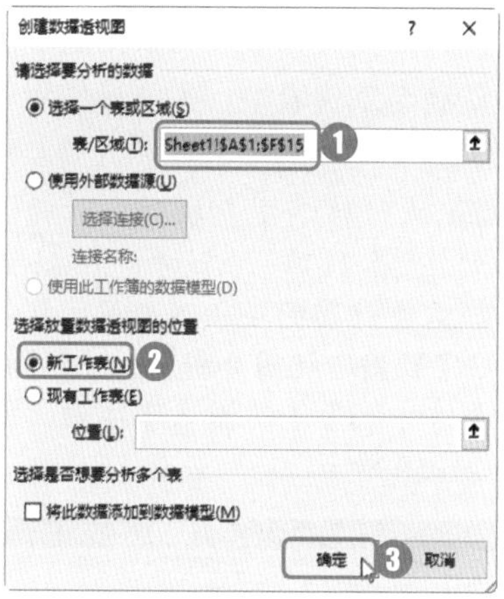

图 21-45

Step 03 设置字段生成数据透视图。经过上步操作，即可在新工作表中创建一个空白数据透视图。❶在【数据透视表字段】任务窗格的【字段列表】列表框中选中需要添加到数据透视图中的字段对应的复选框，❷将合适的字段移动到下方的4 个列表框中，即可根据设置的透视方式显示数据透视表和透视图，如图 21-46 所示。

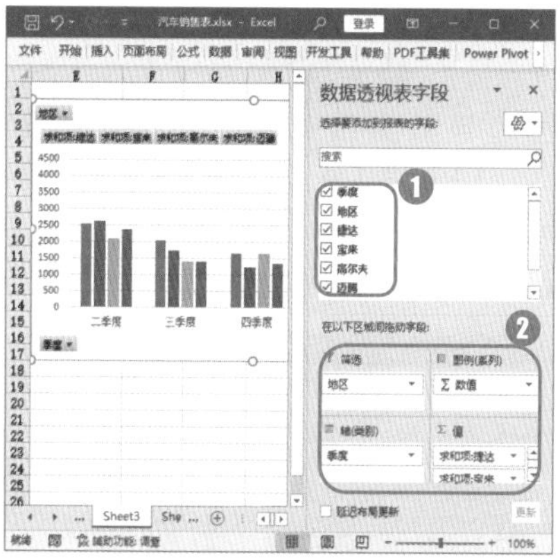

图 21-46

技术看板

数据透视表与数据透视图都是利用数据库进行创建的，但它们是两个不同的概念。数据透视表对于汇总、分析、浏览和呈现汇总数据非常有用。而数据透视图则有助于形象地呈现数据透视表中的汇总数据，以使用户能够轻松查看比较其中的模式和趋势。

21.4.3 实战：根据已有的销售数据透视表创建数据透视图

实例门类	软件功能

如果在工作表中已经创建了数据透视表，并添加了可用字段，可以直接根据数据透视表中的内容快速创建相应的数据透视图。根据已有数据透视表创建出的数据透视图两者之间的字段是相互对应的，如果更改了某一报表的某个字段，这时另一个报表的相应字段也会随之发生变化。

例如，要根据之前在产品库存表中创建的畅销款数据透视表来创建数据透视图，具体操作步骤如下。

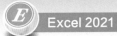

Step01 执行数据透视图操作。打开素材文件\第 21 章\产品库存表.xlsx，❶选择【畅销款】工作表，❷选择数据透视表中的任意单元格，❸单击【数据透视表分析】选项卡【工具】组中的【数据透视图】按钮，如图 21-47 所示。

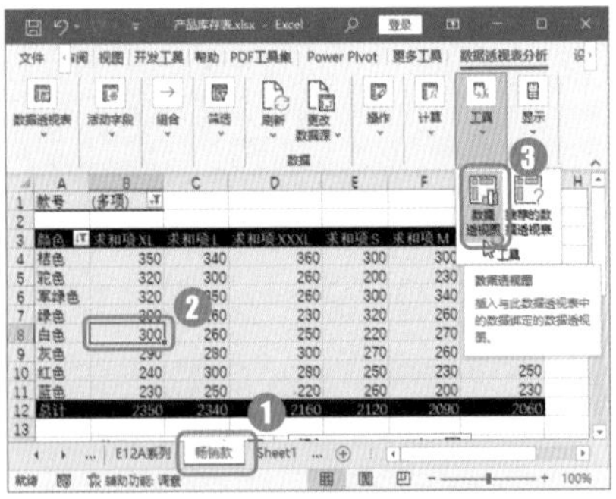

图 21-47

Step02 选择图表。打开【插入图表】对话框，❶在左侧选择需要展示的图表类型，这里选择【柱形图】选项，❷在右侧上方选择具体的图表分类，这里选择【堆积柱形图】选项，❸单击【确定】按钮，如图 21-48 所示。

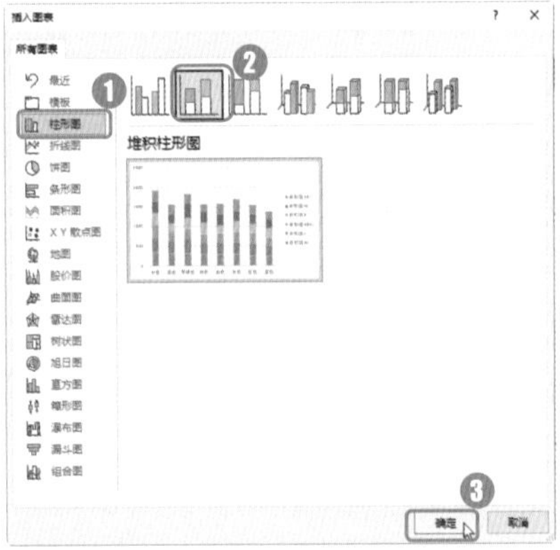

图 21-48

Step03 查看数据透视图效果。经过以上操作，将在工作表中根据数据透视表创建一个堆积柱形图的数据透视图，效果如图 21-49 所示。

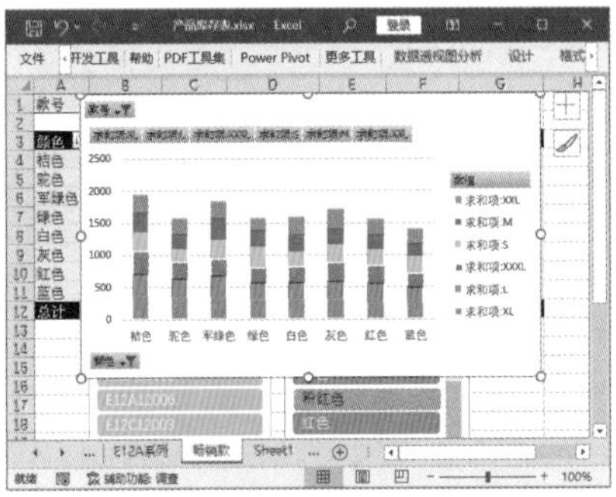

图 21-49

21.4.4 实战：移动数据透视图的位置

如果对已经制作好的数据透视图的位置不满意，可以通过复制或移动操作将其移动到同一工作簿或不同工作簿中，但是通过这种方法得到的数据透视图有可能会改变原有的性质，丢失某些组成部分。

为了保证移动前后的数据透视图中的所有信息都不发生改变，可以使用Excel中提供的移动图表功能对其进行移动。

例如，将表格中的数据透视图移动到新工作表中，具体操作步骤如下。

Step01 执行移动图表操作。打开素材文件\第 21 章\培训考核表.xlsx，选择需要移动的数据透视图，然后单击【数据透视图分析】选项卡【操作】组中的【移动图表】按钮，如图 21-50 所示。

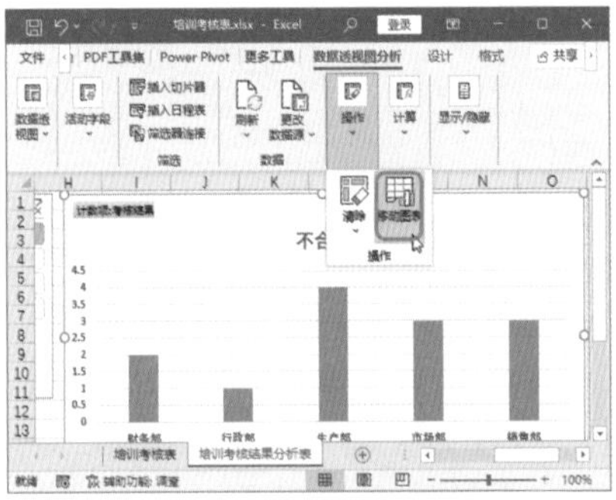

图 21-50

Step02 选择图表位置。打开【移动图表】对话框，❶选中【新工作表】单选按钮，❷在其后的文本框中输入新工作表名称，这里输入【数据透视图】，❸单击【确定】按钮，如图 21-51 所示。

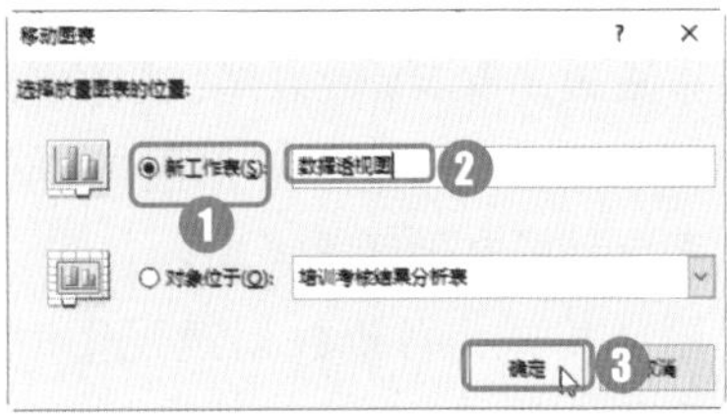

图 21-51

Step03 查看移动图表后的效果。随即新建一张名为【数据透视图】的工作表，并将数据透视图移动到新建的工作表中，效果如图 21-52 所示。

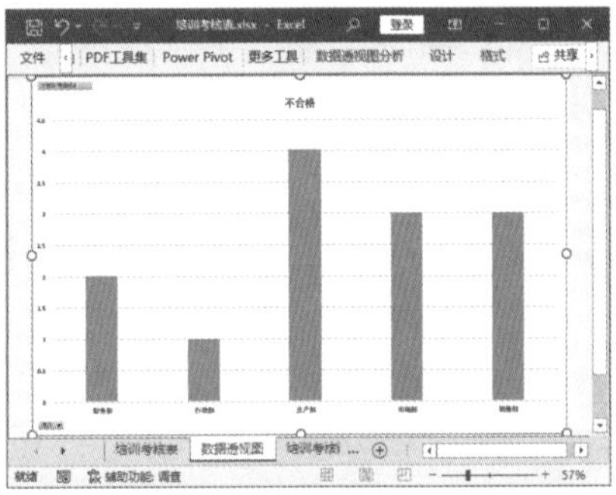

图 21-52

技能拓展——移动数据透视表的位置

如果需要移动数据透视表，可以先选择该数据透视表，然后单击【数据透视表分析】选项卡的【操作】组中的【移动数据透视表】按钮，在打开的【移动数据透视表】对话框中选择要移动的位置，如图 21-53 所示。

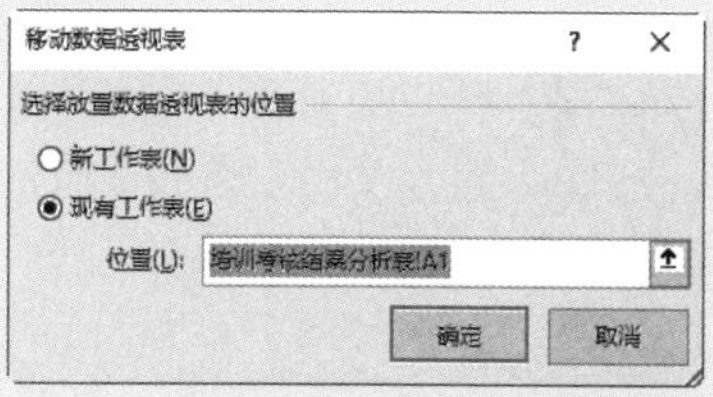

图 21-53

★重点 21.4.5 实战：通过数据透视图分析数据

实例门类	软件功能

默认情况下创建的数据透视图，会根据数据字段的类别，显示出相应的【报表筛选字段】【图例字段】【坐标轴字段】和【值字段】按钮，单击这些带图标的按钮时，在弹出的下拉菜单中可以对该字段数据进行排序和筛选，从而有利于对数据进行直观的分析。

此外，也可以为数据透视图插入切片器，其使用方法与数据透视表中的切片器使用方法相同，主要用于对数据进行筛选和排序。在【数据透视图分析】选项卡的【筛选】组中单击【插入切片器】按钮，即可插入切片器，这里就不再赘述其使用方法了。

通过使用数据透视图中的筛选按钮为产品库存表中的数据进行分析，具体操作步骤如下。

Step01 选择款号筛选字段。打开结果文件\第 21 章\产品库存表.xlsx，❶复制【畅销款】工作表，并重命名为【新款】，❷单击图表中的【款号】按钮，❸在弹出的下拉菜单中仅选中最后两项对应的复选框，❹单击【确定】按钮，如图 21-54 所示。

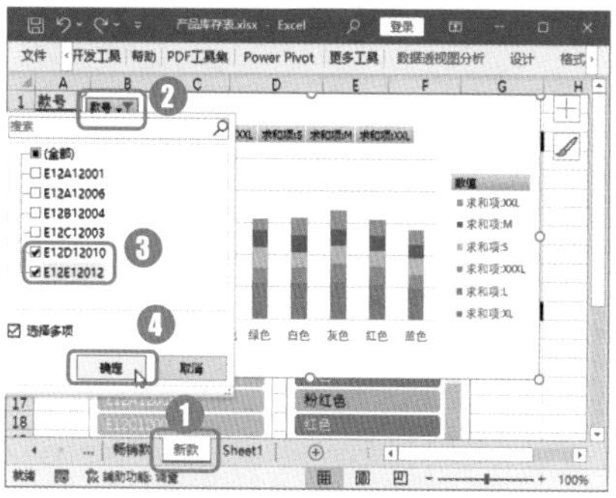

图 21-54

Step02 选择颜色筛选字段。经过上步操作，即可筛选出相应款号的产品数据。❶单击图表左下角的【颜色】按钮，❷在弹出的下拉菜单中仅选中【粉红色】复选框和【红色】复选框，❸单击【确定】按钮，如图 21-55 所示。

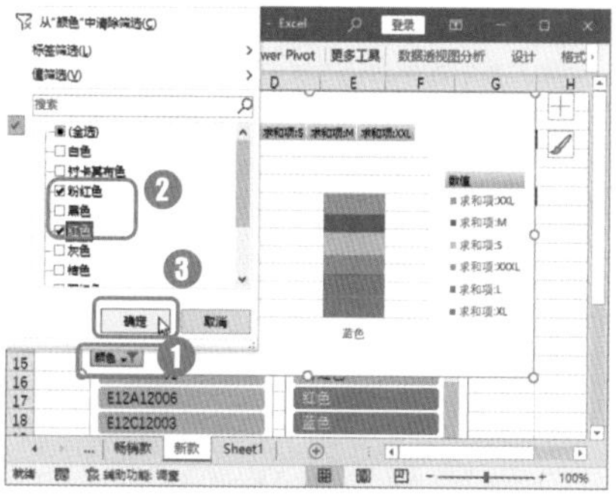

图 21-55

Step03 查看筛选结果。经过上步操作，即可筛选出这两款产品中的红色和粉红色数据，如图 21-56 所示。

技术看板

在数据透视表中，可以很容易地改变数据透视图的布局，调整字段按钮显示不同的数据，同时在数据透视图中也可以实现，且只需改变数据透视图中的字段。

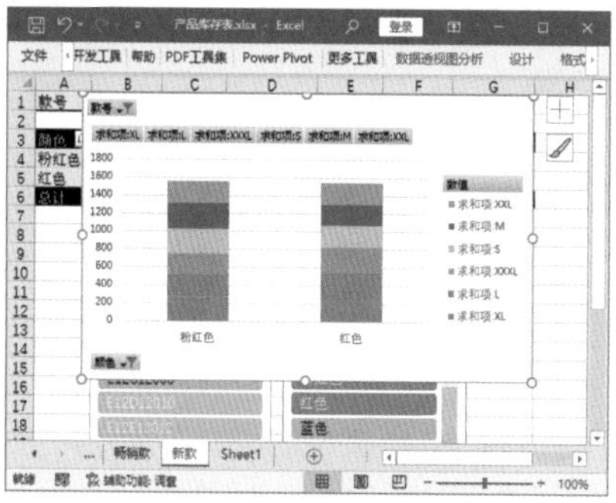

图 21-56

Step04 执行升序命令。❶再次单击图表中的【颜色】按钮，❷在弹出的下拉菜单中执行【升序】命令，如图 21-57 所示。

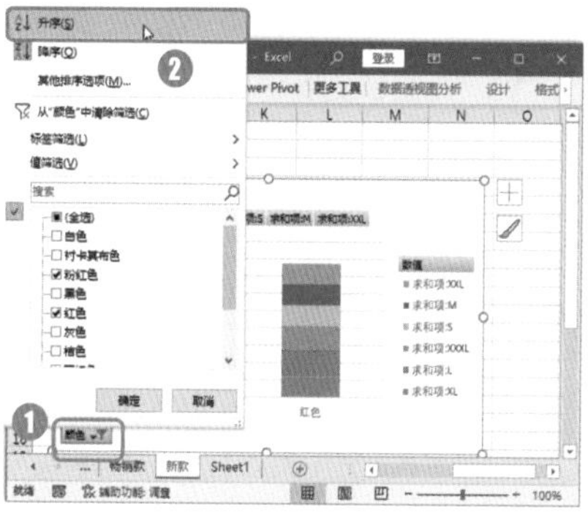

图 21-57

Step05 查看排序效果。经过上步操作，即可对筛选后的数据进行升序排列，效果如图 21-58 所示。

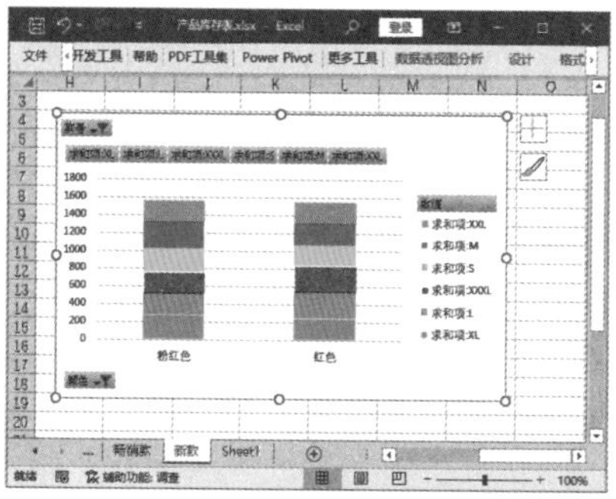

图 21-58

妙招技法

通过前面知识的学习，相信读者已经掌握了数据透视表和数据透视图的基本操作。下面结合本章内容给大家介绍一些实用技巧。

技巧 01：更改数据透视表的数据源

如果需要分析的数据透视表中的源数据选择有误，可以像更改图表的源数据一样进行更改，具体操作步骤如下。

Step 01 执行更改数据源操作。打开素材文件\第 21 章\订单统计.xlsx，❶选择数据透视表中的任意单元格，❷单击【数据透视表分析】选项卡【数据】组中的【更改数据源】按钮，如图 21-59 所示。

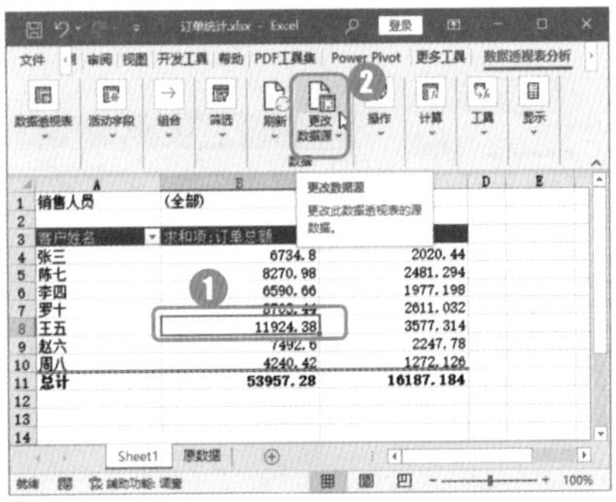

图 21-59

技术看板

数据透视表和数据透视图中的数据也可以像设置单元格数据一样设置各种格式，如颜色和字体格式等。

Step 02 修改数据源。打开【移动数据透视表】对话框，❶拖动鼠标重新选择【表/区域】参数框中的单元格区域为需要进行数据透视的数据区域，❷单击【确定】按钮，如图 21-60 所示。

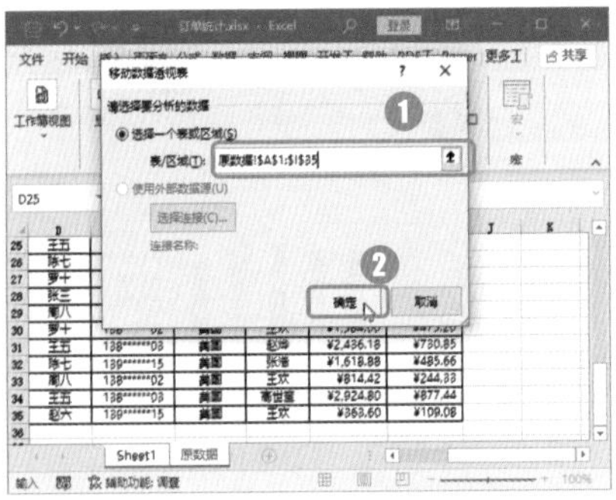

图 21-60

Step 03 查看更改数据源后的效果。经过上步操作，数据透视表中的透视区域会更改为设置后的数据源区域，同时可能改变汇总的结果，如图 21-61 所示。

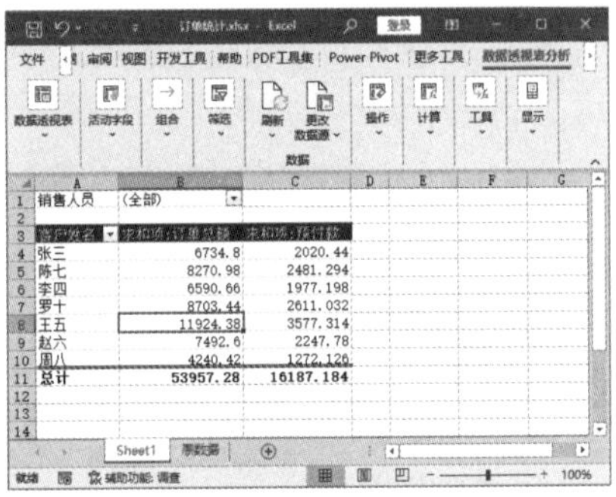

图 21-61

技能拓展——刷新数据透视表的数据

在默认状态下，Excel 不会自动刷新数据透视表和数据透视图中的数据。即当更改了数据源中的数据时，数据透视表和数据透视图不会随之发生改变。此时必须对数据透视表和数据透视图中的数据进行刷新操作，以保证这两个报表中显示的数据与源数据同步。只需要在【数据透视表分析】选项卡的【数据】组中单击【刷新】按钮即可。

技巧 02：显示或隐藏数据表中的明细数据

数据透视表中的数据一般通过分类汇总后就能比较直观地看到需要的结果了，但也难免存在有些复杂数据的分析，即使改变了透视，其显示结果中仍然有多层数据汇总。

在查看这类数据透视表时，为避免看错或看漏数据，可以隐藏不需要查看的数据项中的明细数据，只显示当前需要查看的汇总数据，直到需要查看每一项中的明细数据时，再将其显示出来。在数据透视表中隐藏或显示明细数据的具体操作步骤如下。

Step 01 执行展开数据操作。打开素材文件\第 21 章\销售表.xlsx，单击数据透视表中【白露】数据项前面的⊞按钮，如图 21-62 所示。

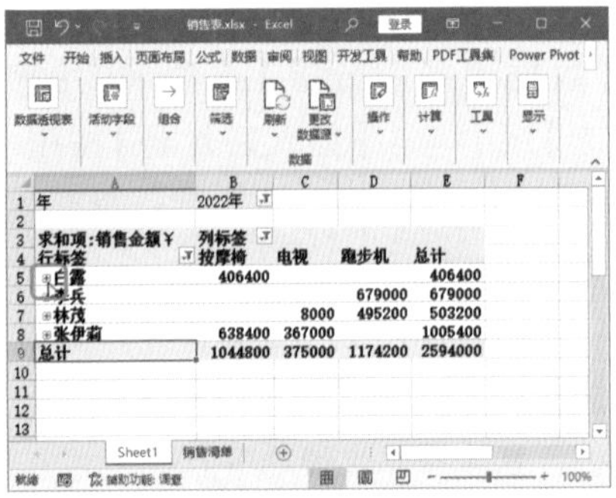

图 21-62

Step 02 执行展开字段按钮。经过上步操作，即可展开【白露】数据项下的明细数据，同时按钮变成⊟形状。❶选择数据透视表中的其他数据项，❷单击【数据透视表分析】选项卡【活动字段】组中的【展开字段】按钮，如图 21-63 所示。

技术看板

单击⊟按钮可暂时隐藏所选数据项下的明细数据，同时⊟按钮变成⊞形状，再次单击⊞按钮又可显示出被隐藏的明细数据。

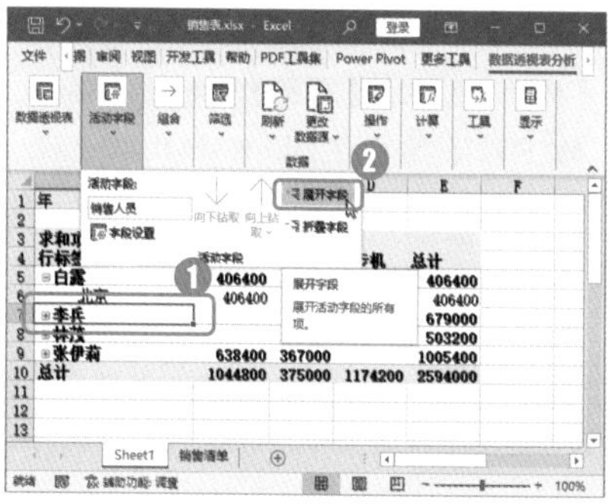

图 21-63

Step03 查看展开的明细数据。经过上步操作，即可快速展开数据透视表中所有数据项的明细数据，效果如图 21-64 所示。

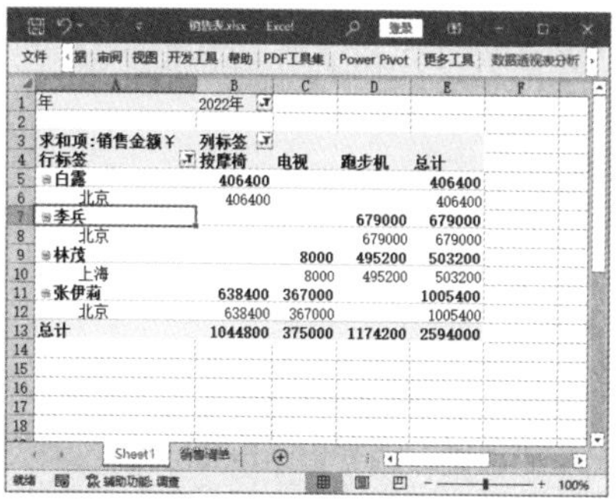

行标签	按摩椅	电视	跑步机	总计
⊟白露	406400			406400
北京	406400			406400
⊟李兵			679000	679000
北京			679000	679000
⊟林茂		8000	495200	503200
上海		8000	495200	503200
⊟张伊莉	638400	367000		1005400
北京	638400	367000		1005400
总计	1044800	375000	1174200	2594000

图 21-64

技能拓展——快速隐藏数据透视表的所有明细数据

单击【活动字段】组中的【折叠字段】按钮，可快速隐藏数据透视表中所有数据项的明细数据。

Step04 查看数据透视图的效果。查看数据透视图中的数据时，图表中的相应数据项也展开了，可以看到明细数据，本例中的数据透视图是展开了所有分类数据项的明细数据。单击数据透视图右下角的【折叠整个字段】按钮⊟，如图 21-65 所示。

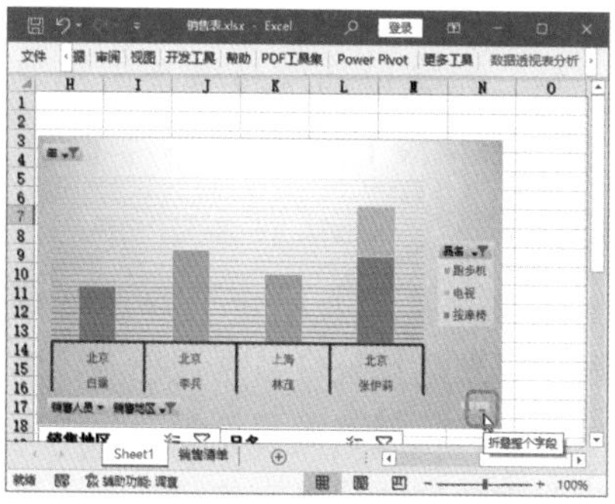

图 21-65

技能拓展——展开数据透视图中的明细数据

单击数据透视图右下角的【展开整个字段】按钮⊞，可以显示出字段下的明细数据。

Step05 查看隐藏明细数据后的效果。经过上步操作，即可快速隐藏数据透视图中所有数据项的明细数据，同时可以看到数据透视表中的所有数据项的明细数据也被暂时隐藏起来了，效果如图 21-66 所示。

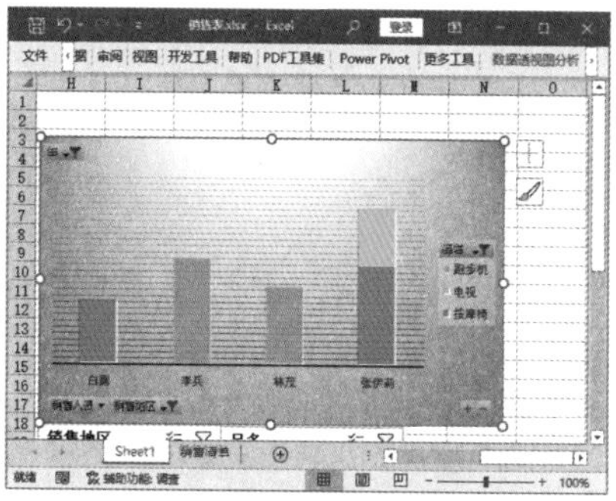

图 21-66

技巧 03：隐藏数据透视图中的按钮

创建的数据透视图中有时会包含很多按钮，而有些按钮又是没有具体操作的，此时可以根据需要对数据透视图中不需要显示的按钮进行隐藏，空出更多的空间显示数据。隐藏数据透视图中按钮的具体操作步骤如下。

Step01 设置字段按钮。❶单击【数据透视图分析】选项卡【显示/隐藏】组中的【字段按钮】下拉按钮，❷在弹出的下拉菜单中取消选中需要隐藏字段按钮项前的复选框，这里取消选中【显示坐标轴字段按钮】复选框，如图 21-67 所示。

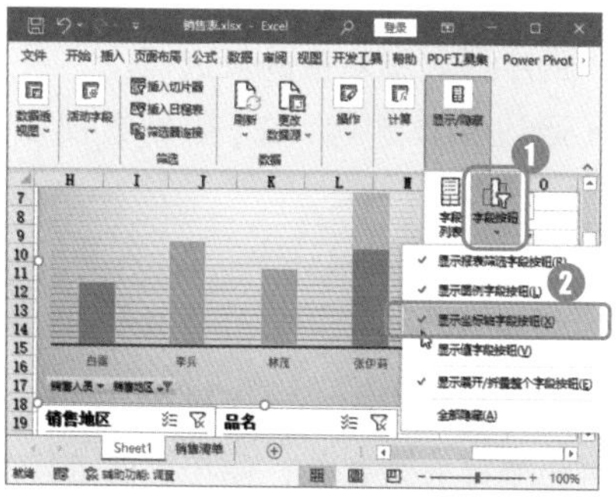

图 21-67

Step02 查看隐藏字段按钮后的效果。经过上步操作，即可隐藏数据透视图中的【销售人员】和【销售地区】按钮，效果如图 21-68 所示。

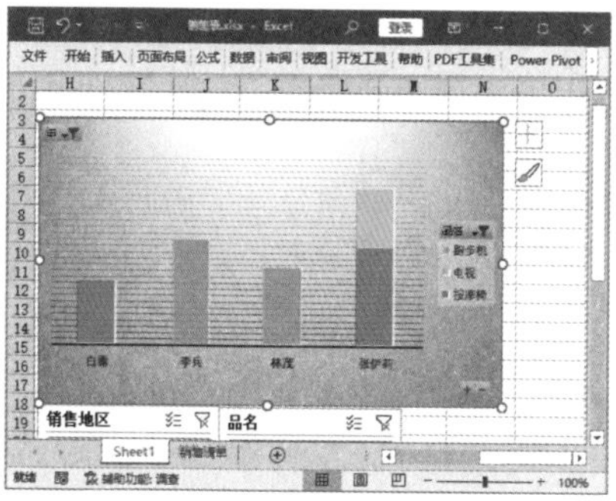

图 21-68

技巧 04：删除数据透视表

创建数据透视表后，如果对其不满意，可以删除原有数据透视表后再创建新的数据透视表；如果只是对其中添加的字段不满意，可以单独进行删除。下面分别讲解删除的方法。

1. 删除数据透视表中的字段

要删除数据透视表中的某个字

段，可以通过以下几种方法实现。

- 通过快捷菜单删除：在数据透视表中选择需要删除的字段名称，并在其上右击，在弹出的快捷菜单中选择【删除字段】选项。
- 通过字段列表删除：在【数据透视表字段】任务窗格的【字段列表】列表框中取消选中需要删除的字段名称对应的复选框。
- 通过菜单删除：在【数据透视表字段】任务窗格下方的各列表框中单击需要删除的字段名称按钮，在弹出的下拉菜单中选择【删除字段】选项。

2. 删除整个数据透视表

如果需要删除整个数据透视表，可先选择整个数据透视表，然后按【Delete】键进行删除。如果只想删除数据透视表中的数据，则可单击【数据透视表分析】选项卡【操作】组中的【清除】按钮，在弹出的下拉菜单中选择【全部清除】选项。

技能拓展——快速选择整个数据透视表

单击【数据透视表分析】选项卡【操作】组中的【选择】按钮，在弹出的下拉菜单中选择【整个数据透视表】选项，即可快速选择整个数据透视表。

本章小结

当表格中拥有大量数据时，如果需要对这些数据进行多维分析，单纯使用前面介绍的数据分析方法和图表展示将会变得非常繁杂，使用数据透视表和数据透视图才是最合适的选择。本章主要介绍了在Excel 2021中如何使用数据透视表对表格中的数据进行汇总、分析、浏览和提供摘要数据。数据透视图与数据透视表一样具有数据透视能力，可以灵活选择数据透视方式，帮助用户从多个角度审视数据。只是数据透视图还具有图表的图形展示功能，其在这方面的操作与图表的相关操作一致。因此，读者在学习本章知识时，完全可以融会贯通来使用，重点就是要掌握如何透视数据。使用数据透视表/图时，只有在清楚地知道最终要实现的效果并找出分析数据的角度时，再结合数据透视表/图的应用，才能对同一组数据进行各种交互显示效果，从而发现不同的规律。在达到透视效果后，再结合排序、筛选等功能找到关键数据也就不难了。切片器是数据透视表和数据透视图中特有的高效数据筛选“利器”，操作也很简单，读者应该可以轻松掌握。

第5篇 案例实战篇

带兵打仗不仅要会排兵布阵，还要讲究实战经验。学习 Excel 也一样，不仅要掌握 Excel 的各种知识和技能，还要通过实战经验来验证是否能灵活运用学到的知识制作各种表格。本篇将通过讲解一些办公中常用案例的制作方法来巩固前面学到的 Excel 知识。

第22章 制作企业员工考勤记录、统计表

- 考勤记录表中需要记录的数据很多，应该如何规划表格框架?
- 考勤记录表每个月都需要使用，应该有一个模板，模板中需要统一哪些内容?
- 考勤表模板中那些不能统一，但又存在一定规律的数据可以不手动输入吗?
- 如何美化工作表，使其更符合需要?
- 如何使用公式和函数统计考勤数据?

考勤记录表是办公中经常用到的表格，不管是小公司还是大企业，只要有员工，均会涉及考勤。本章灵活运用前面学习的表格知识来完成实例考勤表的制作。

22.1 创建考勤记录表模板

实例门类	设置单元格格式＋函数＋设置条件格式＋设置数据有效性＋冻结窗格类

为了保障企业的正常运转，行政部门必须对员工进行日常考勤管理，这不仅是对员工正常工作时间的一个保证，也是公司进行奖惩的依据之一。因此，考勤记录表在公司的日常办公中使用非常频繁，而且该表格每个月都需要制作一次，所以可以事先制作好模板，方便后期调用。本节就来创建一个常用的考勤记录表模板，并简单进行美化，完成后的效果如图 22-1 所示。

图 22-1

22.1.1 创建表格框架

由于本例中创建的考勤表需要记录多位员工在当月的考勤结果，横向和纵向的数据都比较多。因此事先规划时可以选择重要的数据进行展示，那些不太重要的数据就尽量不要提供。同时适当调整单元格的宽度，有利于查阅者查看每一条数据。根据构思好的框架，将其呈现在Excel工作表中即可，具体操作步骤如下。

Step01 执行菜单命令。❶新建一个空白工作簿，并命名为【考勤管理表】，❷在A4:C4和D3单元格中输入相应的文本内容，❸选择D:AH列，❹单击【开始】选项卡【单元格】组中的【格式】按钮，❺在弹出的下拉菜单中选择【列宽】选项，如图22-2所示。

技术看板

考勤表可以为具体记录考勤情况的31列单元格（因为一个月中最多有31天）设置列宽。选择列时，列标附近会显示【mRXnC】字样，其中C前面的n即代表当前所选列的数量。

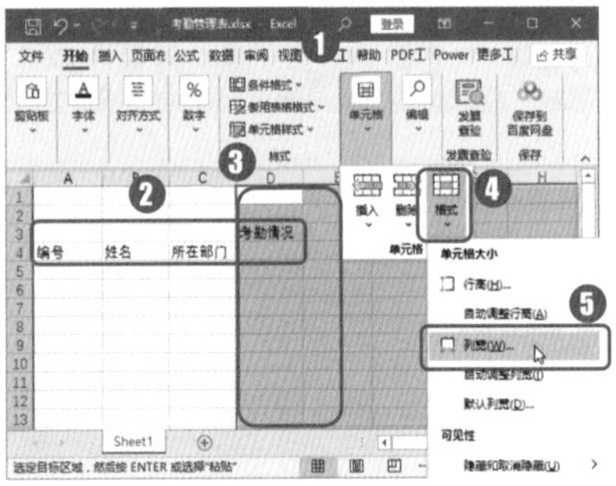

图 22-2

Step02 设置固定列宽。打开【列宽】对话框，❶在文本框中输入【2】，❷单击【确定】按钮，如图22-3所示。

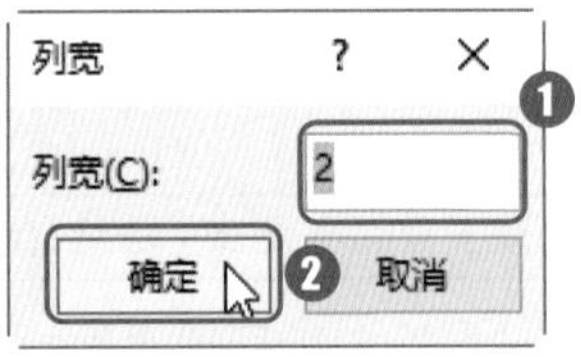

图 22-3

Step03 合并单元格。经过上步操作，即可精确调整所选列的列宽为2磅。❶选择D3:AH3单元格区域，❷单击【对齐方式】组中的【合并后居中】按钮，如图22-4所示。

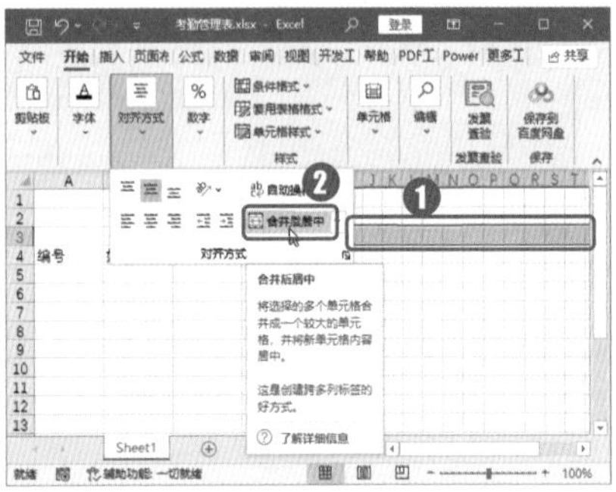

图 22-4

Step04 设置字体格式。使用相同的方法合并表格中的其他单元格区域，在第一行中输入相应的文本，并对其字体格式进行设置，效果如图22-5所示。

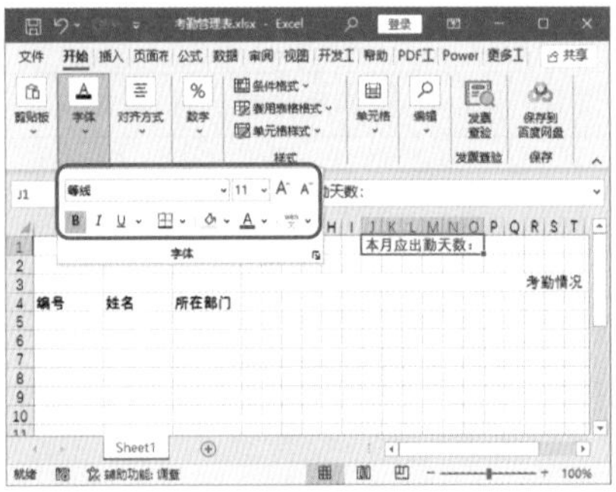

图 22-5

Step05 输入辅助数据。在当前工作表中估计不会用到的空白区域中输入多个年份（本例中输入年份为2021—2031）及月份数据作为辅助列，方便后面调用，如图 22-6 所示。

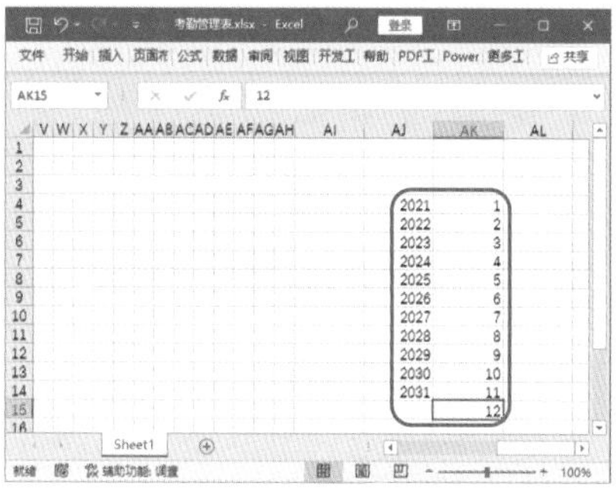

图 22-6

Step06 执行数据验证操作。❶选择 C1 单元格，❷单击【数据】选项卡【数据工具】组中的【数据验证】按钮，如图 22-7 所示。

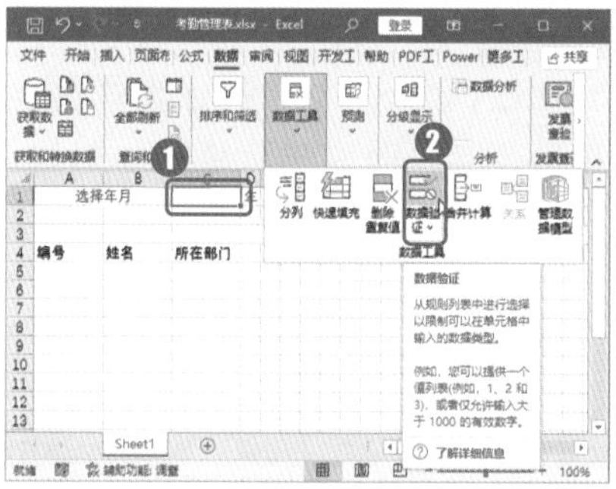

图 22-7

Step07 设置允许序列。打开【数据验证】对话框，❶在【设置】选项卡的【允许】下拉列表中选择【序列】选项，❷在【来源】参数框中通过引用设置该单元格数据允许输入的序列，这里引用表格中输入年份的单元格区域，❸单击【确定】按钮，如图 22-8 所示。

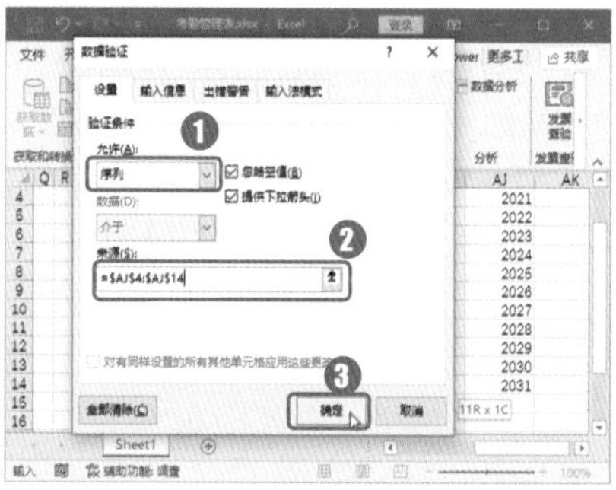

图 22-8

技术看板

本例中为年份和月份单元格设置数据有效性是为了后期方便输入，通过选择选项即可生成新的考勤表。

Step08 执行数据验证操作。❶选择 E1 单元格，❷单击【数据】选项卡【数据工具】组中的【数据验证】按钮，如图 22-9 所示。

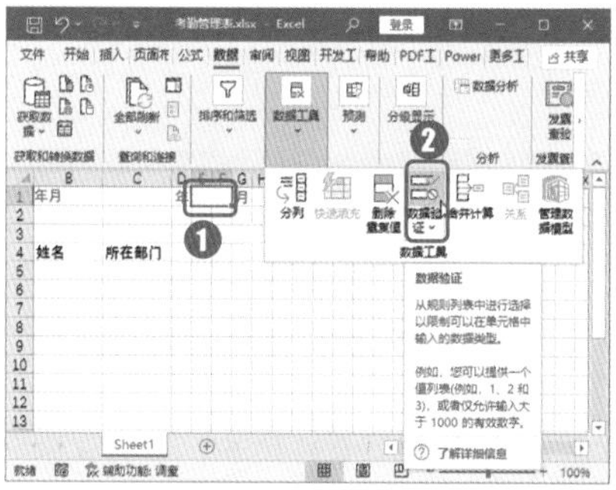

图 22-9

Step09 设置序列条件。打开【数据验证】对话框，❶在【设置】选项卡的【允许】下拉列表中选择【序列】选项，❷在【来源】参数框中通过引用设置该单元格数据允许输入的序列，这里引用表格中输入月份的单元格区域，❸单击【确定】按钮，如图 22-10 所示。

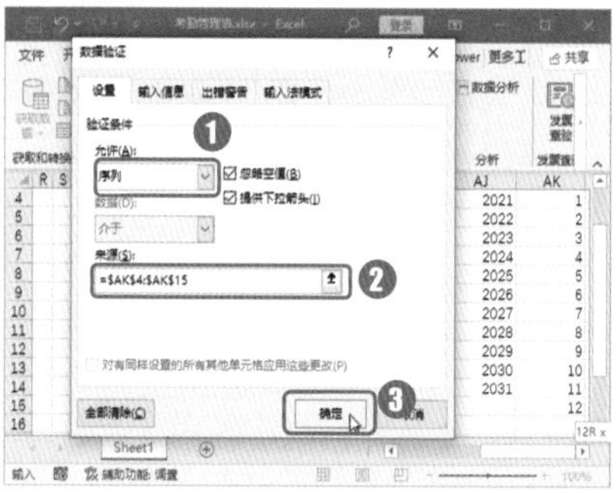

图 22-10

22.1.2 创建可选择年、月并动态显示数据的考勤表

在 Excel 中制作考勤表模板的目的就是达到一劳永逸的效果。因此，在制作过程中应尽量寻找同一系列中不同考勤表之间相同的部分，并将其加入模板中。对于存在差异的部分也要思考它们之间是否存在某些关联，能不能通过某种方式让它们能够自动更改。例如，本例中就可以在表头部分设置年份和月份的可选择区域，然后通过公式自动创建不同年份、月份的考勤表框架，具体操作步骤如下。

Step01 计算应出勤天数。选择P1 单元格，输入公式【=NETWORKDAYS(DATE($C$1,$E$1,1),EOMONTH(DATE($C$1,$E$1,1),0))】，计算出所选月份应该出勤的总天数，如图 22-11 所示。

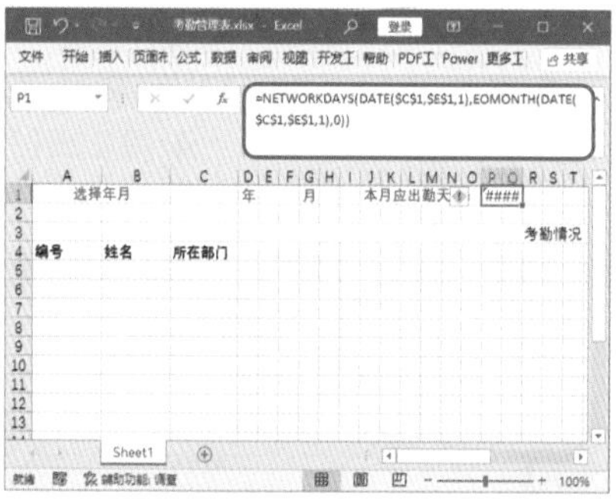

图 22-11

技术看板

本例中采用 NETWORKDAYS 函数计算所选月份应该出勤的总天数时，用了 DATE 函数将 C1、E1 单元格和数字 1 转换为日期数据，作为统计工作日的开始日期；用 EOMONTH 函数让转换为日期的 DATE($C$1,$E$1,1) 数据返回当月的最后一天，作为统计工作日的结束日期。

Step02 设置单元格格式。❶在 C1 和 E1 单元格中分别选择一个年份和月份，即可在 P1 单元格中查看到根据刚刚输入公式计算出的当月考勤天数，❷选择A2:AH2单元格区域，单击【开始】选项卡【对齐方式】组中的【合并后居中】按钮，❸在【字体】组中设置合适的字体格式，如图22-12所示。

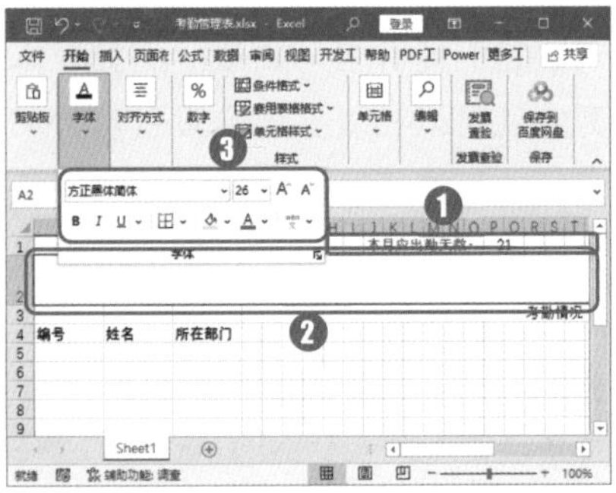

图 22-12

Step03 计算得出表格标题。选择A2单元格，输入公式【=TEXT(DATE(C1,E1,1),"e年M月份考勤表")】，即可在A2单元格中根据C1、E1单元格中选择的年份和月份自动显示当前工作表的名称，如图22-13所示。

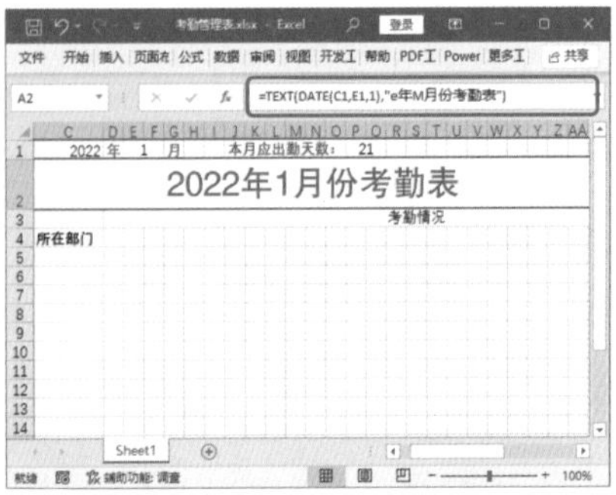

图 22-13

Step04 计算日期序号。❶选择D4单元格，输入公式【=IF(MONTH(DATE($C$1,$E$1,COLUMN(A1)))=$E$1,DATE($C$1,$E$1,COLUMN(A1)),"")】，返回当前选择的年份和月份的第一天对应的日期序号，❷右击D4单元格，在弹出的快捷菜单中选择【设置单元格格式】选项，如图22-14所示。

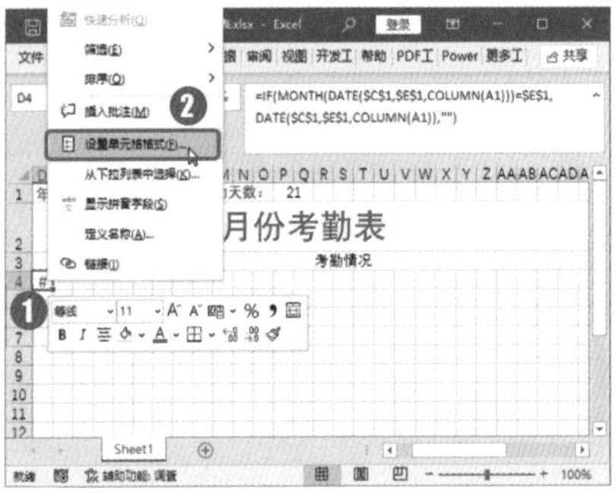

图 22-14

技术看板

本例在根据指定的年份和月份返回对应月的具体日期数时，巧妙结合单元格的引用并提取相应的列号，制作出需要的效果。下面就来分析该公式。首先，用DATE函数将C1、E1单元格和通过COLUMN(A1)提取的A1单元格的列号，转换为日期数据，然后用MONTH函数提取这个组合日期的月份数，让得到的结果与E1单元格的月份数进行比较，如果等于，就返回DATE($C$1,$E$1,COLUMN(A1))，否则返回空值。

这样，后面通过复制公式，公式中的COLUMN(A1)就会自动进行相对位置的改变，依次引用A2、A3、A4、A5、A6等单元格，从而实现依次返回指定月份的日期数。当公式复制的位置超过当月的天数时，通过公式中的MONTH(DATE($C$1,$E$1,COLUMN(A1)))，将得到指定月下一个月的月份数，即不等于E1单元格的月份数，整个公式返回空值。

Step05 设置日期格式。打开【设置单元格格式】对话框，❶在【数字】选项卡的【分类】列表框中选择【自定义】选项，❷在【类型】文本框中输入【d】，❸单击【确定】按钮，如图22-15所示。

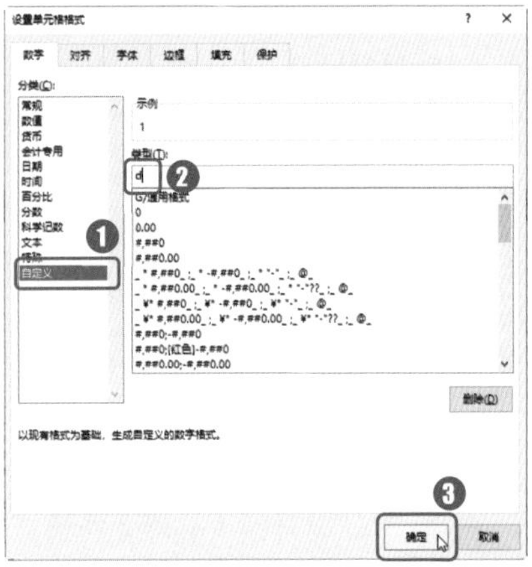

图 22-15

Step06 复制公式。经过上步操作，即可让D4单元格中的日期数据仅显示为日。向右拖动填充控制柄，复制公式到E4:AH4单元格区域，返回当前选择的年份和月份的其他天对应的日期序号，如图22-16所示。

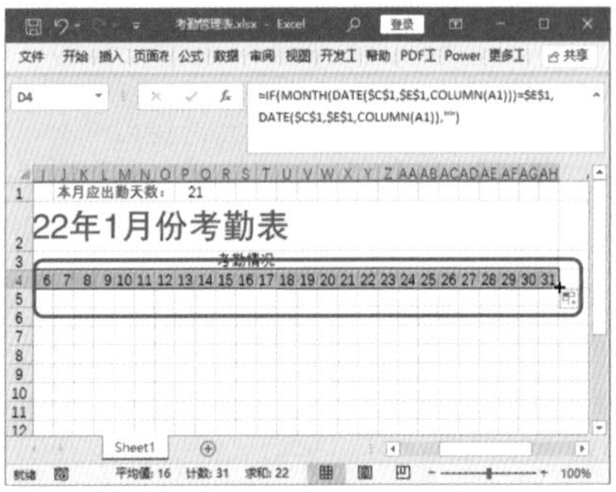

图 22-16

Step07 计算日期对应的星期。选择D5单元格，输入与D4单元格中相同的公式【=IF(MONTH(DATE($C$1,$E$1,COLUMN(A1)))=$E$1,DATE($C$1,$E$1,COLUMN(A1)),"")】，按【Enter】键计算出结果，如图22-17所示。

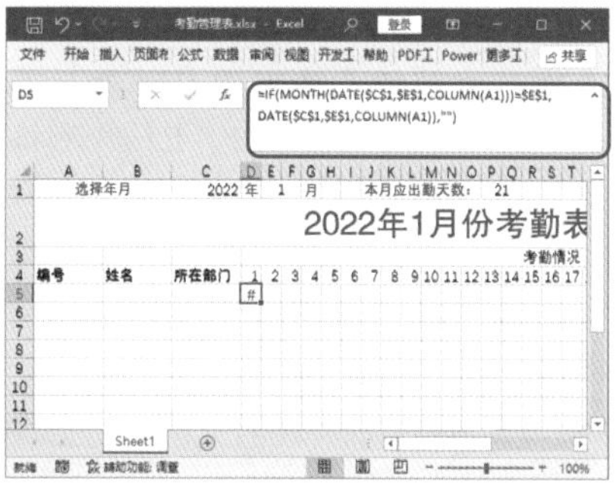

图 22-17

Step08 设置数字格式。打开【设置单元格格式】对话框，❶在【数字】选项卡的【分类】列表框中选择【自定义】选项，❷在【类型】列表框中输入【aaa】，❸单击【确定】按钮，如图 22-18 所示。

图 22-18

Step09 复制公式。经过上步操作，即可让D5单元格中的日期数据仅显示为星期中的序号。向右拖动填充控制柄，复制公式到E5:AH5单元格区域，即可返回当前选择的年份和月份的其他天对应的星期序号，如图 22-19 所示。

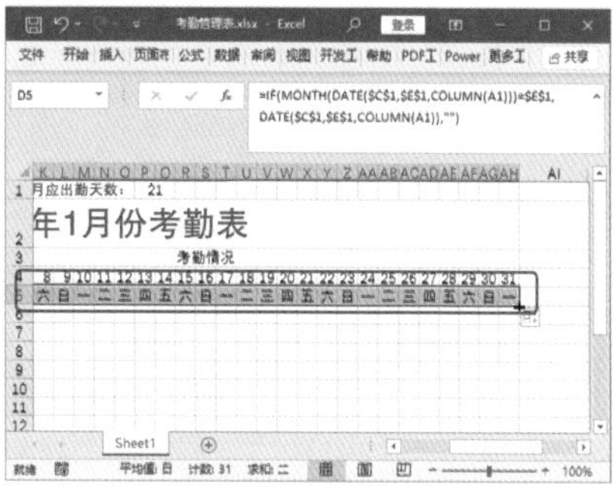

图 22-19

22.1.3 美化考勤表

完成考勤记录表的基本制作后，还可以适当美化表格。例如，表格中每个月的记录数据密密麻麻，不便查看，加上该公司的星期六和星期日都不上班，所以可以对表格中的星期六和星期日数据突出显示，以区分出不同星期的数据。另外，为表格添加边框线也可以更好地区分每个单元格的数据。美化考勤表的具体操作步骤如下。

Step01 选择菜单选项。❶选择D4:AH5单元格区域，单击【开始】选项卡【样式】组中的【条件格式】下拉按钮，❷在弹出的下拉菜单中选择【新建规则】选项，如图 22-20 所示。

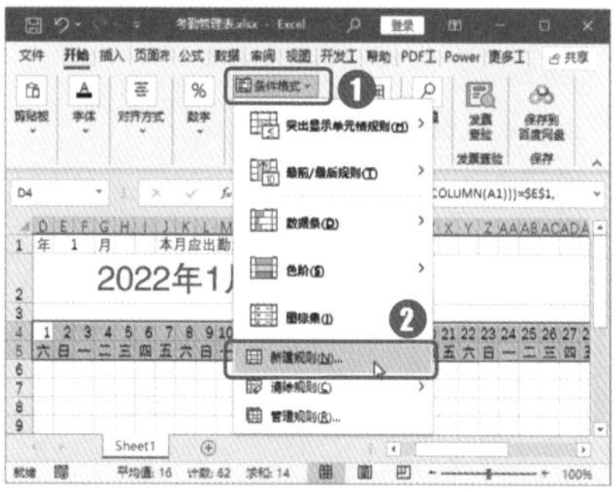

图 22-20

Step02 设置条件格式。打开【新建格式规则】对话框，❶在【选择规则类型】列表框中选择【使用公式确定要设置格式的单元格】选项，❷在【为符合此公式的值设置格式】参数框中输入公式【=WEEKDAY(D4,2)=6】，❸单击【格式】按钮，如图 22-21 所示。

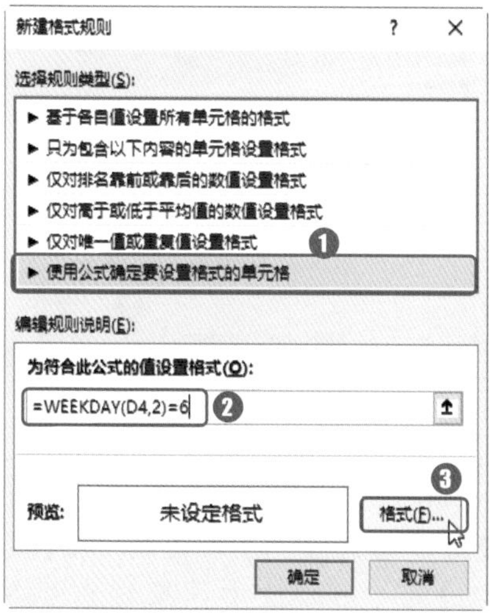

图 22-21

Step03 设置单元格填充效果。打开【设置单元格格式】对话框，❶选择【填充】选项卡，❷在列表框中选择需要填充的绿色，如图 22-22 所示。

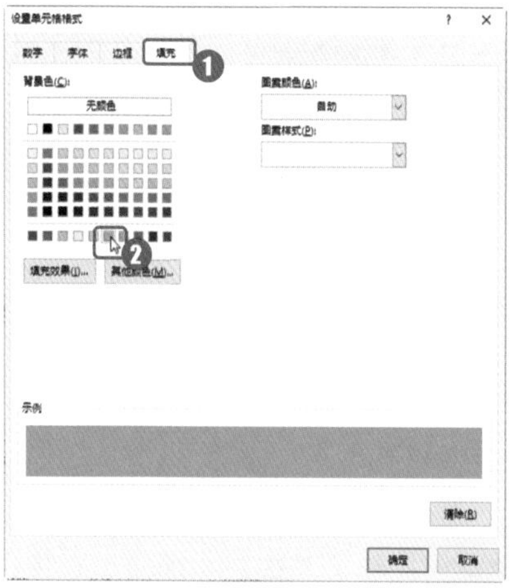

图 22-22

Step04 设置单元格字体效果。❶选择【字体】选项卡，❷在【字形】列表框中选择【加粗】选项，❸在【颜色】下拉列表中选择【白色】选项，❹单击【确定】按钮，如图 22-23 所示。

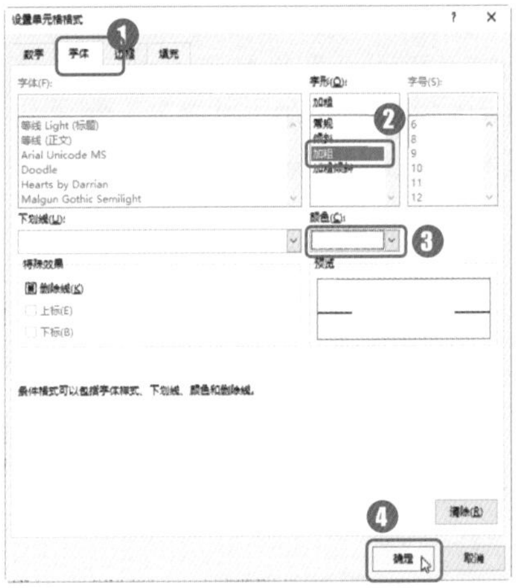

图 22-23

Step05 确认设置的条件格式。返回【新建格式规则】对话框，在【预览】框中可以查看设置的单元格格式效果，单击【确定】按钮，如图 22-24 所示。

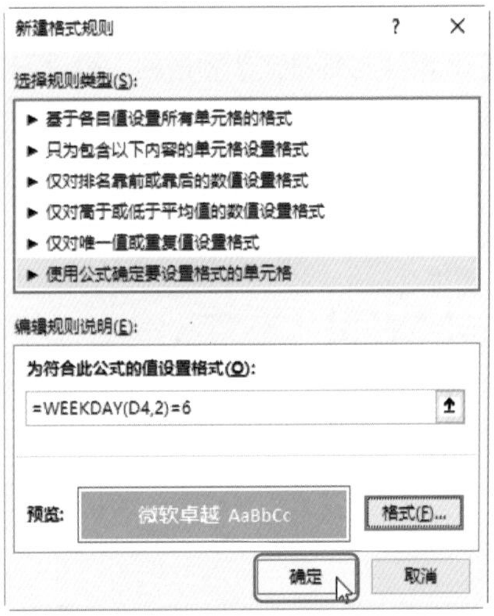

图 22-24

Step06 选择菜单选项。返回工作表，即可看到已经为所选区域中的星期六数据设置了绿色填充色。保持单元格区域的选择状态，❶再次单击【条件格式】下拉按钮，❷在弹出的下拉菜单中选择【新建规则】选项，如图 22-25 所示。

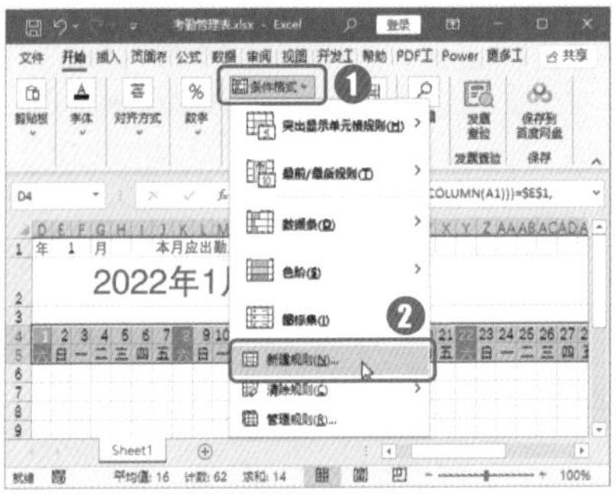

图 22-25

Step07 新建格式规则。打开【新建格式规则】对话框，❶在【选择规则类型】列表框中选择【使用公式确定要设置格式的单元格】选项，❷在【为符合此公式的值设置格式】参数框中输入公式【=WEEKDAY(D4,2)=7】，❸单击【格式】按钮，使用相同的方法设置满足该类条件的单元格格式，这里设置为橙色填充、白色加粗字体，❹单击【确定】按钮，如图 22-26 所示。

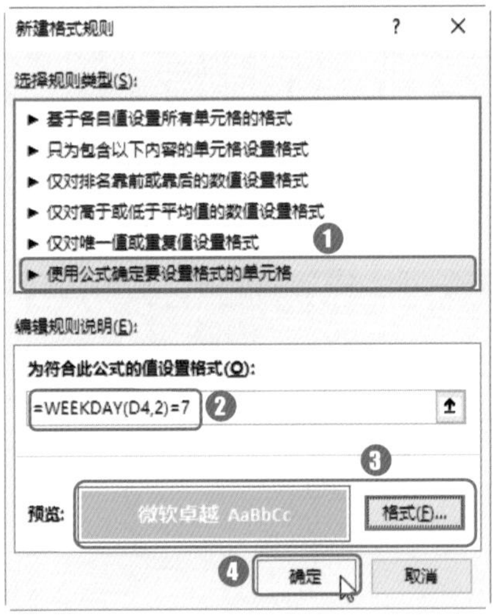

图 22-26

Step08 查看突出显示周末的效果。返回工作表，即可看到已经为所选区域中的星期日数据设置了橙色填充色。为保证表格中的自动数据无误，可以重新设置 C1、E1 单元格中的年份和月份，并验证指定年月应出勤天数、表格标题、当月所有日期及对应的星期数是否出错，如图 22-27 所示。

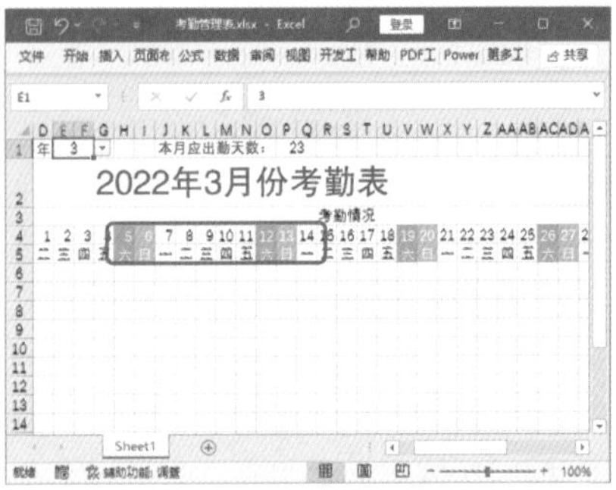

图 22-27

Step09 为表格添加所有框线。对表格中部分文本的对齐方式进行设置，❶选择 A4:AH50 单元格区域，单击【开始】选项卡【字体】组中的【边框】下拉按钮 ⌄，❷在弹出的下拉菜单中选择【所有框线】选项，如图 22-28 所示。

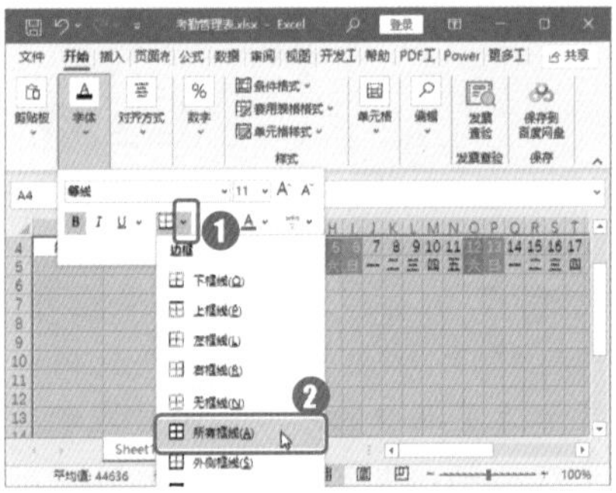

图 22-28

Step10 为表格添加粗外侧框线。选择 A4:AH5 单元格区域，❶单击【开始】选项卡【字体】组中的【边框】下拉按钮 ⌄，❷在弹出的下拉菜单中选择【粗外侧框线】选项，如图 22-29 所示。

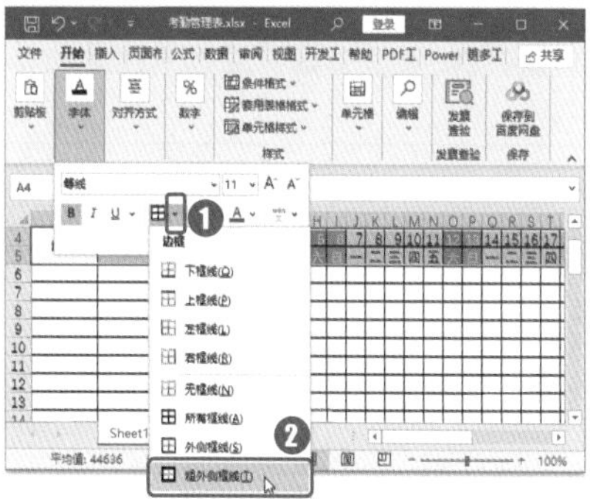

图 22-29

22.1.4 设置输入规范的考勤数据

考勤数据有多种表达形式，为规范输入的考勤数据，本例中假定一些规则，并通过设置考勤数据区的数据有效性使考勤表的制作更加便利。同时设置了冻结窗格，方便后期填写和查阅数据明细，最后将作为辅助列的数据进行隐藏，让整个表格看起来更加规范。设置输入规范的考勤数据，具体操作步骤如下。

Step01 执行数据验证操作。❶重命名工作表名称为【考勤表模板】，❷选择D6:AH50单元格区域，❸单击【数据】选项卡【数据工具】组中的【数据验证】按钮，如图22-30所示。

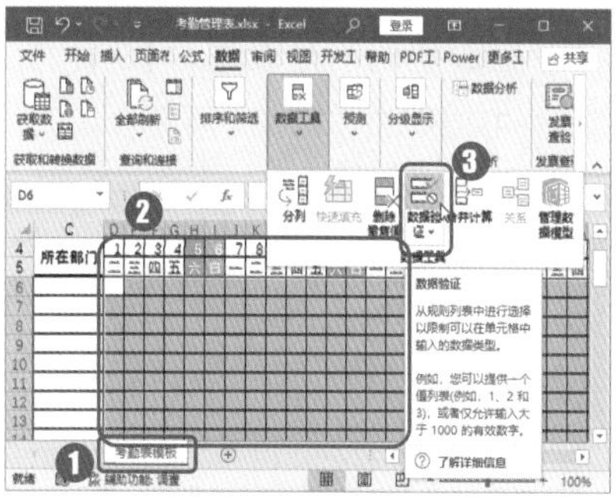

图 22-30

Step02 设置数据验证。打开【数据验证】对话框，❶在【设置】选项卡的【允许】下拉列表中选择【序列】选项，❷在【来源】参数框中输入【√,事,病,差,年,婚,迟1,迟2,迟3,旷】，❸单击【确定】按钮，如图22-31所示。

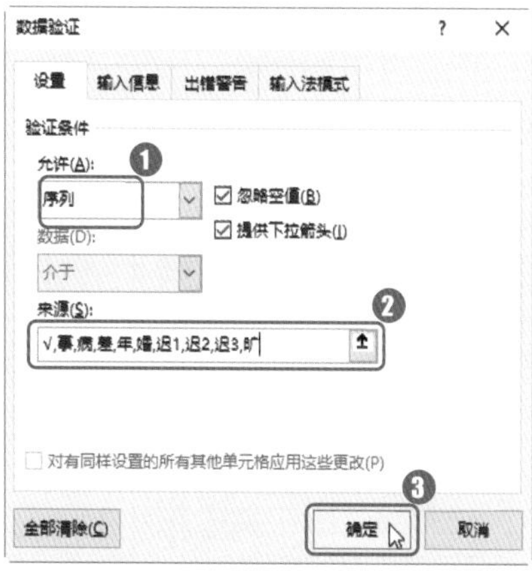

图 22-31

技术看板

本例假定出勤用【√】作为标记，事假用【事】作为标记，病假用【病】作为标记，出差用【差】作为标记，年假用【年】作为标记，婚假用【婚】作为标记，迟到10分钟以内用【迟1】作为标记，迟到半小时以内用【迟2】作为标记，迟到1小时以内用【迟3】作为标记，旷工用【旷】作为标记。

Step03 冻结表格行和列。考勤表中的数据很多，为便于查看，可以将有用信息固定在窗口中。当窗口大小不变时，让不必要的细节数据可以随着拖动滚动条来选择显示的部分。本例需要固定表格的上面5行和左侧3列数据，❶选择D6单元格，❷单击【视图】选项卡【窗口】组中的【冻结窗格】下拉按钮，❸在弹出的下拉列表中选择【冻结窗格】选项，如图22-32所示，即可冻结所选单元格前面的多行和多列。

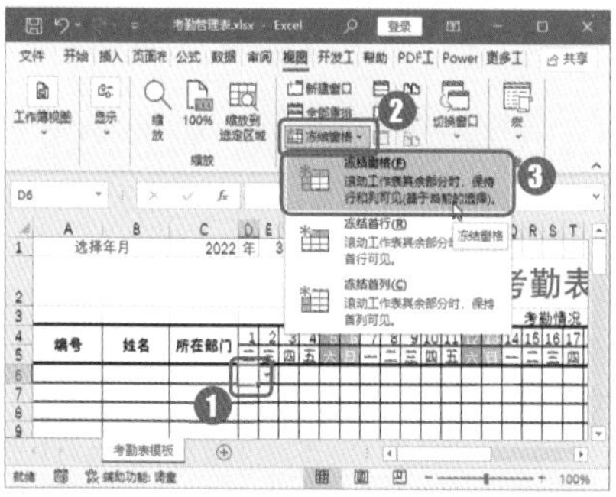

图 22-32

Step04 隐藏列。❶选择AJ和AK两列单元格，单击【开始】选项卡【单元格】组中的【格式】下拉按钮，❷在弹出的下拉菜单中选择【隐藏和取消隐藏】选项，❸在弹出的级联菜单中选择【隐藏列】选项，隐藏选择的列，如图22-33所示。

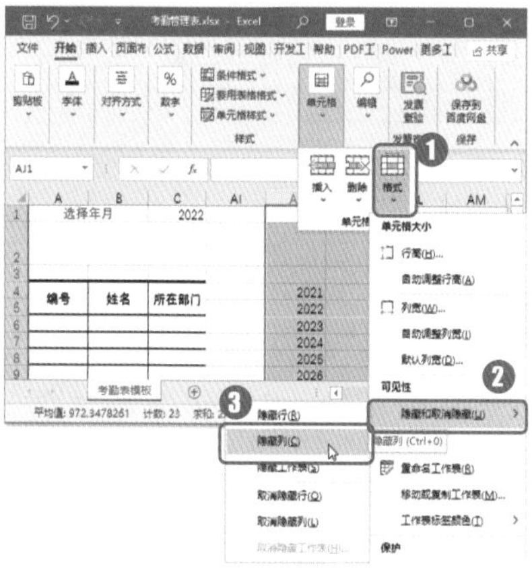

图 22-33

22.2 编制考勤记录表并完善模板

实例门类	多表操作 + 编辑单元格 + 函数 + 设置单元格格式类

考勤表模板创建好以后，就可以根据公司员工每天的上班情况记录具体的考勤基础数据了；等到需要统计当月考勤情况时，再进行统计和分析即可。本节将在模板基础上编制某月的考勤记录表，并通过对该表格的具体考勤情况进行统计来完善模板文件。本例中完成的某月考勤记录表效果如图 22-34 所示。

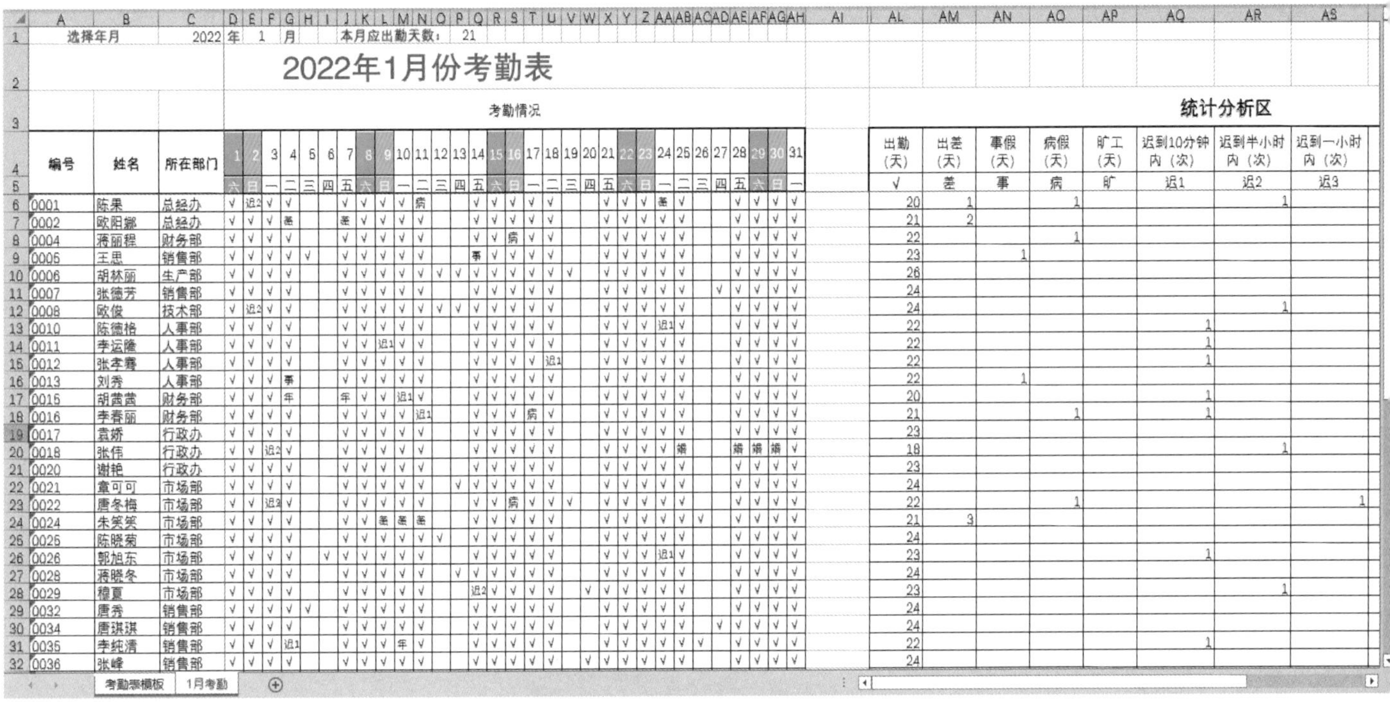

图 22-34

22.2.1 按实际情况记录考勤数据

在使用Excel制作考勤表时，首先需要记录考勤的基础数据，如某天某员工是什么时间上班的，什么时间下班的，当然，现在很多公司都配备了打卡机或指纹机，可直接从设备中导出相应的数据，避免手动输入的烦琐。有了基础数据后，再根据具体的制度通过函数判断出考勤结果。然后通过对照各种假条凭证、出差记录等修正特殊情况的考勤记录。这个过程很烦琐，本书页码有限，就直接手动输入了一份考勤记录作为基础数据，感兴趣的用户可以继续深入制作考勤时间记录表，并通过函数判断考勤结果，再引用到该表格中来。本例制作的具体操作步骤如下。

输入表格数据。❶复制工作表，并重命名为【1 月考勤】，❷在 E1 单元格中选择【1】选项，❸在 A6:C43 单元格区域中输入相应的员工基础数据，在实际工作中用户也可以从档案表等现有表格中复制得到，在 D6:AH43 单元格区域中输入相应员工的考勤数据，输入时可以先全部输入出现概率最多的【√】，然后再根据具体情况进行修改，并将考勤数据的字号设置为【9】，完成后的效果如图 22-35 所示。

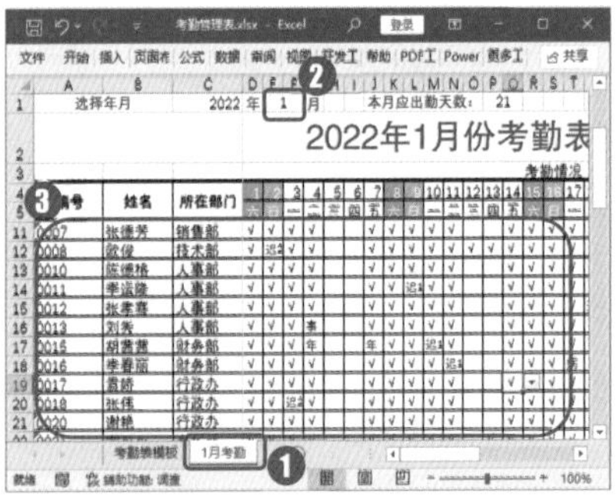

图 22-35

22.2.2 制作考勤数据统计区域

考勤记录表是员工每天上班的凭证，也是员工领工资的部分凭证，公司的相关人员每个月基本上都需要对考勤数据做最后总结，以便合理计算工资。完成考勤基础数据的输入后，就可以对考勤数据进行统计了，具体操作步骤如下。

Step01 输入设置统计列标题。❶同时选择【考勤表模板】和【1 月考勤】工作表，❷在 AL4:AW5 单元格区域中依次输入需要统计的列标题，并设置边框线，再选择这些单元格区域，❸单击【对齐方式】组中的【自动换行】按钮，如图 22-36 所示。

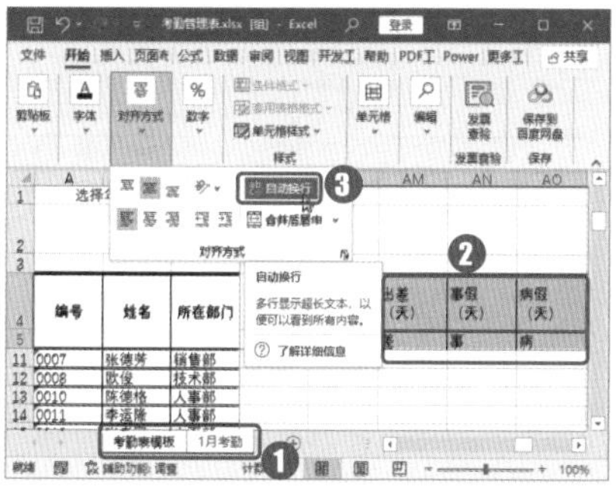

图 22-36

Step02 设置统计区域。❶分别拖动鼠标调整 AL~AW 列的列宽至合适，并对 AL4:AW50 单元格区域的对齐方式进行设置，❷合并 AL3:AW3 单元格区域，输入文本【统计分析区】，并在【字体】组中设置合适的字体格式，如图 22-37 所示。

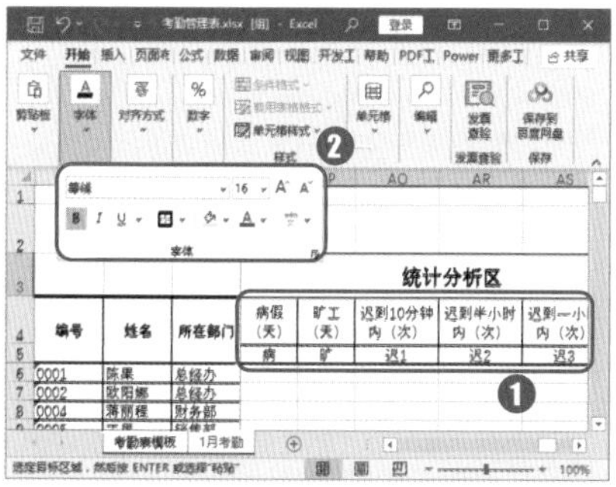

图 22-37

22.2.3 输入公式统计具体考勤项目

要统计考勤明细数据，就需要用到函数。这里分别对各员工当月的各项考勤项目进行统计，具体操作步骤如下。

Step01 统计员工出勤天数。为 AL4:AW50 单元格区域设置与前面区域相同的边框，选择 AL6 单元格，输入公式【=COUNTIF($D6:$AH6, AL$5)】，按【Enter】键，即可计算出该员工当月的出勤天数，如图 22-38 所示。

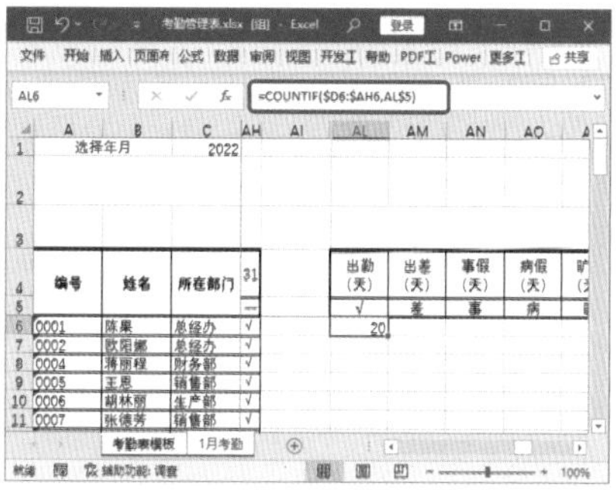

图 22-38

Step02 复制公式。选择 AL6 单元格，向右拖动填充控制柄，复制公式到 AM6:AU6 单元格区域，计算出该员工其他考勤项目的数据，如图 22-39 所示。

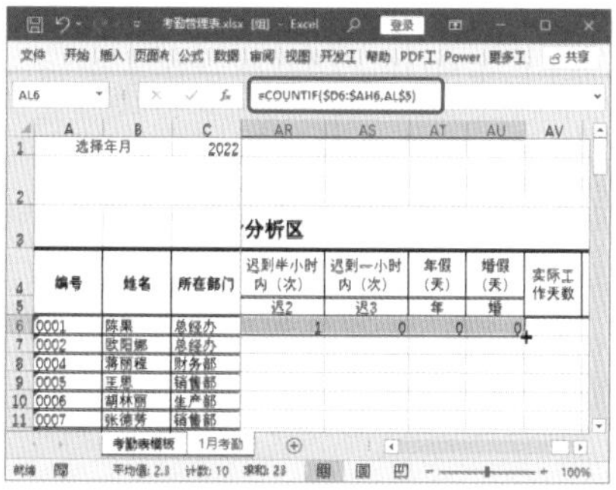

图 22-39

Step03 计算员工当月实际工作天数。选择 AV6 单元格，输入公式【=AL6+AM6】，按【Enter】键，即可计算出该员工当月实际工作的天数，如图 22-40 所示。

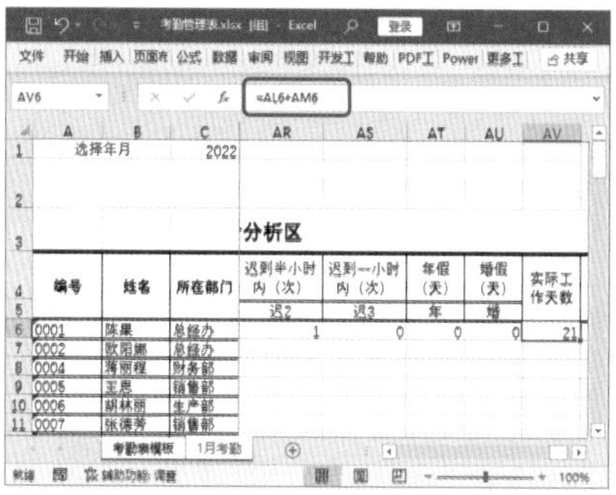

图 22-40

Step04 计算员工出勤率。选择 AW6 单元格，输入公式【=AV6/$P$1】，按【Enter】键，即可计算出该员工当月的出勤率，如图 22-41 所示。

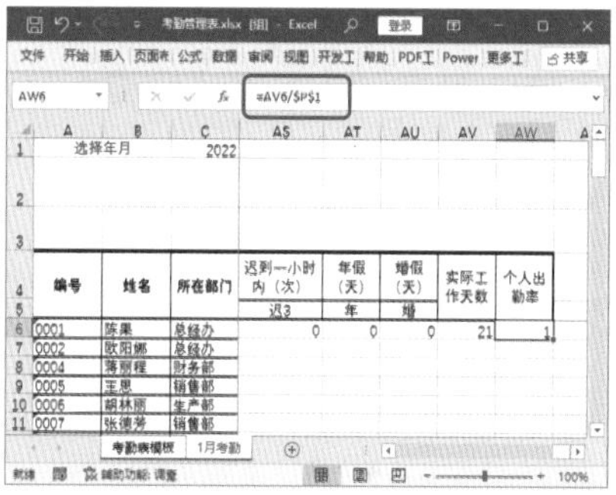

图 22-41

Step05 复制公式。选择 AL6:AW6 单元格区域，向下拖动填充控制柄，复制公式到 AL7:AW43 单元格区域，计算出其他员工各考勤项目的数据，如图 22-42 所示。

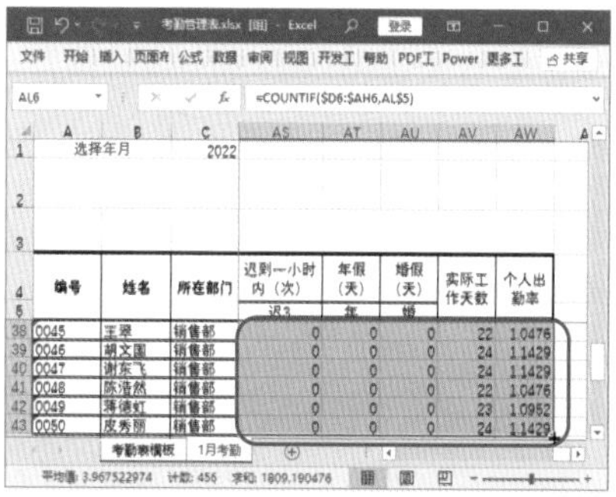

图 22-42

Step06 设置百分比格式。❶选择 AW

列单元格，❷在【开始】选项卡【数字】组中的列表框中选择【百分比】选项，如图 22-43 所示。

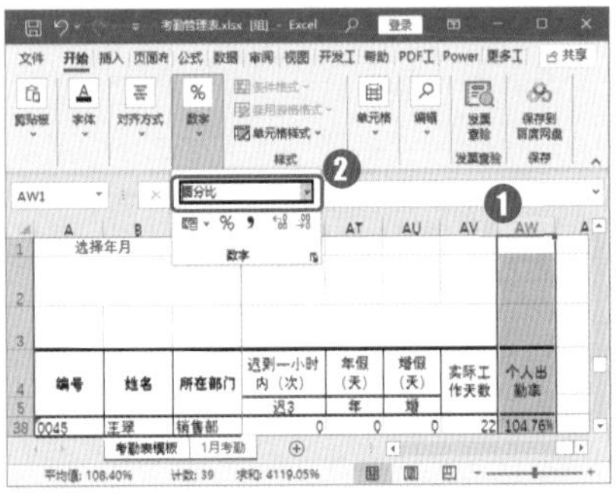

图 22-43

Step07 设置高级选项。打开【Excel 选项】对话框，❶在左侧选择【高级】选项，❷在右侧取消选中【在具有零值的单元格中显示零】复选框，❸单击【确定】按钮，如图 22-44 所示。

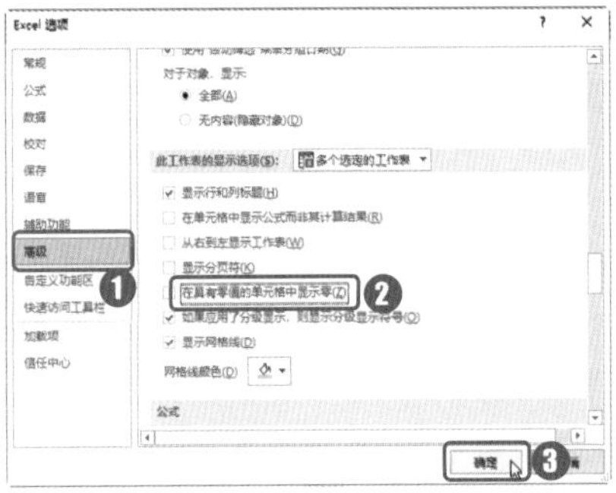

图 22-44

Step08 设置边框线。返回工作表编辑区，即可查看工作表中的零值将不会显示。❶选择 AL6:AW43 单元格区域，❷单击【开始】选项卡【字体】组中的【边框】下拉按钮，❸在弹出的下拉列表中选择【所有框线】选项，如图 22-45 所示。

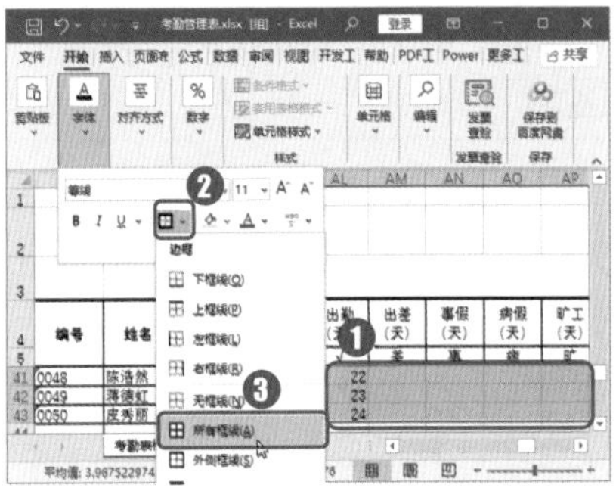

图 22-45

Step09 取消工作表组。至此完成该案例的制作了，在工作表标签上单击鼠标右键，在弹出的快捷菜单中选择【取消组合工作表】选项，退出工作表组的编辑状态，如图 22-46 所示。

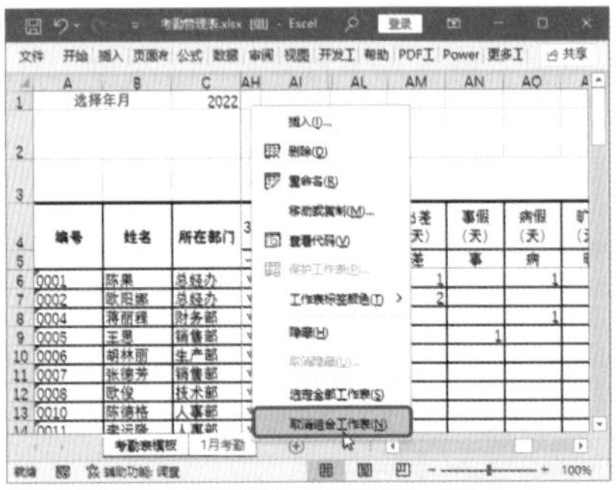

图 22-46

本章小结

本章模拟了常见考勤记录表的制作过程，并制作了考勤表模板，方便用户直接调用模板建立自己的考勤表。在制作过程中，读者主要应参与到案例制作的大背景中来，思考工作表框架和每一个公式为什么要这样设置，又如何将这些思路运用到要创建的那些表格中。当然，本例还可以继续向后拓展，如何对员工的考勤情况进行分析，本书因篇幅有限就没有再做详细分析，读者可以在案例效果中自行设定目标，继续进行数据分析。

第23章 制作企业员工档案管理、分析和查询表

- 一份档案表格的基础数据输入时需要注意哪些地方?
- 有哪些数据是可以避免手动输入的?
- 规范表格时设置数据有效性的好处是什么?
- 如何使用公式和函数分析具体的数据?
- 如何通过数据透视图表多角度分析数据，从而得到有效信息?

本章将运用前面所学的创建表格、分析表格数据及通过函数来处理复杂数据等知识，完成员工档案记录表的构建、对其中的数据进行分析及保护工作表的操作。

23.1 创建员工档案记录表

实例门类 输入表格内容 + 设置单元格格式 + 设置数据有效性 + 函数 + 冻结窗格类

员工档案是用人单位了解员工情况非常重要的资料，也是单位或企业了解一个员工的重要手段。企业员工档案表中包含的数据大同小异，主要记录了员工的基本情况和其在用人单位中被招用、调配、培训、考核、奖惩和异动等项中形成的有关员工个人经历、政治思想、业务技术水平等情况。因此，一个企业在进行人事管理时，首先需要制作员工档案表，这样才能提供人员调动和分配的基本参考资料，使企业人员得到合理分配。

本节制作一张员工档案记录的基础数据表格，完成后的效果如图 23-1 所示。

制表日期：2022年1月1日

员工编号	姓名	性别	所在部门	职务	籍贯	身份证号	出生日期	年龄	最高学历	专业	入职时间	离职时间	工龄	联系电话	QQ	E-mail	家庭地址
0001	陈果	男	总经办	总经理	四川	51**29197608020030	1976/8/2	45	本科	电子电路	2006/7/1		15	1354589****	81225***55	81225***55@qq.com	交大路
0002	欧阳娜	女	总经办	副总经理	江苏	51**29197605020021	1976/5/2	45	大专	工业机械	2009/7/4		12	1389540****	50655***52	50655***52@qq.com	东城根上街
0003	林梅西	女	人事部	人力资源总监	重庆	44**44198302055000	1983/2/5	38	中专	计算机硬件	2011/7/5	2015/8/1	4	1364295****	15276***22	15276***22@qq.com	洗面桥
0004	蒋丽程	女	财务部	财务总监	四川	52**25198012026000	1980/12/2	41	本科	财务管理	2006/7/6		15	1330756****	60218***29	60218***29@qq.com	营门口
0005	王思	女	销售部	销售总监	四川	41**87198204288000	1982/4/28	39	中专	营销管理	2010/7/7		11	1594563****	59297***50	59297***50@qq.com	磨子桥
0006	胡林丽	女	生产部	生产总监	四川	25**88198102013000	1981/2/1	40	高中及以下	工业制造	2006/7/1		15	1397429****	13657***00	13657***00@qq.com	芳草街
0007	张德芳	女	销售部	运营总监	四川	38**37197504262127	1975/4/26	46	中专	营销管理	2009/7/9		12	1354130****	81151***26	81151***26@qq.com	月亮湾
0008	欧俊	男	技术部	技术总监	四川	53**51198303169255	1983/3/16	38	硕士	电子电路	2006/9/9		15	1367024****	19395***31	19395***31@qq.com	火车南站西路
0009	董韵	女	总经办	总经理助理	四川	12**33198012082847	1980/12/8	41	硕士	行政文秘	2011/8/5	2012/1/1	1	1310753****	32351***92	32351***92@qq.com	驷马桥
0010	陈德格	男	人事部	人力资源经理	四川	12**13197207169113	1972/7/16	49	大专	行政文秘	2012/3/2		9	1372508****	10930***02	10930***02@qq.com	卡丁路
0011	李运隆	男	人事部	人力资源助理	四川	43**80198407232318	1984/7/23	37	本科	行政文秘	2014/7/4		7	1321514****	64813***56	64813***56@qq.com	崩泡西路
0012	张孝骞	男	人事部	人力资源专员	四川	21**82198711301673	1987/11/30	34	大专	商务管理	2015/7/5		6	1334786****	27830***22	27830***22@qq.com	芳草东街
0013	刘秀	女	人事部	人力资源专员	浙江	21**93198508133567	1985/8/13	36	本科	商务管理	2016/7/5		5	1396765****	97190***08	97190***08@qq.com	横溪路
0014	陈丹	女	财务部	财务经理	山西	14**68198803069384	1988/3/6	33	中专	财务管理	2010/7/4	2013/1/1	3	1375813****	98641***78	98641***78@qq.com	阳拱桥
0015	胡茜茜	女	财务部	财务助理	四川	32**20197903045343	1979/3/4	42	大专	会计	2012/7/4		9	1364295****	1225***12	1225***12@qq.com	金科南路
0016	李春丽	女	财务部	会计主管	山西	33**00198210036306	1982/10/3	39	本科	会计	2018/7/5		3	1354130****	27385***28	27385***28@qq.com	土桥4路
0017	袁娇	女	行政办	行政经理	四川	40**12198401019344	1984/1/1	38	本科	行政管理	2016/7/6		5	1389540****	2847***85	2847***85@qq.com	机场路口
0018	张伟	男	行政办	行政助理	北京	21**03198410313851	1984/10/31	37	本科	行政管理	2018/7/7		3	1367024****	81151***26	81151***26@qq.com	玉沙路
0019	李丽	女	行政办	行政助理	浙江	12**33198511100023	1985/11/10	36	本科	行政管理	2012/7/8	2015/3/1	3	1354589****	81225***55	81225***55@qq.com	双桥子
0020	谢艳	女	行政办	前台	四川	51**29198605020021	1986/5/2	35	大专	机械维修	2014/7/9		7	1389540****	59655***52	59655***52@qq.com	莲桂溪路
0021	章可可	女	市场部	市场部经理	四川	44**44198302185000	1983/2/18	38	硕士	营销管理	2020/9/9		1	1364295****	15276***22	15276***22@qq.com	
0022	唐冬梅	女	市场部	市场助理	四川	52**25198212086000	1982/12/8	39	本科	营销管理	2021/9/10		0	1330756****	69218***29	69218***29@qq.com	
0023	刘克丽	女	市场部	市场研究专员	四川	41**87198103228000	1981/3/22	40	本科	营销管理	2020/9/11	2021/10/1	1	1594563****	59297***59	59297***59@qq.com	梨花街

图 23-1

23.1.1 规划表格框架

在制作员工档案表时，首先需要创建档案数据的记录表格，即基础数据表，制作时注意不要合并数据单元格。制作表格框架的具体操作步骤如下。

Step01 设置表头。新建一个空白工作簿，并命名为【员工档案管理表】，将【Sheet1】工作表重命名为【档案记录表】，在第一行中输入制表时间和制表人等内容，在第二行中输入表格各列标题，❶选择 A1:R1 单元格区域后，单击【开始】

选项卡【对齐方式】组中的【合并后居中】下拉按钮⌄，❷在弹出的下拉列表中选择【合并单元格】选项，如图 23-2 所示。

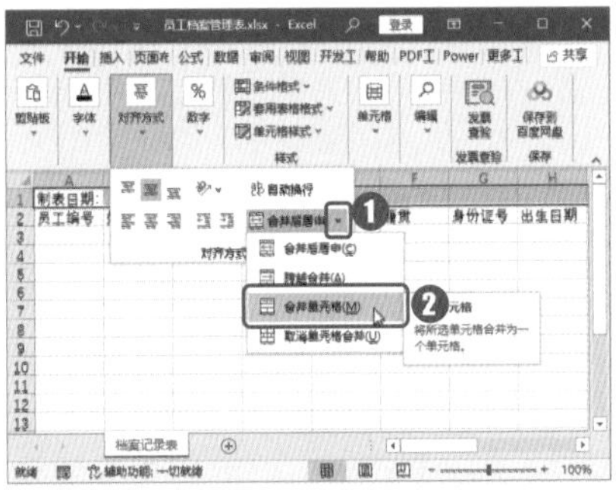

图 23-2

Step02 设置字体格式。❶选择A1单元格，在【开始】选项卡的【字体】组中设置字号大小为【10 磅】，❷单击【加粗】按钮 B，❸单击【字体颜色】下拉按钮⌄，❹在弹出的下拉列表中选择【蓝色】选项，如图 23-3 所示。

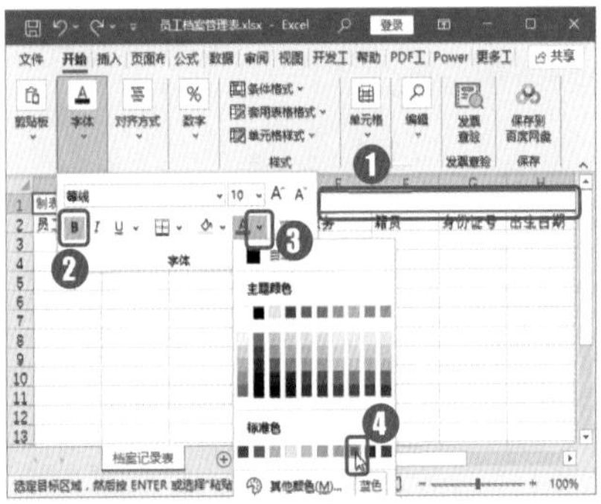

图 23-3

Step03 设置单元格格式。❶选择A2:R2 单元格区域，在【字体】组中设置字号大小为【12 磅】，单击【加粗】按钮 B，设置字体颜色为【白色】，将【填充颜色】设置为【蓝色】，❷单击【对齐方式】组中的【居中】按钮三，如图 23-4 所示。

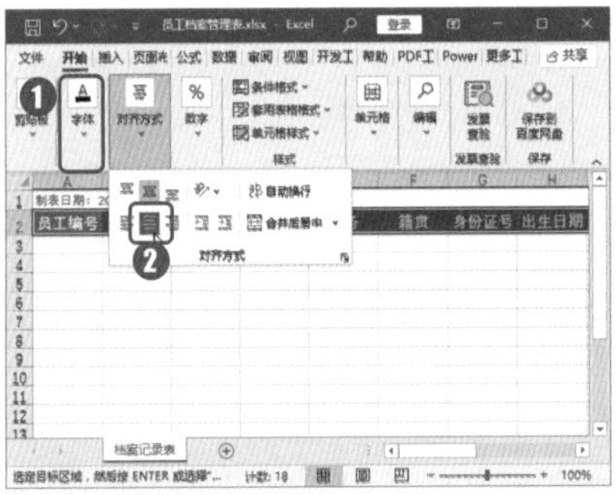

图 23-4

Step04 拖动鼠标调整行高。调整第二行的高度至合适，完成后的效果如图 23-5 所示。

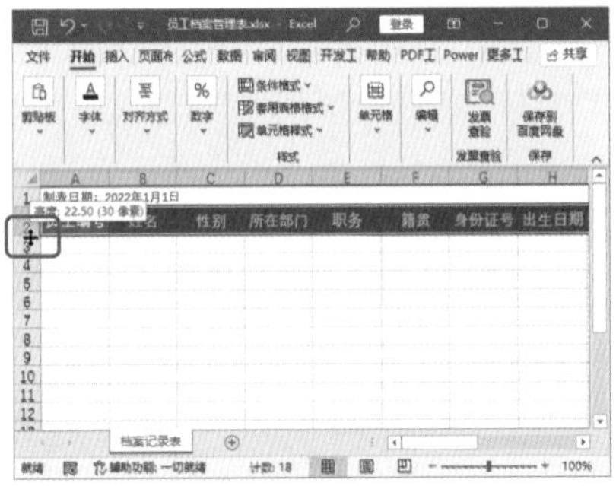

图 23-5

Step05 选择单元格区域。❶选择可能输入员工档案数据的单元格区域，这里选择 A2:R100 单元格区域，❷单击【开始】选项卡【字体】组右下角的【对话框启动器】按钮，如图 23-6 所示。

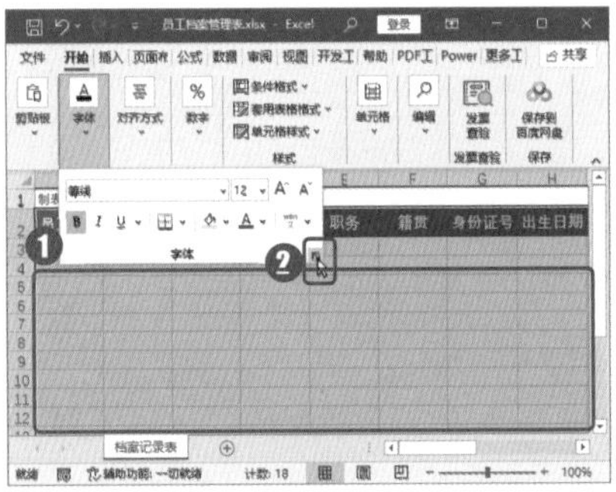

图 23-6

Step06 设置单元格边框。打开【设置单元格格式】对话框，❶选择【边框】选项卡，❷在【颜色】下拉列表中选择【蓝色】选项，❸在【样式】列表框中选择【粗线】选项，❹单击【预置】栏中的【外边框】按钮，❺在【样式】列表框中选择【细线】选项，❻单击【预置】栏中的【内部】按钮，❼单击【确定】按钮，如图 23-7 所示。

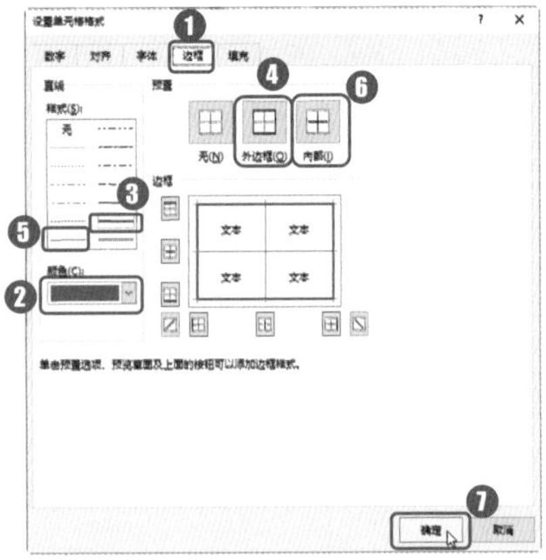

图 23-7

23.1.2 设置数据有效性

完成表格框架的制作后，就需要输入数据了。因为基础数据表格中的数据只作为记录用，不进行任何加工处理，所以某些数据具有一定规律。为了保证表格中输入数据的准确性和统一性，可以为这些有规律的数据分类设置单元格的数据有效性，具体操作步骤如下。

Step01 输入员工编号。在A3 单元格中输入文本数据类型的第一个员工的编号【0001】，如图 23-8 所示。

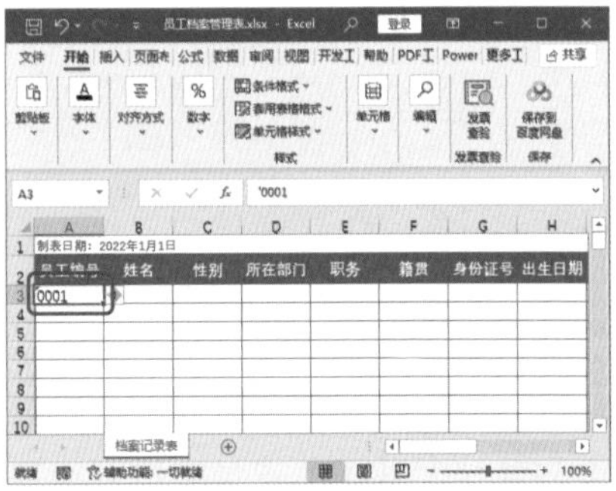

图 23-8

Step02 填充数据。❶向下拖动控制柄填充其他员工的编号数据，❷单击出现的【自动填充选项】按钮，❸在弹出的下拉列表中选择【不带格式填充】选项，如图 23-9 所示。

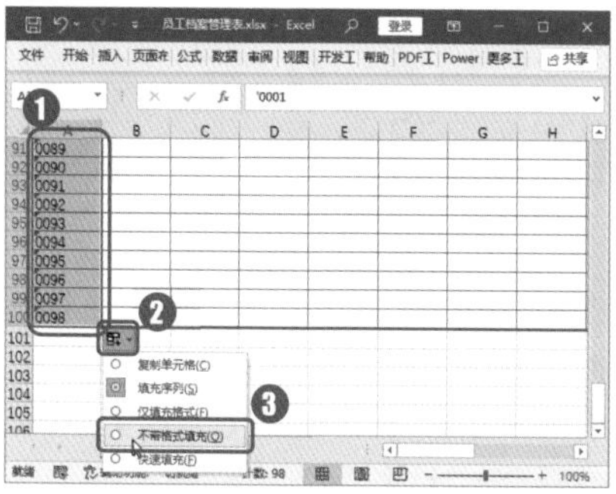

图 23-9

Step03 执行数据验证操作。❶选择【所在部门】列中的 D3:D100 单元格区域，❷单击【数据】选项卡【数据工具】组中的【数据验证】按钮，如图 23-10 所示。

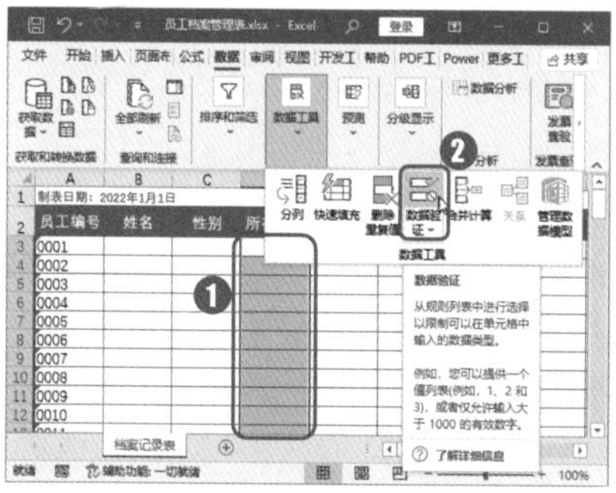

图 23-10

Step04 设置数据验证。打开【数据验证】对话框，❶在【设置】选项卡的【允许】下拉列表中选择【序列】选项，❷在【来源】参数框中输入该列数据允许输入的序列，这里输入【总经办,人事部,财务部,销售部,生产部,技术部,行政办,市场部】，如图 23-11 所示。

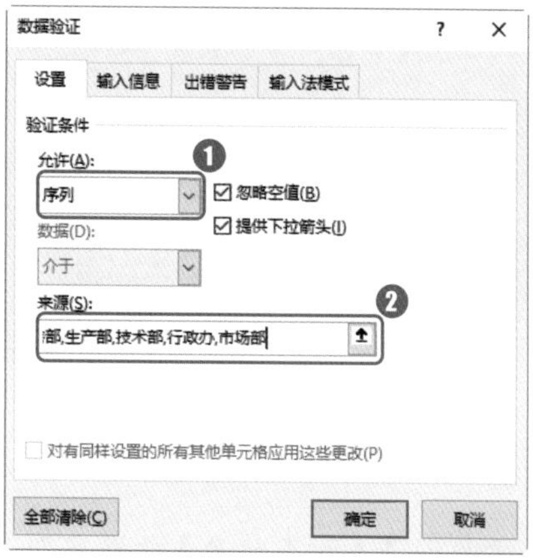

图 23-11

Step05 设置输入提示。❶选择【输入信息】选项卡，❷在【输入信息】列表框中输入用作提示的信息，如图 23-12 所示。

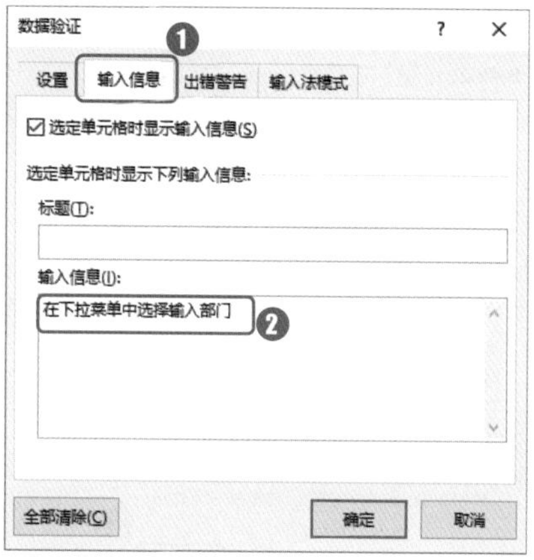

图 23-12

Step06 设置出错警告。❶选择【出错警告】选项卡，❷在【样式】下拉列表中选择【警告】选项，❸在【错误信息】列表框中输入当单元格内容不符合输入规范时用作提示的信息，❹单击【确定】按钮，如图 23-13 所示。

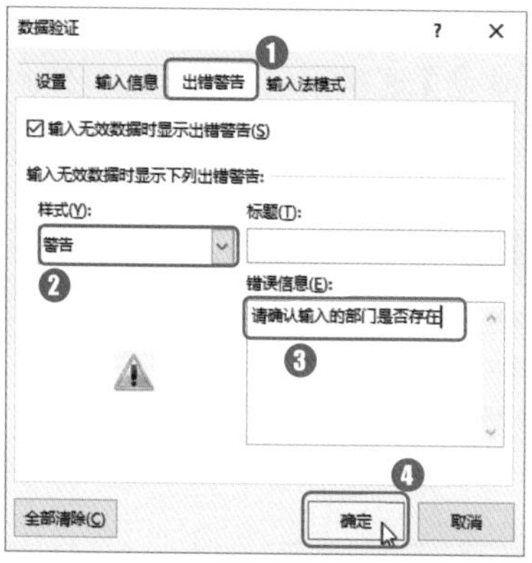

图 23-13

Step07 执行数据验证操作。❶选择【身份证号】列中的 G3:G100 单元格区域，❷单击【数据验证】按钮，如图 23-14 所示。

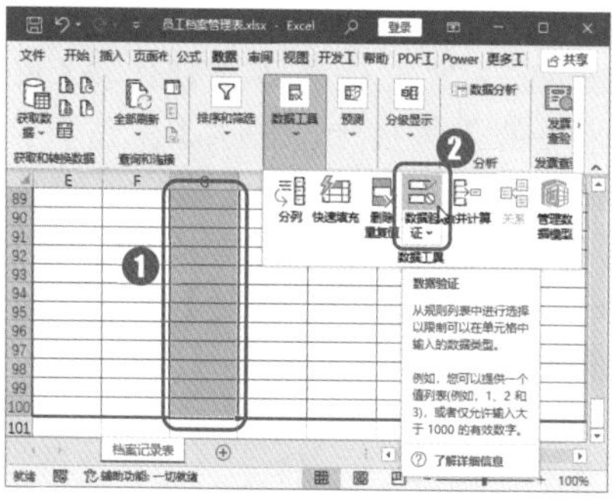

图 23-14

Step08 限制文本输入的长度。打开【数据验证】对话框，❶选择【设置】选项卡，❷在【允许】下拉列表中选择【文本长度】选项，❸在【数据】下拉列表中选择【等于】选项，❹在【长度】参数框中输入【18】，如图 23-15 所示。

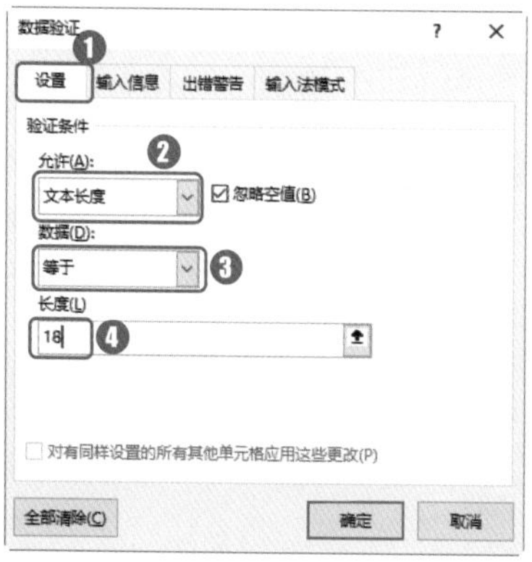

图 23-15

Step09 设置输入提示。❶选择【输入信息】选项卡，❷在【输入信息】列表框中输入用作提示的信息，如图 23-16 所示。

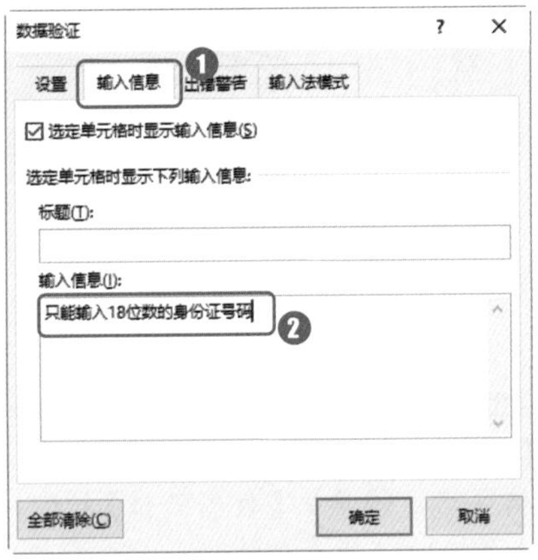

图 23-16

Step10 设置出错警告。❶选择【出错警告】选项卡，❷在【样式】下拉列表中选择【停止】选项，❸在【错误信息】列表框中输入具体的提示信息，❹单击【确定】按钮，如图 23-17 所示。

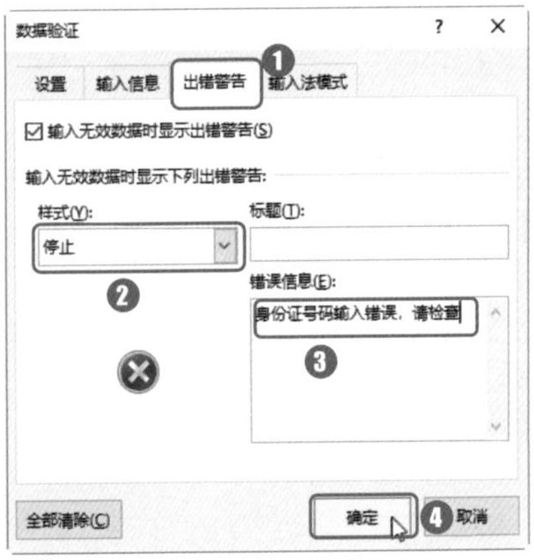

图 23-17

Step11 执行数据验证操作。❶选择【最高学历】列中的 J3:J100 单元格区域，❷单击【数据验证】按钮，如图 23-18 所示。

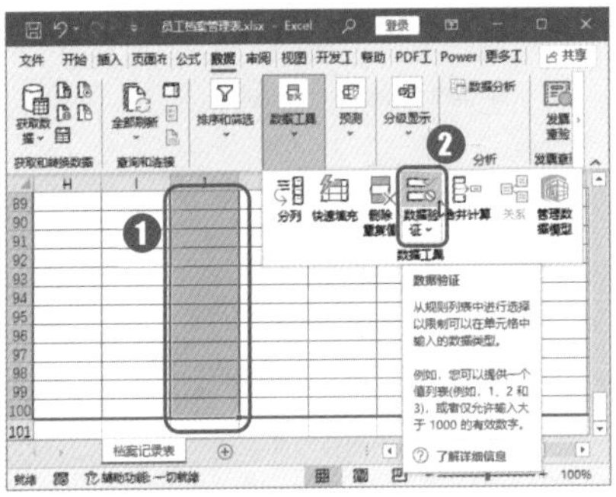

图 23-18

Step12 设置【最高学历】数据序列。打开【数据验证】对话框，❶在【设置】选项卡的【允许】下拉列表中选择【序列】选项，❷在【来源】参数框中输入该列数据允许输入的序列，这里输入【中专,大专,本科,硕士,硕士以上,高中及以下】，❸单击【确定】按钮，如图 23-19 所示。

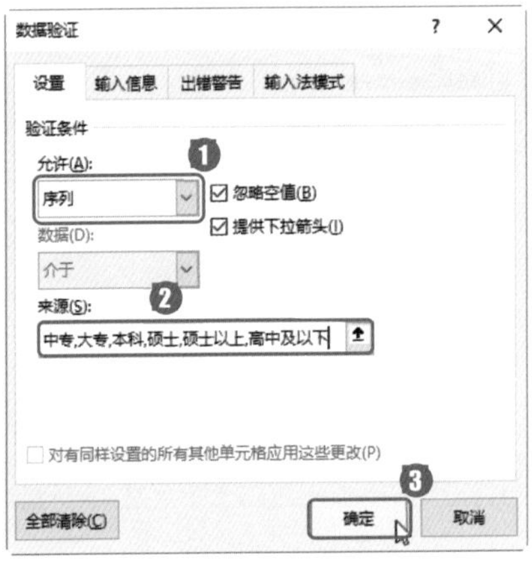

图 23-19

Step13 设置日期格式。❶选择 H、L、M 三列，❷在【开始】选项卡【数字】组的下拉列表中选择【短日期】选项，如图 23-20 所示。

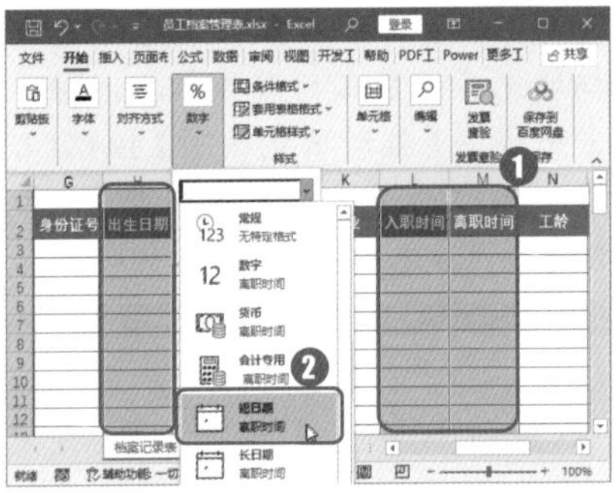

图 23-20

Step14 设置文本数字格式。❶选择 G 列，❷在【开始】选项卡【数字】组中的下拉列表中选择【文本】选项，如图 23-21 所示。

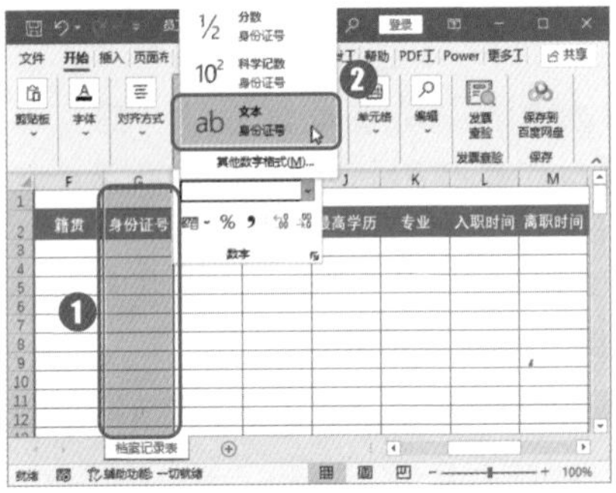

图 23-21

Step15 自动调整列宽。❶在表格单元格中输入相应的数据，选择所有包含数据的列，❷单击【开始】选项卡【单元格】组中的【格式】按钮，❸在弹出的下拉菜单中选择【自动调整列宽】命令，如图 23-22 所示。

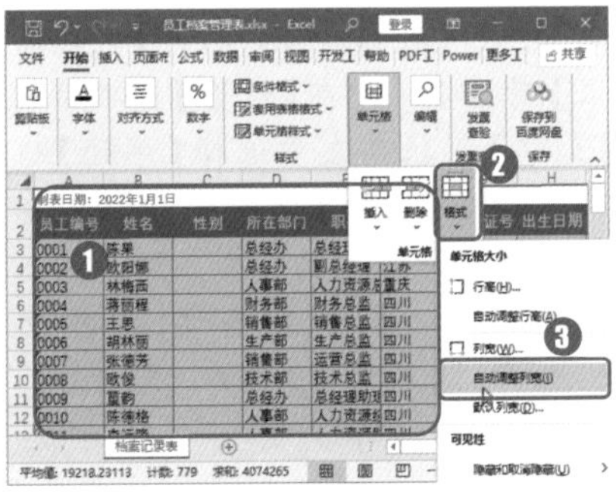

图 23-22

23.1.3 使用公式返回相关信息

员工档案表中部分基础数据之间也存在一定的联系，当某一信息输入后，与其有关联的信息即可通过特定的计算方式计算出来。例如，已知身份证号码时，就可以通过函数提取身份证号中的部分数据得到此人的性别、生日、年龄等信息，具体操作步骤如下。

Step 01 判断员工性别。选择 C3 单元格，输入公式【=IF(MOD(MID(G3,17,1),2)=0,"女","男")】，按【Enter】键，即可判断出员工的性别，如图 23-23 所示。

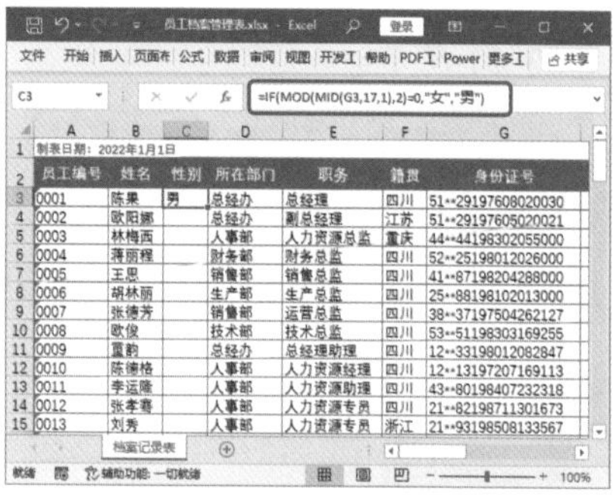

图 23-23

技术看板

身份证号可能由 15 位或 18 位数构成。若由 15 位数构成，则其最后一位数为性别编码；若由 18 位数构成，则其倒数第二位数为性别编码。当性别编码为奇数时，代表男性；为偶数时则代表女性。

本例中只涉及 18 位数的身份证号，所以直接使用 MID 函数截取号码中的相应位数，再使用 MOD 函数来判断所截取数值的奇偶性。虽然 15 位数的身份证在很多场合已经不能使用，但如果档案表中仍然存在这样的数据，那么，在通过身份证号判断性别时，首先需要用 LEN 函数判断身份证号码由多少位数组成，再结合 IF 函数对两种情况进行不同位数的截取。本例中，若同时包含 15 位和 18 位的身份证号，则公式应修改为【=IF(LEN(G3)=15,IF(MOD(MID(G2,15,1),2)=0,"女","男"),IF(MOD(MID(G3,17,1),2)=0,"女","男"))】。

Step 02 提取员工出生日期。选择 H3 单元格，输入公式【=DATE(MID(G3,7,4),MID(G3,11,2),MID(G3,13,2))】，按【Enter】键，即可提取员工的出生日期，如图 23-24 所示。

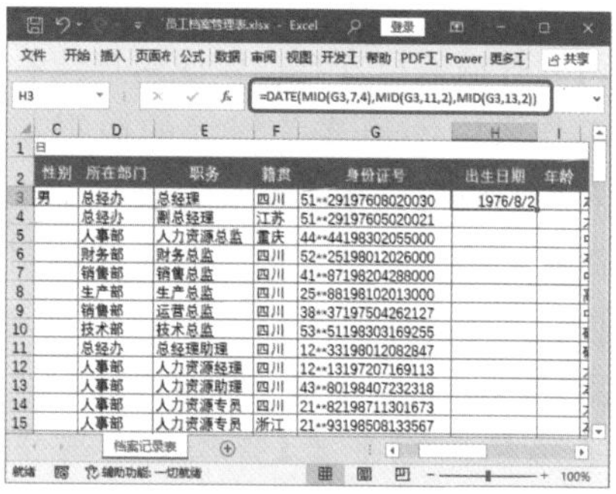

图 23-24

技术看板

在由 18 位数构成的身份证号中，其第 7~14 位为出生年月日信息，故可以利用 Excel 中的 MID 函数截取出身份证号码中的出生日期信息，再通过 DATE 函数将这些信息转换为日期型数据并填入表格中。

Step 03 计算员工年龄。选择 I3 单元格，输入公式【=INT((NOW()-H3)/365)】，按【Enter】键，即可计算出员工的当前年龄，如图 23-25 所示。

图 23-25

技术看板

根据档案记录表中的出生日期数据与当前日期进行计算可得到员工的当前年龄。本例中使用 NOW 函数返回系统的当前日期，然后使用 INT 函数对计算后的数据取整处理，不过该函数是将数值向下取整为最接近的整数。

Step 04 计算员工工龄。选择 N3 单元格，输入公式【=IF(M3<>"",YEAR(M3)-YEAR(L3),(INT((NOW()-L3)/365)))】，按【Enter】键，即可计算出员工的工龄，如图 23-26 所示。

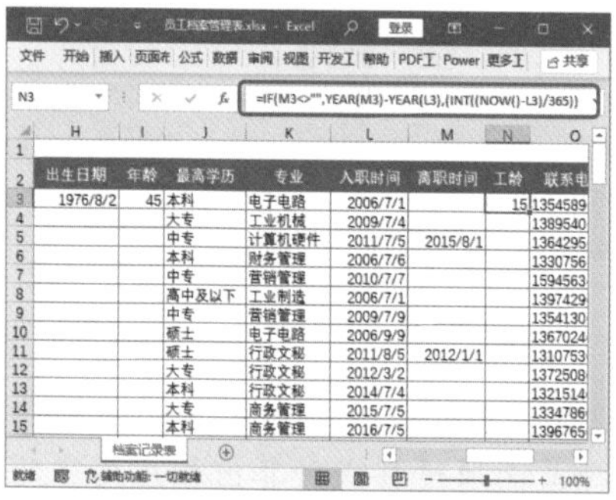

图 23-26

技术看板

通过将当前日期或离职时间与入职时间进行计算可以快速得到各

员工的工龄数据。如果该员工离职，则工龄为离职时间减去入职时间；如果该员工仍在职，则其工龄为当前时间减去入职时间。

本例中首先使用IF函数判断员工是否离职，即M3单元格中是否填入了离职时间，然后根据不同的判断执行后续两种不同的计算方式。在计算工龄时采用了两种函数编写方式，一种是通过YEAR函数直接相减，另一种是先用NOW函数返回系统的当前日期，然后使用INT函数对计算后的数据向下取整处理。

Step05 快速得出邮箱地址。一般情况下，QQ号加上"@qq.com"就是QQ邮箱的地址，所以在得知QQ号时，可以很方便地知道QQ邮箱地址。选择Q3单元格，输入公式【=P3&"@qq.com"】，按【Enter】键，即可得到员工的QQ邮箱地址，如图23-27所示。

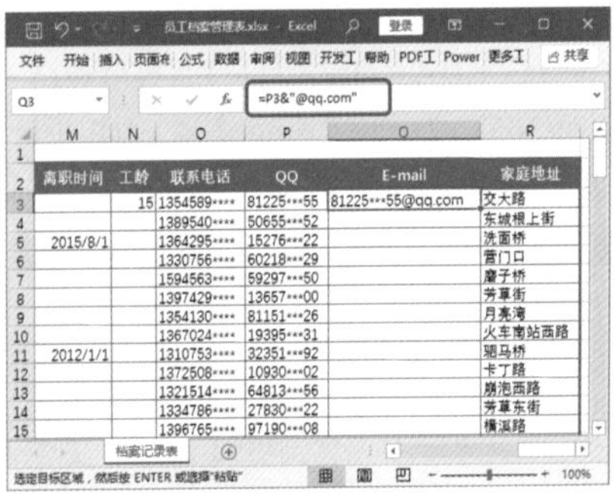

图 23-27

Step06 复制公式完成计算。依次选择前面通过公式计算出相应内容的单元格，并通过拖动鼠标的方法填充公式，得到其他员工的性别、出生日期、年龄、工龄和邮箱地址，完成后的效果如图23-28所示。

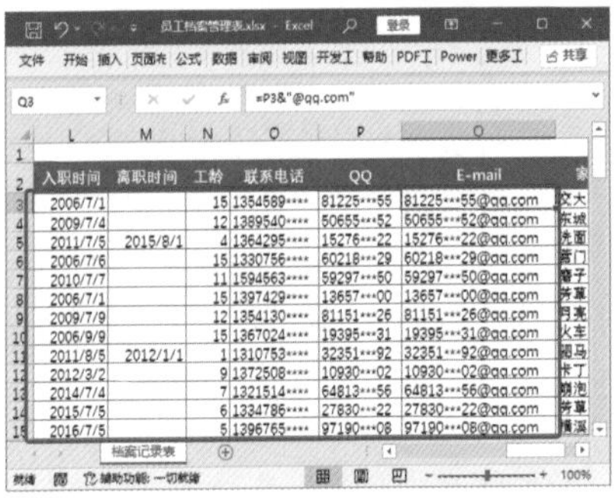

图 23-28

23.1.4 设置表格样式

由于本例工作表中的数据比较多，考虑到可能会遇到表格数据查看不方便的情况。因此，使用【冻结窗格】命令将表格的前两行和前两列数据进行冻结，以便用户查看工作表中距离表头较远的数据与表头的对应关系。然后对表格进行简单的格式设置，完成本表格的制作，具体操作步骤如下。

Step01 执行拆分操作。❶选择C3单元格，❷单击【视图】选项卡【窗口】组中的【拆分】按钮，如图23-29所示。

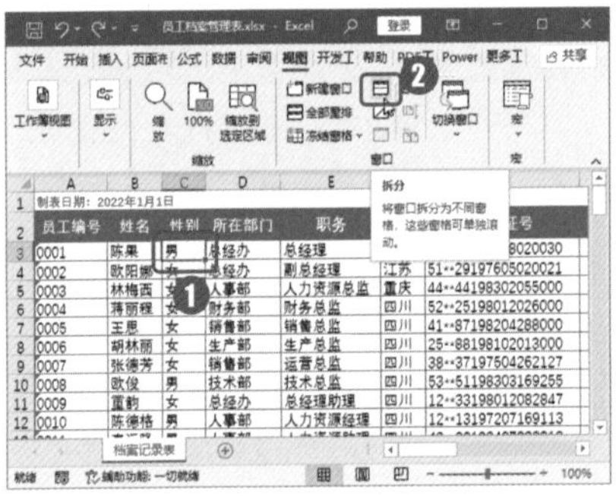

图 23-29

Step02 冻结拆分窗格。❶单击【视图】选项卡【窗口】组中的【冻结窗格】按钮，❷在弹出的下拉列表中选择【冻结窗格】选项，如图23-30所示。

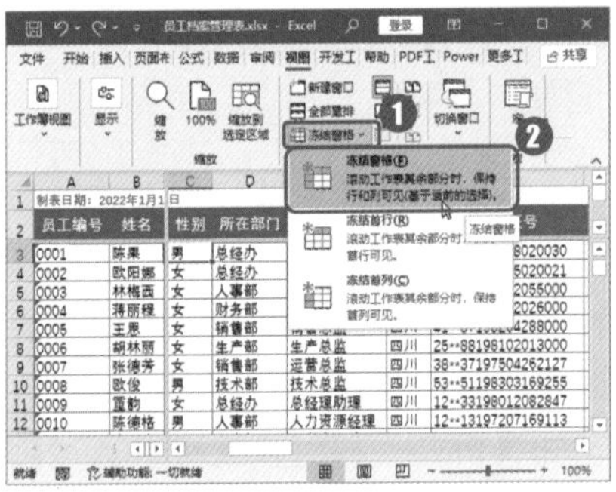

图 23-30

Step03 选择表格样式。❶选择包含具体数据的A2:R100单元格区域，❷单击【开始】选项卡【样式】组中的【套用表格格式】下拉按钮，❸在弹出的下拉列表中选择需要的表格样式，这里选择【浅色】栏中的【浅蓝,表样式浅色20】选项，如图23-31所示。

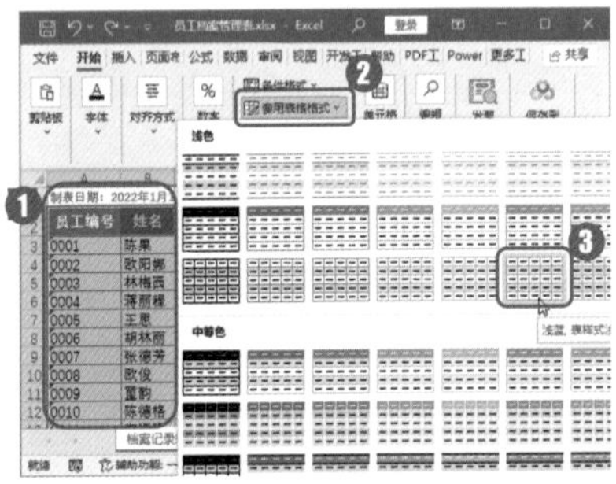

图 23-31

Step04 确认表数据来源。打开【套用表格式】对话框，保持默认设置，单击【确定】按钮，如图23-32所示。

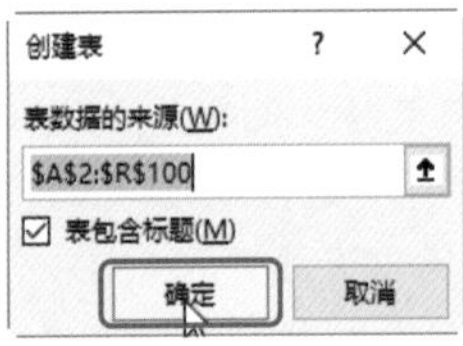

图 23-32

Step05 取消筛选按钮。在【表设计】选项卡的【表格样式选项】组中取消选中【筛选按钮】复选框，如图23-33所示，完成本表格的制作。

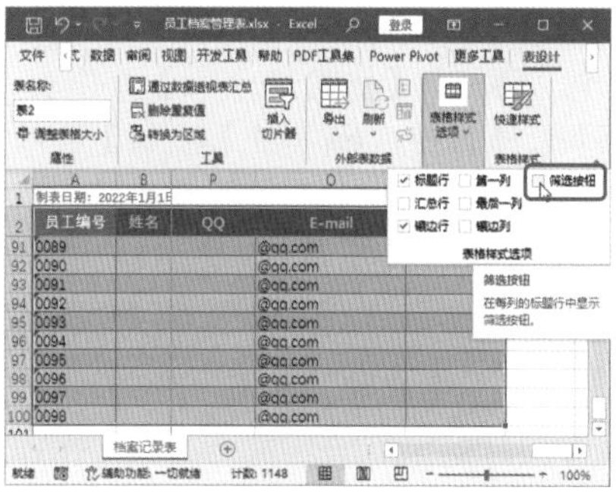

图 23-33

23.2 分析企业的人员结构

实例门类 函数＋数据透视表＋数据透视图＋超链接类

对员工档案表中的数据进行管理时，常常需要对员工的信息进行一些统计和分析，如各部门人数统计、男女比例分析、学历分布情况等，本节将对员工档案表中的数据进行此类分析和统计，效果如图 23-34 所示。

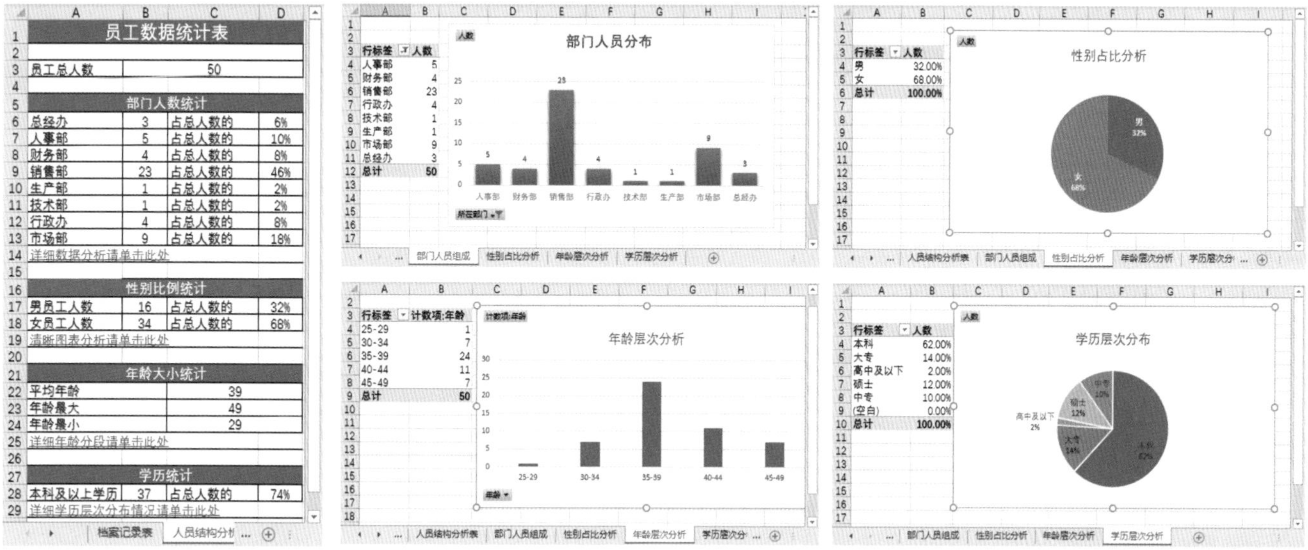

图 23-34

23.2.1 制作人员结构分析表

企业的人事部需要对企业人员结构随时进行分析，以便知道人力资源的配置是否合理，哪些岗位需要储备人员。本例将制作一张统计表来统计企业人员结构的各种基本数据，制作的具体步骤如下。

Step 01 设计人员结构分析表。新建一张空白工作表，并命名为【人员结构分析表】，在相应单元格中输入要统计数据的提示文字，并进行适当的修饰，如图 23-35 所示。

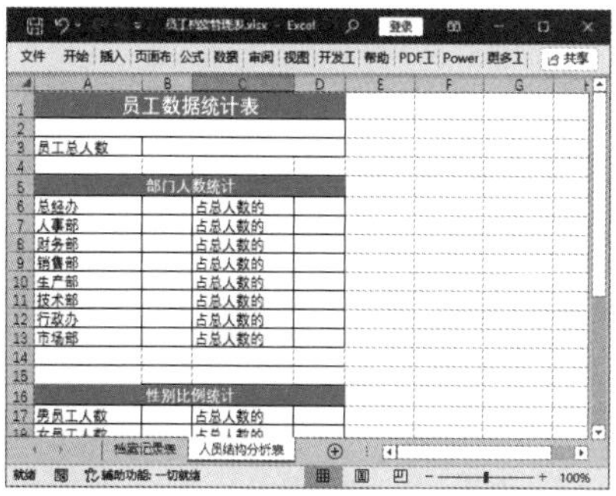

图 23-35

Step02 计算员工总人数。在B3单元格中输入公式【=COUNTA(档案记录表!A3:A52)】，按【Enter】键，即可统计出员工总人数，如图23-36所示。

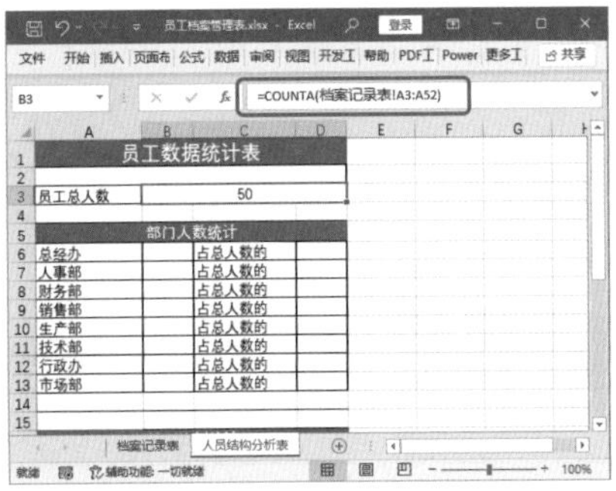

图 23-36

23.2.2 分析各部门员工情况

对各个部门的人数进行统计，不仅可以了解企业人员的结构分配，还可以在安排某些工作时给予提示。本例统计各部门人员数量及占比情况的具体操作步骤如下。

Step01 计算总经办部门人数。在B6单元格中输入公式【=COUNTIF(档案记录表!$D$3:$D$52,人员结构分析表!A6)】，按【Enter】键，即可统计总经办人数，如图23-37所示。

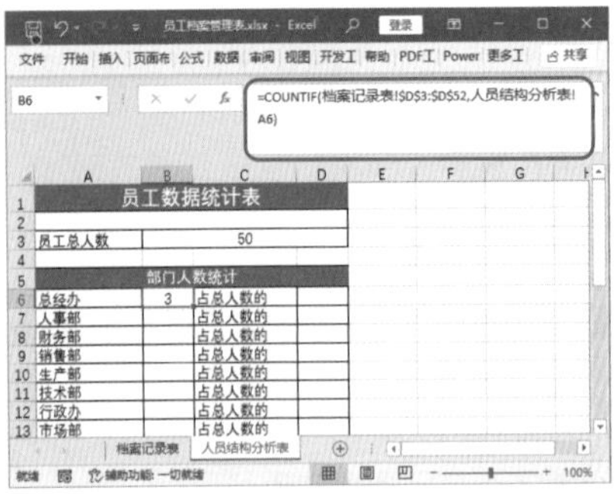

图 23-37

Step02 复制公式计算其他部门人数。选择B6单元格，向下拖动填充控制柄至B13单元格，复制公式统计出其他部门的人数，如图23-38所示。

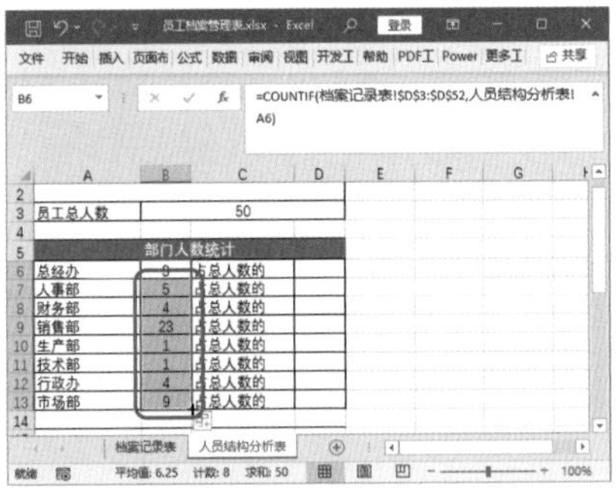

图 23-38

Step03 计算总经办人数占比。在D6单元格中输入公式【=B6/$B$3】，计算出总经办人数占总人数的比例，如图23-39所示。

图 23-39

Step04 设置百分比格式。❶选择D6单元格，向下拖动填充控制柄至D13单元格，复制公式，计算出各部门人数占总人数的比例，❷在【开始】选项卡【数字】组中单击【百分比样式】按钮%，如图23-40所示。

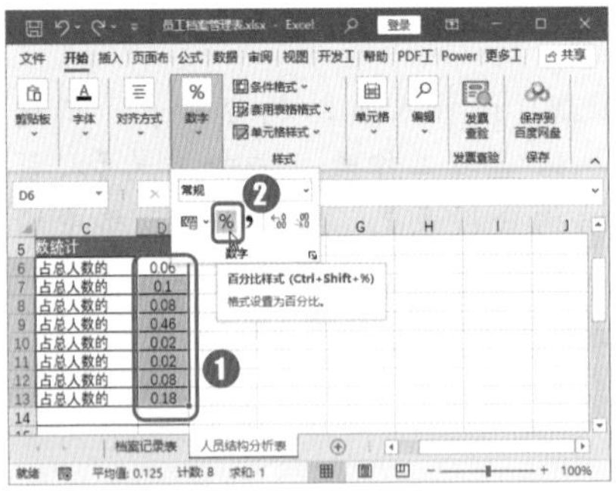

图 23-40

Step05 执行推荐的数据透视表操作。❶选择【档案记录表】工作表，❷选择D列，❸单击【插入】选项卡【表格】组中的【推荐的数据透视表】按钮，如图23-41所示。

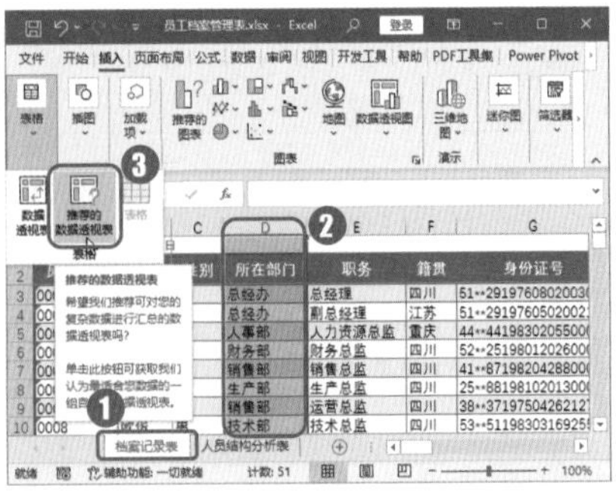

图 23-41

Step06 选择推荐的数据透视表。打开【推荐的数据透视表】对话框，❶在左侧列表框中选择需要的数据透视效果，❷单击【确定】按钮，如图23-42所示。

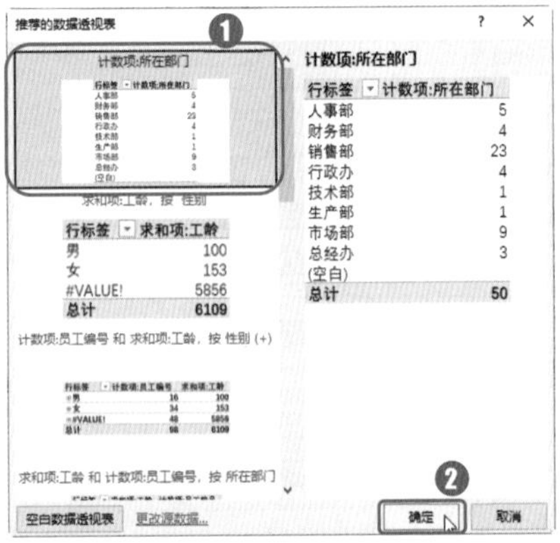

图 23-42

Step07 单击【字段设置】按钮。修改新工作表的名称为【部门人员组成】，并将其移动到所有工作表标签的最后；选择B3单元格，单击【数据透视表分析】选项卡【活动字段】组中的【字段设置】按钮，如图23-43所示。

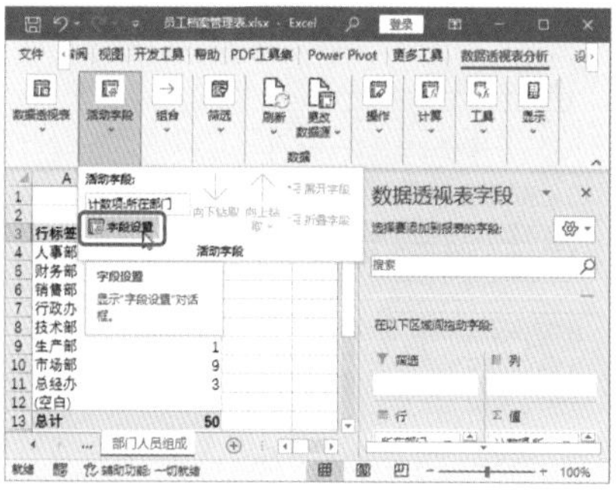

图 23-43

Step 08 自定义字段名称。打开【值字段设置】对话框，❶在【自定义名称】文本框中输入【人数】，❷单击【确定】按钮，如图 23-44 所示。

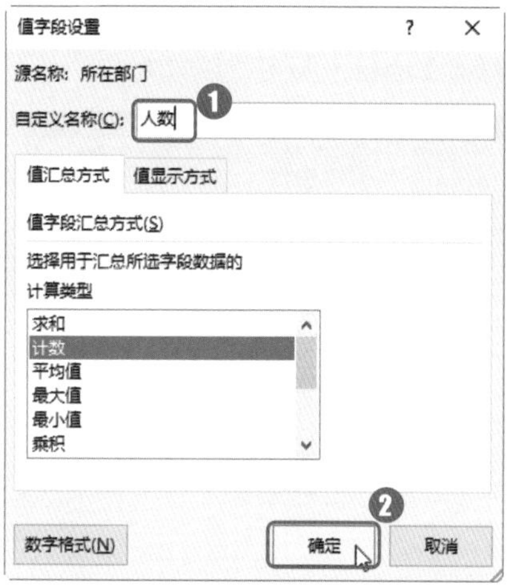

图 23-44

Step 09 创建数据透视图。返回工作表中，即可看到数据透视表中的该字段名称显示为【人数】。❶选择任意包含数据透视内容的单元格，❷单击【工具】组中的【数据透视图】按钮，如图 23-45 所示。

图 23-45

Step 10 选择图表类型。打开【插入图表】对话框，❶在左侧选择【柱形图】选项，❷在右侧选择【簇状柱形图】选项，❸单击【确定】按钮，如图 23-46 所示。

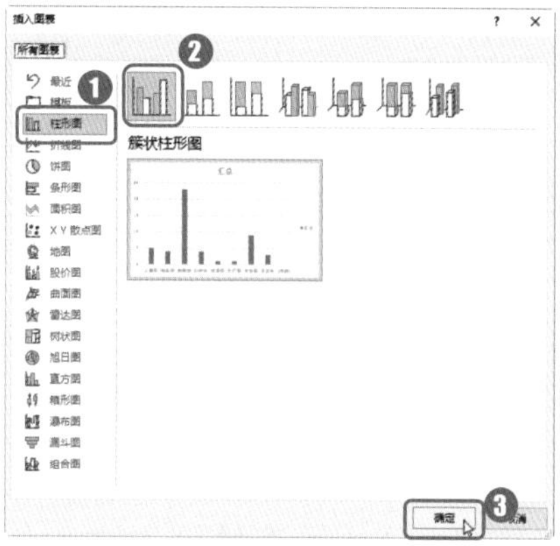

图 23-46

Step 11 选择图表样式。返回工作表，即可查看插入的数据透视图效果。在【设计】选项卡【快速样式】组中的列表框中选择需要的图表样式，如图 23-47 所示。

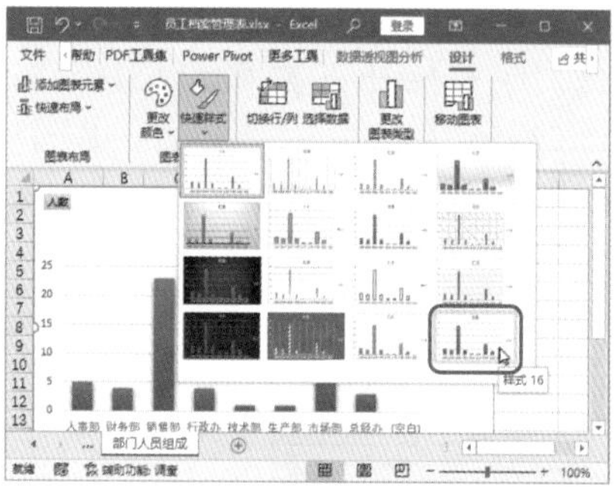

图 23-47

Step 12 添加数据标签。❶单击【图表布局】组中的【添加图表元素】按钮，❷在弹出的下拉列表中选择【数据标签】选项，❸在弹出的级联列表中选择【数据标签外】选项，如图 23-48 所示。

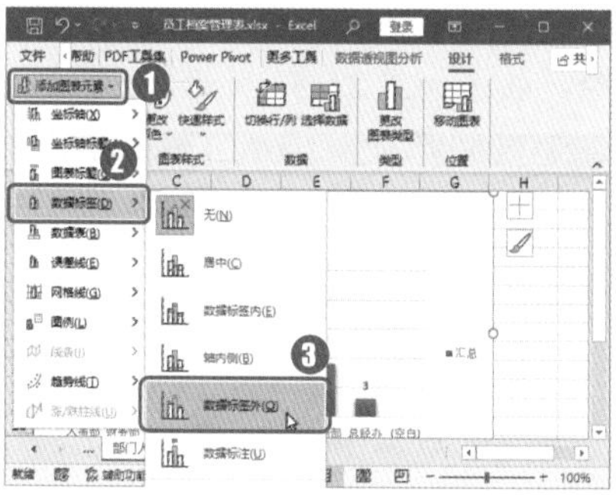

图 23-48

Step 13 设置图表标题。将图表标题修改为【部门人员分布】，并将其移动到图表的最上方位置，如图 23-49 所示。

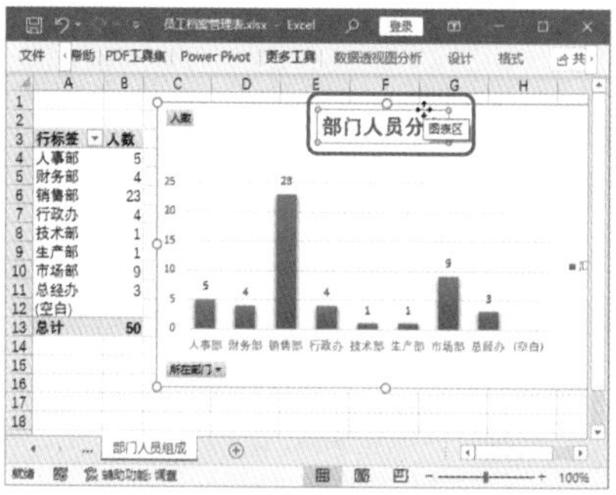

图 23-49

Step 14 筛选数据。❶单击A3单元格中的筛选按钮▾，❷在弹出的下拉列表中取消选中【空白】复选框，❸单击【确定】按钮，如图 23-50 所示。

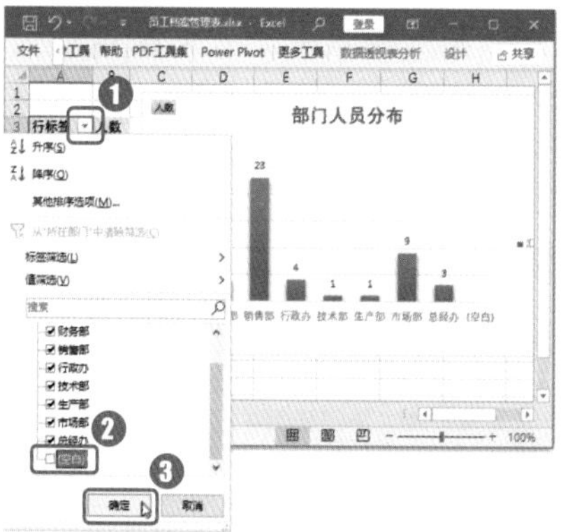

图 23-50

Step 15 删除图例。数据透视表和数据透视图中将都不会显示【空白】

系列，选择图例，按【Delete】键删除，效果如图 23-51 所示。

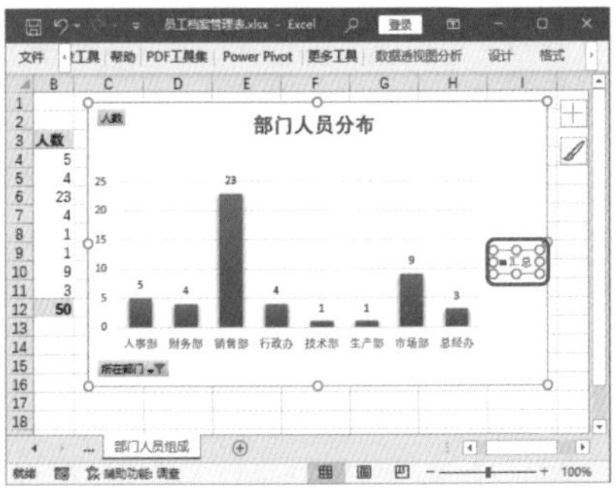

图 23-51

Step16 设置数据系列格式。❶双击数据透视图中的任意柱形，❷在显示出的【设置数据系列格式】任务窗格中【系列选项】选项卡下单击【系列选项】按钮，❸设置系列重叠为“0%”，间隙宽度为“50%”，如图 23-52 所示。

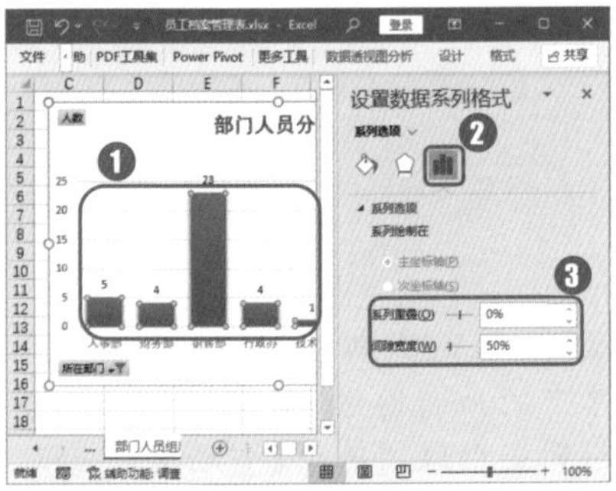

图 23-52

Step17 ❶选择【人员结构分析表】工作表，❷在 A14 单元格中输入相应的文本，❸单击【插入】选项卡【链接】组中的【链接】按钮，如图 23-53 所示。

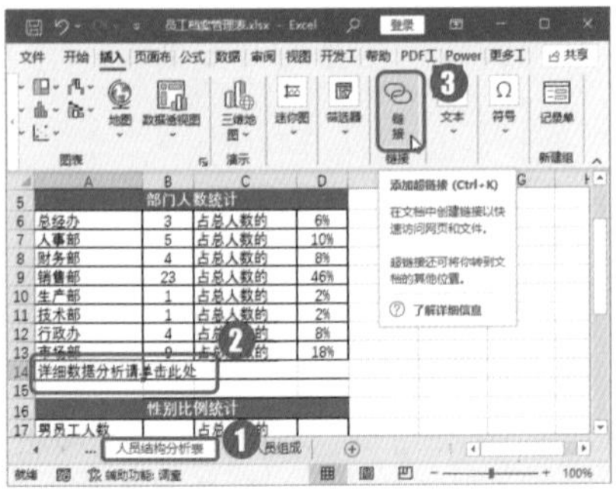

图 23-53

Step18 设置超链接。打开【插入超链接】对话框，❶在左侧单击【本文档中的位置】按钮，❷在右侧列表框中选择【部门人员组成】选项，❸单击【确定】按钮，如图 23-54 所示。

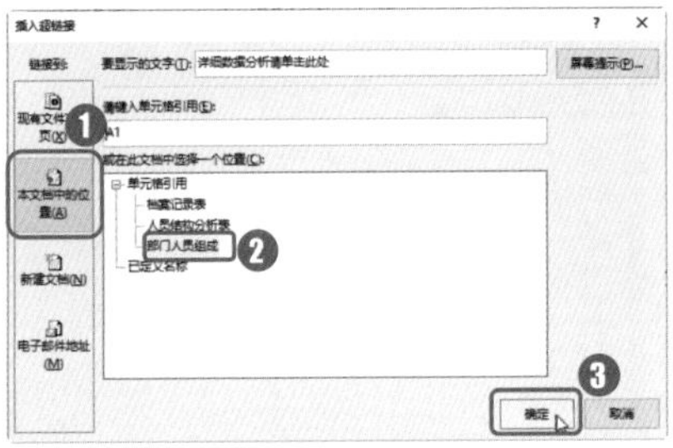

图 23-54

23.2.3 分析员工性别占比

进行人员统计时，对性别进行统计也很常见。本例统计员工性别的具体操作步骤如下。

Step01 计算男员工人数。在 B17 单元格中输入公式【=COUNTIF(档案记录表!C3:C52,"男")】，按【Enter】键，即可统计出男员工人数，如图 23-55 所示。

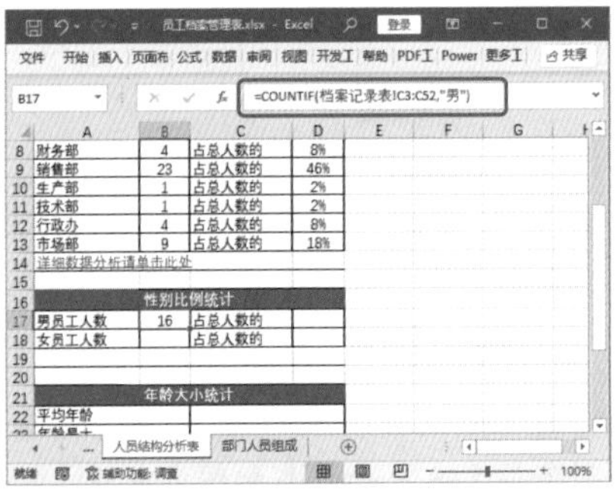

图 23-55

Step02 计算女员工人数。在 B18 单元格中输入公式【=COUNTIF(档案记录表!C3:C52,"女")】，按【Enter】键，即可统计出女员工人数，如图 23-56 所示。

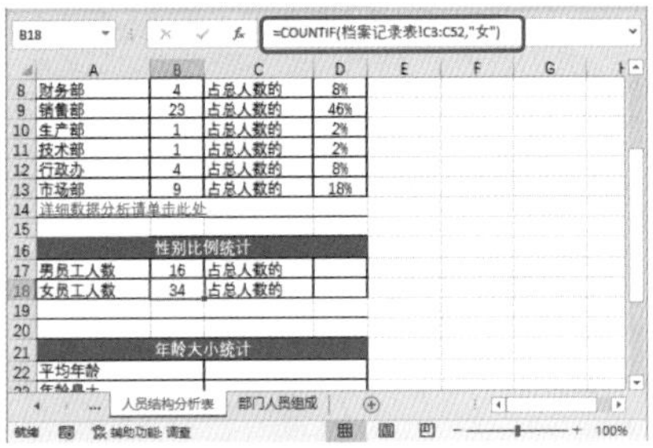

图 23-56

Step03 计算性别占比。在 D17 单元格中输入公式【=B17/$B$3】，统计男员工占总人数的比例；复制 D17 单元格公式到 D18 单元格中，得到女员工占总人数的比例；❶选择 D17:D18 单元格区域，❷单击【开始】选项卡【数字】组中的【百分比样式】按钮，如图 23-57 所示。

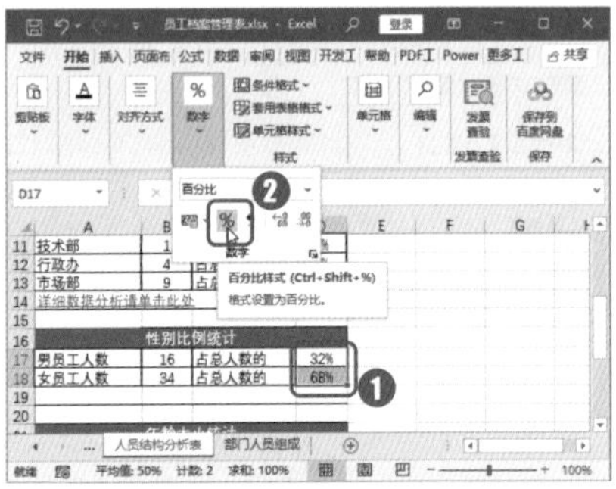

图 23-57

Step04 选择所需选项。选择【档案记录表】工作表，❶单击【插入】选项卡【图表】组中的【数据透视图】下拉按钮，❷在弹出的下拉列表中选择【数据透视图和数据透视表】选项，如图 23-58 所示。

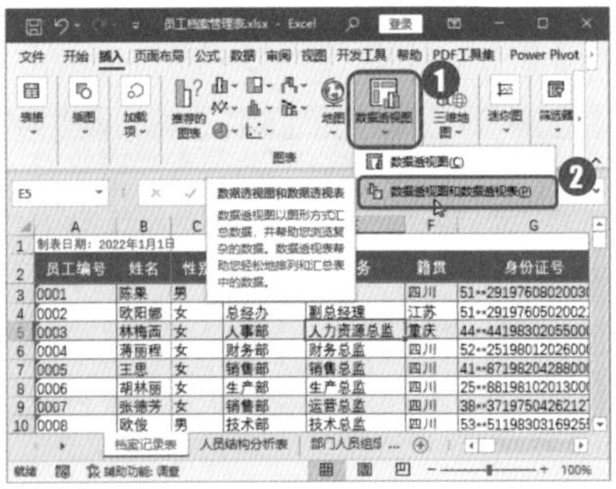

图 23-58

Step05 选择数据区域。打开【创建

数据透视表】对话框，❶在【表/区域】参数框中引用档案记录表中的A2:R52单元格区域，❷单击【确定】按钮，如图23-59所示。

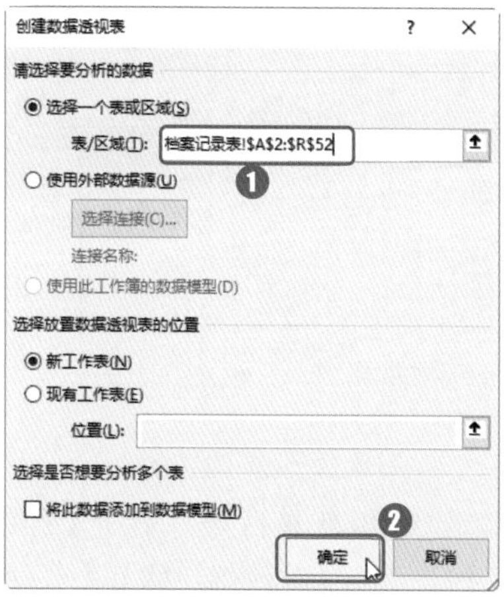

图 23-59

Step06 创建数据透视表/图。修改新工作表的名称为【性别占比分析】，并将其移动到所有工作表标签的最后，❶将【数据透视图字段】任务窗格中字段列表框中的【性别】拖动到【轴(类别)】列表框中，将【员工编号】拖动到【值】列表框中，❷单击【值】列表框中【计数项:员工编号】选项后的下拉按钮▾，在弹出的下拉菜单中选择【值字段设置】选项，如图23-60所示。

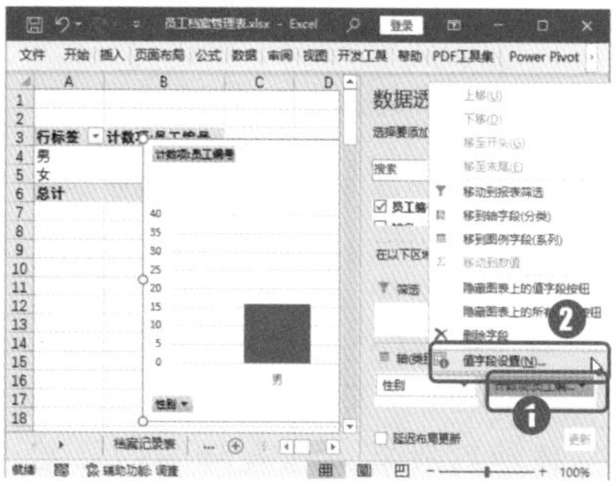

图 23-60

Step07 设置值字段。打开【值字段设置】对话框，❶在【自定义名称】文本框中输入【人数】，❷选择【值显示方式】选项卡，❸在【值显示方式】下拉列表中选择【总计的百分比】选项，❹单击【确定】按钮，如图23-61所示。

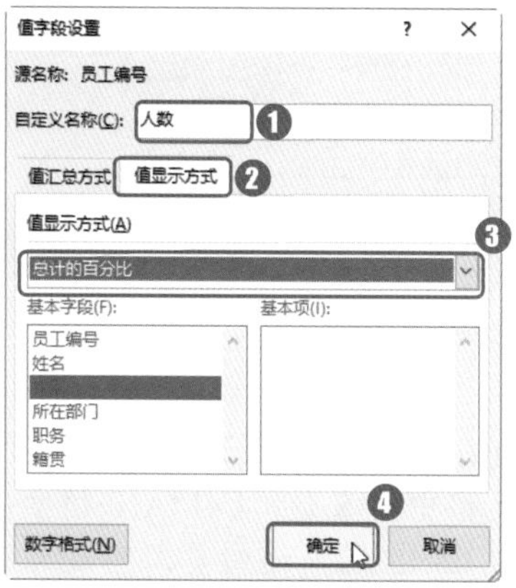

图 23-61

Step08 执行更改图表类型操作。❶选择数据透视图，❷单击【设计】选项卡【类型】组中的【更改图表类型】按钮，如图23-62所示。

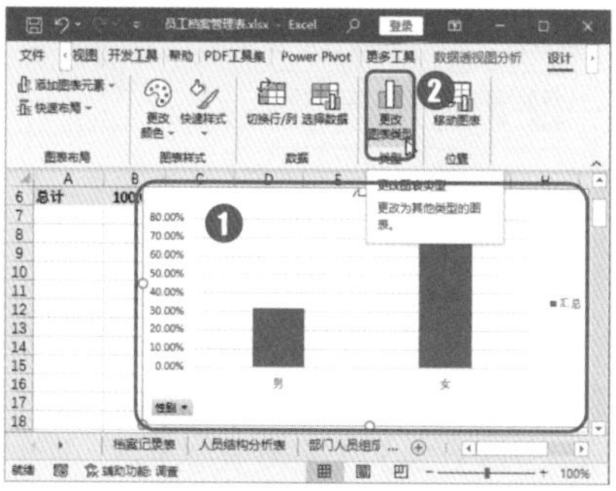

图 23-62

Step09 选择图表类型。打开【更改图表类型】对话框，❶在左侧选择【饼图】选项卡，❷单击【确定】按钮，如图23-63所示。

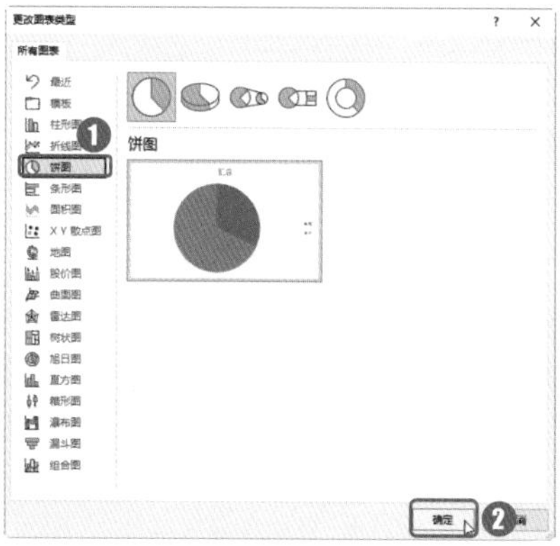

图 23-63

Step10 应用图表布局样式。❶单击【图表布局】组中的【快速布局】下拉按钮，❷在弹出的下拉列表中选择需要的图表布局样式，如图23-64所示。

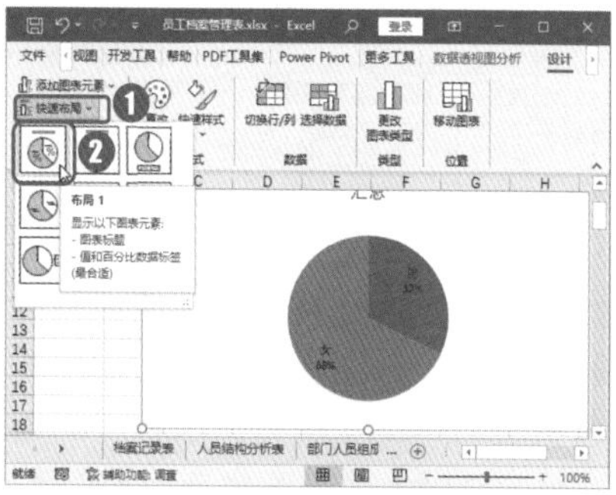

图 23-64

Step11 修改图表标题和数据标签。❶将图表标题修改为【性别占比分析】，并将图表标题位置调整到图表的最上方，❷选择图表中的数据标签，❸在【开始】选项卡的【字体】组中设置字体颜色为白色，加粗显示，如图23-65所示。

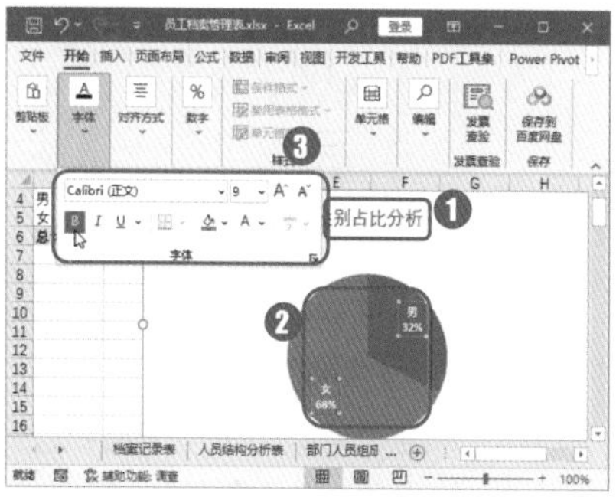

图 23-65

Step12 ❶选择【人员结构分析表】工作表，❷在A19单元格中输入相应的文本，❸单击【插入】选项卡【链接】组中的【链接】按钮，如图23-66所示。

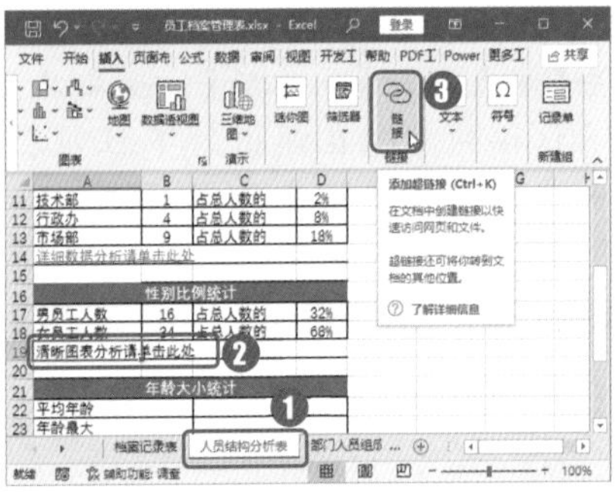

图 23-66

Step13 设置超链接。打开【插入超链接】对话框，❶在左侧单击【本文档中的位置】按钮，❷在右侧列表框中选择【性别占比分析】选项，❸单击【确定】按钮，如图 23-67 所示。

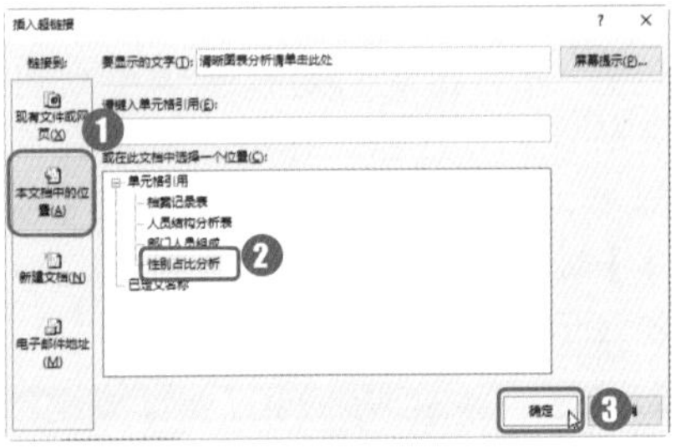

图 23-67

23.2.4 分析员工年龄层次

本例中对员工年龄进行分段分析的具体操作步骤如下。

Step01 计算员工平均年龄。❶在 C22 单元格中输入公式【=AVERAGE(档案记录表!I3:I52)】，计算出员工的平均年龄；❷连续两次单击【开始】选项卡【数字】组中的【减少小数位数】按钮，让该单元格中的数字最终显示为整数，如图 23-68 所示。

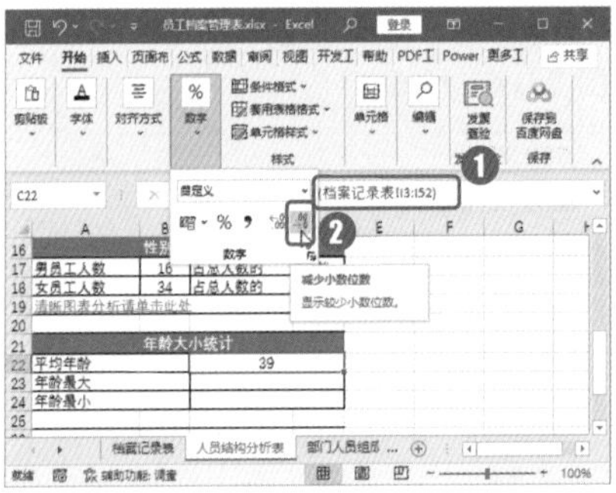

图 23-68

Step02 计算员工的最大年龄。在 C23 单元格中输入公式【=MAX(档案记录表!I3:I52)】，返回员工的最大年龄，如图 23-69 所示。

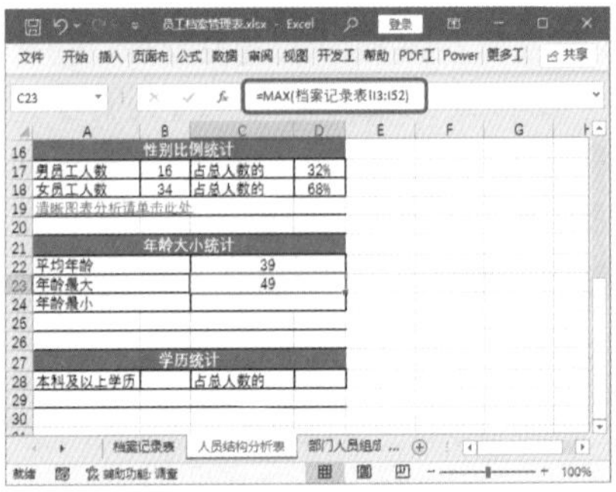

图 23-69

Step03 计算员工的最小年龄。在 C24 单元格中输入公式【=MIN(档案记录表!I3:I52)】，返回员工的最小年龄，如图 23-70 所示。

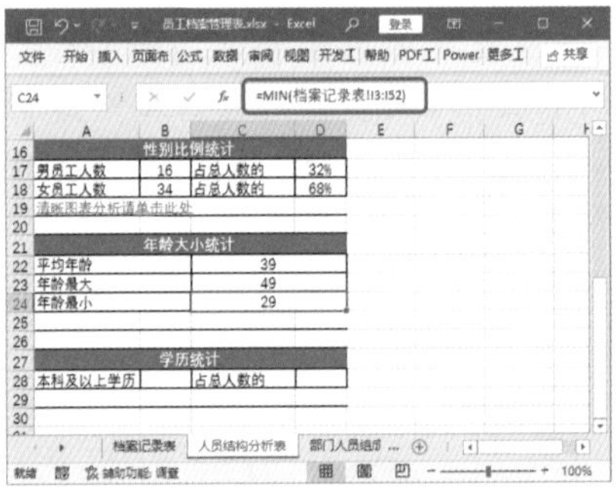

图 23-70

Step04 插入数据透视图。❶选择【档案记录表】工作表，❷单击【插入】选项卡【图表】组中的【数据透视图】下拉按钮，❸在弹出的下拉列表中选择【数据透视图和数据透视表】选项，如图 23-71 所示。

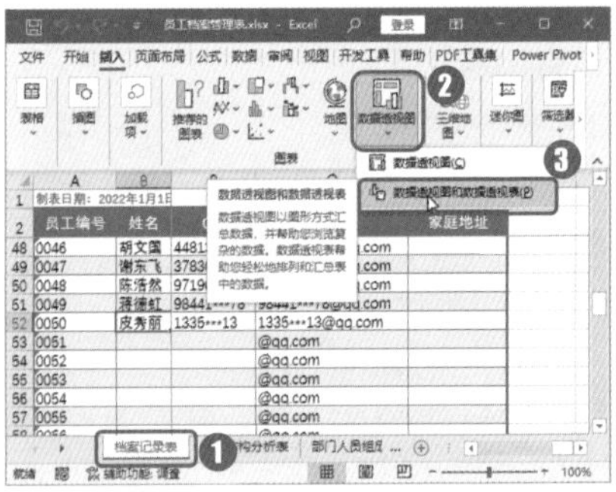

图 23-71

Step05 选择数据区域。打开【创建数据透视表】对话框，❶在【表/区域】参数框中引用档案记录表中的 A2:R52 单元格区域，❷单击【确定】按钮，如图 23-72 所示。

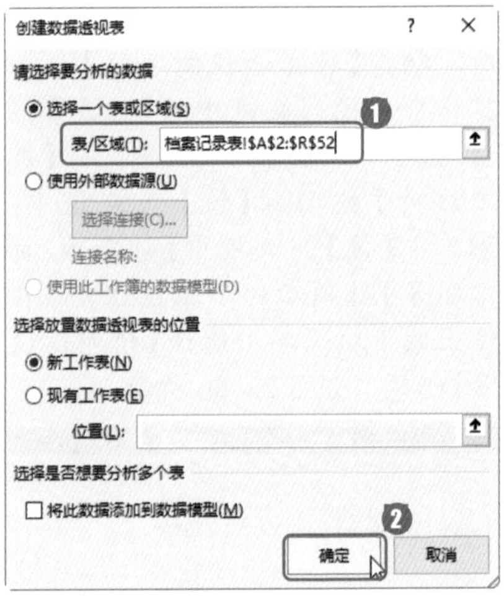

图 23-72

Step06 设置字段。❶修改新工作表的名称为【年龄层次分析】，并将其移动到所有工作表标签的最后，❷拖动【数据透视图字段】任务窗格中字段列表框中的【年龄】字段至【值】列表框和【轴(类别)】列表框中，如图 23-73 所示。

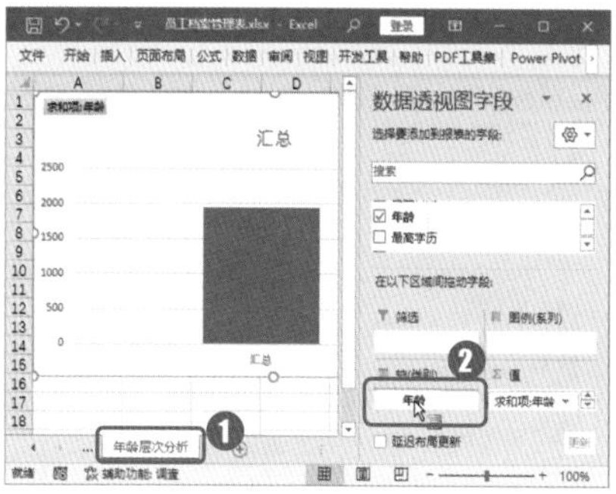

图 23-73

Step07 选择菜单选项。❶单击【值】列表框中【求和项:年龄】选项后的下拉按钮▾，❷在弹出的下拉菜单中选择【值字段设置】选项，如图 23-74 所示。

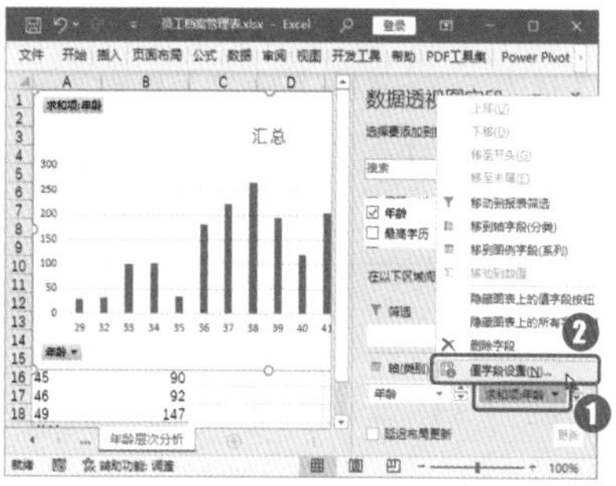

图 23-74

Step08 设置值字段。打开【值字段设置】对话框，❶在【自定义名称】文本框中输入【人数】，❷在【计算类型】列表框中选择【计数】选项，❸单击【确定】按钮，如图 23-75 所示。

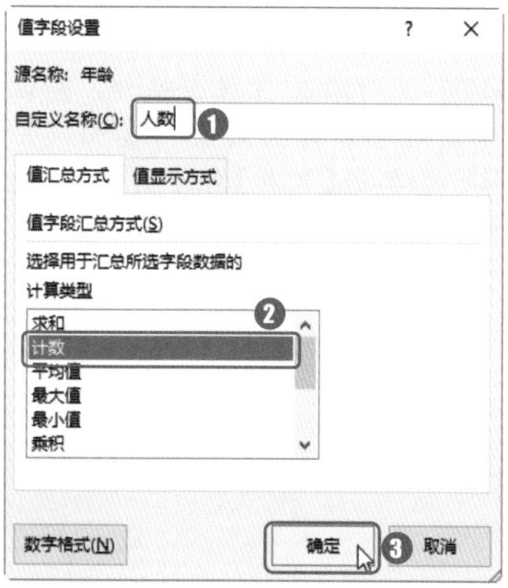

图 23-75

Step09 单击【分组选择】按钮。❶选择【行标签】列下的任意单元格，❷单击【数据透视表分析】选项卡【组合】组中的【分组选择】按钮，如图 23-76 所示。

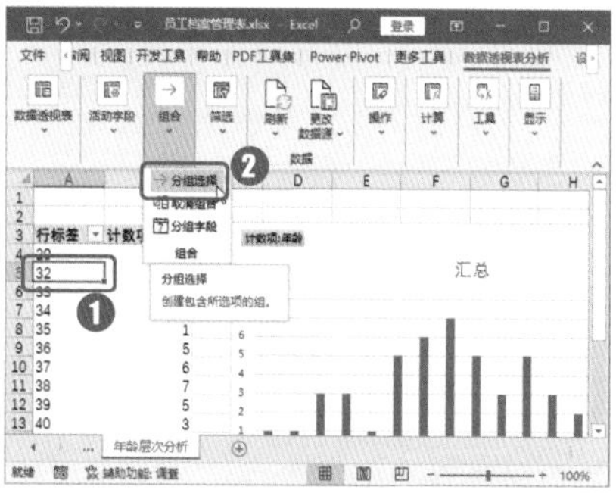

图 23-76

Step10 设置分组。打开【组合】对话框，❶在【起始于】文本框中输入需要设置的年龄起始值（要分段的最小年龄），这里输入【25】，❷在【终止于】文本框中输入需要设置的年龄终止值（要分段的最大年龄），这里输入【55】，❸在【步长】文本框中输入需要将多少年龄差距分组到一个年龄段中，这里输入【5】，❹单击【确定】按钮，如图 23-77 所示。

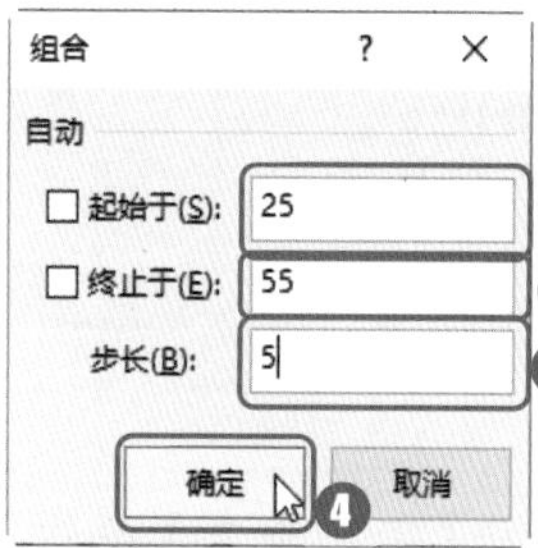

图 23-77

Step11 删除图例。返回数据透视表，即可看到已经根据设置的年龄阶段结合实际的年龄进行了分段显示和统计。❶修改图表名称为【年龄层次分析】，选择图表中的图例，并右击，❷在弹出的快捷菜单中选择【删除】选项，如图 23-78 所示。

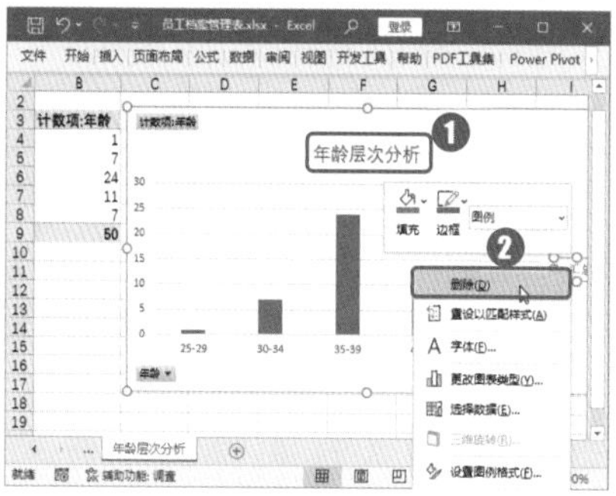

图 23-78

Step12 执行链接操作。❶选择【人员结构分析表】工作表，❷在 A25 单元格中输入相应的文本，❸单击【插入】选项卡【链接】组中的【链接】按钮，如图 23-79 所示。

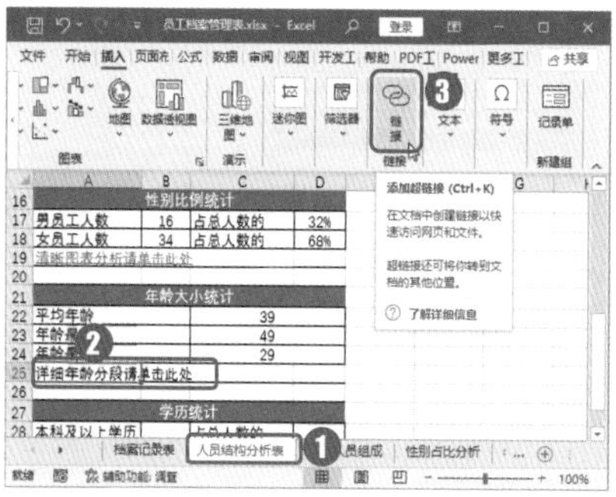

图 23-79

Step13 插入超链接。打开【插入超链接】对话框，❶在左侧单击【本文档中的位置】按钮，❷在右侧列表框中选择【年龄层次分析】选项，❸单击【确定】按钮，如图 23-80 所示。

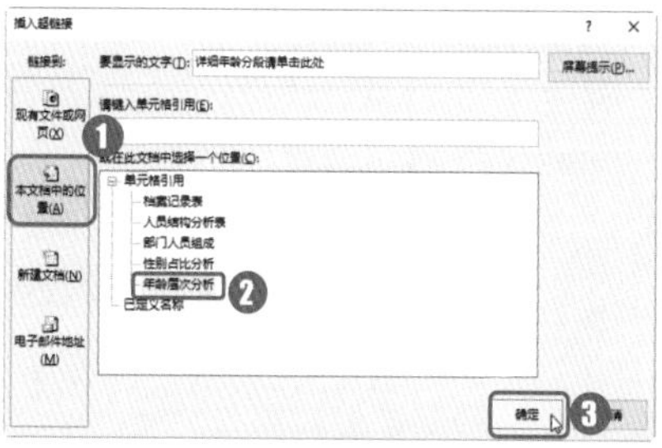

图 23-80

23.2.5 分析员工学历层次

对员工学历进行统计，也可以了解企业人员的结构分配。本例需要对本科学历的人数和硕士学历的人数进行求和，具体操作步骤如下。

Step 01 统计本科及以上学历人数。在B28单元格中输入公式【=COUNTIF(档案记录表!J3:J52,"本科")+COUNTIF(档案记录表!J3:J52,"硕士")】，统计出本科以上学历的人数，如图23-81所示。

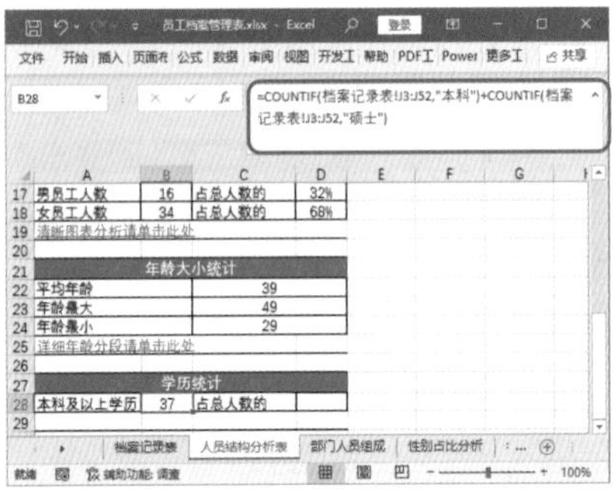

图 23-81

Step 02 计算所占比例。在D28单元格中输入公式【=B28/B3】，即可计算出本科及本科以上学历的人数占总人数的比例，并让计算结果以百分比显示，效果如图23-82所示。

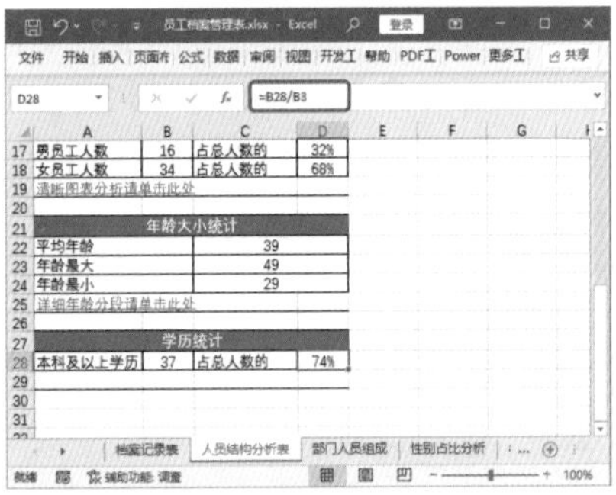

图 23-82

Step 03 执行推荐的数据透视表操作。❶选择【档案记录表】工作表，❷选择J列，❸单击【插入】选项卡【表格】组中的【推荐的数据透视表】按钮，如图23-83所示。

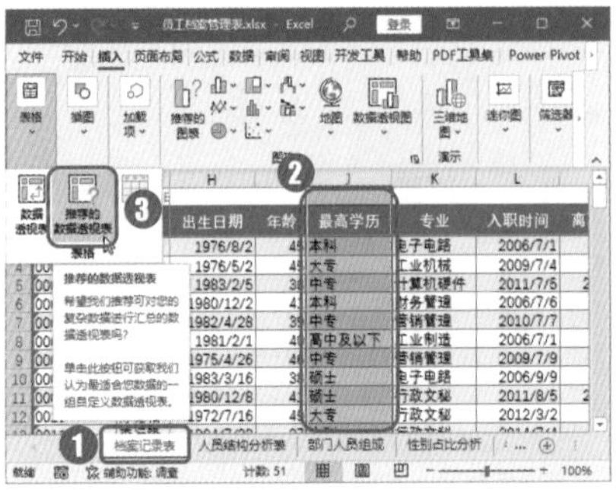

图 23-83

Step 04 选择数据透视表。打开【推荐的数据透视表】对话框，❶在左侧列表框中选择需要的数据透视效果，❷单击【确定】按钮，如图23-84所示。

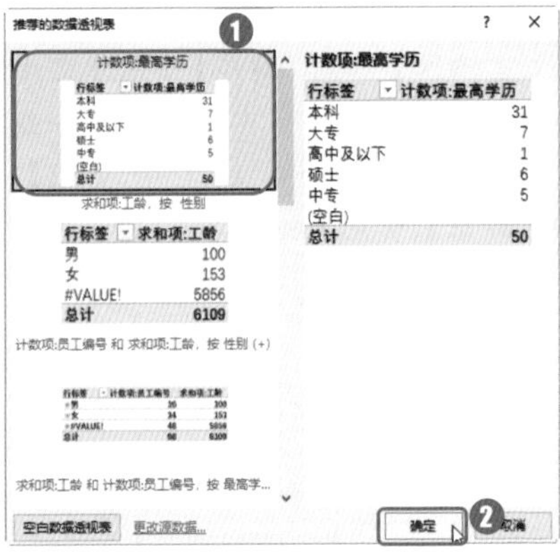

图 23-84

Step 05 单击【字段设置】按钮。修改新工作表的名称为【学历层次分析】，并将其移动到所有工作表标签的最后；选择B3单元格，单击【数据透视表分析】选项卡【活动字段】组中的【字段设置】按钮，如图23-85所示。

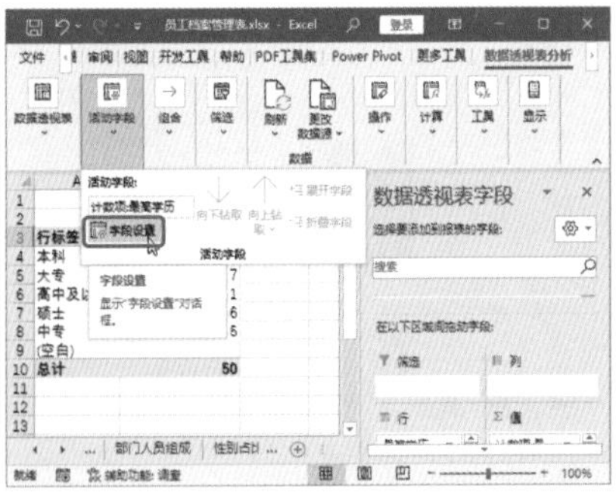

图 23-85

Step 06 设置值字段。打开【值字段设置】对话框，❶在【自定义名称】文本框中输入【人数】，❷选择【值显示方式】选项卡，❸在【值显示方式】下拉列表中选择【总计的百分比】选项，❹单击【确定】按钮，如图23-86所示。

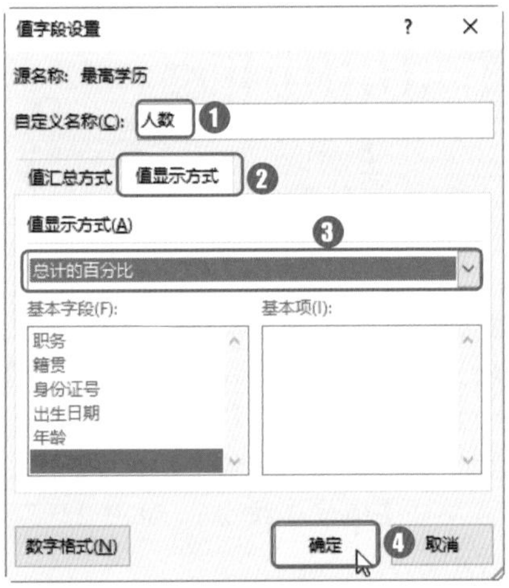

图 23-86

Step 07 执行数据透视图操作。❶选择任意包含数据透视内容的单元格，❷单击【工具】组中的【数据透视图】按钮，如图23-87所示。

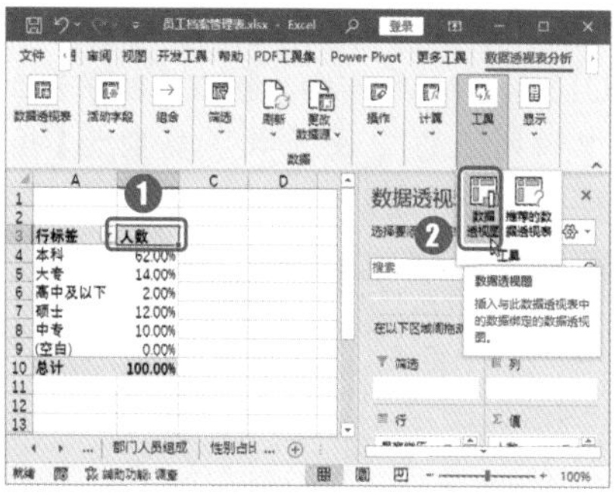

图 23-87

Step08 选择图表类型。打开【插入图表】对话框，❶在左侧选择【饼图】选项卡，❷单击【确定】按钮，如图 23-88 所示。

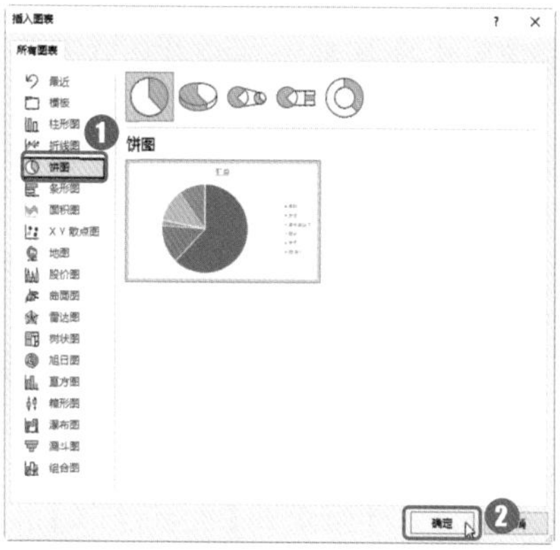

图 23-88

Step09 设置图表布局。❶选择插入的数据透视图，❷单击【设计】选项卡【图表布局】组中的【快速布局】按钮，❸在弹出的下拉列表中选择需要的图表布局样式，如图 23-89 所示。

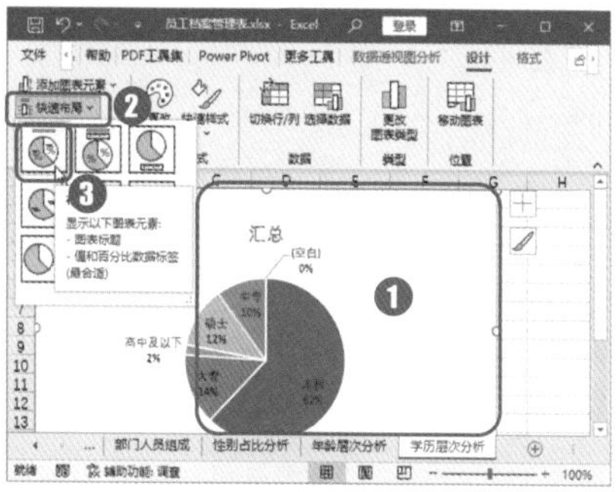

图 23-89

Step10 编辑图表。选择图表中的多余数据标签，按【Delete】键将其删除，并将图表的标题更改为【学历层次分布】，效果如图 23-90 所示。

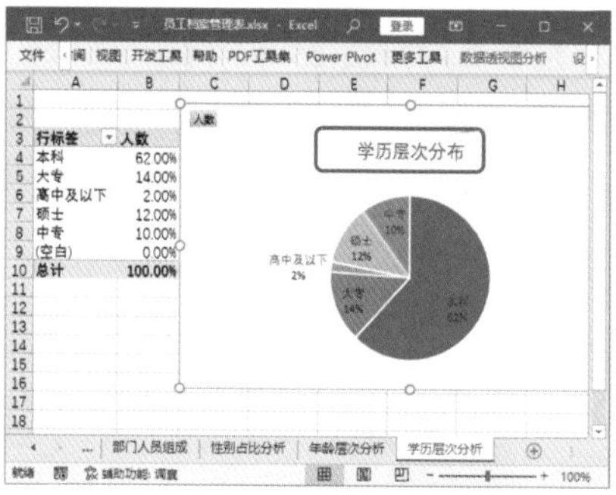

图 23-90

Step11 执行链接操作。❶选择【人员结构分析表】工作表，❷在 A29 单元格中输入相应的文本，❸单击【插入】选项卡【链接】组中的【链接】按钮，如图 23-91 所示。

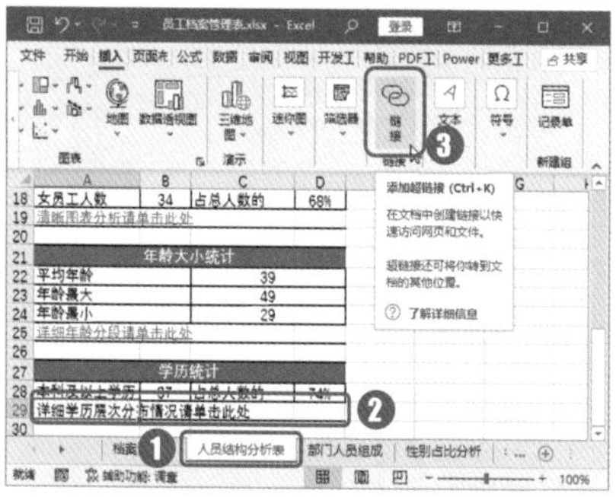

图 23-91

Step12 插入超链接。打开【插入超链接】对话框，❶在左侧单击【本文档中的位置】按钮，❷在右侧列表框中选择【学历层次分析】选项，❸单击【确定】按钮，如图 23-92 所示。

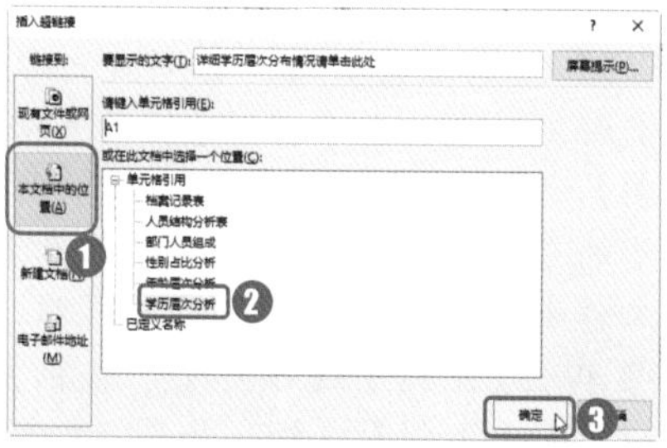

图 23-92

23.3 实现任意员工档案数据的查询

实例门类	函数 + 单元格引用 + 数据有效性设置类

使用Excel制作员工档案表，还能省去传统人事管理中翻查档案袋的步骤，提高工作效率。下面制作员工档案查询表，帮助相关人员快速查找档案信息，完成后的效果如图 23-93 所示。

员工编号	0006
姓名	胡林丽
性别	女
所在部门	生产部
职务	生产总监
籍贯	四川
身份证号	25**88198102013000
出生日期	1981/2/1
年龄	41
最高学历	高中及以下
专业	工业制造
入职时间	2006/7/1
离职时间	未离职
工龄	15
联系电话	1397429****
QQ	13657***00
E-mail	13657***00@qq.com
家庭地址	芳草街

图 23-93

23.3.1 建立员工档案查询表框架

建立员工档案查询表的框架，具体操作步骤如下。

Step 01 复制表格数据。❶新建一张空白工作表，并命名为【档案查询表】，并将其移动到所有工作表标签的最前面，❷在【档案记录表】工作表中选择A2:R2单元格区域，❸单击【开始】选项卡【剪贴板】组中的【复制】按钮，如图23-94所示。

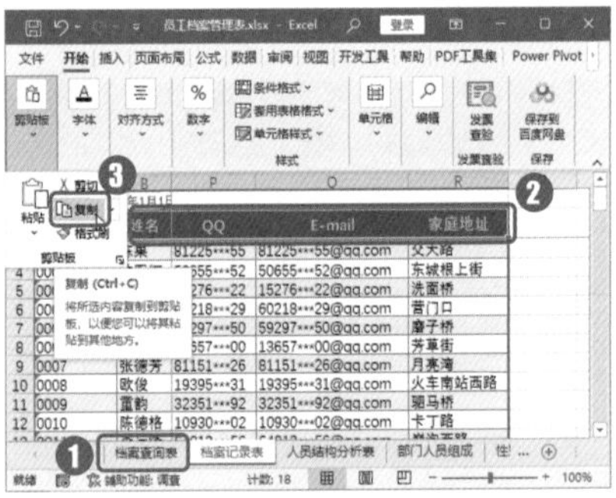

图 23-94

Step 02 粘贴复制的数据。❶在【档案查询表】工作表中选择B2单元格，单击【剪贴板】组中的【粘贴】下拉按钮⌄，❷在弹出的下拉列表中选择【转置】选项，将复制的行数据以列形式进行显示，如图23-95所示。

图 23-95

Step 03 在B1单元格中输入【员工档案查询表】，并对字体格式和单元格格式进行设置，然后为B2:C19单元格区域设置合适的边框效果和对齐效果，如图23-96所示。

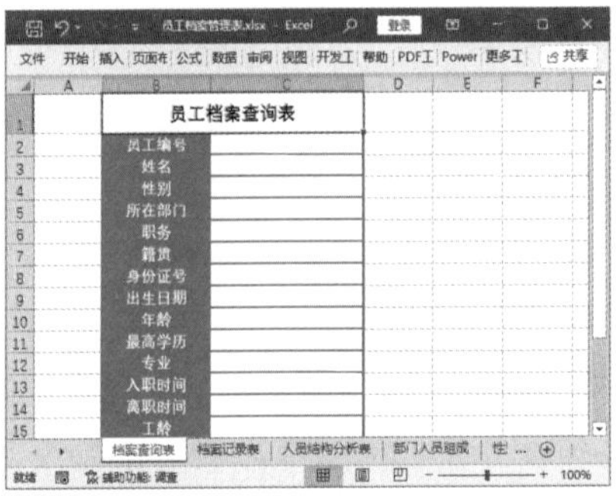

图 23-96

Step 04 设置文本格式。❶选择C8单元格，❷在【数字】组中的列表框中设置数字类型为【文本】，如图23-97所示。

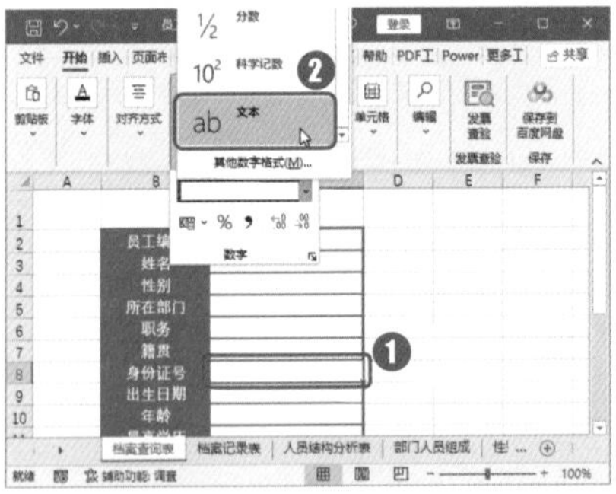

图 23-97

Step 05 设置日期格式。❶选择C9、C13和C14单元格，❷在【数字】组中的列表框中设置数字类型为【短日期】，如图23-98所示。

图 23-98

Step 06 执行数据验证操作。在该查询表中需要实现的功能是：用户在【员工编号】对应的单元格C2中输入工号，然后在下方的各查询项目单元格中显示出查询结果，故在C2单元格中可设置数据有效性，仅允许用户填写或选择【档案记录表】工作表中存在的员工编号。❶选择C2单元格，❷单击【数据】选项卡【数据工具】组中的【数据验证】按钮，如图23-99所示。

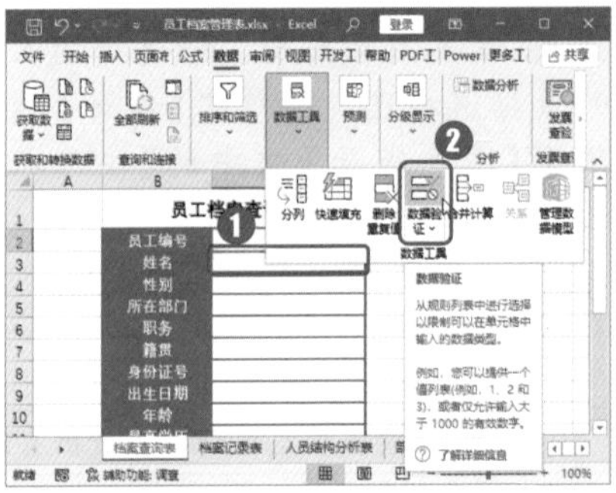

图 23-99

Step 07 设置数据验证。打开【数据验证】对话框，❶在【允许】下拉列表中选择【序列】选项，❷在【来源】参数框中引用【档案记录表】工作表中的A3:A100单元格区域，❸单击【确定】按钮，如图23-100所示。

图 23-100

23.3.2 实现快速查询

要实现员工档案的快速查询，还需要建立公式让各项档案数据与某一项唯一数据联系。本例中需要根据员工工号显示出员工的姓名和其他档案信息，在【档案记录表】工作表中已存在员工档案的相关信息，此时仅需要应用VLOOKUP函数查询表格区域中相应列的内容即可，具体操作步骤如下。

Step01 输入查询公式。选择C3单元格，输入公式【=VLOOKUP($C$2,档案记录表!$A$3:$R$52,ROW(A2),FALSE)】，按【Enter】键，即可返回错误值，如图23-101所示。在这里，由于C2单元格没有输入员工编号。因此返回错误值【#N/A】。

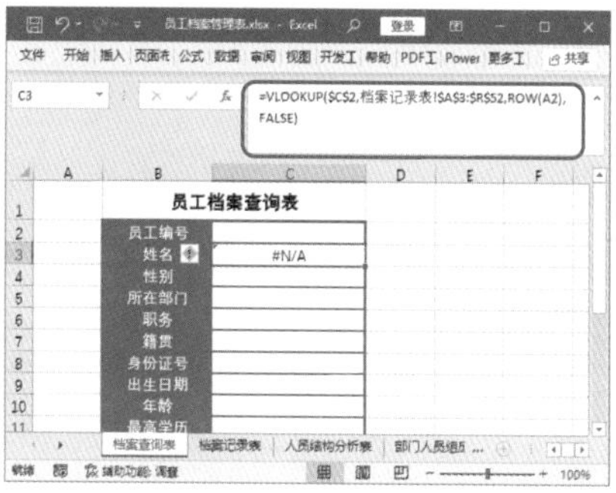

图 23-101

技术看板

本步骤中，在VLOOKUP函数中套用ROW函数，通过复制公式时单元格引用位置的更改，同时更改ROW函数中参数的单元格引用位置，从而返回不同单元格的行号，以简化后续公式的手动输入。

Step02 填充公式。❶选择C4单元格，向下拖动填充控制柄至C19单元格，即可复制公式到这些单元格，❷单击【自动填充选项】按钮，❸在弹出的下拉菜单中选择【不带格式填充】选项，如图23-102所示。

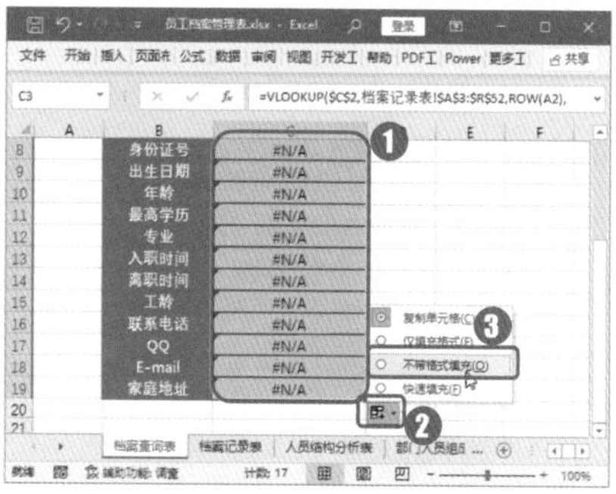

图 23-102

Step03 查看员工档案数据。在C2单元格中输入需要查询的员工编号，即可在下方的单元格中查看到该员工具体的档案数据，如图23-103所示。

图 23-103

Step04 修改基础数据。查询员工档案数据时，发现未离职员工的离职时间都显示为“1900/1/0”。这是因为“0”的短时间数字格式为“1900/1/0”。为避免出错，可以将【档案记录表】工作表中M列的所有空白单元格填充为非零数据，或者修改查询公式。这里将C14单元格中的公式嵌套一个IF函数进行判断，修改为“=IF(VLOOKUP($C$2,档案记录表!$A$3:$R$52,ROW(A13),FALSE)=0,"未离职",VLOOKUP($C$2,档案记录表!$A$3:$R$52,ROW(A13)))”，如图23-104所示。

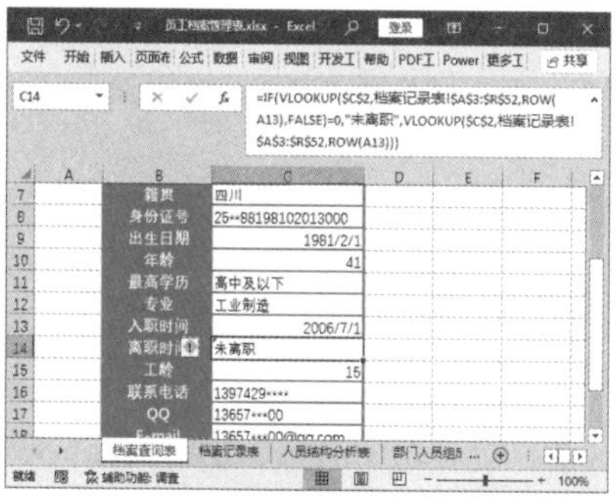

图 23-104

23.4 保护工作表

实例门类	锁定单元格+保护工作表类

到目前为止已完成了具体数据的分析和制作，为了保证其他人在使用该表格时不会因误操作而修改其中的数

据，也为了保证后续在该工作表基础上制作表格的准确性，需要对原始数据工作表进行保护操作。当工作簿中存在受保护的工作表时，可以通过【文件】选项卡中的【信息】命令查看其状态，如图 23-105 所示。

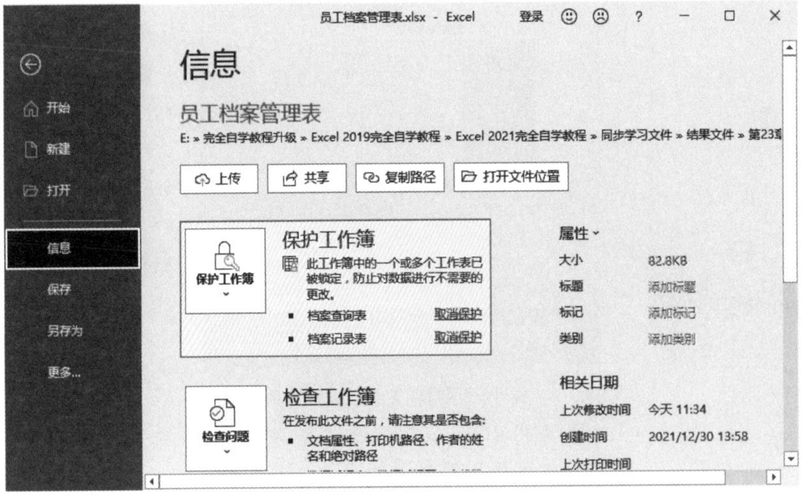

图 23-105

23.4.1 保护员工档案不被修改

若【档案记录表】中的基础数据已经确认准确性，并希望保护该工作表中的数据不被随意修改，可以对工作表进行保护操作，具体操作步骤如下。

Step01 执行保护工作表操作。❶选择【档案记录表】工作表，❷单击【审阅】选项卡【保护】组中的【保护工作表】按钮，如图 23-106 所示。

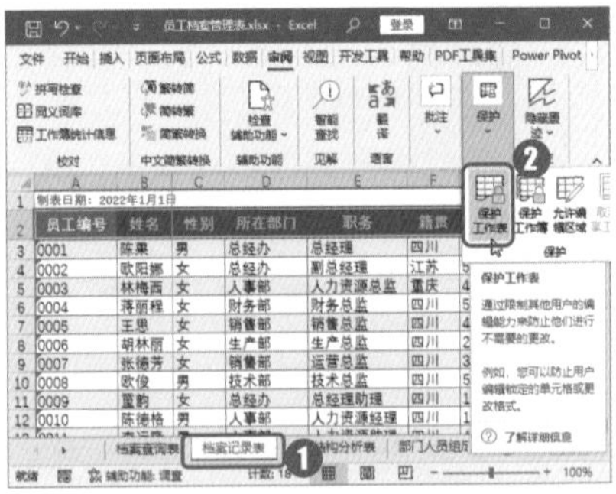

图 23-106

Step02 设置密码保护。打开【保护工作表】对话框，❶选中【保护工作表及锁定的单元格内容】复选框，❷在【取消工作表保护时使用的密码】文本框中输入【123】，❸在【允许此工作表的所有用户进行】列表框中选中【选定锁定的单元格】复选框、【选定解除锁定的单元格】复选框和【设置单元格格式】复选框，❹单击【确定】按钮，如图 23-107 所示。

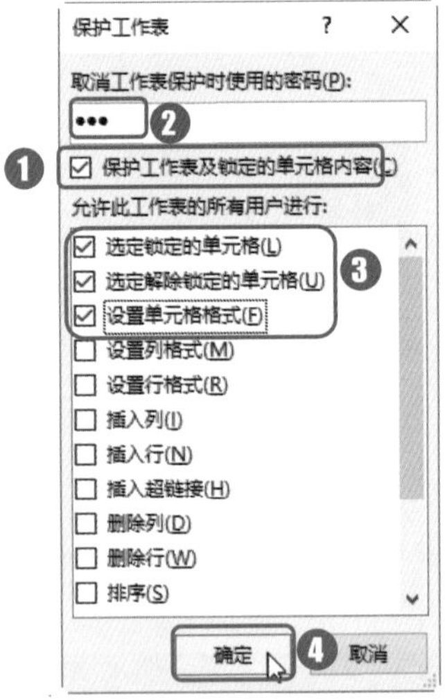

图 23-107

Step03 确认密码设置。打开【确认密码】对话框，❶在【重新输入密码】文本框中输入设置的密码【123】，❷单击【确定】按钮，如图 23-108 所示。

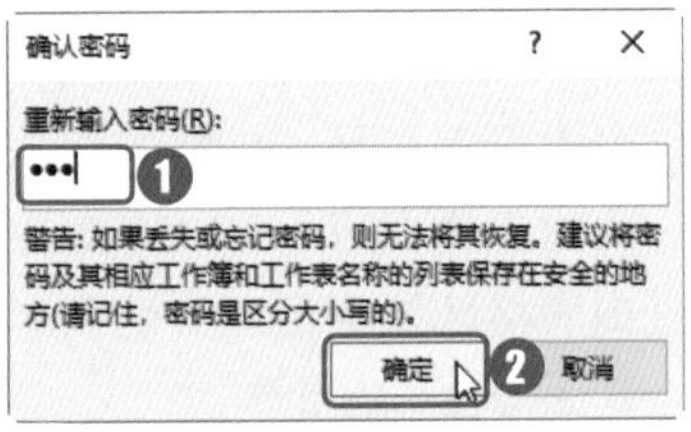

图 23-108

Step04 格式更改提示。返回工作表，将会发现只能选择该工作表中的单元格和设置单元格格式了；如果对单元格进行了其他编辑，将会打开提示对话框提示不能进行更改，如图 23-109 所示。

图 23-109

23.4.2 设置档案查询表中单元格是否可编辑

由于在员工档案查询表中只能通过输入员工编号来查询该员工的相应档案信息，其他单元格是不能输入数据的，而且为了保证其他单元格中的公式不被修改，最好对其进行保护，具体操作步骤如下。

Step 01 取消单元格锁定。❶选择【档案查询表】工作表，❷选择C2单元格，❸单击【开始】选项卡【单元格】组中的【格式】按钮，❹在弹出的下拉菜单中选择【锁定单元格】选项，取消对该单元格的锁定，如图 23-110 所示。

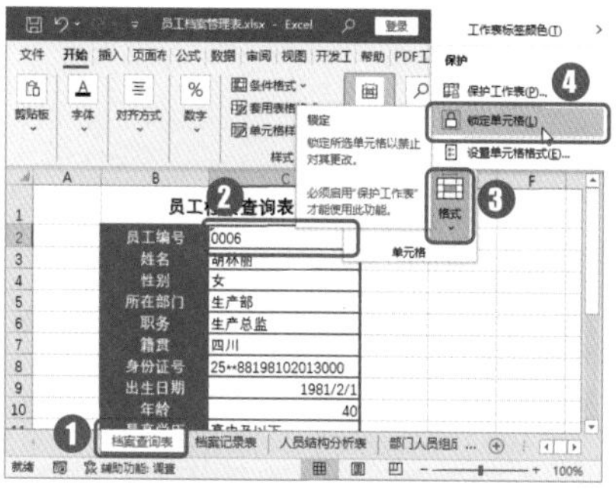

图 23-110

Step 02 执行保护工作表操作。单击【审阅】选项卡【保护】组中的【保护工作表】按钮，如图 23-111 所示。

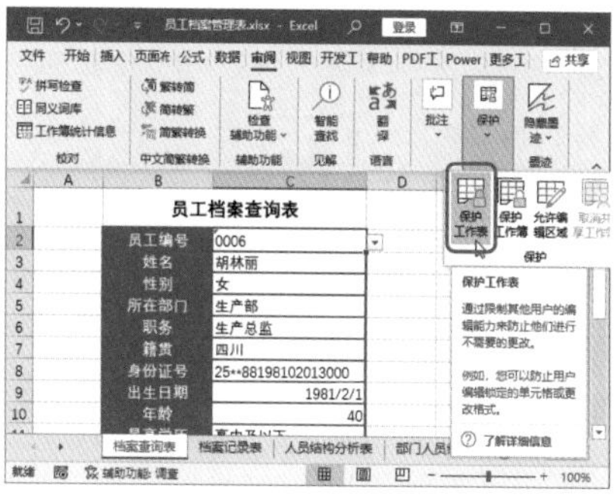

图 23-111

Step 03 设置密码保护。打开【保护工作表】对话框，❶选中【保护工作表及锁定的单元格内容】复选框，❷在【取消工作表保护时使用的密码】文本框中输入【234】，❸在【允许此工作表的所有用户进行】列表框中选中【选定解除锁定的单元格】和【编辑对象】复选框，❹单击【确定】按钮，如图 23-112 和图 23-113 所示。

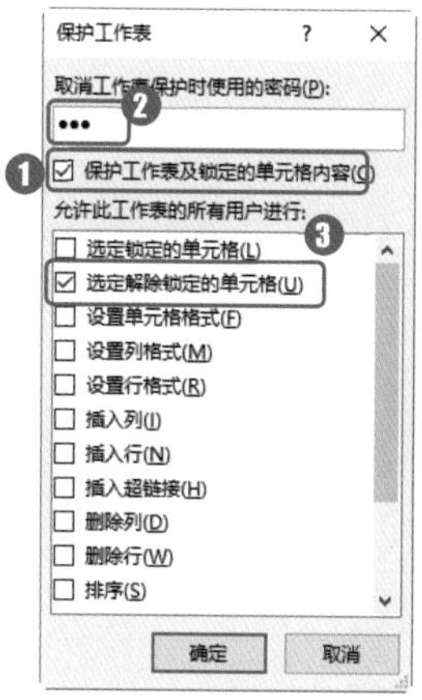

图 23-112

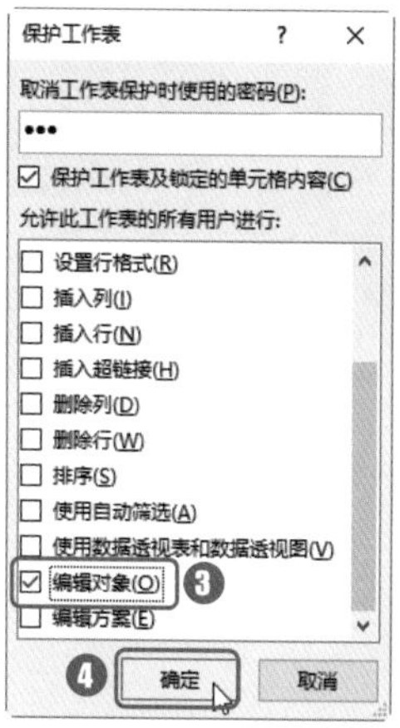

图 23-113

Step 04 确认密码设置。打开【确认密码】对话框，❶在【重新输入密码】文本框中输入设置的密码【234】，❷单击【确定】按钮，如图 23-114 所示。至此，完成本案例的全部操作。

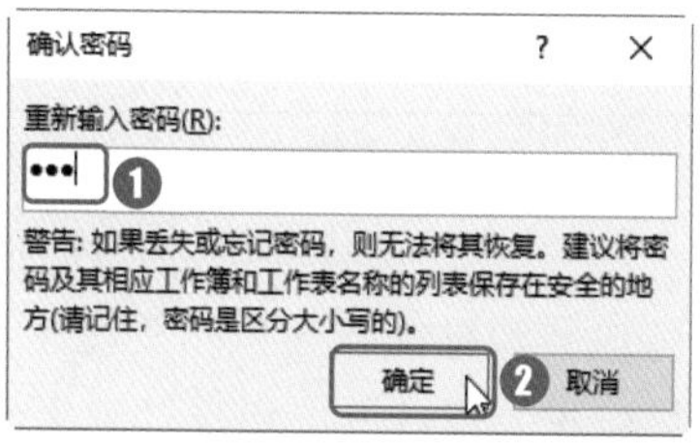

图 23-114

Step 05 查看效果。返回工作表中，将会发现只能在该工作表中的C2单元格中输入数据，其他单元格连选中都无法实现。

本章小结

本章模拟了企业员工档案表制作与管理分析的过程，介绍了通过Excel制作常见基础表格的方法，其间可以通过设置数据有效性规范表格内容、提高编辑速度，再通过公式快速获得一些具有关联性的数据，避免手动输入。另外，对数据进行分析时，主要讲解了使用公式进行计算和插入数据透视图/表获得结果的方法。相比之下，插入数据透视表不仅能得到同样的结果，还能让用户更直观地看到计算的结果和在总数中所占的比例。因此，在实际工作中，对于简单的数据分析，使用图表的方式来展现可能会得到更好的效果；对于复杂的问题或需要精准计算结果的情况，才使用公式和函数来获得数据。最后，简单讲解了工作表的保护操作，其实只是想提醒用户时刻记得保护自己的劳动成果，避免因后期操作失误而得到错误的结果，导致重复工作。

第24章 制作企业产品销售数据统计、分析表

- 销售的产品包含很多参数，这些数据会在不同的表格中被调用，需要制作一张基础表。
- 每天销售很多产品，各种销售明细汇集成日记账、月记账，应该如何快速记录这些数据？
- 怎样统计各种产品的具体销售数据？
- 如何选择合适的图表展示统计数据？
- 怎样快速分析销售人员的业绩情况？

对于销售型的企业来说，对产品销售数据进行统计和分析是每月，甚至每天必不可少的一项工作。本章将通过制作产品的销售数据统计表、统计产品销售数据及利用表格对销售人员的业绩进行分析的实例来综合运用所学的表格相关知识。

24.1 制作产品销售数据统计报表

实例门类 设置单元格格式 + 函数类

对于工业企业和商品流通企业来说，它们都会涉及产品的营销问题。产品销售过程中会涉及很多数据，如果平时将这些数据进行收集和整理，就可以通过分析发现很多问题。工作中经常会使用到的是销售表，它是用来记录销售数据，以便向上级报告销售情况的表格。本节就来制作一个产品销售数据统计表，完成后的效果如图 24-1 和图 24-2 所示。

产品编号	品牌	产品型号	产品类型	上市日期	屏幕尺寸	屏幕分辨率	显示方式	制冷方式	控制方式	总容积(升)	冷冻室(升)	冷藏室(升)	冷冻能力(kg/24h)	能效等级	售价
1025	小米	L48M3-AF	智能电视	2018.4	48英寸	全高清（1920x1080）								一级能效	¥2,099
1026	乐视	S50 Air	智能电视	2017.3	50英寸	全高清（1920x1080）								二级能效	¥2,450
1027	小米	L43M3-AA	智能电视	2018.3	43英寸	全高清（1920x1080）								三级能效	¥1,899
1028	创维	55M5	4K超清电视	2017.9	55英寸	超高清4K（3840x2160）								三级能效	¥2,999
1029	暴风	40X(X战警版)	智能电视	2018	40英寸	全高清（1920x1080）								三级能效	¥1,099
1030	暴风	55X	智能电视	2018	55英寸	超高清4K（3840x2160）								三级能效	¥2,699
1031	创维	55M6	智能电视	2017.5	55英寸	超高清4K（3840x2160）								三级能效	¥2,999
1032	乐视	X43S	智能电视	2018	43英寸	全高清（1920x1080）								二级能效	¥1,989
1033	飞利浦	55PUF6056/T3	智能 UHD电视	2018.11	55英寸	超高清4K（3840x2160）								三级能效	¥2,999
1034	乐视	超3 X55	智能电视	2017	55英寸	超高清4K（3840x2160）								二级能效	¥4,078
1035	小米	L60M4-AA	4K超清电视	2017.12	60英寸	超高清4K（3840x2160）								三级能效	¥5,199
1036	TCL	TCL D49A561U	智能电视	2018	49英寸	超高清4K（3840x2160）								三级能效	¥2,599
1170	西门子	KA92NV02TI	对开门冰箱				LED显示	风冷	电脑式	610	223	387	12	一级能效	¥6,999
1171	美的	BCD-206TM(E)	三门冰箱					直冷	机械式	206	53	111	3	一级能效	¥1,298
1172	海尔	BCD-452WDPF	对开门冰箱				LED显示	风冷	电脑式	452	177	275	12	一级能效	¥3,299
1173	容声	BCD-228D11SY	三门冰箱				LED显示	直冷	电脑式	228	60	127	15	一级能效	¥1,599
1174	西门子	KG23N1116W	三门冰箱					直冷	机械式	226	108	118	3	一级能效	¥2,499
1175	美菱	BCD-206L3CT	三门冰箱					直冷	机械式	206	45	119	2.5	一级能效	¥1,099
1176	海尔	BCD-216SDN	三门冰箱					直冷	电脑式	216	58	115	12	一级能效	¥1,699

产品信息表 销售记录表

图 24-1

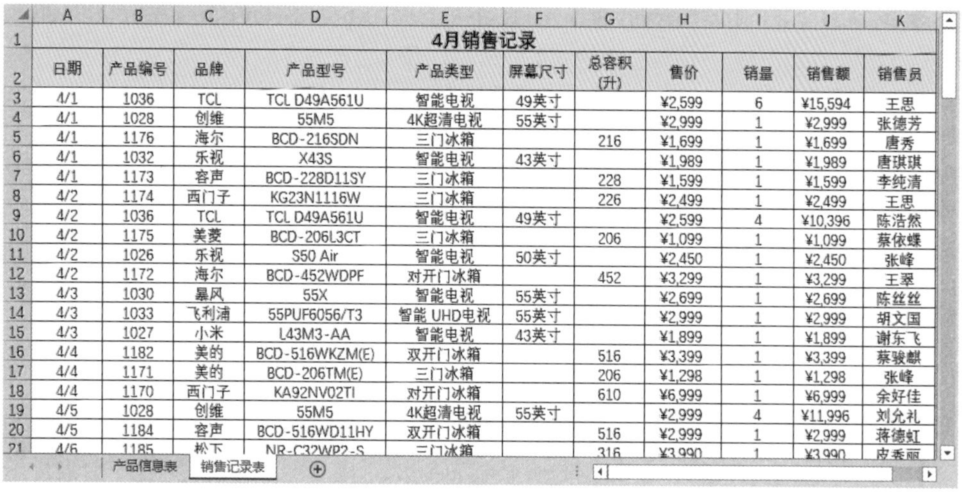

4月销售记录										
日期	产品编号	品牌	产品型号	产品类型	屏幕尺寸	总容积(升)	售价	销量	销售额	销售员
4/1	1036	TCL	TCL D49A561U	智能电视	49英寸		¥2,599	6	¥15,594	王思
4/1	1028	创维	55M5	4K超清电视	55英寸		¥2,999	1	¥2,999	张德芳
4/1	1176	海尔	BCD-216SDN	三门冰箱		216	¥1,699	1	¥1,699	唐秀
4/1	1032	乐视	X43S	智能电视	43英寸		¥1,989	1	¥1,989	唐琪琪
4/1	1173	容声	BCD-228D11SY	三门冰箱		228	¥1,599	1	¥1,599	李纯清
4/2	1174	西门子	KG23N1116W	三门冰箱		226	¥2,499	1	¥2,499	王思
4/2	1036	TCL	TCL D49A561U	智能电视	49英寸		¥2,599	4	¥10,396	陈浩然
4/2	1175	美菱	BCD-206L3CT	三门冰箱		206	¥1,099	1	¥1,099	蔡依蝶
4/2	1026	乐视	S50 Air	智能电视	50英寸		¥2,450	1	¥2,450	张峰
4/2	1172	海尔	BCD-452WDPF	对开门冰箱		452	¥3,299	1	¥3,299	王翠
4/3	1030	暴风	55X	智能电视	55英寸		¥2,699	1	¥2,699	陈丝丝
4/3	1033	飞利浦	55PUF6056/T3	智能 UHD电视	55英寸		¥2,999	1	¥2,999	胡文国
4/3	1027	小米	L43M3-AA	智能电视	43英寸		¥1,899	1	¥1,899	谢东飞
4/4	1182	美的	BCD-516WKZM(E)	双开门冰箱		516	¥3,399	1	¥3,399	蔡骏麒
4/4	1171	美的	BCD-206TM(E)	三门冰箱		206	¥1,298	1	¥1,298	张峰
4/4	1170	西门子	KA92NV02TI	对开门冰箱		610	¥6,999	1	¥6,999	余好佳
4/5	1028	创维	55M5	4K超清电视	55英寸		¥2,999	4	¥11,996	刘允礼
4/5	1184	容声	BCD-516WD11HY	双开门冰箱		516	¥2,999	1	¥2,999	蒋德虹
4/6	1185	松下	NR-C32WP2-S	三门冰箱		316	¥3,990	1	¥3,990	皮秀丽

图 24-2

24.1.1 制作企业产品信息表

产品信息表一般是为公司生产或引进的新产品而制作的，记录了产品的各种基础信息。如果将企业当前所有的产品都记录在一张工作表中，在制作其他表格时就可以通过引用公式快速获得相应信息了。例如，本例中首先就制作了一张产品信息表，用于记录所有销售产品的编号、品牌、产品型号、产品类型等，具体操作步骤如下。

Step 01 输入产品明细数据。❶新建一个【销售统计表】空白工作簿，❷修改【Sheet1】工作表的名称为【产品信息表】，❸在第一行中输入相应的表头名称，并对格式进行设置，❹在各单元格中依次输入产品的明细数据，如图 24-3 所示。

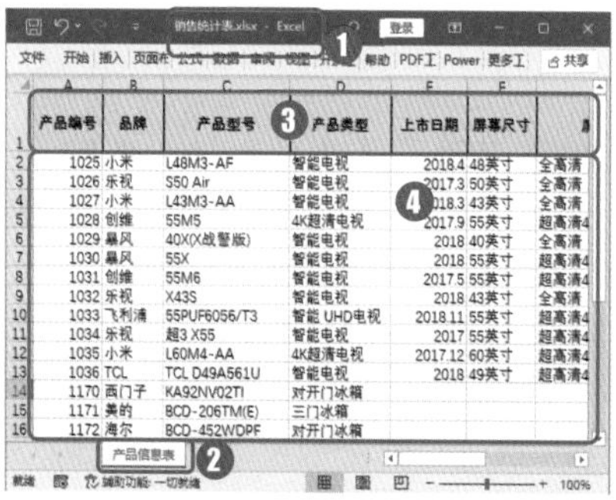

图 24-3

Step 02 设置货币格式。❶选择P列，❷在【数字】组中的列表框中选择【货币】选项，如图 24-4 所示。

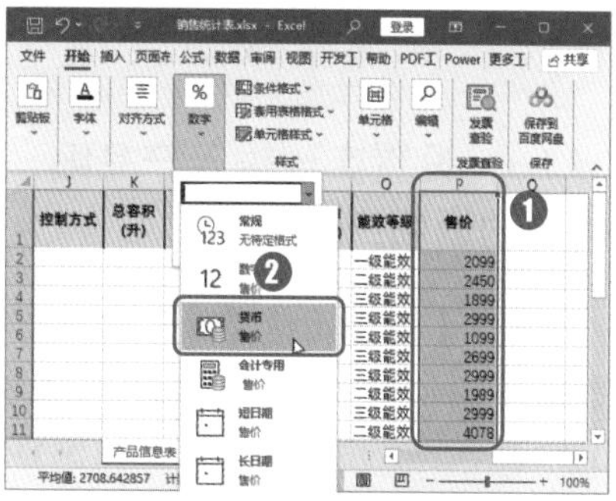

图 24-4

Step 03 去掉小数。连续两次单击【减少小数位数】按钮，让该列数字显示为整数的货币类型，如图 24-5 所示。

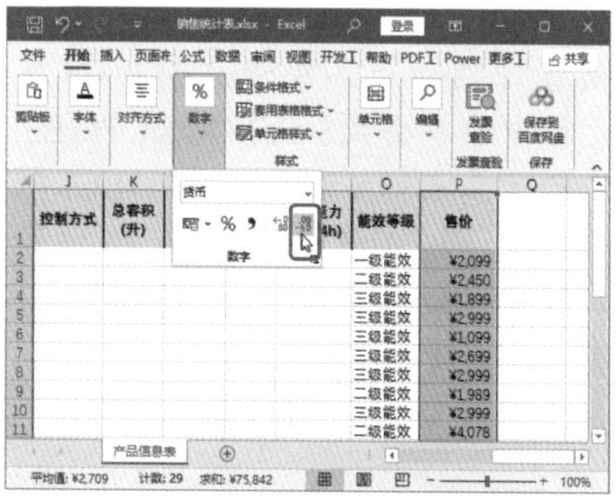

图 24-5

Step 04 添加边框。❶选择所有包含数据的单元格区域，单击【开始】选项卡【字体】组中的【边框】下拉按钮，❷在弹出的下拉菜单中选择【所有框线】选项，如图 24-6 所示。

图 24-6

Step 05 填充单元格。❶选择 A3:P3 单元格区域，单击【字体】组中的【填充颜色】下拉按钮，❷在弹出的下拉菜单中选择【金色，个性色 4，淡色 80%】选项，如图 24-7 所示。

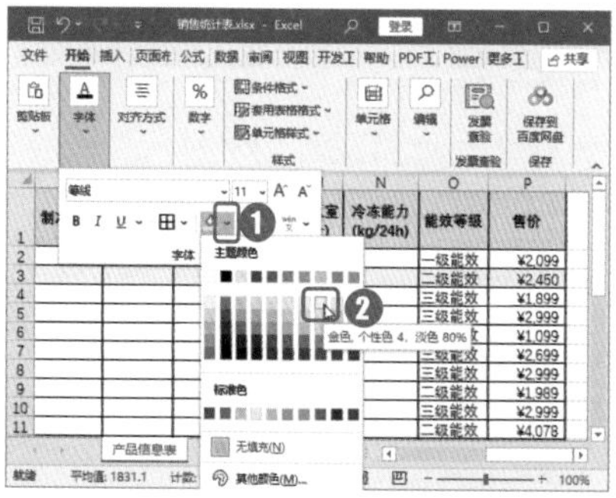

图 24-7

Step 06 快速填充格式。选择 A2:P3

单元格区域，向下拖动填充控制柄，直到将所有包含数据的单元格区域全部填充完为止，❶单击【自动填充选项】按钮，❷在弹出的下拉菜单中选择【仅填充格式】选项，如图 24-8 所示。

图 24-8

24.1.2 创建销售记录表并设置表格格式

销售记录表中记录的数据基本上相似，包括销售的产品及相关信息、销售的数量、单价、销售的金额、销售员等。本例中制作销售记录表框架，具体操作步骤如下。

Step01 新建销售记录表。❶新建一张工作表，并命名为【销售记录表】，❷在第 1 和第 2 行单元格中输入该表格的表头名称，并进行简单的格式设置，选择 A 列单元格，❸单击【开始】选项卡【数字】组右下角的【对话框启动器】按钮，如图 24-9 所示。

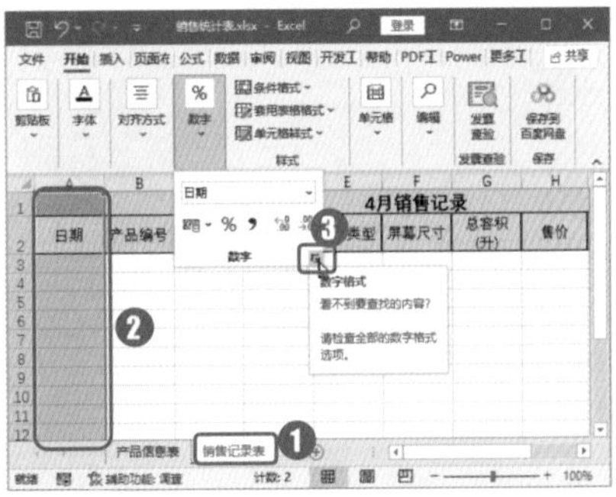

图 24-9

Step02 设置日期格式。打开【设置单元格格式】对话框，❶在【数字】选项卡的【分类】列表框中选择【日期】选项，❷在右侧的【类型】列表框中选择需要的日期格式，❸单击【确定】按钮，如图 24-10 所示。

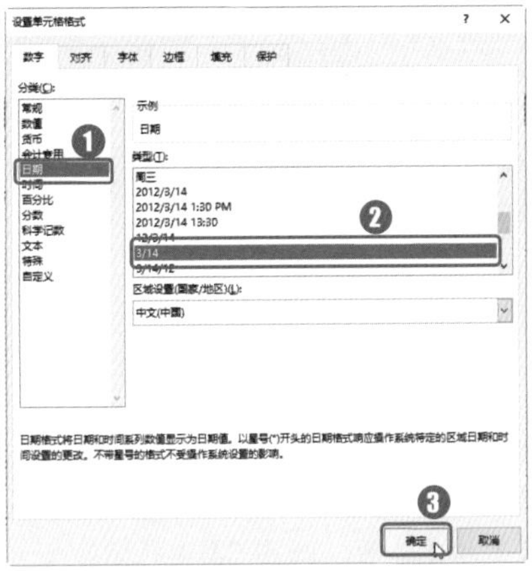

图 24-10

24.1.3 设置实现输入产品编码自动返回产品信息

由于【销售记录表】中的很多数据可以通过引用【产品信息表】工作表中的数据得到。因此本例将设置各列单元格的公式，以实现在【销售记录表】中输入产品编号即可得到该产品的其他相关数据，具体操作步骤如下。

Step01 输入公式查找数据。❶在 A3 和 B3 单元格中输入第一条记录的销售日期和产品编号，❷在 C3 单元格中输入公式【=VLOOKUP($B3,产品信息表!$A $2:$P$29,COLUMN(B1))】，即可根据 B3 单元格中输入的产品编码返回相应的品牌，如图 24-11 所示。

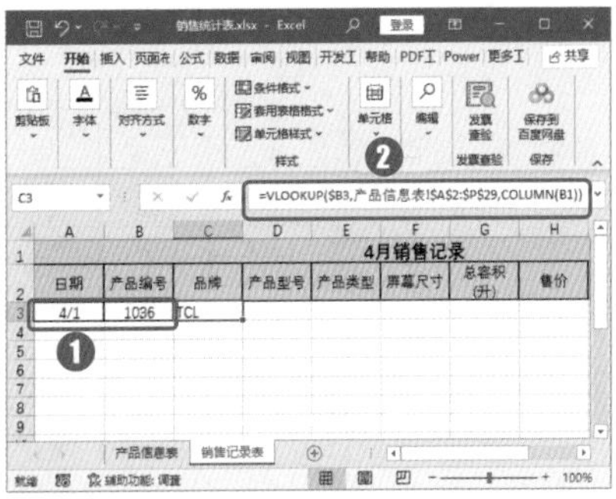

图 24-11

技术看板

本例中使用 VLOOKUP 函数进行数据查找时，也可以直接指定要查找的列，如第 2 列。但为了方便后面的数据可以通过复制公式快速得到，所以又套用了 COLUMN 函数，使该函数在进行填充公式后可以快速查找其他列的数据。

Step02 复制公式引用产品型号和类型。选择 C3 单元格，向右拖动填充控制柄至 E3 单元格，即可根据 B3 单元格中输入的产品编码返回相应的产品型号和产品类型，如图 24-12 所示。

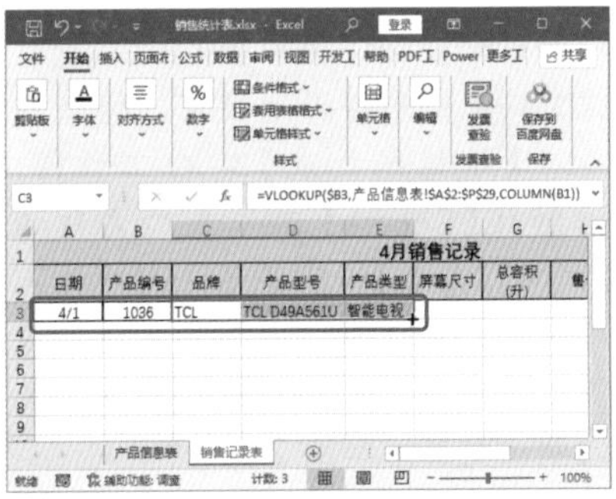

图 24-12

Step03 引用屏幕尺寸数据。在 F3 单元格中输入公式【=IF(COUNTIF(E3,"*电视"), VLOOKUP(B3,产品信息表!$A$2: $P$29,6),"")】，按【Enter】键，即可返回产品屏幕尺寸数据，如图 24-13 所示。

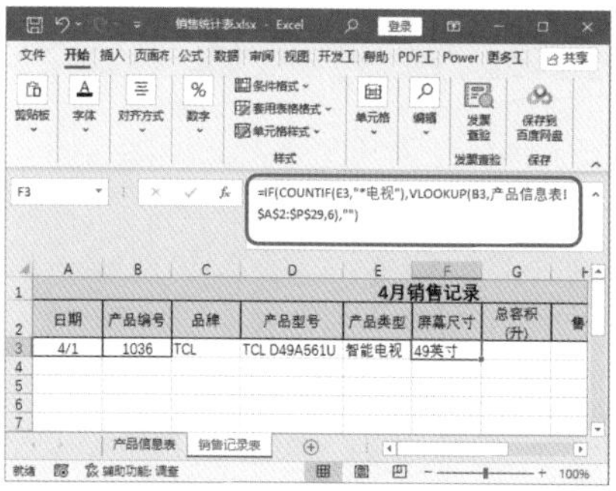

图 24-13

技术看板

本例中的产品是不同类型的产品，所以细节参数不一样。此步骤中的公式是先判断E3单元格中的内容是否包含【电视】文本，如果是，就返回区域中的第6列数据，否则说明不是电视类产品，不需要返回该列数据。

Step04 查找产品容积数据。在G3单元格中输入公式【=IF(F3="",VLOOKUP(B3,产品信息表!$A$2:$P$92,11),"")】，按【Enter】键，即可返回产品总容积数据，如图24-14所示。

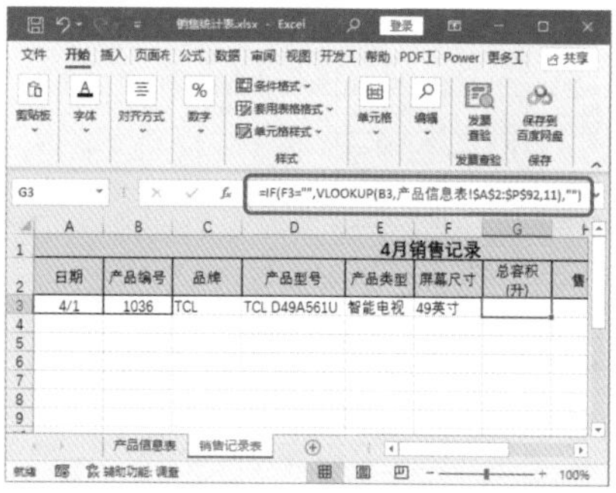

图 24-14

技术看板

此步骤中的公式是先判断F3单元格是否为空，如果不为空，则说明该条记录是电视产品的记录，就返回区域中的第11列数据，否则返回空值。

Step05 引用产品售价。在H3单元格中输入公式【=VLOOKUP($B3,产品信息表!$A$2:$P$92,16)】，按【Enter】键，即可返回产品售价，如图24-15所示。

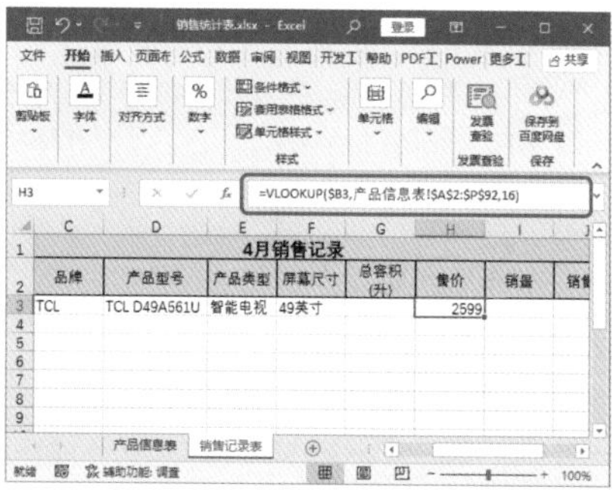

图 24-15

Step06 设置货币格式。❶选择H列单元格，❷在【数字】组中的列表框中选择【货币】选项，如图24-16所示。

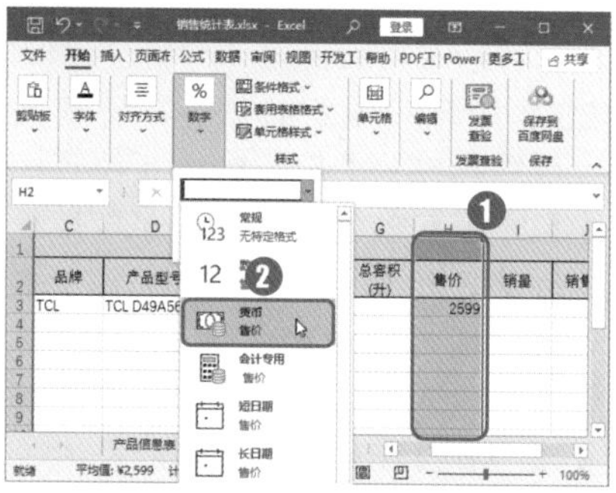

图 24-16

Step07 去掉小数位数。连续两次单击【减少小数位数】按钮，让该列数字显示为整数的货币类型，如图24-17所示。

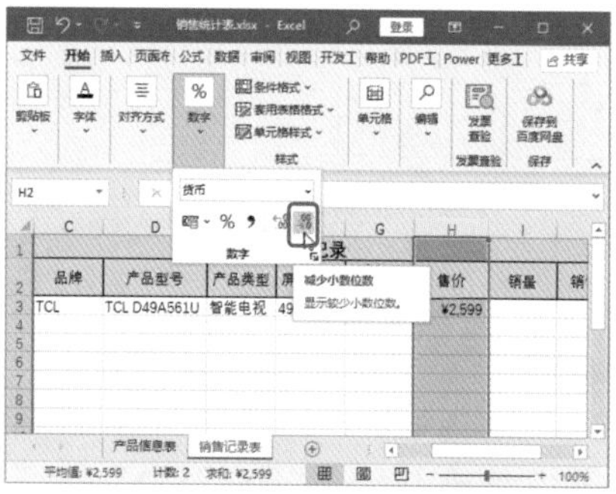

图 24-17

Step08 向下复制公式。选择C3:H3单元格区域，向下拖动填充控制柄，将公式复制到各列后续的单元格中，如图24-18所示。

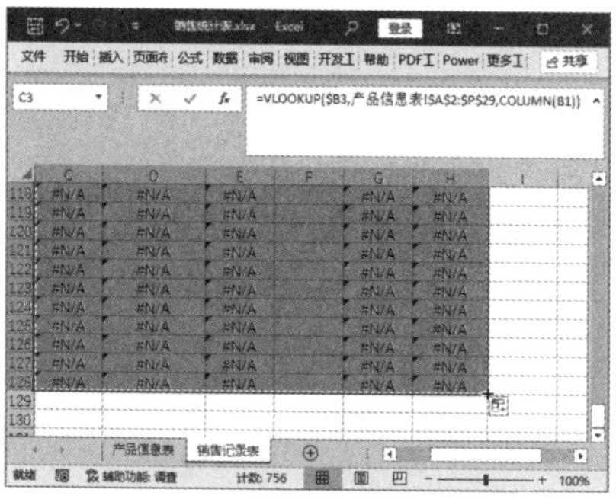

图 24-18

Step09 计算产品销售额。在表格中输入各条销售记录，在J3单元格中输入公式【=H3*I3】，按【Enter】键，计算出总的销售额；选择J3单元格，向下拖动填充控制柄复制公式，计算出其他产品的销售额，如图24-19所示。

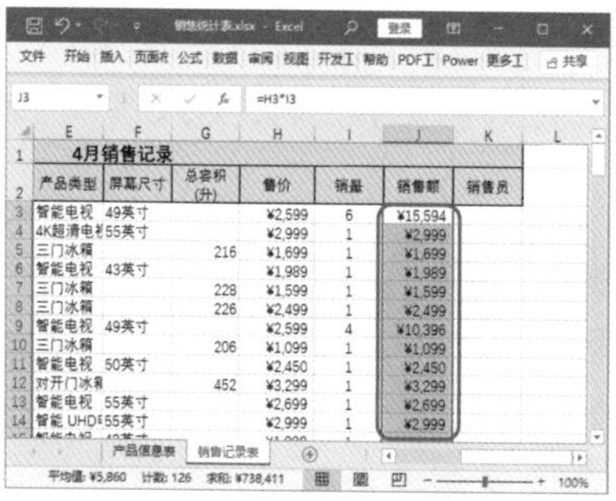

图 24-19

Step10 设置表格效果。检查并输入完整每条销售记录，对表格的列宽及表格的边框和对齐方式进行设置，效果如图24-20所示。

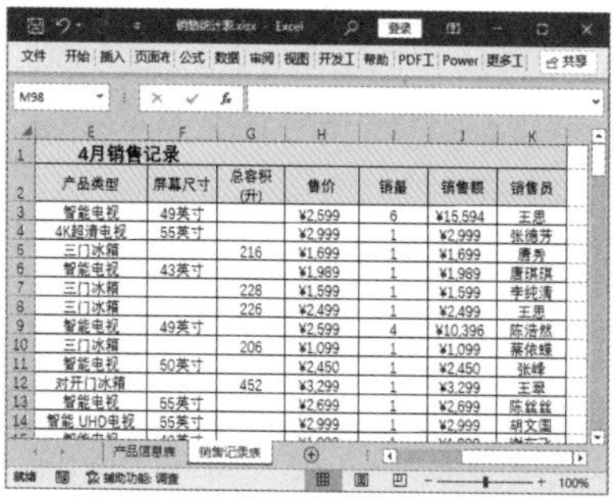

图 24-20

24.2 统计各类产品的销售数据

实例门类 排序＋分类汇总＋图表类

创办企业的最终目的是盈利，而是否盈利与产品的销量有直接关系。通常情况下，营销部门会根据销售记录报表来汇总产品的销量，掌握产品的社会地位和市场认可度，分析产品的近期走势，合理预测产品的销售前景并制定相应的营销策略，同时也方便厂家确定下一批次产品的生产量或研发新的产品。本节分析各类产品的销售数据，完成后的效果如图 24-21 所示。

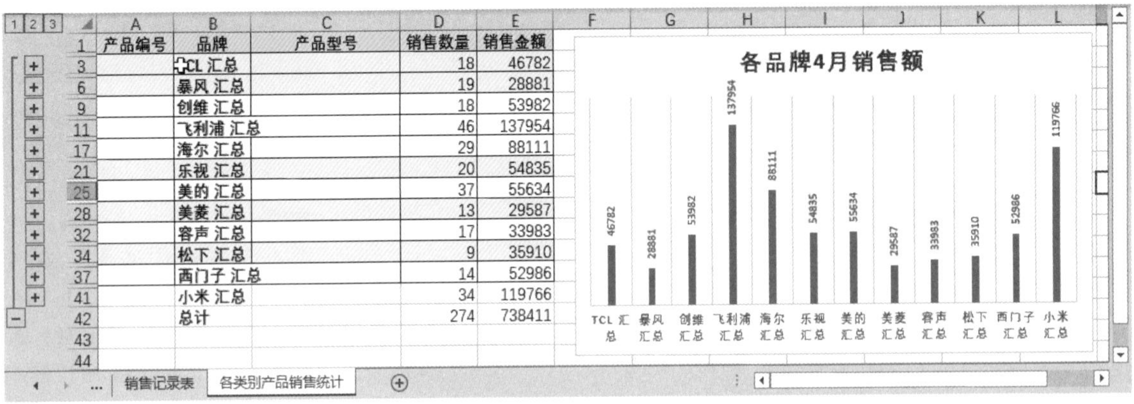

行	产品编号	品牌	产品型号	销售数量	销售金额
3		TCL 汇总		18	46782
6		暴风 汇总		19	28881
9		创维 汇总		18	53982
11		飞利浦 汇总		46	137954
17		海尔 汇总		29	88111
21		乐视 汇总		20	54835
25		美的 汇总		37	55634
28		美菱 汇总		13	29587
32		容声 汇总		17	33983
34		松下 汇总		9	35910
37		西门子 汇总		14	52986
41		小米 汇总		34	119766
42		总计		274	738411

图 24-21

24.2.1 使用函数返回各类产品的销售数据统计结果

要将【销售记录表】中的数据按照产品类别进行统计，只需要使用SUMIF函数即可统计出来，具体操作步骤如下。

Step01 复制表格内容。❶新建一张工作表，并命名为【各类别产品销售统计】，❷选择【产品信息表】工作表，❸选择A1:C29单元格区域，❹单击【开始】选项卡【剪贴板】组中的【复制】按钮，如图24-22所示。

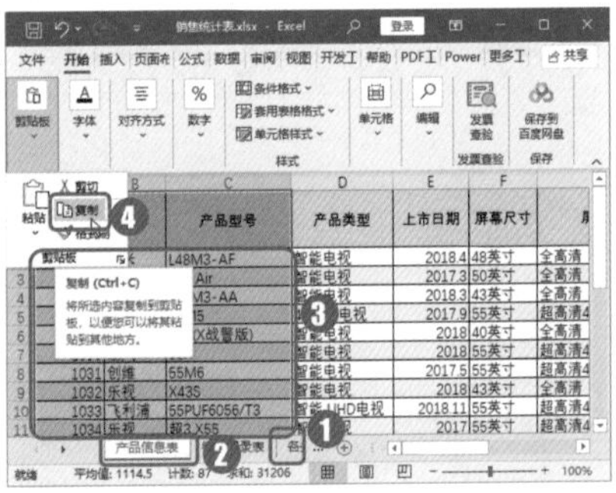

图 24-22

Step02 计算同类产品销量。将复制的内容粘贴到【各类别产品销售统计】工作表以A1单元格为起始位置的单元格区域中，在D1、E1单元格中输入合适的表头，在D2单元格中输入公式【=SUMIF(销售记录表!\$B\$3:\$B\$128,A2,销售记录表!\$I\$3:\$I\$128)】，计算出该型号产品的销售数量，如图24-23所示。

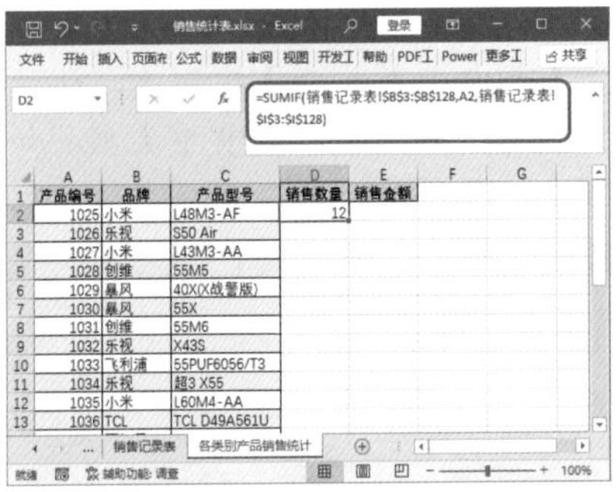

图 24-23

Step03 计算同类产品的销售额。在E2单元格中输入公式【=SUMIF(销售记录表!\$B\$3:\$B\$128,A2,销售记录表!\$J\$3:\$J\$128)】，计算出该型号产品的销售金额，如图24-24所示。

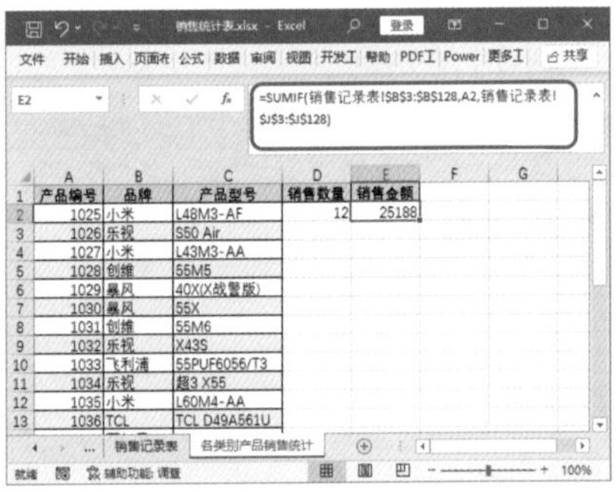

图 24-24

Step04 复制公式。选择D2:E2单元格区域，向下拖动填充控制柄，复制公式到下方的单元格中，计算出其他型号产品的销售数量和销售金额，如图24-25所示。

图 24-25

Step05 填充格式。选择C1:C29单元格区域，向右拖动填充控制柄至D列和E列中，❶单击显示出的【自动填充选项】按钮，❷在弹出的下拉菜单中选择【仅填充格式】选项，如图24-26所示。

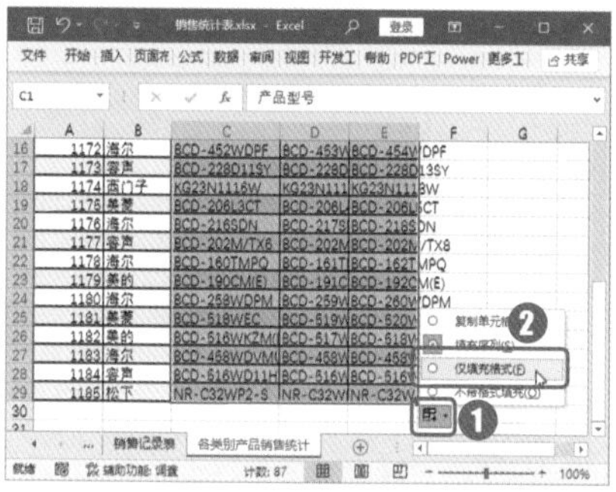

图 24-26

24.2.2 使用图表直观显示各品牌产品的销售金额

为了更加直观地查看各产品的销售情况，可以插入图表进行显示，具体操作步骤如下。

Step01 执行排序操作。❶选择A1:E29单元格区域，❷单击【数据】选项卡【排序和筛选】组中的【排序】按钮，如图24-27所示。

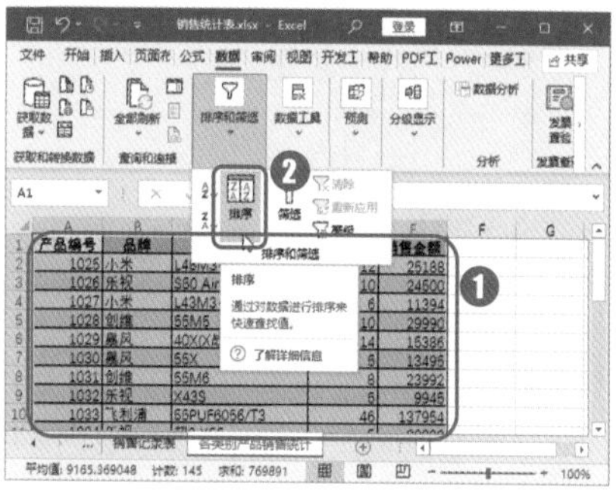

图 24-27

Step02 设置排序条件。打开【排序】对话框，❶设置主要关键字为【品牌】，❷单击【添加条件】按钮，❸设置次要关键字为【产品型号】，❹单击【确定】按钮，如图24-28所示。

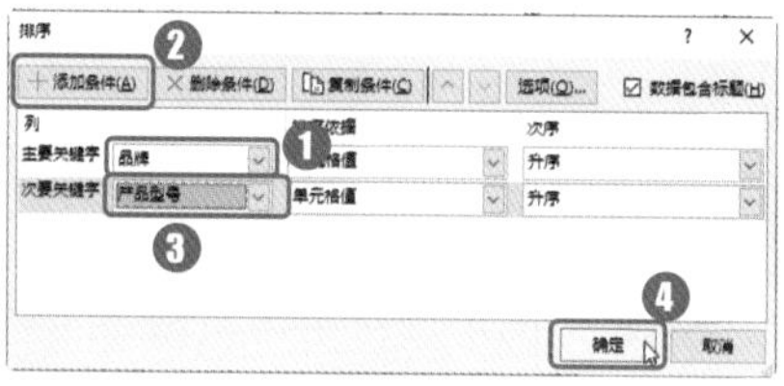

图 24-28

Step03 执行分类汇总操作。返回工作表，即可看到排序后的表格数据。保持单元格区域的选中状态，单击【分级显示】组中的【分类汇总】按钮，如图24-29所示。

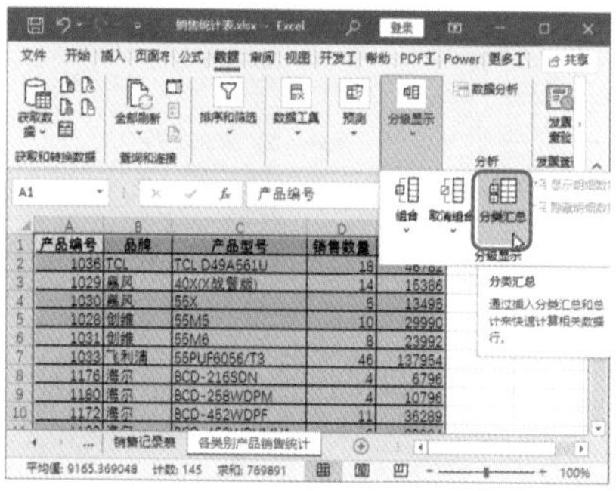

图 24-29

Step04 设置分类汇总。打开【分类汇总】对话框，❶在【分类字段】下拉菜单中选择【品牌】选项，❷在【选定汇总项】列表框中选中【销售数量】复选框和【销售金额】复选框，❸单击【确定】按钮，如图24-30所示。

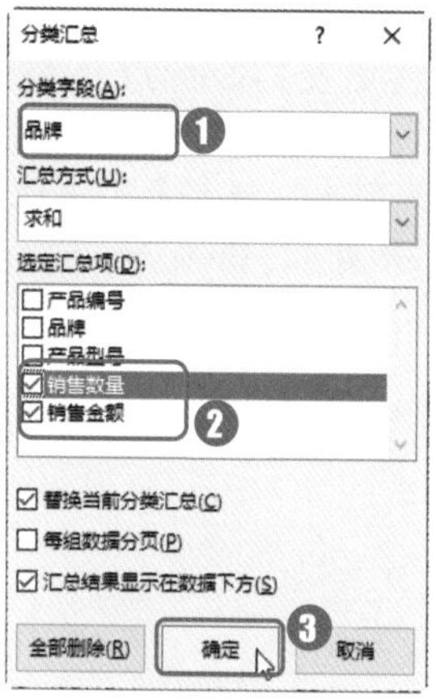

图 24-30

Step05 查看汇总效果。返回工作表中即可看到分类汇总后的效果。单击左侧列表框中的2按钮，如图24-31所示。

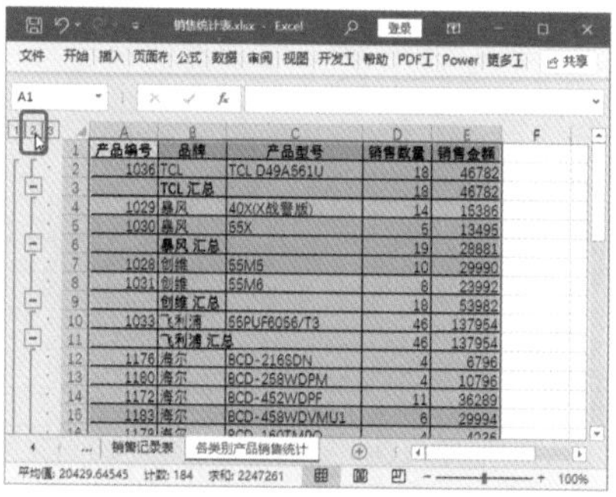

图 24-31

Step06 折叠明细数据。经过上步操作，即可看到折叠表格明细数据，查看各品牌汇总的销售数量和销售金额数据就更加清晰了，如图24-32所示。

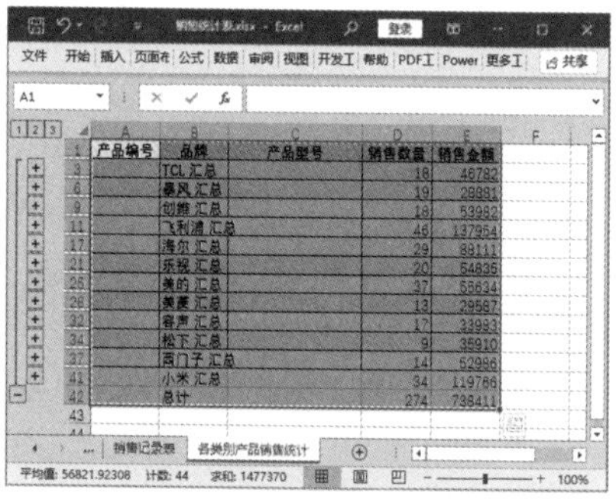

图 24-32

Step07 插入图表。选择B1:B41和E1:E41单元格区域，❶单击【插入】选项卡【图表】组中的【插入柱形图或条形图】下拉按钮，❷在弹出的下拉菜单中选择【簇状柱形图】选项，如图24-33所示。

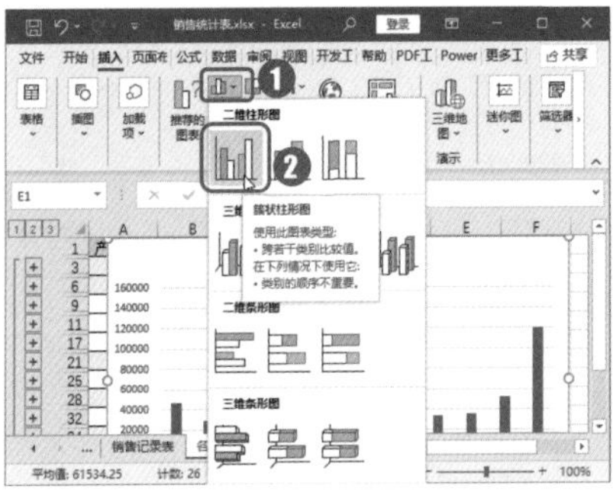

图 24-33

Step08 编辑图表。经过上步操作后，即可插入对应的图表。将图表移动到表格右侧的空白处，将图表标题命名为【各品牌4月销售额】，应用需要的图表样式，效果如图24-34所示。

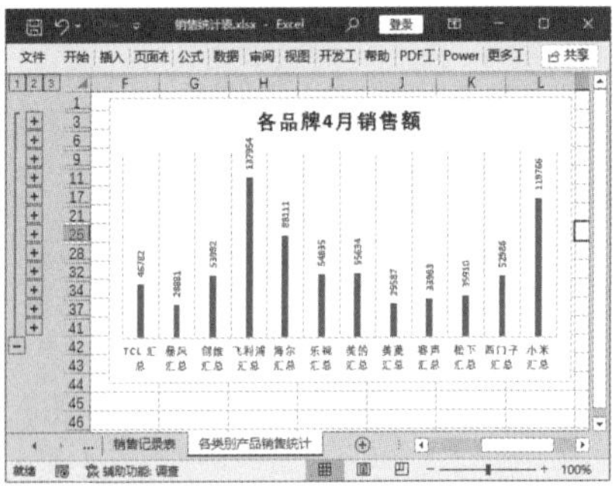

图 24-34

24.3 分析各销售人员业绩

实例门类	函数＋图表类

销售数据是企业可获取的第一手资料，通过对销售数据的统计分析，不但可以统计产品销售情况，还可以分析各销售人员的业绩情况，从而为企业的人力配置提供依据。本例对销售人员业绩分析后的效果如图24-35所示。

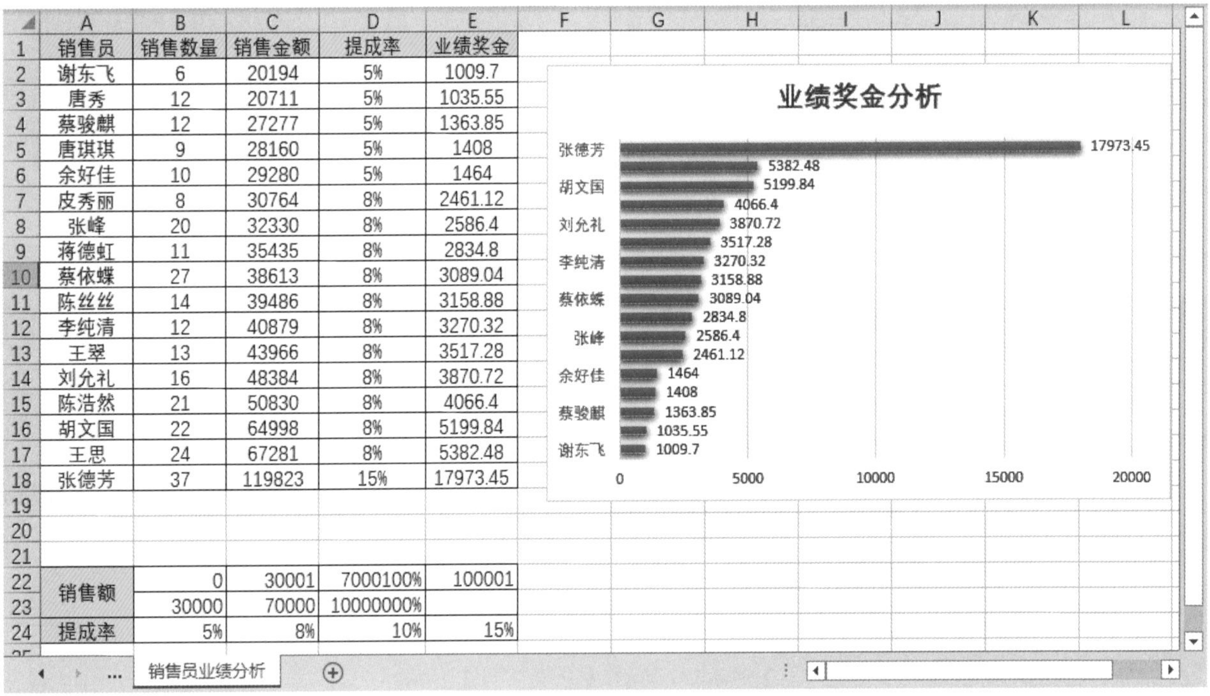

	A	B	C	D	E
1	销售员	销售数量	销售金额	提成率	业绩奖金
2	谢东飞	6	20194	5%	1009.7
3	唐秀	12	20711	5%	1035.55
4	蔡骏麒	12	27277	5%	1363.85
5	唐琪琪	9	28160	5%	1408
6	余好佳	10	29280	5%	1464
7	皮秀丽	8	30764	8%	2461.12
8	张峰	20	32330	8%	2586.4
9	蒋德虹	11	35435	8%	2834.8
10	蔡依蝶	27	38613	8%	3089.04
11	陈丝丝	14	39486	8%	3158.88
12	李纯清	12	40879	8%	3270.32
13	王翠	13	43966	8%	3517.28
14	刘允礼	16	48384	8%	3870.72
15	陈浩然	21	50830	8%	4066.4
16	胡文国	22	64998	8%	5199.84
17	王思	24	67281	8%	5382.48
18	张德芳	37	119823	15%	17973.45
19					
20					
21					
22	销售额	0	30001	7000100%	100001
23		30000	70000	10000000%	
24	提成率	5%	8%	10%	15%

图 24-35

24.3.1 统计各销售人员的销售量和销售额

要分析销售人员的业绩情况，首先需要统计出当月各销售人员的具体销售数量和销售金额，具体操作步骤如下。

Step 01 计算员工总销量。❶新建一张工作表，并命名为【销售员业绩分析】，❷输入表格表头名称和销售人员姓名，并进行简单格式设置，❸在B2单元格中输入公式【=SUMIF(销售记录表!$K$3:$K$128,A2,销售记录表!$I$3:$I$128)】，统计出该员工当月的总销量，如图 24-36 所示。

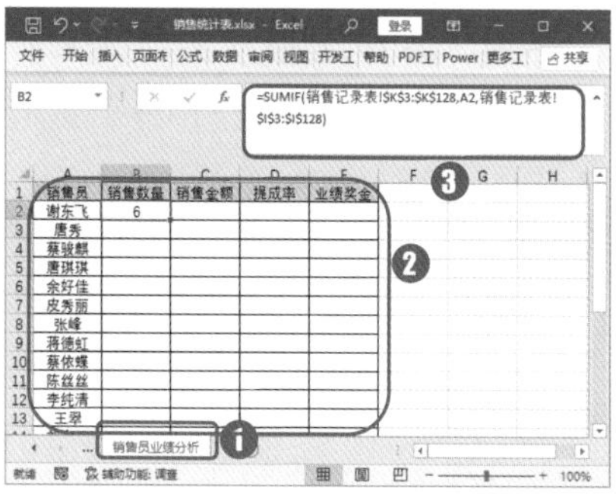

图 24-36

Step 02 计算员工总销售额。在C2单元格中输入公式【=SUMIF(销售记录表!$K$3:$K$128,A2,销售记录表!$J$3:$J$128)】，统计出该员工当月的总销售额，如图 24-37 所示。

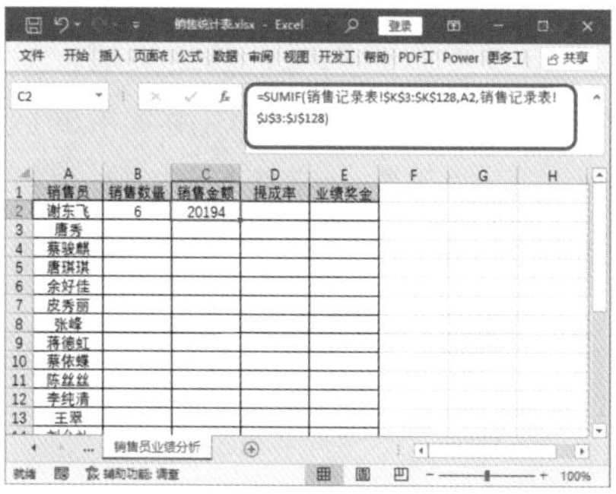

图 24-37

Step 03 复制公式。选择B2:C2单元格区域，向下拖动填充控制柄至C18单元格，复制公式计算出其他员工的销售数量和销售金额，如图 24-38 所示。

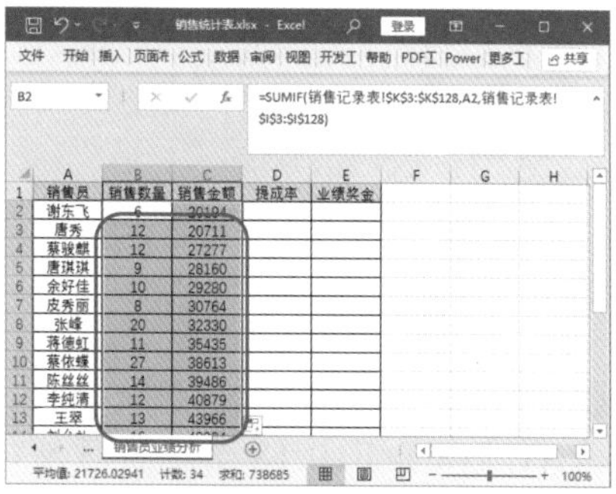

图 24-38

24.3.2 计算员工业绩奖金

一般情况下，员工的销售金额不同提成率也是不同的，本例假设销售额在 3 万元以内的提成为 5%；大于 3 万元，小于 7 万元的提成为 8%；大于 7 万元，小于 10 万元的提成为 10%；大于 10 万元的提成为 15%，计算员工业绩奖金的具体操作步骤如下。

Step 01 输入提成标准数据。在A22:E24单元格区域中输入要作为提成标准的约定内容，如图 24-39 所示。

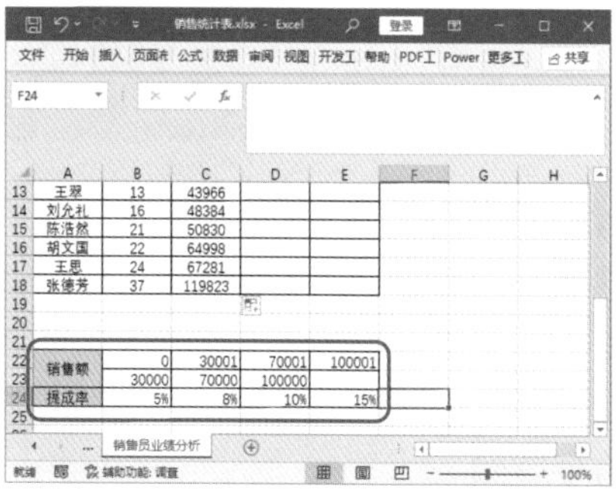

图 24-39

Step 02 判断提成率。在D2单元格中输入公式【=HLOOKUP(C2,$A$22:$E$24,3)】，计算出根据该员工的销售金额判断出的提成率，如图 24-40 所示。

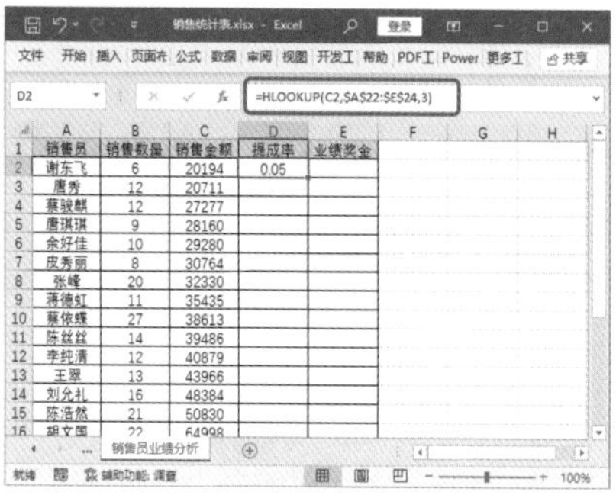

图 24-40

Step 03 设置百分比格式。❶选择D列单元格，❷单击【开始】选项卡【数字】组中的【百分比样式】按钮%，让计算出的结果显示为百分比格式，如图 24-41 所示。

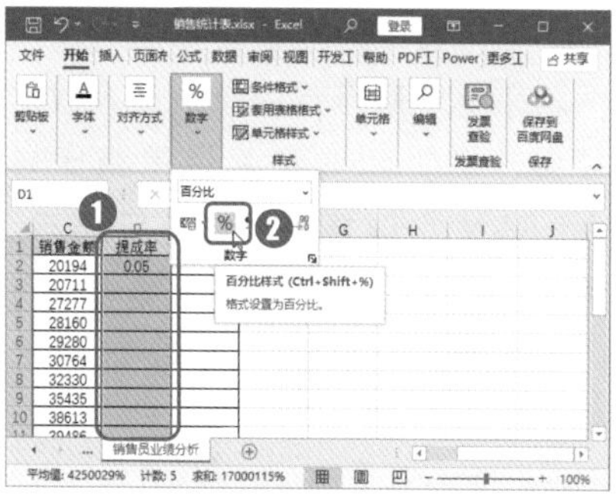

图 24-41

Step 04 计算员工业绩奖金。在E2单元格中输入公式【=D2*C2】，计算出该员工应领取的业绩奖金，如图 24-42 所示。

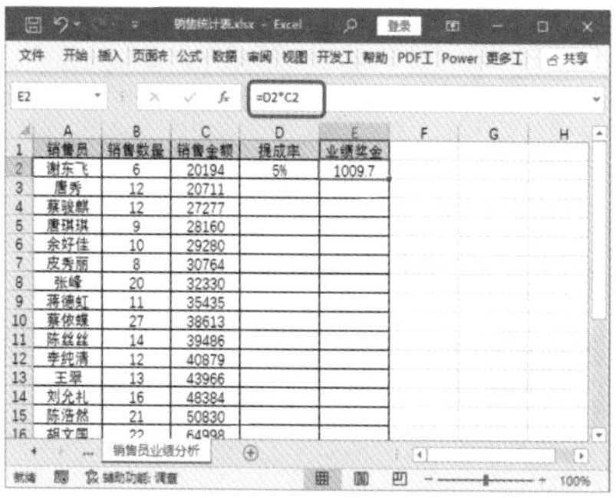

图 24-42

Step 05 复制公式。选择D2:E2单元格区域，向下拖动填充控制柄至

E18 单元格，复制公式，计算出其他员工的提成率和业绩奖金，如图 24-43 所示。

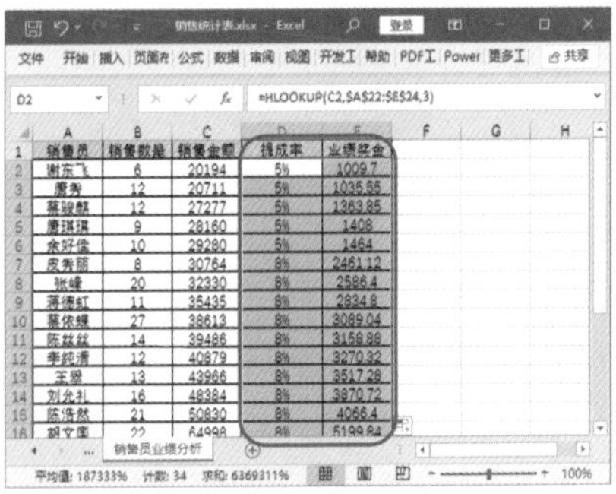

图 24-43

24.3.3 使用图表直观显示员工业绩奖金占比

分析员工的业绩时依然可以用图表来直观展示，由于员工人数比较多，员工的业绩奖金差距比较大，一般会选择条形图进行展示。为了让制作出的表格更加美观，可以事先对源数据进行排序，具体操作步骤如下。

Step 01 排序数据。❶选择E列中的任意单元格，❷单击【数据】选项卡【排序和筛选】组中的【升序】按钮，如图 24-44 所示。

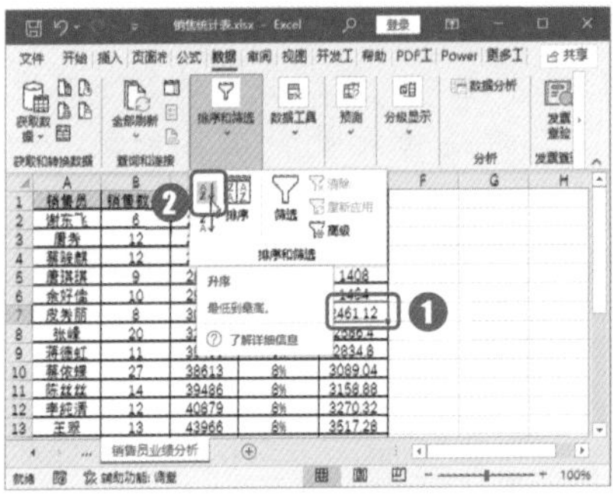

图 24-44

Step 02 执行推荐的图表操作。❶选择A1:A18 和E1:E18 单元格区域，❷单击【插入】选项卡【图表】组中的【推荐的图表】按钮，如图 24-45 所示。

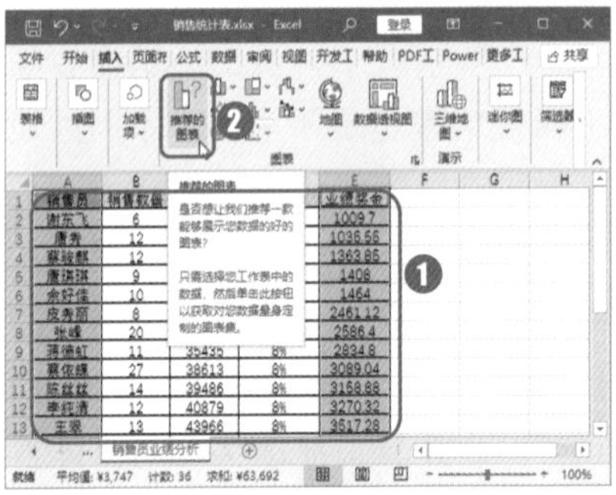

图 24-45

Step 03 选择推荐的图表。打开【插入图表】对话框，❶在左侧选择需要的图表类型，❷单击【确定】按钮，如图 24-46 所示。

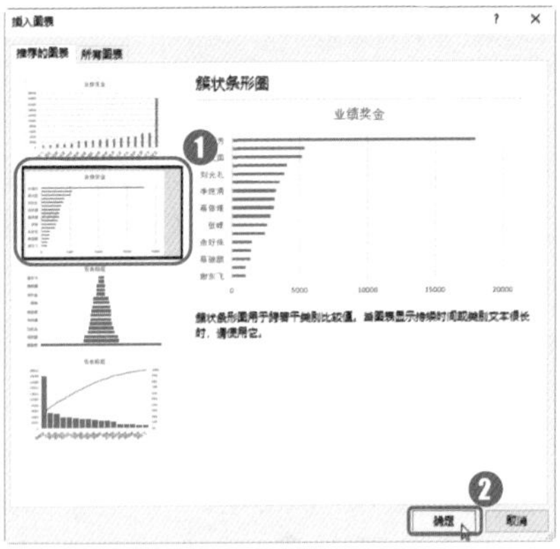

图 24-46

Step 04 编辑美化图表。将图表移动到表格右侧，将图表标题修改为【业绩奖金分析】，应用需要的图表样式，添加数据标签，效果如图 24-47 所示。至此，完成本案例的制作。

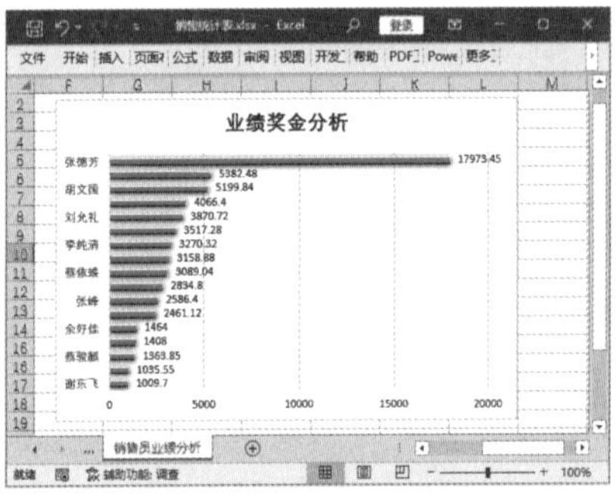

图 24-47

本章小结

本章模拟了产品销售数据的统计和分析过程。在实际工作中，用户可能会遇到很多类似的表格，甚至更加复杂的表格，在制作时都可以按照本案例的制作思路来完成。首先制作一张基础表格，便于其他表格直接调用其中的数据；然后对需要的数据进行统计，统计过程可能会用到各种函数，所以平时工作中常用的函数一定要牢记，能灵活应用到各种表格中；完成数据的统计后，为了让分析更加清楚明了，可以使用图表展示出统计结果。相比于文字描述，图表数据会更直观、更清晰，同时方便查阅。

第25章 制作企业员工工资统计、查询表

- 一份工资统计表中需要涉及哪些数据？可以从哪些基础表格中获取呢？
- 如何通过唯一数据查询并获取到其他相关数据？
- 工资表中的社保扣费和个人所得税是如何计算的？
- 如何使用公式和函数汇总部门信息、建立数据查询？
- 打印工资表需要怎样的设置？

本章将通过实例创建企业员工工资统计、查询表来复习前面所学过的单元格引用、页面设置、打印及函数的相关知识，在本实例中读者会得到以上问题的答案。

25.1 创建与工资核算相关的各表格并统计数据

实例门类 工作表操作 + 单元格引用 + 函数类

企业对员工工资进行管理是日常管理的一大组成部分。企业需要对员工每个月的具体工作情况进行记录，做到奖惩有据可依，然后将这些记录细节统计到工资表中折算成各种奖惩金额，最终核算出员工当月的工资发放情况记录在工资表中存档。各个企业的工资表可能有所不同，但制作原理基本一样，所以工资表具有相对固定的格式，其中各组成部分因公司规定而有所差异。

由于工资的最终结算金额来自多项数据，如基本工资、岗位工资、工龄工资、提成或奖金、加班工资、请假迟到扣款、保险、公积金扣款、个人所得税等，其中部分数据需要建立相应的表格来管理，然后汇总到工资表中。因此，本例在制作时，首先要创建与工资核算相关的各种表格并统计出需要的数据，方便后期引用到工资表中。本例创建的前期各类表格效果如图 25-1~图 25-4 所示。

员工编号	姓名	所在部门	职务	入职时间	工龄	基本工资	岗位工资	工龄工资
0001	陈果	总经办	总经理	2006/7/1	15	10000	8000	1150
0002	欧阳娜	总经办	副总经理	2009/7/4	12	9000	6000	850
0004	蒋丽程	财务部	财务总监	2006/7/6	15	4000	1500	1150
0005	王思	销售部	销售总监	2010/7/7	11	3000	1500	750
0006	胡林丽	生产部	生产总监	2006/7/1	15	3500	1500	1150
0007	张德芳	销售部	运营总监	2009/7/9	12	4000	1500	850
0008	欧俊	技术部	技术总监	2006/9/9	15	8000	1500	1150
0010	陈德格	人事部	人力资源经理	2012/3/2	9	4000	1200	550
0011	李运隆	人事部	人力资源助理	2014/7/4	7	2800	500	350
0012	张孝骞	人事部	人力资源专员	2015/7/5	6	2500	300	250
0013	刘秀	人事部	人力资源专员	2016/7/5	5	2500	300	150
0015	胡茜茜	财务部	财务助理	2012/7/4	9	2500	500	550
0016	李春丽	财务部	会计主管	2018/7/5	3	3000	1500	50
0017	袁娇	行政办	行政经理	2016/7/6	5	3000	1200	150

图 25-1

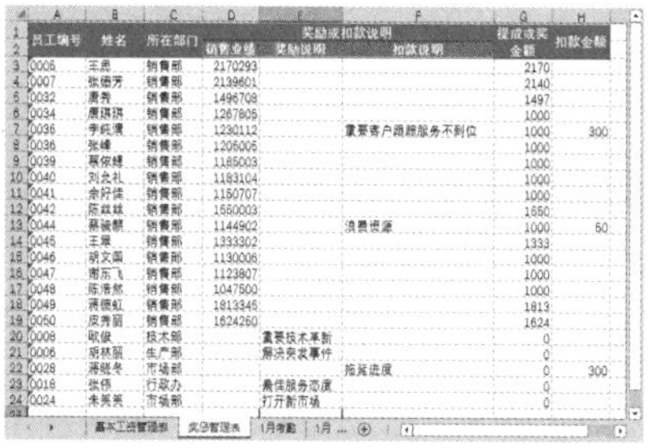

员工编号	姓名	所在部门	奖励或扣款说明			提成或奖金额	扣款金额
			销售业绩	奖励说明	扣款说明		
0005	王思	销售部	2170293			2170	
0007	张德芳	销售部	2139601			2140	
0032	唐秀	销售部	1496708			1497	
0034	唐琪琪	销售部	1267805			1000	
0035	李纯清	销售部	1230112		重要客户跟踪服务不到位	1000	300
0036	张峰	销售部	1205005			1000	
0039	蔡依蝶	销售部	1185003			1000	
0040	刘允礼	销售部	1183104			1000	
0041	余好佳	销售部	1160707			1000	
0042	陈丝丝	销售部	1650003			1650	
0044	蔡骏麒	销售部	1144902		浪费资源	1000	50
0045	王翠	销售部	1333302			1333	
0046	胡文国	销售部	1130006			1000	
0047	谢东飞	销售部	1123807			1000	
0048	陈浩然	销售部	1047500			1000	
0049	蒋德虹	销售部	1813345			1813	
0050	皮秀丽	销售部	1624260			1624	
0008	欧俊	技术部		重要技术革新		0	
0006	胡林丽	生产部		解决突发事件		0	
0028	蒋晓冬	市场部			拖延进度	0	300
0018	张伟	行政办		最佳服务态度		0	
0024	朱笑笑	市场部		打开新市场		0	

图 25-2

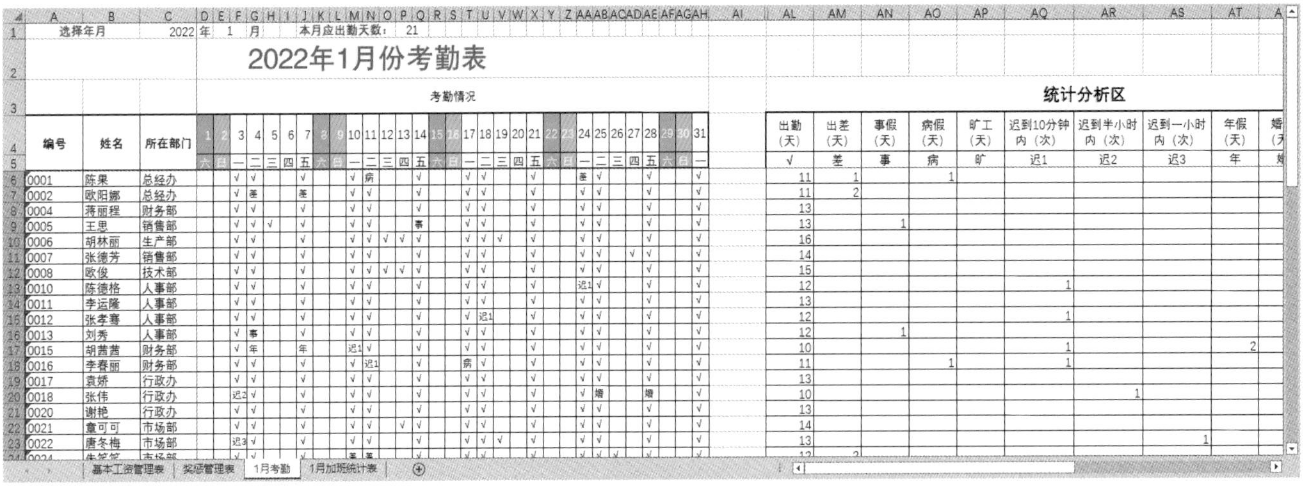

图 25-3

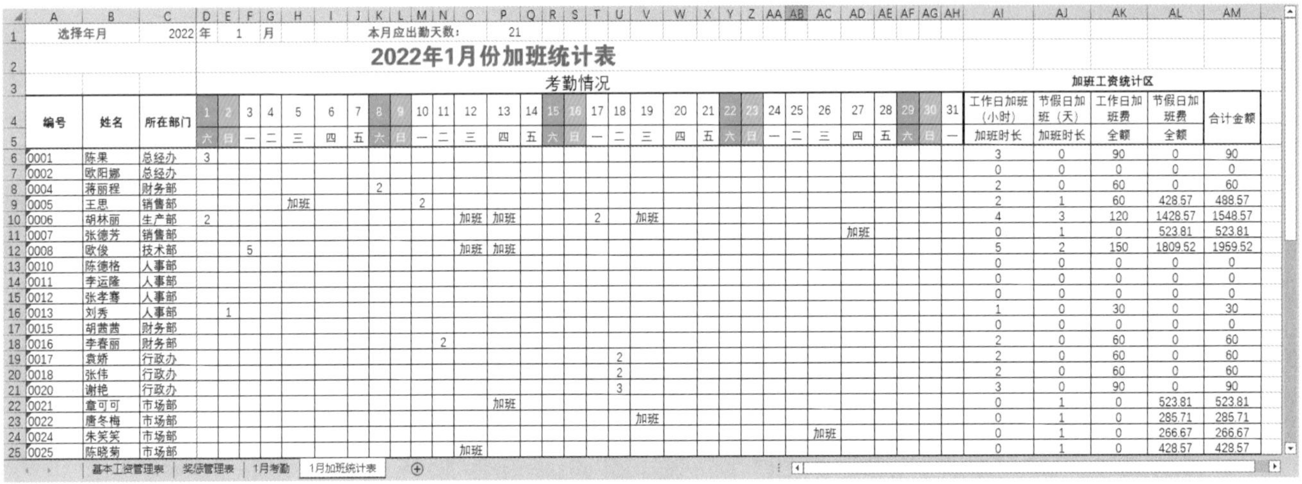

图 25-4

25.1.1 创建员工基本工资管理表

员工工资表中总是有一些基础数据需要重复应用到其他表格中，如员工编号、姓名、所属部门、工龄等，而且这些数据的可变性不大。为了方便制作后续的各种表格，也方便统一修改某些基础数据，可以将这些数据输入基本工资管理表中，具体操作步骤如下。

Step01 执行移动或复制命令。打开素材文件\第 25 章\员工档案表.xlsx，❶在【档案记录表】工作表标签上右击，❷在弹出的快捷菜单中选择【移动或复制】选项，如图 25-5 所示。

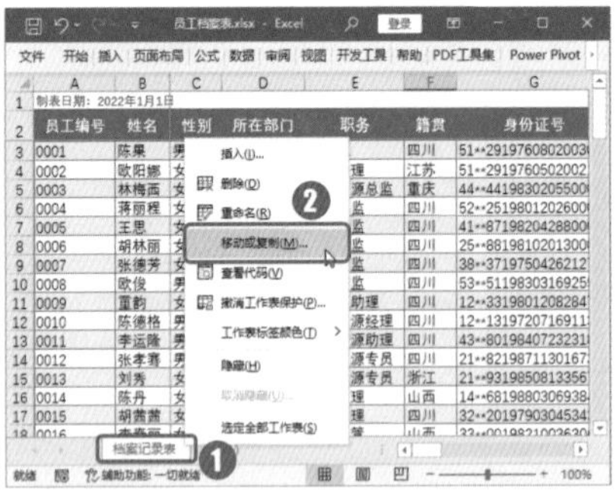

图 25-5

Step02 复制工作表。打开【移动或复制工作表】对话框，❶在【将选定工作表移至工作簿】下拉列表中选择【新工作簿】选项，❷选中下方的【建立副本】复选框，❸单击【确定】按钮，如图 25-6 所示。

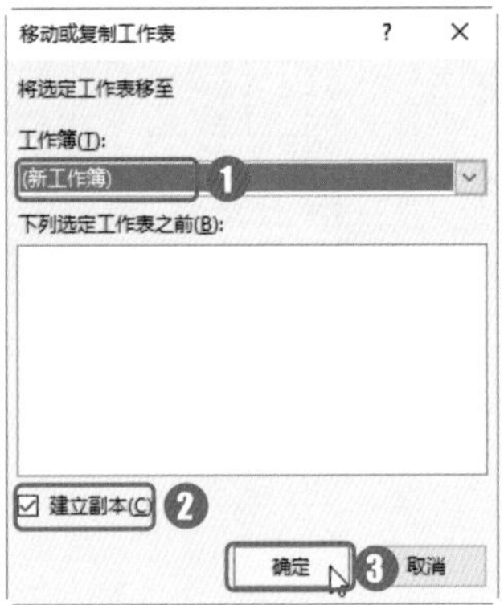

图 25-6

Step 03 删除行。经过上步操作，即可将【档案记录表】工作表复制到新工作表中。❶以【员工工资核算表】为名保存新工作簿，❷取消工作表的保护，选择第一行单元格，❸单击【开始】选项卡【单元格】组中的【删除】按钮，将该行单元格删除，如图 25-7 所示。

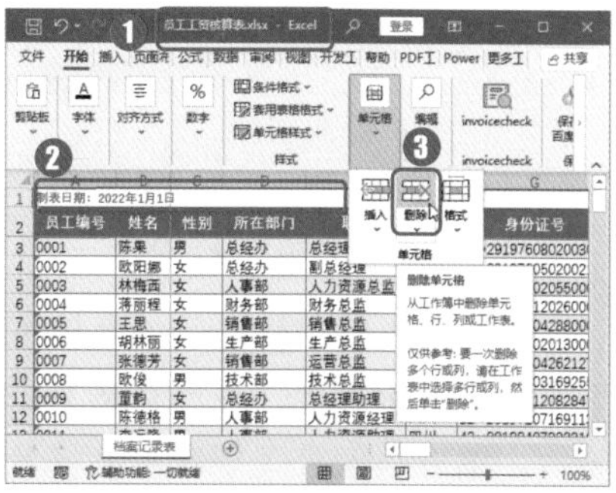

图 25-7

Step 04 编辑表格。重命名工作表为【基本工资管理表】，选择表格中的F列到K列，单击【删除】按钮将其删除；选择C列，将其删除。在G列后根据表格需要继续添加相应的表头名称，❶选择第 4 行单元格，❷单击【开始】选项卡【单元格】组中的【删除】按钮，如图 25-8 所示。

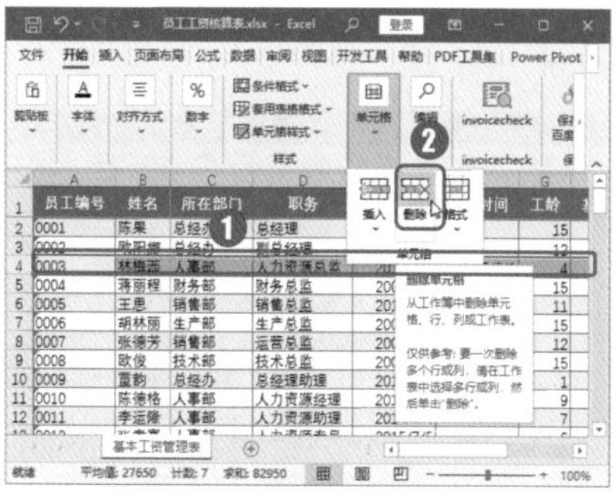

图 25-8

Step 05 更改公式。使用相同的方法将表格中已经离职的员工信息删除，修改 G2 单元格中的公式为【=INT((NOW()−E2)/365)】，拖动填充控制柄将 G2 单元格中的公式复制到该列中，如图 25-9 所示。

图 25-9

技术看板

之所以要更改 G2 单元格中的公式，就是因为后期需要将 F 列删除。

Step 06 删除离职时间列。❶选择F列，❷单击【开始】选项卡【单元格】组中的【删除】按钮，将该列删除，如图 25-10 所示。

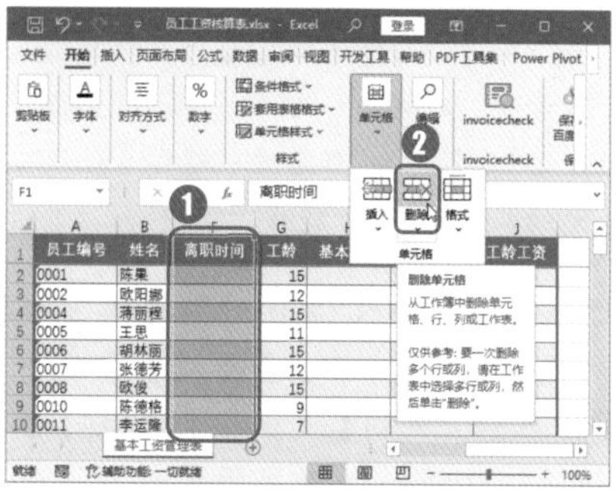

图 25-10

Step 07 计算工龄工资。在G列和H列中依次输入各员工的基本工资和岗位工资，在 I2 单元格中输入公式【=IF(F2 < =2,0,IF(F2 < 5,(F2−2)*50,(F2−5)*100+150))】，拖动填充控制柄将 I2 单元格中的公式复制到该列中，如图 25-11 所示。

技术看板

本例中规定工龄工资的计算标准为：小于两年不计工龄工资；工龄大于两年小于 5 年时，按每年 50 元递增；工龄大于 5 年时，按每年 100 元递增。

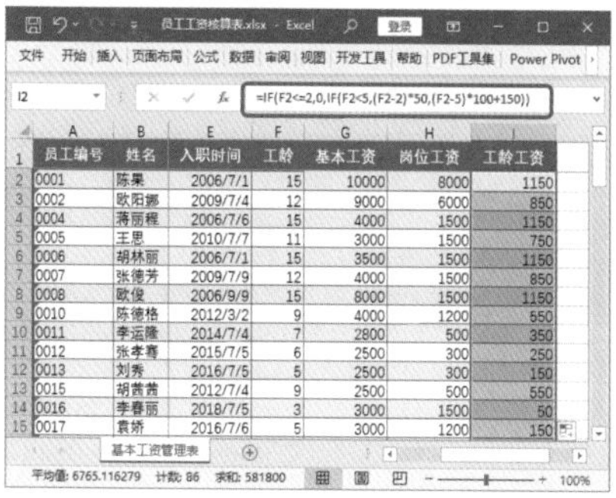

图 25-11

25.1.2　创建奖惩管理表

企业销售人员的工资一般都是由基本工资和销售业绩提成构成的，但企业日常规定中又有一些奖励和惩罚机制会涉及工资的部分金额增减。因此，需要制作一张工作表专门记录这些数据。本例中创建奖惩管理表的具体操作步骤如下。

Step 01 通过公式引用表格数据。❶新建一张工作表，并命名为【奖惩管理表】，❷在第 1 行和第 2 行单元格中输入相应的表头字段内容，并进行合适的格式设置，❸在 A3 单元格中输入需要记录第一条奖惩记录的员工编号，这里输入【0005】，❹在B3 单元格中输入公式【=VLOOKUP(A3,基本工资管理表!$A$2:$I$39,2)】，按【Enter】键，即可计算出结果，如图 25-12 所示。

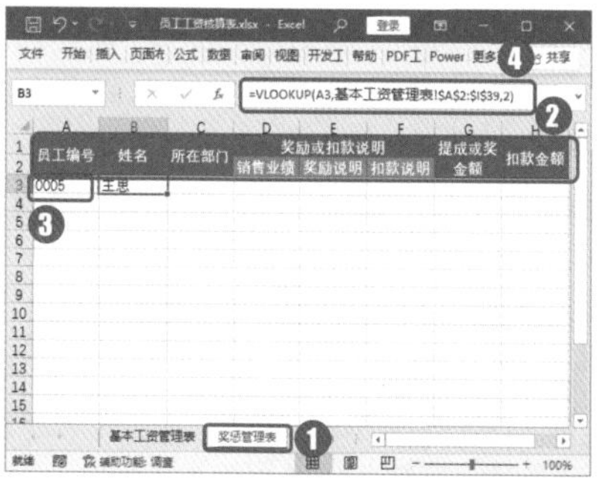

图 25-12

Step 02 引用部门数据。在C3 单元格中输入公式【=VLOOKUP(A3,基本工资管理表!$A$2:$I$39,3)】，如图 25-13 所示。

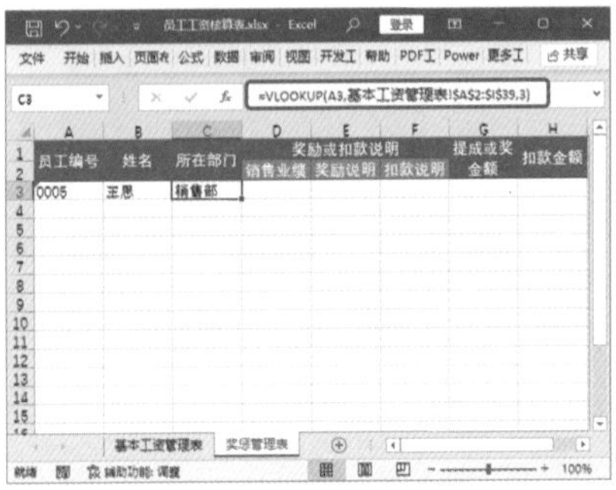

图 25-13

Step03 复制公式。选择B3:C3 单元格区域，拖动填充控制柄将这两个单元格中的公式复制到两列中的其他单元格，如图 25-14 所示。

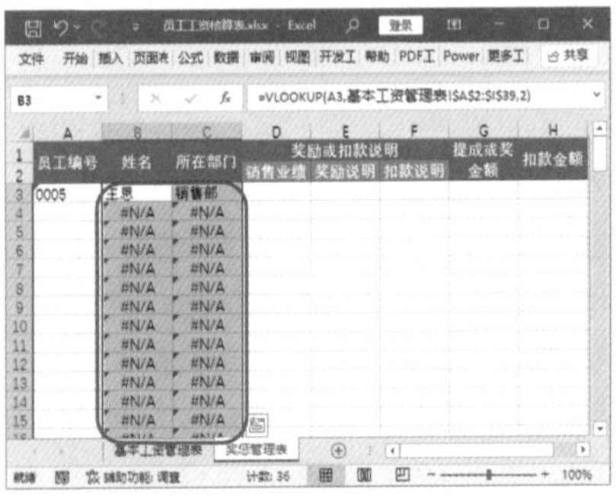

图 25-14

Step04 输入员工编号和销售数据。❶在A列中输入其他需要记录奖惩记录的员工编号，即可根据公式得到对应的姓名和所在部门信息，❷在D、E、F列中输入对应的奖惩说明，这里首先输入的是销售部的销售业绩额，所以全部输入在D列中，如图 25-15 所示。

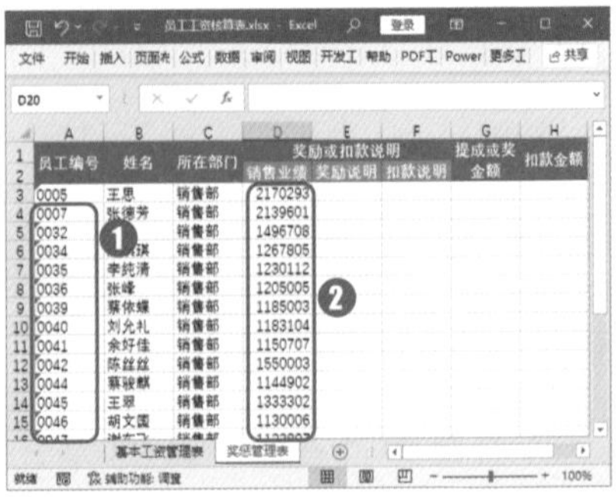

图 25-15

Step05 计算提成或奖金。❶在G3单元格中输入公式【=IF(D3 < 1000000,0,IF(D3 < 1300000,1000, D3*0.001))】，❷拖动填充控制柄将G3单元格中的公式复制到该列中，如图 25-16 所示。

图 25-16

技术看板

本例中规定销售提成计算方法如下：销售业绩不满 100 万元的无提成奖金；超过 100 万元，低于 130 万元的，提成为 1000 元；超过 130 万元的，按 0.1%计提成。

Step06 减少小数位数。保持单元格的选中状态，单击【开始】选项卡【数字】组中的【减少小数位数】按钮，让该列数据显示为整数，如图 25-17 所示。

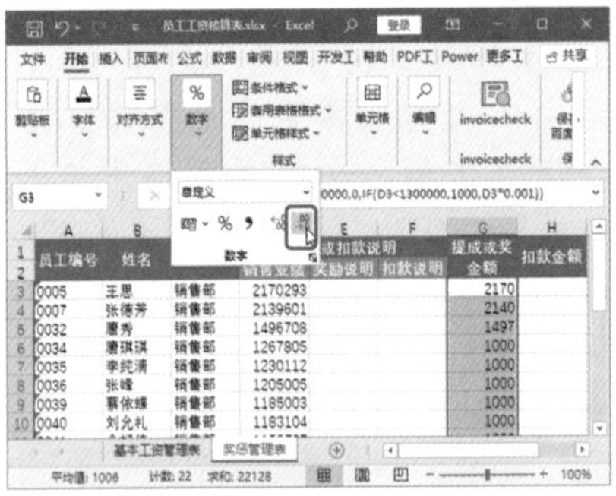

图 25-17

Step07 输入其他信息。继续在表格中输入其他的奖惩记录（实际工作中可能会先零散地记录各种奖惩，最后才统计销售提成数据），完成后的效果如图 25-18 所示。

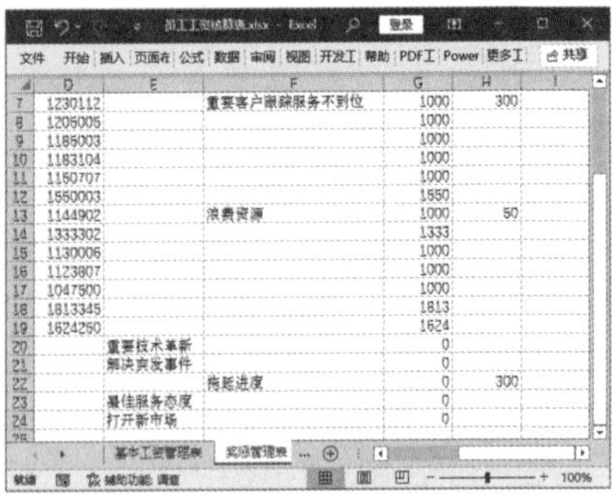

图 25-18

25.1.3 创建考勤统计表

企业对员工工作时间的考核主要记录在考勤表中，在计算员工工资时，需要根据公司规章制度将考勤情况反映为相应的金额奖惩。例如，对迟到进行扣款，对全勤进行奖励等。本例考勤表中的记录已经事先准备好了，只需要进行数据统计即可，具体操作步骤如下。

Step01 执行移动或复制命令。打开素材文件\第 25 章\1 月考勤表.xlsx，❶在【1 月考勤】工作表标签上右击，❷在弹出的快捷菜单中选择【移动或复制】选项，如图 25-19 所示。

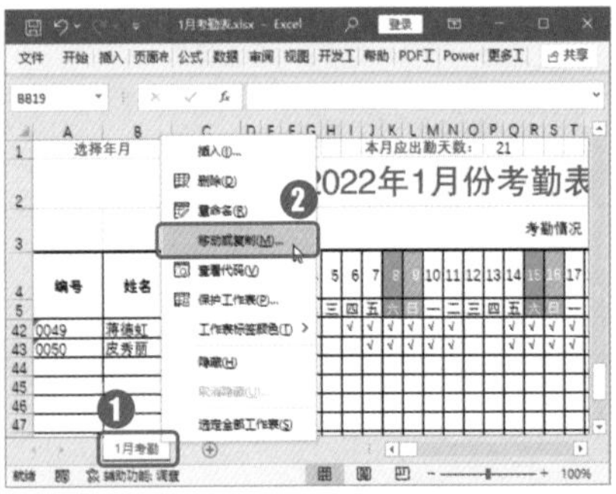

图 25-19

Step02 复制工作表。打开【移动或复制工作表】对话框，❶在【将选定工作表移至工作簿】下拉列表中选择【员工工资核算表】选项，❷在下方的列表框中选择【（移至最后）】选项，❸选中下方的【建立副本】复选框，❹单击【确定】按钮，如图 25-20 所示。

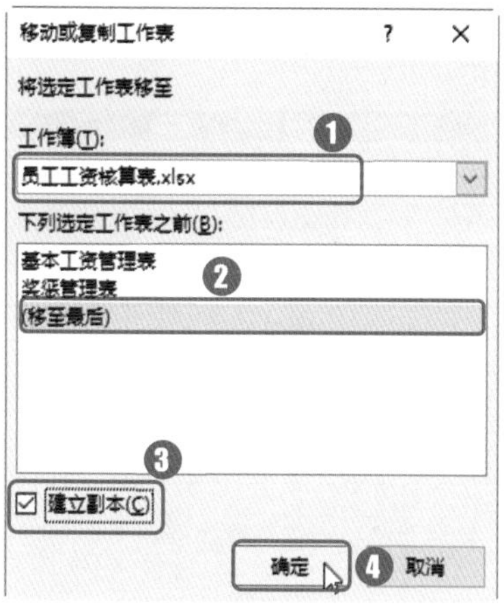

图 25-20

Step03 删除多余数据。本例后面会单独制作一张加班记录表，所以周末加班的数据需要删除。依次选择周六和周日列的数据，按【Delete】键将其删除，如图 25-21 所示。

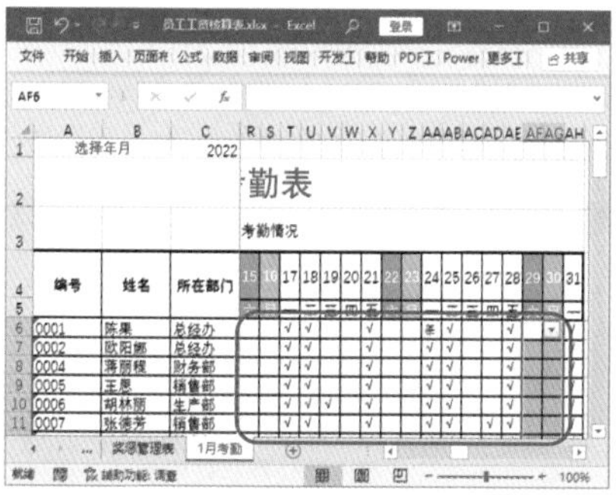

图 25-21

Step04 计算员工请假扣款。❶在 AX~BA 列单元格中输入奖金统计的相关表头内容，并对相应的单元格区域设置合适的边框效果，❷在 AX6 单元格中输入公式【=AN6*120+AO6*50+AP6*240】，如图 25-22 所示。

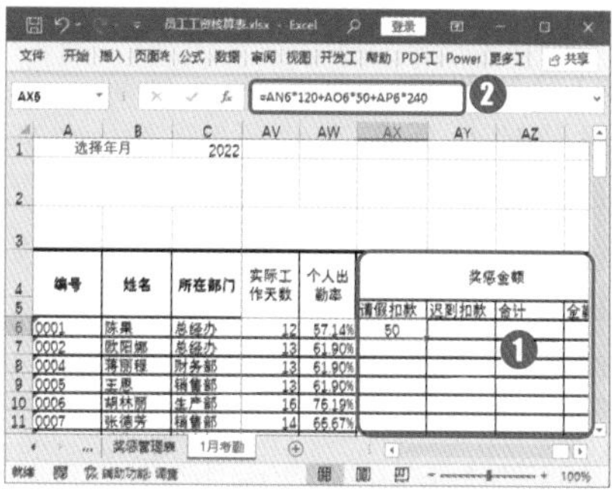

图 25-22

技术看板

本例中规定：事假扣款为 120 元/天，病假扣款为 50 元/天，旷工扣款为 240 元/天。

Step05 计算员工迟到扣款。在 AY6 单元格中输入公式【=AQ6*10+AR6*50+AS6*100】，如图 25-23 所示。

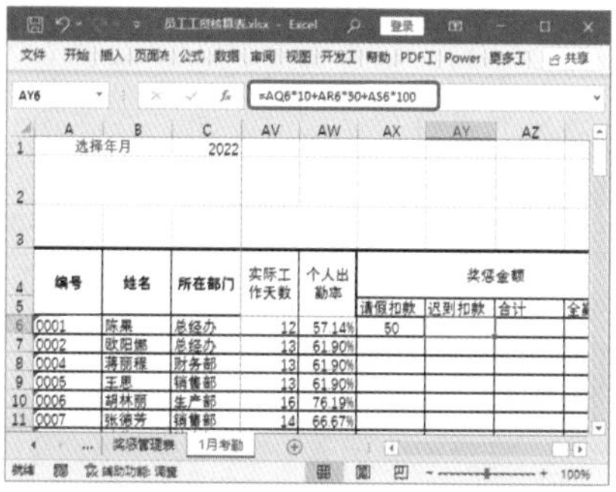

图 25-23

技术看板

本例中规定：迟到 10 分钟内扣款 10 元/次，迟到半小时内扣款 50 元/次，迟到 1 小时内扣款 100 元/次。

Step06 计算总扣款。在 AZ 单元格中输入公式【=AX6+AY6】，计算出请假和迟到的总扣款，如图 25-24 所示。

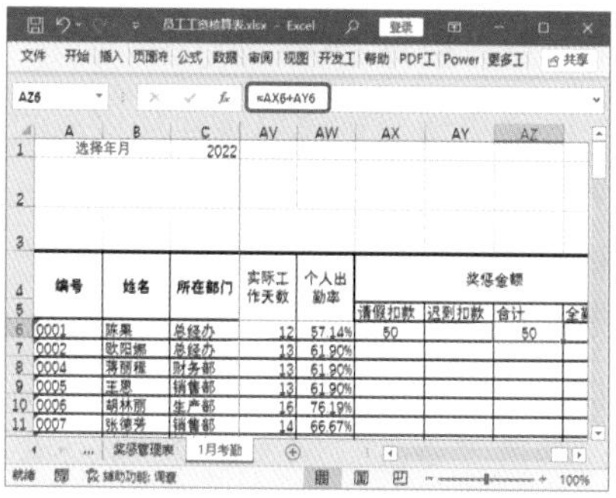

图 25-24

Step07 判断员工是否有全勤奖。本例中规定当月全部出勤，且无迟到、早退等情况，即视为全勤，给予 200 元的奖励。在 BA6 单元格中输入公式【=IF(SUM(AN6:AS6)=0,200,0)】，判断出该员工是否全勤，如图 25-25 所示。

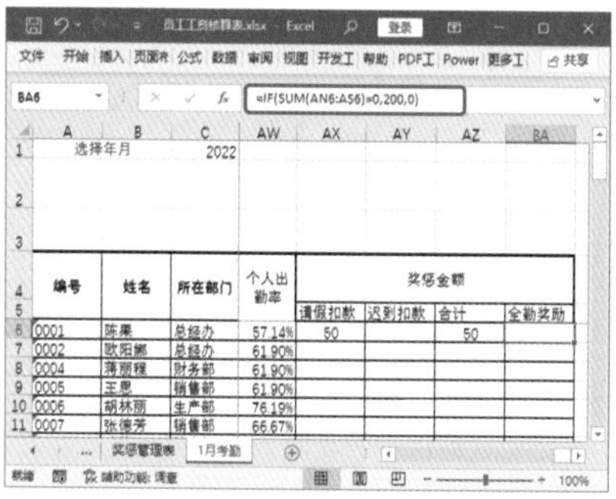

图 25-25

Step08 复制公式。选择 AX6:BA6 单元格区域，拖动填充控制柄将这几个单元格中的公式复制到同列中的其他单元格，如图 25-26 所示。

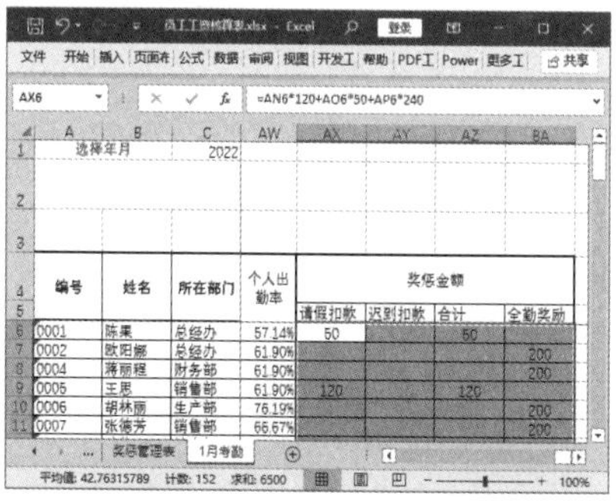

图 25-26

25.1.4 创建加班统计表

加班情况可能出现在任何部门的员工中。因此需要像记录考勤一样对当日的加班情况进行记录，方便后期计算加班工资。本例中直接提供了当月的加班记录表，只需要对加班工资进行统计即可，具体操作步骤如下。

Step01 执行移动或复制命令。打开素材文件\第 25 章\加班记录表.xlsx，❶在【1 月加班统计表】工作表标签上右击，❷在弹出的快捷菜单中选择【移动或复制】选项，如图 25-27 所示。

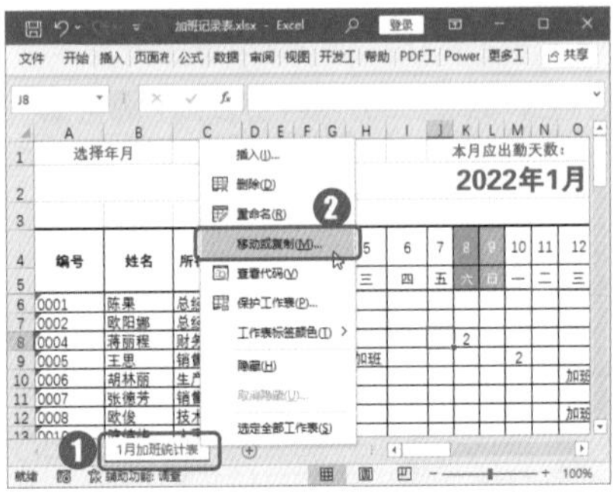

图 25-27

Step02 复制工作表。打开【移动或复制工作表】对话框，❶在【将选定工作表移至工作簿】下拉列表中选择【员工工资核算表】选项，❷在下方的列表框中选择【(移至最后)】选项，❸选中下方的【建立副本】复选框，❹单击【确定】按钮，如图 25-28 所示。

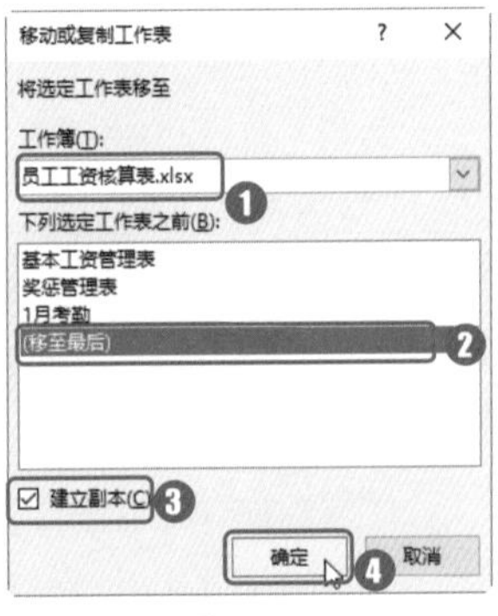

图 25-28

Step03 计算工作日加班时长。❶在 AI~AM 列单元格中输入加班工资统计的相关表头内容（注意：这里是将之前的隐藏单元格列移动到空白列中后再输入的内容），并对相应的单元格区域设置合适的边框效果，❷在 AI6 单元格中输入公式【=SUM(D6:AH6)】，统计出该员工当月的加班总时长，如图 25-29 所示。

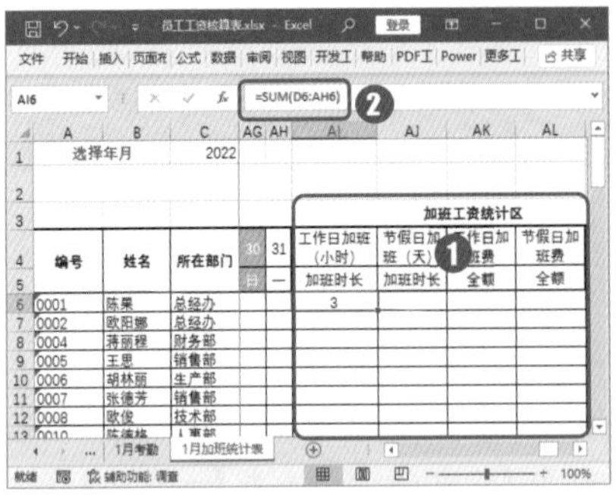

图 25-29

技术看板

本例中的素材文件中只对周末加班天数进行了记录，用户在进行日常统计时可以在加班统计表中记录法定假日或特殊情况等的加班，只需要让这类型的加班区别于工作日加班的记录即可，如本例中将工作日的记录用数字进行加班时间统计，将节假日的加班用文本【加班】进行标识。

Step04 计算节假日加班天数。在 AJ6 单元格中输入公式【=COUNTIF(D6:AH6,"加班")】，统计出该员工当月的节假日加班天数，如图 25-30 所示。

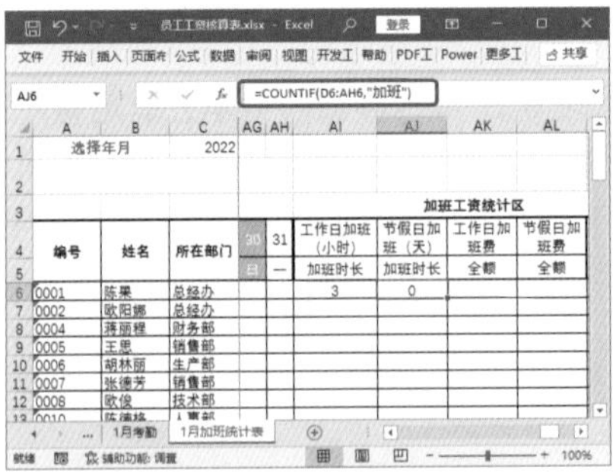

图 25-30

Step05 计算工作日加班费。本例中规定工作日的加班按每小时 30 元进行补贴，所以在 AK6 单元格中输入公式【=AI6*30】，如图 25-31 所示。

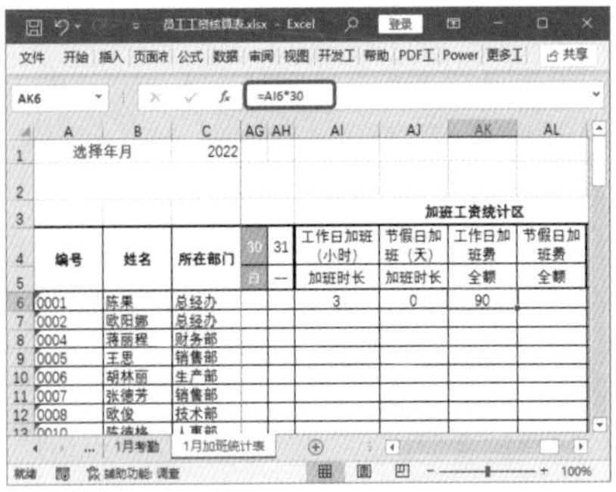

图 25-31

Step06 计算节假日加班费。本例中规定节假日的加班按员工当天基本工资与岗位工资之和的两倍进行补贴，所以在 AL6 单元格中输入公式【=ROUND((VLOOKUP(A6,基本工资管理表!$A$2:$I$86,7)+VLOOKUP(A6,基本工资管理表!$A$2:$I$86,8))/$P$1*AJ6*2,2)】，如图 25-32 所示。

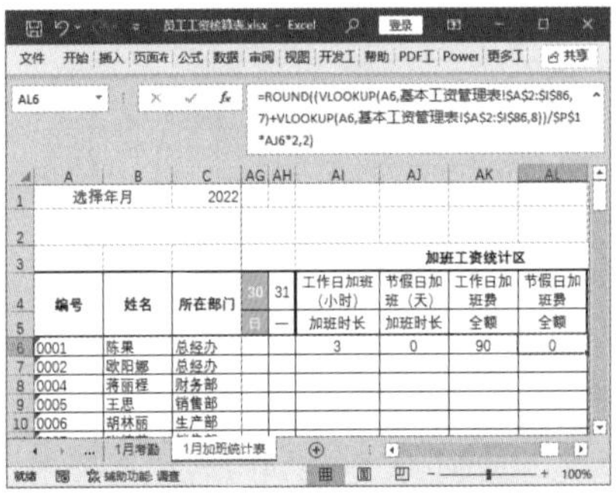

图 25-32

Step07 计算合计金额。在 AM6 单元格中输入公式【=AK6+AL6】，计算出该员工的加班工资总金额，如图 25-33 所示。

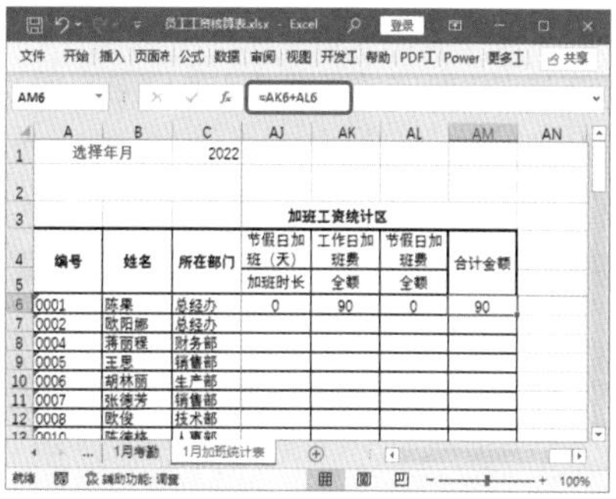

图 25-33

Step 08 复制公式。选择 AI6:AM6 单元格区域，拖动填充控制柄将这几个单元格中的公式复制到同列中的其他单元格，如图 25-34 所示。

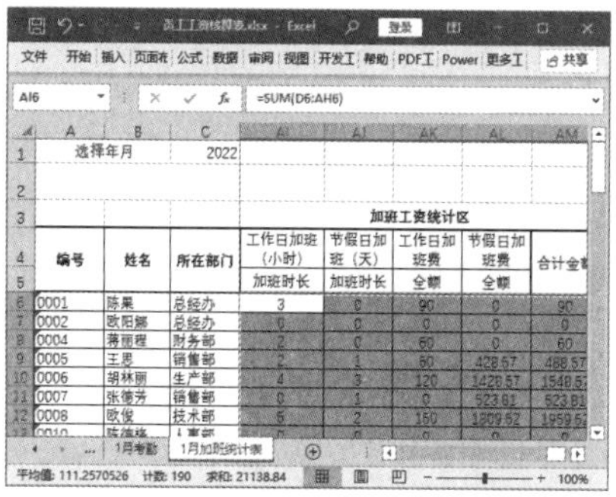

图 25-34

25.2 编制工资核算表

实例门类	单元格引用 + 函数类

将工资核算要用到的周边表格数据准备好以后，就可以创建工资管理系统中最重要的一张表格了，即工资统计表。这张表格中的数据需要引用周边表格中的数据，并进行一定的统计。本例中制作的工资统计表效果如图 25-35 所示。

员工编号	姓名	所在部门	基本工资	岗位工资	工龄工资	提成或奖金	加班工资	全勤奖金	应发工资	请假迟到扣款	保险/公积金扣款	个人所得税	其他扣款	应扣合计	实发工资
0001	陈果	总经办	10000.00	8000.00	1150.00		90.00	0.00	19240.00	50.00	3550.15	853.99		4454.14	14785.87
0002	欧阳娜	总经办	9000.00	6000.00	850.00		0.00	200.00	16050.00	0.00	2969.25	598.08		3567.33	12482.68
0004	蒋丽程	财务部	4000.00	1500.00	1150.00		60.00	200.00	6910.00	0.00	1278.35	18.95		1297.30	5612.70
0005	王思	销售部	3000.00	1500.00	750.00	2170.29	488.57	0.00	7908.86	120.00	1440.94	40.44	0.00	1601.38	6307.49
0006	胡林丽	生产部	3500.00	1500.00	1150.00	0.00	1548.57	200.00	7898.57	0.00	1461.24	43.12	0.00	1504.36	6394.21
0007	张德芳	销售部	4000.00	1500.00	850.00	2139.60	523.81	200.00	9213.41	0.00	1704.48	75.27	0.00	1779.75	7433.66
0008	欧俊	技术部	8000.00	1500.00	1150.00	0.00	1959.52	200.00	12809.52	0.00	2369.76	333.98	0.00	2703.74	10105.78
0010	陈德格	人事部	4000.00	1200.00	550.00		0.00	0.00	5750.00	10.00	1061.90	0.00		1071.90	4678.10
0011	李运隆	人事部	2800.00	500.00	350.00		0.00	200.00	3850.00	0.00	712.25	0.00		712.25	3137.75
0012	张孝骞	人事部	2500.00	300.00	250.00		0.00	0.00	3050.00	10.00	562.40	0.00		572.40	2477.60
0013	刘秀	人事部	2500.00	300.00	150.00		30.00	0.00	2980.00	120.00	529.10	0.00		649.10	2330.90
0015	胡茜茜	财务部	2500.00	500.00	550.00		0.00	0.00	3550.00	10.00	654.90	0.00		664.90	2885.10
0016	李春丽	财务部	3000.00	1500.00	50.00		60.00	0.00	4610.00	60.00	841.75	0.00		901.75	3708.25
0017	袁娇	行政办	3000.00	1200.00	150.00		60.00	200.00	4610.00	0.00	852.85	0.00		852.85	3757.15
0018	张伟	行政办	2500.00	500.00	50.00	0.00	60.00	0.00	3110.00	50.00	566.10	0.00	0.00	616.10	2493.90
0020	谢艳	行政办	3000.00	600.00	350.00		90.00	200.00	4240.00	0.00	784.40	0.00		784.40	3455.60
0021	章可可	市场部	4000.00	1500.00	0.00		523.81	200.00	6223.81	0.00	1151.40	2.17		1153.58	5070.23
0022	唐冬梅	市场部	2500.00	500.00	0.00		285.71	0.00	3285.71	100.00	589.36	0.00		689.36	2596.35
0024	朱笑笑	市场部	2500.00	300.00	0.00	0.00	266.67	200.00	3266.67	0.00	604.33	0.00	0.00	604.33	2662.34
0025	陈晓菊	市场部	3000.00	1500.00	0.00		428.57	200.00	5128.57	0.00	948.79	0.00		948.79	4179.78
0026	郭旭东	市场部	4000.00	1500.00	650.00		523.81	0.00	6673.81	10.00	1232.80	12.93		1255.74	5418.07
0028	蒋晓冬	市场部	4500.00	1500.00	650.00	0.00	571.43	200.00	7421.43	0.00	1372.96	31.45	300.00	1404.42	6017.01
0029	穆夏	市场部	3000.00	500.00	450.00		333.33	0.00	4283.33	50.00	783.17	0.00		833.17	3450.16
0032	唐秀	销售部	2000.00	500.00	550.00	1496.71	238.10	200.00	4984.81	0.00	922.19	0.00	0.00	922.19	4062.62
0034	唐琪琪	销售部	1500.00	300.00	650.00	1000.00	171.43	200.00	3821.43	0.00	706.96	0.00	0.00	706.96	3114.47
0035	李纯清	销售部	1500.00	300.00	250.00	1000.00	171.43	0.00	3221.43	10.00	594.11	0.00	300.00	604.11	2617.32

图 25-35

25.2.1 创建工资统计表

工资统计表用于对当月的工资金额进行全面计算，本例创建工资统计表的具体操作步骤如下。

❶新建一张工作表，并命名为【工资统计表】，❷在第 1 行单元格中输入需要的表头内容，❸在 A2、B2、C2 单元格中引用“基本工资管理表”工作表中的对应单元格内容，这里分别输入公式【=表 2[@员工编号]】【=表 2[@姓名]】【=表 2[@所在部门]】，分别引用【基本工资管理表】工作表（图 25-58）中的 A2、B2、C2 单元格内容，❹选择 A2:C2 单元格区域，拖动填充控制柄将这几个单元格中的公式复制到同列中的其他单元格，如图 25-36 所示。

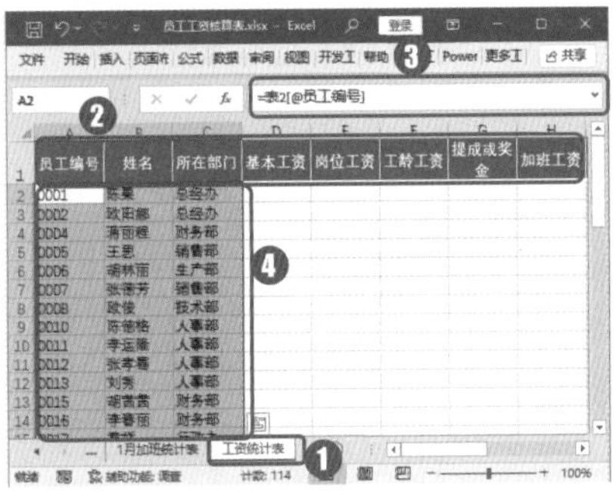

图 25-36

技术看板

工资统计表制作完成后，其实每月都可以重复使用。为了后期能够快速使用，一般企业会制作一个【X月工资表】工作簿，其中调入的工作表数据是当月的一些周边表格数据，但这些工作表名称是相同的，如【加班表】【考勤表】。这样，当需要计算工资时，将上个月的工作簿复制过来，再将各表格中的数据修改为当月数据即可，工资统计表中的公式是不用修改的。

本例中，由于为【基本工资管理表】工作表套用了表格格式，因此Excel为这部分单元格区域自定义了名称为【表1】，且不能删除名称。当套用的表格格式被更改后，名称【表】后的序号还会更改。

25.2.2 应用公式计算工资表中应发金额

员工的工资中除部分为固定数据外，如姓名、基本工资等，其他的数据基本上都需要根据特定的情况计算得出。一般情况下，工资表中的数据需要汇总为应发工资和应扣工资两个部分，最后再合计为实发工资。下面来计算应发工资部分，具体操作步骤如下。

Step 01 引用基本工资数据。在D2单元格中输入公式【=表2[@基本工资]】，向右拖动填充控制柄将D2单元格中的公式复制到E2和F2单元格中，如图25-37所示。

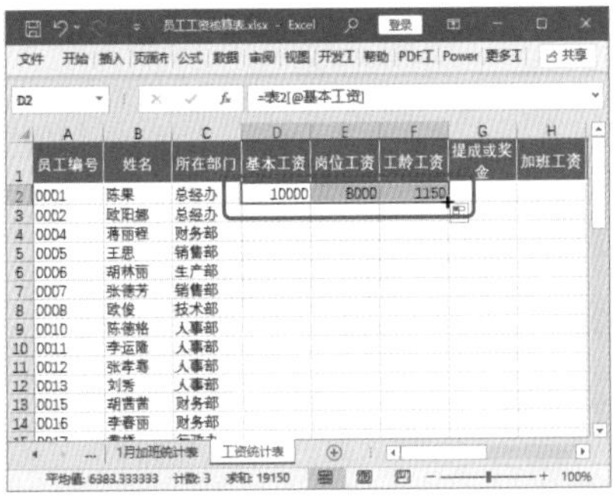

图 25-37

Step 02 计算员工提成和奖金。在G2单元格中输入公式【=IF(ISERROR(VLOOKUP(A2,奖惩管理表!$A$3:$H$24,7,FALSE)),"",VLOOKUP(工资统计表!A2,奖惩管理表!$A$3:$H$24,7,FALSE))】，计算出该员工当月的提成和奖金额，如图25-38所示。

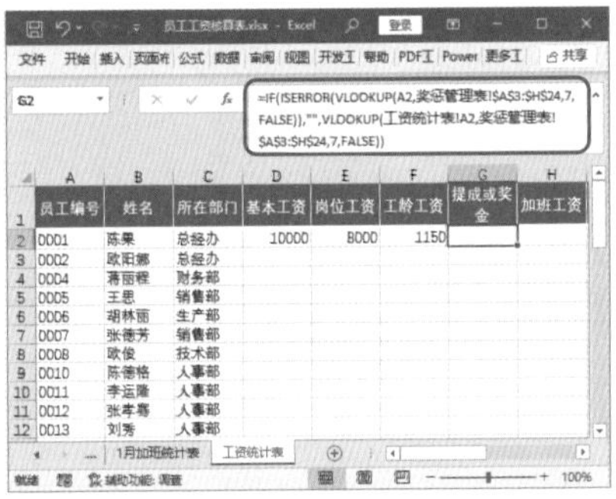

图 25-38

技术看板

本步骤中的公式是用VLOOKUP函数返回【奖惩管理表】工作表中统计出的提成和奖金额，只是为了防止某些员工没有涉及提成和奖金额，而返回错误值，所以套用了ISERROR函数对结果是否为错误值先进行判断，再通过IF函数让错误值均显示为空。

Step 03 获取员工加班工资。在H2单元格中输入公式【=VLOOKUP(A2,'1月加班统计表'!$A$6:$AM$43,39)】，计算出该员工当月的加班工资，如图25-39所示。

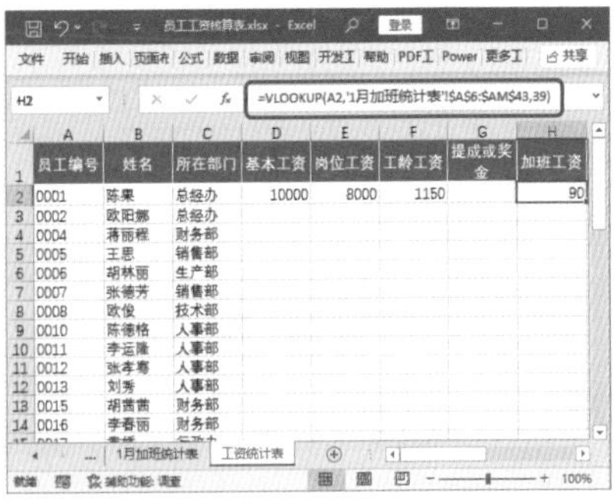

图 25-39

Step 04 获取全勤奖。在I2单元格中输入公式【=VLOOKUP(A2,'1月考勤'!$A$6:$BA$43,53)】，计算出该员工当月是否获得全勤奖，如图25-40所示。

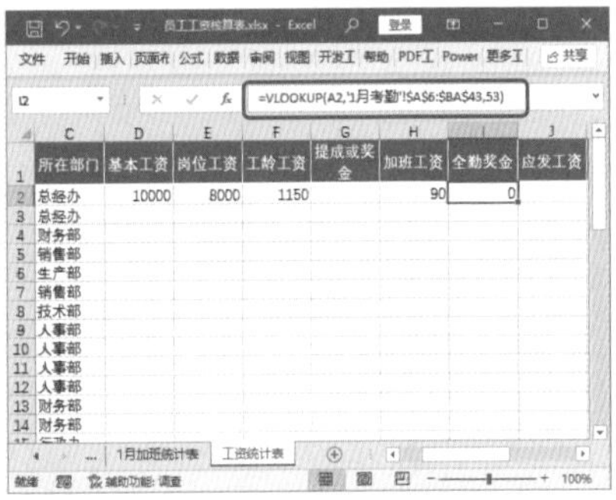

图 25-40

Step 05 计算员工应发工资。在J2单元格中输入公式【=SUM(D2:I2)】，统计出该员工当月的应发工资总和，如图25-41所示。

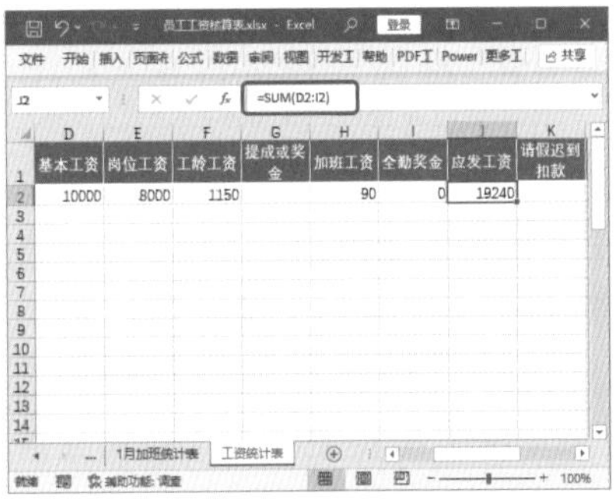

图 25-41

25.2.3 应用公式计算工资表中应扣金额

统计完工资表中应该发放的金额后，就需要统计应该扣除的金额了，具体操作步骤如下。

Step01 获取请假迟到扣款。在K2单元格中输入公式【=VLOOKUP(A2,'1月考勤'!$A$6:$AZ$43,52)】，返回该员工当月的请假迟到扣款金额，如图25-42所示。

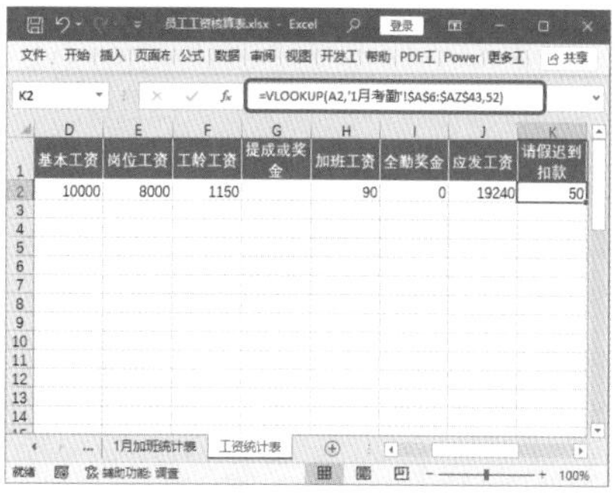

图25-42

Step02 计算保险和公积金扣款。在L2单元格中输入公式【=(J2-K2)*(0.08+0.02+0.005+0.08)】，计算出该员工当月需要缴纳的保险和公积金金额，如图25-43所示。

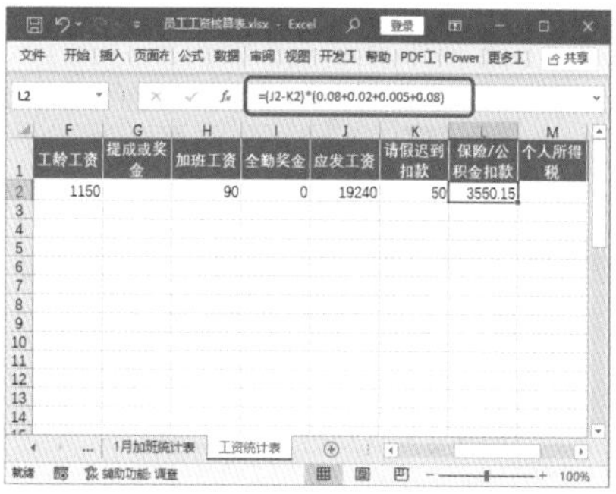

图25-43

> **技术看板**
>
> 本例中计算的保险/公积金扣款是指员工个人需缴纳的社保和公积金费用。本例规定扣除医疗保险、养老保险、失业保险、住房公积金金额的比例如下：养老保险个人缴纳比例为8%，医疗保险个人缴纳比例为2%，失业保险个人缴纳比例为0.5%，住房公积金个人缴纳比例为5%~12%，具体缴纳比例根据各地方政策或企业规定确定。

Step03 计算个人所得税。在M2单元格中输入公式【=MAX((J2-SUM(K2:L2)-5000)*{3,10,20,25,30,35,45}%-{0,210,1410,2660,4410,7160,15160},0)】，计算出该员工根据其当月工资应缴纳的个人所得税金额，如图25-44所示。

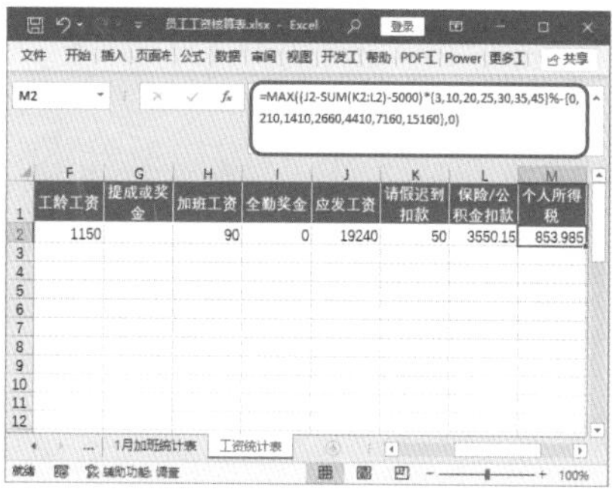

图25-44

> **技术看板**
>
> 本例中的个人所得税是根据2022年的个人所得税计算方法计算得到的。个人所得税的起征点为5000元，根据个人所得税税率表，将工资、薪金所得分为七级超额累进税率，税率为3%~45%，见表25-1。
>
> 表25-1 工资、薪金所得七级超额累进税率

级数	全月应纳税所得额	税率(%)	速算扣除数
1	不超过3000元的	3	0
2	超过3000元至12000元的部分	10	210
3	超过12000元至25000元的部分	20	1410
4	超过25000元至35000元的部分	25	2660
5	超过35000元至55000元的部分	30	4410
6	超过55000元至80000元的部分	35	7160
7	超过80000元的部分	45	15160

> 续表
>
> 本表含税级距中应纳税所得额，是指每月收入金额－各项社会保险金（五险一金）－起征点5000元。
>
> 使用超额累进税率的计算方法如下。
>
> 应纳税额＝全月应纳税所得额×税率－速算扣除数
>
> 全月应纳税所得额=(应发工资－四金)－5000
>
> 全月应纳税所得额＝应发工资－四金－5000公式【MAX((J2-SUM(K2:L2)-5000)*{3,10,20,25,30,35,45}%-{0,210,1410,2660,4410,7160,15160},0)】，表示计算的数值是(L3-SUM(M3:P3))后的值与相应税级百分数(3%,10%,20%,25%,30%,35%,45%)的乘积减去税率所在级距的速算扣除数0、210、1410等所得到的最大值。

Step04 获取其他扣款数据。在N2单元格中输入公式【=IF(ISERROR(VLOOKUP(A2,奖惩管理表!$A$3:$H$24,8,FALSE)),"",VLOOKUP(A2,奖惩管理表!$A$3:$H$24,8,FALSE))】，返回该员工当月是否还有其他扣款金额，如图25-45所示。

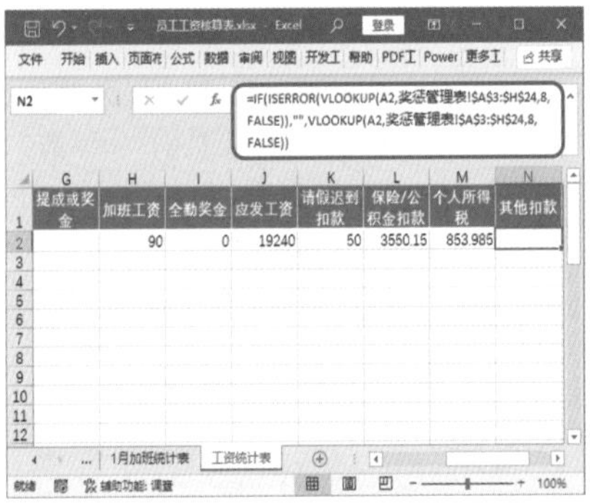

图 25-45

Step05 计算扣款总额。在O2单元格中输入公式【=SUM(K2:N2)】，计算出该员工当月需要扣除金额的总和，如图25-46所示。

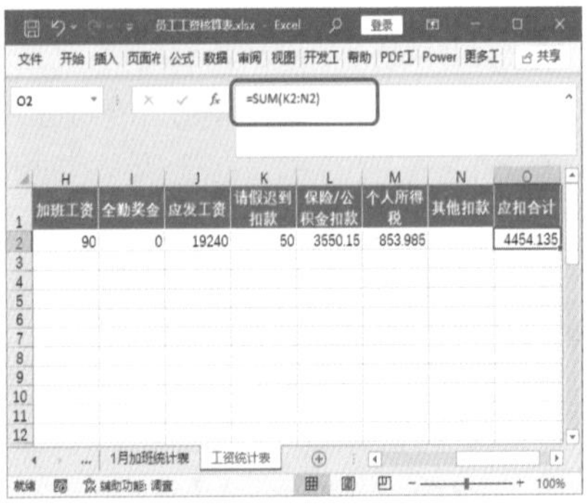

图 25-46

25.2.4 完善工资统计表的制作

目前为止，工资统计表中的绝大多数数据都已经计算完成，只需要最终计算出实际发放给员工的工资即可。由于工资表中的数据太多，为了便于查看，还需要适当进行设置。本例完善工资统计表的具体操作步骤如下。

Step01 计算员工实发工资。在P2单元格中输入公式【=J2-O2】，计算出该员工当月实发的工资金额，如图25-47所示。

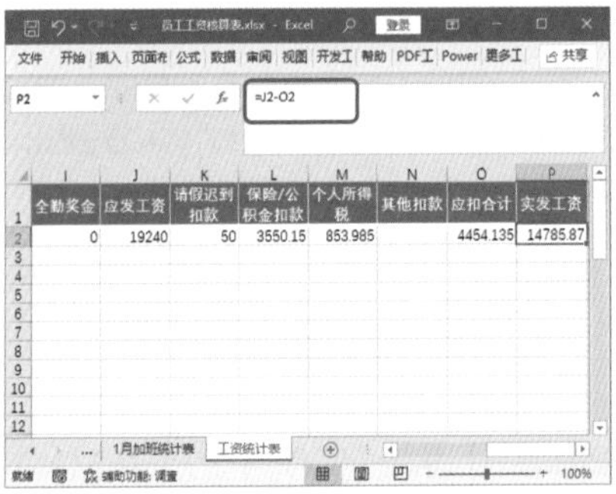

图 25-47

Step02 复制公式。选择D2:P2单元格区域，拖动填充控制柄将这几个单元格中的公式复制到同列中的其他单元格，获得其他员工当月的各项工资明细，如图25-48所示。

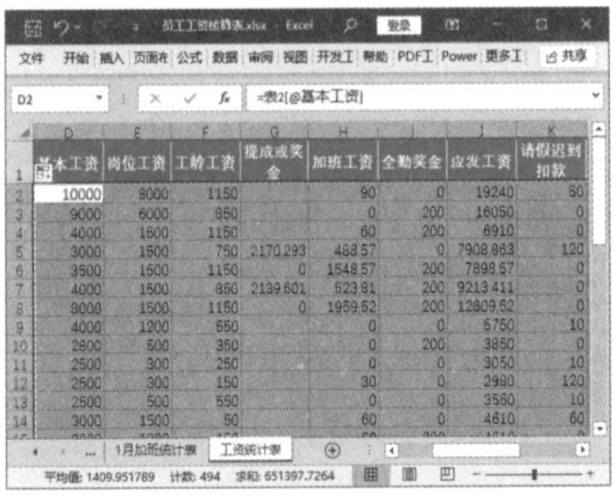

图 25-48

Step03 选择单元格区域。❶选择D2:P39单元格区域，❷单击【开始】选项卡【数字】组右下角的【对话框启动器】按钮，如图25-49所示。

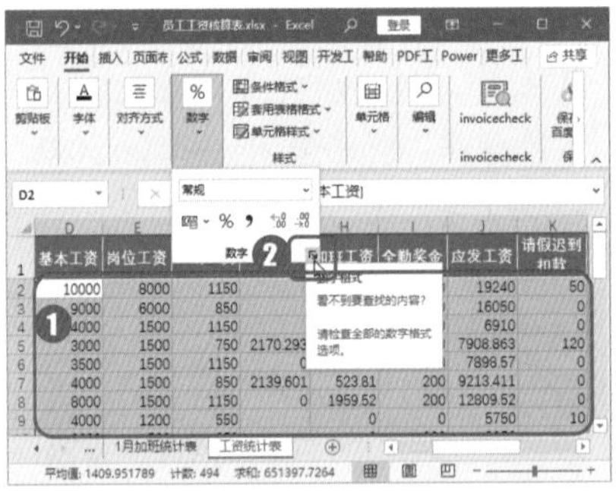

图 25-49

Step04 设置数字格式。打开【设置单元格格式】对话框，❶在【数字】选项卡的【分类】列表框中选择【数值】选项，❷在【小数位数】数值框中输入【2】，❸单击【确定】按钮，如图25-50所示。

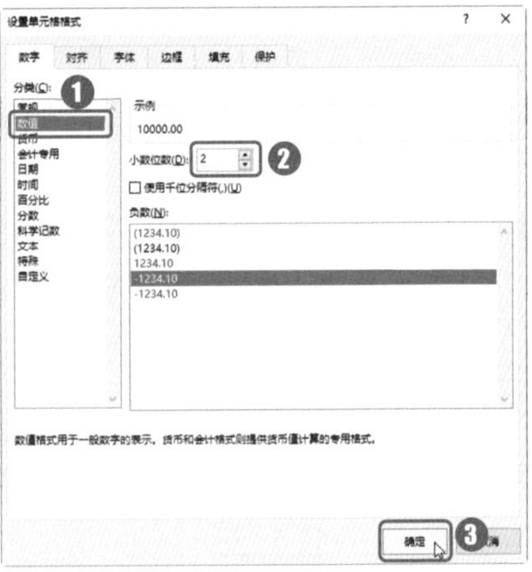

图 25-50

Step05 套用表格样式。❶选择A1:P39单元格区域，❷单击【开始】选项卡【样式】组中的【套用表格格式】按钮，❸在弹出的下拉菜单中选择合适的表格样式，如图25-51所示。

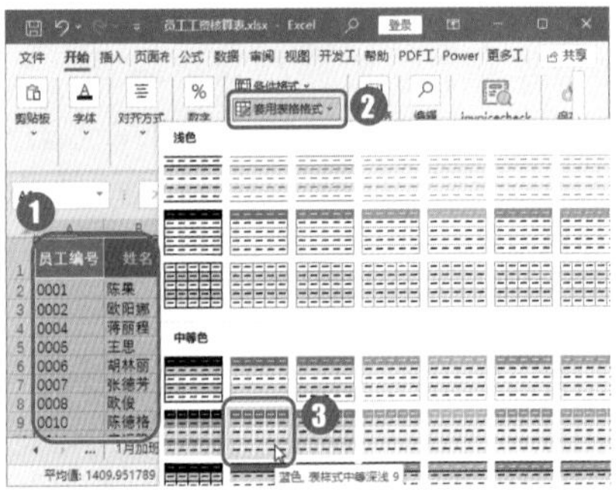

图 25-51

Step06 确定是否包含标题。打开【套用表格式】对话框，❶选中【表包含标题】复选框，❷单击【确定】按钮，如图25-52所示。

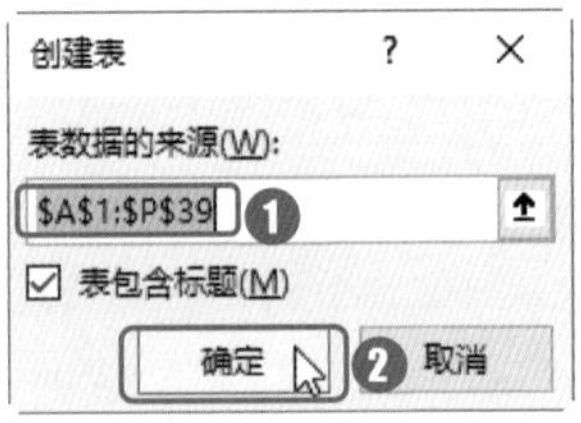

图 25-52

Step07 取消筛选按钮。在【表设

计】选项卡【表格样式选项】组中取消选中【筛选按钮】复选框，如图 25-53 所示。

图 25-53

Step08 微调表格。将单元格中数据的对齐方式设置为居中对齐，并对表格列宽进行调整，缩减表格整体宽度，效果如图 25-54 所示。

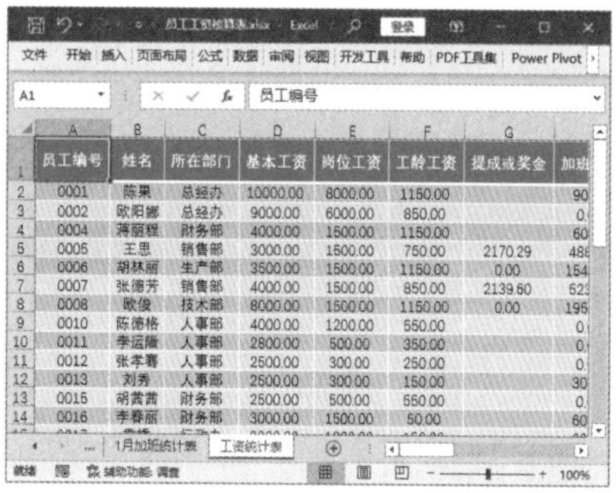

图 25-54

Step09 冻结表格行列。❶选择 D2 单元格，❷单击【视图】选项卡【窗口】组中的【冻结窗格】下拉按钮，❸在弹出的下拉列表中选择【冻结窗格】选项，如图 25-55 所示，增强后续列中数据与前面几列基础数据的关联，以及后续各行与第一行表头数据的关联。

图 25-55

25.3 按部门汇总工资数据

实例门类	单元格引用 + 函数类

按部门汇总工资数据可以查阅每个部门的工资明细，本例在汇总部门的工资数据时主要使用了 SUMIF 函数，完成后的效果如图 25-56 所示。

部门	人数	基本工资	岗位工资	工龄工资	提成或奖金	加班工资	全勤奖金	应发工资	请假迟到扣款	保险/公积金扣款	个人所得税	其他扣款	应扣合计	实发工资
总经办	2	19000	14000	2000	0	90	200	35290	50	6519.4	1452.06	0	8021.46	27268.54
财务部	3	9500	3500	1750	0	120	200	15070	70	2775	18.9495	0	2863.95	12206.05
销售部	17	30000	7700	3350	22127.5	3650.5	1800	68628	780	12551.88	115.7056	350	13797.59	54830.42
生产部	1	3500	1500	1150	0	1548.57	200	7898.57	0	1461.235	43.12004	0	1504.355	6394.215
技术部	1	8000	1500	1150	0	1959.52	200	12809.52	0	2369.761	333.9759	0	2703.737	10105.78
人事部	4	11800	2300	1300	0	30	200	15630	140	2865.65	0	0	3005.65	12624.35
行政办	3	8500	2300	550	0	210	400	11960	50	2203.35	0	0	2253.35	9706.65
市场部	7	23500	7300	1750	0	2933.33	800	36283.33	160	6682.816	46.55627	300	7189.372	29093.96

图 25-56

25.3.1 创建汇总表框架

部门工资汇总表中的各数据项与工资统计表中的相同，只是需要对部门相同的内容进行合并汇总。制作汇总表框架的具体操作步骤如下。

Step01 建立表格框架。❶新建一张工作表，并命名为【各部门工资汇总】，❷在第 1 行中输入如图 25-57 所示的表头名称。

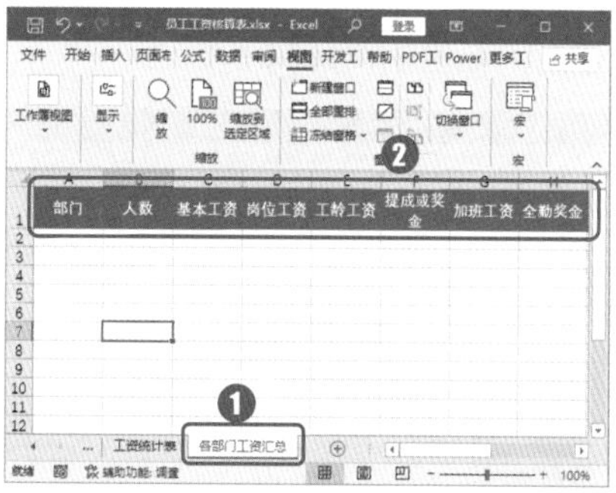

图 25-57

Step02 复制数据。❶选择【基本工资管理表】工作表，❷选择 C2:C39 单元格区域，❸单击【开始】选项卡【剪贴板】组中的【复制】按钮，如图 25-58 所示。

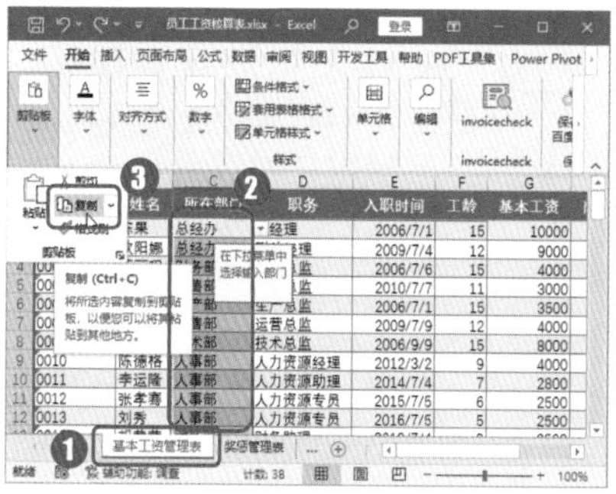

图 25-58

Step03 删除重复值。❶将复制的单元格内容粘贴到【各部门工资汇总】工作表以A2单元格为起始位置的单元格区域中，并保持单元格区域的选中状态，❷单击【数据】选项卡【数据工具】组中的【删除重复值】按钮，如图25-59所示。

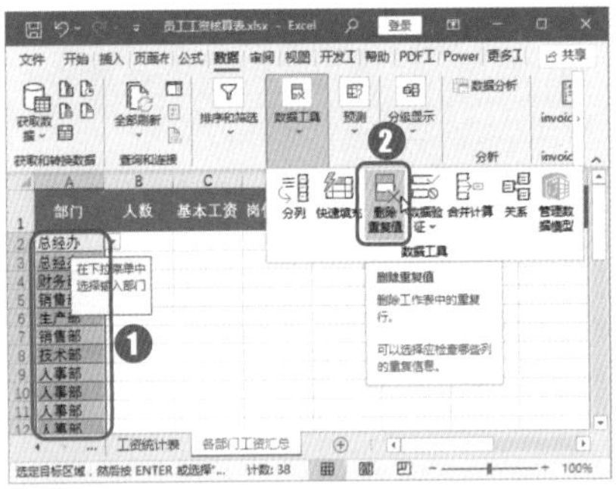

图25-59

Step04 选择排序依据。打开【删除重复项警告】对话框，❶选中【以当前选定区域排序】单选按钮，❷单击【删除重复项】按钮，如图25-60所示。

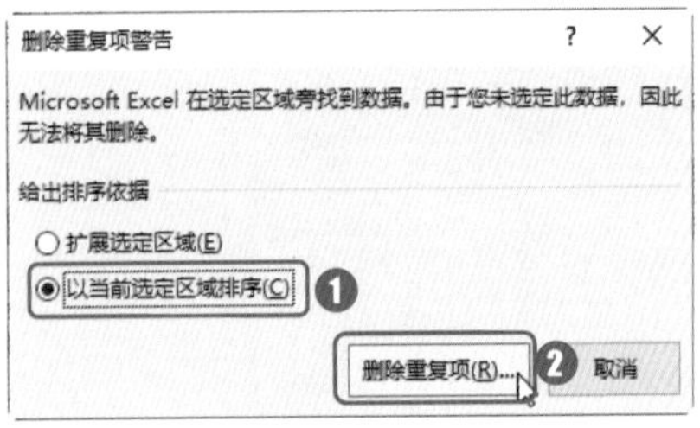

图25-60

Step05 选择包含重复值的列。打开【删除重复值】对话框，单击【确定】按钮，如图25-61所示。

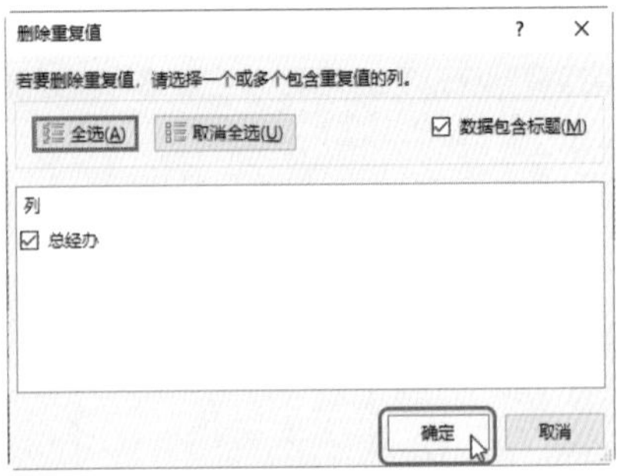

图25-61

Step06 完成删除重复值。打开提示对话框，提示发现的重复值数量，单击【确定】按钮，如图25-62所示。

图25-62

Step07 删除单元格。由于执行删除重复值操作时选择的是某列的某些单元格区域，Excel默认将第一个单元格理解为表头。因此删除重复值后仍然有一个数据值是重复的。本例中，❶选择A2单元格，❷单击【开始】选项卡【单元格】组中的【删除】按钮，如图25-63所示。

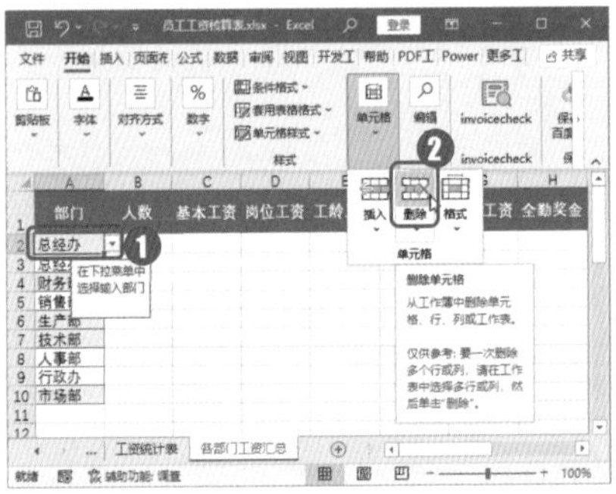

图25-63

Step08 清除格式。❶选择A2:A9单元格区域，❷单击【开始】选项卡【编辑】组中的【清除】按钮，❸在弹出的下拉菜单中选择【清除格式】选项，如图25-64所示。

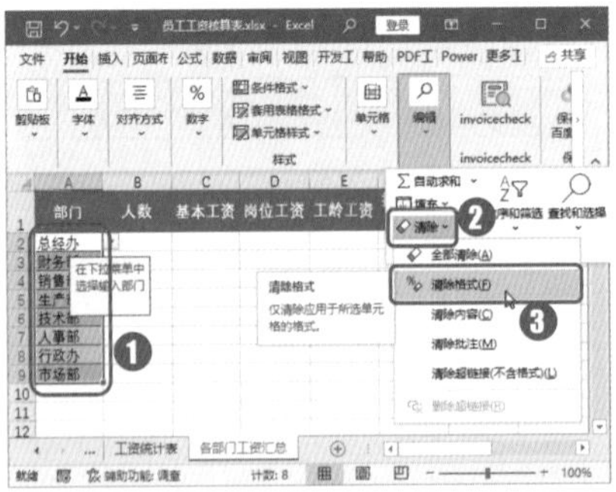

图25-64

Step09 执行数据验证操作。❶保持单元格区域的选中状态，❷单击【数据】选项卡【数据工具】组中的【数据验证】按钮，如图25-65所示。

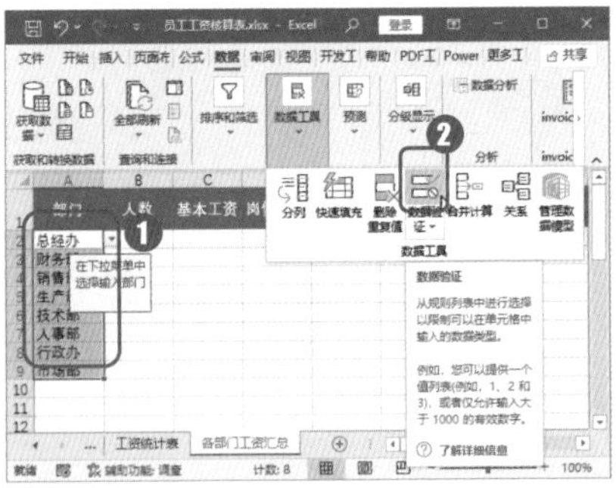

图25-65

Step10 清除数据验证。打开【数据验证】对话框，❶在【设置】选项卡中单击左下侧的【全部清除】按钮，清除该区域设置的所有数据验证，❷单击【确定】按钮，如图25-66所示。

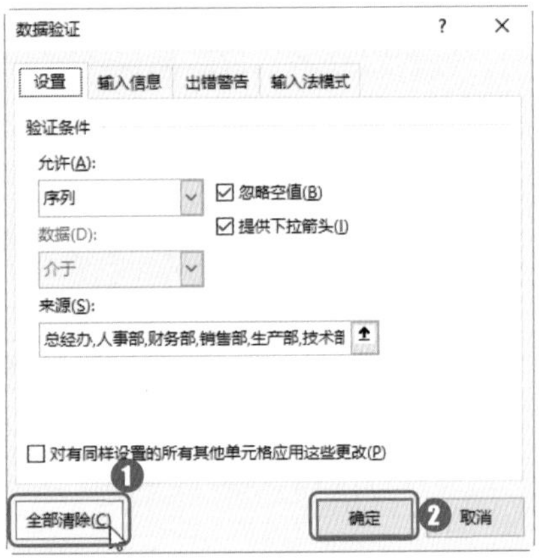

图25-66

25.3.2 汇总各部门工资情况

制作好部门汇总表的框架后，就可以通过公式来汇总各项数据了，具体操作步骤如下。

Step01 统计总经办部门人数。在B2单元格中输入公式【=COUNTIF(工资统计表!$C$2:$C$39,各部门工资汇总!A2)】，统计出总经办部门的人数，如图25-67所示。

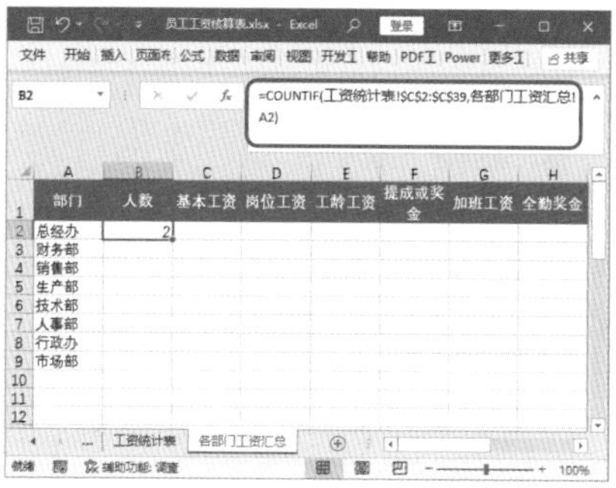

图 25-67

Step 02 统计总经办部门基本工资。在C2单元格中输入公式【=SUMIF(工资统计表!$C$2:$C$39,各部门工资汇总!$A2,工资统计表!D$2:D$39)】，统计出总经办部门的基本工资总和，如图25-68所示。

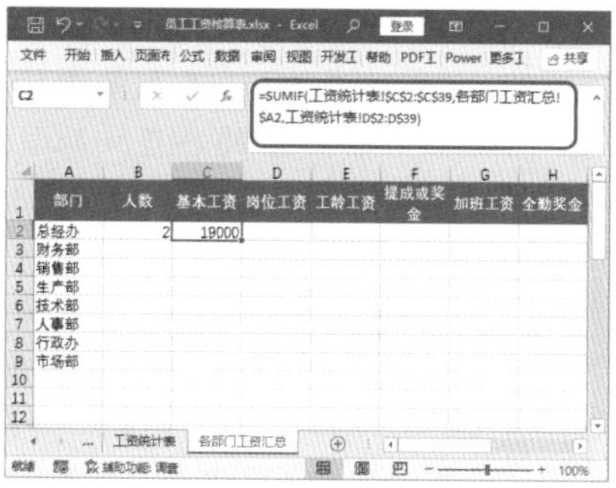

图 25-68

Step 03 向右复制公式。选择C2单元格，向右拖动填充控制柄至O2单元格，分别统计出该部门的各项工资数据，如图25-69所示。

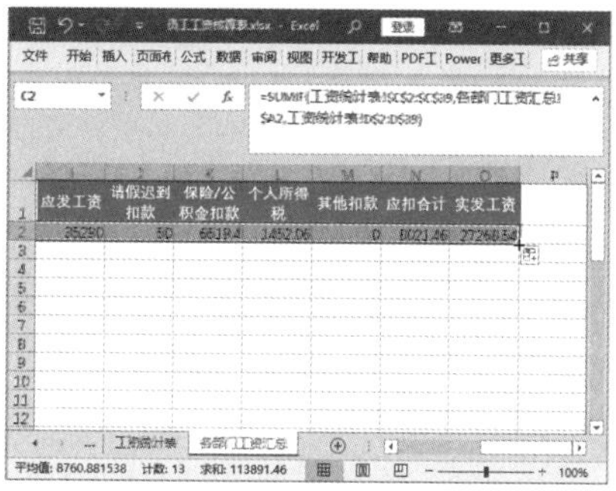

图 25-69

Step 04 向下复制公式。选择C2:O2单元格区域，向下拖动填充控制柄至O9单元格，分别统计出其他部门的各项工资数据，如图25-70所示。

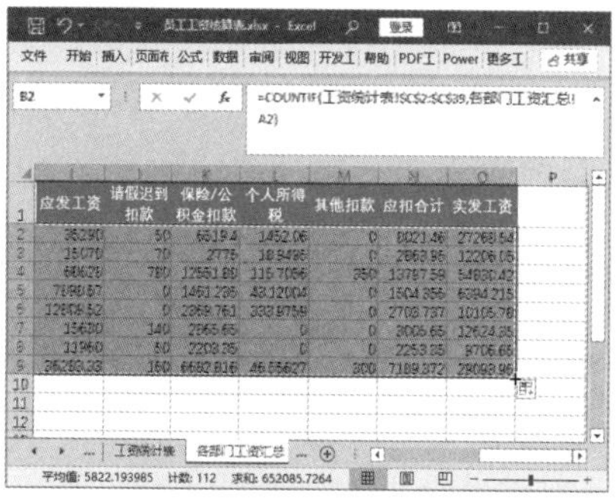

图 25-70

25.4 实现任意员工工资数据的查询

实例门类	单元格引用 + 函数类

在大多数公司中，工资数据属于比较隐私的部分，一般员工只能查看自己的工资。为方便员工快速查看自己的工资明细，可以制作一个工资查询表，完成后的效果如图25-71所示。

图 25-71

25.4.1 创建员工工资查询表框架

本小节创建员工工资查询表的框架，具体操作步骤如下。

Step 01 复制表格数据。❶新建一张空白工作表，并命名为【工资查询表】，选择【工资统计表】工作表，❷选择第一行单元格区域，❸单击【开始】选项卡【剪贴板】组中的【复制】按钮，如图25-72所示。

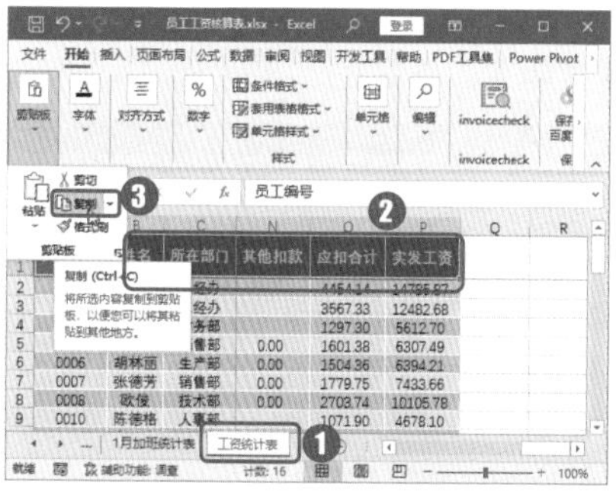

图 25-72

Step 02 行列转换。❶在【工资查询表】工作表中选择B3单元格，❷单击【剪贴板】组中的【粘贴】下拉按钮⌄，❸在弹出的下拉菜单中选择【转置】选项，如图 25-73 所示。

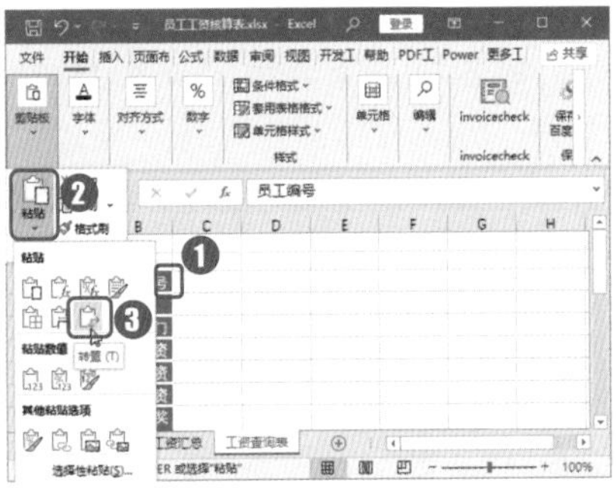

图 25-73

Step03 设置对齐方式。将B2:C2 单元格区域合并为一个单元格，在其中输入表格标题，并对其格式进行设置，为B3:C18 单元格区域设置合适的边框效果；❶选择C3:C18 单元格区域，❷单击【对齐方式】组中的【居中】按钮，如图 25-74 所示。

图 25-74

Step04 设置货币格式。❶选择C6:C18 单元格区域，❷在【数字】组中的列表框中设置数字类型为【货币】，如图 25-75 所示。

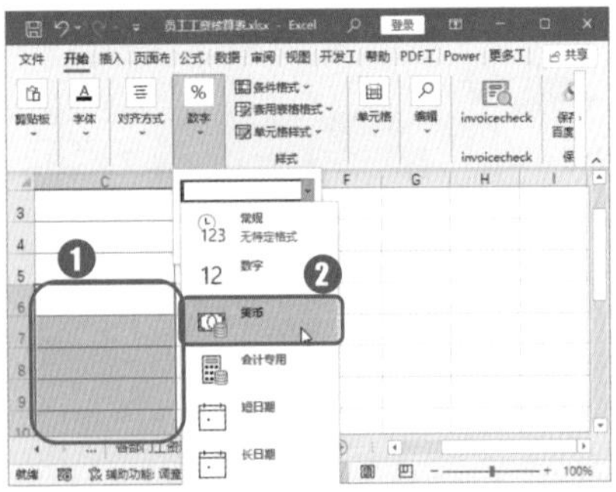

图 25-75

Step05 执行数据验证操作。在该查询表中需要实现的功能是：用户在【员工编号】对应的C3 单元格中输入工号，然后在下方的各查询项目单元格中显示出查询结果，故在C3 单元格中可设置数据有效性，仅允许用户输入或选择【基本工资管理表】工作表中存在的员工编号。❶选择C3 单元格，❷单击【数据】选项卡【数据工具】组中的【数据验证】按钮，如图 25-76 所示。

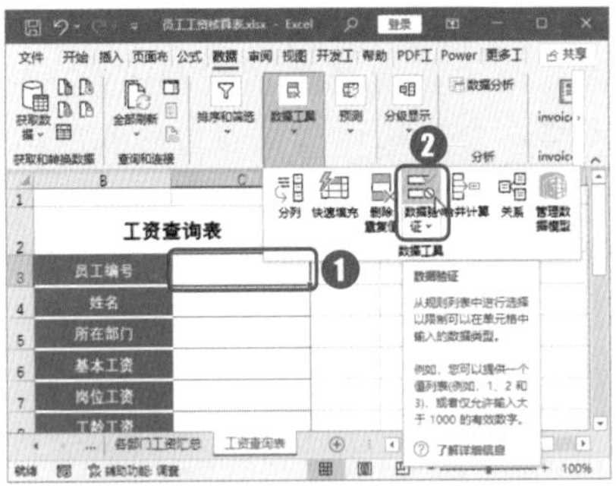

图 25-76

Step06 设置数据验证。打开【数据验证】对话框，❶在【允许】下拉列表中选择【序列】选项，❷在【来源】参数框中引用【工资统计表】工作表中的 A2:A39 单元格区域，如图 25-77 所示。

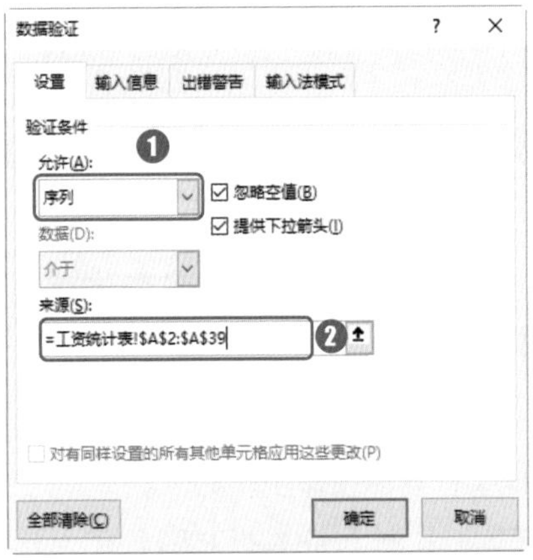

图 25-77

Step07 设置出错警告。❶选择【出错警告】选项卡，❷在【样式】下拉列表中选择【停止】选项，❸设置出错警告对话框中要显示的提示信息，❹单击【确定】按钮，如图 25-78 所示。

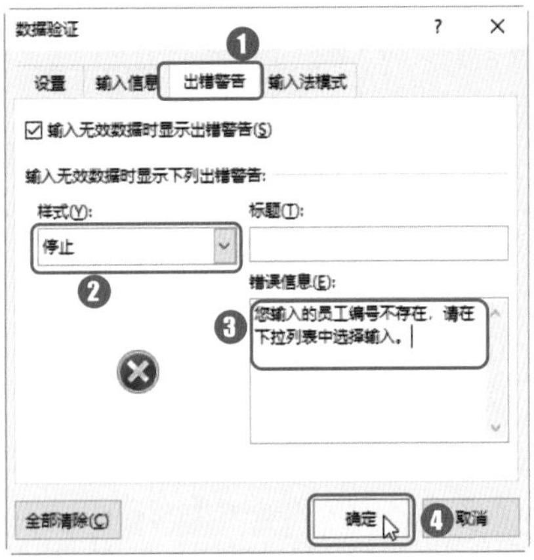

图 25-78

25.4.2 实现工资明细的快速查询

要实现工资明细的快速查询，还需要建立公式让各项工资数据与某一项唯一数据关联。本例中需要根据员工工号显示出员工的姓名和对应的工资组成情况，在【工资统计表】工作表中已存在用户工资的相关信息，此时仅需要应用 VLOOKUP 函数查询表格区域中相应列的内容即可，具体操作步骤如下。

Step01 关联查询数据。选择C4 单元格，输入公式【=VLOOKUP($C$3,工资统计表!$A$1:$P$39,ROW(A2),FALSE)】，如图 25-79 所示。

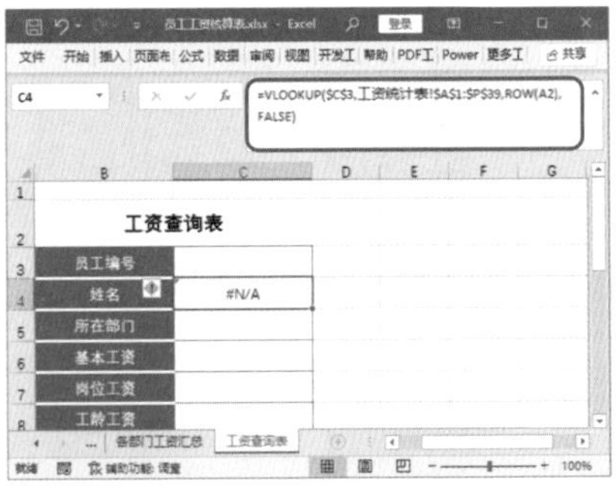

图 25-79

Step02 复制公式。选择C4 单元格，向下拖动填充控制柄至C18单元格，即可复制公式到这些单元格，依次返回工资的各项明细数据，❶单击【自动填充选项】按钮，❷在弹出的下拉菜单中选择【不带格式填充】选项，如图25-80所示。

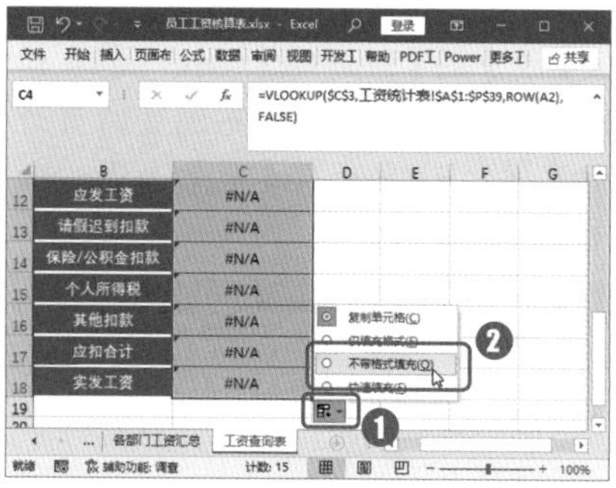

图25-80

Step 03 查询员工工资数据。在C3单元格中输入合适的员工工号，即可在下方的单元格中查看工资中各项组成部分的具体数值，如图25-81所示。

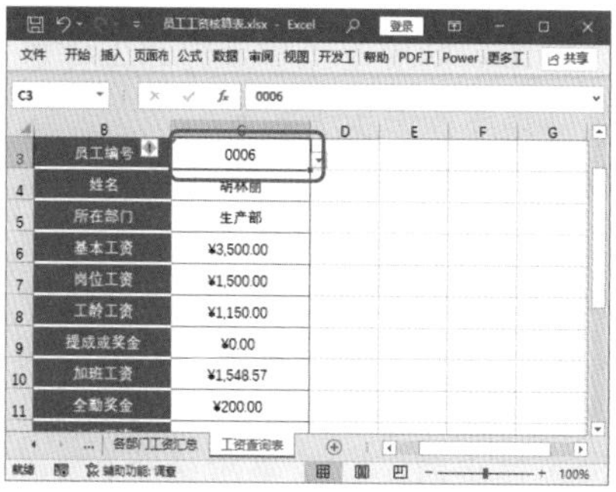

图25-81

25.5 打印表格数据

实例门类 页面设置+打印+函数类

工资表数据统计完成后，一般还需要提交给相关领导审核签字才能拨账发放工资。本例对工作表数据进行简单格式设置后，打印输出效果如图25-82所示。另外，正常情况下，会在工资正式发放前的1~3天发放工资条到相应员工手中，本例中还未裁剪的工资条效果如图25-83所示。

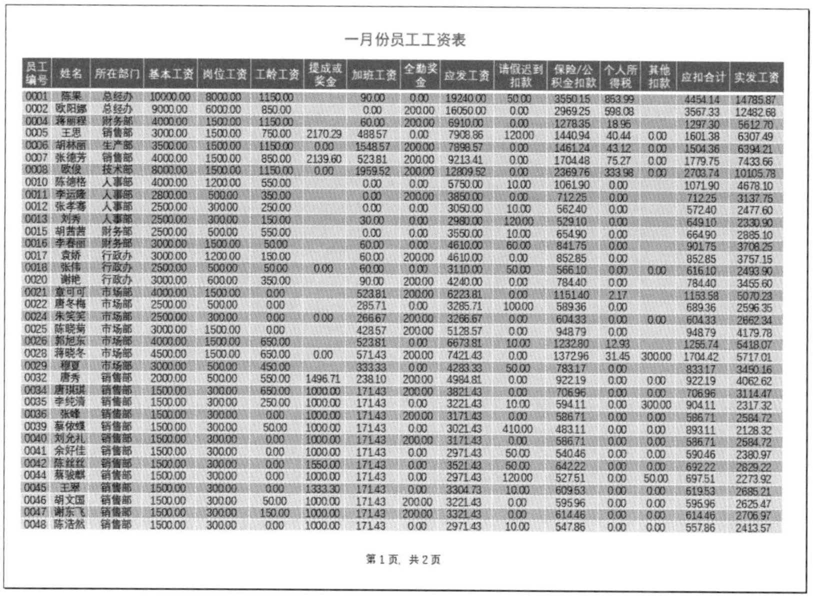

一月份员工工资表

员工编号	姓名	所在部门	基本工资	岗位工资	工龄工资	提成或奖金	加班工资	全勤奖金	应发工资	请假迟到扣款	保险/公积金扣款	个人所得税	其他扣款	应扣合计	实发工资
0001	陈果	总经办	10000.00	8000.00	1150.00		90.00	0.00	19240.00	50.00	3550.15	853.99		4454.14	14785.87
0002	欧阳娜	总经办	9000.00	6000.00	850.00		0.00	200.00	16050.00	0.00	2969.25	598.08		3567.33	12482.68
0004	蒋丽程	财务部	4000.00	1500.00	1150.00		60.00	200.00	6910.00	0.00	1278.35	18.95		1297.30	5612.70
0005	王思	销售部	3000.00	1500.00	750.00	2170.29	488.57	0.00	7908.86	120.00	1440.94	40.44	0.00	1601.38	6307.49
0006	胡林丽	生产部	3500.00	1500.00	1150.00	0.00	1548.57	200.00	7898.57	0.00	1461.24	43.12	0.00	1504.36	6394.21
0007	张德芳	销售部	4000.00	1500.00	850.00	2139.60	523.81	200.00	9213.41	0.00	1704.48	75.27	0.00	1779.75	7433.66
0008	欧俊	技术部	8000.00	1500.00	1150.00	0.00	1959.52	200.00	12809.52	0.00	2369.76	333.98	0.00	2703.74	10105.78
0010	陈德格	人事部	4000.00	1200.00	550.00		0.00	0.00	5750.00	10.00	1061.90	0.00		1071.90	4678.10
0011	李运隆	人事部	2800.00	500.00	350.00		0.00	200.00	3850.00	0.00	712.25	0.00		712.25	3137.75
0012	张孝骞	人事部	2500.00	300.00	250.00		0.00	0.00	3050.00	10.00	562.40	0.00		572.40	2477.60
0013	刘秀	人事部	2500.00	300.00	150.00		30.00	0.00	2980.00	120.00	529.10	0.00		649.10	2330.90
0015	胡茜茜	财务部	2500.00	500.00	550.00		0.00	0.00	3550.00	10.00	654.90	0.00		664.90	2885.10
0016	李春丽	财务部	3000.00	1500.00	50.00		60.00	0.00	4610.00	60.00	841.75	0.00		901.75	3708.25
0017	袁娇	行政办	3000.00	1200.00	150.00		60.00	200.00	4610.00	0.00	852.85	0.00		852.85	3757.15
0018	张伟	行政办	2500.00	500.00	50.00	0.00	60.00	0.00	3110.00	50.00	566.10	0.00	0.00	616.10	2493.90
0020	谢艳	行政办	3000.00	600.00	350.00		90.00	200.00	4240.00	0.00	784.40	0.00		784.40	3455.60
0021	章可可	市场部	4000.00	1500.00	0.00		523.81	200.00	6223.81	0.00	1151.40	2.17		1153.58	5070.23
0022	唐冬梅	市场部	2500.00	500.00	0.00		285.71	0.00	3285.71	100.00	589.36	0.00		689.36	2596.35
0024	朱笑笑	市场部	2500.00	300.00	0.00	0.00	266.67	200.00	3266.67	0.00	604.33	0.00	0.00	604.33	2662.34
0025	陈晓菊	市场部	3000.00	1500.00	0.00		428.57	200.00	5128.57	0.00	948.79	0.00		948.79	4179.78
0026	郭旭东	市场部	4000.00	1500.00	650.00		523.81	0.00	6673.81	10.00	1232.80	12.93		1255.74	5418.07
0028	蒋晓冬	市场部	4500.00	1500.00	650.00	0.00	571.43	200.00	7421.43	0.00	1372.96	31.45	300.00	1704.42	5717.01
0029	穆夏	市场部	3000.00	500.00	450.00		333.33	0.00	4283.33	50.00	783.17	0.00		833.17	3450.16
0032	唐秀	销售部	2000.00	500.00	550.00	1496.71	238.10	200.00	4984.81	0.00	922.19	0.00	0.00	922.19	4062.62
0034	唐琪琪	销售部	1500.00	300.00	650.00	1000.00	171.43	200.00	3821.43	0.00	706.96	0.00	0.00	706.96	3114.47
0035	李纯清	销售部	1500.00	300.00	250.00	1000.00	171.43	0.00	3221.43	10.00	594.11	0.00	300.00	904.11	2317.32
0036	张峰	销售部	1500.00	300.00	0.00	1000.00	171.43	200.00	3171.43	0.00	586.71	0.00	0.00	586.71	2584.72
0039	蔡依蝶	销售部	1500.00	300.00	50.00	1000.00	171.43	0.00	3021.43	410.00	483.11	0.00	0.00	893.11	2128.32
0040	刘允礼	销售部	1500.00	300.00	0.00	1000.00	171.43	200.00	3171.43	0.00	586.71	0.00	0.00	586.71	2584.72
0041	余好佳	销售部	1500.00	300.00	0.00	1000.00	171.43	0.00	2971.43	50.00	540.46	0.00	0.00	590.46	2380.97
0042	陈丝丝	销售部	1500.00	300.00	0.00	1550.00	171.43	0.00	3521.43	50.00	642.22	0.00	0.00	692.22	2829.22
0044	蔡骏麒	销售部	1500.00	300.00	0.00	1000.00	171.43	0.00	2971.43	120.00	527.51	0.00	50.00	697.51	2273.92
0045	王翠	销售部	1500.00	300.00	0.00	1333.30	171.43	0.00	3304.73	10.00	609.53	0.00	0.00	619.53	2685.21
0046	胡文国	销售部	1500.00	300.00	50.00	1000.00	171.43	200.00	3221.43	0.00	595.96	0.00	0.00	595.96	2625.47
0047	谢东飞	销售部	1500.00	300.00	150.00	1000.00	171.43	200.00	3321.43	0.00	614.46	0.00	0.00	614.46	2706.97
0048	陈浩然	销售部	1500.00	300.00	0.00	1000.00	171.43	0.00	2971.43	10.00	547.86	0.00	0.00	557.86	2413.57

第1页，共2页

图25-82

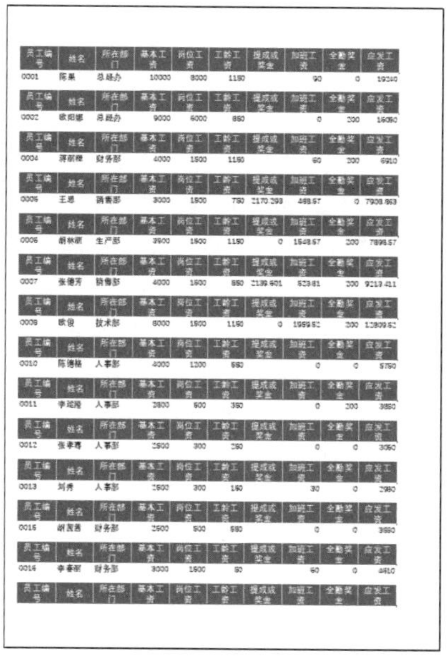

图25-83

25.5.1 打印工资表

工资表制作并审核完成后，常常需要打印出来。下面将介绍工资表打印前的准备工作及打印工作表等，具体操作步骤如下。

Step 01 隐藏工作表。❶选择要隐藏的【基本工资管理表】【奖惩管理表】【1 月考勤】和【1 月加班统计表】工作表，❷单击【开始】选项卡【单元格】组中的【格式】按钮，❸在弹出的下拉菜单中选择【隐藏和取消隐藏】选项，❹在弹出的级联菜单中选择【隐藏工作表】选项，如图 25-84 所示。

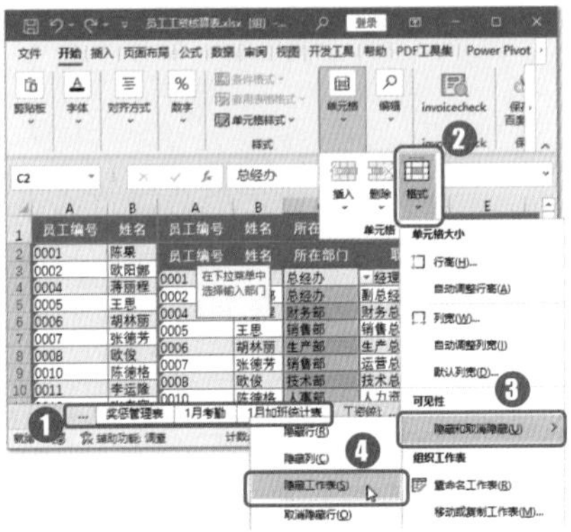

图 25-84

Step 02 设置纸张方向。❶选择【工资统计表】工作表，❷单击【页面布局】选项卡【页面设置】组中的【纸张方向】下拉按钮，❸在弹出的下拉菜单中选择【横向】选项，即可将纸张方向更改为横向，如图 25-85 所示。

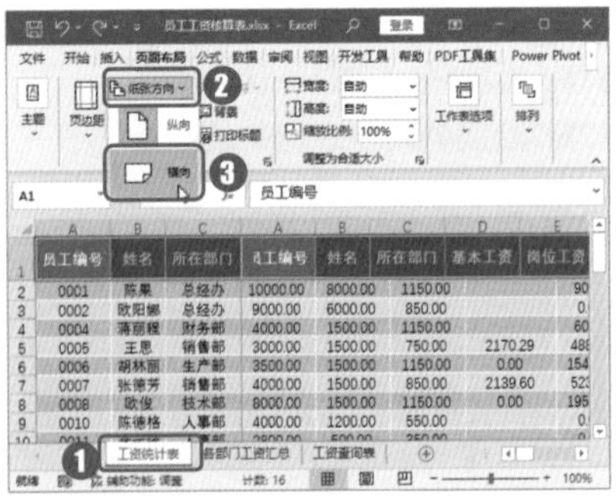

图 25-85

Step 03 设置页边距。❶单击【页面设置】组中的【页边距】按钮，❷在弹出的下拉菜单中选择要设置的页边距宽度，这里选择【窄】选项，如图 25-86 所示。

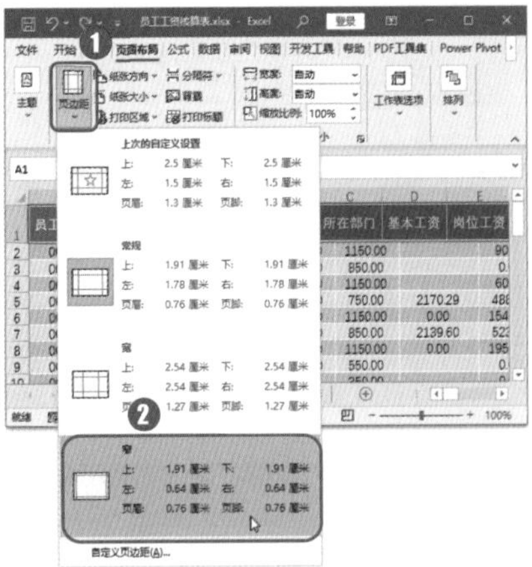

图 25-86

Step 04 调整列宽。发现第一页的页面区域并没有包含所有列的数据，调整表格的列宽，让所有数据列包含在一页纸上，如图 25-87 所示。

图 25-87

Step 05 设置打印区域。❶选择需要打印的包含工资数据的单元格区域，❷单击【页面设置】组中的【打印区域】按钮，❸在弹出的下拉列表中选择【设置打印区域】选项，如图 25-88 所示。

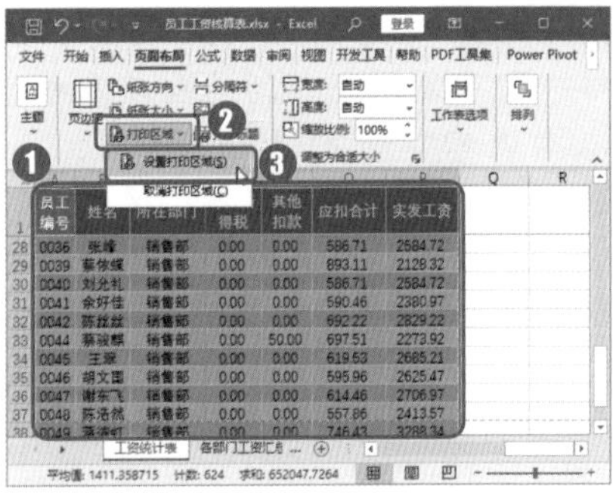

图 25-88

Step 06 执行打印标题操作。单击【页面设置】组中的【打印标题】按钮，如图 25-89 所示。

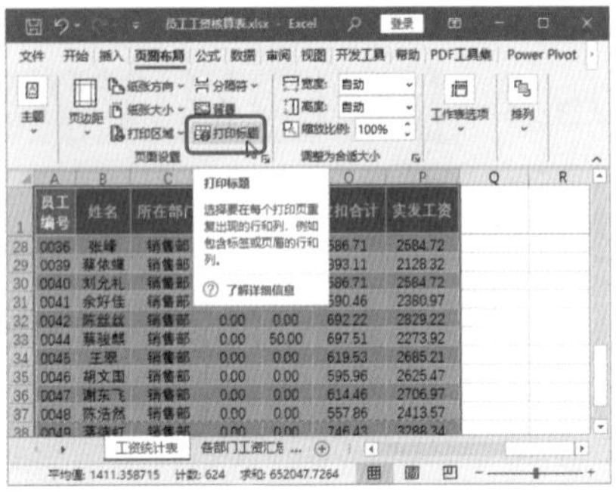

图 25-89

Step 07 设置打印标题。打开【页面设置】对话框，❶选择【工作表】选项卡，❷在【打印标题】栏中的【顶端标题行】参数框中设置需要打印的标题为第一行，如图 25-90 所示。

图 25-90

Step 08 执行自定义页眉操作。❶选择【页眉/页脚】选项卡，❷单击

【自定义页眉】按钮，如图 25-91 所示。

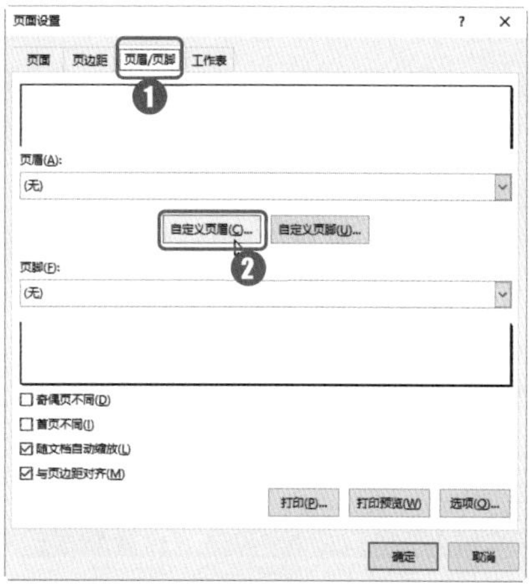

图 25-91

Step09 输入页眉内容。打开【页眉】对话框，❶在中间文本框中输入页眉内容，并选择输入的内容，❷单击【格式文本】按钮A，如图 25-92 所示。

图 25-92

Step10 设置页眉字体格式。打开【字体】对话框，❶在【字体】列表框中设置页眉内容的字体为【黑体】，❷在【大小】列表框中选择【16】选项，❸在【颜色】列表框中选择【红色】选项，❹单击【确定】按钮，如图 25-93 所示。

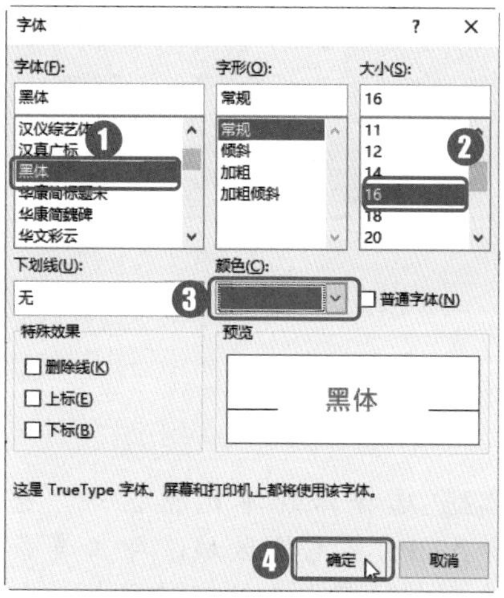

图 25-93

Step11 查看设置的页眉效果。返回【页眉】对话框，单击【确定】按钮，完成页眉设置，如图 25-94 所示。

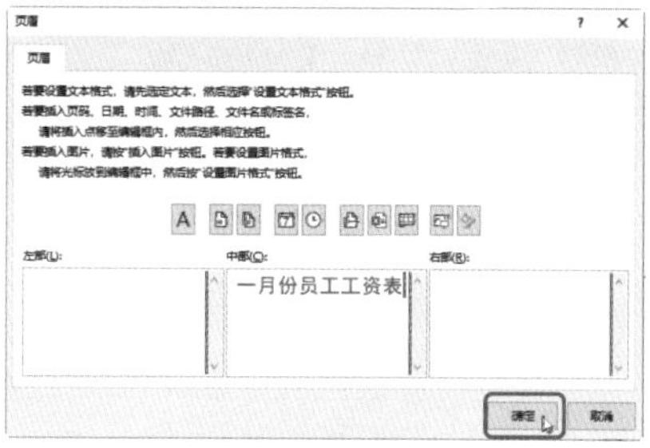

图 25-94

Step12 设置页脚。❶在【页面设置】对话框中的【页脚】下拉列表中选择一个页脚样式，❷单击【打印预览】按钮，如图 25-95 所示。

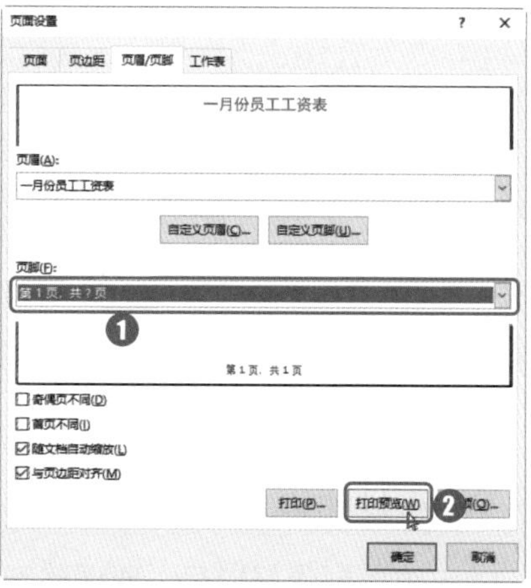

图 25-95

Step13 执行打印。在打印表格前，需要先预览表格的打印效果。完成预览后，在窗口中间栏中设置打印相关参数，单击【打印】按钮，开始打印表格，如图 25-96 所示。

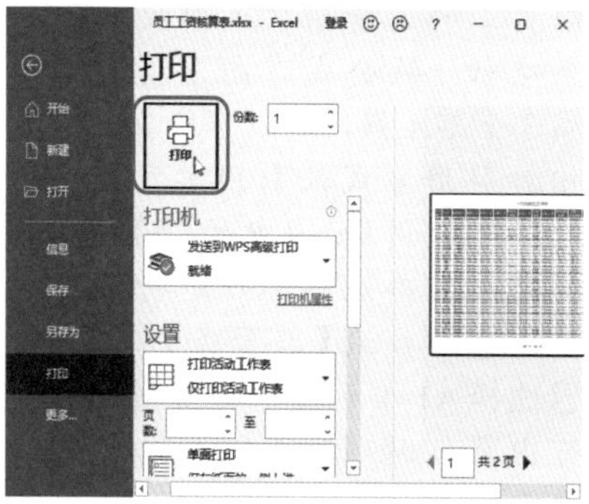

图 25-96

25.5.2 生成员工工资条

通常在发放工资时需要同时发放工资条，使员工能清楚地看到自己各部分工资的金额。本例将利用已完成的工资表，快速为每个员工制作工资条。

Step01 复制工资数据。❶新建一张工作表，命名为【工资条】，❷切换到【工资统计表】工作表中，❸选择第 1 行单元格区域，❹单击【剪贴板】组中的【复制】按钮，如图 25-97 所示。

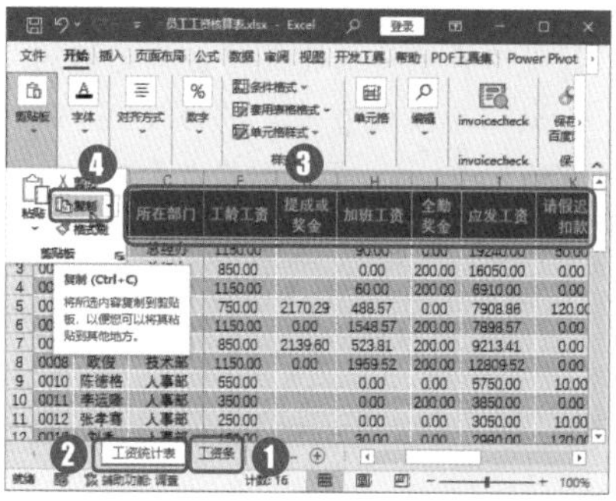

图 25-97

Step02 引用工资数据。为快速制作出每一位员工的工资条，可在当前工资条基本结构中添加公式，并应用单元格和公式的填充功能，快速制作工资条。制作工资条的基本思路为：应用公式，根据公式所在位置引用【工资统计表】工作表中不同单元格中的数据。在工资条中各条数据前均需要有标题行，且不同员工的工资条之间需要间隔一个空行，故公式在向下填充时相隔3个单元格，所以不能直接应用相对引用方式来引用单元格，此时，可使用Excel中的OFFSET函数对引用单元格地址进行偏移引用。❶切换到【工资条】工作表，❷选择A1单元格，将复制的标题行内容粘贴到第1行中，❸在A2单元格中输入公式【=OFFSET(工资统计表!$A$1,ROW()/3+1,COLUMN()-1)】，如图25-98所示。

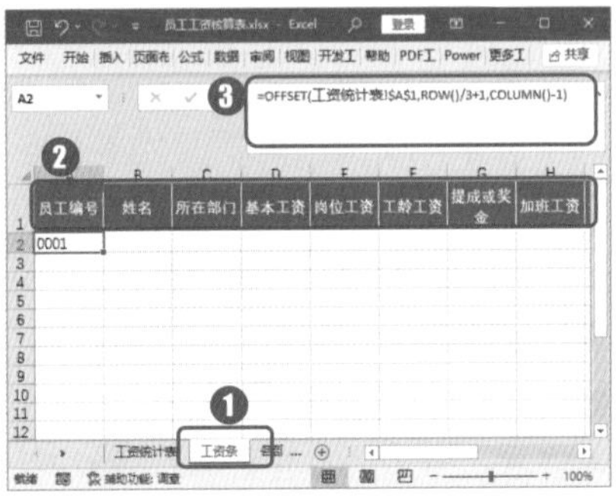

图 25-98

技术看板

本例各工资条中的各单元格内引用的地址将随公式所在单元格地址变化而发生变化。将OFFSET函数的Reference参数设置为【工资统计表】工作表中的A1单元格，并将单元格引用地址转换为绝对引用；Rows参数设置为公式当前行数除以3后再加1；Cols参数设置为公式当前行数减1。

Step03 复制公式。选择A2单元格，向右拖动填充柄将公式填充到P2单元格，如图25-99所示。

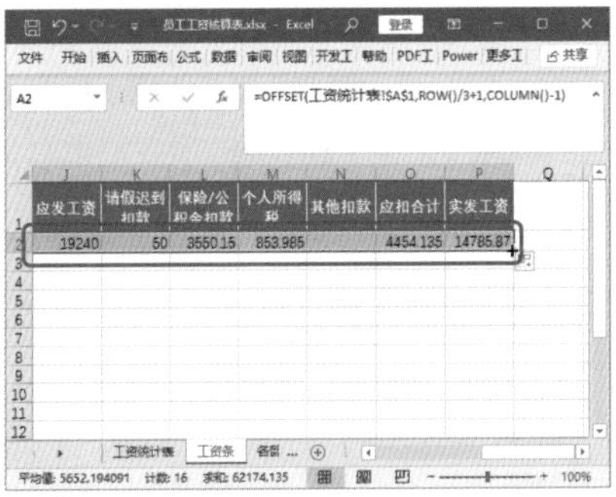

图 25-99

Step04 选择活动单元格区域。选择A1:P3单元格区域，即工资条的基本结构加1行空单元格，如图25-100所示。

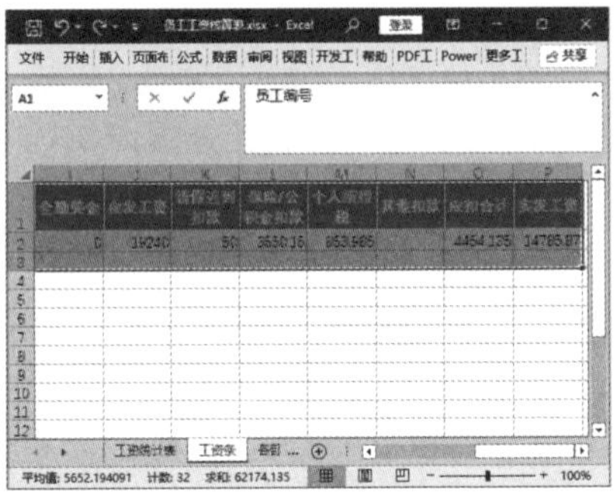

图 25-100

Step05 生成工资条。拖动活动单元格区域右下角的填充控制柄，向下填充至有工资数据的行，即生成所有员工的工资条，如图25-101所示。

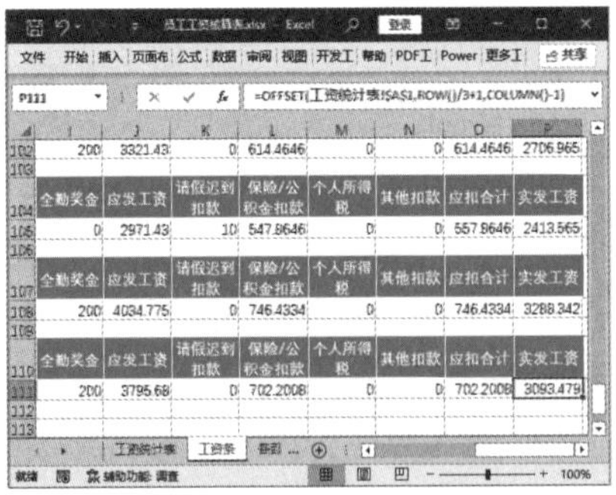

图 25-101

25.5.3 打印工资条

工资条制作好以后，要调整到合适的页面大小，让同一个员工的工资信息打印在完整的页面行中，然后打印输出并进行裁剪，即可制成发放到员工手中的工资条，具体操作步骤如下。

Step01 设置打印区域。❶选择【工资条】工作表中的A1:P114单元格区域，❷单击【页面布局】选项卡【页面设置】组中的【打印区域】按钮，❸在弹出的下拉菜单中选择【设置打印区域】选项，如图25-102所示。

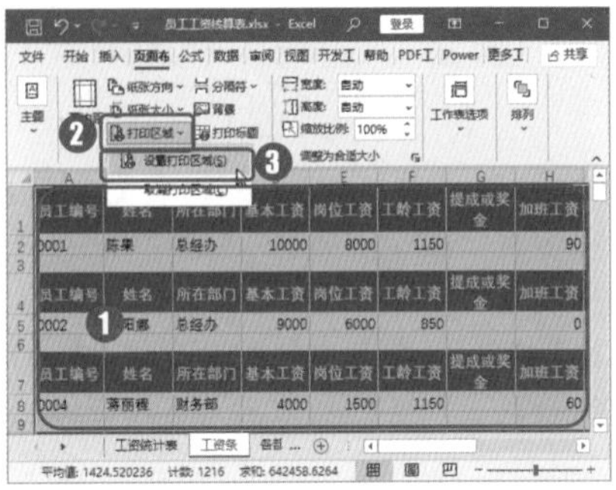

图 25-102

Step02 设置页边距。❶单击【页面设置】组中的【页边距】下拉按钮，❷在弹出的下拉菜单中选择【窄】选项，如图25-103所示。

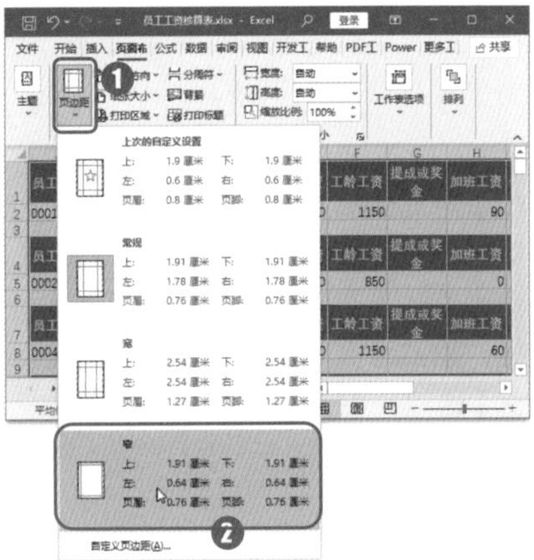

图 25-103

Step03 设置缩放比例。观察发现，通过前面的设置后同一个员工的工资信息仍然没有完整地显示在同一个页面中。在【页面布局】选项卡【调整为合适大小】组中的【缩放比例】数值框中设置值为【65%】，如图 25-104 所示，让表格在打印时缩小一定的比例，可将同一个员工的工资信息压缩在同一个页面中。

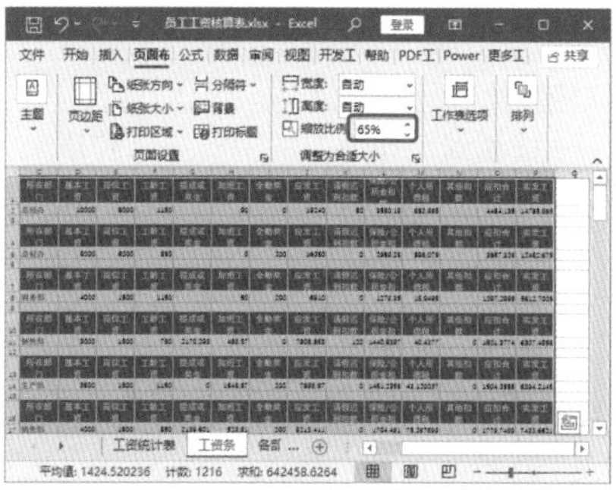

图 25-104

Step04 插入分页符。查看后续员工的工资信息，发现在进行第一页分页时页面最后一个员工的表头信息和具体信息被分别放在两张纸上了。因为后期需要将同一个员工信息裁剪成纸条，所以这样的设置肯定不能满足需要。❶选择第 61 行单元格，❷单击【页面设置】组中的【分隔符】下拉按钮，❸在弹出的下拉菜单中选择【插入分页符】选项，如图 25-105 所示。

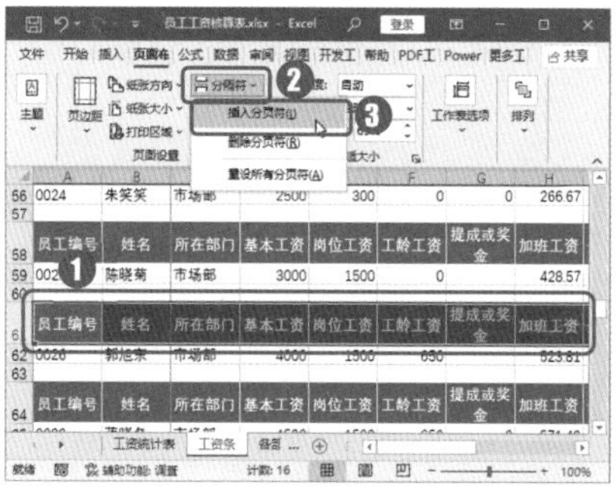

图 25-105

Step05 查看效果。经过上步操作，即可在选择的第 61 行前插入分页符，强行将第 61 行内容显示在打印纸张的第 2 页中。使用相同的方法，将其他页面最后一行不连续的内容进行强行分页，完成后的效果如图 25-106 所示。

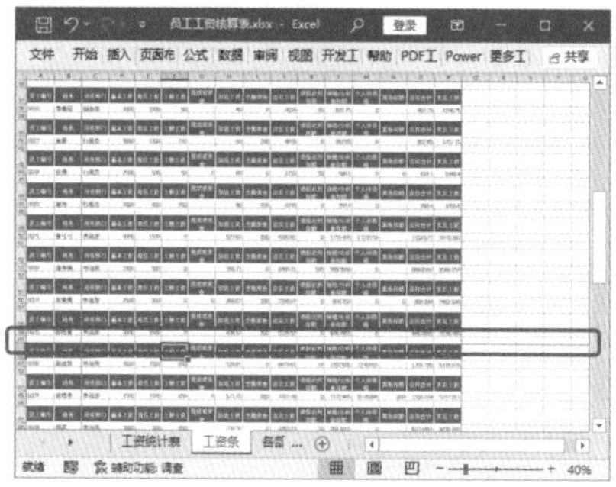

图 25-106

Step06 执行打印操作。❶选择【文件】选项卡，在弹出的菜单中选择【打印】选项，❷在窗口中间栏中设置打印相关参数，❸单击【打印】按钮，如图 25-107 所示。

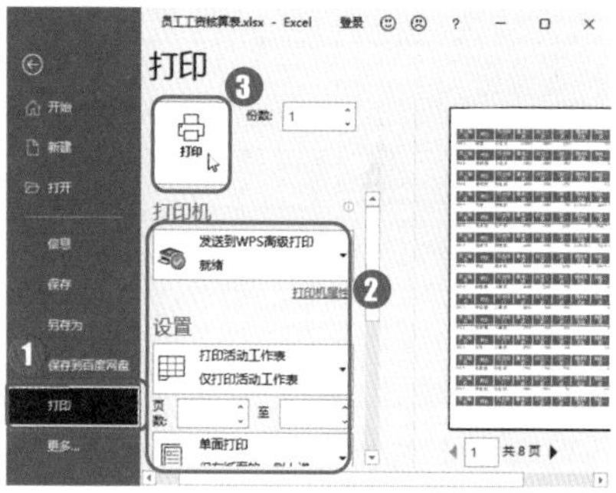

图 25-107

本章小结

本章模拟了企业员工工资表制作全过程，这类表格制作是在其他基础表格上不断完善的，最终得到需要的表格框架和数据。通过本案例的练习，读者要学会在实际工作中建立各种格式简单的基础表格，掌握从基础表格中引用数据并通过公式得到更为复杂的表格，制作过程中要多考虑如何正确引用数据，并改善公式的可填充性，避免逐个地输入公式。另外，供人查阅的表格一般还是打印输出到纸张上，纸上阅读的方式更适合精细阅读，所以还应掌握基本的页面设置方法，能根据需求打印表格。

附录 A Excel 十大必备快捷键

在办公过程中，经常会需要制作各种表格，而Excel 则是专门制作电子表格的软件，通过它可快速制作出需要的各种电子表格。下面列出了Excel 常用的快捷键，适用于Excel 2003、Excel 2007、Excel 2010、Excel 2013、Excel 2016、Excel 2019、Excel 2021 等版本。

表A-1 操作工作表的快捷键

快捷键	作用	快捷键	作用
Shift+F11 或 Alt+Shift+F1	插入新工作表	Ctrl+PageDown	移动到工作簿中的下一张工作表
Ctrl+PageUp	移动到工作簿中的上一张工作表；选定其他的工作表	Shift+Ctrl+PageDown	选定当前工作表和下一张工作表
Ctrl+ PageDown	移动到工作簿中的下一张工作表；取消选定多张工作表	Ctrl+PageUp	选定其他的工作表
Shift+Ctrl+PageUp	选定当前工作表和上一张工作表	Alt+O+H+R	对当前工作表重命名
Alt+E+M	移动或复制当前工作表	Alt+E+L	删除当前工作表

表A-2 选择单元格、行或列的快捷键

快捷键	作用	快捷键	作用
Ctrl+ 空格键	选定整列	Shift+ 空格键	选定整行
Ctrl+A	选择工作表中的所有单元格	Shift+Backspace	在选定了多个单元格的情况下，只选定活动单元格
Ctrl+Shift+*（星号）	选定活动单元格周围的当前区域	Ctrl+/	选定包含活动单元格的数组
Ctrl+Shift+O	选定含有批注的所有单元格	Alt+;	选取当前选定区域中的可见单元格

表A-3 单元格插入、删除、复制和粘贴操作的快捷键

快捷键	作用	快捷键	作用
Ctrl+Shift+ +	插入空白单元格	Ctrl+ -	删除选定的单元格
Delete	清除选定单元格的内容	Ctrl+Shift+=	插入单元格
Ctrl+X	剪切选定的单元格	Ctrl+V	粘贴复制的单元格
Ctrl+C	复制选定的单元格		

表A-4 通过【边框】对话框设置边框的快捷键

快捷键	作用	快捷键	作用
Alt+T	应用或取消上框线	Alt+B	应用或取消下框线
Alt+L	应用或取消左框线	Alt+R	应用或取消右框线
Alt+H	如果选定了多行中的单元格，则应用或取消水平分隔线	Alt+V	如果选定了多列中的单元格，则应用或取消垂直分隔线
Alt+D	应用或取消下对角框线	Alt+U	应用或取消上对角框线

表A-5 设置数字格式的快捷键

快捷键	作用	快捷键	作用
Ctrl+1	打开“设置单元格格式”对话框	Ctrl+Shift+~	应用“常规”数字格式
Ctrl+Shift+$	应用带有两个小数位的“贷币”格式（负数放在括号中）	Ctrl+Shift+%	应用不带小数位的“百分比”格式
Ctrl+Shift+^	应用带两位小数位的“科学记数”数字格式	Ctrl+Shift+#	应用含有年、月、日的“日期”格式
Ctrl+Shift+@	应用含小时和分钟并标明上午（AM）或下午（PM）的“时间”格式	Ctrl+Shift+!	应用带两位小数位、使用千位分隔符且负数用负号(-)表示的“数字”格式

表A-6 输入并计算公式的快捷键

快捷键	作用	快捷键	作用
=	键入公式	F2	关闭单元格的编辑状态后，将插入点移动到编辑栏内
Enter	在单元格或编辑栏中完成单元格输入	Ctrl+Shift+Enter	将公式作为数组公式输入
Shift+F3	在公式中，打开“插入函数”对话框	Ctrl+A	当插入点位于公式中公式名称的右侧时，打开“函数参数”对话框
Ctrl+Shift+A	当插入点位于公式中函数名称的右侧时，插入参数名和括号	F3	将定义的名称粘贴到公式中
Alt+=	用SUM函数插入“自动求和”公式	Ctrl+'	将活动单元格上方单元格中的公式复制到当前单元格或编辑栏
Ctrl+`（重音符）	在显示单元格值和显示公式之间切换	F9	计算所有打开的工作簿中的所有工作表
Shift+F9	计算活动工作表	Ctrl+Alt+Shift+F9	重新检查公式，计算打开的工作簿中的所有单元格，包括未标记而需要计算的单元格

表A-7 输入与编辑数据的快捷键

快捷键	作用	快捷键	作用
Ctrl+;（分号）	输入日期	Ctrl+Shift+:（冒号）	输入时间
Ctrl+D	向下填充	Ctrl+R	向右填充
Ctrl+K	插入超链接	Ctrl+F3	定义名称
Alt+Enter	在单元格中换行	Ctrl+Delete	删除插入点到行末的文本

表A-8 创建图表和选定图表元素的快捷键

快捷键	作用	快捷键	作用
F11 或 Alt+F1	创建当前区域中数据的图表	Shift+F10+v	移动图表

续表

快捷键	作用	快捷键	作用
↓	选定图表中的上一组元素	↑	选择图表中的下一组元素
←	选择分组中的上一个元素	→	选择分组中的下一个元素
Ctrl+PageDown	选择工作簿中的下一张工作表	Ctrl+Page Up	选择工作簿中的上一张工作表

表A-9　筛选操作的快捷键

快捷键	作用	快捷键	作用
Ctrl+Shift+L	添加筛选下拉箭头	Alt+1	在包含下拉箭头的单元格中，显示当前列的“自动筛选”列表
↓	选择“自动筛选”列表中的下一项	↑	选择“自动筛选”列表中的上一项
Alt+↑	关闭当前列的“自动筛选”列表	Home	选择“自动筛选”列表中的第一项（“全部”）
End	选择“自动筛选”列表中的最后一项	Enter	根据“自动筛选”列表中的选项筛选区域

表A-10　显示、隐藏和分级显示数据的快捷键

快捷键	作用	快捷键	作用
Alt+Shift+→	对行或列分组	Alt+Shift+←	取消行或列分组
Ctrl+8	显示或隐藏分级显示符号	Ctrl+9	隐藏选定的行
Ctrl+Shift+(	取消选定区域内的所有隐藏行的隐藏状态	Ctrl+0（零）	隐藏选定的列
Ctrl+Shift+)	取消选定区域内的所有隐藏列的隐藏状态		

附录 B Excel 2021 实战案例索引表

为便于查阅和学习书中实战案例，现将其进行索引，如表B-1 和表B-2 所示。

表B-1 软件功能学习类

续表

续表

续表

续表

续表

表B-2　商务办公实战类

附录 C Excel 2021 功能及命令应用索引表

表C-1 【文件】选项卡

表C-2 【开始】选项卡

表C-3 【插入】选项卡

表C-4 【页面布局】选项卡

表C-5 【公式】选项卡

续表

续表

命令	所在页
文本函数 > RMB	182
文本函数 > DOLLAR	183
文本函数 > TEXT	183
文本函数 >T	184
文本函数 > LOWER	184
文本函数 > UPPER	192
文本函数 > PROPER	185
文本函数 >VALUE	185
文本函数 > FIND	186
文本函数 > FINDB	187
文本函数 > SEARCH	187
文本函数 > SEARCHB	188
文本函数 >REPLACE	189
文本函数 >REPLACEB	189
文本函数 >SUBSTITUTE	192
文本函数 >CLEAN	190
文本函数 >TRIM	190
财务函数 > FV	222
财务函数 > PV	223
财务函数 > RATE	223
财务函数 > NPER	224
财务函数 > PMT	225
财务函数 > IPMT	226
财务函数 > PPMT	226
财务函数 >ISPMT	227
财务函数 > CUMIPMT	227
财务函数 > CUMPRINC	228
财务函数 > EFFECT	228
财务函数 > NOMINAL	229
财务函数 > FVSCHEDULE	230
财务函数 > NPV	230
财务函数 > XNPV	231
财务函数 > IRR	231
财务函数 > MIRR	232
财务函数 > XIRR	232
财务函数 > AMORDEGRC	233
财务函数 > AMORLINC	234
财务函数 > DB	234
财务函数 > DDB	235
财务函数 > VDB	236

续表

命令	所在页
财务函数 > SLN	237
财务函数 > SYD	237
财务函数 > DOLLARDE	238
财务函数 > DOLLARFR	238
工程函数 > DELTA	256
工程函数 >GESTEP	257
工程函数 >BIN2OCT	263
工程函数 >BIN2DEC	257
工程函数 >BIN2HEX	257
工程函数 >DEC2BIN	258
工程函数 >DEC2OCT	263
工程函数 >DEC2HEX	258
工程函数 >COMPLEX	258
工程函数 >IMREAL	258
工程函数 >IMAGINARY	259
工程函数 >IMCONJUGATE	259
工程函数 >ERF	259
工程函数 >ERFC	263
信息函数 > CELL	259
信息函数 >ERROR.TYPE	260
信息函数 >INFO	261
信息函数 >N	261
信息函数 >TYPE	261
信息函数 >IS	262
●【定义的名称】组	
定义名称	143
名称管理器	145
根据所选内容创建	153
用于公式	154
●【公式审核】组	
显示公式	147
公式求值	148
错误检查	149
追踪引用单元格	150
追踪从属单元格	150
删除箭头	151
监视窗口	152
●【计算】组	
计算选项 > 手动	129
开始计算	129

表C-6 【数据】选项卡

命令	所在页
●【获取和转换数据】组	
获取数据 > 来自数据库	107
自网站	109
从文本 /CSV	109
现有连接	110
●【连接】组	
全部刷新	116
编辑链接	133
●【排序和筛选】组	
降序	305
排序	305
筛选	307
高级	310
●【数据工具】组	
分列	64
合并计算	319
数据验证	330
●【预测】组	
预测工作表	294
模拟分析	316
●【分级显示】组	
分类汇总	312
组合	318
取消组合	319

表C-7 【审阅】选项卡

命令	所在页
●【更改】组	
保护工作表	30
保护工作簿	30

表C-8 【视图】选项卡

命令	所在页
●【工作簿视图】组	
分页预览	91
页面布局	92
●【窗口】组	
切换窗口	32
新建窗口	32
全部重排	33
并排查看	34

续表

命令	所在页
拆分	34
冻结窗格	35

表C-9 【表设计】选项卡

命令	所在页
●【工具】组	
转化为区域	79
●【表格样式选项】组	
标题行	78
镶边行	78

表C-10 【页眉和页脚】选项卡

命令	所在页
●【页眉和页脚】组	
页眉	95
页脚	95
●【页眉和页脚元素】组	
图片	96
设置图片格式	96
页数	97
当前日期	97
●【导航】组	
转至页眉	95
转至页脚	95

表C-11 【图表设计】选项卡

命令	所在页
●【图表布局】组	
快速布局	278
添加图表元素>图表标题	279
添加图表元素>坐标轴	280
添加图表元素>坐标轴标题	281
添加图表元素>数据标签	282
添加图表元素>图例	282
添加图表元素>网格线	283
添加图表元素>数据表	283
添加图表元素>趋势线	283
添加图表元素>误差线	285
添加图表元素>线条	286
●【图表样式】组	
快速样式	278

续表

命令	所在页
更改颜色	278
●【数据】组	
切换行/列	275
选择数据	276
●【类型】组	
更改图表类型	277
●【位置】组	
移动图表	275

表C-12 【格式】选项卡

命令	所在页
●【当前所选内容】组	
设置所选内容格式	280
●【形状样式】组	
形状样式	286
形状填充	287
形状轮廓	287
形状效果	288
●【艺术字样式】组	
艺术字样式	289

表C-13 【迷你图】选项卡

命令	所在页
●【类型】组	
盈亏	302
●【显示】组	
标记	299
高点	299
低点	299
●【样式】组	
迷你图样式	300
迷你图颜色	300
标记颜色	300
●【组合】组	
组合	297
取消组合	298
坐标轴	301

表C-14 【数据透视表分析】选项卡

命令	所在页
●【数据透视表】组	
选项	392
●【活动字段】组	
字段设置	344
展开字段	354
●【数据】组	
更改数据源	354
刷新	354
●【操作】组	
清除	356
●【工具】组	
数据透视图	352